WELDING PRACTICE

핵심 용접실무실습

이 책의 특징

공부하기 전 꼭 읽어주세요!
용접 분야 시험을 준비하는 분들에게 꼭 필요한 팁을 알려드립니다.

본 교재는 용접 분야에서 한 걸음 더 나아가기 위해 고군분투 하는 독자를 위한 책이며, 체계적으로 구성된 이 책을 더 실속있게 활용하기 위해 정리하였습니다.

첫 번째, 보기 쉽게 정리된 번호 체계!

한국산업인력공단에 따라 내용은 물론 번호체계도 체계적으로 정리하여 한 눈에 들어오도록 하였습니다.
용접 분야는 필기도 중요하지만 실기도 매우 중요합니다.
이론편은 기본적인 용접 개요부터 시작하여 설계, 시공, 재료 등을 정리하였고,
실습편은 응용된 가스용접, 전기용접, 이산화탄산가스 용접 등을 정리하여 초보자부터 실제로 용접 분야에 종사하시는 분들께 꼭 필요한 책으로 구성하였습니다.

chapter 제1편 | 용접공학
01 용접일반
제1절 | 용접의 개요
1 용접의 원리
가. 용접(welding)

빠짐없이 탄탄한 내용

두 번째, 독자의 이해를 돕기 위한 자세한 그림 설명!

이론적인 부분도 중요하지만 실습을 주로 다루는 용접 분야이기 때문에, 독자의 이해를 최대로 돕기 위해서 그림을 많이 수록하였습니다.

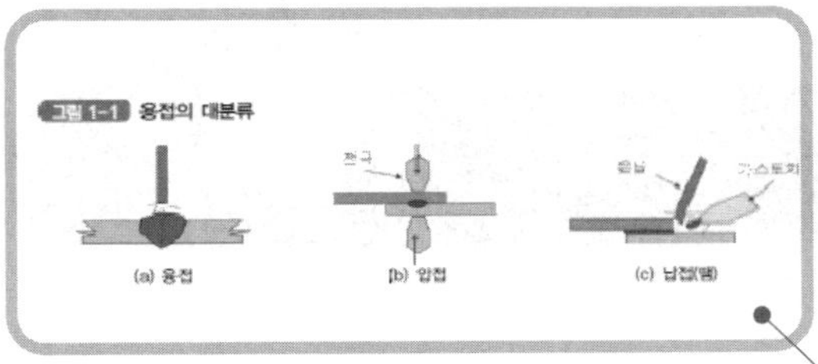

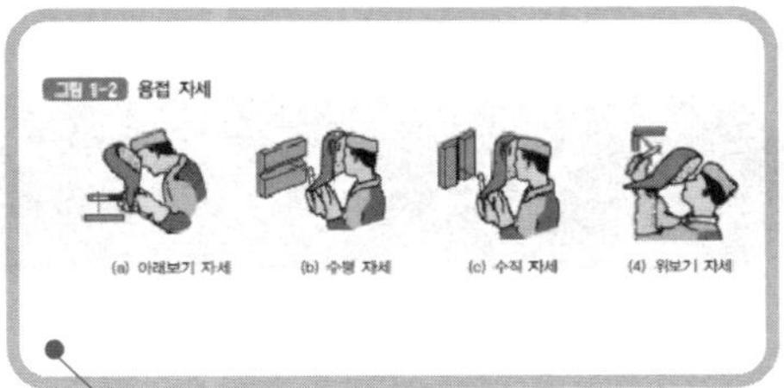

내용의 이해를 돕는 그림

세 번째, 현장에서 뛰는 저자의 노하우 대방출!

오랜 기간 용접을 다뤄온 저자의 지식과 노하우를 담았습니다.
꼭! 필요한! 중요한 내용만을 수록하였습니다. 또한 단원마다 실전 심화 학습문제로 내 실력을 업그레이드! 저자가 직접 내는 예제문제는 실질적인 도움이 될 것입니다.
즉 현장에서 뛴 저자의 지식과 경험이 여러분들에게 용접 분야의 자격증, 혹은 일에 종사하는데 있어 꼭! 필요한 책이 될 것입니다.

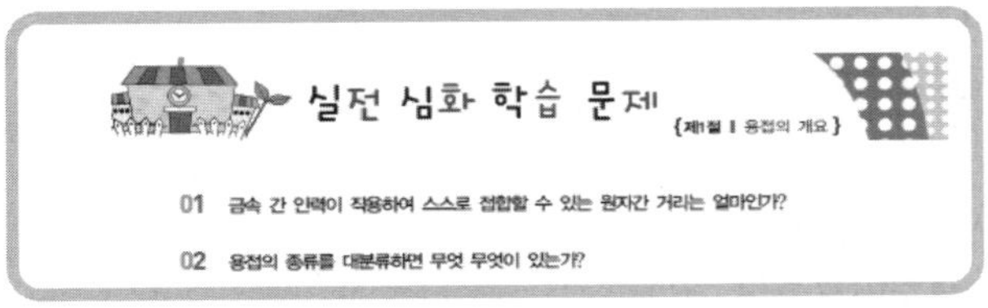

네 번째, 저자가 운영 중인 카페를 활용하세요!

https://cafe.naver.com/xmrdyd 용접매니아 카페에서 멋쟁이 정균호님과 교류해보세요.

다섯 번째, 당신의 선택! 구민사를 믿으세요!

"용접 구민사"를 검색해보세요. 용접 분야 전문가는 단언컨대 **구민사**입니다.

이 책의 차례

[제1편] 용접공학

CHAPTER 1 용접일반

CONTENTS

CHAPTER 2 용접 설계

CONTENTS

CHAPTER 4 용접 재료(야금)

[제2편] 용접실습

CHAPTER 1 피복 아크용접 실습

CHAPTER 2 이산화탄산가스(CO_2) 용접

CHAPTER 3 불활성가스 텅스텐 아크(TIG) 용접

CHAPTER 4 가스용접 실습

CONTENTS

CHAPTER 5 가스 절단 실습(수동, 자동)

CHAPTER 부록 실기 자격시험 준비

머리말

핵심 '용접 실무 실습 개정편'을 펴면서....

하루가 다르게 발전하는 산업과 더불어 조선, 해양 플랜트, 풍력 발전 설비, 원자력 발전 설비, 자동차, 항공 등의 산업도 매우 빠른 속도로 발전하고 있습니다.

더불어 용접분야 산업 현장에서도 단순히 자격시험 준비만 하여 자격증은 취득했으나 이론과 실무경험이 없는 용접사보다는 체계적인 교육훈련과 경험을 바탕으로 철저히 시험하고 검증된 설계와 시공법에 의한 이론과 실무를 겸비한 용접 기술(능)인의 필요성이 더욱 절실히 요구되고 있습니다.

필자는 1973년부터 산업현장과 교육현장에서 오직 '**용접과 금속**'의 한 분야만을 고집하면서 현장연수를 통해 꾸준히 새로운 현장 기술을 익히고 학생들을 지도하여 왔으며, 모 공단의 교재 집필, 자격시험 문제 출제와 검토, 실기 감독을 해오면서 용접 자격시험 준비를 하는 분들뿐만 아니라 혼자서 용접기술을 익히고자 하는 분, 대학생들에게 꼭 필요한 이론과 실습 지침서를 남겨야겠다는 생각이 들어서 2012년 9월말 '**핵심 용접공학**'을 출간하였고, 이어 '**고수열강 용접·특수용접기능사, 용접산업기사, 용접기능장, 용접기사**' 문제집, '**핵심 금속용접야금학개론, 고수열강 용접실습**' 교재를 집필하였습니다.

다행이 많은 분들이 추천하고 호응해준 것에 힘을 얻어 2015년 10월 '**핵심 용접 실무 실습**'을 출간하게 되었으나, 날로 변하는 산업 현장과 교육현장에 맞는 바람직한 용접사가 될 수 있게 하기 위해서는 현실에 맞게 대폭 개편이 필요하였기에 많은 기간을 두고 알차고 실속있게 준비하여 대폭 개편 집필을 완성하였습니다.

본 '핵심 용접 실무 실습' 교재는 '제1편 이론 실무(용접공학), 제2편 용접실습'으로 구성하였으며, 제2편은 '제1장 피복 아크용접 실습, 제2장 이산화탄산가스(CO_2) 용접, 제3장 불활성가스 텅스텐 아크(TIG) 용접, 제4장 가스용접 실습, 제5장 가스 절단 실습', '부록(실기 자격시험 준비)' 로 구성하였으며, 이론적인 부분과 산업현장에서 요구되는 부분을 대폭 보강하였기에 대학이나, 공고, 산업현장에서 학생 지도의 지침서로 활용하기에 충분하며, 이 교재만으로도 혼자서 기술 향상을 할 수 있는 교재라고 생각됩니다.

다만 집필 중에 최대한 검토하고 수정하였지만 아직도 발견되지 못한 잘못된 부분은 다음 개정판 출판시 수정할 것을 약속드립니다.

마지막으로 이 책이 나오기까지 격려와 조언을 주신 학계와 산업체의 많은 분들과 도서출판 구민사 조규백 대표님께 깊이 감사의 인사를 전합니다.

저자

PART 1 용접공학

핵심 용접 실무 실습

01 용접일반

제1절 ▌용접의 개요

1 용접의 원리

가. 용접(welding)

용접이란 접합하고자 하는 2개 이상의 금속재료의 접합 부분을 용융 또는 반용융 상태에서 용가재를 첨가하여 접합시키거나, 접합하고자 하는 부분을 적당한 온도로 가열시킨 후 압력을 가하여 접합시키는 기술이다.

용접은 접합 방법에 따라 융접, 압접, 납접으로 대분류되며, 나누어진 두 금속 조각들의 일부를 가열 및 가압하거나, 이 조각을 동시에 합하여 금속을 서로 결합시키는 방법이다.

나. 원리(야금학적 원리)

용접은 금속과 금속의 원자간 거리를 상온에서 스스로 결합할 수 있는 수 Å(옹그스트롱 : 10^{-8} cm : 1억분의 1cm)까지 충분히 접근시키면 금속 원자간 인력이 작용하여 스스로 접합될 수 있지만, 실제로는 접근시킬 수 없으므로 전기나 가스 등의 열원을 이용하여 원자간 영구적으로 결합시키는 기술이다.

실제로 '만유 인력의 법칙'과 같이 접근시켜도 접합이 안되는 이유는 금속 표면의 요철(금속 표면을 매우 정밀 가공해도 초현미경으로 확대해보면 요철이 많음)이나, 산화막 등이 많기 때문이다.

따라서 용접의 목적을 달성하기 위해서는 이 산화막의 제거 및 산화물의 발생 방지와 표면의 원자들이 서로 충분히 접근할 수 있도록 활성 에너지(가열, 마찰, 충격, 가압 등)를 가하여 접합시키는 방법을 선택하고 있다.

2 용접의 종류(대분류)

접합에는 기계적 접합(볼트 이음, 리벳 이음, 접어 잇기, 핀 이음, 코터 이음 등)과 야금학적 접합법(융접, 압접, 납땜)이 있다.

가. 융접(fusion welding)

융접은 접합하고자 하는 물체의 접합부를 가열・용융시키고 여기에 용가재(용접봉, 와이어 등)를 첨가하여 접합하는 방법이다.

나. 압접(pressure welding)

압접이란 접합부를 냉간 또는 적당한 온도로 가열한 후 기계적 압력을 가하여 접합하는 방법이다.

다. 납땜(접)(brazing and soldering)

납땜법은 모재를 용융시키지 않고 용가재(납)를 첨가하여 확산과 표면 장력에 의해 접합하는 방법이다.

그림 1-1 용접의 대분류

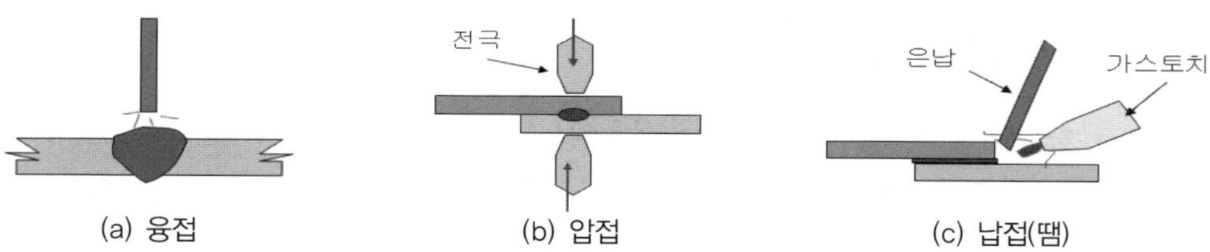

3 용접의 특징(장・단점)

가. 기계적 이음에 비교한 일반적인 장점

① 작업 준비가 간단하고, 재료(자재)가 절약되며, 공수가 감소되므로 용접 작업이 비교적 간단하다.

㉠ 리벳 이음 공수(6 공정) : 재료에 금긋기-절단-드릴링-리벳 체결-코킹-완성

㉡ 용접 이음 공수(4 공정) : 재료에 금긋기-절단-용접-완성

② 이음의 효율이나, 제품의 성능과 수명이 향상된다.

③ 기밀, 수밀, 유밀성이 우수하며, 작업의 자동화가 용이하다.

나. 주조에 비교한 장점

① 용접부 강도가 크며, 중량이 감소된다.

② 목형이나 주형이 필요 없어 제작비가 적게 든다.

③ 이종 재질을 조합할 수 있으며, 복잡한 구조물의 제작이 용이하다.

다. 용접의 단점

① 품질 검사가 곤란하며, 용접 모재의 재질이 변질되기 쉽다.

② 응력 집중에 대하여 극히 민감하며, 저온 취성(메짐)에 의해 파괴가 발생하기 쉽다.

③ 용접공의 기술에 의해서 이음부의 성능이 좌우된다.

4 용접 자세

용접 자세는 4가지 기본 자세와 전자세, 응용 자세가 있으며, 구조물의 형상이나 위치, 용도 등에 따라 가장 편안한 자세를 취하는 것이 좋다.

KS에서는 용가재의 향한 방향과 위치별로 표시하며, AWS나 ASME에서는 맞대기 용접의 경우 자세를 의미하는 숫자와 홈을 의미하는 G(Groove)를, 필릿 용접의 경우 자세를 의미하는 숫자와 필릿을 의미하는 F(Fillet)를 붙이고 있다.

가. 아래보기 자세(F : Flat position), (1G, 1F)

용접하려는 재료를 수평으로 놓고 용접봉 또는 토치의 와이어를 아래로 향하여 용접하는 자세이며, 다른 자세에 비해 20~40% 정도 작업 능률이 높으므로, 턴테이블 등 지그나 도구를 사용하여 아래보기 자세로 작업하는 것이 좋다.

나. 수평 자세(H : Horizontal position), (2G, 2F)

용접할 모재가 수평면과 90° 또는 45° 이상의 경사를 가지며, 용접선이 수평이 되게 하는 용접 자세이며, 진행 방향에 따라 전진법과 후진법이 있다.

다. 수직 자세(V : Vertical position), (3G, 3F)

용접하기 위한 모재가 수평면과 90° 또는 45° 이상의 경사를 가지며, 용접선이 수직이 되게 하는 용접 자세이며, 상진법과 하진법이 있다.

하진법은 박판의 용접시 적합하며, 상진법에 비해 전류는 더 높게 하진 진행각은 더 적게 하고, 아크 길이를 매우 짧게 하며 용융금속이나 슬래그가 용접봉 끝보다 먼저 내려가지 않도록 용접 속도를 유지해야 한다.

라. 위보기 자세(O : Overhead position), (5G, 5F)

용접할 모재를 눈 위로 들려 있는 수평면의 아래쪽에서 용접봉(와이어)을 위로 향하여 용접하는 자세이다.

다른 자세에 비해 용융지 관찰이 어려우며 일정한 아크 길이 유지 등 작업이 어렵고 용융금속이나 스패터 등의 낙하로 화상의 위험이 높다.

그림 1-2 용접 자세

(a) 아래보기 자세　(b) 수평 자세　(c) 수직 자세　(4) 위보기 자세

마. 전 자세(AP : All position), (5G, 5F)

위의 자세를 2가지 이상 조합하여 용접하거나 4가지 전부를 응용하는 자세이며, 보통 수평으로 고정된 파이프를 용접하는 자세이다. [그림 1-3 (a) 참조]

파이프 용접의 경우 각 위치별로 진행각이나 봉의 위치, 진행 속도 등이 달라지므로 많은 숙련이 요구되는 자세이다.

그림 1-3 전자세, 5F, 6G

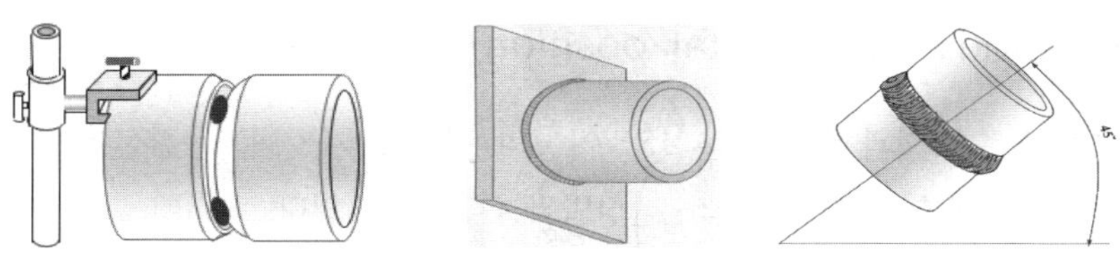

(a) 전자세　(b) 5F(전자세 필릿용접)　(c) 6G(45° 경사 전자세)

바. 국제공인 자세

국제 공인 자세란 모든 나라에서 인정해주는 자세를 말하며, G, F, GR, Q2, Q3 등으로 표현하며, 해당 자세에 합격해야만 실무에 임할 수 있는 자세이다.

1) 5F

F란 Fillet을 의미하며, 5F는 AWS나 ASME에서 전자세 필릿 용접을 의미한다. 즉 평판에 파이프를 가접한 후 평판을 수직으로 세워진 상태에서 전(온)둘레를 필릿 용접하는 자세를 말한다. [그림 1-3 (b) 참조]

2) 6G

6G란 AWS나 ASME에서 45° 경사 전자세를 말하며, 프로젝트의 요구에 따라 전체를 TIG 용접하는 경우(스테인리스강 파이프 용접 등)와 전체를 FCAW로 용접하는 경우(탄소강 파이프 용접 등), 그리고 1~2층을 TIG 용접으로 완성한 후 나머지를 FCAW 용접하는 경우, 1층을 SMAW 용접 후 나머지를 FCAW 용접하는 경우 등이 있다. [그림 1-3 (c) 참조]

3) 6GR

6GR이란 AWS나 ASME에서 45° 경사 전자세와 유사하나 상부 파이프에 장애물을 설치되어 있으며, 일반적으로 상부 파이프는 베벨가공을 하지 않고 하부 강관만 37.5° (프로젝트에 따라 다를 수 있음)로 베벨 가공하여 용접의 난이도를 높인 자세를 말한다.

실제 해양 구조물, 조선 등에서는 프로젝트의 요구에 따라 전체를 TIG 용접하는 경우(스테인리스강 파이프 용접 등)와 전체를 FCAW, SMAW로 용접하는 경우(탄소강 파이프 용접 등), 그리고 1~2층을 TIG 용접으로 완성한 후 나머지를 FCAW 용접하는 경우, 1층을 SMAW 용접 후 나머지를 FCAW 용접하는 경우 등이 있다. [그림 1-4 참조]

그림 1-4 6 GR 자세

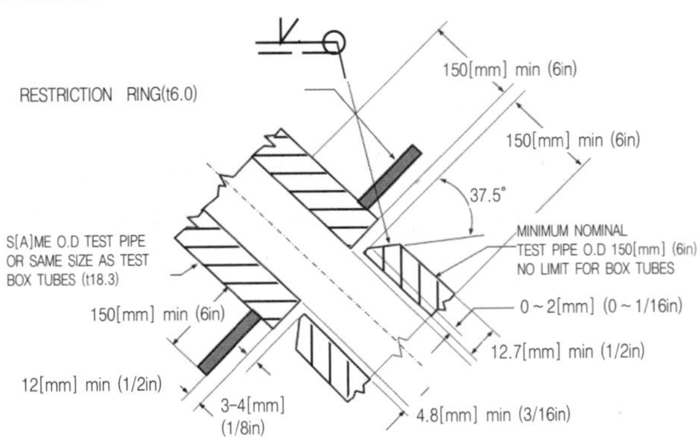

사. AWS D1.1 가용접사 자격

AWS D1.1 가용접사에 관한 자격시험은 산업현장에서 주로 적용되고 있는 AWS(미국 용접 협회) ASME(미국 기계 기술자 협회) 등에 관한 시험편 규격 및 규정에 따른다.

자격시험은 소정의 자세로 규정에서 정한 시험편(그림 1.5 참조)을 필릿 용접하여 육안 검사, 루트 및 앞면 굴곡시험(굴곡시험시 인장력을 많이 받는 면이 앞면일 때에는 앞면 굴곡시험편이고 루트 부위가 인장력을 많이 받으면 루트 굴곡 시험편이 됨), 측면 굴곡시험(철판 두께가 두꺼울 경우), Fillet 파괴시험, 부식시험 등을 실시하여 평가 기준에 따라 판정하며, 해당 자격에 합격한 자만이 해당 구조물 등을 가용접할 수 있는 권한과 책임이 주어진다.

그림 1-5 가용접사 자격 시험편의 한 예

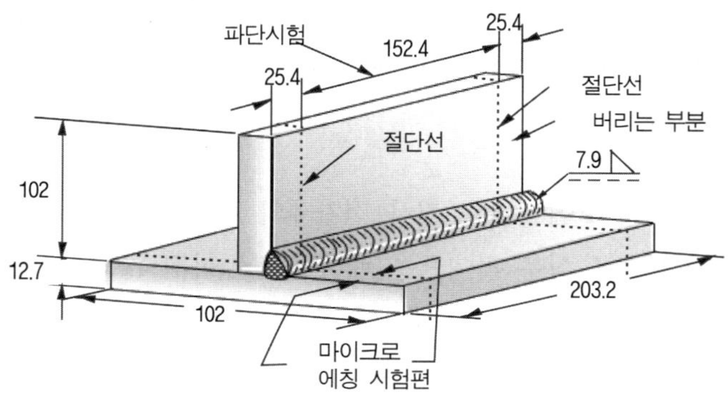

5 용접에 사용되는 열원의 종류

가. 가스 에너지

가스용접법 등과 같이 아세틸렌 등의 가연성 가스와 지(조)연성 가스인 산소 등을 적당히 혼합하여 연소할 때 발생하는 열을 이용하는 용접법이나 최고 온도가 3400℃ 정도로 낮기 때문에 요즈음은 거의 사용이 안되나, 전기가 없는 곳에서 얇은(박) 판이나 비철금속 용접, 납땜 등에 주로 이용된다.

나. 전기 에너지

피복금속 아크용접, 금속 보호가스 아크용접(GMAW : CO2/MAG용접, FCAW, MIG 용접), 전기 저항 용접 등과 같이 모재와 전극(용접봉, 와이어, 동합금 전극 등) 사이에 아크열 또는 전기 저항열 등 전기적 에너지를 이용하는 용접법에 이용된다.

다. 기계적 에너지

마찰용접, 폭발압접 등 마찰, 압력, 진동에 의한 열을 이용하는 용접법으로, 단접, 냉간압접, 초음파용접, 마찰용접 등에 이용된다.

① 단접 : 가열한 금속의 두 접촉부를 두드리거나 압력을 가하여 접합하는 법
② 냉간 압접 : 상온 하에서 강하게 압축함으로써 경계면을 국부적으로 소성변형시켜 압접하는 법
③ 초음파 용접 : 용접물을 겹쳐서 용접 팁과 하부 앤빌 사이에 끼워놓고 압력을 가하면서 초음파(18kHz 이상) 주파수로 횡진동을 주어 그 진동 에너지에 의해 마찰열로 압접하는 법
④ 마찰 압(용)접 : 2개의 모재를 압력을 가해 접촉시킨 다음 접촉면에 상대운동을 시켜 접촉면에서 발생하는 마찰열을 이용하여 이음면 부근이 압접온도에 도달하였을 때 강한 압력을 가하여 upset시키고 동시에 상대운동을 정지해서 압접을 완료하는 법

라. 전자파 에너지

고주파 및 저주파, 레이저 열을 이용하는 용접법으로, 고주파 용접, 레이저 용접, 전자빔 용접 등에 이용된다.

마. 화학적 에너지

테르밋 용접은 산화철과 알루미늄의 미세한 분말(3~5 : 1) 등의 테르밋제와 점화 촉진제를 사용하여 점화하면 약 2800~3000℃ 정도의 고온이 되면서 산화철에서 산화물과 용융철로 분리되며 이 용융철을 용접부에 부어서 접합하는 방법이다. 이와 같이 테르밋 반응열은 별도의 가열 장치가 없이 테르밋제의 화학 반응에 의해 생성된 에너지이다.

6 용접 재료와 적용 용접법

모재의 재질이나 사용 목적, 구조물의 형상, 생산성, 용접성, 비용 정도 등에 따라 적합한 용접법을 선택해야 된다. [표 1-1]은 용접 재료와 적용 용접법에 대하여 나타낸 것이다.

표 1-1 용접 재료와 적용 용접법

용접법 \ 재료	연 강	저합금강	고합금강	구리 합금	알루미늄합금
피복 금속 아크용접	●	●	●	▲	▲
서브머지드 아크용접	●	●	●	×	×
탄산가스 아크용접	●	●	×	×	×
불활성 가스 아크용접	●	●	●	●	●
산소-아세틸렌 가스용접	●	●	●	●	●

※ 양호 : ●, 보통 : ▲, 불가 : ×

7 용접 비드

가. 용접 비드란

영어로 비드(bead)란 '물고기 비늘'의 뜻이 있듯이 비드놓기란 용접봉에서 녹아내리는 쇳물을 한방울 한방울씩 고기 비늘처럼 쌓아 일정한 폭과 높이로 용융지를 형성하는 작업이다.

비드놓기 실습은 실제로 두 물체를 용접하는 것이 아니고 판 위에 용융지를 일정하게 형성하는 방법으로, 제품을 양호하게 용접하기 위한 가장 중요한 연습법이다. 비드놓기는 좁은 폭으로 놓는 방법과 넓은 폭으로 놓는 방법이 있다.

나. 좁은 비드

좁은 비드는 아크를 발생하여 작업각과 진행각을 유지하며 좌우 움직임은 거의 하지 않고 진행 방향으로만 일정한 속도로 진행하여 형성한 좁은(줄) 비드이다.

다. 넓은 비드

비드를 놓을 때 진행 방향과 직각 방향으로 일정한 폭과 피치로 움직이며 진행하여 비드를 놓는 방법이며, 비드 넓이는 보통 심선 지름의 3배 정도로 하고 있다. [그림 1-5 참조]

대체로 좁은 비드는 얇은 판이나 수평 자세에, 넓은 비드는 후판이나, 수평 이외의 자세에 적용하고 있다.

그림 1-6 넓은 비드의 위빙법

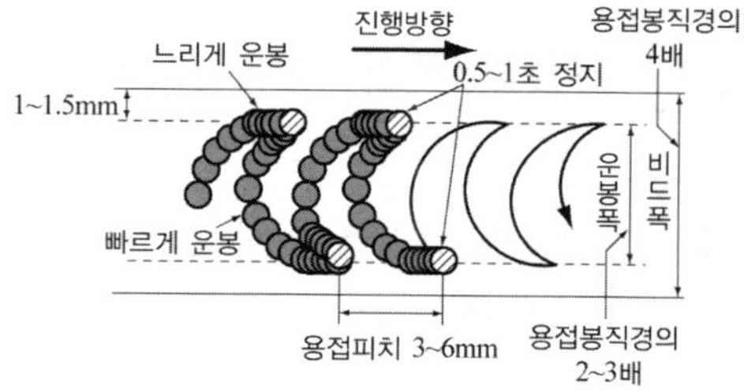

PART 1 용접공학

라. 비드놓기

비드를 놓을 때 용접봉 끝의 아크 불빛을 보지 말고 용접봉 뒤에 형성된 용융지를 일정한 폭으로 연결되는지를 확인하고 용접봉 앞쪽의 용접하고자 하는 용접선을 관찰하며 진행하고 비드가 끝나는 부분에서는 크레이터 처리를 하여 마무리를 한다.

이 때 아크 길이(용접봉 끝 부분과 모재와의 높이)는 심선 지름의 1배 이하(보통 2~3mm)를 유지한다.

용접시 피복 아크용접봉의 길이가 한정되어 있기 때문에(E4316, ϕ3.2 봉은 350mm, ϕ4.0 봉은 400mm), 용접봉이 소모되면 용접이 끝나는 부분에서 비드 잇는 부분이 발생되며, 시작 부분과 끝, 비드 잇는 부분이 양호하게 용착되야 한다.

또한 용접은 모재가 적당한 깊이로 용융(용입)되어야 하므로 모재의 재질과 두께, 형상, 용접부의 위치, 봉의 굵기 등에 따라 적당한 전류를 조절해야 된다.

8 용접 입열, 용접 전류와 용접 속도

가. 용접 전류와 입열

용접 전류는 모재와 용융지를 가열 용융시키기 위한 열을 발생하는 주요 요소이다. 즉 용접 입열량(Welding heat input)은 전압과 전류에 대한 용접 속도로 결정되며, 입열량 계산 식은 다음과 같다.

$$\text{용접 입열량} = \frac{60EI}{V}\text{(J/cm)}$$

E : 아크 전압, I : 용접 전류, V : 용접 속도(cm/min)
※ 60을 곱하는 이유는 전류 전압이 초(sec) 단위이며, 용접 속도는 분(min) 단위이므로 단위를 통일하기 위함이다.

나. 용접 전류와 용접 속도 관계

용접 전류는 모재의 재질, 두께, 용접부 형상, 용접 위치(자세), 용도, 그리고 용접봉의 재질과 굵기 등에 따라 다르며, 작업자의 기량, 작업 방법, 용접 속도, 아크 길이에 따라서도 다르므로 정확하게 얼마로 해야 된다는 수치는 정할 수 없다. 다만 경험치나 평균치에 의해 이 정도라고 정하는 것이 일반적이다.

일반적으로 모재 두께가 두꺼울수록, 모재의 중심부일수록, 용접 속도가 빠를수록, 두 모재간 루트 간격이 좁을수록, 홈각이 작을수록 비례하여 높은 전류를 사용하며, 그 반대의 경우는 비례하여 낮은 전류를 사용하게 된다.

또한, 학교에서 교육을 받을 때 적용하는 전류와 산업 현장에서 사용하는 전류는 많은 차이가 있다.

학교에서는 아직 배우는 단계이므로 정확한 운봉법을 숙련시키는 것이 중요하기 때문에 낮은 전류로 용접 속도를 느리게 하며 실습을 하게 되며, 산업 현장에서는 수준 높은 기량자가 작업하게 되며, 또한 많은 일량을 처리하려면 용접 속도가 빨라야 되므로 높은 전류를 사용하게 된다.

자동차 운전을 배울 때 처음에는 시속 20 ~ 30km만 되어도 매우 빠른 것 같고 겁이 나지만 어느 정도 숙련이 되면 100km를 넘어 160km도 겁 없이 달리는 것과 같은 이치이다.

그러나 지나치게 속도가 높으면 사고의 위험이 커지듯이 용접도 지나치게 높은 전류는 용착금속의 질을 떨어뜨리며, 기공, 언더컷 등 각종 결함이 발생될 우려가 있으므로 많은 실험에 의해 적정 전류를 선택할 필요가 있으며, 산업현장에서는 PQR(용접절차승인시험기록)과 WPS(용접 절차 사양서)를 사용하고 있다.

용접 속도는 용접 전류의 높낮이에 따라 달라진다. 용접 전류가 높으면 용접 속도도 빨라지게 된다.

동일 전류에서 용접 속도가 빠르면 용입 깊이는 낮아지며, 용접 속도가 느리면 용입이 깊어지는 것이 일반적이나, 너무 느리면 오버랩이 발생할 수 있다.

특히 아래보기 자세가 아닌 다른 자세에서는 용접 속도가 느리면 용락이나 비드 처짐이 생길 수 있으므로 용접 속도를 일정하게 유지해야 된다.

실전 심화 학습 문제

{제1절 ‖ 용접의 개요}

PART 1 용접공학

01 금속 간 인력이 작용하여 스스로 접합할 수 있는 원자간 거리는 얼마인가?

02 용접의 종류를 대분류하면 무엇 무엇이 있는가?

03 주조에 대한 용접의 장점 2가지를 설명하시오.

04 용접 자세 4가지를 기호로 나타내시오.

05 6GR 자세에 대하여 설명하시오.

06 용접용 열원의 종류 중 화학적 에너지를 사용하는 용접법의 종류를 들고 설명하시오.

07 탄산가스 아크용접은 동합금이나 알루미늄 용접에 적합하다. (○, ×)

08 위빙 비드에 의해 비드를 놓을 시 적당한 위빙 폭은 심선 지름의 몇 배 정도가 좋은가?

09 아크 전류가 200A, 아크 전압이 25V, 용접 속도가 15cm/min인 경우 단위 길이 1cm당 발생하는 입열(전기적 에너지)은 얼마인가?

10 용접 전류와 용접 속도 관계를 간단히 설명하시오.

11 용접 속도가 빨라지면 용입 깊이는 어떻게 되는가?

12 용접 전류는 모재의 재질, 두께, 용접부 형상, 용접 위치(자세), 용도, 그리고 용접봉의 재질과 굵기 등에 따라 다르며, 작업자의 기량, 작업 방법, 용접 속도, 아크 길이에 따라서도 다르다. (○, ×)

해답

1. 10^{-8} cm
2. 융접, 압접, 납접
3. 5p [나] 참조
4. 아래보기 자세 : F, 수평 자세 : H, 수직 자세 : V, 위보기 자세 : O
5. 7p [바] 3) 참조
6. 9p [마] 참조
7. ×
8. 3배 이하
9. $H = \dfrac{60EI}{V} = \dfrac{60 \times 25 \times 200}{15} = 20000$, 20000J/cm
10. 11p [나] 참조
11. 얕(낮)아진다.
12. ○

제2절 | 피복 아크용접

1 피복 아크용접의 개요

가. 피복 아크용접의 원리와 용접 회로

1) 피복 아크용접의 원리

피복 아크용접(shield metal arc welding : SMAW)은 피복제를 바른 용접봉과 모재(피용접물) 사이에 전류를 통하면 아크가 발생되며, 이 때 발생하는 열은 약 3500~5000℃ (최고 6000℃) 정도 되는데, 이 아크열을 이용하여 용접하는 용극식 용접법이다. [그림 2-1 참조]

그림 2-1 피복 아크용접의 원리

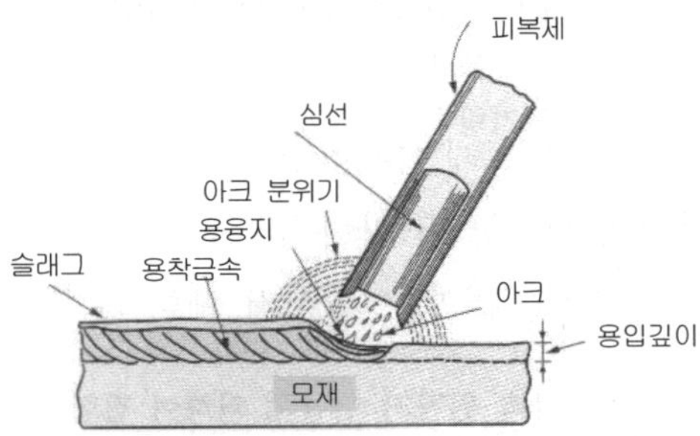

모재와 용접봉(전극) 사이에 교류 또는 직류의 전압을 접속하고 아크를 발생시키면 모재와 용접봉이 녹아서 금속 증기와 용적이 되어 아크 속을 지나 용융지(molten weld pool)에 옮겨가서 용착금속을 만든다.

이 용접법은 연강을 비롯하여 고장력강, 스테인리스강, 비철금속, 주철 및 표면 경화강까지 각종 용접법에 널리 적용할 수 있으나, 타 용접법에 비해 작업 능률이 떨어지므로 요즈음은 산업현장에서는 거의 쓰이지 않는다.

그림 2-2 피복 아크용접 회로도

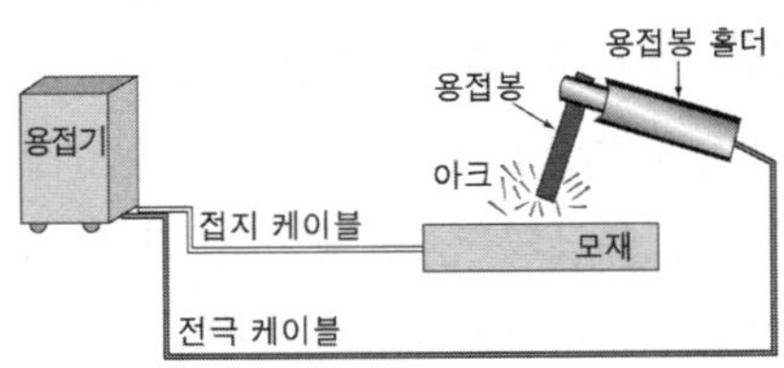

[용접회로]

그러나 도시가스관 용접이나 해양 구조물 용접 등 야외 용접에서는 다른 용접법에 비해 짧은 아크 길이에 의해 용접부 보호 능력이 좋으므로 이 용접법이 적용되고 있다.

2) 피복 아크용접 회로

피복 아크용접은 용접기(전원)→전극 케이블→용접봉 홀더→피복 아크용접봉→아크→모재→접지 케이블→용접기(전원) 순으로 용접 전원이 입력되어 아크를 발생하고 다시 용접기로 돌아오는 과정을 형성하게 되는데 이것을 용접 회로라 한다. [그림 2-2 참조]

나. 아크의 성질

1) 아크(arc) 현상

아크란 전극(탄소 전극) 2개에 전원(직류, 교류)을 접속하고 수평으로 서로 마주보게 하여 전극을 살짝 접촉시켰다 떼면 방전하여 아크가 발생하며 아크 기둥이 형성되는데 이 기둥의 형상이 상하로 볼록한 원호 형상으로 나타나므로 arc(圓弧)라는 이름이 붙여진 것 같다.

이 때 전원의 (+)극에 접속된 쪽을 양극(anode), (-)극에 접속된 쪽을 음극(cathode), 양극과 음극 사이를 아크 기둥(arc column) 또는 아크 플라즈마(plasma)라 하는 방전이 일어나게 되는데, 이 아크 플라즈마는 강력한 불빛과 높은 열을 발생하며 가스 및 전극 물질이 증가하게 된다.

이 아크를 통해 10~500A의 전류가 흐르며 금속 증기와 그 주위의 각종 기체 분자가 해리하여 양전기를 띤 양이온과 음전기를 띤 전자가 각각 분리되고, 양이온은 음(-)극으로, 음이온은 양극(+)으로 이동하기 때문에 아크 전류가 흐르게 된다.

2) 방전과 전압 강하(Voltage Drop)

아크용접기는 높은 무부하 전압에 의해 불꽃 방전을 일으킨 후에 순간적으로 아크 기둥의 길이에 따라 양극과 음극에서 급격한 전압 강하가 일어나고 아크 기둥에서도 완만하게 전압 강하가 일어나 저전압으로 아크가 유지하게 된다.

이때 양극 전압 강하(V_A), 음극 전압 강하(V_K), 아크 기둥의 전압 강하(V_P)의 전체의 전압을 아크 전압(V_a)이라고 한다.

[그림 2-3 참조]

양극과 음극의 전압 강하는 전극 재질에 따라 변하지만, 아크 길이나 전류 크기와 관계없이 일정하나, 아크 기둥의 전압은 아크 길이에 거의 정비례하며, 아크 길이가 일정할 경우는 아크 전류의 증가에 따라 증가하는 경향이 있다.

그림 2-3 아크 전압의 분포

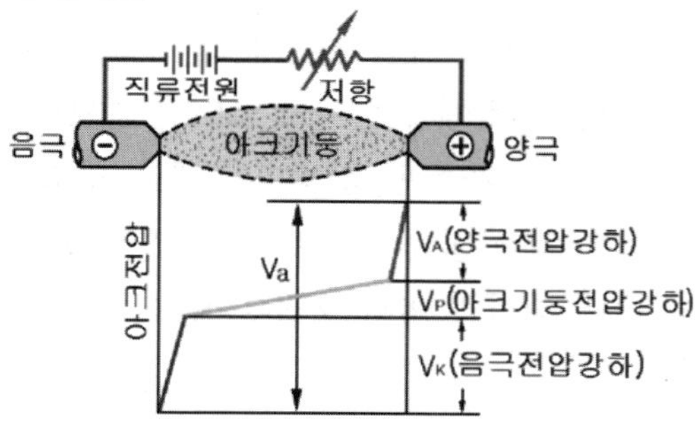

2 피복 아크용접봉

가. 피복 아크용접봉의 개요

피복 아크용접봉은 용가재(filler metal) 또는 전극봉이라고도 하며, 용접할 모재와 모재 사이의 틈을 메워 주며, 용접부의 품질을 좌우하는 중요한 소재이다.

용접봉의 종류에는 피복 여부에 따라 피복 용접봉과 비피복 용접봉, 용접할 재질에 따라 연강용, 저합금강용, 스테인리스강용, 주철용 등이 제조되고 있다.

비피복 용접봉은 주로 자동 용접이나 반자동 용접에, 피복봉은 수동 피복 아크용접에 사용된다.

피복 아크용접봉은 금속 심선 표면에 피복제를 발라 건조한 것으로 심선의 지름은 1~10mm까지, 길이는 350~900mm까지가 있으며, 한쪽 끝은 용접 홀더에 물려 전류를 통할 수 있도록 약 25mm 정도는 피복을 입히지 않고 노출되어 있다.

나. 피복 아크용접봉의 심선

피복 아크용접봉 심선의 재질은 대체로 모재 성분과 동일하거나 유사한 것을 사용하고 있으며, 용접의 결과는 피복제와 심선과의 상호 화학 작용에 의해 형성된다.

연강용 피복 아크용접봉의 화학 성분은 [표 2-1]와 같으며, 용착금속의 균열(crack) 방지를 위하여 주로 저탄소 림드강이 사용된다.

그러나, 유럽 쪽에서는 용접구조용강으로 림드강을 사용하지 않고 세미 킬드강 또는 킬드강이 사용되고 있으며, 우리나라에서도 최근 림드강 대신 세미 킬드강이 많이 사용되고 있는 추세다.

표 2-1 연강용 피복 아크용접봉 심선의 화학 성분(KSD 3508)

종류 기호		화학성분 %					
		C	Si	Mn	P	S	Cu
1종	SWR 11	0.09 이하	0.03 이하	0.35~0.65	0.020 이하	0.023 이하	0.20 이하
2종	SWR 21	0.10~0.15	0.03 이하	0.35~0.65	0.020 이하	0.023 이하	0.20 이하

다. 피복제의 역할

① 아크를 안정시키며, 중성 또는 환원성 분위기로 대기 중으로부터 산화, 질화 등의 해를 방지하여 용착금속을 보호한다.

② 용융금속의 용적(globule)을 미세화하여 용착 효율을 높인다.
③ 용착금속의 냉각 속도를 느리게 하여 급랭(경화)을 방지한다.
④ 용착금속의 탈산 정련 작용을 하며, 모재 표면의 산화물을 제거한다.
⑤ 파형이 고운 비드를 만들고 양호한 용접부를 만든다.
⑥ 용융점이 낮고 적당한 점성의 가벼운 슬래그를 만들어 슬래그 제거를 쉽게 한다.
⑦ 스패터(spatter) 발생을 적게 하며, 용착금속에 필요한 합금 원소를 첨가한다.
⑧ 전기 절연 작용을 한다.

라. 피복 배합제의 성분

피복제 중에 포함된 주요 성분은 아크 안정제, 슬래그 생성제, 가스 발생제, 탈산제, 고착제, 합금 첨가제 등이 있다. [표 2-2 참조]

1) 아크 안정제

피복제 성분이 아크열에 의해 이온화를 쉽게 하므로 아크에 부드러운 느낌을 주고 잘 꺼지지 않으며, 아크 전압도 낮아지고 아크도 안정된다.

아크 안정제 성분은 규산나트륨(Na_2SiO_3), 규산칼륨(K_2SiO_3), 석회석($CaCO_3$), 산화티탄(TiO_2) 등이 있다.

2) 슬래그 생성제

용융점이 낮고 가벼운 슬래그를 만들어 용융 금속의 표면을 덮어서 용융 금속의 냉각 속도를 느리게 하며, 산화나 질화, 기공 등을 방지하는 역할을 한다.

슬래그 생성제 종류로는 산화티탄(TiO_2), 석회석($CaCO_3$), 산화철, 이산화망간(MnO_2), 일미나이트($TiO_2 \cdot FeO$), 규사(SiO_2), 장석($K_2O \cdot Al_2O_3 \cdot 6SiO$), 형석($CaF_2$) 등이 있다.

3) 가스 발생제

중성 또는 환원성 가스를 발생하여 아크 분위기를 대기로부터 보호하고 용융 금속의 산화나 질화를 방지한다.

성분의 종류는 석회석, 녹말, 톱밥, 탄산바륨($BaCO_3$), 셀룰로오스 등이 있다.

4) 탈산제

용융 금속 중의 산화물을 탈산 정련 작용하는 것으로, 규소철(Fe-Si), 망간철(Fe-Mn), 망간, 알루미늄 등이 사용된다.

5) 고착제

심선에 피복제를 고(접)착시키는 역할을 하는 물질로서, 물유리(규산나트륨 : Na_2SiO_3), 규산칼륨(K_2SiO_3) 등의 수용액이 사용된다.

6) 합금 첨가제

용접 금속의 여러 성질을 개선하기 위한 것으로, 페로망간, 페로실리콘(규소), 니켈, 몰리브덴, 크롬, 구리, 바나듐 등의 금속 원소가 이용된다.

표 2-2 피복 배합제의 성분과 성질

원료 \ 성질	아크 안정제	슬래그 생성	탈산제	환원 가스 발생제	산화성	합금제	유동성 증가	고착제	슬래그 박리성 증가
탄산나트륨, 탄산칼슘, 중탄산나트륨, 산성백도, 생석회, 석회석($CaCO_3$)	○	○							
황혈염, 형석(CaF_2)	○	○					○		
규산나트륨(물유리), 규산칼륨	○	○						○	
규사, 이산화망간(MnO_2)	○	○			○		○		
산화티탄, 석면	○	○					○		○
적철광, 자철광, 사철	○	○			○		○		○
붕사, 붕산, 고토, 제강슬래그		○							○
탄산마그네슘, 알루미나, 빙정석		○					○		
페로실리콘, 페로티탄, 페로바나듐		○				○			
산화몰리브덴, 산화니켈					○	○			
망간, 페로망간, 크롬, 페로크롬			○			○			
알루미늄, 마그네슘			○						
니켈, 니크롬산, 구리						○			
소맥분	○		○	○				○	
면사, 면포, 종이, 목재 톱밥	○		○	○					
탄가루			○	○		○			
해초, 아교, 카세인, 젤라틴, 아라비아고무, 당밀				○				○	

마. 용착금속의 보호 방식에 따른 분류

1) 슬래그 생성식

용적이나 모재의 주위를 액체 용제 또는 슬래그로 덮어 공기와의 직접 접촉을 방지하는 형식이다.

2) 가스 발생식

일산화탄소, 수소, 탄산가스 등 환원성 가스나 불활성 가스에 의해 용착금속을 보호하는 형식이다. 가스 발생식의 특징은 전자세 용접에 적당하며, 슬래그 제거가 쉽고 슬래그 생성식에 비해 작업 능률이 좋으며, 안정된 아크를 얻을 수 있으나, 스패터가 많으며, 유독 가스를 많이 발생하는 경우가 있다.

3) 반가스 발생식

가스 발생식과 슬래그 생성식을 혼합한 형식이다.

바. 연강용 피복 아크용접봉의 표시

용접봉 표시는 우리나라와 일본의 단위가 동일하지만 일본은 첫 글자로 D를 사용하며, 우리나라와 미국은 E를 사용한다. 그러나 미국의 경우는 야드 파운드법을 사용하므로 lbs/in^{2}로 표시하며, KSD의 43kg$_f$/mm^{2}급이 AWS에서는 60000 lbs/in^{2}가 된다.

따라서 E4313은 E6013으로 표시한다. 연강용 피복 아크용접봉은 KSD 7004에 규정되어 있으며, 다음과 같이 표시한다.

- E 4316 - AC - 5.0 – 400 : 저수소계 – 교류 사용 – 지름 5mm - 봉 길이 400mm

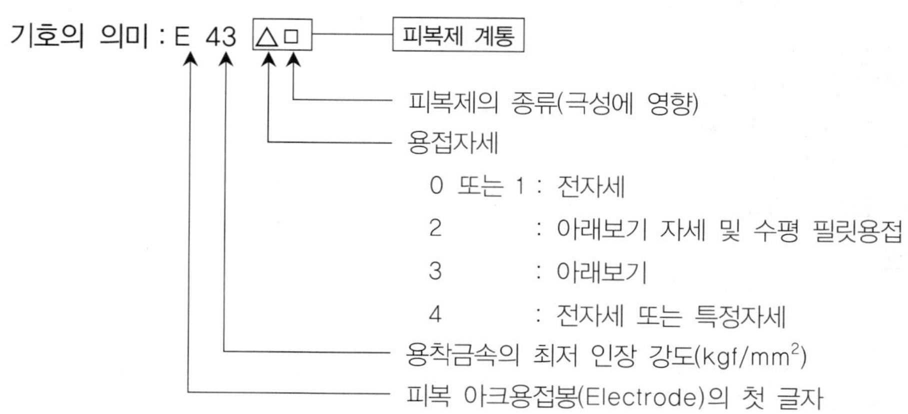

사. 연강용 피복 아크용접봉의 특성

1) 일미나이트계(E4301)

① 주성분 : 30% 이상의 일미나이트(TiO_2 · FeO)와 사철 등을 30% 이상 포함한 슬래그 생성계이다.

② 특성 : 가격이 저렴하고, 작업성과 용접성이 우수하며, 전자세 용접봉으로 용입 및 기계적 성질이 양호하며, 내부 결함이 적고, 슬래그의 유동성이 좋다.

③ 용도 : 우리나라, 일본에서 많이 생산하며, 일반 구조물의 중요 강도의 부재, 각종 압력 용기, 조선, 건축, 철도 차량 등에 사용한다.

2) 라임티타니아계(E4303)

① 주성분 : 산화티타늄을 30% 이상, 석회석을 포함한 슬래그 생성계이다.

② 특성 : 슬래그의 유동성이 좋고, 비드 외관이 깨끗하고 언더컷이 적다.
슬래그 제거가 쉽고 용입이 얕다.(피복제는 두껍다.)

③ 용도 : 기계, 차량, 일반 강재의 박판 용접에 적합하다.

3) 고셀룰로오스계(E4311)

① 주성분 : 유기물(셀룰로오스)을 30% 정도 함유한 가스 발생식이다.

② 특성 : 가스에 의한 산화, 질화를 막고 피복제가 얇아 슬래그 생성이 적고 스패터가 심하며, 비드 파형이 거칠고 용입이 깊다. 위보기 자세와 좁은 홈 용접이 가능하다. 보관 중 습기를 흡수하기 쉽다.(기공 발생 우려)

③ 용도 : 아연 도금 강판, 저장 탱크, 배관 용접에 많이 사용한다.

4) 고산화티탄계(E4313, E6013)

① 주성분 : 산화티타늄을 30% 이상 포함한 슬래그 생성계이다.

② 특성 : 아크가 안정되고, 스패터가 적으며, 슬래그 제거가 쉽고, 비드가 고우며 언더컷이 발생하지 않는다. 전자세와 수직 하진 자세 및 접촉 용접이 가능하며, 작업성이 좋고, 용입이 얇다.

③ 용도 : 고온 균열 발생이 크고, 기계적 성질이 나빠 일반 경구조물 용접, 박판 용접에 적합하다.

5) 저수소계(E4316, E7016)

① 주성분 : 석회석($CaCO_3$)이나 형석(CaF_2)을 주성분으로 한 것으로, 용착금속 중 수소

함유량이 다른 봉에 비해 1/10 정도로 현저히 적다.
② 특성 : 인성과 연성이 풍부하고 기계적 성질이 우수하나, 아크가 다소 불안정하며, 작업성이 나쁘다. 시점에서 기공이 생기기 쉬우므로 후진법을 선택하여 문제를 해결하는 경우도 필요하다.
③ 용도 : 중요 부재의 용접, 고압 용기 후판 중구조물, 탄소 당량이 높은 기계 구조용강, 구속이 큰 용접, 유황 함유량이 많은 강 용접에 이용된다.
④ 건조 : 피복제는 습기를 흡수하기 쉬우므로 사용 전 300~350℃에서 1~2시간 건조 후 사용해야 된다.

6) 철분 산화티탄계(E4324)

① 주성분 : 고산화티탄계에 철분을 약 50% 정도 첨가시킨 용접봉이다.(E4313과 비슷)
② 특성 : 우수한 작업성과 고능률성을 갖춘 것으로 스패터가 적고 용입이 얕다.
아래보기 자세와 수평 필릿 자세 전용 용접봉이다.
③ 용도 : 저탄소강, 저합금강, 고탄소강 등에 사용된다.

7) 철분 저수소계(E4326, E7018)

① 주성분 : 저수소계 용접봉 피복제에 철분을 30~50% 정도 첨가한 용접봉이다.
② 특성 : 용착 효율이 좋고 능률적이며, 스패터가 적다. 기계적 성질이 우수하고 슬래그 박리성이 E4316보다 좋으며, 작업성도 좋다.
E4326은 아래보기 자세와 수평 필릿 자세 전용 용접봉이며, 용도는 E4316과 비슷하다.

8) 철분 산화철계(E4327)

① 주성분 : 산화철에 규산염을 첨가하여 산성 슬래그를 생성시킨 것이다.
② 특성 : 용착 효율이 좋고 능률적이며, 스패터가 적은 스프레이형이다.
용입이 양호하며, 슬래그 제거가 양호하다.

아. 기타 피복 아크용접봉

1) 고장력강 피복 아크용접봉

일반 구조용 압연 강재(SS41)나 용접 구조용 압연 강재(SWS 41)보다 높은 항복점과 인장 강도를 얻기 위해 Mn, Si, Ni, Cr 등 합금 원소를 첨가한 저합금강으로, 판 두께를 얇게 할 수 있어 무게 경감과 재료의 절약, 내식성 향상 등을 목적으로 사용된다.

종류는 KSD 7006에 50kg_f/mm^2, 53kg_f/mm^2, 58kg_f/mm^{2}급이 규정되어 있다. [표 2-3 참조]

표 2-3 고장력강 피복 아크용접봉 종류(KSD 7006)

종 류	피복제 계통	용접자세	사용 전원	인장시험		
				인장 강도 N/mm^2 (kgf/mm^2)	항복점 N/mm^2 (kgf/mm^2)	연신률 (%) 이상
E 5001	일미나이트계	F, V, O, H	AC, DC(±)	490(50)	392(40)	20
E 5013	라임티타이아계	F, V, O, H	AC, DC(±)	490(50)	392(40)	20
E 5016	저수소계	F, V, O, H	AC, DC(+)	490(50)	392(40)	23
E 7016				686(70)	549(56)	16
E 8016				784(80)	666(68)	15
E 5826	철분저수소계	F, H	AC, DC(+)	568(58)	490(50)	18

2) 스테인리스강 피복 아크용접봉

① **스테인리스강** : 탄소강보다 내식성과 내열성이 우수하며, 기계적 성질과 가공성도 우수하다. 용접봉의 종류는 티탄계와 라임계가 있다.

② **티탄계** : 루틸을 주성분으로 하며, 아크가 안정되고 스패터가 적으며, 슬래그 제거성도 양호하다. 수직, 위보기 용접시 용적이 낙하하기 쉽고, 용입이 얕아 얇은 판 용접에 적합하다. 우리나라의 스테인리스강 용접봉은 거의 티탄계이다.

㉠ 종류 : E 308, E 308L, E 309, E 309 Mo, E 310, E 316

㉡ 용도 : X선 검사 성능이 양호하여 고압 용기나 중구조물 용접에 쓰인다.

③ **라임계** : 형석, 석회석이 주성분이며, 비드가 볼록형으로 아래보기 및 수평 필릿 용접시 비드 외관이 나쁘고, 슬래그가 용융지를 거의 덮지 못하며, 아크가 불안정하다.

3) 주철 피복 아크용접봉

① 주철 용접봉은 주로 주물 제품의 결함을 보수할 때나 파손된 제품을 수리할 때 사용되며, 연강 및 탄소강에 비해 용접이 어렵기 때문에 용접 전, 후의 처리와 봉의 선택이 중요하다.

② **종류** : 주철용 피복 아크용접봉으로는 니켈봉(계), 모넬 메탈봉, 연강용 용접봉 등이 있다. Fe-Ni 봉은 균열의 발생이 적어 많이 사용되며 모넬 메탈봉은 값이 싸나 다층 용접시 균열이 발생될 우려가 있다. 순 니켈봉은 저전류 저온용에 주로 사용된다.

4) 동 및 동합금용 피복 아크용접봉

① 주로 탈산 구리 용접봉 또는 구리 합금 용접봉이 사용되고 있다.

② 연강에 비해 열전도도와 열팽창계수가 크기 때문에 용접에 어려움이 있으나, 계속 우수한 용접봉 개발이 진행되고 있다.

③ 종류별 특성

㉠ 순동(DCu) : 합금 원소 최대 4% 함유, 첨가에 따라 용접성이 향상된다.

㉡ 규소 청동(DCuSi) : 규소 청동, 순동, 기타 동합금의 용접에 우수하다.

㉢ 인청동(DCuSn) : 용접 그대로는 취화되기 쉬우며, 피닝 처리하면 향상된다. 규소 청동에 비하여 작업성이 떨어진다.

㉣ 알루미늄 청동(DCuAl) : 용접 작업성과 기계적 성질은 우수하나 순동, 황동 용접은 곤란하다.

㉤ 특수 알루미늄 청동(DCuAlNi) : 알루미늄 청동과 같은 성능을 갖고 있으나, 균열에 유의해야 한다.

㉥ 백동(DCuNi) : 용접 작업성이 양호하고, 해수에 대한 내식성이 좋다.

자. 용접봉의 용적 이행

용접 작업할 때 용접봉에서 용융된 용적이 모재로 옮겨가는 상태를 용적 이행이라 말하며, 기본형은 단락형, 분무형, 입상(글로뷸러)형으로 구분하나, 실제로는 이들이 전류 세기나 피복제 재질 등에 따라 복합적으로 나타나므로 용적 이행 방식은 다양하게 많다고 할 수 있다. [그림 2-4 참조]

1) 단락형(short circuit transfer) 이행

단락형이란 용접봉 끝에서 생긴 용적이 용융지에 접촉되어 단락되고, 표면 장력의 작용으로 모재에 옮겨가서 용착되는 작용을 1초에 수십번 반복하는 현상으로, 비피복봉을 사용할 때나, 솔리드 와이어를 사용하는 이산화탄산가스 아크용접에서 주로 일어난다. 단락 회수가 많고 용적의 크기가 작을수록 비드의 표면은 그만큼 곱게(미려하게) 된다.

2) 분무형(spray transfer) 이행

용접봉 끝에서 피복제의 일부가 가스화하여 가스를 뿜어내면서 미세한 용적이 모재에 옮겨가서 용착되는 현상으로, 스프레이형이라고도 하며, 일미나이트계, 고산화티탄계 등에서 일어난다.

다. 입상형(globular transfer) 이행

일명 글로뷸러형 또는 핀치 효과형이라고도 하며, 비교적 큰 용적이 단락되지 않고 모재에 옮겨가는 현상으로 서브머지드 용접 등과 같이 대전류를 사용할 때 일어난다.

핀치 효과란 플라스마 속에서 흐르는 전류와 그것으로 생기는 자기장과의 상호 작용으로 플라스마 자신이 가는 줄 모양으로 수축하는 현상을 말한다.

그림 2-4 용융 금속의 이행 형식

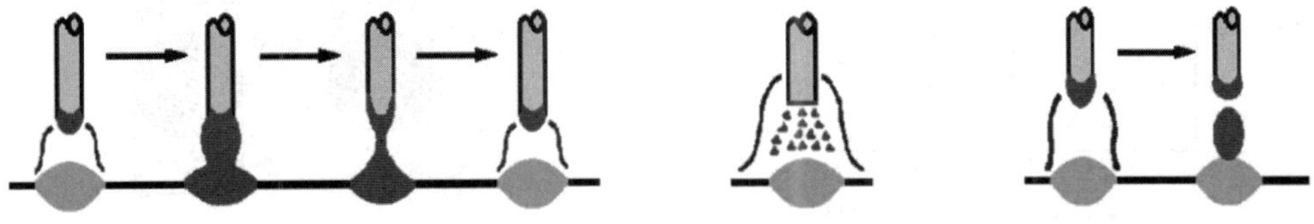

(a) 단락 이행 (b) 분무 이행 (c) 입상 이행

차. 연강용 피복 용접봉의 선택

용접봉은 용접 결과에 중요한 역할을 하므로 사용 목적에 적합한 것을 선택하여야 한다. 용접봉을 선택하려면 피용접물의 재질과 구조물의 형상, 판두께, 자세, 강도, 사용 목적 등에 따라 선택하고, 용접봉의 작업성과 용접성을 고려해야 된다.

1) 작업성

작업성이란 아크 발생과 아크 상태, 용접봉 용융 상태, 슬래그 상태, 스패터 발생 상태 등의 직접적인 것과 슬래그 박리성, 스패터 제거 난이도, 기타 작업의 난이도 등 간접 작업성으로 구분할 수 있다.

2) 용접성

용접성이란 내균열성의 정도, 용접 후의 변형이 생기는 정도, 내부의 용접 결함의 정도, 용착금속의 기계적 성질 등을 말한다.

피복 아크용접봉에서 내균열성이 제일 좋은 것은 저수소계이고, 다음이 일미나이트계, 제일 떨어지는 것이 티탄계이다.

피복제의 염기도가 높을수록 내균열성이 우수하나, 작업성은 떨어지며, 산성도가 높을수록 내균열성은 작(낮)아지나, 작업성은 좋아진다. [그림 2-5 참조]

용접봉의 편심률은 3% 이내여야 하며, 이보다 크면 아크 쏠림 등 아크가 불안정하다. [그림 2-6 참조]

$$\text{편심률(\%)} = \frac{D' - D}{D} \times 100$$

그림 2-5 용접봉의 내균열성 비교

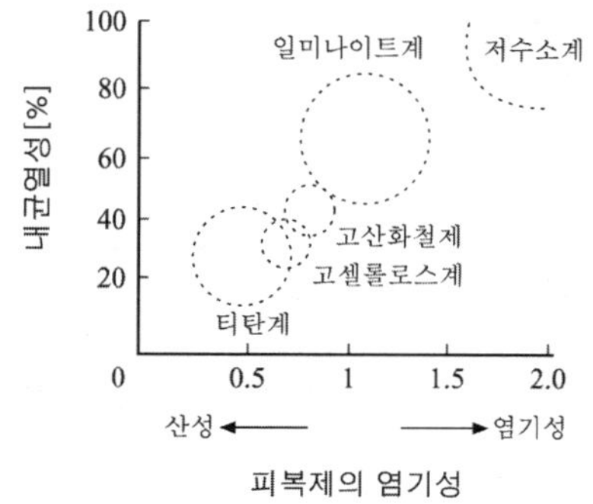

그림 2-6 피복제의 편심

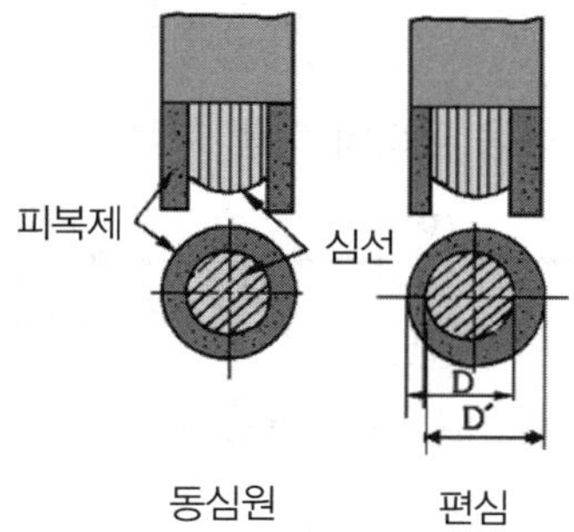

카. 용접봉 관리(취급시 주의 사항)

① 현장에서 사용하는 용접봉은 회수와 건조 등 보관에 신중을 기해야 한다.

② 용접봉 건조

- 일반적으로 70 ~ 100℃에서 30분 ~ 1시간 정도 건조하여 사용한다.
- 저수소계 용접봉의 경우는 300 ~ 350℃에서 1 ~ 2시간 건조 후 70℃ 전후로 보온 유지하며 사용해야 한다.(보온통의 유지온도 : 70~120℃)

③ 피복 아크용접봉은 습기에 민감하므로 지면보다 높고 건조하며, 진동이 없고 하중을 받지 않는 장소에 보관해야 된다.

④ 사용 중에 피복제가 떨어지는 일이 없도록 통에 넣어서 운반하여 사용하도록 한다.

⑤ 용접사는 용접 전류, 용접 자세 및 건조 등 용접봉 사용 조건에 대한 용접봉 제조자의 지시에 따라야 한다.

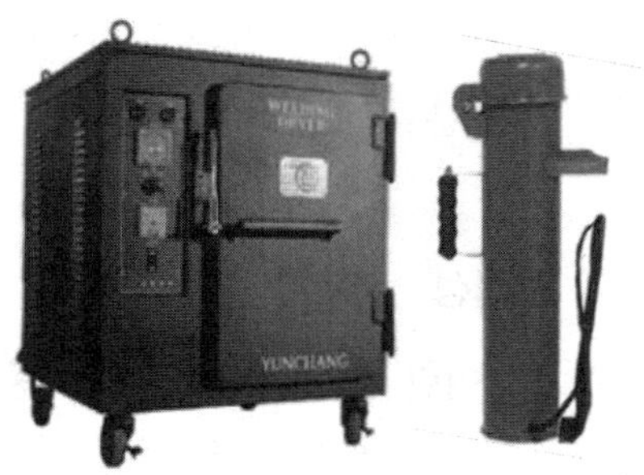

1) 고온용 건조로 2) 보온통

⑥ 용접봉에 습기는 기공이나 균열의 원인이 되므로 사용 전에 충분히 건조해야 한다.

⑦ 건조로가 없는 곳에서 용접봉 박스 개봉 후 소량 사용의 경우는 약 20~30개 정도씩 신문용지 등으로 쌓아서 건조한 곳에 보관하는 방법도 있다.

3 용접기의 특성

가. 무부하 전압과 아크 전압

1) 수압과 전압

물은 높은 곳에서 낮은 곳으로 흐르게 되는데 그 이유는 수위의 높낮이 즉 위치 에너지의 차에 의해 큰 위치 에너지를 가진 물이 수로를 통하여 낮은 곳으로 흐를 때 이것이 속도와 압력의 에너지로 변하게 된다. 이때 이 수위의 차를 수압이라 하며 물의 높이가 높으면 높을수록 단위 면적의 관에서 나오는 물의 압력(수압)은 세게 빠르게 흐르게 되며, 그만큼 수량도 많아지게 된다.

전하의 흐름인 전류도 양전하(+)를 가진 물체 A와 음전하(-)를 가진 물체 B를 도체로 연결하면 전류가 A에서 B로 흐르게 되는데 이때 전위가 높은 곳에서 낮은 곳으로 흐르게 되며 이 높이의 차(전위차)를 전압이라 한다.

발전소를 통해서 가정이나 산업현장까지 이동 중에는 높은 전압이 오게 되며 변압기를 통해 적정 전압으로 변압(감압)되어 전기기기에 입력하게 된다.

2) 무부하(개로) 전압

무부하 전압이란 전기 기기에서 전원은 연결되어 있으나 그 전기로 인해 어떤 기기가 본연의 일을 하지 않은 경우의 전압을 말하며, 용접기의 경우 전원 스위치를 넣은 상태에서 아크를 발생하지 않을 때 용접기 내부에 전기가 들어와 있는 상태를 무부하 전압이라 한다. 즉 용접기(예를 들면 가동 철심형 교류 아크용접기)의 경우 1차측에는 220V 또는 440V 등 높은 전압이 연결되어 있으나 2차측은 용접기에 따라 80~95V(직류의 경우 54~60V)의 전압이 걸려 있게 되는데 이 전압을 무부하 전압이라 한다.

3) 아크(부하) 전압

부하 전압은 무부하로 연결된 용접기가 아크를 발생하여 용접을 할 때 걸리는 전압을 말하며, 보통 20~30V로 낮아지게 되며 전류가 상대적으로 높아지게 된다. 이때 높은 무부하 전압이 아크를 발생하며 낮아지는 이유는 자동차가 처음 출발할 때는 큰 힘이 필요하기 때문에 1단(수동 변속차량의 경우) 또는 2단으로 출발하지만 속도가 빨라지면 5단으로 놓아도 무리없이 달리는 것과 같이 용접기도 처음 아크를 발생할 때는 높은 전압에 의해 스파크가 일어나야 되기 때문에 무부하 전압이 높은 것이다.

교류 아크용접기의 경우 무부하 전압이 높아 감전의 위험이 있으므로 자동 전격방지기를 설치하여 용접을 하지 않을 때는 자동 전격방지기에 의해 20~30V 이하로 유지하다가 아크를 발생하기 위해 용접봉을 모재에 접촉하는 순간 0.5초 이내에 릴레이가 작동하여 높은 무부하 전압이 출력되어 아크를 발생시키게 된다.

다. 아크 특성

1) 부특성(부저항 특성)

일반적으로 전기는 옴의 법칙(Ohm's law)에 따라 동일 저항에 흐르는 전류는 그 전압에 비례하지만, 아크의 경우는 그 반대로 전류가 커지면 저항이 작아져서 전압도 낮아지게 되는데 이 현상을 부특성 또는 부저항 특성이라 한다.

부특성은 아크 전류 밀도가 작을 때 나타나며, 전류 밀도가 크면 전압이 상승하는 특성을 가지며, 용접봉과 보호가스의 종류에 따라 변하는 성질이 있으므로 피복제를 사용하여 보호가스를 발생시키면 낮은 아크 전압에서도 아크가 잘 일어나며 아크가 안정하게 된다.

2) 절연 회복 특성

교류 아크에서는 1사이클(cycle)에 두 번 전류 및 전압의 순간 값이 0이 되므로 아크 발생이 중단되고 용접봉과 모재 사이가 절연된다. 이 때 아크 기둥을 둘러싼 보호가스가 용접봉과 모재 사이의 절연을 꺾고 전류가 잘 통하도록 만들게 되는데, 이와 같이 보호가스에 의해 순간적으로 꺼졌던 아크가 다시 일어나는 현상을 절연회복 특성이라 한다.

라. 용접기의 외부 특성

1) 수하 특성(drooping characteristic)

일반적으로 전기 기기는 입력 전압이 높아지면 전류도 함께 상승하여 더 큰 출력을 내게 되지만, 교류 아크용접기의 경우 부하 전류가 증가하면 단자 전압이 낮아져 그 기계의 출력은 같게 하는 특성을 수하 특성이라 한다.

[그림 2-7]에서 아크 길이 ℓ_1을 일정하게 한 아크 특성 곡선과의 교점 S는 양자의 전압 및 전류의 조건을 동시에 만족시키는 아크 발생점인데, 어떤 원인으로 전류가 약간 증가하였다고 하면 아크가 요구하는 전압보다 낮아지므로 전류가 감소되어 S점으로 되돌아간다. 또한 어떤 원인으로 약간 전류가 감소된 경우 전압이 A점으로 옮겨져 S점보다 전압이 높아지므로 전류가 감소

그림 2-7 수하 특성 곡선

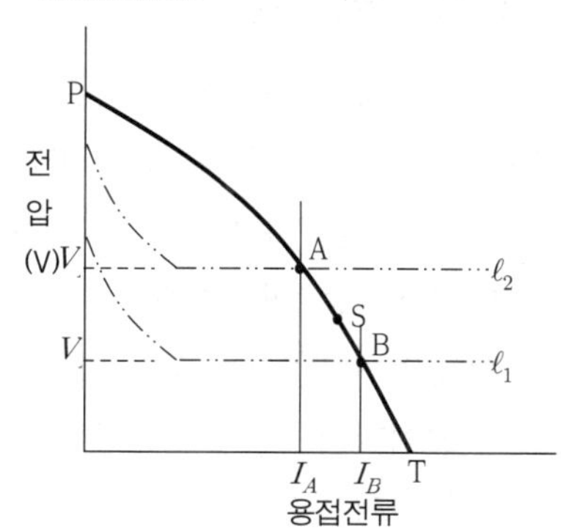

되어 S점에 돌아간다. 따라서 아크 길이가 변하여도 전류는 별로 변하지 않으므로 피복 아크용접, TIG 용접처럼 아크 길이를 일정하게 유지하는 것이 곤란한 수동 용접법에 적합한 특성이다.

2) 정전류 특성(constant current characteristic)

수하 특성 곡선 중에서도 작동점 부근의 경사가 급격한 부분(보통 100A 부근)은 아크 길이와 전압이 변하여도 전류는 거의 변하고 않고 아크가 지속되는 특성을 말하며, 수동 용접기는 수하 특성인 동시에 정전류 특성을 갖는다.

3) 상승 특성(rising characteristic)

부하 전류가 증가하면 단자 전압도 다소 높아지는 특성을 말하며, 직류 용접기에서 사용되는 특성으로 아크 길이 자기 제어 특성이 있다는 점에서는 정전압 특성과 같다.

4) 정전압 특성(constant voltage characteristic)

부하 전류가 변하여도 단자 전압은 거의 변하지 않는 특성으로 CP 특성이라고도 한다. 용접 전류에 따라 일정한 속도로 와이어를 공급하는 방식에 이용되는 MIG 용접, 이산화탄산가스 아크용접, 서브머지드 아크용접 등 반자동 및 자동 용접에서 정전압 특성[그림 2-8 b선] 및 상승 특성[그림 2-8 c선]을 이용한다.

그림 2-8 정전압 특성 곡선

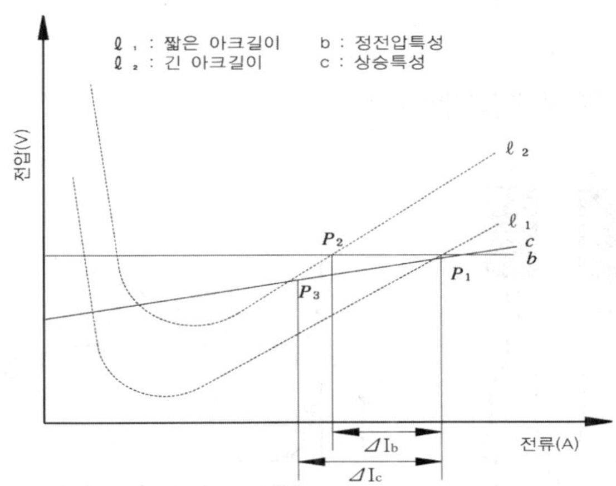

5) 아크 길이 자기 제어 특성

MIG 용접과 이산화탄소 아크용접 등의 자동 또는 반자동용접기와 같이 직경이 가는 와이어에 큰 전류를 사용할 때 아크의 안정을 자동적으로 유지할 수 있는 기능이 필요하다.

아크 길이 자기 제어 특성이란 아크 전류가 일정할 때 아크 전압이 높아지면 용접봉의 용융 속도가 늦어지고, 아크 전압이 낮아지면 용융 속도는 빨라져 아크 길이를 일정하게 유지하는 특성을 말한다. 이 특성은 전류 밀도가 클 때 가장 잘 나타나며, 자동 용접에서 아크 길이가 다소 변하더라도 자동적으로 아크 길이가 제어되어 아크 길이를 일정하게 유지할 수 있다.

정전압 특성을 지니고 있는 자동 용접기가 정상 상태로 동작하고 있다는 것은 와이어의 용융 속도와 송급 속도가 완전히 일치하고 아크 길이가 일정하게 유지되고 있다는 것이며, 이 때의 아크 발생점은 전원의 외부 특성과 아크 특성이 만나는 점이 된다.

[그림 2-9]에서 만나는 점 K_0, 용접전류 I_0, 아크 전압 V_0, 이 때의 아크 길이 ℓ_0로서 안정된 용접 상태는 A_0이다. 만약, 어떤 원인으로 아크 길이가 길어질 때 A_1의 상태로 이동되며 아크 길이는 ℓ_0에서 ℓ_1으로 길게 되며 아크 발생점은 K_0에서 K_1으로 이동되며 용접전류는 I_0에서 I_1으로 감소됨에 따라 와이어의 용융 속도가 낮아지지만 와이어 송급 속도는 일정하므로 다시 아크의 길이는 A_0의 상태로 돌아간다.

반대로 아크 길이가 짧게 될 때는 용접전류가 증가해서 와이어 용융 속도가 높아지므로 아크 길이는 다시 A_0로 돌아가게 된다.

이와 같이 정전압 특성의 전원과 와이어 송급 방식의 결합에서는 아크 길이의 변동에 따라 전류가 증가 또는 감소하여 아크 길이를 일정하게 유지시키는 작용이 있는데 이 작용을 아크길이 자기제어 특성이라고 한다.

그림 2-9 아크길이 자기제어(정전압) 특성

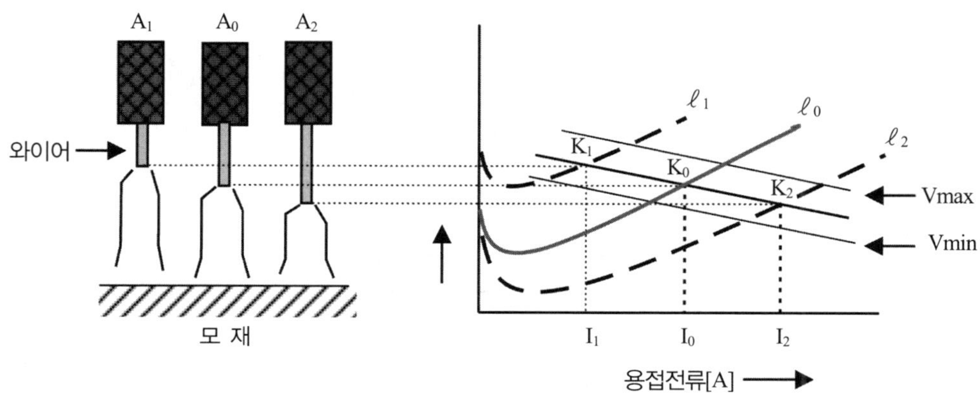

마. 용접기의 극성

직류 용접기를 사용할 경우에 열의 분배는 일반적으로 (+)극 쪽에서 약 70%, (-)극 쪽에서 약 30%의 열이 발생한다. 따라서 직류 아크용접시는 모재를 (+)에 연결하느냐, (-)에 연결하느냐에 따라 작업 상태가 달라지므로 용접봉 심선의 재질이나 형상, 피복제의 종류, 용접자세 등에 따라서 적합한 극성을 선택해야 된다. [표 2-4 참조]

1) 직류 정극성(DCEN, DCSP ; DC straight polarity)

직류 정극성이란 직류 용접에서 모재를 (+)에 연결하고, 용접봉을 (-)에 연결한 극성을 말하며, +극인 모재는 발열량이 크므로 용입이 깊은데 -극인 용접봉쪽은 발열량이 적어 용접봉의 용융이 적으므로 비드 폭이 좁고 용입이 깊은 용접이 되며, 철강이나 스테인리스강의 용접 등 일반적으로 많이 사용되는 극성이다.

2) 직류 역극성(DCEP, DCRP ; DC reverse polarity)

직류 역극성이란 직류 용접에서 모재를 (-)에 연결하고, 용접봉을 (+)에 연결한 극성을 말하며, 모재는 발열량이 적고 용접봉쪽은 발열량이 크므로 비드 폭이 넓고 얕은 용입이 일어나며, 알루미늄 등의 용접시 양극인 용접봉(전극)에서 나오는 양자가 모재의 표면을 두드려 산화막을 제거해주는 청정 효과(작용)가 있으며 아르곤 가스의 해리작용에 의해 아크 발생을 촉진하므로 비철금속이나 주철의 용접, 박판 용접에 적용되는 극성이다.

표 2-4 정극성과 역극성의 비교

극성	극성 그림	용접부 형상	특성
정극성 (DCSP)	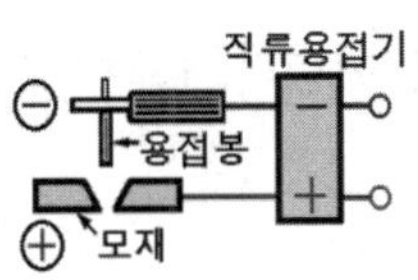	열분배 (-)에서 30% (+)에서 70% 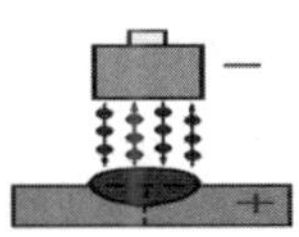	• 모재의 용입이 깊다 • 봉의 녹음이 느리다. • 비드 폭이 좁다 • 일반적으로 많이 쓰인다.
역극성 (DCRP)	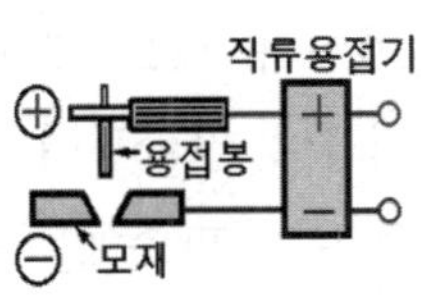	열분배 (+)에서 70% (-)에서 30% 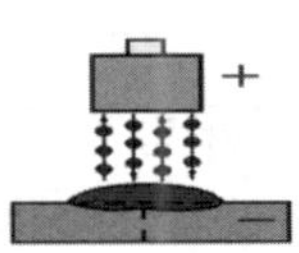	• 용입이 얕다 • 봉의 녹음이 빠르다. • 비드 폭이 넓다. • 박판 주철, 고탄소강, 합금강, 비철금속의 용접에 쓰인다.

4 피복 아크용접기의 종류와 특성 등

피복 아크용접을 위한 용접기에는 교류 아크용접기와 직류 아크용접기가 있다. 교류 아크용접기 종류에는 가동 철심형, 가동 코일형, 가포화 리액터형, 탭전환형가 있으나, 가동 철심형이 가장 많이 사용되고 있으며, 직류 아크용접기에는 엔진 구동형, 전동 발전형, 정류기형 등이 있으며, 정류기형이 가장 많이 사용되고 있다.

가. 직류 아크용접기(DC arc welding machine)

직류 용접기란 출력 전류가 모재와 용접봉(또는 와이어)이 각각 +와 - 로 다른 극성을 갖는 용접기이며, 요즘은 220V 벽 콘센트에 연결하여 쉽게 사용할 수 있는 3~5kw 정도의 소형 정류형 DC 용접기가 생산되어 대부분 이러한 용접기가 이용되고 있으며, 요즈음 산업현장에서는 타 용접법에 비해 능률이 떨어지지는 교류 용접기를 거의 사용하지 않고 있다.

1) 엔진 구동형

엔진 구동형 직류 아크용접기는 가솔린 엔진이나 디젤 엔진을 구동하여 발전하는 형으로, 완전한 직류를 얻을 수 있으며, 옥외나 교류 전원이 없는 장소에서 사용할 수 있으나, 회전하므로 소음이 발생한다. 또한 구동부, 발전기부로 되어있어 고가이며, 고장나기 쉽고 보수와 점검이 어렵다. [그림 2-10 (a) 참조]

2) 전동 발전형 용접기

3상 교류 전동기로 직류 발전기를 구동시켜 발전하는 형으로, 완전한 직류를 얻을 수 있으며, 구동부, 발전기부로 되어 있어 고가이고 보수와 점검이 어렵다. [그림 2-10 (b) 참조]

3) 정류기형 용접기

1차측의 단상(또는 3상) 220V 교류를 받아들여 정류기(셀렌 정류기, 실리콘 정류기, 게르마늄 정류기)를 통하여 교류를 정류하여 직류를 얻는 용접기이다. [그림 2-10 (c) 참조]

이것은 40 ~ 60V의 직류를 발생하며, 소음이 나지 않고, 취급이 간단하며 가격이 싸고, 보수 점검이 간단하다. 그러나 완전한 직류를 얻지 못하며, 정류기 파손에 주의하여야 된다.(셀렌 80℃, 실리콘 150℃ 이상에서 파손될 우려가 있음)

그림 2-10 직류(DC) 아크용접기

(a) 엔진 구동형 (b) 전동 발전형 (c) 정류기형

나. 교류 아크용접기(AC arc welding machine)

1) 교류 변압기의 원리

변압기, 즉, 어떤 전압의 값을 다른 전압의 값으로 변화시키는 전기 기계로서, 얇은 철판(주로 규소강판)을 여러 장 겹쳐 만든 고정 철심에 서로 절연된 1차 코일과 2차 코일을 감고 1차 코일에 전류를 통하면 철심 내에 자속이 생겨 2차 전압이 생기며, 코일의 권선수의 비에 따라 전압이 상승하기도 하고 강하하기도 한다. 이때 1차 코일과 2차 코일의 감긴 수의 비를 권수비, 1차측 전압과 2차측 전압의 비를 변압비라 한다.

$$\text{권수비} = \frac{\text{1차측 코일 감긴수}(n_1)}{\text{2차측 코일 감긴수}(n_2)},\quad \text{변압비} = \frac{\text{1차 전압}(E_1)}{\text{2차 전압}(E_2)}$$

$$E_1I_1 = E_2I_2,\ n_1I_1 = n_2I_2$$

n_1 : 1차 코일의 권선수 n_2 : 2차 코일의 권선수 E_1 : 1차 전압
E_2 : 2차 전압 I_1 : 1차 전류 I_2 : 2차 전류

2) 가동 철심형 아크용접기

가동 철심형은 변압기의 원리를 이용한 것으로 고정 철심에 1차 및 2차 코일이 감겨져 있으며, 고정 철심 사이에 가동 철심이 나사의 원리에 의해 고정 철심의 내부를 전진 또는 후진하면서 전류의 높낮이를 조절하는 원리로 구성되어 있다. [그림 2-11 참조]

따라서 핸들을 시계 방향으로 회전하면 가동철심은 고정철심 내부에서 멀어지면서 전류가 증가하며, 시계 반대 방향으로 돌리면 가동철심이 고정철심 내부로 들어가면서 전기 저항이 증가하여 전류가 낮아지게 된다. [그림 2-12 참조]

그림 2-11 가동 철심 용접기의 형상

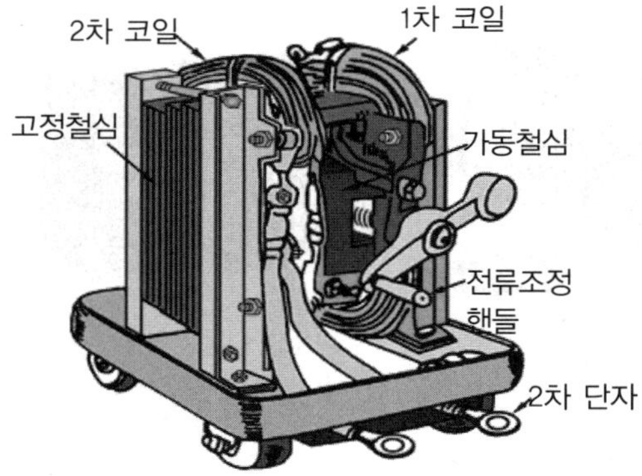

그림 2-12 가동철심 위치와 전류 크기

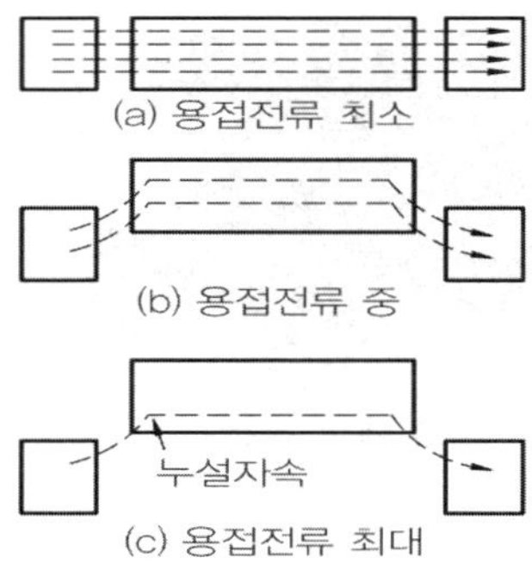

3) 가동 코일형 아크용접기

1차, 2차 코일 중의 하나를 이동하여 코일간의 거리를 조절하여 누설 자속의 양을 변화시켜 전류를 조정하는 원리이며, 양쪽 코일을 접근시키면 전류가 높아지고, 멀리하면 낮아진다.

용접기는 아크 안정도가 높고 소음이 없으나, 가격이 비싸며 현재 거의 사용하지 않는다.

4) 탭 전환형 아크용접기

가장 간단한 것으로 소형 용접기에 일부 사용되었으나 최근에는 거의 사용하지 않는다. 이 용접기는 탭의 전환으로 전류를 조정하므로 미세 전류 조정이 어려우며, 적은 전류에서 무부하 전압이 높아 전격의 위험이 크다. 또한 탭 전환부의 소손이 심하다. [그림 2-13 참조]

그림 2-13 탭 전환형 아크용접기

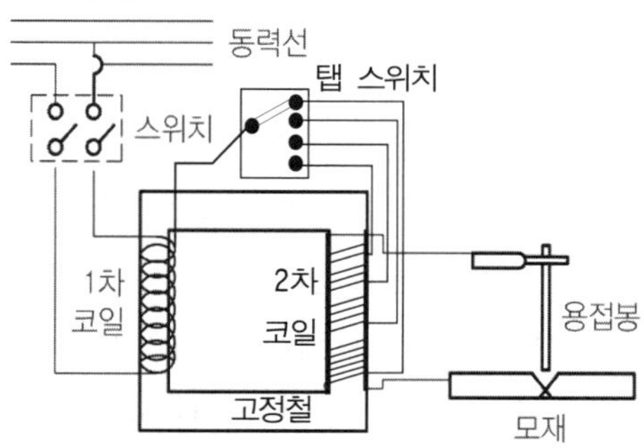

그림 2-14 가포화 리액터형 아크용접기

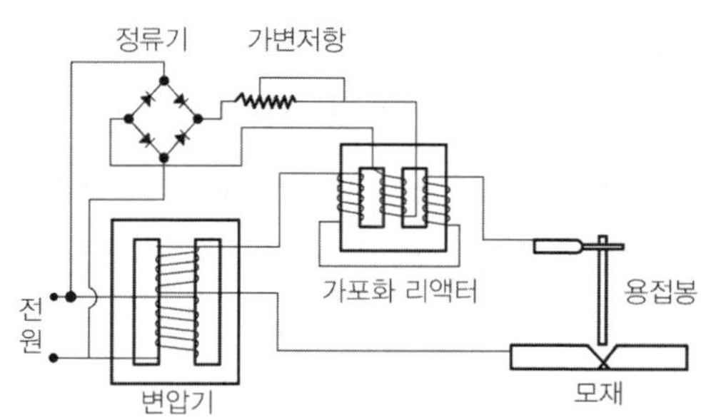

5) 가포화 리액터형 아크용접기

가포화 리액터형은 변압기와 가포화 리액터를 조합한 것으로, 직류 여자 전류를 작게 하면 리액턴스가 커져서 용접전류가 낮아진다. [그림 2-14 참조]

이것은 가변 저항을 변화시켜 전류를 조정하며, 전류 조정을 전기적으로 할 수 있어 소음이 없으며, 수명이 길고, 조작이 간단하며 원격 제어가 가능하다.

다. 용접기의 각부 명칭

[그림 2-15]는 교류 아크용접기의 각부 명칭을 나타낸 것이다.

그림 2-15 교류 아크용접기 접속과 각부 명칭

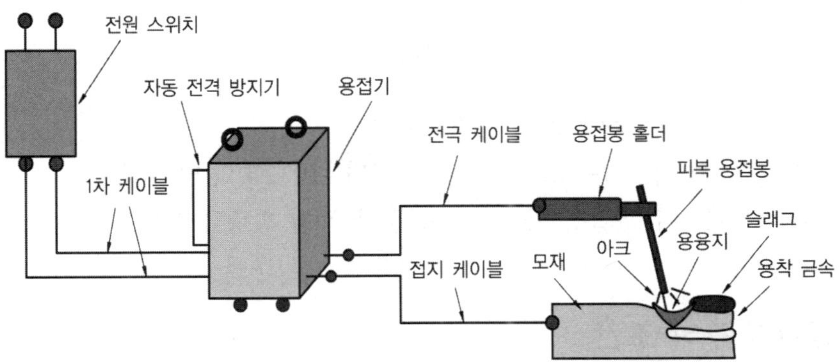

라. 교류 아크용접기의 규격

표 2-6 교류 아크용접기의 규격

종류	정격 2차 전류 [A]	정격 사용률 [%]	2차 무부하 전압 [V]	2차 전류		사용 용접봉의 지름(참고) [mm]
				최대값 [A]	최소값 [A]	
AW 180	180	40	85	196	36	3.2 이하
AW 240	240			264	48	2～3.2
AW 300	300			330	60	2.5～5
AW 400	400	-		440	80	3.2～6
AW 500	500	60	95	550	100	4～8

마. 용접기 용량에 따른 케이블의 크기

용접기에 접속되는 케이블은 용접기의 정격 전류에 따라 [표 2-5]와 같다.

표 2-5 용접기 용량에 따른 케이블의 크기(KSC 3321)

용접기 용량(A)	1차 케이블(지름 ϕ)	2차 케이블(단면적, mm^2)
200	5.5	38
300	8	50
400	14	60

바. 용접기 설치 장소

용접기는 다음과 같은 장소에 설치해야 한다.

① 진동이나 습기, 먼지 등이 없는 건조한 장소
② 옥외 비바람이 치지 않는 장소나 주위 온도가 -10℃ 이상인 장소
③ 옥외 부식성 가스나 휘발성 가스, 기름, 증기 등이 발생하지 않는 장소

사. 용접기의 구비 조건

① 용접기의 구조나 취급이 간단하며, 전류 조정이 용이하고, 능률적일 것
② 아크 발생과, 유지가 쉽고, 일정한 전류가 흐를 것
③ 절연이 완전하고 습기가 많거나 고온에서도 충분히 견딜 수 있을 것
④ 전격 위험이 적고(무부하 전압을 높게 하지 않을 것), 단락 전류가 너무 크지 않을 것
⑤ 가격이 저렴하고 사용 경비가 적게 소요될 것
⑥ 사용 중에 온도 상승이 작으며, 역률 및 효율이 좋을 것

아. 용접기 사용시 주의 사항

① 용접기는 정격 사용률보다 과대하게 사용하지 않는다.
② 용접기의 V단자와 U단자와 케이블이 확실하게 연결되어 있는 상태에서 절연이 확실하게 되었는지 점검한 후 사용한다.
③ 전격 방지기가 부착된 용접기를 사용해야 되며, 용접 중에 전류를 조절하지 않는다.
④ 작업 중단 또는 종료, 정전시에는 즉시 스위치를 차단시킨다.
⑤ 용접기 위에 재료나 공구를 올려놓지 않는다.

자. 용접기의 역률과 효율, 사용률

1) 용접기의 역률

용접기의 전원 입력(2차 무부하 전압×아크 전류)에 대한 아크 출력(아크 전압×아크 전류)과 2차측의 내부 손실의 합인 소비 전력의 비율을 말한다.

$$역률(\%) = \frac{소비\ 전력(KW)}{전원\ 입력(KVA)} \times 100 = \frac{아크\ 출력 + 내부\ 손실}{2차\ 무부하\ 전압 \times 정격\ 전류} \times 100$$

2) 용접기의 효율

소비 전력에 대하여 순수 아크 출력의 비율을 말한다.

$$효율(\%) = \frac{아크\ 출력(KW)}{소비\ 전력(KW)} \times 100 = \frac{아크\ 전압 \times 아크\ 전류}{아크\ 전압 \times 아크\ 전류 + 내부\ 손실} \times 100$$

3) 용접기의 정격 사용률(duty cycle)

사용률이란 용접기가 아크를 발생하여 용접하는 아크 시간과 발생하지 않는 휴식 시간의 비를 말하며, 이때 아크 시간과 휴식 시간의 합은 10분을 기준으로 한다.

$$사용률(\%) = \frac{아크\ 시간}{아크\ 시간 + 휴식\ 시간} \times 100$$

* 예) 사용률 40% : 정격 전류로 4분 용접하고, 6분은 휴식해야 용접기 소손 위험이 없다.

4) 허용 사용률

실질적으로 용접 작업할 때는 용접기의 정격 전류보다 낮은 전류로 용접하는 경우가 많은데, 이 경우는 정격 사용률 이상으로 작업할 수 있으며, 이때의 사용률을 허용 사용률이라 한다.

$$허용\ 사용률(\%) = \frac{정격\ 전류^2}{실제\ 용접\ 전류^2} \times 정격\ 사용률(\%)$$

차. 용접기의 부속 장치

1) 원격 제어 장치

용접기에서 원격 제어 장치란 산업 현장의 경우 대부분 용접기에서 멀리 떨어져서 작업할 때 용접 작업 위치에서 전류나 전압을 조정할 수 있는 장치이다. [그림 2-16 참조] 현재 주로 사용되고 있는 대표적인 종류에는 전동기 조작형과 가포화 리액터형이 있다.

그림 2-16 원격 제어 장치

2) 고주파 발생 장치

교류 아크용접기에서 안정한 아크를 얻기 위하여 상용 주파의 아크 전류에 고전압(2000 ~ 3000V)의 고주파(300 ~ 1000kc, 약전류)를 중첩하는 방식이다.

이 장치를 사용할 때의 이점으로는 아크 손실이 적어 용접 작업이 쉽고, 용접봉을 접촉하지 않고 아크를 발생할 수 있으며, 무부하 전압을 낮출 수 있다. 또한 전격의 위험이 적으며, 전원 입력을 적게 할 수 있으므로 용접기의 역률이 개선된다.

3) 전격 방지 장치

(1) 자동 전격 방지기의 원리

일반적으로 교류 아크용접기는 아크를 발생하지 않을 때는(무부하시에는) 2차측 홀더와 어스에 80 ~ 95V의 높은 전압이 걸려 감전의 위험이 크지만, 자동 전격 방지기를 설치하게 되면 무부하시에도 30V 이하의 낮은 전압으로 유지할 수 있어 전격(감전)의 위험이 없으므로 자동 전격 방지기가 필요하다. [그림 2-17 참조]

그림 2-17 전격 방지기

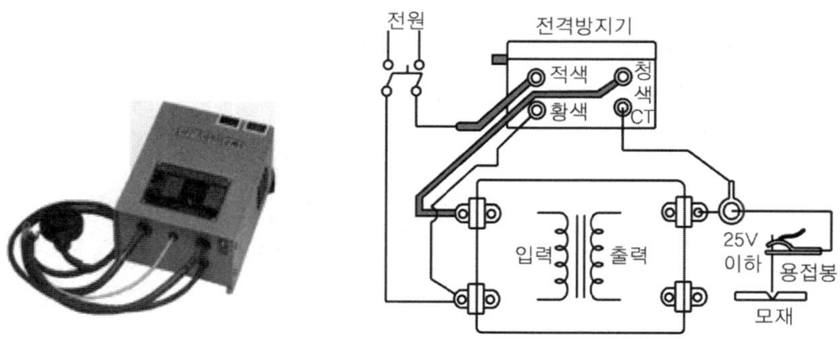

자동 전격 방지기는 용접을 하지 않을 때는 보조 변압기에 의해 30V 이하의 낮은 전압만 공급되지만, 용접봉을 모재에 접촉하는 순간 릴레이가 작동하여 용접기의 변압기와 연결되어 높은 전압으로 아크 발생이 되도록 제어하는 장치이다. [그림 2-18 참조]

그림 2-18 자동 전격 방지기의 원리도

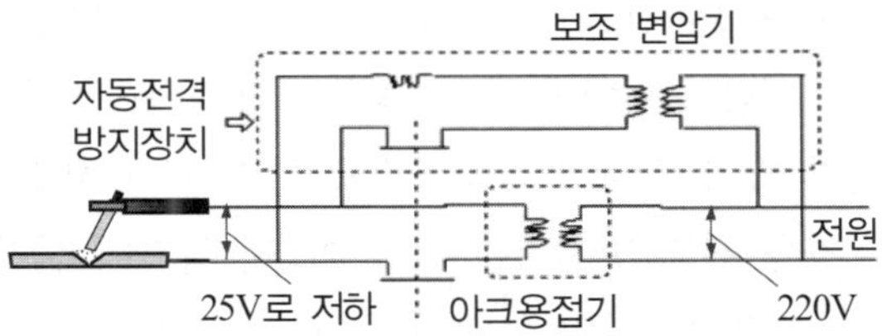

(2) 자동 전격 방지기의 종류와 특성

자동 전격 방지기의 종류에는 마그네트 접점식과 반도체 소자 무접점 방식이 있다. [표 2-7 참조]

(3) 자동 전격 방지기를 사용할 때의 이점

① 용접기의 와류 손실 및 히스테리스 손실에 의한 무부하 전력 손실을 억제한다.

② 용접기 2차측 무부하 전압 감소에 따른 용접기의 신뢰성이 유지되며, 역률 개선 및 절전효과가 있으며, 감전 위험으로부터 근로자를 보호한다.

(4) 자동 전격 방지기의 사용 조건

자동 전격 방지 장치는 주위 온도가 -20℃~45℃인 상태나, 습기 및 먼지가 많은 장소, 선상 또는 해안과 같은 염분을 포함한 공기 중의 상태, 이상 진동이나 충격을 받지 않는 상태나, 표고 1000m를 초과하지 않는 장소에서 이상없이 작동해야 한다.

표 2-7 자동 전격 방지기의 종류 비교

구분	마그네트 접점 방식	반도체 소자 무접점 방식
장점	• 전압 변동이 적고, 무부하 전압차가 낮다. • 외부 자장에 의한 오동작 위험이 적다. • 고장 빈도가 낮고 가격이 저렴하다.	• 시동감도가 빠르고 작업이 용이하다. • 정밀용접이 가능하다.
단점	• 시동 감도가 낮고, 마그네트 수명이 짧다. • 정밀 용접, 후판 용접용으로 부적합하다. • 중량이 무겁다.	• 외부 자장에 의한 오동작 우려 • 초기 전압 및 전압 변동에도 민감한 반응 • 분진, 습기에 약함
적용 방법	• 정밀성을 요하지 않는 작업 • 철구조물, 기계보수 등 단순 용접작업 • 용접 횟수가 적은 장소	• 용접표면이 정밀성을 요하는 작업 • 제품 특성상 가용접을 많이 하는 작업

(5) 자동 전격 방지기 설치

자동 전격 방지기[그림 2-17 참조]는 직각으로 부착해야 되며, 직각 부착이 어려울 때는 20℃를 넘지 않아야 되고, 용접기의 이동, 진동, 충격으로 이완되지 않도록 조치를 해야 되며, 전격 방지 장치의 작동상태를 알기 위한 요소 등은 보기 쉬운 곳에 설치해야 된다.

자동 전격 방지기를 교류 아크용접기에 설치하는 방법은 전격 방지기의 전류 감지기(CT)를 1차측 단자 안쪽 코일 끝에 끼운 후 1차측 메인 전원의 1개의 케이블과 전격 방지기 제어선을 용접기 뒷면의 왼쪽 단자에 단단히 고정한다. [그림 2-19 참조]

다음에 1차측 메인 전원의 다른 1개의 선을 전격 방지기의 입력선과 연결하고, 전격 방지기의 출력선을 교류 아크용접기 뒷면의 우축 단자에 단단히 고정한다.

접속 상태를 확인한 후 메인 전원과 벽의 전원, 용접기 전원을 차례로 'ON'하고 아크를 발생하면서 전격 방지기의 작동 상태, 아크 발생 상태 등을 확인한 후 이상이 없으면 메인 전원을 'OFF'하고 노출된 연결 부위를 절연 테이프로 완전 절연한다.

접지선으로 용접기 케이스 후면의 접지 표시 부분에 접지시킨다.(접지 공사가 된 경우 보통 3~4선 1차 케이블 중에 녹색선이 접지선임)

그림 2-19 교류 아크용접기 1차 케이블 연결

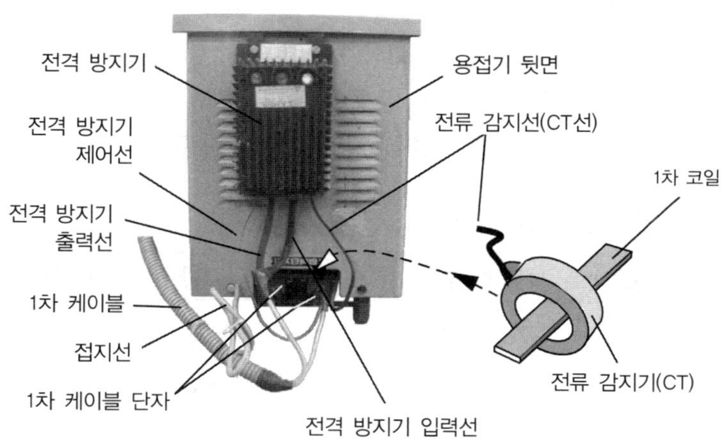

5 차광 유리와 보호구

가. 차광 유리(filter glass)와 보호 유리

용접시에 발생하는 강력한 광선, 특히 유해 광선(적외선, 자외선)을 차단하는 유리를 차광 유리라고 하며, 빛의 차광 능력에 따라 번호를 붙이며, 차광 유리의 번호가 높으면 빛의 차단량이 많게 된다.

차광 유리는 납땜 작업에는 2~4번, 가스용접에는 4~6번, 피복 아크용접 중 100~300A에는 10~12번, 300~400A 이상에는 13~14번이 사용된다. [그림 2-20 참조]

또한 가격이 비싼 차광 유리를 보호하기 위해 투명한 유리를 차광 유리 앞에 끼우는 유리를 보호 유리라고 하며, 크기는 차광 유리와 같으며 두께는 약 3mm 정도가 적당하다.

그림 2-20 차광 유리의 차광도와 차광 유리 구조

용접전류(A)	차광도	용접전류(A)	차광도
30 이하	6	30~45	7
45~75	8	75~100	9
100~200	10	150~250	11
200~300	12	300~400	13
400 이상	14		

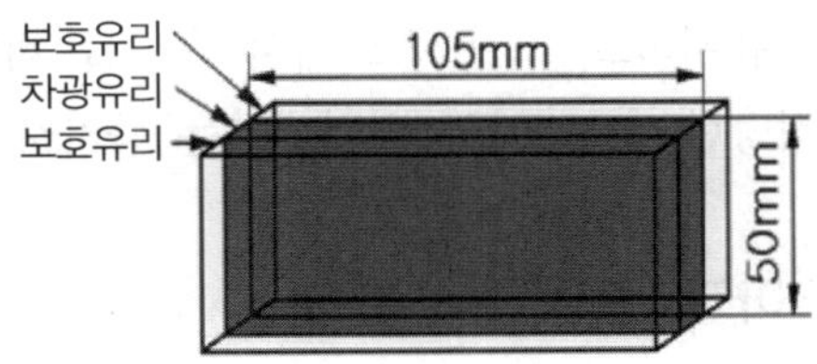

나. 용접 핸드 실드와 헬멧

용접 작업시 아크에서 나오는 유해 광선인 자외선 및 적외선, 스패터로부터 작업자의 눈이나 얼굴, 머리, 피부 등을 보호하기 위하여 사용하는 기구에는 핸드 실드와 용접 헬멧이 있으며, 손으로 들고 작업하는 것을 핸드 실드, 머리에 쓰는 것을 용접 헬멧이라고 한다.

헬멧이나 핸드 실드에는 용접 작업에 적합한 차광도의 차광 유리와 보호 유리를 끼워 사용해야 한다.

헬멧 중에 자동 용접 헬멧은 아크를 발생하지 않을 때는 용접할 위치가 환하게 보이고 아크 발생 순간 어두워지므로 정확한 위치에 용접을 할 수 있으며, 아크 불빛 세기에 따라 밝기의 조절이 가능하여 사용이 편리하나 가격이 비싼 것이 단점이다. [그림 2-21 (c) 참조]

그림 2-21 용접 헬멧과 핸드 실드

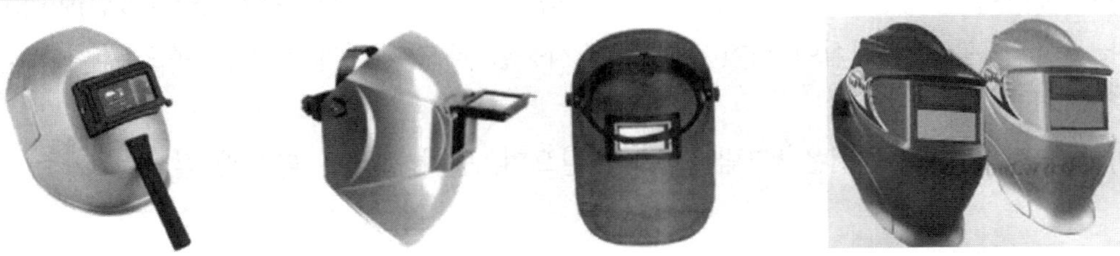

(a) 핸드 실드 (b) 용접 헬멧 (c) 자동 용접 헬멧

6 용접 속도와 아크 길이, 아크 쏠림

가. 용접 속도(아크 속도)

모재에 대한 용접선 방향의 운봉 속도를 말하며, 피복 아크용접에서는 보통 8 ~ 30 cm/min가 적당하다. 용접 속도는 용접봉의 종류, 모재 재질, 전류값, 가공 상태, 위빙의 유무, 용접사의 기량 등에 따라 달라지며, 용입 정도는 용접 전류값을 용접 속도로 나눈 값에 따라 결정되며, 전류가 높을 때 용접 속도는 빨라진다. 따라서 아크 전압과 아크 전류를 일정하게 유지하고 느린 속도에서 속도를 점차 증가시키면 비드의 나비는 감소하나 용입은 가장 적당한 속도 이하 범위에서는 증가하고, 그 이상의 범위에서는 감소한다.

나. 아크 길이

모재 표면에서 용접봉 끝까지의 거리를 아크 길이라고 하며, 피복 아크용접에서의 적정 아크 길이는 보통 용접봉 심선 지름의 1배 정도이나, 일반적인 아크 길이는 3mm 정도이며, 양호한 용접을 하려면 아크 길이를 짧게 하는 것이 좋다.

아크 길이가 너무 짧으면 연속적으로 아크 발생이 어렵고 발열량이 낮아 용입이 불충분하고, 슬래그나 불순물이 섞이기 쉬우며, 아크 길이가 너무 길어지면 아크가 불안정하고(열이 산만해짐), 용입이 나빠지며, 용착금속의 성질이 불량해지고(산화 및 질화가 일어남), 스패터가 많이 발생하게 된다.(전압은 높아진다)

다. 아크 쏠림과 방지 대책

1) 아크 쏠림(자기 쏠림, 불림)

아크 쏠림은 용접 중에 용접봉 끝의 아크가 한쪽으로 쏠리는 현상으로, 직류 용접의 경우와 피복 아크용접봉의 피복제가 편심이 심한 경우에 일어난다.

직류 용접에서 피복봉을 사용할 경우 용접 전류에 의해 아크 주위에 발생하는 자장이 용접부에 대하여 비대칭으로 나타나 용적이 한쪽으로 쏠린다 해서 자기 쏠림(불림)이라고도 한다. 또한 피복제의 편심이 심한 용접봉을 사용할 때도 피복제가 얇은 쪽으로 아크 쏠림이 생기게 된다.

아크 쏠림의 발생 원인은 [그림 2-22]와 같으며, 방지 대책은 다음과 같다.

2) 직류 아크용접 중 아크 쏠림 방지 대책

① 직류 용접으로 하지 말고 교류 용접으로 한다.

② 용접봉 끝을 아크 쏠림 반대 방향으로 기울인다. [그림 2-23 (a) 참조]
③ 짧은 아크를 사용한다.(피복제가 모재에 접촉할 정도) [그림 2-23 (b) 참조]
④ 접지점을 가능한 한 용접부에서 멀리하며, 2개를 연결한다. [그림 2-23 (c) 참조]
⑤ 이음의 처음과 끝에 엔드탭을 사용하며, 용접부가 긴 경우 후퇴 용접법으로 한다.
⑥ 큰 가접부 또는 이미 용접이 끝난 용착부를 향하여 용접한다.

그림 2-22 아크 쏠림 원리

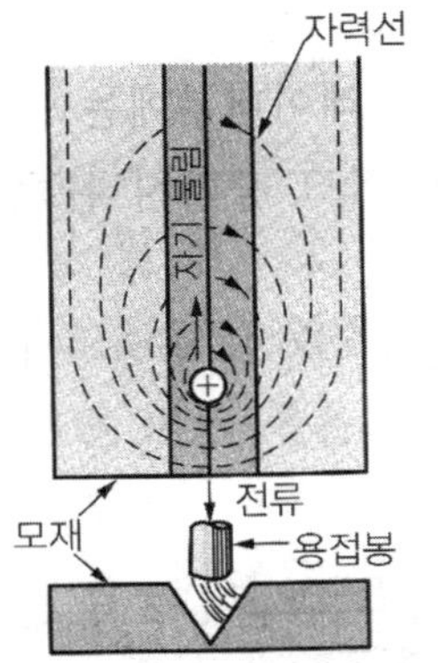

그림 2-23 아크 쏠림의 방지 대책

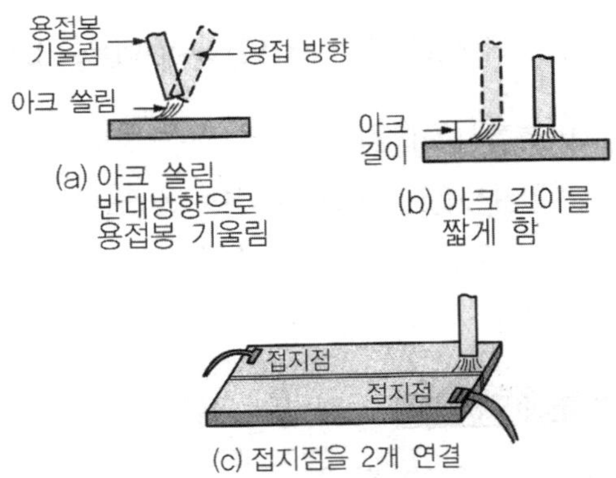

라. 아크 소멸과 크레이터 처리

아크를 소멸시킬(아크 발생을 중지시킬) 때는 용접을 정지하려는 곳에서 아크 길이를 짧게 하여 운봉을 정지시켜서 크레이터를 채운 다음 용접봉을 빠른 속도로 들어 올린다. [그림 2-25 참조]

크레이터란 아크의 중단된 부분이 오목하거나 납작하게 파진 모양이 되는데 이곳은 불순물과 편석이 남게 되고 균열이 발생할 수 있으므로 이곳을 채워야 된다.

그림 2-24 비드 잇기

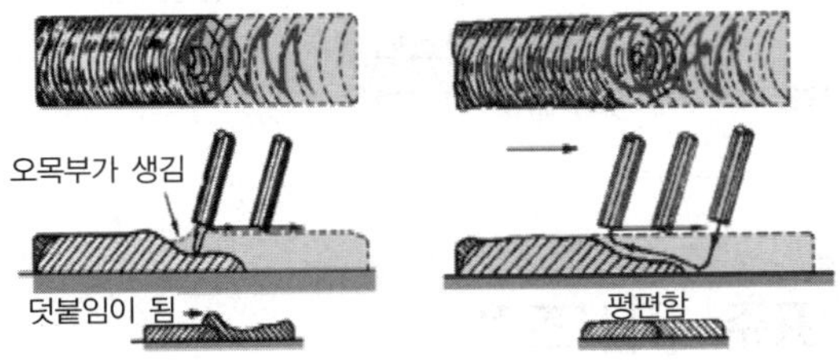

(a) 불량 (b) 양호

그림 2-25 크레이터 처리

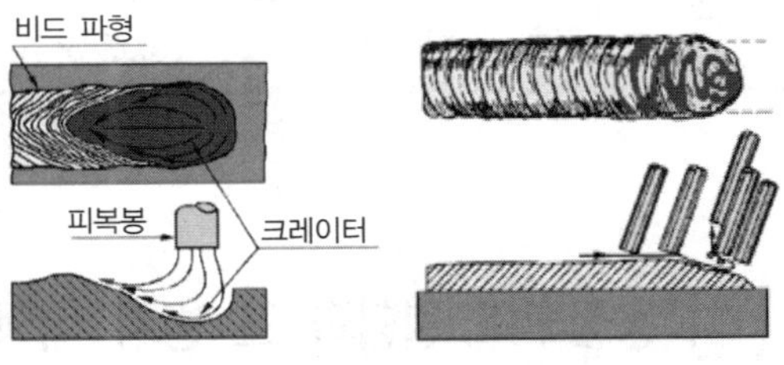

(a) 크레이터 (b) 양호한 크레이터 처리

7 여러 가지 운봉법

가. 직선(좁은) 비드(straight bead)

용접봉을 용접선에 따라 직선으로 움직이며, 진행각은 75 ~ 85°, 작업각 90°가 되게 운봉하는 방법으로, 박판 용접, 수평 자세 용접 및 홈 용접의 이면 비드 형성에 사용한다.

나. 위빙(넓은) 비드(weaving bead)

비드를 넓게 할 때 사용하는 방법으로, 진행각을 75 ~ 85° 하고 작업각은 90°가 되게 하며, 용접봉을 좌우로 움직여 운봉한다.

위빙 운봉 폭은 심선 지름의 2 ~ 3배로 한다. 크레이터 발생과 언더컷이 생길 염려가 있으므로 주의한다. [표 2-8 참조]

표 2-8 자세별 운봉법의 종류

운봉법(위빙)		그림	운봉법(위빙)			그림
아래 보기 자세(V형)	직선		수직 자세	하진	직선	
	원형				부채꼴모양	
	부채꼴모양			상진	직선	
아래 보기 자세(필릿)	직선				삼각형	
	타원형				백스텝	
	삼각형		위보기 자세		직선	
수평 자세	직선				부채꼴모양	
	타원형				백스텝	

8 용접부의 결함과 그 방지 대책, 표준 용접 조건

가. 용접 결함의 종류

① 구조상 결함 : 기공, 피트, 은점, 슬래그 섞임, 용입 불량(부족), 융합 불량, 언더컷, 오

버랩, 균열, 선상 조직

② 성질상 결함 : 기계적 성질 불량(인장 강도, 피로 강도, 경도, 연성 등), 화학적 성질 불량(성분 부적당, 내식성 등)

③ 치수상 결함 : 변형, 치수 불량(덧붙이 과부족, 목 길이, 목 두께 과부족 등), 형상 불량

나. 용접부의 결함과 방지 대책

표 2-9 용접 결함과 방지 대책

결함의 종류	결함 발생 원인	결함 방지 대책
1. 용입 불량 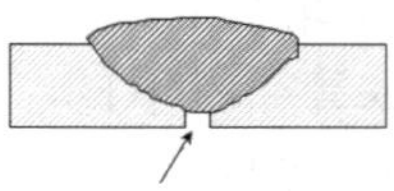	① 이음 설계의 결함 ② 용접 속도가 너무 빠를 때 ③ 용접 전류가 낮을 때	① 홈각도를 크게 또는 루트 간격을 넓게 한다. ② 용접 속도를 조금 느리게 한다. ③ 적정 전류로 조정한다.
2. 언더컷 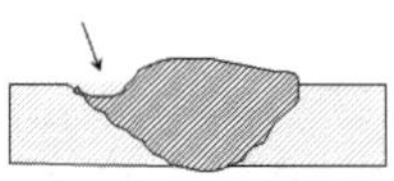	① 전류가 너무 높을 때 ② 아크 길이가 너무 길 때 ③ 부적당한 봉을 사용했을 때 ④ 용접 속도가 너무 빠를 때	① 낮은 전류를 사용한다. ② 적정 아크 길이를 유지한다. ③ 적정 봉을 사용한다. ④ 용접 속도를 조금 늦춘다.
3. 오버랩 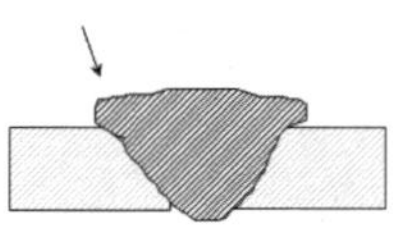	① 용접 전류가 너무 낮을 때 ② 운봉 및 유지 각도가 불량할 때 ③ 부적당한 봉을 사용했을 때 ④ 용접 속도가 너무 느릴 때	① 적정 전류를 사용한다. ② 적정 운봉과 각도를 유지한다. ③ 적정 봉을 사용한다. ④ 용접 속도를 조금 빠르게 한다.
4. 선상 조직 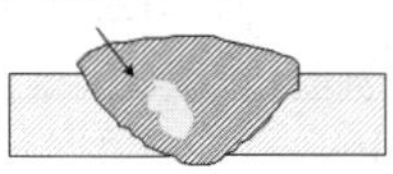	① 용착금속의 냉각 속도가 빠를 때 ② 모재의 재질 불량	① 급랭을 피한다. ② 모재의 재질에 맞는 봉을 사용
5. 균 열 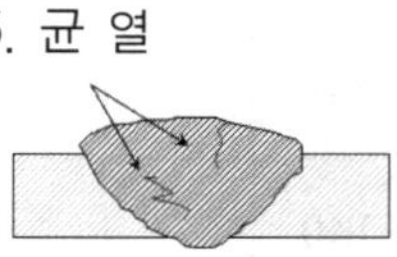	① 이음 강성이 큰 경우 ② 부적당한 용접봉 사용시 ③ 모재에 합금 원소가 많을 때 ④ 과대 전류 및 과대 속도일 때 ⑤ 모재에 유황 함량이 많을 때	① 예열, 피닝, 비드 배치법 변경 ② 적정 봉 사용 ③ 예열, 후열을 한다. ④ 적정 전류, 적정 속도를 유지한다. ⑤ 저수소계 봉을 사용한다.
6. 스패터 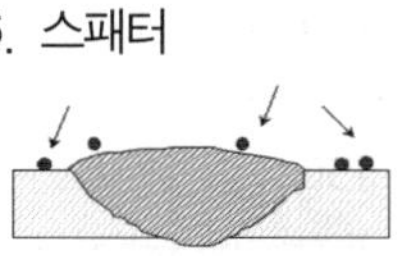	① 전류가 높을 때 ② 봉에 습기가 많을 때 ③ 아크 길이가 길 때	① 적정 전류로 조절한다. ② 건조된 봉을 사용한다. ③ 적정 아크 길이를 유지한다.

7. 기공 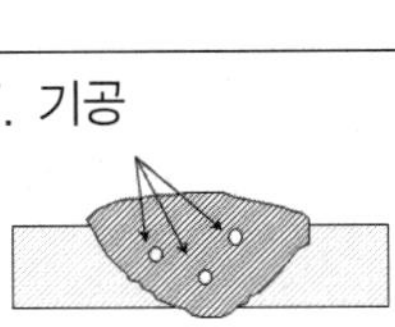 피트 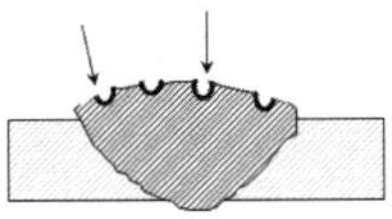	① 용접 분위기 중 각종 가스가 많을 때 ② 용접부의 급속한 응고 ③ 모재 중 유황의 함량이 많을 때 ④ 강재에 페인트, 습기, 녹, 기름 등 불순물이 많을 때 ⑤ 긴 아크 길이, 과대 전류 사용시 ⑥ 용접 속도가 빠를 때	① 예열, 봉 건조, 봉 교환 ② 예열하거나 후열한다. ③ 저수소계 봉을 사용한다. ④ 모재를 깨끗이 청소한다. ⑤ 적정 아크 길이, 적정 전류 사용 ⑥ 용접 속도를 조금 늦춘다.
8. 슬래그 섞임 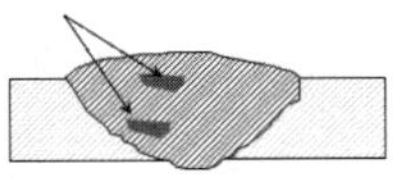	① 이전 층의 슬래그 제거 불충분시 ② 전류 과소, 운봉 불완전시 ③ 용접 이음부의 부적당 ④ 냉각 속도가 빠를 때 ⑤ 봉의 각도가 부적당할 때 ⑥ 운봉 속도가 느릴 때	① 슬래그를 깨끗이 제거한다. ② 적정 전류, 운봉을 잘한다. ③ 이음부 설계를 잘한다. ④ 예열, 후열을 한다. ⑤ 봉의 적정 각도를 유지한다. ⑥ 운봉 속도를 조절한다.

다. 표준 용접 조건

용접 조건은 모재의 재질이나 형상, 두께, 작업자의 기량이나 작업 방법, 용접봉 제조 회사의 제시 조건, 사용 용접봉의 종류 등에 따라 다르므로 다음 표와 같은 용접 조건의 값이 절대값은 될 수 없고, 참고 자료로 활용해야 한다.

표 2-10 아래보기(F) 자세 I형 맞대기 용접 작업 표준

비드를 붙이는 법	판두께 t(mm)	루트 간격 s(mm)	용접봉 지름(mm)	용접 전류 (A)	비드 수
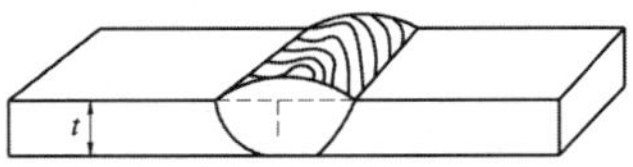	1.6	0	2.0	40	1
	2.3	0	2.6	60	1
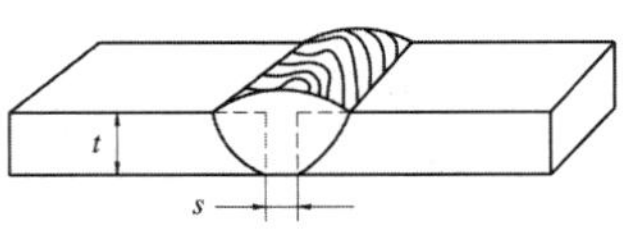	3.2	1.5	3.0	90~100	1
	4.0	2.0	4.0	120~140	1
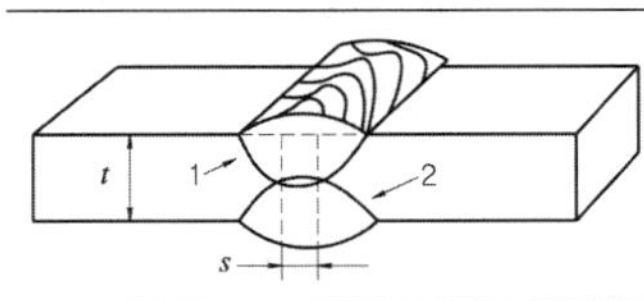	5.0	2.0	4.0	130~140	1 · 2
	6.0	2.0	4.0	140~150	1 · 2

표 2-11 아래보기(F) 자세 V형 맞대기 용접 작업 표준

비드를 붙이는 법	판두께 t(mm)	루트 간격 s(mm)	용접봉 지름(mm)	용접 전류 (A)	비드 수
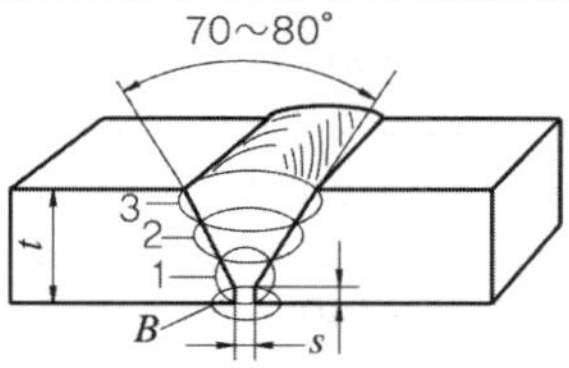	6.0	1.0	4.0	130~150	1、2、B
	9.0	1.5	4.0	140~160	1…3・B
			4.0 5.0	140~160 180~190	1、2、B、3
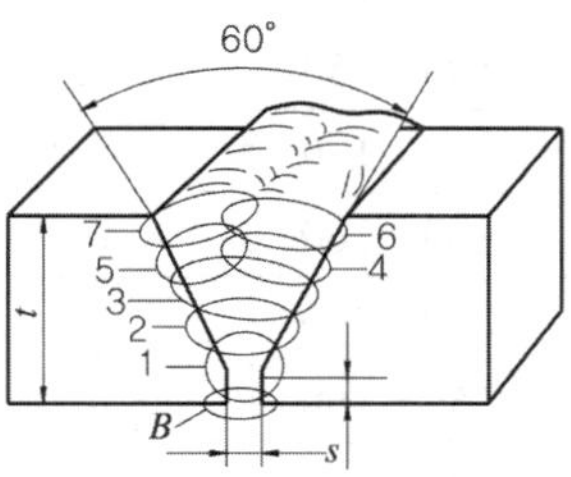	12.0	1.5	4.0	150~160	1…5・B
			4.0 5.0	150~160 190~200	1、B 2…4
	16.0	2.0	4.0 5.0	150~160 200~210	2、B 2…7
			4.0 6.0	150~160 250~270	1、B 2…7

표 2-12 아래보기(F) 자세 X형 맞대기 용접 작업 표준

비드를 붙이는 법	판두께 t(mm)	루트 간격 s(mm)	용접봉 지름(mm)	용접 전류 (A)	비드 수
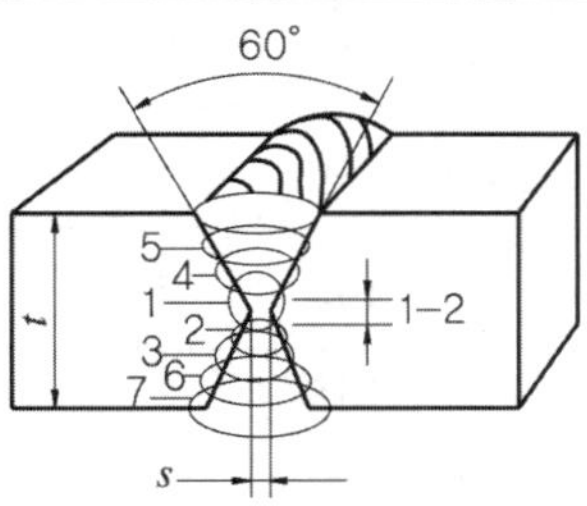	16	1.5	4.0 5.0	140~160 190~200	1、2 3、4
	22	2.0	4.0 5.0	150~160 200~210	1、2 3…8
	28	2.0	4.0 6.0	150~160 270~290	1、2 3…8

표 2-13 아래보기(F) 자세 U형 맞대기 용접 작업 표준

비드를 붙이는 법	판두께 t(mm)	루트 간격 s(mm)	용접봉 지름(mm)	용접 전류 (A)	비드 수
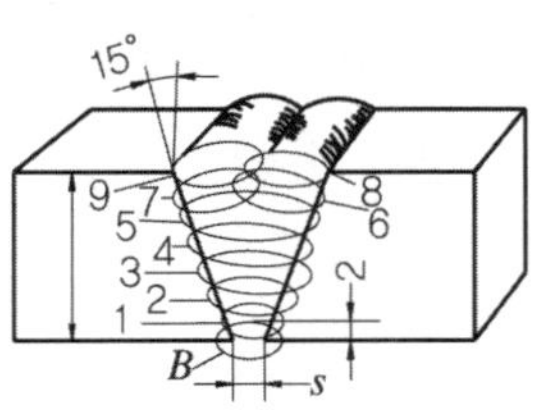	28	2.0	4.0 6.0	140~150 270~290	1…3 4…8
	38	2.0	4.0 6.0	140~150 270~290	1…3 4…12
	45	2.0	4.0 6.0	140~150 270~290	1…3 4…16

표 2-14 아래보기 모서리 용접 작업 표준

비드를 쌓는 법	판두께 t(mm)	루트 간격 s(mm)	용접봉 지름(mm)	용접 전류 (A)	비드 수
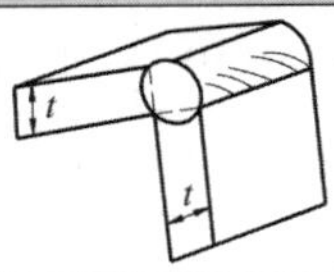	3.0	0	3.2	80～90	1
	6.0	0	4.0	130～140	1
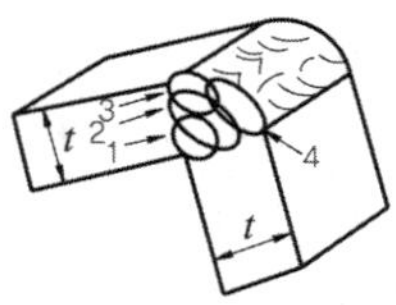	9.0	0	4.0	130～140	1
			5.0	170～180	2
	14.0	0	4.0	140～150	1
			5.0	180～190	2 … 4
	19.0	0	4.0	150～160	1
			6.0	220～240	2 … 7
	25.0	0	4.0	150～160	1
			6.0	240～260	2 … 12

표 2-15 수평(H) 자세 I 및 V형 맞대기 용접 작업 표준

비드를 붙이는 법	판두께 t(mm)	루트 간격 s(mm)	용접봉 지름(mm)	용접 전류 (A)	비드 수
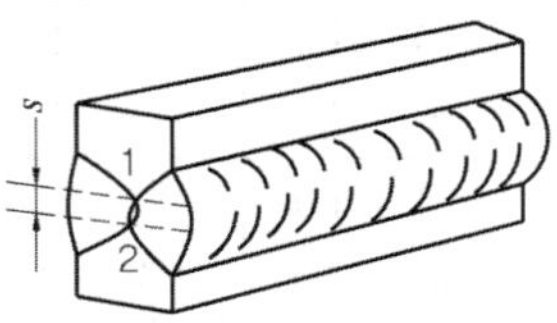	4.0	2.0	4.0	125～135	1 · 2
	6.0	2.0	4.0	130～140	1 … 3
	9.0	3.0	4.0	135～145	1 … 5
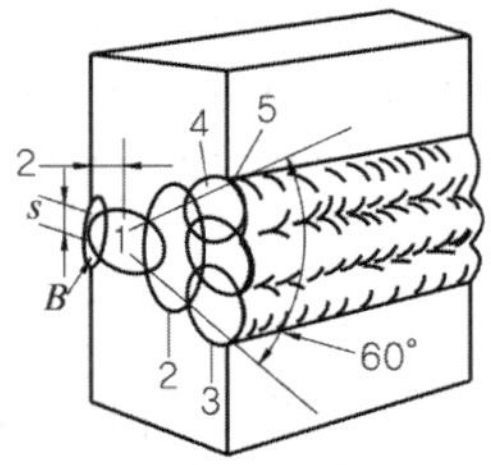	12.0	3.0	4.0 5.0	135～145 190～200	
	19.0	3.0	4.0 5.0	135～145 190～200	용접사의 덧붙이법에 따라 다름
	25.0	3.0	4.0 5.0	135～145 190～200	

주) B는 뒷면 용접이고 1층 붙임 또한 표 중 용접봉의 항에 2종 이상의 용접봉 지름이 기입되어 있는 것은 양자를 병용하는 뜻이며, 또 비드 수의 항에서 1 · B, 2 … 4라 기입되어 있는 것은 제1층과 뒷면 용접을 4.0mm 용접봉으로, 2층에서 4층까지를 5.0mm 용접봉으로 한다는 뜻이다.

표 2-16 수직(V) 자세 I 및 V형 맞대기 용접 작업 표준

비드를 붙이는 법	판두께 t(mm)	루트 간격 s(mm)	용접봉 지름(mm)	용접 전류 (A)	비드 수
I 형 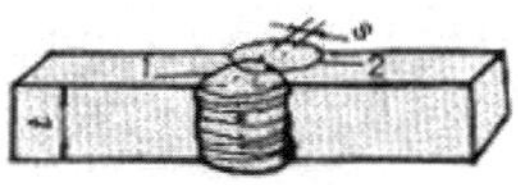	4.0	1.0	3.0	65～75	1・2
	6.0	2.0	3.0	75～85	1・2
V 형 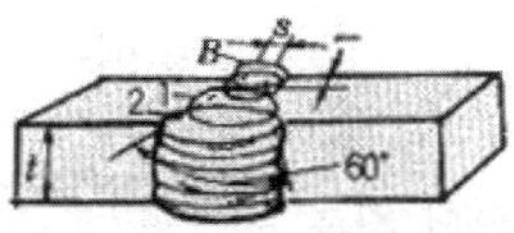	9.0	2.0	3.0 4.0	80～90 120～130	1 2・3・B
	14.0	2.0	4.0 5.0	125～135 170～180	1・B 2…4
V 형 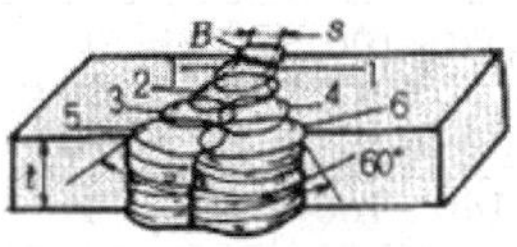	16.0	2.0	4.0 5.0	125～135 170～180	1・B 2…4
	19.0	2.0	4.0 5.0	125～135 170～180	1・2・B 3…5
X 형 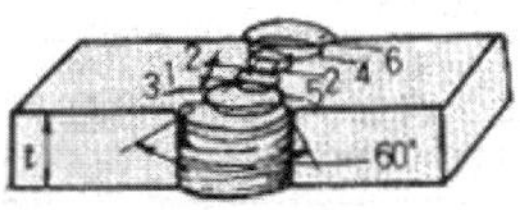	25.0	2.0	4.0 5.0	125～135 170～180	1・2 3…6
	28.0	2.0	4.0 5.0	125～135 170～180	1・2 3…8

표 2-17 수직 필릿 용접 작업 표준

비드를 쌓는 법	판두께 t(mm)	루트 간격 s(mm)	용접봉 지름(mm)	용접 전류 (A)	비드 수
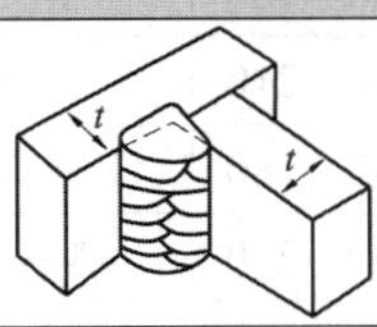	3.0	0	2.6	50～70	1
	6.0	0	3.2	90～110	1
	9.0	0	4.0	130～150	1
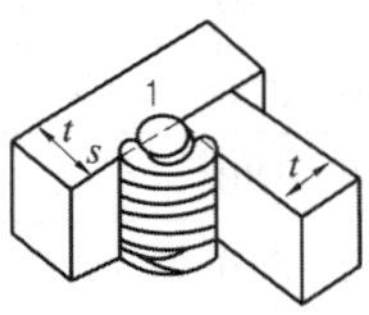	14.0	0	4.0	140～160	1
			5.0	170～190	2
	16.0	0	4.0	140～160	1
			2.0	170～190	2
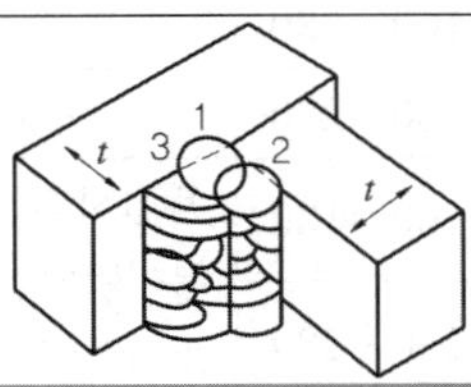	19.0	0	4.0	140～160	1
			5.0	170～190	2…3
	22.0	0	4.0	140～160	1
			5.0	170～190	2…3

표 2-18 위보기(O) 자세 V형 맞대기 용접 작업 표준

비드 쌓는 법	판두께 t(mm)	루트 간격 s(mm)	용접봉 지름(mm)	용접 전류 (A)	비드 수
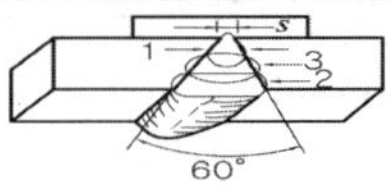	4.0	3.0	4.0	130～140	1・2
	9.0	5.0	4.0	135～145	1…4
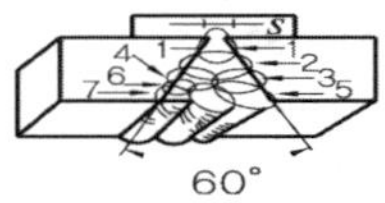	12.0	5.0	4.0	135～140	덧붙이법에 따라 다름
	16.0	5.0	4.0	135～145	

표 2-19 위보기 T형 필릿 용접 작업 표준

비드를 쌓는 법	판두께 t(mm)	루트 간격 s(mm)	용접봉 지름(mm)	용접 전류 (A)	비드 수
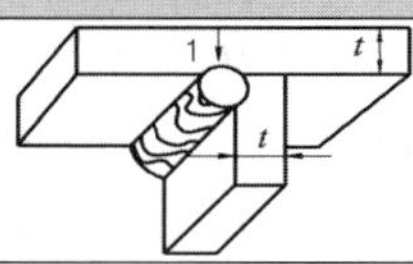	3.0	0	3.2	80～100	1
	4.0	0	4.0	140～160	1
	6.0	0	4.0	140～160	1
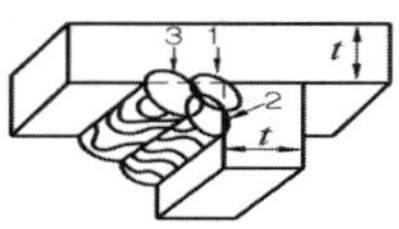	16.0	0	4.0	140～160	용접사의 덧붙이법에 따라 다름
			5.0	170～190	
	22.0	0	4.0	140～160	
			5.0	170～190	

표 2-20 K 및 J형 맞대기 용접 작업 표준

비드를 쌓는 법	판두께 t(mm)	루트 간격 s(mm)	용접봉 지름(mm)	용접 전류 (A)	비드 수
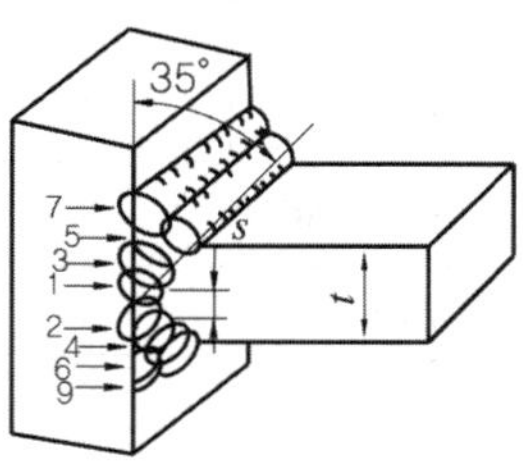	12.0	2.0	4.0	160～180	1・2
			5.0	190～210	3・4
	16.0	2.0	4.0	160～180	1・2
			5.0	190～210	3…6
	19.0	2.0	4.0	160～180	1・2
			5.0	190～210	3…10
	25.0	2.0	4.0	160～180	1・2
			5.0	190～210	3…16
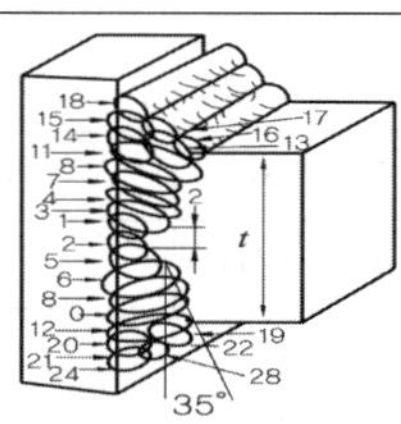	32.0	2.0	4.0	160～180	1・2
			6.0	260～280	3…20
	38.0~50	2.0	4.0	160～180	용접사의 덧붙이법에 따라 다름
			6.0	260～280	

실전 심화 학습 문제

{제2절 | 피복 아크용접}

PART 1 용접공학

01 피복 아크용접의 원리를 간단히 설명하시오.

02 피복 아크용접 회로를 나열하시오.

03 피복 아크용접시 아크를 통해 몇 A의 전류가 흐르는가?

04 2개의 전극에서 아크를 발생시켰을 때 양(+)극과 음(-)극 사이를 무엇이라 하는가?

05 아크 발생시 높은 무부하 전압에 의해 불꽃 방전 후 급격한 전압 강하가 일어난다. 이 때 전체 전압을 나타내는 식은?

06 피복 아크용접봉 심선의 재질은 대체로 어떤 강재를 사용하는가?

07 피복제의 역할을 3가지만 설명하시오.

08 주요한 피복 배합제의 성분은 아크 안정제, (   ), (   ), (   )가 있다.

09 용접봉(용착금속)의 보호 방식을 2가지만 쓰시오.

10 연강용 피복 아크용접봉 표시에서 E7016은 어떤 계통의 용접봉인가?

11 일미나이트계, 저수소계, 고산화티탄계 중 박판용에 적합한 용접봉은?

12 KSD 7006에 규정된 고장력강 피복 아크용접봉의 종류는?

13 스테인리스강용 피복 아크용접봉 중 티탄계의 특성을 간단히 설명하시오.

14 용접봉의 용적 이행 형식 3가지를 간단히 설명하시오.

15 일미나이트계, 저수소계, 고산화티탄계, 고셀룰로스계 중 내균열성이 가장 큰 것은?

16 피복 아크용접봉의 허용 편심률은 몇 % 이하인가?

17 저수소계 용접봉의 건조 온도와 시간은?

18 용접기의 특성 중에서 부하전류(아크전류)가 증가하면 단자 전압이 저하하는 특성은?

19 아크 길이 자기 제어 특성을 간단히 설명하시오.

20 직류 용접에서 모재를 (+)에, 용접봉을 (−)에 연결한 극성을 무슨 극성이라 하는가?

21 직류 아크용접기의 종류 3가지를 쓰시오.

22 용접기를 설치해서는 안되는 장소 3가지를 쓰시오.

23 용접기의 역률과 효율, 허용 사용률 계산식을 쓰시오.

24 교류 아크용접기에서 작업자의 감전을 방지하기 위해 설치하는 기기는?

25 피복 아크용접 중 100 ~ 300A에 적합한 필터 유리 번호는?

26 피복 아크용접에서 적당한 용접 속도는 보통 몇 cm/min가 적당한가?

27 피복 아크용접에서의 적정 아크 길이는 보통 용접봉 심선 지름의 몇 배 정도인가?

28 아크 쏠림의 방지 대책을 3가지만 쓰시오.

29 용접 결함의 종류 중 구조상 결함 3가지를 쓰시오.

30 용접결함과 그 원인을 서로 짝지어 놓은 것 중 잘못된 것은?

① 언더컷 - 용접전류가 너무 높을 때
② 용입 불량 - 용접속도가 너무 느릴 때
③ 오버랩 - 용접전류가 너무 낮을 때
④ 기공 - 용접 분위기 중 수소, 일산화탄소가 많을 때

해답

1. 15p [가] 1) 참조
2. 15p [가] 2) 참조
3. 10~500A
4. 아크 기둥 또는 아크 플라즈마
5. $V_a = V_a + V_k + V_p = V_A$
6. 림드강
7. 17p [다] 참조
8. 18p [라] 참조
9. 20p [마] 참조
10. 저수소계
11. 고산화티탄계
12. 50kgf/mm^2, 53kgf/mm^2, 58kgf/mm^2
13. 23p [아] 2) 참조
14. 24p [자] 참조
15. 저수소계
16. 3% 이하
17. 300~350℃에서 1~2시간 건조
18. 수하 특성
19. 30p [라] 5) 참조
20. 직류 정극성
21. 32p [가] 참조
22. 36p [바] 참조
23. 37p [자] 참조
24. 자동 전격 방지기
25. 10~12번
26. 8~30cm/min
27. 1배 이하
28. 42p [다] 2) 참조
29. 44p [가] 참조
30. ②

제3절 | 가스용접

1 가스용접의 의의와 특징

가. 가스용접의 의의

산업이 발전함에 따라 열량이 적어 일의 능률면에서 많이 뒤떨어진 가스용접은(납땜은 제외) 거의 사용하지 않으나, 박판이나 전기가 없는 곳에서 일부 사용되고 있는 실정이다.

가스용접에 가장 많이 사용되는 가스는 산소와 아세틸렌이므로 산소 용접이라고도 부르고 있다.

가스 용접시 산소를 다량으로 사용할 경우는 액산(액체 산소)이나 다수의 압축 산소병을 설치한 집중 장치를 통하여 나오는 산소를 사용하며, 아세틸렌도 다수의 용기를 설치하여 파이프 라인을 통하여 나오는 가스를 사용한다.

가스용접에 사용하는 가스는 제조 원가와 사용의 편의성을 고려하여 집중 장치를 사용할 것인가 단일 용기를 설치하여 사용하는 방법을 택할 것인가를 결정해야 한다. 여기서는 단일 압축 산소와 용해 아세틸렌 가스 용기를 사용하여 가스용접을 하는 것을 기준으로 집필하였으며, 적은 량을 사용할 경우는 대부분 가스용접 전용 수레에 설치하여 사용한다.

나. 가스용접의 원리

가스용접은 아크용접과 같은 융접의 일종이며, 산소 - 아세틸렌 가스가 연소할 때 발생하는 약 3000℃의 높은 열을 이용하여 모재와 용가제를 용융시켜 접합하는 방법으로, 사용하는 가스에 따라 산소 - 아세틸렌(oxy-acetylene gas) 용접, 산소 - 수소, 산소 - 프로판 용접, 공기 - 아세틸렌 용접 등이 있으며, 장치의 구성은 [그림 3-1]과 같다.

그림 3-1 산소 – 아세틸렌 가스용접 장치의 구성

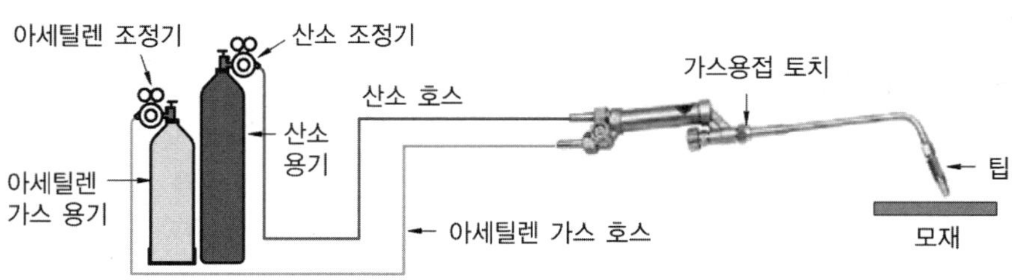

다. 특징

1) 장점

① 전기가 필요 없으며, 용접 장치의 설치가 쉽고, 운반이 자유롭다.
② 가열할 때 열량 조절이 비교적 자유롭다.
③ 박판용접에 적당하다.
④ 응용 범위가 넓으며, 유해광선 발생이 적다.

2) 단점

① 고압가스 사용 때문에 폭발, 화재 위험이 크며, 금속이 탄화 및 산화될 우려가 많다.
② 열효율과 집중력이 낮아서 용접 속도가 느리다.
③ 용접부의 기계적 강도가 떨어지며, 일반적으로 아크용접에 비해 신뢰도가 적다.
④ 가열 범위와 열을 받는 범위가 넓어서 용접 응력이 크고, 용접 후에 변형이 심하다.

2 산소-아세틸렌 불꽃

가. 불꽃의 구성 [그림 3-2 참조]

1) 불꽃심(백심 : flame core)

팁에서 나오는 혼합 가스가 연소하여 형성된 환원성의 백색 불꽃이다.

2) 속불꽃(내염 : inner flame)

백심 부분에서 생성된 일산화탄소와 수소가 공기 중의 산소와 결합, 연소하여 3200 ~ 3500℃의 높은 열을 발생하는 부분으로 약간의 환원성을 띠게 된다. 따라서 이 부분에서 용접하면 산화를 방지할 수 있다.

3) 겉불꽃(외염 : outer flame)

연소 가스가 다시 공기 중의 산소와 결합하여 완전 연소되는 부분으로, 불꽃의 가장 자리를 이루며, 약 2000℃의 열을 내게 된다.

그림 3-2 산소-아세틸렌 불꽃 구성

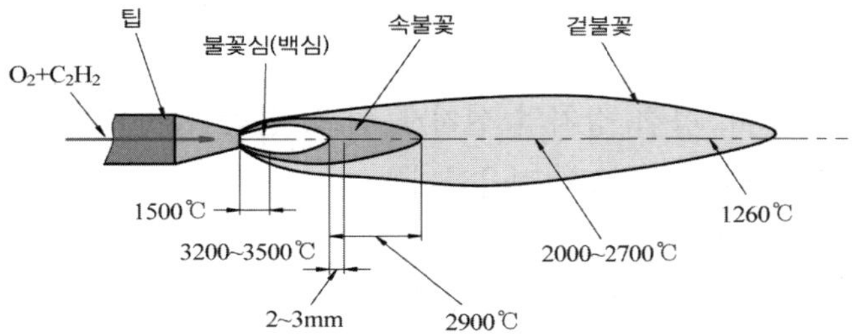

나. 불꽃의 종류

1) 탄화 불꽃(아세틸렌 과잉 불꽃)

토치의 아세틸렌 밸브를 적당히 열어 점화시킨 후 산소 밸브를 서서히 열면 불꽃이 점차 청색으로 변하면서 백심과 겉불꽃 사이에 연청색의 제3의 불꽃 즉, 아세틸렌 페더(깃)가 있는 불꽃이 형성되는 불꽃이다.

용도는 산화를 방지할 필요가 있는 스테인리스강, 스텔라이트, 모넬메탈 등의 용접에 사용된다. [그림 3-3 (a) 참조]

2) 중성 불꽃(표준 불꽃)

산소와 아세틸렌 가스의 혼합비가 1 : 1(실제는 1.1 ~ 1.2)의 비율로 혼합될 때 얻어지는 불꽃이다.

탄화 불꽃에서 산소 밸브를 조금 더 열거나 아세틸렌 밸브를 닫으면 백심과 겉불꽃 사이의 연한 청백색의 불꽃(아세틸렌 페더)이 점차 감소되어 백심과 일치된 백색의 불꽃이다.

이 백심 불꽃 끝에서 2 ~ 3mm 끝 부분의 온도가 높으며(약 3240℃) 산화나 탄화가 일어나지 않아 금속의 화학적 영향이 적으므로, 이 부분에 용접물을 두고 가열하여 용접해야 되며, 대부분의 금속은 이 불꽃을 사용하여 용접한다. [그림 3-3 (b) 참조]

3) 산화 불꽃(산소 과잉 불꽃)

중성 불꽃에서 산소를 더 열어주면 산소가 과잉되어 백색 불꽃이 작으며 끝이 뾰족하거나 가늘며 끝이 뚜렷해지고 심하면 연한 회청색의 산화 불꽃이 된다.

이 불꽃은 산화성 분위기이므로 구리, 황동 등의 가스용접에 주로 이용된다. [그림 3-3 (c) 참조]

그림 3-3 산소-아세틸렌 불꽃의 종류

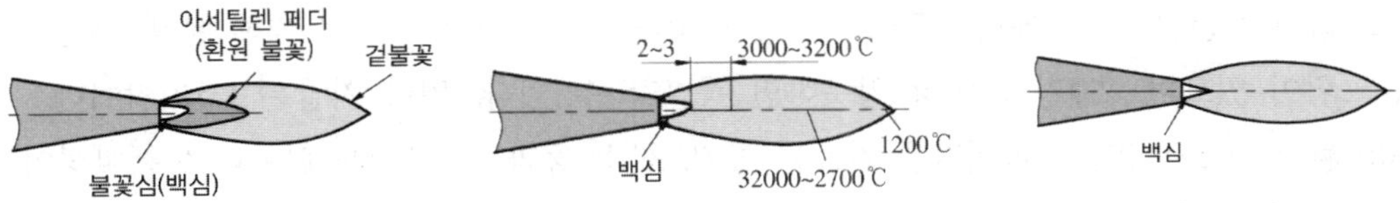

(a) 탄화 불꽃 (b) 중성(표준) 불꽃 (c) 산화 불꽃

3 가스의 종류

가. 아세틸렌(acetylene, C_2H_2)

아세틸렌은 카바이드와 물의 반응에 의해 얻어지며, 불포화 탄화수소의 일종으로 불완전한 상태의 가스이며, 가스용접용으로 많이 사용되는 가스이다.

카바이드란 탄화칼슘의 속칭으로, 석회석과 코크스를 56 : 36의 중량비로 혼합하여 전기로에서 약 2300 ~ 3000℃의 고온으로 용융, 화합시켜 제조한 것이다.

이 카바이드는 물 또는 수증기와 작용하면 아세틸렌 가스를 발생하고 생석회가 남게 되며, 이때 카바이드의 분해 작용으로 30.4kcal의 열을 발생하게 된다.

① 카바이드 제조시 반응식 : $CaO + 3C \rightarrow CaC_2 + CO - 108\ kcal$

② 아세틸렌 발생 반응식 : $CaC_2 + 2H_2O \rightarrow Ca(OH)_2 + C_2H_2 - 30.4\ kcal$

카바이드	물	소석회	아세틸렌
64g	36g	74g	26g

1) 아세틸렌 가스의 성질

① 순수한 것은 무색, 무취의 기체이나, 인화수소(PH_3), 유화수소(H_2S), 암모니아(NH_3) 등이 함유되어 있어 악취가 난다.

② 비중은 0.906으로 공기보다 가벼우며, 15℃, 1기압에서 1L의 무게는 1.176g이다.

③ 각종 액체에 잘 용해된다. 보통 물에는 같은 양, 석유에는 2배, 벤젠에는 4배, 알코올에는 6배, 아세톤에는 25배가 용해된다.

④ 아세틸렌을 800℃에서 분해시키면 탄소와 수소로 나누어지고 아세틸렌 카본 블랙(잉크 원료)이 된다.

2) 아세틸렌 가스의 폭발성

① 온도의 영향 : 매우 타기 쉬운 기체로서, 406 ~ 408℃가 되면 자연 발화하며, 505 ~

515℃가 되면 폭발하고, 780℃가 되면 산소가 없어도 자연 폭발한다.

② **압력의 영향** : 15℃에서 1.5기압 이상 압축하면 충격이나 가열에 의해 분해 폭발할 위험이 있으며, 2.0기압 이상 압축하면 폭발할 수 있다. 위험 기압은 1.5기압이다.

③ **혼합 가스의 영향** : 아세틸렌 가스는 공기, 산소 등과 혼합될 때에는 더욱 폭발성이 심해진다. 아세틸렌 15%, 산소 85% 부근이 가장 폭발 위험이 크며, 인화수소가 0.02% 이상이면 폭발 위험성이 크고, 0.06% 이상이면 자연 발화하여 폭발한다.

④ **외력의 영향** : 가압된 상태에서 마찰, 진동, 충격이 가해지면 폭발할 위험이 있다.

⑤ **화합물 생성의 영향** : 아세틸렌 가스는 구리, 구리 합금(62% Cu 이상), 은(Ag), 수은(Hg) 등과 접촉하면 이들과 화합하여 120℃ 부근에서 폭발성 화합물을 생성하므로 가스 연결구나 배관에 이러한 물질을 사용해서는 안된다.

나. 도시 가스

석탄을 가스화시킨 것으로 주성분은 수소와 메탄이며, 일산화탄소, 질소 등도 함유되어 있으며, 발열 온도가 낮아 납땜이나 가정용 연료에 사용되고 있다.

다. 수소 가스

아세틸렌보다 일찍 실용화되었으며, 물을 전기 분해하여 만들어지며, 고압 용기에 충전(35℃에서 150kgf/cm^2)시켜 공급한다. 산소-수소 불꽃은 백심 구분이 어려워 불꽃 조절이 어렵고, 연소할 때 탄소가 나오지 않으며, 온도가 낮아 탄소의 존재를 피하는 납땜에 이용된다. 또한 수소는 쉽게 고압을 얻을 수 있으므로 수중 절단용 연료로도 사용된다.

라. 천연 가스(LNG), 메탄 가스

천연 가스는 유전 지대에서 분출되며, 주성분은 메탄(80 ~ 90%)이고 황(S) 성분이 거의 없으며, 폭발 범위가 좁아 위험성이 적기 때문에 도시 가스용, 차량용으로 가장 알맞다.

마. 산소(oxygen, O_2)

산소는 공기나 물의 주성분으로, 지구상에 널리 존재하고 있으며, 1932년 영국의 프리스틀리(Pristley), 스웨덴의 셀(Shell)에 의해 발견, 프랑스의 '라브아지'에 의해 산소라고 이름지었다.

1) 산소의 성질

① 무색, 무미, 무취의 기체로, 자신은 연소하지 않고 다른 물질의 연소를 돕는 조연성

가스이며, 금, 백금, 수은 등을 제외한 모든 물질과 화합할 경우 산화물을 만든다.

② 융점 -219℃, 비중은 1.105로 공기(비중 1)보다 약간 무겁고, 기체 1ℓ의 중량은 0℃, 1기압에서 1.429g이다.

③ 공기 중에 약 21% 존재하며, 공업용 산소의 순도는 99.5% 이상이다.

④ -119℃에서 50기압 이상으로 압축하면 담청색(연한 청색)의 액체 산소가 된다.

⑤ 액체 산소 1ℓ가 기화하면 약 900ℓ의 기체 산소가 된다.

2) 기체 산소와 액체 산소

① 기체 산소 : 액체 산소를 기화시켜 용기에 압축하여 충전한 산소이다.

② 액체 산소 : 액산이라고도 하며, 용기에 액체로 저장한 산소이며, 저장이 쉽고, 위험도가 적으며, 운반이 쉽고, 99.8% 이상 고순도를 유지할 수 있으므로, 대량의 산소를 사용하는 곳에서 편리하며 경제적이다.

표 3-1 예열 가스의 발열량 및 불꽃 온도

가스의 종류	발열량(kcal/m³)	혼합비(가연가스 연료 : 산소)		최고 불꽃 온도(℃)
		저	고	
아세틸렌(C_2H_2)	12690	1 : 1.1	1 : 1.8	3430
수소(H_2)	2420	1 : 0.5	1 : 0.5	2900
프로판(C_3H_8)	20780	1 : 3.75	1 : 4.75	2820
메탄(CH_4)	8080	1 : 1.8	1 : 2.25	2700
일산화탄소(CO)	2865	1 : 0.5	1 : 0.5	2820

4 가스용접 재료

가. 가스용접봉 선택 조건

① 가능한 모재와 동일 또는 유사한 재질이며, 모재에 충분한 강도를 줄 수 있을 것

② 기계적 성질에 나쁜 영향을 주지 않으며, 용융 온도가 모재와 같을 것

③ 용접봉의 재질 중에 불순물이 포함하고 있지 않을 것(연강용은 인, 유황 등이 적은 저탄소강을 사용한다.)

나. 용접봉 종류와 특성

① 가스용접봉 종류에는 GA 46, GA 43, GA 35, GB 46, GB 43, GB 35 등이 있다.

② 용접봉 종류 중에 GA46, GA43 등의 숫자는 용착금속의 최저 인장 강도가 46kgf/mm^2(450MPa) , 43kgf/mm^2(421MPa) 이상임을 뜻한다.

③ 시험편의 처리 : SR : 625 ±25℃에서 1시간 동안 응력을 제거함을 의미한다.
NSR : 용접한 그대로 응력을 제거하지 않음을 뜻한다.

④ 봉 지름 : 1.0, 1.6, 2.0, 2.6, 3.2, 4.0, 5.0, 6.0

⑤ 봉 굵기 선택 : 모재 두께가 1mm 이상일 때 공식 : $D = \frac{T}{2} + 1$

다. 가스용접 용제(flux)

용접 중에 생기는 산화물, 비금속 개재물을 용해하여 온도가 낮은 슬래그로 만들어 표면에 떠오르게 하여 용착금속을 양호하게 만들기 위해 사용하는 것이 용제이다.

용제는 모재 용융점보다 낮은 것이 좋으며, 용제의 형상은 분말, 페이스트, 봉에 도포된 것 등이 있다. [표 3-2]는 각종 금속에 대한 용제의 종류를 나타낸 것이다.

표 3-2 각종 금속에 적당한 용제

용접 금속	용제	용접 금속	용제
연 강	사용하지 않음	주 철	탄산나트륨 15%, 붕사 15%, 중탄산나트륨 70%
반경강	중탄산소다 + 탄산소다	동합금	붕사 75%, 염화리튬 25%
알루미늄	염화 나트륨 30%, 염화 칼륨 45%, 염화 리튬 15%, 플루오르화 칼륨 7%, 황산 칼륨 3%		

5 가스용접 장치 및 기구

가. 아세틸렌 용기

1) 용해 아세틸렌 충전

아세틸렌 발생기에서 발생된 아세틸렌은 불순물이 포함되어 있으므로 청정기를 통해 정제하여 강철제 용기(봄베)에 압축기로 압축해서 얻어진 아세틸렌을 용해 아세틸렌이라고 한다.

① 용해 아세틸렌 용기는 강철제의 용접 용기이며, 내부에 규조토, 목탄 분말, 석면 등과 같은 다공질 물질로 채워져 있고, 여기에 아세톤을 흡수시킨 다음 아세틸렌 가스를 15℃에서 15.5 기압으로 충전 용해시킨 것이다.
② 용기 속의 다공질 물질의 다공도는 75% 이상 92% 미만으로 하여야 한다.
③ 용해 아세틸렌 가스 충전용량 : 3kgf, 5kgf
④ 용기의 크기 : 내용적에 따라 30ℓ, 40ℓ, 50ℓ가 있다.
⑤ 용기에 충전된 용해 아세틸렌 가스의 양은 무게로 나타내므로, 실병의 무게 A와 빈병의 무게 B의 차이에 의해 용량을 측정한다. 용해 아세틸렌 1kgf이 기화하였을 때 15℃, 1kgf/cm^{2}에서 약 905리터의 기체 아세틸렌이 된다.
C = 905(A - B)

예제 1기압 15℃에서 아세틸렌 병의 무게가 61kgf이고 빈병의 무게가 56kgf이라면 용기에 들어있는 C_2H_2의 양은 얼마인가?

➡ C = 905(실병 무게 - 빈병의 무게) = 905(61 - 56) = 4525ℓ

2) 용해 아세틸렌의 취급시 주의 사항

① 저장소(실)의 전기 스위치, 전등은 방폭 구조로 하며, 통풍이 양호하고 직사광선을 피해야 하며, 화기를 엄금한다.
② 용기는 저장 중이나 사용 중 반드시 세워 두어야 하며, 운반시 캡을 씌워야 한다.
③ 용기는 전락, 전도(넘어짐)를 방지하고 충격을 가하지 말아야 한다.
④ 용기 저장시 온도는 40℃ 이하로 유지하며 동결 부분은 35℃ 이하의 온수로 녹인다.
⑤ 저장실은 불연 재료를 사용하며, 지붕은 경량의 것으로 한다.
⑥ 용기 밸브는 1/4 ~ 1/2만 열며, 가스 누설 검사는 비눗물을 사용한다.
⑦ 용기의 가용전 안전밸브는 105±5℃에서 녹게 되므로 끓는 물을 붓거나 증기를 쐬거나 난로 가까이에 두지 말아야 한다.
⑧ 사용 후 용기 내 약간의 잔압(0.1kgf/cm^2)을 남겨 두어야 한다.

나. 산소 용기

1) 산소(oxygen) 용기

산소 용기는 봄베 또는 산소병이라고 하며, 산소병, 밸브, 캡의 3부분으로 구성되어 있으며, 강철제로 만드는데 반드시 정기적으로 검사를 받아 합격된 용기에 35℃에서 150kgf/cm^{2}의 고압으로 충전하여 사용하고 있으며, 상온에서는 약 110 ~ 120kgf/cm^2(기압)

정도가 된다.

또한 큰 공장에서는 액산탱크나, 메니폴드(cylinder manifold)라 해서 가스 용기를 여러 개 연결하여 사용하거나, 액체 산소 탱크를 설치하여 액체 산소를 사용하는 것이 일반적이다. [그림 3-4 우측 용기 참조]

산소 용기는 만네스만법으로 이음매 없이 제조되며, 인장 강도 559MPa($57kgf/mm^2$) 이상, 연신률 18% 이상의 강재가 사용된다.

용기 내의 내용적(대기 중에서 환산량)에 따라 33.7ℓ(5000ℓ), 40.7ℓ(6000ℓ), 46.7ℓ(7000ℓ)가 주로 사용된다.(L=V×P)

그림 3-4 산소병과 액산탱크

2) 산소 용기 취급상 주의 사항

① 병 밸브, 조정기, 도관, 취부구는 기름이 묻은 천으로 닦지 않는다.
② 병은 40℃ 이하이며, 직사광선을 받지 않는 곳에 세워서 보관한다.
③ 밸브 부분이 얼었을 때는 따뜻한 물로 녹여야 되며, 절대로 화기를 사용해서는 안된다.
④ 병 내에 다른 가스를 혼합하면 안된다.
⑤ 병을 운반할 때에는 반드시 캡을 씌워 이동하며, 운반시 굴리거나 끌어서는 안된다.
⑥ 병 운반시는 충격을 주어서는 안되며, 화기로 부터 5m 이상 거리를 둔다.
⑦ 가스 누설의 점검을 수시로 해야 하며 점검은 비눗물로 한다.
⑧ 용기는 충전 압력 × 5/3 이상으로 내압 시험을 하여 합격된 것만 사용한다.
⑨ 용기 내의 압력이 상승되지 않도록($170kgf/cm^2$ 이상) 한다.
⑩ 사용 후의 용기는 '빈병'이라고 표시하여 실병과 구분하여 보관한다.

다. 용기의 각인

가스 용기는 검사에 합격한 용기만을 사용해야 되며, 검사는 대부분 가스 공급회사에서 용기 종류별 일정한 기간마다 검사를 받는다.

가스 용기 상단에는 여러 가지 각인이 되어 있으며, [그림 3-5]는 산소 용기의 각인 예를 나타낸 것이다.

그림 3-5 용기의 각인 예

라. 용기의 도색, 충전 및 내압 시험 압력

표 3-3 용기의 도색, 충전 압력 및 내압 시험 압력

용기 명	용기 색	체결나사방향		
산소 용기 아르곤 용기 CO_2 용기	녹색 회색 청색	오른나사	최고 충전압력	35℃에서 150kgf/cm^{2}로 압축충전
			내압 시험압력	최고 충전압력×5/3배
LPG 용기	회색	왼나사	최고 충전량	20kgf, 50kgf
			내압 시험압력	30kgf/cm^2 이상
아세틸렌용기	황색	왼나사	최고 충전압력	15℃에서 15.5kgf/cm^2
			내압 시험압력	최고 충전압력×3배
			기밀시험 압력	최고 충전압력×1.8배

마. 가스용접 토치, 호스

가스용접 토치는 아세틸렌 가스와 산소를 일정한 혼합 가스로 만들고 이 가스를 연소할 때 불꽃을 형성하여 용접 작업하는 기구이며, 토치의 구성은 손잡이, 혼합실, 팁으로 되어 있다.

1) 가스용접 토치의 종류

(1) 사용하는 아세틸렌 가스 압력에 따른 분류

① 저압식(인젝터식) 토치(low pressure torch) : 고압의 산소로 저압(발생기식은 0.07 기압, 용해식은 0.2 기압)의 아세틸렌을 빨아내는 인젝터 장치가 있으며, 불변압식과 가변압식이 있다.

② 중압(등압)식 토치(medium pressure torch) : 아세틸렌 가스 압력이 0.07 ~ 1.3 기압(kgf/mm^2)에서 사용되는 토치로서 등압식이라고도 한다.
산소와 아세틸렌 압력이 같거나 약간 높아 역류 우려가 없고 안정된 불꽃을 얻을 수 있다.

③ 고압식 토치(high pressure torch) : 아세틸렌 압력이 1.3 기압 이상에서 사용되는 토치로서, 요즈음 거의 사용 안한다.

(2) 토치의 구조에 따른 분류

① 불변압식(독일식, A형) : 가스 혼합부인 인젝터가 팁에 있어 가스 혼합은 유효하게 행하여지나(팁 혼합식) 팁의 구조가 복잡하고 팁 끝이 무거워지는 결점이 있다.

1개 팁에 1개의 인젝터가 있으나 니들 밸브가 없는 토치로, 분출 구멍의 크기가 일정하고 팁의 능력도 일정하기 때문에 불꽃의 능력을 변경할 수 없다. [그림 3-6 (a) 참조] 가스 흐름의 길이가 짧아 역화가 적으며, 팁의 교환이 프랑스식에 비해 불편하지만 산소 아세틸렌 가스의 개폐를 동시에 할 수 있으며, 한번 조절한 불꽃은 소화 후 재차 불꽃 조절할 필요없이 얻을 수 있다.

② 가변압식(프랑스식, B형) : 토치 내부 손잡이 부분의 산소 통로에 인젝터가 있으며, 산소량은 니들 밸브에 의해 조절하며(토치 혼합 방식) 팁의 교환은 팁 끝만으로 되므로 팁 교환이 자유롭고 팁 끝이 가벼워 작업이 용이하다. [그림 3-6 (b) 참조] 그러나 한번 소화한 불꽃은 재차 점화할 때 불꽃 조절을 다시 해야 한다는 것이 결점이며, 우리나라에서 많이 사용되고 있다.

그림 3-6 가스용접 토치의 종류

(a) 독일식 토치

(b) 프랑스식 토치

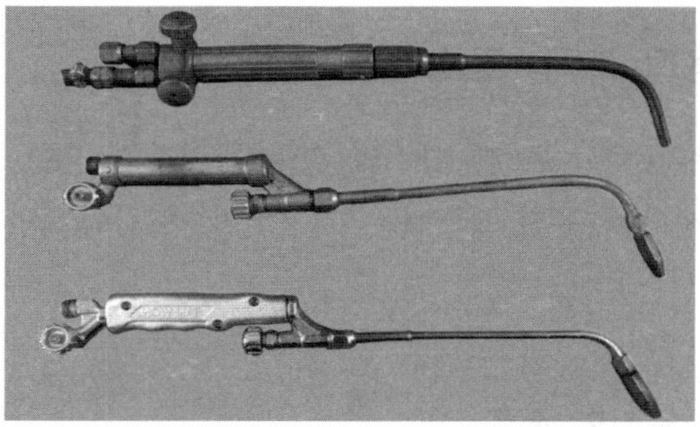

2) 토치의 취급상 주의 사항

① 토치를 망치 등 다른 용도로 사용해서는 안되고, 작업장 바닥이나 흙 속에 방치하지 않으며, 특히 점화되어 있는 토치를 아무 곳이나 방치하지 않는다.

② 팁이 과열시 아세틸렌 밸브는 닫고 산소 밸브만 약간 열고 물속에 넣어 냉각시킨다.

③ 작업 중 발생하기 쉬운 역류, 역화, 인화에 항상 주의해야 한다.

3) 팁의 능력

① 프랑스식(가변압식) : 1시간에 표준 불꽃으로 용접할 경우 소비하는 아세틸렌 가스의 양(ℓ)을 번호로 나타낸다.(예, 200번 팁 : 1시간 동안 아세틸렌 가스가 200ℓ 분출)

② 독일식(불변압식) : 중성 불꽃으로 용접했을 때 용접할 수 있는 연강판 두께(mm)를 번호로 나타낸다.(예, 1번 팁 : 연강판 두께 1mm를 용접할 수 있는 팁)

4) 가스용접용 호스

① 천이 섞인 양질의 고무관으로 산소용은 흑색 또는 녹색, 아세틸렌이나 LPG는 적색을 사용하며, 산소 호스는 90kgf/cm^2, 아세틸렌 호스는 10kgf/cm^{2}에서 내압 시험하여 합격하여야 된다.

② 호스의 크기 : 6.3, 7.9, 9.5의 3종류가 있으며, 7.9mm가 많이 쓰이며, 길이는 보통 3 ~ 5m가 적당하다.

6 압력 조정기

산소나 아세틸렌의 압력은 고압이므로 작업에서 필요로 하는 압력으로 낮추어야 한다. 이와 같이 높은 압력의 가스를 필요로 하는 압력으로 감압하는 기기를 압력 조정기 또는 감압 조정기라고 한다.

압력 조정기는 보통 부르동관식이 많이 사용되며, 일반적으로 2개의 게이지가 있는데 하나(용기 쪽에 가까운 게이지)는 용기 내의 압력을 나타내며, 또 하나는 토치에 공급되는 저압 게이지이다. 압력 조정은 조절 손잡이(나사식)를 시계 방향으로 돌리면 조정기 내부의 밸브시트가 열리어 저압 게이지 쪽으로 가스가 통과하게 되며, 반대로 하면 닫히게 된다. [그림 3-7, 8 참조]

압력계의 작동 순서는 가스 압력 → 부르동관 → 링크 → 색터 기어 → 피니언 → 바늘 순이다.

그림 3-7 조정기의 내부 구조

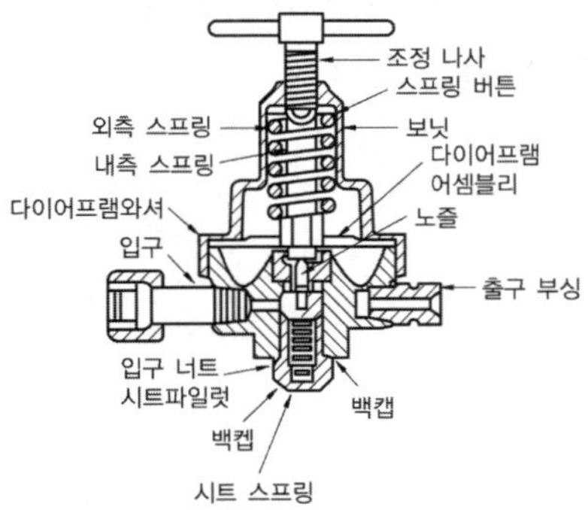

그림 3-8 압력계의 내부 구조

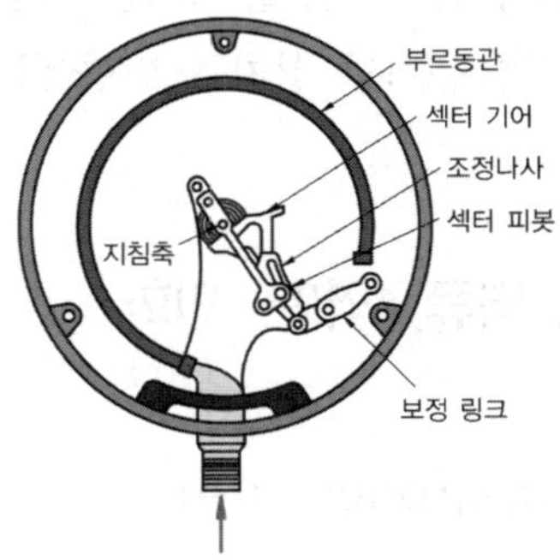

가. 산소 압력 조정기

① 압력 조정 부분, 고압, 저압 게이지로 구성되어 있으며, 프랑스식과 독일식이 있다.

② 일반적으로 사용 압력은 3 ~ 4기압(kgf/cm^2) 이하로 조정한다.

나. 아세틸렌 압력 조정기

산소 압력 조정기와 모양은 같으나 압력 조정 스프링의 압력이 훨씬 낮으며, 접속구 나사는 왼나사로 되어 있다.

다. 압력 조정기의 구비 조건

① 조정기의 동작이 예민할 것
② 조정 압력은 용기 내의 가스량이 줄어들어도 항상 일정할 것
③ 게이지 압력과 토치 방출 압력과의 차이가 작을 것
④ 사용 중 동결할 염려가 없을 것
⑤ 가스 방출량이 많아도 유량이 안정되어 있을 것

라. 압력 조정기 취급상 주의 사항

① 용기에 조정기를 설치할 때 설치구에 있는 먼지를 털어 내고 연결구에서 가스의 누설이 없도록 정확하게 연결한다.
② 조정기 설치구나 나사부, 조정기 각부에 그리스나 기름 등을 사용해서는 안된다.
③ 조정기를 견고하게 설치한 다음 조정 나사를 풀고(용기 닫힘) 밸브를 천천히 열어야 하며, 가스 누설 여부를 비눗물로 검사한다.
④ 압력 지시계가 잘 보이도록 설치하며 유리가 파손되지 않도록 한다.
⑤ 조정기를 취급할 때에는 기름이 묻은 장갑 등을 사용해서는 안된다.
⑥ 압력 용기의 설치구 방향에는 아무런 장해물이 없어야 한다.

7 역류, 역화, 인화

가. 역화(back fire)

역화는 토치의 취급이 잘못될 때 순간적으로 불꽃이 토치의 팁 끝에서 '빵빵' 또는 '딱딱' 소리를 내면서 불꽃이 꺼지는 현상을 말한다. 원인은 팁 끝이 모재에 닿아 팁 끝이 막히거나 과열, 사용 가스의 압력이 낮을 때, 팁의 죔이 완전치 않을 때 일어난다.

나. 역류(contra flow)

토치 내부의 청소가 불량할 때 토치 내부가 막혀서 고압의 산소가 아세틸렌 호스 쪽으로 흐르는 현상(폭발의 위험이 있다)이며, 방지법은 제일 먼저 산소를 차단한 후 아세틸렌을 차단한다. 팁 청소를 하거나, 물에 토치를 냉각시킬 필요가 있다.

다. 인화(flash back)

팁 끝이 순간적으로 막히면 가스의 분출이 나빠져 가스 혼합실까지 불꽃이 도달되어 토치가 빨갛게 달구어지는 현상이며, 방지법은 토치의 아세틸렌 밸브를 차단한 후 산소 밸브를 차단한다.

8 가스용접 작업

가. 전진법(좌진법)

비드와 용접봉 사이에 팁이 있으며, 용융풀의 앞쪽을 가열하며 앞으로 진행하는 방법으로, 가스용접의 경우 박판의 용접에 주로 쓰인다.

나. 후진법(우진법)

용접봉을 팁과 비드 사이에서 녹이면서 토치가 후진하는 방법이다.

그림 3-9 전진법과 후진법

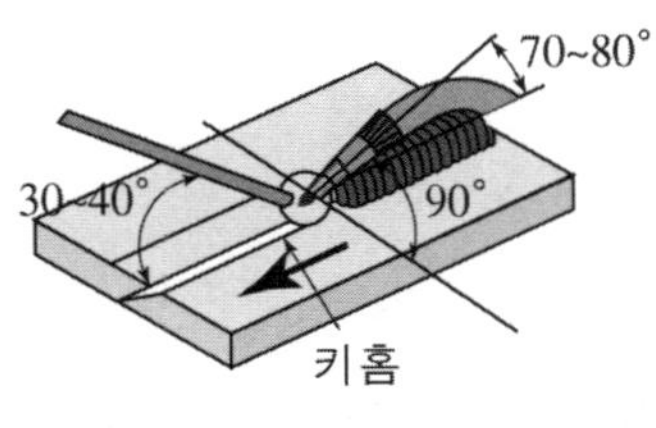

(a) 전진법

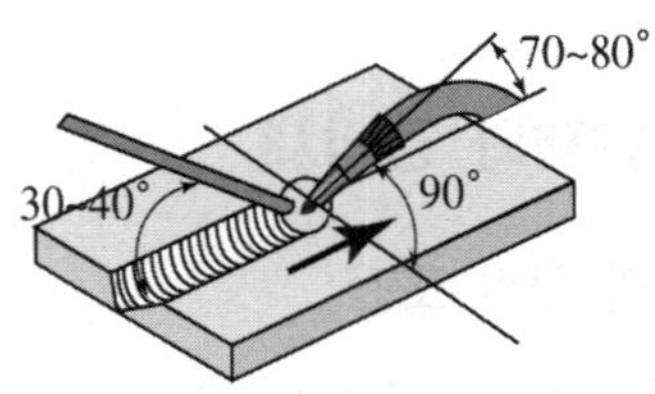

(b) 후진법

[전진법과 후진법의 비교]

항 목	전진법	후진법
열 이용률	나쁘다.	좋다.
산화 정도	심하다.	약하다.
용접 변형	변형 크다.	변형 작다.
용착금속의 냉각	급랭된다.	서랭된다.
홈각도	각도(80°) 크다.	각도(60°) 작다.
용접가능 판두께	얇다(5mm 까지).	두껍다.
용접 속도	속도 느리다.	속도 빠르다.
비드 모양	보기 좋다.	매끈하지 못하다.
용착금속의 조직	거칠어진다.	미세하다.

9 납 땜

가. 납땜의 종류

1) 연납땜

연납땜은 융점이 450℃ 이하인 주석, 납의 합금 등의 용가재를 사용하는 납땜으로 융점이 낮으며, 작업하기 쉽다. 용제는 수지, 염화아연 등을 사용한다.

2) 경납땜

경납땜은 융점이 450℃ 이상인 은납, 동납, 황동납 등의 용가재를 사용하는 납땜으로, 용융점이 높고, 강도나 내식성이 크다. 용제는 붕사, 붕산 등이 쓰인다.

나. 연납재와 경납재

1) 땜납의 구비 조건

① 모재보다 용융점이 낮으며, 표면 장력이 적어 모재 표면에 잘 퍼질 것
② 유동성이 좋아서 틈이 잘 메워지며, 모재와 친화력이 있고 접합이 튼튼할 것
③ 강인성, 내식성, 내마멸성, 전기 전도도 등 사용 목적에 적합할 것

2) 연납재

① 주석(Sn)-납(Pb) : Sn 40%, Pb 60%의 합금, 대표적인 연납으로 흡착 작용은 주석의

함유량에 따라 좌우된다.

② 납(Pb)-카드뮴(Cd) 납 : Cd을 사용하여 인장 강도를 높인 납으로, 아연판, 구리, 황동 등에 이용된다.

③ 납-은납 : 구리, 황동용 땜납, Ag 함유량이 2.5%일 때 공정점 온도는 304℃가 된다.

④ 저 융점 땜납 : 낮은 온도에서 금속을 접합하려 할 때 Sn-Pb 합금에 비스무드를 첨가한 다원계 합금 땜납이다. 보통 100℃ 미만의 융점을 가진 땜납을 말한다.

3) 경납재

① 은납(Cu-Ag-Zn) : Ag과 Cu를 주성분으로 하고 여기에 Zn, Cd, Sn, Ni, Mn 등을 첨가한 것, 융점이 낮고, 유동성이 좋으며, 인장 강도, 전연성 등이 우수하여 구리와 그 합금, 철강, 스테인리스강 등에 사용하며, 고주파 경납 등 모든 경납땜에 사용된다.

② 황동 납(Cu-Zn, 진유납) : 구리와 아연 60% 이하가 적합하며, 융점은 820~935℃ 정도이다. 전기 전도도가 낮고 진동에 대한 저항이 적으나, 은납에 비해 값이 저렴하다.

③ 인동 납(Cu-P) : Cu가 주성분이며 소량의 Ag, P을 포함한 합금으로, 전기 전도와 기계적 성질이 좋으며, 황산에 대한 내식성이 우수하다.

④ 망간 납 : Cu-Mn, Cu-Mn-Zn 합금이 쓰이며, 810~890℃의 융점을 가지고 있다. 철강의 납땜에 쓰인다.

⑤ 양은 납 : Cu-Zn-Ni의 3원 합금으로서 Cu 47%, Zn 42%, Ni 11%의 것이 있으며, 구리, 황동, 백동, 모넬메탈의 납땜에 쓰인다.

⑥ 알루미늄 납 : Si 또는 Al을 주성분으로 하고 Cu 또는 Zn을 소량 첨가한 것으로, 알루미늄과 친화력을 얻기 위해 Si, Cu, Zn, Sn, 비스무스, Ag 등을 첨가하고 있다.

다. 납땜용 용제

1) 용제의 구비 조건

① 금속면의 산화를 방지하며, 모재나 땜납에 대한 부식 작용이 없거나 매우 적으며, 모재의 산화 피막 등의 불순물을 제거하고 유동성이 좋을 것

② 땜납의 표면 장력을 맞추어서 모재와의 친화도를 높이며, 용제의 유효 온도 범위와 납땜 온도가 일치할 것이며, 전기 저항 납땜에 사용되는 것은 전도체일 것

③ 납땜 후 슬래그 제거가 용이하며, 인체에 해가 없을 것

2) 연납용 용제의 종류

① 송진(resin) : 부식 작용이 없어 전자기기 등 전기 절연이 요구되는 곳에 사용된다.
② 염화 아연($ZnCl_2$) : 연납땜에 많이 사용되는 용제, 보통 염화 암모늄에 섞어 사용한다.
③ 염화 암모늄(NH_4Cl) : 가열해도 용융하지 않으므로 단독으로 사용할 수 없으며, 가열하면 염화가스를 발생하여 금속 산화물을 염화물로 변화시키는 작용을 한다.
④ 인산(H_3PO_4) : 구리 및 구리 합금의 납땜에 인산소다, 인산암모늄과 혼합하여 쓴다.
⑤ 염산(HCl) : 염산을 물과 1 : 1 정도로 섞어서 아연강판이나, 아연판 등의 납땜에 쓰인다.

3) 경납용 용제의 종류

① 붕사($Na_2B_4O_7 \cdot 10H_2O$) : 금속 산화물을 녹이지만 바륨, Al, 크롬, Mg 등의 산화물은 녹이지 못한다. 은납, 황동땜에서는 붕사만을 쓰나, 보통 붕산이나 기타의 알칼리 금속의 불화물, 염화물 등과 혼합하여 사용한다.
② 붕산(H_3BO_3) : 보통 붕산 70%, 붕사 30%의 것이 많이 사용되며, 용해도가 875℃이다.
③ 붕산염 : 붕산소다를 사용하며 작용은 붕사와 비슷하다.
④ 불화물, 염화물 : 리듐, 칼륨, 나트륨 등의 염화물이나 불화물은 크롬, 알루미늄을 갖는 합금의 납땜에 없어서는 안 될 용제이다.
⑤ 알칼리 : 몰리브덴 합금강의 땜에 유용하며 가성소다, 가성알칼리 등의 알칼리는 공기 중의 수분을 흡수 용해하는 성질이 강하다.

라. 납땜법

1) 연납땜

인두 납땜 등 주로 연납땜에 쓰이며, 구리 제품의 인두가 사용된다.

2) 경납땜

① 가스 납땜 : 가스 토치나 버너로 연소시켜 그 불꽃을 이용하여 납땜하는 방법
② 담금 납땜 : 용해된 땜납 중에 접합할 금속을 담가 납땜하는 방법과 이음 부분에 납재를 고정시켜 가열 용융시켜 화학 약품에 담가 침투시키는 방법이 있다.
③ 저항 납땜 : 이음부에 납땜재와 용제를 발라 저항열로 가열하는 방법, 저항용접이 곤란한 금속의 납땜이나 작은 이종 금속의 납땜에 적당하다.
④ 로내 납땜 : 가스불꽃이나 전열 등으로 가열시켜 로내에서 납땜하는 방법, 온도 조정이 정확해야 하고 비교적 작은 부품의 대량 생산에 적당하다.
⑤ 유도가열 납땜 : 고주파 유도 전류를 이용하며, 가열 시간이 짧고 능률적이다.

실전 심화 학습 문제

{제3절 | 가스용접 및 납땜}

01 가스용접에서 가장 많이 사용되는 가스의 종류 2가지를 쓰시오.

02 가스용접의 단점을 3가지만 쓰시오.

03 산소-아세틸렌 불꽃의 3대 구성요소 3가지를 쓰시오.

04 산소와 아세틸렌의 혼합비가 1:1~1.2:1의 비율로 연소한 불꽃의 종류는?

05 아세틸렌 가스는 아세톤에 몇 배 용해되는가?

06 아세틸렌 가스는 몇 ℃ 이상이 되면 산소가 없어도 자연 폭발하는가?

07 폭발 위험성이 가장 큰 산소와 아세틸렌의 혼합비(%)는?

08 아세틸렌 가스와 혼합하면 폭발성 화합물을 만드는 원소 2가지를 쓰시오.

09 액체 산소 1ℓ 가 기화하면 약 몇 ℓ 의 기체 산소가 되는가?

10 산소와 아세틸렌 혼합가스의 최고 불꽃 온도는?

11 가스용접봉 처리에서 SR, NSR의 의미는 무엇인가?

12 용접봉 종류 중에 GA46, GA43 등에서 46, 43의 숫자는 무엇을 뜻하는가?

13 모재 두께가 1mm 이상일 때 가스용접봉 선택 공식은?

14 가스용접으로 알루미늄을 용접할 경우 적당한 용제는?

15 15℃, $1kgf/cm^2$ 하에서 사용 전 용해아세틸렌 병의 무게가 50kgf 이고, 사용 후 무게가 47kgf일 때 사용한 아세틸렌의 양은 몇 L 인가?

16 용해 아세틸렌의 취급시 주의 사항 3가지를 쓰시오.

17 산소는 압력 용기에 몇 ℃에서 몇 기압으로 충전하는가?

18 산소 용기에 각인되어 있는 TP와 FP는 무엇을 의미하는가?

19 아세틴렌 가스 용기의 체결구 나사는 오른 나사인가 왼나사인가?

20 사용하는 아세틸렌 가스 압력에 따른 가스용접 토치 3가지를 쓰시오.

21 프랑스식 토치의 팁의 능력은 무엇으로 나타내는가?

22 가스용접에 사용되는 아세틸렌용 용기와 고무호스의 색깔은?

23 압력계의 작동 순서는 가스 압력 → 부르동관 → 링크 → 섹터 기어 → 피니언 바늘 순이다. (O, ×)

24 가스용접시 역화란 무엇이며, 그 원인은?

25 가스용접법에서 후진법과 비교한 전진법의 설명에 해당하는 것은?

① 용접속도가 빠르다.　　② 열 이용률이 나쁘다.
③ 용접변형이 작다.　　④ 용접가능한 판두께가 두껍다.

26 납땜시 땜납의 구비 조건 2가지를 쓰시오.

27 납땜을 연납땜과 경납땜으로 구분할 때 구분 온도는?

28 납땜의 용제가 갖추어야 할 조건 3가지를 쓰시오.

29 다음에서 경납용 용제가 아닌 것은?

① 붕사　　② 붕산
③ 염산　　④ 알칼리

30 용해된 땜납 또는 화학 약품이 녹아 있는 용기 속에서 납땜하는 방법은?

해답

1. 산소-아세틸렌
2. 55p [다] 2) 참조
3. 불꽃심, 속불꽃, 겉불꽃
4. 중성 불꽃
5. 25배
6. 780℃
7. 85 : 15
8. 동, 동합금(62% Cu 이상), Ag, Hg
9. 900ℓ
10. 3430℃
11. 60p [나] ③ 참조
12. 용착금속의 최저 인장 강도가 46kgf /mm^2, 43kgf/mm^2 이상
13. $D = \frac{T}{2} + 1$
14. 60p [다] <표 3-2> 참조
15. C = 905(A − B) = 905(50 − 47) = 2715리터
16. 61p [가] 2) 참조
17. 35℃에서 150kgf/cm^2
18. TP : 내압 시험압력, FP : 최고 충전압력
19. 왼나사
20. 고압식, 중압식, 저압식
21. 64p [마] 3) ① 참조
22. 산소 호스 : 흑색이나 녹색, 아세틸렌 호스 : 적색
23. ○
24. 66p [가] 참조
25. ②
26. 68p [가] 1) 참조
27. 450℃
28. 69p [다] 1) 참조
29. ③
30. 담금 경납땜

제4절 | 가스 절단 및 아크 절단

1 가스 절단의 원리

가. 원리

가스 절단은 산소와 금속의 산화 반응을 이용한 절단법으로 보통 가스 절단, 분말 절단, 가스 가공 등이 있으며 강(steel) 또는 합금강 절단에 이용된다.

절단기 조작 방법에 따라 수동 절단과 자동 절단법으로 구분할 수 있으며 수동 절단법은 작업자의 숙련도에 달려 있는 중요한 기술이다.

보통의 가스 절단은 산소를 이용한 산소 절단을 의미한다. 이 때 산소-아세틸렌 불꽃이나 산소-프로판 불꽃을 이용하고 있으며, 산업 현장에서는 산소-아세틸렌보다 가격이 저렴하고 후판 절단에 효율적인 산소-프로판 절단이 더 많이 활용되고 있다.

가스 절단은 절단하고자 하는 부분을 예열 불꽃으로 철의 연소 온도까지 가열(850 ~ 900℃)한 후 고압 산소를 분출시키면 철과 산소가 화학 반응을 일으켜 산화철이 되면서 고압 산소의 기류에 밀려 절단이 이루어지게 된다. [그림 4-1, 4-2 참조]

그림 4-1 가스 절단의 원리

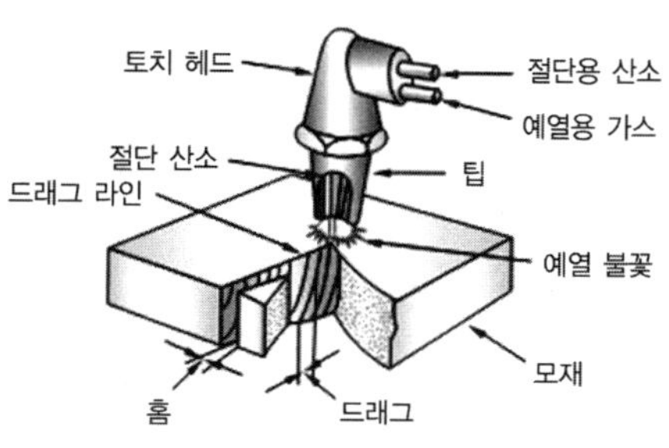

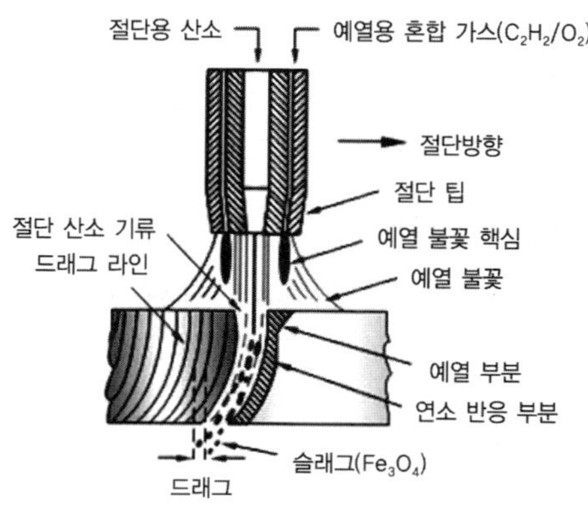

그림 4-2 가스 절단 장치의 구성

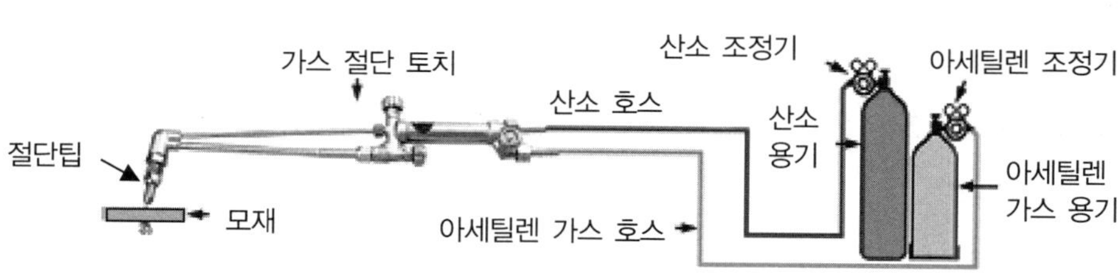

2 가스 절단에 영향을 주는 요인

가스 절단의 좋고 나쁨 등 절단 결과의 판정, 양호한 절단면을 얻기 위한 조건으로 여러 가지가 있다. 양호한 절단면을 얻기 위해서는 절단재의 두께와 폭, 재질, 팁의 크기와 모양, 산소 압력, 절단 주행 속도, 절단재의 표면 상태, 사용 가스, 산소의 순도, 예열 불꽃의 세기, 예열 온도, 팁과 모재와의 거리, 각도 등에 따라 달라진다.

가. 절단용 산소

1) 절단용 산소의 역할과 영향

절단용 산소는 절단부를 연소시켜 그 산화물을 깨끗이 밀어내는 역할을 한다. 산소의 압력과 순도가 절단 속도에 큰 영향을 미치며, 산소의 압력과 소비량에 거의 비례한다. 산소의 순도(99.5% 이상)가 높으면 절단 속도가 빠르며, 절단면이 양호하다.

2) 산소에 불순물이 증가되면 미치는 영향

① 절단면이 거칠어지고, 절단 속도가 늦어지며, 산소의 소비량이 많아진다.
② 절단 개시 시간이 길어지고, 슬래그 이탈성이 나빠지며, 절단 홈의 폭이 넓어진다.

나. 절단의 조건

① 산화 반응이 격렬하고 다량의 열을 발생할 것
② 모재 중에 불연소물이 적으며, 드래그(drag)가 가능한 한 작을 것
③ 모재의 연소 온도가 그 용융 온도보다 낮을 것
④ 산화물 또는 슬래그의 용융 온도가 모재의 용융 온도보다 낮으며, 유동성이 좋고 모재에서 쉽게 이탈할 것
⑤ 절단면이 평활하며 드래그의 홈이 낮고 노치(notch) 등이 없을 것
⑥ 절단면 표면의 각이 예리하며, 슬래그 이탈이 양호할 것
⑦ 경제적인 절단이 이루어질 것

다. 예열 불꽃(화염)

예열 불꽃은 절단 개시점을 급속하게 연소 온도로 가열하는 것이며, 절단 진행 중에는 항상 절단부를 연소 온도로 유지하며, 강재 표면의 스케일 박리로 철과 산소의 접촉을 좋게 해준다.

예열용 가스는 아세틸렌, 프로판, 수소, 천연 가스 등이 있으며, 프로판 가스는 발열량이 높고 가격이 싸므로 절단에 많이 사용된다.

수소 가스는 고압에서도 액화하지 않고 완전 연소하므로 수중 절단 예열 가스로 사용된다.

1) 예열 불꽃이 너무 세면(강하면)

① 모서리가 용융되어 둥글게 된다.
② 모재 뒤쪽에 슬래그가 많이 달라붙는다.
③ 절단면이 거칠어진다.

2) 예열 불꽃이 너무 약하면

① 절단 속도가 느리고 절단이 중단되기 쉽다.
② 역화를 일으키기 쉽다.
③ 드래그가 커지고 뒷면까지 통과하기 어렵다.

3) 완전 연소할 때 이론적인 가스의 혼합 비율

① 산소 : 아세틸렌 → 1 : 1
② 산소 : LPG(프로판 가스) → 4.5 : 1

라. 절단 속도

절단 속도는 절단의 좋고 나쁨을 결정짓는 중요한 조건으로, 모재의 온도가 높을수록, 절단 산소의 압력이 높을수록, 산소 소비량이 많을수록 비례하여 증가한다. 또한, 산소의 순도나 팁의 모양에 따라 다르다.

다이버젼트 노즐은 고속 분출을 얻는데 적합하며, 보통 팁에 비해 산소 소비량이 같을 때 절단 속도를 20~25% 증가시킬 수 있다.

마. 합금 원소의 가스 절단에 미치는 영향

① 탄소(C) : 0.25% 이하의 강은 절단이 쉬우나, 그 이상이 되면 경화나 균열을 방지하기 위해 예열해야 한다. 4% 정도의 탄소를 함유한 주철은 분말 절단을 해야 한다.
② 망간(Mn) : 보통 강 중에 함유된 정도는 별 문제가 없으나, 약 14% 망간과 탄소 1.5% 정도를 함유한 고망간강은 절단이 곤란하나, 예열을 하면 절단이 가능하다.
③ 규소(Si) : 함유량이 적을 때는 별로 영향이 없으나, 고규소 강판의 절단은 곤란하다.

④ 니켈(Ni)과 크롬(Cr) : 탄소량이 적은 니켈강 절단은 용이하다. 크롬 5% 이하의 강도 재료 표면이 깨끗하면 절단이 비교적 용이하나, 크롬 10% 이상의 고크롬강은 분말 절단을 해야 한다.

⑤ 몰리브덴(MO) : 크롬과 같은 영향이 있고, 순수한 몰리브덴은 절단이 곤란하다.

⑥ 텅스텐(W) : 12~14%까지는 절단이 가능하지만, 20% 이상이 되면 절단이 곤란하다.

⑦ 구리(Cu) : 2%까지는 영향이 없다.

⑧ 알루미늄(Al) : 10% 이상은 절단이 곤란하고, 인(P), 황(S)은 보통 강에 함유되어 있는 정도는 영향이 없다.

바. 드래그(drag)

가스 절단을 실시하면 연소된 금속이 고압 산소에 의해 모재 표면에서 밑면까지 불려나가게 되며 여기에 절단 조건에 따라 절단면에 일정한 간격의 곡선이 진행 방향으로 나타나는데 이것을 드래그 라인이라 한다.

그림 4-3 드래그

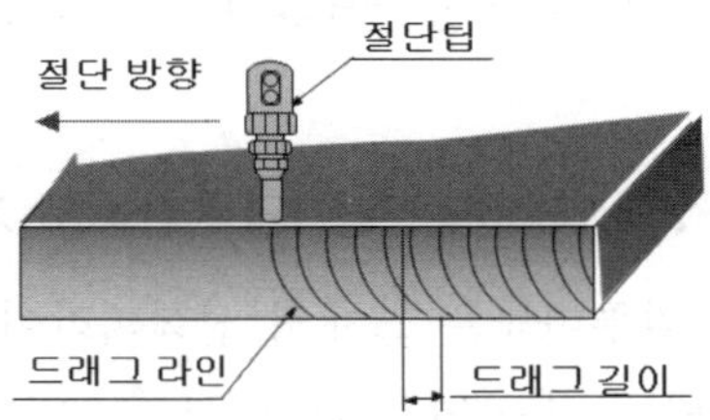

절단은 밑면에 가까워질수록 슬래그의 방해, 산소의 오염, 산소의 속도의 느려짐 등의 원인으로 산화 작용과 절단이 늦어지게 된다.

드래그 길이란 모재 표면의 하나의 시작점에서 끝점까지의 수평 거리를 말하며, 주로 절단 속도, 산소 소비량에 따라 변화하게 되는데, 절단면 말단부가 남지 않을 정도를 표준 드래그 길이(판두께의 20% 정도)라 한다. [그림 4-3, 표 4-1 참조]

$$\text{드래그(\%)} = \frac{\text{드래그 길이(mm)}}{\text{판 두께(mm)}} \times 100$$

표 4-1 표준 드래그 길이

판두께(mm)	12.7	25.4	51	51 ~ 152
드래그 길이(mm)	2.4	5.2	5.6	6.4

사. 기타 절단 조건의 영향

절단 재질에 따라 연강은 절단이 잘 되나 주철, 비철은 곤란하다. 또한 동일한 재질에서는 두께가 두꺼우면 절단 속도가 느리며, 얇으면 절단 속도가 빨라지게 된다.

팁(화구)의 크기와 형상 측면에서는 팁 구멍이 크면 두꺼운 판 절단이 쉬우며, 산소의 압력이 높을수록 절단 속도가 빠르고, 절단재가 예열되면 더욱 절단 속도가 빨라진다.

아. 가스 절단이 곤란한 금속과 절단 대책

보통 탄소강이나 저합금강의 가스 절단에는 판두께 3~300mm 정도는 위의 반응에 의해 절단이 쉽게 이루어지나, 주철이나, 비철금속, 10% 이상의 Cr 함유 스테인리스강, 고합금강 등은 산화물이나 불순물의 용융 온도가 슬래그의 용융점보다 낮아 가스 절단이 어렵다.

1) 주철의 가스 절단이 곤란한 이유

주철의 용융점이 연소 온도 및 슬래그 용융점보다도 낮고 또 주철 중의 흑연은 철의 연속적인 연소를 방해하므로 철이나 탄소강에 비해 절단이 잘 안된다.

2) 스테인리스강, 알루미늄의 가스 절단이 곤란한 이유

알루미늄은 모재의 산화피막이 매우 단단하고 모재의 용융점보다 훨씬 높아서 Al_2O_3(산화알루미늄)의 경우는 모재의 용융점(660℃)에 비해 매우 높아(2050℃) 산화에 의해 산화연소가 곤란하며, 산화물이 녹을 정도가 되면 원 금속은 융점이 낮아 이미 녹아 용락되기 때문에 제품으로 쓸 수 없게 되며, 열전도도와 온도 확산성이 매우 큰 것도 절단이 곤란한 이유이다.

스텐스테인리스강의 절단이 어려운 이유는 산화연소를 방해하는 합금 원소의 영향이 크다.

3) 절단이 어려운 금속의 절단 대책

내화성 산화물을 용해 제거하기 위해 적당한 분말의 용제를 산소 기류 중에 혼입하거나 미리 철분을 살포하여 불꽃의 온도를 높여 절단하는 방법이 있다.

3 가스 절단 장치

수동 가스 절단 장치는 절단 토치, 압력 조정기, 산소병, 산소와 연소가스용 호스로 구성한다. 또한 자동 가스 절단 장치에는 대차, 자동 절단기로 구성된다.

절단 토치의 끝 부분은 팁(tip)이 끼워져 있으며, 판의 두께에 따라 적당한 것을 사용해야 한다.

가. 수동 가스 절단기

1) 저압식 토치

산소와 아세틸렌을 혼합하여 예열용 가스를 만드는 부분과 고압 산소만 분출하는 부분으로 되어 있다.

아세틸렌의 게이지 압력이 0.07kgf/cm^2 이하이며, 니들 밸브를 갖고 있는 프랑스식과 니들 밸브를 갖지 않은 독일식이 있다. [그림 4-4 참조]

팁은 그 형식에 따라 동심형과 이심형이 있으며, [그림 4-5 참조] 팁의 재질은 열전도도가 좋고 내열성 및 내구성이 좋은 동합금이 많이 사용된다.

그림 4-4 수동 가스 절단기의 형상

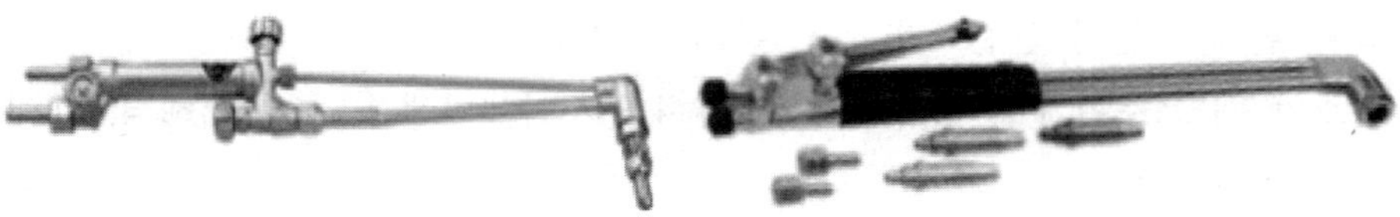

(a) 프랑스식 (b) 독일식

① 동심형(프랑스식) : 예열 혼합 가스 분출 구멍과 고압 산소 구멍이 팁 하나에 형성되어 있는 것으로, 곡선 절단이 자유로우며, 직선 절단도 잘되나 정밀도가 독일식에 비해 떨어진다.

② 이심형(독일식) : 예열 혼합 가스 분출구와 고압 산소 분출구가 분리되어 있는 형으로, 직선 절단할 때 절단 속도가 빠르며 절단면의 정밀도가 좋고, 절단면이 깨끗하나, 곡선 절단에는 부적당하다.

그림 4-5 팁의 형상

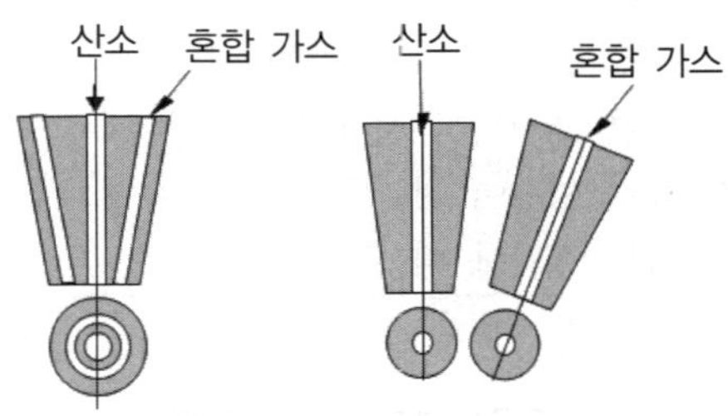

(a) 동심형 (b) 이심형

2) 중압식 토치

중압식은 아세틸렌 압력이 0.07 ~ 0.4kgf/cm^{2}의 것을 말하며, 팁 중에서 가스가 혼합되기 때문에 팁 혼합(믹싱) 형식이라고도 하며, 역화 방지가 잘 되고, 가스의 소비량이 적어지는 이점이 있다.

4 산소-LP 가스 절단

가. 액화 석유 가스(LPG, liquefied petroleum gas)

LP 가스는 석유나 천연 가스를 적당한 방법으로 분류하여 제조한 것으로 대부분 프로판(C_3H_8)으로 이루어져 있어 보통 프로판 가스라 부르고 있으며, 프로판 이외에 부탄(C_4H_{10}), 프로필렌(C_3H_6), 부틸렌(C_4H_8) 등이 있다.

나. LP 가스의 성질

① 액화하기 쉽고, 용기에 넣어 수송(운반)이 편리하다.(체적을 1/250 정도 압축)
② 온도 변화에 따른 팽창률이 크고 물에 잘 녹지 않는다.
③ 쉽게 기화하며, 발열량이 높으나, 증발 잠열이 크다.
④ 폭발 한계가 좁아 안전도가 높고 관리가 쉽다.
⑤ 연소할 때 프로판 1에 대하여 산소 약 4.5로 아세틸렌 1 : 1에 비해 4.5배의 많은 산소가 필요하다.

다. 아세틸렌 가스와 프로판 가스의 비교

표 4-2 아세틸렌과 프로판 가스의 비교

아세틸렌 가스	프로판 가스
1. 점화하기 쉽다.	1. 절단 상부 기슭이 녹는 것이 적다.
2. 중성 불꽃을 만들기 쉽다.	2. 절단면이 미세하며 깨끗하다.
3. 절단 개시까지 시간이 빠르다.	3. 슬래그 제거가 쉽다.
4. 표면 영향이 적다.	4. 포갬 절단 속도가 빠르다.
5. 박판 절단할 때는 빠르다.	5. 후판 절단할 때는 빠르다.

라. 프로판 가스 절단법

1) 절단 토치

LP용 절단 토치는 프로판이 아세틸렌보다 연소 속도가 느리므로 가스의 분출 속도를 느리게 하며, 비중의 차이가 있으므로 토치의 혼합실을 크게 하여 팁에서도 충분히 혼합할 수 있게 설계한다.

2) 프로판 가스 절단 팁(tip)

팁 끝은 아세틸렌 팁 끝과 같이 평평하게 하지 않고 슬리브를 가공면보다 약 1.5mm 정도 깊게 만들어져 있다.

3) 절단 방법

① 불꽃 조절

산소-프로판 가스를 사용하는 절단을 위한 불꽃 조절은 불꽃의 윤곽이 확실치 않아 산소-아세틸렌 가스를 사용하는 불꽃 조절보다 어렵다.

불꽃 조절 방법은 우선 토치의 산소 밸브를 약 1/5 정도 열고 프로판 가스 밸브를 열면서 점화한다.

이 때 불꽃이 팁 끝에서 떨어져 있는 상태에서 산소를 열면 불이 꺼지므로 프로판 불꽃이 팁에 붙을 때까지 프로판 가스 밸브를 조금씩 닫은 후 산소 밸브를 열어준다.

백심에 속불꽃이 일치될 때까지 산소 밸브를 열어 불꽃을 조절하며, 만약 불꽃이 약하면 프로판 가스 밸브를 더 열고 산소를 열어 불꽃을 조절하며, 불꽃이 너무 셀 경우는 반대로 실시한다.

② 절단

산소-프로판 가스 절단법도 산소-아세틸렌 가스 절단법과 동일하게 실시하면 된다.

5 홈 절단 작업 요령

토치의 백심을 판 위에서 1.5 ~ 2.0mm 정도 떨어지게 하여 절단 시작부 끝을 900℃ 정도로 예열한 후 고압 산소 밸브를 열어 절단을 시작한다.

이때 절단 속도가 너무 빠르면 절단이 간헐적으로 불균일해지거나 중단되게 되므로 불꽃 세기에 따라 속도를 맞추어야 된다.

용접 작업의 홈 가공은 판두께에 따라 개선각을 정하여 토치를 경사지게 조절한 후 절단을 실시해야 한다. [그림 4-6 참조]

일반적으로 판두께 10mm 이하의 홈각은 54 ~ 70°의 V형 홈으로 가공하게 되며 두께가 얇을수록 홈각을 크게 하지만, 용접 가능한 한 홈각을 작게 하는 것이 좋다.

그림 4-6 V형 및 X형 홈 가공의 예

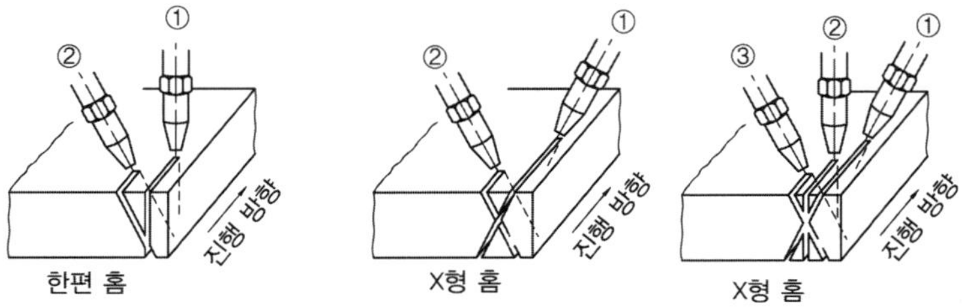

(a) V형 홈 절단 (b) X형 홈 절단

6 특수 절단

가. 분말 절단(powder cutting)

분말 절단은 미세한 철분 또는 용재의 분말을 팁을 통해서 압축 공기나 고압 산소 기류 중에 공급하고 예열 불꽃으로 이들을 연소 반응시켜 얻어진 산화열 또는 용제의 화학 작용을 이용하여 절단하는 방법으로, 보통의 가스 절단으로는 절단이 곤란한 주철, 스테인리스강, 구리, 알루미늄, 청동 등 비철금속의 절단에 이용된다.

1) 철분 절단

약 200메시 정도의 철분 또는 이것에 Al 분말을 배합한 미세한 분말을 공급하고 철분의 연소열로 온도를 높여 산화물을 용융 제거하는 방법으로 주철, 구리, 청동 등의 절단에 적합하다. 오스테나이트계 스테인리스강은 철분의 혼입 우려가 있어 적용하지 않는다.

2) 용제 절단

탄산염 및 중탄산염을 주성분으로 한 용제 분말을 이용한 절단법으로 스테인리스강의 절단에 주로 사용된다.

나. 산소창 절단(Oxygen lance cutting)

강관(강관 내경 : 3.2 ~ 6mm, 길이 : 1.5 ~ 3m) 속으로 산소를 공급하여 강관 자체를 연소시키면서 절단하는 방법으로, 슬래그 제거, 강 천공, 후판 절단 등에 이용된다.

다. 수중 절단(underwater cutting)

팁에서 나오는 불꽃을 보호하기 위하여 팁 둘레에 압축 공기를 보내 불꽃쪽으로 물이 들어오지 못하도록 장치된 팁을 사용하여 절단을 한다.

수중 절단용 연료 가스는 높은 수압에서 사용이 가능하며, 수중 절단 중 기포 발생이 적은 수소가 많이 사용된다. 아세틸렌은 높은 수압에서 폭발 위험이 있으며, 잘 기화되지 않는다.

수중 절단의 특징은 절단부의 냉각으로 공기 중보다 4 ~ 8배의 예열 가스의 소모가 많으며, 절단 산소 압력은 1.5 ~ 2배, 절단 속도는 12 ~ 50mm/min 정도로 한다.

물속(수심) 45m 깊이 정도까지 절단가능하며, 침몰선 해체, 교량, 해저 공사 등에 이용된다.

라. 포갬(겹치기) 절단(stack cutting)

얇은 판(12mm 이하)을 여러 장 포개어 0.08mm 이하의 틈이 되도록 압착한 후 산소-프로판 불꽃으로 한꺼번에 절단하는 방법으로, 판 사이가 깨끗하다.

마. 워터 제트 절단(water jet cutting)

물을 3500 ~ 4000bar 이상 초고압으로 압축한 후 0.75mm의 노즐로 음속 이상으로 분사시켜 절단하는 방법으로, 연질 재료는 순수한 물을, 경질 재에는 연마재와 물을 분사시켜 절단하며, 모든 재료의 절단이 가능할 뿐만아니라 정밀도가 높아 후속 처리가 거의 불필요하다.

그림 4-7 워터 제트 절단에 의해 가공된 부품

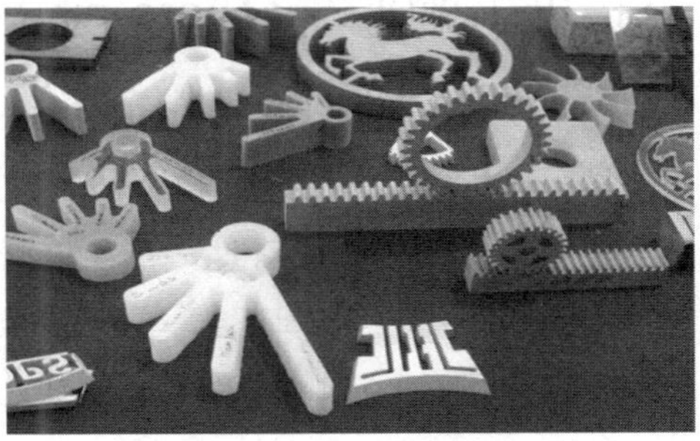

① 기존 절단법과는 전혀 다른 신기술 공법(CAD/CAM 활용 가능) 등 자동화가 가능하다.

② 초고압 고에너지 가공으로 모재의 열 및 화학적 변형, 잔류 응력, 미세 균열이 없으며, 물을 이용한 절단이므로 폭발성, 산화성, 휘발성이 있는 제품의 절단에 적합하다.

③ 환경 친화적 기술로서 작업 중 분진, 유해 Gas 등이 발생하지 않는다.

바. 스카핑(scarfing)

강재 표면의 흠이나 개재물, 탈탄층, 주름이나 균열, 주조 결함 등을 제거하기 위하여 표면을 얇게 깎아내는 가공법이다. 가공 속도는 냉간재의 경우 5 ~ 7m/min, 열간재는 20m/min로 가공한다.

7 아크 절단

가. 산소 아크 절단(Oxygen arc cutting)

중공(속이 빈) 피복 용접봉과 모재 사이에 아크를 발생시켜 용융시키고, 중공 전극봉에 고압 산소를 분출하여 절단하는 방법이며, 전원은 보통 직류 정극성이 사용되나 교류도 가능하다.

철구조물 및 수중 해체, 고크롬강, 스테인리스강, 고합금강, 비철 금속 등의 절단에 사용된다.

나. 탄소 아크 절단(carbon arc cutting)

탄소 또는 흑연 전극과 모재 사이에 아크를 일으켜 절단하는 방법으로, 사용 전원은 직류, 교류 모두 사용되나, 주로 직류 정극성이 사용한다. 전극봉은 전도성 향상을 위해 표면에 구리 도금한 것을 사용한다. 고탄소강의 경우 절단 영향부가 경화되기 쉬우며, 주철, 고탄소강 등 가스 절단이 곤란한 재료에 사용된다.

다. 아크 에어 가우징(arc air gouging)

탄소 아크 절단에 압축 공기를 병용하는 방법으로 용융 금속을 공기(air)를 불어내어 홈을 파는 방법이며, 직류 용접기를 사용한다. 이것은 가스 가우징에 비해 작업 능률이 2～3배 높으며, 용융 금속을 순간적으로 불어내므로 모재에 악영향을 주지 않으며, 경비가 저렴하고 응용 범위가 넓어 철, 비철 금속에도 사용된다.

그림 4-8 아크 에어 가우징 토치

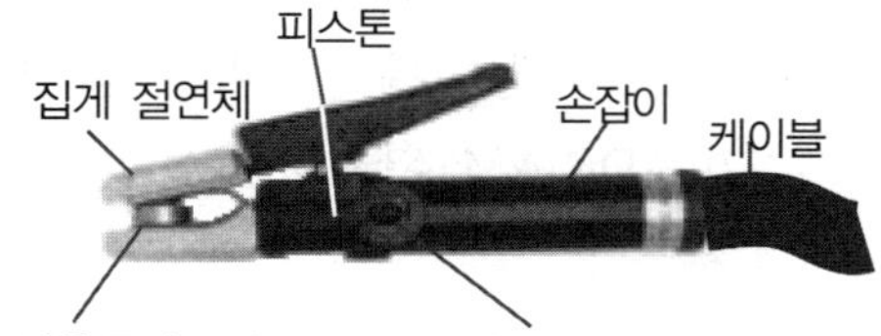

1) 가우징 토치

피복 아크용접봉 홀더와 비슷하나 봉을 물리는 부분과 부수적으로 압축 공기 통로와 분출구가 있다. 일반적으로 수동식이 많이 사용되며, 반자동식과 전자동식이 있다.

2) 압축 공기

압축 공기의 압력은 6～7kgf/cm^2 정도가 적당하며, 4kgf/cm^2 이하의 경우나 호스가 너무 가늘거나 연결부가 좁아 공기 공급량이 충분하지 못할 경우는 양호한 작업 결과를 얻을 수 없다. 콤프레셔(공기 압축기)를 사용할 경우 3마력(HP) 이상의 압축력이 필요하며, 압축 공기의 분사는 항상 봉의 바로 뒤에서 이루어져야 효과적이며, 압축된 질소나 아르곤 가스도 사용할 수 있다.

3) 가우징봉

탄소와 흑연의 혼합물인 탄소와 흑연으로 만들어지며, 전기를 잘 통할 수 있도록 표면에 구리 도금을 한 것이 사용되고 있다. 사용 전원에 따라 직류용과 교류용이 있다. [그림 4-9 참조]

그림 4-9 아크 에어 가우징용 탄소 전극봉

4) 아크 에어 가우징 방법

가우징 홀더는 직류 역극성으로 접속하며, 전극봉 끝에서 약 15cm 정도를 홀더에 물려 전극을 약간 뒤로 경사시키고 아크를 발생시키며, 바로 압축 공기를 분출시키면서 전극을 전진시킨다. 전극은 보통 오른쪽에서 왼쪽으로 움직이며 모재 위의 각도는 일반적으로 45°로 한다. 각도가 크면 깊게 홈이 파지며, 낮으면 얕게 파진다. [그림 4-10 참조]

그림 4-10 아크 에어 가우징의 예

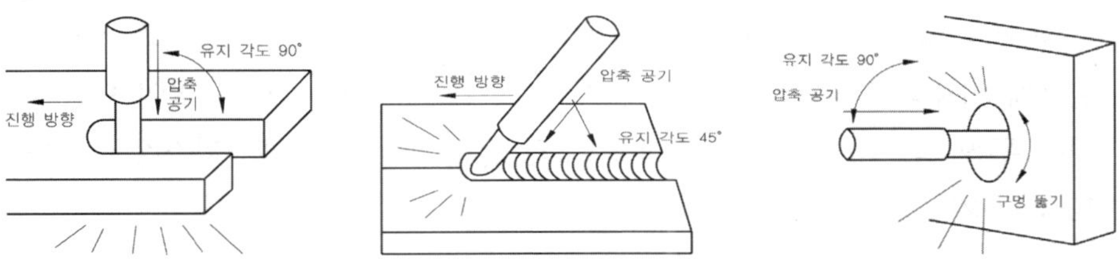

(a) 절단 (b) 홈파기 (c) 구멍 뚫기

라. 금속 아크 절단(metal arc cutting)

교류 및 직류 용접기를 사용하여 전용 피복 용접봉이나, 용접용 피복봉으로도 절단이 가능하며 용접의 경우보다 높은 전류로 절단되며, 피복 금속 아크 절단라고도 한다. 피복제는 발열량이 많고 산화성이 풍부한 것을 사용하며, 용융물은 유동성이 좋아야 한다.

마. 플라스마 제트 절단

플라스마 아크의 바깥 둘레를 강제로 냉각하여 발생하는 15000 ~ 30000℃의 초고온, 고속의 플라스마를 분출시켜 절단하는 절단법으로, 전원은 직류가 사용되며, Al, 경금속에는 아르곤과 수소의 혼합 가스를 사용하고, 스테인리스강에는 질소와 수소 혼합 가스를 사용한다.

1) 원리

플라즈마 절단은 중앙에 비소모성의 전극을 놓고 주위에 동합금의 노즐(칩)로 에워 싼 다음, 전극과 노즐 사이에 아크를 발생시키고, 그 가운데에 적당한 가스를 보내면 그 가스는 고온으로 되어, 가스 원자는 원자핵과 전자로 유리되어 플라즈마가 된다.

노즐을 통해 고속으로 분출된 플라즈마 제트는 알루미늄이나 스테인리스강 등 비철금속 등 금속과 비금속을 가리지 않고 고속으로 절단한다.

강판 절단의 경우 가스 절단에 비해 고속이고 열에 의한 변형이 적은 이점도 있어, 최근 급속히 보급되고 있다.

작동 가스에는 공기, 산소, 아르곤/수소 혼합가스, 수소 등을 사용하는데, 공기를 사용하면 에어 플라즈마, 산소를 사용하면 산소 플라즈마로 부른다.

2) 절단법 종류와 용도

이 절단법에는 이행형과 비이행형, 중간형이 있으며, 비이행형은 암석 등 비전도체의 절단에도 이용된다.

절단시 Al이나 경금속에는 아르곤과 수소의 혼합 가스를 사용하며, 스테인리스강에는 질소와 수소 혼합 가스를 사용하며, 주로 비철금속이나 스테인리스강 등 가스 절단이 곤란한 재료의 절단에 이용되고 있으나 요즈음은 에어 플라즈마 제트 절단이 많이 이용되고 있다.

절단 가능 두께 범위는 Al은 10-50mm, Cu의 경우 13mm, 스테인리스강은 6-13mm, 내화물은 50mm까지 가능하다.

그림 4-11 플라스마 제트 절단 방식

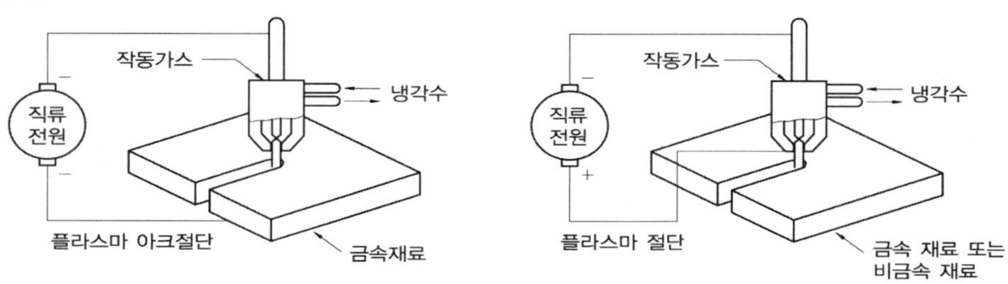

(a) 이행형 아크 절단　　(b) 비이행형 아크 절단

3) 작동 가스의 공급 방식

절단에 사용된 차폐 및 유량 가스를 제외하고는 일반 용접에 사용된 것과 동일하다. 유량가스의 유량 속도는 수축 노즐(컵)의 크기에 따라서 100~200cfh 범위로 할 수 있다.

노즐 크기, 유량, 차폐 가스 유량 속도 및 필요한 전류 및 전압은 절단되는 금속의 두께와 종류에 따라 다르다. 두께가 두꺼운 금속일수록 더 빠른 유량 속도 및 전류로 큰 노즐이 필요하다.

바. 레이저 절단

레이저 빔이 렌즈 또는 거울에 의해 물체 표면에 초점을 형성, 국부적인 가열로 인한 순간적인 용융 또는 증발 상태로 만든 후 이를 가스 제트로 불어서 절단하는 방법으로, 절단 형상에 제한이 적다.

원리는 레이저 발진 장치 내에 레이저 가스(CO_2)에 전기 에너지(방전)를 가해 레이저 가스의 일부를 플라즈마화하며, 이 플라즈마화된 자유 전자가 CO_2 분자의 최외곽 전자에 충돌했을 때 전자궤도가 팽창하며, 이 팽창된 궤도는 그 상태대로 유지할 수 없어 원래의 상태로 되돌아간다. 그 궤도 차이로 인해 전자파(광선)가 발생하며 이 발생된 광선이 전반사경과 반투과경으로 구성된 공진기에 의해 광축 방향으로 강하게 증폭된다.

이 증폭이 설정된 어느 수준까지 되면 반투과경을 통해 밖으로 나와 렌즈로 집광되고 이 집광된 광선을 가공 재료에 조사하여 절단한다.

사. 불활성 가스 아크 절단

1) TIG 절단

직류 정극성을 사용하여 텅스텐 전극과 모재에 아크를 발생시켜 비철 금속, 스테인리스강 등의 모재를 용융하여 절단하며, 텅스텐 전극이 허용하는 범위에서 대전류를 쓰며, 비교적 직경이 작은 노즐에서 대량의 불활성 가스를 내보내어 두꺼운 판 절단도 하게 된다.

냉각용 가스는 주로 아르곤과 수소의 혼합 가스가 사용된다.

2) MIG 절단

금속 전극에 큰 전류를 흐르게 하여 절단하며, 보호 가스로는 10 ~ 15% 산소를 혼합한 아르곤 가스를 사용하면 좋고, 절단봉으로는 연강 심선을 쓰면 절단면이 더럽혀지지 않는다. 전원은 직류 역극성을 사용하며, 모든 금속의 절단에 이용된다.

실전 심화 학습 문제

01 철강을 가스 절단할 때 절단 전에 예열 불꽃으로 몇 ℃ 정도 가열해야 되는가?

02 가스 절단으로는 절단이 잘 되지 않는 금속은 어느 것인가?

① 순철　　　② 연강
③ 스테인리스강　　　④ 주강

03 절단용 산소의 압력과 순도가 절단 속도에 큰 영향을 미친다. 이때 산소의 순도는 얼마 이상이 되어야 하는가?

04 절단의 조건 3가지를 쓰시오.

05 절단 작업시 예열 불꽃이 너무 세면(강하면) 어떻게 되는가?

06 절단 작업시 예열 불꽃이 너무 약하면 어떻게 되는가?

07 가스 절단시 완전 연소할 때의 이론적인 가스의 혼합 비율은 어떻게 되는가?

1) 산소 : 아세틸렌 : (　　　　)
2) 산소 : LPG(프로판 가스) : (　　　　)

08 가스 절단시 산소 소비량이 같을 때 다이버전트 노즐을 사용하면 보통 팁에 비해 절단 속도를 몇 % 정도 증가시킬 수 있는가?

09 가스 절단시 크롬이 몇 % 이상의 고크롬강은 분말 절단을 해야 되는가?

10 가스 절단에서 드래그에 대하여 간단히 설명하시오.

11 12.7mm 연강판을 가스 절단시 표준 드래그 길이는 얼마가 적당한가?

12 주철의 가스 절단이 곤란한 이유는?

13 저압식 토치는 아세틸렌의 게이지 압력이 몇 kgf/cm2 이하를 말하는가?

14 가스 절단에 사용하는 동심형과 이심형 팁 중 곡선 절단에 유리한 것은?

15 가스 절단시 사용하는 LP 가스의 성질(특성) 3가지를 쓰시오.

16 가스 절단용 연소가스인 아세틸렌과 프로판 가스 중 프로판 가스의 특성은?

17 분말 절단에 대하여 간단히 설명하시오.

18 가스 절단시 스카핑(scarfing)이란?

19 아크 에어 가우징시 압축 공기의 압력은 몇 kgf/cm^2 정도가 적당한가?

20 이행형과 비이행형 플라즈마 절단법 중 암석 등 비전도체의 절단도 가능한 형식은?

해답

1. 철의 연소 온도(850~900℃)
2. ③
3. 99.5% 이상
4. 75p [나] 참조
5. 76p [다] 1) 참조
6. 76p [다] 2) 참조
7. 1) 산소 : 아세틸렌 → 1 : 1, 산소 : LPG(프로판 가스) → 4.5 : 1
8. 20~25%
9. 10%
10. 77p [바] 참조
11. 2.4mm
12. 78p [사] 1) 참조
13. $0.07kgf/cm^2$
14. 동심형팁
15. 80p [나] 참조
16. 80p [다] 표 4-2 참조
17. 82p [가] 참조
18. 83p [바] 참조
19. $6 \sim 7kgf/cm^2$
20. 비이행형

제5절 | 불활성 가스 아크용접

1 불활성 가스 아크용접

가. 원리

1930년경 호버트(Hobart), 데버(Dever)에 의해 발명되어 1940년경 실용화되었으며, 현재는 매우 중요한 용접법으로 활용되고 있다.

이 용접법은 아르곤(Ar) 또는 헬륨(He) 가스와 같은 고온에서도 금속과 반응하지 않은 불활성가스 분위기 속에서 텅스텐 전극봉 또는 금속 와이어와 모재 사이에서 아크를 발생하여 그 열로 용접하는 방법으로 불활성가스 텅스텐 아크용접(TIG 용접)과 불활성가스 금속 아크용접(MIG 용접)법이 있다.

나. 특징

1) 장점

① 피복제 및 용제가 불필요하다.
② 아크가 안정되어 스패터가 적다.
③ 전자세 용접이 용이하고, 열 집중성이 좋아 고능률적이다.
④ 직류 전원을 이용하면 모재의 용입이나 비드 폭 조절이 가능하다.
⑤ 낮은 전압에서 용입이 깊고 용접 속도가 빠르다.
⑥ 용접 변형이 비교적 적다.
⑦ 청정 작용이 있어 산화막이 강한 금속(알루미늄 등)의 용접이 가능하다.

2) 단점

① 장비비가 고가이고 이동해서 사용하기 힘들다.
② 실드 가스가 바람에 의해 불려나갈 수 있어 옥외 작업이 힘들다.
③ 토치가 접근하기 힘든 경우에는 용접하기 어렵다.
④ 슬래그가 얇기 때문에 냉각 속도가 빨라 용착금속의 조직과 기계적 성질을 변화시킬 수 있다.

2 불활성 가스 텅스텐 아크용접(TIG 용접)

가. 원리

TIG(Tungsten Inert gas) 용접은 텅스텐 전극과 모재 사이에서 발생된 아크열로 모재와 용접봉을 녹이면서 용접하는 방법으로 GTAW 또는 헬리 아크, 헬리 웰드, 아르곤 아크용접이라고도 하며, 전극이 녹거나 소모되지 않으므로, 비용극식 또는 비소모식 용접법의 하나이며, 주로 3mm 이하의 박판에 이용된다.

그림 5-1 티그 용접의 원리

원리는 모재와 텅스텐 전극 사이에 용접 전원과 고주파 발생 장치가 접속되어 있으며, 모재 표면과 텅스텐 전극 선단과의 사이에서 아크를 발생시켜 모재를 용융시키고 여기에 용접봉을 공급하여 접합하는 방법이다. [그림 5-1 참조]

나. 특징

1) 장점

① 용접부가 불활성가스로 보호되므로 산화, 질화하기 쉬운 금속의 용접이 용이하고 용착부의 제성질이 우수하다.
② 모든 자세로 용접이 용이하고 열 집중성이 좋아 고능률적이다.
③ 용제를 사용 안하므로 슬래그 제거가 불필요하며, 아름다운 비드를 얻을 수 있다.
④ 거의 모든 금속을 용접할 수 있어 응용 범위가 넓다.
⑤ 아크용접이나 가스용접의 용착부에 비해 연성, 강도, 기밀성, 내식성이 우수하다.

2) 단점

① 후판 용접에는 다른 용접법에 비해 능률이 떨어진다.
② 바람의 영향을 받으므로 방풍 대책이 필요하다.
③ 장비의 가격이 비싸 운영비와 설치비가 많이 소요된다.

다. 극성 효과와 청정 작용

불활성 가스 텅스텐 아크(TIG) 용접은 교류나 직류 전원의 어느 것이나 사용하는데, 극성의 선택 기준은 모재와 용가재의 재질에 맞게 선택해야 된다. [표 5-1 참조]

1) 직류 정극성(DCSP : DC straight polarity)

용접기의 양(+)극에 모재를, 음(-)극에 토치를 연결하는 방식이며, 고속도의 전자가 전극으로부터 모재 쪽으로 흐르므로 전극은 과열되지 않으며, 모재는 전자의 충격을 받아 높은 열이 발생되므로 용입이 깊고 폭이 좁은 비드가 형성된다.

2) 직류 역극성(DCRP : reverse polarity)

용접기의 양(+)극에 토치를, 음(-)극에 모재를 연결하는 방식으로, 전자가 전극을 충돌 작용을 하므로 전극은 과열되어 전극이 용융될 수 있으므로 정극성의 경우보다 전극의 지름이 큰 것을 사용하는 것이 좋다.

역극성의 특성은 전자가 튀어나오는 범위가 넓어 열의 집중이 정극성에 비하여 불량하므로 용입이 얕고 비드 폭이 넓으며, 정극성 경우보다 4배의 큰 전극이 필요하다. 또한 텅스텐 전극 소모가 많아진다. Ar 가스 사용시 청정 작용(cleaning action)이 있어 경합금 용접에 적합하다.

표 5-1 극성의 종류와 특성

특성	직류 정극성(DCSP)	직류 역극성(DCRP)	고주파 교류(ACHF)
전자 및 이온의 흐름 용입 현상	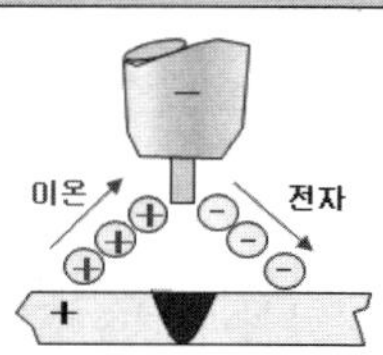	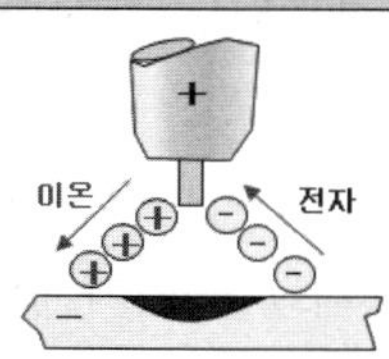	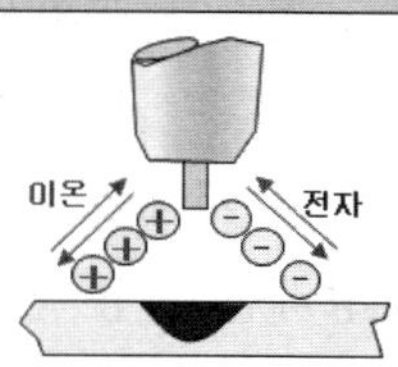
발생 열	모재에 2/3, 전극에 1/3	모재에 1/3, 전극에 2/3	모재와 전극에 각각 1/2
용 입	깊고 좁다.	얇고 넓다.	직류의 중간
전극 용량	우수(3.2mm, 400A)	불량(5.4mm, 120A)	양호(3.2mm, 225A)
청정 작용	없다.	있다.	있다(1/2 사이클 마다 반복)
용도	강, 스테인리스강, 후판 용접	박판, Al, Mg 합금 용접	Al, Mg 등 경금속 용접

3) 고주파 교류(ACHF)

고주파 교류란 아크 발생과 용접 중에 고주파를 중첩시켜 아크를 안정시킨 교류로서, 직류 정극성과 역극성의 중간 정도의 특성과 용입이 얻어지며, 아르곤 가스를 사용하면 알루미늄이나 마그네슘 및 그 합금 등의 청정 작용이 있어 많이 사용된다.

라. 보호 가스

1) 아르곤

헬륨보다 무거워 보호 능력은 우수하나, 아크 전압은 낮기 때문에 경합금 후판 용접에서는 적합하지 않다. 아르곤 가스는 1기압 하에서 약 6500 ℓ(리터)의 양을 140기압으로 압축시켜 용기에 충전되어 있으며, 감압 밸브를 이용하여 사용되고 있다.

용접시 사용되는 유량은 약 5 ~ 20 ℓ/min 정도이며, 가스 속도는 2 ~ 3m/sec로 하고 있다.

2) 헬륨

아르곤보다 가벼우므로 아르곤 가스와 같은 보호 효과를 갖으려면 아르곤보다 2배 정도의 유량을 분출해야 된다. 그러나 아크 전압이 아르곤보다 높아 용접 입열이 크므로 경합금 후판 용접에 적합하다. [표 5-2]는 아르곤과 헬륨의 특성을 비교한 것이다.

표 5-2 아르곤과 헬륨의 특성 비교

항목 \ 종류	아르곤 가스	헬륨 가스
아크 전압 / 아크 발생	낮다 / 쉽다.	높다 / 어렵다.
아크 길이 / 아크 안정성	길다 / 좋다	짧다(민감) / 나쁘다
가스 소모량	적다	많다(1.5 ~ 3배)
열영향 / 용입	넓다 / 얕다	좋다 / 깊다.
청정작용 / 모재 두께	있다 / 박판	없다 / 후판
용접 자세 / 가격	아래보기 / 싸다	위보기, 수직 / 비싸다
용도 / 이종금속 접합	알루미늄, 탄소강 등 / 좋다	동 및 동합금 / 나쁘다

3) 혼합 가스

아르곤과 헬륨의 혼합 비율은 25 : 75가 많이 쓰이며, 알루미늄과 동합금 용접에서 용입이 깊고 기공이 적게 발생한다. 스테인리스강의 용접에서는 아르곤에 산소를 1 ~ 5% 혼합하면 깊은 용입과 양호한 외관을 얻을 수 있다.

마. 용접 장치

1) 용접 장치의 종류

(1) 수동 TIG 용접기

일반적으로 TIG 용접기는 수동식이 많이 쓰이고 있으며, 장치의 구성이 비교적 간단하고 토치의 조작과 용가제의 공급이 작업자에 의해서 이루어진다.

용접기의 구성은 용접기(전원), 제어 장치, 보호가스 공급 장치, 냉각수 순환 장치(200A 이상), 토치(torch)로 구성되어 있다. [그림 5-1 참조]

그림 5-1 티그 용접기의 형상

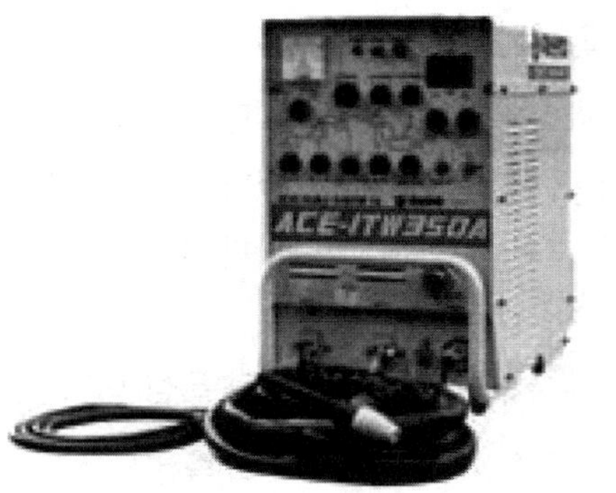

용접기의 조작은 토치에 부착된 핸드 스위치나 족답 스위치에 의해 이루어지며, 스위치를 누르면 아르곤 가스와 냉각수가 흐르며, 고주파 발생 장치에 의해 아크가 발생되어 용접을 진행할 수 있게 된다.

(2) 반자동 TIG 용접기

반자동식은 토치의 조작은 손으로 실시하고, 용가제만 자동으로 송급하는 방식이다. 이 방식은 스위치를 누르면 아르곤 가스가 흐르고 아크가 발생되기 시작하며, 모재가 용융되었을 때 와이어를 자동으로 송급하며 용접하게 된다.

(3) 자동 TIG 용접기

자동식 용접 장치는 와이어 송급 장치, 와이어 릴이 이동 대차에 의해 이음선을 따라 일정한 속도로 이동하며 용접되는 방식이다. 자동식은 이음선이 직선일 때 사용할 수 있으며, 용접 중 전극이 다소 소모되므로 아크 길이를 일정하게 유지할 수 있는 장치가 있어야 된다.

2) 용접 토치

냉각 방식에 따라 수냉식과 공랭식으로 구분하며, 200A 이하의 낮은 전류를 사용할 때는 공랭식 토치를 사용하며, 200A 이상에서는 냉각 효과가 큰 수랭식을 사용한다.

그림 5-2 티그 용접 토치의 구성

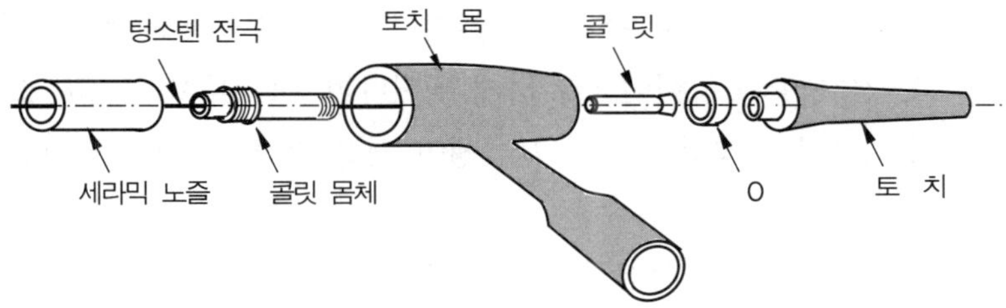

바. 가스 노즐

재질이 세라믹이나 동으로 만들어지므로 세라믹 노즐(그림 5.18 참조) 또는 가스 노즐이라고 부르며, 노즐의 크기는 가스 분출 구멍의 크기로 정해지며, 보통 4~13mm가 주로 사용된다. 노즐의 선택은 용접물의 재질, 전류, 이음의 형태, 사용 가스 등에 따라 적당한 것을 선택한다. [그림 5-3 참조]

그림 5-3 각종 세라믹 노즐의 형상

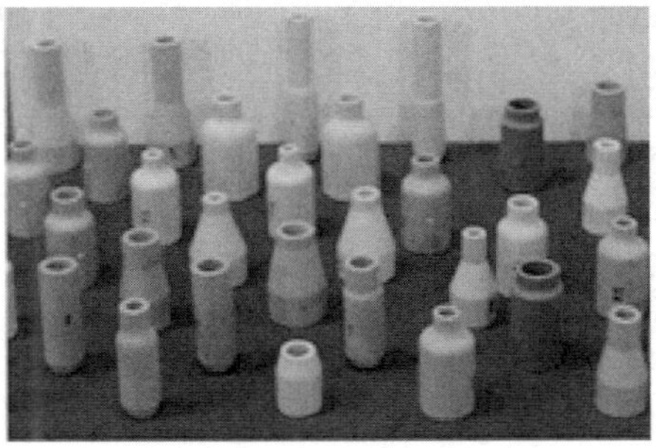

사. 텅스텐 전극봉

TIG 용접용 전극봉은 아크 발생을 목적으로 하며 비소모식(비용극식)이기 때문에 고융점이며 전자 방출이 잘되고 열전도율이 큰 것이 요구된다. 따라서 텅스텐은 용융점이 3410℃이며 비등점이 5950℃로 높아 TIG 용접용 전극으로 적합하다. [표 5-3 참조] 전극봉의 지름은 0.25, 0.5, 1.0, 1.6, 2.0, 2.4, 3.2, 4.0, 4.8, 6.0mm가 시판되고 있다.

1) 순텅스텐 전극

가격이 싸고, 저전류 영역에 사용하며, 토륨 함유봉에 비해 전자 방사 능력은 떨어지나 고주파 교류(ACHF)에서는 오히려 불평형 전류가 감소된다. Al, Mg 합금의 용접에 주로 사용한다.

2) 지르코늄 텅스텐 전극

순텅스텐의 단점을 보완한 것으로, 지르코늄을 0.15 ~ 0.5% 함유한 것으로 수명이 길다. 고주파 교류를 사용하여 고전류 Al 용접, Mg 용접에 효과적이다.

3) 토륨 텅스텐 전극

① 1% 토륨 텅스텐 전극 : 토륨을 1% 함유한 것으로 순텅스텐 전극보다 비싸지만, 수명이 길고, 전자 방사 능력이 현저하게 뛰어나며, 불순물이 부착되어도 전자 방사가 잘 되어서 아크가 안정하므로 아크 발생이 쉽고 전극 소모도 적으나 교류에서는 좋지 않다.
주로 강, 스테인리스강, 동합금 용접에 사용된다.

② 2% 토륨 텅스텐 전극 : 1% 토륨 텅스텐 전극보다 수명이 더 길고, 전류 전도성이 좋아서 아크가 안정되며, 전극 소모가 적다. 주로 항공기 부품 등 박판 정밀 용접에 많이 사용된다. 그러나 토륨은 방사선이 발생할 수 있어 요즈음 사용이 적어진다.

표 5-3 텅스텐 전극봉의 종류와 용도

AWS 기호	KS 기호	전극 재질	식별용 색		사용 전원	특징 및 용도
			AWS	KS		
EWP	YWP	순텅스텐	녹색	백색	ACHF	가격저렴, 저전류용, Al, Mg합금
EWZr	-	지르코늄 텅스텐	갈색	-	ACHF	수명김, 고전류용, Al, Mg 합금
EWTh1	YWTh-1	1%토륨 텅스텐	황색	황색	DCSP	가격비쌈, 수명김, 강, 스테인리스
EWTh2	YWTh-2	2%토륨 텅스텐	적색	적색	DCSP	EWTh1보다 수명김, 전류전도성 좋아 아크 안정, 항공기 부품 등 박판 정밀용접, 강, 스테인리스강
		란탄 텅스텐 (1.8 ~ 2.2% 청색)	흑색 0.8 ~ 1.2%	골드 1.3 ~ 1.7%	ACHF	강, 스텐리스, 각종금형 용접, Al 용접에 탁월함
		스트립 전극봉				순텅스텐+토륨 전극 장점 결합

4) 기타 텅스텐 전극

① 세륨 텅스텐 전극 : 한쪽 끝에 회색으로 도색되어 있으며, DC 저전류 정밀 금형 용접에 많이 사용된다.

② 란탄 텅스텐 전극 : 텅스텐 전극에 0.8~2.2%란탄이 함유되어 있으며, 탄소강, 스테인리스강, 알루미늄, 각종 금형용접에 사용되며, 알루미늄 용접에 탁월하다. 0.8~1.2%란탄은 흑색, 1.3~1.7%란탄은 황금색, 1.8~2.2%란탄은 하늘색으로 도색되어 있다.

③ 스트립 텅스텐 전극 : 순텅스텐 전극+토륨 텅스텐 전극봉의 장점을 결합한 전극이다.

5) 전극봉 가공

직류 정극성 용접의 경우는 전극봉 선단의 각도를 30~50° 정도이면 용접시 아크열의 집중성이 좋아져 용입이 깊어지고 불순물이 적게 붙어 전자 방사 능력이 높아진다.

일반적으로 강이나 스테인리스강 용접에는 뾰쪽하게, 알루미늄 용접 등에는 둥글게 가공한다. [그림 5-4]는 강이나 스테인리스강의 용접 등 직류 정극성의 사용시의 전극봉의 가공 모양이며, 연삭선이 그림 (a)와 같이 봉 길이 방향으로 생기도록 해야 되며, (c)와 같은 경우는 아크의 집중성이 나쁘다.

그림 5-4 텅스텐 전극봉 가공

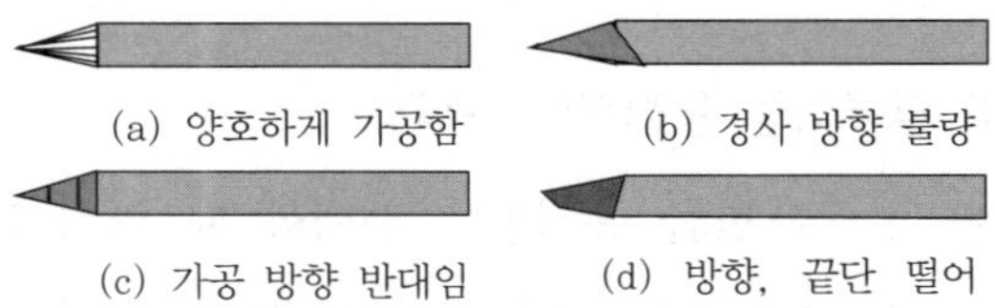

아. 고주파 교류(ACHF) 정류 작용

원칙적으로 교류는 반파는 정극, 반파는 역극으로 되어야 하나 모재 표면의 수분, 산화물, 스케일 등으로 인해 아크 발생 중 모재가 (-)로 될 때는 전자가 방출하기 어려워 전류가 흐르기 어렵게 되며, 전극이 (-)로 될 경우는 전자가 다량으로 방출되어 2차 전류는 부분적으로 정류되어 불평형하게 되는데 이것을 정류 작용이라 한다. [그림 5-5, 6 참조]

그림 5-5 교류 용접시 정류 작용

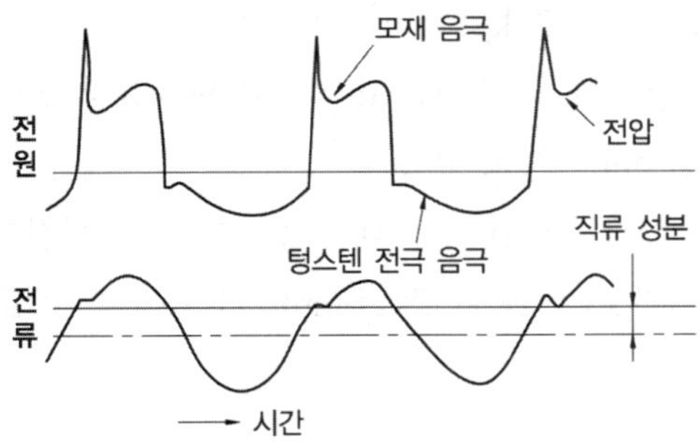

그림 5-6 불평형 전류

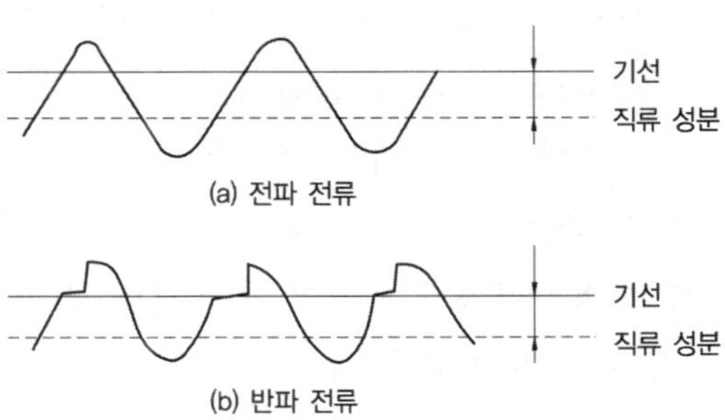

정류 작용에 의해 불평형 전류가 흐르면 그 직류 성분에 의하여 용접기 철심이 한방향으로 자화되어 포화되고 1차 전류가 증가하여 과부하에 의해 용접기가 탈(소손될) 염려가 있으므로 정격 전류의 70% 이하로 사용해야 되며, 이러한 정류 작용 방지를 위해 콘덴서나, 축전지, 리액터 등을 삽입하여 직류 성분을 제거한 평형 교류 용접기를 사용하는 것이 좋다.

자. TIG 용접 재료

보통 수동형은 직선형 환봉으로 만들어지며, 용접봉 길이는 약 1000mm 정도이고, 지름은 0.25, 0.5 1.0, 1.2. 1.6, 2.0, 2.4, 2.6, 3.2, 4.0, 4.8, 6.4mm로 제조하고 있다.

반자동이나 자동 TIG 용접에는 코일형 와이어가 릴(rill)에 감겨져 있다. 일반적으로 수동형에 사용되는 와이어는 지름 0.9, 1.2, 1.6, 2.0, 2.4mm가 많이 사용되고 있다.

1) 알루미늄 용접봉(용가재)

Al 및 그 합금 용접봉을 선택할 때 연성이 높은 순서로 나열하면 1100, 4043, 5554, 5654, 5356, 5183, 5556 순이다. 따라서 강도를 확보하려면 위의 순서를 역순으로 선택하면 된다.

① A 1100, A 1200(순 Al계) : 용접성 및 내식성이 좋으며 인장 강도는 8 ~ 12kgf/mm^2(78~118MPa) 정도로서, 순 Al 및 Al-Mn 합금의 용접에 사용된다.

② A 4043(Al-Si 합금) : 강도는 17 ~ 25kgf/mm^2 정도이며, 고온 균열 저항성이 커서 용접 균열이 발생하기 쉬운 열처리 합금이나 주물에 사용된다.

③ A 5654, 5554(Al-Mg 합금) : Al-Mg 합금의 용접에 사용되며, 용접성, 내식성이 우수하다.

A 5654는 Al-3.5%Mg 합금으로, 인장 강도는 21 ~ 27kgf/mm^2 정도이다.

A 5554는 Al-2.5%Mg 합금으로 인장 강도는 18 ~ 24kgf/mm^2 정도이다.

④ A 5356(Al-Mg 5% 합금) : 용접성, 기계적 성질이 좋아 Al-Mg계, Al-Mg-Si계 합금의 용접에 사용된다. 인장 강도는 27 ~ 31kgf/mm^2 정도이다.

⑤ A 5183(Al-Mg4.5%-Mn0.8% 합금) : 용접성이 뛰어나며, 내식성, 기계적 성질이 좋고 용착금속의 연성이 좋은 것으로 인장 강도는 28 ~ 32kgf/mm^2 정도이며, 주로 A 5083의 용접에 사용된다.

2) 스테인리스강 용접봉(용가재)

① Y 308 : 대표적인 성분은 Cr18%-Ni9%이며, 18-8, 18-9 스테인리스강이라고도 하며, 내식성, 내마모성이 우수하여 육성 용접, STS 304 용접에 주로 사용된다.

② Y 308 L : 조성은 Y 308과 같으나 탄소 함유량을 극히 적게 함유시킨 것으로 용접시 입계 부식의 해를 적게 해야 되는 곳이나 열처리가 불가능한 부분에 사용되며, STS 304L 용접에 적합하다.

③ Y 309 : Cr25%-N12%의 조성을 가진 봉으로 18-8 스테인리스강 용접이나 이종 금속

용접에 사용된다.

④ Y 316, Y 316 L : 표준 조성은 Cr18%-Ni12%-Mo2%이며, Mo는 고온 취성에 대한 저항성을 좋게 하며 내열성도 증가하므로 STS 316 용접에 사용된다.
316L은 316과 성분은 같으나 탄소 함유량을 극히 적게 한 것으로 입계 부식의 해가 적고, 열처리가 불가능한 곳에 사용된다.

⑤ Y 410 : 대표적인 조성은 Cr 13%로서, 내식성, 내마모성이 우수하여 육성 용접에 많이 사용되며, STS 403, 410, 420의 용접에 사용된다.
용착금속이 자경성이 있으므로 연성을 얻으려면 예열과 후열이 필요하다.

⑥ Y 430 : 대표적인 조성은 Cr 17%이며, 페라이트 조직일 때 STS 403, 410, 430 용접에 사용된다.

차. 용접 작업

1) 홈 가공

판이 두꺼울 경우 작업성이나 용접 품질의 향상을 위해 홈 가공을 해야 된다. 홈 가공의 형상은 판두께, 이음의 종류, 뒷댐판 사용 유무와 작업장 조건 등에 따라 선택한다.

TIG 용접은 고정밀, 고품질의 용접부가 얻어지는 용접법으로 홈 가공이 잘못되면 여러 가지 용접 결함이 발생할 수 있다. 따라서 용접 시작 전에 가공 정도를 확인하는 것이 중요하다.

2) 가용접(가접, tack welding)

가용접할 때 용접 순서에 유의하며, 가접의 위치는 용접에 지장을 주지 않는 곳에 실시한다. 즉, 가용접 위치, 길이, 크기 등이 적절하지 못하면 치수 변형, 기타 결함을 일으켜 작업 능률을 저하시킬 수 있다.

3) 조립용, 용접용 지그

TIG 용접은 박판 용접에 주로 이용되며, 열에 의한 변형 발생으로 제품을 못쓰게 되는 경우도 있어 신중을 기해 조립해야 한다.

지그는 일반적으로 열전도성이 좋은 경질강이 적합하며, 뒷받침 방법에는 금속 뒷댐판, 불활성가스 뒷댐판, 용제 뒷댐판, 세라믹 뒷댐판 등이 있다. [그림 5-7 참조]

그림 5-7 각종 뒷받침의 종류

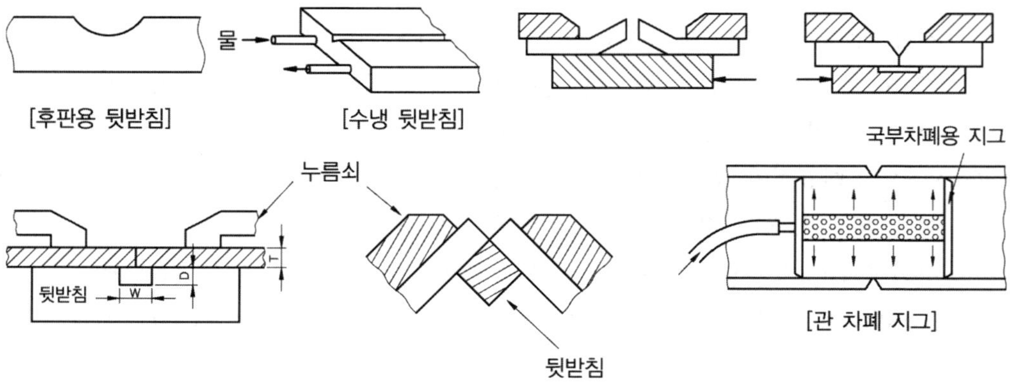

4) 전극봉의 돌출 길이

용접시 전극의 돌출 길이는 용접 이음 형상에 적합한 길이가 요구되며, 돌출 길이가 지나치게 길면 보호가 불안전하게 되고 너무 짧으면 작업성이 나쁘다. [그림 5-8 참조]

세라믹 노즐의 선택도 용접 이음의 형상과 판두께, 재질에 따라 적당한 것을 선택해야 된다.

그림 5-8 용접 이음 형상에 따른 전극 돌출 길이

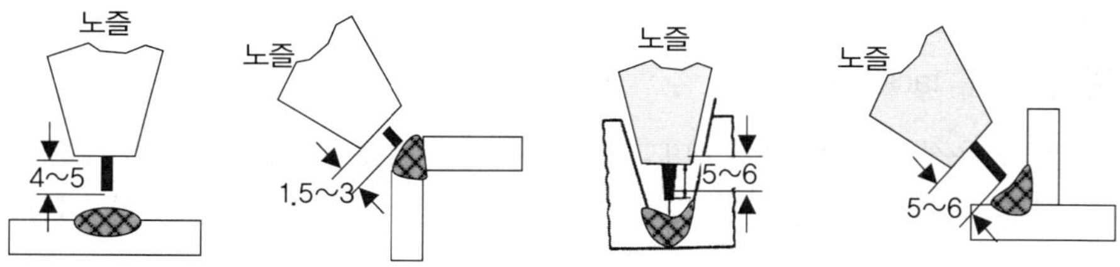

2 불활성 가스 금속 아크용접(MIG 용접)

가. 개요

불활성 가스를 사용하여 용접부를 보호하면서 연속적으로 공급되는 용가재(와이어)와 모재 사이에서 발생하는 아크열을 이용하여 용융 접합하는 보호가스 금속 아크용접법(GMAW)의 일종으로 용극식(소모식) 아크용접법이다.

이 용접법은 비드가 비교적 아름답고 깨끗하며, CO_2 용접에 비해 스패터 발생이 적으나,

보호 가스의 가격이 비싸 연강 용접에는 부적당하며, 바람의 영향을 받기 쉬우므로 방풍 대책이 필요하다.

알루미늄, 마그네슘, 동합금 등 거의 모든 금속에 적용되며, TIG 용접에 비해 전류 밀도가 높아 3mm 이상의 후판에 사용되며, 2 ~ 3배 능률이 높고, 피복 아크용접의 5~8배 정도의 용접 능률을 얻을 수 있다.

상품명으로 에어 코메틱 용접법, 시그마 용접법, 필러 아크용접법, 아르고노트 용접법 등으로 불려진다.

나. MIG 용접의 특성

1) 장점

① 용접기 조작이 간단하여 손쉽게 작업방법을 익힐 수 있다.

② 비드가 비교적 아름답고 깨끗하며, 각종 금속 용접에 다양하게 이용할 수 있어 응용범위가 넓다.

③ 봉의 교환이 필요없어 용접속도가 빨라 생산성이 피복 아크용접보다도 높다.

④ 용접속도가 빨라 변형이 적고 전체 작업시간은 피복 아크용접의 1/2 밖에 안된다.

⑤ 용접봉 손실이 적어 용착효율이 95% 정도이다.

- 피복 용접봉의 경우 잔봉 손실이 17%, 스패터와 피복제의 손실이 27%이므로 실제 용착효율은 60% 정도이다.

⑥ 전류밀도가 크기 때문에 용입이 깊고 필릿용접에서 작은 용접 각장으로도 요구하는 용접강도를 얻을 수 있다,

- 각장을 대폭 경감시킬 수 있어 용접봉 소모량 절약과 제품의 무게가 가벼워진다.

⑦ 슬래그가 없고(FCAW의 경우는 슬래그가 생성됨) CO_2 용접에 비해 스패터가 적으므로 용접 후 처리가 불필요하며 원가 절감 효과가 크다.

⑧ 현재 킬드강, 세미킬드강, 림드강에도 완전한 용접이 되며, 용착금속의 기계적 성질도 우수하다.

⑨ 필릿용접 이음의 정적강도, 피로강도 등이 수동용접에 비해 매우 크다.

⑩ 서브머지드 아크용접에 비해 모재 표면의 녹, 거칠기, 오물 등이 있어도 큰 지장이 없으므로 시공이 간편하다.

⑪ 주로 직류 역극성을 이용하여 청정 작용에 의해 Al, 마그네슘 등의 용접이 쉽다.

2) 단점

① 용접장비가 복잡하며, 가격이 비싸고, 이동하며 사용하기가 힘들다.

② 용착금속 위에 슬래그가 없기 때문에 냉각속도가 빨라서 금속조직과 기계적 성질이 변화하는 경우가 있다.

③ 용접 건의 노즐이 비교적 커서 토치의 접근이 곤란한 위치에서의 작업이 어렵다.

④ 옥외에서 보호가스가 제대로 역할을 하지 못하므로 방풍막을 설치해야 된다.

⑤ 박판 용접에 부적당하다.

다. 용적 이행

GMA 용접 중에 와이어에서 모재에 용융금속이 이행하는 형태는 단락 이행, 구상 이행, 분무상 이행 그리고 맥동 이행이 있다. 이들의 여러 형태는 주로 전극봉의 크기, 보호가스의 종류, 극성, 아크전압 및 전류, 용접금속의 종류 등에 의해 결정된다.

1) 단락 이행(Short circuiting transfer)

(1) 원리

와이어와 모재 사이에 단락현상이 생길 때, 즉 와이어와 모재가 접촉하는 순간 와이어가 가열되면서 용적이 되어 모재에 이행되는 형이다. 단락 이행 형성순서는 아크열에 의해 와이어 끝이 녹아 둥글게 되어 전극봉이 모재를 향해 이동(표면 청정작용), 전극봉이 모재에 접촉 단락현상이 생기고 아크 소멸의 순서를 반복하게 된다.

단락은 전류증가 및 전자기적 핀치력 때문에 생기고 아래보기 자세 용접시는 중력에 의해서 전극봉이 녹아 둥글게 첨가되며, 단락 회수가 많을수록 비드가 곱게 된다.

단락 이행 형성조건은 직류 역극성, 낮은 전류(225A 이하), 가는 와이어(ϕ0.76~1.2mm 이하)를 사용할 때 생기며, CO_2 100% 및 CO_2-Ar 혼합가스 사용할 때 생긴다.

(2) 특징

① 단락아크 회수는 20~200회/sec 정도이며, 용입이 얕기 때문에 박판용접시 효과적이다.

② 전자세 용접이 가능하다.

③ Ar75% + CO_2 25% 혼합가스 사용으로 비드 외관이 개선되고, 스패터도 훨씬 감소된다.(CO_2는 고열 발생, Ar은 스패터 조절)

④ 단락 아크는 에너지력이 낮아 입열이 낮기 때문에 용입불량이 생길 수 있으므로 두께 6mm 이상의 후판 용접이 곤란하다.

2) 입적 이행(globular transfer)

단락 이행이 일어나는 최대전류 값보다 용접전류와 전압을 증가시키면 금속의 이행형태가 다른 양상을 보이기 시작하여 와이어에서 녹은 쇳물 방울의 크기가 2~3배로 되어 용접봉으로부터 분리되어 아크를 통해서 모재로 이행한다.

비교적 전류와 전압이 낮기 때문에 아크 힘이 실질적으로 감소되어 용적에 물리적 힘이 가해져서 아주 불안정한 상태가 되므로 많은 스패터가 발생한다. 입적 이행은 낮은 전류와 탄산가스를 사용하여 박판 연강 용접할 때 일어난다.

3) 분무(용사)형 이행(spray arc transfer)

MIG 용접에서 가장 많이 일어나는 이행 방식으로, 고전압, 고전류에서 직류 역극성으로 용접할 때 일어나며, 아르곤 가스나 헬륨 가스를 사용하는 경합금 용접에 주로 나타난다. 또한 높은 전류 범위 내에서 용접되므로 용착 속도가 빠르고 능률적이다.

입적 이행 조건에서 전류와 전압을 더 증가시키면 분무형으로 되며, 용적 이행이 1초에 수백개씩 일어난다.

분무형이 발생하는 최소 용접전류 값을 천이전류라 하며, 와이어 직경과 보호가스에 의해 영향을 받는다. 탄소강을 용접할 때 보호가스로 CO_2 가스를 15% 이상 함유하면 입적이행에서 분무형으로 변하지 않으나 아르곤을 80% 이상 함유해야 분무형으로 변한다.

분무형은 스패터가 거의 없고 용착금속 이행작용이 안정되고 방향이 일정하며, 용착속도가 크고 용입이 깊기 때문에 일반적으로 판두께 2.4mm 이상 용접에 적합하다.

Al, Ti, Mg 등의 용접시는 Ar+He가스를 사용하며, 철강의 용접시는 약간의 산소 또는 탄산가스를 혼합하면 언더 컷, 기타 용접결함을 방지할 수 있으나, 아크 에너지가 높기 때문에 박판 및 수직, 위보기 자세에 부적합하다.

4) 펄스(맥동) 아크형 이행(pulsed arc transfer)

최근 개발된 형태로서 스프레이 이행 전류와 입적 이행(와이어 지름보다 상당히 큰 용적이 뚝뚝 떨어지는 방식) 전류 범위 사이의 맥동 전류에 의해 일어나는 형태로서 분무형 이행이 일반적인 것보다 아주 낮은 전류에서 이루어진다.

이 방식은 소전류(직류 역극성)에 1.5~2배의 맥류(펄스전류, 매초 20~100회 정도의 단순 순간 전류)를 간헐적으로 가하면 용적 이행이 스프레이형으로 되어 아름다운 비드가 되는데 이것이 펄스 아크용접이며, 아르곤 실드로서 한다.(탄산가스로는 성공 못함)

따라서 박판 용접에서는 펄스(맥동) 주기를 작게 하여 용락을 방지하고, 판이 두꺼울 경우 펄스 주기를 증가하면 평균 전류값이 커지므로 용접이 잘 된다.

이 이행의 장점은 평균 전류값에서 분무형 이동 형태가 이루어지므로 용락의 염려가 있는 박판에도 비교적 큰 지름의 와이어를 사용하여 용접을 할 수 있으며, 스패터가 없고 용입부족이 해소되며, 용융지 조정이 쉬어 전자세로 후판용접이나 이파(백비드) 용접을 할 수 있으며, 알루미늄이나 합금강의 용접에 적용하고 있다.

5) 잠입 아크(Buried Arc)

아크의 쏘는 힘과 단락회로의 작용으로(핀치효과) 스패터가 많으며, 아크가 크레이터 속에 잠겼어도 스패터는 생긴다.

산화성 분위기에서 견딜 수 있는 합금철강, 저탄소 스테인리스강 등에 이용되는 것이 보통이며, 아르곤을 사용하는 방식보다 매우 빠른 용접속도로 용접할 수 있으며, 아크의 효율이 높다.

라. 용접 특성에 영향을 주는 요소

1) 아 크

아크는 중심부에 가늘고 긴 백열 원추부와 그 주위에 미광부가 보이는데, 이 미광부는 주로 아르곤 가스의 발광에 의한 것이며, 직류 역극성을 사용하므로 가스 이온은 전극(-)에서 모재 표면에 충돌하여 표면의 산화막을 제거하는 청정 작용을 하므로 알루미늄, 마그네슘 등 경합금 용접에 사용된다.

직류 정극성은 직류 역극성에 비하여 용융 속도가 약 2배 정도 크지만, 큰 용융 방울이 불연속적으로 용융 풀에 떨어져 아크가 불안정하므로 거의 사용하지 않는다.

2) 용융 속도

용착 효율이 거의 98%이므로 용융 속도가 그대로 용착 속도와 일치한다. 용융 속도는 매분당 용융되는 와이어의 길이, 또는 무게로 표시하며, 대략 전류에 비례하여 증가하나, 동일 전류값에 대해서 와이어의 크기에 따라 달라진다.

일반적으로 가는 와이어일수록 용융 속도가 빠르며 탄소강은 순아르곤 가스 중에 산소를 1% 정도 혼합하면 용융 속도가 현저하게 증가한다.

3) 용접전류

① MIG용접에서 와이어 송급속도는 전류에 거의 정비례한다.

② 와이어 송급속도가 변하면 용접전류도 변한다. 즉, 와이어 송급속도가 증가하면 전류도 증가한다.

4) 임계전류

아크전류가 낮으면 피복 아크용접과 같이 비교적 큰 용적이 되어 이행되므로 비드 표면은 요철이 커서 더럽게 된다. 이때 전류가 어떤 한계치 범위에서는 용적의 크기가 급변하여 입적 이행에서 스프레이 이행으로 바뀌는데 이것을 임계전류라 한다.

예를 들면 Al 와이어 직경이 1.6mm일 때 용접전류가 140A를 넘으면 용융방울이 급격히 작게 되어 매초 30개 이상이 전극으로부터 고속으로 투사하게 되며, 200A에서는 용융방울 수가 매초 100개 이상이 되면서 아크가 조용하고 안정되며 비드 표면의 파형이 매우 작고 스패터도 적어 비드가 아름다우며, 강한 지향성 아크가 되므로 전자세 용접이 가능하게 된다.

5) 와이어 돌출길이

① 와이어 돌출길이(팁 끝에서 모재까지의 거리)는 주어진 와이어 송급속도에서 와이어를 용융시키는데 필요한 전류에 영향을 준다.

② 와이어 돌출길이는 보통 3.2~32 mm 범위이며, 와이어 직경이 0.8~1.2mm이며 저전류를 사용할 때는 3.2~9.5mm의 짧은 돌출길이가 적합하다.

③ 와이어 직경이 2~2.4이며 플럭스 코드 와이어(flux cord wire)와 같은 높은 전류를 사용할 때는 25~32mm의 긴 돌출길이가 적합하다.

④ 와이어 돌출길이가 증가하면 정전압 특성의 자기제어 특성 때문에 와이어의 예열이 많아져서 용착속도와 비드 높이가 증가되고, 용접전류와 용입은 감소된다.

6) 용접 속도

① 모재 두께가 증가할수록 용접속도는 늦게 한다.

② 같은 이음형상과 재료 두께에서는 전류가 증가하면 용접속도도 증가한다.

③ 후진법보다 전진법으로 하면 용접속도가 빨라진다.

④ 일정한 전류밀도에서 용접속도가 감소되면 입열이 많아져서 용입이 깊어지고 단위 길이당 용착금속량이 증가하여 비드 높이와 폭이 커진다.

⑤ 속도가 너무 느리면 표면 덧살이 너무 많아져 용융불량과, 기공, 슬래그 혼입과 외관이 불규칙하게 된다.

7) 용접 아크 전압

① 단락형 이행에서는 비교적 저전압을, 스프레이형 이행에서는 높은 전압으로 한다. 용

접전류와 와이어 용융속도가 증가하면 아크 전압은 아크 안정을 위해 다소 증가해야 한다.

② 전압이 증가하면 비드 높이는 감소하고 폭은 증가한다.(단 체적은 일정하고 비드 외관과 형상만 변한다.) 따라서 용융금속은 효과적으로 모재에 잘 스며들어 용융을 향상시킨다. [그림 5-9 참조]

그림 5-9 아크 전압(아크 길이) 변화에 따른 비드 형상

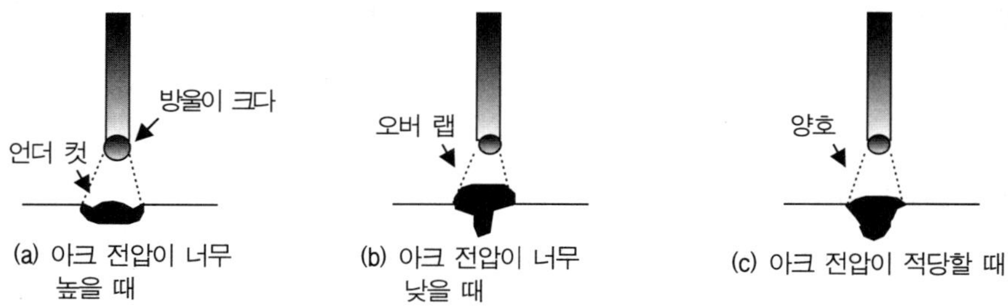

8) 와이어 직경

① 와이어 굵기는 용입 깊이, 비드 크기, 용접속도와 비용에 영향을 미친다.

② 같은 전류에서 와이어 직경이 작아지면 전류밀도가 증가하므로 용입이 깊어지고 용착속도가 증가된다.

③ 박판용접에는 0.5, 0.76, 0.89mm, 중판 용접에는 1.2, 1.6mm, 후판 용접에는 3.2mm의 와이어가 적합하다.

④ 수직과 위보기 용접에서는 와이어 직경이 작은 것이 효과적이며, 표면 경화용접, 오버레이, 비드 덧쌓기 작업 등에서는 지름이 큰 것이 좋다.

⑤ 솔리드 와이어의 중량당 단가 비는 ϕ0.9mm를 1로 한 경우 ϕ1.2mm는 0.9, ϕ1.6은 0.82로, 큰 지름으로 될수록 값이 싸게 된다.

마. 용접 토치

반자동 토치는 용접기의 종류, 형태, 냉각 방식, 와이어 송급 방식에 따라 다양하며, 전원 케이블, 가스 송급 호스, 스위치 케이블로 구성되어 있다.

토치의 종류는 형태에 따라 커브형, 피스톨형(건형)이 있으며, 커브형은 주로 단단한 와이어를 사용하는 CO_2 용접에, 피스톨형은 알루미늄 등 연한 금속 와이어를 사용하는 용접에 적합하다.

바. 송급 롤러

송급 롤러는 용접 와이어를 송급하는 것으로 와이어의 재질에 따라 송급 롤러의 형태나 종류를 잘 선택해야 한다. 와이어의 재질이 연질일 경우 4단 형태가 적합하며, 경질의 경우는 2단으로도 충분하다. [그림 5-10, 11 참조]

그림 5-10 2단 송급 롤러

그림 5-11 4단 송급 롤러

사. 보호 가스 [표 5-4 참조]

표 5-4 보호 가스 종류별 특성

가스 종류	특성 및 용도
아르곤	전류 밀도가 크고 청정 능력이 좋다.
헬륨	용입이 비교적 얕고 비드 폭이 넓어진다. Al, Mg 등 비철 금속 용접에 이용된다.
아르곤(25%) + 헬륨(75%)	용입이 깊고, 아크 안정성이 우수하다. 후판에 사용하며, 모재 두께가 두꺼울수록 헬륨 함량을 증가시키면 된다.
아르곤 + 탄산가스	아크가 안정되고 용융 금속의 이행을 빨리 촉진시켜 스패터를 줄일 수 있다. 연강, 저합금강, 스테인리스강 용접에 이용된다.
아르곤 + 헬륨(90%) + 탄산가스	단락형 이행형으로, 주로 오스테나이트계 스테인리스강 용접에 사용된다.
아르곤 + 산소(1 ~ 5%)	언더컷을 방지할 수 있다. 스테인리스강 용접에 주로 사용된다.

실전 심화 학습 문제

{제5절 | 불활성 가스 아크용접}

01 불활성 가스 아크용접을 개발한 사람은?

02 불활성 가스 아크용접의 2가지 방법을 쓰시오.

03 불활성 가스 아크용접의 장점 3가지를 쓰시오.

04 불활성 가스 텅스텐 아크용접의 원리를 간단히 설명하시오.

05 불활성 가스 텅스텐 아크용접의 다른 이름 2가지를 쓰시오.

06 불활성 가스 텅스텐 아크용접의 단점 2가지를 쓰시오.

07 TIG 용접에서 모재가 (−)이고 전극이 (+)인 극성은?

08 TIG 용접에서 교류(AC), 직류 정극성(DCSP), 직류 역극성(DCRP)의 용입 깊이가 가장 깊은 것은?

09 TIG 용접으로 알루미늄을 용접할 경우 적합한 극성은?

10 TIG 용접에서 보호가스로 주로 사용하는 가스는?

11 아르곤 가스와 헬륨의 특성 설명으로 옳지 않은 것은?

① 아크 발생은 헬륨이 쉽다.
② 용입은 헬륨이 깊다.
③ 청정 작용은 아르곤이 좋다.
④ 후판 용접에는 헬륨이 적합하다.

12 TIG 용접 장치의 구성은 어떻게 되는가?

13 TIG 용접기를 냉각 방식에 따라 구분할 때 200A 이상에 적합한 냉각 방식은?

14 TIG 용접기의 노즐로 사용되는 주요 재질은?

15 TIG 용접에 사용되는 전극의 주요 금속은?

16 TIG 용접에 주로 토륨 텅스텐 전극봉을 사용하는 이유는?

17 토륨이 2% 함유한 텅스텐 전극봉의 KS 규격은?

18 Al 및 그 합금 용접봉 1100, 4043, 5554, 5654, 중 가장 연성이 좋은 것은?

19 스테인리스강 용접봉인 Y 308 L은 조성이 Y 308과 같으나 탄소 함유량을 극히 적게 함유시킨 것으로 용접시 입계 부식을 적게 하는 곳에 쓰인다. (○, ×)

20 이음 형상에 따른 TIG 용접시 맞대기 용접에 적합한 전극 돌출 길이는?

21 불활성 가스 금속 아크용접(MIG 용접)의 상품명 2가지를 쓰시오.

22 GMA 용접 중에 와이어에서 단락 이행의 형성조건을 설명하시오.

23 MIG 용접시 와이어 돌출길이는 보통 얼마가 적당하며, 와이어 직경이 0.8~1.2mm이며 저전류를 사용할 때 적당한 와이어 돌출길이는?

24 일정한 전류밀도에서 용접속도가 감소되면 용입 깊이는 어떻게 되는가?

25 불활성 가스 금속 아크(MIG) 용접에서 주로 사용되는 가스는?

해답

1. 호버트(Hobart), 데버(Dever)
2. 90p [가] 참조
3. 90p [나] 1) 참조
4. 91p [가] 참조
5. 91p [가] 참조
6. 91p [나] 2) 참조
7. 역극성
8. DCSP
9. 고주파 교류(ACHF)
10 아르곤, 헬륨
11. ①
12. 94P [마] 1) (1) 참조
13. 수랭식
14. 세라믹
15. 텅스텐(W)
16. 97P [사] 3) ① 참조
17. YWTh-2
18. 1100
19. ○
20. 2~4(4~5)mm
21. 100p [가] 참조
22. 102p [다] (1) 참조
23. 3.2~32 mm, 3.2~9.5mm
24. 깊어진다.
25. 아르곤 또는 아르곤+헬륨

제6절 | 탄산가스 아크용접(CO_2 용접)

1 GMAW와 CO_2 용접

가. 금속보호가스 아크용접(GMAW)

보호가스 금속 아크용접(GMAW, gas metal arc welding)이란 와이어 송급 장치에 의해 와이어가 공급될 때에 CO_2 가스나 불활성가스(Ar, He 등)로 용착금속을 보호하면서 용접하는 모든 용극식 용접법을 총칭하며, 이것을 세분하면 사용 가스에 따라 CO_2 용접, MAG(metal active gas, 혼합가스) 용접, MIG(metal inert gas, 불활성가스) 용접, FCAW(flux cored arc welding) 등으로 구분하고 있다.

나. CO_2 / MAG / MIG 용접

CO_2 가스만 사용하는 경우를 CO_2 용접, 혼합가스를 사용하는 경우를 MAG 용접, 불활성가스(아르곤 등)만 사용하는 경우를 MIG 용접이라고 구분한다.

다만, CO_2 용접 전용 용접기는 송급 장치의 롤러 부분이 정교하지 못하여 MIG 용접을 하는데 어려움이 있으나, MIG 용접기는 송급 장치나 제어 장치 등이 정교하여 알루미늄 등 연한 금속 와이어도 송급을 원활히 할 수 있으므로 CO_2 / MAG 용접, MIG 용접 모두 할 수 있다.

다. CO_2 용접의 원리 및 특징

1) 원리

CO_2 용접은 아크 및 용융 금속을 대기로부터 보호하기 위해 토치 선단의 노즐을 통하여 이산화탄산가스를 분출시키는 용접법으로, MIG 용접과 거의 같으나 MIG 용접의 불활성가스 대신에 CO_2(이산화탄산) 가스를 이용하는 용접법으로, 용접 장치의 기능과 취급은 MIG 용접과 거의 동일하다.

원리는 직류 역극성의 용접전원과 탄산가스를 사용하여 용접부를 보호하며 와이어 송급 장치에 의해 와이어를 자동으로 송급하고 건(gun)에 의해 수동 또는 자동으로 와이어를 공급하여 모재와 와이어가 콘택트 팁을 통과할 때 용접전류가 와이어와 모재에 전도되어 아

크가 발생되어 용융지를 만들며 전극이 소모되는 방식이다. [그림 6-1 참조]

이 용접법은 연강의 용접에 주로 이용되고 있으며, 탄산가스는 용접부를 대기로부터 보호하며 아크를 안정시키나 고온에서 일산화탄소와 산소로 해리되어 용착금속을 산화시키므로 적당한 탈산제를 포함하고 있는 전극 와이어를 써서 환원해야 된다.

그림 6-1 CO_2 용접의 원리

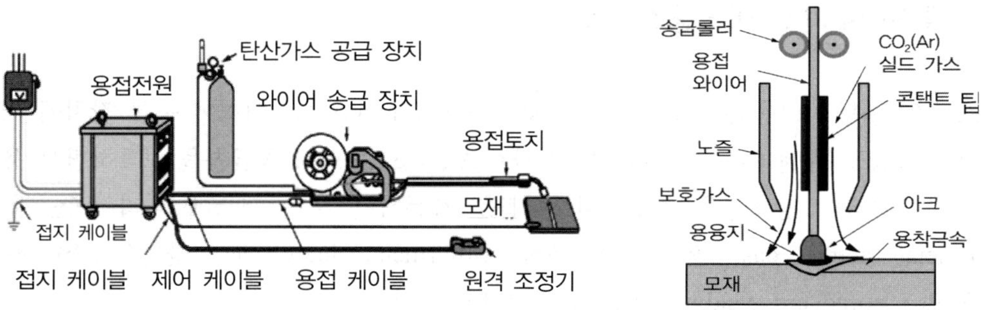

2) 열해리 및 탈산

$CO_2 \rightleftarrows CO + O$ (산성 분위기)

$Fe + O \rightleftarrows FeO$ (산화철)

$FeO + C \rightleftarrows Fe + CO\uparrow$

(산화철이 용융강에 함유된 탄소와 화합하여 일산화탄소가 발생하며, 이것이 미쳐 배출되지(빠지지) 않으면 기공이 생김.)

$2FeO + Si \rightleftarrows 2Fe + SiO_2$

(탈산제 함유로 기공방지와 CO발생 방지로 대단히 치밀하고 건전한(sounds) 용접부 얻음)

$FeO + Mn \rightleftarrows Fe + MnO$

3) 장점

① 전류 밀도가 높아 용입이 깊고 용접 속도가 빠르다.
② 산화, 질화가 없고 수소 함유량이 적어 용착금속의 기계적 성질이 우수하다.
③ 단락 이행(솔리드 와이어 사용시)에 의해 박판 용접이 가능하다.
④ 전자세 용접이 가능하며, 용제를 사용하지 않아 슬래그의 혼입이 없다.
⑤ 용접 후의 처리가 간단하다.(솔리드 와이어 사용시)
⑥ 가시(볼 수 있는) 아크이므로 시공이 편리하다.

4) 단점

① 바람의 영향을 받으므로 풍속 2m/sec 이상에서는 방풍 장치가 필요하다.
② 비드 외관이 SMAW나 SAW에 비해 약간 거칠다.(FCAW를 채용하면 향상됨)
③ 적용되는 재질이 철강 계통에 한정되어 있다.
④ 슬래그의 덮임이 없기 때문에 용착금속의 냉각속도가 빨라서 열영향부의 조직과 기계적 성질이 변화하는 경향이 있다.

라. CO_2 용접기의 전원 특성

CO_2 용접기는 일반적으로 용접기 본체와 와이어 송급 장치, 와이어 송급 제어 장치, 가스 제어 장치 등이 있으며, 전원 특성은 일반적으로 상승 특성과 정전압 특성이 적용되며, 전원은 교류 전원이 입력되어 용접기에서 정류되어 직류 역극성으로 출력되며, 보통 3상으로 연결되어 있다.

마. 용접 장치

1) 제어 장치

제어 장치에는 와이어 송급 제어 장치, 보호 가스 제어 장치, 냉각수 공급 제어 장치(수냉식의 경우) 등이 있으며, 하나의 제어 상자에 넣어 한곳에서 조작할 수 있게 되어 있다.

2) 용접 토치

용접 토치는 용접기의 종류와 형태, 냉각 방식, 와이어 송급 방식에 따라 다양하며, 냉각 방식에 따라 수냉식과 공랭식이 있고, 작동 방식에 따라 수동식 토치, 반자동식, 전자동식이 있다.

현장에서는 일반적으로 반자동식이 많이 사용되며, 구성은 전원 케이블, 가스 송급 호스, 스위치 케이블로 되어 있고, 토치 끝에는 접촉 팁, 또는 콘택트 튜브(contact tube)라고 하는 용접 팁과 노즐이 채결되어 있다.

또한 토치의 형태에 따라 커브형, 피스톨형(건형)이 있으며, 단단한 와이어를 사용하는 반자동 CO_2 용접에서는 거의 커브형 토치를 사용하고 있다.

현장에서 사용되는 반자동식 토치는 거의 공랭식이 사용되고 있으며, 이론상 200A 이상의 경우 수랭식을 사용한다고 되어 있다.

3) 와이어 송급 장치

와이어 송급 장치는 와이어를 스플(릴)에서 용접부에 공급하는 장치로서, 직류 전동기 감속 장치, 송급 롤러, 와이어 송급 속도 제어 장치로 구성되어 있다.

와이어는 연한 재질, 단단한 재질 또는 내부에 용제가 들어있는 플럭스 코드 와이어 등 여러 가지가 있으며 이 재질에 따른 와이어 송급 방식이나 구조를 선택해야 된다.

송급 장치의 종류에는 와이어를 밀어 송급하는 미는 식(push type), 당기는 식(pull type), 밀고 당기는 식(push-pull type), 더블 푸시 풀식 등이 있으며, 정속도 송급 방식이 사용되고 있다. [그림 6-2 참조] 정속도 송급 방식이란 와이어 송급 속도를 한번 조정하면 일정한 속도로 송급되는 방식을 말한다.

① 푸시 방식(Push type) : 와이어 릴의 바로 앞에서 와이어를 송급하는 방식으로, 토치가 가볍기 때문에 반자동 용접기에 적합하나, 연한 재질에는 부적당하다. 송급 튜브의 길이가 3m 이상의 경우 강(steel)은 0.6mm 이상의 굵기를 가진 와이어를 사용해야 되며, 알루미늄의 경우 1.2mm 이상의 와이어를 사용한다.

② 풀 방식(pull type) : 송급 장치를 토치에 직접 연결시켜 토치와 송급 장치가 하나로 된 구조이며, 송급할 때 마찰 저항을 작게 하여 와이어의 송급을 원활하게 한 방식으로 주로 가는 지름의 연한 와이어를 사용할 때 적합하다.

③ 푸시-풀 방식(push : 토치 측과 와이어 릴 측 양쪽에 송급 장치를 부착하는 방식으로 송급 튜브가 수십 미터 길어도 사용된다. 이 방식은 양호한 송급이 되는 반면에, 토치에 송급 장치가 부착되어 있어 토치의 조작이 불편하다.

④ 더블 푸시-풀 방식 : 푸시식 송급 장치와 용접 토치와의 중간에 보조 푸시 전동기를 장입시켜 2대의 푸시식 전동기에 의해 송급하는 방식이다.

그림 6-2 와이어 송급 방식

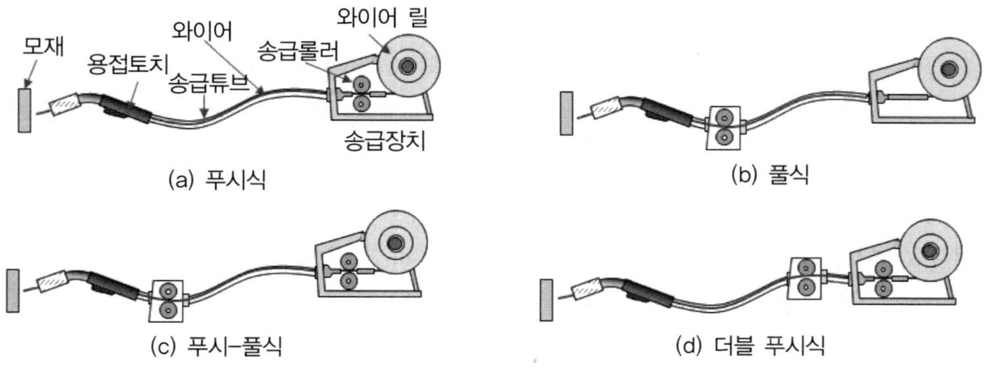

바. 용접의 종류

이산화탄산가스 아크용접은 사용하는 와이어 종류에 따라 솔리드 와이어(solid wire) 방식, 복합 와이어(flux cored wire) 방식이 있으며, 보호가스와 용극 방식에 따라 다음과 같다.

1) 보호가스와 용극 방식에 의한 분류

(1) 비용극식 : 탄소 아크법, 텅스텐 아크법

(2) 용극식

① 순 CO_2 법

② 혼합 가스법 : CO_2(75%)-O_2(25%)법, CO_2-Ar법, CO_2-Ar-O_2법

③ CO_2 용제법 : 아코스 아크법, 퓨즈 아크법, NCG법, 유니언 아크법

2) CO_2(탄산가스) 용제법

① 아코스 아크법 : 얇은 박강판을 파이프 모양으로 말아서 그 속에 용제를 충전한 와이어를 계속적으로 송급하며, 탄산가스 분위기 속에서 용접하는 방법이다.

② 퓨즈 아크법(fus arc process) : 와이어 주위에 가는 여러 개 나사 모양으로 감겨져 있으며 그 사이에 용제가 들어 있고 전류는 그 주위의 나선 모양으로 되어 있는 가는 선으로부터 공급된다.

③ 유니언 아크법 : 자성이 있는 분말상 플럭스를 CO_2 가스와 함께 공급하고 전극 와이어에 직류 전류로 생긴 자력에 의해서 자성 플럭스를 전극와이어 표면에 달라붙게 하여 보통 피복 아크용접봉과 유사한 용접법이다.
자성 플럭스가 녹아서 슬래그를 만들기 때문에 용접 작업성과 용접 금속의 성능이 개선되는 이점이 있다.

사. 와이어 종류에 의한 분류

1) 솔리드 와이어 방식

솔리드(실체) 와이어를 용가재로 사용하는 방법으로 단락 이행에 의해 박판 용접에 주로 사용되며, 후판 용접에는 거의 사용되지 않는다.

여기서 보호 가스를 적당히 사용하면 스패터도 감소되고, 이산화탄산가스에 아르곤 가스를 30% 정도 혼합하면 그 효과를 인정할 수 있으며, 75 ~ 85% 혼합할 경우 가장 좋은 상태가 된다. 솔리드 와이어는 와이어 전체가 강선이므로 용융시 전체가 용융 금속이 된다.

2) 플럭스(복합) 코드 와이어 방식

플럭스 코드 와이어는 복합 와이어라고도 하며, 박판의 강대(鋼帶)를 절곡해서 그 속에 탈산제, 합금 원소 등 용제를 말아 넣은 것으로 그 형식에 따라 단일 인접형(NCG법)과 이중 굽힘형(아코스 아크법, Y관상 와이어, S관상 와이어)가 있다. [그림 6-3 참조]

그림 6-3 복합 와이어의 구조

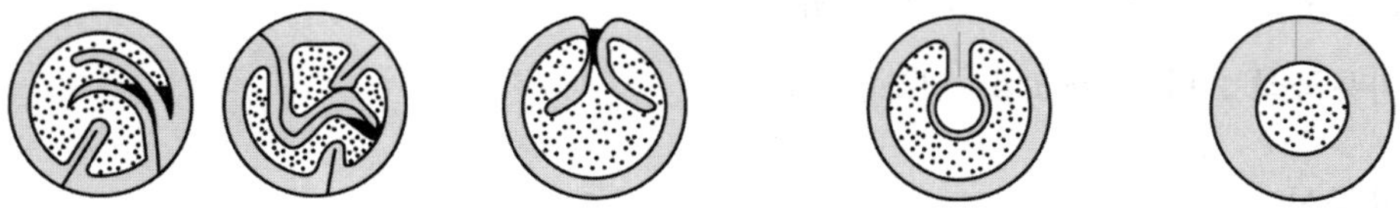

(a) 아코스 와이어 (b) Y관상 와이어 (c) S관상 와이어 (d) NCG 와이어

플럭스 코어드 와이어는 얇은 강판에 용제(flux)를 넣으면서 정교하게 말아놓은 것으로 생산시 진공 밀봉하여 출하되고 있으며, 개봉을 하면 흡습하기 쉬우며, 건조가 어려우므로, 중요부분 용접의 경우 2 ~ 3일 이내에 사용하는 것이 좋다.

플럭스 코드 와이어는 용제가 와이어 전 중량의 약 20 ~ 25% 정도 차지하므로 와이어 전체가 용융금속이 되지 않는다. [그림 6-4 참조]

와이어 굵기는 ϕ0.8 ~ 3.2가 있으며 ϕ0.8 ~ 1.6은 세경 와이어, ϕ2.4 ~ 3.2는 태경 와이어라고 하는데 요즘은 태경 와이어 사용이 줄어들고 있다.

그림 6-4 용접 와이어의 종류

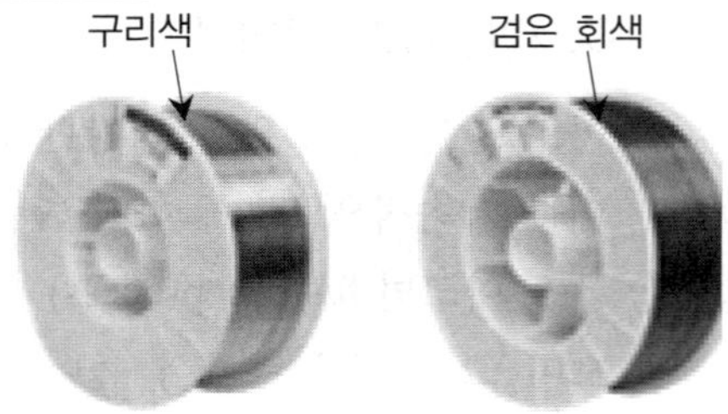

(a) 솔리드 와이어 (b) 플럭스 와이어

표 6-1 와이어 종류에 따른 특성 비교

솔리드(실체) 와이어	와이어 종류	플럭스 코드(복합) 와이어
외관 동(구리) 도금	형상	내부는 플럭스, 외피는 강재
0.8, 0.9, 1.0, 1.2, 1.4, 1.6	치수(mm)	1.2, 1.4, 1.6, 2.0
CO_2, CO_2+Ar = MAG	실드가스 종류	CO_2
약간 많음. MAG는 적음	스패터 정도	적음
단락형 : 적음, 대전류 : 깊음	용입깊이 정도	중간
적음	슬래그 발생량	많음
100(ϕ1.6, 400A의 경우)	용접속도(g/min)	120(ϕ1.6, 400A의 경우)
90 ~ 95	용착 효율(%)	75 ~ 80
보통	비드 외관	미려함

아. 와이어의 선택

용접 와이어 규격은 KSD 7104에 규정되어 있다. 다음은 저온용 강선의 종류 표시법을 나타낸 것이다.

Y FW - C 50 2 X

- X : 플럭스 타입(R : 루틸계, M : 메탈계, G : 그 밖의 계)
- 2 : 용착금속의 충격시험 온도와 흡수 에너지
- 50 : 용착금속의 최소 인장강도(43 : 420MPa, 50 : 490MPa)
- C : 실드 가스(A : 아르곤-탄산가스, C : CO_2, S : 셀프 실드)
- FW : 연강 및 고장력강의 플럭스 코어드 와이어
- Y : 와이어

1. 용착금속의 충격시험 온도와 흡수 에너지 : 0 : 0℃, 27J, D : 0℃, 47J, E : -5℃, 27J, F : -5℃, 47J, 2 : 27J, G : 규정없음
2. 플럭스 타입 : 루틸계 : TiO_2(루틸)을 주성분으로 한 플럭스 타입,
   염기성계 : 염기 생성분 및 플루오르 화합물 등을 주성분으로 하는 플럭스 타입
   메탈계 : 철분, 합금분 등의 금속 가루 등을 주성분으로 하는 타입

* YFW-C430X ~ YFW-C50GX : 연강 및 490MPa급 고장력강, (CO_2 가스 사용)
* YFW-C60EX ~ YFW-C60GX : 590MPa급 고장력강, (CO_2 가스 사용)
* YFW-A430X ~ YFW-A50GX : 연강 및 490MPa급 고장력강, (CO_2 + 아르곤 가스 사용)
* YFW-A60EX ~ YFW-A60GX : 590MPa급 고장력강, (CO_2 + 아르곤 가스 사용)
* YFW-S430X ~ YFW-C50GX : 연강 및 490MPa급 고장력강, (가스 셀프)
* YFL-C503X, YFL-C504X, YFL-C506X : 최저 -30℃, 최저 -45℃, 최저 -60℃까지의 저온용 강, (CO_2 가스 사용)
* YFL-A503X, YFL-A504X, YFL-A506X : 최저 -30℃, 최저 -45℃, 최저 -60℃까지의 저온용 강, (CO_2 + 아르곤가스 사용)
* YFL-S503X : 최저 -30℃까지의 저온용 강, (가스 셀프)

2 용접 작업

가. 뒷댐판 재료

용접부는 모재와 용접봉이 용융되어 두 모재간 빈 공간을 채워 준 곳으로 고온으로 상승된 곳이며 공기와 접촉하게 되면 산화나 대기 오염, 조직 불량이 발생할 우려가 있다.

따라서 용접 후 연삭을 할 수 있다면 관계없으나 연삭을 할 수 없는 곳이거나 연삭을 하지 않아도 될 곳이라면 연삭 하는데 시간과 인건비를 소모할 필요가 없으나 고온에서 공기와의 접촉을 막을 필요는 있으며, 이 때 사용되는 것이 뒷댐판이다.

뒷댐판의 종류는 구리, 글라스 테이프, 세라믹 제품이 있으며 요즘은 세라믹제가 가장 많이 사용된다. 세라믹재는 용도에 따라 아래보기, 수직, 위보기용[그림 6-5 (b) 참조]과 수평용[그림 6-5 (b) 참조]이 있다.

특히 플럭스 코드 와이어를 사용하여 백(back) 비드 용접을 할 때 뒷면에 뒷댐재(backing up)를 부착하고 한쪽 면에서 용접하면 양호한 이면 비드를 얻을 수 있으며, 용접 시간이 단축되고 대기로부터의 오염이나 산화를 방지할 수 있다.

그림 6-5 세라믹 뒷댐판

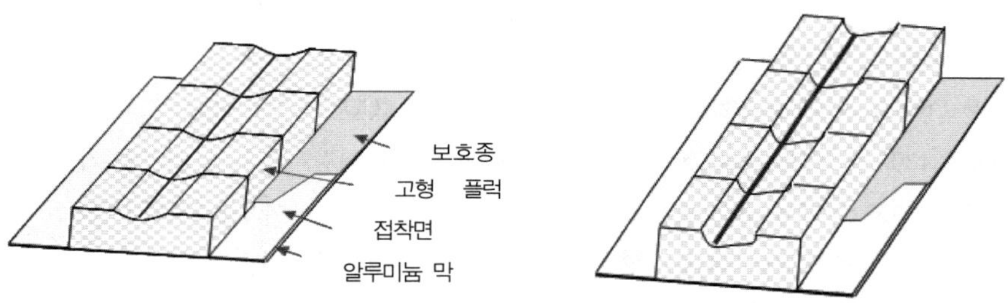

(a) F(1G), V(3G), O(4G)자세용　　(b) H(2G) 자세용

나. 보호 가스

1) CO_2(이산화탄산가스)

CO_2 가스는 비중이 1.53으로 공기보다 무겁고, 상온에서 쉽게 액화하므로 저장, 운반이 쉽고 비교적 가격이 저렴하며, 무색, 무취, 무미하다.

용기에 완전 충전된 액체 상태의 CO_2가스는 용기 상부에 약 10% 정도가 기체로 존재하며, 용접에 사용되는 CO_2 가스는 순도 99.9% 이상이며, 수분이 0.02% 이하로 제한되어 있다.

실드가스인 CO_2가 아크열에 의하여 $2CO_2 \rightleftarrows 2CO+O$로 해리되어 인체에 해로운 일산화탄소를 발생하며 주위의 산소와 재결합하여 탄산가스로 되고 일부는 일산화탄소로 남게 된다.

2) 혼합 가스

CO_2 용접에는 주로 CO_2 가스가 사용되며, 아르곤 가스 단독으로 사용하는 경우는 드물고, 중요 부분에는 CO_2 가스와 아르곤 혼합 가스(보통 혼합비 20~25 : 80~75)를 사용하고 있다.

혼합 가스는 가스 제조회사에서 제조한 것을 사용하거나 가스 혼합기를 사용하여 일정한 비율로 혼합하여 사용하며, 2개의 유량계를 사용하여 직접 혼합하여 사용하기도 한다.

다. 용접 작업

1) 용접 준비

① **이음부 청정** : 이음부 및 와이어에 기름, 페인트, 녹, 수분 등의 이물질을 깨끗이 제거하고, 용제나 복합 와이어는 건조된 것을 사용해야 된다.

② **용접 조건 설정** : 용접 전류는 용입을 결정하는 것으로 전류가 높게 되면 와이어 녹음이 빠르고 용착률 및 용입이 증가한다. 동일 전류에서 아크 전압이 증가할수록 용입은 낮아지고 비드 폭은 넓어지게 되며, 동일 조건에서 용접 속도가 증가하면 용입은 감소하는 것이 일반적이다.

그림 6-6 아크 길이와 용입 관계

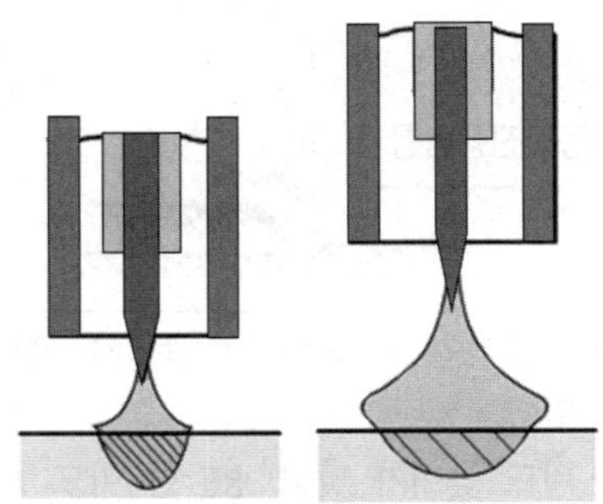

(a) 길이 짧을 때 (b) 길이 길 때

③ 와이어 돌출 길이

㉠ 보통 팁 끝에서 모재까지의 거리를 말하지만 실질적으로는 팁은 노즐 끝에서 약간 들어가 있으므로 노즐 끝에서부터 돌출된 길이로 정하는 것이 좋다.

㉡ 돌출 길이가 길면 와이어의 예열이 많아지므로 작업 속도와 용착 효율이 커지나 보호 효과가 나빠지고 용접 전류는 낮아져 용입은 얕아지고 비드 폭은 넓어진다.

㉢ 돌출 길이가 짧아지면 가스 보호 효과는 좋으나 노즐에 스패터 부착이 많아지고 용접부의 외관도 나쁘며, 작업성이 떨어지고, 비드 폭은 좁으며 용입은 깊어진다.

㉣ 와이어 돌출 길이는 저전류 영역(200A 미만)에서는 10~15mm 정도, 고전류 영역(200A 이상)에서는 15~25mm 정도가 적당하다.

2) 용접 전류

① 60 ~ 250A : 이 범위는 단락이행 형식으로 스패터 발생도 적고, 비드 외관도 양호하며, 전자세 용접이 가능하다.

② 300 ~ 350A : 비드 지단을 평활하게 하기 위하여 약간 높은 전압을 필요로 한다. 이 때문에 스패터의 발생이 약간 많아지며, 스패터 발생을 막기 위해 아크 전압을 낮추면 볼록 비드가 형성된다.

③ 380 ~ 500A : 이 용접에 최고 적당한 범위이고, 아크 전압을 조금 내려 고속용접을 하면 아크도 극히 안정되어 스패터도 적다.

④ 500 ~ 630A : 큰 각장의 하향 필릿과 후판 맞대기 용접에 사용되나, 미세한 스패터가 발생하여 팁과 노즐 내벽에 부착하여 용접결함 발생의 원인으로 되고, 스패터의 제거작업을 자주 해야 한다.

3) 전진법과 후진법의 비교

표 6-2 전진법과 후진법의 비교

전진법	후진법
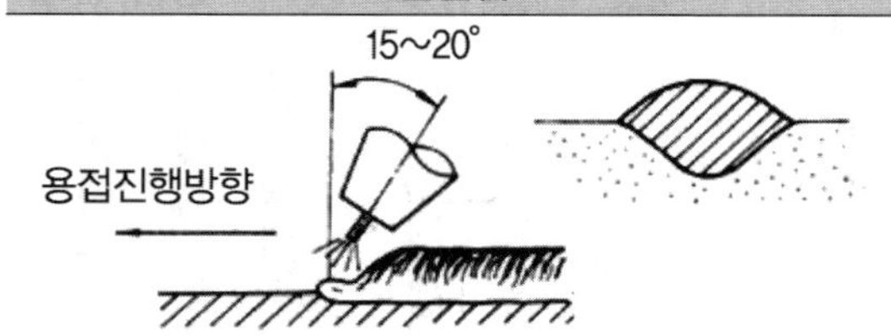	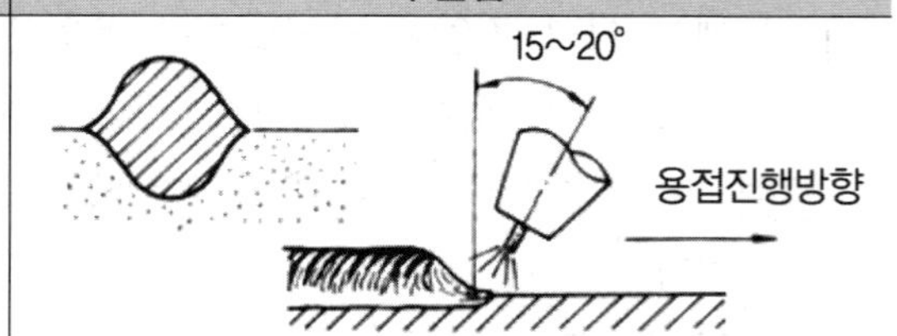
• 용접선이 잘 보이므로 운봉을 정확하게 할 수 있다. • 비드 높이가 낮고 평탄한 비드가 형성된다. • 스패터가 비교적 많으며 진행 방향쪽으로 흩어진다. • 용착금속이 아크보다 앞서기 쉬워 용입이 얕아진다.	• 용접선이 노즐에 가려서 운봉을 정확하게 하기 어렵다. • 비드 높이가 약간 높고 폭이 좁은 비드를 얻을 수 있다. • 스패터의 발생이 전진법보다 적다. • 용융 금속이 앞으로 나가지 않으므로 깊은 용입을 얻을 수가 있다. • 비드 형상이 잘 보이기 때문에 비드 폭 높이 등을 억제하기 쉽다.

4) 아크 전압

① 아크 전압은 일반적으로 와이어 지름, 아크 전류값, 용접속도 등에 의해 적정 값이 결정하며, 비드외관, 용입형상, 아크의 안정성, 스패터의 발생상황, 용접결함 및 용착금

속의 기계적 성질에 영향을 크게 미친다.

② 아크 전압이 높으면 아크 길이도 길어지며, 비드 폭이 커지는데 지나치게 길어지면 스패터가 심하게 발생되고 불균일한 비드를 생성한다.
아크 전압이 낮으면 아크 길이가 짧아지며 모재가 열을 덜 받게 되어 비드는 폭이 좁고 높아진다.

라. CO_2 용접의 안전 및 위생

CO_2 아크용접에서 특히 주의해야 할 안전사항은 이산화탄산가스(CO_2), 일산화탄산가스(CO), 자외선, 복사열, 금속증기, 스패터 등이다.

용접 중에 CO_2 가스가 해리되어 생성된 일산화탄소(CO)로부터 중독 작용의 위험보다 CO_2 가스의 축적으로부터 오는 질식의 위험이 더 크다.

일산화탄산가스(CO)의 경우는 공기체적 중 0.01% 이상이면 건강에 유해하고 0.02-0.05% 이상이면 중독작용이 있으며, 호흡하면 사망 위험이 있다.

공기 중에 CO_2 가스의 농도가 높으면 눈, 코, 입 등에 자극을 느끼며, CO_2 가스가 공기의 체적 중 0.1% 이상이면 건강에 유해하며, 3~4% 정도 존재하면 두통이나 뇌빈혈이 생길 수 있고, 15% 이상이면 위험 상태가 되며, 30% 이상이 되면 극히 위험(치사 상태)한 상태가 될 수 있다.

따라서 용접 작업 전에 방독 방진 마스크를 착용하고 작업을 하여 가스 중독이 일어나지 않도록 주의해야 되며, 용접 중 아크로부터 오는 복사 에너지에 의하여 공기 내에서 생성된 오존의 해로움이 있으며, 전류밀도가 높은 아크는 가시광선인 관계로 복사열이 강하고, 자외선의 양도 많으므로 안전하게 헬멧이나 핸드실드, 앞치마, 발커버, 팔커버, 용접용 자켓 등을 사용하여 보호해야 된다.

공장시설로는 공기의 유통이 잘되도록 환기장치를 해야 한다. 일반적으로 $150m^2$의 작업장에서 12ℓ/min의 CO_2 가스를 사용할 경우 0.12ℓ/min의 CO 가스가 발생하며, 이 양의 안전한 한계 값인 0.01% 이하로 하기 위해서는 약 $3m^3$/min 이상의 환기가 필요하다.

또한 와이어가 용융시에 생기는 금속증기는 중금속(망간 중독 등) 중독의 위험이 있으므로 흄(fume)을 마시지 않도록 방독 마스크 등을 착용하고 작업해야 된다.

실전 심화 학습 문제

{제6절 ❙ 탄산가스 아크용접(CO_2 용접)}

01 보호가스 금속 아크용접(GMAW, gas metal arc welding)을 세분하여 설명하시오.

02 CO_2 용접의 장점 3가지를 쓰시오.

03 CO_2 용접은 어떤 전원 특성을 적용하는가?

04 CO_2 용접, MIG 용접에서 사용되는 송급 장치의 종류 4가지를 쓰시오.

05 와이어 릴의 바로 앞에서 와이어를 송급하는 방식으로, 토치가 가볍기 때문에 반자동 용접기에 적합한 와이어 송급 방식은 무엇인가?

06 보호가스와 용극 방식에 의한 분류 중 용극식의 종류 2가지를 쓰시오.

07 탄산가스 용제법 2가지를 쓰시오.

08 솔리드 와이어를 용가재로 사용할 때 이산화탄산가스에 아르곤 가스를 몇 % 정도 혼합하면 가장 양호한 상태가 되는가?

09 플럭스 코드 와이어의 제조 형식에 따라 구분하여 3가지 종류를 쓰시오.

10 CO_2 용접에 사용되는 CO_2 가스는 순도가 몇 이상 되어야 좋은가?

11 CO_2 용접시 동일 전류에서 아크 전압이 증가할수록 용입이 어떻게 되는가?

12 CO_2 용접시 동일 조건에서 용접 속도가 증가하면 용입은 어떻게 되는가?

13 와이어 돌출 길이가 길어지면 어떻게 되는가?

14 저전류 영역(200A 미만)에서 와이어 돌출 길이는 얼마가 적당한가?

15 CO_2 가스와 아르곤 혼합 가스를 사용할 경우 일반적인 혼합비는?

16 CO_2 용접시 전진법에 대하여 후진법의 특성 2가지를 쓰시오.

17 다음 중 CO_2 용접시 전진법의 특징이 아닌 것은?

① 용접선이 잘 보이므로 운봉을 정확하게 할 수 있다.
② 비드 높이가 낮고 평탄한 비드가 형성된다.
③ 스패터가 비교적 많으며 진행 방향쪽으로 흩어진다.
④ 비드 형상이 잘 보이기 때문에 비드 폭 높이 등을 억제하기 쉽다.

18 아크 전압이 높으면 아크 길이와 비드 폭은 어떻게 되는가?

19 CO_2 용접 작업장에 이산화탄산가스(CO_2)가 몇 % 이상이면 두통을 느끼는가?

20 작업장에 CO_2 가스가 몇 % 이상이면 극히 위험한가?

해답

1. 111p 1 [가] 참조
2. 112p 1 [다] 3) 참조
3. 직류 역극성
4. 114p 1 [마] 3) 참조
5. 푸시 방식(Push type)
6. 115p 1 [바] 1) 참조
7. 115p 1 [바] 2) 참조
8. 75 ~ 85%
9. 116p 1 [사] 2) 참조
10. 99.9%
11. 낮아진다(감소한다).
12. 낮아진다(감소한다).
13. 와이어의 예열이 많아지므로 작업 속도와 용착 효율이 커지나 보호 효과가 나빠지고 용접 전류는 낮아져 용입은 얕아지고 비드 폭은 넓어진다.
14. 10 ~ 15mm
15. 20 ~ 25 : 80 ~ 75
16. 120p 2 [다] 3) <표 6-2> 참조
17. ④
18. 길어지며, 비드 폭이 커지며, 지나치게 길어지면 스패터가 심하게 발생한다.
19. 3~4%
20. 30%

제7절 | 기타 특수 용접

1 플라스마 아크용접

가. 개요

플라스마란 초고온 기체이며, 고체, 액체, 기체에 이어 제4의 상태로 칭한다. 즉, 기체가 수천도의 높은 온도로 가열된 아크열원 안을 통과할 때 고온에 의하여 기체의 원자가 원자핵(+ 양이온)과 전자(- 음이온)로 분해되어 플라스마가 된다.

이 플라스마의 외주부를 가스로 강제 냉각시키면 아크 플라스마의 열손실이 대단히 증가하므로 전류를 일정하게 유지하면 아크 전압은 상승하게 되며 플라스마는 열손실을 최소화하기 위해 아크 표면적을 축소하게 되고. 전류 밀도는 증가하여 대단히 높은 온도(10000 ~ 30000°C 이상)의 아크 플라스마가 얻어진다.(열적 핀치 효과)

이 고온의 플라스마를 노즐로 분출시켜서 모재를 가열 용융하여 용접하는 것을 플라스마 아크용접이라고 한다.

그림 7-1 플라스마 아크용접과 TIG 용접의 아크 현상 비교

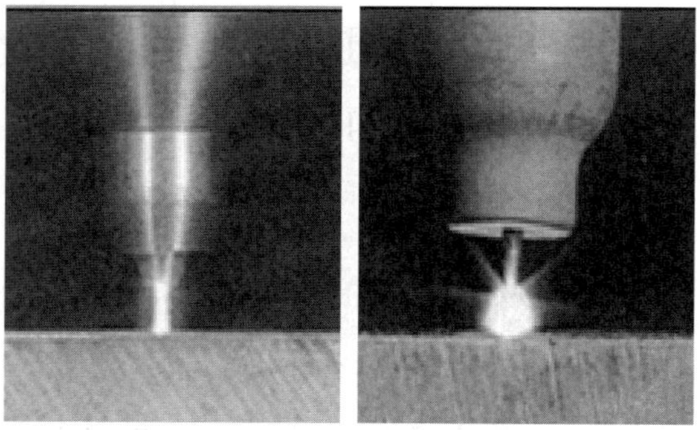

(a) 플라스마 아크 (b) TIG 용접 아크

그림 7-2 플라스마 아크용접의 원리

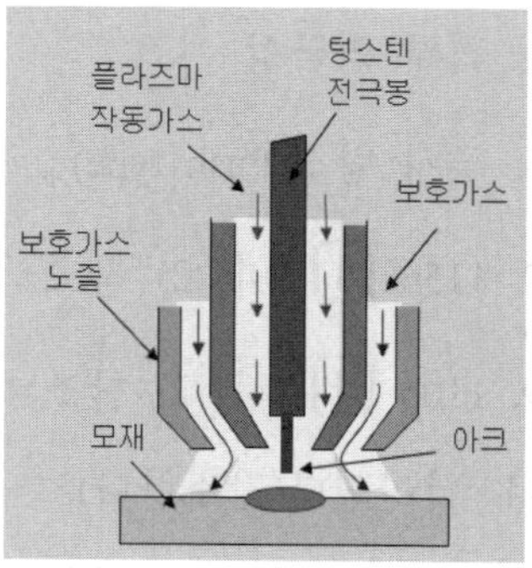

나. 특징

1) 장점

① 열적, 자기적 핀치 효과에 의해 전류 밀도가 커서, 용입이 깊고 비드 폭이 좁으며, 용접 속도가 빠르다.

② I형 맞대기 이음에서 단층으로 용접할 수 있어 능률적이다.

③ 용접부의 금속학적, 기계적 성질이 좋으며, 변형이 적다.
④ 각종 재료의 용접이 가능하며, 수동 용접도 쉽게 할 수 있고, 숙련을 요하지 않는다.

2) 단점

① 설비비가 많이 들고 무부하 전압이 높다.(교류 아크용접기의 2~3배)
② 용접 속도가 빠르므로 가스 보호가 불충분하며, 용접부에 경화가 일어나기 쉽다.
③ 모재 표면에 기름, 먼지, 녹 등이 오염되었을 때에는 플라즈마 아크의 상태가 변화하여 비드가 불균일하고, 용접부의 품질 저하 등의 원인이 되므로, 화학 용재로 깨끗이 청정해야 한다.

다. 보호 가스

1) 아르곤(Ar)

전극 보호 성능이 좋으며, 모든 금속의 용접에 사용될 수 있으나, 열전도도가 낮아 불균일한 용접이 될 가능성이 있다.

2) 아르곤+수소(혼합시 효과)

H_2는 열전도율이 높고 가스 분출 속도를 증가시키는 기능이 있어 수소 분자가 원자로 해리할 때에 아크 기둥에서 해리 에너지를 빼앗아 아크를 수축시키면서 열적 핀치 효과가 생기며 용접 속도를 증진시킬 수 있으나, Ti, Zr 등 반응 금속에는 나쁜 영향도 고려해야 한다.

3) 헬륨

아르곤에 비해 25% 이상 용접 입열을 증대시키므로 열전도도가 높은 구리, 알루미늄 합금, 후판 티타늄 용접에 적합하다.

4) 아르곤+헬륨 25%

아르곤의 아크 안정과 헬륨의 높은 입열 때문에 구리 및 티탄합금 등 산화반응이 심한 금속의 후판 용접에 사용된다.

헬륨(H)e의 비율이 75% 이상이 되면 노즐이 과열될 위험이 크므로 낮은 범위의 부하(load) 상태에서만 가능하다. 유량은 약 7.1~18.8 ℓ/min 정도이다.

5) 기타

① 산소는 산화를 촉진시키며, 절단 속도도 증가된다.

② CO_2 및 압축 공기는 탄소강 절단에 차폐가스로 사용할 수 있다. 흔히 CO_2는 스테인리스강 절단의 차폐가스로 사용된다.

③ 아르곤이나 질소, 아르곤-수소 및 질소-수소 화합물은 비철금속 및 합금의 절단부의 차폐가스로 사용될 수 있다.

④ 어떤 토치는 외부 차폐가스 대신에 물을 사용하도록 설계된 것도 있다. 이 방법은 절단의 외관을 개선시키고 노즐의 수명을 증가시킨다.

6) 용접 재료별 보호 가스

① 스테인리스강용 : Ar+5 ~ 10% H_2의 보호 가스는 집중성이 강한 아크를 얻을 수 있다.

② 티탄, 구리용 : 매우 소량의 수소를 혼입하여도 용접부가 약화될 수 있으므로 보호 효과가 매우 큰 순아르곤이나 헬륨을 사용해야 된다.

일반적으로 헬륨은 아르곤 가스에 비해 용접부의 보호 효과가 떨어지므로 같은 보호 효과를 얻으려면 가스 유량을 1.5 ~ 2배 증가시켜야 한다.

2 서브머지드 아크용접(SAW)

가. 원리 및 특징

1) 원리

모재 표면 위에 미리 입상의 용제(flux)를 살포한 후 그 용제 속에 비피복 와이어를 집어넣고 모재와 전극 와이어 사이에서 아크를 발생시켜 그 아크열에 의하여 모재와 와이어 및 용제를 용융시켜 용접부를 대기로부터 보호하면서 용접하는 자동 용접법이다.

이 용접법은 미국의 유니온 카바이드사가 고안한 회사명을 따서 유니언 멜트 용접, 링컨 용접, 또한, 아크가 보이지 않는다 해서 불가시 용접, 아크가 잠겨 있다 해서 잠호 용접이라고도 부른다.

그림 7-3 서브머지드 용접의 원리

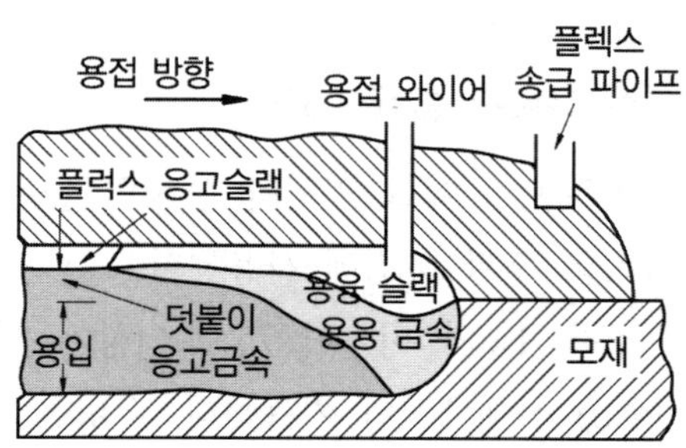

2) 특징

장점은 대전류 사용으로 전류 밀도가 높아 용접 속도와 용착 속도가 빠르며 용입이 깊고, 작업 능률이 수동 용접에 비해 매우 높으며(수동 용접에 비해 판두께 12mm에서 2～3배, 25mm에서 5～6배, 50mm에서 8～12배 빠름), 비드 외관이 아름답고, 개선각을 적게 하여 용접 패스 수를 줄일 수 있다.

인장 강도, 연신률, 충격치 등 기계적 성질이 우수하며, 유해 광선이나 흄(fume) 등의 발생이 적어 작업 환경이 좋다.

단점은 개선 가공 및 루트 간격에 정밀을 요하며(루트 간격 0.8mm 이하, 홈각도 오차 ±5도), 아래보기, 수평 필릿 자세의 용접에 한정된다.

또한 용접 길이가 짧은 곳, 좁은 공간에서 비능률적이며, 용접부가 보이지 않으므로 용접 상태를 확인할 수 없고(결함이 발생하면 대량 발생), 용접 입열이 커 변형 및 열영향부가 넓으며, 탄소강, 저합금강, 스테인리스강 등 한정된 재료의 용접에 사용된다.

그림 7-4 서브머지드 아크용접기의 외형

3) 다전극식 서브머지드 아크용접의 종류

그림 7-5 다전극식 서브머지드 아크용접의 종류

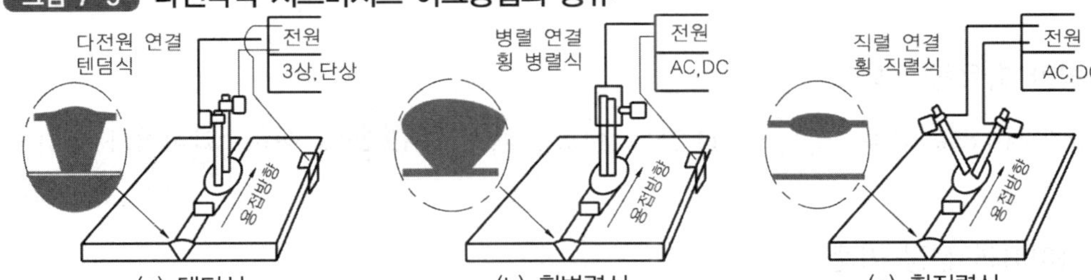

(a) 텐덤식 (b) 횡병렬식 (c) 횡직렬식

표 7-1 전극에 따른 특성 비교

종 류	전극 배치	특징	용도
텐덤식	2개의 전극을 독립 전원에 접속한다.	비드 폭이 좁고 용입이 깊다. 용접 속도가 빠르다.	파이프 라인의 용접에 사용한다.
횡병렬식	2개 이상의 와이어를 나란히 옆으로 배치한다.	용입은 중간, 비드 폭이 넓어진다.	
횡직렬식	2개의 와이어 중심이 한 곳에 만나도록 배치한다.	아크 복사열에 의해 용접하며, 용입이 매우 얕다. 자기 불림이 생길 수 있다.	육성 용접에 주로 사용한다.

나. 용접용 와이어

코일상의 금속선으로 와이어 릴에 감겨져 있으며, 와이어 표면은 접촉 팁과의 원활한 전기적 접촉과 녹슴 방지를 위해 구리 도금한 것이 보통이다.

서브머지드 아크용접용 와이어의 표시는 다음과 같이 한다.

Y S 308

- 308 : 화학 성분
- S : 서브머지드 아크용접
- Y : 와이어

1) 와이어 지름

지름은 2.0, 2.4, 3.2, 4.0, 4.8, 6.4, 7.9, 12.7이 있으며, 2.4 ~ 7.9mm가 주로 사용된다.

2) 코일의 무게

작은 코일(약칭 S)은 12.5kgf, 중간 코일(M)은 25kgf, 큰 코일(L)은 75kgf, 초대형 코일(XL)은 100kgf로 구별된다.

3) 망간 함유량에 따라

저망간용(0.6% 이하), 중망간용(1.25% 이하), 고망간용(2.25% 이하) 와이어가 있다.

4) 와이어의 선정 기준

① 구조용 강재(연강) 용접 : 고망간 와이어(Mn 1.8 ~ 2.2%)와 저망간 용제, 중망간 와이

어(Mn 0.8 ~ 1.1%)와 중망간 용제, 저망간 와이어(Mn 0.35 ~ 0.6%)와 고망간 용제를 사용한다.

② 고장력강 용접에는 고망간 와이어와 중망간 용제, 중망간 와이어와 고망간 용제를 서로 짝지어 사용해야 된다.

다. 용접용 용제

서브머지드 아크용접(SAW)에 사용되는 용제는 분말상의 입자로서 광물성 물질을 가공하여 만든다. 용제의 역할은 아크의 안정, 용접부 보호, 탈산 정련 작용 및 합금 원소 첨가 등이며, 제조 방법에 따라 용융형과 소결형, 혼성형이 있다.

이러한 용제는 흡습하기 쉬우므로 밀폐된 용기에 보관해야 하며, 만일 흡습한 경우 150 ~ 200℃로 1시간 정도 건조하여 사용해야 된다.

1) 용융형 용제(fusion type flux)

광물성 원료를 어떤 비율로 혼합하여 고온(1300℃ 이상)으로 용융한 후 급랭하여 분말 상태로 분쇄하여 적당한 입자로 만든 것으로, 유리와 같은 광택이 난다.

이것은 고속 용접성이 양호하며, 비드 외관이 아름답고, 흡습성이 없어 재건조가 불필요하며, 반복 사용성이 좋고, 화학적 균일성이 양호하나, 용접 전류에 따라 입자의 크기가 다른 용제를 사용해야 된다.

용접 중에 용착금속에 합금 원소를 첨가하지 못하므로 강재의 종류에 따라 적당한 합금 성분이 첨가된 와이어를 사용해야 되며, 고장력강, 저온 용기, 건축, 교량 구조재, 극후판 용기류의 다층 용접 등에 사용된다.

용제의 입도 표시는 [표 7-2]와 같으며, '그레이드 50(G 50), 그레이드 80(G 80)' 등이 대표적이다. 여기서 '20×200' 이란 20 ~ 200메시 사이의 입도란 뜻이며, 'D'는 분말(dust)을 뜻한다.

표 7-2 용제의 입도

그레이드 NO.	입 도	그레이드 NO.	입 도
G 20	12×200, 20×200, 20×D	G 85	12×200
G 50	8×48, 12×150, 20×D	G 90	12×65, 20×200
G 60	12×200	MF 38	12×65, 20×D
G 80	12×65, 20×200, 20×D		

2) 소결형 용제(sintered type flux)

용융형 용제는 일반적으로 탄소강에는 우수하지만 저합금강이나 스테인리스강의 용접에는 반드시 우수하다고 볼 수 없다.

소결형은 원료 광석 가루, 합금 가루 등을 규산나트륨 등의 점결제와 함께 용융되지 않을 정도의 저온으로 소결하여 입도를 조정한 것으로, 소결 온도에 따라 저온 소결형 용제(500~600℃에서 소결), 고온 소결형 용제(800~1000℃에서 소결)가 있다.

(1) 특성

① 합금 원소 첨가가 쉽고 탈산 작용이 강하여 용착금속의 기계적 성질이 우수하며, 고전류에서 용접 작업성이 좋아 후판 용접에 적합하다.
② 저망간강 와이어의 종류로 연강에서 저합금강까지 용제만 변경하면 용접이 가능하며, 용융형 용제에 비해 용제 소모량이 적다.
③ 낮은 전류에서 높은 전류까지 동일 입도의 용제로 용접이 가능하다.
④ 흡습성이 높으므로 사용 전에 150~300℃로 1시간 정도 재건조하여야 한다.

(2) 용도

고장력강, 저온 용기, 조선의 후판, 스테인리스강, 덧살 용접 등에 사용된다.

3) 혼성형 용제(bonded type flux)

분말상 원료에 고착제(물유리 등)를 가하여 비교적 저온(300~400℃)에서 건조하여 제조한 것이다.

4) 용제의 구비 조건

① 적당한 용융 온도 및 점성, 입도, 온도 특성을 가지며, 아크의 보호성이 좋을 것
② 합금 성분의 첨가, 탈산, 탈유 등 야금 반응의 결과로 양질의 용접 금속이 얻어질 것
③ 아크 발생이 잘 되고 안정한 용접 과정이 얻어지며, 양호한 비드를 형성할 것
④ 용접 후 슬래그 박리성이 양호할 것

라. 용접에 영향을 주는 요소

서브머지드 아크용접에 가장 큰 영향을 주는 것으로 용접 전류, 아크 전압, 용접 속도 및 와이어와 용제의 선정이다.

1) 용접 전류와 아크 전압

전류가 증가하면 와이어 용융속도가 증가하며, 용입이 깊어지고, 용락의 위험이 있으며, 전류가 낮아지면 위의 특성이 반대가 된다. [그림 7-6 참조]

아크 전압이 낮으면 용입이 깊어지며, 비드 폭이 좁고 보강 덧붙이가 커지게 되며, 반대로 아크 전압이 높으면 이 특성이 반대가 된다. [그림 7-7 참조]

그림 7-6 용접 전류와 비드의 단면의 형상 관계

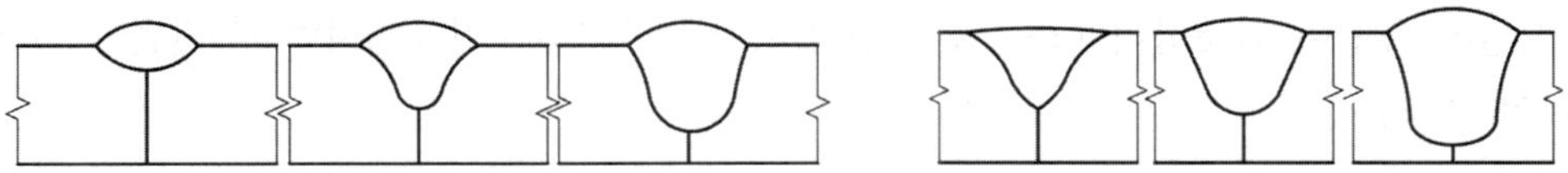

(a) 과소 (b) 적정 (c) 과대
(1) I형 맞대기

(a) 과소 (b) 적정 (c) 과대
(2) Y형 맞대기

그림 7-7 아크 전압과 비드의 단면 형상 관계

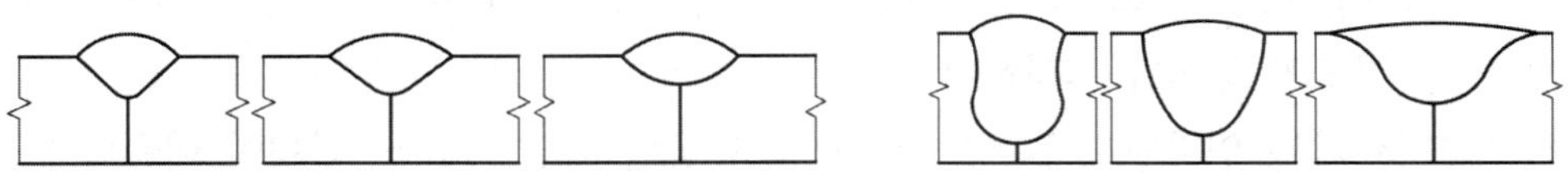

(a) 과소 (b) 적정 (c) 과대
(1) I형 맞대기

(a) 과소 (b) 적정 (c) 과대
(2) Y형 맞대기

2) 와이어 지름

동일 조건에서 와이어 지름이 커지면 전류 밀도가 감소하므로 용입이 낮아지며, 지름이 작아지면 전류 밀도가 커지므로 용입이 깊어지며, 비드 폭이 좁아진다.

3) 와이어 돌출 길이

서브머지드 아크용접의 적당한 와이어 돌출 길이는 와이어 지름의 8배 전후로 하는 것이 좋다. 와이어 돌출이 길어지면 와이어에 저항열이 많이 발생하여 와이어의 용융량이 증가되나 용입이 불균일하게 되고 용입도 다소 감소한다.

4) 용접 속도

용접 속도가 느리면 용입이 약간 증가되고 보강 덧붙이가 커져 오버랩이 생길수 있으며, 반대로 빠른 경우는 비드 폭과 용입이 감소하며, 지나치게 빠르면 언터컷 및 비드 파형이 거칠어 진다. [그림 7-8 참조]

그림 7-8 용접 속도와 비드의 단면의 형상 관계

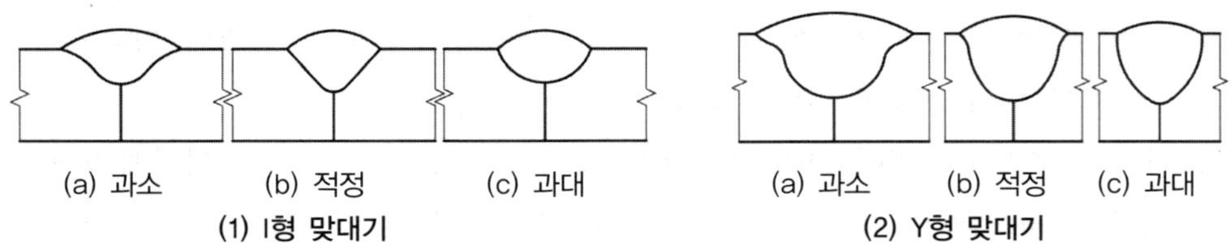

5) 진행 방향

전진법은 용입이 감소하며 비드 폭이 증가하고, 비드 면이 평평해지며, 후진법은 반대 현상이 일어난다.

6) 용제의 영향

용제 살포 높이가 너무 높으면 가스 방출이 나빠 기공 발생의 원인이 되며, 너무 낮으면 아크가 노출되어 비드 거침과 기공 발생의 원인이 되므로 와이어 뒤쪽에서 연한 불꽃이나 연기가 나올 정도의 높이가 적당하다.

또한 입도는 가는 입자일수록 비드 폭이 넓고 용입이 얕고 비드 파형이 아름답게 되며, 거친 용제에 높은 전류를 사용하면 보호성이 나빠지고 비드가 거칠며 기공이나 언더컷 등이 생기기 쉬우므로 거친 입자는 낮은 전류에, 고운 입자는 높은 전류에 사용해야 된다.

마. 특수한 시공법의 예

1) 반자동 서브머지드 아크법

용접 헤드의 진행에 주행대차를 사용하지 않고 포터블 용접 헤드의 손잡이를 잡고 용접선을 따라 수동으로 이동하며, 와이어만 자동으로 송급하는 방식이며, 와이어 지름이 0.8~2.0mm 정도로 전류 600A까지 사용한다.

2) 와이어 컷 첨가 서브머지드 아크법

용접 능률을 높이기 위해 후판의 단일 패스 용접시 고전류 또는 저속 용접시 와이어 컷을 첨가하는 방식이다. 이 때 와이어 컷은 와이어 지름과 같은 정도로 절단하여 호퍼에 넣어 공급하며, 2~3배의 능률을 높일 수 있고, 용착금속의 냉각 효과도 있다

3) 핫 와이어(hot wire) 서브머지드 아크법

와이어를 저항열로 가열하여 용가재와 같이 공급하는 방식으로 능률이 좋으나, 용입이

얕으므로 융합 불량 및 슬래그 혼입의 우려가 있으므로 주의가 필요하다.

4) 대상 전극(hoop electrode) 서브머지드 아크법

폭 25~75mm, 두께 0.4~0.6mm 정도의 판상 전극을 사용하는 방법으로 밴드 아크용접법이라고도 한다. [그림 7-9 참조] 이 용접법은 용착 효율이 매우 높고, 용입이 얕으며, 안정된 용접이 가능하다. 또한 넓은 비드가 단일 패스로 가능하여 내식 및 내마모 합금의 덧살(육성) 용접이나 라이닝 용접에 많이 사용된다.

그림 7-9 대상 전극

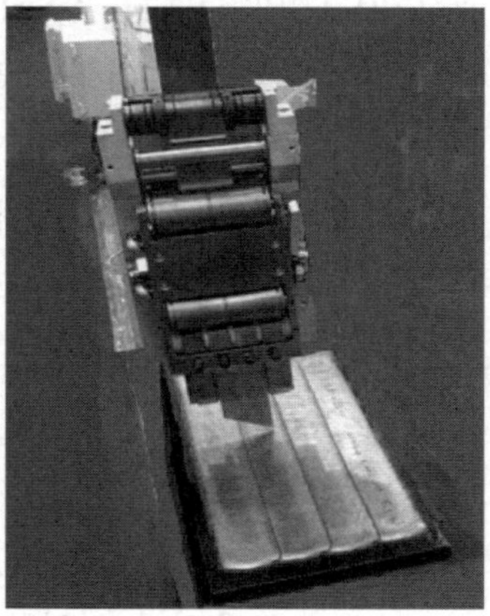

5) 좁은 홈(SUB NAP) 용접법

두꺼운 판에 좁은 홈으로 용접하는 용접법으로 작은 X형 홈(t80 mm 이하)법과 한줄 센터 놓기(t150mm 이하)법, 두줄 놓기 방법 등이 있다. 이 용접법의 장점은 다음과 같다.

① 생산성이 높은 다전극법을 보다 쉽게 사용할 수 있다.
② 긴 콘텍트 팁에 절연 테이프를 입히면 일반 서브머지드 아크용접 장비로도 가능하다.
③ 용접부의 기계적 특성이 매우 좋아 중화학 공업, 원자로 분야에 적용할 수 있다.
④ 용접 정밀도가 매우 좋고 결함이 없는 용접부를 얻을 수 있다.

그림 7-10 네로우 갭(좁은 홈) 용접의 예

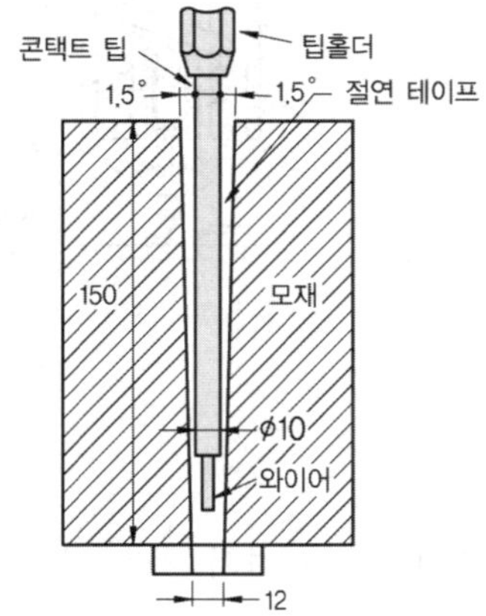

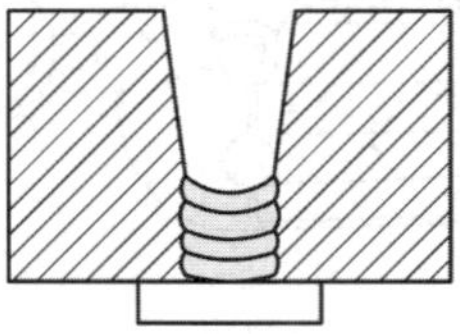

(a) 한줄 놓기법

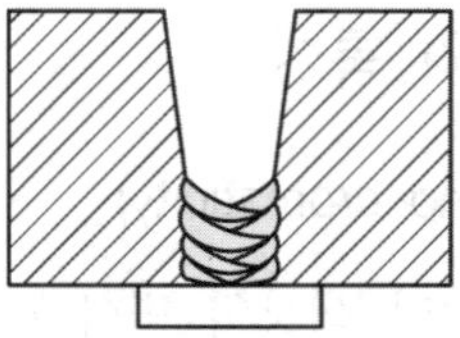

(b) 두줄 놓기법

3 레이저 용접

가. 개요

레이저(LASER, Light Amplification by Stimulated Emission of Radiation)란 유도 방사에 의한 빛(전자파, 광)의 증폭, 즉, 외부 에너지를 이용하여 유도 방출에 의해 빛 증폭으로 생기는 특수한 형태의 광선을 말한다.

레이저 용접은 발진기에 의해 만들어진 파장과 위상이 갖추어진 빛을 렌즈나 거울로 가늘게 짜내어 피용재에 조사하고 이 빛을 피용접재에 흡수시켜 가열. 용융하여 접합하는 방법으로, 레이저 빔이 모재에 조사되면 레이저의 초점부는 높은 에너지 밀도에 의해 표면이 순간적(1 ~ 20ms)으로 약 6000 ~ 6400℃로 상승하여 재료를 용융 융착하여 용접이 이루어지게 된다.

특징은 레이저 빔의 스폿경(보통 1mm)이 작아 높은 에너지 밀도(10^6W/cm^2 이상)를 얻을 수 있으므로 용접시 열영향부와 열변형이 적으며, 전자 빔 용접과 비슷한 고밀도 에너지이나, 대기 중에서 용접할 수 있어 진공실이 필요하지 않으며, X선 방출이 없고 자장의 영향을 받지 않는다.

그림 7-11 레이저 용접의 원리

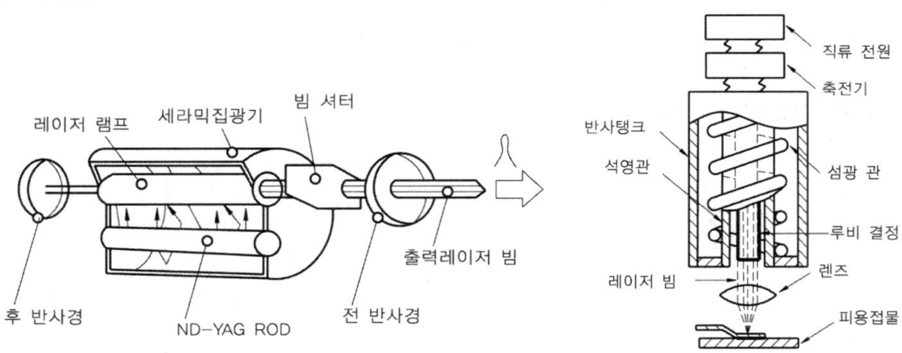

나. 레이저의 특성

1) 단색성(Monochromaticity)

태양광과는 달리 색상의 변화가 일어나지 않으며, 다른 여러 가지 빛이 혼합되어 있지 않고, 어느 정도의 순수한 단일 광으로 이루어져 있다.

2) 지향성(Directionality)

빛이 퍼지지 않고 일정한 방향으로 직진하는 성질이 있다.

3) 에너지 집중과 고휘도성(High-brightness)

태양 빛을 렌즈에 집중하면 종이나 나무를 태울 수 있는 정도이지만, 레이저 빛의 경우에는 에너지 밀도가 높아 철판까지도 녹일 수 있는 에너지 밀도가 높고 밝기가 매우 밝은 빛을 발생한다.

4) 간섭성(Coherence)

간섭이란 위상의 차이에 따라 명암의 무늬가 나타나는 현상으로, 레이저는 위상이 균일하기 때문에 약간의 장애물에 부딪히면 곧 간섭을 일으킨다.

다. 용도

레이저는 절단, 용접, 표면 육성 용접, 열처리, 정밀 드릴링, 열변형이 문제되는 정밀 용접 분야나, 브레이징, 열처리, 이종 금속의 용접, 육성 용접 등에 쓰인다.

기타(우주 통신, 로켓트 추적, 광학, 계측기, 사진술) 분야나 다이아몬드 구멍뚫기, 의학(성형 수술, 점 빼기 등) 등 모든 분야에 사용된다.

라. 레이저-하이브리드(Hybrid) 용접(Laser+ Arc)

오하이오주의 콜럼버스에 위치한 Edison Welding Institute사에서 두꺼운 부분을 용접하기 위해 Nd : YAG 레이저 용접과 금속 보호 가스 아크용접(GMAW)을 접목시킨 기술로서, 낮은 레이저 동력으로 보다 많은 양을 용융시켜 용접할 수 있다.

이 용접법은 장비가 요구하는 정밀성도 많이 완화시킬 수 있고, 용접 중 흄(Fume)의 발생이 적고 적외선, 자외선 등 유해 광선이 발생하지 않는 용접으로서 환경 친화적이며, 기존의 GTAW, GMAW 용접에 비해 높은 용접 속도와 깊은 용입, 변형 최소화, 그리고 용접 공정의 자동화를 용이하게 하는 장점을 가지고 있고, 10mm 두께 판을 틈새 약 0.8mm 정도 띄우고 분당 1m 속도로 맞대기 용접할 수 있다.

4 아크 스터드 용접(arc stud welding)

직경이 10mm 정도 이하의 강봉, 황동봉, 볼트 등을 직접 모재에 녹여서 접합하는 방법으로, 심기 용접이라고도 하며, 막대를 모재에 접촉시켜 두고 전류를 통한 다음 모재에서 떨어뜨려 아크열에 의해 적당히 용융한 후 스터드를 용융 풀에 눌러 붙여서 용착시키는 법으로, 대체로 급열, 급랭을 받기 때문에 주로 철골, 건축, 자동차의 볼트 등의 저탄소강 용접에 이용된다.

그림 7-12 아크 스터드 용접의 원리

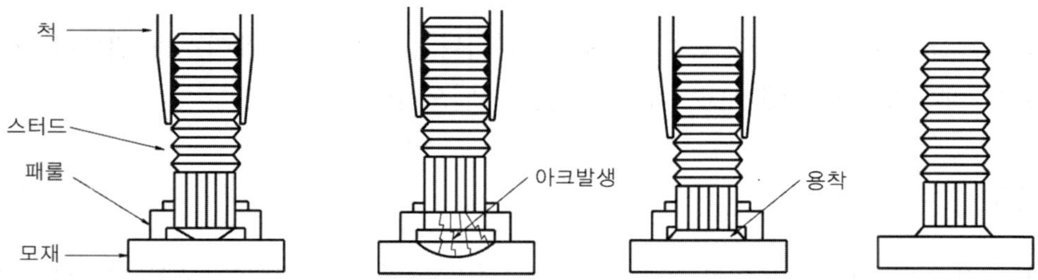

5 테르밋 용접(thermit welding)

가. 원리

미세한 테르밋제로 알루미늄과 산화철 분말을 1:3~4의 중량비로 도가니 속에 넣고 그 위에 과산화바륨, 마그네슘 등의 점화제를 넣어 점화하면 강한 테르밋 반응에 의한 발열 반응이 일어나 용융 금속과 슬래그로 분리되며 슬래그를 제거한 후 용탕을 접합부에 부어 접합하는 용접법이다. 이 때의 발열 온도는 약 2800℃ 정도 된다.

나. 특징

① 전기가 필요하지 않으며, 용접 작업이 단순하다
② 용접 시간이 짧고, 용접 후 변형이 적으며, 용접 결과의 재현성이 높다.
③ 용접용 기구가 간단하며, 설비비도 싸다.
④ 차축, 레일, 배 뒤의 플레임 등 큰 단면을 가진 모재의 맞대기 용접에 이용된다.

그림 7-13 테르밋 용접의 원리

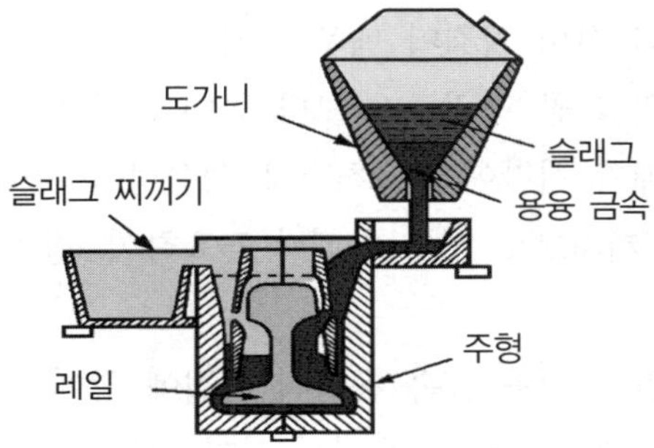

6 전자 빔 용접

가. 원리 및 특징

전자 빔 발생기 내부의 음극(Cathode)에서 열전자를 방출하면 고전압에 의해 양극(Anode)으로 가속되며, 높은 에너지를 가지고 접속된 전자 빔을 고진공(10^{-4}~10^{-6}mm Hg) 분위기 속에서 용접물에 고속도로 조사시키면 광속의 약 2/3 속도로 이동한 전자는 용접물에 충돌하여 전자의 운동 에너지를 열에너지로 변환시켜 국부적으로 고열을 발생하게 되며, 이때 생긴 고에너지를 열원으로 이용하여 용접면을 가열, 용융시켜 용접물을 접합시키는 방법이다.

나. 특징

1) 장점

① 매우 높은 에너지 밀도와 용접 효율을 가지고 있다.
같은 두께 용접시 피복 금속 아크용접에 비해 입열량이 1/50 정도이며, 용입 깊이 : 폭비가 20 :1이며, 1회에 300mm 두께까지 완전 용입할 수 있고 용접 속도도 빠르다.

② 용접 변형(Minimizing Distortion)이 매우 적다.
두께 12mm를 용접시 수축량이 아크용접은 0.5mm인데, 전자빔 용접은 0.1mm(아크용접의 20%)로 매우 적다.

③ 다층 투과 기능을 가지고 있어 다판 용접이 가능하다.

④ 광범위한 이종 금속의 용접이 가능하다.

⑤ 진공 분위기에서의 용접으로 활성 금속의 용접이 가능하며, 산화 등 대기 가스로 인한 오염을 최소화시킨다.

⑥ 고진공 분위기에서의 용접으로 제품의 진공 밀폐가 가능하다.

2) 단점

① 일반 용접기에 비해서 전자 빔 용접기의 장비 가격이 매우 고가이다.
② 일반 용접에 비해서 용접 단품과 치구의 가공 정밀도가 보다 높이 요구된다.
③ 진공 분위기를 형성하기 위해서 진공 배기 시간이 필요하므로 생산성이 저하된다.
④ 용접시 발생되는 X-Ray가 인체에 해를 끼치므로 이의 차폐가 필요하며, 장비는 주기적으로 점검되어져야 한다.
⑤ 전자 빔은 자장에 의해서 굴절되므로 일부 이종 금속 용접시 용접에 장애가 있다.
⑥ 강자성체 금속의 경우 탈자(脫磁 : 자력 제거)없이는 용접이 불가능하다.
⑦ 고밀도 에너지 용접에서는 기공이 발생할 우려가 많다.

7 일렉트로 슬래그 및 가스용접

가. 원리

일렉트로 슬래그 용접은 용융 슬래그와 용융 금속이 용접부로부터 유출되지 않게 모재의 양측에 수랭식 동판을 대어주고 용융 슬래그 속에서 전극 와이어를 연속적으로 공급하여 주로 용융 슬래그의 저항열에 의하여 와이어와 모재를 용융시키면서 단층 수직 상진 용접을 하는 방법이며, 일렉트로 가스용접은 용융 슬래그 대신 CO_2 가스 등의 보호가스를 사용하는 수직 전용 아크용접이다.

그림 7-14 일렉트로 슬래그 용접

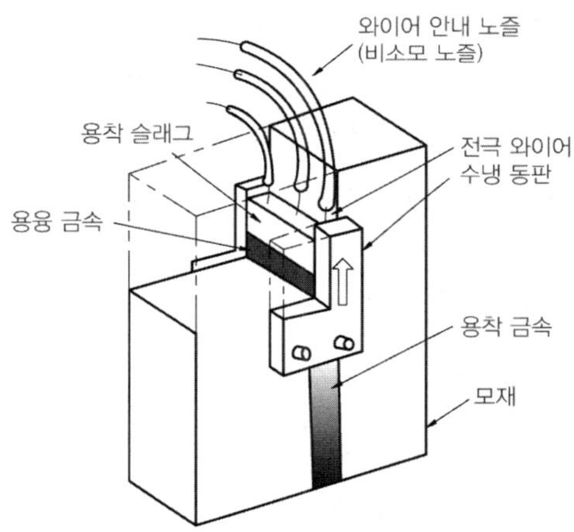

나. 장점

① 다른 용접에 비하여 후판을 단일층으로 한 번에 용접할 수 있다.
② 용접 시간이 단축되므로 능률적이며 경제적이다.
③ 홈 형상은 I형 그대로 사용되므로 용접 홈 가공 준비가 간단하다.
④ 각(角)변형이 적고 용접 품질이 우수하다.
⑤ 스패터 발생이 적으며, 조용하고 용융 금속의 용착량은 100%가 된다.
⑥ 대형 용접에서는 서브머지드 용접에 비하여 용접 시간, 홈 가공비. 용접봉비, 준비시간 등을 1/3~1/5 정도로 감소시킬 수 있다.

⑦ 와이어 단위 무게당 소비 전력은 송급 속도가 크게 되면 저하된다.
⑧ 송급 속도가 2배가 되면 전기 에너지 값은 20% 이상 감소된다.
⑨ 용제 소비량은 서브머지드 아크(잠호) 용접에 비하여 약 1/20 정도로 매우 적다.
⑩ 압력 용기, 조선 및 대형 주물의 후판 용접 등에 바람직한 용접이다.

다. 단점

① 박판 용접에는 적용할 수 없다.
② 장비 설치가 복잡하고, 냉각 장치가 요구되며. 장비가 비싸다.
③ 용접 진행 중 용접부를 직접 관찰할 수 없다.
④ 높은 입열로 인하여 횡방향의 수축과 팽창이 크다.
⑤ 용접부의 기계적 성질이 저하될 수 있다.
⑥ 용접 시간에 비하여 용접 준비 시간이 길다.
⑦ 소모 노즐의 경우 자체의 저항 발열 때문에 길게 용접할 수 없다.(1m 이하에 적합)

라. 용접용 와이어

연강용은 서브머지드 아크용접과 같은 것을 사용하며, 주로 φ2.4~3.2의 0.35~1.10% Mn의 저합금강을 사용한다.

마. 용제

용접 금속 1[kg]에 대한 용제(flux)의 소비량은 서브머지드 아크용접에 비하여 약 50[g] 정도로 매우 적다. 용제의 주성분은 산화 규소(SiO_2), 산화망간(MnO), 산화알루미늄(Al_20_3) 등으로 되어 있다.

8 자체 보호 플럭스 코어드 용접(논가스 아크용접)

가. 원리

논가스(무피포) 아크용접(non-shielded arc welding)은 비피복의 소모 전극선을 사용하는 아크용접의 일종이며, 용융금속을 보호하는 목적으로 전극 외부에서 보호(피포)가스 또는 플럭스를 공급할 필요가 없는 방법이다.

보통의 연강용 전극선 또는 탄산가스 아크용접용 와이어를 사용하여 공기 중에서 무피포 아크용접을 하면 용접금속 내에 많은 기공이 발생하여 건전한 용접을 할 수가 없으며, 용융금속은 질소를 다량 흡수하여 취성화하게 된다. 따라서 와이어 중에 Al, Ti, Zr, B 등의 특수원소 또는 적당한 분말상의 플럭스를 함유시켜서 탈산과 탈질을 도모함으로서 보호가스 없이 기공이 없는 건전한 용착부를 얻을 수 있다. 와이어로는 비피복의 솔리드 와이어는 실용화가 곤란하며, 보통은 플럭스 코어드 와이어를 사용한다.

나. 플럭스 와이어 충전 방식

튜블러 와이어를 사용하는 논가스 아크용접 장치는 탄산가스 아크용접용과 유사하나, 보호가스가 필요없으므로 장치, 특히 토치의 구조가 간단하며, 500A에서도 공랭으로도 좋기 때문에 토치를 가볍게 할 수 있다.

다. 논 가스 아크용접의 장점

① 사용이 간편하고 적용성이 크며, 플럭스 품질이 균일하다.
② 작업자가 용융지를 볼 수 있어 용융금속을 정확하게 조정할 수 있다.
③ 전자세 용접이 가능하다.
④ 보호가스가 없기 때문에 옥외의 작업에서도 용접이 가능하다.
⑤ 용접토치가 가볍고 조작이 쉬우므로 용접 중 작업자의 피로도가 최소로 되어 작업 능률이 향상된다.
⑥ 높은 전류를 사용하므로 용착속도와 용접속도가 증가하여 용접 비용이 절감된다.
⑦ 보수용접, 기계제작, 조립용접, 조선, 저장탱크, 건물의 구조물 용접 등에 광범위하게 이용된다.

9 기타 용접

가. 초음파용접(ultrasonic welding)

1) 원리

용접물을 겹쳐서 용접 팁과 하부 앤빌(anvil) 사이에 끼워놓고 압력을 가하면서 초음파(18kHz 이상) 주파수로 횡진동을 주어 그 진동 에너지에 의해 진동 마찰열을 발생시켜 접촉부의 원자가 서로 확산되어 압접하는 방법이다.

2) 특성

① 냉간압접에 비해 주어지는 압력이 작으므로 용접 변형도 작다

② 용접물의 표면 처리가 간단하며 압연한 그대로의 재료도 용접이 쉽다.

③ 극히 얇은 판(필름 등)도 쉽게 용접할 수 있다.

④ 이종 금속의 용접도 가능하다.

⑤ 판의 두께에 따라 용접 강도가 현저하게 변화한다.

그림 7-15 고초음파용접의 원리

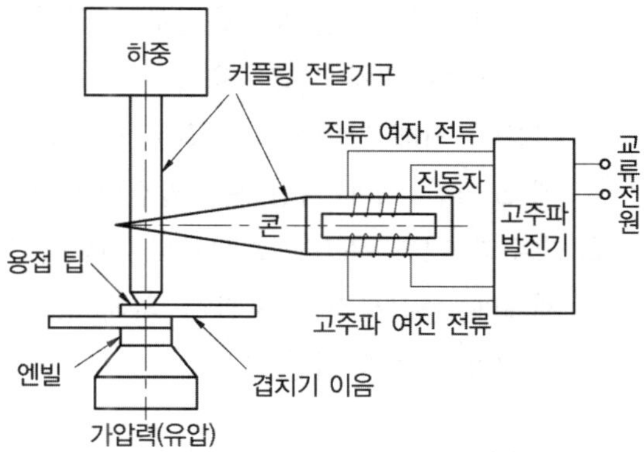

3) 장치와 용도

초음파용접 장치는 보통 초음(고주)파 발진기, 진동자, 진동 전달 기구, 상하 접촉용 팁과 가압 기구, 각종 자동 제어 장치 등으로 구성되어 있다.

초음파용접에 알맞은 판재의 두께는 금속에서는 0.01~2mm, 플라스틱류는 1~5mm 정도의 얇은 판의 접합에 적합하다.

나. 고주파 용접(high frequency welding)

1) 원리

고주파 전류가 도체의 표면에 집중적으로 흐르고 내부로 갈수록 전류 분포가 적어지는 성질인 표피 효과(skin effect)와 전류의 방향이 반대인 경우에는 서로 접근해서 흐르는 성질인 근접 효과(proximmity effect)를 이용해 용접부를 가열하여 용접하는 방법이다.

그림 7-16 고주파 유도 가열법

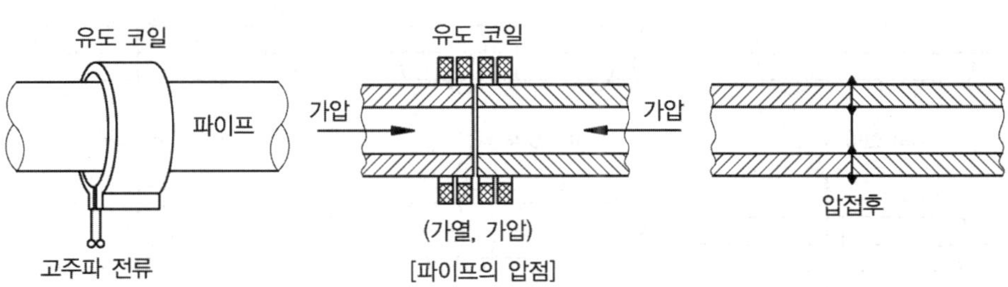

2) 종류와 용도

① 고주파 유도 용접법 : 용접부 주위에 감은 유도 코일에 고주파 유도 전류를 통전해 피용접물에 2차적으로 유기된 유도 전류의 작용에 의해 가열하여 용접부가 압접 온도에 도달한 때에 가압하는 압접법이다.

② 고주파 저항 용접법 : 고주파 전류를 직접 재료에 통전시켜 저항열에 의해 용융시킨 후 가압하는 압접법이다.

그림 7-17 파이프 고주파 저항 용접

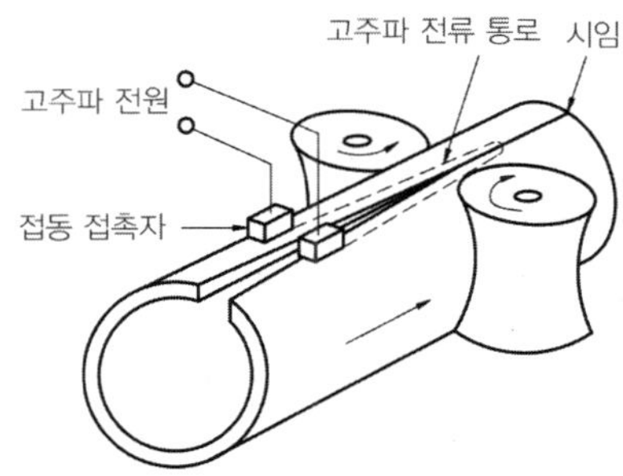

다. 마찰용접(friction welding)

1) 원리

접합물을 맞대어 상대 운동을 시키고 그 접촉면에 발생하는 마찰열을 이용해 접합하는 방법으로 마찰용접과 마찰 압접이 있다. 용도는 공구류, 기계 부품, 항공기 자동차 부품 등에 이용된다.

2) 특성

① 자동화가 용이하며, 숙련을 요하지 않으며, 경제성이 높다.
② 압접면은 끝손질이 필요하지 않다.
③ 국부 가열이므로 열 영향부의 너비가 좁고 이음 성능이 좋다.
④ 피압접 재료의 단면은 원형으로 제한한다.(마찰 압접의 경우)
⑤ 플래시 용접보다 용접 속도가 늦고, 상대 각도를 필요로 하는 것은 곤란하다.

그림 7-18 마찰 압접의 기본 형식[(a)~(e) : 마찰 압접, (f) : 마찰 융접]

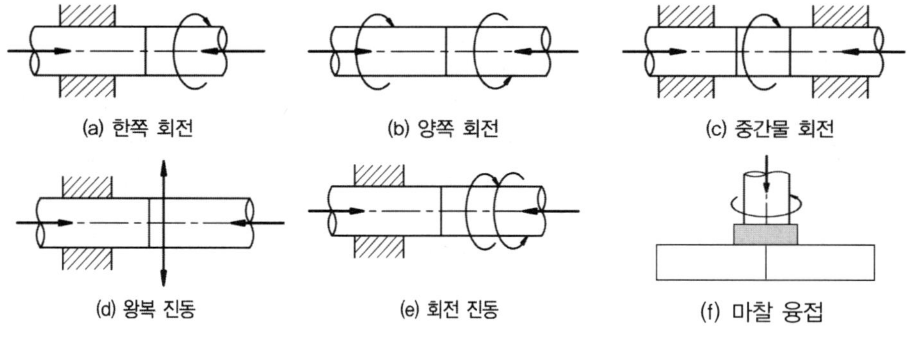

라. 수중 용접

1) AWS/ANSI D36-93에서 규정한 수중 용접법의 5가지 조건

① 1기압 용기 내 용접 : 1기압의 용기 내에서 수심에 관계없이 행해지는 용접

② 기밀실 내의 용접 : 주변의 압력과 같은 상태의 거주시설 내에서 완전히 물이 배제된 상태로 잠수 장비를 사용하지 않고 실시하는 용접

③ 건조된 챔버 내의 용접 : 수중 용접사의 어깨 부위나 머리 부분의 물이 제거된 주변압하의 챔버에서 실시하는 용접

④ 미니 기밀실 내의 용접 : 소규모 챔버에서 용접기 부분만 주변 압력 상태로 물이 제거되고 용접사는 수중에 있는 상태로 실시하는 용접

⑤ 수중 용접 : 용접부와 수중 용접사 사이가 격리되지 않고 수중에서 실시하는 용접

2) 수중 용접법의 종류

① FCA 용접(Flux Cored Welding) : 구 소련이나 동구권 국가에서 사용한 방법

② 피복 아크용접(MMA, Manual Metal Arc) : 수중 용접기는 직류 600A 이상 사용

실전 심화 학습 문제

{제7절 | 기타 특수 용접}

01 플라즈마 아크용접시 플라스마 아크의 온도는 몇도 정도인가?

02 플라즈마 아크용접의 장점 3가지를 쓰시오.

03 플라즈마 아크용접시 보호가스로 아르곤에 헬륨을 몇 % 이상 첨가하면 노즐이 과열될 위험이 있는가?

04 플라즈마 아크용접으로 티탄, 구리용접시 보호가스로 사용할 경우 용접부가 약화될 위험성이 큰 것은?

05 플라즈마 아크용접시 아르곤 가스와 같은 용접부 보호 효과를 얻으려면 헬륨의 가스 유량을 몇 배 증가시켜야 하는가?

06 서브머지드 아크용접의 다른 명칭 3가지를 쓰시오.

07 서브머지드 아크용접의 단점 2가지를 쓰시오.

08 서브머지드 아크용접에서 다전극 방식에 의한 분류가 아닌 것은?

① 텐덤식　　② 횡병렬식　　③ 횡직렬식　　④ 이행형식

09 서브머지드 아크용접용 와이어 표면을 구리 도금하는 이유는?

10 서브머지드 아크용접용 와이어는 포장 단위로 작은 코일(약칭 S)은 12.5kgf, 중간 코일(M)은 25kgf, 큰 코일(L)은 75kgf, 초대형 코일(XL)은 100kgf로 구별한다. (O, ×)

11 서브머지드 아크용접용 용제를 제조 방법에 따라 3가지를 쓰시오.

12 서브머지드 아크용접용 용제의 입도 표시에서 'D' 는 무슨 뜻인가?

13 서브머지드 아크용접용 용제는 제조 방법에 따라 용융형, 소결형, 혼성형이 있다. 이 중에서 흡습성이 가장 적은 것은?

14 SAW 용접시 와이어 돌출 길이는 와이어 지름의 몇 배 정도가 적당한가?

15 SAW 용접시 용제 살포 높이가 너무 높으면 어떤 결함이 발생하기 쉬운가?

16 유도방사에 의한 광(빛)의 증폭을 이용하여 용융하는 용접법은?

17 레이저의 특성 4가지를 쓰시오.

18 직경이 10mm 정도 이하의 강봉 등을 직접 모재에 접합하는 방법으로, 심기 용접이라고 하는 용접법의 명칭은?

19 알루미늄과 산화철 분말의 화학 반응을 이용하는 용접법의 명칭은?

20 테르밋제인 알루미늄과 산화철 분말의 혼합 중량비는 보통 얼마인가?

21 전자렌즈에 의해 에너지를 집중시킬 수 있고, 고융점 재료의 용접이 가능한 용접법은?

22 전자 빔 용접법은 강자성체, 비자성체 관계없이 용접이 가능하다. (O, ×)

23 후판의 수직 전용 용접으로 적당한 용접법의 명칭은?

24 일렉트로 슬래그 용접과 비슷하지만 CO2 가스를 사용하는 용접법은?

25 일렉트로 슬래그 용접의 장점 3가지를 쓰시오.

26 와이어 중에 Al, Ti, Zr, B 등의 적당한 분말상의 플럭스를 함유시켜서 탈산과 탈질을 도모함으로서 보호가스 없이 용접하는 용접법의 명칭은?

27 용접물을 겹쳐서 용접 팁과 하부 앤빌 사이에 끼워놓고 가압하면서 횡진동을 주어 압접하는 용접법의 명칭은?

28 고주파 용접의 종류 2가지를 쓰시오.

29 접합물을 맞대어 상대 운동을 시켜 발생하는 열을 이용해 접합하는 용접법은?

30 마찰 용접의 장점 2가지를 쓰시오.

해답

1. 10,000～30,000℃
2. 124p [나] 1) 참조
3. 75%
4. 수소
5. 1.5～2배
6. 126p [가] 1) 참조
7. 127p [가] 2) 참조
8. ④
9. 원활한 전기적 접촉과 녹슴 방지
10. ○
11. 용융형과 소결형, 혼성형
12. 분말(dust)
13. 용융형
14. 8배 전후
15. 기공
16. 레이저 용접
17. 134p [나] 참조
18. 아크 스터드 용접
19. 테르밋 용접
20. 1 : 3～4
21. 전자 빔 용접
22. ×
23. 일렉트로 슬래그 용접
24. 일렉트로 가스 아크용접
25. 138p [나] 참조
26. 자체 보호 플럭스 코어드 용접(논가스 아크용접)
27. 초음파 용접
28. 고주파 유도 용접법, 고주파 저항 용접법
29. 마찰 용접
30. 142p [다] 2) 참조

제8절 | 전기 저항 용접

1 전기 저항 용접의 개요

가. 원리 및 발열량

1) 원리

그림 8-1 전기 저항 용접의 원리

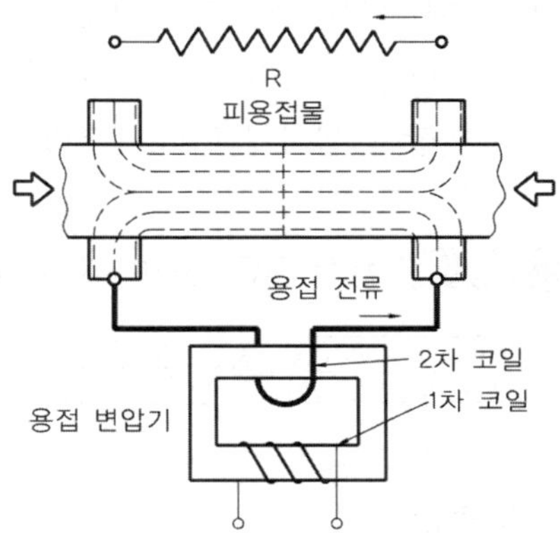

용접하고자 하는 2개의 금속면을 겹치거나 맞대어 놓고 적당한 압력을 주며 대전류를 흐르게 하면 접촉면의 저항 및 금속 자체의 고유 저항에 의해 저항열이 발생한다.

이 주울열을 열원으로 접합부를 가열하고 적당한 온도가 되면 적당한 압력을 주면서 전기를 끊어 용접을 완료하는 용접법으로, 세탁기, 냉장고, 자동차, 오토바이 등 각종 제품 제조에 사용되고 있다.

2) 저항 용접 발열량

$$H = 0.24\ I^2\ R\ t$$

H : 발열량 cal, I : 전류 A, R : 저항 Ω, t : 통전시간 sec

나. 전기 저항 용접의 종류

① 이음형식에 따라 겹치기 저항용접(점 용접, 심 용접, 프로젝션 용접)과 맞대기 저항용접(업셋 버트 용접, 프레시 버트 용접, 맞대기 심 용접, 퍼커션 용접)이 있다.
② 가압방식에 따라 수동 가압식, 페달 가압식, 전자캠 가압식, 공기 가압식, 공기. 유압 조합식, 유압식 등이 있다.
③ 통전장치의 전원방식에 따라 단상 교류식, 직류 축세식, 3상 저주파식, 3상 정류기식이 있다.

다. 전기 저항 용접의 3요소

전기 저항 용접에서는 적당한 전류(통전 전류)와 전류를 통해주는 시간(통전시간), 가압력이 3원 일치가 되어야 양질의 저항 용접부가 얻어질 수 있다. 7요소로는 이 외에 전극의 형상, 용접부의 표면 상태 및 재질 등에도 좌우된다.

1) 용접 전류(통전 전류)

가열에 필요한 전류로서 모재의 용입 열량과 입열량이 알맞아야 한다. 전원은 교류(AC)를 사용하며, 전류는 판두께에 비례하여 조정하며, 전압은 1 ~ 120V이지만 전류는 두께에 따라 2000암페어(A)에서 수만 또는 수십만 A에 이른다.

일반적으로 판두께가 두꺼울수록 열용량도 커야 되며, 소요 너깃(nugget)도 커야 되므로 전류값도 크게 해야 된다. Al, Cu 등 열전도가 큰 재료는 더 큰 전류가 필요하다.

일정한 가압력과 통전시간일 경우 용접 전류를 점점 크게 하면 용융부가 점점 많이 녹기 시작하며, 너무 전류가 높으면 너깃이 크게 되어 모재의 사이뜸(시트 펄레이션)과 코로나 본드를 만들게 되며, 더 지나치게 높으면 불티가 생기게 되어 너깃 속에 작은 기공과 갈라지는 현상이 생기게 된다. [그림 8-2 (e) 참조]

그림 8-2 용접 전류 대소에 따른 용접부 형상

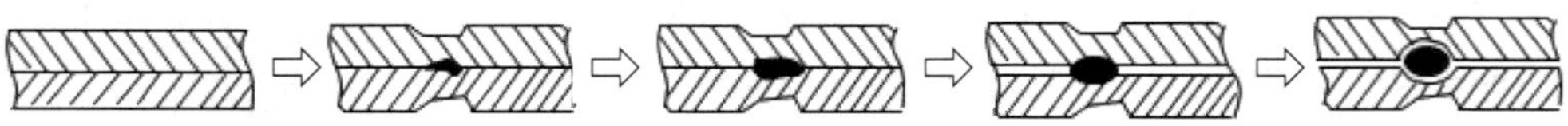

2) 통전 시간

저항용접시 전류를 통해주는 시간을 말하며, 모재의 재질, 판두께, 용접부 형상에 따라 적당한 전류를 적당한 시간동안 통해주어야 된다. 통전 시간이 너무 짧으면 너깃이 작게 되며, 너무 길게 되면 열영향부는 크게 되지만 너깃은 거기에 비례하여 커지지 않고 압흔(눌린 자국)을 크게 할 뿐이다.

Al, Cu 등은 대전류로 통전 시간을 짧게 해야 되며, 연강판의 경우는 보통 전류로 통전 시간을 길게 해야 한다. 같은 전류로 통전 시간을 배로 하면 발열량과 열 손실도 배가 된다.

3) 가압력

전류값과 통전 시간은 클수록 유효 발열량이 증가하나 가압력은 클수록 유효 발열량은 떨어지고 전극과 모재, 모재와 모재 사이의 접촉 저항은 작아진다.

가압력은 전류나 통전시간과 같이 직접 발열에 영향을 미치지 않지만 그 높고 낮음에 따라 접촉 저항을 증감시키므로 발열량에 변화를 준다.

일정한 전류, 일정한 통전시간을 기준으로 가압력이 낮으면 용접부의 접촉 저항이 크게 되어 열영향부가 크게 되며 불티 발생의 원인이 되고, 너깃이 작게 되어 강도가 떨어진다.

반대로 가압력이 높은 경우는 용접면이 찌그러지고 녹아 떨어져버릴 우려가 있으며, 용접부의 접촉저항이 작게 되어 너깃이 작게 된다.

2 점 용접(spot welding)

가. 개요

2개의 전극 사이에 용접하려는 재료(판)를 끼워 놓고 가압 상태에서 전류를 통하면 접촉면은 전기 저항이 크므로 발열하는데 이 저항열을 이용하여 접합부를 가열 융합한다. 이때 접합면의 일부가 녹아 바둑알 모양의 단면으로 용접이 되는 부분을 너깃(nugget)이라 한다.

점용접의 특징은 재료가 절약되고, 작업 공정수가 감소하며, 작업 속도가 빠르고 숙련이 필요없으며, 용접 변형이 비교적 적고, 가압력에 의하여 조직이 치밀해진다.

그림 8-3 점 용접기의 형상

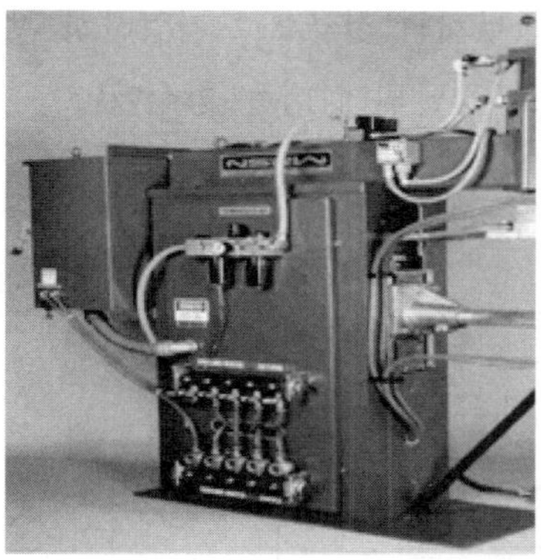

그림 8-4 점 용접의 원리

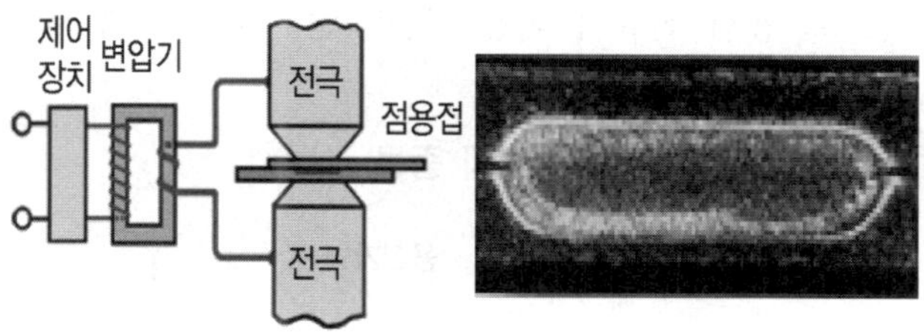

(a) 점 용접의 원리 (b) 너깃

나. 특징

① 재료가 절약되고 작업의 공정수가 감소한다.
② 구멍이 뚫리지 않으므로 이음 효율이 높다.
③ 작업 속도가 빠르고 용접 변형이 비교적 적다
④ 포터블 점 용접기를 이용하면 이동 작업도 가능하다.
⑤ 리벳이음에 비해 강성이 높으며, 가압력에 의하여 조직이 치밀해진다.
⑥ 숙련이 필요없다.
⑦ 박리강도가 리벳이음보다 나쁘며, 응력집중이 심한 곳에서는 피치를 축소시켜야 된다.
⑧ 금속 조직은 균일하지 않으므로 기계적 강도도 불균일하며, 주변부는 강하고 중심부는 약하다.

다. 점 용접의 종류

1) 전극의 방식에 따른 종류

① 단극식(single spot welding) : 점 용접의 기본으로 전극 1쌍으로 1개의 점 용접부를 형성하는 점 용접법이다.

② 다전극식(multi spot welding) : 전극을 2쌍 이상으로 하여 2점 이상의 용접부를 형성하는 용접법으로, 용접 속도의 향상과 변형 방지에 효과가 있다. 다전극식은 100점까지도 가능하다.

③ 직렬식(series spot welding) : 한개의 전류 회로에 두개 이상의 용접점을 만드는 방법으로 전류 손실이 많아 전류를 증가시켜야 되며, 용접부 표면이 불량하여 용접 결과가 나쁘다.

④ 인터랙식(interact spot welding) : 용접점 부분에 직접 두개의 전극으로 가압하지 않고 용접 전류가 피용접물의 일부를 통하여 다른 곳으로 전달되게 하는 방식이다.

그림 8-5 전기 저항 용접의 종류

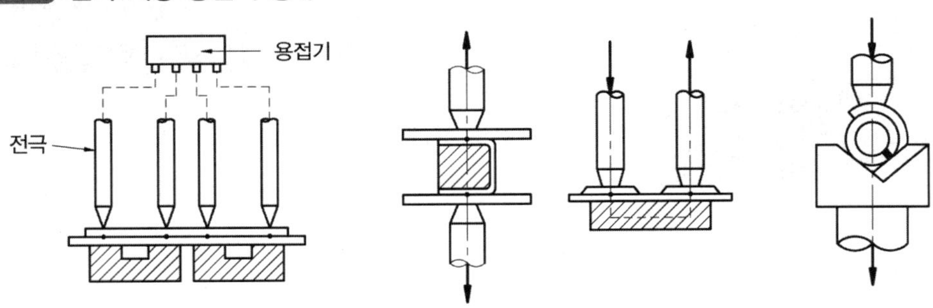

(a) 다전극식 (b) 직렬식 (c) 인터랙식

2) 통전 방식에 따른 점 용접의 종류

① 다이렉트 통전 : 상하 전극이 맞물려서 되는 용접으로, 점 용접 중에서 가장 많이 쓰인다. [그림 8-6 (a) 참조]

② 인다이렉트 통전 : 팁 반대편에 용접 자국이 생기지 않는다. 주로 자동차 용접에 많이 쓰인다. [그림 8-6 (b) 참조]

③ 시리즈 통전 : 하나의 통전 회로에서 2개의 너깃을 동시에 얻을 수 있다. 주로 멀티 용접에 많이 사용되고 있다. [그림 8-6 (c) 참조]

그림 8-6 통전 방식에 따른 점 용접의 종류

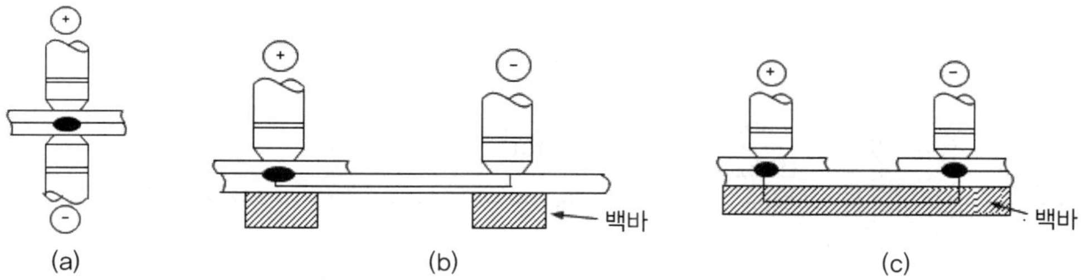

라. 전극

1) 전극의 선단경과 전류 밀도

점 용접의 4대 요소 중 가장 변화가 많은 것이 전극 선단이며 용접 품질에 주는 영향이 크다.

[그림 8-7]과 같이 동일한 재료에 일정한 전류를 흘려서 양쪽의 발열을 비교해보면 전류는 A 부분에도 A/2 부분에도 같은 양의 전류가 흐르고 있지만 A/2 부분은 전류 밀도가 2배로 되어 A와 비교하면 당연히 발열량도 2배로 된다.

그림 8-7 전극 선단

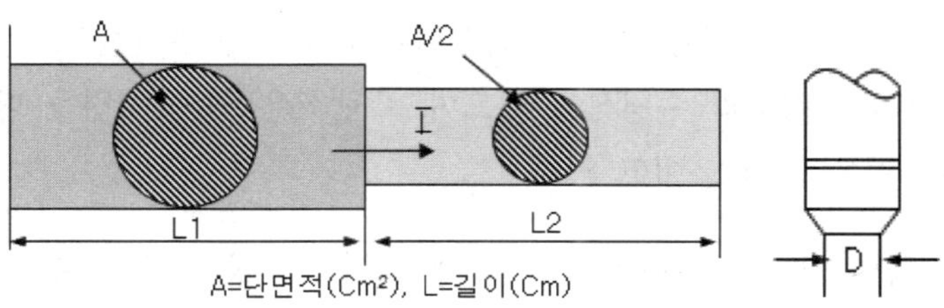

따라서 동일한 재료에 동일한 전극 Tip으로 동일한 전류(예 : 8500A)를 적용하여 연속으로 사용하면 전극의 마모가 시작되어 팁 선단경이 커져서 전류 밀도가 작아지게 되며, 결국 너깃 경이 작아지고 불티가 발생하며, 압흔이 깊게 되어 강도가 약해지게 되고, 최악의 경우 용접부가 분리하게 된다.

전류밀도란 도선(도체)의 단위 면적당에 흐르는 전류의 크기를 말한다.

$$\text{전류밀도} = \frac{\text{전류(A)}}{\text{단면적}(mm^2)}$$

예를 들면 전극 선단경 ∅5mm, 용접 전류 8500A일 때 전류밀도는 다음과 같이 구한다.

$$\text{전극 선단면적} = \pi r^2 = 3.14 \times 2.52 = 19.625\text{mm}^2$$

$$\text{전류 밀도} = \frac{8500}{19.625} = 433.1 \ \text{A/mm}^2$$

따라서 위와 같은 방법으로 전류 밀도를 구하면 전극의 선단경이 ∅6mm일 때는 300.7 A/mm^2, ∅8mm일 때는 169.18A/mm^2, 선단경이 ∅10mm일 때는 106.26A/mm^{2}로 전류 밀도가 낮아진다.

2) 전극의 재질

전극의 재질은 전기와 열전도도가 좋고 연속 사용하여도 내구성이 있으며, 고온에서도 기계적 성질이 좋아야 된다. 철강, 경합금, 구리 합금에는 순구리 전극을, 구리 용접에는 Cr, Ni, Ti 등을 함유한 구리 합금 전극을 주로 사용한다.

3) 전극의 종류

전극은 전극 홀더에 끼워 사용하며, 전극 선단은 테이퍼가 주어진 것이 보통이다. 전극은 용접 작업량에 따라 공랭식과 수냉식이 있으며, 수냉식은 연속 작업을 할 때 용접기의 수명을 길게 할 수 있어 많이 쓰이고 있다.

① R형 팁 : 전극의 끝이 라운딩된 것으로, 용접부의 품질, 용접 횟수 및 수명 등에서 우수하여 많이 사용되고 있다.
② P형 팁 : R형보다 용접부 품질과 수명은 떨어지나, 많이 사용되고 있다.
③ F형 팁 : 표면이 평평하여 전극측에는 누른 흔적이 거의 없다.
④ E형 팁 : 용접점이 앵글재와 같이 용접 위치가 나쁠 때, 보통 팁으로 용접이 어려울 때 사용된다.
⑤ C형 팁 : 원추형의 끝이 갈라진 형으로 일반적으로 가장 많이 사용되며 성능도 우수하다.

그림 8-8 점 용접용 전극 팁의 형상

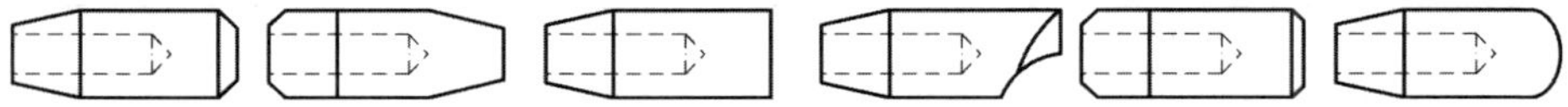

(a) R형 팁 (b) P형 팁 (c) F형 팁 (d) E형 팁 (e) C형 팁 (f) 돔형 팁

마. 점 용접이 행해지는 과정

그림 8-9 점 용접이 진행되는 과정

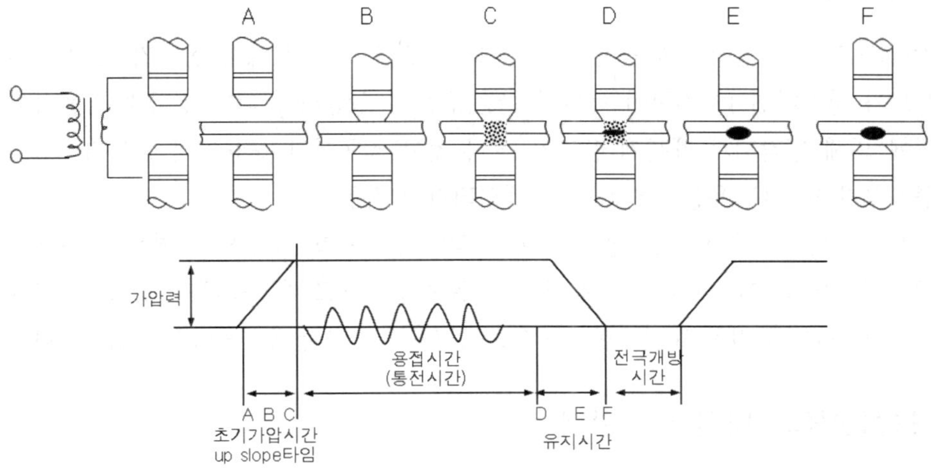

1) 초기 가압시간(Squeeze Time)

피용접물을 가압하는 시간으로 전류가 통전하기 전까지 시간이며, 충분한 접착강도를 얻고자 피접착제의 접합부 유지를 위해 가압에 소요되는 시간이며, 스위치를 누르면 에어(공기)가 실린더 속으로 들어가 전극이 가압한다. 이 시간에 강판과 강판이 밀착하며, 이때까지 아직 전류는 흐르지 않는다. 이 시간이 짧으면 강판과 강판이 밀착하기 전에 전류가 통하기 때문에 불티가 튀거나 전극의 용착을 일으키기 쉽기 때문에 양호한 용접을 얻을 수 없다. 보통 20 ~ 45Hz까지 사용하고 있다.

2) 통전 시간(Weld Time)

용접 전류가 흐르는 시간, 즉, 강판이 용융되는 시간으로, 판두께에 따라 달라진다. 보통 13 ~ 30Hz 정도로 사용하고 있다.

3) 유지 시간(Hold Time)

통전이 끝난 후 전극을 계속 가압하는 상태로 용융부가 응고하는데 필요한 시간이다. 보통 통전 시간의 1/3 정도로 설정한다.

4) 정지 시간(Off Time)

에어가 실린더 속으로 들어가 전극이 개방되어 다음 작업할 때까지의 시간이며, 보통 7 ~

15Hz 정도로 사용하고 있다.

바. 너깃 생성 기구

① 전극과 전극의 접촉면에 높은 전류 밀도가 생겨 그 부분에서 온도가 급상승한다.
② 온도가 상승하면 더 저항이 높아져 한층 온도가 상승하게 되나 전극과 피용접재의 표면에 의해 냉각되기 때문에 온도가 크지 않아 접합부가 용융되지 않는다.
③ 중심부가 마침내 용융되어 너깃이 생성되기 시작한다.
④ 충분한 시간 경과 후 너깃은 사각형 모양에서 타원형 모양으로 변하는 순간 전원을 끊으면 전극의 냉각효과가 작용하여 판두께 방향으로 온도구배가 생겨 냉각된다.
- 표면 파괴 → 거친 표면 연화 → 온도 상승 → 초기 용융 → 너깃 성장 → 너깃 완성

사. 용접전류와 너깃 생성관계

① 그림 8-10 (a)와 같이 전류가 너무 작아서 용입이 불량하여 충분한 강도가 얻어지지 않는다.
② 그림 8-10 (b)는 양호한 너깃 형성으로 적정 전류를 유지한 경우이다.
③ 그림 8-10 (c)는 전류가 과대하여 용융 금속이 밖으로 돌출하게 되며, 가압력에 의해 오목 자국이 생기게 되고, 금속 조직도 약화되어 강도도 저하된다.
④ 일반적으로 판두께가 두꺼울수록 열용량이 크게 되며, 소요의 너깃도 커야 되므로 전류값도 커야 된다.
⑤ 구리나 알루미늄 등 열전도도가 큰 재료는 전류값도 커야 된다.

그림 8-10 용접전류와 너깃의 형상

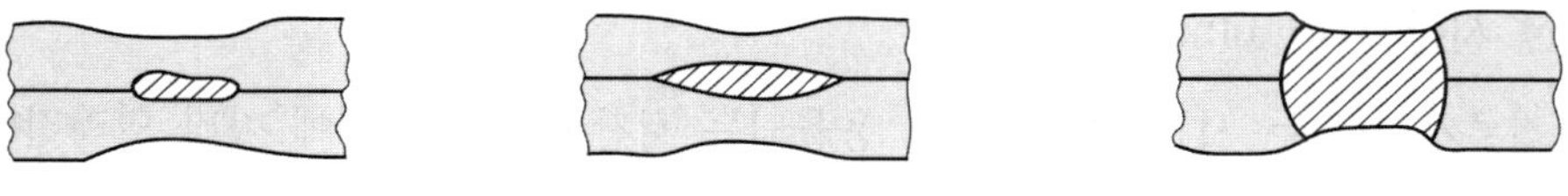

(a) 전류 과소 (b) 전류 적당 (c) 전류 과대

3 심 용접(seam welding)

가. 원리와 특징

심 용접은 용접물을 원형 전극 사이에 끼워 전극에 압력을 주면서 전극을 회전시켜 모재를 이동하면서 점 용접을 반복하는 방법이며, 통전 방법에는 단속 통전법, 연속 통전법, 맥

동 통전법이 있고, 가장 많이 사용되는 통전법은 단속 통전법이다.

단속 통전법은 통전과 중지를 규칙적으로 반복하며 용접하는 방법으로, 연강은 통전시간과 휴지시간의 비를 1 : 1, 경합금은 1 : 3 정도로 한다.

심 용접의 특징은 기밀, 수밀, 유밀 유지가 용이하며, 점 용접에 비해 전류가 1.5 ~ 2배, 가압력은 1.2 ~ 1.6배가 요구된다.

수밀, 유밀, 기밀이 요구되는 드럼통, 파이프, 기름통 등의 이음부에 이용된다.

그림 8-11 심 용접의 원리

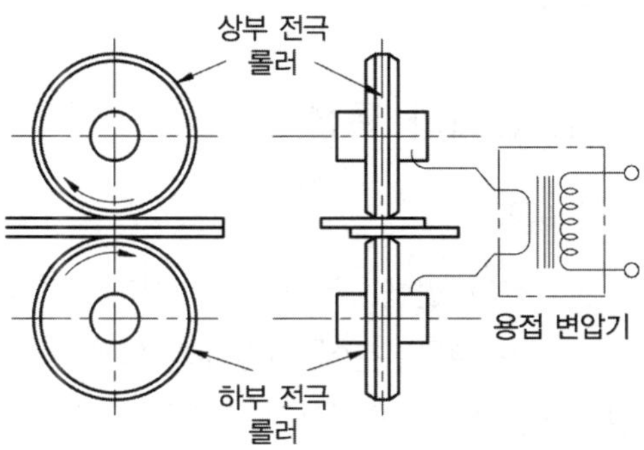

나. 심 용접의 종류

1) 맞대기 심(butt seam) 용접

판 끝을 맞대어 가압하고 2개의 전극 롤러로 맞댄 면을 통전하여 접합하는 방법으로, 주로 심 파이프를 만드는 방법에 이용된다. [그림 8-12 (a) 참조]

2) 포일 심(foil seam) 용접

모재를 맞대고 이음부에 같은 종류(재질)의 포일(얇은 판)을 대고 가압하는 용접법이다.

3) 매시 심(mash seam) 용접

심 이음부의 겹침을 판두께 정도로 하고 겹쳐진 폭 전체를 가압하여 접합하는 방법이다.

그림 8-12 심 용접의 종류

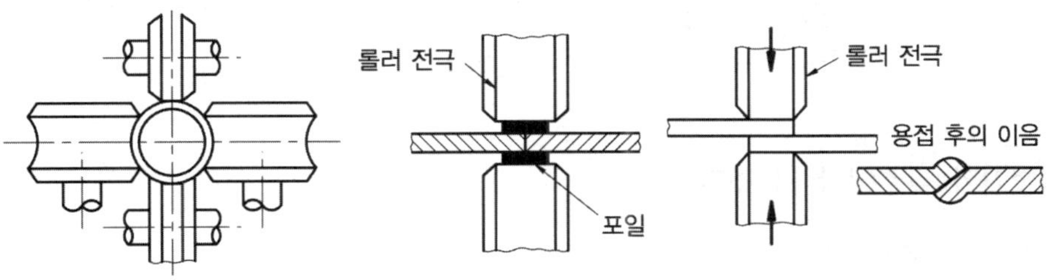

(a) 맞대기 심 용접 (b) 포일 심 용접 (c) 매시 심 용접

4 프로젝션 용접(projection welding)

가. 원리와 특성

1) 원리

원리적인 면에서는 스폿 용접과 같으나, 모재의 한쪽 또는 양쪽에 작은 돌기(projection)를 만들어 이 부분에 대전류와 압력을 가한 후 모재의 접촉 저항과 고유 저항에 의한 저항열을 이용하여 용접부를 용융시켜서 압접하는 방법으로, 경우에 따라 돌기 대신에 모재의 각, 모서리, 끝, 돌출부 등을 이용하기도 한다.

2) 특성

① 1개의 돌기보다는 2개 이상의 돌기부를 만들어 1회의 작동으로 여러 개의 점 용접을 할 수 있다.
② 얇은 판과 두꺼운 판, 열전도나 열 용량이 다른 것을 쉽게 용접할 수 있다.
③ 용접 속도가 빠르고 용접 피치를 작게 할 수 있다.
④ 전극의 수명이 길고, 작업 능률이 높으며, 외관이 아름답다.
⑤ 응용 범위가 넓고, 신뢰도가 높은 용접을 할 수 있다.
⑥ 용접 설비비가 비싸다
⑦ 모재 용접부에 정밀도가 높은 돌기를 만들어야 정확한 용접이 된다.

그림 8-13 프로젝션 용접의 원리

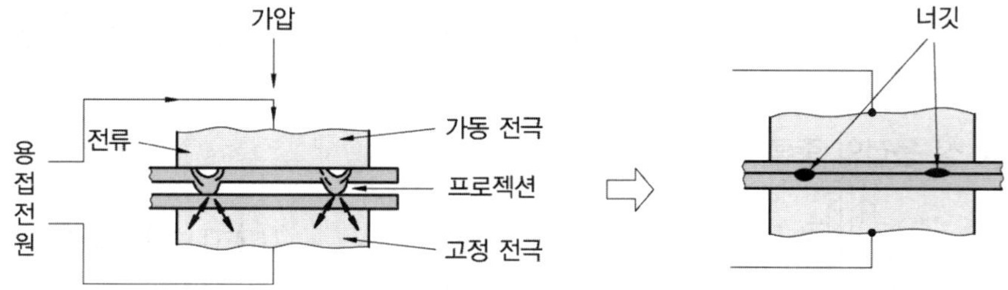

3) 용접기가 갖추어야 할 조건

① 전극은 평평한 것을 사용한다.
② 1회 조작으로 다점이 동시에 용접되어야 하므로 특수한 전극을 부착할 수 있는 구조가 필요하다.
③ 타점에 똑같은 가압력이 분포되도록 기계적 정밀도가 높고 큰 강성을 갖는 가압부가

있을 것
④ 타점을 동시에 용접할 수 있도록 T홈을 가진 갑판(plate)이 있을 것

4) 피용접재가 갖추어야 할 조건

① 용접할 부분에 적당한 크기의 돌기를 만들 것
② 피용접재의 표면에 기름은 있어도 좋지만, 스케일, 먼지, 페인트, 그리스 등을 제거할 것
③ 고유저항이 크고 열전도가 작을 것
④ 용융점이 낮으며, 소성 구역의 온도 범위가 넓을 것

5) 프로젝션(돌기)에 대한 요구 조건

① 프로젝션은 초기 통전 전의 예압(가압력)에 견딜 것
② 프로젝션이 녹을 때 귀가 생기지 않고 용접 후 양면이 밀착될 것
③ 돌기의 재질이 충분하며, 두(2) 판의 열평형이 이루어질 때까지 녹지 않을 것
④ 성형시 일부에 파열이 생기지 않으며, 성형 후 변형이 없을 것
⑤ 성형(타출)하기가 용이하며, 타출형의 손모(흠집)가 적을 것
⑥ 돌기의 높이, 지름이 적정하여야 하고, 불꽃이나 흩어짐이 발생하지 않을 것
⑦ 형상의 기본이 되는 것은 원형의 돌기이다. 박판에서는 버튼형, 후판에서는 원추형이 사용된다.
돌기 지름 = 2t + 0.7(mm), 돌기 높이 = 0.4t + 0.25(mm)

5 업셋(버트, 맞대기) 용접

가. 원리

용가재를 세게 맞대어 놓고 대전류를 통하여 이음부 부근에서 발생하는 접촉저항열에 의해 용접부가 적당한 온도에 도달하였을 때 축방향으로 큰 압력을 주어 용접하는 방법이다.

업셋은 큰 가압력을 단시간 내에 내는 것이 필요하며, 일반적으로 캠을 사용하고 있다.

가압 기구는 용접기의 설계 제작상 가장 중요하게 고려해야 하고, 용접기의 성능을 좌우하는 것이다.

가압 속도가 느리면 플래시 용접에 비해 가열 속도가 느리고 가열시간이 길어 열영향부가 넓게 된다. 또한 열, 전기전도율이 좋은 재료는 전극으로부터 맞대기 부분까지 길이를

길게 한다.

용접 조건은 제품의 재질, 크기 등에 따라 결정한다. 환봉 용접전류는 봉지름에 비례하고, 통전시간은 봉지름의 제곱에 비례한다.

나. 특성

① 단접 온도는 1100~1200℃이며, 불꽃 비산이 없고, 업셋이 매끈하다.
② 용접기가 간단하고 가격이 싸며 설비비가 저렴하다.
③ 단면이 큰 경우는 접합면이 산화하기 쉽고, 용접부의 기계적 성질이 낮다.
④ 비대칭 형상, 얇은 판 등은 업셋 용접이 곤란하다.
⑤ 기공 발생이 생기기 쉬우므로 용접 전에 깨끗이 청소해야 한다.
⑥ 플래시 용접에 비해 가열 속도가 늦고 가열시간이 길어 열 영향부가 넓은 편이다.
⑦ 이음부에 개재하는 산화물이 남기 쉽다.
⑧ 용접 전의 이음면 끝가공이 중요하다.
⑨ 이음부가 매끄러운 원형으로 볼록하게 되므로 용접 후 다듬질이 필요하다.
⑩ 접합부에서 금속이 녹아 비산하지 않으며, 접합부의 중앙에 빠져나옴이 없다.

그림 8-14 업셋 용접의 원리와 제품 형상

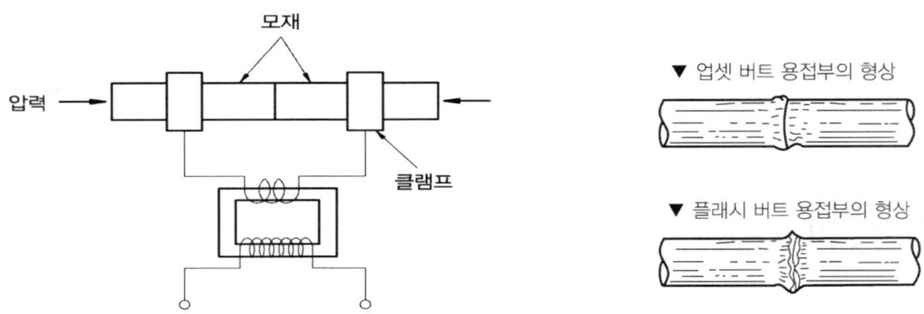

7 플래시 버트 용접

가. 원리

용접할 2개의 면을 가볍게 접촉시키면서 큰 전류를 통해 접촉면에 플래시(불꽃)를 일으키고, 그 열로 재료를 가열하면서 적당한 순간에(용접면이 금속 증기와 용융금속으로 덮힌 상태가 될 때) 큰 압력을 주어 압접하는 방법이며, 접촉점은 과열 용융되어 불꽃으로 흩어지나 그 접촉점이 끊어지면 다시 용가재를 내보내어 항상 접촉과 불꽃 비산을 반복시키면서 용접면을 고르게 가열하여 적당한 온도에 도달하였을 때 강한 압력을 주어 압접하는 방법이다.

플래시용접에서 클램프 위 가압력은 업셋 가압력의 5배 이상을 필요로 하며, 플래시는 예정한 속도로 정확하게 하는 것이 필요하다.

플래시 용접 과정 : 예열 => 플래시 => 업셋

나. 특성

① 가열 범위와 열 영향부가 좁고, 용접면에 산화물의 개입이 적다.
② 용접면을 정확하게 가공할 필요가 없으며, 신뢰도가 높고 이음 강도가 양호하다
③ 동일한 용량에 큰 물건의 용접이 가능하며, 이종 재료도 용접이 가능하다.
④ 용접 시간이 짧고, 업셋 용접보다 전력 소비가 적다.
⑤ 능률이 높고 강재, 니켈 합금 등에서 좋은 용접 결과를 얻는다.
⑥ 플래시 전압이 너무 높으면 플래시가 거칠고 깊은 피트를 만든다.
⑦ 용접 결함이나 과열 조직을 만들기 쉽다.
⑧ 전류가 과대하면 플래시가 거칠어 끝면에 크레이터가 생길 수 있다.

그림 8-15 플레시 버트 용접의 원리(순서)

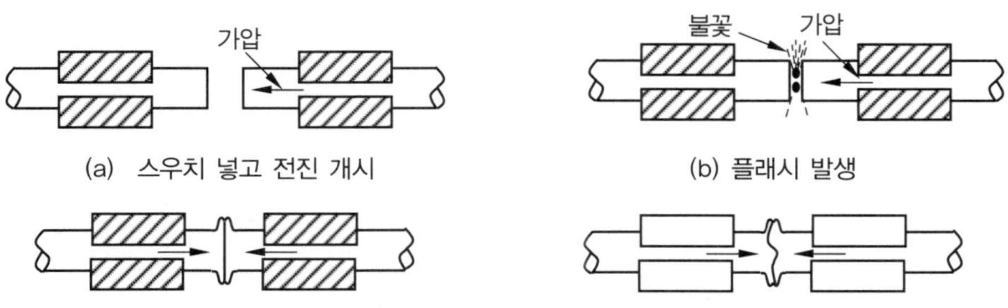

(a) 스우치 넣고 전진 개시
(b) 플래시 발생
(c) 업셋 전류
(d) 용접 완료, 전류 차단

8 퍼커션 용접

퍼커션(percussion) 용접은 일명 방전(충돌)용접이라고도 하며, 전기 아크열을 이용하지만 업셋 및 프로젝션용접과 유사한 일종의 저항용접 형상이다.

원리는 축전기(condenser)에 미리 축전된 전기 에너지를 금속의 접촉면을 통하여 대단히 짧은 시간(1000분의 1초)에 방출시켜 이때 생기는 아크에 의해 접합부를 집중 가열하고 방전하는 동안 또는 방전 직후에 충격적으로 강한 압력을 가해서 접합시키는 방법으로, 주로

알루미늄, 구리 등 전기 스위치 접촉기 제조 및 속성 용융 용접법으로 용접할 수 없는 이종 금속 접합의 전기공업분야에 이용된다.

이 방법은 열영향부가 좁아 용접 후 열처리가 불필요하고 용락이 거의 없으나 플래시가 전극을 손상시킬 우려가 있다.

그림 8-16 **퍼커션 용접의 원리**

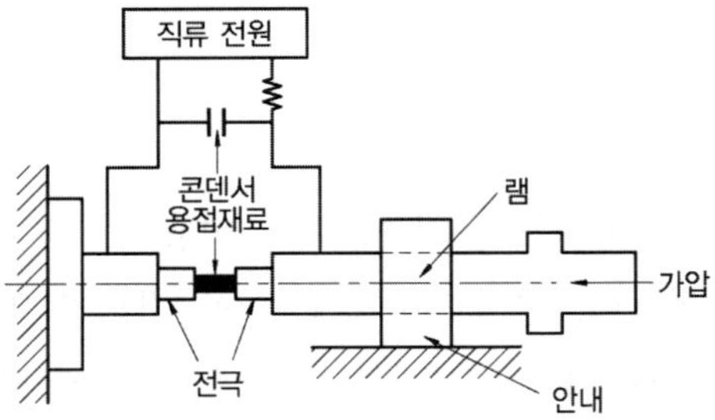

실전 심화 학습 문제

{제8절 | 전기 저항 용접}

01 전기저항 용접의 발열량을 구하는 공식을 쓰시오.

02 이음형식에 따른 겹치기 저항용접의 종류 2가지를 쓰시오.

03 전기 저항 용접 조건의 3요소를 쓰시오.

04 Al, Cu 등을 전기 저항 용접할 경우 대전류를 통전해야 된다. 이 때 통전 시간은 길게 하는 것이 좋은가, 짧게 하는 것이 좋은가?

05 전기 저항 용접시 가압력이 클수록 유효 발열량은 떨어지고 모재와 모재 간의 접촉 저항은 작아진다. (O, ×)

06 점 용접시 접합면의 일부가 녹아 바둑알 모양의 단면으로 용접이 되는 부분을 무엇이라 하는가?

07 전극의 방식에 따른 점 용접의 종류 중 전극 1쌍으로 1개의 점 용접부를 형성하는 점 용접법을 무슨 식이라 하는가?

08 한개의 전류 회로에 두개 이상의 용접점을 만드는 점 용접법을 무슨 식이라 하는가?

09 점 용접의 전극으로 쓰이는 재질은?

10 회전하는 상하 전극이 맞물려서 되는 심 용접을 통전 방식에 따라 구분한 통전 방식은?

11 전기 저항 용접법 중 주로 기밀, 수밀, 유밀성을 필요로 하는 탱크의 용접 등에 가장 적합한 용접법은?

12 심 용접의 통전 방법 2가지를 쓰시오.

13 심 용접에서 통전과 중지를 규칙적으로 반복하며 용접하는 통전 방법을 무엇이라 하는가?

14 심 용접은 점 용접에 비해 전류와 가압력이 몇 배가 요구 되는가?

15 심 이음부의 겹침을 판두께 정도로 하고 겹쳐진 폭 전체를 가압하여 접합하는 심 용접법을 무슨 심 용접이라 하는가?

16 모재의 한쪽 또는 양쪽에 작은 돌기(projection)를 만들어 대전류와 압력을 가해 접합하는 저항 용접법의 명칭은?

17 프로젝션(돌기) 용접에서 프로젝션(돌기)에 대한 요구 조건 2가지를 쓰시오.

18 플래시(불꽃) 버트 용접 과정 3단계를 쓰시오.

19 플래시 용접의 특성 3가지를 쓰시오.

20 콘덴서에 저축된 전기적 에너지를 사용하는 용접법은?

해답

1. $H = 0.24\ I^2\ R\ t$
2. 147p [나] ① 참조
3. 147p [다] 참조
4. 짧게 한다.
5. ○
6. 너깃(nugget)
7. 단극식
8. 직렬식
9. 동 또는 동합금
10. 다이렉트 통전
11. 심 용접법
12. 154p [가] 참조
13. 단속 통전법
14. 전류는 1.5～2배, 가압력은 1.2～1.6배
15. 매시 심 용접
16. 프로젝션 용접
17. 157p [가] 5) 참조
18. 예열, 플래시, 업셋
19. 159p [나] 참조
20. 퍼커션(percussion) 용접

제9절 | 각종 금속의 용접

1 철강의 용접

가. 순철의 용접

순철이란 순도가 아주 높은 철, 즉, 탄소 함유량이 0.025%(723℃ 기준)로 극히 적기 때문에 용접 열영향부가 경화되지 않는 특징을 가지고 있어 피복 아크용접, 저항 용접 등 일반 용접법으로 쉽게 용접할 수 있다.

용접 조건은 연강과 같이 하면 되나 용융점이 연강보다 높기 때문에 용융 속도를 약간 늦추어 주는 것이 필요하며, 사용하는 용가재(용접봉)는 가급적 동일 성분의 것이 좋다.

나. 저탄소강의 용접

저탄소강(연강, 반연강)은 0.3%C 이하의 탄소강으로, 일반 구조용강으로 널리 사용되고 있으며, 어떠한 용접법으로도 용접이 가능하지만 노치 취성과 용접 균열이 생길 수 있다.

탄소량이 다소 많은 후판(t25 ~ 100mm)의 용접은 용접 전에 예열을 하거나 용접봉 선택에 주의해야 되며, 용접에 의한 열적 경화의 우려가 있으므로 보일러용 후판은 용접 후 반드시 응력 제거 풀림을 하여야 된다.

1) 피복 아크용접

일반적으로 E4301(일미나이트계)이나 E4313(고산화티탄계) 용접봉이 쓰이나, 구속이 큰 부분의 경우는 E7016(저수소계) 용접봉을 사용한다. E4301은 판두께 25mm까지는 문제되지 않으나 30 ~ 47mm 이상일 때는 80 ~ 140℃ 정도로 예열하여 균열을 방지해야 된다.

2) 탄산가스(CO_2) 아크용접

탄산가스의 가격이 저렴하므로 저탄소강 용접에 많이 이용되고 있으며, 형상이 복잡하면 용접할 수 없는 서브머지드 아크용접의 결점을 보완할 목적으로 사용된다.

3) 서브머지드 아크용접

자동화에 의한 능률 향상을 위하여 널리 쓰이고 있으며, 용융 속도가 매우 빠르나 용착

금속의 노치 인성이 낮아지는 경향이 있어 용착금속의 충격치는 모재에 비하여 뒤지며, 기계적 성질이나 비드 외관에 파열 감수성과 기공 생성에 심한 영향을 미치므로 주의가 필요하다.

다. 중탄소강, 고탄소강의 용접

중탄소강(0.3~0.5%C)이나 고탄소강(0.5~0.8%C)은 저탄소강에 비해 탄소 함유량이 많고 강도와 경도가 높기 때문에 용접 중에 열영향부의 경화가 심해서 비드 밑 균열(터짐) 현상이 발생할 수 있으므로 용접봉 선택에 특히 주의해야 된다.

특히, 고탄소강은 탄소 함유량의 증가와 더불어 급랭에 의해 용접부의 경화가 현저하여 균열 발생 위험이 높으며, 고탄소강일수록, 용접 속도가 빠를수록 생기기 쉬우므로 이를 방지하려면 전류를 낮추고 용접 속도를 느리게 하여야 되며, 280℃ 이상의 예열과 600℃ 이상의 후열 처리가 필요하다.

고탄소강의 용접봉으로는 가급적 저수소계를 사용하여 예열 온도를 낮추어야 되며, 연강봉, 오스테나이트계 스테인리스강봉, 특수강 용접봉 등도 사용된다. 특히 강도를 요하는 구조물에서는 고장력강 용접봉을 사용하는 것이 좋다.

용접 후에는 600~650℃로 후열처리를 하여 급랭에 의한 용접 균열을 방지해야 되며, 용접부의 성능 약화가 일어나지 않도록 설정해야 된다.

표 9-1 탄소강 용접시 예열 온도

탄소량(%)	0.2% 이하	0.2~0.30	0.3~0.45	0.45~0.80
예열 온도(℃)	90℃ 이하	90~150	150~260	260~420

라. 고장력강의 용접

고장력강은 잘 건조된 저수소계 용접봉을 사용하여 아크 길이를 짧게 하여 용접해야 되며, 위빙 폭은 작게 하며(심선 지름의 3배 이하), 엔드탭을 사용하거나 시작점 20~30mm 앞에서 아크를 발생하여 예열하며 시작점으로 후퇴하여 시작점부터 용접하는 것이 좋다.

1) 일반 고장력강 용접

HT50~60급 고장력강은 연강과 거의 같은 조건으로 용접이 가능하나 합금 성분이 함유되어 있어 담금질 경화성이 크고 열 영향부의 연성 저하로 용접 균열을 일으킬 염려가 있으므로 주의가 필요하다.

2) 조질 고장력강의 용접

70kgf급 이상의 고장력강은 열영향부의 취성과 용접 균열 발생 방지를 위해 용접 입열을 최대한 피하는 것이 좋으며, 다층 용접에서는 150 ~ 200℃ 정도의 예열을 하는 것이 좋다.

얇은 판은 저항 용접도 가능하며, 저항 용접의 경우 용접 후 열영향부에 2차 경화가 일어나지 않을 정도로 전류를 통해 후열처리를 하는 것이 좋다.

마. 주강의 용접

주강은 탄소강과 비슷하지만 연강에 비하면 용접성이 다소 나쁘다. 주강 제품은 대체로 대형이므로 용접 후의 냉각 속도가 빠르기 때문에 철저한 예열과 후열처리가 필요하며, 열량이 적은 용접법은 사용하기 곤란하다. 용접봉은 모재와 비슷한 화학 조성을 갖은 것이 좋다.

2 주철의 용접

주철은 용융점(1150℃)이 낮고 연성과 가단성이 거의 없어 주로 보수 용접에 사용된다. 주철 용접법 중 열간 용접은 500 ~ 600℃로 가열한 후에 행하는 방법이며, 냉간 용접은 상온 또는 저온(200 ~ 400℃)에서 행하는 용접이다.

가. 회주철의 용접

1) 회주철의 용접성

① 연강에 비하여 회주철은 여리며 급랭에 의한 백선화로 기계 가공이 곤란하며 수축이 많아 균열이 생기기 쉽다. 따라서 용접시 응력 발생이 최소화될 수 있는 방법을 쓰고 용접 후에는 풀림을 해야 된다.

② 장시간 가열로 흑연이 조대화된 경우, 주철 속에 기름, 흙, 모래 등이 있는 경우에 용착 불량이나 모재의 친화력이 나쁘며, CO가 발생하여 용착금속에 기공이 생기기 쉽다.

2) 회주철 가스용접

가스용접시 백선화를 막고 흑연화를 촉진시키기 위해 Si, Al을 알맞게 함유한 주철봉을 사용하는 것이 좋으며, 강도를 요하는 경우는 Ni을 2 ~ 2.5% 함유한 용접봉이 좋다.

용접 전 약 500 ~ 550℃로 예열 및 후열을 해야 되며, 가스 불꽃은 약간 환원성인 것이 좋다.

또한 산화물 제거, 용융 금속의 보호와 유동성 부여를 위해 용제의 사용이 중요하다.

용제의 종류는 다음과 같다.

① 붕사 15%, 탄산나트륨(소다) 15%, 중탄산나트륨 70%

② 가성소다 50%, 중탄산나트륨(소다) 50% - 물

3) 피복 아크용접

(1) 냉간 용접

예열하지 않으나 200～400℃ 정도의 저온 예열 상태에서 용접하는 것이 좋으며, 주로 피복 아크용접이 쓰이나, 가스용접도 가능하다.

냉간 용접은 가열에 의한 뒤틀림이나, 균열 발생은 적지만 용접부가 급랭되어 백선화 경향이 심하므로 가는 용접봉으로 전류를 낮게 하여 위빙하지 말고 짧게 단속 용접하는 것이 좋다.

용접봉은 심선의 종류에 따라 순니켈봉, 니켈-철 합금봉, 모넬 메탈봉, 연강봉, 주철봉 등이 있으며, 니켈은 흑연화를 돕기 때문에 예열하지 않아도 균열이 발생하지 않으나, 연속적인 비드를 쌓을 경우에는 균열이나 융합부의 파열이 생길 수 있으므로 적당한 예열(약 150℃)을 하고 가급적 직선 비드로 용접하며, 용접 후 즉시 각 비드마다 피닝(peening)을 한다.

(2) 열간 용접

주철은 탄소 함유량이 많기 때문에 극히 국부적인 수축에도 견디지 못하고 터짐 현상이 생기기 때문에 이를 방지하기 위해서는 충분한 예열(540～560℃)을 한 후에 주철 용접봉을 사용하여 용접을 해야 된다.

이때 주의해야 할 것은 용접 중, 또는 용접 후에도 가능한 한 고온으로 유지시키면서 후열처리를 해야 된다는 것이다.

나. 고급 주철, 기타 주철의 용접

고급 주철의 용접은 회주철에 비해 탄소나 규소가 적고 용접 후 백주철이 되기 쉬우므로 급랭에 주의해야 한다.

1) 구상 흑연 주철의 용접

그 자체가 연성이 높고 내마모성, 내열성이 우수하므로 강도가 필요한 경우 용접 전에 충분한 예열을 하고 가스용접에 의해 동일 재질의 용접봉으로 용접하면 모재의 70～80%의 강도를 얻을 수 있다.

예열 온도는 550～650℃가 적당하며, 주철 표면을 한꺼풀 벗기고 용접하면 더욱 좋다.

용접은 낮은 전류로 짧은 비드 쌓기를 하여 단열재로 덮어서 서랭하는 것이 좋으며, 후열은 450℃에서 4시간, 540℃에서는 2시간 정도 해주면 좋다.

2) 가단 주철의 용접

이것은 백선 조직이므로 열처리를 하지 않으면 용접이 거의 불가능하며, 열처리 후에도 용해되면 백선화가 되기 쉬우므로 백선화를 막기 위해 산화제를 써서 용융철의 탈탄을 촉진시키거나 가능한 모재를 녹이지 않고 용접하는 것이 필요하며, 경납땜이 적합하다.

용접법은 토빈 청동을 쓰는 경납땜(브레이징)과 니켈봉을 사용하는 아크용접이 쓰인다.

다. 주철의 보수 용접

1) 주철의 보수 용접시 주의 사항

① 균열의 연장 방지를 위해 균열의 끝에 작은 구멍(stop hole)을 뚫은 후 모재의 본 바닥이 나타날 때까지 파낸 후 보수 용접을 한다.
② 용접 전류는 필요 이상 높이지 말고, 직선 비드를 배치하며, 용입을 너무 깊지 않게, 비드를 짧게 해서 여러 번의 조작으로 완료한다.
③ 용접봉은 가능한 한 가는 지름의 것을 사용한다.
④ 큰 물건이나 두께가 다른 것, 복잡한 모양의 용접에는 반드시 예열과 후열 후 서랭 작업을 행하며, 가열되어 있을 때 피닝(peening) 작업을 해 변형을 줄이는 것이 좋다.
⑤ 가스용접을 할 때는 중성 또는 약한 탄화 불꽃을 사용하며, 용제를 충분히 사용하고 용접부를 필요 이상 크게 하지 않는다.
⑥ 가스 납땜의 경우 과열을 피하기 위하여 토치와 모재 사이의 각도를 작게 하며, 모재 표면의 흑연을 제거하기 위하여 산화 불꽃으로 약 900℃로 가열한다.

2) 주철의 보수 용접법

주철의 용접은 대체적으로 보수 용접에 많이 쓰인다. 회주철의 보수 용접에는 로 내에서 예열과 후열을 해야 되며, 주철의 보수 용접법은 [그림 7-1]과 같은 방법이 있다.

① **버터링법** : 빵에 버터를 바르듯 처음에는 모재와 융합이 잘되는 용접봉(주로 연강봉)으로 적당한 두께까지 용착시킨 후 고장력강 봉이나 모넬 메탈 봉으로 용접하는 방법이다. 단점은 모재와 용접 금속과 접합면이 약하다.
② **스터드법** : 용접 경계부의 바로 밑부분의 모재가 갈라지는 약점을 보강하기 위해 직경 6~9mm 정도의 스터드 볼트(연강이나 고장력강 볼트)를 박은 다음 이것과 함께 용

접하는 방법이다. 스터드의 단면적은 용접 표면적의 25 ~ 30% 정도가 적당하다. 용접법은 균열부를 완전히 제거하고 볼트를 심은 다음 볼트 주위를 비드로 둘러쌓고 볼트와 모재를 충분히 녹여 짧은 비드로 드문드문 쌓으면서 곧 피닝하며 용접한다. 용접 홈은 X형이 바람직하다.

③ 로킹법 : 스터드법의 볼트 대신 용접부 바닥을 둥근 고랑을 파고 이 부분이 힘을 받도록 용접하는 방법이다.

④ 비녀장법 : 균열의 수리와 같이 가늘고 긴 용접을 할 때 균열 부분을 홈을 파고 꺽쇠를 넣을 곳도 균열과 직각 방향으로 판 후 6 ~ 10mm 정도의 꺽쇠 모양의 강봉을 넣고 용접하는 방법이다.

그림 9-1 주철의 보수 용접의 종류

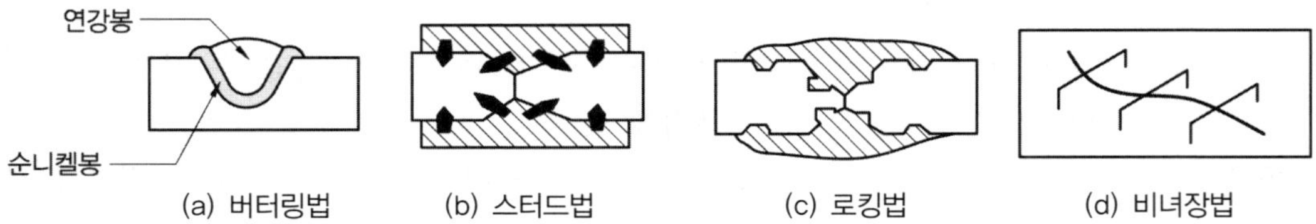

3 스테인리스강의 용접

가. 스테인리스강의 용접성

스테인리스강은 탄소강에 비해 열팽창계수가 크므로 용접 변형이 심하며 다른 재료와 용접시 열팽창계수의 차에 의해 균열이 발생하기 쉬우므로 용입량을 최소화하고 입열량이 적은 용접부의 설계와 용접법을 적용하는 것이 중요하다. 따라서 용접시 산화 크롬의 생성을 피해야 하므로 불활성 가스나 비산화성 가스로 용접부를 보호해야 된다.

나. 스테인리스강의 종류별 용접법

1) 페라이트계 스테인리스강의 용접

① 철에 크롬을 16% 이상 함유한 고크롬강으로 페라이트 조직을 형성하고 있으나 자경성은 없으며, 주로 18 Cr강 및 25 Cr강이 쓰인다.

② 오스테나이트계에 비해 내식성, 내열성이 약하며 용접성은 약간 있으나 담금질성은 없어 열처리가 안되며, 열영향부의 조대화로 취성이 생길 우려가 있다.

③ 용접시 가는 봉의 사용과 저전류로 용접하며, 예열 온도는 200℃ 정도, 층간 온도는 80% 정도로 하며, 용접 후에는 후열 처리를 하면서 서랭해야 한다.

2) 마텐사이트계 스테인리스강의 용접

마텐사이트계는 철에 크롬을 12 ~ 13% 함유한 저탄소(0.08 ~ 0.15%) 합금이지만, 다른 스테인리스강에 비해 탄소량이 많아 자성과 공랭 자경성이 있어 용접에 의해 급열, 급랭할 때 마텐사이트를 생성하여 균열 발생의 우려가 있다. 특히 탄소 함유량이 높을수록 경화가 심하고 전류 응력이 커지며, 급랭 후에 균열이 생기므로 예열과 후열이 필요하다.

① 증기 및 가스 터빈 등의 내마모성이 필요한 곳에 사용되며, 성형성은 좋으나 용접성은 불량하다.
② 용접봉은 알루미늄이 소량 첨가된 비자경성인 12 Cr강을 사용하며, 200 ~ 400℃의 예열과 층간 온도를 유지한다.
③ 용접 직후 냉각되기 전에 700 ~ 800℃로 가열 유지한 후 공랭하며, 후열처리가 불가능할 때는 18% Cr-12% Ni-Mo 함유봉을 사용한다.

3) 오스테나이트계 스테인리스강의 용접

① 철에 크롬과 니켈을 함유한 것으로 대표적인 것에 18 Cr-8 Ni인 18-8 스테인리스강이 있으며, 내식성이 가장 좋으나 담금질성이 없으며, 천이 온도가 낮고 강인성, 가공성, 용접성이 우수하다.
② 용접봉은 모재의 재질과 같은 것, 될수록 가는 것을 사용하고, 예열을 하지 않고, 낮은 전류로 용접하여 용접 입열을 낮추어야 되며, 용접 중 층간 온도가 320℃ 이상을 넘어서는 안된다.
③ 짧은 아크 길이를 유지하며 용접하고, 아크를 중단하기 전에 크레이터를 채운다.

4) 18 - 8 강 용접시 주의 사항

① 열팽창계수가 크고 용접성 변동이 심하며 변형도 크므로(연강보다 50% 크다) 연강보다 낮은 전류로 작업하는 것이 좋다.
② 용접 중에 고온 균열이 발생하기 쉬우므로, 두꺼운 판을 제외하고는 예열을 실시하지 않으며, 용접 후 680 ~ 480℃ 범위로 서랭되면 크롬 탄화물이 결정 입계에 석출되어 내식성을 떨어뜨리므로 주의해야 된다.
③ 용접봉은 될수록 지름이 가는 것을 사용하고 짧은 아크로 용접한다. 아크 길이가 길

면 탄화 크롬 석출로 부식 저항이 저하된다.

④ 반드시 크레이터를 채우도록 하며, 용접봉 성분은 모재와 맞는 것, 또는 극저탄소 함유 용접봉을 쓴다.

⑤ 산소 아세틸렌 용접은 기계적 성질을 나쁘게 하므로 좋지 않다.

그림 2-2 스테인리스강의 열영향부

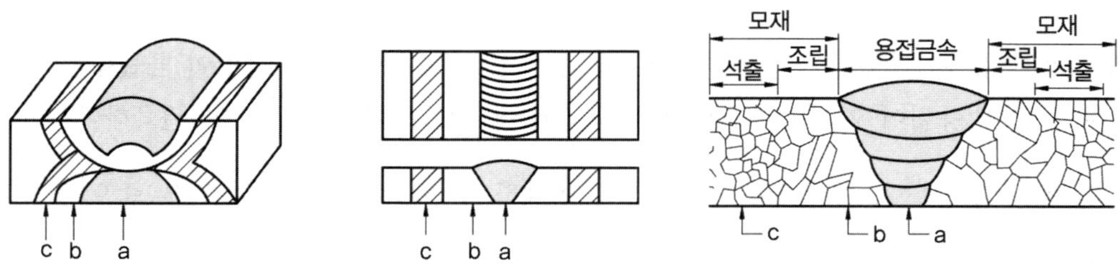

다. 스테인리스강의 용접법

1) 피복 아크용접

스테인리스강은 피복 아크용접이 많이 사용되며 직류의 경우 역극성이 적합하다. 용접 전류는 탄소강의 경우보다 10 ~ 20% 정도 낮게 사용하는데 전류가 낮으면 용입 불량이 생기기 쉬우므로 용접 홈 가공, 치수, 가접 등에 주의해야 하며, 판두께 1mm 이하는 용락의 위험성이 크므로 주의해야 한다. 최근에는 용접봉의 발달로 0.8mm 두께의 판 용접에도 이용되고 있다.

2) 불활성 가스 텅스텐 아크(TIG) 용접

TIG 용접은 0.4 ~ 8mm 정도의 얇은 판의 용접에 사용되고 있다. 용접 전에 기름, 먼지, 녹 등을 완전히 제거해야 되며, 용접 전류는 직류 정극성이 좋고, 전극은 토륨(Th)이 들어 있는 텅스텐 전극봉이 좋다. 전극의 끝부분은 뾰쪽하게 하는 것이 전류가 안정되고 열 집중성이 좋다.

3) 불활성 가스 금속 아크(MIG) 용접

TIG 용접법에 비하여 아크 집중성과 전류 밀도가 커서 두꺼운 판의 용접에 이용되며, 심선은 0.9 ~ 1.6mm 정도이며, 직류 역극성으로 시공한다. 순수 아르곤을 사용할 경우 스패터가 비교적 많이 발생하며 아크가 약간 불안정하므로 2 ~ 5%의 산소를 혼합하여 사용하고 있다.

4) 가스용접 및 저항 용접

가스용접도 가능하나 용접 작업시 불순물의 혼입, 탄소 함유량의 증대, 화학적 성질, 기계적 성질 등이 좋지 않으므로 거의 쓰이지 않고, 저항 용접은 널리 쓰이고 있으며 연강보다도 낮은 전류에 가압력을 높게 하여 용접한다.

라. 스테인리스강 용접시 변형 방지 대책

철강보다 변형 발생이 크기 때문에 시공방법이나 입열량의 대소 등을 잘 조절하여 변형을 방지해야 된다.

① 이음 형상 중 면이 알맞고 면가공이 잘되게 한다.
② 가능한 범위에서 낮은 전류로 비드는 가늘고 빠른 속도로 용접한다.
③ 고정구로 용접부를 잘 잡아주고, 단속 용접 또는 후진법을 사용하며,
④ 대칭용접 또는 H형이나 X형 혼합 용접을 한다.

4 구리와 그 합금의 용접

가. 구리 및 구리 합금의 용접성

① 순구리의 열전도도는 연강의 8배 이상이므로 국부적 가열이 어렵기 때문에 충분한 용입을 얻으려면 예열을 해야 한다.
② 구리의 열팽창계수는 연강보다 50% 이상 크기 때문에 용접 후 응고 수축시 변형이 생기기 쉬우며, 순구리의 경우 납이 불순물로 혼입되면 균열 등이 발생하기 쉽다.
③ 구리 합금의 경우 과열에 의한 아연 증발로 용접사가 중독을 일으키기 쉽다.
④ 가스용접시 수소 분위기에서 가열을 하면 산화물이 환원되어 수분이 생기며, 이것이 구리에 다량 혼입되면 모재가 취화하여 스펀지 모양의 구리가 되므로 더욱 강도를 약화시킨다.

나. 구리의 용접

1) 불활성 가스 텅스텐 아크용접법(TIG 용접)

TIG 용접은 판두께 6mm 이하에 많이 사용되며, 전극은 토륨 함유 텅스텐 전극봉을 사용하며, 아르곤 가스의 순도는 99.8% 이상의 순도가 높은 것이 좋다.

구리는 용접 전에 500℃ 정도 예열이 필요하며, 직류 정극성을 사용하고, 용가제는 탈산된 구리봉을 사용한다.

2) 불활성 가스 금속 아크용접(MIG 용접)

MIG 용접은 판두께 6mm 이상에서 효과가 있으며, 용접 전 300 ~ 500℃로 예열하는 것이 좋으며, 구리, 규소 청동, 알루미늄 청동 등의 용접에 가장 적합하다.

3) 가스용접법

열원은 산소-아세틸렌 가스가 가장 많이 사용되며, 용접 전에 예열 작업이 선행되어야 하며, 용접 중에 발생한 기공은 피닝 작업으로 없애야 된다.

황동 용접에는 산화 불꽃을, 순동의 경우는 중성 불꽃으로 용접하며, 용제는 붕사 또는 붕산, 플루오르화나트륨, 규산나트륨 등이 사용된다.

4) 피복 아크용접법

① 슬래그 섞임과 기공의 발생이 많아지며, 예열하지 않고는 작업이 불가능하기 때문에 예열을 충분히 행할 수 있는 단순한 구조물의 경우에 쓰이고 있다.
② 직류, 교류가 모두 사용되며, 직류의 경우 직류 역극성이 좋으며, 예열 온도는 250℃, 층간 온도는 450 ~ 550℃ 정도가 필요하다.
③ 인청동의 아크용접은 인청동봉, 알루미늄 청동봉이 쓰이며, 용접봉은 모재 재질과 같은 재질을 쓰는 것이 좋다.
④ 인청동의 용접은 빠른 속도로 용접한 뒤 열간 피닝 작업을 하여 결정 조직을 미세화시켜 인장 강도와 연성을 증가시키는 것이 좋다.
⑤ 알루미늄 청동의 경우는 직류 역극성 또는 교류로 하며, 같은 재질의 용접봉을 사용하는 것이 좋다.

5) 구리 합금의 용접

구리 합금의 용접은 구리 용접에 비해 예열 온도가 낮아도 되며, 토치나 가열로 등을 사용한다. 비교적 루트 간격과 홈각도를 크게 취하고 용가재는 모재와 같은 성분의 재료를 사용하며, 용제 중 붕사는 황동, 알루미늄 청동, 규소 청동 용접에 많이 사용된다.

가접은 되도록 많이 하며, 용접봉은 토빈 청동봉, 규소 청동봉, 인청동봉, 에버듀르 등을 주로 사용한다.

5 알루미늄과 그 합금의 용접

가. 알루미늄 용접이 곤란한 이유

① 용융점이 비교적 낮고, 색채에 따라 가열 온도의 판정이 곤란하여 지나친 융해가 되기 쉬우며, 비열 및 열전도도가 크므로, 단시간에 용접 온도를 높이는데 높은 온도의 열원이 필요하다.

② 산화 Al은 순 Al의 용융점보다 높아서(약 2050℃) 용융되지 않은 채로 유동성을 해치고, Al 표면을 덮어 금속 사이의 융합을 방해하며, 비중이 4.0으로 보통 Al의 2.67보다 크므로, 용융 금속 표면에 떠오르기 어렵고, 용착금속 속에 남는다.

③ 강에 비해 팽창 계수가 약 2배, 응고 수축이 1.5배 크므로, 용접 변형이 클 뿐 아니라, 합금에 따라서는 응고 균열이 생기기 쉽다.

④ 용융 응고할 때 수소 가스를 흡수하여 기공이 발생되기 쉽다.

나. 알루미늄 및 그 합금의 용접

1) 불활성가스 아크용접

TIG 용접의 경우 아크를 발생할 때 텅스텐 전극의 오염 방지와 전극 소모를 줄이기 위해 텅스텐과 모재의 접촉하지 않고 아크를 발생할 수 있는 고주파 중첩 교류를 사용한다.

용접시 청정 작용이 있고, 용제를 사용하지 않으므로 슬래그 제거가 필요가 없으며, MIG 용접시는 Al 와이어를 사용하며, 직류 역극성으로 대전류를 사용한다.

가스용접보다 열 집중성이 좋고 능률적이므로 예열은 필요치 않을 때가 많다.

2) 가스용접법

탄화 불꽃을 사용하며, 200 ~ 400℃로 예열을 해야 되며, 얇은 판의 용접에서는 변형을 막기 위하여 스킵법과 같은 용접 순서로 용접한다.

3) 저항(점) 용접법

산화 피막을 제거하고 청소를 깨끗이 해야 되며, 짧은 시간에 대전류를 사용해야 한다. 저항 용접 중 알루미늄은 점 용접이 가장 많이 쓰인다.

6 티타늄과 그 합금의 용접

가. 티타늄 용접의 개요

고순도 티타늄(Ti)의 대기에 의한 산화는 850℃ 이하까지는 별로 생기지 않으나 850～900℃ 범위에서는 산화 속도가 급격히 증가되고, 그 이상의 온도가 되면 국부적으로 입상의 산화 피막을 형성하게 되어 티타늄의 내식성이나 기계적 성질에 크게 손상을 주게 된다.

티타늄은 용접시에 대기 가스에 대한 고용도가 매우 크기 때문에 산화나 용접 금속 내부에 발생하는 기공(Porosity)이 큰 문제가 되며, 주 원인은 용입의 불충분, 응고 수축에 의한 기공, 확산성 수소, 아르곤, 질소에 의한 용접 금속의 오염 및 산화 등이 있으며, 열량을 증가시키면 해결할 수 있다. 따라서 티타늄 용접은 토치로부터의 가스 유량, 용접 속도, 아크의 길이, 백 가스(back gas), 절단 및 개선 가공 방법 등을 잘 고려해야 한다.

티타늄은 대기 중에서 고온으로 가열되게 되면 표면이 대기로부터 오염되어 색이 변하게 되는데, 300℃ 정도까지는 영향이 적어 상온에서와 똑같이 은백색으로 나타나지만, 그 이상의 온도가 되면 가열 온도의 상승과 동시에 금색, 주홍색, 청색 등의 순서로 변하며, 더 고온으로 가열되면 회색 또는 황백색 등으로 변하고, 금속 광택이 없어지게 되어 사용할 수 없게 된다.

나. 티타늄 용접

티타늄은 대기 중의 산소, 질소, 수소 등의 대기 가스와 반응하기가 매우 쉽고 고온에서 다른 산화물과 기름, 수분, 금속(Fe 등) 등의 물질과 반응해서 취약한 화합물을 만들어서 용접부가 취화되며, 내식성이 저하된다.

그러나 갈색이나 청색 정도까지는 내식성이나 기계적 성질에 크게 영향을 주지 않기 때문에 용접시 스테인리스강 브러시 등으로 산화 피막을 완전히 제거한 다음에 다시 용접을 해야 한다.

1) 용접 재료

티타늄(합금)의 MIG용접 wire는 보통 공정합금을 이용하며, 용접부에 인성이 요구되는 경우 순티타늄, 3Al-Ti 합금 등 모재에 대해 합금성분이 적거나 또는 인성이 있는 티타늄 합금 용접심선을 이용하는 경우가 있다.

TIG 용접봉은 지름 2～3mm의 인발선재를 초불산(硝弗酸) 용액으로 완전히 탈 스케일한 후 아세톤으로 탈지하여 표면에 흠이 없이 매끄러운 것을 사용한다. 판의 일부를 2mm,

3mm로 절단한 것을 유기용제(아세톤)로 세척하여 사용기도 한다.

2) 용접부 특성

티타늄은 O_2, N_2, C, Fe 등의 불순물의 양에 따라 현저하게 경도가 증가하며, 수소에는 강도 및 경도의 변화는 별로 없으나, 충격치에 큰 영향이 미친다. 티타늄 내의 가스의 용해도는 9 ~ 14.5% 정도이지만 0.5% 정도만 있어도 연성이 95%나 감소된다.

표 9-2 티타늄 용접부의 색깔

용접 금속 색깔	용접부 품질	용접 방법
은색	매우 양호	
연청색	양호	표면의 변색 부분을 스테인리스강 브러시 등으로 완전히 제거한 후에 다음 용접 시행
청색, 보라색	불량	변색된 용접 금속과 인접한 모재를 완전히 제거하고, 가스 보호를 철저히 하면서 재용접 실시
회색, 황색(황백색)	매우 불량	변색된 용접 금속과 열 영향부를 완전히 제거하고 재용접 실시

3) 용접부 보호

티타늄을 대기로부터 보호하기 위한 방법으로는 진공이나 아르곤 가스 등의 불활성 분위기하의 용기 속에서 용접하는 것이다.

보호 가스는 대기에 의한 용접 금속의 오염 방지와 용착부와 열영향부가 상온까지 냉각되는 동안에 대기로부터 차단시키는 역할을 한다.

4) 용접부 뒷면 보호

토치 반대쪽의 용융 금속부를 보호해야 된다. 파이프 용접시에는 파이프 내부에 불활성 가스를 불어 넣어서 퍼징해야 한다. 이때 파이프 내부의 압력이 너무 높으면 백 비드부의 외관이 좋지 않게 된다. 용접 중에 계속 퍼징을 하며, 퍼지 가스가 나오는 유량을 감지해 압력을 조절해야 한다.

실전 심화 학습 문제

{제9절 ❙ 각종 금속의 용접}

01 강재의 모재에 탄소량이 증가하면 용접성은 좋아지는가 나빠지는가?

02 연강, 중탄소강, 고탄소강 중 용접성이 가장 좋은 것은?

03 피복 아크용접시 판두께가 30 ~ 47mm 이상일 때는 몇 ℃ 정도로 예열해야 균열을 방지할 수 있는가?

04 고탄소강을 용접한 후에는 몇 ℃로 후열처리를 하여야 되는가?

05 주철 용접법 중 열간 용접은 몇 ℃로 가열한 후에 용접해야 하는가?

06 주철의 용접이 곤란한 이유 중 틀린 것은?

① 수축이 많고 균열이 일어나기 쉽다.
② 일산화탄소가 발생하여 용착금속에 기공이 생기기 쉽다.
③ 모재와 같은 용접봉이면 급랭시켜도 좋다.
④ 불순물 함유시 모재와 친화력이 떨어진다.

07 주철 피복 아크용접 전류는 가능한 낮게, 직선 비드로 비드를 짧게 여러 번 조작으로 완료하며, 가능한 한 가는 지름의 봉을 사용한다. (○, ×)

08 주철 보수 용접시 용접부 바닥을 둥근 고랑을 파고 이 부분이 힘을 받도록 용접하는 방법을 무엇이라 하는가?

09 스테인리스강을 피복 아크용접할 때 용접 전류는 탄소강의 경우보다 몇 % 정도 낮게 사용하는 것이 좋은가?

10 스테인리스강을 불활성 가스 텅스텐 아크(TIG) 용접시 적당한 전극봉 재질은?

11 스테인리스강을 불활성 가스 텅스텐 아크(TIG) 용접시 전극봉 끝부분은 어떻게 가공하는 것이 좋은가?

12 불활성 가스 금속 아크(MIG) 용접시 적당한 전원 극성은?

13 불활성 가스 금속 아크(MIG) 용접시 아르곤에 몇 % 정도의 산소를 혼합하면 스패터가 적어지는가?

14 스테인리스강 용접시 변형 방지 대책 2가지를 쓰시오.

15 TIG 용접으로 구리 합금을 용접할 때 아르곤 가스의 순도는 몇% 이상이 요구되는가?

16 구리 합금의 용접에 적당한 용접봉의 종류 2가지를 쓰시오.

17 알루미늄은 강에 비해 팽창 계수가 약 2배 크다. 응고 수축은 몇 배 큰가?

18 TIG 용접으로 알루미늄 용접시 적당한 전원은?

19 알루미늄을 저항 용접할 경우 통전시간과 전류는 어떻게 하는 것이 좋은가?

20 고순도 티타늄(Ti)은 몇 ℃ 범위에서 급격히 산화속도가 증가하는가?

21 티타늄 용접부의 색깔이 은백색일 경우 용접 품질은 어떠한가?

22 티타늄 용접부가 청색 내지 보라색인 경우 모재를 완전 제거하고, 가스 보호를 철저히 하면서 재용접해야 된다. (○, ×)

해답

1. $H = 0.24\ I^2\ R\ t$ 2. 연강 3. 80 ~ 140℃
4. 600 ~ 650℃ 5. 500 ~ 600℃ 6. ③
7. ○ 8. 로킹법 9. 10 ~ 20%
10. 토륨(Th) 함유 텅스텐 전극봉 11. 뾰쪽하게 가공
12. 직류 역극성 13. 2 ~ 5% 14. 171p [라] 참조
15. 99.8% 16. 173p [나] 5) 참조 17. 1.5배
18. 짧게, 대전류 사용 19. 고주파 중첩 교류 20. 850 ~ 900℃
21. 양호함. 22. ○

제10절 | 용접 안전

1 아크용접 안전

가. 아크 광선에 의한 재해

1) 전광성 안염

① 아크 광선에는 다량의 자외선과 소량의 적외선이 발생하므로 직·간접으로 눈에 들어오면 전광성 안염(전안염)의 눈병이 생긴다.
② 급성은 아크 빛을 받은지 4~8시간 후 발병하며, 24~29시간 만에 회복되나, 심하면 결막염을 일으키거나 실명할 수도 있다.

2) 피부 손상

아크는 강렬한 빛과 고온의 열 때문에 피부가 노출될 경우 피부가 붉게 되어 화상을 입게 되며, 벗겨지게 된다.

3) 안염, 피부 손상 방지 대책

① 반드시 용도에 맞는 작업복과 차광도가 적합한 차광 렌즈가 부착된 헬멧이나 핸드 실드를 사용해야 한다.
② 교류 아크용접시 차광 렌즈는 10~11번, CO_2, MIG 용접은 12~13번을 사용한다.
③ 눈이 약간 충혈된 경우 냉습포 등을 하며, 심한 경우 안과 전문의의 진료를 받아야 한다.

그림 10-1 감전 위험

나. 전격에 의한 재해

1) 전격(감전)의 재해 주요 원인

① 용접 중 홀더가 신체에 접촉될 때, 홀더에 용접봉을 물릴 때
② 1차측과 2차측의 케이블의 피복 손상부에 접촉된 경우

③ 비가 오거나 젖은 장갑, 작업복을 입고 용접하는 경우
④ 전원 스위치를 켜두고 용접기를 수리할 때,
⑤ 물이 묻은 상태에서 스위치를 조작하는 경우

2) 전격 방지 대책

① 교류 아크용접기는 검정에 합격한 자동 전격 방지기를 설치한다.
② 전원 공급 장치는 규정대로 설치하며, 파손된 용접 홀더는 신품으로 교체한다.
③ 감전 사고 발생시 응급 조치를 실시한다.
④ 용접 작업 중 용접봉 끝부분 등이 충전부에 접촉되지 않도록 특히 유의한다.
⑤ 피복이 손상된 용접 홀더선은 절연 테이프로 수리한 후 사용하고, 손상이 심할 경우에는 신품으로 교체한다.
⑥ 본체와의 연결부는 절연 테이프로 감아서 사용한다.
⑦ 용접기 내부에 손을 넣지 않는다.
⑧ 용접이 끝나거나 장시간 휴식시는 스위치를 차단한다.
⑨ TIG 용접기 조작시 스위치를 누르면서 신체에 접촉 시키지 않는다.(고주파 발생 장치 회로에 고압 3000~5000 V 사용됨)

다. 가스 중독에 의한 재해

1) 가스 중독의 재해 원인

가스 중독의 원인은 용접시 열에 의해 증발된 피복제(용제) 등의 물질이 냉각되어 생기는 미세한 소립자 용접 흄(fume)이나 일산화탄소 등이다.

그림 10-2 국소 배기장치

2) 유해 가스의 종류

① 오존, 질소 산화물, 일산화탄소, 불화수소, 산화철, 규산, 산화망간, 불소 화합물,
② 산화크롬, 납, 주석, 아연, 포스겐, 포스핀, 도료, 피막 성분의 열분해에 의한 생성물

3) 용접 흄, 유해 가스 제거를 위한 환기 대책

① 국소 배기 장치, 전체 환기 장치를 설치한다.

② 흄용 방진 마스크, 송기 마스크를 착용한다.

2 가스용접 및 절단의 안전

가. 가스용접 및 절단의 안전

1) 가스 설비 취급 안전

① 산소 밸브는 기름이 묻지 않도록 한다.
② 가스 호스가 꼬이거나 손상되지 않도록 하며, 호스 연결시 호스클립, 호스밴드 등 전용 접속구만을 사용한다.
③ 검사받은 압력 조정기를 사용하고 안전밸브 작동시에는 화재·폭발 등의 위험이 없도록 가스 용기를 연결시킨다.
④ 가스 호스의 길이는 최소 3m 이상 되어야 한다.
⑤ 토치와 호스 연결부 사이에 역화 방지를 위한 안전 장치가 설치된 것을 사용한다.
⑥ 가스 공급구의 밸브, 코크에는 여기에 접속된 가스 등의 호스를 사용하는 자의 명찰을 부착하는 등 오조작을 방지한다.

2) 가스용접 작업장의 안전 조치

① 용접 작업장에는 분말 소화기와 같은 적절한 소화기를 비치한다.
② 아세틸렌 용접 장치에 대하여는 그 취관마다 안전기를 설치한다.
③ 가스 집합 장치는 화기를 사용하는 설비로부터 5m 이상 떨어진 장소에 설치한다.
④ 도관에는 아세틸렌 관과 산소 관과의 혼동을 방지하기 위한 표시를 한다.
⑤ 흄 또는 분진이 발산되는 옥내 작업장에 대하여는 국소배기 장치를 설치하는 등 필요한 조치를 한다.

3) 가스용접 작업 안전

① 용접 작업 중 불꽃 등의 튀김 등에 의하여 화상을 입지 않도록 방화복이나 가죽 앞치마, 가죽 장갑 등의 보호구를 착용한다.
② 시력 보호를 위한 적절한 보안경을 착용한다.
③ 작업을 중단하거나 작업장을 떠날 때에는 공급구의 밸브, 코크를 잠근다.
④ 작업을 하지 않을 때는 가스 호스를 해체하거나 환기가 충분한 장소로 이동시킨다.

⑤ 용접 작업시 발생하는 불꽃이나 불똥의 튀김을 고려하여 인화 물질과 충분한 이격 거리를 확보한다.
⑥ 탱크 내부 등 통풍이 불충분한 장소에서 용접 작업을 할 때에는 탱크 내부의 산소 농도를 측정하여 산소 농도가 18% 이상이 되도록 유지하거나, 공기 호흡기 등 호흡용 보호구를 착용한다.

4) 가스 절단 작업의 안전

① 호스가 꼬였거나, 막혀 있는지 확인하며, 절단 중에 시선은 절단면을 떠나지 않는다.
② 가스 절단에 알맞은 보호구를 착용하며, 호스가 용융 금속이나 산화물에 손상되지 않도록 한다.
③ 절단 불꽃의 방향은 안전한 쪽을 향하게 하고 조심스럽게 취급한다.

나. 가스용접 관계 안전 관리 법규

① 안전 관리자의 자격, 직무 기타 필요한 사항은 대통령령으로 정한다.
② 수소, 산소 및 액화 석유 가스 등을 사용시는 산업자원부령이 정하는 바에 의하여 시장, 군수, 구청장에 신고해야 한다.
③ 아세틸렌 가스는 충전 후 24시간 저장한 뒤 15℃, 15.5kgf/cm^2(1.52MPa)가 되었을 때 운반 및 시판한다.
④ 고압가스 충전 용기는 40℃ 이하의 온도에서 보관한다.
⑤ 매시간당 200㎥ 이하에서는 안전 관리자 1인을 둔다.
⑥ 가연성 가스의 저장 용적 300㎥ 이상은 고압가스 단속법에 적용한다.
⑦ 용기 보관 장소에는 충전 용기와 빈 용기를 구분하여 놓는다.
⑧ 안전 밸브는 그 성능이 용기 내압 시험 압력의 80% 이하의 압력에서 작동할 수 있는 것을 사용한다.
⑨ 아세틸렌의 내압 시험 압력은 최고 충전 압력 수치의 3배로 한다.
⑩ 아세틸렌 용기의 다공질 물질 충전은 다공도가 75~92% 미만의 경우 합격으로 한다.
⑪ 산소 병의 시험 압력은 약 250kgf/cm^2(24.5MPa)로 한다.
⑫ 압력 용기 성능 검사 유효 기간은 1년, 아세틸렌 장치의 성능 검사는 3년으로 한다.

그림 10-3 용기 취급 방법

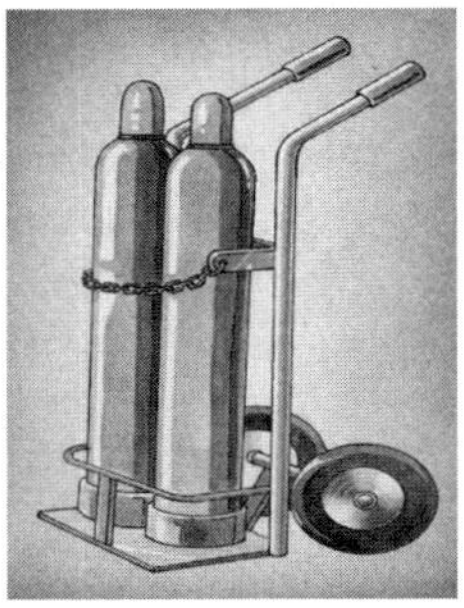

3 용접 중 화재, 폭발, 화상

가. 화재, 폭발 예방

① 용접 및 절단 작업은 화재 방지 설비가 되어 있으며, 부근에 가연물이 없는 안전한 장소를 택한다.
② 이동 작업이나 출장 작업은 화재나 폭발 위험이 많으므로 부근에 위험물이나 가연물이 없는지 살펴보고 작업을 착수한다.
③ 작업 중에는 반드시 가까운 장소에 소화기를 비치한다.
④ 가연성 가스 또는 인화성 액체가 들어 있는 용기, 탱크, 배관 장치 등은 증기, 열탕물로 완전히 청소 후 통풍 구멍을 개방하고 작업한다.

나. 용접 작업에 의한 화상

(1) 아크용접 중 화상의 원인

아크용접 작업 중 스패터 비산, 용접 후 슬래그 재거 작업 중 뜨거운 슬래그 파편이 날아와 피부, 용접부 및 그 부근의 모재에 직접 접촉되는 경우

(2) 가스용접 작업 중 화상의 원인

① 팁에 불을 붙이는 순간 뻗치는 화염에 의한 화상
② 착화 취관의 조정 잘못으로 손이 흔들리거나 취관에서 누설되는 아세틸렌에 착화

실전 심화 학습 문제

{제10절 | 용접 안전}

PART 1 용접공학

01 아크 불빛에 의해 일어날 수 있는 안염은 무엇인가?

02 급성 전안염은 아크 빛을 받은지 몇시간 후면 발생하는가?

03 아크용접의 재해라 볼 수 없는 것은?

① 아크 광선에 의한 전안염
② 스패터 비산으로 인한 화상
③ 역화로 인한 폭발
④ 전격에 의한 감전

04 눈이 충혈된 경우 적당한 조치가 아닌 것은?

① 냉습포를 한다.
② 심한 경우 안과의 진료를 받아야 한다.
③ 소금물로 씻는다.
④ 얼음 찜질을 한다.

05 교류 아크용접시 적당한 차광렌즈(필터렌즈) 번호는?

06 교류 아크용접 중 비가 올 경우 비옷을 입고 해야 된다. (○, ×)

07 감전의 위험으로부터 용접 작업자 보호를 위해 교류 용접기에 설치하는 것은?

08 아크용접 중 전격 방지 대책 2가지를 쓰시오.

09 가스용접 호스의 길이는 최소 몇m 이상 되어야 하는가?

10 가스 집합 장치와 화기와의 거리는 최소 몇 m 이상 되어야 하는가?

11 탱크 내부 등 통풍이 불충분한 장소에서 용접 작업을 할 때에는 산소 농도를 몇 % 이상 유지하거나, 호흡용 보호구를 착용해야 하는가?

12 고압가스 충전 용기는 몇℃ 이하로 보관하여야 되는가?

13 고압가스는 매시간당 몇 m^3 이하에서는 안전 관리자 1인을 두어야 하는가?

14 가연성 가스의 저장 용적이 얼마 이상이면 고압가스 단속법에 적용되는가?

15 안전밸브는 용기 내압 시험 압력의 몇 % 이하의 압력에서 작동할 수 있어야 하는가?

16 아세틸렌의 내압 시험 압력은 최고 충전 압력 수치의 몇 배로 하는가?

17 산소 병의 시험 압력은 몇 kgf/cm^2로 하는가?

18 압력용기 성능 검사 유효 기간은 몇 년인가?

19 아세틸렌 장치의 성능 검사는 몇 년 마다 실시해야 되는가?

20 용접 작업에 의한 화상의 원인 2가지를 쓰시오.

해답

1. 전광성 안염(전안염)
2. 4 ~ 8시간
3. ③
4. ③
5. 10 ~ 11번
6. ×
7. 전격 방지 장치
8. 179p [나] 2) 참조
9. 3m
10. 5m
11. 8%
12. 40℃
13. 200m^3
14. 300m^3
15. 80%
16. 3배
17. 250kgf/cm^2(24.5MPa)
18. 1년
19. 3년
20. 182p [나] 참조

02 용접 설계

제1절 ❙ 용접 설계의 개요

1 구조물 설계의 원칙과 순서

설계의 원칙은 구조물이 외력에 안전하게 견딜 수 있게 설계하는 것이며, 안전성이 가능한 각 부분에 균등하게 적용될 수 있으며, 형상, 강도, 강성 등에서의 불연속성을 가능한 피한 합리적이고 간편하게 이해할 수 있는 구조로 만들어야 한다.

따라서 설계자는 재료 및 용접 방법의 선정, 용접 이음의 형상 및 치수의 지시는 물론 용접 순서, 치수 정밀도, 용접 전·후의 각종 처리, 또는 검사법 등의 주된 시공 조건에 대하여 정확한 지식을 갖고 설계에 임해야 된다.

가. 구조물의 구조 및 제품 기본 계획

용접 구조물의 사용 조건과 목적, 구조물의 재료, 구조 형식, 경제성, 공사 기간 등의 기본 사항을 결정한다.

나. 구조 개선 및 강도 계산

구조물이 사용 중에 받는 각종 하중을 설정하여 각 부분에서 일어나는 응력을 구하고 구조 및 이음의 강도가 충분히 안전한가를 검토하며, 중량, 기능, 가공성 및 경제성 등의 측면에서 가장 유리한 용접 구조 및 이음을 결정하고, 부재 및 이음의 단면 치수를 결정한다.

다. 구조 설계

구조물의 강도 계산의 결과 및 시공 조건을 고려하여 구조물 또는 제품의 설계 도면을 작성한다. 이때 이음의 세부 사항을 결정하는 이음의 설계도 포함된다.

라. 시공 도면 작성

제작자가 도면만 보고도 시공이 가능하도록 시공법의 세부 사항을 지시한 도면을 작성한다.

마. 재료 계산(적산)

구조물 설계 도면에 따른 주재료와 부재료를 계산한다. 주재료는 중량 계산의 기초가 되며, 부(소요)재료 적산은 구입 계획에 필요하다.

바. WPS(용접 절차 사양서) 작성

설계 도면과 시공 도면에 따라 구조물을 제작 및 설치 방법 등의 세부 지시 사항을 기록한 명세서를 용접 절차 사양서(WPS)라 한다.

WPS를 작성하기 전에 각종 시험 검사를 통하여 용접 절차 검정(인정) 기록서(PQR)를 작성한 후 WPS를 작성하게 되며, 구조물이나 제품의 종류, 사용 목적에 따라 지정 항목을 다르게 할 수 있다. [상세 사항은 제6절 WPS(용접절차 사양서) 및 PQR(용접절차 인정 기록서)를 참고하기 바람]

그림 1-1 설계 활동의 경로

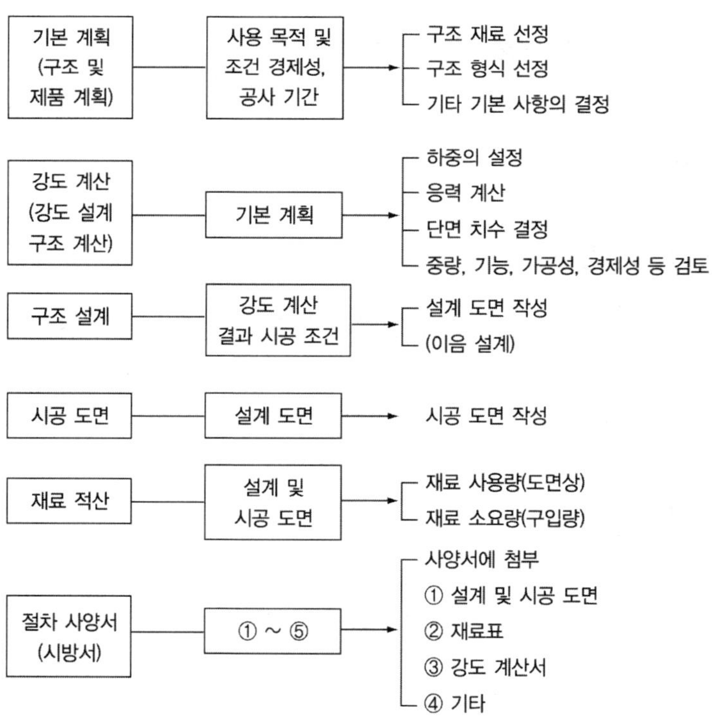

2 설계상의 주의 사항

가. 기본 주의 사항

구조물 제작에 있어서 사용 목적을 충족시킬 수 있으며, 경제성을 고려한 설계, 제작상의 여러 요인을 결정하는 것이 중요하다. 사용 목적을 완수하려면 이음의 품질, 성능의 확보가 중요하고, 경제성의 추구를 위해서는 생산성의 향상과 안전성이 필요하며, 사용 기간 중에 치명적인 손상이나 파괴를 일으켜서는 안된다.

그림 1-2 구조물의 용접 시공 상의 문제점의 모식도

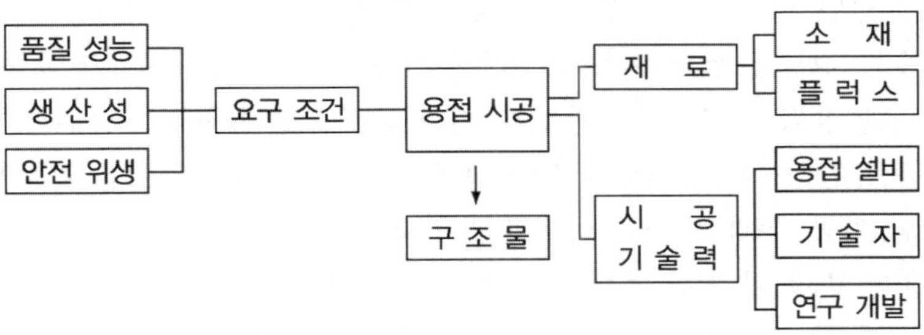

나. 용접 이음 설계시 일반적인 주의 사항

① 가급적 능률이 좋은 아래보기 용접을 많이 할 수 있도록 설계한다.

② 강도가 약한 필릿 용접은 될 수 있는대로 피하고 맞대기 용접을 하도록 하며, 맞대기 용접에는 이면 용접 등으로 용입 부족이 없도록 한다.

그림 1-3 용접 이음 설계시 주의

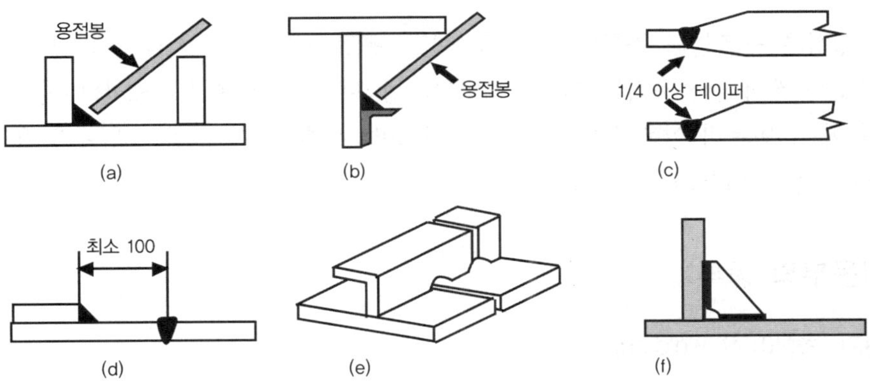

③ 용접 작업에 지장을 주지 않도록 충분한 공간을 갖도록 설계한다.(a, b)

④ 판두께가 다를 때 얇은 쪽에서 1/4 이상의 테이퍼를 주어 이음한다.(c)
⑤ 용접 이음을 1개소로 집중시키거나 너무 접근하여 설계하지 않는다.(d)
⑥ 용접선은 될 수 있는대로 교차하지 않도록 하고 만일 교차하는 경우에는 (e, f)와 같이 원형 노치(scallop)로 설계하며, 될 수 있는대로 용접량이 적은 홈 형상을 선택한다.

다. 용접 구조의 설계상 주의 사항

① 주조, 단조 구조 및 리벳 구조 부품 등의 개념을 떠나서 용접의 특징을 활용하며, 리벳과 용접을 혼용할 때는 충분한 주의를 한다.
② 용접 이음의 집중, 접근 및 교차를 피하며, 이음의 역학적 특성을 고려하여 구조상의 불연속부, 단면 형상의 급격한 변화 및 노치를 피한다.
③ 용접 치수는 강도상 필요 이상으로 크게 하지 않으며, 접합부재의 균형을 고려한다.
④ 두꺼운 판을 용접할 경우에는 용입이 깊은 용접법을 이용하여 층수를 줄인다.
⑤ 용접 이음을 감소시키기 위하여 압연 형재, 주단조품, 파이프 등을 부분적으로 이용하거나 굽힘 가공, 프레스 가공 등을 이용한다.
⑥ 용접에 의한 변형 및 잔류 응력을 경감시킬 수 있도록 하며, 특히 수축이 불가능한 용접은 피하고, 용접성, 노치 인성이 우수한 재료를 선택하여 시공하기 쉽게 설계한다.
⑦ 용접에 의하여 구조물이 하나의 연속체로 되므로 부착물의 용접 설계도 신중을 기한다.
⑧ 판면에 직각 방향으로 인장 하중이 작용할 경우에는 판의 이방성에 주의한다.

3 용접 이음

가. 용접 이음의 개요

이음의 형상은 구조물의 종류와 형상 및 재질, 용접 방법 등에 따라 달라질 수 있으며, 이러한 구조물 제작에 사용되는 기본용접 이음 형식은 맞대기 이음, 모서리 이음, 겹치기 이음, T자 이음, 변두리 이음의 다섯 가지가 있으며, 기본용접부 모양으로는 홈 용접, 필릿(fillet) 용접, 플러그(plug) 용접 등이 있다.

나. 이음부의 종류

1) 맞대기 용접(butt welding)

일반적으로 판두께가 4mm 이상인 판재를 용접할 경우 접합하고자 하는 부분에 적당한 홈을 만들어 완전한 용입이 되도록 하여야 한다. 그리고 맞대기 용접에서 이음부가 충분한 강도를 얻기 위해서는 용입 깊이(penetration)와 덧살부, 비드 폭 등을 충분히 확보할 필요가 있다.

맞대기 이음의 기본 홈의 모양은 평(I)형 홈, V형 홈, 일면 개선형 홈, U형 홈, J형 홈이 있으며, 이것을 응용한 이음으로 X형 홈, K형 홈, H형 홈 등이 있으며, [그림 1-5 참조] 모서리 이음, T자 이음, 겹치기 이음, 겹치기 이음에도 적용할 수 있다.

그림 1-4 용접 이음의 종류

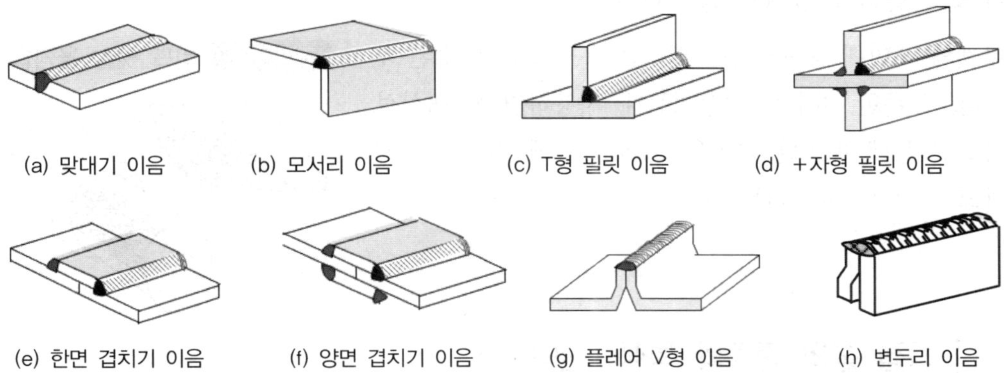

그림 1-5 맞대기 용접부의 홈 형상

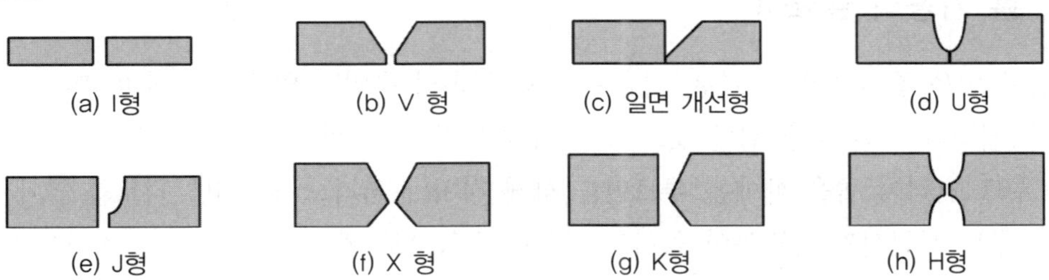

2) 필릿 용접

필릿 용접은 용접부가 거의 직교하는 삼각형의 단면을 가진 용접으로, T 이음부나 겹치기 이음부의 구석 부분을 용접하는 것으로서 T 이음의 경우는 홈을 가공하는 경우도 있으나 대부분 구석 부분을 그대로 용접하는 경우가 많다.

3) 플러그 및 슬롯 용접

플러그 용접은 접합하려는 두 부재를 겹쳐놓고 한쪽의 부재에 드릴 머신이나 밀링 머신으로 둥근 구멍을 뚫고 그 곳을 용접하는 것을 말하며, 슬롯 용접은 접합하기 위하여 겹쳐놓은 2부재의 한쪽에 둥근 구멍 대신 좁고 긴 홈을 만들어 놓고 그 곳을 용접하는 이음을 말한다.

그림 1-6 플러그 및 슬롯 이음

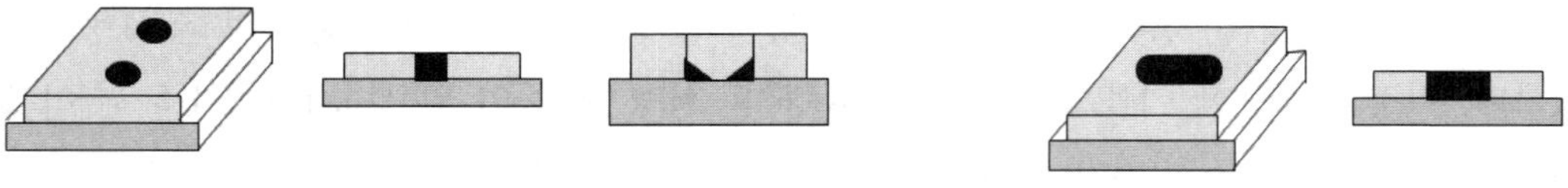

(a) 플러그 용접 (b) 슬롯 용접

4) 덧살 올림 용접(built up welding)

부재의 표면에 용착금속을 입히는 용접으로, 마모된 부분이나, 부족한 치수를 보충하는데 사용하거나, 내식성, 내마모성 등에 뛰어난 금속을 모재 표면에 접합하여 사용하고자 할 때 실시하는 육성 용접을 말한다.

그림 1-7 비드 덧살 올림법

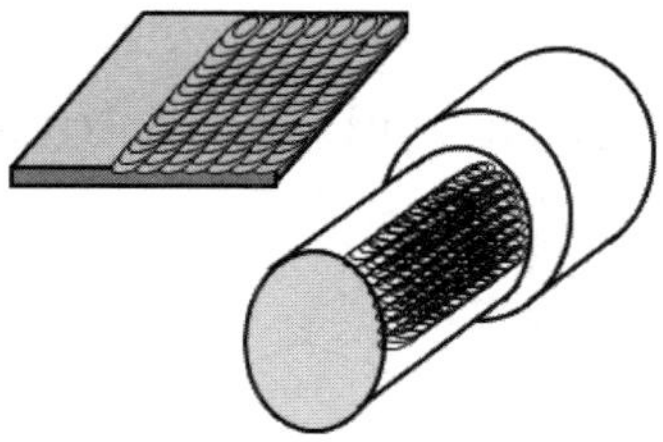

4 용접 홈의 종류와 특징, 선택

가. 홈 가공의 필요성

용접시 이음 홈을 만들어 주는 이유는 용융 금속의 용입을 양호하게 하며, 이음 효율의 향상, 작업성의 개선 등을 위한 것으로, 홈의 각도를 작게 할 때는 루트 간격을 넓게 해야 하며, 루트 간격이 좁을 때에는 루트면을 작게 하거나 홈각도 및 베벨 각도를 크게 한다. 이것은 루트 부근까지 용접봉이 들어가 충분한 운봉으로 완전 용입과 용접 결함을 방지하기 위함이다.

나. 홈 설계시 고려 사항

중판 이상의 판을 용접하기 위한 홈을 설계할 때 용접 방법, 용접 자세, 판두께 및 이음의 종류, 변형 및 수축, 용입 상태, 경제성 및 모재의 성질 등에 따라 다음 사항을 고려해야 된다.

① 개선 가공비를 고려하여 홈의 단면적은 가능한 한 작게, 최소 10° 정도는 전후 좌우로 용접봉을 움직일 수 있는 홈각도를 만든다.

② 적당한 루트 간격과 루트면을 만들어 주며(루트 간격의 최대치는 사용봉의 지름 이하로 한다.), 루트 반지름은 가능한 한 크게 한다.(홈각이 0인 U형 홈이 좋음)

③ 중요한 구조물에서는 개선 가공비에 관계없이 이음의 안전성을 고려하여 선택한다.

다. 맞대기 용접 이음 홈의 각부 명칭

맞대기 용접이음 홈의 각부 명칭은 [그림 1-8]과 같다.(KSB 0106)

그림 1-8 용접 이음부 홈의 각부 명칭

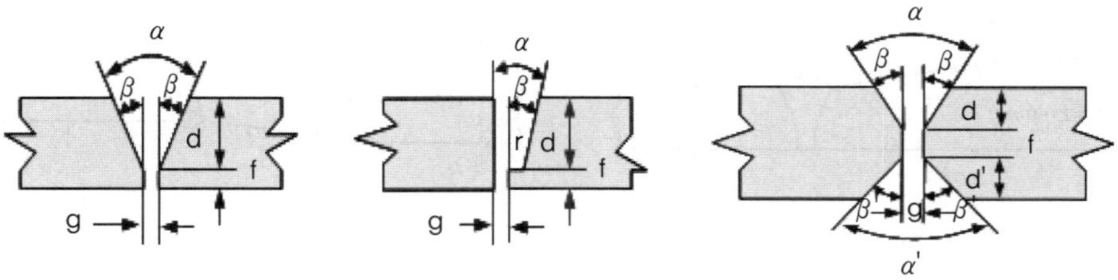

α, α : 홈각도
f : 루트면

β, β : 베벨각
g : 루트 간격

d, d′ : 개선 깊이
r : 루트 반지름

라. 홈의 종류와 특성

표 1-1 홈의 형상별 적용 두께와 특징

홈 종류	모 양	적용두께(mm)	특징
I 형		6 이하	• 루트 간격을 좁게 하면 용착량이 적어 경제적이다. • 홈 가공이 쉽고, 박판에 적합하다.
V 형		6～20	• 한쪽에서 완전한 용입을 얻는데 적합하다. • 홈 가공은 비교적 쉽다. • 판두께가 두꺼워지면 용착금속 양이 증대한다. • 각 변형을 일으킨다.
X 형		20 이상	• 양쪽에서 완전한 용입을 얻는데 적합하다. • 홈 가공이 어렵다. • V형에 비해 용착량이 적고, 후판에 적합하다.
U 형	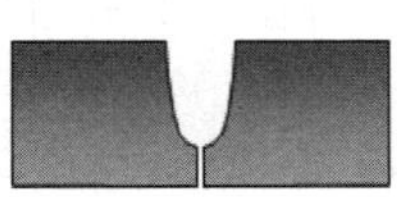	16～50	• 두꺼운 판을 한쪽에서 충분한 용입을 얻는데 적합하며, 비드의 폭이 좁고 용착량이 적다. • 홈 가공이 어려우나, 루트 간격을 0으로 해도 작업성이 좋고 용입도 좋다.
H 형	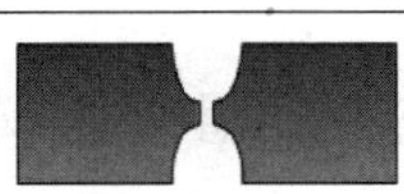	50 이상	• 두꺼운(후) 판을 양쪽에서 충분한 용입을 얻는데 적합하다.

마. 판두께가 다른 맞대기 용접 이음

판두께가 다른 두 판을 맞대기 용접할 경우는 두께가 두꺼운 판의 양면 또는 한면에 얇은 판두께까지 경사(1 : 3 ~ 5)를 주어 맞대기 용접을 하는 것이 좋다. [그림 1-9 참조]

그림 1-9 판두께가 다른 맞대기 용접 이음

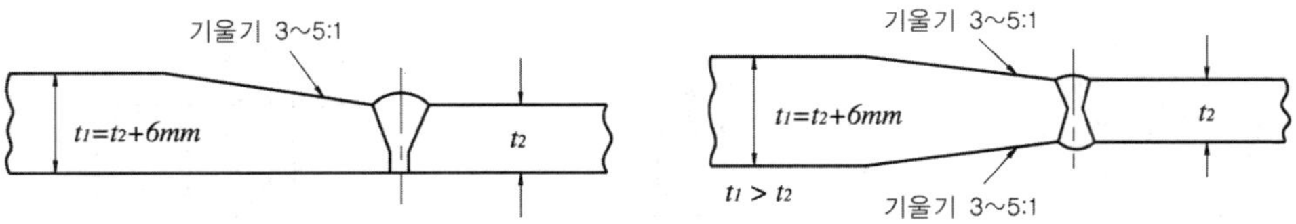

5 필릿 용접

가. 필릿 용접의 종류

1) 이음 형상에 따라

이음의 형상에 따라 T형, +자형, 겹치기형이 있으며, 용접부의 연속성 여부에 따라 연속 필릿 용접, 단속 필릿 용접이 있다. [그림 1-10 참조]

그림 1-10 형상에 따른 필릿 용접부의 종류

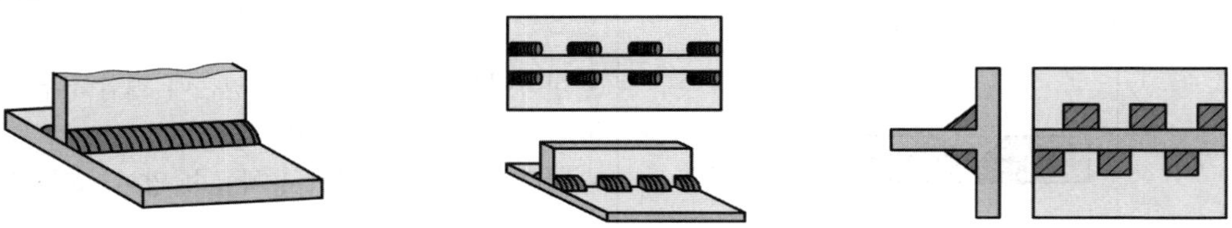

(a) 연속 필릿 용접 (b) 단속 병열 필릿 용접 (c) 단속 지그재그 필릿 용접

① 연속 필릿 용접 : 용접부 길이 전체를 연속으로 용접한 것으로 강도를 많이 요할 경우에 필요하지만 변형이 크므로 주의해야 한다.

② 단속 필릿 용접 : 용접부 전체의 길이를 일정한 간격으로 띄엄띄엄 용접하는 것으로, 병렬 필릿 용접, 지그재그 필릿 용접 등이 있다.

2) 하중의 방향에 따라 [그림 1-11 참조]

하중의 방향에 따라 전면 필릿 용접, 측면 필릿 용접, 경사 필릿 용접이 있다. [그림 1-11 참조]

① 전면 필릿 용접 : 용접선의 방향과 하중의 방향이 직교한 형상의 필릿 용접
② 측면 필릿 용접 : 용접선의 방향과 하중의 방향이 평행한 형상의 필릿 용접
③ 경사 필릿 용접 : 용접선의 방향이 하중의 방향에 대하여 경사져 있는 형상

그림 1-11 하중의 방향에 따른 필릿 용접

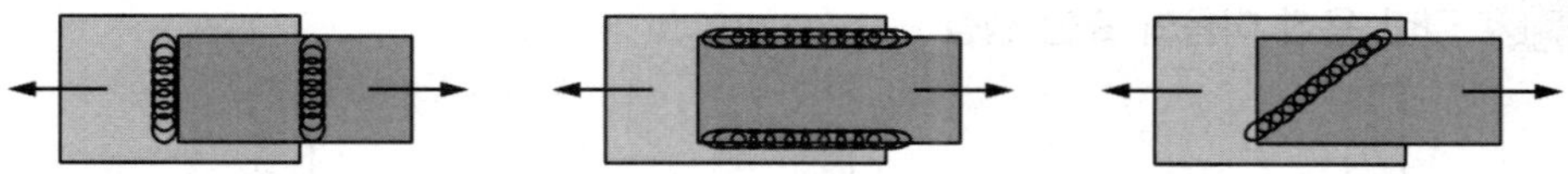

(a) 전면 필릿 용접　(b) 측면 필릿 용접　(c) 경사 필릿 용접

나. 이음의 각부 명칭

필릿 용접 이음의 각부 명칭은 [그림 1-12]와 같다. (KSB 0106)

1) 목 길이(각장, Leg length)

필릿의 루트부에서 토우(toe)까지의 거리 h를 말하며, 적정 목 길이 이상 증가시키면 요구 강도보다는 높지만 과잉 강도가 되며, 오히려 용착금속량의 증가로 수축변형이 커지며, 재료비와 인건비가 증가하게 된다. [그림 1-12 참조]

그림 1-12 필릿 용접 이음 홈의 각부 명칭

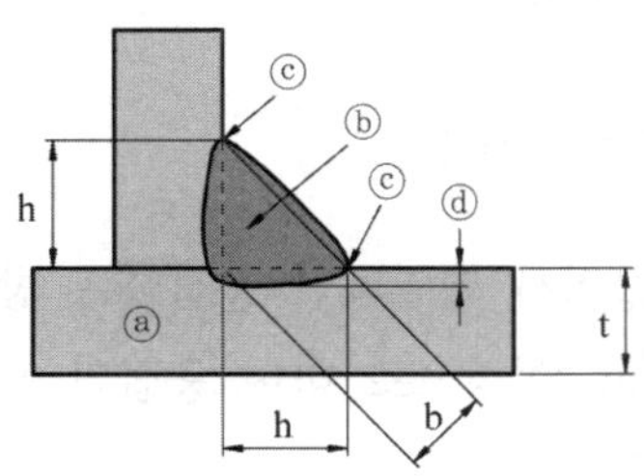

h : 목 길이(각장)　b : 목 두께　t : 판 두께
ⓐ : 모재　ⓑ : 용착금속
ⓒ : 토우(toe)　ⓓ : 용입 깊이

2) 목 두께(Thickness of throat)

① 이론 목 두께 : 필릿 용접의 가로 단면 내에서 이에 내접하는 2등변 삼각형의 루트부터 빗변까지의 거리를 말하며, 약간의 용입은 무시한 두께이다. b는 이론 목 두께이다. [그림 1-12 참조]
② 실제 목 두께 : 용입을 고려한 용입의 루트부터 필릿 용접의 면까지의 최단 거리

3) 비드의 형상

필릿 용접부의 비드 형상은 볼록형과 평면형, 오목형이 있으며, 오목형은 외관은 좋으나 오목부에 균열이 생기기 쉽고, 볼록비드는 비드 양 끝에 응력 집중이 커지기 쉬우므로 필릿 용접부는 약간 볼록형이 좋다. [그림 1-13 참조]

그림 1-13 필릿 용접 이음의 표면 형상

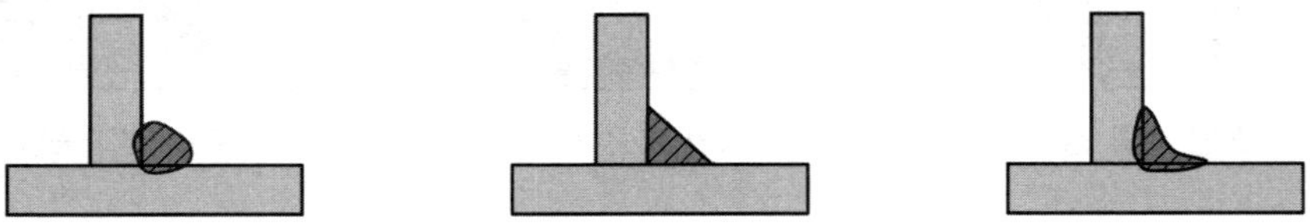

(a) 볼록형 필릿　(b) 평면형 필릿　(c) 오목형 필릿

사. 필릿 용접 이음의 치수 결정

필릿 용접 이음의 치수는 필릿 강도 계산에 중요하며 그 크기는 판두께 t에 비하여 너무 작거나 커서는 안된다.

일반적으로 양면 필릿 용접에서 목 길이는 판두께의 3/4 정도(보통 판두께의 70 ~ 100%)로 하고 있으나 대부분의 경우는 회사 규격으로 정하고 있다.

또한 루트 간격이 커지면 목 길이가 증가되며 결국 유효 목 두께가 감소되므로 필릿 용접 이음의 루트 간격은 0.8mm 이하로 하는 것이 적당하다.

아. 단속 필릿 용접 이음의 용접부와 띄우는 거리

단속 필릿 용접 이음은 용접부 중에서 일부분씩 끊어서 띄엄띄엄 용접하는 방법으로 단속 필릿 용접 길이는 목 길이의 4배 정도, 최소 25mm 이상으로 하며 용접의 시점과 종점을 포함한다.

또한 용접을 하지 않는 부분의 길이는 하중선의 편심 또는 좌굴 현상을 고려하여 최소 판두께의 30배 이하, 최대 300mm로 한다.

실전 심화 학습 문제

{제1절 ▎용접 설계의 개요}

01 용접 이음 설계시 일반적인 주의 사항 중 적합하지 않은 것은?

① 가급적 능률이 좋은 아래보기 용접을 많이 할 수 있도록 설계한다.
② 강도가 강한 필릿 용접은 될 수 있는대로 많이 한다.
③ 판두께가 다를 때 얇은 쪽에서 1/4 이상의 테이퍼를 주어 이음한다.
④ 용접 이음을 1개소로 집중시키거나 너무 접근하여 설계하지 않는다.

02 기본 용접 이음의 형식 3가지를 쓰시오.

03 일반적으로 판두께가 몇 mm 이상인 판재를 완전 용입으로 용접할 경우 적당한 홈을 만들어 용접해야 하는가?

04 맞대기 이음의 기본 홈의 모양 3가지를 쓰시오.

05 접합하려는 두 부재를 겹쳐놓고 한쪽의 부재에 드릴 머신이나 밀링 머신으로 둥근 구멍을 뚫고 그 곳을 용접하는 용접을 무엇이라 하는가?

06 V형 맞대기 이음의 특징은 무엇인가?

07 U형, V형, H형, X형 홈 중 변형이 가작 적은 용접 이음 형식은 어느 것인가?

08 판두께가 다른 두 판을 맞대기 용접할 경우는 두께가 두꺼운 판의 양면 또는 한면에 얇은 판두께까지 경사(기울기)는 얼마가 적당한가?

09 용접부의 연속성 여부에 따른 필릿 용접의 종류 2가지를 쓰시오.

10 용접부 전체의 길이를 일정한 간격으로 띄엄띄엄 용접하는 필릿 용접의 명칭은?

11 하중의 방향에 따라 용접선의 방향과 하중의 방향이 평행한 형상의 필릿 용접 명칭은?

12 필릿의 루트부에서 토우(toe)까지의 거리를 무엇이라 하는가?

13 필릿 용접에서 이음 강도를 간편법으로 계산할 경우 보통 얼마 정도의 목 두께를 가진 것으로 계산하는가?

14 필릿 용접부의 비드 형상 3가지를 쓰시오.

15 일반적으로 양면 필릿 용접에서 목 길이는 판두께의 얼마 정도로 하는가?

16 필릿 용접부의 비드 모양이 볼록형인 경우 어떤 문제가 생길 수 있는가?

17 단속 필릿 용접시 비드와 비드간의 사이를 띄우는 최대 거리는 얼마 이하로 하는가?

해답

1. ②
2. 188p [가] 참조
3. 4mm
4. 맞대기 이음의 기본 홈의 모양 : 평(I)형 홈, V형 홈, 일면 개선형 홈, U형 홈, J형 홈, 이것을 응용한 이음으로 X형 홈, K형 홈, H형 홈 등
5. 플러그 용접
6. 표 1-1 참조
7. H형
8. 1 : 3 ~ 5
9. 용접부의 연속성 여부에 따라 : 연속 필릿 용접, 단속 필릿 용접이 있다.
10. 단속 필릿 용접
11. 측면 필릿 용접
12. 목 길이(각장, Leg length)
13. 각장×cos 60°
14. 볼록형과 평면형, 오목형
15. 3/4 정도(판두께의 70 ~ 100%)
16. 응력 집중
17. 300mm 이하

제2절 | 용접 이음에 영향을 주는 요소

1 용접 강도에 미치는 영향

가. 용접 결함과 강도

일반적으로 언더컷이나 기공은 용접부 강도에 미치는 영향은 작지만 그 양이 많아지면 강도를 크게 저하시킬 수 있으며, 균열은 용접 이음 강도를 현저하게 저하시킨다.

용접부의 결함은 피로 강도, 충격 강도, 인장 강도의 순으로 영향이 크다. 그 원인은 용접 결함부는 다른 부분에 비해 단면 변화나 결함의 영향으로 응력 집중 현상이 크기 때문이며, 응력 집중율이 커지면 평균 응력(σ_n)이 낮아도 최대 공칭 응력($\sigma_{\max}$)이 높아지기 때문에 구조물에서는 위험하다.

그림 2-1 용접부의 각종 용접 결함의 종류

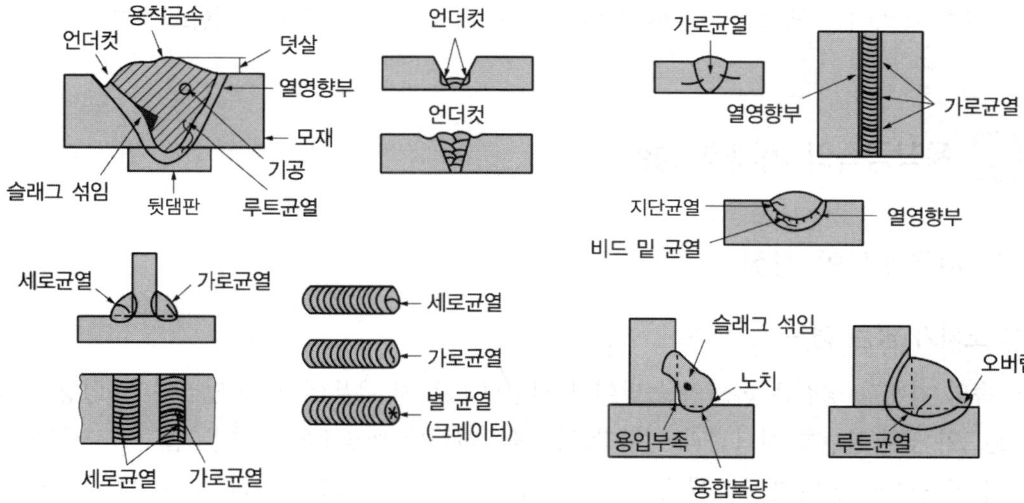

응력 집중이란 용접부의 결함 부분에서 국부적으로 응력이 증가하는 현상이다. 구조물이 하중을 받을 때, 구조상의 불연속부나 결함이 있으면 그 부분에는 평균 응력보다 높은 응력이 발생하며, 형상에 따라서는 평균 응력의 몇 배, 몇 수십배에 달하기도 하는데, 이때 받는 응력(하중)을 응력 집중이라 한다. 구조물의 파괴의 대부분은 이러한 응력 집중부에서 발생하며 특히 피로 파괴나 취성 파괴에서는 응력 집중의 영향이 매우 크다.

그림 2-2 단면 변화와 응력 집중

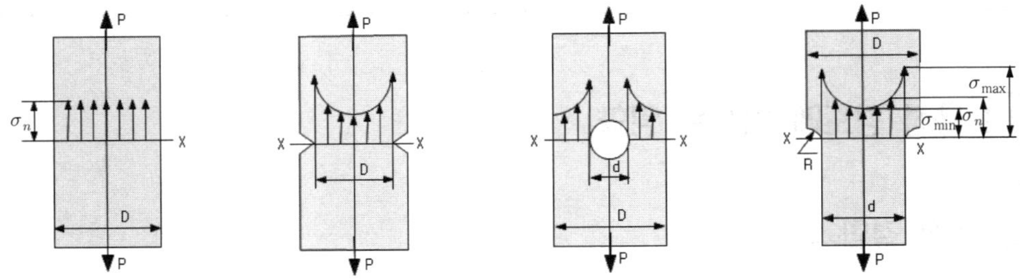

나. 변형 및 잔류 응력이 이음 성능에 미치는 영향

용접시 발생하는 변형과 잔류 응력은 구조물의 치수가 달라지고 또한 변형이 있으므로 외력을 받으면 의외로 큰 응력이 변형부에 집중해서 구조물이 약해지며, 미관을 해치기도 한다.

잔류 응력은 용접 제품에 대한 마무리 가공을 했을 경우 잔류 응력에 변화가 일어나 변형이 생기게 하는 것, 교번 하중을 받을 때 약해지는 경우가 있는 것, 저온에서 사용되는 구조물에서 취성 파괴를 일으키는 위험 및 특수 분위기 중에서 부식하기 쉬운 것 등이며, 이 밖에도 구속 응력이 크게 되는 상태에서는 용접 중에 균열이 발생하는 위험도 있다.

2 용착금속의 기계적 성질

가. 저온에서의 성질

1) 노치가 없는 경우

금속의 기계적 성질은 온도의 높낮이와 시험편의 노치 유무에 따라 달라진다. 연강의 경우 온도가 낮아질수록 항복점과 인장강도는 증가하는데 변형도와 수축은 급격히 저하한다.

연강의 연신률과 단면 수축률은 -100℃까지 거의 변화가 없고, -160 ~ -170℃ 부근부터는 급격하게 연성이 없어져 -180℃ 액체 산소에서의 연신률은 약 10% 이하로 떨어진다. 실온에서의 연신률은 약 35% 정도이며, 용착금속에서도 거의 같다.

2) 노치가 있는 경우

재료에 노치가 있는 경우 0℃ 부근에서도 인성이 상당히 저하한다. 이 때문에 인성이 좋은 용접봉을 사용하는 것이 좋으며, 노치부(언더컷, 기공, 슬래그 혼입 등)가 생기지 않도록 시공해야 한다.

특히 액체 석유 가스(LPG)나 액화 천연 가스(LNG) 등의 저장용 또는 수송용 용기는 저온에서 사용되므로 용기의 사용 재료는 저온에서 충분한 인성(toughness)이 있는 것을 사용해야 하며, 시공시 각별한 주의를 요한다. 저온 조건에 쓰이는 재료는 알루미늄 킬드강, 2.5%, 3.5%, 9% 니켈강, 고망간강 및 오스테나이트계 스테인리스강 등이 사용된다.

나. 상온에서의 성질

연강은 용접 구조물 제작의 주요 재료로 널리 사용되고 있으며, 이에 사용되는 용접봉의 기계적 성질도 우수하여 모재와 거의 같은 정도이다.

그러나 고산화티탄계(E4313) 피복 아크용접봉의 경우 다른 종류에 비하여 연신률과 충격치가 상당히 뒤떨어지므로 반복하중이나, 높은 정하중이 작용하는 강도상 중요한 이음에는 사용치 않는 것이 좋다.

다. 고온에서의 성질

1) 고온 특성

고온, 고압용품에 필요한 고온 특성에는 단시간 인장 시험의 강도와 변형률, 장시간 하중에 대한 크리프 특성, 내산화성 및 내식성, 장시간 가열에 대한 현미경 조직상의 안정성, 내열 응력 특성(열충격과 열피로) 등이 있다.

고온에서의 허용 응력은 그 온도에서 기계적 성질에 기준을 두어 결정하며, 저온용 구조물은 실온에서의 강도를 기준으로 하여 설계를 하는 것이 관례이다.

연강은 150 ~ 300℃에서 인장 강도는 커지지만, 연신률은 줄어들어 청열 취성의 범위가 되며, 300℃ 이상에서 연신률이 증가하게 되고, 인장 강도는 400℃ 이상에서는 급격히 저하한다.

2) 크리프 강도

고온에서의 크리프 강도는 연강 및 저합금강의 용착금속에는 용접 결함이 없는 한 모재에 못지않게 양호하다. 대체로 용접물의 사용 온도가 약 400℃까지는 단시간의 인장강도로 크리프 강도를 기준으로 하여 적당한 안전률을 곱하여 허용 응력을 결정하여 사용하고 있다.

실전 심화 학습 문제

{제2절 | 용접 이음에 영향을 주는 요소}

01 일반적으로 용접 이음 강도를 현저하게 저하시키는 용접 결함의 명칭은?

02 용접부의 결함은 피로 강도, 충격 강도, 인장 강도의 순으로 영향이 크다. (○, ×)

03 용접 결함부는 다른 부분에 비해 단면 변화나 결함의 영향으로 무슨 현상이 커서 강도가 나빠지는가?

04 용접부의 결함 부분에서 국부적으로 응력이 증가하는 현상을 무엇이라 하는가?

05 고산화티탄계(E4313) 피복 아크용접봉은 다른 종류에 비하여 어떤 성질이 떨어지는가?

06 연강은 150 ~ 300℃에서 인장 강도는 크고 연신률은 낮아 어떤 취성이 일어나는가?

07 고산화티탄계(E4313) 피복 아크용접봉의 경우 다른 종류에 비하여 연신률과 충격치가 상당히 뒤떨어진다. (○, ×)

08 연강은 노치가 있는 경우 0℃ 부근에서도 인성이 상당히 저하한다. (○, ×)

09 저온 조건에 쓰이는 재료 2가지를 쓰시오.

10 고온에서 장시간 하중에 대한 강도 특성을 무엇이라 하는가?

해답

1. 균열　　2. ○　　3. 응력 집중
4. 응력 집중　　5. 연신률과 충격치　　6. 청열 취성
7. ○　　8. ○
9. 알루미늄 킬드강, 2.5%, 3.5%, 9% 니켈강 및 오스테나이트계 스테인리스강 등
10. 크리프 특성

제3절 | 용접 강도와 안전률

1 용접 강도

가. 맞대기 이음의 용접 강도

용접봉은 용착금속의 기계적 성질이 모재보다도 약간 높게 제조되고 있으므로 용접 이음 효율이 좋기 때문에 완전 용입 이음에서의 덧살은 보강 가치가 거의 없고 오히려 응력 집중 현상이 발생할 수 있으며, 피로 강도를 감소시키게 된다.

$$\text{용접 이음 효율} = \frac{\text{용접 시험편의 인장 강도}}{\text{모재의 인장 강도}} \times 100(\%)$$

[그림 3-1]에서와 같이 맞대기 용접부의 토우 부분과 같이 급격한 단면 변화 부분은 정적 강도에서는 영향이 거의 없으나, 표면 응력의 1.7 ~ 1.8배 정도로 응력이 집중됨을 알 수 있다.

그림 3-1 맞대기 용접부의 응력 집중

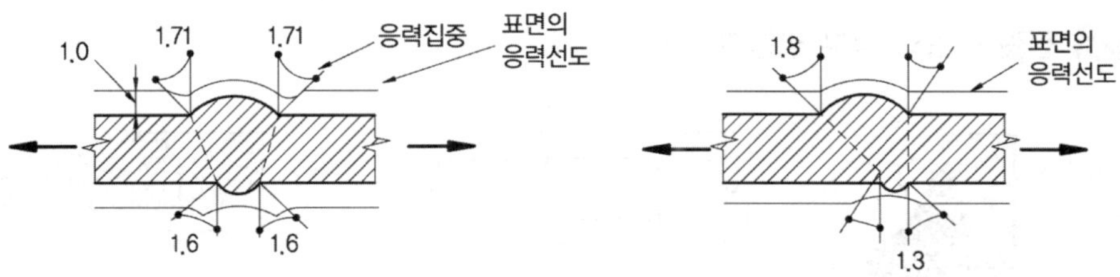

맞대기 이음의 인장 강도는 용접부에서의 덧살의 존재를 무시하고 이론 목 두께의 단면적(mm^2)이 하중(kgf)을 지지하는 크기로 나타낸다.

$$\text{인장 강도} = \frac{\text{인장 하중}(P)}{\text{용접부 단면적}(A)}$$

[그림 3-2 (b)]와 같이 부분 용입의 경우는 불용착부를 제외한 목 두께 $ht(h_1+h_2)$로 강도를 계산하며, 이것은 연신률이 적고, 충격이나 반복 하중에는 위험하므로 강도상 중요한 곳에는 사용해서는 안된다. (c)와 같이 양쪽의 판두께가 다른 경우는 안전을 위하여 얇은 쪽

의 판두께를 기준으로 계산한다.

그림 3-2 맞대기 이음의 강도 계산

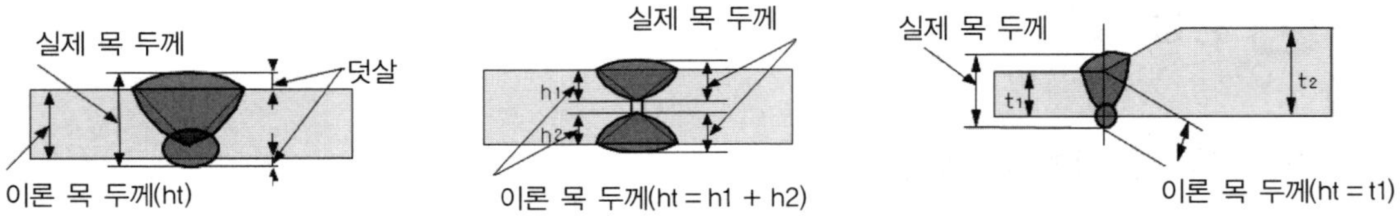

(a) 완전 용입 (b) 부분 용입 (c) 두께 다른 완전 용입

나. 필릿 이음 강도 계산

1) 전면 필릿 이음

인장 강도 계산은 최대 인장 하중을 이론 목 두께의 단면적으로 나눈 값으로 한다.

$$\text{인장 강도}(\sigma_t) = \frac{\text{용접부 최대 하중(P)}}{\text{목 두께의 단면적}(h_t \ell)}$$

전면 필릿 이음의 인장 강도(σ_f)는 전용착금속의 인장 강도(σ_w)와 대략 비례하며, 연강의 경우는 약 90%($\sigma_f = 0.9\sigma_w$) 정도가 된다.

그림 3-3 필릿 이음의 각부 명칭과 종류

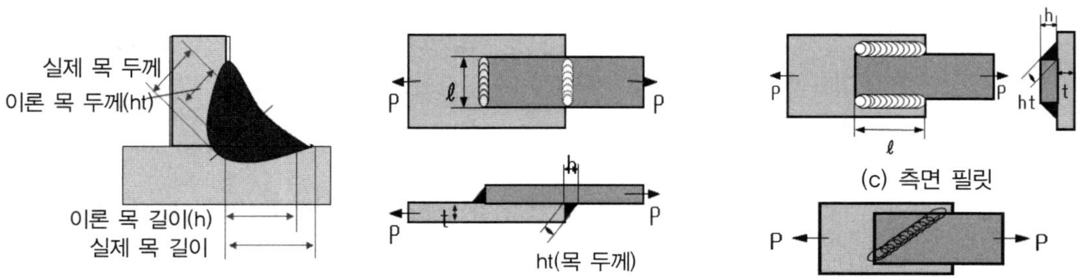

(a) 필릿 용접 각부 명칭 (b) 전면 필릿 (d) 경사 필릿

2) 측면 필릿 이음

측면 필릿 이음 인장 강도 계산은 다음과 같으며, 이론 목 두께와 실제 목 두께의 관계는 용입 단면을 측정해보아야 알 수 있다.

$$h_t = h\cos 45° = 0.707h$$

h_t : 이론 목 두께　　　　　　h : 목 길이, 각장

측면 필릿 이음의 전단 강도 계산식은 다음과 같다.

$$\text{전단 강도}(\tau) = \frac{\text{용접부 최대 하중(P)}}{\text{목 두께의 단면적}(h_t \ell)} = \frac{1.414P}{h_t \ell}$$

전용착금속의 인장 강도에 비하여 전단 응력이 상당히 낮다. 시험 결과에 의하면 연강 용접봉의 경우 전단 강도는 인장 강도의 약 70% 정도이다. 이것은 필릿 용접의 방향, 용접봉 종류, 시공 조건에 따라 변하며 필릿 각장이 크게 될수록 전단 강도가 저하하는 경향이 있다.

$$\tau \fallingdotseq 0.7\sigma_w$$

3) 경사 필릿 이음

경사 필릿 이음은 용접선이 하중 방향과 이루는 각도에 따라 전면 필릿 또는 측면 필릿의 강도에 가까운 값을 나타낸다.

4) 플러그 및 슬롯 용접 이음

전단 강도는 구멍의 면적당 전용착금속 인장 강도의 60 ~ 70% 정도이다.

다. 용접 이음의 피로 강도

1) 용접부의 피로 강도

용접부 파괴의 대부분은 노치부에서 저온시에 발생하는 취성 파괴나 반복 하중에 의한 피로 파괴가 현저하게 많이 발생한다.

반복하중을 받는 용접이음의 피로강도는 그 정적강도와는 관계가 없고, 이음형상과 용접부의 표면상황에 민감하게 영향을 미친다.

용접 구조물의 파괴는 보통의 인장시험과 같이 정적하중이 너무 걸려 소성변형이 생겨서 파괴되는 예는 비교적 적고, 오히려 노치부분에서 낮은 온도에서 발생하는 취성파괴나 또

는 반복하중에 의해 파괴되기 쉽다.

맞대기 용접 이음에 용접 결함이 있으면 피로강도에 나쁜 영향을 주는데, 영향의 정도는 결함의 종류에 따라 다르고 또한 이음의 직각방향에 반복하중이 작용할 경우와 평형으로 하중이 작용할 경우의 결함 허용기준이 다르다.

2) 용접부의 피로강도 향상(개선)법

① 덧붙이 크기를 가능한 최소화 시킬 것
② 이면 용접으로 결함이 없는 완전 용입이 되도록 할 것
③ 열 또는 기계적 방법으로 잔류응력을 완화시킬 것
④ 가능한 응력 집중부에는 용접 이음부를 설계하지 말 것
⑤ 냉간 가공 또는 야금적 변태 등에 따라 기계적인 강도를 높일 것
⑥ 국부 항복점 등에 의하여 외력과 반대 방향 부호의 응력을 잔류시킬 것
⑦ 표면 가공 또는 표면 처리, 다듬질 등에 의한 단면이 급변하는 부분을 피할 것

2 허용 응력 및 안전률

가. 허용 응력과 허용 응력 결정 방법

1) 허용 응력

허용 응력이란 기계나 용접 구조물을 설계할 때 각 부분에 발생되는 응력이 어떤 크기의 값을 기준으로 하여 그 이내이면 안전하다고 인정되는 최대 허용치를 말하며, 구조물이나 기계 부품을 안전하게 사용하려면 사용 응력은 항상 허용 응력보다 작아야 한다.

강재의 허용 응력은 보통 정하중에 대하여 인장 강도의 1/4값, 최근 고장력강에 대하여는 인장 강도의 1/3(항복점의 약 40%) 응력값이 쓰인다.

2) 허용 응력 결정 방법

고온에서의 허용 응력은 그 온도에서 기계적 성질에 기준을 두어 결정하며, 저온용 구조물은 실온에서의 강도를 기준으로 하여 설계를 하는 것이 관례이다.

대체로 용접물의 사용 온도가 약 400℃까지는 단시간의 인장강도로 크리프 강도를 기준으로 하여 적당한 안전률을 곱하여 허용 응력을 결정하여 사용하고 있다.

허용 응력(Sm)은 붕괴 한계치(Sy)에 대하여 안전률은 1.5를 취하여 $Sm = (2/4)Sy$로

하고 있다.

나. 안전률

1) 안전률이란

① 기계나 구조물의 안전을 유지하는 정도로서 극한(파괴) 강도를 그 허용 응력으로 나눈 값을 말한다.

② 안전률의 값은 언제나 1보다 크며, 기계나 구조물 설계상 아주 중요한 것이다.

$$\text{안전률 } S = \frac{\text{인장 강도(극한 강도 } \sigma_u)}{\text{허용 응력 } \sigma_a}$$

$$\text{사용 응력의 안전률} = \frac{\text{인장 강도(극한 강도 } \sigma_u)}{\text{사용 응력 } \sigma_w}$$

2) 안전률에 영향을 미치는 인자

① 재료의 용접성(시공상의 접합성과 사용 성능, 재료의 품질)과 온도 및 분위기

② 모재와 용착금속의 기계적 성질

③ 하중의 종류(정적, 동적 하중 및 진동 하중 등)와 응력 계산의 정확성

④ 시공 조건(용접사의 기능 정도, 용접 방법, 용접 자세, 이음의 종류와 형상, 작업 장소, 용접 후 처리와 용접 검사 등)

표 3-1 용접 이음의 안전률

재료	정 하 중	동 하 중		충격 하중
		반복 하중	교번 하중	
주철, 취약한 금속	4	6	10	15
일반 구조용강	3	5	8	12
주강	3	5	8	15
구리 및 유연한 금속	5	6	9~10	15
목재	7	10	15	20
석재	15	25	-	-

실전 심화 학습 문제

{제3절 | 용접 강도와 안전률}

01 맞대기 용접 이음에서 모재의 인장 강도는 45kgf/㎟이며, 용접 시험편의 인장 강도가 47kgf/㎟일 때 이음 효율은 약 몇 %인가?

02 맞대기 용접부의 토우 부분과 같이 급격한 단면 변화 부분은 표면 응력의 몇 배 정도로 응력이 집중되는가?

03 맞대기 용접부의 인장 강도의 계산식을 쓰시오.

04 필릿 용접부의 전단 강도의 계산식을 쓰시오.

05 연강의 경우 전면 필릿 이음의 인장 강도는 전용착금속 인장 강도의 몇 % 정도 되는가?

06 필릿 용접부의 전단 강도는 연강 용접봉의 경우 전용착금속의 인장 강도에 비하여 몇 % 정도인가?

07 플러그 용접 이음의 전단 강도는 구멍의 면적당 전용착금속 인장 강도의 몇 % 정도 되는가?

08 강재의 허용 응력은 보통 정하중에 대하여 인장 강도의 얼마 정도 되는가?

09 안전률 계산식을 쓰시오.

10 용착금속의 인장 강도 40kgf/㎟에 안전률 8이라면 이음의 허용 응력은 몇 kgf/㎟인가?

11 정하중 상태에서 일반구조용강재의 안전률은 얼마인가?

12 시공 조건에 따른 안전률에 영향을 미치는 인자 2가지를 쓰시오.

해답

1. 이음 효율 $= \frac{47}{45} \times 100 = 104.4$
2. 1.7 ~ 1.8배
3. $\frac{\text{인장 하중}}{\text{용접부 단면적}}$
4. $\frac{\text{최대 하중}}{\text{목두께의 단면적}}$
5. 90%
6. 약 70%
7. 60 ~ 70%
8. 1/4값, 25%
9. $\frac{\text{인장 강도(극한 강도)}}{\text{허용 응력}}$
10. 허용 응력=인장 강도/안전률 = 40/8 = 5
11. 3
12. 205p [나] 2) 참조

제4절 | 용접 비용 계산

모든 용접 구조물의 정확한 가격을 결정하는 공식은 없으나 신뢰할 수 있는 추정 가격을 산출하는 것은 지금까지의 경험과 설계 기술의 정확한 이해를 토대로 가능하다.

용접 비용 계산에 포함되는 요소는 다른 산업 분야와 마찬가지로 크게 인건비, 재료비, 제외 경비로 구분할 수 있다.

인건비는 용접 작업에 직접 소요되는 시간에 대한 노임이며, 재료비는 용접 중에 소요되는 용접봉, 플럭스, 보호 가스, 기타 소모 재료를 말하며, 제외 경비는 공정 관리비, 영업비, 기계 감가 상각비 등 실제 작업 이외에 소요되는 모든 경비를 말한다.

용접 원가를 절감하기 위해서는 우선 생산 과정 중에 발생하는 낭비를 없애야 한다. 중요한 낭비 요소로는 용접 대기 시간, 불량품 제작(불량률), 비협력, 불량 재료 등이며, 이것이 누적되면 원가는 높아지게 된다.

따라서 생산성을 높이고 원가 절감을 위해서는 적절한 인력 배치와 기계 및 공구를 유효하게 잘 사용할 것이며, 작업장을 잘 정돈하여 작업하기 쉬운 환경을 조성해야 한다.

1 용접 비용에 영향을 주는 요소

가. 용접 비용 산출이 필요한 경우

① 어떤 공사의 입찰, 제조 공정의 변동상 그 타당성을 평가할 경우
② 건축 토목 또는 제조 공정에 있어 다른 공정에 비해 용접 공정과 비교하는 경우
③ 설계 과정에서 미리 필요 경비를 표시해야 할 경우
④ 용접법의 선택에 있어 소요 비용을 비교 검토할 때

나. 비용 절감 요소

1) 합리적이고 경제적인 설계

① 용접 구조물의 용접 단면적을 줄이는 설계를 한다. 용접량이 많아지면 용접 공수 증대는 물론 용접봉 소모량 및 인건비도 상승하게 되며, 변형도 많아져 교정 작업 및 끝맺음 작업에 불필요한 공수를 소비하게 된다.
② 필릿 용접시 용접부 크기에 주의한다. 필릿 용접부의 크기가 2배로 되면 강도는 크게

증가하지 않지만 용착금속의 량(무게)은 4배가 된다.

③ 용접은 될 수 있는 한 쉬운 방법으로 하며, 용접 가능한 금속을 선택한다.

④ 모든 용접부에 크기를 표시한 용접 기호를 사용한다.

2) 대기 시간 최소화

제작 계획을 세울 때 대기하는 시간없이 연속적으로 작업할 수 있도록 설비나 장비, 인원 배치, 교대시간 등의 계획을 잘 세워야 된다.

3) 효과적인 재료 사용 계획

용접 구조물에 재료비가 차지하는 비율이 매우 높다. 특히 교량 및 철골 등의 강구조물의 재료비는 단단히 높기 때문에 설계자나 현도 작성자는 될 수 있는 한 스크랩(폐재료, 폐철)이 적게 나오도록 힘쓰고 경제적으로 사용하도록 노력해야 한다.

용접봉의 용착 효율, 즉, 용접봉의 소모 중량에 대한 용착금속의 중량비가 높은 용접봉을 사용하는 것이 보다 경제적이다.

용착 효율은 좋아도 용착 속도(즉, 단위 시간에 놓여지는 용착금속의 중량)가 낮으면 아크 타임이 길어지게 되므로 용착 속도를 고려한 후에 용접봉을 선택할 필요가 있다.

피복 아크용접봉 중 일미나이트계와 철분계의 경제성을 비교하여 볼 때 용착 효율에는 큰 차이가 없으나 철분계의 용착 속도는 일미나이트계보다 2배 이상이 된다. 또한 용접봉이 길수록 용접봉을 바꾸어 끼우는 시간이 절감되므로 일에 따라서 길이가 긴 용접봉을 사용할 필요가 있다.

4) 조립 정반 및 용접 지그의 활용

용접 구조물을 능률적으로 제작하기 위해서는 조립 및 용접 작업시에 적당한 지그 또는 변형 방지용 지그를 사용하여 제품 품질의 표준화와 작업 능률화를 도모해야 한다.

조립 작업에 적절한 지그를 사용하면 치수의 측정, 줄긋기, 위치 결정, 부재의 고정 등의 시간 낭비를 줄일 수 있을 뿐만 아니라, 크레인 작업이나 대기에 의한 시간 손실을 줄이고, 위치의 결정이 가능하게 되어 작업 능률이 좋은 아래보기 자세 용접이 가능하게 된다.

5) 가공 불량에 의한 용접의 손실 최소화

개선 홈의 가공 정밀도가 불량할 때에는 용착량이 많아지거나 완전한 용입이 되지 않아 수정작업을 해야 할 경우가 발생하여 보수 용접을 해야 된다.

6) 실동 효율 향상

용접 작업의 실동 효율은 용접물의 총원가에 크게 영향을 준다. 용접 가격은 용접 작업 외에 조립, 가접, 불량 보수 및 끝손질 등의 작업비가 포함된다. 물론 원가 계산에서는 작업 항목에 의해 적산되나 견적할 때는 끝손질 작업으로서 용접 공수의 5% 정도로 취급되고 있다.

용접 시간에는 용접부의 청소, 용접봉의 교체, 용접 작업, 슬래그의 제거, 용접 위치 이동, 전류 조정 등이 포함되나 가장 큰 요소는 용접 시간, 즉, 아크 타임으로서 용접기의 가동률을 표시하고 있다.

아크 타임은 제품의 형상, 용접 자세 등에 따라 달라지는데 낮은 아크 타임에서도 큰 지름의 용접봉, 철분 함유 봉 또는 장척 봉을 사용함으로써 용착 효율을 높일 수 있다.

또한 채광, 환기, 아크의 차폐 등과 같은 작업 환경, 좋은 작업 계획과 공정 관리 등은 실가동률과 기술의 향상에 크게 영향을 준다.

① 모든 작업에 용접 작업 지도서를 작성하며, 작업 계수가 최대인 용접 방법, 사용 가능한 용접 방법 중 용착 속도가 최대인 것을 선택한다.

② 피복 아크용접의 경우 가능한 한 긴 용접봉을 사용하며, 적당한 아크 길이와 용접 전류를 유지한다.

③ 모든 용접에 과도한 덧살을 피하며, 용접 변형을 최소화하는 용접 순서를 택한다.

④ 포지셔너나 지그를 사용하여 작업을 쉽게 하며, 본용접 전에 가접을 정확하게 한다.

⑤ 일상적인 장비 점검을 통하여 용접기의 효율을 높인다.

2 견적의 요소

가. 용착 효율

용접봉의 용착 효율은 용착금속의 중량에 대한 용접봉 사용 중량의 비를 말하며, 용접봉의 소요량을 산출하거나 용접 작업시간을 판단하는데 필요하다.

용착 효율은 다음과 같은 중량비의 백분율로 표시한다.

$$\text{용착 효율}(\%) = \frac{\text{용착금속의 중량}}{\text{용접봉 사용 중량}} \times 100$$

이때 용접봉의 사용 중량에는 순용착금속 외에 잔봉, 피복제 중량, 스패터(spatter) 손실, 연소에 의한 손실 등이 포함되며, 용접봉의 종류, 상품명 또는 용접 이음부의 모양, 용접 자세 등에 따라 다르다. 피복 아크용접봉의 경우 약 65% 정도이다.

홀더 부분 약 50mm 부분을 버리는 것으로 가정할 때 아래보기 자세에서 철분계는 60 ~ 65%, 기타 용접봉(셀룰로오스계는 제외)은 50 ~ 55% 정도 된다.

잔봉의 길이도 홀더를 용접부에 충분히 접근시킬 수 있을 때는 50mm 전후가 되도록 최대한 사용할 수 있으나, 접근하기 곤란한 제품이나 공사 현장 또는 수직 자세나 위보기 자세 용접 등 용접하기 곤란한 자세에서는 부득이 70 ~ 100mm로 길게 남게 되며, 스패터 손실도 증가하여 용착 효율이 저하된다.

나. 용접 작업시간과 인건비

인건비는 용접 비용 전체에서 가장 많은 비중을 차지하는 요소로서 작업시간에 대한 급여로 계산된다. 여기서 용접 작업시간 산출의 정확성은 견적 금액에 큰 영향을 받으므로 가능한 정확하게 산출해야 한다. 용접에 필요한 시간은 제품의 종류와 모양, 용접 길이, 용접봉의 종류와 지름 및 용접 자세에 따라 변동된다. 특히 용접 자세가 아래보기인 경우 수직이나 위보기 자세에 비해서 단위 길이를 용접하는데 필요한 시간은 약 1/2이면 된다.

인건비(원/m) = 작업자 시급/용접 속도(cm/min)×작업 계수(%)×60/100

용접 작업시간 중에는 용접봉의 교환, 슬래그 제거, 예열 등의 작업 이외에도 작업을 수행하는데 필요한 작업 여유(공구의 준비, 도면의 검토), 용도 여유(음료수 및 용변)와 피로 여유(휴식 허용 시간), 직장 여유(크레인 대기, 재료 정리) 등의 여유 시간도 포함되므로 실제로 아크 발생 시간(아크 타임, 작업 계수)은 상당히 적다.

아크 타임이란 용접 소요 시간과 용접 작업시간의 비, 즉, 단위 시간 내의 아크 발생 시간을 백분률로 표시한 것을 말하며, 능률이 좋은 공장의 수동 용접은 평균 35 ~ 40%, 자동 용접에서는 40 ~ 50% 정도이다.

용접 작업시간은 다음 식에서 산출할 수 있다.

$$T_a = \frac{W_d}{R \cdot T_e} [\mathrm{h}]$$

T_a : 용접 작업시간(총 용접 시간(h))
W_d : 용착금속의 중량(gf)
R : 용착 속도(gf/min)
T_e : 용접공의 실동 효율, 즉, 아크 타임(%)

본용접 작업시간은 환산 용접 길이의 계산에서 종래의 실적으로 한 공수당 또는 단위 시간당의 작업량을 결정하여 두면 쉽게 산출할 수 있으나, 가접의 작업시간은 조립 작업의 난이도에 좌우되므로 예상하기 어렵다.

다. 용접봉 소요량

1) 피복 아크용접봉 소요량 산출

용접 구조물 시공에 소요되는 용접봉의 량을 정확하게 파악하는 것은 생산 계획상 매우 중요하다. 용접봉 소요량은 스패터 손실, 피복제의 연소 및 슬래그화, 잔봉 등의 손실이 있기 때문에 실제 용착금속의 중량보다 더 많다.

예를 들어 350mm 용접봉인 경우 잔봉(50mm 기준) 손실이 약 14%, 피복제의 연소 및 슬래그 손실이 10 ~ 15%, 스패터 손실이 5 ~ 15% 정도이므로 용착 효율이 저하된다.

일반적으로 덧붙임은 이음부 단면적의 10 ~ 20% 정도면 되나, 용접 자세나 용접봉의 종류에 따라 달라진다. 용착금속의 비중은 연강 7.85, 18-8 스테인리스강 7.93으로 한다.

용접부의 단면적은 용접 이음의 모양에 따라 달라지므로 필요하다고 생각되는 이음에 대해서 미리 계산해 두면 편리하다. 또한 동일한 용접 길이에서도 판재의 두께, 용접 홈의 모양, 용접 위치 등에 따라 소요 시간, 용접봉 소비량 등이 크게 달라지므로 용접 길이를 산출할 때 이점을 주의하여야 된다.

자동 용접이나 저항 용접기는 용접 속도가 빠르므로 용접에 필요한 소요시간이 적게 드는 이점이 있으나, 용접 장치의 유지 및 상각비가 수동 용접보다 비싸다. 이러한 관점에서 용접기의 선택도 검토하여 가장 경제적인 방법과 용접기종을 선택해야 된다.

용접봉 산출은 이음부 단면적에 길이와 용착금속의 비중을 곱하여 용착금속의 중량을 구한 후 용접봉의 손실량을 감안하여 산출한다. 즉, 용착 효율을 알면 용접봉의 소요량을 알 수 있게 되며, V형 맞대기 용접의 용접봉 산출 방법을 식으로 표시하면 다음과 같다.

$$W_e = \frac{W_d}{\eta} = \frac{(A+B+C)}{\eta} \cdot \rho \cdot L[\mathrm{gf}]$$

또는 $$W_e = \frac{(A+B)}{\eta} \cdot \rho \cdot L = \frac{(b\times t)+(t-c)^2 \tan\frac{\theta}{2} + (A\times 0.2)\times \rho \times L}{\eta}[\mathrm{gf}]$$

W_e : 용접봉의 소요량(gf)
A : 용접 이음부의 단면적(cm^2)
C : 뒷면 따내기부의 단면적(cm^2)
L : 용접 길이(cm)
W_d : 용착금속의 중량(gf)
B : 표면 덧붙임부의 단면적(cm^2)
ρ : 용착금속의 비중
η : 용착 효율(%), 덧붙이 보강 비율 : 20(%)

예제 1. 판두께 15mm, 홈각도 60° 인 V형 맞대기 이음 1m를 용접하는데 필요한 용접봉 소요량을 구하라. 단, 보강 덧쌓기 : 20%, 용착금속의 비중 ρ : 7.85, 용착 효율 : 50%, 뒷면 따내기 반경 r : 3mm이다.

➡ $W_d = (A+B+C) \cdot \rho \cdot L\text{cm}^2$

$$W_e = \frac{W_d}{1000 \times \eta}\text{kgf}$$

여기서, $t = 1.5\text{cm}$, $b = 0.2\text{cm}$, $\alpha = 60°$, $\rho = 7.85$, $L = 100\text{cm}$, $\eta = 50\%$ 이므로

$$A = t(b + t\tan\frac{1}{2}\alpha) = 1.5(0.2+1.5\times0.5774 = 1.599\text{cm}^2$$

$$B = A\times1.599\times0.2 = 0.32\text{cm}^2$$

$$C = \frac{3.14\times0.3^2}{2}\times1.2 \fallingdotseq 0.17\text{cm}^2$$

$$\therefore\ W_d = (1.6+0.32+0.17)\times7.85\times100 = 1640\text{gf}$$

$$\therefore\ W_e = \frac{1.64}{0.5} = 3.280\text{kgf}$$

예제 2. 위 [예제 1]을 용접하기 위한 용접 작업시간을 구하라. 단, 용착 속도 : 40gf/min, 아크 타임 : 40%

➡ $Ta = \frac{Wd}{R \cdot Te} = \frac{1640}{40\times0.4} = 102.5$분 = 1시간 42.5분

2) 금속 보호 가스 아크용접 와이어 산출

솔리드 와이어의 경우 잔봉으로 버리는 부분이 거의 없어 무시할 정도이나 스패터 손실은 용접 방법과 기술에 따라 다르나 피복 아크용접봉에 비해서 아주 적다.

① 서브머지드 아크용접이나 일렉트로 슬래그 용접의 경우는 스패타 손실이 거의 없어 용착 효율은 거의 100%이다.

② TIG, 플라스마 아크용접의 경우 용착 효율은 거의 100%이다.

③ 가스 메탈 아크용접은 스패터 손실이 약 5% 정도이므로 용착 효율은 약 95%이다.

④ 플럭스 코드 아크용접은 스패터 손실이 5% 미만이며, 와이어 내부의 플럭스가 용접 중 슬래그로 10 ~ 20% 손실되므로 용착 효율은 75 ~ 85%이다.

3) 환산 용접 길이

용접 견적시 용접 길이를 계산하는 것은 가장 기본적인 사항이다. 동일한 길이를 용접하는 경우라도 판두께나 용접 자세, 작업 장소 등이 변동되면 용접에 소요하는 작업량도 변하게 되는데 이 작업량에 영향을 주는 것을 각기 계수로 표시하고 이 계수를 실제의 용접 길이에 곱한 것, 즉, 판두께(필릿 용접의 경우는 목 길이), 용접 자세, 작업 장소 등 일정한 작업 조건에서 환산한 것을 환산 용접장(길이)이라고 한다.

이 환산 용접 길이는 직접 공사량을 의미하는 것으로 공사량 예상의 기본이 된다. 그러므로 설계도와 시공법이 결정되면 즉시 도면을 보고 환산 용접 길이를 구하여 놓아야 할 것이다. 환산 용접 길이의 계산에 사용되는 환산 계수는 용접봉의 종류 및 봉의 지름, 공장의 설비에 따라서 어느 정도 차이가 있으므로 경우에 따라 조사하여 둘 필요가 있다.

예제 판두께 10mm를 아래 보기 자세로 20m, 판두께 15mm를 수직 자세로 12m 맞대기 용접할 경우의 환산 용접 길이를 구하라. (단, **현장 용접이며, 아래보기 맞대기 용접 환산 계수는** 1.32, **수직 맞대기 용접 환산 계수는** 4.32**임**).

➡ 판두께 10mm의 아래보기 맞대기 용접의 환산 계수가 1.32이고, 15mm의 수직 맞대기 용접의 환산 계수는 4.32이므로
아래보기 자세는 용접부 길이 20m×환산계수 1.32 = 환산 용접길이 26.4m
수직 자세는 같은 방법으로 12m×4.32 = 51.8m
따라서 구하는 환산 용접 길이는 26.4 + 51.84 = 78.24m이다.

라. 보호 가스(shielding gas) 비용

보호 가스 비용은 실제 용접 시간 중 아크 시간에 관계하며, 일반적으로 정해진 일정한 양으로 공급되고 단위는 보통 ℓ/min이다. 보호 가스 비용은 2가지 방법으로 계산할 수 있다.

① 용접부 단위 길이(m)당 소요된 가스 비용 계산법

$$\text{가스 비용(원/m)} = \frac{\text{가스값(원/ℓ)} \times \text{가스 공급량(ℓ/min)}}{\text{용접 속도(cm/min)}} \times 100$$

② 스폿 용접 등 짧은 용접부에는 용접 시간당 소비되는 가스 비용으로 계산한다.

$$\text{가스 비용(원/용접부)} = \text{가스값(원/ℓ)} \times \text{가스 공급량(ℓ/min)} \times \text{용접 시간(min)}$$

마. 플럭스(flux) 비용

용접시 플럭스를 사용할 경우 재료비에 포함돼야 한다. 서브머지드 아크용접이나 일렉트로 슬래그 용접 또는 가스용접의 플럭스 비용은 용착금속의 무게와 관계하며 계산할 수 있다.

플럭스 비용(원/m) = 플럭스 가격(원/g) × 용착금속의 무게(g/m) × 플럭스 비율

① **서브머지드 아크용접의 플럭스 비율** : 일반적으로 1g의 용접봉이 용착되면 1.5 ~ 2g의 플럭스가 소요되므로 플럭스 비는 1.5 ~ 2 정도 된다.

② **일렉트로 슬래그 용접의 플럭스 비율** : 100g의 용접봉이 소모될 때 플럭스는 5 ~ 10g이 소요되므로 플럭스 비는 0.05 ~ 0.1이다.

바. 전력 소비비

전력 소비량은 사용 전력에 용접 시간을 곱하고 용접기의 내부 손실을 더해야 되며, 용접기의 효율을 고려해야 한다.

용접기의 효율은 일반적으로 직류 용접기는 약 50%, 교류 용접기는 80% 정도이나, 개개의 용접기 성능, 용접 케이블의 거리, 용접 단자전압의 변동 등에 따라 상당한 차이가 있다.

용접기의 무부하 운전에 의한 전력량의 손실은 직류 용접기에서는 25 ~ 45%가 되나 교류 용접기에서는 고려할 필요가 없다.

$$P = \frac{E \cdot I \cdot Te}{\eta} \times \frac{1}{1000} \text{[kwh]}$$

$$\text{전력비(원/m)} = \frac{\text{전력비(원/h)} \times \text{전압(V)} \times \text{전류(A)} \times \text{용착금속 무게(g/m)}}{1000 \times \text{용접 속도(g/h)} \times \text{용접기 효율(\%)}} \times 100$$

P : 소비 전력량(kw)　　E : 아크 전압(V)　　I : 아크 전류(A)
η : 용접기의 효율(%)　　T_e : 아크 타임(%)

사. 제외(기타) 경비

기타 경비는 공장의 여러 요소로 이루어지며, 공장의 조건에 따라 다르다. 즉, 준비비, 부자재비, 후처리비, 관리직 사원들의 급료, 세금, 건물 유지비, 건물 및 기계의 감가 상각비, 정비비와 소모성 공구, 홀더, 안전 장비, 치핑 해머 등 여러 가지 간접 비용이 포함된다.

$$\text{기타 경비(원/m)} = \frac{\text{제외 경비율(원/h)} \times \text{용착금속의 무게(gf/m)}}{\text{용착 속도(gf/h)} \times \text{작업계수(\%)}}$$

$$= \frac{\text{제외 경비율(원/h)}}{\text{용착 속도(gf/h)} \times \text{작업계수(\%)} \times 60/100}$$

1) 준비비

용접 구조물의 제작은 재료의 현도 작업, 마킹, 홈 가공비, 모형판에 의한 재료 채취, 재료의 교정, 절단, 구멍뚫기, 절삭 및 가접, 조립 등 많은 공정을 거쳐서 용접 작업이 수행되는 것으로 이들 작업에 요하는 제작 공수는 일반적으로 용접 공수보다 많은 것이 보통이므로 비용 산출에 특별히 주의해야 한다.

부재의 정밀도가 나쁠 때는 조립 및 작업시간 낭비, 변형, 용접 결함 등이 많아져서 변형 제거나 수정 작업에 많은 공수를 소비하게 되는 결과를 가져오게 되므로 주의해야 된다.

2) 부자재비

교류 용접기의 사용 연한(내용 년수)은 대략 10 ~ 15년 정도이나, 이동 작업이 심할 때에는 4 ~ 5년이면 못쓰게 되기도 한다. 또한 성능이 나쁜 용접기는 소비 전력량이 많아지므로 주의해야 한다.

캡타이어 케이블의 길이는 산업 현장에서는 30 ~ 50m 길이로 사용되고 있으나 낭비가 없도록 케이블 이음 기구를 써서 사용하도록 한다.

가죽 장갑이나 보호 안경 등 부재료비의 연간 소비액의 실적에서 용접공 1명에 대한 금액을 산출하여 두면 견적에 편리하다.

3) 후처리비

용접을 끝낸 후의 풀림 처리와 변형 제거, 용접 끝손질, 검사 등의 작업은 예상 외로 큰 비용이 필요하게 된다. 예를 들면, 변형 제거 작업은 보통 용접 작업의 5 ~ 10% 정도가 필요하며, 끝손질 작업도 제품에 따라서 여유를 잡아 둘 필요가 있다.

용접 후의 검사는 육안 검사와 방사선 투과 검사가 일반적으로 이용되고 있으며, 검사원은 용접사 30명에 1명 정도로 배정하면 충분하다.

실전 심화 학습 문제

{제4절 ｜ 용접 비용 계산}

01 용접 비용 산출이 필요한 이유는 무엇인가?

02 비용 절감 요소를 3가지만 쓰시오.

03 용착금속의 중량에 대한 용접봉 사용 중량의 비를 무엇이라 하는가?

04 용접부의 용착금속의 중량이 50kgf, 용접봉의 사용 중량이 70kgf라면 용착 효율은 얼마인가?

05 피복 아크용접봉의 경우 용착 효율은 얼마 정도 되는가?

06 용접봉의 사용 중량에는 순용착금속 외에 포함되는 사항 3가지를 쓰시오.

07 인건비는 작업시간에 대한 급여로 계산된다. 인건비 계산식을 쓰시오.

08 아크 타임이란 용접 소요 시간과 용접 작업시간의 비, 즉, 단위 시간 내의 아크 발생 시간을 백분율로 표시한 것이다. (O, ×)

09 서브머지드 아크용접이나 일렉트로 슬래그 용접의 용착 효율은 몇 %인가?

10 가스 메탈 아크용접의 용착 효율은 몇 %인가?

11 플럭스 코드 아크용접의 용착 효율은 몇%인가?

12 용접 비용 계산시 적용하는 환산 용접 길이의 의미를 간단히 쓰시오.

13 용접 작업시 전력 소비비의 계산 공식을 쓰시오.

14 용접 비용 계산시 포함되는 일반적인 제외(기타) 경비 사항 3가지를 쓰시오.

15 용접 후처리비 중 변형 제거 작업은 보통 용접 작업의 몇 % 정도가 필요한가?

해답

1. 208p [가] 참조
2. 208P [나] 1) ~ 6) 참조
3. 용착 효율
4. 71.4%
5. 65%
6. 잔봉, 피복제 중량, 스패터 손실, 연소에 의한 손실
7. 211p [나] 참조
8. ○
9. 100%
10. 90 ~ 95%
11. 75 ~ 85%
12. 214p [다] 3) 참조
13. 215p [바] 참조
14. 215p [사] 참조
15. 5 ~ 10%

제5절 | 용접 기호와 비파괴 검사 기호

1 용접 기호 일반

가. 용접 기본 기호

용접 기호란 용접 구조물의 설계 및 제작 도면에 설계자가 생각하고 있는 이음 형식과 홈의 형상, 필릿의 목 길이, 용입 깊이, 비드 표면의 다듬질 방법, 용접 장소, 용접법 등을 나타내기 위해 우리나라 산업 규격에서 제정된 기호이다.

1) 용접 기본 기호

용접부의 형상과 유사한 기호로 표시하고 있으며, 양면 용접의 경우 적당한 기본 기호를 기준선에 대칭되게 조합하여 사용한다. 필요한 경우에는 기본 기호를 조합하여 사용할 수 있다. [표 5-1 참조]

표 5-1 용접 기본 기호

① : 돌출된 모서리를 가진 평판 사이의 맞대기 용접 / 에지 플랜지형 용접(미국) / 돌출된 모서리는 완전 용해

②  : 평형(I형)맞대기 용접

③ 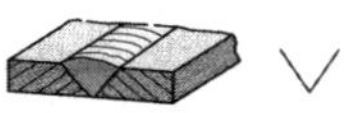: V형 맞대기 용접

④ 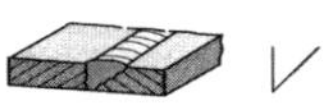: 일면 개선형 맞대기 용접

⑤ 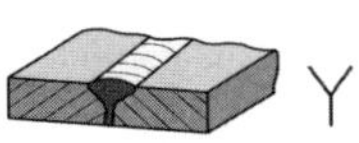 : 넓은 루트면이 있는 V형 맞대기 용접

⑥  : 넓은 루트면이 있는 한면 개선형 맞대기 용접

⑦ 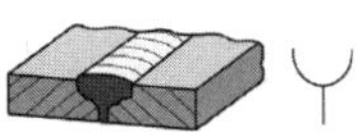 : U형 맞대기 용접

⑧ 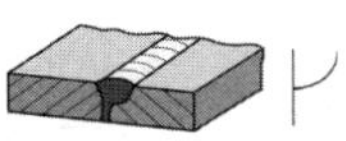 : J형 맞대기 용접

⑨  : X형(양면 V형) 맞대기용접

⑩ 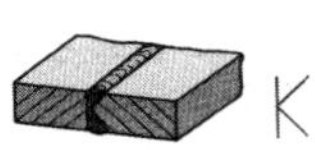: K형 맞대기 용접

⑪  : H형(양면 U형) 맞대기 용접)

⑫  : 넓은 루트면이 있는 양면 V형 용접

⑬  : 넓은 루트면이 있는 K형 맞대기 용접

⑭ 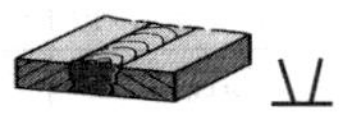 : 개선각이 급격한 V형 맞대기 용접

⑮  : 개선각이 급격한 일면 개선형 맞대기 용접

2) 기타 기본이음 형상과 기호, 명칭

①  : 가장 자리(edge) 용접

②  : 표준 육성

③ 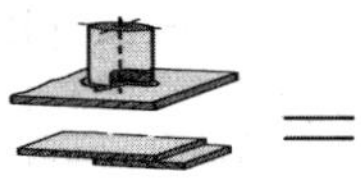 ; 표면(surface) 접합부

④  : 경사 접합부

⑤ 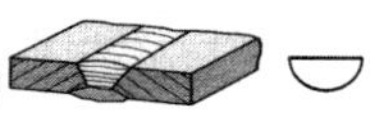 : 이면 용접

⑥  : 필릿 용접

⑦ 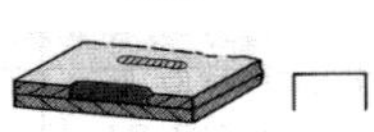 : 플러그 용접, 플러그 또는 슬롯 용접(미국)

⑧  : 점 용접

⑨  : 심(seam) 용접

⑩ 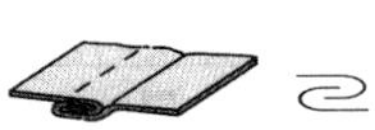 : 겹침 접합부

나. 용접 보조 기호

기본 기호에 이 기호를 사용함으로써 기본 기호를 보조하는 역할을 하는 것으로 용접부 표면의 형상을 이해할 수 있도록 도와주는 기호이다.

1) 용접 보조 기호의 종류 [표 5-2 참조]

표 5-2 용접 보조 기호

① 필릿 용접부 볼록비드 : ⌒ ② 필릿 용접부 오목 비드 : ◡

③ 필릿 용접부 평면 비드 : — ④ 끝단을 매끄럽게 함 : ⅃

2) 용접 보조 기호와 적용의 예

①  : 편면 마감 처리한 V형 맞대기 용접

②  : 이면 용접이 있으며 표면 모두 평면 마감 처리한 V형 맞대기 용접

③  : 볼록양면 V형 용접

④ 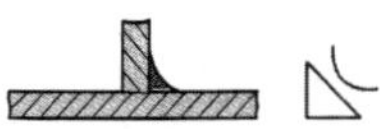 : 오목 필릿 용접

⑤  : 넓은 루트면이 있고 이면 용접된 V형 맞대기 용접

⑥ ⌈M⌉ : 영구적인 덮개판 사용 ⑦ ⌈MR⌉ : 제거 가능한 덮개판 사용

3) 다듬질 방법의 보조 기호

① G : 연삭 ② C : 치핑

③ M : 기계 가공 ④ F : 지정하지 않음

다. 용접부의 용접 기호 표시 방법

1) 설명선

용접부를 기호로 표시하기 위하여 사용하는 선으로, 화살표(지시선)와 기준선(실선), 식별선(점선), 꼬리로 구성되며, 꼬리는 필요 없으면 생략해도 된다. 용접 기호는 이 실선이나 점선에 붙여 용접부를 표시한다. [그림 5-1 참조]

그림 5-1 설명선 표시 방법

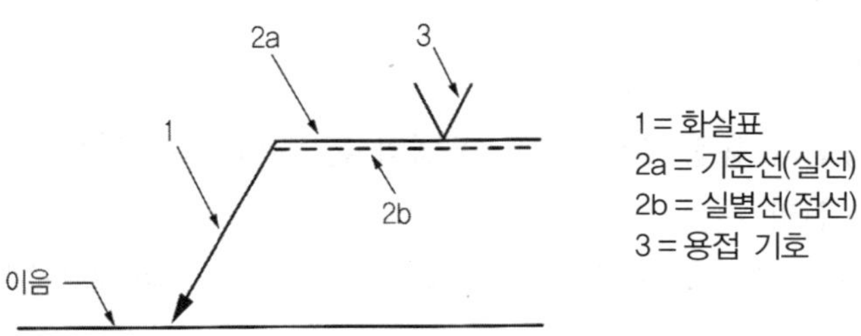

2) 용접 기호 기재 방법 [그림 5-2 참조]

① 용접 기본 기호는 기준선의 위 또는 아래 둘 중에 어느 한쪽에 표시한다.

② 용접부(용접면)가 이음의 화살표 쪽에 있을 때의 기호는 실선 쪽의 기준선에 표시한다.

③ 용접부가 화살표의 반대쪽에 있을 때에는 점선 쪽에 기본 기호를 붙인다.

그림 5-2 기준선에 기본 기호 위치에 따른 용접 방향

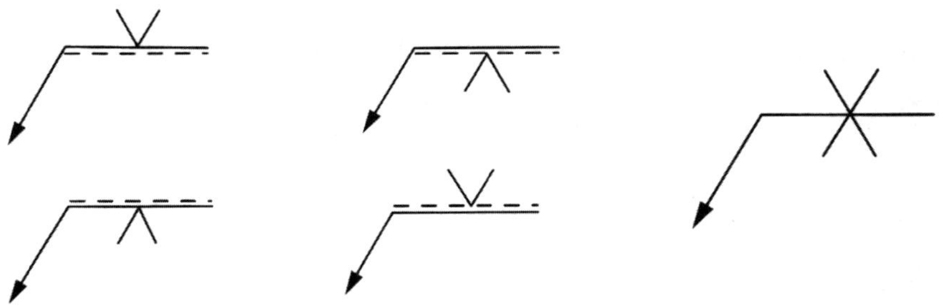

(a) 화살표쪽 용접 (b) 화살표 반대쪽 용접 (c) 양면 대칭 용접

④ 용접 이음부의 보조 기호로는 치수, 강도(S), 용접 방법 등을 표시하는데, 치수의 숫자 중에서 가로 단면의 주요 치수는 용접부 기본 기호의 좌측에 기입한다.

⑤ 세로 단면 방향의 치수는 일반적으로 기본 기호(⬚)의 우측 n×L(e)에 기입한다.

⑥ 표면 모양(—) 및 다듬질 방법(G) 등의 보조 기호는 용접부의 모양 기호 표면에 근접하여 기재한다.

⑦ 현장 용접(▶), 일주 용접(○ : 전체 둘레 용접), 현장 일주 용접(○) 등의 보조 기호는 기준선과 화살표의 교점에 표시한다.

⑧ 꼬리 부분(T)에는 용접 자세, 비파괴 시험 방법, 용접 방법 등을 기입한다.

- ⬚ : 기본 기호(V, X, Ⅹ, ◺ 등)
- S : 용접부 단면 치수 또는 강도(홈의 깊이, 필릿의 목 길이, 플러그 구멍의 지름, 슬롯 홈의 나비, 심의 나비, 점 용접의 너깃 지름 또는 한 점의 강도 등)
- R : 루트 간격
- A : 홈의 각도
- ℓ : 단속 필릿 용접의 용접 길이, 슬롯 용접의 홈 길이 또는 필요한 경우 용접 길이
- n : 단속 필릿 용접의 수
- e : 단속 필릿 용접, 플러그 용접, 슬롯 용접, 점 용접 등의 피치(용접부 끝과 인접 용접부 사이의 거리)

- T : 특별 지시 사항(J, U형 등의 루트 반지름, 용접 자세, 용접 방법, 비파괴 시험 보조 기호, 기타 등)
- – : 표면 모양의 보조 기호 : - : 평면 비드, ⌒ : 볼록 비드, ◡ : 오목 비드
- G : 다듬질 방법의 보조 기호(G : 연삭, C : 치핑, M : 기계 가공, F : 지정하지 않음)

그림 5-3 용접 시공 내용의 기재 방법

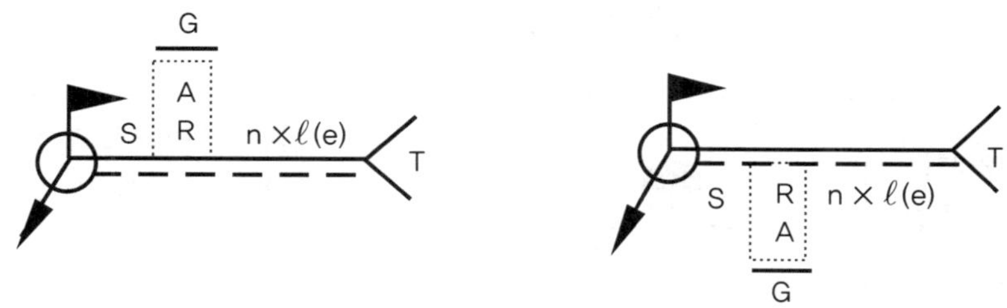

(a) 화살표쪽 용접 (b) 화살표 반대쪽 용접

3) 용접부의 치수 표시

① 가로 단면에 관한 주요 치수는 기호의 왼편(기호의 앞)에 기입하며, 세로 단면에 관한 주요 치수는 기호의 오른편(기호의 뒤)에 기입한다. [그림 5-3 참조]
② 치수 표시가 없는 한 맞대기 용접에서는 완전 용입 용접을 한다.
③ 어떤 표시도 없는 것은 용접 부재의 전체 길이로 연속 용접을 의미한다.
④ 플러그 또는 슬롯 용접부, 필릿 용접부의 경우 용입 깊이 치수는 S8a6 같이 표시한다.(S8a6 : 실제 목 두께 8mm, 이론 목 두께 6mm의 뜻)

그림 5-4 치수 숫자의 표시의 예

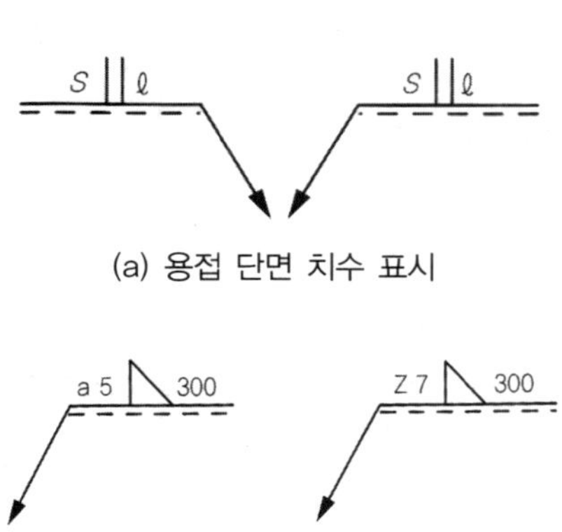

(a) 용접 단면 치수 표시

(b) 필릿 용접 도시

그림 5-5 필릿 용접 치수 표시법

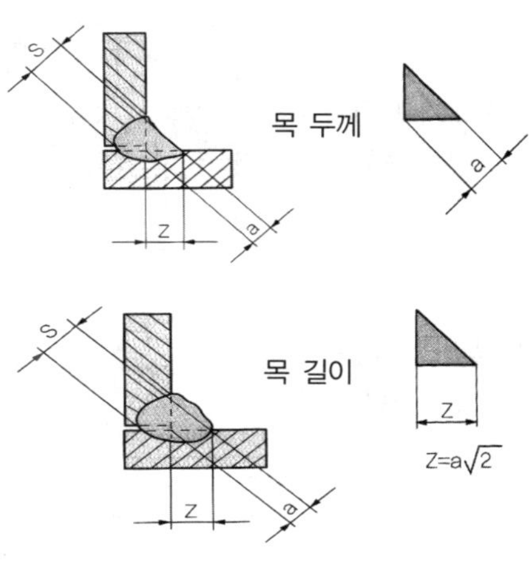

표 5-3 주요 치수 표시

번호	용접부 명칭	도 시	정 의	기호 표시
1	맞대기 용접	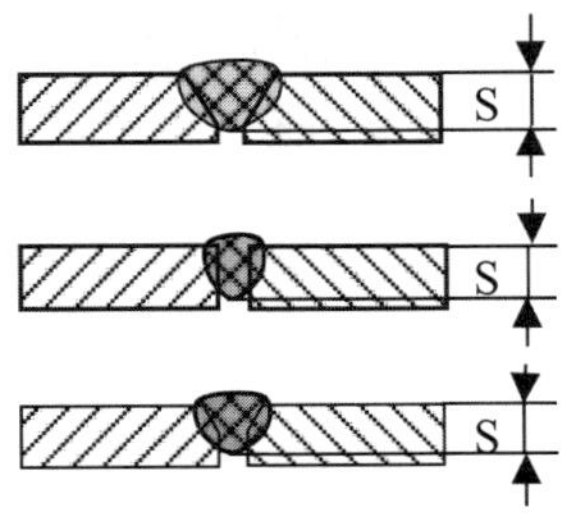	S : 연하게 부재의 두께보다 커질 수 없는 거리로서, 부재의 표면으로부터 용입 바닥까지의 최소 거리	
2	플랜지형 맞대기 용접	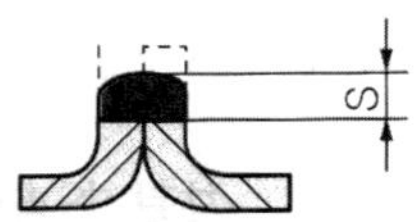	S : 용접부 바닥면으로 부터 용입 바닥까지의 최소 거리	
3	연속 필릿 용접	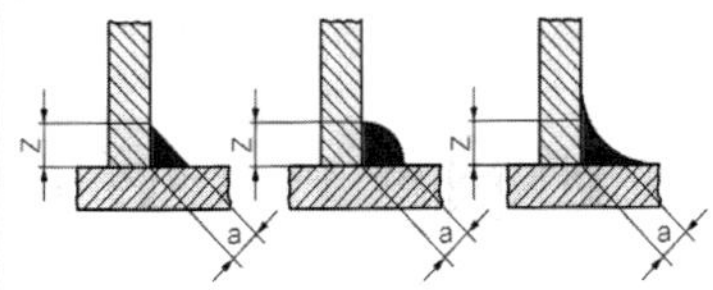	a : 단면에서 표시될 수 있는 최대 2등변 삼각형의 높이 Z : 단면에서 표시될 수 있는 최대 2등변 삼각형 변	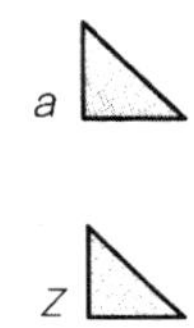
4	단속 필릿 용접	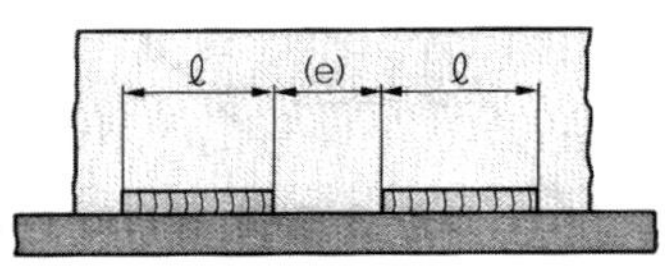	ℓ : 용접부 길이 (크레이터부 제외) (e) : 인접용접부 간격 n : 용접부의 수 a : 번호 3 참조 Z : 번호 3 참조	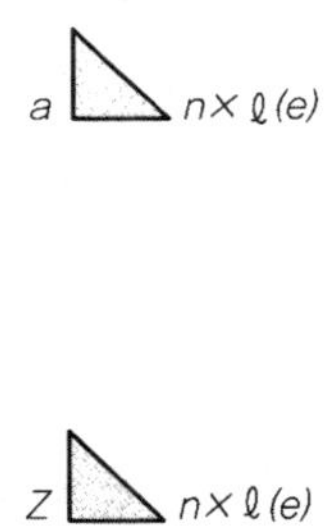
5	지그재그 단속 필릿 용접	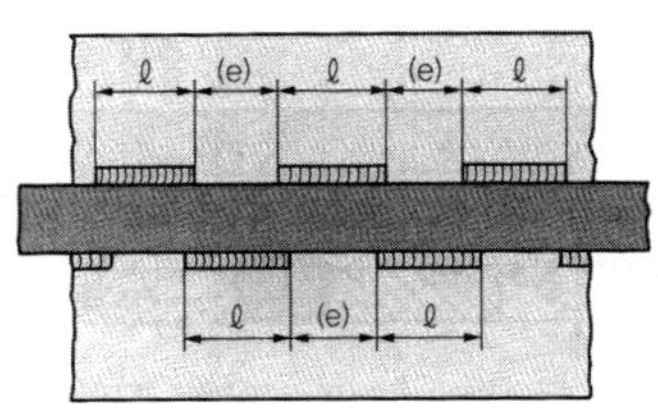	ℓ : 4번 참조 (e) : 4번 참조 n : 4번 참조 a : 번호 3 참조 Z : 번호 3 참조	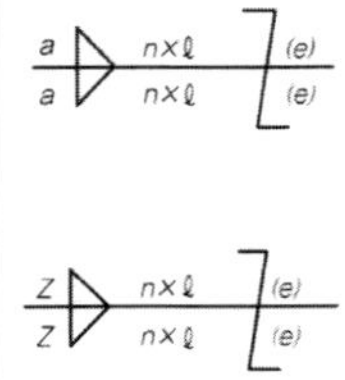
6	플러그 또는 스폿 용접	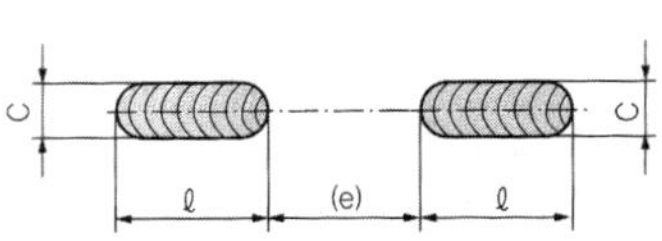	ℓ : 4번 참조 (e) : 4번 참조 n : 4번 참조 c : 슬롯부의 폭	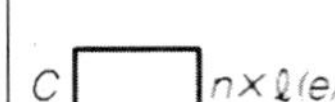

7	심(seam) 용접	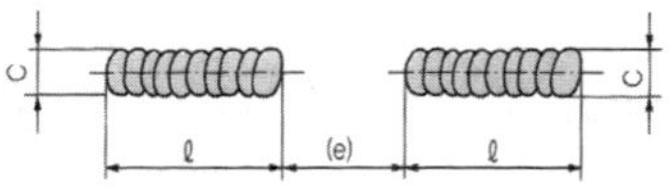	ℓ : 4번 참조 (e) : 4번 참조 n : 4번 참조 c : 슬롯부의 폭	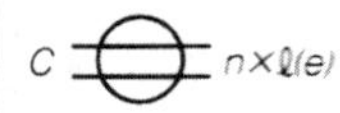
8	플러그 용접	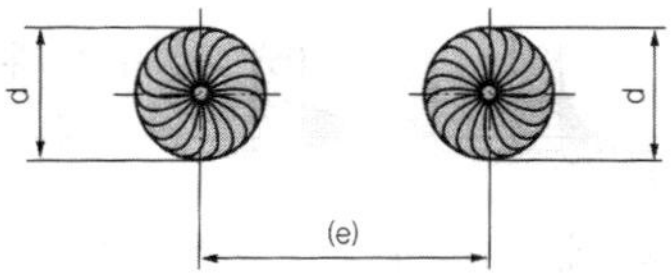	ℓ : 4번 참조 (e) : 간격 d : 구멍 지름	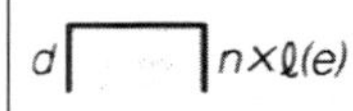
9	스폿(spot) 용접	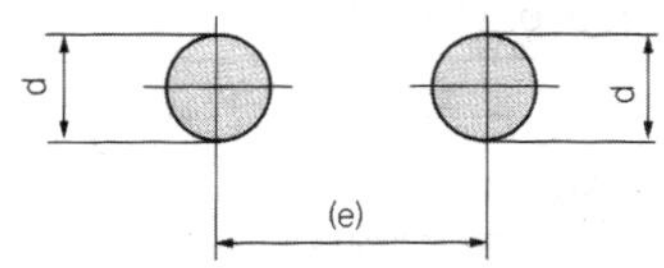	ℓ : 4번 참조 (e) : 간격 d : 스폿부의 지름	

4) 프로젝션 용접부의 표시

프로젝션의 지름 d=5mm, 프로젝션 간격 (e)로 n개의 용접 개수를 가지는 ISO 8617에 따른 프로젝션 용접의 표시이다.

그림 5-6 프로젝션 용접부 표시

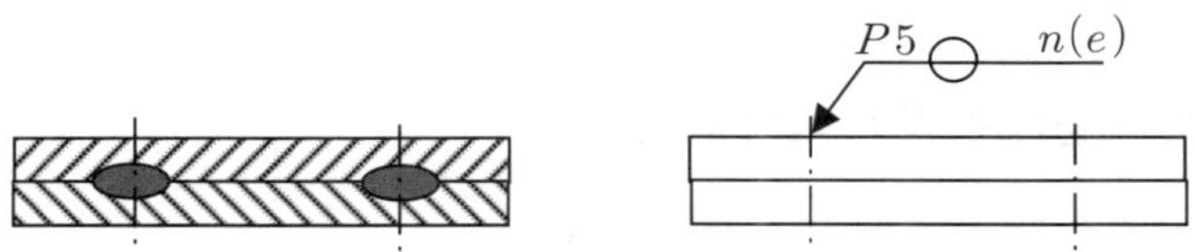

2 비파괴 시험 기호

가. 비파괴 시험 기호 표시 방법

비파괴 시험 기호(KSB 0056)는 1995년 10월 30일부로 폐지되었으니, 참고로 보기바람

1) 용접부에 비파괴 시험 기호만을 필요로 하는 경우

① 기준선은 통상 수평선으로 하고 필요한 경우는 꼬리를 붙일 수 있다.

② 지시선은 시험부를 지시하는 것으로서 기준선에 대하여 약 60°의 직선으로 하고 지시되는 쪽에 화살표를 붙인다.

③ 시험하는 쪽의 화살표가 있는 쪽일 때는 실선쪽에, 화살표의 반대쪽일 때는 파(점)선쪽에 기재한다. [그림 5-7 참조]

그림 5-7 화살표 쪽, 반대쪽 기호 표시

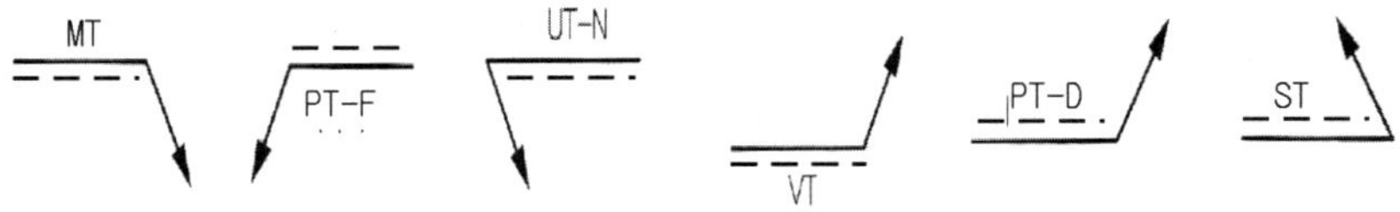

(a) 화살표쪽 검사　　　(b) 화살표 반대쪽 검사

④ 시험을 양쪽에서 할 때는 기호를 양쪽에 기재 [그림 5-6 (a) 참조], 어느 쪽에서 해도 좋을 때는 기준선 중앙에 기재 [그림 5-6 (b) 참조]

그림 5-8 양쪽에서 시험하는 경우의 기재 방법

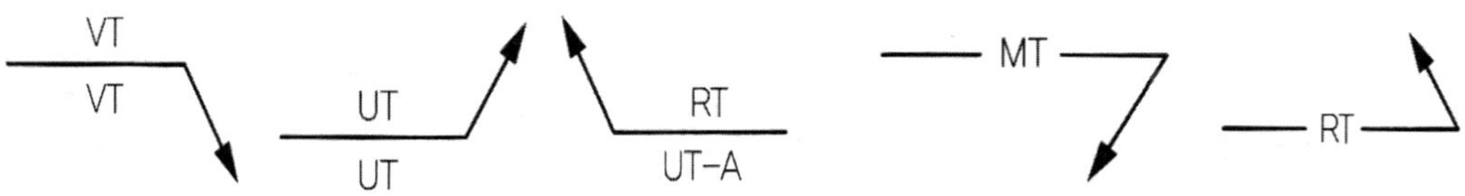

(a) 양쪽에서 시험의 경우 기재　　　(b) 어느 쪽에서도 좋음

⑤ 2개 이상의 시험을 할 때는 [그림 5-9]과 같이 기재한다.

그림 5-9 2개 이상 시험하는 경우 기재 방법

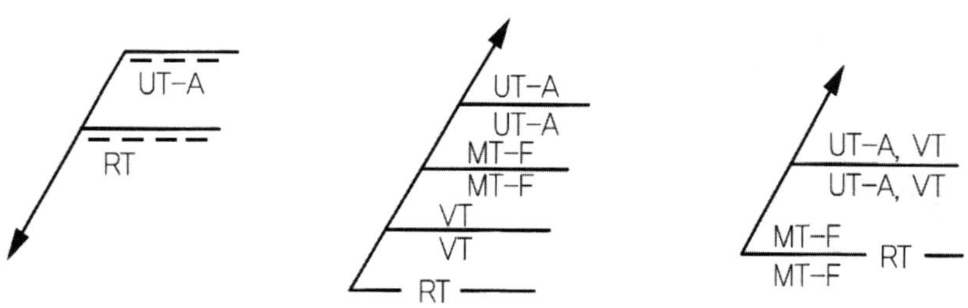

⑥ 시험하는 부분의 길이 및 수량의 표시는 [그림 5-10 (a)]와 같이 기재하며, 특별한 지시 사항, 기준명, 시방서 및 요구 품질 등급 등은 [그림 5-10 (b)]와 같이 꼬리 부분에 기재한다.

그림 5-10 시험 부분의 길이 표시 및 꼬리 부분 표시

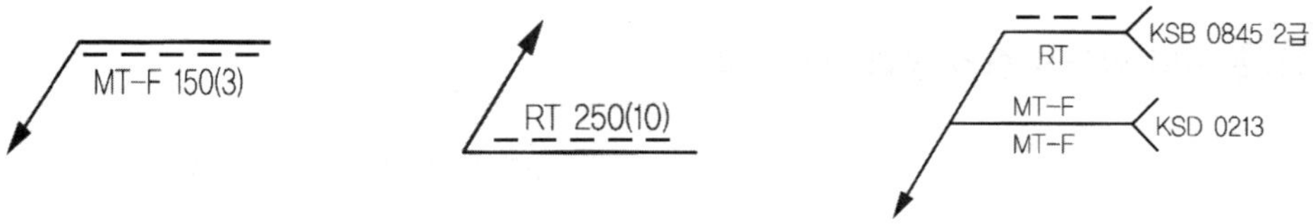

⑦ 특별히 시험 방법을 지정할 필요가 있을 때는 [그림 5-11]과 같이 기재한다.

그림 5-11 특별한 시험 방법 지정시 기재 방법

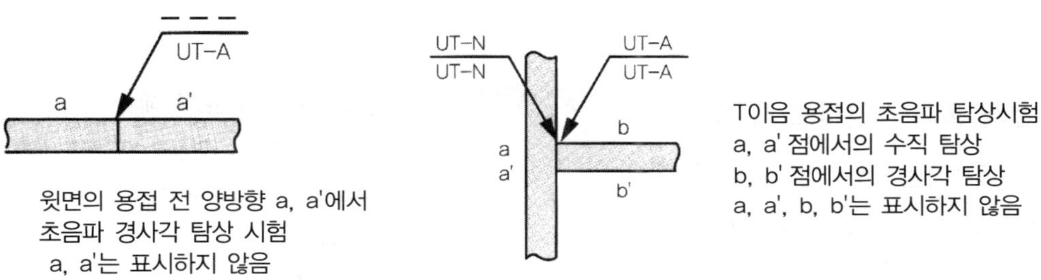

⑧ 전체 둘레를 시험할 때는 [그림 5-12 (a)]와 같이 하며, 시험 부분(면적)을 지정할 때는 [그림 5-12 (b)]와 같이 모서리에 ○을 붙인 점선으로 둘러싼다.

그림 5-12 온(전체) 둘레 및 부분 지정 시험 기재 방법

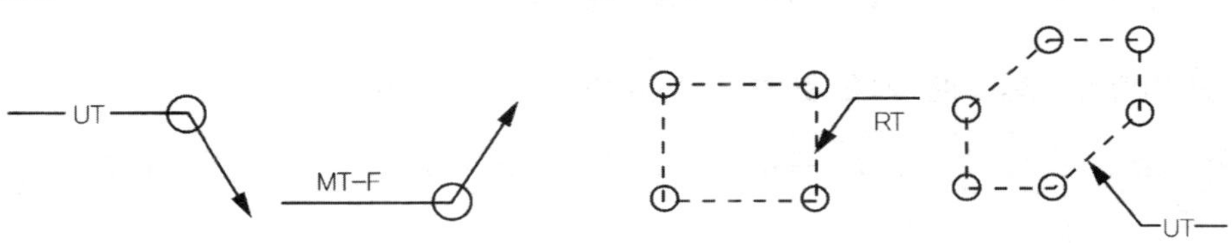

(a) 온(전) 둘레 시험 (b) 시험부 지정

나. 구체적인 시험 기호 기재의 보기

1) 시험 위치를 지시한 보기

[그림 5-13]은 좌우 350mm의 2 곳을 형광 자분 탐상(왼쪽)과 형광 침투 탐상(오른쪽)하는 것을 나타낸 것이다.

그림 5-13 시험위치 및 시험 방법 표시 예

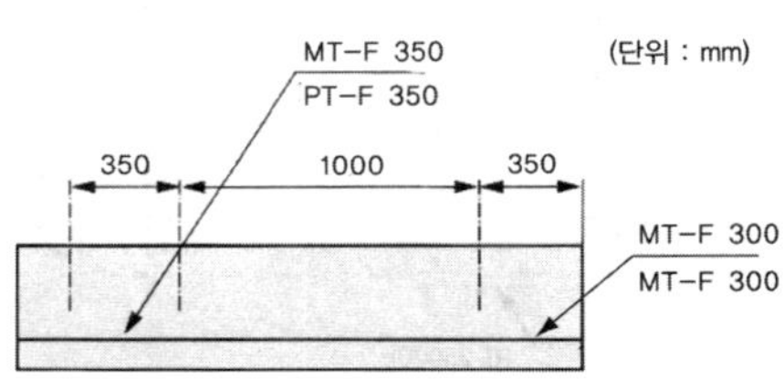

2) 관(파이프)의 방사선 촬영 방법의 예

그림 5-14 관의 방사선 촬영 방법 표시의 예

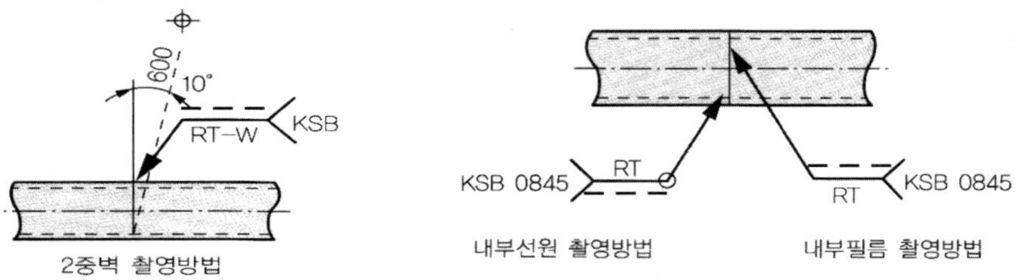

방사선원 이리듐을 사용하여 입사각 10° 필름 선원간 거리를 600의 위치로 하는 경우

3) 전체 둘레 시험의 표시 예

[그림 5-15]는 Ir(이리듐) 내부 선원에 의한 플랜지 끝면에서 50mm 내는 전체 둘레를 형광 자기 탐상 시험하는 것을 나타낸 것이다.

그림 5-15 전체 둘레 시험의 표시 예

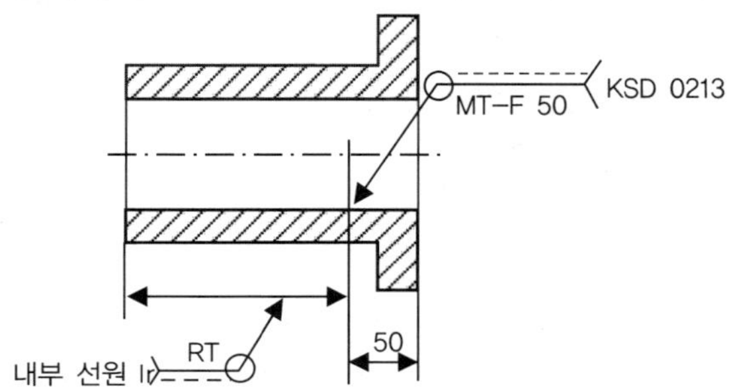

다. 용접부 비파괴 시험 기본 기호 및 보조 기호

표 5-4 비파괴 시험 기본 기호 및 보조 기호(KSB 0056 규정)

기본 기호	시험의 종류	보조 기호	내 용
RT	방사선 투과 시험	N	수직 탐상
UT	초음파 탐상 시험	A	경사각 탐상
MT	자분 탐상 시험	S	한 방향으로 부터의 탐상
PT	침투 탐상 시험	B	양 방향으로 부터의 탐상
ET	와류 탐상 시험	W	이중 벽 촬영
LT	누설 시험	D	염색, 비형광 탐상 시험
ST	변형도 측정시험	F	형광 탐상 시험
VT	육안 시험	O	전체 둘레 시험
PRT	내압 시험	Cm	요구 품질 등급

실전 심화 학습 문제

{제5절 | 용접 기호와 비파괴 검사 기호}

01 용접 기본 기호 중 ' || ' 는 무슨 용접을 나타내는 것인가?

02 용접 기본 기호 중 필릿 용접을 나타내는 기호를 쓰시오.

03 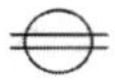 기호는 무슨 용접을 나타내는 것인가?

04 용접 보조기호 중 토우를 매끄럽게 함을 의미하는 기호를 쓰시오.

05 용접 보조기호 중 [M] 는 무엇을 의미하는가?

06 다음 (　) 안에 기호를 그리시오.

1) 현장 용접 : (　　　), 2) 일주 용접 : (　　　), 3) 현장 일주 용접 : (　　　)

07 다음의 다듬질 방법의 보조 기호의 가공 방법을 쓰시오.

G : (　　　), C : (　　　), M : (　　　)

08 우측 용접 기호 표시에서 $n \times \ell(e)$의 의미를 쓰시오

n : (　　　　　) ℓ : (　　　　　)

e : (　　　　　)

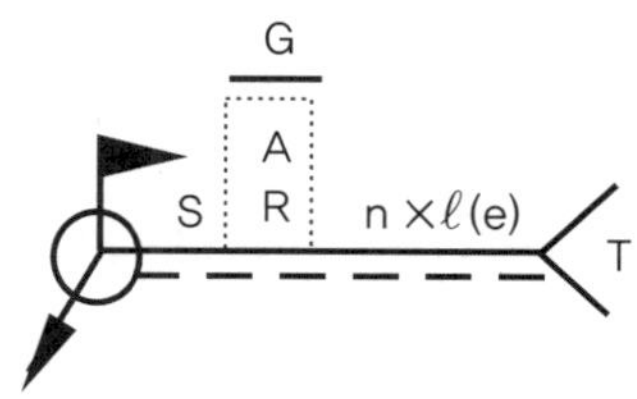

09 비파괴 검사법 표시 중 '화살표쪽에서 검사'를 의미하는 기호를 쓰시오.

10 비파괴 검사 보조 기호 중 수직 탐상을 나타내는 기호는 무엇인가?

11 다음은 X형 홈의 용접부이다. 이를 용접기호로 표시하시오.

– 홈의 깊이 : 화살쪽 15mm, 화살 반대쪽 8mm

– 홈의 각도 : 화살쪽 60° Root 간격 3mm, 화살반대쪽 90° Root Face 2mm

해답

1. 평(I)형 맞대기 용접

2. 

3. 심(seam) 용접

4. 

5. 영구적인 이면판재(backing strip) 사용

6. 1) , 2) ○, 3) 

7. G : 연삭, C : 치핑, M : 기계 가공, F : 지정하지 않음

8. n : 용접부의 수, ℓ : 용접부 길이(크레이터부 제외), (e) : 인접용접부 간격

9. 그림 5-7 참조

10. N

11. 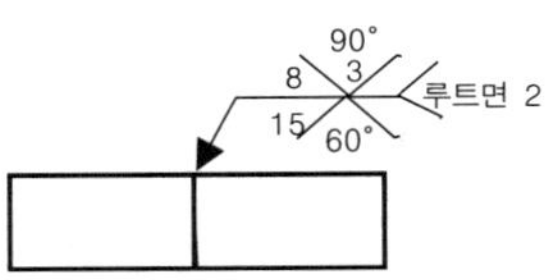

제6절 | WPS(용접절차 사양서) 및 PQR(용접절차 인정 기록서)

1 WPS(WELDING PROCEDURE SPECIFICATION)

가. WPS 작성의 의의

WPS(용접절차 사양서)는 용접 구조물 설계 도면과 시공 도면에 따라 구조물을 제작 및 설치 방법 등의 세부 지시 사항 등 용접작업에 관한 정보와 지식을 포함하고 있는 명세서로서, 용접사나 용접 관계자가 용접작업이 실행될 수 있는 범위(모재의 재질과 두께, 용착금속 두께), 사용 가능한 용접 자재, 용접기의 전기적 특성 등의 모든 조건 등을 나타낸 것이다.

나. 적용 범위

(주) ○○○사의 시공 현장에서 설치, 시공되는 용접(철) 구조물, 압력 및 비압력 용기, 각종 배관 설비 등에 대한 용접에 적용한다.

다. 적용 목적과 책임

시공 현장에서 용접 품질을 향상시키며 요구사항이 절차에 따라 시행되어 가는지를 관리하기 위함이며, 현장 소장은 현장의 전반적인 용접작업에 대한 관리 및 감독을 할 책임과 권한을 갖고 관리를 해야 되며, 관리 담당자는 용접 작업 및 장비의 관리 및 감독, 용접절차 인정기록서(PQR) 작성 유지, 자격 검정 및 검정 기록서를 작성하며, 용접 작업이 "용접절차 사양서(WPS, Welding Procedure Specification)"에 따라 수행되는지를 관리해야 된다.

라. WPS에 포함되는 내용

용접 절차 사양서는 일반적으로 다음과 같은 사항을 작성하며, WPS를 작성하기 전에 각종 시험 검사를 통하여 용접절차 인정 기록서(PQR)를 작성한 후 WPS를 작성하게 되며, 구조물이나 제품의 종류, 사용 목적에 따라 지정 항목을 다르게 할 수 있다.

① 구조물 명칭과 용어의 의미, 수량, 구조 형상, 치수, 종류와 등급, 관리 규격 성능(품질)
② 공사 범위와 적용 범위, 사용 목적, 용접 시공법, 기술자, 용접사의 자격
③ 제조 또는 가공 방법, 성능 시험, 도장, 예비 및 부속품, 보증(유지, 보수, 관리) 및 기타

마. WPS와 PQR의 관계

1) 용접 재료 선택

용접 구조용 재료는 용접성이 양호하여 용접 시공 조건에 대하여 결함이 없는 우수한 성능이 발휘될 수 있는 것이 필요하다. 강의 용접부는 열영향부의 경화에 의하여 경화하는 경향이 있으며, 경화성이 큰 강재는 균열을 일으키기 쉬우므로, 경화성을 지배하는 하나의 요인인 강재의 탄소당량이 가능한 범위에서 낮은 것(0.4% 이하)을 선택하는 것이 좋다.

용접 구조용 재료 중에서 가장 많이 사용되는 것은 일반 구조용 압연 강재, 용접 구조용 압연 강재, 기계 구조용 탄소강, 보일러용 압연강재, 저합금 고장력강, 저온용 강재 등이 있다.

2) WPS 및 PQR 작성의 체계

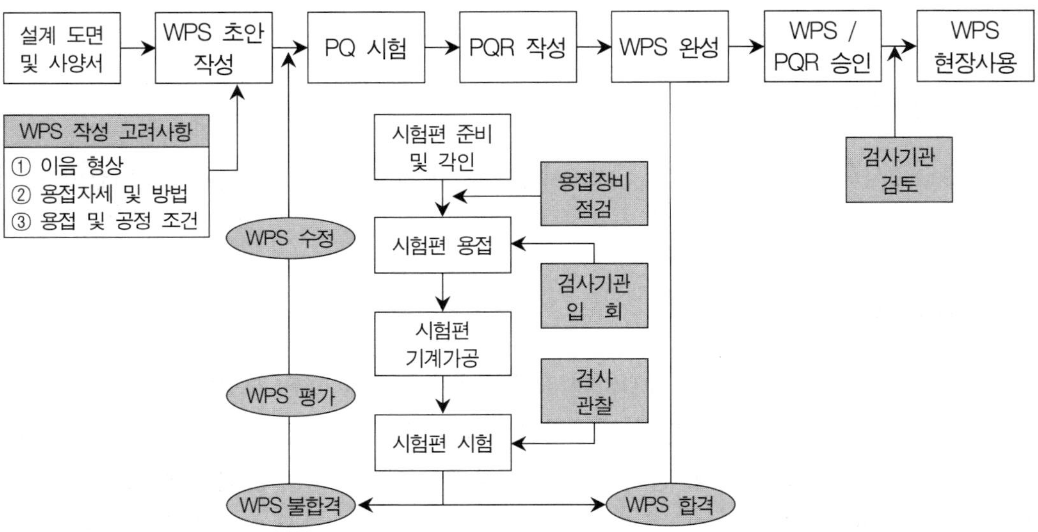

2 PQR(용접절차 인정 기록서) 작성

가. 장비 점검 및 자재 관리

1) 장비 점검

용접 장비는 요구 품질이 확보될 수 있도록 이상 유무의 확인 및 관리해야 한다.

2) 자재 관리

용접 자재는 사용하기 쉽고 습기를 방지할 수 있는 장소에 보관 관리되어야 한다.

나. 일반 사항

관리자는 압력을 받는 부분의 용접 작업은 적법한 절차에 따라 용접사 관리 규칙에 의한 자격이 인정된 용접사에 의해 수행되어야 하며, 압력을 받지 않는 부분의 용접은 용접 작업이 가능하다고 판단하여 선임한 용접사에 의해 용접 작업이 수행되어야 한다.

다. 용접 절차

1) 용접 전 용접부위 가공

용접 부분의 모서리 및 예리한 부분은 기계 가공, 연삭 등의 방법으로 처리를 하며, 기름, 먼지 등 오염 물질로부터 보호되어야 한다.

2) 고정 및 중심선 맞춤(Fitting & Aligning)

용접에 의해 결합될 부분은 고정구, 물림쇠 등으로 용접 중에 이완되지 않도록 보호되어야 한다.

3) 가용접(가접, Tack Welds)

중심선 맞춤을 하기 위해 가접한 부분은 용접 후 이를 제거하거나 끝단을 그라인딩 또는 적당한 방법으로 처리하여 최종 용접이 양호하게 정리되어야 한다.

가접은 "WPS"에 따라 일정한 간격으로 본용접에 방해되지 않게 용접한다.

4) 층간 청결 유지 및 예열, 퍼징(purging)

각 용접 비드는 다음 용접 작업 전에 모든 플럭스, 스패터, 슬래그 및 기타 이물질 제거 등 층간 청결(Interpass cleaning)을 유지해야 된다.

그리고, "WPS"에 따라 용접부와 주위 온도의 차이로 인한 용접 결함 발생을 방지하기 위하여 필요시 용접 전에 용접부에 가열 토치를 사용하여 예열을 실시해야 되며, 용접부 뒷 부분의 퍼징이 요구될 때 "WPS"에 따라 퍼징한다.

5) 후열 처리

“WPS”에 따라 필요시 용접 후 후열처리를 실시한다.

라. 본용접 작업

본용접 작업 개시 전에 “WPS”에 의거 예열, 적용전류, 전압, 용접자재 종류 등 필요한 사항을 확인 후 용접을 해야 되며, 모든 맞대기 용접부는 완전 용입이 되고, 용접부의 두께는 모재 두께보다 두꺼워야 되며, 용접부는 용접 완료 후 사양서에 따라 검사해야 된다.

마. 용접결함 수정

외관(육안) 검사(VT) 또는 비파괴 검사(NDT)에 의해 발견된 용접 결함은 비파괴검사 보고서에 기록하고 수정해야 한다.

3 합격 기준

가. 일반사항

용접관리 담당자는 용접작업 전에 용접사 및 용접자재가 각각 인정되고 합격되었음을 확인하여야 한다.

나. 용접부 검사

① 용접부 표면은 방사선(RT) 시험 및 기타 비파괴 시험 전에 비드 외관 미려도, 오버랩 및 균열 등을 확인하여야 한다.

② 언더컷(undercut)은 기준을 초과해서는 안되며 용접 비드는 요구 두께 이상 되지 않게 한다.

③ 용접 구조물의 내면이 용접 또는 다듬질이 필요하나 접근이 어려운 경우 다음과 같이 실시한다.

④ 외면 단차는 마무리 용접 및 필요시 추가 용착금속에 의해 폭을 적당히 경사지게 다듬질한다.

⑤ 파이프 등 원주 이음부의 경우 내경이 약 1.6mm 내에 양방 단차를 가져야 한다.

⑥ 용접 대상물이 동심원으로 정열되었을 때 획일적인 단차는 이음부 둘레에 대해

0.7mm 이내이어야 한다.

⑦ 길이 이음부의 경우 내면의 단차는 2.4mm를 초과할 수 없고 외면의 경우는 마무리 용접 또는 필요시 추가 용착금속에 의해 적당히 테이퍼 지도록 다듬질 하여야 한다.

4 PQ 시험 방법 및 절차

가. 적용 범위

1) 시험 종류 및 방법

시험편 채취 위치 및 방법, 절차의 합격기준 등을 표시하고, PQR 작성법에 대해 표시한다. ASME Ⅸ에서는 QW 202.2(c)와 QW-451.4에 따라 필릿 용접부는 홈 용접 시험으로 되기 때문에 Groove Weld Procedure Qualification에 대해서만 언급한다.

2) PQ 시험 절차

① ASME SECT. Ⅸ 최신본의 용접일반 요구사항과 용접절차 검정사항을 전체적으로 파악하고 있어야 된다.(발주자 Spec.의 요구사항도 동시에 점검함)

② 기존 PQR을 추적하여 새로운 PQ Test 유무를 결정한다.(기존 PQR은 용접기술 개발팀에서 통합 보관함.)

③ 새로운 PQ 시험이 결정되면 다음과 같이 실시한다.

㉠ 시편준비 : 일반적으로 SMAW, GTAW, GMAW, FCAW는 t×150W×300 L, SAW는 t×200 W×400 L며, 덧붙임 용접은 t×150 W×150 L를 사용한다.(Test 종류에 따라 약간의 치수 변경이 있을 수 있음)

㉡ 용가재 준비 : ASME SECT. Ⅱ PART C와 발주자 Spec.을 만족하는 용가재를 선택한다.

㉢ PQ NO.는 Super Tech. System에서 시편 NO.는 용접기술 개발팀에서 발급받아 Draft WPS & PQ Spec.에 반영한다.

㉣ 시험 종류 및 개수 결정

④ 형틀 굽힘 시험(guide bend test)

시험 쿠폰의 두께 (T)	시편 갯수		
	측면(SIDE)	표면(FACE)	이면(ROOT)
T < 9.6	N/A	2	2
9.6 ≤ T < 19.0	4(*)	2	2
T ≥ 19.0	4	N/A	N/A

* 2개의 표면 굽힘 2개의 이면 굽힘 대신에 4개의 측면 굽힘 시험으로 대체할 수 있다.

⑤ 인장 시험(tension test) : 전체 두께로 2개를 시험하는 것이 원칙이며, 시험 쿠폰이 1”(25.4mm)를 초과하면 시험 장비의 용량에 맞게 여러 개의 시편으로 나누어 시험할 수 있다.(시편 SIZE : QW-462.1 (a) - (e) 참조]

⑥ 경도 시험(hardness test) : 발주자의 스팩(Spec.) 요구시 실시, 용접금속, HAZ, 모재를 구분하여 실시, Overlay 용접

⑦ 화학 시험(chemical test) : 발주자의 스팩(Spec.) 요구시 실시, A-No.가 존재하지 않는 용가재로 용접시 덧붙임 용접, 시편 채취 위치

- Groove Welding : Weld Part
- Overlay Welding : QW-462.5 (Fusion Line에서 최대 검정 두께의 위치)

⑧ 매크로 시험(macro test) : 발주자의 스팩(Spec.) 요구시 실시, Overlay 용접

⑨ 충격시험(impact test) : 발주자의 스팩(Spec.) 요구시 실시, 모재가 충격치 요구시(일반적으로 화력 보일러에서는 요구되지 않음) 충격치 요구시 반드시 수행하여야 하며 이를 수행한 PQ는 요구하지 않는 경우의 WPS에는 사용가능하나 반대는 불가함

나. WPS 초안 작성

WPS 작성 지침을 기본으로 하며, 용접봉 제조사의 카탈로그를 참조하여 작성한다.

1) 시험 합격 기준

① 인장 시험(tension test) : 모재의 최소 인장강도 이상 요구되며, 인장강도가 다른 두 모재일 경우 작은 것보다 클 것 모재나 Fusion Line이 떨어졌을 때 모재의 인장강도 5% 이하보다 클 것

② 형틀 굽힘시험(guide bend test) : Transverse 용접 굽힘시험의 용접부와 HAZ는 시험 후 완전할 것 용접부나 HAZ 부위에 3.175mm를 초과하는 Open Defects가 없을 것 슬래그 혼입, 기타 내부결함의 원인이 아닌 Crack이 시험도 중 Corner에서 나타나지 않을 것 내부식 오버레이 용접시 1.59mm를 초과하는 열린 결함이 없어야 하며, Bond Line에서는 3.175mm를 초과하는 열린 결함이 없을 것

③ 조직 시험(macro test) : 용착부와 모재부가 완전히 용융되고 크랙이 없어야 함

④ 화학분석 시험(chemical test) : A-No가 부여될 때에는 ASME SECT.Ⅸ, QW-442를 만족해야 됨. A-No가 부여되지 않을 경우에는 제작자의 Catalogue에 명기된 성분과 비교하여 적정 여부를 판단함

⑤ 경도시험(hardness test) : ASME Code에서 특별히 요구되는 사항은 없음

2) PQ Spec. 작성(공정 점검표 작성)

PQ 시험시 수행되는 각 공정들을 나열한 것으로써, 시편 준비부터 용접, 가공, 각종 시험 종류, 열처리 사항 등이 나열되어진다.

3) PQR(Procedure Qualification Record) 작성

시험 결과를 그대로 기록하는 것을 원칙으로 함

① PQR No.

② PQR 작성 월, 일, 년도

③ 초안 WPS No.

④ PQ SPEC. 작성 날짜 PQ 시작 날짜

⑤ 용접 방법 : SAW, SMAW, GTAW, FCAW, GMAW 등

⑥ 용접 형태 : Manual, Semiautomatic, Automatic, Machine

⑦ 자재 사양 기록

⑧ P-No, Gr-No, QW-422에 명기된 것 중의 하나

⑨ 모재의 두께 기입

⑩ 용착금속의 두께 : 복합 과정은 각각의 용착금속 두께 표기

⑪ 파이프 직경 및 두께 표기(Pipe로 PQ Test를 하지 않을 경우 N/A로 표기)

⑫ 자세(QW-461)

⑬ 용접진행 방향 : 수직 자세일 때 상향이나 하향으로 표기

⑭ 차폐 가스 : GTAW, FCAW, OFW, PAW, EGW, EBW에 가스 종류 및 용제, 유량 기록

⑮ 가스 Backing : 가스 종류 및 용제 기록, 해당없으면 N/A 기록

⑯ 예열 : 용접 기록서에 기록된 온도에서 가장 낮은 온도 기록(최초의 기록)

⑰ 패스간 온도 : 용접 기록서에 표기된 온도 중 가장 높은 온도를 Max. 온도로 함

⑱ 예열 온도 : 유지시간 표시

⑲ 열처리 온도 및 유지 시간

- 열처리 기록서에 열처리 Chart에 기록된 실제의 유지온도 및 시간 표기
- 열처리 기록서 No. 등 표기

⑳ 사용된 조인트 형상 : Single-V, Double-V, Single-U, Double-U, Groove 등
㉑ 조인트 형상 그림 : 용접 기록서에 기록된 조인트 형상 및 비드의 적층순서를 그대로 표기
㉒ 용융 형태 : Spray, Globular, Pulsing, Short Circuiting
㉓ 진동 : 기계(Machine)나 자동용접에만 적용, 발생기간 주파수, 진폭 기록
㉔ 굽힘(Beading) 형태 : Stringer나 Weave
㉕ 용접봉극수 : Single이나 Multiple
㉖ 백가우징 방법 : Grinding, Arc Air Gouging(일반적으로 GTAW는 None)
㉗ 패스 형태 : 다층 패스 또는 단일 패스
㉘ Sup. Filler 등 표시
㉙, ㉚ 용접 기록서대로 표기
㉛ 용접봉 상표명 기록
㉜ Notes : 최대 입열(충격시험 요구시), 기타 특기사항 기록
㉝ 인장시험 결과 기록 : 파괴형태 및 위치
㉞ 굽힘시험 결과 기록 : 결과란에 결함이 없을 시 Good, Accept 등으로 표기
㉟ 충격시험 결과 기록 : 시험한 검사치 기록
㊱ 화학성분 분석 기록 : Overlay 용접시에는 시편 채취 위치도 기록할 것
㊲ 비파괴 검사 결과
㊳ Fillet 용접시험 결과 기록
㊴ 경도시험 등 기타 시험 결과 기록 : 시험한 검사치 또는 최소, 최대치만 기록할 수 있음.
㊵ 유자격 용접사 성명
㊶ 용접사 I.D No.
㊷ 물리적 시험 및 화학시험 수행자 명

다. WPS (Welding Procedure Specification) 작성

1) 작성 주안점

① PQR을 근거로 ASME SECT. Ⅰ&Ⅸ에 따라 WPS를 작성한다. AWS Code에 따라 사전에 인정된(Prequalified) 경우는 PQR이 별도로 요구되지 않는다.
② '필수 변수, 비필수 변수, 변수 없음'을 구분하여 각각의 적용 항목을 모두 기록한다.
③ TRD 201을 비롯한 대부분의 유럽 규격들은 현재 DIN EN Standard(EN 288 Part

1&3)로 통합되고 있는 실정이므로 설명을 생략함. 500 MW급 보일러 이후에는 대부분의 화력공사가 해외에서 수주되고 있으며 이들은 대부분이 ASME Code에 따라 제작되고 있다.

2) 각 항목별 WPS 작성 방법

① 관련 코드 : ASME Ⅰ, Ⅲ, Ⅷ, Ⅸ, ASME/ANSI B31.1, AWS D1.1, TRD 201 등 제작 코드 명기

② 사양서 번호 : 적용 코드와 용접방법, 모재별로 작성 순서에 따라 일련번호 부여(현재는 Super-Tech. Sys에서 자동으로 부여됨)
예) A - T - 0101 - 001

③ 일련 번호 : 조합되는 모재의 P-No. 부여
- ASME, ASME/ANSI : ASMEⅨDML PARA. QW-422에 분류된 P-No. 명기
- AWS D1.1 : Table 3.1의 모재 Group No. 명기
- TRD 201 : ASME Ⅸ의 P-No.의 화학 조성에 따라 DIN 재질의 유사성을 확인, 분류한 후 번호를 부여하되 ASME와의 구분을 위해 Z1Z1으로 기록함
- P-No. 분류가 불가능한 경우는 Z0Z0로 일괄 기록함

④ 용접방법 구분으로 복합 과정은 용접 순서대로 기록함(예 : TM, TMA 등)
- A : SAW - M : SMAW
- T : GTAW - F : FCAW
- G : GMAW - S : STUD

⑤ 적용 코드 구분
- A : ASME - W : AWS
- X : TRD 201

⑥ 일자 : WPS 최초 작성일자 명기(Dec. 24, 1999)

⑦ 일자 : 적용 PQR의 변경없이 Code에 규정된 Non-Essential Variables의 변경이나 허용범위 이내의 Essential 및 Supplementary Essential Variables(충격치가 요구되지 않는 경우)의 변경으로 WPS를 개정한 경우 개정일자 명시

⑧ 관련 시험번호 : PQR No.를 명시

⑨ 형태 : 적용 용접 과정란에 명기하고 복합 과정에서 해당 TYPE 우측 상단에 용접방법 추가 명시

⑩ 이음 : 여러 형태의 용접 이음 명시

㉠ ASME : 홈(Groove)인 경우 : Single-V, Double-X, 등으로 표기하고 여러 형태의 Groove를 표기하는 경우에는 “Grooves”로 표기

• 필릿(Fillet)인 경우 : “Fillet”으로 Fillet로 명기
• 복합으로 되어 있는 경우 : All Grooves & Fillets으로 표기

㉡ AWS : Figures 3.3 &3.4 중 적용 Design을 선택

⑪ 해당 용접 이음형태 Sketch : 필요시 개선각, Root Face Th'k, 가우징 등 표시

⑫ 루트 갭 : 범위나 최대치로 표기(ASME에서는 제한사항 없음)

⑬ 리테이너 : 유무를 None 또는 Yes로 명기

⑭ 백킹 : 해당란에 명기하고 구체적 사항 명기(예 : 모재, 용착금속l, 세라믹 바 등)

⑮ P–No. : 코드의 P-No. 명기(P-No는 PQ Test 수를 줄이기 위하여 모재의 화학성분, 용접성 및 기계적 성질에 따라 분류)

⑯ P–No. : 코드의 P-No. 명기

⑰ Gr–No. : 코드의 Gr-No. 명기(Gr-No는 P-No 내에서 충격치가 요구되는 경우의 PQ를 위하여 분류)

⑱ 사양 및 등급 : 반드시 기록할 필요는 없으나 고객의 요구나, 코드의 특정부분 규정시 명기(일반적으로 ASME Ⅰ, PW-39의 열처리 면제를 위해 요구되는 금속성 분비, 두께 제한 등을 표기)

㉠ 두께(ASME) : PQ 두께(T)10mm : 1.6mm ~ 20mm(자격 부여)

㉡ 10mm ~ 38mm : 4.8mm ~ 30mm 이상(자격 부여)

• 후열처리 등 코드 요건을 고려하여 상기 범위 내로 조정하여 작성
• 조합 용접인 경우도 해당 과정별로 최대 2배가 넘지 않도록 조정하여 작성
  예) 두께 12mm의 시편으로 GTAW(4mm)+SMAW(8mm)로 PQ 수행시

㉢ CASE 1 : WPS에는 총 두께 범위 : 4.8 ~ 24mm

• GTAW : up to 8mm(8mm 이내가 되도록 할 것)
• SMAW : up to 24mm(30mm 이내가 되도록 할 것)

㉣ CASE 2 : P-No. 4는 코드상 두께가 12.5mm 초과할 경우 후열처리를 수행해야 하지만 해당 WPS 용접 적용 부위가 12.5mm 이하로 후열처리가 필요없는 경우는 두께가 12.5mm 미만이 되야 하므로 총 두께 범위 : 4.8 ~ 12.5mm

• GTAW : up to 6mm(10mm 미만이므로 허용치 이내임)
• SMAW : up to 12.5mm(즉, 나머지 6.5mm는 SMAW로 수행)

⑲ 관 직경 범위

㉠ ASME : 용접 후열처리를 실시할 경우에는 “Unlimited”로 표기

• 용접 후열처리가 면제될 경우에는 ASME Ⅰ(PW-39), ASME Ⅷ(UCS-56), ASME/ANSI B31.1(TABLE 132)에서 Tube 및 Pipe 맞대기 용접시에 적용하고 있는 Max. OD(nominal) 규정을 명기함

㉡ AWS : 규제 조항이 없으므로 “Unlimited”로 명기함

⑳ 패스당 최대 두께

㉠ ASME : SMAW, SAW, GMAW, FCAW, FSW, EGW에는 12.7mm(QW-403.9)

- AWS D1.1 : Chapter 3의 Table 3.7의 층별 제한 두께 명시.

㉑ 자세

- ASME Ⅸ : 비 변수이므로 필요한 자세만을 명기하거나 “All”로 명기(QW-405.1)
- AWS D1.1 : Prequalified Joint : Figure 3.3, 3.4의 자세제한 규정 적용
- Qualified Joint : Table 4.1

㉒ 수직 자세 진행방향 : “UP”, “DOWN”, “N/A”로 명기하고, Orbital 용접의 경우에는 두 방향 모두를 명기함

㉓ 최저 예열온도 : 해당 제작 Code, Mat’l Spec. 및 계약 요구사항에 따라 두께별로 명시하거나 Test 치에 따른 Code의 허용치 적용

- ASME Ⅰ : Appendix A-100 및 PW-39
- ASME Ⅷ : Appendix R, Table UCS-56
- ASME/ANSI B31.1 : Para. 131.4, Table 132
- AWS D1.1 : Table 3.2

㉔ 최대 패스간 온도 : 일반적으로 아래 표를 기준으로 하나 특별한 경우 해당 코드 및 계약 요구조건 적용

재질	최대 패스간 온도(℃)	비고
탄소강 및 합금강	350	ASME Ⅸ에서는 PQR 온도에서 +56℃까지 허용함(QW-406.3). 후열처리 수행시는 스테인리스강을 제외하고는 제한없음.
오스테나이트계 스테인리스강	177	
고 Ni, Cu – 강	150	

* 2개의 표면 굽힘 2개의 이면 굽힘 대신에 4개의 측면 굽힘 시험으로 대체할 수 있다.

㉕ 예열 유지 : 용접 중은 물론 열처리 전까지 예열 온도의 계속 유지가 요구될 경우 또는 용접 완료 후 수소 방출을 위한 후열이 요구될 경우에 유지온도 및 유지시간을 명시

㉖ 용접 후열처리 온도 및 시간 범위 : 적용 코드 및 Spec.에 따라 설정함

- ASME Ⅰ : PW-39 및 PW-39.3에 따르되 Heavy Wall Th’k 제품의 경우에는 언급되지 않은 Heating/Cooling Rate, Loading/Unloading Temp.는 ASME Ⅷ의 UCS-56를 따름
- ASME Ⅷ : Table UCS-56
- ASME/ANSI B31.1 : TABLE 132
- AWS D1.1 : Para. 5.8

㉗ 가스 : 화학 기호로 표기하며 필요시 순도 명시. 아래 표에 의거 유량 표기

용접방법	강 종	GAS 성분	차폐가스 유량	백킹가스 유량	GAS CUP SIZE
GTAW	탄소강,	Ar, Ar+He	8 ~ 15L/M	4 ~ 8L/M	9 ~ 13mm
FCAW	저합금강,	CO_2, Ar+CO_2	20 ~ 25L/M	-	12 ~ 20mm
GMAW	스테인리스강	CO_2, Ar+CO_2	20 ~ 25L/M	-	12 ~ 20mm

㉘ 토치 직경 혹은 가스컵 크기 : GTAW, GMAW, FCAW Process에서 표기(상기 표 참조)

㉙ 콘택트 튜브와 용접물간의 거리 : GMAW, FCAW 및 SAW에서 표기(아래 참조)

용접방법	콘택트 튜브와 용접물간의 거리(mm)
GMAW	Short Circuit : 6 ~ 12, Spray/Globular : 13 ~ 25
FCAW / SAW	13 ~ 25 / 25 ~ 38

㉚ 진동 : 주파수 및 진폭 기록(주기를 가지고 위빙하는 자동 GTAW, GMAW, FCAW, SAW 및 ESW 등에서 Cycle/Minutes로 기록)

㉛ 미그용접의 금속 이행형태 : GMAW, FCAW Process에서의 용적의 이행형태 명시(이행형태는 Shielding Gas의 종류 및 용접전류에 따라 Spray, Globular, Short Circuit Type으로 분류됨)

㉜ 텅스텐 전극봉 형태와 크기 : "EWTh-2, Æ2.4mm"로 명시, 특별한 경우 다른 Type의 전극봉 명시

- EWTh-2 : Th 2% 함유된 Tungsten Electrode
- EWP : 순수 Tungsten Electrode
- EWZr : Zirconium 함유된 Tungsten Electrode

㉝ 플럭스 형태 : SAW Process에서 사용되는 Flux의 형태("Neutral" or "Active" Type)

㉞ 보조(분말) 용가재 : SAW, GMAW, FCAW, PAW에서 타전극의 ARC 열로 용융되는 보조 용가재의 종류를 기록함

㉟ 층번호 : 단일 Process는 "AS REQ'D or 층수를 1,2,3,⋯ 등으로 표시하고, 복합 Process는 1,2,3,⋯"과 Remains, Bal.로 기록

㊱ F-No. : 용접절차 검정 및 용접사 검정의 수를 줄이기 위한 분류임

㉠ ASME Ⅸ : 용가재 분류번호를 QW-432에 명시

㉡ AWS D1.1 : "N/A"로 명기

㊲ A-No. : 용착금속의 화학성분에 따른 분류임

㉠ ASME Ⅸ : QW-422에 명시

㉡ AWS D1.1 : Table 3.1과 같이 "5.1, 5.5" 등으로 명시(AWS의 A-No.는 ASME Ⅱ/C의 SFA-No.와 동일하며 용착금속을 화학성분에 따라 분류한 것)

㊳ SFA No.

㉠ ASME Ⅸ : ASME Ⅱ/C의 해당 SFA-No. 명시　　㉡ AWS D1.1 : “N/A”

㊴ 규격

㉠ AWS Code의 용접자재 Class로 명기

㉡ SAW의 경우는 Wire/Flux Class와 Flux Bland를 명기

㊵ 전류 형태 : “AC”, “DCRP”, “DCSP”로 기록하고 두 가지 이상 사용시 모두 기록

㊶ 암페어, 전압 및 속도 범위 : 아래 표와 같이 표준화, 단 ASME에서 충격치 제한으로 입열관리가 필요할 경우 코드 규정에 의거 제한함.(QW-409.1)

용접방법	모재종류	직경 ∅	전류범위 A	전압범위 V	속도 cm/min	비고
SMAW	탄소강 및 저합금강	2.6	50 - 85	22 - 28	6 - 25	특별한 경우 Mill Maker 권고나 Test 결과를 따름
		3.2	80 - 130			
		4.0	110 - 180			
		5.0	150 - 240			
	스테인리스강	2.6	45 - 85	22 - 28	6 - 15	
		3.2	65 - 115			
		4.0	85 - 145			
		5.0	135 - 180			
GTAW	탄소강 및 저합금강	2.4/2.5	100 - 190	10 - 15	8 - 15	
	스테인리스강	2.4/2.5	90 - 190			
FCAW	탄소강 및 저합금강	1.6	210 - 350	22 - 30	30 - 60	
SAW	탄소강 및 저합금강	2.4	300 - 350	27 - 34	40 - 60	
		4.0	500 - 550	28 - 35	40 - 80	

㊷ 기타 : 적용 자세의 상세 기술이 요구될 때 F, H, V, OH 등을 명기하거나 용가재의 여타 Class 및 Brand 명기

㊸ 주

㉠ ASME : 열처리 사항 및 기타 필요한 지시사항 명기

㉡ AWS : Prequalified Joint에서의 Technical Requirement 사항 수록

Note 1. 본 작성지침은 Code Requirement 중 일반적인 사항이며 여기에 포함되지 않은 사항으로 계약시 Customer Requirement 및 적용 Spec.에서 특별 요구사항이 있을시 부가하여 적용할 수 있음

2. 전술한 표준 Welding Parameter는 일반적인 표준치이므로 필요시 변경이 가능함

표 6-1 용접 절차 사양서의 예

PAGE	OF

WELDING PROCEDURE SPECIFICATION (WPS)
용접 절차 사양서

Sheet No.		
1	OF	2

항목	내용	항목	내용
용접작업표준번호 WPS NO.	WP-TS-1.1-3304	일 자 DATE	15. Feb. 2015
개정번호 REV. NO.	0	충격시험 IMPACT TEST	YES ■ (-29 NO □
관련시험번호 SUPPORTING PQR NO(S).	PQ-TS-1.1-3304		
용접방법 WELDING PROCESS(ES)	GTAW + SMAW	형 태 TYPE(S)	MANUAL + MANUAL

이음 설계 JOINT DESIGN [QW-402]

이음형태
Type of Joint: GROOVE, FILLET
백킹유무
Backing: YES X(SM,FILLET) NO X(GT)
백킹재질(형태)
Backing Mat'l(Type): GT:NONE, SM:WELD MATAL
FILLET : BASE METAL
리테이너
Retainers: YES ____ NO X

이음 상세 JOINT DETAIL (Unit : mm)

1. Unless otherwise specified, Root Face : Max.2mm
2. Toleranceofgroovedegreeshallbewithintherange of ±5˚ of drawing specified.
3. See applicable drawing for joint details.

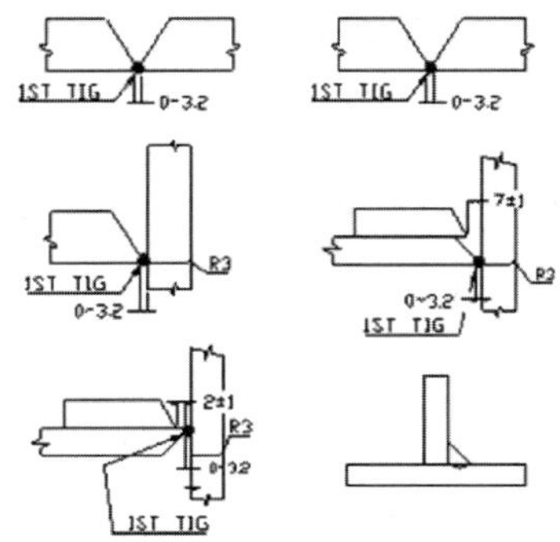

모 재 BASE METAL [QW-403]

P-No 1 G-No 1&2 TO P-No 1 G-No 1&2
혹은 사양
or Spec. and Grade (※1)
To (※1)
두께 범위
Qualified Th'k Range
모재
Base Metal: FILLET:UNLIMITED
GROOVE : 16 ~ 200mm
용착금속
Weld Metal: GT:MAX. 16mm
SM:MAX. 200mm
패스당최대두께제한
Max. Pass Th'k Limit: GT:5mm, SM:10mm
기 타
Others: NONE

후열 처리 POSTWELD HEAT TREATMENT [QW-407]

후열 처리 온도
PWHT Temp.: 620 ± 20˚C
후열 처리 시간
Holding Time: 1Hr./In(Min. 30Min.)(※3)
기 타
Others: NONE

용 가 재 FILLER METAL(S) [QW-404]

와이어 플럭스 사양
Wire Flux Class: N/A
플럭스 상표명
Flux Trade Name: N/A
소모성 인서트
Consumable Insert: N/A
기 타
Others: BRAND : GT:TGC-50S(CHOSUN) or EQ.
SM:S-7018.1H(HYUNDAI) or EQ.
FILLER METAL FOR GTAW : SOLID(BARE)
* Other Variables Are Shown On Next Page.

가스 GAS(ES) [QW-408]

	GTAW	SMAW
ShieldingGas(es) 가스종류	Ar	N/A
PercentComposition(Mix.) 혼합가스조정비율	SINGLEGAS	N/A
Flow Rate 유량	10~20L/Min.	N/A
GasBacking 가스백킹	NONE	N/A
TrailingGas 트레이링가스	NONE	N/A

자 세 POSITION(S) [QW-405]

그루브 자세
Position of Groove: ALL
필렛 자세
Position of Fillet: ALL
진행 방향
Progression: UP X DOWN ____

전기특성 ELECTRICAL CHARACTERISTIC(S) [QW-409]

전극봉 형태
Tungsten Electrode Type: EWTH-2 : GTAW
전극봉 크기
Tungsten Electrode Size: Ø2.4, Ø3.2 : GTAW
용융금속 전이형태
Mode of Metal Transfer For FCAW: N/A
기 타
Others: NO PULSING CURRENT : GTAW

예 열 PREHEAT [QW-406]

최저 예열 온도
Min. Preheat Temp.: T > 25mm : 100℃
10℃(※2)
최대 패스간 온도
Max. Interpass Temp.: 222℃
예 열 유 지
Preheat Maintenance: NONE

Form 9.6A(Rev.0)   A4 (210mm x 297mm)

PAGE	OF

	WELDING PROCEDURE SPECIFICATION (WPS) 용접 절차 사양서	Sheet No. 2 OF 2

용접작업표준번호 WPS NO.	WP-TS-1.1-3304	개정번호 REV. NO.	0
용접기법 WELDING TECHNIQUE(S) [QW-410]		가우징 방법 Method of Back Gouging	NONE
비드 형태 Stringer or Weave Bead	BOTH	단층 혹은 다층 Single or Multiple Pass(Per Side)	MULTIPLE
가스컵 크기 Orifice or Gas Cup Size	GT : 3/8~5/8" SM : N/A	진동 Oscillation	NONE
초층 및 층간 청결 방법 Initial or Interpass Cleaning	GRINDING AND/OR BRUSHING	단극 혹은 다극 Single or Multiple Electrode	SINGLE
콘택트튜브와 용접물간 거리 Contact Tube To Work Dist.	N/A	피이닝 Peening	NONE
용기내 용접 Closed to out chamber	NONE	열 공정 사용 Useofthermalprocess	NONE
극성 간격 Electrode Spacing	NONE	기타 Other	NONE

LAYER No.	W/D PROCE -SS(ES)	MAX. W/M TH'K (mm)	F No.	A No.	SFA No.	FILLER METAL(S)		CURRENT		VOLTS RANGE (V)	TRAVEL SPEED RANGE (Cm/Min.)	OTHERS (MAX. Heat Input)
						AWS CLASS (OR BRAND	DIA. (mm)	TYPE POLA.	AMPERES RANGE (A)			
ROOT&FIL	GTAW	16	6	1	5.18	ER70S-6	2.4	DCEN	140~220	10~16	10~18	GT:21.3KJ/Cm SM:57.4KJ/Cm
FILL	SMAW	200	4	1	5.1	E7018-1 이하여백	4.0	AC	140~220	25~32	10~25	

SPECIAL INSTRUCTIONS (특기 사항)

※1. Applicable materials are P NO.1 Gr.1&2 of QW/QB-422 in ASME Section IX.

※2. When the base metal temp. is below 5℃, both sides of the weld preparation shall be preheated to a temp. of approximately 50℃.

※3. In case base metal Th's is 2" over, Min. holding time shall be 2Hrs. Plus is 15 Min. per additional inch over 2".

3				
2				
1				
0	K.H.JUNG	JUNGKHO	B.S.KANG	
Rev. No.	PREPARED BY	REVIEWED BY	APPROVED BY	REVIEWED BY

Form 9.6B(Rev.0) A4 (210mm x 297mm)

PART 1 용접공학

표 6-2 용접 절차 인증서의 예

PAGE	OF

	PROCEDURE QUALIFICATION RECORD (PQR) 용접 절차 인증서	Sheet No. 1 OF 2

PROCEDURE QUALIFICATION RECORD NO.	PQ-TS-1.1-3304	DATA	15. Feb. 2015
WELDING PROCESS(ES)	GTAW + SMAW	TYPE(ES)	MANUAL + MANUALTYPE(ES)

JOINTS (QW 402)	BEAD No.	PROCESS	ELECTRODE	SIZE (∅ mm)	AMPS (A)	VOLT (V)	SPEED (Cm/Min.)
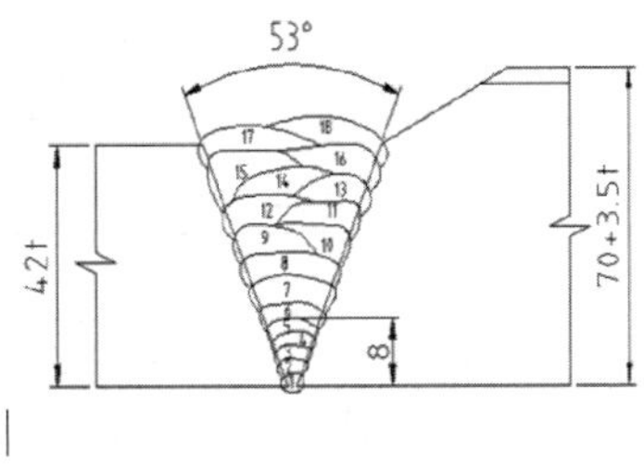	1	GTAW	ER70S-6	Ø2.4	118~121	10~12	5.7
	2~3	GTAW	ER70S-6	Ø2.4	176~196	10~15	11.9~12.7
	4~5	GTAW	ER70S-6	Ø2.4	228~268	14~16	11.9~12.2
	6	SMAW	E7018-1	Ø4.0	137~141	23~26	5.7
	7~8	SMAW	E7018-1	Ø4.0	159~166	24~28	4.9~5.5
	9~16	SMAW	E7018-1	Ø4.0	151~189	23~29	6.0~8.4
	17~18	SMAW	E7018-1 이하여백	Ø4.0	180~189	23~26	6.6~6.7
ROOT GAP : 1mm ROOT FACE : - UNIT : mm	MAX. HEAT INPUT : GT : 20.3 KJ/Cm, SM : 57.4KJ/Cm						

BASE METALS (QW 403)			
MATERIAL SPEC.	SA516	TO	SA516
TYPE OR GRADE	60N	TO	70N
P NO.	1	Gr. NO.	1 TO
P NO.	1	Gr. NO.	2
THICKNESS	42mm	TO	70mm
DIAMETER	N/A		
MAX. THICKNESS PER PASS	GT : 3mm, SM: 7mm		
OTHER	NONEOTHER		

FILLER METALS (QW 404)	GTAW	SMAW
SFA SPECIFICATION	5.18	5.1
AWS CLASS	ER70S-6	E7018-1
FILLER METAL F NO.	6	4
WELD METAL ANALYSIS A NO.	1	1
SIZE OF FILLER METAL	2.4	4.0
DEPOSITED WELD METAL THICKNESS	GT : 8mm,	SM : 34mm
OTHER	BRAND: GT : TGC-50S(CHOSUN)OTHER	
SM : S-7018.1H(HYUNDAI)		
FILLER METAL : SOLID(BARE) : GTAW		

POSITION (QW 405)	
POSITION	3G
WELD PROGRESSION	UP-HILL
OTHER	NONE

PREHEAT (QW 406)	
PREHEAT TEMP.	31℃
INTERPASS TEMP.	167℃
OTHER	NONE

POSTWELD HEAT TREATMENT (QW 407)	
TEMPERATURE	610 ~ 620°C
HOLDING TIME	10 Hr 35 Min
OTHER	NONE

GAS(ES) (QW 408)	GTAW	SMAW
SHIELDING GAS(ES)	Ar	N/A
COMPOSITION (MIXTURE)	SINGLE GAS	N/A
S/G FLOW RATE	20L/MIN.	N/A
BACKING GAS	NONE	N/A
B/G FLOW RATE	NONE	N/A
TRAILING GAS	NONE	N/A
T/G FLOW RATE	NONE	N/A
OTHER	NONE	NONE

ELECTRICAL CHARACTERISTICS (QW 409)	
CURRENT	GT:DC, SM:AC
POLARITY	GT:EN, SM:NONE
TUNGSTEN ELECTRODE TYPE	GT : EWTh-2
TUNGSTEN ELECTRODE SIZE	GT : Ø3.2
OTHER	NONE

TECHNIQUE (QW 410)	
STRING OR WEAVE BEAD	BOTH
OSCILLATION	N/A
SINGLE OR MULTIPLE PASS (PER SIDE)	MULTIPLE
SINGLE OR MULTIPLE ELECTRODE	SINGLE
USE OF THERMAL PROCESSES	N/A
CLOSED TO OUT CHAMBER	N/A

Form 9.7(Rev. 0) A4 (210mm x 297mm)

PAGE	OF
Sheet No.	
2 OF	2

정호(주)	PROCEDURE QUALIFICATION RECORED (PQR) 용접 절차 인증서

PROCEDURE QUALIFICATION RECORD NO. PQ-TS-1.1-3304

TENSILE TEST (QW 150)

SPECIMEN NO.	SIZE (mm)		AREA (mm^2)	ULTIMATE TOTAL LOAD (N)	ULTIMATE UNIT STRESS(N/mm^2)	TYPE OF FAILURE & LOCATION
	THICK.	WIDTH				
3-A	41.30	19.14	790.48	363621.72	460.00	B.M DUCTILE
3-B	41.51	41.51	1723.08	766770.64	445.00	B.M DUCTILE
				이하여백		

GUIDED BEND TEST (QW 160)

TYPE AND FIGURE NO.	RESULT	TYPE AND FIGURE NO.	RESULT
SIDE-1/SIDE BEND(QW-462.2)	SATISFACTORY	SIDE-3/SIDE BEND(QW-462.2)	SATISFACTORY
SIDE-2/SIDE BEND(QW-462.2)	SATISFACTORY	SIDE-4/SIDE BEND(QW-462.2)	SATISFACTORY

TOUGHNESS TEST (QW 170)

SPECIMEN SIZE : 10 x 10 x 55mm

SPECIMEN NO.	NOTCH LOCATION	NOTCH TYPE	TEST TEMP.(℃)	IMPACT VALUES (J)				LATERAL EXPANSION (mm)				REMARKS
				1	2	3	AVG.	1	2	3	AVG	
1	WELD(FACE)	V	-29°C	98	32	29	53					
2	HAZ(FACE)	V	-29°C	181	198	196	192					SA516-60
3	HAZ(FACE)	V	-29°C	43	25	35	34					SA516-70
4	WELD(ROOT)	V	-29°C	37	35	39	37					
5	HAZ(ROOT)	V	-29°C	42	35	26	34					SA516-60
6	HAZ(ROOT)	V	-29°C	182	140	117	146					SA516-70
7	WELD(3/4T)	V	-29°C	31	64	48	48					

FILLET-WELD TEST (QW 180) [N/A]

RESULT-SATISFACTROY YES ______ NO ______ PENETRATIONINTOPARENTMETAL: YES ______ NO ______

MACRO - RESULTS ______ MACRO - RESULTS

OTHER TESTS

VISUAL EXAMINATION	ACCEPT(SGT-MTR-1101-24-03)
RADIOGRAPHIC EXAMINATION	ACCEPT(SGT-WPQT-RT-001)RADIOGRAPHIC EXAMINATION
ULTRASONIC EXAMINATION	ACCEPT(SGT-PQ/TEST-UT-002)
MAGNETIC PARTICLE EXAMINATION	ACCEPT(SGT-PQ/TEST-MT-002,003)
MACRO TEST	ACCEPT(TAU-000960)
MICRO TEST	ACCEPT(TAU-000960)

HARDNESS TEST Report No. : SGT-MTR-1101-24-03 SPECIFIEDTYPEOFTEST:HV10

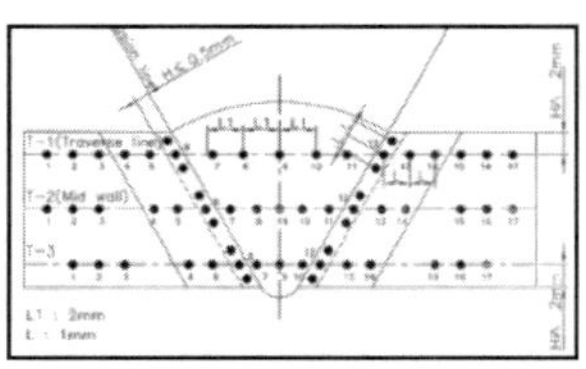

	1	2	3	4	5	6-1	6-2	6-3	7	8	9
T-1	156	159	160	162	165	169	175	171	176	181	183
T-2	157	162	166	1781	176	173	176	169	181	189	198
T-3	158	160	164	169	171	169	175	172	-	172	171
	10	11	12-1	12-2	12-3	13	14	15	16	17	-
T-1	180	180	185	178	176	171	169	164	161	159	-
T-2	193	186	178	174	174	172	171	166	165	162	-
T-3	177	-	172	183	181	175	172	167	164	160	-

OTHER NONEOTHER

WELDER'S NAME J.W.PARK WELDER'S I.D NO. 38-0019

TEST CONDUCTED BY H.C.JUNG LABORATORY TEST NO. SGT-MTR-1101-24-03LABORATORY TEST NO.

WE CERTIFY THAT THE STATEMENTS THIS RECORD ARE CORRECT AND THAT THE TEST WELDS WERE PREPARED, WELDED ANDTESTEDINACCORDANCEWITHTHEREQUIREMENTSOFSECTIONIXOFTHEASMECODEIX&CONTRACTSPECIFICATION.

PREPARED BY	REVIEWED BY	CERTIFIED BY	REVIEWED BY
K.H.JUNG	JUNGKHO	B.S.KANG	

Form 9.7(Rev. 0) A4 (210mm x 297mm)

실전 심화 학습 문제

{제6절 | WPS(용접절차 사양서) 및 PQR(용접절차 인정 기록서)}

01 WPS의 정의와 목적에 대해 기술하시오.

02 일반적으로 용접 절차 사양서는 무엇을 작성한 후 작성하는 것이 원칙인가?

03 PQR을 무엇이라고 부르는가?

04 WPS 작성 순서 중 설계 도면 및 사양서가 작성되면 그 다음 무엇을 작성해야 되는가?

05 WPS 작성시 용접절차 검정 및 용접사 검정의 수를 줄이기 위한 분류를 나타내는 것은?

06 WPS 작성시 용착금속의 화학성분에 따른 분류를 나타내는 것은?

07 WPS 작성시 FCAW에서 규정하는 콘택트 튜브와 용접물간의 거리(mm)는 얼마인가?

해답

1. 231p [가], [다] 참조
2. 용접절차 인정 기록서(PQR)
3. 용접절차 인정 기록서
4. WPS 초안
5. F-No.
6. A-No
7. 13 ~ 25mm

03 용접 시공

제1절 ❙ 용접 시공의 개요

1 용접 시공(welding procedure)

가. 용접 시공의 개요

용접 시공자는 생산 공정에서 제품에 요구되는 품질의 확보, 안정화와 생산성의 유지 및 향상을 목표로 용접에 관계되는 설계, 공정, 시공, 재료, 설비, 인원, 기량 준비, 작업 관리, 사후 관리 등을 기술적으로 관리해야 한다.

따라서 용접 구조물을 능률적으로 잘 제작하기 위해서는 면밀한 계획과 관리를 하여 안전, 위생, 환경 보전 등의 사회적 요청을 만족시킬 수 있어야 한다.

용접에 있어 일반적으로 주의해야 할 사항은 모재의 재질 확인, 용접 기기의 선택, 용가재(용접봉, 와이어 등)의 선택, 용접공의 기량, 용접 지그의 적절한 사용법, 홈 가공과 청소, 조립과 가용접 등이 있다.

나. 용접 시공 관리의 기본

① 4M(사람 man, 기계 machine, 재료 material, 작업 방법 method) 요소를 균형있게 관리한다.

② 용접 구조물의 품질을 지배하는 요소 : 구조설계, 재료의 선택, 용접 시공

③ 용접사 관리 : 용접 제품의 품질에 미치는 요인에서 용접 시공법의 결정, 현장 용접 기술자의 오랜 경험과 지식, 용접사의 기량, 양심, 사기 등에 따라서 제조된 품질이 다를 수 있으므로 인적 요소가 차지하는 비중은 매우 높다.

④ 종합관리 : 정확한 계획, 계획의 실시, 실시 결과 확인, 확인된 결과를 완벽히 수정, 이상의 모든 상황의 결과를 최초에 세운 계획과 비교해 수정을 요할 때에는 계획을 변경하거나 다시 세우는 등 관리가 되는 것을 말한다.

- 계획(plan)→실시(do)→확인(check)→수정 행동(action)을 반복

다. 용접 기술 관리

생산 과정에서 사용할 재료, 기계, 기구 및 용접사의 기술에 대하여 충분한 관리를 하고 제품의 품질 보증을 확보할 수 있는 관리 체제가 필요하며, 기술 관리는 품질의 보증, 경제성의 확보, 오작의 방지 등을 위하여 필요 불가결한 요소이다.

표준화는 품질 관리의 전제 조건이며 표준화의 추진과 표준의 개선에는 많은 노력이 필요한 만큼 효과도 큰 것이므로 권위있는 표준을 작성하는 동시에 작성한 표준을 항시 엄수하도록 한다.

또한 사회의 변화와 기술의 발전에 따라 품질의 표준화도 개선할 필요가 있으므로 생산에 종사하는 사람은 좀 더 새로운 기술 개발을 위해 더욱 노력해야 한다.

1) 재료 관리

재료 관리의 목적은 작업에 필요한 재료를 소요 시간 내에 소요 수량을 확보하고 이것을 사용할 수 있는 상태로 보유하는 것을 말한다.

용접 재료는 철강 등의 주재료와 용가재(용접봉, 와이어) 등이 있다. 용접봉 관리의 잘못은 용접 제품의 품질과 생산비를 크게 좌우하므로 사용 예정량 산출과, 작업 공정에 지장이 없게 용접봉의 종류별, 직경별로 필요량을 산출하여 재료를 구입하고, 작업 공정 중에 용접봉의 과부족이 생기지 않도록 관리가 요구된다.

2) 기계 및 기구 관리

용접 작업 능률의 향상을 위해서는 그 공장에 적합한 작업과 작업 용량, 작업에 적합한 용접기를 적절히 배치해야 하며, 각종 기구(용접용 케이블, 케이블 커넥터, 홀더, 보호구, 청소용구 등)를 정비하여 두어야 된다.

또한 대형 용접 구조물을 제작하는 경우 작업 능률을 높이기 위해 많은 용접기를 설치하여 사용하는 경우는 용접기의 관리 책임자를 선정하여 항시 가동 상태를 파악하고 정비하는 관리 방법을 취하도록 한다.

용접기 정비는 고장날 때만 하는 것이 아니라 수시 점검과 불량 개소의 발견 즉시 수리 등으로 사전 정비가 필요하며, 정비하고 수리한 사항은 항상 장비 이력 카드에 기록하여 두면 그 용접기의 특성을 이해하는데 대단히 편리하다.

용접용 케이블, 케이블 커넥터, 용접용 홀더 등은 사용 전류 및 사용률 등을 고려하여 준비한다. 만약 장비 선택을 잘못하게 되면 작업 능률과 전력 소비량에 큰 영향을 주게 된다.

표 1-1 용접 기술 관리 사항

관 리 항 목	관 리 사 항
1. 작업 방법(method)	
1) 사무 관리(규격, 사양서 등)	- 조직, 공정 계획, 품질 관리, 용접 시공법, 시험 검사법, 경비 계획, 문헌, 규격, 협회 자료, 기술 자료, 카다록 등
2) 용접 조건 관리	- 전류, 전압, 용접 치수(각장 등), 용접봉 사용 구분, 시공 조건
2. 재료(material)	
1) 재료 관리(강재, 부품 등)	- 사용 강재나 금속 재료의 재질, 성분, 특성, 가공 상태, 부재의 치수 관리 등
2) 용가재(용접봉, 와이어) 관리	- 건조, 운반, 잔봉 처리, 사용량, 재고관리, 시험
3) 사용 가스 관리	- 소요 가스 종류와 사용량, 소모량, 공급, 용기 관리,
3. 기계(machine)	
1) 사용 기계・기구 관리	- 필요한 용접기 종류와 수량, 성능 확인, 치공구 관리, 예방 정비, 전격 방지기, 환풍 장치,
2) 사용 지그 관리	- 작업에 맞는 지그 제작, 정밀도 관리, 보관, 사용 작업
4. 사람(man) : 용접사 관리	- 기량, 작업 가능한 범위, 교육 훈련, 자격 유무, 사기 앙양

3) 시공 관리

용접 시공 관리자는 제품 제작에 적합한 강재의 선택과 사용 강재에 알맞은 용접법과 용가재(용접봉, 와이어, 용재 등)의 선택, 시공할 용접 자세, 이음 형상의 종류에 따라서 용접봉의 종류와 직경을 결정하고, 예열 및 후처리의 유무를 결정할 의무가 있다.

일반적으로 용접사는 적정 전류치보다 높은 전류를 사용하는 경향이 있으므로 작업 중에 용접 전류치를 계측하여 적정 전류로 용접할 수 있도록 용접사를 교육해야 한다.

4) 용접사의 기능 관리

용접사의 기능은 제품의 품질을 좌우하는 중요한 요소이므로 해당 작업에 적합한 용접사의 채용과 배치도 필요하지만 새로운 작업에 적합한 용접사의 기능 훈련과 관리를 하여야 된다.

① 도면 이해력과 용접 시공 기준에 대한 이해력이 있을 것
② 숙련된 용접 기술과 필요한 기능 자격을 가질 것
③ 제작 기능 및 제작 공정에 대해 전반적으로 이해할 수 있을 것
④ 양심적인 작업을 할 수 있는 용접사일 것

⑤ 정확한 판단과 경험을 바탕으로 적극적인 신지식을 수용할 수 있는 자세가 있을 것
⑥ 안전 작업에 힘쓰고, 지도력을 가지며, 의지가 견고할 것

라. 설비 사용 계획(provision plan)

1) 전원(변압기) 소요량 계산

공장에 보유 또는 보유 예정인 설비를 토대로, 설비의 사용 계획을 세워야 되며, 장기적인 공사의 경우는 공사 공정에 맞도록 정비되어야 된다.

용접 작업에 직접 관계되는 설비로는 용접기, 케이블, 전원 변압기, 가스 절단기 등이 있으며, 몇 대의 용접기를 설치할 것인가는 작업량과 일정에 따라 결정해야 된다.

용접기 등 장비가 결정되면 그에 따른 전원 변압기의 용량이 결정된다. 전원 변압기 용량 결정 방법에는 여러 가지가 있으나 보통 다음의 식이 사용되고 있다.

① 용접기가 1대인 경우 : $Q=\sqrt{\alpha} \cdot \beta \cdot P_a$[kVA]
② 용접기가 2대~10대인 경우 : $Q=\sqrt{n\alpha} \cdot \sqrt{1+(n-1)}\alpha \cdot \beta \cdot Pa$ [kVA]
③ 용접기가 10대 이상일 경우 : $Q=n \cdot \alpha \cdot \beta \cdot P_a$[kVA]

> Q : 전원 변압기 용량(kVA) n : 용접기 대수
> α : 아크 타임률 = 아크 시간의 합계/전시간
> β : 용접기 부하율(사용률) ≒ 사용시의 평균전류/용접기의 최대전류
> P_a : 용접기 1대당의 용량 = 무부하 전압×최대전류 [kVA], 보통 α는 0.4~0.6 정도, β는 0.6~0.8 정도로 함)

예제 1. 2차 무부하 전압 85V, 정격 2차 전류 400A, 정격 사용률이 0.5(50%), 부하율은 0.7(70%)인 용접기 10대를 설치하려면 전원 변압기의 용량은 얼마나 되는가?

➡ 용접기의 최대 용량 $P=85\times400=34$kVA이므로 변압기 용량 Q는 다음과 같이 계산된다.

$Q=\sqrt{n \cdot a}\ \sqrt{1+(n-1)a} \cdot \beta$

$P=\sqrt{10\times0.5}\ \sqrt{1+(10-1)\times0.5}\times0.7\times34=125$kVA

예제 2. AW-500인 용접기 100대를 설치하고자 하는 공장에서는 어느 정도의 전원 변압기를 설비해야 하는가? 단, 용접기의 평균 전류는 350A, 무부하 전압은 80V, 사용률은 40%이다.

➡ $P_a=500\times80=40000$VA $=40$kVA $\beta=350/500=0.7$

$Q=n \cdot \alpha \cdot \beta \cdot P_a=100\times0.4\times0.7\times40=1120$kVA

따라서, 약 1120[kVA]의 전원 변압기를 설치해야 한다. 즉, 용접기 1대 마다 1120/100 ≒ 11.2KVA로 분할되게 된다.

2

2) 전원 케이블 굵기와 길이

작업 장소가 용접기 설치 장소와 멀리 떨어져 있는 곳에서는 1차측 케이블을 길게 하고 용접기를 작업자 가까이 두는 것이 좋다. 케이블 단면적은 사용 전류와 사용률 및 케이블의 길이에 따라서 50～60mm^{2}의 것이 많이 사용되고 있다.

마. 공정 계획(process plan)

1) 공정표 및 산적표 작성

구조물 제작에서 제일 먼저 해야 할 일이 공정 계획을 세우는 일이다. 작업의 시작에서 끝날 때까지의 모든 공정이 한눈에 볼 수 있게 해야 되며, 이때 참고해야 할 것은 작업 공사량과 노동력(작업자), 설비 능력 등이 우선적으로 선택되어야 한다.

공정 계획을 세울 때는 공정표와 산적표를 만들어야 한다. 공정표란 각 공정의 일정별 계획, 재료 및 주요 부품 입고 시기, 완성 예정일 등을 표시하는 것으로 중요하며, 작업 구분별 공정표를 모아 소요 공수의 산적표를 만들어야 된다. 이때 산적표는 한곳에 집중되면 안되고 가급적 평탄(공사량의 평균화)해야 된다.

2) 공작법 결정

구조물의 설계도에 따라 상세한 공작법을 결정한다. 예를 들면 가스 절단, 홈 및 용접 조건 결정, 용접법 선택, 용접 순서 결정, 변형 방지법, 열처리법 등을 결정한다.

3) 가공표 및 인원 배치표 작성

작업을 시작하려면 설비 능력을 고려하여 공사에 대한 가공표를 만들고 이에 따라 소요 인원 변동 관계에 대한 표를 만들어야 된다. 이때 가급적 소요 인원의 변동이 적게 되도록 해야 되며, 인원 관리를 잘못하면 공사 진도의 차질은 물론 더 많은 인원이 소요될 수 있다.

실전 심화 학습 문제

{제1절 ▮ 용접 시공의 개요}

01 용접 시공에 있어 일반적으로 주의해야 할 사항은 무엇인가?

02 용접 시공시 용접 재료 관리의 목적은 무엇인가?

03 용접사의 기능 관리에서 용접사가 갖추어야 할 사항 3가지를 쓰시오.

04 작업 시작에서 끝날 때까지 각 공정의 일정별 계획, 재료 및 주요 부품 입고 시기, 완성 예정일 등을 표시하여 공정을 한눈에 볼 수 있게 만든 표를 무엇이라 하는가?

05 용접기가 5대(2대 ~ 10대)인 경우 변압기 용량은 얼마가 필요한가?

06 작업 구분별 공정표를 모아 소요 공수의 산적표를 만들어야 된다. 이때 산적표는 한곳에 집중해야 된다. (○, ×)

07 공정 계획에 포함되어야 할 사항 3가지를 쓰시오.

해답

1. 주의해야 할 사항 : 모재의 재질 확인, 용접 기기의 선택, 용가재(용접봉, 와이어 등)의 선택, 용접공의 기량, 용접 지그의 적절한 사용법, 홈 가공과 청소, 조립과 가용접 등
2. 재료 관리의 목적 : 작업에 필요한 재료를 소요 시간 내에 소요 수량 확보, 이것을 사용할 수 있는 상태로 보유하는 것
3. 251p [다] 4) 참조
4. 공정표
5. 252P 예제 1 참조
6. ×
7. 253p [마] 참조

제2절 | 용접 준비

1 일반 준비

용접의 일반적인 준비 사항으로는 용접기 및 설비 선택, 지그의 결정, 모재의 재질 확인, 용가재(용접봉, 와이어 등)의 선택, 용접사의 선임 등이 있다.

가. 설비 준비

용접 설비에는 주로 용접기이며, 용접부의 형상이나 재질 등에 따라 교류 또는 직류 아크용접기, CO_2 용접기, TIG 용접기, 가스 및 아크 절단기 등의 설비를 준비한다.

나. 용접 재료

용접에 필요한 재료명, 모재의 성분 등을 확인하여 모재 성분과 용도에 맞는 용가재(용접봉, 와이어 등)를 선택해야 된다. 이때 적용할 용접 방법에 따라 용가제도 달라지므로 용접기의 종류에 따라 준비해야 된다.

다. 용접사

용접사는 정신적으로 기본 이상을 갖춘 사람 중에서 기량이 우수한 사람을 선정해야 된다. 아무리 설비와 장비가 잘 갖추어졌다 해도 용접사의 정신 상태나 기량이 부족하다면 용접 이음부의 신뢰도는 인정받을 수 없게 되므로 중요한 사항의 하나이다.

라. 용접 지그, 고정구

지그는 용접물의 조립을 잘 할 수 있는 크기와 힘이 있어야 하며, 부착과 탈취가 쉽고 변형을 방지할 수 있어야 한다.

또한 용접 위치를 유리한 자세로 용접할 수 있도록 움직일 수 있어야 한다. 지그의 종류에는 포지셔너(위치 결정용 지그), 회전 롤러 및 회전 테이블, 메인 플레이트, 고정구(정반 등) 등이 있다.

지그의 사용은 용접 작업을 쉽게 하고 용접부의 신뢰성과 작업 능률을 높이며, 제품의 치수를 정확하게 한다. 가공 공정수를 적게 하며, 대량 생산을 할 수 있으며, 결함을 적게 한다.

1) 지그의 종류

① **회전 테이블** : 제관이나 탱크, 용기류 등의 외주부를 용접할 때 용접 토치를 일정하게 해놓고 용접부를 회전하거나 토치를 움직일 수 있도록 한 테이블이며,
회전 속도, 용접봉의 공급 속도, 용접봉 운봉 속도 등을 제어할 수 있는 장치가 필요하다. [그림 2-1 참조]

② **메인 플레이트** : 지그나 포지셔너, 회전 테이블의 역할을 다할 수 있는 종합적인 기구로서 작업 능률을 향상시킬 수 있는 기구이다.

그림 2-1 지그의 종류

(a) 포지셔너 (b) 회전 테이블 (c) 회전 롤러 (d) 벨트식 포지셔너

2) 지그의 사용시 유의 사항

① 변형을 막을 수 있어야 하며, 구속력이 너무 크지 않아야 되고, 한번 부품을 고정시키면 차후 수정없이 정확하게 고정되어 있어야 하며, 구조가 간단해야 한다.
② 부품간의 거리 측정이 필요없어야 하며, 부품의 고정과 이완은 신속히 이루어져야 한다.
③ 모든 용접 부위가 아래보기 자세로 용접이 가능하도록 회전할 수 있어야 한다.

3) 용접 전 일반적인 준비 사항

① 제작 도면을 잘 이해하고 작업 내용을 충분히 검토하며, 사용 재료를 확인하고 제성질, 용접성, 용접 후 처리 등을 파악하고, 용접기와 필요한 설비를 확인한다.
② 용착금속의 강도, 사용 목적 충족과 이음 홈의 선택을 결정하며, 용접 조건, 용접 순서, 예열, 후열의 필요성을 결정한다.
③ 이음부의 페인트, 녹, 기름 등의 불순물을 제거한다.

2 이음 준비

가. 홈 가공 및 루트 간격

홈 가공 및 가용접의 정도(정밀도)는 용접 능률과 이음 성능에 큰 영향을 끼친다. 홈각도가 크면 용입이 깊어지며 용착량이 많아지게 되고, 변형이 커지게 된다.

능률면에서는 용입이 허용되는 한 홈각도를 작게 하여 용착금속량을 적게 하는 것이 좋고, 균열 발생 측면에서도 루트 간격이 좁은 것이 좋으나, 너무 작으면 용입 불량이 생길 수 있으므로 주의가 필요하다.

① 자동 용접은 수동 용접보다 홈 정밀도가 좋아야 한다.
② 서브머지드 아크용접의 시공 조건 : 루트 간격 : 0.8mm 이하, 루트면 : 7 ~ 16mm.

나. 조립 및 가접(가용접)

1) 조립(assembly)

조립 순서는 용접 순서 및 용접 작업의 특성을 고려하여 계획하고, 용접이 안되는 곳이 없도록 하며, 변형 혹은 잔류 응력이 남지 않도록 검토하여 조립 순서를 정한다.

2) 가접(가용접, tack weld)

가접은 본용접을 실시하기 전에 좌우의 홈 부분을 잠정적으로 고정하기 위한 짧은 용접으로, 슬래그 섞임, 용입 불량, 균열, 기공 등의 결함이 발생하기 쉬우므로, 이음의 시점과 종점, 모서리, 강도상 중요한 부분에는 피해야 된다. 다만, 필요한 경우는 본용접 전에 갈아 내는 것이 좋다.

3) 가용접(가접)의 일반적인 주의 사항

① 가접 위치는 부품의 끝 모서리나 각 등과 같이 응력이 집중되는 곳, 하중을 받는 중요 부분은 피한다. [그림 2-2 참조]
② 가접 부위에 본용접을 해야 될 경우 시작점이나 끝나는 곳에는 가접을 피하고 연속 비드의 중간에 가접부가 오도록 한다.(시험편 용접의 경우는 예외)
③ 가접부의 슬래그를 완전히 제거하고, 균열 등 결함부는 깎아내며, 개선 홈 내의 가접부는 백치핑으로 완전히 제거한다.
④ 본용접자와 동등한 기량을 갖는 용접자가 가접을 시행한다.

⑤ 용접봉은 본용접 작업시에 사용하는 것보다 약간 가는 것을 사용하고, 간격은 일반적으로 판두께의 15 ~ 30배 정도로 하는 것이 좋다.

⑥ 가접 비드의 길이는 판두께에 따라 변경하며, 본용접과 같은 온도에서 예열을 한다.

그림 2-2 가접의 적정 위치

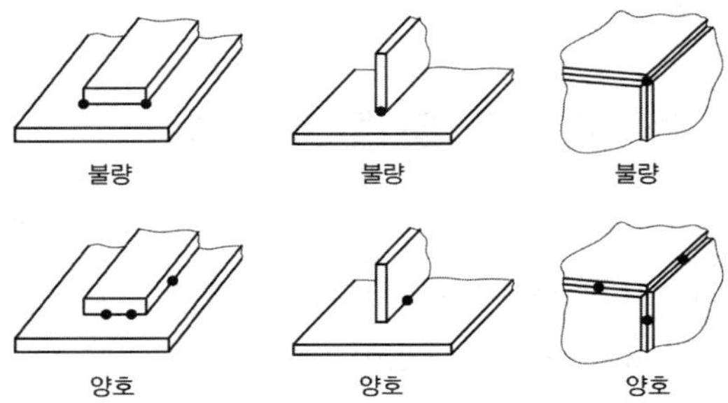

다. 루트 간격과 보수 방법

1) 맞대기 피복 아크용접

루트 간격	보수 방법	도 면
6mm 이하	한쪽 또는 양쪽을 덧살올림 용접하여 깎아내고 규정 간격으로 수정 후 용접한다.	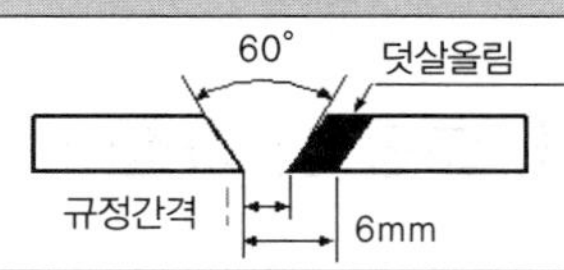
6~16mm	6mm 정도의 뒷판을 대서 용접한다.	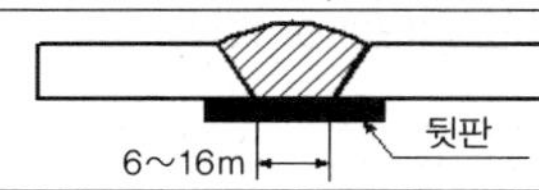
16mm 이상	판의 전부 또는 일부(약 300mm)를 대체한다.	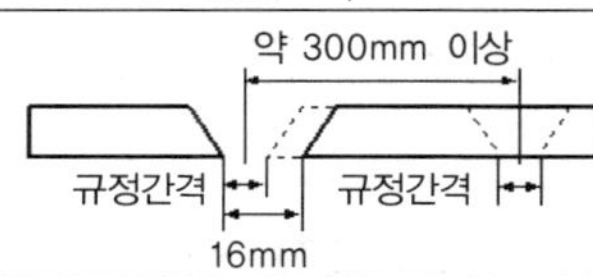

2) 필릿 이음 보수 방법

루트 간격	보수 방법	도 면
1.5mm 이하	규정 각장으로 용접한다.	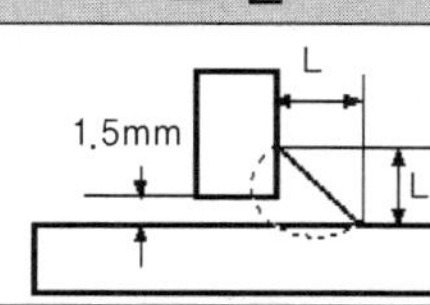
1.5~4.5mm	규정대로 용접하거나 넓혀진 만큼 각장을 증가시킨다.	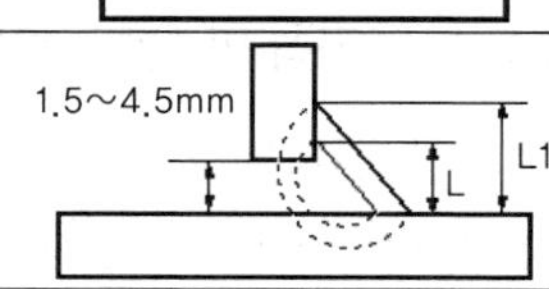
4.5mm 이상	라이너를 넣던지, 부족한 판을 300mm 이상 잘라내고 대체한다.	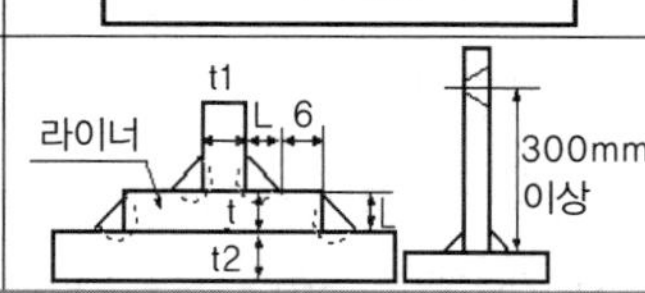

실전 심화 학습 문제

{제2절 | 용접 준비}

01 용접의 일반적인 준비 사항 3가지를 쓰시오.

02 그의 사용 목적이 아닌 것은?

① 용접 작업을 쉽게 한다.
② 제품의 신뢰성과 정밀도를 높인다.
③ 용접 작업이 어려운 제품을 용접할 때 사용한다.
④ 대량 생산할 때 사용한다.

03 지그의 종류 3가지를 쓰시오.

04 본용접을 실시하기 전에 좌우의 홈 부분을 잠정적으로 고정하기 위한 짧은 용접을 무엇이라 하는가?

05 가용접(가접)의 일반적인 주의 사항 2가지를 쓰시오.

06 가접과 가접의 간격은 일반적으로 판두께의 몇 배 정도로 하는 것이 적당한가?

07 서브머지드 아크용접의 시공 조건에서 루트 간격은 얼마로 해야 되는가?

08 맞대기 피복 아크용접부의 루트 간격이 6mm 이하일 경우 보수 방법은?

09 필릿 이음부의 루트 간격이 1.5mm 이하일 경우 보수 방법은?

10 필릿 이음 보수 방법에서 루트 간격이 얼마 이상일 경우 라이너를 넣던지, 부족한 판을 300mm 이상 잘라내고 대체해야 하는가?

해답

1. 용접의 일반적인 준비 사항 : 용접기 및 설비 선택, 지그의 결정, 모재의 재질 확인, 용가재(용접봉, 와이어 등)의 선택, 용접사의 선임 등
2. ③
3. 지그의 종류 : 포지셔너(위치 결정용 지그), 회전 롤러 및 회전 테이블, 메인 플레이트, 고정구(정반 등) 등
4. 가용접(가접, tack weld)
5. 257p [나] 3) 참조
6. 15 ~ 30배
7. 0.8mm 이하
8. 한쪽 또는 양쪽을 덧살올림 용접하여 깎아내고 규정 간격으로 수정 후 용접한다.
9. 규정 각장으로 용접한다.
10. 4.5mm 이상

제3절 | 용접 작업(본용접)

1 용착법과 용접 순서

가. 용착법

본용접에 있어서 하나의 용접선을 용접할 때 모재의 구속 상태, 판두께, 온도, 변형의 허용도 등을 고려하여 적절한 용착 방법을 선택하지 않으면 용접 후의 변형 잡기에 막대한 공수를 소모하게 된다.

① 용접 방향에 의한 분류법 : 전진법, 후진법
② 용접 순서에 따른 분류법 : 전진법, 대칭법, 비석법
③ 다층 용접법에 의한 분류법 : 덧살 올림법, 케스 케이드법, 전진 블록법

1) 비드쌓는 순서에 의한 용착법

용착법	특 징	용착 순서
전진법	한쪽 끝에서 다른 끝으로 연속 진행하는 용접하는 법 • 변형이 크게 문제되지 않을 때 사용한다. • 자동용접에 이용되며, 능률이 좋으나 끝부분에 수축이 큼	⟶
후진(퇴)법	용접 진행 방향과 용착 방향이 서로 반대인 법 • 잔류 응력은 다소 적으나 작업 능률이 떨어진다.	5 4 3 2 1 → → → → →
대칭법	이음의 중앙에서 대칭으로 용접하는 방법 • 변형 및 잔류 응력이 대칭으로 발생한다. • 이음 끝 부분의 수축 및 잔류 응력이 감소한다.	4 2 1 3 ← ← → →
비석법 (스킵법)	이음 전 길이를 뛰어 넘어서 용접하는 방법 • 얇은 판이나 용접 후 비틀림을 방지하는데 적합하다. • 비드 시점과 종점에 결함이 많이 발생한다. • 잔류 응력이 가장 적다.	1 5 2 6 3 7 4 →→→→→→→
교호법 (스킵블럭법)	한모재의 가열되지 않는 부분을 골라 좌우 교대로 용접하는 방법	2 5 7 3 6 4 1 →→→→→→→

2) 다층 용착법의 종류

용착법	특징	용착 방식
빌드업법 (덧살올림법)	각 층마다 전체 길이를 용접하며 쌓는 방법 • 한랭시나 구속이 클 때, 판 두께가 두꺼울 때 첫 층에 균열 발생에 주의, 열 영향을 많이 받으며 슬래그 혼입 발생	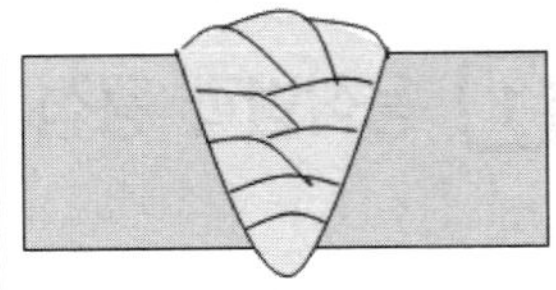
캐스 케이드법	한부분의 몇 층을 용접하다가 이것을 다음 부분의 층으로 연속시켜 전체가 단계를 이루도록 용착시키는 방법 • 변형과 잔류 응력을 제거하는데 이용한다.	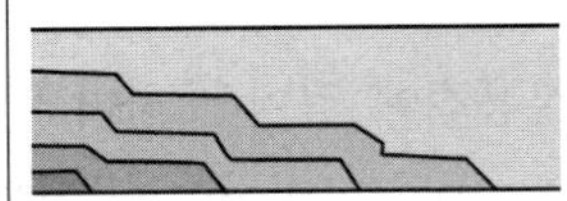
전진 블록법	일정한 길이의 비드를 층으로 덧땜하는 방법 • 첫층에 균열이 발생하기 쉬운 곳에 이용된다.	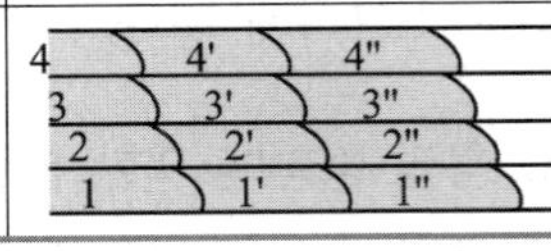

나. 용접 순서(우선 순위)

용접 시공 순서의 결정 기준은 가능한 변형이나 잔류 응력의 누적을 없애는 것이며, 일반적으로 다음과 같은 사항을 유의하여 시공한다.

① 물품의 중심선에 대해서 항상 대칭적으로, 좌우는 될 수 있는 대로 동시에 용접한다.

② 용접선의 직각 단면 중심축에 대하여 수축력의 모우멘트의 합이 0이 되게 한다.
용접선 방향에 대한 굴곡이 없어진다.

③ 맞대기 용접 등 수축이 큰 이음을 가능한 먼저 용접하고 수축이 적은 필릿 이음은 다음에 한다.
횡 수축이 종 수축보다 크므로 내적 구속에 의한 잔류 응력을 적게 하는데 도움이 된다.

그림 3-1 각종 형상에 따른 용접 순서

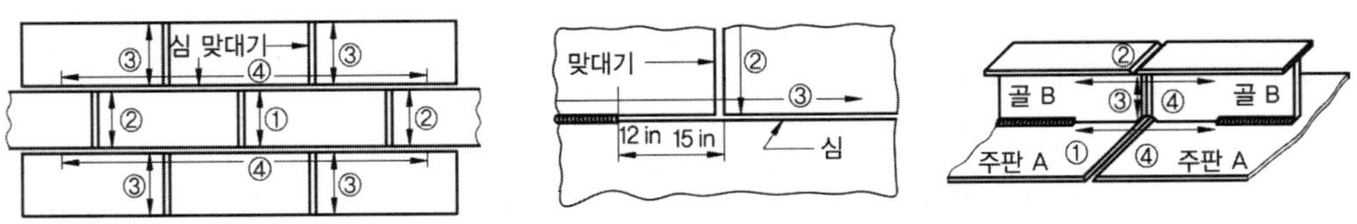

(a) 주판과 보강판 맞춤 구조물 용접순서 (b)심과 맞대기 용접 순서 (c) 주판과 골재의 현장 이음 용접의 용접 순서

④ 동일 평면 내에 많은 이음이 있을 때는 수축은 가능한 자유단으로 보낸다.
외적 구속에 의한 잔류 응력 감소와 균형있는 수축을 통해 변형 감소 효과를 가질 수

있다.

⑤ 리벳 작업, 볼트 너트 체결 작업과 용접을 같이 할 때는 용접을 먼저 하여 용접열에 의해서 리벳의 구멍이나 볼트 체결 구멍의 늘어남을 방지한다.

⑥ 교차하는 맞대기 용접의 경우 [그림 3-2]와 같은 용접 순서로 용접한다.
이 방법은 어느 것이나 이음의 길이 방향의 수축 변형을 완전히 구속하지 않기 위한 용접 방법을 선택한 것이다.

그림 3-2 교차하는 맞대기 이음부의 용접 순서

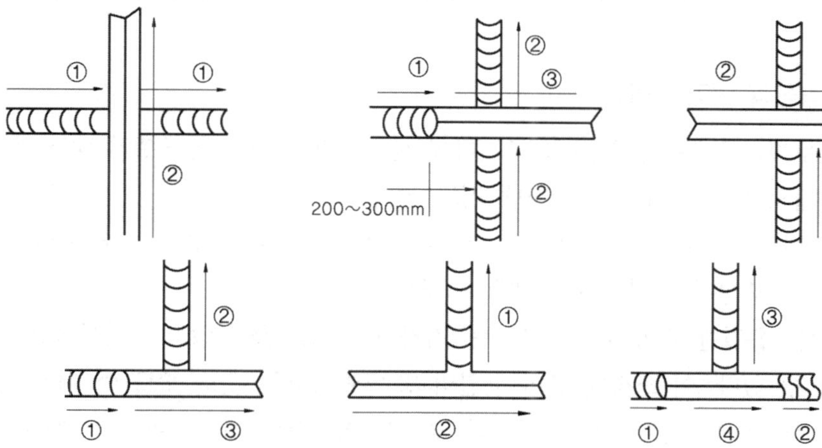

2 용접부의 냉각 속도

가. 열 영향부의 냉각 속도

냉각 속도는 판두께가 두꺼워지면 냉각 속도도 증가한다. 그러나 판두께가 25mm 이상 되면 그 이상 판두께가 증가하여도 냉각 속도는 그다지 변하지 않는다.

또한 재질, 크기가 다르면 같은 조건에서 용접 비드를 쌓아도 열영향부 각 부분의 냉각 조건이 달라지는 것이 일반적이며, 같은 재질에도 판두께, 용접 입열, 예열 온도 또는 이음 형식 등에 따라서 영향을 미친다.

1) 재질과 냉각 속도

열전도도나 비열 등 열적 상수가 다른 재료는 당연히 냉각 속도도 달라진다. 예컨대 오스테나이트계 스테인리스강은 탄소강의 약 2/3 정도, A1 합금에서는 3 ~ 7배의 냉각 속도를 가진다.

2) 예열과 냉각 속도

① 열영향부의 냉각 속도에 영향을 미치는 용접 조건에는 용접 전류, 아크 전압, 및 용접 속도 등이 있으며, 이 중 다른 조건이 같은 경우는 용접 전류가 작을수록 또 용접 속도가 클수록 냉각 속도는 증가한다.
② 예열은 600℃ 정도 이하의 비교적 낮은 온도 범위에서 냉각 속도를 매우 작게 하는 효과가 있으며, 특히 경화하여 균열 등의 결함이 생기기 쉬운 고탄소강이나 저합금강 등의 냉각 속도를 경감하는 수단으로서 매우 중요하다.
③ 모재의 초기 온도가 높을수록 열 사이클은 완만하게 되고 냉각 속도는 감소한다.

3) 용접부 형상과 냉각 속도

① 같은 판두께의 경우, 같은 용접 조건하에서는 필릿 용접의 본드부의 냉각 속도는 맞대기 용접의 냉각 속도의 약 1.4배 정도 된다.
② 긴 용접 비드의 경우 양쪽 끝이 중앙부의 냉각 속도보다 약 2배 정도 된다. 즉, 크레이터에서는 중앙부의 약 2배의 냉각 속도를 가진다.
③ 크레이터는 용접할 때의 운봉 조작, 즉, 갑자기 아크를 끊지 않고서 파묻음으로서 급랭을 피할 수 있다. 이 조작이 용접 균열의 방지에 유효한 것도 주로 이 이유 때문이다.
④ 아크 스트라이크 부분은 용접 비드의 끝보다 더 급랭된다. 같은 조건에서는 아크의 발생시간이 짧을수록 냉각 속도는 커진다.

4) 용접법과 냉각 속도

가스용접은 아크용접에 비하면 열의 집중이 적으므로 용접부 전체의 가열 온도 범위가 넓어지고, 따라서 냉각 속도는 아크용접의 경우보다 훨씬 작아진다. 또 일렉트로 슬래그 용접과 같은 용접 입열이 큰 용접에서는 냉각 속도는 더 작아진다.

저항 용접 등에서는 반대로 냉각 속도가 커진다. 열은 용접 모재의 사이만이 아니고, 판과 전극의 사이에서도 발생하며, 판두께가 작은 쪽이 냉각 속도가 빨라진다. 이것은 열이 주로 전극에의 전도로 잃어버리기 때문이다.

나. 이음 종류에 대한 열의 확산 [그림 3-3 참조]

① (a)는 열의 확산이 한 방향이므로 냉각 속도는 비교적 느리며, (b)는 평판 위에서는 확산이 두 방향이라서 (a)보다 냉각 속도가 빠르다.
② (c)는 모서리 이음의 경우 열의 확산이 두 방향이고 (b)와 같은 냉각 속도이며, (d)와

같이 후판일 경우 여러 방향으로 열이 확산되어 냉각 속도가 매우 빨라진다.

③ (e)는 T형 필릿 이음의 경우 열이 세 방향으로 확산되어 맞대기 이음보다 냉각 속도가 빠르다. 냉각 속도는 얇은 판보다 두꺼운 판이, 맞대기 이음보다는 T형 이음이 크다.

그림 3-3 이음 종류별 열의 확산

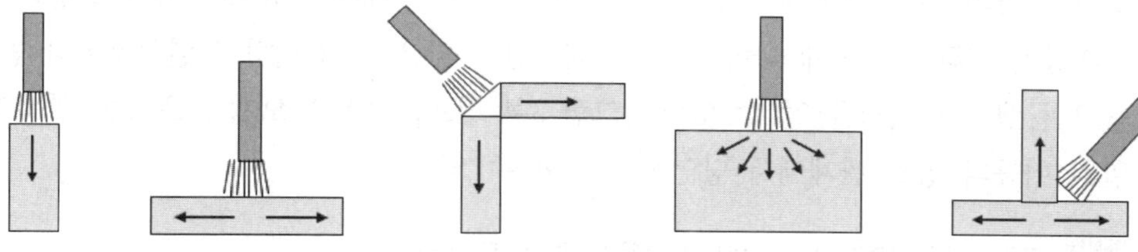

3 용접 입열과 용접부 온도 분포

가. 용접 입열

용접부에 외부에서 주어지는 열량을 용접 입열(weld heat input)이라고 한다. 만약, 용접 입열이 충분하지 못하면 용융 불량, 용입 불량 등의 용접 결함을 가져올 뿐만 아니라, 심할 경우에는 모재가 녹지 않아 용접이 안될 수도 있게 되며, 너무 클 경우는 언더컷, 용락 현상 등이 생기게 된다.

실험에 의하면 판두께 13mm의 연강판에 각종 용접봉으로 비드를 놓고 측정한 결과 용접봉의 용융에 약 15%, 용접 금속의 생성에 20 ~ 40%, 기타(모재의 가열, 피복제의 용해, 대류, 복사, 스패터 등)에 60 ~ 85%이었다.

또한 모재에 흡수되는 열량은 용접 입열의 약 75 ~ 85% 정도가 되며, 이 열은 용접부와 모재에 여러 가지 영향을 끼치게 된다.

나. 아크의 열효율

아크열은 통상 용접봉이 녹은 용적, 슬래그, 아크 플라스마라 하는 고온의 가스류를 매체로 하여 모재에 운반되지만 그 중 일부는 복사열이나 대류 등으로 잃는다.

따라서 실제로 용접부에 용접 입열의 몇 %가 모재에 흡수되는가 하는 비율을 아크의 열효율(heat efficiency) η이라 한다.

다. 용접부의 온도 분포

용접은 대단히 높은 열원에 의하여 금속을 용융시키면서 피접합제를 접합시키는 방법이므로 용접부 부근의 온도는 대단히 높다.

얇은 판과 후판의 탄소강판에 용접 전류를 200A, 용접 속도를 20cm/min의 조건으로 비드 용접한 결과의 온도 분포를 보면 아크는 최고 온도의 위치에 있으나 아크 전방의 온도 상승은 후방에 비하여 급하게 나타나며, 두꺼운 판은 얇은 판에 비하여 열영향부의 범위가 훨씬 좁고 급랭도가 커짐을 알 수 있다. [그림 3-4 참조] 이것은 모재에 흐르는 열원의 방향과 열원 이동의 상호 관계에서 당연히 추정할 수 있다.

그림 3-4 t5와 t10인 연강판의 피복 아크용접 중의 등온선

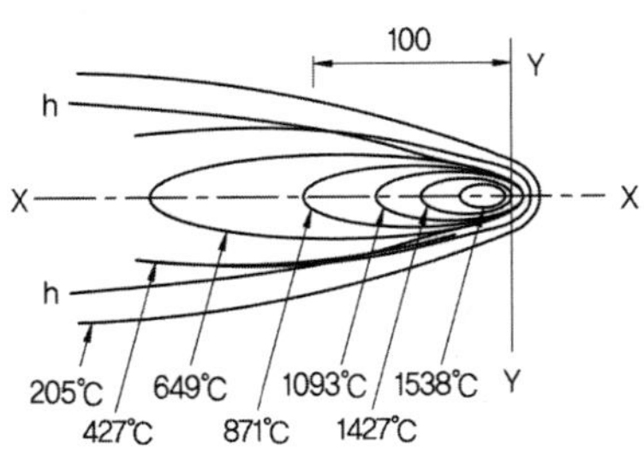

(a) 얇은 판의 온도 분포

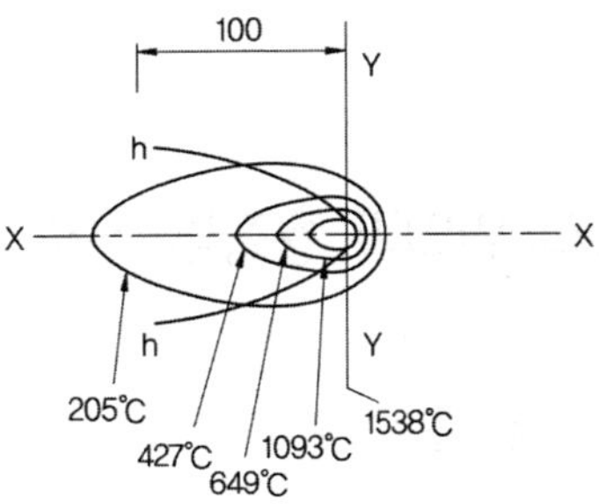

(b) 두꺼운 판의 온도 분포

라. 용접시의 온도 분포

① 온도 기울기가 급할수록 용접부 부근은 급랭하며, 급랭하면 열영향부가 경화되어 이음 효율이 저하하며, 용접 입열이 일정한 경우에는 열전도율이 큰 것일수록 냉각 속도가 크다. (금속의 열전도율 순서 : 은, 구리, 금, 알루미늄, 연강, 스테인리스강)

② 같은 열량이라도 열이 확산하는 방향이 많을수록 냉각 속도는 커진다.

③ 용접 온도 기울기의 크기는 용접 이음 모양과 금속의 종류에 따라 다르다.

그림 3-5 용접부의 온도 분포

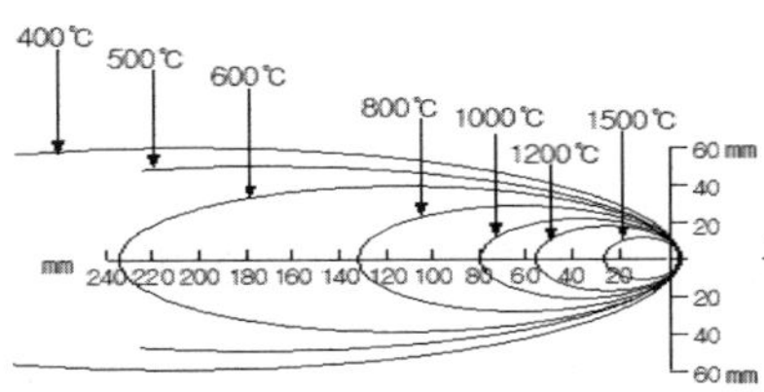

등온 곡선

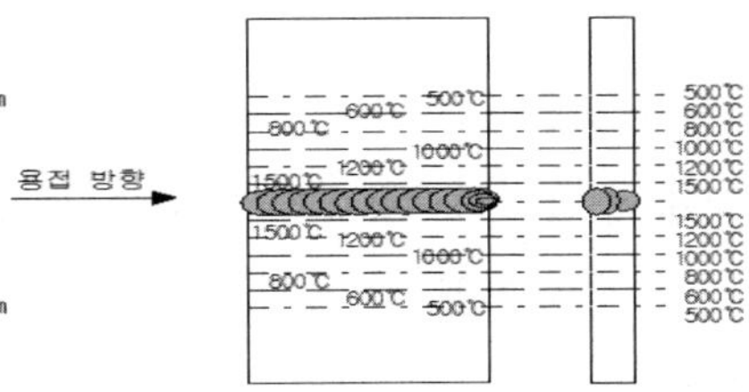

온도 분포

마. 용접 열영향부의 열 사이클

모재가 용접에 의해 가열될 때 용착금속에 인접하는 모재의 각 점은 용착금속으로부터 거리에 따라서 여러 가지 온도로 급열, 급랭하게 되는데 이 온도 변화를 열 사이클이라 한다.

용접부 내의 열 유동에 있어 용접부의 어떤 점이 최고 온도에 도달 후 냉각될 때 냉각속도는 그 재료의 조직 및 성질을 변화시키며, 열영향부 모재의 건전성에도 영향을 미치며, 특히 열처리가 가능한 강에 그 영향이 크다.

이러한 재료의 열적 성질이 용접 열사이클에 미치는 영향에 대한 정량적인 자료는 없으나 재료의 열확산률이 작으면 최고온도 분포는 급격하며, 재료의 열확산률이 크면 어떤 최고온도에서의 냉각속도는 크며 최고온도에 머무는 시간이 짧다.

용접 열영향부의 열 사이클에서 가열 속도, 최고 가열 온도, 최고 도달 온도에서의 유지 시간, 냉각 속도 등은 중요한 인자로써, 계산으로 구할 수도 있지만, 직접 실측하는 쪽이 확실한 경우가 많다.

통상 아크용접 등에서 열 사이클은 4 ~ 5초 정도의 짧은 시간에 가열 속도가 매우 다른 것 및 가열 시간이 짧은 것 등이 용접에서의 열 사이클 특징이다.

일반적으로 탄소강, 고장력강 및 저합금강에서는 열전도도나 비열 등의 물질적 성질이 비슷하므로, 어떤 강에서 측정한 열 사이클 또는 냉각 속도가 그대로 다른 강의 종류에 적용하여도 지장이 없다.

그림 3-6 피복 아크용접 열영향부 각 지점에 대한 열 사이클(HT 52(0.2%C, 1.38% Mn, 0.23% Si))

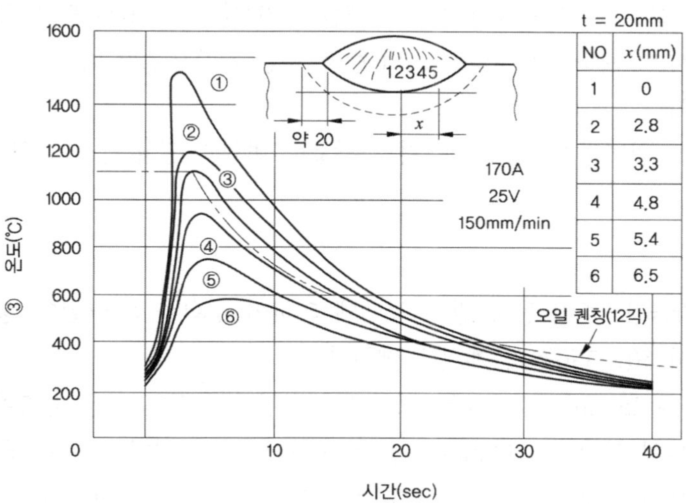

예를 들면 판두께 20mm인 연강판의 표면에 ∅4mm인 피복 아크용접봉으로 길이가 긴 비드를 놓았을 때의 각 점에 있어서의 열 사이클을 보면 최고 가열 온도가 1100℃인 곳은

불과 4초 정도의 짧은 시간에 1100℃로 가열되고 600℃로 즉시 냉각하는데 12초 정도의 짧은 시간이 걸린다. [그림 3-6 참조]

4 용접부의 예열과 후열

가. 예열

예열(preheating)이란 급열 급랭에 의한 열응력이나 변형, 균열을 방지하기 위해 용접 전에 용접부를 가열하는 작업으로, 보통 도시 가스, 산소-아세틸렌 가스, 산소-프로판 가스 등의 토치나 고정식 버너를 이용한다.

예열에는 전체 예열과 국부 예열이 있는데, 작은 물건이나 변형이 많은 경우를 제외하고는 국부 예열을 행하는 것이 보통이다.

국부 예열의 가열 범위는 용접선 양쪽에 50~100mm 정도로 하며, 온도의 측정은 용접선에서 30~50mm 떨어진 곳을 온도 초크(chalk)나 표면 온도계로 측정하는 것이 일반적이다.

1) 예열의 목적

① 열영향부와 용착금속의 경화를 방지하고 연성을 증가시키며, 용접부의 기계적 성질을 향상시키고 경화 조직의 석출을 방지시킨다.

② 수소의 방출을 용이하게 하여 저온 균열을 방지한다. 약 200℃의 범위를 통과하는 시간을 지연시켜 용착금속 내의 수소의 방출 시간을 줌으로써 비드 밑 균열 등 저온 균열을 방지한다.

③ 온도 분포가 완만하게 되어 열응력의 감소로 변형과 잔류 응력의 발생을 적게 한다.

2) 예열 방법

고탄소강, 저합금강, 주철 등과 같이 급랭에 의하여 경화하고, 균열이 생기기 쉬운 재료는 재질에 따라서 50~350℃의 예열을 행한다.

① **연강** : 판두께 25mm 이상을 0℃ 이하에서 용접하게 되면 저온 균열이 발생하기 쉬우므로 이음부의 양쪽 약 100mm 폭을 50~100℃로 가열하는 것이 좋다. 그러나 다층 용접인 경우에는 제2층 이후는 이전 층의 열로 모재가 예열한 것과 동등한 효과를 얻기 때문에 예열을 생략할 수도 있다.

② **주철 및 고급 내열 합금** : 주철은 경도와 취성이 커서 균열이 생기기 쉬우므로 500~550℃로 예열 후 용접한다.

주철의 두께 차가 클 경우 냉각 속도가 균일하도록 예열량을 조절한다. 또한, 합금 원소가 많아져서 탄소 당량이 높고, 두꺼운 합금강은 용접성이 나빠지므로 예열을 해야 한다. 저수소계 용접봉을 사용하면 예열 온도를 낮출 수 있다.

③ **알루미늄 합금 및 구리 합금** : Al 합금, Cu 또는 Cu 합금 등과 같이 열전도도가 큰 것은 이음부의 열집중이 부족하여 융합 불량이 생기기 쉬우므로 200~400℃의 예열이 필요하다.

3) 예열 온도 설정

① 예열 온도는 모재의 경화성, 이음의 종류, 모재 두께와 이음의 구속 상태, 용접 방법, 용접 입열량, 용착금속의 강도, 다층 용접법, 용접 재료의 흡습 상태, 기온과 습도, 가열 방법 등에 따라 최적 및 최고 온도 범위를 선택한다.[표 3-1 참조]

② 제1층 용접 균열 시험에 있어서의 루트 균열 방지에 필요한 예열 온도(T)에 끼치는 강판의 화학 성분, 구속도 및 수소량의 영향(균열 감수성 지수 : P_c)에 대하여 다음 식으로 표시한다.

$$T(\text{균열 정지 예열 온도 ℃}) = 1440P_c - 392$$

$$P_c(\%) = C + \frac{Si}{30} + \frac{Mn}{20} + \frac{Cu}{20} + \frac{Ni}{60} + \frac{Cr}{20} + \frac{V}{10} + 5B + \frac{t}{600} + \frac{H}{60}$$

t : 판두께 mm　　　　H : 수소량 ml/100g

③ 강재의 용접성은 강의 열영향부의 최고 경도에 대한 탄소 당량(carbon equivalent)으로 나타내며, 망간, 규소, 니켈, 크롬, 몰리브덴 등을 탄소 당량으로 환산하여 그 탄소 당량에 의하여 용접성의 양부를 판단한다.

④ 일반적으로 탄소 당량이 0.4 이하이면 용접성이 양호하나, 0.45~0.5 정도면 약간 곤란하게 되며, 0.5 이상이면 대단히 곤란하다.

⑤ 탄소강 및 저Mn강(HT 50)에 대한 탄소 당량 계산식은 국제용접학회(IIW)에서는 다음 식을 이용한다.

$$\text{IIW Ceq}(\%) = C + \frac{1}{6}Mn + \frac{1}{5}(Cr + Mo + V) + \frac{1}{15}(Ni + Cu)$$

$$\text{일본용접학회 Ceq} = \%C + \frac{1}{6}\%Mn + \frac{1}{24}\%Si + \frac{1}{40}\%Ni + \frac{1}{5}\%Cr + \frac{1}{4}\%Mo + \frac{1}{14}\%V.$$

⑥ 실제로 ASME Code의 Section I인 발전 보일러 규격에는 탄소량이 0.35%를 초과하는 재료는 사용 못하게 제한하고 있기도 하다. 한편, 탄소 당량값과 용접부의 최고 경

도(Hmax)와의 관계식은 아래와 같다.

$$Hmax(Hv) = (666Ceq+40) \pm 40$$

여기서 탄소 당량값이나 최고 경도값을 제한하면 용접하고자 하는 재료의 화학 성분을 제한할 수가 있다는 상관 관계를 현장 용접에서는 상당히 유용하게 이용할 수가 있을 것이다.

표 3-1 각종 금속의 예열 온도

금속 재료	예열 온도(℃)	금속 재료	예열 온도(℃)
HT 50	20～100	HT 60	60～100
HT 70	80～150	HT 80	100～180
주 강	20～100	주 철	150～300
STS 403, 410	100～400	18Cr	100～200
$\frac{1}{2}$ Mo강	100～200	Mn-Mo강 Mn-Mo-Ni강	150～250
$\frac{1}{2}$Cr-$\frac{1}{2}$Mo강	150～250	9Cr-1Mo강 13Cr-Mo강	250～400
$2\frac{1}{4}$Cr-1Mo강	200～350	$1\frac{1}{4}$Cr-$\frac{1}{2}$Mo강	150～350
5Cr-0.5Mo강	250～350	황 동	150～200

나. 후열

넓은 의미의 용접 후열처리(PWHT : Post Weld Heat Treatment)에는 용접 후의 급랭을 피하는 목적의 후열, 응력 제거 풀림, 완전 풀림, 불림(normalizing), 고용체화 열처리, 선상 가열 등이 있다.

1) 직후열(좁은 의미의 후열)

좁은 의미의 후열이란 용접 후 급랭에 의한 균열을 방지할 목적으로 용접 직후에 용접부를 소정의 온도까지 가열한 후 소정의 시간 동안 유지시키는 조작을 말한다.

후열 온도와 그 유지 시간은 재료의 종류와 두께, 잔류 응력, 용접부의 형상, 확산성 수소량, 예열의 유무와 그 온도 등에 의해 결정된다고 생각된다.

후열을 하면 저온 균열의 원인이 되는 확산성 수소를 방출시키며, 온도가 높고 시간이 길수록 수소 함량은 낮아지며, 잔류 응력을 제거한다.

2) 풀림

강을 일정 시간 가열 후 서랭하여 기계적, 물리적 특성을 변화시키고 함유 가스를 방출시키는 열처리로, 온도 A_3 이상 가열하여 서랭하는 완전 풀림(고온 풀림)과 A_1 이하의 저온 풀림으로 나누며, A_3 이상 가열하면 변형이 심한 경우가 있으므로 A_1 이하가 바람직하다.

일반적으로 풀림 온도에서 유지하는 시간은 판두께 25mm당 1시간이 보통이고 가열 및 냉각 속도는 다음 식으로 하는 것이 일반적이다.

$$최고\ 가열\ 속도 = \frac{220 \times 25.4}{t}\ ℃/hr(최고\ 220℃/hr)$$

$$최고\ 냉각\ 속도 = \frac{275 \times 25.4}{t}\ ℃/hr(최저\ 273℃/hr)$$

다. 용접부의 조직과 성질

1) 용착금속

용접시에 용융금속 내에 현저한 온도 구배(차)가 있을 경우는 결정핵은 결정경계부 등 저온도부에 많이 발생하여 중앙 용융지쪽으로 생성과 성장이 일어나게 되며 용접봉의 이동 속도에 따라 순간순간 응고하고 냉각되며 적층 응고를 반복하게 된다.

아크용접의 경우 아크 바로 아래의 용융지 표면은 고온을 유지하고 있지만 용융지 밑부분, 즉 모재에 인접한 부분은 온도가 급격히 낮아지는 등 용융지와 밑부분, 표면부분 간에 현저한 온도구배가 생기므로 용융지 내의 결정핵은 대부분 모재 경계부에서 발생하고 급격한 냉각으로 인해 결정은 용융지 표면으로 향하여 성장하게 된다.

2) 용착금속부(weld metal zone)

용착금속부는 모재와 용접봉이 녹아서 굳어진 부분으로 주조 조직과 같다. 용착 후의 조직은 최고 가열 온도와 냉각 속도에 의해서 결정된다.

3) 열 영향부(heat affected zone)

용접부 부근의 모재가 용접할 때의 열에 의하여 급열, 급랭되어 변질된 부분으로, 열 영향부의 기계적 성질과 조직의 변화는 모재의 화학 성분, 냉각 속도, 용접 속도, 예열 및 후열 등에 따라 달라지며, 변질부라고도 한다.

4) **원질부**(unaffected zone)

모재가 열영향을 크게 받지 않은 부분으로, 조직과 성질이 변하지 않은 모재 부분이다.

5) **본드**(bond of weld)

용접 금속과 모재와의 경계를 말하며, 반용융 상태를 포함하여 용융 온도 범위로 가열된 곳과 가열되지 않은 곳의 경계이다.

그림 3-6 용접부의 조직

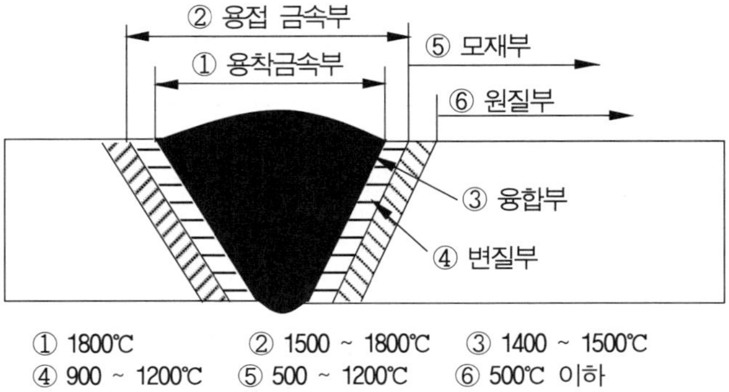

실전 심화 학습 문제

{제3절 | 용접 작업(본용접)}

01 비드쌓는 순서에 의한 용착법 3가지를 들고 간단히 설명하시오.

02 아크용접 작업에서 판이 매우 얇은 경우나 용접 후 비틀림이 생길 염려가 있을 때 가장 적합한 용착법은?

03 한 부분의 몇 층을 용접하다가 이것을 다른 부분의 층으로 연속시켜 전체가 계단 형태의 단계를 이루도록 용착시켜 나가는 용착법은?

04 맞대기 용접 등 수축이 큰 이음을 가능한 먼저 용접하고 수축이 적은 필릿 이음은 다음에 한다. (○, ×)

05 판두께가 몇 mm 이상 되면 그 이상 판두께가 증가하여도 냉각 속도는 그다지 변하지 않는가?

06 열전도도나 비열 등 열적 상수가 다른 재료는 냉각 속도도 달라진다. 오스테나이트계 스테인리스강은 탄소강의 냉각 속도에 비해 얼마 정도 되는가?

07 같은 판두께의 경우, 같은 용접 조건하에서는 필릿 용접의 본드부의 냉각 속도는 맞대기 용접의 냉각 속도의 몇 배 정도 되는가?

08 다음 그림 중에서 용접 열량의 냉각 속도가 가장 큰 것은?

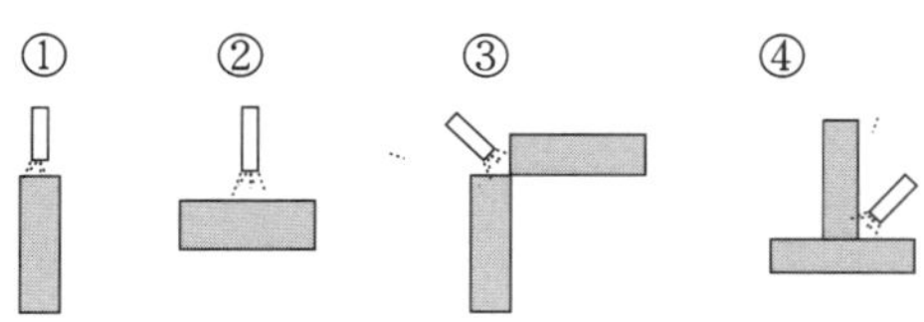

09 일반적으로 모재에 흡수되는 열량은 용접 입열의 몇 % 정도 되는가?

10 용접부에 용접 입열의 몇 %가 모재에 흡수되는가 하는 비율을 무엇이라 하는가?

11 용접 시공에서 예열의 목적은 무엇인가?

12 일반적으로 탄소 당량이 0.45~0.5 이상이면 용접성은 좋은가 나쁜가?

13 연강판 두께 25mm 이상을 0℃ 이하에서 용접하게 되면 저온 균열이 발생하기 쉬우므로 예열이 필요하다. 예열 방법은 어떠한가?

14 용접부 조직 중에서 열영향부에 대하여 간단히 설명하시오.

15 용접부 조직 중에서 모재가 열영향을 크게 받지 않은 부분으로, 조직과 성질이 변하지 않은 모재 부분을 무엇이라 하는가?

해답

1. 용접 순서에 따른 분류법 : 전진법, 후진법, 대칭법, 비석법, 교호법
2. 비석(스킵)법
3. 캐스 케이드법
4. ○
5. 25mm
6. 약 2/3 정도
7. 약 1.4배
8. ④
9. 약 75~85%
10. 아크의 열효율
11. 268p [가] 1) 참조
12. 나빠진다.
13. 268p [가] 2) ① 참조
14. 열 영향부(heat affected zone) : 용접부 부근의 모재가 용접할 때의 열에 의하여 급열, 급랭되어 변질된 부분
15. 원질부

제4절 | 용접 후 처리

1 용접부의 잔류 응력 분포와 경감법

가. 용접부의 잔류 응력의 영향

용접의 경우 국부 가열과 냉각이 계속되며 냉각 중에 수축시에는 모재와 일체가 되어 수축이 일어나면서 용착금속 인접부의 내부 저항에 의해 변형이 저지된 만큼 응력으로 남게 되는데 이 응력을 잔류 응력(residual stress)이라고 하며, 계속 잔류할 경우 용접부를 약화시킨다.

대개의 금속은 압축력에는 거의 무제한의 저항력을 갖기 때문에 유동 또는 변형은 생기지만 파괴되지는 않으나, 좀 심한 인장력에는 저항력이 비교적 약해서 파단되기 쉽다.

즉, 수축, 팽창의 정도는 가열된 면적의 크기에 정비례하며, 구속된 상태의 팽창, 수축은 금속의 변형과 잔류 응력을 초래하며, 그 장력에 견딜만한 연성이 부족하면 결국 파단된다.

용접 잔류 응력은 박판 구조물에서는 국부 좌굴 변형을 일으키고, 용접 구조물에서는 취성 파괴 및 응력 부식을 일으키며, 기계 부품에서는 사용 중에 서서히 해방되어 변형이 생긴다.

나. 잔류 응력 분포

1) 맞대기 이음에서의 응력 분포

용접 이음부는 용접선 방향으로 수축하는 힘이 강하게 작용함에 따라 주위의 모재 부분의 수축 방해되는 부분과의 수축 응력과 인장 응력이 작용하게 되며 일부는 변형으로 상쇄되지만 상당 부분은 응력이 잔류하게 된다.

[그림 4-1]은 외적 구속이 없는 맞대기 용접부의 잔류 응력 분포 상태를 나타낸 것이며, 용접 방향 X의 응력 및 용접선과 직각 방향의 각 부분의 응력 분포 상태를 나타낸 것이다.

① 단면 A–A' : 열을 받지 않은 모재부, 응력은 거의 0이다.

② 단면 B–B' : 용접에 의해 용융지를 형성한 부분, 0에 가깝게 작게 잔류하고 있음

③ 단면 C–C' : 용융지에서 조금 떨어진 용접부, 용착금속과 용접부 가까이에 있는 모재가 냉각되므로 주위의 인장 응력에 의해 수축하려고 함. 용접이 진행됨에 따라 이 응력은 압축 응력에서 인장 응력으로 변화한다.

④ 단면 D–D' : 용융지에서 조금 멀리 떨어진 부분, 용접 비드 부분의 높은 인장 응력과

그의 양 끝은 낮은 압축 응력이 존재한다.

그림 4-1 자유단 맞대기 용접 이음 각 부의 온도와 응력 변화

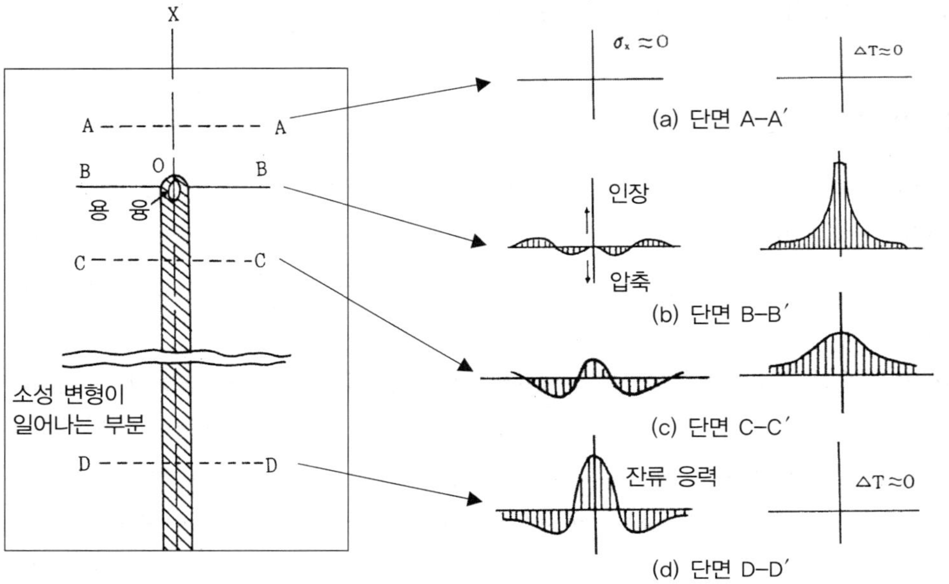

(1) 용접부의 여러 위치 (2)응력 (3) 온도 변화

2) 다층 용접에서의 응력 분포

다층 용접에서는 1층 용접부와 달리 먼저 용접된 부분은 나중에 용접되는 용착금속의 열 때문에 다시 열을 받으므로 일단 이완된 후 다시 발생하게 된다.

3) 용접부의 응력 분포

① 박판 : 모재의 변형은 크나 잔류 응력은 작다.

② 후판 : 모재의 변형은 작으나 잔류 응력은 크다.

③ 용접 잔류 응력은 용접 이음의 형상, 용접 입열, 판두께, 용착 순서, 외적 구속 등에 따라 영향을 받으며, 외력이 작용하면 이음이 파괴 또는 외력의 작용이 없어도 자체의 저항력에 견디지 못하면 균열이 발생한다.

다. 잔류 응력 경감법

1) 용착금속량의 감소

용착금속량을 적게 하면 수축에 따른 변형량이 적어지고 잔류 응력의 크기도 적어진다.

용착금속량을 줄이기 위해서는 용접 홈의 각도를 최대한 작게 만들고 루트 간격을 좁혀 용접부에서 발생되는 내부 구속을 경감시킨다.

2) 응력 제거 방법의 종류

용접부의 잔류 응력을 용접 시공상의 주의만으로는 현저하게 경감 또는 완화시킬 수 없다. 따라서 인위적인 응력 제거법을 사용해야 된다.

(1) 기계적 응력 완화법(mechanical stress relief)

① 잔류 응력이 존재하는 구조물에 어떤 하중을 걸어 용접부를 약간 소성 변형시킨 다음 하중을 제거하면 잔류 응력이 현저하게 감소하는 현상을 이용하는 방법이다.

② 실제 용접 구조물에는 응용이 곤란하여 거의 사용하지 않는다.

(2) 로내 풀림법(furnace stress relief)

① 제품을 로내에 넣고 구조용 압연재나 탄소강은 625±25℃에서 1시간 풀림 후 10℃ 내려가는데 20분 정도 되게 냉각(서랭)하며, 구조물의 온도가 250 ~ 300℃까지 냉각되면 대기 중에서 공랭시키는 방법으로 가장 널리 사용된다.

② 연강 제품을 로내에서 출입시키는 온도는 300℃를 넘어서는 안되며, 300℃ 이상에서 가열 및 냉각 속도(R)는 다음 식에 만족해야 한다.

가열 속도 : $\leq 200 \times 25/t$(℃/h)	냉각 속도 : $\leq 280 \times 25/t$(℃/h)

t : 용접부 가열 부분의 최대 두께(mm)

(3) 국부 풀림법(local stress relief)

① 노에 넣을 수 없는 대형 용접 구조물은 로내 풀림을 할 수 없으므로 용접선의 좌우 양측을 각각 약 250mm의 범위나 또는 판두께의 12배 이상의 범위까지를 일정한 온도와 시간을 유지시킨 후 서랭하여 응력을 제거하는 방법이다.

② ASME의 규정에는 600℃에서 1시간, 570℃에서 2시간, 540℃에서 3시간 유지시간을 연장하도록 규정하고 있다.

③ 가열 열원은 가열부의 온도 유지가 균일하게 올라갈 수 있는 장치가 좋으며, 전기적인 열원으로는 유도 가열 방식이 많이 사용되고 있다.
가스 불꽃으로는 산소-아세틸렌 불꽃 방식이 많이 사용되고 있으나, 온도가 불균일하게 되어 오히려 잔류 응력을 유발할 수가 있으므로 주의해야 한다.

(4) 저온 응력 완화법(low temperature stress relief)

① 용접선 방향에 큰 인장 잔류 응력이 생긴 용접선의 양측을 정속도로 이동하는 가스

불꽃에 의해 폭이 약 150mm 범위를 150~200℃ 정도로 가열한 다음 즉시 수냉함으로서 용접선 방향의 인장 응력을 완화시키는 방법이다. [그림 4-2 참조]

② [그림 4-3]은 두께 19mm 연강판의 용접선 양측 용착부의 압축 응력이 작용하는 부분을 가열하여 인장 열응력이 생기게 하고, 이것이 인장 잔류 응력과 겹쳐 용착부에 인장 소성 변형이 생기게 함으로써 잔류 응력이 현저하게 감소되는 것을 나타낸 것이다.

그림 4-2 저온 응력 완화법

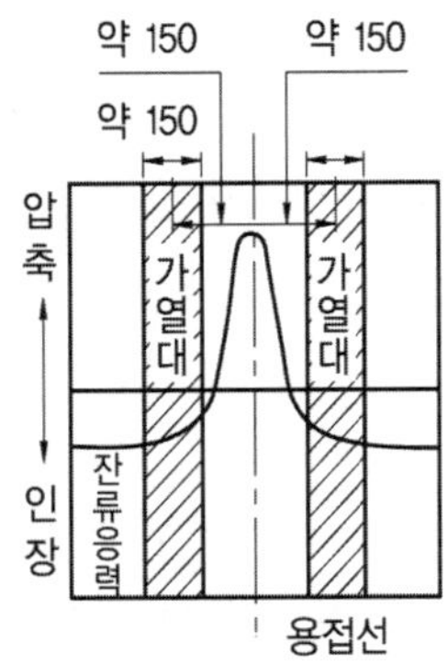

그림 4-3 저온 응력 완화법에 의한 응력 제거 예

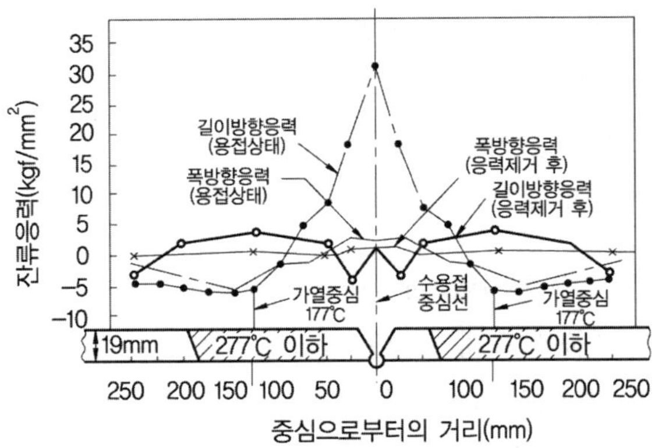

(5) 피닝(peening)법

① 피닝법이란 잔류 응력 완화, 변형 경감 및 용착금속의 균열 방지를 위해 용접 직후 용착금속이 냉각되기 전에 끝이 구면인 치핑 해머로 용접 표면을 연속 타격하는 방법을 말한다.
잔류 응력 제거의 목적에서 보면 용착금속 부분은 물론 그 좌우의 모재 부분에도 어느 정도(폭 약 50mm) 하는 것이 효과적이다. 다층 용접에서는 최종 층에만 하면 충분하다.

② 피닝의 효과는 표면 근처 밖에 미치지 못하므로 판두께가 두꺼운 것은 내부 응력이 완화되기 힘들며, 용접부를 가공 경화시켜 연성을 해치는 결점이 있다.

3) 풀림 효과

용접 잔류 응력 제거와 치수 안정화가 실현되며, 용접 열영향부가 뜨임(tempering)화 되어 연성을 가지며, 응력 부식에 대한 저항력, 크리프 강도 및 충격 저항성이 증가한다.

용착금속 중의 수소 가스가 제거되어 연성이 증가한다.

2 변형의 방지와 교정

가. 용접 시공 조건과 수축에 미치는 영향

시공 조건	영 향	시공 조건	영 향
루트 간격	루트 간격이 클수록 수축이 크다.	구속도	구속도가 크면 수축이 작다
피복제 종류	영향 없다.	운봉법	운봉을 하면 수축이 작다.
봉 지름	봉 지름이 클수록 수축이 작다.	피닝	피닝을 하면 수축이 감소된다.
홈 형상	V형 이음은 X형 이음보다 수축이 크다.	뒷면 파기 (가우징)	수축은 변화 없고 재용접을 하면 뒷면 파기 이전과 거의 같은 경향으로 증가한다.

나. 변형의 종류

변형의 종류	내 용
종(세로) 수축	용접선과 같은 방향으로의 변형
횡(가로) 수축	용접선과 직각 방향으로의 변형
회전 변형	맞대기 용접에서 진행 방향에 따른 홈 간격이 벌어지거나 좁혀지는 변형
횡 굴곡 (각 변형)	용접시의 온도 분포가 후판의 경우 판두께 방향으로 불균일하기 때문에 모재가 용접부를 중심으로 꺾여 굽혀지는 변형으로 가로 굽힘 변형이라고도 한다.
종 굴곡	용접선과 같은 방향으로 완만한 곡선을 이루는 변형
좌굴 변형	박판 용접시 용접선에 대한 압축 열응력으로 인하여 일어나는 비틀림 변형

1) 종(세로) 수축

① 용접선 방향의 수축으로, 모재 주위의 저항이 크므로 그다지 문제되지 않으나, 철골, 교량의 기둥이나 빔 등 길이가 긴 구조물의 경우는 종수축도 고려하지 않으면 안된다.

② 일반적으로 용접 이음의 종수축량은 1/1000 정도이며, Gryot의 맞대기 용접 종수축량 계산 실험식은 다음과 같다.

$$\delta = \frac{Aw}{Ap} \times 25\text{mm}$$

Aw : 용착금속의 단면적(mm^2)　　Ap : 저항하는 부재의 단면적$(mm)^2$

Aw/Ap의 비가 1/20 보다 작을 경우 모두 0.05로 한다.

2) 맞대기 이음의 횡(가로) 수축

① 횡수축이란 용접선에 직각 방향으로 발생하는 수축을 뜻하며, 맞대기 이음의 경우 횡수축이 많이 나타나고 있어 쉽게 수축량을 알 수 있다. [그림 4-4 (a) 참조]

② 구속하지 않은 맞대기 이음의 경우 용접 중에는 자유롭게 팽창할 수 있지만 냉각될 때는 용착금속이 모재와 일체가 되어 수축하므로 횡수축량은 용접 직후의 재료의 열팽창량에 따라 다음 식과 같이 발생하게 된다.

그림 4-4 가로 수축과 세로 수축

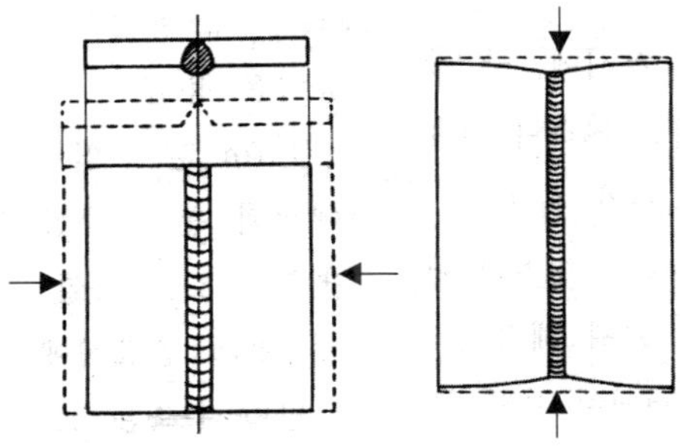

(a) 가로(횡) 수축 (b) 세로(종) 수축

$$S_d = \frac{a}{C\rho} \times \frac{Q}{Vt}$$

S_d : 자유 이음의 수축량(cm) a : 선팽창계수(1/℃) C : 비열(cal/g℃)
ρ : 밀도(g/cm^3) Q : 단위 시간당 입열(cal/sec) V : 용접속도(cm/sec)
t : 판두께(cm)

③ 용접 방법이 일정한 경우 용착금속량은 단위 용접 길이당의 입열량에 비례하게 되므로 개선 단면적이 증가하면 용착금속량도 증가하게 되며 횡수축도 크게 된다.
같은 판두께라 해도 루트 간격이 클수록, 또한 X형보다 V형 홈의 용접이 횡수축이 크게 된다.

④ 알루미늄이나 스테인리스강 용접의 경우 $a/C\rho$ 값이 연강보다 크므로(Al : 4배, STS : 2배) 횡 수축량도 훨씬 크며, 서브머지드 아크용접이 피복 아크용접의 1/2 정도로 횡수축량이 적다.

3) 필릿 용접 이음의 횡수축

① 필릿 용접은 용접부가 비드쌓기와 유사한 현상으로 맞대기 용접의 경우보다 용착금속 자체의 수축이 자유롭지 못하기 때문에 수축은 맞대기 용접의 경우보다 훨씬 적다.

② 필릿 용접의 횡수축량도 용착금속량 또는 필릿 목 길이에 따라 달라진다.
㉠ 연속 필릿 용접의 횡수축 = 목 길이/판두께(mm)
㉡ 단속 필릿 용접의 횡수축 = 목 길이/판두께×용접 길이/전 길이(mm)

4) 각 변형(가로 굽힘 변형)

① 두꺼운(후) 판의 용접에서는 용착금속의 표면과 뒷면이 비대칭이므로 온도 분포도 비대칭이 되어 판의 횡수축이 표면과 이면이 다르게 되어 발생한다. [그림 4-5 (c) 참조]

② V형 맞대기 용접시 층수가 많으면 많을수록 각변형이 커진다.

③ X형 용접의 경우 1~2층에서는 각변형이 거의 없으나 3층째부터 급격하게 각변형이 일어난다.

④ 각(굽힘) 변형을 줄이는 방법

㉠ 판두께가 얇은 경우 첫 패스 측의 개선 깊이를 크게 하며, 개선 각도는 용접에 지장이 없는 범위에서 작게 한다.

㉡ 역변형을 주거나 구속 지그로 구속한 후 용접하며, 후퇴법, 대칭법, 비석법 등을 채택하여 용접하며, 뒤쪽에서 물에 적신 석면포 등으로 열을 식히면서 용접한다.

㉢ 허용 범위에서 봉의 지름이 큰 것으로 시공하여 패스 수를 줄인다.

㉣ X형 홈의 경우 홈의 형상을 상하 대칭보다는 6 : 4~7 : 3 정도로 비대칭으로 용접한다.

그림 4-5 용접 변형의 종류

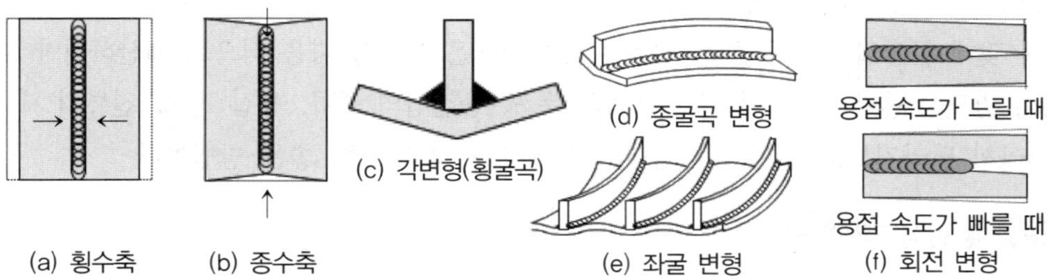

5) 회전 변형[그림 4-5 (f) 참조]

① 맞대기 용접에서 홈 간격이 벌어지거나 좁혀지는 변형으로, 수동 용접은 홈 간격이 좁혀지게 되며, 서브머지드 아크용접은 홈 간격이 벌어지게 된다.
회전 변형은 용접 속도가 빠르고 용접 전류가 높을 경우에 일어난다.

② 회전 변형의 방지 대책

㉠ 미리 수축을 예측하여 예측량 만큼 벌려 놓거나 가접을 튼튼히 하며, 대칭법, 후퇴법, 비석법 등의 용착법을 택하고, 필요한 경우 용접 끝을 구속한 후 용접한다.

㉡ 길이가 긴 맞대기 용접의 경우 2명 이상의 용접사가 길이를 정하여 놓고 동시에 용접하거나, 큰 판에 용접 후 절단하는 방법을 고려한다.

6) 좌굴 변형

① 두꺼운(후) 판은 문제가 없으나 얇은(박) 판의 경우 용접 입열에 비하여 판의 강성이 현저하게 낮으므로 용접선 방향으로 압축 응력에 의하여 좌굴 변형이 생기기 쉽다.

② 좌굴 변형은 용접 조건의 미세한 변화에도 여러 가지 변형 양식이 존재하여 변형으로 나타나며, 동일 제품을 동일 조건으로 용접하여도 물품에 따라 다른 양식으로 변형이 일어나게 된다. [그림 4-5 (e) 참조]

③ 용착 순서를 고려하여 열량을 적당히 분산시켜주는 방법을 선택하며, 이음 부근의 좌굴 변형을 구속하고 용접한다.

다. 변형 방지법

1) 역변형법(pre-distortion method)

역변형이란 용접하기 전에 용접에 의한 변형을 미리 예측하여 용접 반대 방향으로 적당량 변형을 주고 용접하는 방법을 말하며, 용접 후 변형을 바로 잡기 어려울 때 사용하면 효과적이다.

용접 전에 루트 간격을 비드 종단 부근에서 벌려 주거나, 가접 후에 뒷면으로 2 ~ 3° 정도 꺾어준 후 용접하는 방법도 있으며, 주로 V형 맞대기 용접에 이용된다.

V형 맞대기 용접의 경우 루트 간격의 역변형량은 이론상 다음 식으로 계산하지만, 이 계산식이 반드시 옳은 것은 아니고, 모재의 두께, 용접법의 종류, 용접 속도, 전류의 세기 등에 따라서 달라지므로 실험이나 경험치에 의하는 것이 가장 좋은 방법이다.

그림 4-6 탄성 역변형법

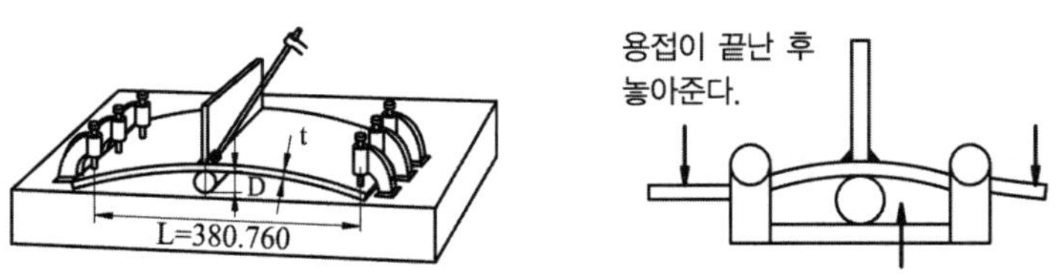

$$D = (d+0.005L)$$

d : 아크 시작점에서의 루트 간격　　　l : 전체 용접 길이
D : 아크가 끝나는 지점, 즉, 역변형으로 벌려 주어야 할 간격

2) 억제(구속)법(restraint method)

소성 변형이 일어나기 쉬운 장소를 정반이나 지그 등으로 고정시키거나 보강재나 보조판을 붙이든지 하여 변형을 강제적으로 억제(구속)하는 방법으로 가장 널리 쓰인다.

그러나 억제하는 힘을 너무 크게 되면 잔류 응력이 커져서 균열이 생기기 쉬우므로, 두꺼운 판에서는 특히 주의해야 한다.

억제 방법은 박판의 경우 개선면 부근에 클램프나 잭으로 고정시키거나, 스테인리스강 박판 맞대기 이음의 경우 동판을 조합시킨 구속 지그를 이용하는 것이 유효하고, 적당한 지그가 없는 경우 스트롱백을 사용한다.

그림 4-7 억제법

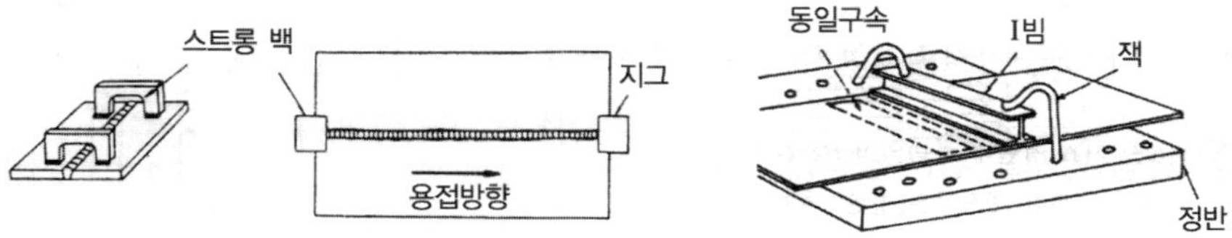

3) 용접 순서를 바꾸는 법

① **비석법**(skip method) : 잔류 응력이 가장 적게 남는 방법의 하나로, 용접선이 긴 경우 전 길이를 적당한 구간(보통 200mm 정도)으로 구분한 후 각 구간을 한 칸씩 건너 뛰어서 용접한 후에 다시금 비어 있는 곳을 차례로 용접하는 방법이다. [그림 4-8 (a) 참조]

② **대칭법**(symmetry method) : 변형 발생을 경감하는 방법의 하나로, 용접선이 긴 경우에 용접선의 중앙으로부터 시작하여 좌우에 한번씩 대칭적으로 비드를 놓는 방법이다. [그림 4-8 (b) 참조]

③ **후퇴법**(back step method) : 용접선의 전 길이를 대략 용접봉 하나로 용접할 수 있는 길이로 구분하여 국부 구간의 용접은 전진하지만 전체 구간의 용접 방향은 용접 방향에 대하여 후진하는 방법이다. [그림 4-8 (c) 참조]

그림 4-8 용접 순서 변경에 따른 변형 방지법

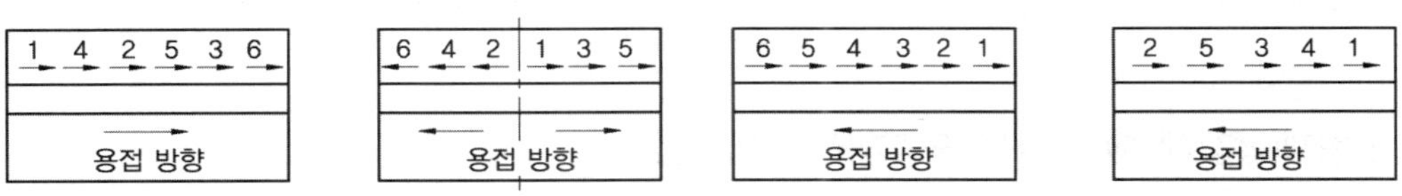

(a) 비석법 (b) 대칭법 (c) 후퇴법 (d) 교호법

④ **교호법**(alternation method) : 각 구간의 용접 순서는 교대로 진행되면서 전체 용접 방법은 반대가 되는 형식으로, 전체 용접선을 놓고 볼 때 처음과 끝 그리고 중앙에

비드를 배치하여 2등분한 후 다시 등분된 곳의 중앙에 비드를 배치하는 요령이다. 용접열 영향이 비교적 균일하게 분포되어 변형이 적어질 수 있다. [그림 4-8 (d) 참조]

4) 냉각법(cooling method) [그림 4-9 참조]

① 석면포 사용법 : 용접선의 뒷면이나 옆에 물에 적신 석면포나 헝겊을 대어 용접열을 냉각시키는 방법으로 수냉 동판을 사용하는 방법이나 살수법에 비하여 간단한 방법이기 때문에 널리 쓰이고 있다.

② 수냉 동판법 : 용접선의 뒷면이나 옆에 수냉 동판을 대어서 용접열을 열전도성이 큰 동(구리)판에 흡수하게 하여 용접 부위의 열을 식히는 방법이다.

③ 살수법 : 얇은 판의 용접부의 뒷면에서 물을 뿌려주는 방법으로, 용접 진행 중에 사용되는 것이 보통이지만, 얇고 넓은 철판의 변형을 바로 잡는데도 널리 쓰이고 있다.

그림 4-9 변형 방지를 위한 냉각법의 예

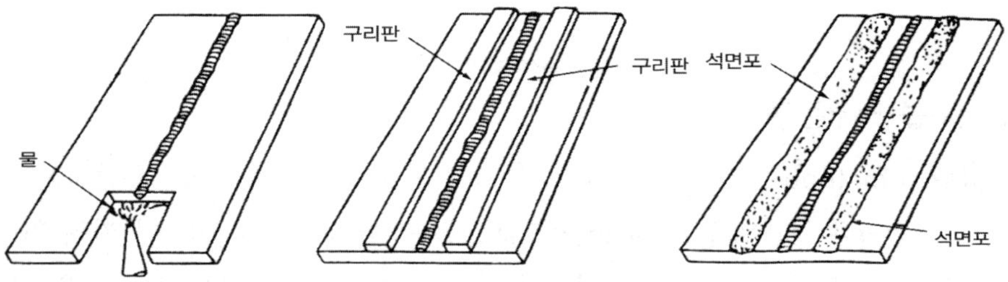

(a) 살수법　(b) 수냉 동(구리)판 사용법　(c) 석면포 사용법

라. 용접 변형 교정법

용접 변형 교정에는 많은 시간과 비용이 필요하므로, 변형의 발생을 최대한으로 억제할 수 있는 시공법을 취하는 것이 가장 바람직하다.

그러나 실제에 있어서 수축이나 변형과 동시에 잔류 응력이 발생하기 때문에 잔류 응력을 적게 하려고 하면 변형이 커지게 되고, 반대로 변형을 억제하기 위하여 구속하면 잔류 응력이 커진다. 따라서 양쪽을 동시에 해결하기는 매우 어렵다.

1) 형재(형강)에 대한 직선 수축법(선상 가열법)

판두께 방향으로 수축량이 다른 것을 이용해 교정하는 방법으로 판의 표면과 이면의 온도차를 크게 하기 위해 표면에서 가열하는 동시에 이면에서 수냉한다. [그림 4-10 참조]

그림 4-10 형강에 대한 직선 수축법

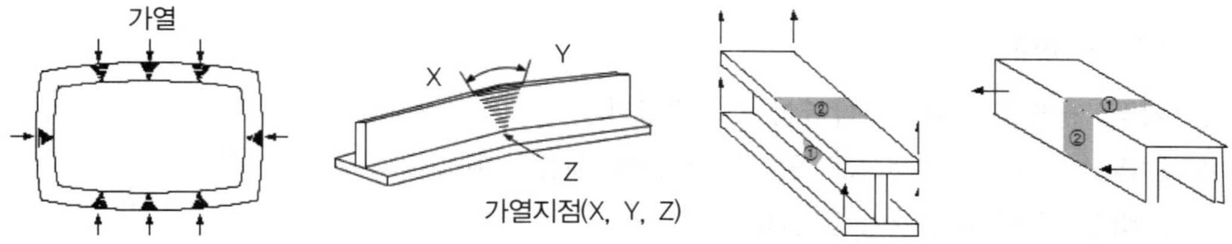

2) 박판에 대한 점 수축법

얇은 판의 경우 가열 온도 500 ~ 600℃, 가열 시간 약 30초, 가열 지름 20 ~ 30mm, 피치 50 ~ 70mm 정도로 가열한 후 수냉한다. [그림 4-11 (a) 참조] 변형이 큰 경우는 상하에서 가열하여 수냉한다. [그림 4-11 (b) 참조]

그림 4-11 얇은 판에 대한 점 수축법

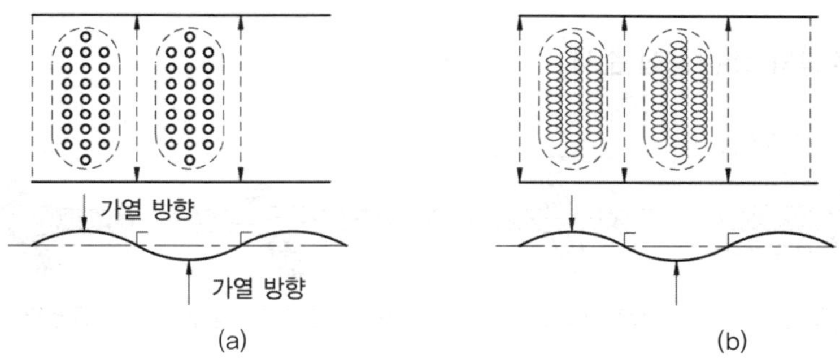

3) 롤러에 의한 법

판재나 직선재 등의 변형 교정에 이용되며 변형 부분을 롤러를 통과시키며 교정하는 방법이며 어느 정도 후판에 적합하다.

4) 가열 후 해머질하는 법

변형 부분을 가열한 후 해머로 두드려 변형을 교정하는 방법으로 중·후판의 국부 변형에 이용되고 있다.

5) 절단에 의한 정형과 재용접

변형 부분이 크고 교정이 어려운 경우 변형 부분을 절단한 후에 다시 용접하는 방법이다.

마. 결함의 보수

1) 결함의 보수

① 기공, 슬래그 섞임 : 연삭하여 재용접한다.

② 언더컷 : 가는 용접봉으로 언더컷 부분을 재용접한다.

③ 오버랩 : 깎아내고 재용접한다.

④ 균열 : 양단에 드릴 구멍(스톱 홀)을 뚫고 균열 부분을 연삭하여 정상 홈으로 한 후 용접한다.

2) 보수 용접

보수 용접이란 기계 부품(기어 이빨, 축 등)의 마모된 부분을 육성 용접봉을 사용하여 덧붙이 용접하여 재생한 후 가공하여 사용할 수 있도록 하는 방법을 말한다.

균열의 결함 보수 용접 순서는 아래 그림과 같이 한다.

그림 4-12 결함의 보수 용접 순서

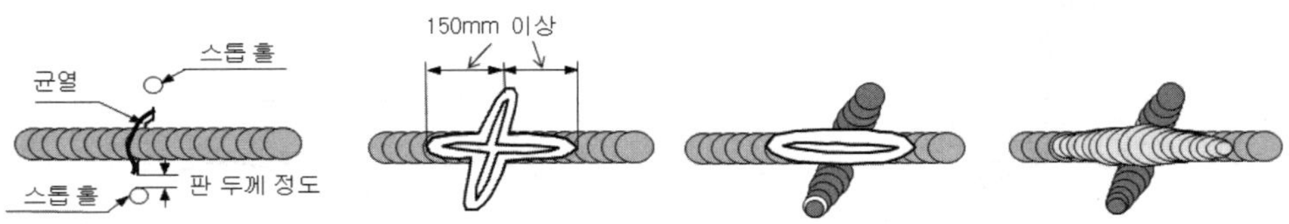

(a) 스톱 홀 (b) 균열부 가공 (c) 균열부 1차 용접 (d) 균열부 마무리 용접

바. 용접 후 가공

제품 제조의 중간 단계에서 용접 후 기계 가공 또는 굽힘 가공을 하는 경우 용접부의 잔류 응력에 의해 변형이 일어날 수 있으므로 응력 제거 처리를 한 후에 가공을 해야 된다. 또한 용접부를 굽힘 가공시 용접 열 영향부의 경화가 심해지고 연성이 모재에 비해 낮기 때문에 균열 발생의 우려가 있다.

연강 용접부의 천이 온도는 400~600℃이며, 이 부분은 연성 파괴에서 취성 파괴로 변화하는 온도이며, 조직의 변화는 없으나 기계적 성질은 나쁜 곳이다.

실전 심화 학습 문제

{제4절 | 용접 후 처리}

01 용착금속 인접부의 내부 저항에 의해 변형이 저지된 만큼 응력으로 남게 되는데 이 응력을 무엇이라 하는가?

02 잔류 응력이 존재하는 구조물에 어떤 하중을 걸어 용접부를 약간 소성 변형시킨 후 하중을 제거하여 잔류 응력을 감소시키는 방법을 무엇이라 하는가?

03 잔류 응력을 감소시키는 방법 중 로내 풀림에 대하여 간단히 설명하시오.

04 잔류 응력 완화와 변형 경감, 균열 방지를 위해 용접 직후 용착금속이 냉각되기 전에 끝이 구면인 치핑 해머로 용접 표면을 연속 타격하는 방법을 무엇이라 하는가?

05 맞대기 용접에서 진행 방향에 따른 홈 간격이 벌어지거나 좁혀지는 변형을 무엇이라 하는가?

06 서브머지드 아크용접 등 용접속도가 빠른 경우 회전 변형에 의한 용접부 끝은 넓어지는가 좁아지는가?

07 용접선에 직각 방향으로 발생하는 수축을 무슨 수축이라 하는가?

08 같은 판두께라 해도 루트 간격이 크거나, X형보다 V형 홈으로 용접할 경우 횡수축은 어떻게 되는가?

09 V형 맞대기 용접시 층수가 많으면 많을수록 각변형은 어떻게 되는가?

10 용접선이 긴 경우 적당한 구간으로 구분한 후 각 구간을 한 칸씩 건너 뛰어서 용접한 후에 다시 비어 있는 곳을 차례로 용접하는 용착법을 무엇이라 하는가?

11 용접 전에 용접에 의한 변형을 미리 예측하여 용접 반대 방향으로 적당량 변형을 주고 용접하는 방법을 무엇이라 하는가?

12 용접 구조용 압연 강재(SWB)의 로내 및 국부 풀림의 유지 온도와 시간은?

13 얇은 판의 용접부 뒷면에서 물을 뿌려주는 방법으로, 보통 용접 진행 중에 사용하는 변형 방지법을 무엇이라 하는가?

14 용접 변형 교정법 2가지를 쓰시오.

15 용접 변형 교정법 중에서 박판에 대한 점 수축법의 방법을 간단히 쓰시오.

16 용접 결함의 보수 방법 중 기공과 언더컷 보수 방법을 쓰시오.

해답

1. 잔류 응력
2. 기계적 응력 완화법
3. 277p [다] 2) (2) 참조
4. 피닝법
5. 회전 변형
6. 넓(벌)어진다.
7. 횡(가로) 수축
8. 커진다.
9. ④
10. 비석(스킵)법
11. 역변형법
12. 살수법
13. 625±25℃, 판두께 25mm에 대해 1h
14. 284p [라] 참조
15. 박판에 대한 점 수축법 : 얇은 판의 경우 가열 온도 500 ~ 600℃, 가열 시간 약 30초, 가열 지름 20 ~ 30mm, 피치 50 ~ 70mm 정도로 가열한 후 수냉한다.
16. ① 기공, 슬래그 섞임 : 연삭하여 재용접한다.
    ② 언더컷 : 가는 용접봉으로 언더컷 부분을 재용접한다.

제5절 | 용접부 시험 및 검사

1 시험 및 검사의 분류

가. 작업 검사

1) 용접 전 검사

① 용접 설비 검사 : 용접 기기, 부속 기구, 용접 지그, 보호구 및 고정구의 적합성과 정상적인 작동 상태 검사

② 모재 검사 : 화학적 조성, 물리적 및 기계적 성질, 각종 결함 유무, 열처리 상태 등 검사

③ 용접봉 검사 : 외관, 치수, 용착금속의 성분과 성질, 모재와 결합한 이음부의 성질, 작업성, 터짐 시험 검사

④ 모재 준비 및 시공 상태 검사 : 홈각도 및 홈 가공 상태, 루트 간격, 이음부의 청정 상태 등 검사, 홈의 형상에 따른 용접 조건, 용접봉 선정 및 건조 상태, 예열 처리 상태, 후열처리 방법 등 검사

⑤ 용접사의 기량 검사 : 해당 자격 유무, 기량의 정도, 경험 등 확인

2) 용접 중 검사

용접 중에 용접 전류, 전압, 용접 속도 등의 용접 조건이나 각 층마다 비드 형상, 융합 상태, 용입 부족, 슬래그 섞임, 비드 파형, 크레이터의 처리, 가우징(밑면 따내기) 등을 검사한다. 또한 용착 순서, 운봉법, 용접 자세 등과 필요에 따라서는 예열 온도와 층간 온도 등이 사전에 지정된 조건과 일치하는가를 조사한다.

그림 5-1 비드 운봉상태의 양·부

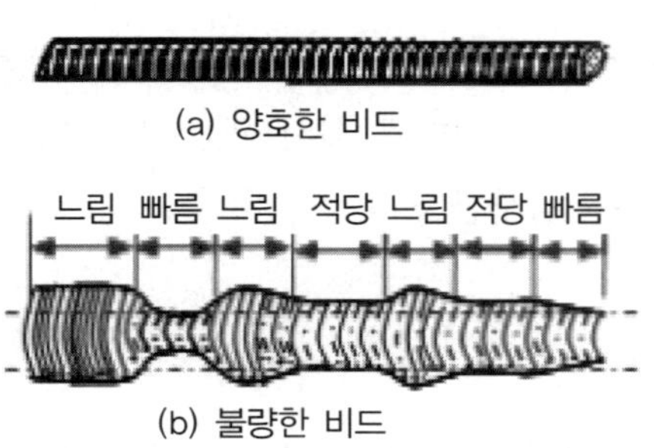

그림 5-2 필릿 용접부의 검사

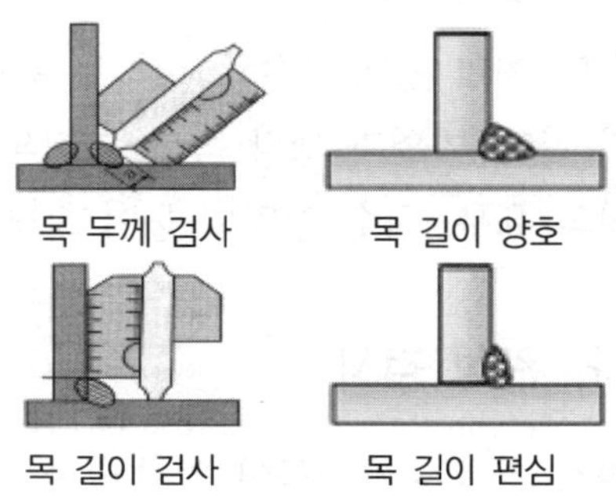

그림 5-3 V형 맞대기 이음 비드 검사

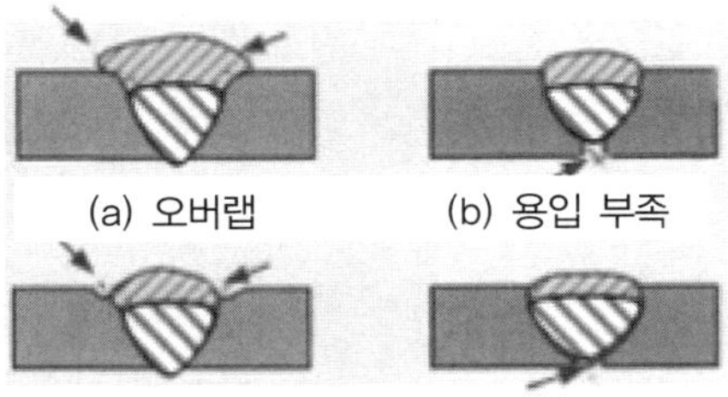

(a) 오버랩　(b) 용입 부족

(c) 언더컷　(d) 이면 비드 불량

그림 5-4 V형 맞대기 이음 과제 검사

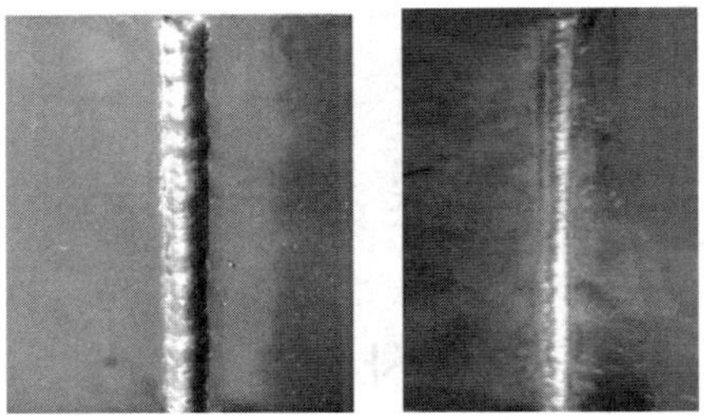

(a) 표면 비드　(b) 이면 비드

그림 5-5 용접 비드의 양·부

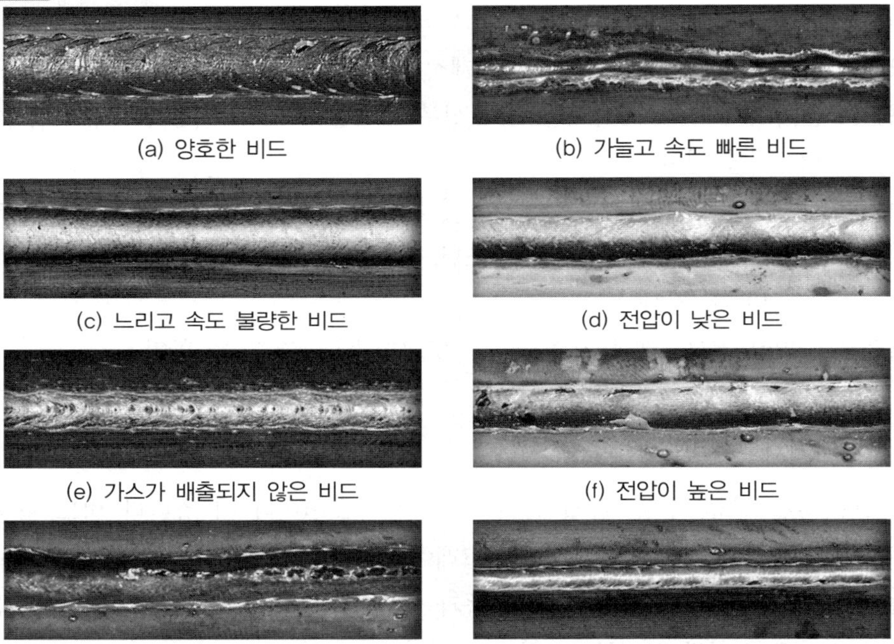

(a) 양호한 비드　(b) 가늘고 속도 빠른 비드

(c) 느리고 속도 불량한 비드　(d) 전압이 낮은 비드

(e) 가스가 배출되지 않은 비드　(f) 전압이 높은 비드

(g) 전류 과대한 비드　(h) 전류 과소한 비드

3) 용접 후 검사

후열 처리 방법, 변형 교정 등 용접 후에 부가된 작업에 관련한 검사가 있는데 적당한 유지 시간, 가열과 냉각 속도, 기타의 작업 조건이 지정된 조건대로 실시되었는가, 균열 및 변형의 유무, 치수 정밀도 등이 요구한대로 되었는가를 검사한다.

나. 완성 검사

완성 검사는 용접물이 완성된 후 제품이 요구하였던 모든 조건에 만족하고 있는가를 검사하는 것으로 용접 구조물 전체의 결함 유무를 조사하게 되며, 일반적으로 비파괴 검사(NDI : Non Destructive Inspection) 후 필요하면 파괴 검사(destructive inspection)를 실시하고 있다.

일반적으로 완성된 용접부는 용접 구조물의 제작 과정의 검사, 즉, 작업 검사에 중점을 두는 것이 바람직하며, 이 작업 검사를 통하여 용접 결함이 최대한 발생되지 않도록 시공을 하고, 검사를 통해 얻어진 검사 정보를 설계, 재료 선정, 용접 시공 등의 관련 부분에 적용하는 것이 통례이다.

2 비파괴 검사(시험)

부품이나 구조물 등의 종류 여하를 불구하고 시험체의 형상 혹은 기능에 변화를 주는 일 없이 결함 검출이나 품질, 형상을 조사하는 검사를 비파괴 검사(Non Destructive Testing or Inspection : NDT 혹은 NDI)라고 한다.

비파괴 검사(시험)법 중에서 표면의 결함을 검출하는 방법에는 외관 검사, 침투 탐상 시험, 자분 탐상 시험, 전자 유도 시험 등이 있으며, 내부 결함을 검출하는 비파괴 시험법에는 방사선 투과 시험과 초음파 탐상 시험이 있고, 기타 음향 탐상 시험, 응력 측정 시험, 내압 시험, 누설 시험 등이 있다.

가. 외관(육안) 검사(VT, Visual test)

육안(맨눈) 또는 확대경 등으로 용접부 외관의 좋고 나쁨에 대하여 검사하는 방법으로 간편하면서도 중요한 검사법의 하나이다.

검사 내용은 주로 언더컷, 용입 상태, 오버랩, 표면 균열, 피트, 슬래그 섞임, 용접 시점과 크레이터, 형상 불량, 변형 등을 검사한다. 다층 용접의 경우는 각 층마다 육안 검사를 하고, 결함이 있을 경우에는 곧 보수를 하여 다음 층으로 진행할 수 있도록 해야 한다. 용접에서 외관이 불량할 경우에는 내부까지 좋지 않다고 생각할 수 있다.

나. 침투 탐상 검사(PT, Penetrant test)

1) 침투 탐상 검사의 개요

원리는 용접부 표면을 깨끗이 세척(전처리)한 다음 침투성이 강한 액체를 표면에 뿌리면 침투액이 결함이 있는 곳으로 스며들게 되며, 표면의 잔여 침투액을 닦아낸 후 건조시킨 다음, 현상제(MgO, $BaCO_3$ 등 용제)를 분사시키면 결함(균열 등) 중에 침투되었던 액이 소재의 표면으로 나타나 이것에 의하여 결함을 판별할 수 있다. [그림 5-6 참조]

용접부의 표면 결함 검사에 사용되는 시험법으로, 국부적 시험과 미세한 균열도 탐상이 가능하며, 철, 비철, 플라스틱, 세라믹 등 거의 모든 제품에 적용이 용이하나, 시험 표면이 너무 거칠거나 기공이 많으면 허위 지시 모양을 만들게 되며, 시험 표면이 침투제 등과 반응하여 손상을 입는 제품은 검사할 수 없으며, 주변 환경, 특히 온도에 민감하며, 후처리가 요구되고, 침투제가 오염되기 쉽다.

그림 5-6 침투 탐상 검사법의 원리(VC-S, 용제 제거성 염색 침투, 속건식 현상법의 예)

(a) 전처리 (b) 침투 처리 (c) 잔여액 제거 (d) 현상 처리 (e) 결함 관찰

① 습식 현상법 : 전처리-침투처리-세척처리-현상-건조-관찰-후처리
② 수세성 형광침투 탐상 : 전처리-침투-세척-건조-현상-관찰-후처리
③ 건식 현상법 : 전처리-침투-세척-건조-현상-관찰-후처리

2) 침투 탐상 검사법의 종류

(1) 형광 침투 탐상 검사법

유기 고분자 유용성 형광 물질을 점도 낮은 기름에 녹인 침투액은 표면 장력이 매우 좋아 매우 미세한 균열이나 흠집에 잘 침투하는 성질을 갖고 있다. 이 침투액을 용접부 등에 침투시킨 후 현상액을 써서 형광 물질을 표면으로 노출시키고 암실에 설치한 초고압 수은등(black right) 아래서 관찰하는 탐상법이다.

이 방법은 미세 균열, 표면의 흠집 관찰이 쉬우며, 자외선(블랙 라이트)으로 비추면 쉽게 판별할 수 있다.

검사 순서 (FA-D : 수세성 형광 건식 현상법의 예)는 전처리 - 침투 - 과잉액 제거-세척 - 건조-현상 - 관찰(판독)-후처리

그림 5-7 자분 탐상법의 원리

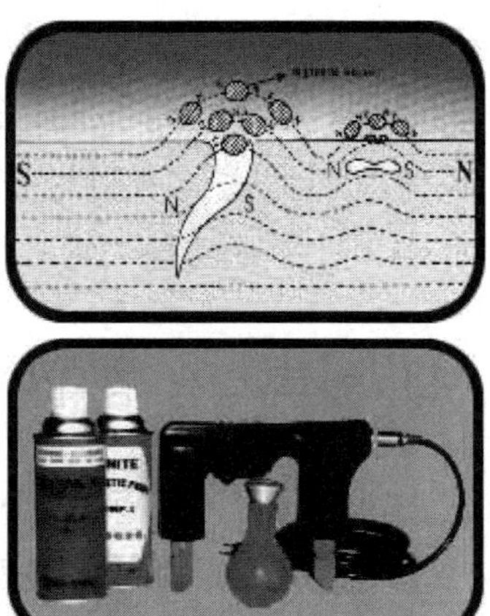

(2) 염료 침투 탐상 검사법

적색 염료를 주체로 한 침투액과 백색의 현상제를 사용하는 방법으로 원리는 형광 침투법과 동일하나 보통의 전등, 햇빛 아래서도 검사할 수 있다.

다. 자분(자기) 탐상 검사(MT, Magnetic test)

시험체를 자화하여 자속이 발생되었을 때 도자성이 높은 미세한 자성체의 분말을 검사체 표면에 산포하면 결함이 있을 경우 그 속에서 자분이 흐트러져 일부가 밖으로 새므로 이 누설 자속을 관찰하여 결함의 유무 및 그 상황을 확인할 수 있다. [그림 5-7 참조]

자분 탐상법은 자화 방법에 따라 [그림 5-8]과 같은 방법이 있으며, 자화에 의하여 검출 가능한 결함의 깊이는 표면과 표면 바로 밑 5mm 정도이다. 자화 전류는 표면 결함의 검출에는 교류를, 내부 결함의 검출에는 직류가 사용된다.

장점은 검사가 간단하며, 시험편의 크기, 형상 등에 구애를 받지 않는다. 결함 모양이 표면에 직접 나타나 육안으로 관찰할 수 있으며, 정밀한 전처리가 요구되지 않는다.

단점은 강자성체 재료에 한하며, 내부 결함의 검사가 불가능하며, 불연속부의 위치가 자속방향에 수직이어야 하며, 탈자(자기제거) 등 후처리가 필요하다.

그림 5-8 자분 탐상의 자화 방법

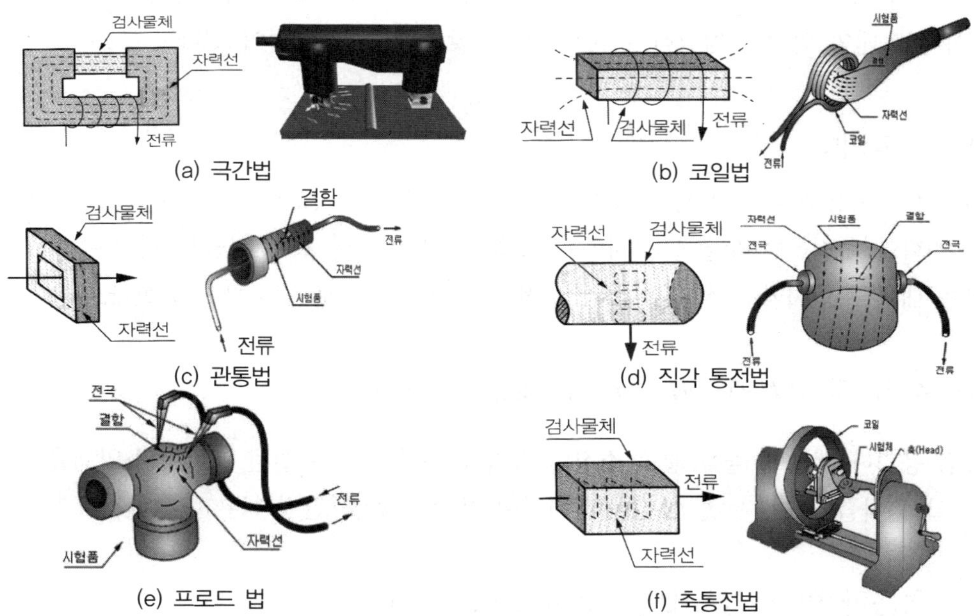

라. 누설 검사(LT, Leak test)

검사체 내부나 외부에 적용한 기체나 액체 등의 유체가 검사체 내부와 외부의 압력 차이에 의해 결함을 통해 흘러 들어가거나 나오는 것을 적당한 검출 매체를 통해 결함의 존재 유무 및 위치를 확인하는 방법이다. [그림 5-9 참조]

시험체의 재질과는 무관하게 검사가 가능하며 누설 검사는 누설이 있는 곳에 발생된 비눗방울을 관찰하거나 검사체 내에 특정 추적 가스를 주입하여 누설된 가스의 양을 검출하거나 화학 반응을 일으켜 색깔이 달라지게 하는 방법으로 검사한다.

그림 5-9 누설 검사

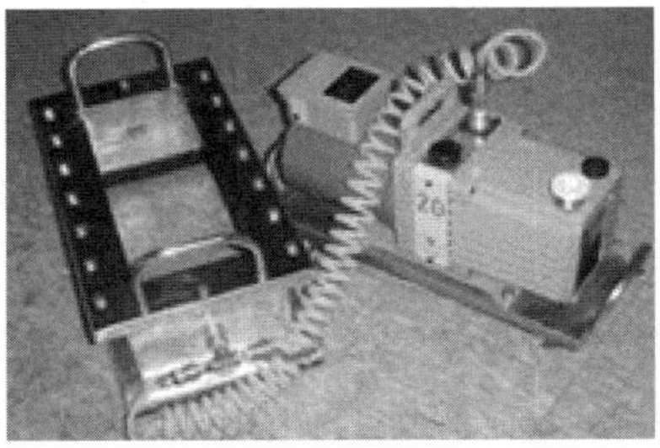

(a) 누설 탐상 기기의 일종

(b) 누설 검사의 예

1) 가압법과 진공법

시험체의 내부와 외부의 압력차를 만들 때 시험체 내의 압력을 가압하여 높게 하는 가압법, 시험체 내의 압력을 감압하여 대기압보다 낮게 하는 진공법이 있다.

2) 누설 감지법

비눗물을 사용해 누설이 있는 곳은 비눗방울이 생기는 것으로 감지하거나, 시험체 내의 압력 변화를 측정하여 누설을 감지하는 방법, 그리고 여러 가지 기능을 지닌 추적 가스를 시험체 내에 주입시켜 누설된 미량의 추적 가스를 검출기로 검출하기도 한다.

마. 수압 검사(WPT, Water Pressure Test)

용접 용기나 탱크에 물을 넣고 소정의 압력을 주어 물이 누설될 때까지의 압력을 측정하여 내압 검사를 하며, 누설 여부를 검사하여 용접 결함을 판정하는 시험이다.

바. 초음파 탐상 검사(UT, Ultrasonic Test)

1) 초음파 탐상 검사의 개요

원리는 기계 진동 형태의 고주파 음파를 검사할 부분으로 주사하면 재료를 통과하는 음파는 결함부 또는 경계면에 부딪치게 되며, 음향 진동은 반사가 되고 이 반사파를 검출하여 반사파에 대한 정보를 음극선관(CRT) 또는 다른 기록 장치에 나타내어 분석하면 결함의 유무와 위치, 크기 등을 판별할 수 있다. [그림 5-10, 11 참조]

실제로 귀를 통해 들을 수 없는 짧은 음파(0.5 ~ 15MHz)를 시험체 내로 보내어 시험체 내에 존재하는 불연속부로부터 반사되는 에너지량, 송신된 초음파가 시험체를 투과하여 불연속부로부터 반사되어 되돌아올 때까지의 진행 시간과 초음파가 시험체를 투과할 때 감쇠되는 양의 차이를 적절한 표준 자료와 비교하여 결함의 위치와 크기 등을 측정하는 방법이다.

초음파의 속도는 공기 중에서는 약 330m/sec, 물속에서는 약 1500m/sec, 강(steel) 중에서는 약 6000m/sec인데, 공기와 강재 사이에서는 반사한다.

따라서 초음파 검사를 할 때는 탐촉자와 물체 사이가 충분히 밀착되도록 검사체의 표면에 물, 기름, 글리세린 등을 바른 후 검사해야 한다.

검사 시험체의 표면이나 형상이 탐상을 할 수 없는 조건에서는 탐상이 불가능한 경우가 있으며, 검사 시험체의 내부 조직의 구조 및 결정 입자가 조대하거나 전체가 다공성일 경우는 정량적인 평가가 어렵다.

그림 5-10 소형 스캐너를 이용한 결함 검사

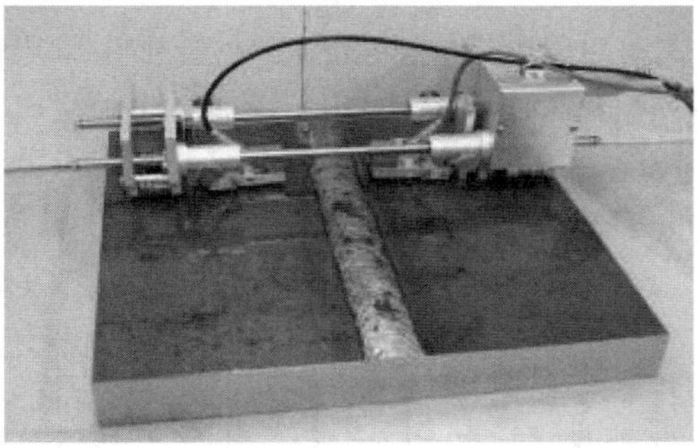

그림 5-11 초음파 탐상기의 형상

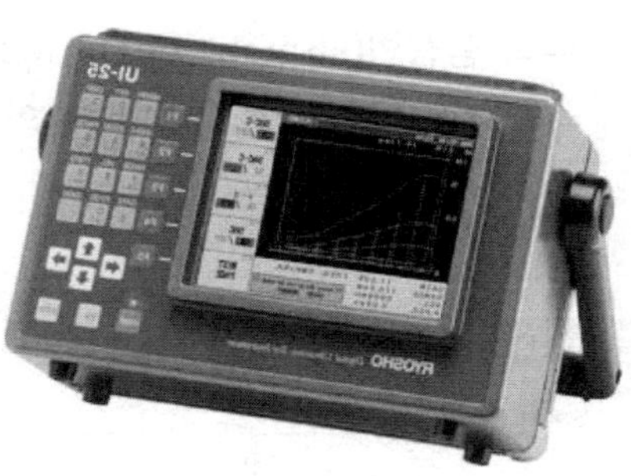

2) 초음파 탐상법의 종류 [그림 5-12 참조]

그림 5-12 초음파 검사법의 종류

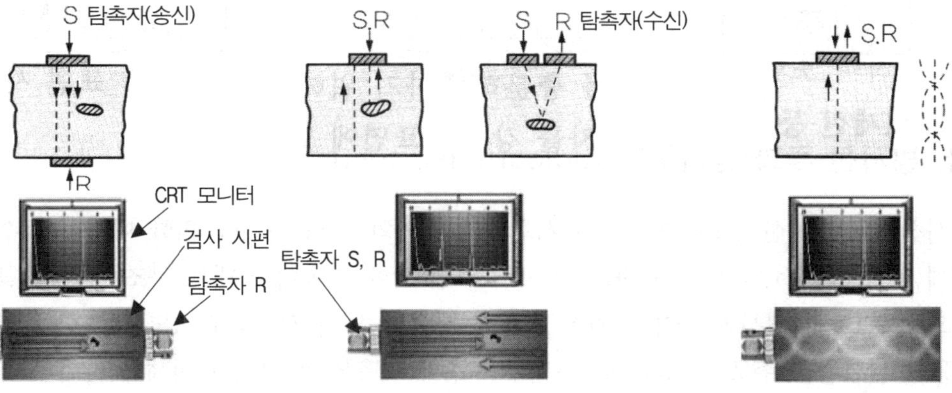

(a) 투과법 (b) 펄스 반사법 (c) 공진법

① 투과법 : 검사 물체 속에 펄스 초음파 또는 연속파를 투과하고 뒷면에서 이를 수신하여 결함으로 인한 초음파의 장해 및 쇠약 정도를 조사하는 방법이다.

② 펄스(pulse) 반사법 : 펄스 파를 검사체의 한쪽(탐상) 면에서 송신하여 그 결함에서 반사되는 반사파(결함에코)의 형태로 결함을 판정하는 방법으로 가장 많이 이용된다.

③ 공진법 : 검사체 두께에 따라 특정 주파수일 때 검사 물체 속에 초음파의 정상파가 생겨 공진하므로 그 상황을 근거로 하여 라미네이션 등의 결함을 검출하는 방법이다.

3) 초음파 탐상 검사 방법

① 사각 탐상법(angle beam technique) : 탐상면에 대하여 사각 탐촉자를 사용하여 초음파를 경사각으로 주사하여 탐촉자에서 멀리 떨어진 결함이나 불연속한 곳을 감지하는 방법으로 용접부나 복잡한 모양의 검사체에 적당하다. 용접부와 같은 비드파가 있을 경우에도 비드 표면을 가공하지 않아도 된다. [그림 5-13 참조]

② 수직 탐상법(straight beam technique) : 초음파의 진행 방향을 검사 물체의 표면에 수직으로 전달시켜 내부 결함의 상태를 검사하는 방법으로 두께 측정의 원리를 이용한 것이다. [그림 5-14 참조]

그림 5-13 사각 탐상법

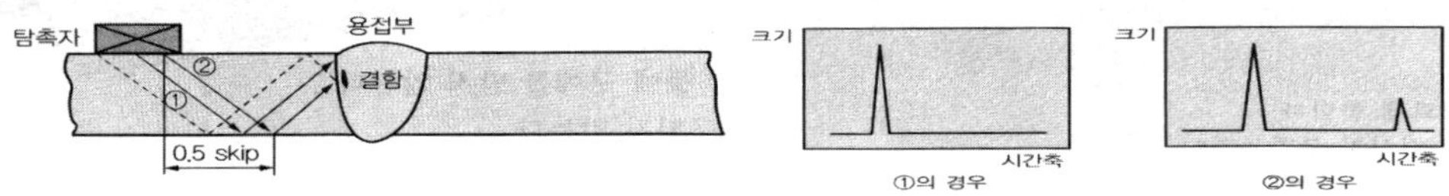

그림 5-14 수직 탐상법의 원리

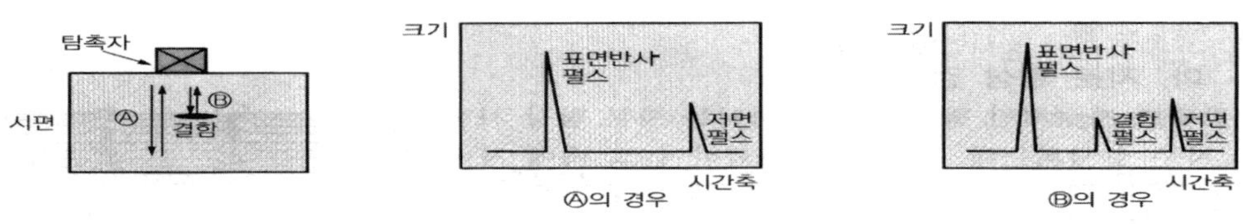

사. 방사선 투과 검사(RT, radiographic test)

방사선(X-선, γ-선 등)을 이용하여 시험체의 두께와 밀도 차이에 의한 방사선 흡수량의 차이에 따라 방사선 투과 사진 또는 형광 스크린 상에 결함이나 내부 구조 등을 관찰하는 방법으로, 비파괴 검사법 중에서 가장 신뢰성이 높아 널리 사용되고 있다. [그림 5-15, 16 참조] 이 검사법은 주로 주조품이나 용접부 시험에 적용된다. 그러나 미세한 라미네이션 등의 검출이 곤란하다.

그림 5-15 X선 검사의 원리

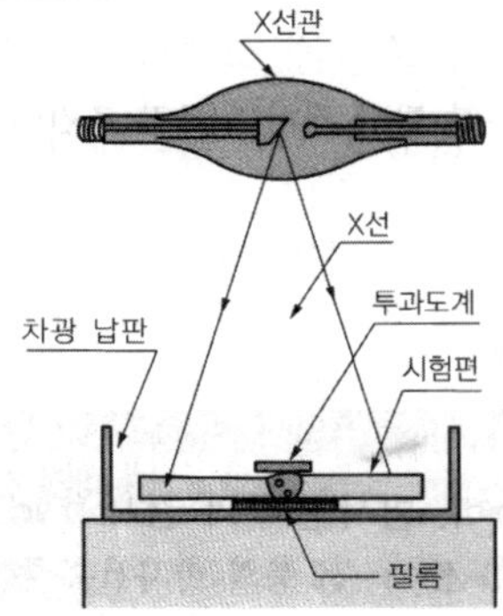

그림 5-16 X선 검사 장치

1) 검사법의 종류

(1) X선 투과 검사

① 용접 이음의 한쪽에서 X선을 입사시키고 반대편에 필름을 놓고 투과시키면 모재부와 용접부의 두께 차이에 의해 X선의 투과량이 달라지고, 용접부는 모재부와 구별된다.

② 균열, 융합 불량, 용입 불량, 기공, 슬래그 섞임, 비금속 개재물, 언더컷 등의 검사가 주목적이다.

③ X선 종사자는 전문의로부터 자주 백혈구 검사를 받고 X선량을 파악해야 한다.

(2) γ선 투과 검사

① X선으로 투과하기 힘든 두꺼운 판에 사용한다.

② 사용되는 방사선 물질은 천연 방사선 동위 원소(라듐) 또는 인공 방사선 동위 원소(코발트 60, 세슘 134 등)가 사용되고 있다.

③ γ선이란 자기장 내의 납으로 된 상자의 방사성 물질이 발생하는 α선, β선, γ선 중의 하나이며 전리 작용, 사진 작용, 형광 작용이 있으며. X선보다 더 투과력이 크고 방사선을 끊임없이 내고 있어 주의해야 한다.

2) 투과도계와 계조계 [그림 5-17 참조]

(1) 투과도계

지름이 약간씩 다른 가는 철사줄 7 ~ 10개를 같은 간격으로 나란하게 배열하여 만든 철심형 투과도계(DIN형)가 많이 사용된다. 이것은 방사선 투과사진의 상의 질을 나타내는 척도를 알 수 있어 X선 탐상의 결함 검출 기준으로 쓰인다.

(2) 계조계

투과 두께 20mm 이하인 평판의 맞대기 용접부에 대하여 촬영 조건을 결정할 경우에 사용하며, 동일한 조건으로 촬영하는 경우에는 연속 10회 이하의 촬영을 1군으로 해서 1군에 대하여 계조계를 1회 이상 사용하는 것을 원칙으로 한다.

그림 5-17 투과도계와 계조계의 배치

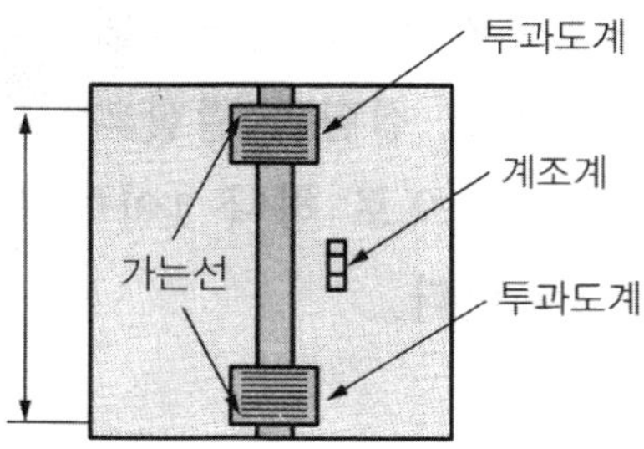

그림 5-18 X선 필름

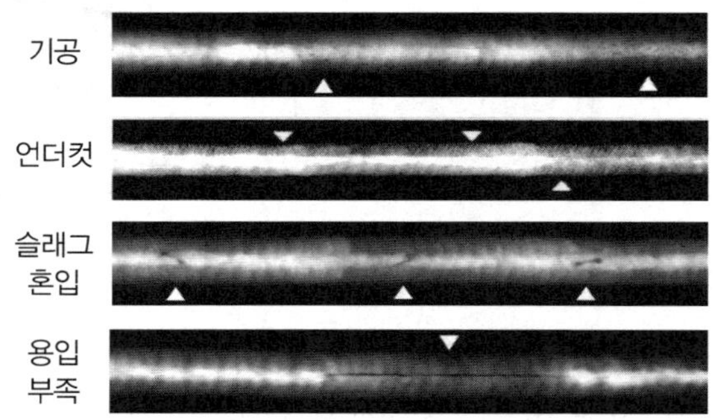

3) 결함 판별

KS B 0845에서 규정한 결함의 분류는 제1종(기공 및 이와 유사한 둥근 결함)과 제2종(슬래그 섞임 및 이와 유사한 결함), 제3종(터짐 및 이와 유사한 결함), 제4종(텅스텐 혼입 등)으로 구분하고 있다. [그림 5-18]은 용접 결함별 X선 필름을 나타낸 것이다.

(1) 제1종 결함

기공 및 이와 유사한 원형 결함으로 시험부의 전면적 중 점수가 가장 크게 나타나는 부분의 시험 시야 내를 대상으로 한다. 시험 시야의 크기는 모재의 두께에 따라 [표 5-1]에 나타낸 크기로 한다.

결함이 1개일 경우의 결함 점수는 결함의 긴 지름에 따라 [표 5-2]의 값을 사용한다. 다만 결함의 긴 지름이 표에 표시하는 값 이하의 것은 결함 점수로서 계산하지 않는다.

표 5-1 제1종 및 제4종 결함의 분류

시험 시야(mm)	10 × 10		10 × 20		10 × 30
모재 두께(mm) / 등 급	10 초과	25 이하	25 초과 55 이하	50 초과 100 이하	100 초과
1 류	1	2	4	5	6
2 류	3	6	12	15	18
3 류	6	12	24	30	36
4 류	결함 점수가 3류보다 많은 것				

(2) 제2종 결함

슬래그 섞임 및 이와 유사한 결함으로, 결함 종류에 따라 [표 5-2]에 표시하는 계수를 곱하여 결함 길이로 한다. 결함과 결함의 간격이 [표 5-2]에 표시하는 값을 초과하는 경우에는 각각 독립된 값으로 하나 1 이하의 경우에는 각각의 결함 길이의 총합을 그 결함군의 결함 길이로 한다.

표 5-2 제2종 결함의 분류

등 급 \ 모재 두께(mm)	12 이하	12 초과 48 미만	48 이상
1 류	3 이하	모재 두께의 1/4 이하	12 이하
2 류	4 이하	모재 두께의 1/3 이하	16 이하
3 류	6 이하	모재 두께의 1/2 이하	24 이하
4 류	결함 길이가 3류보다 긴 것		

표 5-3 X선 결함 판별 기준

<table>
<tr><th>구 분</th><th colspan="7">항목 및 크기, 점수, 크기, 계수, 간격</th></tr>
<tr><td rowspan="2">시험 시야의 크기</td><td colspan="2">25 이하</td><td colspan="3">25 ~ 100</td><td colspan="2">100 초과</td></tr>
<tr><td colspan="2">10 × 10</td><td colspan="3">10 × 20</td><td colspan="2">10 × 30</td></tr>
<tr><td rowspan="2">결함의 점수</td><td>1.0 이하</td><td>1.0 ~ 2.0</td><td>2.0 ~ 3.0</td><td>3.0 ~ 4.0</td><td>4.0 ~ 6.0</td><td>6.0 ~ 8.0</td><td>5.0 초과</td></tr>
<tr><td>1</td><td>2</td><td>3</td><td>6</td><td>10</td><td>15</td><td>25</td></tr>
<tr><td rowspan="4">산정않는 결함의 치수</td><td colspan="4">모재 두께</td><td colspan="3">결함의 치수</td></tr>
<tr><td colspan="4">20 이하</td><td colspan="3">0.5</td></tr>
<tr><td colspan="4">20~50</td><td colspan="3">0.7</td></tr>
<tr><td colspan="4">50 초과</td><td colspan="3">모재 두께의 1.4(%)</td></tr>
<tr><td rowspan="3">결함의 계수</td><td colspan="4">결함의 종류</td><td colspan="3">계 수</td></tr>
<tr><td colspan="4">슬래그 섞임</td><td colspan="3">1</td></tr>
<tr><td colspan="4">용입 부족, 융합 부족</td><td colspan="3">2</td></tr>
<tr><td rowspan="3">결함과 결함의 간격</td><td colspan="4">결함의 종류</td><td colspan="3">결함과 결함의 간격</td></tr>
<tr><td colspan="4">슬래그 섞임</td><td colspan="3">큰 쪽의 결함의 치수</td></tr>
<tr><td colspan="4">용입 부족, 융합 부족</td><td colspan="3">큰 쪽의 결함의 치수의 2배</td></tr>
</table>

(3) 등급 분류

제1종 결함의 등급 분류는 [표 5-3]의 기준에 따라 실시하는 것으로 한다. 표 중에 나타낸 숫자는 결함 점수의 허용 한도를 표시한다. 다만 결함의 긴 지름이 모재 두께의 1/2를 초과할 경우에는 4급으로 한다.

또한 1급에 대하여는 결함의 긴 지름이 [표 5-3]에 표시하는 값 이하의 것이라도 시험 시야 내에 10개 이상 있어서는 안된다.

제2종 결함의 등급 분류는 [표 5-2]의 기준에 따라 실시하는 것으로 한다. 다만 1급에 대하여는 용입 부족 또는 융합 부족이 있어서는 안된다.

제3종 결함인 터짐(균열) 및 이와 유사한 결함)의 등급 분류는 모두 4급으로 한다.

3 파괴 시험법

가. 기계적 시험

1) 인장 시험(KS B 0802)

인장 시험은 맞대기 용접, 전면 필릿 용접 스폿 용접 등에 대한 이음의 인장 강도를 구하기 위한 시험으로 연성 시험을 하는 가장 기본이 되는 기계적 시험 방법의 하나이다.

인장 시험편의 모양은 [그림 5-19]와 같으며, W는 판두께에 따라 정해지며, 광폭 시험편은 선박 등 대형판 구조의 인장 시험에 쓰이는 것이 바람직하며, 인장 시험 방법은 시험편을 인장 시험기로 인장 파단하여 항복점(내력), 인장 강도, 연신률, 단면 수축률 등을 측정한다.

그림 5-19 용접 이음 인장 시험편

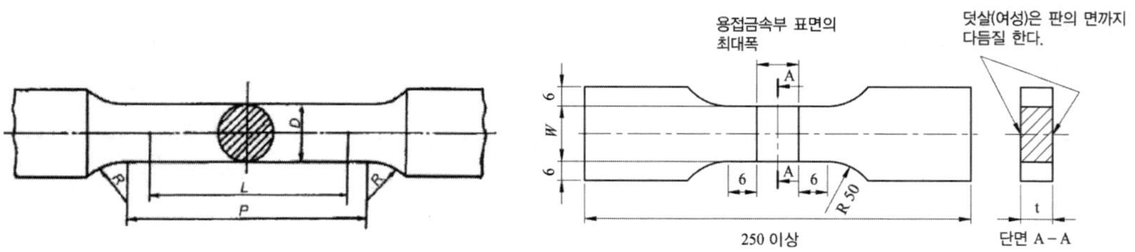

(a) 봉상 인장 시험편 (b) 광폭 인장 시험편(JIS Z 3127)

2) 굽힘 시험(KSB 0832)

굽힘 시험은 유해한 결함이 없고 충분한 연성을 가지는 건전한 이음을 확인할 목적으로 실시한다. 형틀 굽힘(굴곡) 시험은 판두께에 따라 규정된 굽힘 반경으로 180°의 표면과 이면 굽힘, 측면 굽힘을 행한다. 용접 결함이 있는 경우는 열린 결함이 인정되며 결함의 개수와 치수 등으로 용접 시공의 적·부적정을 판정한다.

[그림 5-20]은 굽힘 시험 방법과 굽힘 시험용 형틀의 규격을 나타낸 것으로 A1 형틀은 두께 3.0 ~ 3.5mm, A2 형틀은 5.5 ~ 6.5mm, A3 형틀은 8.5 ~ 9.5mm의 재료를 굽힘 시험하는데 사용한다.

그림 5-20 용접 굽힘 시험

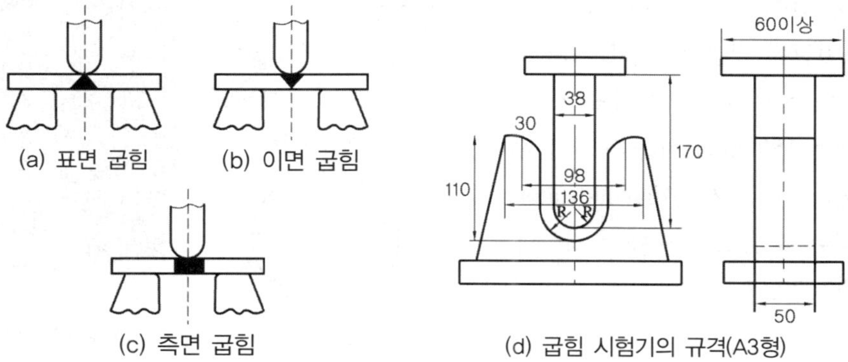

3) 경도 시험

용접 강재의 경화의 정도를 조사하기 위해 실시하는 시험이며, 인장 강도와 더불어 가장 널리 사용되는 시험이다.(요즘 시험기는 디지털식이 대부분이나 여기서는 기계식으로 집필)

(1) 브리넬 경도 시험(HB)

철강 재료에 일정한 지름의 강철 볼(10mm, 5mm)을 일정한 하중(3000, 1000, 750, 500kgf)으로 시험편의 표면에 압입한 후, 이때 생긴 오목 자국의 표면적을 측정하여 나타내는 값을 HB로 표시한다. [그림 5-21 참조]

$$H_B = \frac{\text{하중(kgf)}}{\text{오목 자국 표면적(mm}^2\text{)}} = \frac{P}{\pi d t}$$

그림 5-21 브리넬 경도 시험 원리와 시험기

(2) 로크웰 경도 시험(HR B, C)

지름이 1.58mm(1/16")인 강구(B스케일)나 꼭지각이 120°인 원뿔형(C스케일) 다이아몬드 압입자를 사용하여 기본 하중 10kgf을 주면서 경도계의 지시계를 0점에 맞춘 다음, B 스케일(scale)일 때는 100kgf의 하중을, C 스케일일 때는 150kgf의 하중을 가한 후 하중을 제거하여 지시계(dial indicator)에 나타나는 수치로 경도를 측정한다. [그림 5-22 참조]

그림 5-22 로크웰 경도 시험기

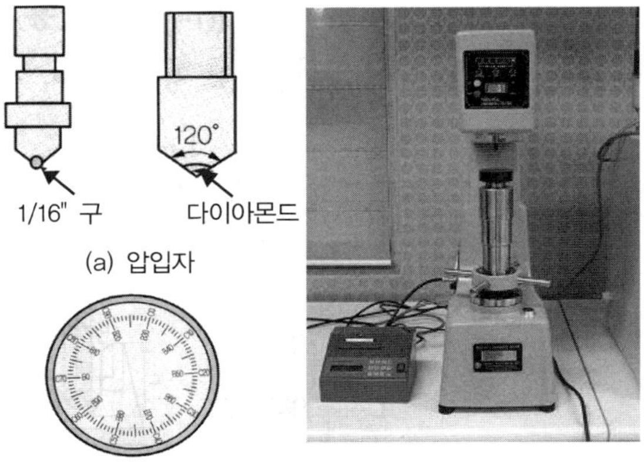

(b) 지시계　　(c) 로크웰 경도 시험기

(3) 비커스 경도 시험(HV)

꼭지각이 136°인 다이아몬드 사각추의 압입자를 1 ~ 120kgf의 하중으로 시험편에 압입한 후에 생긴 오목 자국의 대각선을 측정해서 미리 계산되어진 환산표에 의하여 경도를 표시한다. 이때 경도는 하중(P)을 오목 자국의 표면적 A으로 나눈 값이며 단단한 강, 정밀 가공품, 박판 등의 시험에 쓰인다. [그림 5-23 참조]

$$H_V = \frac{\text{하중(kgf)}}{\text{오목 자국 표면적(mm}^2\text{)}} \times \frac{1.8554P}{D^2} \ (\text{kgf/mm}^2)$$

그림 5-23 비커스 경도 시험 원리와 경도 시험기

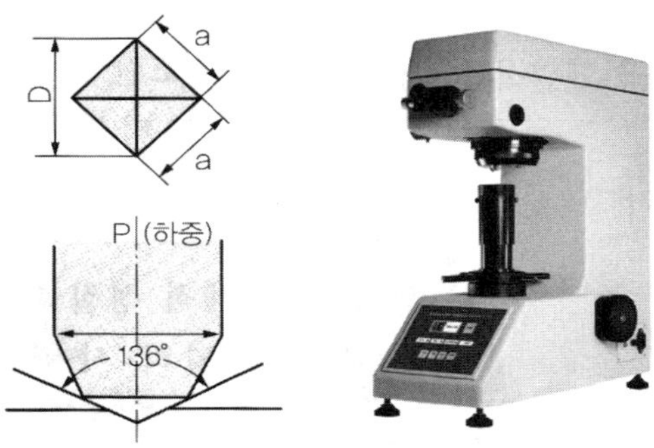

그림 5-24 쇼어 경도 시험기

(4) 쇼어 경도 시험(HS)

쇼어 경도 시험은 작은 강구나 다이아몬드를 붙인 소형의 추(5.6g)를 일정 높이(2.5cm)에서 시험편 표면에 낙하시켜 튀어 오르는 반발 높이에 의하여 경도를 측정하는 것으로서 오목 자국이 남지 않기 때문에 정밀 제품의 경도 시험에 널리 쓰인다. [그림 5-24 참조]

$$H_S = \frac{10000}{65} \times \frac{h}{h_0}$$

h_0 : 낙하 물체의 높이(2.5cm) h : 낙하 물체의 튀어 오른 높이

4) 피로 시험

재료가 인장 강도나 항복 강도 측면에서 안전 하중 상태라 하더라도 작은 힘이 수없이 반복하여 작용하면 파괴를 일으키는 경우가 있는데 이러한 파괴를 피로 파괴라고 한다. 그러나 하중이 일정 값보다 작을 경우에는 무수히 많은 반복 하중이 작용하여도 영구히 파단하지 않는 한계가 있는데 이 한계의 값을 피로 한도(fatigue limit)라 한다.

용접 이음 시험편에서는 명확한 파단부가 나타나기 어려우므로 $2\times10^6 \sim 2\times10^7$회 정도에 견디는 최고 하중을 구하는 경우가 많다.

5) 충격 시험

시험편에 V형 또는 U형의 노치를 만들고 시험기에 설치한 후 충격적인 하중을 주어서 시험편을 파괴시켜 인성을 알아보는 시험이다. 인성이란 재료가 충격에 견디는 저항을 말한다.

시험 방법에는 시험편을 단순보 상태로 설치하고 시험하는 샤르피식(Charpy type)과 내다지보 상태로 설치하고 시험하는 아이조드식(Izod type)이 있다. [그림 5-25 참조]

그림 5-25 사르피식 충격 시험기와 충격 시험 종류

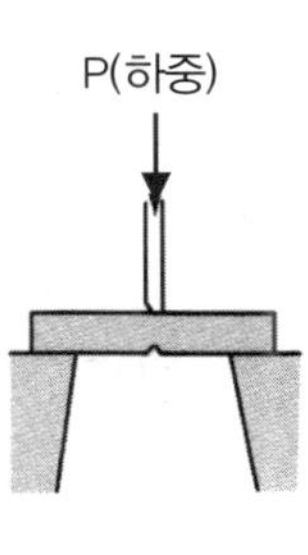

(a) 샤르피식

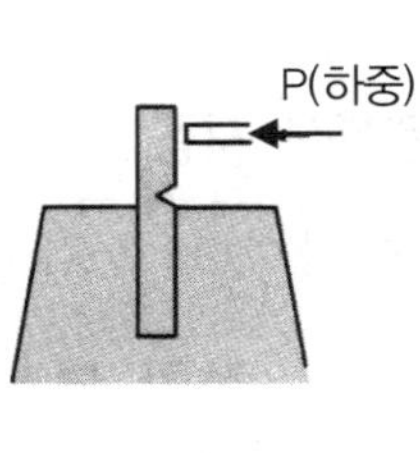

(b) 아이죠드식

충격 시험 온도는 지정된 온도에서 ±1℃의 허용치를 가지고 있는 액체 속에 약 10분 정

도 담갔다가 5초 이내에 시험을 완료하여야 하는데 충격값은 충격 온도에 큰 영향을 미치므로 다음과 같이 구한다.

시험편에 흡수된 에너지 $E = WR(\cos\beta - \cos\alpha)$kgf · m

충격값 = E/A(kgf · m/cm²)　　W : 펜듀럼 해머 무게(kgf)
R : 회전축 중심에서 해머 중심까지의 거리

시험편의 파단에 필요한 흡수 에너지가 크면 클수록 인성이 큰 재료가 되고, 흡수 에너지가 작을수록 취성이 큰 재료가 된다.

4 화학적 시험

가. 화학 분석 시험

재료에서 시험 재료를 깎아내어 화학 분석법에 의하여 모재 또는 용착금속 등에 포함되어 있는 화학 성분, 첨가 원소, 탈산 원소, 불순물, 가스 조성 성분을 알기 위해 금속을 분석하는 것이다.(요즈음은 디지털식으로 재료 손상없이 분석되나 여기서는 원리를 설명함)

일반적으로 많이 사용되는 탄소강에 대해서는 보통 탄소, 규소, 망간 등을 분석하여 현미경 조직, 설퍼 프린트(sulfer print) 등과 같이 금속 재료의 금속학적 성질의 좋고 나쁨을 판정해 주는 기초 자료로 삼고 있다.

나. 부식 시험

1) 습부식 시험

용접부가 산이나 알카리, 바닷물, 부식성 오염물 등에 접촉되어 부식되는 상태에 대하여 시험하는 방법

2) 건(고온)부식 시험

고온의 증기나 가스 등과 반응하여 부식하는 상태를 시험하는 방법이다.

3) 응력 부식 시험

어느 응력 하에서 부식 상태를 알 수 있는 응력 부식 시험 방법으로, 스테인리스강, 구리

합금, 모넬메탈, 내식성을 주로 한 금속, 또는 합금의 용접부에는 부식 시험을 많이 하는데 스테인리스강의 부식 시험에는 일반적으로 65% 초산 비등액, 50g의 결정 황산구리 또는 500cc 황산을 420cc의 증류수에 녹인 비등액이 사용된다.

다. 수소 시험

수소는 용착금속 내부에서 기공, 비드 밑 균열, 은점, 선상 조직 등 각종 결함의 큰 요인이 되므로 용접 방법이나 용접봉에 의해 용착금속 중에 용해되는 수소량의 측정은 주요한 시험법의 하나이다.

시험 방법에는 글리세린 치환법, 진공 가열법, 수은 치환법, GC법 등이 있다.

45℃ 글리세린 치환법은 130×25×12mm의 판 위의 중앙에 길이 115mm의 비드를 놓고, 용접이 끝난 다음 곧 물에 담가 급랭시켜서 미리 준비된 45℃의 글리세린 중에 넣고 치환법에 따라 수소 포집기에 넣어(용접이 끝난 후 9분 이내) 48시간 방치하여 수소를 포집하고 그 양을 0℃에 있어서의 용적 cc으로 환산하여 나타내는 법이며, 글리세린 대신에 수은 중에서 포집하는 방법도 사용된다. [그림 5-26 참조]

일반적으로 수소량 그 자체에는 제한이 없으나, 저수소계 용접봉의 수소량에 대해서는 0.1cc/g 이하가 되어야 한다는 제한이 있다.

그림 5-26 확산성 수소 포집 방법

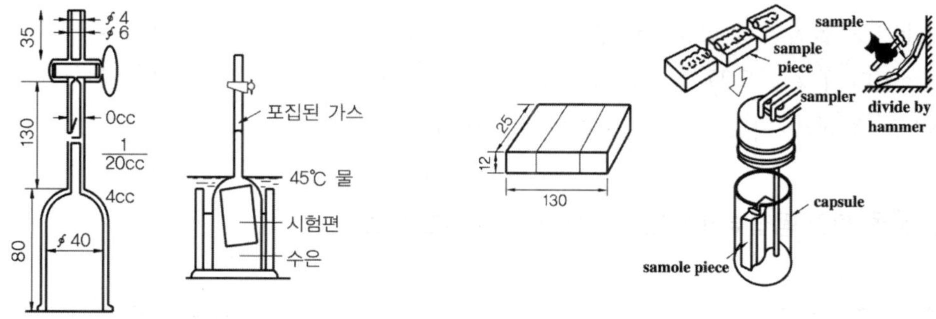

(a) 수은 중에서 확산성 수소 포집 (b) GC법(Gas Chromato) 그래프

표 5-4 확산성 수소량 측정 방법별 장·단점 비교

측정 방법	장점	단점
글리세린 치환법	간단한 설비, 안정성, 경제성	낮은 수소량 측정 불가능, 결과치 부정확
수은 치환법	간단한 설비, 측정치의 신뢰성	위험성(수은 중독)
GC법	신속한 실험 가능, 안정성	고가의 측정 장비, 결과치에 대한 신뢰성 검증 불가, 장비 보정 불가

5 야금(금속)학적 시험

가. 매크로 조직 시험

용접부의 단면을 연삭기나 샌드 페이퍼 등으로 연마하고 적당한 부식(macro-etching)을 해서 육안이나 저배율의 확대경으로 관찰하여 용입의 상태, 다층 용접에 있어서의 각층의 양상, 열 영향부의 범위, 결함의 유무 등을 알아보는 시험이다.

철강에 주로 사용되는 부식액은 염산 1 : 물 1의 액, 염산 3.8 : 황산 1.2 : 물 5.0의 액, 초산 1 : 물 3의 액 등 여러 가지가 이용되며 부식 후 곧 세척하고 건조시켜서 시험한다.

나. 설퍼 프린트법

철강 재료에서 황의 분포 상태를 알기 위하여 실시하며, 연마한 단면에다 9%의 희석 황산액에 적신 사진용 브로마이드 인화지(bromide paper)를 붙여 적당한 시간이 지난 다음 떼어 내면 편석부에 해당하는 부분이 갈색으로 변하여 설퍼 프린트가 얻어진다.

다. 파면 시험(KSB 0843)

필릿 용접부의 모서리 용접부를 프레스로 굽힘 파단하여 그 파단면의 용입 부족, 결함(균열, 슬래그 섞임, 기공), 결정의 조밀성, 선상 조직, 은점 등을 육안으로 검사하는 방법으로서 맞대기 시험편의 인장 파면, 충격 파면 또는 모서리 용접 및 필릿 용접 파면 검사 등에 주로 쓰인다. [그림 5-27 참조] 일반적인 결정의 파면에서 은백색으로 빛나는 파면은 취성 파면이고, 쥐색의 치밀한 파면은 연성 파면이다.

그림 5-27 필릿 용접부의 파면 시험편 규격과 시험 방법

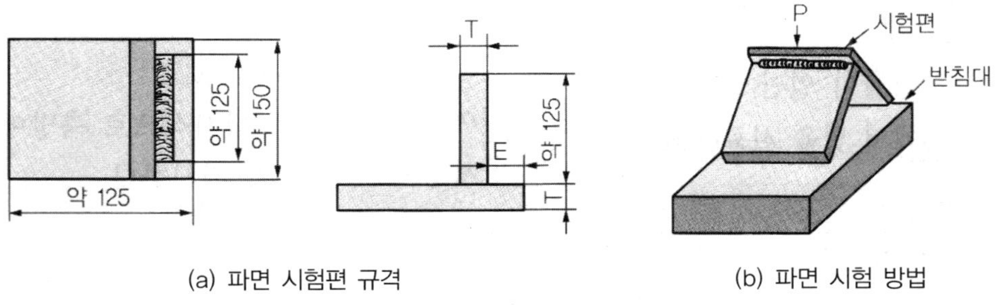

(a) 파면 시험편 규격　　(b) 파면 시험 방법

라. 현미경(micro) 시험

용접부의 조직 상태를 파악하기 위한 시험으로, 시험편을 샌드 페이퍼와 연마포로 충분히 매끈하게 광택을 내어 거울면과 같이 만든 다음 적당한 매크로 부식액으로 부식시켜 50 ~ 2000배의 광학 현미경[그림 5-28 참조]으로 조직이나 미소 결함 등을 관찰하며, 또 2000배 이상의 전자 현미경으로 조직을 정밀 관찰하기도 한다.

그림 5-28 조직 시험용 현미경

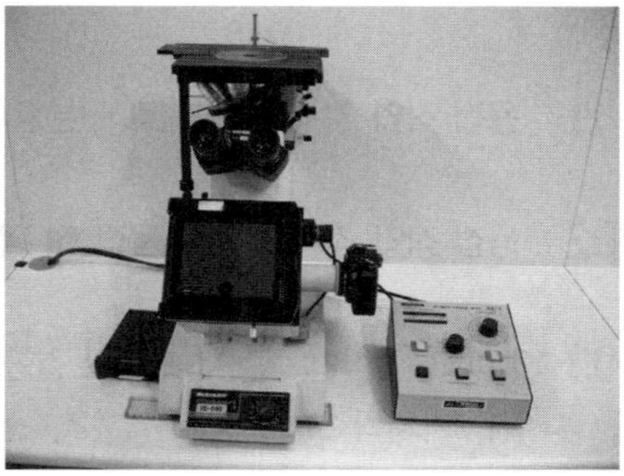

시험 순서는 시험편 채취 - 마운팅 - 샌드 페이퍼 연마 - 폴리싱 - 부식 - 현미경 검사 순으로 하며, 각 금속에 사용되는 현미경 시험용 부식제로는 다음과 같은 것을 사용한다.

① 철강용 : 피크린산, 알콜액(피크린산 4g, 알콜 100cc, 초산 알콜액(진한 초산 1 ~ 5cc, 알콜 100cc))
② 스테인리스강용 : 알콜액, 왕수, 구리
③ 알루미늄 및 그 합금용 : 플루오르화 수소액, 수산화 나트륨, 수산화 칼륨액 등
④ 구리 합금용 : 연화철액

마. 불꽃시험에 의한 재료 판별법

시험편을 연삭기에 접촉시켜 유선이나 불꽃의 형태, 길이 등을 관찰하여 금속의 성분 파악할 수 있는 간단한 방법의 하나이다. 방법은 표준 시험편의 불꽃 사진과 시험하고자 하는 시험편의 불꽃 형태를 비교해서 강종이나 성분을 파악하는 것이다.

요즈음은 디지털식으로 간편하게 성분 파악이 되므로 불꽃시험을 하지 않아도 되나 디지털 측정기가 없는 곳에서 간편하게 성분을 파악할 수 있다.

그림 5-29 불꽃 시험과 탄소량에 따른 불꽃의 종류

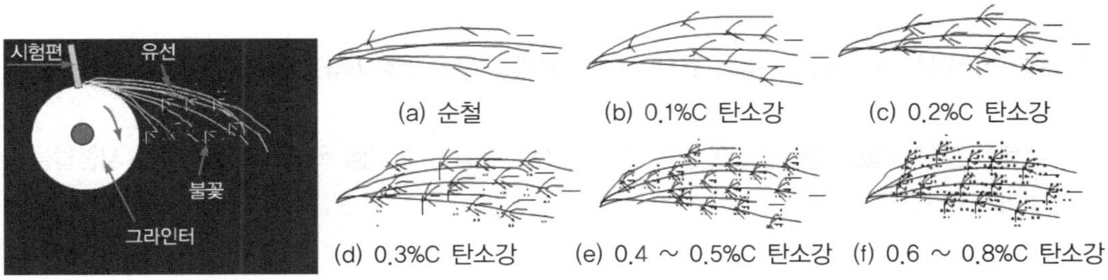

실전 심화 학습 문제

{제5절 | 용접부 시험 및 검사}

01 용접 작업 검사를 3가지로 구분할 경우 3가지 검사법의 명칭을 쓰시오

02 용접 작업 검사 중에서 용접 전 검사의 주요 사항 2가지를 쓰시오.

03 비파괴 시험법 중에서 표면의 결함을 검출하는 방법과 내부 결함을 검출하는 검사법의 종류를 각각 2가지씩 쓰시오.

04 용접부의 표면 결함 검사에 사용되는 시험법으로 자성체, 비자성체 구분없이 검사할 수 있는 검사법은 무엇인가?

05 자분 탐상시 표면 결함의 검출에는 교류를, 내부 결함의 검출에는 직류가 사용된다. (○, ×)

06 강(steel) 중에서 초음파의 속도는 초당 몇 m인가?

07 초음파 탐상법의 종류 3가지를 쓰시오.

08 펄스 초음파를 검사 물체의 한쪽 면(탐상면)에서 송신하여 결함에서 반사되는 반사파의 형태로 결함을 판별하는 초음파 검사법을 무엇이라 하는가?

09 용접부와 같은 비드파가 있을 경우에도 탐상이 가능한 초음파 검사법을 무엇이라 하는가?

10 용접부의 내부 결함 검사에 적당한 비파괴 검사법 2가지를 쓰시오.

11 방사선 투과사진의 상 질의 척도를 알기 위해 가는 지름이 약간씩 다른 철사줄 7～10개를 같은 간격으로 나란하게 배열하여 만든 것을 무엇이라 하는가?

12 방사선 탐상에서 기공 및 이와 유사한 원형 결함을 무슨 결함이라 하는가?

13 유해한 결함이 없고 충분한 연성을 가지는 건전한 이음을 확인할 목적으로 실시하는 시험법을 무엇이라 하는가?

14 기작은 강구나 다이아몬드를 붙인 소형의 추를 일정 높이에서 시험편 표면에 낙하시켜 튀어 오르는 반발 높이에 의하여 경도를 측정하는 시험법의 명칭은?

15 비커스 경도 시험에 사용하는 다이아몬드 사각추 압입자의 꼭지각은 몇 도인가?

16 하중이 일정 값보다 작을 경우에는 무수히 많은 반복 하중이 작용하여도 영구히 파단하지 않는 한계가 있는데 이 부분을 무엇이라 하는가?

17 V형 또는 U형의 노치를 만든 시험편에 충격적인 하중을 주어서 시험편을 파괴시켜 인성을 알아보는 시험법을 무엇이라 하는가?

18 수소 시험 중 글리세린 치환법에 대하여 간단히 설명하시오.

19 철강에서 황의 분포 상태를 알기 위해 실시하는 시험법을 무엇이라 하는가?

20 필릿 용접부의 모서리 용접부를 프레스로 굽힘 파단하여 그 파단면의 용입 부족, 균열, 슬래그 섞임, 기공, 결정의 조밀성 등을 육안으로 검사하는 방법을 무엇이라 하는가?

해답

1. 용접 전 검사, 용접 중 검사, 용접 후 검사
2. 289p [가] 1) 참조
3. 291p 2 비파괴 검사(시험) 참조
4. 침투 탐상 검사
5. ○
6. 약 6000m/sec
7. 투과법, 펄스 반사법, 공진법
8. 펄스(pulse) 반사법
9. 사각 탐상법
10. 방사선 탐상법, 초음파 탐상법
11. 철심형 투과도계(DIN형)
12. 제1종 결함
13. 굽힘 시험
14. 쇼어 경도시험
15. 136°
16. 피로 한계
17. 충격 시험
18. 305p [다] 참조
19. 설퍼 프린트법
20. 파면 시험

제6절 | 용접성 시험

용접성이란 용접 시공 중·후에 있어서 용접부의 품질, 건전성을 확보하기 위한 용접의 난이를 표현하는 것이다. 따라서 용접성은 사용하는 강재의 종류, 적용 용접법 및 시공 조건 등에 따라 다르게 되기 때문에 용접성을 조사하는 시험에 관한 시험 방법 중에서 그 목적에 따라 시공에 대한 요인의 영향을 명확하게 평가할 수 있는 방법을 선정하는 것이 중요하다.

1 용접부 연성 시험

연성 시험에 굽힘 시험이 적용되고 있으며, 형 굽힘 시험이 대표적인 연성 시험법이다.

가. 코머렐(Kommerell) 시험

규정 시험편의 판 중앙 홈에 용접 비드를 붙인 후 매분 75mm 속도로 롤러 굽힘을 하며 이때 굽힘각에 비례하여 변형 발열하여 온도가 상승하며 용접 금속 또는 열영향부에 균열이 발생하게 되며, 발생한 균열은 굽힘 각도의 증가에 따라 증대하며 최대 하중에 도달하면 시험편이 파단된다. [그림 6-1 참조] 이 시험은 KS B 0861-1971 용접 비드 굽힘 시험으로 규정하고 있는 세로 비드 굽힘 시험으로 매우 중요한 시험법이다.

그림 6-1 코머렐 시험

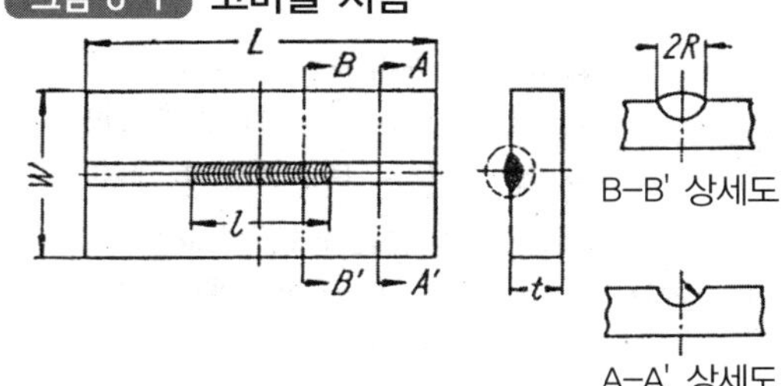

시험편 치수

(단위 : mm)

판두께(t) \ 치수	L	W	R	ℓ
19 이상 25 이하	350	150	3	125
25 초과 30 이하	380	150	3	150
30 초과 35 이하	410	150	3	175
35 초과 40 이하	440	200	4	190
40 초과 45 이하	470	200	4	220
45 초과 50 이하	500	200	4	250

그림 6-2 킨젤 시험

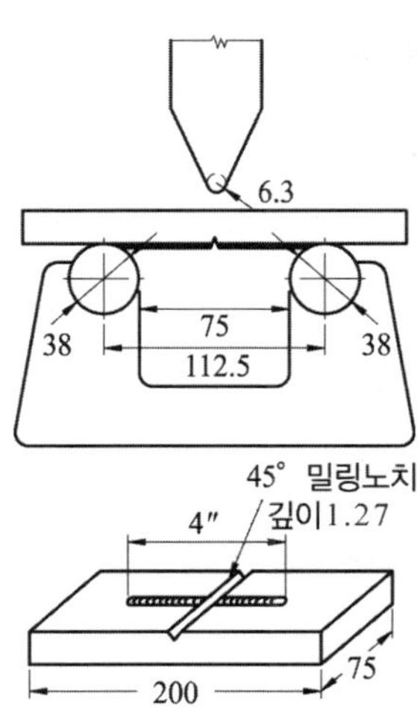

나. 킨젤((KinZel) 시험

200×75×19mm의 표면에 세로 길이로 비드쌓기를 하여 이에 직각으로 V 노치를 붙인 시험편을 굽혀 용접부의 연성이나 균열을 조사하는 시험이다.

시험편의 V 노치의 깊이는 1.27mm이며 그 아래에는 용접 금속, 열영향부 및 비영향 모재부가 병열로 있으므로 이중 가장 연성이 부족한 부분이 최초의 균열 발생점이 된다.

KS B 0862에 규정되어 있는 세로 비드 노치 굽힘 시험법으로, 용접하지 않은 모재도 시험할 수 있는 장점이 있다. [그림 6-2 참조]

다. 재현 열영향부 시험

직경 7mm의 환봉 시험편에 대전류를 흐르게 하여 그 온도 변화가 아크용접 열영향부 본드의 가열 냉각열 사이클과 동일하게 되도록 용접열 사이클 재현 장치를 써서 재현 열영향부의 인장 시험을 하는 법으로, 저합금 고장력강 열영향부의 연성을 조사에 주로 적용한다.

라. 연속 냉각 변태 시험(CCT 시험)

급속 가열한 환봉 시험편을 여러 가지 속도로 냉각하여 변태의 생성과 종료 온도를 구하고 실온에서 경도와 조직 시험 및 굽힘 충격 시험을 하는 법으로, 저합금 고장력강 열영향부의 연성을 조사에 주로 적용한다.

마. IIW 최고 경도 시험

길이 350mm, 폭 임의(100mm)의 강판 중앙에서 길이방향으로 좌우에 아크 전압 24V±4V, 아크 전류 170A±10A, 용접속도 150±10 mm/min의 용접 조건으로 비드 용접을 하고, 그 직각 단면 내의 본드와 최고 경도를 측정하는 방법으로, 국제용접학회에서 규정한 것이며, KS B 0893으로도 규정되고 있다.

2 용접 균열 시험

가. T형 필릿 균열 시험 및 겹침 용접 균열 시험

1) T형 필릿 균열 시험

수직판의 양끝을 밑판에 가용접한 후 한쪽에 필릿 용접하여 구속한 후 계속해서 반대편을 용접하면서 균열 상태를 관찰하는 시험법으로, 연강 및 고장력강, 스테인리스강 용접봉의 고온 균열 시험에 쓰인다. [그림 6-3 참조]

그림 6-3 T형 필릿 균열 시험

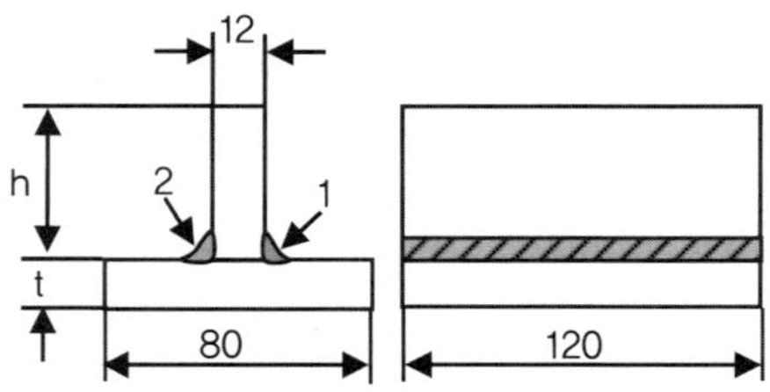

치수	1호	2호
t	12	45
h	50	100

그림 6-4 겹침 용접(CTS) 균열 시험

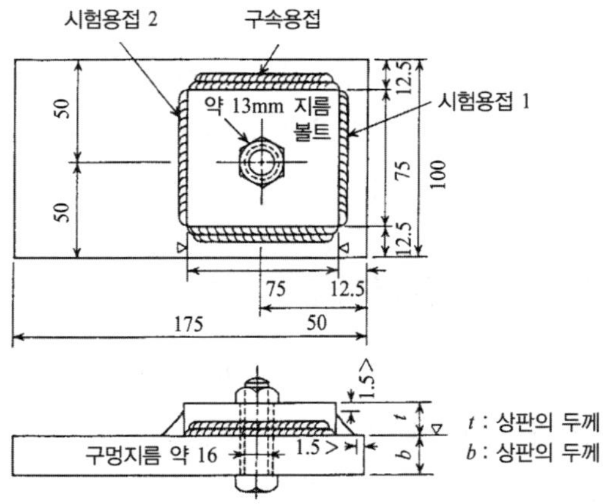

2) 겹침 용접 균열 시험(열적 구속 균열 시험)

시험편을 겹쳐서 양측을 고정한 후 좌우 양면에 필릿 용접한 다음 24시간 경과 후 3개의 시험편을 만들어 판면 내의 주로 비드 밑 터짐을 조사한다. 맞대기 구속 터짐 시험에 비해 감도가 약간 떨어지지만, 냉각 속도가 균열에 매우 민감하므로 열흐름수(TSN 수)로 표시한다.

나. 리하이 구속(Lehigh restraint) 균열 시험

주변에 가공하는 슬리트(slit)의 길이를 변경시킴으로써 시험 비드에 미치는 열적 조건(냉각 속도)을 같게 하면서 역학적 구속을 바꾸어 균열 시험을 한다.

슬리트 길이를 감소시켜 구속이 어떤 값 이상이 되면 균열이 발생하기 시작하는 임계 슬리트 길이가 있으며, 상당히 엄격한 시험으로 보통 루트부에서 비드의 중앙을 통해 고온 균열 또는 저온 구속 균열이 검출된다.

다. 바텔(Battelle) 비드 밑 균열 시험

소형 시험편 표면에 소정의 조건으로 비드를 놓고 24시간 방치한 후 절단하여 비드의 길이에 대한 비(%)로 균열을 검사하는 방법으로, 저합금강의 비드 밑 균열 시험에 쓰인다.

그림 6-5 리하이 구속 균열 시험

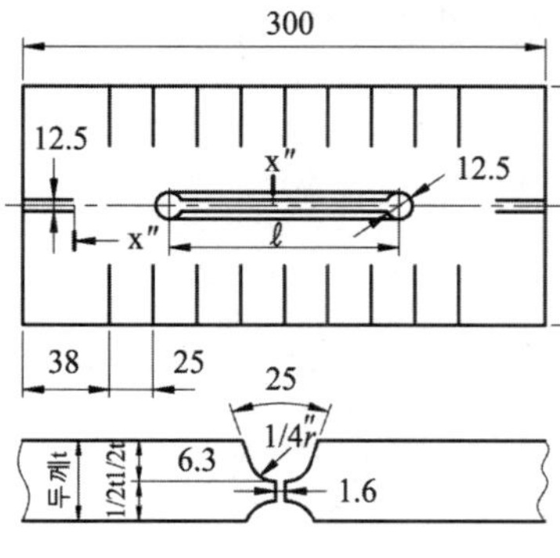

그림 6-6 바텔 비드 밑 균열 시험

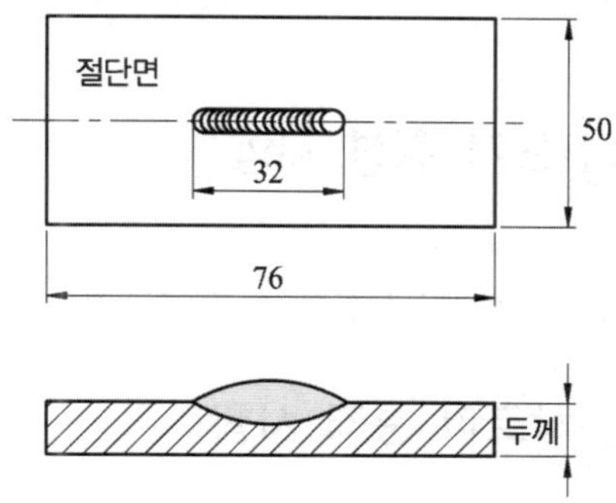

라. 휘스코(Fisco) 균열 시험

지그에 맞대기 용접 시험편을 볼트로 단단히 붙인 다음 비드를 놓아 균열 여부를 조사하는 방법으로, 고온 균열 시험에 적합하며, 재현성이 좋고 시험재를 절약할 수 있다. [그림 6-7 참조]

그림 6-7 휘스코 균열 시험

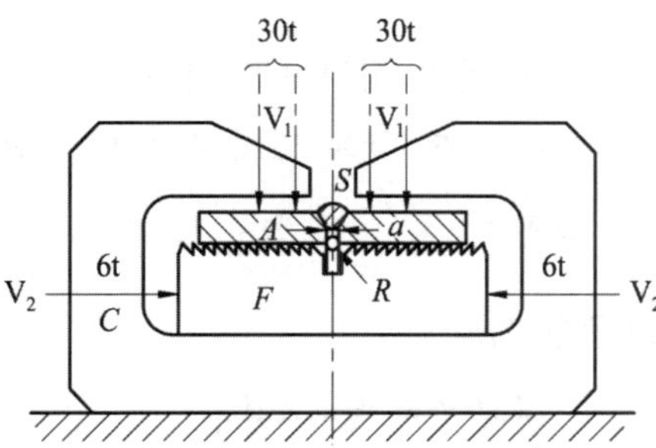

그림 6-8 분할형 원주 홈 균열 시험

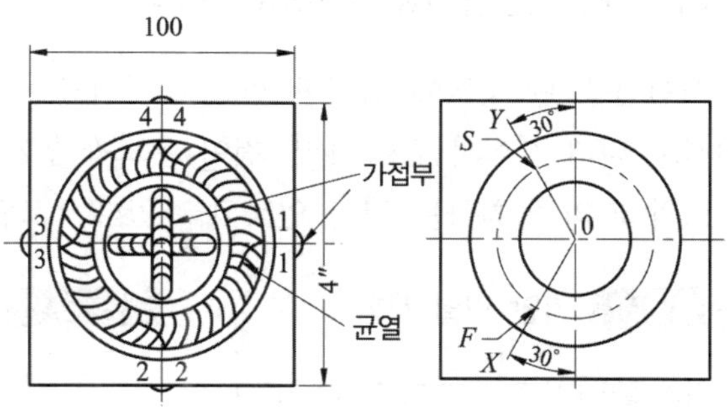

마. 분할형 원주 홈 균열 시험

한변 길이 50mm의 정사각형 시편 4개를 가접한 후 원주 홈을 파서 지름 4mm 용접봉으로 S점에서 F점까지 속도 150mm/min으로 시계 방향으로 비드를 붙인 후 냉각시켰다가 나머지 원주를 용접한 후 분할편을 찢어서 비드 파면 내의 균열을 조사하는 시험이다. [그림 6-8 참조]

바. 고온 균열 시험과 저온 균열의 종류

1) 고온균열 시험법 : 피스코 균열 시험법, 바레스트레인트 균열 시험법, T형 필릿 균열 시험법

2) 저온균열 시험방법 : TCR 시험법, R RC 시험법, Implant 시험법, 슬릿형 균열 시험법 (U-,Y-균열시험), 창형 구속 균열 시험법, CTS 시험법, 변형 균열시험

3 노치 취성 시험

구조용강의 용접성을 판정하는데 노치 취성 시험이 많이 쓰이고 있다.

가. 샤르피 충격 시험

구조용강의 노치 취성 시험에 V 노치(아이죠드 노치)가 세계 각국에서 공통적으로 쓰인다.

나. 슈나트(Schnadt) 시험

이는 샤르피 충격 시험편의 압축측을 일부 제거하고 그 대신 경도가 높은 원주로 바꾼 것이며, 노치 선단의 반경을 여러 가지로 바꾸어 예리한 것과 둔탁한 것이 쓰인다.

다. 카안 인열(Kahn tear) 시험

시험편을 판 구멍에 삽입한 핀으로 잡아당겨 파괴시켜서 파면 상황을 조사하는 것이다. 이것도 티퍼 시험과 같이 파면 천이 온도가 높게 나타나며, 대형 광폭 노치 시험편의 천이 온도와 거의 일치하는 것이 인정되고 있다. [그림 6-9 참조]

그림 6-9 카안 인열 시험

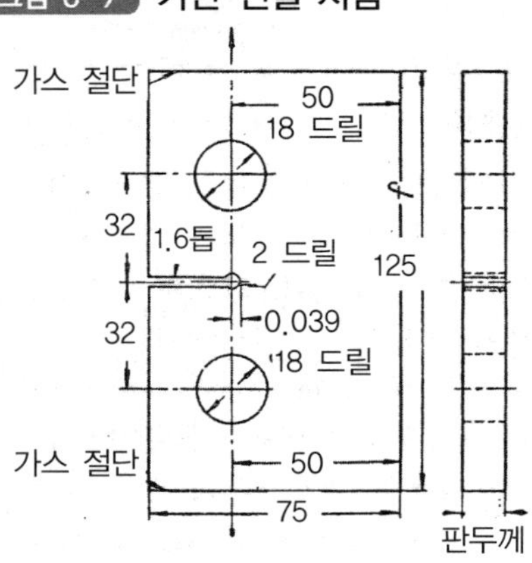

그림 6-10 로버트슨 시험

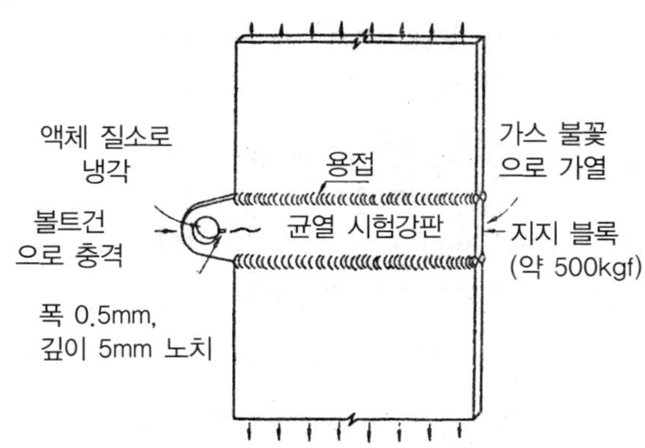

라. 로버트슨(Robertson) 시험

실제의 취성 파괴는 항복점보다 상당히 낮은 인장 하중에서 발생하고 전파하게 되는데 그 상태를 실험실 내에서 재현하는 시도로 시작된 시험이다. 시험 방법은 좌측 노치부를 액체 질소로 냉각하고 우측면을 가스열로 가열하여 거의 직선적으로 온도 구매를 주고 어떤 하중을 가한 상태에서 좌단 노치부에 충격을 가해서 취성 균열을 발생시켜서 우진하는 균열이 정지하는 위치를 조사하는 시험이다. [그림 6-10 참조]

마. 반데어 비인(Van der Veen) 시험

노치 굽힘 시험으로 시험 방법은 판의 측면에 프레스 노치를 붙여 굽힘 시험하고, 최대 하중시의 시험편 중앙의 처짐이 6mm가 되는 온도를 연성 천이 온도로 하고, 연성 파면의 깊이가 32mm(판 폭의 중앙)가 되는 온도를 파면 천이 온도로 하고 있다.

바. DWT(낙중) 시험

강판의 표면에 덧붙이용의 딱딱하고 부서지기 쉬운 비드를 용접하고 이것에 예리한 노치를 붙여 반대측에서 무게 27kgf의 중추를 1.83m 높이에서 낙하시켜 파단한다. 이때 뒷면에 스토퍼를 두어 굽힘각이 2°를 넘지 않도록 하여 그 범위 내에서 취성 파단이 일어나게 되는 한계 온도를 연성 천이 온도라고 부른다. [그림 6-12 참조]

그림 6-11 반데어 비인 시험

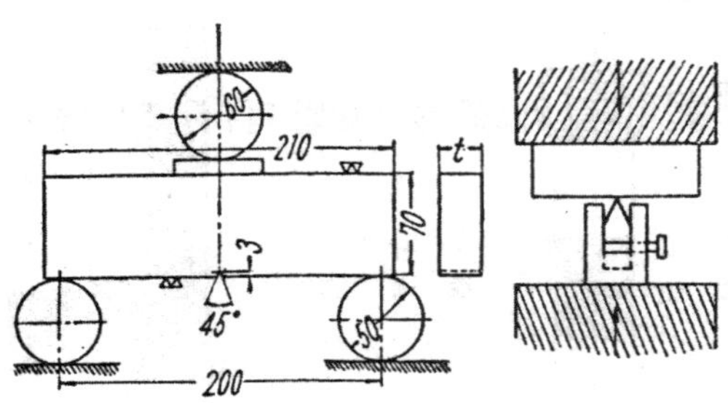

그림 6-12 DWT(낙중) 시험

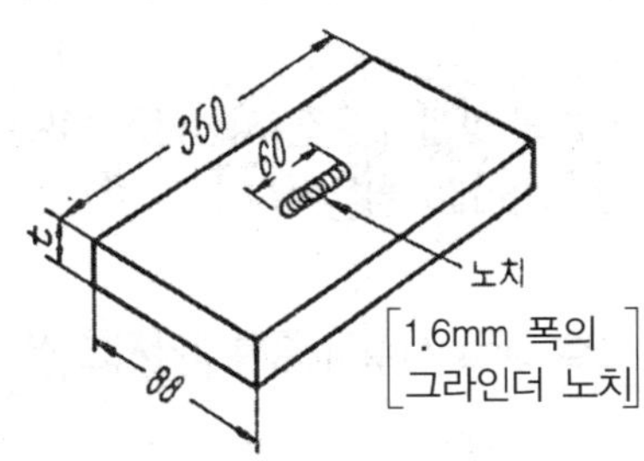

사. 2중 인장 시험

시험편 좌측을 잡아당겨서 취성 균열을 발생시키고 균열이 우측의 본체를 관통하는지를 조사하는 시험으로, 균열 발생에 충격력을 쓰지 않아도 되며, 실제의 취성 파괴의 발생 조건에 가까운 방법의 하나이다.

실전 심화 학습 문제

{제5절 | 용접성 시험}

01 용접부 연성 시험의 종류 3가지의 명칭을 쓰시오.

02 200×75×19mm의 표면에 세로 길이로 비드를 쌓아 이에 직각으로 V 노치를 붙인 시험편을 굽혀 용접부의 연성이나 균열을 조사하는 시험을 무엇이라 하는가?

03 급속 가열한 환봉 시험편을 여러 속도로 냉각하여 변태의 생성과 종료 온도를 구하고 실온에서 경도와 조직 시험, 굽힘 충격 시험을 하는 것을 무엇이라 하는가?

04 IIW 최고 경도 시험에 대하여 간단히 설명하시오.

05 수직판의 양끝을 밑판에 가용접한 후 한쪽에 필릿 용접하여 구속한 후 계속해서 반대편을 용접하면서 균열 상태를 관찰하는 시험을 무엇이라 하는가?

06 시험편을 겹쳐서 양측을 고정한 후 좌우 양면에 필릿 용접한 다음 24시간 경과 후 3개의 시험편을 만들어 판면 내의 주로 비드 밑 터짐을 조사하는 시험을 무엇이라 하는가?

07 소형 시험편 표면에 소정의 조건으로 비드를 놓고 24시간 방치한 후 절단하여 비드의 길이에 대한 비(%)로 균열을 검사하는 시험을 무엇이라 하는가?

08 지그에 맞대기 용접 시험편을 볼트로 단단히 붙인 다음 비드를 놓아 균열 여부를 조사하는 시험을 무엇이라 하는가?

09 용접 균열 시험의 종류 2가지를 쓰시오.

10 분할형 원주 홈 균열 시험에 대하여 간단히 설명하시오.

11 슈나트(Schnadt) 시험에 대하여 간단히 설명하시오.

12 시험편을 판 구멍에 삽입한 핀으로 잡아당겨 파괴시켜서 파면 상황을 조사하는 시험을 무엇이라 하는가?

13 노치 취성 시험의 종류 2가지를 쓰시오.

14 로버트슨(Robertson) 시험의 시험 방법을 간단히 설명하시오.

15 시험편 좌측을 잡아당겨서 취성 균열을 발생시키고 균열이 우측의 본체를 관통하는지를 조사하는 시험을 무엇이라 하는가?

16 용접균열 시험법 중 고온균열 시험법의 종류 3가지를 쓰시오.

17 용접균열 시험법 중 저온균열 시험법의 종류 3가지를 쓰시오.

해답

1. 310p [1] 용접부 연성 시험 참조
2. 킨젤((KinZel) 시험
3. 연속 냉각 변태 시험(CCT 시험)
4. 311p [마] 참조
5. T형 필릿 균열 시험
6. 겹침용접 균열시험(열적 구속 균열 시험)
7. 바텔 비드 밑 균열 시험
8. 휘스코 균열 시험
9. 311p [2] 용접 균열 시험 참조
10. 313p [마] 참조
11. 314p [나] 참조
12. 카안 인열(Kahn tear) 시험
13. 314p [3] 노치 취성 시험 가~사 참조
14. 315p [라] 참조
15. 2중 인장 시험
16. 고온균열 시험법 : 피스코 균열 시험법, 바레스트레인트 균열 시험법, T형 필릿 균열 시험법
17. 저온균열 시험방법 : TCR 시험법, R RC 시험법, Implant 시험법, 슬릿형 균열 시험법(U-,Y-균열시험), 창형 구속 균열 시험법, CTS 시험법, 변형 균열시험

04 용접 재료(야금)

제1절 ▌금속 재료 총론

1 금속 재료의 개요

가. 금속의 공통적인 성질(구비 조건)

① 수은(Hg)을 제외하고 상온에서 고체이며 결정체이다.(고체 상태에서 결정 구조를 가짐)
금속은 상온에서 대부분 고체이지만 수은(Hg, 용융점 -38.4℃)은 액체이다.

② 비중이 크고 경도 및 용융점이 높다.

③ 열과 전기의 양도체이며, 빛을 반사하고 고유의 광택이 있다.

④ 가공이 용이하고 전·연성이 크다.(소성 변형성이 있어 가공이 쉽다)
㉠ 연성이 큰 순서 : Au > Ag > Al > Cu > Pt > Pb > Zn > Fe > Ni
㉡ 전성이 큰 순서 : Au > Ag > Pt > Al > Fe > Ni > Cu > Zn

⑤ 이온화하면 양(+)이온이 되므로 산화 방지를 위해 표면 처리나 도금이 가능하다.

나. 기계적 특성

1) 강도(strength)

일반적으로 강도라 하면 인장 강도를 뜻하나 인장 강도가 크다 해서 압축 강도도 크다고 할 수는 없다. 예를 들면 주철은 압축 강도는 매우 크나 인장 강도는 매우 적다.

강도는 인장 강도, 굽힘 강도, 전단 강도, 압축 강도, 비틀림 강도, 피로 강도, 크리프 한도, 경도 등으로 구분한다.

2) 경도(hardness)

경도란 재료의 국부 소성 변형에 대한 재료의 저항성을 나타내는 정도를 말하며, 금속의 경도를 측정하는 방법에는 브리넬 경도, 로크웰 경도, 비커스 경도, 쇼어 경도 시험법 등이 많이 쓰이고 있다.

일반적으로 공석강(0.85% C) 이하에서는 인장 강도와 브리넬 경도는 비례한다.

탄소강의 브리넬 경도(HB) = 인장 강도(kgf/mm^2)/0.32 ~ 0.36

3) 인성(toughness)

충격에 대한 재료의 저항을 뜻하며, 연신률이 큰 재료가 일반적으로 충격 저항도 크다. 인성 시험은 일정한 시험편에 실제로 충격을 가하여 그 시편이 파괴하는데 필요한 에너지로부터 인성을 산출한다.

4) 피로(fatigue)

재료의 인장강도나 항복점으로부터 계산한 안전하중 상태에서도 작은 하중(힘)이 오랜 시간에 걸쳐 연속적으로 되풀이하여 작용시키면 결국 파괴하는 경우가 있는데, 이와 같은 파괴를 피로 파괴(fatigue failure)라고 한다.

그러나 어떤 값보다 작은 하중이 무수히 많이 반복 작용하여도 파괴되지 않고 충분한 내구력을 가질 수 있는 최대 한계를 피로 한도(fatigue limit)라고 하며, 이 한계점을 구하는 시험을 피로 시험이라 한다. [그림 1-1 참조]

그림 1-1 S-N 곡선

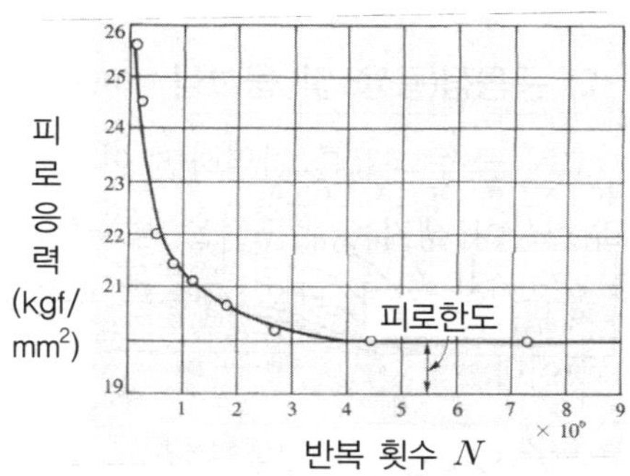

5) 크리프 한도(creep limit)

크리프란 금속 재료를 탄성 한도 내의 하중을 걸어 장시간 경과하면 변형이 증가하는 현상이며, 변형이 증대될 때의 한계 응력을 크리프 한도라 한다.

다. 물리적 특성

1) 비중(Specific gravity)

비중이란 어떤 물질의 질량과 그것과 같은 체적의 표준 물질의 질량과의 비율을 말하며, 고체나 액체의 경우에는 4℃의 순수한 물을 기준으로 한다. 금속의 무게를 알려면 체적에 비중을 곱하면 된다. [표 1-1 참조]

가장 가벼운 금속은 Li(리튬 0.53), 가장 무거운 금속은 Ir(이리듐 22.5)이다.

$$비중 = \frac{제품의\ 무게}{제품과\ 같은\ 체적의\ 물\ 무게}$$

표 1-1 주요 금속의 비중

원소기호	원소명	비중	원소기호	원소명	비중	원소기호	원소명	비중
Li	리튬	0.53	Mn	망간	7.3	Ag	은	10.5
Mg	마그네슘	1.74	Fe	철	7.89	Pb	납	11.34
Al	알루미늄	2.67	Cd	카드뮴	8.64	Hg	수은	13.5
Ti	티타늄	4.51	Ni	니켈	8.8	W	텅스텐	19.1
V	바나듐	5.6	Co	코발트	8.8	Au	금	19.3
Sb	안티몬	6.67	Cu	구리	8.9	Pt	백금	21.4
Zn	아연	7.13	Bi	비스무트	9.8	Ir	이리듐	22.5
Sn	주석	7.28	Mo	몰리브덴	10.2			

2) 용융점(용융 및 응고점 : melting point)

고체 금속 재료를 가열하면 어떤 온도에서 액체로 변하는 용융 현상이 생기며 냉각하면 응고 현상이 생기는 온도점을 용융점이라 한다.

용융점이 가장 낮은 금속은 수은(Hg : -38.4℃)이며, 가장 높은 금속은 텅스텐(W : 3400℃)이다.

표 1-2 주요 금속의 용융점

원소 기호	원소명	용융점 ℃	원소 기호	원소명	용융점 ℃	원소 기호	원소명	용융점 ℃
Hg	수은	-38.4	Al	알루미늄	660	V	바나듐	1725
Li	리튬	180	Ag	은	961	Pt	백금	1769
Sn	주석	232	Au	금	1063	Cr	크롬	1875
Bi	비스무트	271	Cu	동(구리)	1083	Ir	이리듐	2464
Pb	납	327	Mn	망간	1245	Mo	몰리브덴	2610
Zn	아연	420	Ni	니켈	1453	W	텅스텐	3410
Sb	안티몬	630.5	Co	코발트	1495			
Mg	마그네슘	650	Fe	철	1538			

3) 열전도율(heat conductivity)

길이 1cm에 대하여 1℃의 온도차가 있을 때 1cm^{2}의 단면적을 통하여 1초간에 전해지는 열량을 열전도율이라 하며, 단위는 cal/cm.sec℃ 이다.

열전도율이 큰 금속의 순서는 Ag > Cu > Au > Al > W > Mg > Mo > Zn > Ni > Fe 순이다.

4) 전기 전도율

전기 전도율이란 전기를 잘 통하느냐의 여부를 나타낸 것으로 일반적으로 열전도율이 좋은 금속이 전기 전도율도 좋다.

전기 전도율이 큰 순서는 Ag > Cu > Au > V > Al > Mg > Mo > W > Co > Ni > Fe 순이다.

5) 선(열)팽창 계수

선팽창 계수란 단위 길이의 봉을 1℃ 증가시킬 때 팽창한 길이와 원래 길이에 대한 비율을 말한다.

$$\text{열팽창계수} = \frac{\ell' - \ell}{\ell(t' - t)}$$

ℓ' : 늘어난 길이　　ℓ : 처음 길이　　t' : 가열된 온도　　t : 처음 온도

6) 비열(specific heat)

비열이란 단위 물질 1g을 1℃ 올리는데 필요한 열량을 말하며, 물질에 따라 다르다. 예를 들어 물 1g을 1℃ 높이는데 필요한 열량은 1cal이다.(단위 : cal/g℃, kcal/kgf℃)

일반적으로 금속의 비열은 작지만 Mg(0.2475 cal/g · C), Al(0.223cal/g · C) 등은 크고, Pt(0.032cal/g · C), Au(0.131cal/g · C) 등은 작다.

일반적으로 질량이 m(g)인 물질이 Q(cal) 만큼의 열량을 공급받을 때 $\triangle T$(°C) 만큼의 온도변화가 발생했다면 이 물질의 비열은 다음의 식에 의해 얻어진다.

$$c \equiv \frac{Q}{m \triangle T}(\text{cal/g} \cdot ℃,\ \text{kcal/kgf}℃)$$

7) 용융 잠열(melting latent heat)

어떤 물질이 고체에서 액체로 또는 액체에서 기체로 상변화가 일어날 때 열을 흡수 또는 발열하게 되는데 이러한 열적 에너지를 잠열(숨은 열)이라 한다.

예를 들면, 순 알루미늄을 가열하면 용융점에서 고체 알루미늄이 같은 온도의 액체 알루미늄이 될 때까지 온도가 올라가지 않으며, 응고시 용융점에서 액체가 완전 고체가 될 때

까지 온도가 내려가지 않는데 이때 소비되는 열량을 말한다.

라. 화학적 특성

1) 부식(corrosion)

부식이란 금속이 물 또는 대기 중에서, 또는 가스 중에서 그 표면이 비금속성 화합물로 변하는 것을 뜻한다.

① 건부식 : 수분의 작용없이 고온의 증기, 가스 등에 반응하여 일어나는 부식으로 산화, 질화, 황화 등을 말한다.

② 습부식 : 전기 화학적 부식이며, 해수, 유기산, 무기산, 알칼리 등에 접촉되어 금속 표면에 국부 전지가 생기는 것을 말한다.

2 금속 조직

가. 금속의 응고

1) 순금속의 응고

금속 원자는 액체 상태에서 서로 접근하고 있으며 불규칙적으로 이동하고 있으나 온도가 내려가 응고점에 도달하면 원자는 결정을 구성하게 되는데 이때 원자의 운동 에너지는 열의 형태로 바뀌게 된다.

이렇게 금속이 용해 온도보다 높은 용융 상태로부터 상온까지 서서히 냉각하여 응고점에 도달하면 고체화되는 현상을 응고라고 말하며, 가열된 순금속이 냉각 중에 일정한 온도에서 응고하기 시작하여 전체가 응고할 때까지 일정한 온도로 유지하게 되는데 이 현상은 용융 잠열(숨은 열)의 영향이며 이점을 용융점이라고 한다.

2) 응고 조직과 2차 조직

① 1차 조직(응고 조직) : 용융 상태로부터 응고가 끝난 그대로의 금속 조직을 말한다.

② 2차 조직 : 응고 후 냉각하는 사이에 변태하거나 압연, 단조, 기타 기계적 가공에 의한 소성 변형에 의해 1차 조직을 변화 파괴한 조직, 또는 열처리에 의해 새로운 결정 조직으로 변화시킨 조직을 말한다.

3) 과냉(super cooling)

금속은 실질적으로는 응고 시작점 부분에서도 바로 결정핵이 생성되지 않고 용융점보다 낮은 온도에서 응고가 진행되는 현상을 갖게 되는데 이 현상을 과냉이라고 하며, 일반적으로 금속의 과냉은 응고점보다 0.1 ~ 0.3℃ 이하에서 생기며, 과냉도가 클수록 결정 입자는 미세해진다. [그림 1-2]는 과냉도에 따른 핵생성과 성장 관계를 나타낸 것이다.

그림 1-2 과냉도와 핵생성–성장 관계

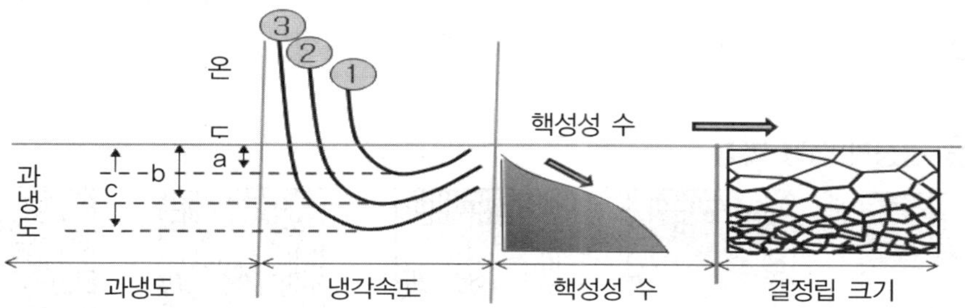

나. 냉각 곡선(cooling curve)

금속을 용융 상태에서 냉각시킬 때 그 온도와 시간의 관계를 나타낸 곡선을 말하며, [그림 1-3 (a)]는 순금속의 냉각 곡선을 나타낸 것으로, 온도가 내려가 점 a에 도달하면 응고가 시작되며, 응고 잠열(latent heat of freezing : 가열시 흡열한 열을 냉각시 발열한 숨은 열, 온도 상하 현상이 없는 열)이 발생하면서 온도가 내려가지 않고 수평선을 유지하다가 점 b에 도달하면 응고가 완전히 끝나 고체 상태에서 온도가 내려가게 됨을 알 수 있다.

[그림 1-3 (b)]는 합금의 냉각 곡선으로 냉각시에 a점에서 응고하기 시작하여 b점에서 응고가 끝나므로 합금의 용점과 융점은 동일하지 않음을 알 수 있다.

그림 1-3 냉각 곡선

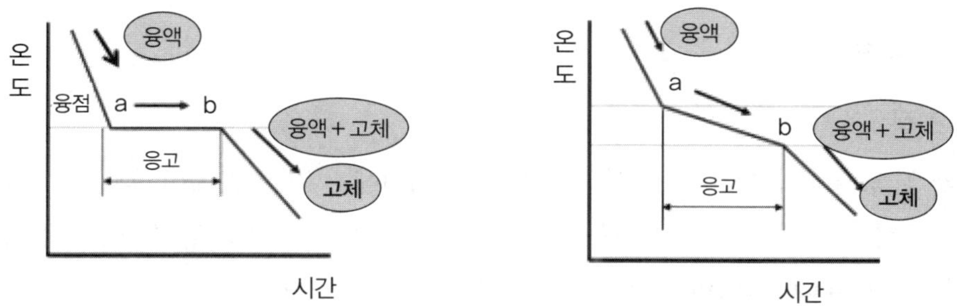

(a) 순금속의 냉각 곡선

(b) 합금의 냉각 곡선

다. 결정의 생성과 발달

1) 결정의 형성 과정

① 용융 금속이 응고할 때는 온도가 가장 낮은 부분에서부터 작은 결정핵(nucleus)이 생기고 이 핵을 중심으로 결정핵이 성장하며, 여러 개의 성장된 결정핵이 더 이상 성장할 수 없도록 고체화될 때 결정핵과 핵 사이에 결정 입계가 형성된다. [그림 1-4 참조]

② 이러한 결정 입계는 다른 부분보다 가장 늦게 응고하게 되며, 용융점이 낮은 불순물이 있을 때는 응고점이 낮아져 입계에 모이는 경우가 많다.(편석, 게재물 형성)

③ 결정의 순서 : 핵 발생(생성) - 성장 - 결정 경계 형성

그림 1-4 결정의 성장 과정

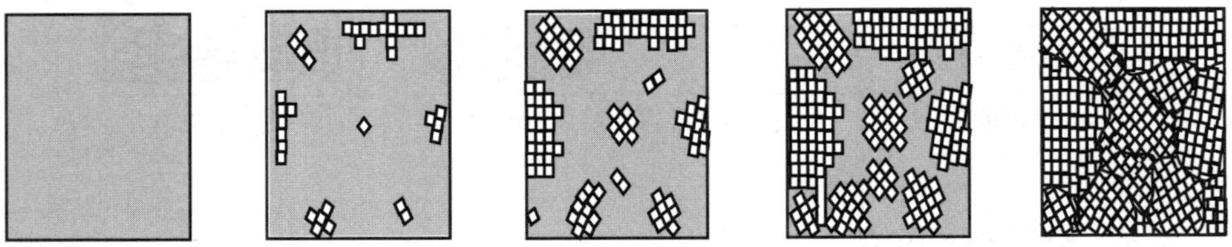

(a) 용융 금속 (b) 결정핵 생성 (c) 결정 성장 초기 (d) 결정 성장 (e) 결정 경계 형성

2) 결정립의 대소(G와 N의 관계)

① 용융 금속의 단위 체적 중에 생성한 결정핵의 수, 즉 핵 발생 속도를 N, 결정 성장 속도를 G로 할 때 결정립의 크기 S와의 관계는 $S = f \cdot G/N$가 된다.

② 결정립의 대소 : 성장 속도 G에 비례하고 핵 발생 속도 N에 반비례한다. G가 N보다 빨리 증대할 때는 소수의 핵이 성장해서 응고가 끝나므로 결정립이 조대화되며, N의 증대가 G보다 현저할 때는 핵 수가 많기 때문에 미세한 결정이 된다.

③ 급랭하면 결정립이 미세화하고, 서랭하면 조대화된다.

라. 응고 조직

1) 주상 조직

용융 금속을 주형에 주입하여 냉각시킬 때 주형 벽면에서 급랭 조직이 많이 생성하게 되며 이 핵은 주형의 중심을 향하여 가늘고 긴 서릿발(막대) 모양으로 발달하게 되는데 이것을 주상 조직(columnar structure)이라고 말한다. [그림 1-5 (a) 참조]

이러한 주상 조직은 서랭 조직이나 중심부에는 거의 생기지 않으며, 모서리 부분은 주상 조직의 결합력이 약하고 다른 부분보다 두께가 두꺼워 늦게 응고하기 때문에 불순물이 모일

수 있어 다른 부분보다 매우 취약하므로 주조할 때 라운딩이 필요하다. [그림 1-5 (b) 참조]

2) 수지상 조직

용융 금속이 응고할 때 최초에 생긴 핵으로부터 성장해가는 결정은 구형에 가까운 다면체의 형상으로 성장하여 나뭇가지 모양으로 발달하게 되는데 이러한 결정을 수지상 조직(dendrite)이라고 한다. [그림 1-5 (c) 참조]

그림 1-5 주상 조직과 수지상 조직

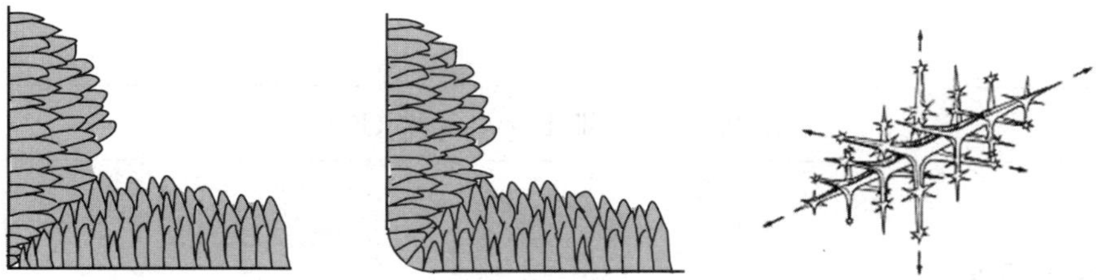

(a) 주상 결정　(b) 주상 결정(라운딩)　(c) 수지상 결정

3) 편석

큰 강괴(鋼塊) 등에서 용탕이 응고할 때 주형의 외곽에서부터 응고를 시작하여 차례로 중앙으로 응고가 진행하게 되며, 이때 융점이 낮은 불순물은 계속 밀려서 중앙 부분 등 가장 최후에 응고하는 부분에 많이 모이게 되는데 이것을 편석(偏析)이라고 한다.

또한 편석 부분에는 인(P)이나 유황(S)의 양이 많으며, 이러한 불순물들이 띠 모양으로 형성된 경우가 있는데 이것을 고스트 라인(ghost line)이라고 한다.

4) 수축공

금속이 용융 상태에서는 체적이 커지게 되나 온도가 내려가 고체로 되면 수축이 생기게 된다. 이때 최후에 응고하는 부분에서 응고할 때에 생기는 수축 부분을 보충할 용액이 부족하면 오목하게 빨려 들어가는 모양이 생기는데 이 현상을 수축공이라 한다.

5) 기공

용융 금속 상태에서는 대기 중의 수소, 산소 등의 가스를 다량 흡수하게 되며, 응고할 때는 배출하게 되나 다량의 가스가 응고시에 배출되지 못하고 한곳에 집중되어 빈 공간을 만드는 경우가 있는데 이것을 기공이라 한다. 이러한 기공이 큰 경우는 공공이라고도 한다.

마. 고용체

1) 고용체(solid solution)

용체란 한 물질 중에 다른 물질이 용해하여 균일한 물질을 만드는 것을 말하며, 액체의 경우는 용액(solution)이라 하고, 고체인 경우는 고용체라고 한다.

즉, 2개 이상의 원소로 된 단일상의 고체에서 순금속 A(용매)와 그 중에 들어간 B(용질)가 일정하게 분포되어 고용된 결정체로 한 성분 금속이 다른 금속과 혼합되어 용융 상태나 고체 상태에서도 기계적 방법으로는 각 성분 금속을 구분할 수 없는 것을 말한다. [그림 1-6 참조]

고체 A +고체 B ⇄ 고체 C

2) 고용체의 종류

① **침입형 고용체** : 두 원자의 원자 반경이 현저하게 차이가 있을 때 녹아 들어가는 원자(용질)가 모체의 원자(용매)의 공간격자 사이에 들어가 형성된 고용체(예 : Fe-C)를 말하며, 원자의 반경의 차가 15% 이상 현저하게 클 때 침입형 고용체를 형성한다.

② **치환형 고용체** : 철에 소량의 Ni을 가한 경우, 철의 원자 반지름은 1.23 Å, Ni은 1.22 Å 이라는 대략 같은 값이므로, Ni 원자가 철의 원자가 있던 위치에 그대로 교대한 형상으로 들어가는데, 이와 같이 용질 원자와 용매 원자의 위치가 바뀌는 것을 말한다.

③ **규칙 격자형 고용체** : 치환할 때 원자 배열이 규칙적으로 일어나는 경우를 규칙 격자라고 하며, 서랭하거나 한계 온도보다 약간 낮은 온도로 장시간 가열할 경우 형성된다. 규칙 격자형 고용체의 대표적인 예로는 Cu_3Au, Ni_3Fe가 있다.

그림 1-6 고용체의 종류

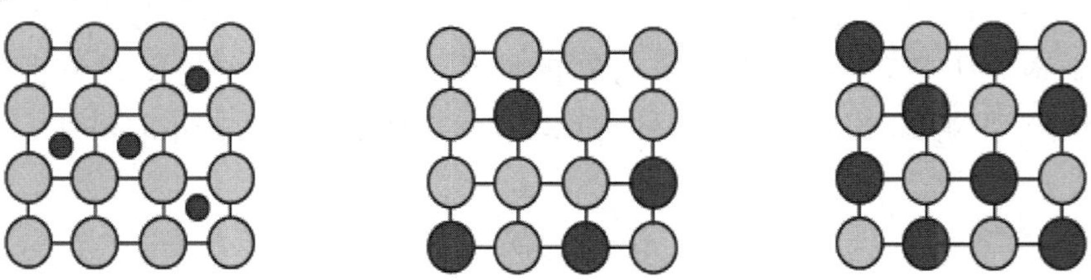

(a) 침입형 (b) 치환형 (c) 규칙 격자형

바. 확산(擴散, diffusion)

기체나 고체/액체의 분자나 원자가 화학 전위의 차이에 의해 화학 전위가 높은 곳에서 낮은 곳으로 이동하는 현상을 확산이라 한다.

일반적으로 액상이나 고상 내에서 어느 성분의 농도차가 존재하면 그 성분은 농후한 부분에서 희박한 부분으로 이동하게 되는데, 보통 금속의 열전도에는 원자의 열운동 외에 금속 내의 전도의 주역인 자유 전자의 열운동이 크게 기여하고 있다고 본다.

그리고 다른 금속을 밀착시키면 고온에서는 원자가 상대방의 금속 중에 확산한다. 이것을 화학 확산이라 한다.

이러한 확산은 열의 전도 이론에 따라서 확산을 지배하는 두 개의 법칙이 있는데 이것을 피크(Fick)의 법칙이라 한다.

1) 피크의 제1법칙

확산이 고농도에서 저농도로 물질이 이동하는 현상이기 때문에 확산 운동을 일으키는 힘은 농도차가 될 것이다. 따라서 단위 시간당 단위 단면적을 통과하는 물질의 양을 유동량이라 하는데 이 양은 이동 거리에 따른 농도 차에 비례하게 된다. 이때 비례계수 D를 확산 상수(확산 계수)라 하며, 이는 온도, 압력, 용매의 성질, 확산제의 화학적 성질에 따라 달라진다.

이 식에서 (-)기호는 확산할 때 농도가 높은 곳에서 낮은 곳으로 이동됨을 의미한다.

유동량 J는 농도 경사(차) $\frac{dC}{dx}$에 비례한다. 이때 1차원인 경우 제1법칙은 다음과 같이 나타낼 수 있다.

$$J = -SD\frac{dC}{dx}\text{cm}^2/\text{sec.}$$

J : 단위 시간당 단위 면적을 지나는 원자의 수를 나타내는 유동량
S : 농도　　D : 원자의 확산 계수(cm^2/sec)
C : 농도　　x : 방향
$\frac{dC}{dx}$: x방향으로의 농도 변화량

이 식은 정상 상태, 즉, 시간에 따른 농도의 변화율 $\frac{dC}{dt}=0$인 상태를 말하며, 정상 상태에서 유동량은 일정하게 유지되고, 이때 확산은 농도 구배(농도차)가 클수록 잘 일어나며 농도가 높은 곳에서 낮은 곳으로 확산이 일어난다는 것을 알 수 있다.

2) 피크의 제2법칙

어떤 지점에서 확산되는 물질의 시간에 따른 농도 변화는 그 지점으로 돌아온 물질의 양에서 그 지점에서 밖으로 나간 양을 뺀 값과 같다고 할 수 있다. 즉, 농도차가 클수록 거리

에 가까울수록 확산의 량은 증가한다.

제2법칙은 비정상 상태(시간에 따라 농도가 변화하는 경우 $\frac{dC}{dt}$ 값이 0이 아닌 경우)의 경우에 시간에 따른 농도 변화를 예측하는 법칙이다.

$$\frac{dC}{dt} = \frac{dJ}{dx}, \quad \frac{dC}{dt} = \frac{dJ}{dx} = D\frac{d^2C}{dx^2}$$

이 식의 의미는 농도의 2차 미분항이 양(+)의 값을 갖는 경우에 그 위치에서는 시간에 따라 원자의 농도가 높아짐을 의미한다.

반대로 음(-)의 값을 갖는 경우는 시간에 따라 감소한다. 즉, 위치에 따른 농도를 그래프로 나타냈을 때, 위로 볼록한 부분(2차 미분값이 0보다 작다)은 시간이 지남에 따라 농도가 감소하고, 아래로 볼록한 부분(2차 미분값이 0보다 크다)은 시간이 지남에 따라 농도가 증가하여 전체적으로 농도가 일정하게 됨을 알 수 있다.

3) 확산 기구(mechanisms of diffusion)

(1) 침입형 기구

침입형 기구란 침입형 자리에 위치하는 침입형 원자가 용매 원자들의 위치는 변화시키지 않고 최인접 침입형 자리로 이동하는 기구를 말한다.

그림 1-7 확산 기구

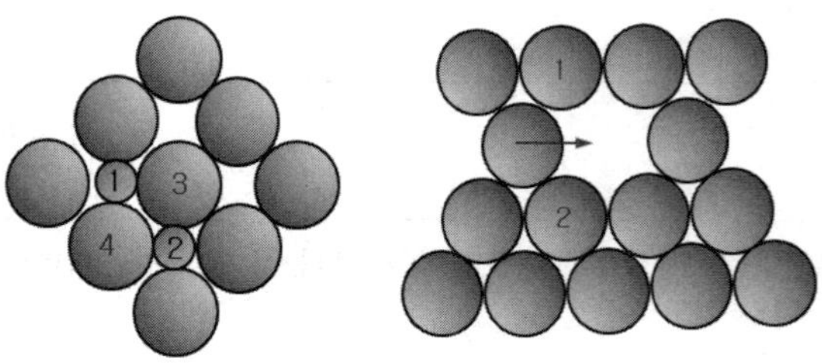

(a) 침입형 확산 (b) 공공형 확산

[그림 1-7 (a)]는 면심입방격자의 (100) 면에 침입형 원자 1이 침입형 자리 2로 이동하기 위해서는 용매 원자인 3과 4가 약간씩 바깥쪽으로 이동해야 된다.

이와 같은 장애물이 극복되는 속도가 결국 침입형 원자의 확산 속도를 결정해주는 것이다.

따라서 침입형 기구에 의해서 확산하려고 하는 원자는 탄소(C)나 질소(N)와 같이 비교적 크기가 작아야 되며, 이 침입형 기구에 의한 확산은 공공 기구에 의한 확산보다 비교적 쉽게 일어난다.

(2) 공공 기구

금속 결정은 절대 온도 0°K(-273℃)에서 완전 결정(결정격자에 완전히 원자가 배열된 상태) 구조로 되어 있다. 그러나 온도가 상승하면 원자가 격자점으로부터 방출되어 비어있는 격자점이 생기게 된다.

이와 같이 원자가 방출되어 비어 있는 격자점을 공공(空孔, vacancy)이라고 한다. 이 공공에 인접한 어떤 원자가 공공으로 점프하여 이동할 때 공공 기구에 의해서 확산하고 있다고 말한다.

[그림 1-7 (b)]는 면심입방격자(FCC) 격자에서 공공에 인접한 원자가 공공으로 점프하여 이동하는 과정을 보여주는 것이다.

그림에서 원자 직경을 0.52라 할 때 1번 원자와 2번 원자 사이의 간격은 0.73이므로 주어진 원자가 그림의 화살표와 같이 인접한 공공으로 이동할 때 요구되는 1번 원자와 2번 원자의 변위는 그다지 크지 않다.

그럼에도 불구하고 공공 기구에 의해서 확산하는 철 원자가 침입형 기구에 의해서 확산하는 탄소 원자에 비해서 훨씬 느리게 확산하는 이유는 탄소 원자 주위에는 침입형 자리가 항상 존재하지만 철원자 주위에 공공이 존재할 확률은 희박하기 때문이다.

4) 확산의 이용

강의 열처리는 상변태를 일으키는 조작 방법이고, 강의 상변태는 마텐사이트 변태와 같은 무확산 변태(無擴散 變態)를 제외하고는 다른 확산을 동반하는 확산 변태를 한다.

침탄(浸炭)이나 질화(窒化)는 확산 현상을 직접 이용하는 방법으로 그 중요성은 매우 크다.

이외에도 결정립 성장, 석출(시효), 확산 풀림(균질화 풀림) 등도 확산과 직접적으로 관련되는 현상이다.

사. 공정, 공석, 금속간 화합물

1) 공정(eutectic)

각각 다른 2개의 성분 금속이 어떠한 조성으로 합금할 때 액체(용해된 상태)에서는 균일한 용액으로 되나 서서히 냉각하여 일정 온도에 도달하면 동시에 두 개의 서로 다른 고용체(α고용체와 β고용체)가 정출되어 기계적으로 혼합된 조직으로 되는 반응을 공정 반응이라 한다.

공정 반응에 의해 생기는 조직을 공정 조직(eutectic structure), 이때의 온도를 공정점이라고 한다.

이러한 현상을 그림으로 나타낸 것을 공정형 상태도라고 한다. 공정 반응은 다음과 같다.

$$\text{공정 반응 : 용액 L} \underset{\text{가열}}{\overset{\text{냉각}}{\rightleftarrows}} \alpha \text{ 고용체} + \beta \text{ 고용체}$$

그림 1-8 공정형 상태도

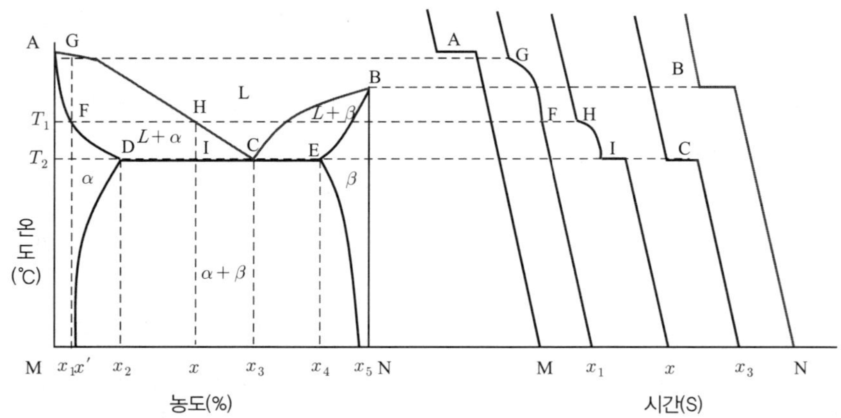

(a) 공정형 상태도 (b) 열분석 곡선

2) 공석

고체 상태에서 2개의 고상 조직이 석출하는 현상을 공석 반응이라고 하며, 이때 얻어진 조직을 공석 조직이라 한다.

철강의 공석점은 0.8(0.85)%C, 723℃ 부분에서 일어나며, 공석 조직은 펄라이트(페라이트와 시멘타이트의 층상 조직)이다.

3) 금속간 화합물(intermetallic compounds)

각 성분 금속간에 친화력이 클 때 두 가지 금속 원소가 간단한 원자비로 화학적으로 결합되어 성분 금속과는 전혀 다른 성질을 가지는 독립된 화합물을 형성한 조직을 말한다.

금속간 화합물의 특징은 비금속성 성질을 가지며 취약하고, 견고하며 보통은 융점이 비교적 높으나, 성분의 융점보다도 낮은 온도에서 분해하는 불안정한 것도 있다.

그림 1-9 금속간 화합물 상태도

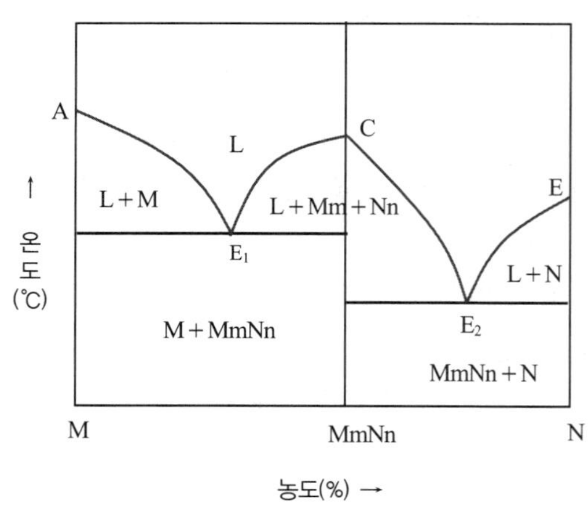

[그림 1-9]는 금속간 화합물형 상태도를 나타낸 것이며, 점 C는 화합물 MmNn을 1개의 성분으로 보면 MmNn을 경계로 2개의 상태도로 나눌 때 왼쪽은 M-MmNn계, 오른쪽은 MmNn-N계로 된 순금속의 공정 상태도로 생각할 수 있다.

금속간 화합물에는 Fe_3C, Ni_3Al 등이 있는데 Fe_3C는 Fe와 C의 원자 비가 3 : 1로 구성되어 있으며, 성분 금속인 Fe과 C와는 전혀 다른 성질을 나타내고 있다.

3 결정체

가. 결정

결정이란 원자가 입체적으로 규칙적인 배열을 하고 있는 것으로, 응고 중에 형성되는데, 금속은 일반적으로 무수히 많은 크고 작은 결정이 모여서 집합체를 이루고 있으며, 이들 집합체를 다결정체(polycrystaline)라고 한다.

금속의 결정은 매우 미시적인 것이므로 육안으로는 볼 수 없고 X-선으로 조사해야만 확인할 수 있다.

나. 결정격자

공간격자라고도 하며, 결정체를 이루고 있는 작은 입자를 결정입자(crystal grain) 또는 입자라 하며, 결정입자와의 경계를 결정 경계, 결정립 내에 원자가 규칙적으로 배열된 격자를 결정격자를 말한다.

다. 단위포(단위격자)

결정격자 중 소수의 원자를 택하여 간단한 기하학적 형태를 만들어 낸 것으로 가장 기본 격자의 형태를 단위포 또는 단위격자라 한다. [그림 1-10 참조]

그림 1-10 공간격자와 단위격자

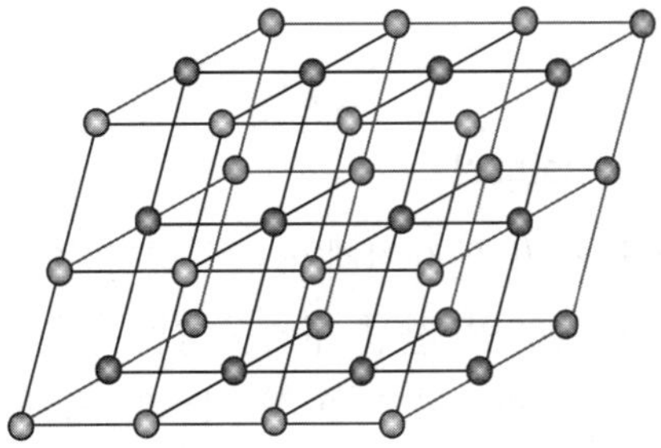

(a) 공간격자

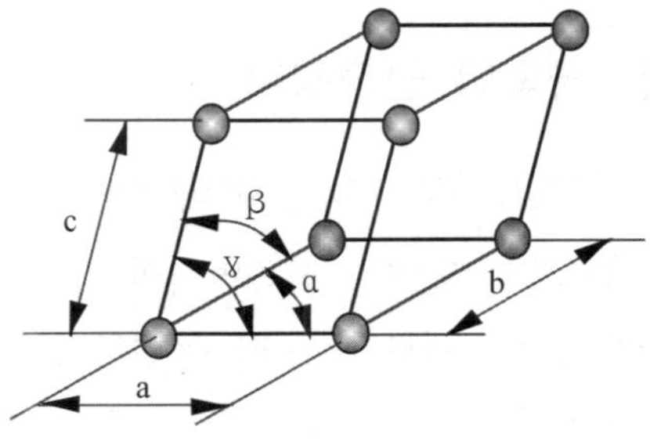

(b) 단위격자

라. 격자 상수

단위포의 한 모서리의 길이나 단위포의 3축 방향의 길이를 격자 상수라 하며, 그 크기는 수 Å(옹그스트롱) 정도이다.

* 1 Å = 10^{-8}cm(1/1억 cm)(금속의 격자 상수 : 2.5 ~ 3.3 Å)

4 순금속의 결정 구조

가. 브라베 격자

광물학에서 7 결정계로 나누고 이를 다시 14 결정격자형으로 세분한 브라베 격자로 구분하고 있다. 결정격자의 원자 배열은 금속의 종류와 온도 및 대칭선에 따라 다르며 성질도 다르다.

금속에서의 대표적인 결정 구조는 체심입방격자, 면심입방격자, 그리고 조밀육방격자가 있다. 7 결정계 14종의 브라베 결정격자는 [표 1-3]과 같다.

표 1-3 결정계의 축 길이와 축각

7 결정계	축 길이	축 각	14 Bravis 격자
입방정계(cubic system)	a=b=c	$\alpha=\beta=\gamma=90°$	단순, 체심, 면심
정방정계(tetragonal system)	a=b≠c	$\alpha=\beta=\gamma=90°$	단순, 체심
사방정계(orthorhombic system)	a≠b≠c	$\alpha=\beta=\gamma=90°$	단순, 체심, 저심, 면심
삼방정계(trigonal system)	a=b=c	$\alpha=\beta=\gamma\neq 90°$	단순 사방 6면체
육방정계(hexagonal system)	a=b≠c	$\alpha=\beta=90°$, $\gamma=120°$	단순
단사정계(monoclinic system)	a≠b≠c	$\alpha=\beta=90°$, $\gamma\neq 120°$	단순, 저심
삼사정계(triclinic system)	a≠b≠c	$\alpha\neq\beta\neq\gamma\neq 90°$	단순

나. 금속의 결정격자

1) 체심입방격자(BCC : body centered cubic lattice)

단위격자의 모양은 정육면체의 각 모서리에 철의 원자 8개가 존재하고 중심에 1개가 존재하며, 가로, 세로, 높이가 동일하며 3 축각이 90°인 결정 구조를 갖는 격자이다.

원자가 점유하고 있는 비율(원자 충진률)은 약 68%이고, 배위수는 8, 격자 내의 총원자수가 2개{(격자점의 원자 1/8×8) + (체심에 있는 원자 1)}이며, 전연성이 적고 용융점이 높으며, 강도가 크다.

BCC 구조의 금속의 종류에는 Mo, W, Cr, V, α철, β철, Na, Li 등이 있다.

2) 면심입방격자(FCC : face centered cubic lattice)

FCC는 정육면체의 각 모서리에 8개의 원자와 각 면의 중심에 1개의 원자가 위치하며, 3축각이 90°인 결정 구조를 갖는 격자이다.

배위수는 12, 격자 내의 총원자수가 4개{(격자점의 원자 1/8×8)+(면심에 있는 원자 1/2×3)}, 원자 충진률은 74%이며, 전연성과 전기 전도도가 크며 소성 가공성이 우수하다.

FCC 구조의 금속의 종류에는 Ni, Cu, Al, Ag, Au, Pb, γ철, Pt 등이 있다.

3) 조밀육방격자(HCP : Hexagonal Close Packed lattice)

6각형 모양의 6각 모서리에 6개의 원자와 그 중심에 1개의 형상을 갖은 면이 상하 같은 구조로 되어 있으며 그 중심에 3각형 모양의 원자 3개가 구성된 결정 구조의 격자이다.

배위수는 12, 귀속 원자 수는 2개이며, 전연성이 불량하여 소성 가공성이 좋지 않고, 접착성도 적다.

HCP 구조의 금속의 종류에는 Mg, Zn, Ti, Cd, Be, Hg 등이 있다.

그림 1-11 결정격자의 종류

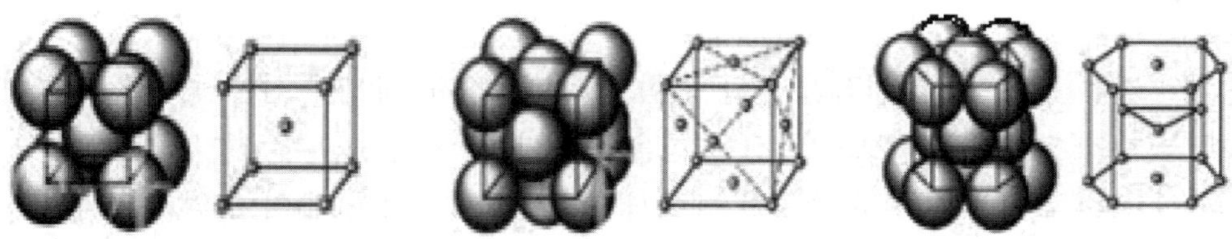

(a) 체심 입방 격자 (b) 면심 입방 격자 (c) 조밀 육방 격자

5 소성 변형과 회복, 재결정

가. 슬립(slip)

금속의 규칙적인 결정과 결정이 탄성 한도 이상의 외력에 의해 결정면을 따라 미끄럼을 갖는 변형을 말한다.

이때 수많은 결정격자면 중 가장 미끄럼이 생기기 쉬운 면과 방향을 슬립 면 및 슬립 방향이라고 한다. [그림 1-12 (a) 참조]

나. 쌍정(twin)

특정의 결정면을 경계로 처음의 결정과 경(거울)면적 대칭의 관계에 있는 원자 배열을 갖는 결정 부분으로, Sn(주석), Sb(안티몬), Bi(비스무트), 오스테나이트계 스테인리스강, 구리, 아연, 마그네슘 등 비철 금속에 많이 형성된다. [그림 1-12 (b) 참조]

그림 1-12 슬립과 쌍정에 의한 소성 변형

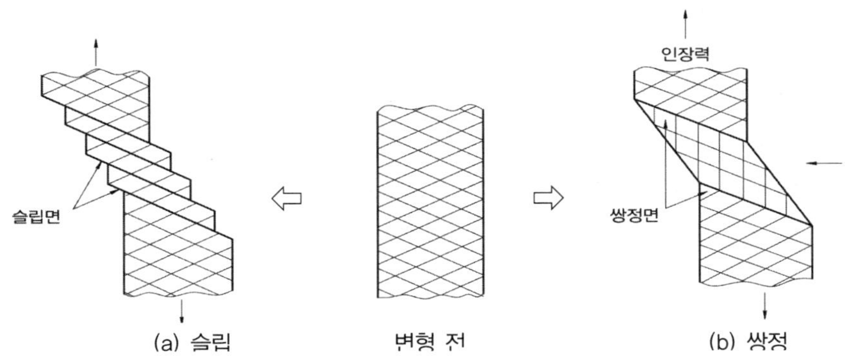

다. 전위

전위는 결정 원자의 1차원적인 격자 결함으로 결정격자 내에서 선을 중심으로 하여 그 주위에 격자의 뒤틀림을 일으키는 선 결함을 말한다.

$1cm^2$의 금속 속에는 적어도 수천만 개에서 수억 개($10^{-7} \sim 10^{-8}$개)의 전위가 존재하며, 대부분의 전위는 원래부터 존재하고 있거나, 공공이나 결정의 경계면에서 생긴다.

실제 모든 결정체는 원자들의 규칙 배열을 부분적으로 혼란시키는 여러 형태로 점, 선, 면 또는 체적 결함을 갖고 있다.

라. 회복, 재결정

1) 회복(recovery)

상온(냉간) 가공에 의하여 가공 경화되고 내부 응력(변형)을 일으킨 결정 입자가 가열에 의하여 그 모양(원자 배열 상태)은 변하지 않고 물리적, 기계적 성질이 변하여 내부 응력이 감소되되는 현상을 회복이라 한다.[그림 1-13 참조]

2) 재결정

재결정이란 냉간 가공한 제품을 회복 구간 이상 가열하면 파괴된 결정에서 새로운 결정이 생성되어 성장하게 되는 현상을 말하며, 재결정이 시작되는 최저 온도를 재결정 온도라고 하나, 가공도나 결정입자의 크기 등에 따라 재결정이 일어나는 양상이 다르므로 실제로는 한 시간에 100% 재결정이 완성되는 온도라는 의미로 쓰이고 있다.

그림 1-13 회복, 재결정 및 결정립의 성장

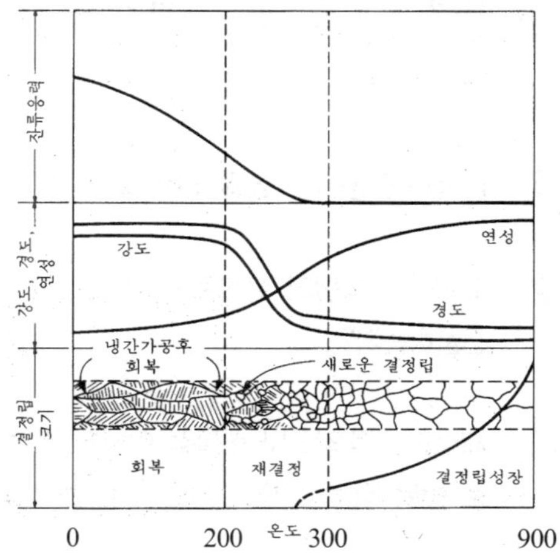

3) 재결정의 생성 과정

재결정 온도 이상이 되면 기계적 성질이 급격히 변화하여 인장강도와 항복 응력은 급격히 감소하는 반면 연신율과 단면 수축율 및 충격값은 급증하게 된다.

이러한 재결정 온도는 금속의 종류, 가공도와 가열시간에 따라 다르다. 즉, 동일 금속이라 해도 그 금속의 순도가 높을수록, 가공도가 클수록, 가공 전의 결정 입자가 미세할수록, 가공 시간이 길수록 재결정 온도는 낮아진다.

각종 금속의 재결정 온도는 [표 1-4]와 같다.

표 1-4 각종 금속의 재결정 온도

금속 원소	재결정 온도(℃)	금속 원소	재결정 온도(℃)
W(텅스텐)	1000	Au(금)	200
Mo(몰리브덴)	900	Ag(은)	200
Ni(니켈)	600	Al(알루미늄)	180
Fe(철)	450	Zn(아연)	18
Pt(백금)	450	Pb(납)	-13
Cu(구리)	200	Sn(주석)	-10

4) 풀림(annealing)

상온 가공한 금속을 어떤 온도 이상으로 가열하면 가공 경화됐던 것이 연화되어 전연성이 증가되며 가공성을 회복하게 되는데 이와 같이 가열에 의하여 정상적인 성질로 회복시키는 열적 조작을 말한다.

실전 심화 학습 문제

{제1절 | 금속 재료 총론}

01 금속의 공통적인 성질(구비 조건) 3가지를 쓰시오.

02 일정한 시험편에 실제로 충격을 가하여 그 시편이 파괴하는데 필요한 에너지로부터 어떤 성질을 산출하는가?

03 재료의 인장강도나 항복점 이하의 안전하중 상태에서도 작은 하중(힘)이 장시간에 걸쳐 연속적으로 반복 작용시키면 결국 파괴하는 성질을 무엇이라 하는가?

04 철(Fe), 구리(Cu), 알루미늄의 비중은 얼마인가?

05 용융점이 가장 낮은 금속은 수은(Hg : −38.4℃)이며, 가장 높은 금속은 텅스텐(W : 3400℃)이다. (○, ×)

06 길이 1cm에 대하여 1℃의 온도차가 있을 때 $1cm^2$의 단면적을 통하여 1초간에 전해지는 열 률을 무엇이라 하는가?

07 다음 금속을 전기 전도율이 큰 것부터 차례로 배열하시오.

Fe, Cu, Au, Al, Mg Ag

08 결정의 형성 과정을 순서대로 쓰시오.

09 결정립의 대소는 성장 속도 G에 비례하고 핵 발생 속도 N에 반비례한다. (○, ×)

10 용융 금속이 응고할 때 최초에 생긴 핵으로부터 다면체의 형상으로 성장하여 나뭇가지 모양으로 발달한 결정을 무엇이라 하는가?

11 금속이 응고시 불순물 등이 어느 한곳에 모여 형성된 조직을 무엇이라 하는가?

12 고용체의 종류 2가지를 쓰시오.

13 마텐사이트 변태와 같은 무확산 변태를 제외한 대부분의 열처리는 무슨 변태를 이용하는가?

14 고체 상태에서 2개의 고상 조직이 석출하는 현상을 무슨 반응이라 하는가?

15 각 성분 금속간에 친화력이 클 때 두 가지 금속 원소가 간단한 원자비로 화학적으로 결합되어 성분 금속과는 전혀 다른 성질을 가지는 독립된 화합물을 형성한 조직을 무엇이라 하는가?

16 단위포의 한 모서리의 길이나 단위포의 3축 방향의 길이를 무엇이라 하는가?

17 금속에서의 대표적인 결정 구조 2가지를 쓰시오.

18 정육면체의 각 모서리에 8개의 원자와 각 면의 중심에 1개의 원자가 위치하며, 3 축각이 90° 인 결정 구조를 갖는 격자를 무엇이라 하는가?

19 상온 가공에 의하여 내부 응력(변형)을 일으킨 결정 입자가 가열에 의하여 그 모양은 변하지 않고 내부 응력이 감소되어 가는 과정을 무엇이라 하는가?

20 상온 가공한 금속을 회복 구간 이상 가열하면 파괴된 결정에서 새로운 결정이 생성되는데 이것을 무엇이라 하는가?

해답

1. 318p [가] 참조
2. 인성
3. 피로
4. 7.89, 8.9, 2.67
5. ○
6. 열전도율
7. 321p [다] 4) 참조
8. 핵 발생 - 성장 - 결정 경계 형성
9. ○
10. 수지상 조직
11. 편석
12. 326p [마] 2) 참조
13. 확산 변태
14. 공석 반응
15. 금속간 화합물
16. 격자 상수
17. 332p [가] 참조
18. 면심입방격자(FCC)
19. 회복
20. 재결정

제2절 | 철강 재료

1 강괴의 종류

제강로에서 얻어진 용강을 금속 주형이나 사형 주형에 주입하여 덩어리로 만든 것으로, 그 모양은 4각, 6각, 8각 등의 기둥과 같으며, 탈산 정도에 따라 다음과 같다.

가. 킬드강(killed steel)

로 내에서 페로 실리콘(Fe-Si), 알루미늄 등의 강한 탈산제로 충분히 탈산한 강으로, 기포나 편석은 없으나 상부에 수축관이 생기므로 10~20% 손실이 생긴다. 고급강에 쓰인다.

나. 세미 킬드강(semi killed steel)

킬드강과 림드강의 중간 정도 탈산한 강으로 중급 강재의 제조에 사용된다.

다. 림드강(rimmed steel)

제강 중 Fe-Mn으로 탈산을 불충분하게 했거나 거의 탈산 처리를 하지 않은 강으로, 0.3% 이하 탄소강, 일반 강재, 용접봉의 제조에 쓰인다.

그림 2-1 강괴의 종류

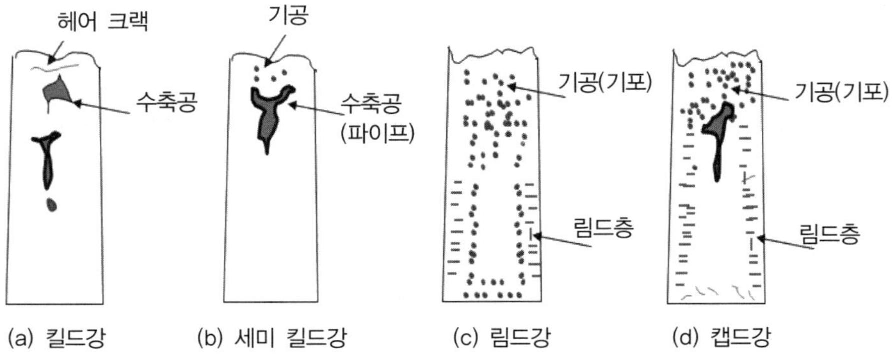

라. 캡드강

페로 망간(Fe-Mn)을 첨가하여 가볍게 탈산한 용강을 주형에 주입한 후 다시 탈산제를 투입하거나 주형의 덮개를 덮고 비등 교반 운동을 하여 조용히 응고시킨 것으로, 내부 결함은 적으나 표면 결함이 많아 박판, 스트립, 주석 철판 및 형강 등에 사용된다.

2 철강의 분류

가. 순철(pure iron)

순철은 상온에서 0.012% 이하의 탄소를 함유한 철이며, 상온에서 전연성이 풍부하고 단접성, 용접성이 좋다.

인장 강도 18～25kgf/mm^2(176~245MPa), 브리넬 경도(HB) 60～65, 연신률 40～50% 정도로 강도가 낮아서 기계 재료에는 부적당하나, 투자율이 높아 변압기 철심, 발전기용 박철판, 전ㆍ자기 재료에 쓰이며, 열처리가 안된다.

순철은 비중 7.89, 용융점 1538℃, 강자성체이나 768℃(A_2 변태점)에서 자기 변태하며, 고온에서 산화 작용이 심하고, 해수, 산, 화학 약품에 약하나 알칼리에는 영향이 적다.

나. 탄소강

1) 경연의 정도에 따른 탄소강의 분류와 용도

철에 탄소가 0.02～2.01(1.7)% 함유된 것을 강(steel)이라 하며 탄소가 함유됨에 따라 경도가 상승하므로 다음과 같이 분류하고 있다.

표 2-1 경연의 정도에 따른 탄소강의 분류와 용도

C%에 따라	경, 연	탄소 %	용도
저탄소강	극연강	0.12%C 이하	아연판, 함석판, 리벳, 강관
	연 강	0.20%C 이하	일반 구조용, 보통 강재, 리벳, 철골
	반연강	0.30%C 이하	고력 축, 못, 강판, 보일러 배관재
중탄소강	반경강	0.40%C 이하	차축, 볼트, 스프링, 기계 재료
	경 강	0.50%C 이하	축류, 실린더, 철도레일, 스프링
고탄소강	최경강	0.5～0.8%C	외륜, 침, 스프링, 나사
탄소 공구강	탄소 공구강	0.8~1.6%C 이하	공구재료, 스프링, 줄, 게이지, 칼

2) 탄소 함유량에 따른 분류

① 저탄소강 : 0.3%C 이하 함유한 것으로. 용접성이 양호하나, 열처리가 불량하다. 용접 구조용에 주로 사용된다.
② 중탄소강 : 0.3 ~ 0.5%C의 강이고, 기계 구조용으로 사용하며 열처리 가능하다.
③ 고탄소강 : 0.5 ~ 0.8%C의 강으로, 기계 구조용으로 사용된다.
④ 탄소 공구강 : 0.5 ~ 1.6%C 함유한 강으로, 줄, 칼 등의 제조에 사용한다.

다. 합금(특수)강

1) 구조용

기계 구조물이나 부품 제조에 사용되며, 강인강, 침탄강, 질화강, 스프링강 등이 있다.

2) 공구용

공작 기계의 공구 등에 사용되며, 합금 공구강, 고속도강, 소결 합금, 스텔라이트, 세라믹 등이 있다.

3) 특수 목적(용도)용

특수한 용도에 사용되는 것으로 베어링강, 자석강, 스테인리스강, 내열강, 규소강, 쾌삭강 등이 있다.

라. 주철(cast iron)

1.7(2.01) ~ 6.67%C의 철이며, 보통 4.5C 이하의 것이 쓰이고 있다.

종류는 보통 주철, 고급 주철, 합금 주철, 특수 주철 등이 있으며, 공정 조직에 따라 4.3%C 이하인 아공정 주철, 4.3%C의 공정 주철, 4.3%C 이상의 과공정 주철이 있다.

3 금속의 상률과 변태

가. 상률과 자유도

1) 상률(相律)

① 기체, 액체, 고체는 하나의 상태이며, 기체는 몇 개의 물질이 존재해도 거의 균일하게

분산되어 있으므로 1상으로 취급하며, 용액도 균일하면 1상이다.

② 상과 성분과의 관계 : 예를 들면 얼음, 물, 수증기가 공존하면 성분은 물(H_2O) 1성분이지만 상은 3상이 된다.

2) 자유도

① 불균일계의 평형 상태를 결정하는 상태량은 압력, 온도, 성분의 농도이며, 불균일계의 상태가 안정한 상태에 있을 때 서로 다른 상들이 평형 상태도에 있다고 한다.

② 상률은 계 중에 상이 평형을 유지하기 위한 자유도를 규정하는 법칙으로, 성분수를 n, 상의 수를 P라 하면 자유도 F는 다음과 같다.

압력이 일정한 금속의 자유도 $F = n + 1 - P$, 일반 물질의 자유도 $F = n + 2 - P$

나. 금속의 변태

1) 변태

물이 기체, 액체, 고체로 변하는 것과 같이 금속이 온도에 따라 결정격자의 모양이나, 조직, 성질이 변하는 상태를 말한다.

2) 동소 변태(격자 변태)

같은 원소가 고체 상태에서의 원자 배열의 변화, 즉, 고체 상태에서 서로 다른 공간격자 구조를 갖는 변태이다.

동소 변태는 결정 구조의 변화를 일으키므로, 변태할 때 급격히 팽창 또는 수축을 한다.

3) 순철의 동소(격자) 변태의 종류

① A_3 변태 : 순철의 동소 변태점은 910℃이며, 이 변태점을 경계로 α철 $\rightleftarrows$ γ철로 변하는 변태이다. 순철인 α철을 가열하면 서서히 팽창하다가 910℃ 부근에서 갑자기 수축하여 γ철로 변태한다. 즉 BCC에서 FCC로 되면서 크게 수축한다.

② A_4 변태 : 변태점은 1410℃이며, 이 변태점을 경계로 γ철 $\rightleftarrows$ δ철로 변하는 변태이다. A_4 변태점에서 가열되면 γ철의 면심 입방 격자에서 δ철의 체심 입방 격자가 되면서 팽창한다.

반대로 냉각하면 위의 과정이 반대의 변화가 일어므로 수축한다.

4) 자기 변태

① 순철의 자기 변태점 : 원자의 배열이나 격자의 배열의 변화는 없고 자기적 성질만 변화를 가져오는 변태를 말한다. 순철의 자기 변태점은 768℃(A_2)이며, 큐리 포인트(Curie point)라고도 한다.

② 강자성체 금속의 자기 변태점 : Fe(768℃), Ni(358℃), Co(1160℃)

5) 열전대의 종류와 최고 사용 온도

① B型 열전대(백금-로듐 : Pt · 30%, Rh/Pt · 6%Rh) : 측정 범위가 0~1700℃, 로듐 함량이 많아서 용융점 및 강도가 높아 1600℃까지의 산화 및 중성 분위기에서 장시간 사용할 수 있고, 정밀 측정 및 고온 하에 내구성을 요하는 장소에 적합하다.

그림 2-2 열전대의 형상

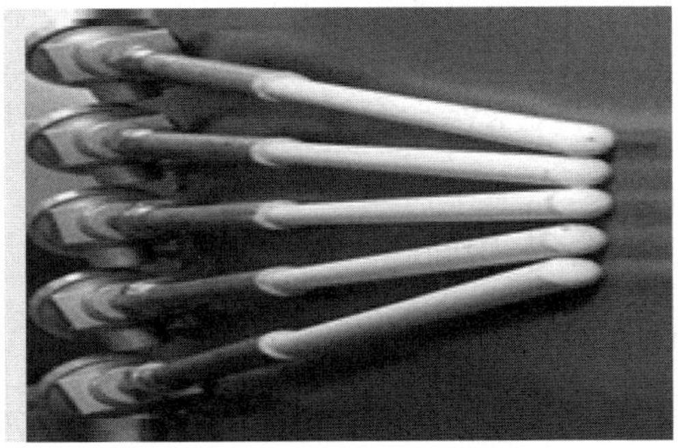

② R型 열전대(백금 로듐-백금 : Pt · 13%, Rh/Pt) : 측정 범위가 0~1600℃, 1400℃에서. 간헐적으로 1600℃까지 산화 및 비활성 분위기에서 연속 사용할 수 있으나, 진공, 환원 또는 금속 증기 분위기 내에서는 사용할 수 없다.

③ S型 열전대(백금 로듐-백금 : Pt · 10%, Rh/Pt) : 측정 범위 0~1600℃, IPTS(국제 실용 온도 눈금)에 의해 정의된 630.74℃의 안티몬으로부터 1064.43℃의 금(Au) 범위까지 표준 열전대로 널리 사용된다.

④ K(구 : CA)型 열전대(크로멜 : 알루멜) : 1260℃까지 산화 및 비활성 분위기 내에서 사용할 수 있으며, 환원, 산화와 환원이 교차, 황화 또는 "Green-rot" 부식성 분위기에서는 사용할 수 없다.

⑤ E(구 : CRC)型 열전대(크로멜 : 콘스탄탄) : -200~900℃까지 측정 가능하며, 산업용 열전대 중 기전력 특성이 가장 높아 대단위 화력 및 원자력 발전소에서 폭넓게 사용되고 있다. 750℃까지 지속적으로 사용할 수 있다.

⑥ J(구 : IC)型 열전대(철 : 콘스탄탄) : 0~750℃ 범위까지 측정, E형 열전대 다음으로 기전력 특성이 높고, 750℃까지의 환원, 비활성, 산화 또는 진공 분위기에 적합하며, 가격이 저렴하여 다양한 곳에서 사용되고 있다.

⑦ T(구 : CC)型 열전대(구리 : 콘스탄탄) : -200~350℃까지 측정, 습한 분위기에서 부식

에 강하며, 400℃까지 진공 및 산화, 환원 또는 비활성 분위기에서 사용할 수 있다.

⑧ N型 열전대(니크로실) : 1250℃의 높은 온도 범위에서 사용할 때 K형 열전대 보다 장시간 안정되고 산화에 저항력이 크며, K형과 비교하여 기전력 표류의 비율이 1000℃ 이상의 온도 범위에서 절반 또는 1/3로 낮으므로 1000℃에서 1200℃의 지속적인 산화 분위기에서 사용하는데 적합하다.

4 Fe-C계 평형 상태도

철과 탄소가 온도와 성분에 따라 일어나는 변화 관계를 그림으로 나타낸 것이 Fe-C 상태도이며, 철강의 종류와 특성을 이해하는데 매우 중요한 자료이다.

순철이 1530℃ 이상에서 액체로 존재하다가 냉각하면 각 온도에 따라 응고하면서 여러 가지 변태가 일어난다. 이 때 탄소 C가 함유되면 함유 %에 따라 변태점 등이 낮아지거나 조직 변화 등 각종 특성 변화가 일어나게 됨을 알 수 있다.

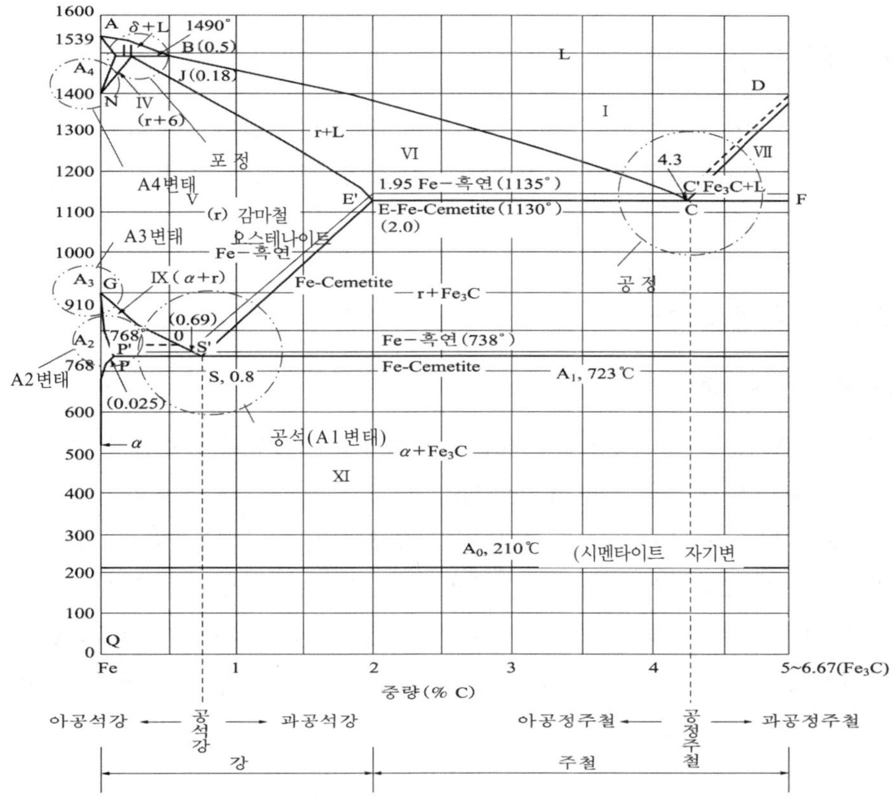

A	순철의 응고점(1539℃)	G	순철의 A_3변태점(910℃ $[\alpha] \rightleftarrows [r]$)
AB	δ 고용체에 대한 액상선	GOS	α 고용체의 초석선
AH	δ 고용체에 대한 고상선	GP	C0.025% 이하의 순철에서 α 고용체로부터 석출하는 온도
BC	r 고용체에 대한 고상선	M	순철의 A_2 변태점
HJB	포정선(1490℃)	MO	강의 A_2 변태선(768℃)
N	순철의 A_4 변태점(1400℃)	S	공석점(723℃, 약 0.8%C) pearlite 공석점 ($[\alpha] \rightleftarrows [r] + [Fe_3C]$)
P	α고용체의 탄소포화점(0.02%C)	E	r고용체의 C의 포화량(2.0%)
C	Fe-C계의 공정점 탄소량 (1130℃, 4.3%C)	PSK	A_1 변태선(공석선)
ECF	공정선 C가 2.01%~6.67%)	PQ	α고용체의 탄소용해도 곡선
ES ~ Fe_3C	Fe_3C의 초석선(Acm선) r고용체에서 Fe_3C가 석출하는 온도	Fe_3C	6.67%C를 함유하는 백색 침상의 금속간 화합물

5 탄소강

가. 탄소강의 특성

탄소강은 대량 생산이 가능하고, 가격이 저렴하며, 기계적 성질이 우수하며, 상온 및 고온에서 가공성이 우수하여 소성 가공이 용이하고, 탄소 함유량에 의해 현저한 성질 변화가 있으며 열처리가 용이하다.

나. 탄소강의 기본 조직

1) 오스테나이트(austenite)

오스테나이트는 A_1점(723℃) 이상에서 안정된 조직으로 비자성체이며 전기 저항이 크다. 탄소강의 경우 상온에서는 거의 생성이 안된다.

철의 경우 r철에 탄소가 1148℃에서 최대 1.7(2.1)%C까지 고용되어 있는 고용체 조직으로 면심입방격자이며, 723℃에서 0.8%C로 페라이트보다 탄소 고용도가 매우 크다.

오스테나이트의 침입형 자리의 최대 반경은 0.51Å로서 탄소 원자 반경(0.77Å)보다 작으므로 격자 변형은 일으키지만 변형의 정도가 페라이트보다 작다. 이것이 페라이트보다 탄소 고용도가 크게 되는 이유이다.

2) α 페라이트(ferrite)

지철이라고도 하며, α철에 탄소를 미량(0.012%) 함유한 α 고용체로, 거의 순철에 가까운 체심입방격자의 백색 조직이며, 강자성체이다.

인장 강도가 294~343MPa(30 ~ 35kgf/mm^2), 연신률 40%, 브리넬 경도(HB) 80 ~ 90 정도로 매우 연하며,

페라이트의 최대 탄소 고용도는 723℃에서 0.02%로 매우 적으며, 0℃에서 약 0.008% 정도이다.

페라이트의 침입형 자리의 최대 반경(0.35Å)이 탄소의 원자 반경(0.77Å)보다 매우 적어서 탄소가 들어가게 되면 각변형을 일으키게 된다.

3) δ 페라이트

δ철에 탄소가 고용된 고용체로 α철과 같은 결정 구조이나 격자 상수가 다르며, 1495℃에서 0.1% 탄소를 고용한다.

4) 펄라이트(pearlite)

이 조직은 공석점(723℃, 0.85%C)에서 오스테나이트가 페라이트와 시멘타이트의 층상으로 변태한 것으로, 현미경 상에 검게 보이나 더욱 확대해보면 펄라이트 결정 경계에 흰색의 침상 조직인 시멘타이트가 석출되어 있다.

이 조직은 경도(HB 80 ~ 200)와 인장 강도가 페라이트보다 높고, 인성과 연성이 풍부한 강인한 조직이다.

펄라이트 생성 과정은 다음과 같다. [그림 2-3 참조]

γ고용체 결정 경계에서 시멘타이트 핵 생성 - 시멘타이트 핵 성장 - 시멘타이트 핵 주위에 α고용체 생성 - α고용체가 생긴 입자에 시멘타이트가 생성

그림 2-3 펄라이트의 핵 생성과 성장 과정

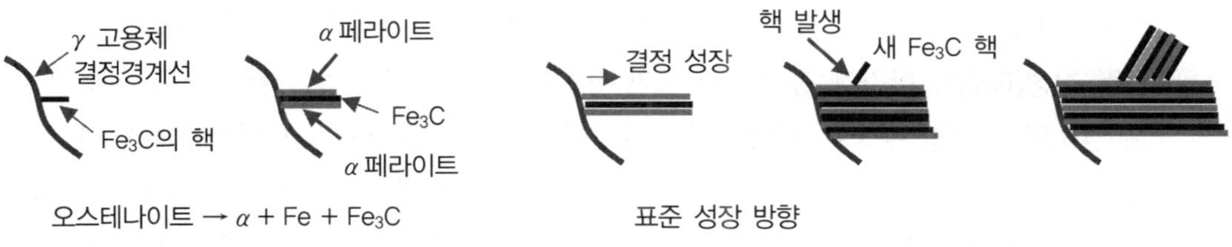

5) 시멘타이트(cementite)

Fe_3C로 나타내며, 6.67%의 C와 Fe의 금속간 화합물로써 백색의 침상 조직이며, 매우 경취한(메진) 조직이다. 인장 강도 3.5kgf/mm^2 이하, 연신률 0, 브리넬 경도가 800으로 매우 높아 조직으로는 실용할 수 없다. 210℃(A_0 변태점) 이하에서 강자성체이다. [표 2-2]는 강의 표준 조직의 기계적 성질을, [그림 2-5]는 과공석강의 조직의 형태를 나타낸 것이다.

표 2-2 강의 표준 조직의 기계적 성질

기계적 성질 / 조직 종류	인장 강도 MPa (kgf/mm^2)	연신률 (%)	브리넬 경도 (HB)	특성
페라이트(ferrite)	294～343 (30～35)	40	80～90	순철의 α고용체(체심 입방 격자) 조직, 매우 연하며 강자성체이다.
펄라이트(pearlite)	882～980 (90～100)	10～15	200	매우 강인한 조직, 공석강의 조직, 검게 보이나 펄라이트 결정 경계에 흰색의 침상 조직인 시멘타이트가 석출되어 있다.
시멘타이트(cementite)	34 이하 (3.5 이하)	0	800	백색의 침상 조직이며, 매우 경취한 조직, 210℃ 이하에서 강자성체 금속간 화합물(Fe_3C)이다.

다. 탄소강의 성질

1) 물리, 화학적 성질

탄소량 증가에 따라 비중, 용융점, 열팽창계수, 열전도도는 감소하나, 비열, 전기 저항, 항자력은 증가하며, 내식성은 탄소량이 증가할수록 감소하나, 소량의 Cu를 첨가하면 급증한다.

2) 기계적 성질

① **저온 취성(메짐)** : 강의 온도가 실온보다 낮아지면 인장 강도, 탄성 계수, 항복점 등은 증가하나 연신률, 단면 수축률, 충격치 등은 감소하고 취성이 많아지며 어떤 한계의 온도(천이온도)에서는 급격히 감소하여 -70℃ 부근에서 충격치가 0에 가깝게 된다.

② **청열 취성(메짐)** : 탄소강 등에서 온도의 상승에 따라 탄성 계수, 탄성 한계, 항복점 등은 감소하나 인장 강도는 상승하여 200～300℃에서 최대가 되고 연신률과 단면 수축률은 감소하며 인장 강도가 최대가 되는 점에서 충격치가 최저값을 나타내며 취약해지게 된다. 이때 철강이 200～300℃에서 푸른색을 띄게 되므로 청열 취성이라 한다.

③ **적열(고온) 취성(메짐)** : 강 중에 황은 Mn과 결합하여 MnS를 만드나 과다 함유시

FeS의 형성 등 철과 공정을 만들며, 입계에 망상으로 분포된 상태의 유황은 0.02%만 있어도 인장력, 연신률, 충격치가 급감하며 또한 FeS는 융점이 낮으므로(1,193℃) 고온(980℃ 이상)에서 약하고 가공할 때 파괴의 원인이 되는 현상이다.

3) 인장 강도 계산(0.8%C 이하의 아공석강에 적용됨)

① $\sigma_b = 20 + 100 \times C$(탄소량)kgf/mm^2

② 브리넬 경도(HB) = $2.8 \times \sigma_b$

예제 0.2%C 탄소강의 인장 강도, 브리넬 경도는?

➡ $\sigma_b = 20 + 100 \times 0.2 = 20 + \dfrac{100 \times 0.2}{20} = 40$[kgf/mm^2], HB = 2.8 × 40 = 112

그림 2-4 탄소강의 기계적 성질

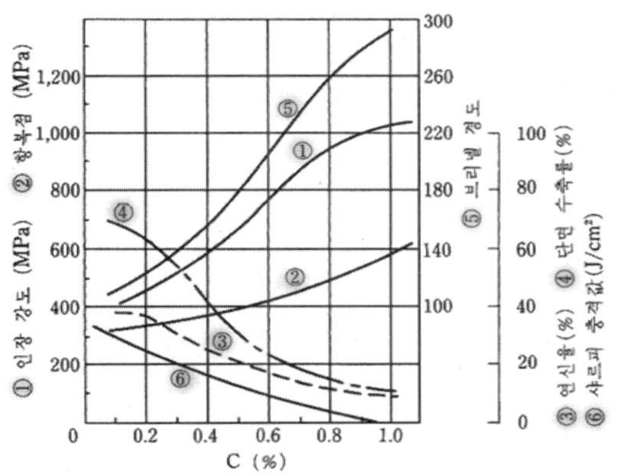

그림 2-5 과공석강 현미경 조직

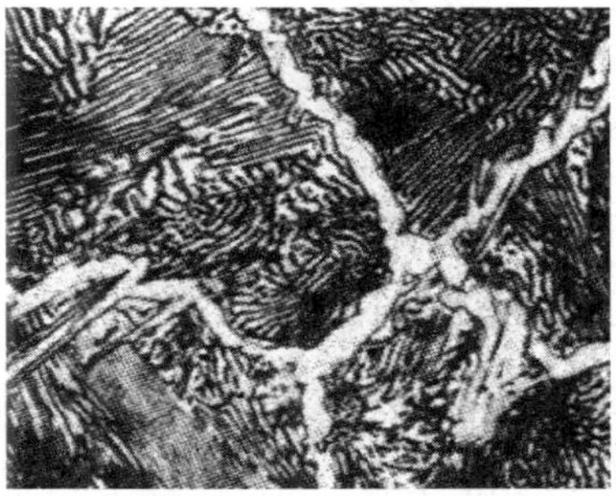

과공석강(1.4% C)
희고 가는 경계 : 시멘타이트
바탕 조직 : 펄라이트

라. 탄소강의 종류와 특성

1) 구조용 탄소강

0.05~0.6%C 범위로 현재 공업용의 대부분을 차지하며 전로, 평로 제강에 의한 림드강이 많이 쓰인다. 구조용 탄소강은 건축, 교량, 선박, 철도, 차량, 기타 구조물에 쓰이는 판, 봉, 관, 형강 등의 제조에 쓰인다.

2) 판용강

판용강은 두께에 따라 박판(1mm 이하), 중판(1 ~ 6mm), 후판(6mm 두께 이상)으로 분류한다.

3) 선재강

① 연강선재 : 0.06 ~ 0.25%C, 인장 강도가 35 ~ 70kgf/mm^2(343~686MPa) 정도의 연성이 좋은 강으로, 전신선, 리벳, 못, 나사류에 쓰인다.

② 경강선재 : 0.25 ~ 0.8%C 함유한 강으로, 나사, 와이어 로프, 스프링 등의 제조에 쓰인다.

③ 피아노선재 : 0.55 ~ 0.95%C 정도의 매우 강인한 강선으로, 인발 중에 열처리하여 소르바이트 조직으로 만든 것(Patenting 처리)이다. 파텐팅이란 강을 A_1 변태점 이상 가열하여 400 ~ 550℃에서 열욕 또는 수증기 중에 담금질하는 처리이다.

4) 탄소 공구강(STC)

0.6 ~ 1.5%C의 강으로, 200℃ 이상에서 경도 저하가 크다. 줄강, 다이스, 톱강 등 일반 공구에 쓰인다. 공구강은 경도와 강도가 크고, 고온에서도 경도가 유지되며, 가공이 용이하고, 내마멸성 및 강인성이 있으며, 열처리가 쉽고, 가격이 저렴한 것이 요구된다.

5) 표면 경화용 강

금속 재료 내부의 강인성과 표면에 경도가 큰 재료가 요구될 때 저탄소강에 Cr, Ni, Mo, W, V 및 Mn 등을 첨가하여 침탄, 질화 및 고주파 경화 등의 열처리에 의해 표면을 경화시킬 때 사용하는 강을 말한다.

① 침탄용 강 : 0.2%C 이하의 저탄소강에 기계적 성질을 향상시키기 위해 Ni, Cr, Mo, W, V 등을 첨가한 강재의 표면에 탄소를 침투시켜 열처리한 강으로 표면의 내마모성과 내부의 유연성을 얻을 수 있는 강이다.
Ni을 첨가하면 고온에서 장시간 가열하여도 결정립의 조대화가 적기 때문에 조직 개선을 위한 1차 담금질을 생략할 수 있다.

② 질화용 강 : Al, Ni, Cr, Ti, V 등의 원소 중에서 2가지 이상의 성분을 함유한 강재의 표면에 NH_3(암모니아)를 사용하거나 질소를 사용하여 질화시켜 표면 경도를 높일 수 있는 강이다.
첨가 원소 중 Al은 질화층의 경도를 높여주고, Cr은 질화층을 두껍게 하며, Mo, W 및 V 등은 기계적 성질을 개선시켜 준다.

③ **고주파 경화용 강** : 고주파 경화용 강은 탄소가 0.3 ~ 0.5% 함유된 탄소강에 Cr, Mo 등을 첨가한 강으로, 고주파 열에 의한 열처리로 표면을 경화할 수 있는 강이다.
고주파 경화용 강에서 내부의 인성과 높은 강도가 요구될 때에는 저합금강이 사용되며, 단순히 경도만을 높일 경우는 탄소강이 적당하다.

6 특수(합금)강

특수강은 탄소강에 특수 원소인 Ni, Cr, Mn, Si, Co, V 등의 원소를 하나 이상 첨가하여 강의 기계적 성질이나 물리, 화학적 성질 등 특정 성질을 개선시킨 강이다.

가. 특수강의 분류

1) 용도에 따른 합금강의 분류

표 2-3 용도에 따른 합금강의 분류

분 류	종 류	용도
구조용 특수강	강 인 강	기계 부품, 캠, 단조품, 기어, 볼트, 너트, 키, 커넥팅 로드 등
	표면경화강	축, 기어, 핀, 피스톤, 크랭크축, 스프라인 축 등
공구용 특수강	합금공구강	드릴, 절삭 공구, 게이지, 프레스 금형, 줄, 정, 띠톱, 펀치 등
	고속도 강	고속 절삭 공구, 드릴, 강력 바이트 및 절삭용 각종 공구 등
	다이스 강	프레스 금형, 다이케스팅 금형, 게이지, 다이스, 펀치 등
특수 목적용 특수강	게이지 강	블록 게이지, 와이어 게이지, 정밀 기계 등
	내 식 강	의료 기구, 항공기 부품, 파이프, 밸브, 칼, 식기, 펌프 등
	내 열 강	내연기관의 밸브, 가열로 부품, 터빈 날개, 고온 고압 용기 등
	베어링 강	볼 베어링, 롤러 베어링의 볼, 내륜, 외륜 등
	스프링 강	겹판 스프링, 코일 스프링, 스파이럴 스프링 등
	쾌 삭 강	정밀나사, 볼트, 너트, 기어, 축 등
	내마멸 강	점화 장치, 전력 계기, 자석 등
	불 변 강	라이너, 크로스 레일, 임펠러 플레이트, 시계추 등
	규 소 강	발전기, 전동기의 철심, 변압기의 철심 등

2) 합금 원소 함유량에 따른 분류

① **저합금강** : 탄소강에 합금 원소의 첨가량이 10% 미만인 것으로 강도를 크게 요하지

않는 기계 부품, 표면 경화재 등에 사용한다.

② 고합금강 : 함금 원소의 첨가량이 10% 이상인 것으로 내식, 내마모 등 특수 목적 재료로 사용한다.

나. 구조용 특수강

구조용 특수강은 구조용 탄소강보다 기계적 성질이 우수하고 큰 강도가 요구되는 주요 기계 부품이나 단조품, 기어 볼트, 너트, 키 등 각종 구조물을 제작하는데 사용되는 강재로서, 인장 강도와 탄성 한도, 연신률, 충격값, 피로 한도 등 기계적 성질이 우수하다.

1) 강인강

(1) 니켈(Ni)강

탄소강에 니켈(Ni)을 첨가하여 열처리성, 내마멸성, 내식성을 향상시킨 강이다. Ni강은 적절하게 열처리하면 인성이 탄소강의 5~6배 증가되며 내식성, 내마멸성도 개선된다.

Ni강은 주로 자동차용, 교량용으로 이용되며, 침탄한 것은 기어, 차축, 크랭크축, 강력 볼트, 터빈 날개 등에 이용된다.

(2) Ni-Cr강(SNC)

Ni강에 경도, 강도 및 인성을 높이기 위해 Cr을 첨가하여 만든 것으로 강인성이 우수하고 연신률 및 단면 수축률을 크게 감소시키지 않으면서 강도가 큰 특성이 있으며, 내마멸성과 내식성이 우수하고, 고온에서 장시간 가열하여도 결정립이 조대하지 않으나, 열전도성이 나쁘기 때문에 서서히 가열해야 한다.

(3) 크롬(Cr)강

Fe_3C 중에 Cr이 녹아 들어가 (Fe+Cr)3C를 형성함으로서 결정립의 미세화로 인장 강도, 항복점이 향상되고, 공랭해도 자경성이 있어 경도를 증가시켜 내마멸성을 증가시킨 강이다.

저탄소강에 Cr을 12% 이상 첨가하면 내열성, 내식성이 크게 증가하고 담금질 효과도 좋으므로 내연 기관의 실린더 라이너용, 기어, 축, 기계 부품 등에 널리 이용된다.

(4) Ni-Cr-Mo강(SNCM)

Ni-Cr-Mo0.3%의 강으로, 강인성이 크고, 질량 효과를 감소시켜 담금질성이 좋아지며, 뜨임 메짐을 방지할 수 있는 강이다.

Mo은 고온점성이 좋으므로 단조, 압연이 쉽고 스케일 분리가 잘 되므로 표면이 매끈해진다.

이 강은 고급 내연 기관의 크랭크 축, 강력 볼트, 기어 등의 중요 기계 부품에 사용된다.

(5) Cr−Mo강(SCM)

Ni-Cr강에서 Ni 대신에 소량의 Mo를 첨가하여 인장 강도, 충격 저항이 큰 펄라이트강을 얻은 것으로, Ni-Cr강과 열처리 효과나 기계적 성질에 큰 차이가 없으며, 경화능이 크고 뜨임 메짐도 적으며, 용접성도 우수하다.

Ni-Cr강 대용품으로 사용되거나, 각종 축류, 기어, 강력볼트, 암(arm), 레버 등에 사용된다.

(6) Mn−Cr강

Ni-Cr강의 Ni 대신 Mn으로 치환시킨 것으로 Ni-Cr강에 비하여 질량 효과가 크며, 인성이 크고, 강도는 다소 감소되지만 가격이 저렴하여 많이 이용된다.

(7) 마르에이징강(maraging steel)

저탄소강은 탄소 함유량이 낮아 담금질을 할 수 없다. 따라서 저탄소강을 850℃에서 1시간 유지하여 용체화한 후 수냉 또는 공랭시킨 후 480℃ 부근에서 3시간 정도 시효 처리하면 시효 경화에 의하여 강도와 경도가 급격하게 상승하게 된다.

이와 같이 마텐사이트와 시효 경화(age hardening)의 조합으로 이루어진 강을 마르에이징강이라 한다.

마르에이징강은 항복 강도에 따라 1960MPa(200kgf/mm^2), 2450MPa(250kgf/mm^2), 2940MPa(300kgf/mm^2)의 초고장력 구조용강으로 간주하고 있다.

이 강은 스프링, 베어링, 금형용 펀치와 다이 등에 사용된다.

(8) 초강인강

Ni-Cr-Mo계에 Mn, Si, V(바나듐) 등을 첨가하여 인장 강도를 1470~1960MPa(150~200kgf/mm^2)로 높인 강으로, 중량이 가볍고 인성이 매우 커서 로켓, 미사일 등의 제조에 사용되는 강이다.

(9) 저망간강(고장력강)

1~2% Mn을 함유한 것으로, 일명 하이텐(high tensile steel : HT), 듀콜강, 펄라이트 망간강이라고도 부른다.

Mn-V-Ti계, Ni-Cr-Mo계도 쓰이며, 주로 철탑, 기중기, 고압용기 등의 구조재로 쓰인다.

(10) 고망간강

10~14% Mn을 함유한 것으로, 일명 오스테나이트 망간강, 하드 필드강, 수인강이라고도 부른다. 내마멸성이 커서 기차 레일 교차점, 광산 기계, 칠 롤러 제작 등에 쓰인다.

2) 고장력강

일반 탄소강에서는 강도, 경도를 높이기 위해 탄소량을 높이게 되나 너무 높으면 인성이 저하되어 선박, 교량, 건축물 등을 용접할 때 열영향부가 현저히 경취하여 제작이 어렵게 되므로 미량의 합금 원소 첨가와 열처리로 양호한 용접성과 내력 및 인장 강도를 높인 강이다.

(1) 고장력강의 특성

① 화학 조성이 알맞아야 하며, 일반적으로 항복 강도 294MPa(30kgf/mm^2), 인장 강도 490MPa(50kgf/mm^2) 이상, 연신률 20% 이상 되어야 한다.
② 용접성, 저온 인성, 내후성, 내식성, 가공성이 우수하다.
③ 탄소강에 비해 내력과 항복비가 크며, 열처리하지 않아도 사용할 수 있어야 한다.

(2) 고장력강의 분류

① 50kgf급 HT : Si-Mn계 Al 킬드강으로, 압연 그대로 사용한다.
② 60kgf급 HT : 조질강, Si-Mn계에 소량의 Ni, Cr, V 등을 첨가한 것으로, 주로 교량, 압력 용기, 고층 구조물에 사용한다.
③ 80kgf급 HT : 0.1%C 이하의 강으로, 특수 원소를 소량 첨가한 강으로, 원통형 탱크, 도시 가스 구형 등에 사용한다.
④ 100kgf급 HT : Ni, Cr이 약간 많으나 뜨임 온도를 낮추어 강도를 높인 강이다.

다. 스테인리스강(stainless steel)

스테인리스강은 철에 12% 이상 Cr 및 Ni을 다량 첨가하여 강한 보호 피막을 형성시켜 산화 작용이나 수용액 작용에 의하여 녹이 발생하지 않도록 내식성을 크게 향상시킨 것으로, 녹이 슬지 않는다고 하여 불수강이라고도 한다.

스테인리스강은 Fe-Cr계와 Fe-Cr-Ni계로 크게 분류하며, 조직에 따라 페라이트계, 마텐사이트계, 오스테나이트계, 석출 경화계, Cr-Mn계가 있다. [표 3-1 참조]

1) 스테인리스강의 종류별 특성

(1) 페라이트계 스테인리스강

18% Cr계로, STS 430이 대표적이다. 마텐사이트계에 비해 내식성이 크고, 강자성체이며, 용접 구조용으로도 가능하다.

일반용품, 건축용, 장식용, 식품공업, 기계 부품 등에 주로 사용된다.

(2) 마텐사이트계 스테인리스강

13% Cr계로, STS 410이 대표적이다. 이것은 열처리에 의해 경화하고 담금질성을 가지며 강자성체이다.

일반용품, 칼, 기계 부품, 의료용 기기, 밸브 등에 주로 사용된다.

표 2-4 스테인리스강의 분류와 특성

조직상 분류	주성분	탄소 함유량	담금질 경화성	내식성	굴곡성	용접성
페라이트계	Cr 12～18%	0.2% 이하	전혀 없음	보통	보통	보통
마텐사이트계	Cr 12～14%	0.15% 이상	있음	나쁨	나쁨	불가
오스테나이트계	Cr 17～20% Ni 7～10%	0.2% 이하	없음	좋음	좋음	좋음

(3) 오스테나이트계 스테인리스강

① 18Cr ~ 8Ni 강(STS 304)이 대표적이며, 비자성체이고 내산 및 내식성이 우수하고, 인성과 전연성이 좋아 가공이 용이하며, 용접성이 좋으나 담금질이 안된다.

② 열팽창계수가 탄소강의 1.5배, 열전도율은 약 60%로 열가공시 변형과 잔류 응력이 문제가 되며, 염산, 묽은 황산, 염소 가스, 황산염 용액에 대한 내산성이 약하고, 탄화물이 결정 입계에 석출하기 쉽다.

③ 오스테나이트계 스테인리스강은 일반용품, 화학 공업, 항공기, 원자력 발전, 차량, 주방 기구, 식기, 의료용, 장식용, 건축용, 식품용, 기계 부품 등에 사용된다.

(4) 석출 경화형(Precipitation Hardening) 스테인리스강

① 오스테나이트계는 우수한 내열성, 내식성은 있으나 강도가 부족하고, 마텐사이트계는 경화능은 있으나 내식성 및 가공성이 좋지 못한 점을 충족시키고, 좋은 특성을 살리기 위해 석출 경화 현상을 이용한 것이다.

② 현재 규격화된 것은 KS에 3종, AISI 규격에 7종, JIS 규격에 2종이 있다. 이중에 대표적인 것은 STS 630과 STS 631이 있다.

③ 이 합금은 보통 10 ~ 30% Cr과 Ni, Mo도 다양한 비율로 함유되어 있다. Cu, Al, Ti 및 Cb을 첨가하여 석출 경화상을 만든다.

④ 17-4 PH강(STS 630) : 17%Cr-4%Ni-3 ~ 5%Cu-Nb-Ta 합금으로 Ms 변태점이 상온 위에 있기 때문에 고용화 열처리를 하면 마텐사이트(Cu가 과포화된) 조직으로 되며, 우수한 내식성과 높은 강도, 경도를 갖게 한 강이다.

⑤ 17-7 PH강(STS 631) : 17%Cr-7%Ni-0.75 ~ 1.5%Al 합금으로 변태점이 상온 이하에

있으므로 중간 열처리로 변태점을 상온 이상으로 끌어 올려 오스테나이트 상태에서 마텐사이트(Martensite)로 변태시킨 다음에 석출 경화 열처리한다.

2) 오스테나이트계 스테인리스강(18-8강)의 입계 부식

(1) 입계 부식(예민화)

오스테나이트계 스테인리스강에서 탄소량이 0.02% 이하에서는 별 문제가 없으나 그 이상의 경우는 용접 등으로 450-850℃의 온도역에서 장시간 유지하거나 또는 서랭시켰을 때 크롬 탄화물(Cr_4C)이 결정립계에 석출되어 내식성에 영향을 주는 Cr 함유량이 고갈지역이 형성되어 Cr량의 감소로 인해 결정 입계가 쉽게 부식 또는 부스러지는 현상으로, 용접 쇠약(weld decay)이라고도 한다.

(2) 입계 부식의 원인

오스테나이트 지중에 고용한 탄소가 크롬 탄화물로 되어 결정립계에 망상으로 석출하여 그 결과 입계의 양쪽에 크롬 희박층이 생겨서 그 부분의 내식성이 저하하고, 부식 환경에 달하면 결정 입계부가 선택적으로 부식되는 것이다.

또 탄화물의 입계석출의 결과 석출물과 오스테나이트 기지 사이의 전해부식 작용에 의해서도 입계부식이 촉진된다. 특히 650℃ 부근에서 제일 입계부식을 받기 쉬우며 오스테나이트계 스테인리스강의 용접열 영향부 부근이 이와같은 것에 해당한다.

그림 2-6 스테인리스강의 입계 부식

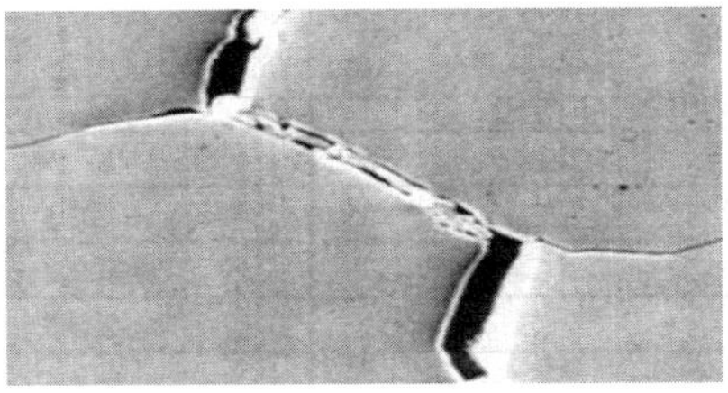

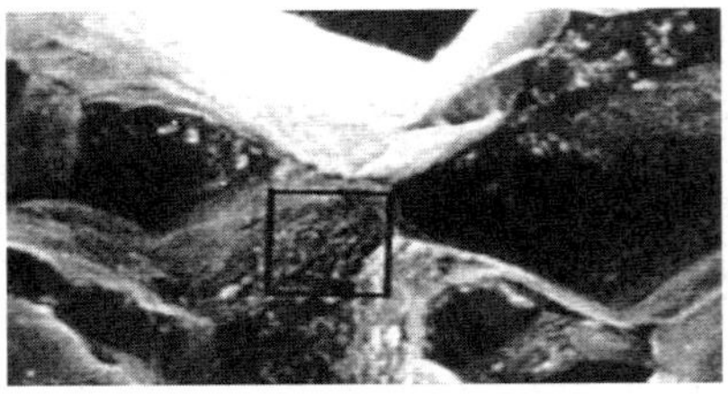

3) 입계 부식 방지법

① 입계부식이 없는 재료를 선택한다. : 극저탄소(C : 0.03% 이하) 스테인리스강, 또는 안정화 원소(Ti, Ta, Nb)가 첨가된 스테인리스강을 사용한다.

② 고용화 열처리한다. : 용접 등에서 크롬 탄화물의 생성 위험이 있는 경우는 탄화물 분해온도인 1050~1100℃의 고온으로 적당한 시간 가열하여 석출 탄화물을 완전히 오스테나이트 재고용시킨 후 이를 급랭시켰을 때 가장 좋은 연성과 내식성을 갖게 된다.

③ 합금원소를 첨가한다. : 페라이트 조직을 만드는 원소를 첨가(Mo, Si, V 등)한다.
④ 용접 후 용접부를 잘 연마해주고, 질산연처리를 해주면 좋다.

라. 규소강(silicon steel)

Si강은 0.08% C의 저탄소강에 0.5 ~ 4.5% Si를 첨가함으로서 잔류 자속 밀도가 작고, 히스테리시스 손실(hysteresis loss)을 적게 하는 등 자기적 성질을 향상시킨 강이다.

저탄소강에 4.5% 이하의 Si를 첨가한 Si 강판은 잔류 자기가 감소하여 전기 저항이 증가하므로 발전기 또는 변압기 등의 철심 재료에 적합하다.

마. 클래드강(Clad steel)

클래드강이란 일반적으로 연강 후판을 모재로 하여 한쪽면 또는 양면에 Ni, Ni 합금, 스테인리스강, 황동, 고탄소강, Al, Zn 합금 등 다른 종류의 강이나 금속을 단접이나 압접, 열간 압연 등에 의해 압착한 것으로, 이종 금속 접합 강판이라고도 한다.

스테인리스강이나 고탄소강을 압착한 것이 가장 많으며, 모재에 대한 클래드재의 조합 비율은 보통 10 ~ 20%(실치수로 1 ~ 5mm), 완성품의 두께는 1 ~ 2mm부터 100mm 이상까지, 원자로용으로는 특히 두꺼운 것이 요구된다.

클래딩은 다양한 접합 기술 중의 한 분야이며, 모재(코어) 금속에 접합할 금속을 기계적, 물리적으로 접합시키는 방법으로 폭발 압접, 전자기적 반발력을 이용한 압접, 열간 정수압 가공, 그리고 가장 경제적이며 널리 응용되는 압연, 압출과 같은 기계적 접합이 있다.

7 주강

가. 주강의 개요

용강을 주조 방법에 의해 주형에 주조하여 만든 제품을 주강품 또는 강주물이라 하며, 그 재질을 주강(cast steel)이라고 한다.

주강은 크기나 모양이 복잡하여 단조 가공이 곤란하거나 주철에 비하여 용접성이 우수하며 보수가 용이하고, 단강품이나 압연품에 비하여 가공 공정을 감소시킬 수 있어 많이 사용되고 있다.

주강은 일반적으로 주조한 상태로는 조직이 거칠고 인성이 낮으므로 주조 후에는 풀림 열처리하여 조직을 미세화하고, 주조할 때 생긴 주조 응력을 제거하여 사용하며, 열처리 방법은 탄소강과 같다. 또한 주강은 기포나 편석이 생기기 쉬우므로 주조시 Mn, Si 등 강한 탈산제를 사용하여 충분히 탈산하여 제조하여야 한다.

나. 주강의 특성

주강은 수축률(20/1000 ~ 25/1000)이 주철의 2배 정도이며, 주철에 비하여 용융점 높아 주조성이 나쁘므로 주조 후 반드시 풀림 처리가 필요하다.

주철로 강도 부족시나, 단조강 보다 가공 공정을 감소시킬 필요가 있을 때 사용한다.

1) 주강의 종류

주강은 일반적으로 보통(탄소) 주강, 합금 주강으로 분류하며, 탄소 함유량에 따라 저탄소 주강, 중탄소 주강, 고탄소 주강이 있다.

① **보통 주강** : 탄소강 주강을 말하며 주강 제품의 대부분을 차지한다. 이것은 C% 함량에 따라 0.20%C 이하의 저탄소 주강과 0.2 ~ 05%C의 중탄소 주강, 0.5%C 이상의 고탄소 주강으로 분류한다.
이것은 구조용 재료 또는 기계 부품 중에서 단조할 수 없고 주철로는 강도가 부족할 때 사용하며, 주철에 비해 용해, 주입 온도가 400℃ 가량 높은 관계로 응고 수축이 크고 가스 방출이 많아 주철보다 고도의 기술을 요한다.

② **합금(특수) 주강** : 보통 주강에 Ni, Cr, Mn, Mo, 및 V 등의 특수 원소를 다량 또는 2가지 이상 첨가하여 특수한 성질이나 목적을 얻도록 하여 강도, 경도, 내식성, 내마멸성 등을 향상시킨 것으로 Ni 주강, Cr 주강, Ni-Cr 주강, Mn 주강 등이 있다.

2) 용도

저탄소 주강은 전동기, 발전기의 하우징 등에, 고탄소 주강은 내마멸성이 강한 기어, 실린더, 피스톤, 롤러, 베어링 케이스 및 각종 프레임에 이용된다.

8 주철

가. 주철(cast iron)의 개요

주철은 2.01 ~ 6.67%C 함유한 것으로, 선철과 고철을 용선로(큐폴라)에서 용해한 철이다.

주로 많이 사용되는 주철의 탄소량은 2.5 ~ 4.5%C이며, 탄소는 주철 중에 유리 탄소(흑연)나 화합 탄소로 펄라이트 또는 시멘타이트(Fe_3C)로 존재하며, 탄소량은 전탄소량으로 나타낸다.

전탄소량 = 흑연(유리 탄소) + 화합 탄소

나. 주철의 성질

① **응력 제거** : 담금질, 뜨임이 안되나 주조 응력 제거를 목적으로 풀림 처리는 가능하다.(주조 응력 제거 풀림 온도는 500 ~ 600℃로 6 ~ 10시간 풀림)
② **자연 시효** : 주조 후 장시간(1년 이상) 방치하면 주조 응력이 제거되는 현상이다.
③ **탄소 당량** : 탄소 이외의 원소를 탄소 함유량으로 환산한 것을 말한다.

주철의 탄소 당량 $Ceq = C + \left(\frac{Si + P}{3}\right)$

다. 주철의 성장

1) 성장

고온(650 ~ 950℃)에서 가열과 냉각을 반복하면 부피가 증가하여 변형이나, 균열이 발생하는 현상을 말한다.

2) 성장 원인

① Fe_3C의 흑연화(Al, Si, Ni, Ti 등의 원소에 의한 흑연화)에 의한 팽창
② A_1 변태에서 체적 변화에 따른 팽창
③ 불균일한 가열로 인한 팽창, 페라이트 중 고용 원소인 Si의 산화에 의한 팽창
④ 흡수되어 있는 가스의 팽창에 의해 재료가 항복되어 생기는 팽창

3) 성장 방지법

흑연의 미세화(조직 치밀화), 흑연화 방지제 첨가, 탄화물 안정제 첨가(Mn, Cr, Mo, V 등 첨가로 Fe_3C의 분해 방지), Si의 함유량 감소 등의 방법이 있다.

라. 파단면에 따른 주철의 종류

1) 회주철(gray cast iron)

망간(Mn)량이 적고 규소(Si)량이 많을 때 파면이 회색으로 나타나며, 냉각 속도가 느릴 때도 생긴다.

주조성이 우수하고 절삭성도 좋아 각종 구조재로 공작 기계 베드, 내연 기관 실린더, 피스톤, 주철관, 가정용품 등에 사용된다.

2) 반주철(mottled cast iron)

회주철과 백주철의 혼합된 조직의 주철이다.

3) 백주철(white cast iron)

파면이 백(흰)색으로, Si량이 적고 냉각 속도가 빠를 때 생기기 쉬우며 경도와 내마모성이 높아 압연 롤러, 기차 바퀴 등에 쓰인다.

마. 마우러(Maurer's diagram) 조직도

마우러 조직도는 주철에서 탄소와 규소 성분 %에 따라 주철의 조직 변화 관계를 나타낸 것이다.

규소는 흑연의 정출, 석출에 큰 영향을 준다. 규소량이 많으면 흑연량이 많아진다.

그림 2-7 마우러 주철 조직도

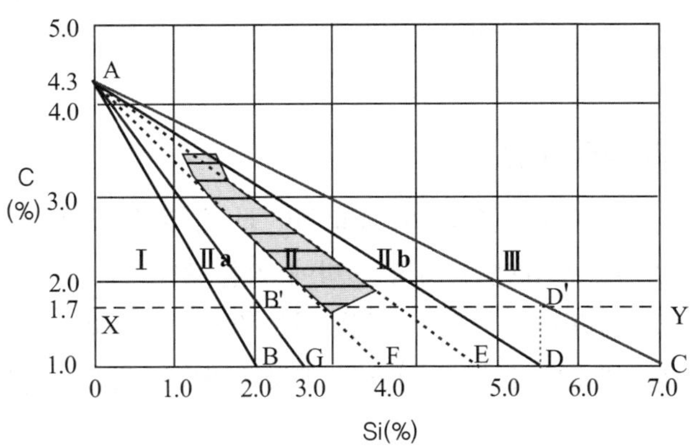

① Ⅰ구역 : 백(극경) 주철 (pearlite+Fe_3C)

② Ⅱa구역 : (경질) 주철 (pearlite+Fe_3C+흑연)

③ Ⅱ구역 : 펄라이트(강력) 주철(pearlite+흑연)

④ Ⅱb구역 : 회(보통) 주철(Pearlite+Ferrite+흑연)

⑤ Ⅲ구역 : 페라이트(연질) 주철(Ferrite+흑연)

바. 주철의 기본 조직

주철의 조직은 바탕 조직(펄라이트, 시멘타이트, 페라이트)과 흑연의 혼합 조직으로 되어 있으며, 주철 중에 탄소는 주로 흑연 상태로 존재한다.

1) 유리 탄소(free carbon)

회주철과 같이 주철 속에 규소가 많고 냉각 속도가 느릴 때 탄소가 흑연 상태로 존재한 탄소를 말한다.

2) 화합 탄소(combined carbon)

백주철과 같이 주철 속에 망간 함유량이 많고 규소가 적으며 냉각 속도가 빠를 때 Fe_3C 상태로 존재하는 탄소를 말한다.

3) 흑연화

화합 탄소 Fe_3C가 안정한 상태인 3Fe와 C(탄소)로 분리되는 현상을 흑연화라 한다. 흑연은 용융점이 낮게 하며 강도가 작아진다.

흑연화 촉진 원소에는 Si, Al, Ti, Ni이며, 흑연화 방해 원소로는 Mn, Cr, Mo, V, S 등이 있다.

사. 주철의 종류와 특성

1) 보통 주철(회주철 : GC 1 ~ 3종)

회주철이라고도 하며, 탄소를 3 ~ 3.5% 정도 함유하였으며, 불순물이나 강도를 규정하지 않은 표준 주철이다. 인장 강도는 10 ~ 20kgf/mm^{2}로, 일반 가정용품, 공작 기계 베드 등에 쓰인다.

2) 고급 주철(회주철 : GC 4 ~ 6종)

탄소 함유량이 2.5 ~ 3.2% 정도이고 펄라이트와 미세한 흑연으로 된 인장 강도 25kgf/mm^2 (245MPa) 이상인 강인주철로서, 흑연은 국화상이다.

C, Si(단, $1 < Si < 3$) 양이 $\frac{(C+Si)}{1.5} = 4.2 \sim 4.4\%$가 되면 고급 주철이 된다.

3) 미하나이트 주철

고급 주철의 일종으로, 저탄소 저규소 선철과 다량의 강 스크랩을 배합 용해하여 Fe-Si, Ca-Si를 접종시켜 제조하여 흑연의 형상을 미세하고 균일하게 한 미세 펄라이트 조직으로 개량 접종 처리한 주철이다.

인장 강도는 343 ~ 441MPa(35 ~ 45kgf/mm^2) 정도이며, 담금질이 가능하고, 강력 구조용, 내마모용, 내부식용, 내열 기관용 등에 쓰인다.

아. 합금 주철

1) 특성

① 보통 주철에 합금 원소(Ni, Cr, Mo, Mg, 또는 Si, Mn, P 등)를 첨가하여 보통 주철에서 얻을 수 없는 제성질(내식성, 내마모성, 내열성, 고자성 등)을 얻을 수 있게 한 주철이다.

② 흑연화 경향 : Si를 1로 했을 때 Al은 0.5, Ni 0.3 ~ 0.4, Cu 0.35

2) 합금 주철의 종류

① 기계 구조용 주철 : Ni 주철이 쓰이며 Cr, Mo을 첨가하여 강도를 향상시킨 것으로, 자동차용 엔진의 크랭크, 캠축 등에 쓰인다.

② 내열 및 내산 주철 : 내산성이 있으면 내열성도 좋다. 페라이트계와 오스테나이트계로 구별된다.

㉠ 페라이트계 주철 : Si 및 Cr을 다량으로 함유하는 주철로 대단히 단단하다.

㉡ 오스테나이트계 주철 : Ni을 20% 이상 함유한 주철로, 내산, 내알칼리, 내열성 등이 높고 비자성체이며, 전기 저항이 크고 연성, 인성이 있다.
주로 석유 화학, 기타 화학공업에 많이 사용된다.

㉢ 고규소 주철 : 규소를 14% 이상 함유한 주철로, 진한 황산과 초산에는 사용 가능하나 진한 열염산에는 약하다. 내산 주철이며, 절삭 가공이 안되고 취성이 크다.

③ 고크롬 주철 : Cr을 15 ~ 30% 함유한 주철이며 산, 유황 가스 등에 강하며 고온에서도 성장성이 적으며, 아주 단단하여 절삭이 불가능하므로 연삭 가공한다.
풀림 상자나 로(furnace) 제작 재료로 사용된다.

자. 칠드 주철(chilled casting)

냉경 주철이라고도 하며, 용융 상태에서 금형 등에 주입하여 급랭시켜 접촉면을 백선화(펄라이트와 유리 시멘타이트)로 만들어 표면은 경도가 높아 단단하고 내부는 강인한 성질을 갖게 한 주철로 내마모성이 커서 압연 롤러나 기차 바퀴 등의 제조에 쓰인다.

주철의 흑연화로 칠층을 얇게 하는 원소는 C, Si, Al, Ti, Ni, P, Cu, Co 등이 있으며, 흑연화 방지로 칠층을 깊게 하는 원소는 S, V, Cr, Mn, Sn, W 등이 있다.

차. 구상 흑연 주철

연성 주철(ductile cast iron : 미국), 구상 흑연 주철(spheroidal graphite cast iron : 영국), 노듈러 주철(nodular cast iron : 일본)이라고도 한다.

회주철의 경우 편상 흑연 조직으로 외력이 작용되면 편상 흑연을 따라 균열이 발생되기 쉬워 취성이 크고 강도가 작은 결점이 있는데, 흑연을 구상화시킴으로서 균열 발생이 어렵고 강도와 연성이 크게 된다.

펄라이트와 페라이트로 된 조직으로 황소 눈 같다 해서 볼스 아이 조직이라고도 하며, 강도와 연성이 매우 좋다.[인장 강도 : 490~686MPa(50 ~ 70kgf/mm^2)]

구상화 방법은 S이 적은 선철을 용해하고 여기에 Mg(마그네슘), Ce(세슘) 등을 첨가해서 접종시켜 편상 흑연을 구상화시킨다.

그림 2-8 구상 흑연 및 흑심 가단 주철의 현미경 조직

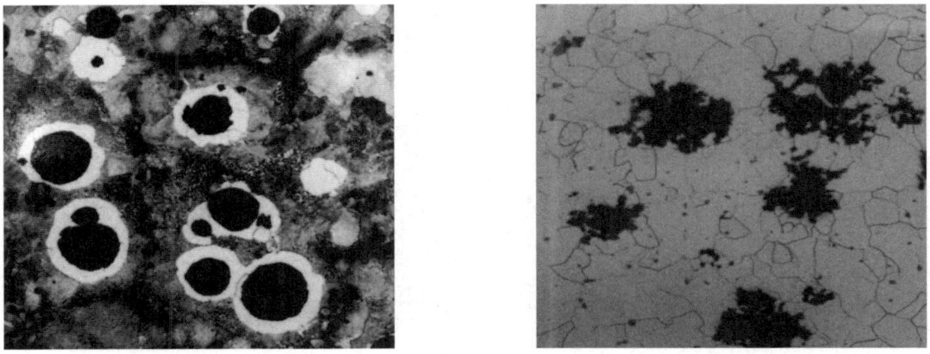

(a) 구상 흑연 주철　　(b) 흑심 가단 주철

카. 가단 주철

1) 가단 주철

백주철을 풀림 처리하여 탈탄과 Fe_3C의 흑연화에 의해 연성(또는 가단성)을 크게 한 주

철로서, 주강의 중간 정도의 특성을 가진 주철이다.

2) 가단 주철의 종류

① **백심 가단 주철(WMC)** : 백주철을 철광석, 밀 스케일 등과 함께 풀림 상자에 넣고 950 ~ 1000℃로 70 ~ 100시간 정도 가열, 풀림 처리하여 표면을 탈탄시킨 후 서랭시킨 주철이다. 강도는 흑심 가단 주철보다 다소 높으나 연신률은 낮다.

② **흑심 가단 주철(BMC)** : Fe_3C의 흑연화가 목적이므로 저탄소, 저규소 백주철을 풀림하여 흑연화시킨 주철이다.

백주철을 900 ~ 950℃로 가열하여 20 ~ 30시간 유지하면 Fe_3C가 분해되어 흑연과 오스테나이트가 되며(제1단계 흑연화) 냉각시 오스테나이트의 일부가 펄라이트로 변태한다.

③ **펄라이트 가단 주철** : 흑심 가단 주철의 흑연화의 일부(제2단계 흑연화)를 생략하여 구상. 층상 펄라이트 또는 베이나이트, 소르바이트 조직으로 만든 주철이다.

실전 심화 학습 문제

{제2절 | 철강 재료}

PART 1 용접공학

01 강괴는 용강을 주형에 주입하여 덩어리(괴)로 만든 것으로, 탈산 정도에 따라 구분한 강괴 3가지를 쓰시오.

02 Fe-Mn으로 탈산이 불충분하거나 거의 탈산 처리를 하지 않은 강의 명칭은?

03 상온에서 0.012% 이하의 탄소를 함유한 철로서 상온에서 전연성이 풍부하고 단접성, 용접성이 좋은 철을 무엇이라 하는가?

04 탄소 함유량에 따른 분류에서 저탄소강은 탄소 몇 %를 함유한 것을 말하는가?

05 탄소 함유량이 몇 % 범위의 철을 주철(cast iron)이라 하는가?

06 상률과 자유도에서 기체는 몇 개의 물질이 존재해도 거의 균일하게 분산되어 있으므로 1상으로 취급하며, 용액도 균일하면 1상이다. (O, ×)

07 상률이란 계 중에 상이 평형을 유지하기 위한 자유도를 규정하는 법칙이다. 성분수를 n, 상의 수를 P, 자유도를 F라 하면 자유도 식은 어떻게 되는가?

08 같은 원소가 고체 상태에서의 원자 배열의 변화, 즉, 고체 상태에서 서로 다른 공간격자 구조를 갖는 변태를 무엇이라 하는가?

09 순철의 동소 변태에서 A4(1410℃) 변태점을 경계로 γ철 $\rightleftarrows$ δ철로 변하는 변태를 무슨 변태라 하는가?

10 순철의 자기 변태점의 온도는 얼마인가?

11 탄소강의 기본 조직 4가지를 쓰시오.

12 Fe3C로 나타내며, 6.67%의 C와 Fe의 금속간 화합물로써 백색의 침상 조직이며, 매우 경취한(메진) 조직의 명칭은 무엇인가?

13 탄소강 등에서 200 ~ 300℃에서 인장 강도가 최대가 되고 충격치가 최저값을 나타내며 취약해지는 성질을 무슨 취성(메짐)이라 하는가?

14 0.8%C 이하 아공석강의 탄소 함유량에 따른 인장 강도 계산 공식을 쓰시오.

15 탄소 공구강(STC)의 요구 조건을 2가지만 쓰시오.

16 Ni, Cr, Mo, W, V 등을 첨가한 강재의 표면에 탄소를 침투시켜 열처리한 강으로 표면의 내마모성과 내부의 유연성을 얻을 수 있는 강을 무슨 강이라 하는가?

17 특수강을 용도에 따라 대분류할 경우의 종류 3가지를 쓰시오.

18 마텐사이트와 시효 경화(age hardening)의 조합으로 이루어진 강의 명칭은?

19 Ni–Cr–Mo계에 Mn, Si, V 등을 첨가하여 인장 강도를 150 ~ 200kgf/mm^2로 높인 강을 무엇이라 하는가?

20 탄소강에 1 ~ 2% Mn을 함유한 것으로, 일명 하이텐, 듀콜강, 펄라이트 망간강이라고도 부르는 강을 무엇이라 하는가?

21 철에 12% 이상 Cr 및 Ni을 다량 첨가하여 내식성을 크게 향상시킨 것으로, 불수강이라고도 부르는 강의 이름은 무엇인가?

22 스테인리스강을 조직에 따라 분류한 3가지를 쓰시오.

23 13% Cr계로, STS 410이 대표적이며, 열처리에 의해 경화하고 담금질성을 가지며 강자성체인 스테인리스강을 무슨 계 스테인리스강이라고 하는가?

24 18–8강의 입계 부식에 대하여 간단히 쓰시오.

25 18–8강의 입계 부식 방지법에 대하여 간단히 쓰시오.

26 규소강의 용도는 무엇인가?

27 주강의 수축률은 주철보다 몇 배 정도 되는가?

28 주철에 함유하는 탄소량은 전탄소량으로 나타낸다. 전탄소량이란?

29 주철의 성장 원인을 2가지만 쓰시오.

28 주철에서 탄소와 규소 성분 %에 따라 주철의 조직 변화 관계를 나타낸 도표를 무엇이라 하는가?

29 구상 흑연 주철의 다른 이름 2가지를 쓰시오.

30 백주철을 풀림 처리하여 탈탄과 Fe_3C의 흑연화에 의해 연성(또는 가단성)을 크게 한 주철을 무슨 주철이라 하는가?

해답

1. 338p [가]~[라] 참조
2. 림드강
3. 순철
4. 0.3%C 이하
5. 1.7(2.01)~6.67%C
6. ○
7. F = n + 2 - P
8. 동소 변태(격자 변태)
9. A4 변태
10. 768℃
11. 오스테나이트, 페라이트, 펄라이트, 시멘타이트
12. 시멘타이트
13. 청열 취성(메짐)
14. $\sigma_b = 20 + 100 \times$ C(탄소량)kgf/mm^2
15. 348p [라] 4) 참조
16. 침탄강
17. 구조용, 공구용, 특수 목적용 특수강
18. 마르에이징강
19. 초강인강
20. 저망간강(고장력강)
21. 스테인리스강
22. 352p [다] 1) 참조
23. 마텐사이트계 스테인리스강
24. 354p [다] 2) 참조
25. 354p [다] 3) 참조
26. 발전기 또는 변압기 등의 철심 재료에 적합
27. 2배
28. 전탄소량 = 흑연(유리 탄소) + 화합 탄소
29. 357p [다] 2) 참조
28. 마우러 조직도
29. 361p [차] 참조
30. 가단 주철

제3절 | 열처리와 표면 경화

1 열처리의 개요

가. 열처리의 목적

열처리의 주요 목적은 재료를 단단하게 만들어 기계적, 물리적 성능을 향상시키는 기술과 재료를 무르게 하여 가공성을 개선시키는 기술로 대변할 수 있으며, 기계 부품 및 공구류 재료에 인장 강도 및 경도의 개선, 가공 경화된 재료의 연화, 조직의 안정화, 주조, 단조, 용접 후의 잔류 응력 제거 및 변형 방지, 표면 경화 등 기계적 성질을 개선하기 위함이다.

① 일반적으로 조직을 미세화하고 기계적 특성(강도, 연성, 내마모성, 내피로성, 내충격성 등) 및 전자기적 성질을 향상시킨다.(불림)
② 내부 응력과 변형을 감소하고, 강을 연화시킨다.(풀림)
③ 표면을 경화시키고 성질을 변화시킨다.(담금질)

나. 열처리의 분류

① 일반 열처리의 종류 : 담금질(Quenching), 풀림(Annealing), 불림, 뜨임 등이 있다.
② 항온 열처리 : 오스에닐링, 오스템퍼링, 마템퍼링, 마퀜칭 등이 있다.
③ 계단 열처리
④ 연속 냉각 열처리
⑤ 표면 경화 열처리 : 침탄법, 질화법, 시안화법, 화염 경화법, 고주파 경화법 등이 있다.

2 일반 열처리

가. 불림(소준 : normalizing)

1) 방법

고온에서 장시간 유지된 주강이나 압연재, 단조품 등은 오스테나이트 입자가 크게 성장하여 조직이 거칠고 불균일하며, 기계적 성질이 좋지 못하다. 이러한 것을 아공석강은 A_{C3} 이상, 과공석강은 A_{Cm}선 이상 30 ~ 50℃의 온도로 일정한 시간 가열해서 미세하고 균일한 오스테나이트 조직으로 만든 후 [그림 3-1 ① 참조] 공기 중에서 냉각시키면 미세한 α고용체와 Fe_3C로 조직이 변화하여 기계적 성질이 향상하게 되는데 이러한 열처리 조작을 불림이라 한다.

불림할 때 유의할 점은 국부적인 가열이나 서서히 가열하는 것을 피하고, 강재의 크기에 따라 적당한 시간 유지할 것이며, 필요 이상의 고온으로 가열을 피해야 한다.

그림 3-1 불림, 담금질, 완전 풀림 온도 곡선

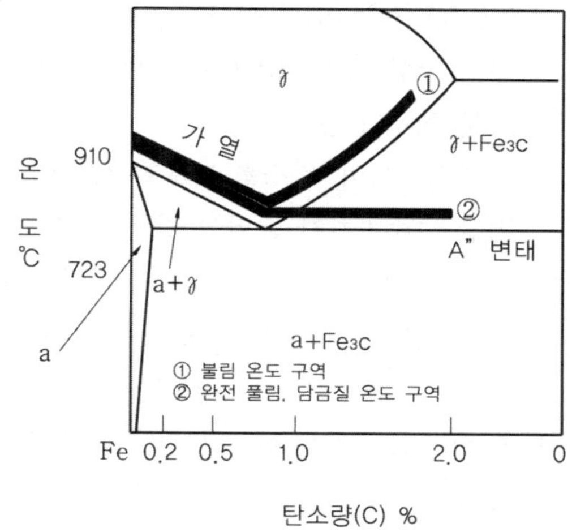

2) 불림의 목적

주조 및 단조시 발생한 내부 응력을 제거하거나, 결정립의 미세화와 균일화, 강도와 인성 확보, 표준 조직화에 있다.

나. 담금질(소입 : Quenching)

1) 방법

담금질이란 아공석강은 A_3 변태점 이상 30 ~ 50℃, 과공석강은 A_1 변태점 이상 30 ~ 50℃(탄소 함유량이 많을수록 낮아짐)로 가열하여[그림 3-1 ② 참조] 그 온도에서 탄화물을 고용시켜 균일한 오스테나이트가 되도록 충분한 시간 유지한 후 강종에 따라 알맞은 방법으로 급랭하여 마텐사이트 조직으로 변태시켜 경화하는 작업이다.

2) 목적

강화, 경화가 목적이며 담금질한 상태 그대로 보다는 뜨임하여 사용한다.

3) 담금질 조직

냉각 속도에 따라 오스테나이트 조직 상태에서 Ms점 이하로 매우 급랭하면 마텐사이트가 생성되며, 다음으로 투르스타이트, 소르바이트 순으로 나타난다.

① 오스테나이트(austenite) : 일반 탄소강에서는 오스테나이트 상태로는 나타나지 않지만, 특수강에서는 나타날 수 있으며, 일반적으로 불안정하기 때문에 열 또는 과냉에

의해 마텐사이트로 변태한다.

② 마텐사이트(martensite) : 중탄소강 이상을 수중 냉각했을 때 나타나는 침상 조직으로, 부식 저항, 경도(HB 600 ~ 700), 인장 강도가 매우 크나 여린 성질이 있어 뜨임이 필요할 경우가 많다.

강자성체이며, 탄소를 과포화 상태로 고용하고 있어 대단히 단단하고 변태할 때 체적 팽창을 수반하여 균열이 발생될 우려가 있다.

③ 투르스타이트(troostite) : 강을 유냉하여 냉각 속도가 수냉보다 느릴 때 400℃ 부근에서 나타나는 담금질 조직으로, 시멘타이트와 페라이트의 미세한 혼합물의 구상 조직이며, 부식이 잘되며, 경도가 마텐사이트보다 작으나 인성은 크다.

④ 소르바이트(sorbite) : 큰 강재를 유냉했을 때 600℃ 부근에서 얻어지며, 시멘타이트가 페라이트에 혼입되어 있고 투르스타이트보다 연하나 펄라이트보다 경도 및 강도가 큰 강인한 조직이다.

4) 경화능

경화능(담금질성, hardenability)이란 강을 담금질할 때 경화하기 쉬운 정도, 즉, 마텐사이트 조직을 얻기 쉬운 성질이며, C%에 의해 좌우된다. 즉, 열처리에 의해 경화된 깊이와 경도의 분포를 지배하는 것을 말하며, 경화능은 일반적으로 경화된 깊이의 대소로 비교하는 경화능 시험 방법[KS D 0206 강의 경화능 시험 방법(한쪽 끝 담금질 방법)]을 쓰면 편리하다.

탄소강은 0.6%C까지는 탄소량에 따라서 경도는 증가하지만 그 이상 탄소량이 증가되어도 경도는 그다지 증가되지 않으며, 동일한 탄소량일지라도 마텐사이트 조직이 미세 펄라이트나 구상화 조직에 비해 훨씬 경도가 높기 때문에 담금질을 통해서 마텐사이트로 변태시키는 것이다.

① 담금질 최고 경도 : $HRC = 30 + 50 \times \%C$

② 담금질 임계 경도 : $HRC = 24 + 40 \times \%C$

5) 질량 효과

동일한 강종을 동일한 조건하에서 담금질하여도 제품의 크기(질량)에 따라 냉각 속도에 차가 있어 경화 깊이가 달라진다.

지름이 큰 것은 작은 것에 비하여 냉각 효과가 적으며, 동일물체 내부의 냉각 효과는 외부에 비하여 더욱 낮고, 내외부의 차는 지름이 작을수록 줄어든다. 이와 같이 질량(부피)의 영향을 받는 것을 질량 효과라 한다.

일반적으로 탄소강은 질량 효과가 크나 Ni, Cr, Mo, Mn 등을 함유한 합금강은 질량 효과가 작기 때문에 제품의 크기가 클지라도 경화시키기가 용이하다. 따라서 담금질할 때에는 강재의 경화능과 질량 효과를 고려해서 냉각제의 선택 및 담금질 방법의 검토가 필요하다.

다. 뜨임(소려 : tempering)

1) 뜨임

강을 담금질한 후 장시간 방치하면 저절로 자연(시효) 균열이 생기는 일이 있으며, 이것은 담금질 후 잔류 오스테나이트가 마텐사이트화하여 팽창과 잔류 응력의 균형이 파괴되기 때문이다.

담금질한 상태의 강은 불안정하므로 담금질한 물품을 손으로 만질 수 있을 정도, 즉, 40 ~ 60℃로 냉각하면 바로 뜨임해서 안정화시키는 것이 좋다. 만약 사정으로 즉시 뜨임할 수 없는 경우는 적어도 100℃의 온탕에 담가 두는 것만으로도 안정화에 효과가 있다고 한다.

2) 뜨임의 목적

담금질할 때에 생긴 잔류 응력을 제거하여 균열 발생의 방지와 강도, 인성을 유지하게 하는 것이다.

3) 뜨임의 종류

담금질에 의하여 경화된 강을 변태가 일어나지 않는 A1점 이하에서 가열한 후 서랭 또는 공랭하는 열처리이다.

① 저온 뜨임 : 100 ~ 250℃로 가열한 후 1 ~ 3시간 유지한 후 급랭하는 뜨임으로, 내부 응력을 완화하고 메짐성을 경감하는 것이 목적이며 경도가 요구되는 경우에 적용된다.

② 고온 뜨임 : 450 ~ 680℃에서 일정시간 유지한 후 급랭하는 뜨임으로, 인장 강도와 인성을 동시에 요구할 때 하게 되며, 마텐사이트가 분해하여 미립 탄화물을 석출하여 경도가 크게 떨어지고 충격값, 연신률이 증가한다.

고온 뜨임할 때 뜨임 취성이 일어나기 쉬우므로 반드시 급랭해야 된다.

4) 뜨임 조직

뜨임할 때 400℃ 부근에서 투르스타이트(HV 약 400), 500 ~ 600℃에서 소르바이트(HV 약 280 : 조질) 조직이 얻어진다. 뜨임 조직 중에서 400℃로 뜨임한 것은 가장 부식되기 쉬운데 이 조직을 특히 오스몬타이트라고 하며, 투르스타이트의 일종이다.

마텐사이트 $\xrightarrow{400℃}$ 투르스타이트 $\xrightarrow{600℃}$ 소르바이트 $\xrightarrow{700℃}$ 입상 펄라이트

표 3-1 뜨임 온도에 따른 조직의 변화

온 도	조직의 변화	온 도	조직의 변화
150~300℃	오스테나이트 - 마텐사이트	560~650℃	투르스타이트 - 소르바이트
300~350℃	마텐사이트 - 투르스타이트	700℃	소르바이트 - 펄라이트

5) 뜨임 취성

① 저온 뜨임 취성 : 뜨임 온도가 200℃까지는 충격값이 증가하나 300~360℃ 정도에서 충격값이 저하하는 현상으로 0.3%C 정도의 구조용강에서 흔히 볼 수 있다.

② 뜨임 시효 취성 : 500℃ 부근에서 뜨임 후 시간이 경과함에 따라 충격값이 저하되는 현상으로 이를 방지하기 위해 Mo를 첨가한다.

③ 뜨임 서랭 취성 : 550~650℃ 부근에서 뜨임 후 서랭한 것이 유냉 또는 수냉한 것보다 취성이 크게 나타나는 현상으로 저망간강, Ni-Cr강 등에서 많이 나타난다.

라. 풀림(소둔 : annealing)

1) 방법

Ac_3 선 또는 A_1 변태점 이상 30~50℃로 가열하여 일정 시간 유지한 후 가열된 로 내에서 서랭하는 열처리를 말한다.

2) 풀림의 목적

잔류 응력 제거, 성분의 균일화, 요구 성질 부여, 연화, 구상화를 위해 실시하는 열처리이며, 응력 제거 풀림이 필요한 제품에는 주조품, 기계 가공품, 담금질 경화품, 용접물 등이 있다.

3) 풀림의 종류

풀림 목적에 따라 완전 풀림, 항온 풀림, 확산 풀림, 구상화 풀림, 연화 풀림, 응력 제거 풀림, 저온 풀림, 중간 풀림 등이 있다.

4) 고온 풀림

① 완전 풀림 : A_3 변태점 이상 30 ~ 50℃ 정도의 높은 온도에서 가열한 후 서랭한다.

② 확산 풀림 : 주괴의 유화물에 의한 편석을 제거하기 위해 1050 ~ 1300℃로 가열한 후 서랭한다.

③ 항온 풀림 : S곡선의 코보다 높은 온도에서 항온 처리한다.

5) 저온 풀림

① 응력 제거 풀림 : A_1 이하의 온도(500 ~ 600℃)에서 잔류 응력 제거 처리를 하는 열처리이다.

② 프로세스 풀림(중간 풀림) : 냉간 가공에 의해 경화된 재료를 A_3보다 낮은 온도에서 일정 시간 유지하며 풀림하는 열처리이다.

③ 재결정 풀림 : 재결정 온도보다 약간 높은 600℃에서 일정 시간 유지하여 풀림하는 열처리이다.

④ 구상화 풀림 : 강재 속에 망상 시멘타이트(탄화물)을 구상화시키기 위하여 A_1 변태점 부근에서 일정 시간 유지한 다음 서랭하여 망상 시멘타이트를 구상화시키는 풀림을 말한다.

⑤ 구상화 풀림 방법

그림 3-2 구상 풀림 열처리 곡선

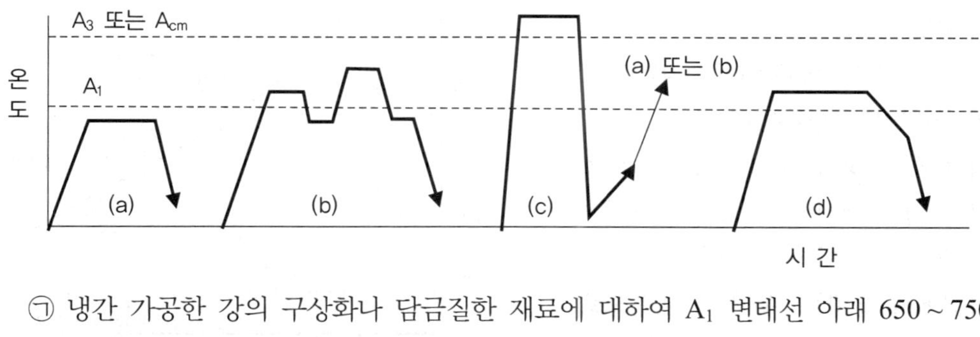

㉠ 냉간 가공한 강의 구상화나 담금질한 재료에 대하여 A_1 변태선 아래 650 ~ 750℃로 가열, 유지한 후 서랭한다. [그림 3-2 (a) 참조]

㉡ A_1 변태선을 중심으로 상하로 가열과 냉각을 반복하는 방법이다. 아공석강과 공석강은 3회, 과공석강은 2회 정도 가열한 후 냉각한다. 아공석강이나 작은 공구강의 구상화에 적합하다. [그림 3-2 (b) 참조]

㉢ 아공석강은 A_1 변태선, 공석강과 과공석강은 A_{cm}선 보다 높은 온도로 가열하여 모든 시멘타이트가 오스테나이트로 완전 고용한 후 급랭하여 오스테나이트 속의

탄소가 망상 시멘타이트의 석출을 방지한 후 다시 가열하여 위의 (a), (b) 방법으로 한다. [그림 3-2 (c) 참조]

㉣ A_1 변태선 바로 위 또는 A_1과 A_{cm}선 사이의 온도로 가열한 후 대단히 천천히 냉각하거나 A1 변태선 바로 아래의 온도에서 장시간 유지한다. [그림 3-2 (d) 참조]

3 항온 열처리 및 심랭 처리

가. 항온 열처리 개요

강을 오스테나이트 상태에서 냉각도중 어떤 온도에서 냉각을 중지하고 항온 유지시켜 변형이 적고 경도와 인성을 크게 하는(향상시키는) 열처리이다.

나. 항온 열처리(냉각 변태) 곡선

항온(등온) 열처리에서 가열 및 냉각시 열처리의 목적에 따라 온도(temperature)와 시간(time) 및 변태(transformation)의 관계를 파악하여 나타낸 것이 항온 변태 선도이며, TTT 곡선, C 곡선, 또는 S 곡선이라고 불리어진다.

[그림 3-3]은 0.8%C(공석강) 탄소강의 전형적인 항온변태 곡선으로 2개의 C자 형상을 하고 있는데, 왼쪽 곡선은 변태 개시선을, 오른쪽 곡선은 변태 종료선을 나타낸 것이다.

곡선에서 550℃ 부근은 왼쪽으로 돌출되어 있는데, 이것은 변태가 이 온도 부분에서 가장 먼저 시작된다는 것을 의미하는 것으로써 이 곡선의 코(nose)라고 부른다.

그림 3-3 항온 변태 선도
(Bain의 S곡선, C 곡선 또는 TTT 곡선)

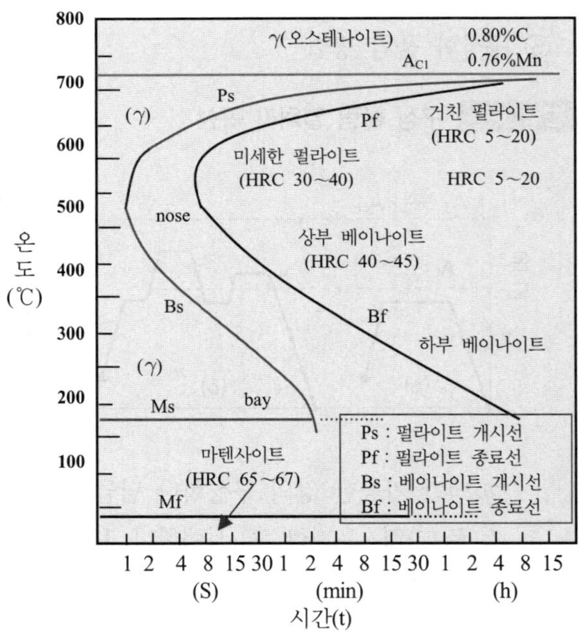

다. 심랭 처리

강은 탄소량이 증가함에 따라 Ms점과 Mf점이 저하하게 되는데, Mf점이 상온 이하인 경우에는 담금질할 때 잔류 오스테나이트가 존재하게 되며 그 양은 고탄소강일수록, 즉, Ms점이 저하될수록 증가된다.

담금질시 냉각 속도도 잔류 오스테나이트 량에 영향을 미치는데, 동일한 강재라도 유냉하는 쪽이 수냉하는 것보다 잔류 오스테나이트 량이 많아진다.

이 잔류 오스테나이트는 상온에서 매우 불안정한 상이므로 시간이 경과함에 따라 안정한 조직으로 변하게 되며, 이때 치수 변화나 연마 균열 등을 일으키게 되고, 담금질 후 바로 뜨임을 했다 해도 위와 유사한 문제점이 생기게 된다.

따라서 잔류 오스테나이트가 100% 마텐사이트 조직으로 되려면 Mf점 이하로 냉각이 필요하며 -45℃ 이하의 액체(드라이아이 등) 또는 그 이하의 액체(액체 산소 등)에 냉각시켜야 된다. 이와 같이 0℃ 이하에서 냉각하는 방법을 심랭 처리(深冷 處理) 또는 서브 제로(sub-zero) 처리라고 한다.

4 강의 표면 경화법

가. 화염 경화법

강재 표면의 내마모성 향상과 내부의 연성을 가질 수 있도록 하는 열처리 방법으로 0.4%C 이상의 중탄소강재의 표면을 중성 불꽃으로 가열한 후 물로 급랭하는 방법으로, 가열 중에 용융되지 않도록 주의하며 화염 담금질 후 150~200℃로 저온 뜨임한다.

화염 경화법의 장점은 부품의 크기나 형상에 제한이 없으며 국부 담금질이 가능하고, 일반 담금질법에 비해 변형이 적으며 설비비가 적게 드는 장점이 있으나 가열 온도의 조절이 어렵다. 경화층의 깊이는 불꽃의 온도, 가열 시간, 불꽃 이동 속도로 조절한다.

나. 고주파 경화법

0.4%C 이상의 중탄소강 강재의 내부나 외부에 코일을 설치하고 고주파 전류를 통과시키면 표피 효과에 의해 극히 얇은 표면에 맴돌이 전류(eddy current)가 유도되어 표피만 가열되며, 가열 후 수냉하여 담금질하는 열처리이다.

고주파 열처리는 주파수가 높을수록 가열 깊이(경화층)가 얄아진다.

열처리 방법은 경화시킬 강을 6000~15000A의 전류로 가열하여 즉시 급랭하면 표면만 경화되고 중심부는 거의 변화가 없으며, 냉각 방법은 분사 냉각, 지체 냉각, 낙하 투입 냉각, 중단 냉각 등이 있으며 보통 분사 냉각을 가장 많이 사용하고 있다.

경화층 깊이는 유효 경화층 깊이와 전 경화층 깊이가 있으며 유효 경화층 깊이는 50% 마텐자이트 조직에 해당하고 다음 식으로 계산한다.

임계 경도(HRC) = 24 + 40 × C%

① 가열 시간의 수초 정도로 짧아 산화 및 탈탄, 결정 입자의 조대화 등이 거의 없다.
② 응력을 최소한 억제할 수 있고 복잡한 형상에도 이용된다.
③ 값이 저렴하여 경제적이다.
④ 급열 급랭으로 인한 변형과 마텐사이트 생성에 의한 체적 변화 때문에 내부 응력이 발생하여 담금질 균열이 발생할 수 있으므로 열처리 전에 불림 처리를 하여야 한다.

다. 방전 경화법

방전 현상을 이용한 경화법으로 흑연봉을 양극으로 하고 WC, TiC 등의 초경 합금을 음극으로 하여 공구 표면에 방전을 일으켜 WC나 TiC를 용착시키고 동시에 그 열로 주위를 경화시키는 방법이다.

이때 120V의 전압으로 50 ~ 70μm 두께의 경화층을 얻을 수 있으며, 이 경화층의 표면 경도가 HV1400 ~ 1600 정도로 내마모성이 증가된다.

라. 쇼트 피닝(shot peening)

쇼트 피닝은 직경 0.4 ~ 1.2mm의 수많은 강구를 원심력을 이용하여 초속 수십 m/sec의 고속도로 강재의 표면에 충격적으로 분사하는 작업이다.

이로 인하여 표면으로부터 0.2 ~ 0.3mm 정도의 깊이까지 생성되는 가공 경화와 압축 잔류 응력으로 강재 등의 내피로성이 2배에서 10배까지 증가하는 효과가 있으며, 산화 스케일의 제거와 탈탄층의 변화 및 표면 흠의 제거 효과가 추가되므로 내피로성이 대단히 향상된다.

실전 심화 학습 문제

{제3절 ▌열처리와 표면 경화}

01 열처리의 주요 목적 3가지를 쓰시오.

02 대표적인 일반 열처리의 종류 3가지를 쓰시오.

03 강을 AC3 이상 또는 ACm선 이상 30 ~ 50℃로 일정 시간 가열해서 균일한 오스테나이트 조직으로 만든 후 공랭하는 열처리를 무엇이라 하는가?

04 불림 열처리의 목적은 무엇인가?

05 강을 AC3 이상 또는 A1선 이상 30 ~ 50℃로 일정 시간 가열해서 균일한 오스테나이트 조직으로 만든 후 급랭(수랭, 유랭)하는 열처리의 명칭은?

06 보통 강을 수중 냉각했을 때 나타나는 침상 조직으로, 경도(HB 600 ~ 700), 인장 강도가 매우 크나 여린 성질을 가지는 조직을 무엇이라 하는가?

07 동일한 강종을 동일한 조건하에서 담금질하여도 제품의 크기에 따라 냉각 속도에 차가 있어 경화 깊이가 달라지는 효과를 무엇이라 하는가?

08 담금질할 때에 생긴 잔류 응력을 제거하여 균열 발생의 방지와 강도, 인성을 유지하게 하는 열처리를 무엇이라 하는가?

09 뜨임할 때 400℃ 부근에서 나타나는 조직을 무엇이라 하는가?

10 뜨임 온도가 200℃까지는 충격값이 증가하나 300 ~ 360℃ 정도에서 충격값이 저하하는 취성을 무엇이라 하는가?

11 Ac_3 선 또는 A1 변태점 이상 30 ~ 50℃로 가열하여 일정 시간 유지한 후 가열된 로 내에서 서랭하는 열처리를 무엇이라 하는가?

12 A1 이하의 온도(500 ~ 600℃)에서 잔류 응력 제거 처리를 하는 열처리를 무엇이라 하는가?

13 강을 오스테나이트 상태에서 냉각도중 어떤 온도에서 냉각을 중지하고 항온 유지시켜 변형이 적고 경도와 인성을 크게 하는 열처리를 무엇이라 하는가?

14 항온 열처리(냉각 변태) 곡선을 TTT 곡선, C 곡선, 또는 S 곡선이라고도 한다. (○, ×)

15 강재 표면의 내마모성 향상과 내부의 연성을 가질 수 있도록 0.4%C 이상의 중탄소강재의 표면을 중성 불꽃으로 가열한 후 물로 급랭하는 열처리를 무엇이라 하는가?

16 잔류 오스테나이트를 마텐사이트 조직으로 변태시키기 위해 −45℃의 액체 또는 그 이하의 액체에 냉각시키는 열처리를 무엇이라 하는가?

17 고주파 경화법의 특성 2가지를 쓰시오.

18 0.4%C 이상의 중탄소강 강재에 고주파 전류를 통과시켜 표피 효과에 의해 극히 얇은 표면에 맴돌이 전류(eddy current)가 유도되어 표피만 가열되며, 가열 후 수냉하여 담금질하는 열처리를 무슨 열처리라 하는가?

19 직경 0.4 ~ 1.2mm의 수많은 강구를 원심력을 이용하여 초속 수십 m/sec의 고속도로 강재의 표면에 충격적으로 분사하는 작업을 쇼트 피닝이라 한다. 이 쇼트 피닝의 효과를 간단히 설명하시오.

해답

1. 380p [가] 참조
2. 담금질, 불림, 풀림, 뜨임
3. 불림(소준 : normalizing)
4. 381p [가] 2) 참조
5. 담금질(소입 : Quenching)
6. 마텐사이트(martensite)
7. 질량 효과
8. 뜨임(소려 : tempering)
9. 투르스타이트
10. 저온 뜨임 취성
11. 풀림(소둔 : annealing)
12. 응력 제거 풀림
13. 항온 열처리
14. ○
15. 화염 경화법
16. 심랭 처리, 0점하 처리, 서브 제로 처리
17. 387p [나] 참조
18. 고주파 열처리(경화법)
19. 388p [라] 참조

제4절 | 비철 금속 재료

1 구리와 그 합금

가. 구리(동, 銅)의 성질

구리는 비중이 8.96, 용융점은 1083℃이며, 변태점이 없다. 아름다운 광택과 귀금속적 성질을 가지고 있으며, 본래의 색은 담적색이나 공기 중에서 산화되어 암적색을 띄고 있다.

그리고 전기 전도율이 은(Ag) 다음으로 좋으며, 열의 양도체이고 비자성체이다.

전연성이 좋아 가공성이 풍부하며, 인장 강도는 가공도 70%에서 최대이며, 경도는 가공경화로 증가하며,(O : 연질, 1/2H : 1/2경도, H : 경질) Zn, Sn, Ni과 합금이 쉽다.

구리는 공기 중에서 부식이 잘 안되나 해수에는 부식(부식율 0.05mm/년)되며, 수증기가 팽창하여 헤어 크랙이 발생되며, 수소 취성(수소병), 환원 취성이 발생될 수 있다.

나. 순 구리(동)의 종류

1) 거친 구리(조동)

적동광, 황동광 등을 고로에서 용해시켜 20 ~ 40%의 Cu를 함유하는 황화 구리(CuS)와 황화철의 혼합물을 만든 후, 다시 전로에서 산화, 정련하여 얻은 순도 98 ~ 99.5%의 구리이다.

2) 전기 구리(전기동, electric copper)

거친 구리(조동)를 전기 분해하면 음극에서 얻어지는 것으로, 순도가 99.95 ~ 99.99%로 높으나 메짐성이 있어 가공이 곤란하므로 다시 정련하여 사용하고 있다.

3) 정련 구리(정련동, tough pitch copper)

전기 구리를 산화 및 환원 용해시켜 불순물을 제거하고 산소량을 0.02 ~ 0.04% 이하로 줄인 것으로, 전연성과 내식성이 우수하나 수소 취성의 우려가 있어 용접에 부적하다.

강도가 있어 전기 공업 재료로 사용된다.

4) 탈산 구리(인탈산동)

정련 구리를 용해할 때 산소와 친화력이 강한 물질(P, Si, Mn, Li 등)을 첨가하여 산소량을 0.01% 이하로 저하시킨 것으로, 고온의 환원성 기류 중에서도 수소 메짐성이 없으나, 전도율이 떨어진다.

연화 온도가 높아 용접용, 가스관, 열교환기, 증기관 등으로 이용된다.

5) 무산소 구리(OFHC)

고순도 전기 구리를 불활성 가스나 진공 중, CO 등의 환원성 분위기에서 용해하여 산소량을 0.001 ~ 0.002% 이하로 감소한 것으로, 수소 메짐성을 완전 방지한 구리이다.

전기 전도율이 가장 좋으며 용접성, 내식성, 전연성이 뛰어나고, 내피로성과 유리와의 밀착성도 좋아 유리 봉입선, 진공관, 전자기기 재료에 사용된다.

다. 황동의 종류, 특성과 용도

1) 황동(brass : Cu-Zn계)

(1) 황동의 물리적 성질

① 구리와 아연의 합금으로 아연 함유량에 따라 전기 전도도가 저하한다.

② 아연의 함유량에 따라 색이 변한다. 실용 합금으로 45% Zn 이하가 쓰인다.

(2) 기계적 성질

① Zn 30% 부근에서 연신률 최대, β상에 가까워질수록 급격히 저하하며, 인장 강도는 45% Zn 부근에서 최대, 그 이상에는 급감한다.

② 6 : 4 황동은 고온 가공성이 좋으나 7 : 3 황동은 고온 가공이 부적합하다.

③ **저온 풀림 경화** : 황동을 재결정 온도 이하의 저온에서 풀림하면 가공 상태보다 오히려 경화되는 현상이다.

④ **경년 변화** : 황동 가공재를 상온에서 방치할 경우 시간의 경과에 따라 여러 성질이 약화되는 현상이며, 가공에 의한 불균일 변형이 균일화하는데 기인한다.

(3) 화학적 성질

① **탈아연 부식** : 불순물, 부식성 물질이 녹아있는 수용액의 작용에 의해 아연이 용해되는 현상이다.

방지 방법은 아연 조각 연결하거나, 30% Zn 이하 황동을 사용하며, 전류에 의한 방식이 필요하다. [그림 4-1 참조]

② **고온 탈아연** : 황동이 고온에서 아연의 증발에 의해 표면으로부터 아연이 탈출하는 현상이며, 표면이 깨끗할수록 심하며, 산화가 없는 분위기에서도 아연 증발이 심하다.

방지법으로는 표면에 산화물 피막을 형성시키면 효과가 있다.

③ **응력 부식 균열**(stress corrosion cracking) : 자연 균열(season cracking)이라고도 하며, 황동은 공기 중에 암모니아(NH_3) 가스나 염소, CO_2, 습기 등에 의해 입계 부식을 일으켜 자연히 균열이 생기는 수가 있는데 이 현상을 말한다. [그림 4-2 참조]
원인은 가공에 의해 생긴 내부 응력 때문이며, 방지법은 도금을 하거나, 도장하는 방법, 가공재를 180~260℃에서 응력 제거 풀림하여 내부 응력을 제거하는 방법이 있다. 또, $\alpha+\beta$ 황동 및 β 황동에는 Sn 또는 1~15% Si를 첨가하면 효과가 있다.

④ **수소병** : 산화 구리를 환원성 분위기에서 가열할 때 수소가 동중에 확산 침투되어 균열이 발생하는 현상이며, 수소 메짐이라고도 한다.

그림 4-1 황동의 탈아연 현상

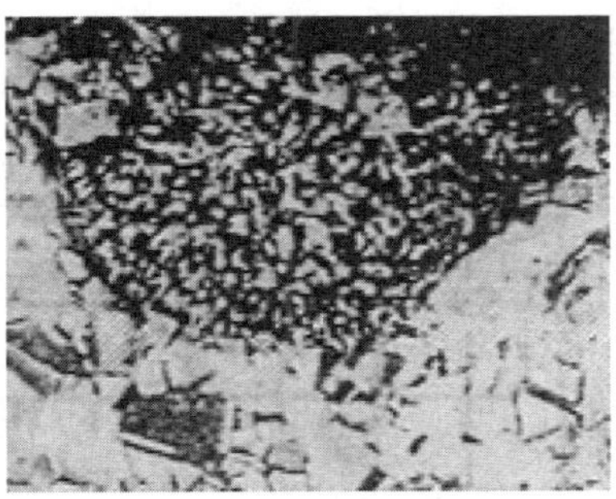

그림 4-2 7 : 3 황동의 입계 부식 균열

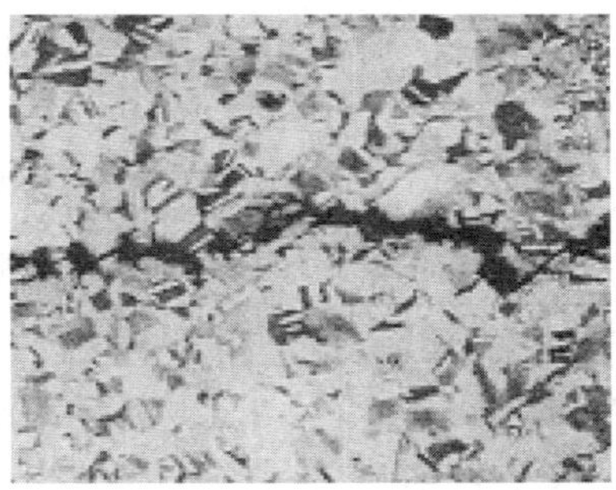

2) 실용 황동의 종류

① **톰백**(tombac) : 구리에 5~20%의 아연을 첨가한 합금으로, 색이 아름답고 연성이 커서 장식품, 금박 대용으로 쓰인다.

② **7 : 3 황동**(cartridge brass) : Cu70-Zn30 합금으로 α 고용체이다. 연신률이 최대이며, 가공용 황동의 대표적인 것이다.
고온 메짐 현상이 있으며 판, 봉, 관으로 제조하여 자동차용 열교환기 부품, 소켓, 각종 열용품, 탄피, 장식품 등에 사용된다.

③ **Cu-35% Zn 합금**(yellow brass) : α 단상 합금으로 7 : 3 황동과 비슷하다.

④ **6 : 4 황동**(Muntz metal) : 조직이 $(\alpha+\beta)$이므로 상온에서 전연성이 낮으나 강도는 크다. 아연 함유량이 많아 가격이 가장 싸며, 고온 가공하여 상온에서 완성한다.
내식성이 적고 탈아연 부식력이 크나 강력하기 때문에 기계 부품으로 용도가 넓고, 복수기용판, 열간 단조품, 볼트, 너트 대포, 탄피 등에 쓰인다.

3) 특수 황동

① 아연 당량 : 제3원소를 가한 것이 아연량을 증감한 효과를 가지며, 그 의미에서 합금 원소의 1량이 아연의 X량에 해당할 때 그 X를 말한다.

• 아연 당량은 상온에서 40% 이하, 그 외는 45% 이상 넘어선 안된다.

$$B' = \frac{B + t \cdot q}{A + B + t \cdot q} \times 100$$

B' : 아연 함유량　　A : 구리 %　　B : 아연 %
q : 첨가 원소 %　　t : 아연 당량

② 주석 황동(tin brass)

㉠ 에드미럴티 황동(admiralty brass) : 7 : 3 황동에 주석을 1% 첨가한 것이다. 내식성, 내해수성, 전연성이 좋아 열교환기, 증발기 등의 관에 사용한다.

㉡ 네이벌 황동(naval brass) : 6 : 4 황동에 주석을 1% 첨가한 것이다. 내식성이 목적이며, 용접봉, 파이프, 선박 기계에 사용한다.

③ 연립 황동(leaded brass) : 황동에 납을 첨가한 것으로, 쾌삭 황동, 또는 하드 브레스라 하여 정밀 절삭 가공을 요하는 기어, 나사 등에 이용된다.

④ 알루미늄 황동 : 황동에 Al을 첨가하면 결정입자가 미세하고 내식성이 커지므로 고온 가공으로 관을 만들어 열교환기 관, 증류기 관 등 제조에 쓰인다.
알브락(Cu-22% Zn-1.5 ~ 2% Al)이라고도 한다.

⑤ 구소 황동(silicon bronze) : 10 ~ 16% 아연 황동에 4 ~ 5% 규소를 넣은 것으로 주조하기 쉽고 내해수성과 강도가 크며 우수하고 가격이 싸므로 선박 부품 주물에 사용한다.

⑥ 고강도 황동 : 6 : 4 황동에 Fe, Mn, Ni 등을 첨가하여 취약하지 않고 강력하며 내식성, 내해수성을 증가한 것이다.

㉠ 망간 청동 : 망간을 넣으면 β상이 증가하여 강도 크나 경취해진다.

㉡ 델타메탈(철 황동) : 6 : 4 황동에 Fe을 1 ~ 2% 첨가하여 결정립을 미세화하고, 연신률 저하없이 강도를 증가한 것이다.
강도가 크고 내식성이 좋아 광산 기계, 선박 기계에 쓰인다.

㉢ 듀리나 메탈 : 7 : 3 황동에 2% Fe와 소량의 Sn, Al을 첨가한 것이다.
주조재, 가공재로 쓰인다.

㉣ NM 청동 : 6 : 4 황동에 Ni를 약 10% 첨가한 것으로, 고아연 합금에 Ni를 많이 첨가하면 β상이 많지 않은 높은 경도를 얻을 수 있다.
강성을 요하는 선박용 프로펠라재로 사용한다.

⑦ 양은(백동) : 7 : 3 황동에 Ni 15 ~ 20%를 함유한 합금으로, 은 대용품으로 쓰이며 양

백이라고도 한다.

전기 저항성 재료, 장식품, 식기, 내열성 전기 접점, 바이메탈, 스프링 재료 등에 사용된다.

라. 청동(tin bronze)의 종류, 특성과 용도

1) 청동의 조직과 성질

① 포금이라고도 하며 주조성, 내식성이 양호하고, 강도와 내마멸성이 크다.
② 연신률은 주석 4%에서 최대, 인장 강도는 Sn량이 증가하면 크게 되며, 17 ~ 20% Sn에서 최대가 된다. 경도는 30%Sn에서 최대이다.
③ 가공성 : 황동에 비해 불량하다. 15%Sn 이상이면 취성이 있어 상온 가공이 곤란하며, 550℃ 이상에서 가공할 수 있다.
④ 주조성 : 유동성이 좋고 수축률이 적다.
⑤ 대기 중에서 내식성이 좋으며 바닷물 중에서도 우수한 저항력을 가져 선박용 부품에 사용된다. 산화성 산에는 부식율이 높다.

2) 청동의 종류

(1) 포금

Cu-8 ~ 12% Sn - 1 ~ 2% Zn을 넣은 것을 말하며, 옛날 대포 포신용(현재는 Ni-Cr강 사용)으로 사용해서 붙여진 이름이다.

내해수성이 좋고 주물의 경우 수압, 증기압에도 견디므로 선박 등에 널리 사용한다.

(2) 화폐용 청동

Cu-2 ~ 8%Sn - 1 ~ 2% Zn 함유한 청동은 단조성이 좋아 프레스 작업이 쉽고 단단하고 강인하며 마모 부식에 잘 견디므로 화폐, 메달 등에 사용한다.

(3) 알루미늄 청동

① Cu-약 12% Al 첨가한 청동으로, 황동 또는 청동에 비하여 강도, 경도, 인성, 내마모성, 내피로성 등이 우수하고 내열성, 내식성이 좋다.
화학 공업용 기기, 선박, 항공기, 자동차 부품에 사용한다.
② 자생 보호 피막인 Al 산화물에 의해 내마모성, 내피로성, 내식성이 매우 우수하다.

(4) 특수 청동

① 인청동 : 청동에 탈산제로 인을 첨가한 것이다.
베어링, 밸브 시트용으로 쓰이며, 내마멸성이 크다.

② 연청동 : 주석 청동에 납을 3.0 ~ 26% 첨가한 것이다.
윤활성이 좋아 베어링, 패킹 등에 널리 이용된다.

③ 규소 청동 : 상온에서 구리에 규소가 4.7%까지 고용한 것이다.
인장 강도를 증가시키고 내식성과 내열성을 좋게 하며, 전기 전도율이 좋다.

④ 켈밋 : 구리에 30 ~ 40% Pb(납)을 첨가한 것으로 베어링 합금으로 사용된다.

⑤ 오일리스 베어링 : 구리 · 주석 · 흑연 분말을 가압성형한 후 소결시켜 만든 후 기름(30%)을 흡수시킨 합금으로, 주유가 곤란한 곳에 사용한다.

⑥ 콘스탄탄 : Cu + Ni 45% 합금으로 열전대용으로 사용되며, 전기 저항성이 우수하다.

⑦ 베릴륨 청동 : Cu + Be 2 ~ 3% 첨가한 것으로 뜨임 시효 경화성이 크다. 인장 강도가 133kgf/mm^2 정도이며, 내식성, 내열성, 피로 한도가 매우 우수하다.
베어링, 고급 스프링 등에 사용하나 산화하기 쉽고 비싼 것이 단점이다.

2 알루미늄과 그 합금

가. 알루미늄의 성질

1) 순 알루미늄의 성질

비중은 2.7, 용융점은 660℃, 전기 및 열의 양도체이며, 면심입방격자이고, 전연성이 좋고 주조가 용이하며, 다른 금속과 합금성이 좋다. 400 ~ 500℃에서 연신률 최대이다.

대기 중에서 내식성이 좋고 탄산염, 초산염 등에는 내식성이 있으나 염화물, 황산 염산에는 침식된다.

2) 알루미늄 합금의 성질

① 용체화 처리 : Al은 변태점이 없어 열처리법를 성질 개선에 이용할 수 없다.
Al-4%Cu를 500℃로 가열하면 α고용체가 되며 이 온도에서 담금질하면 θ가 석출할 시간이 없이 상온에서도 α고용체가 되는 처리이며, 이것을 과포화 고용체라고 한다.

② 시효 : 과포화 고용체를 상온 또는 고온에 유지함으로써 시간의 경과에 따라 성질이 변하는 것을 시효라 하며, 실온에 방치하여 일어나는 자연 시효, 실온보다 높은 온도(100 ~ 160℃)에서 하는 인공 시효가 있다.

나. 주물용 Al 합금

1) Al-Cu 합금

대표적인 것으로 알코아(Al-4~8%Cu 합금)가 있으며, 담금질과 시효에 의하여 강도가 증가하며 내열성이 좋으나 고온 취성이 있으며 주조할 때 수축 균열이 발생한다.

내연 기관의 크랭크 케이스, 브레이크 슈, 자동차 부품, 다이캐스팅 등에 이용된다.

2) Al-Si 합금

Al-Si계 대표적인 합금으로 실루민(미국 : 알팩스)이 있으며, 금속 나트륨, 불화물, 가성소다 등으로 개량 처리하여 조직을 미세화한 것으로 내열성이 커서 피스톤 등에 이용된다.

3) Al-Cu-Si 합금

Al-Cu-Si계 대표적 합금으로 라우탈이 있으며, 실루민의 결점인 가공 표면의 거침을 없앤 것으로 주조성이 양호하다. 압출재, 단조재, 주조재 등에 사용된다.

4) 내열용 Al 합금

① Y합금 : Al-Cu 4%-Ni 2%-Mg 1.5% 합금으로, 고온 강도가 크고 내열성이 있어 내연 기관의 피스톤, 실린더 헤드에 사용된다.

② 로엑스(Lo−Ex) : 특수 실루민으로, Na 처리한 내열 합금이다. 피스톤 재료로 쓰인다.

③ 코비탈륨 : Y합금 일종. Y합금에 Ti, Cu를 약간 첨가한 것, 피스톤 재료로 쓰인다.

5) 다이케스팅 Al 합금

다이케스팅 재료는 유동성이 좋고 열간 취성이 없으며, 응고 수축에 대한 용탕 보급성이 좋고, 금형에 점착하지 않은 것이 좋다.

마그네슘(Mg) 함유시 유동성을 해치며, 철(Fe)은 점착성, 내식성, 절삭성 등을 해치는 불순물로 최고 1%까지 허용된다.

6) 하이드로날륨

Al-Mg계 대표적인 합금으로 마그날륨이라고도 한다. 두랄루민의 내식성을 향상시키기 위해 Al에 6% Mg 이하를 첨가한 Al-Mg계 합금으로 내식성, 고온 강도, 절삭성, 연신률이 우수하고 비중이 작다.

7) 두랄루민의 종류

① 두랄루민 : Al-4% Cu-0.5% Mg-0.5% Mn계로 시효 경화의 대표적인 합금으로, 대기 중에서는 내식성이 우수하나 해수에는 약하고 부식 균열이 생기기 쉽다.
비중이 작아 자동차, 항공기 부품에 이용된다. 대표적인 것으로 2017 합금계가 있다.

② 초두랄루민 : 보통 두랄루민에 Mg을 다소 증가하고, Si를 감소시켜 시효 경화시킨 합금으로, 2024계가 있다.
인장 강도가 490MPa(50kgf/mm^2) 이상으로 항공기의 구조재와 리벳, 일반 구조물 등에 이용된다.

③ 강두랄루민 : 두랄루민에 Zn을 다량 함유시키고, 응력 부식에 의한 자연 균열 방지를 위해 Mn, Cu를 첨가한 Al-Zn-Mg계 합금이다.
인장 강도가 529MPa(54kgf/mm^2) 이상으로 강도는 매우 크나, 내식성이 나빠서 바닷물에 대한 내식성은 순 Al의 1/3 정도이다.

다. 가공용 Al 합금

1) 가공용 Al 규격

① A 1000계 : 순수 Al(99.00% 이상) : 가공성, 내식성, 표면 처리성 등이 좋지만 강도가 낮기 때문에 구조용으로 부적합하므로 가정용품, 일용품, 전기 기구에 많이 이용된다.
1060, 1070은 전기 전도성, 열전도성이 우수하므로 송배전용 재료, 방열 재료로 많이 사용된다.

② A 2000계 : Al-Cu계 합금 : 두랄루민, 초두랄루민인 2017, 2024가 대표적인 것으로 철강재에 필적하는 강도가 있다.
그러나 비교적 구리를 많이 함유하고 있어 내식성이 낮으므로 부식 환경에 노출된 경우에는 충분한 방식 처리가 필요하다.

③ A 3000계 : Al-Mn계 합금 : 3003이 대표적이다. Mn의 첨가에 의해 순Al의 가공성, 내식성의 저하없이 강도를 증가시킨 것으로 기물, 건축재 용기 등 다양하게 쓰인다.

④ A 4000계 : Al-Si계 합금 : Al에 Si를 첨가하여 열팽창률을 억제하고 내마모성을 개선한 것이다.
여기에 미량의 Cu, Ni, Mg 등을 더 첨가하면 내열성이 향상되어 단조 피스톤 재료로 사용된다.
4043은 용융 온도가 낮아 용접 와이어, 브레이징 납재로 사용되며, Si 입자의 분산에 의해 양극 산화 피막이 회색이 되기 때문에 빌딩 건축의 외장용 패널로도 사용된다.

⑤ A 5000계 : Al-Mg계 합금 : Mg 첨가량이 적은 합금으로 장식용재, 고급 기물로 사용

되는 5N01과, 차량용 내장 천장재, 건축재, 기물재로 이용되는 5005가 대표적이다. 중간 정도의 Mg을 함유한 것으로는 5052가 대표적이며, Mg 첨가량이 많은 것은 구조재로도 사용된다.

5083은 Mg을 함유량이 많은 비열처리형 합금으로 강도와 용접성도 양호하기 때문에 용접 구조재로 선박, 차량, 화학 공장 등에 사용되고 있다.

⑥ A 6000계 : Al-Mg-Si계 합금 : 강도, 내식성이 양호해 대표적인 구조재이지만, 용접한 그 상태로는 이음 효율이 낮아 피스, 리벳, 볼트 접합에 의해 철탑, 크레인 등의 구조에 이용되며, 6063은 뛰어난 압출성이 있어 건축용 샷시, 구조재로 사용된다.

⑦ A 7000계 : Al-Zn계 합금 : 시효 경화성이 우수하며, AA 또는 JIS에 등록되어 항공기, 철도 차량, 스포츠용품 등 일반적으로 높은 강도가 요구되는 구조재에 사용된다.

⑧ A 8000계 : 기타

3 기타 비철 금속 재료

가. 니켈과 그 합금

1) 니켈의 성질

인성이 우수한 금속으로, 백색이고 면심입방격자이며, 용융점 1455℃, 비중 8.9이고, 상온에서 강자성체이나 360℃에서 자기 변태로 자성을 잃는다.

냉간 및 열간 가공(1000 ~ 1200℃)이 잘 되고 내식성, 내열성이 크므로, 화폐, 식품 공업용, 진공관, 도금 등에 사용된다.

2) Ni-Cu계 합금

① 모넬메탈 : Ni 65 ~ 70%-Cu-Fe 1 ~ 3% 합금으로, 강도와, 내식성이 크다.

인장 강도가 784MPa(80kgf/mm^2) 정도로 높으며, 내연 기관 밸브, 밸브 시트에 사용된다.

개량형으로 K모넬, H모넬, S모넬, R모넬 등이 있다.

② 콘스탄탄 : Ni 40 ~ 45%-Cu 합금으로 온도 측정용 열전쌍, 표준 전기 저항선용으로 사용된다.

③ 인바(invar) : Ni 36%, Mn 0.4% 합금으로, 온도에 따라 길이가 불변하여 표준자, 바이메탈용으로 쓰인다.

④ 초인바(super invar) : Ni 30 ~ 32%, Co 4 ~ 6% 합금으로 팽창 계수가 20℃에서 0이으로 낮아서 측정용으로 사용된다.
⑤ 플래티나이트 : Ni 42 ~ 48%의 합금으로, 열팽창계수가 작으므로 전구, 진공관 도선용으로 사용된다.
⑥ 퍼멀로이 : Ni 70 ~ 90% 함유한 것으로 투자율이 높아 자심 재료, 장하 코일용으로 쓰인다.

3) 내식, 내열용 합금

① 히스텔로이 : Ni-Mo계 합금으로, 내식, 내열용에 쓰인다.
② 인코넬 : Ni에 Cr 12 ~ 21%, Fe 6.5% 첨가한 것으로, 내식, 내열용에 쓰인다.
③ 니크롬 : Ni-Cr 합금으로 79% 이하 Ni에 Cr을 첨가한 것으로, 내열성이 우수하여 절연선에 쓰인다.
④ 알루멜 : Ni에 3% Al을 첨가한 것으로, 1200℃까지 측정 가능한 고온 측정용 열전대 재료에 쓰인다.
⑤ 크로멜 : Ni에 10% Cr을 첨가한 합금으로, 최고 1200℃까지의 고온 측정용 열전대 재료에 쓰인다.

나. 마그네슘과 그 합금

1) 마그네슘의 성질

실용 금속 중 가장 가벼워서 비중이 1.74, 용융점은 650℃이며, 조밀육방격자이고, 고온에서 발화하기 쉽다.

열 및 전기 전도율이 Cu, Al보다 낮고 강도도 작으나 절삭성은 좋다.

산이나 염류에는 침식되나 대기 중이나 알칼리에는 내식성이 있으며, 불순물 중 Fe, Cu, Ni은 내식성을 해친다.

열팽창계수가 Fe의 2배 이상으로 대단히 크며, 냉간 가공성이 좋지 않아 350 ~ 450℃에서 열간 가공을 해야 한다.

2) 주조용 마그네슘 합금

① Mg-Al계 합금 : 인장 강도는 6% Al에서 최대, 연신률과 단면 수축률은 4%Al에서 최대가 되며, 경도는 성분 함량의 증가에 따라 비례적으로 증가한다.

Al은 주조 조직의 미세화로 기계적 성질을 향상시키고, Mn은 내식성을 좋게 하며,

Fe, Ni, Cu 등의 불순물을 적게 함유해야 된다.

대표적인 것은 Mg에 4 ~ 6% Al을 첨가한 다우 메탈(dow metal)이 있다.

② Mg–Zn계 합금 : Mg-Al계 합금보다 강력한 합금으로 강도, 비중비는 금속 재료 중에 최대이다. 자동차의 피스톤, 크랭크 케이스 및 제트 기관의 구조에 사용된다.

③ Mg–Al–Zn계 합금 : 대표적인 것은 Mg에 3 ~ 7% Al, 2 ~ 4% Zn을 함유한 엘렉트론(elektron)이 있다.

Al이 많으면 고온 내식성이 향상되고, Al+Zn이 많으면 주조성이 좋으며, 내열성이 크므로 항공기, 내연 기관 등에 이용된다.

3) 가공용 Mg 합금

① Mg–Mn계 합금 : Mg에 Mn을 1.2% 이상 함유하여 내식성을 향상시킨 것으로, 용접성이 비교적 좋아 판재, 봉 재료로 널리 이용되고 있다.

② Mg–Al–Zn계 합금 : 실용 합금으로 Mg에 3~7% Al, 소량의 Mn, 약 1% Zn을 함유한 엘렉트론 등이 있다.

고온 내식성의 향상을 위해 Al의 증가와 Zn, Mn, Cd 등을 첨가하여 경도, 강도를 증가시킨 것으로, 항공기, 자동차의 내장 부품 등에 이용된다.

③ Mg–Zn–Zr계 합금 : Mg-Zn계 합금에 Zr을 첨가하여 결정 입자의 미세화와 열처리 효과의 향상으로 압출재로써 우수한 성질이 있어 항공기 재료로 개발하고 있다.

다. 티탄(Ti)과 그 합금

1) 티탄의 성질

① 물리적 성질 : 티탄은 고융점(1800±25℃)이며, 비중은 4.5이다. 열팽창계수 및 탄성 계수 등이 작고 전기 저항이 크다.

고온에서 O_2, N_2, C와 반응하기 쉬우므로 용해 주조가 어렵고 용접성도 나쁘다.

② 기계적 성질 : 철의 1/2 정도의 무게로 철과 유사한 수준의 인장 강도(50kgf/mm^2 정도)를 얻을 수 있어 비강도가 크다.

③ 화학적 성질 : 염산, 황산에는 침식되나 질산, 강알칼리에는 강하며, 고온 강도와 내식성이 우수하여 바닷물 및 500℃의 고온에서도 스테인리스강보다 우수하다.

2) 티탄 합금의 종류

① Ti–Mn계 합금 : Ti에 6.5 ~ 9.0% Mn, 0.15% C 이하, 0.5% Fe 이하의 합금으로, 약 30

0℃까지 사용이 가능하며, 판재, 구조재로 사용된다. C-110M은 인장 강도 106kgf/mm^2(1039MPa), 항복점 100kgf/mm^2(980MPa) 및 연신률 14% 정도이다.

② Ti-Al계 합금 : Ti-Al에 Sn, Fe, V 등을 첨가하여 사용한다. 내열성이 좋아 300℃ 이상의 크리프 강도가 개선되지만 가공성은 나쁘므로 단조재로 이용한다.

③ Ti-Al-Sn계 합금 : Ti에 5% Al, 2.5% Sn 합금으로 비중이 4.44로서 순금속보다 가볍고 항복점이 커서 70 ~ 90kgf/mm^2(686~882MPa)이며, 짧은 시간이면 600℃까지 견디므로 가스 터빈의 구조재로 사용된다.

④ Ti-Al-V계 합금 : Ti-6% Al-4% V이며, Al에 의하여 강도를 얻고 V에 의하여 인성을 개선한 것으로, 420℃까지 고온 크리프 저항이 크므로 가스 터빈의 날개 및 디스크에 사용된다.

실전 심화 학습 문제

{제4절 ▌비철 금속 재료}

01 구리의 인장 강도는 가공도 몇 %에서 최대가 되는가?

02 정련 구리를 용해할 때 산소와 친화력이 강한 물질(P, Si, Mn, Li 등)을 첨가하여 산소량을 0.01% 이하로 저하시킨 구리를 무엇이라 하는가?

03 구리는 Zn 30% 부근에서 연신률이 최대이다. 인장 강도는 Zn 몇 % 부근에서 최대가 되는가?

04 황동 가공재를 상온에서 방치할 경우 시간의 경과에 따라 여러 성질이 약화되는 현상을 무엇이라 하는가?

05 황동이 불순물, 부식성 물질이 녹아있는 수용액의 작용에 의해 아연이 용해되는 현상을 무엇이라 하는가?

06 구리에 5 ~ 20%의 아연을 첨가한 합금으로, 색이 아름답고 연성이 커서 장식품 등에 쓰이는 황동의 명칭은?

07 구리에 아연을 40% 정도 함유한 황동으로 상온에서 전연성이 낮으나 강도가 큰 황동을 무엇이라 하는가?

08 7 : 3 황동에 주석을 1% 첨가한 것으로, 내식성, 내해수성, 전연성이 좋은 황동의 명칭은?

09 6 : 4 황동에 Fe을 1 ~ 2% 첨가하여 결정립을 미세화하고, 연신률 저하없이 강도를 증가한 황동을 무엇이라 하는가?

10 7 : 3 황동에 Ni 15 ~ 20%를 함유한 것으로, 은 대용품으로 쓰이는 합금명은?

11 연신률은 주석 4%에서 최대이며, 인장 강도는 Sn량이 증가하면 크게 되어 17 ~ 20% Sn에서 최대가 된다. 경도는 30%Sn에서 최대이다. (O, ×)

12 구리에 30 ~ 40% Pb(납)을 첨가한 것으로 베어링 합금으로 사용되는 합금명은?

13 구리·주석·흑연 분말을 가압성형한 후 소결시켜 만든 후 기름(30%)을 흡수시킨 합금으로, 주유가 곤란한 곳에 사용되는 합금을 무엇이라 하는가?

14 과포화 고용체를 상온 또는 고온에 유지함으로써 시간의 경과에 따라 성질이 변하는 현상을 무엇이라 하는가?

15 Al-Si계 대표적 합금으로, 금속 나트륨, 가성 소다 등으로 개량 처리하여 미세화한 것으로 내열성이 커서 피스톤 등에 이용되는 합금명은?

16 Al-Cu 4%-Ni 2%-Mg 1.5% 합금으로, 고온 강도가 크고 내열성이 있어 내연 기관의 피스톤, 실린더 헤드에 사용되는 합금을 무엇이라 하는가?

17 Al-4% Cu-0.5% Mg-0.5% Mn계로 시효 경화의 대표적인 합금으로, 대기 중에서는 내식성이 우수한 합금명은?

18 가공용 Al 규격에서 A 4000계의 알루미늄 합금에 대하여 간단히 설명하시오.

19 백색의 인성이 우수한 금속으로, 면심입방격자이며, 용융점 1455℃, 비중 8.9이고, 상온에서 강자성체이나 360℃에서 자기 변태를 하는 금속명은?

20 Ni 65～70%-Cu-Fe 1～3% 합금으로, 강도와, 내식성이 커서 내연 기관 밸브 등에 쓰이는 합금명은?

21 Ni 36%, Mn 0.4% 합금으로, 온도에 따라 길이가 불변하여 표준자, 바이메탈용으로 쓰이는 합금명은?

22 Ni에 Cr 12～21%, Fe 6.5% 첨가한 것으로, 내식, 내열용에 쓰이는 합금명은?

23 실용 금속 중 가장 가벼워서 비중이 1.74, 용융점은 650℃이며, 조밀육방격자이고, 고온에서 발화하기 쉬운 금속의 명칭은?

24 Mg-Al-Zn계 합금으로 Mg에 3～7% Al, 2～4% Zn을 함유한 합금명은?

25 고용점(1800±25℃)이고, 비중은 4.5이며, 열팽창계수 등이 작고 전기 저항이 크며, 철의 1/2 정도의 무게로 철과 유사한 인장 강도를 수 있는 금속명은?

해답

1. 70%
2. 탈산 구리(인탈산동)
3. 45%
4. 경년 변화
5. 탈아연 부식
6. 톰백(tombac)
7. 6 : 4 황동, Muntz meta
8. 에드미럴티 황동
9. 델타메탈, 철황동
10. 양은(백동)
11. ○
12. 켈밋
13. 오일리스 베어링
14. 시효
15. 실루민, 알팩스
16. Y합금
17. 두랄루민
18. 384p [다] 1) ④ 참조
19. 회복
20. 모넬메탈
21. 인바
22. 인코넬
23. 마그네슘
24. 엘렉트론
25. 티탄, 타이타늄

제5절 | 용접 야금

1 금속의 결합

가. 원자의 구조

물질의 종류는 매우 다양하며, 지름이 약 10^{-8}cm의 원자와 이온으로 구성되어 있다.

이 원자는 작고, 조밀하고 더욱 (+)의 전기를 띤 핵(nucleus)과 일정한 셀(shell)로 구성되어 있으며 핵의 주위를 회전하는 핵외 궤도 전자의 2개 부분으로 되어 있다.

원자는 핵을 중심으로 전자들이 회전하고 있으며 핵은 양자(+ 전하)와 전기적으로 중성인 중성자로 되어 있다.

전자는 - 전하를 가지고 있으며, 양자 1개가 가지고 있는 전기량(+)과 전자 1개가 가지고 있는 전기량(-)은 같다.

그림 5-1 염소의 원자 구조

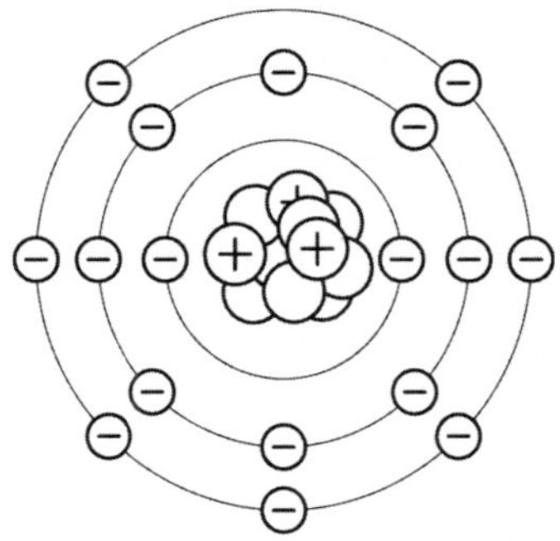

그리고 1개의 원자 속에 양자의 수와 전자의 수가 같으므로 모든 양자의 전기량과 전자 전기량은 같다. 예를 들면 염소(Cl, 원자 번호 17)는 양자 17개와 전자 17개가 존재하므로 전기적으로 중성이다. [그림 5-1 참조]

[그림 5-1]에서 가장 바깥 궤도를 도는 전자를 최외곽 전라고 하며, 물질의 물리, 화학적 성질에 큰 영향을 미친다.

원소의 화학적 성질은 핵의 주위를 돌고 있는 전자의 수에 지배된다. 이 핵외 전자는 가장 내측에서 외측으로 K, I, M, N, O, P 및 Q 등이라는 궤도 위에 분포하여 있고, 주 양자수 n－1, 2, 3…등에 의해서 특징지어진다.

질량은 중성자(neutron)와 양자(proton)로 되어 있으며, 중성자는 전하가 없고 양자는 전자의 전하와 같은 양, 또한 반대 부호의 전하를 가지고 있다.

가장 간단한 핵은 수소의 핵이며, 단일 양자로 되어 있다. 다른 모든 핵은 양자와 중성자의 혼합물이며, 중성자 : 양자의 비는 가벼운 동위 원소에 대하여 약 1 : 1이며, 핵의 질량이 증가하는 동시에 점점 증가한다.

나. 금속(원자) 결합

1) 공유 결합

2개의 원자 각각의 최외곽에 있는 전자가 이 2개의 원자만에 공통인 전자 궤도를 움직이며 서로 연결되어 그 힘으로 2개의 원자를 결합한 상태의 경우로서 대표적인 예가 다이아몬드이다.

다이아몬드는 서로 똑같은 종류의 원자(C)간에 힘이 작용하여 결합한 것으로 전자는 어느 쪽의 원자에 속한다고 말할 수 없는 2개의 원자에 공유한 형태이므로 공유 결합 또는 동극 결합이라 하며, 강한 방향성과 원자간의 결합력이 강하므로 경도가 크고 결정 내부 전체를 돌아 움직일 수 있는 전자가 없으므로 전기 부도체이며 빛에 대해 투명하다.

2) 금속 결합(metallic bond)

금속 물질의 원자들이 서로 잡아당겨 금속 결정을 이루는 화학 결합, 전자 구름(electron cloud)이라 불리는 전자들의 비편재화된 공유 결합이지만, 튀어나온 전자가 특정한 2개 원자 사이에만 공유하지 않고 금속 결정을 구성하는 원자 전체에 공유된다는 것이 다르다.

따라서 자유 전자의 무리(전자 구름) 속에서는 전자가 결정 전체를 자유롭게 이동할 수 있으므로 전기 및 열을 잘 전달한다.

또한 금속 원자는 모두 등가이고 외부로부터 응력을 가하면 어느 장소에서 이들 결합이 파괴되고 미끄러져도 쉽게 다시 결합될 수 있으므로 소성 변형이 가능하며, 가시 광선이 금속에 닿으면 전자 구름에서 산란되어 금속 광택을 나타낸다.

이런 (+) 전하의 금속 주위를 (-) 전하의 전자 구름이 돌고 있으므로 (+) 전하의 A금속은 (-) 전하의 전자 구름과 결합하고, B금속도 (-) 전하의 전자 구름과 같은 방법으로 결합하게 된다. 이와 같은 방법으로 원자들이 결합하는 방법을 금속 결합이라고 한다.

금속의 결합 에너지는 수은(68KJ/mol)과 같이 낮은 것부터 텅스텐(850KJ/mol)에 이르기까지 다양하며, 전자 구름에 의해 전기 전도도가 높고, 비방향성이며, 배위수가 비교적 높다.

3) 이온 결합

준금속의 최외곽 전자의 수는 3개 이상이나, Fe나 Na와 같은 금속의 원자는 일반적으로 최외곽 전자의 수가 이보다 적으며, 최외곽 전자의 수가 적을수록 핵이 이 전자들을 당기는 힘이 약하다.

따라서 금속과 준금속 원자가 접근하면 금속의 최외곽 전자가 준금속 원자의 최외곽 전자로 이동하여 금속은 중성에서 양이온으로 변하고 준금속은 전자 수가 늘어나 음이온이 되어 서로 끌어당기는 힘이 생겨 결합하게 된다. 예를 들면 금속인 나트륨(Na)과 준금속인 염소(Cl)가 접근하면 나트륨의 최외곽 전자가 염소로 이동하며 나트륨은 양이온, 염소는 음이온이 되어 서로 끌어 당겨지므로 결합하여 소금(NaCl)이 되는데 이 결합을 이온(이극) 결합이라고 한다. [그림 5-2 참조]

이온 결합의 경우는 전자가 2개의 이온 사이에 고정되므로 금속과 같은 전기 전도는 불가능하지만 이온 전도는 약하게 일어난다. 또한 외력을 가하면 금속의 경우 늘어나면서 소성 변형하지만 이온 결합의 경우는 일정한 원자면을 따라 취성 파괴가 일어난다.

그림 5-2 이온 결합 과정

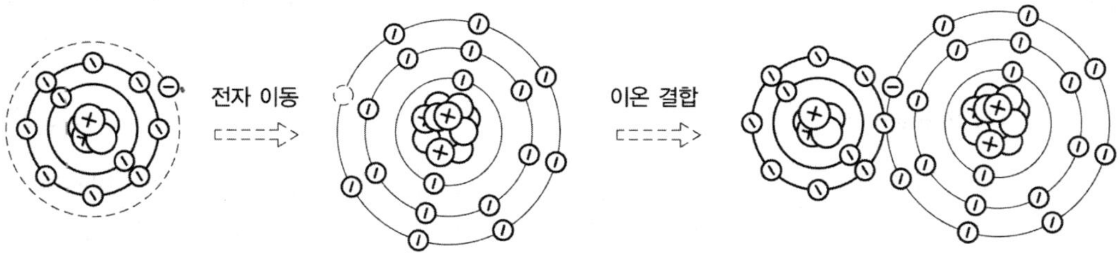

(a) 최외곽 전자의 이동(Na–Cl)　　(b) 이온 결합(NaCl)

4) 반 데어 발스(Van der Waals) 힘에 의한 결합

아르곤(Ar), 네온(Ne)과 같은 원자는 다른 원자와 화합하는 힘을 거의 갖고 있지 않지만 이와 같은 원자사이에도 전기적으로 중성인 원자들이 접근하면 그들 원자 내부에서 각 순간 순간에 ⊕와 ⊖의 각 전하의 중심이 분리, 즉, 분극이 일어나며 그 결과 인접 원자 사이에는 극저온에서만 원자의 열진동보다 우세하여 원자끼리 결합할 수 있다.

따라서 이러한 힘에 의해 결합한 것은 매우 낮은 온도에서 풀어진다. 예로 Ar 고체는 -190℃에서 용해하며, -186℃에서는 기체로 된다.

2 금속의 결함

가. 금속의 결함(격자 결함)

완전 결정이란 원자나 분자가 규칙적으로 배열하여 조금도 결함이 없는 이상적인 결정을 말하지만, 실재는 여러 원인에 의해 많은 결함을 포함하고 있으며 고체의 어떤 성질, 즉, 기계적 강도, 반도체의 전기 전도도 등은 이러한 결함에 의하여 현저히 영향을 받는다.

나. 결함의 종류

1) 점 결함(Point defect)

완전 결정(perfect crystal)에서 원자 하나를 움직여서 생길 수 있는 결함을 말하며, 이런 경우 어떤 종류의 점결함이 존재하든지 점결함 주위의 결정 구조가 왜곡된다.

① **원자 공공**(vacaney) : 완전 결정에서 원자 하나를 빼내면 원자가 있던 곳은 공간으로 남게 되는데 이 부분을 말한다.

② **침입형 원자** : 원자와 원자 사이의 틈에 탄소, 질소, 산소 등 본래 원자보다 매우 작은 원자가 침입하여 생긴 결함을 말한다.

③ **치환형 원자** : 본래의 원자의 크기와 비슷한 원자에서 서로 자리를 바꾸는 결함이다.

2) 선 결함(Line defect)

실제 모든 결정체는 원자들의 규칙 배열을 부분적으로 혼란시키는 여러 형태로 점, 선, 면 또는 체적 결함을 갖고 있으며, 고체 결정체의 성질을 바꿀 수 있게 된다.

원자 결정 중에 원자들의 줄이 하나 더 생겼거나 빠졌거나 삐뚤어져서 비정상적으로 배열된 결함을 선 결함이라 하며, 칼날 전위, 나사 전위, 혼합 전위로 크게 나눌 수 있다.

3) 면 결함(Plane defect)

어떤 경계면의 양측에 있어서의 원자의 겹침의 변화에서 생긴다. 결정립계(결정 경계)는 다결정체로 향방이 다른 결정을 나누고 있는 계면 결함인데 서로 경상의 관계에 있는 두 향방의 부분을 나누고 있는 계면 결함은 쌍정 경계(twin boundary)라고 한다.

4) 체적(부피) 결함(Volume defect)

수축공, 기공 등의 주조 결함처럼 일정한 체적을 가지는 결함을 말한다.

3 용접 균열

가. 용접 균열의 개요

용접 균열은 용접부의 수축과 팽창에 의해 발생한 응력이 커서 그 부분의 소성 변형이 용접 응력에 견디지 못하여 생기며, 발생 시기에 따라 저온 균열과 고온 균열로 나눈다.

나. 저온 균열

강의 저온 균열은 용접 후 2~3시간 안에 발생하는 경우가 보통이나 며칠 경과 후 발생하는 경우도 많다.

저온 균열의 원인은 잔류 오스테나이트의 분해와 수소의 확산에 의한 지연 균열이다.

지연 균열은 구속에 의한 응력이 크게 관계되며, 수소량의 과다, 열영향부의 연성 부족, 열영향부의 조립화의 급랭에 의한 경화에 기인하여 발생하는 균열이며, 용접 금속부에 생기는 경우는 매우 드물다.

일반적으로 담금질하면 경화하기 쉬운 고장력강이나 저합금강 등에서 비드 밑 균열이나 토우 균열이 생기기 쉬우며, 용접 입열이 적을수록, 판두께가 클수록, 이음 형상이 복잡할수록 급랭 속도는 증가하고, 경화하여 균열이 생기기 쉽다.

1) 비드 밑 균열(under bead crack)

저합금 고장력강에 생기는 미소한 균열이며, 용접 후 수시간 후에 비드의 바로 아래에 생긴 균열이다. 이 균열은 일반적으로 본드에 접하는 조립부 내에 생긴다.

(1) 비드 밑 균열 발생 원인

발생 원인은 용접 중에 열 영향부에 흡수된 수소가 냉각 중에 과포화로 되고 마텐사이트 변태를 한 조직의 취성화로 인해 용착강 및 열영향부의 수축 응력, 오스테나이트에서 마텐사이트로 변태시의 체적 팽창에 의한 변태 응력, 미시적인 공공 중에 석출한 수소와 정역학적인 응력 등에 의해서 유기되는 것이다.

비드 밑 균열의 발생 기구는 다음과 같다.

① 수소가 다량 발생하는 용접봉으로 용접할 때 아크 분위기를 통과한 금속 입자가 수소를 흡수하므로, 용접 금속은 수소를 다량 함유하게 된다.

② 용접 금속이 응고할 때 급랭에 수반하여 용착강 자신은 수소 흡수 능력이 점차 감소하므로 일부는 가스로 되어 표면에서 대기 중으로 빠져나가지만, 일부는 근접하는 열영향부 내로 확산을 계속하여 열영향부의 수소량은 더욱 증가하게 된다.

③ 잔류 오스테나이트는 수소로 과포화되어 있기 때문에 마텐사이트로 변할 때 새로 생긴 조직 중에 미세한 균열이 생기는 일이 있다.

(2) 방지 대책

① 마텐사이트 생성이나 수소의 생성 원인을 차단한다.

② 냉각 속도를 느리게 하여 마텐사이트 변태를 피하고, 과도한 수소 흡습을 방지한다.

③ 마텐사이트의 생성을 감소시키기 위하여 100~150℃로 예열하거나(서랭을 위하여) 저수소계(페라이트)의 용접봉을 사용(열영향부로의 수소 흡수 감소)한다.

2) 토우 균열(toe crack)

비드 표면과 모재의 경계부에 발생하며, 언더컷에 의한 응력 집중이 큰 것이 원인이며, 예열, 또는 강도가 낮은 용접봉 사용으로 방지가 가능하다.

그림 5-3 용접 균열의 종류

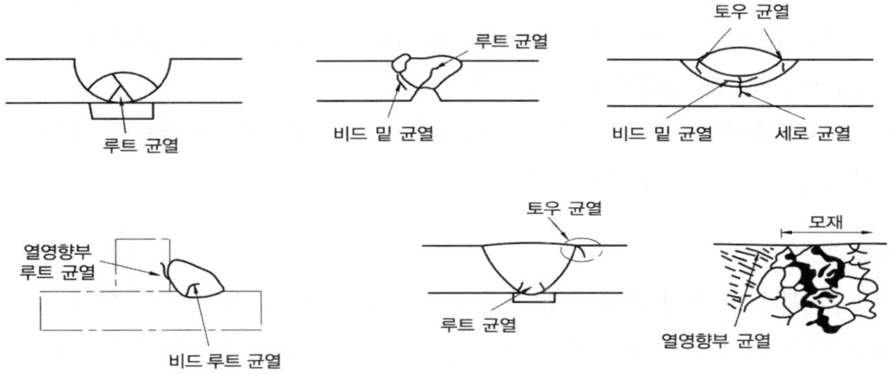

3) 힐 크랙(hill crack)

필릿 용접부의 루트 부분에 생기는 저온 균열이며, 열팽창 수축에 의한 비틀림이 주요 원인이다. 수소량 감소와 예열이 효과적이며, 용접 입열을 적게 해야 된다.

4) 루트 균열

저온 균열의 일종으로 용착금속이 냉각되어 수축할 때 모재는 좌우로 인장되나, 용착금속이 아직 고온이고 연성이 충분할 때는 자신이 늘어남으로 균열이 생기지 않으나, 100 ℃ 부근이 되면 강도는 증가하지만 연성이 저하하여 루트의 노치부가 응력 집중에 의하여 국부적으로 소성 변형한다.

따라서 그 부분이 가공 경화와 변형 시효를 받아 취약하게 된다. 용접 후 수시간이 지난 후에도 일어나게 되며 비드가 작을수록 일어나기 쉽고, 첫 층 용접의 루트 부근의 열영향부에 발생하며, 열영향부의 조직, 용접부에 함유된 수소량, 작용하고 있는 응력 등이 주 원인이다. 방지 대책으로는 예열, 후열 등이 효과적이다.

5) 라미네이션(층상 균열)

모재의 재질 결함으로 강괴의 기포가 압연되어 생기는 층상의 내부 노치이다.

(1) 특징

① 흔히 용접 이음 내부에 매몰된 균열(buried tear)로 존재하기 때문에 초음파 탐상을 제외하고는 그 탐지가 곤란하다.

② 용접 구조물에서 직접 원인이 되어 발생한 사고는 드물지만, 구조물 내부에 존재하고 있는 매몰된 균열이 다른 균열의 성장 및 전파에 기여하고 있다.

③ 해상 구조물, 다리, 압력 용기, 배관 라인, 원자력 발전소 구조물 등에 발생되고 있다.

④ 구속력을 수발하기 쉬운 용접 이음 설계(joint design) 즉, 십자형(cruciform), T형상, 모서리 이음 등에 관련되어 발생한다.

⑤ 탄소강, Cr-Mn강, 고장력 저합금(HSLA)강 등에 발생하고, 또 불림강, 압연강, 담금질 및 뜨임강 등에서도 발생하고 있다.

(2) 발생 원인

MnS계 개재물은 압연에 의해 편평하게 늘어지기 쉽고, 모재 속에서 이와 같이 늘려진 개재물은 모재가 용접열에 의한 외부 인장 구속 응력을 받을 때 쉽게 모재 내부를 분리시키는 역할을 한다.

이렇게 여러 곳에서 분리된 부분들은 서로 연결되어 압연 방향과 평행인 층상의 거시적인 균일 형태로 발전된다.

이러한 라멜라 균열의 주요한 요인으로 작용하는 MnS계 개재물은 초음파를 투과하기 쉽기 때문에 상당히 큰 개재물이라도 초음파 탐상으로 검출하기 어려워서 초음파 탐상같은 비파괴 시험만으로는 라멜라 균열이 발생되지 않도록 보장하기 어렵다.

① 발생의 주된 인자는 재료, 이음 설계 및 용접 변수 등 세가지이다.

② 재료의 두께 방향의 낮은 연성과 이 방향으로 용접에 의해 부과되는 높은 변형에 의하여 발생된다.

③ 두께 방향의 낮은 연성은 비금속 개재물, 모재의 성질 및 취성 기구 등에 기인하고 이 방향에 부과되는 변형은 용접 이음의 구속력, 용접에 의한 열적 변형과 금속의 상변태에 따른 변형 때문이다.

④ 라멜라 균열이 발생되는 재료상의 이유는 용접에 의하여 발생된 변형이 그 재료의 연성을 능가하기 때문이다.

(3) 방지 대책

① 내라멜라 균열성 강재를 이용하여 용접 시공을 할 때 압연 판재의 두께 방향으로 큰 구속이나 부하가 걸리지 않도록 구조물을 가능한 한 간단히 하고 각 이음부의 거리를 넓게 함이 필요하다.

② 용접 이음 형식을 T형, 편측 필릿 이음, 코너 이음, 관통 이음을 피하여 가능한 한 맞대기 이음을 한다.

같은 이음부 형식이라도 용접홈 형상, 적층법 등에 의해 구속도의 종류, 정도, 국부적인 용접 변형, 잔류 응력 분포 등이 변화함으로 주의가 필요하다.

③ 용접 시공시는 저수소계 용접봉을 선택하고 적절한 예열과 후열처리를 실시한다.

④ 저강도의 용접 금속을 사용한다.(두께 방향의 변형을 줄여주기 때문)

⑤ 100℃ 정도로 예열하여 수소의 영향을 감소시켜 균열에 대한 재료의 저항을 향상시킨다.

⑥ 대입열 용접 방법(SAW 용접 등)을 사용함으로써 큰 열영향부를 얻게 되고 변형 구배가 용접부에서 점차적으로 분포되어 있기 때문에 라멜라 균열 발생을 줄일 수 있다.

다. 고온 균열

고온 균열은 용융 온도 이상에서 용접부 중앙이나 주상(柱狀) 조직 사이에서 발생하는 균열이다.

발생 원인은 응고 조직의 조대화, 산화물, 유화철 등의 불순물 및 용접부의 형태, 잔류 응력 등으로, 용접 중 또는 용접 직·후의 고온에서 용접부의 수축 및 외부 변형 등에 의하여 일어나며, 응고 온도 바로 아래에서 발생하는 응고 균열이 대부분이며, 응고 직후 또 연성이 부족한 용접 금속이 수축 응력에 인장되어서 결정립계가 갈라지는 것이다.

대개 1000℃ 이상 고온에서 강의 결정립계의 저융점 불순물이 녹아서 입계의 결합력이 제로(0)로 되어 파단하기 쉬우므로 필릿 용접이나 크레이터에 가장 많이 나타나기 쉽다.

1) 고온 균열의 종류

① **가로(횡) 균열** : 용접부의 세로 방향의 수축 응력에 기인하여 용접 방향에 수직으로 발생하는 균열이며, 용접 금속의 인성이 극히 낮을 때 및 경화 육성 용접시 발생할 우려가 있다. [그림 5-4 (a) 참조]

② **세로(종) 균열** : 가로 방향의 수축 응력에 기인하는 균열이며, 용접 방향과 같거나, 평행하게 발생하는 균열을 말한다. [그림 5-4 (b) 참조]

그림 5-4 고온 비드 균열의 종류

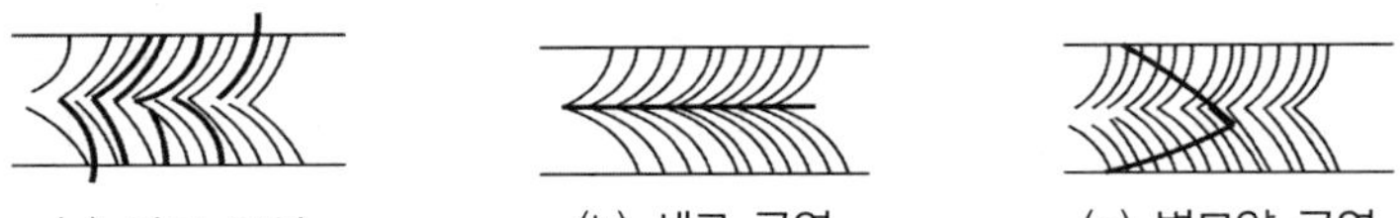

(a) 가로 균열 (b) 세로 균열 (c) 별모양 균열

③ 크레이터 균열 : 크레이터 부분의 급랭에 의해 발생하는 고온 균열의 일종이며 크레이터 처리를 하지 않았거나 불량한 처리시에 발생하며, 고장력강이나 합금 원소가 많은 강종에서 많이 발생한다. [그림 5-5 참조]

그림 5-5 용접 크레이터 균열의 종류

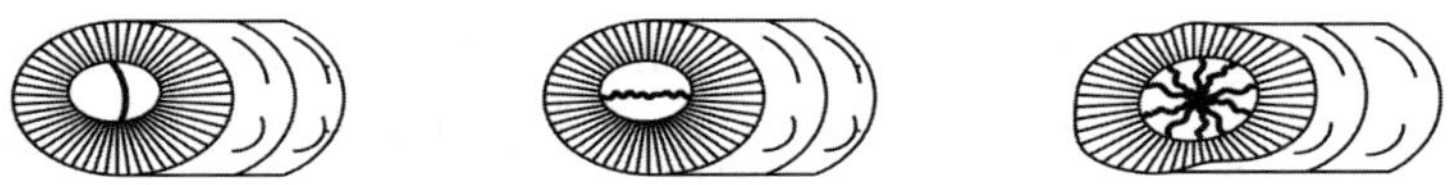

(a) 가로 균열 (b) 세로 균열 (c) 별모양 균열

④ 황 균열(sulfur crack) : 설퍼 크랙이라고도 하며, 강 중에 황이 층상으로 많이 존재하는 모재를 서브머지드 아크용접하는 경우에 발생하는 고온 균열이며, 황의 함유량을 낮은 강재의 사용과 망간의 첨가, 저수소계 용접봉이나 플럭스 사용으로 방지가 가능하다.

그림 5-6 황(설퍼) 균열

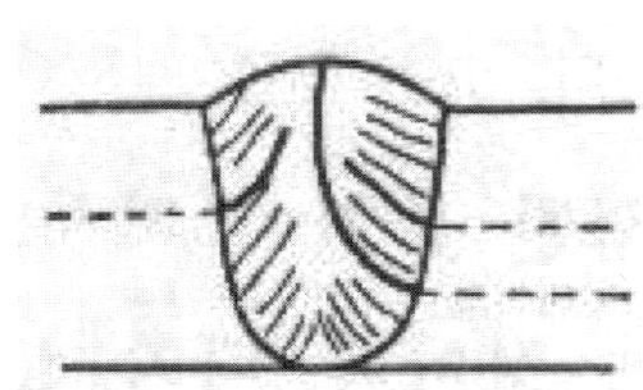

2) 고온 균열 발생 원인

크게 나누어 고상선 온도 이상과 이하에서 일어난다. 전자는 주로 고상선 주변의 온도에서 결정 입계에 잔류하는 액체의 거동에 원인이 있으며, 후자는 입계에서 고상의 석출물, 성분 편석 및 전위 등의 거동에 원인이 있는 것으로 판단되며, 고온(적열) 메짐이 원인이다.

① 황(S)의 편석, 인(P)의 영향 등 용착금속의 화학 성분에 의한 균열
② 수소나 노치 끝 부분의 응력 집중 등 내적인 힘에 의한 균열
③ 사용 중 외부의 힘과 용접 후 방치 중에 갈라지는 균열
④ 용접부의 가열과 냉각에 의한 체적 변화 등 변태 응력에 기인한 균열

3) 고온 균열의 특징

① 일반적으로 균열은 결정 입계 균열이다. 응고 균열은 수지(Dendrite)상 결정의 입계이며, 연성 저하 균열은 응고 후에 입계 이동이나 재결정에 의하여 새롭게 형성된 결정 입계에 발생하며 파면은 입계 파면을 나타낸다.

② 균열의 선단은 일반적으로 날카롭지 않으며 약간 둥근 모양을 띈 경우가 많다.
③ 균열이 표면에 도달한 부분은 대기에 의해 산화되어 착색하는 경우가 많으나 표면에 도달되지 않는 부분은 산화되지 않고 은백색을 나타낸다.
④ 고온 균열은 파면이 산화되고 육안으로도 쉽게 알아볼 수 있을 정도로 벌어져 있는 것이 보통이며, 균열의 폭은 약 0.05 ~ 0.5mm까지로 저온 균열의 크기(0.001 ~ 0.01 mm)보다 수십배 크고 끝단은 둥그렇다.

4) 고온 균열 방지 대책(설계 및 재료적인 측면)

용접시 입열 감소, 용착금속 내에 수소 함량의 최소화를 위해 저수소계 용접봉을 사용하거나, 용접할 때 국부적으로 가열, 냉각하여 팽창, 수축이 균일하게 일어나게 하며, 용착금속 내에 황(S)과 인(P)의 함유량을 적게 하고, 유화철, 산화물 등을 최대한 억제하며, 예열 및 후열처리, 피닝하여 용접부에 예리한 각도를 갖는 노치가 발생하지 않도록 한다.

4 수소 취화

가. 철강에서의 수소 취화

1) 수소 취성 발생 기구

수소의 원자 반경은 1.06Å로 다른 원자보다 매우 작아서 금속 격자(2~3Å) 사이를 쉽게 원자 상태로 뚫고 들어갈 수 있게 된다.

수소 취성에 대한 학설은 확실치 않으나, 수소를 함유하는 강을 저온 냉각시키면 취성이 나타나지 않고, 온도를 높여도 수소가 확산되어서 외부로 방출되기 때문에 취성이 나타나지 않는다. 또 하중을 가하는 속도가 대단히 빠를 때에도 취성이 나타나지 않는 것 등으로 보아서 수소 확산의 지연으로 인한 것으로 규정하고 있다.

2) 수소 취성

수소 취성은 음극 전해 탈지, 산세, 전기 도금 등에 의해서 생긴 수소가 철강 제품에 침투함으로써 메짐성을 가지는 현상으로, 강의 경우 항복 강도가 낮은 강철일 때 흡수된 수소가 강의 MnS, Al_2O_3, SiO_2 등의 개재물(介在物) 속에 모여서 이들 수소 분자의 압력으로 균열의 원인이 될 수 있다.

수소 취성은 전위를 고정시켜 소성 변형을 곤란하게 하는 원자상 수소에 의해 생기는 금속의 취성으로, 재료의 강도가 클수록 극미량의 수소에 의해서도 취성이 생기며, 공식 부위를 기점으로 하여 발생하기 쉽다. 재료 내부에 공동(空洞, cavity)이 있으면 그 표면에서 접촉 반응에 의해 분자상 수소를 발생시켜 고압의 기포를 형성하게 된다.

수소 취화된 강에 어느 임계값 이상의 인장 응력이 가해지면 수소 균열이 발생한다. 이러한 임계 응력은 수소 함유량이 증가함에 따라 저하하며 때로는 필요한 인장 응력이 수소 자체에 의해 생기고 수소 균열은 외부 부하에 관계없이 생긴다.

원자상 수소는 금속 자체의 부식 또는 보다 열약한 금속과의 접촉에 의해 생긴다. 또한 수소는 산세, 음극 청정, 전기 도금과 같은 공업적 공정에서 금속 중으로 녹아 들어간다.

강의 수소 취성은 Bi, Pb, S, Te, Se, As와 같은 원소가 존재하면 이들 원소들이 H+H = H_2의 반응을 방해하여 강재 표면에 원자상 수소 농도를 높게 하기 때문이다. 황화 수소(H_2S)는 석유 공업에서 부식 균열의 원인이 된다.

2) 수소 균열(Hydrogen Crack)

용착금속 내 수소 균열수소 균열은 탄소강에서 생기며 특히 고장력 저합금강, 마텐사이트계 및 페라이트계 스테인리스강 및 수소화물(hydride)을 만드는 금속에서 현저히 발생한다. 마텐사이트 구조인 고장력 저합금강의 경우, 약간 높은 온도 즉, 250℃ 대신에 400℃에서 템퍼링하면 수소 취성 감수성을 저하시킬 수 있다. 비교적 고온에서 뜨임하면 Fe24C와 같은 조성을 갖게 된다.

그림 5-7 용착금속 내 수소 균열

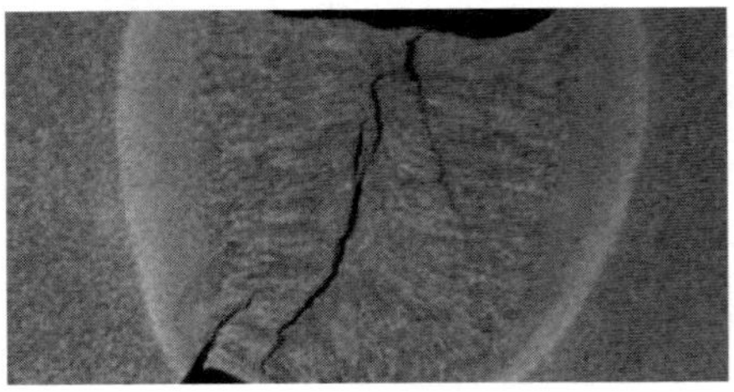

3) 수소 침식(Hydrogen attack)

수소 취성에 의한 균열은 응력 부식 균열에 비해 잔가지(branch)가 거의 없으며, 매우 큰 취성 벽개 파면(입내 파면)이나 입계 파면을 나타낸다.

200℃ 이상의 고온에서 수소가 탄화물과 반응하여 탈탄 구조와 메탄 가스를 형성하며, 크기가 크기 때문에 쉽게 확산되어 밖으로 나가지 못하고 입계에서 틈을 만들어 파괴가 일어나는 현상이다.

나. 철강에서 수소 취성 방지 대책

1) 발생 전 수소 취성 방지 방법

① 전해 탈지시 철강의 경우 양극 탈지를 택한다.

② 산세를 할 경우 가능한 짧은 시간에 하며 산 억제제나 부식 억제제 등을 첨가한다.

일반적으로 부식 억제제를 첨가함으로써 수소 발생 속도를 감소시킨다.

③ 고탄소강 등 수소 취성이 많이 생기는 것은 산처리 대신 쇼트 블라스팅 등 기계적 전처리(녹제거 등)나 특수 알칼리 탈청 방법을 선택한다.

④ 산성 아연 도금이나 특히 매커니컬(mechanical) 도금을 한다.

⑤ 수소가 발생되는 환경을 바꾼다. 수소 취성에 매우 민감한 재료의 경우 음극 방식 방법들을 바꾸거나 발생된 수소에 분자 상태로 쉽게 변환되지 못하고 금속 격자 내부로 들어가는 것을 촉진하는 이온들을 제거한다.

⑥ 합금을 바꾼다. 일반적으로 인장 강도가 큰 재료일수록 수소 취성이 잘 일어나므로 강도가 낮은 합금으로 대체한다. 황화합물이 없는 환경에서 인장 강도가 690MPa 이하인 강에서는 수소 취성이 잘 일어나지 않는다.

2) 발생 후 수소 취성 방지 방법

① 산세 후 가열된 알칼리 용액에 넣어서 침입한 수소를 전부 제거한다.

② 적절한 열처리로 내부에 존재하는 수소를 제거한다. 200℃ 정도에서 4시간 정도 수소 제거 열처리(baking)를 한다. 이 열처리는 금속의 종류, 피막 상태, 도금의 종류, 소재의 두께 등에 따라서 다르다. 예를 들어 아연 도금층은 수소가 통과하기 힘들고 같은 아연이라도 광택 도금은 수소의 방출이 힘들므로 열처리 시간이 길어야 한다.

③ 부식 후 가열된 알칼리용액에 넣어서 침입한 수소를 도금하기 전에 제거한다.

다. 용접부의 수소 취화

수소 취화(Hydrogen Brittleness)란 강재 중에 수소가 용해하여 있으면 파괴 강도가 저하하는 현상이다. 용착금속 내에는 일반 강재에 비해서 용접 금속은 $10^3 \sim 10^4$배 수소량을 갖는다.

① 약 -150 ~ 150℃ 사이에서 일어나며, 고온 및 저온에서는 거의 일어나지 않는다. 실온보다 약간 낮은 온도에서 취화의 정도가 제일 현저하다.

② 견고하고 강한 것일수록 취화의 정도가 현저하다.

③ 잠복 기간을 거쳐 용접 균열이 일어난다. 즉, 용접 금속 중의 수소는 시간이 경과함에 따라 농도가 낮은 모재 쪽으로 확산하여 간다. 용융선상의 최고 경화부가 제일 현저하게 수소 취화를 일으키므로 파단 강도는 저하하고 용접부에 가해지는 인장 잔류 응력에 따라 어느 정도의 잠복 기간을 거쳐 균열이 일어난다.

2) 수소 취화 파괴 특성

① 미세한 공공 중에 존재하는 분자상 수소가 갖는 정역학적 압력 등으로 파괴가 일어나

며, 주로 비드 밑 터짐이 일어나고 있다.

㉠ 수소를 발생하기 쉬운 용접봉으로 용접하면 아크 분위기를 통과한 금속 입자가 봉으로부터 수소를 흡수하므로, 용접 금속은 수소를 다량으로 함유하게 된다.

㉡ 용접 금속이 응고할 때, 수소는 용융 금속으로부터 이탈되지만, 그 일부는 용착금속 중에 잔류하며, 일부는 가열에 의하여 오스테나이트로 된 열영향부에 확산된다. 이것은 오스테나이트가 특히 수소를 다량으로 흡수하는 능력을 갖기 때문이다.

㉢ 열영향부가 냉각됨에 따라, 오스테나이트 상태로부터 변태함에 따라 수소의 흡수 능력이 감소한다.

㉣ 저탄소강의 경우 오스테나이트 상태에서 급격히 냉각하면 실온 부근에서 마텐사이트로 변태할 때 오스테나이트가 어느 정도 잔류한다.

㉠ 수소가 과포화된 잔류 오스테나이트는 마텐사이트로 변태할 때에 새로 생긴 조직 중에 미세한 균열이 생긴다.

② 마텐사이트 격자 중의 수소로 인한 취약화가 일어난다.

그림 5-8 수소 균열 발생 기구

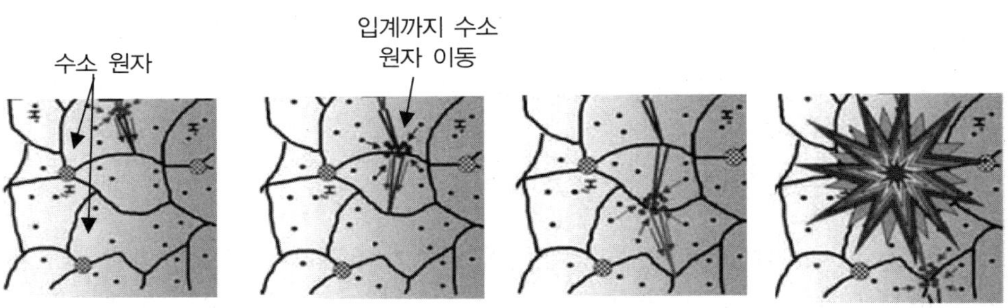

(a) 수소 원자 모임 (b) 수소 원자 이동 (c) 입계간 갈라짐 (d) 입계 파괴

3) 용접부의 수소 흡수 방지 대책

저수소계 용접봉을 사용하거나, 스테인리스강의 경우 오스테나이트 Cr-Ni강 용접봉을 사용하며, 마텐사이트 조직의 생성을 줄이기 위해 100~150℃로 예열한다.

5 각종 금속의 균열

가. 탄소강 및 저합금강의 용접 균열

철에 합금 원소가 들어가면 액상-고상선 사이의 응고 온도 분포 폭이 커지며, 균열 발생이 일어나기 쉬워진다. 이 온도 폭을 급격히 증대시키는 원소는 S, B, C, P 등이 있으며, S 및 P가 FeS(1190℃), Fe_3P(1166℃) 등의 화합물을 형성하면 융점이 저하하며, Fe와 공정(FeS · Fe)이 되면 988℃ 정도, Fe_3P · Fe로 되면 1050℃로 융점이 저하한다.

또한 Ni_3P-Ni 공정에서는 880℃, NiS-Ni 공정에서는 645℃로 융점이 매우 낮아지게 되며, 이러한 저융점의 액상이 응고의 최종 단계에서 결정 입계에 편석하면 액상의 존재 기간이 그만큼 길어지게 되어 균열의 위험이 많아지게 된다.

탄소강이나 저합금강에는 S나 P의 함유량을 최대한 제한해야 하며, 단순히 고온 균열 방지를 위해 Mn만을 첨가하였으나 최근에는 Ti, Zr 등을 첨가하여 고융점의 유화물을 형성시키는 것이 연구되고 있다.

나. 스테인리스강의 용접 균열

γ계 스테인리스강의 용접에서는 일반적으로 완전 오스테나이트 용접 금속에서는 고온 균열이 생기기 쉽고, 용접 금속에 약 5%(실온) 이상의 σ상이 존재하는 조건에서는 균열이 잘 생기지 않는다.

황(S)은 γ계 스테인리스강의 고온 균열의 주 원인의 하나이며, 작용은 탄소강의 경우와 비슷하다. 따라서 Mn으로 S의 해를 제거할 수 있으나 근본적으로 S의 함량을 가능한 0.01% 이하로 낮은 것이 좋다.

그리고 Si가 높으면 결정입계에 silicate의 막을 형성하여 균열이 생기기 쉬우나 이 경우에 C를 증가시키면 균열을 방지할 수 있다. 그러나 C는 γ상의 안정화 원소이기 때문에 C의 증가에 따라서 δ상이 감소하므로 오히려 균열이 증가될 위험도 크다.

Nb는 함유량이 많을 때는 δ상을 안정하게 하므로 균열 방지에 유익하지만 실제로는 오스테나이트를 안정시키는 원소이므로 다량 첨가하면 오히려 균열 강도를 높이는 경향이 있다.

Mo는 일반적으로 균열 강도를 저하시키는 원소이나 Nb와 공존하여 결합하면 오히려 균열이 발생하기 쉬워진다.

다. 내열 합금의 용접 균열

내열 합금의 용접 균열에는 응고 직후에 발생하는 고온 균열 외에 용접 후의 냉각 중이나 용접 후의 열처리 중에서 발생하는 균열이 있으며, 이러한 균열을 변형 시효 균열 또는 용접 구속 균열이라 한다.

이 균열은 용접 잔류 응력이나 용접 열사이클로써 결정입계에 석출한 탄화물 등이 입계 강도를 저하시키고 결정입내에 석출한 γ상 등이 기지 연성을 저하시키기 때문이다.

라. Al 합금의 용접 균열

일반적으로 취성 범위가 넓을수록 응고시의 수축 변형이 커져 균열이 생기는 경향이 강해진다. 이 취성 범위는 평행 상태도의 액상-고상선 사이의 응고 온도 폭에 비례하여 증가한다.

균열의 주 원인은 각 합금에서 생성하는 저융점 공정이라고 할 수 있다. 용접에서 용접 비드나 크레이터 등의 용접면 위 또는 본드 부근의 열영향부의 균열 외에 다층 용접 금속부의 내부나 열영향부에 형성하는 공정 용해나 미소 균열이 있다. 이들은 저융점의 공정 조직이 편석하고 있는 결정입계가 용접열에 의하여 국부적으로 용융하고 그것이 재응고할 때 생기는 것이다.

일반적으로 용접부의 결정립이 미세할수록 용접 균열은 잘 생기지 않는다. 그 이유는 응고 중에서 발생하는 주상정의 간섭성이 세립에서 보다는 저온쪽에서 많이 발생하기 때문이다.

마. 구리(동) 합금의 용접 균열

1) 순 구리의 용접 균열 발생

용접 균열의 발생이 적으나 후판에서 구속력이 크고 불순물이 존재할 경우에는 균열이 발생한다. 즉, 용접 금속의 액상과 고상의 응고 온도 영역을 크게 하는 원소(Pb, Si, P, As) 등이 존재하면 결정입계의 석출물이 용융하며 필름막 단계에서 존재 기간이 길어져서 고온 균열의 감수성이 커진다. 특히 Pb, Bi는 구리에 거의 고용하지 않고 저융점 공정물을 형성하기 때문에 0.05% 정도의 미량에서도 균열이 생길 수 있다.

정련 구리와 같이 용접 금속 중의 산소 함유량이 높은 것은 용접 분위기 중에서 다량의 수소를 흡수하면 산화물의 수소 환원에 의하여 생긴 수증기에도 균열이 발생할 수 있다.

2) 순 구리 용접시 기공 발생

용접 금속에 발생하는 기공은 가스 용해도의 감소에 의해 생기는 경우와 가스 화합물로서 생기는 경우가 대부분이다. 가스로서는 H_2O, SO_2, CO 등이 있다. H_2O는 고상의 구리에는 전혀 고용하지 않고 확산 속도도 대단히 적어 강 중에 농축된 것과 같은 형상으로 되어 기공이 되며, 금속이 응고시 미쳐 방출되지 않고 기지에 부착되어 있거나 표면 가까이 머물고 있는 것이 기공이 되는 것이다.

기공 방지에는 Mn, Si, Ti 등의 탈산제를 포함한 용접봉을 사용하거나 고온으로 예열을 하여 냉각 속도를 느리게 하고 탈가스하는 것이 좋다. 또한 최근에는 용접 토치에 전자 진동 장치를 설치하여 용융지에 전자 진동을 줌으로써 용융지의 기포 생성을 촉진하고 생성된 기포의 확산 속도를 크게 하여 기공을 줄이는 방법이 사용되고 있다.

3) 구리 합금의 용접 균열

Cu-Al계 합금의 경우 α 단상 용착금속은 조립화가 쉬워 균열 감도가 높으며 다층 용접에서는 앞층 비드에 균열이 나타나는 경우가 많다. 이것은 α 상에는 고온 취성화역이 존재하기 때문이며, 재가열 등을 받으면 그 영향이 현저하다. 이 고온 취성은 크롬 등의 불순물을 가능한 적게 하고 질소 함유량을 극히 제한함으로써 개선될 수 있으며, 큰 입열에 의한 용접을 피해야 되며, 용접 와이어에 Ti를 첨가하는 것이 효과적이다.

바. 용접 균열의 방지 요점

① 고온 균열의 방지에는 재료 조성 관련은 물론 수축 응력이나 노치의 영향을 피하고 응력의 발생을 방지하는 이음 형식[표 5-1 참조]을 채용하는 것이다.

② 용접 입열의 최소화를 위해 전류, 홈, 용접 속도 등의 용접 조건 또는 후퇴법 등 용접 순서의 선정이 필요하다.

③ 용접 시공시 이음면의 완전 청소, 완전 보호, 직선 비드쌓기, 예열과 후열에 의한 응력 완화와 응력 제거가 필요하다.

④ 저합금강이나 고탄소강 등 경화하기 쉬운 재료에는 완전 건조된 저수소계 용접봉을 사용하고, 100 ~ 350℃ 정도의 예열을 하며 150 ~ 300℃의 후열로 뜨임 효과와 용접부의 인성 회복, 수소 방출에 도움이 된다.

표 5-1 응력 발생 방지의 이음 형식의 예

좋 음	불량함	좋 음	불량함
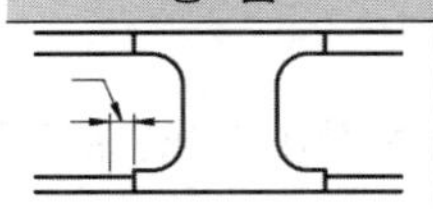	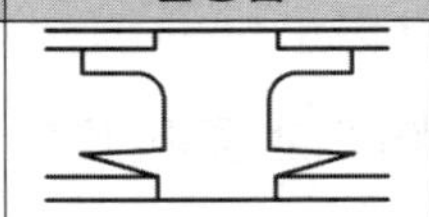	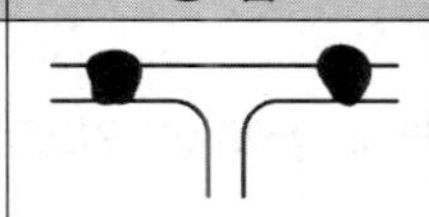	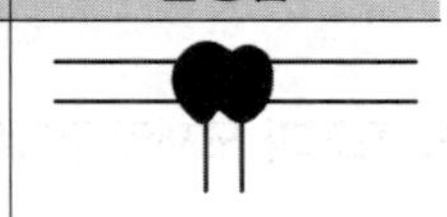
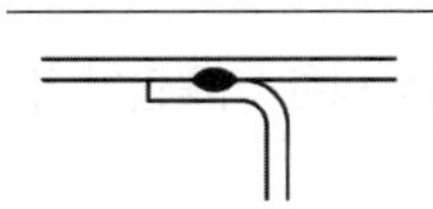	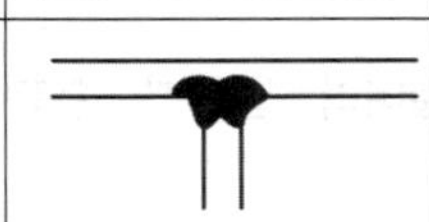	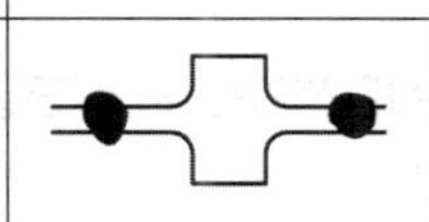	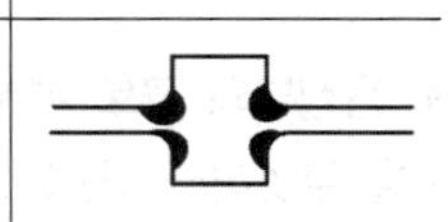
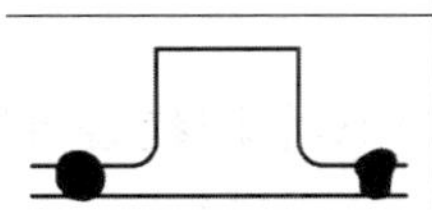	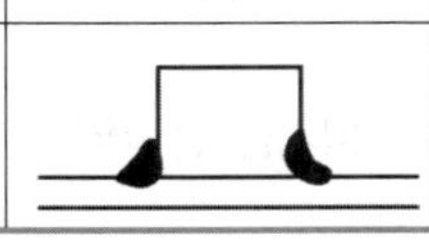	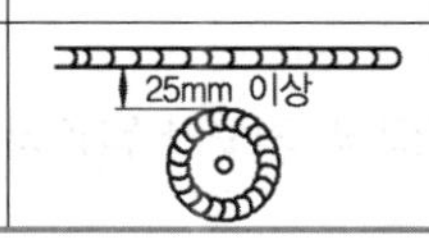	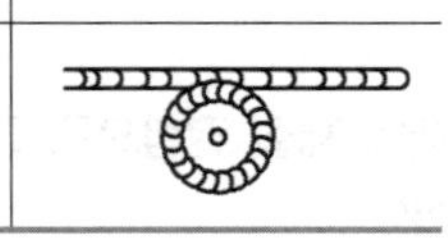

실전 심화 학습 문제

{제5절 | 용접 야금}

01 다이아몬드와 같이 2개 원자 각각의 최외곽 전자가 이 2개의 원자만에 공통인 전자 궤도를 움직이며 서로 연결되어 그 힘으로 결합한 상태의 결합은 무슨 결합인가?

02 (+) 전하의 A금속은 (−) 전하의 전자 구름과 결합하고, B금속도 (−) 전하의 전자 구름과 같은 방법으로 결합하는 것을 무슨 결합이라 하는가?

03 완전 결정에서 원자 하나를 움직여서 생길 수 있는 결함의 명칭은 무엇인가?

04 원자와 원자 사이의 틈에 탄소, 질소, 산소 등 본래 원자보다 매우 작은 원자가 침입하여 생긴 점 결함의 명칭은?

05 원자 결정 중에 원자들의 줄이 하나 더 생겼거나 빠졌거나 삐뚤어져서 비정상적으로 배열된 결함의 명칭은?

06 수축공, 기공 등의 주조 결함처럼 일정한 체적을 가지는 결함을 무엇이라 하는가?

07 저합금강 등에 주로 생기는 비드 밑 균열, 토우 균열은 주로 무슨 기체 때문인가?

08 비드 밑 균열의 발생을 방지하는 방법에 대하여 간단히 쓰시오.

09 비드 표면과 모재의 경계부에 발생하며, 언더컷에 의한 응력 집중이 큰 것이 원인인 결함의 명칭은?

10 필릿 용접부의 루트 부분에 생기는 저온 균열이며, 열팽창, 수축에 의한 비틀림이 주요 원인인 결함을 무엇이라 하는가?

11 모재의 재질 결함으로 강괴의 기포가 압연되어 생기는 층상의 내부 노치의 결함을 무엇이라 하는가?

12 저온 균열의 종류 2가지를 쓰시오.

13 산화물, 유화철 등의 불순물, 잔류 응력 등으로, 용접 중 또는 용접 직후의 고온에서 용접부의 수축 및 외부 변형 등에 의하여 일어나는 균열의 명칭은?

14 용접부의 세로 방향의 수축 응력에 기인하여 용접 방향에 수직으로 발생하는 균열이며, 용접 금속의 인성이 극히 낮을 때 일어나는 균열의 명칭은?

15 황(S)은 무슨 균열의 원인이 되는가?

16 고온 균열의 종류 2가지를 쓰시오.

17 일반 강재에 비해서 용접 금속은 몇 배 수소량을 갖는가?

18 수소 취화는 약 몇 ℃ 사이에서 일어나는가?

19 강재 중에 수소가 용해하여 있으면 파괴 강도가 저하하는 현상은?

20 용접부의 수소 흡수 방지 대책을 간단히 쓰시오.

해답

1. 공유 결합
2. 금속 결합
3. 점 결합
4. 침입형 원자
5. 선 결합
6. 체적(부피) 결함
7. 수소
8. 396p [나] 1) (2) 참조
9. 토우 균열
10. 힐 크랙(hill crack)
11. 라미네이션(층상 균열)
12. 396p [나] 1) ~ 5) 참조
13. 고온 균열, 응고 균열
14. 가로(횡) 균열
15. 설퍼 균열, 고온 균열
16. 399p [다] 1) 참조
17. $10^3 \sim 10^4$배
18. -150 ~ 150℃
19. 수소 취화
20. 404p [다] 3) 참조

memo

PART 2 용접실습

핵심 용접 실무 실습

01 피복 아크용접 실습

제1절 | 교류 아크용접기 설치 및 조작

1 용접기 설치 작업준비 및 케이블 접속

가. 케이블 및 부속품 준비

용접기 규격에 맞는 1차 및 2차 케이블(길이 약 3m), 용접 홀더(400호), 접지 클램프, 압착단자, 볼트 너트, 절연 테이프 등과 결선에 필요한 공구(몽키 스패너 또는 스패너, 드라이버) 등을 준비한다. [그림 1-1 참조]

그리고 케이블 설치 작업 중 감전을 막기 위해 배전반의 전원 스위치를 차단(off)하고 '수리 중'이라고 부착한다.(가급적 관리자를 배치한다.)

용접기 상판을 분해한 후 압축공기를 사용하여 먼지 등을 제거한다.(년 1～2회)

그림 1-1 2차 케이블 및 홀더, 접지 클램프

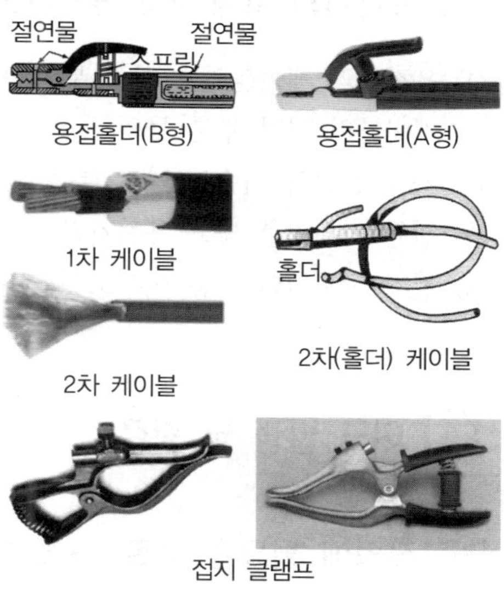

나. 1, 2차 케이블 접속

1) 2차 케이블 접속

용접기에 1차 또는 2차 케이블을 접속한다. 특별히 접속 순서는 없으나 먼저 2차 케이블을 접속한 후 1차 케이블을 접속하는 것이 좋다.

용접기의 규격에 맞는 캡타이어 코드선의 하나에 용접 홀더를, 하나는 접지 클램프를 접속한 다음 반대편에 압착 단자를 단단히 고정한 후 용접기 2차측 단자의 우측에 홀더선 케이블을, 좌측에는 접지 클램프 선을 연결하여 볼트 너트로 단단하게 고정한다.

홀더선을 접속하기 전에 전류 측정 CT를 홀더선에 끼운다.

용접기와 연결부 등 각 접속부의 노출된 부분을 절연 테이프로 감아 절연한다.

2) 1차 케이블 접속

1개의 1차 케이블의 한쪽 끝에 압착단자를 고정시킨 후 용접기 1차측 단자에 접속하고, 또 다른 1개의 1차 케이블의 한쪽 끝에는 압착단자를 고정시킨 후 전격 방지기 입력선과 연결한 후 전격 방지기 출구쪽 선을 용접기의 1차측 다른 단자에 연결한다.

1차측에 연결한 2개의 케이블의 반대쪽 끝을 15 ~ 20mm 정도 피복을 제거한 후 메인 스위치(벽에 설치된 브레커 스위치)에 연결한다.

만약 메인 스위치가 3상인 경우 RST 중의 2개를 연결하며, 용접기가 다수인 경우 RST를 교번하여 연결하여 전압의 편중을 피해야 한다.(예 : 1번째 : RS, 2번째 : ST, 3번째 TR 등)

용접기 케이스 조임 너트의 하나를 풀고 메인 스위치의 접지선(보통 녹색선임)을 연결한 후 용접기의 1차 단자와 1차 케이블 연결부 등의 노출부를 절연 테이프로 감아 절연한다.

다. 용접기의 고장 진단 등 이상 유무 점검

① 용접기와 케이블의 연결 부분의 이상 유무를 점검한다.
   케이블의 연결 부분 등의 노출 부분은 절연 테이프로 감아 노출을 방지해야 된다.
② 가동 철심의 이송용 나사 부분 및 가이드 등 활동 부분에는 그리스를 칠하여 준다.
③ 전원 스위치를 넣고 용접기의 작동 상태, 전류 조정 상태를 점검한다.
④ 전격 방지기의 작동 여부도 확인한다.

2 아크 발생 및 종료

가. 작업에 필요한 재료, 보호구, 공구 준비

연강판(t9.0×150×150), 피복 아크용접봉(E4313 또는 E4316, ϕ3.2), 기타 재료를 준비한다.

아크 발생에 필요한 보호구(앞치마, 팔커버, 발커버, 용접 장갑, 헬멧(핸드 실드), 방진 마스크 등)와 치핑 해머(슬래그 해머), 와이어 브러시 등 아크 발생에 필요한 공구를 준비한다. [그림 1-2 참조]

헬멧에 차광번호가 적당한 차광랜즈(보통 10 ~ 11번)와 백유리를 끼운다.

그림 1-2 용접 보호구 및 공구의 종류

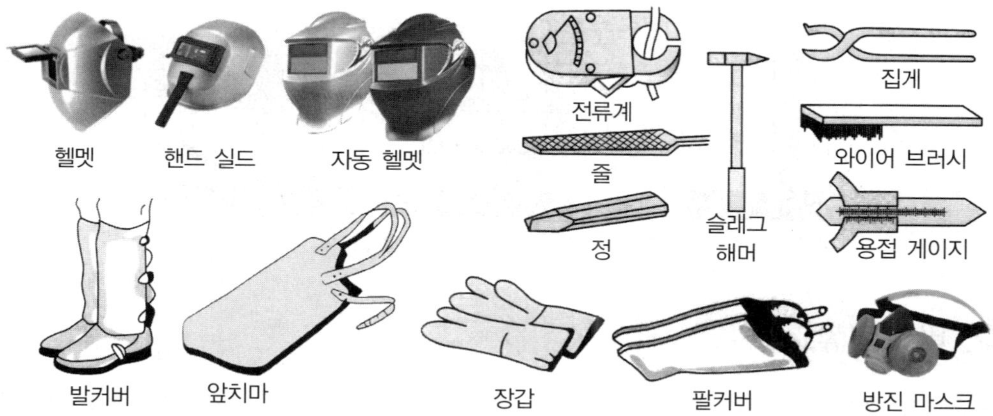

나. 아크 발생

용접기에 전원을 넣고, 피복 금속 아크용접봉 E4313(또는 E4316) ϕ3.2를 용접 홀더에 90°로 물린다.

아크 발생에 필요한 전류를 조절한다.(ϕ3.2 : 80 ~ 120A, ϕ4.0 : 120 ~ 160A)

연강판에 연강판 변두리와 평행하게 석필(또는 백색 마카펜)으로 직선(용접선)을 그은 후 작업대 위에 용접선이 좌우가 되게 바르게 놓고, 편한 자세로 앉아서 아크를 발생할 위치를 겨냥한 후 헬멧(또는 핸드 실드)으로 얼굴을 가린다.

용접봉 끝을 모재에 살짝 접촉시켰다 떼면서 아크를 발생한 후 불빛으로 시작점을 찾아 빨리 이동한다. 시작점 부분에서 아크를 안정시키며 아크 길이(모재 표면과 용접봉 끝과의 거리)를 약 3mm(심선 지름의 1배 이하) 정도 유지한다.

아크 발생법은 [그림 1-3]과 같이 2가지 방법이 있다.

1) 점찍기법(tapping method)

용접봉 끝을 모재에 수직으로 찍듯이 접촉시켰다 들어 올리는 법

2) 긁기법(scratching method)

① 용접봉 끝을 모재에 살짝 긁는 방법

아크가 발생되면 차광랜즈를 통해서 아크 길이, 용입 깊이, 용융지, 아크 분위기, 슬래그 형성 상태, 비드 폭, 진행 방향 등을 관찰한다.

그림 1-3 아크 발생법

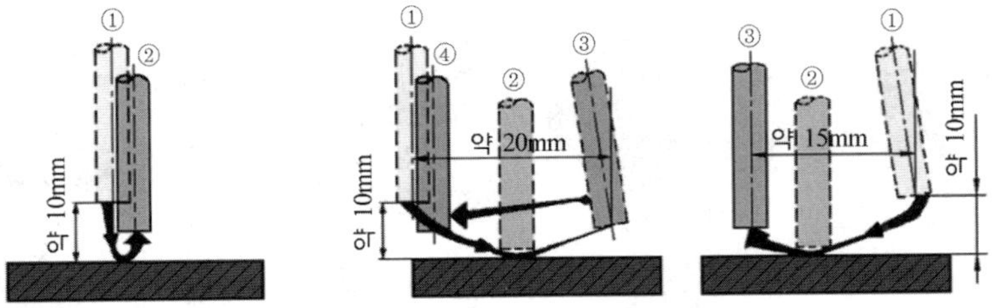

(a) 점찍기법 (b) 긁기법

다. 비드놓(쌓)기

연강판에 대하여 작업각 90°, 진행각 75 ~ 85°를 유지하여 비드 폭이 약 6 ~ 8mm 정도(좁은 비드일 경우)로 일정한 폭을 유지하며 천천히 우측으로 이동한다. 이 때 아크 불빛으로 보이는 비드의 폭과 진행할 방향의 용접선을 살펴야 된다.

아크 길이와 진행 속도가 일정해야 비드 파형이나 폭도 일정하게 형성하게 된다.

라. 검사 및 반복 실습

용접 중에 아크 발생음, 아크 발생 자세 등이 올바른가를 점검하고, 검사 중에 나타난 잘못된 점을 시정하려고 노력하며 반복 실습한다.

3 정리 정돈

실습이 끝나면 용접기의 전원을 차단하고, 벽에 있는 메인 스위치를 차단하며, 전체 배전반의 전원을 차단한다. 전원을 넣을 경우는 이와 반대로 배전반의 전원을 넣고 벽 스위치를 입력한 후 용접기 스위치를 입력해야 된다.

그리고 사용했던 공구와 재료를 정리한 후 주위를 깨끗이 청소한다.

표 1-1 교류 아크용접기의 고장 진단 및 보수 정비 방법

고장 현상	외부 및 내부의 고장 원인	보수 및 정비 방법
1. 아크가 발생되지 않는다.	• 배전반의 스위치나 용접기 전원 스위치가 off 되었을 때 • 작업대에 케이블이 접속되지 않았을 때 또는 접속 부분에 녹이나 페인트에	• 배전반 및 용접기 스위치의 접속 상태를 점검, 이상시 수리한다. • 케이블의 접속을 확실히 한다. 페인트에 의한 경우 페인트를 제거한다.

고장 현상	외부 및 내부의 고장 원인	보수 및 정비 방법
	의해 통전이 불량할 때 • 1, 2차 케이블 또는 코일이 단선되었을 때	• 1, 2차 케이블의 접속 상태를 점검하여 수리한다. 만약 코일이 단선된 경우 외주 수리 또는 폐기한다.
2. 아크가 불안정하다.	• 2차 케이블이나 접지선, 홀더의 접속이 불량할 때 • 단자 접촉부의 연결이나 스위치 접속이 불량할 때 • 전격 방지기의 작동이 불량할 때	• 접속 상태를 점검하여 확실하게 체결한다. • 단자 접속부나 용접기 스위치 접속부를 줄로 다듬질하거나 수리 교환한다. • 전격 방지기를 교환한다.
3. 용접기가 소음이 심하다.	• 용접기 케이스나 고정 철심 고정용 볼트 너트가 느슨하거나 풀렸을 때 • 용접기 설치 장소가 고르지 못할 때 • 가동 철심 이동 축 지지 볼트 너트가 풀려 가동 철심이 움직일 때 • 가동 철심과 철심 안내측 사이가 느슨할 때	• 케이스나 고정 볼트를 확실히 조인다. • 용접기 설치 장소를 평평하게 한다. • 철심 지지용 볼트 너트를 단단하게 조인다. • 가동 철심을 빼내어 틈새 조정판을 넣어 틈새를 적게 한다. 그래도 소리가 크면 교환한다.
4. 전류 조절이 안된다.	• 전류 조정 손잡이와 가동 철심 축과의 고정 상태 불량 또는 고착되었을 때 • 가동 철심 축의 나사 부분이 불량할 때 • 가동 철심 축의 지지가 불량할 때	• 전류 조절 손잡이를 수리 또는 교환하거나, 철심 축에 그리스를 발라 준다. • 철심 축을 교환한다. • 철심 축 고정 상태를 점검 수리 또는 교환한다.
5. 용접기 및 홀더선, 접지선이 너무 뜨겁다.	• 용접기를 허용 사용율 이상 과도하게 사용하였을 때 • 철심과 코일 사이에 이물질이 많이 있을 때 • 1, 2차 케이블의 연결 상태가 느슨하거나 케이블의 용량이 부족할 때 • 케이블의 구리선이 많이 절단되어 규정 단면적보다 부족할 때	• 허용 사용율 이상 사용하지 않는다. • 케이스를 열고 압축공기로 청소한다. • 느슨한 부분을 단단하게 조이거나, 정격 용량의 케이블로 교환한다. • 단자 부분의 일부 케이블을 절단하여 다시 접속한다.
6. 사용 중 전류가 점차로 중지되거나 증가한다.	• 단자 고정 볼트 너트가 불렸을 때 • 케이블의 용량이 부족할 때 • 철심이 노후되었을 때	• 볼트 너트를 단단하게 조인다. • 규정 용량의 케이블로 교환한다. • 철심을 교환한다.

제2절 | 비드놓기 피복 아크용접

1 아래보기 자세 비드놓(쌓)기

가. 용접 준비

교류 아크용접은 고열과 강한 아크 불빛, 연기와 금속 증기 등을 다량 발생하기 때문에 그에 대한 보호구를 준비하고 작업에 필요한 공구와 재료를 준비해야 한다.

용접재료는 모재(주로 연강판)와 피복 아크용접봉(주로 E7016 저수소계, 아래 모든 피복 아크용접에는 저수소계만 사용함을 기준으로 함)을 준비한다.

용접 보호구에는 가죽 앞치마, 가죽 장갑, 발커버, 팔커버, 용접 헬멧(또는 핸드 실드), 방진 마스크 등이 있으며, 필요한 공구로는 전류계(암페어메터), 치핑 해머(슬래그 해머), 집게, 와이어 브러시, 석필(마카펜), 강철자 등이 있다.

용접 헬멧에는 차광 유리(차광 번호 10 ~ 11번)를 끼우고 차광 유리 앞에 백유리를 끼운다.

나. 용접기 점검

용접기는 정기 점검과 수시 점검을 통해 언제든지 사용할 수 있도록 한다. 특히 실습 전에는 케이블의 단선 및 노출 여부, 접지 케이블 접속 여부, 이상 발생음 여부 등을 점검한다.

다. 보호구 착용

용접 중 강렬한 아크 불빛이나 스패터, 금속 흄 등으로 부터 작업자 보호를 위해 용접 전에 용접 앞치마, 팔커버(또는 조끼), 발커버, 용접용 가죽 장갑과 방진 마스크 등을 착용한다. 그리고 헬멧(또는 핸드 실드)을 작업대 위나 작업대 옆에 놓는다.

라. 아래보기 자세 좁은 비드놓기

1) 모재 고정

모재의 한쪽 끝에서 약 5mm 정도 띄워서 모재 끝선과 평행하게 석필 등으로 금긋기(직선 연습을 위해 필요함)를 하여 작업대 위에 용접선이 좌우가 되게 작업자와 평행하게 작업대 앞쪽에 놓는다.

2) 전류 조절

교류 아크용접기의 전류 조절 핸들을 움직여 ϕ3.2 용접봉은 120 ~ 140A, ϕ4.0 용접봉은 130 ~ 160A로 조절한다. 전류 조절 핸들은 일반적으로 오른쪽 방향으로 돌리면 전류가 높아지며, 왼쪽으로 돌리면 낮아진다.

직류(DC) 아크용접기의 경우는 정극성으로 결선하고 볼륨 스위치를 사용하여 전류를 조절한다.

3) 좁은 비드놓기

작업대 앞에 편하게 앉아 용접봉을 용접 홀더에 직각으로 물린 후 자세를 바로 잡고 용접 시작부를 확인한 후 헬멧을 착용하고 모재의 왼쪽 끝 금긋기한 선 부근에서 아크를 발생하여 불빛으로 금긋기한 선을 빨리 확인하고 시작점으로 이동한다.

이 때 작업각(진행 방향에 수직한 각)은 90°, 진행각을 75 ~ 85°로 유지하며[그림 2-1 참조], 아크 길이가 심선 지름의 1배 이하(보통 2 ~ 3mm)가 되도록 일정한 속도로 우진한다. 우진(오른손잡이)할 때 이전 비드의 폭을 확인하고 진행 방향을 확인하면서 진행해야 된다.

4) 비드 잇기 및 크레이터 처리

진행 중 아크가 끊어졌거나 용접봉이 다 소모되어 비드를 연결해야 할 경우 잇는 부분이 층이 생기지 않게 이어야 되며[그림 2-2 참조],

크레이터 처리는 비드 끝 부분에서 모서리가 녹기 1 ~ 2mm 직전에 아크를 잠시 끊은 후 다시 일으키기를 2 ~ 3회 정도 실시하여 볼록하게 채운다.

그림 2-1 용접봉 각도

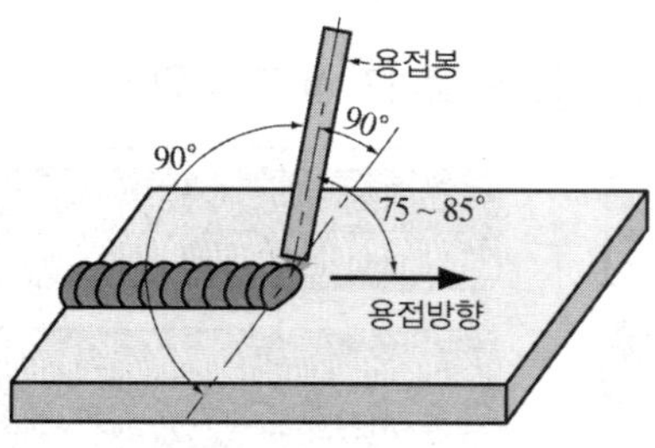

그림 2-2 비드 잇는 법

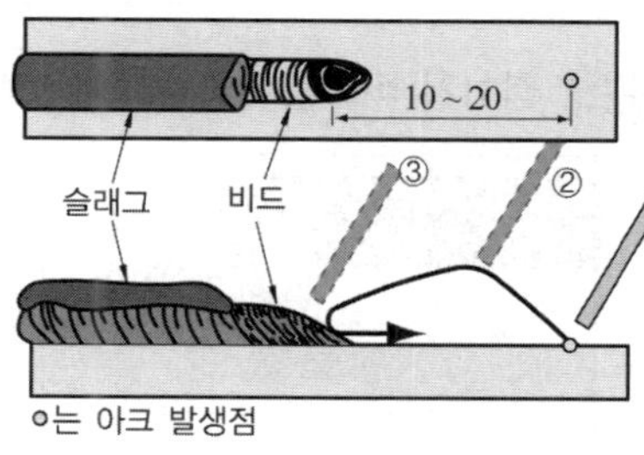

5) 용접부 청소와 검사

1줄의 비드놓기가 끝나면 슬래그(slag)와 스패터를 제거하고 와이어 브러시로 깨끗하게 청소한 후 용접부를 검사한다. 비드의 외관을 관찰하여 비드의 파형, 폭, 높이 등의 양부,

언더컷, 오버랩, 시점과 종점(크레이터) 처리의 양부 등을 파악한다. [그림 2-3, 4 참조]

그림 2-3 좁은 비드놓기

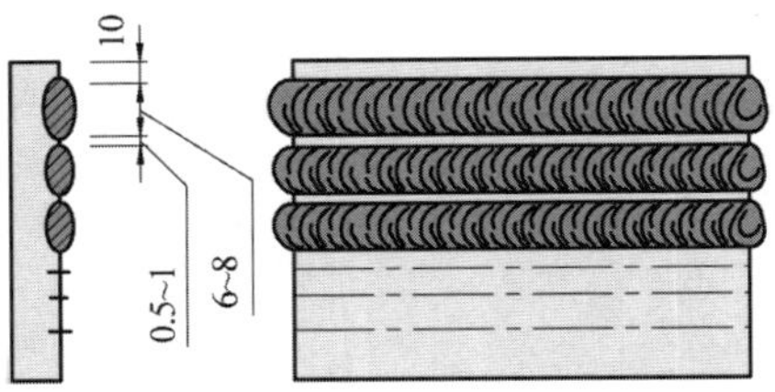

그림 2-4 비드놓기 양부

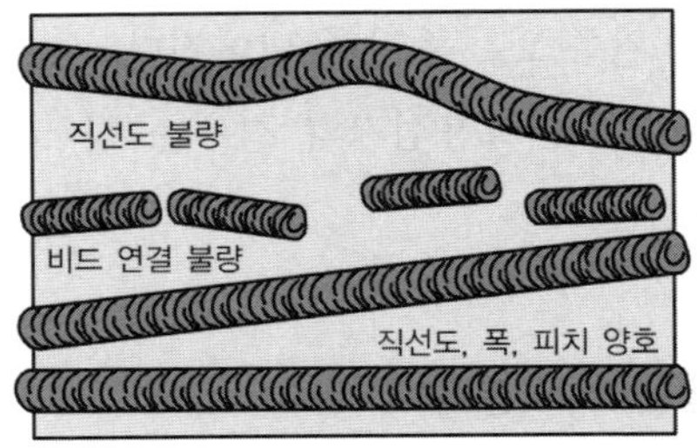

6) 겹치기 좁은 비드놓기

[그림 2-3]과 같이 한줄 한줄의 비드가 어느 정도 형성되면 그 다음엔 [그림 2-5]와 같이 겹치기 비드놓기 연습을 해야 한다. 겹치기 비드는 모재에 여러 층(다층)의 비드를 쌓을 경우 반드시 겹치기 비드놓기를 해야 결함이 없이 2층 이상을 쌓을 수 있다.

방법은 모재의 한쪽 끝에서 약 5 ~ 10mm 정도 안쪽에 석필이나 백색 마카펜으로 모재의 변두리선과 평행하게 직선을 긋고 위의 작업방법 '3)'과 같이 금긋기 선을 따라 1줄의 비드를 놓은 다음 깨끗이 청소하고, 2번째 비드부터는 이전 비드와 모재의 경계선에 용접봉의 1/4 ~ 1/3 정도가 겹치며 작업각은 모재에 대하여 65 ~ 75°, 진행각은 75 ~ 85°를 유지하며 비드를 놓는다.

이 때 용접봉의 겹침 상태가 너무 많으면 이전 비드보다 높게 쌓이게 되며, 너무 적으면 비드와 비드 사이의 골이 깊게 되며, 겹침 상태가 불균일하면 각 비드가 평행을 이루지 못하고 외관이 불량해지며 다층쌓기를 할 경우 슬래그 섞임 등의 각종 결함이 발생할 수 있다.

[그림 2-6]은 겹치기 비드의 양부를 나타낸 것이다.

그림 2-5 겹치기 비드놓기의 예

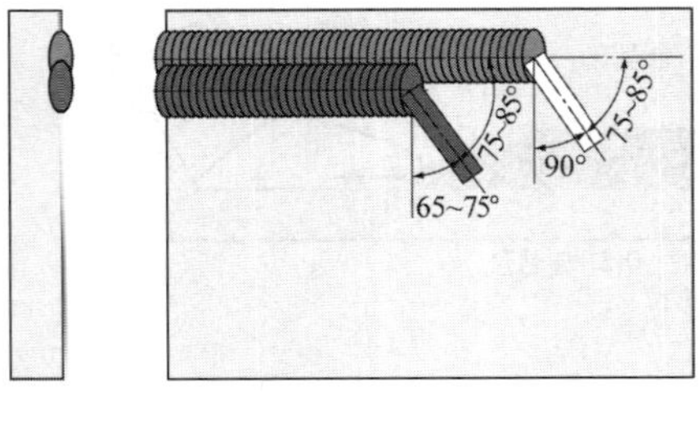

그림 2-6 겹치기 비드의 양부

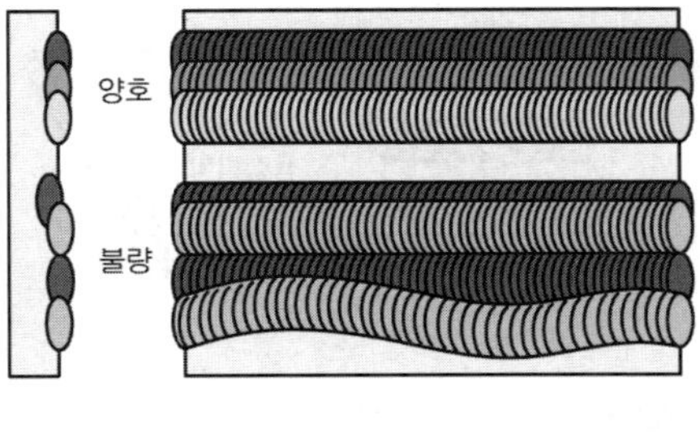

7) 반복 실습

모든 기술은 반복에 의한 숙련 정도에 달려 있다. 검사에서 잘못된 점을 고치려고 노력하며 이전 작업 '1) ~ 6)'을 잘 할 수 있을 때까지 반복 실습한다.

마. 아래보기 자세 넓은 비드놓기

1) 넓은 비드

넓은 비드놓기는 용접 진행 방향에 대하여 직각 방향으로 용접봉 지름의 2 ~ 3배 정도 넓게, 비드 피치는 3 ~ 4mm 정도 되게 움직이며 우진하는 방법이다.

위빙 폭은 약 10 ~ 12mm 정도(비드 폭은 12 ~ 14mm)가 적당하며, 운봉 중심부는 좀 빠른 듯 하고 운봉 끝부분은 약 0.5 ~ 1초 정도 멈추는 듯 하면서 진행한다. [그림 2-7 참조]

2) 모재 고정

모재의 한쪽 끝에서 약 5 ~ 10mm 정도 띄워서 모재 끝선과 평행하게 석필 등으로 폭이 약 10 ~ 12mm 정도 되게 2줄을 긋는다.

금긋기 한 모재를 좁은 비드놓기와 동일한 방법으로 모재의 용접선이 작업자와 평행이 되게 놓는다.

3) 전류 조절

전류를 ϕ3.2 용접봉은 110 ~ 130A, ϕ4.0 용접봉은 120 ~ 150A로 조절한다. 위빙 비드놓기 전류는 좁은 비드놓기 전류보다 약 10A 정도 낮게 하는 것이 좋다.

왜냐하면 위빙 폭이 넓기 때문에 모재에 가열되는 입열량이 많아 언더컷이 생길 우려가 있기 때문이다.

그림 2-7 넓은 비드 피치와 비드 폭

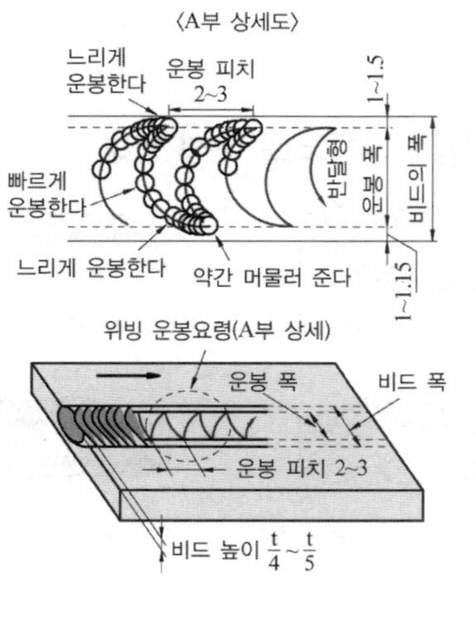

그림 2-8 넓은 비드의 양부

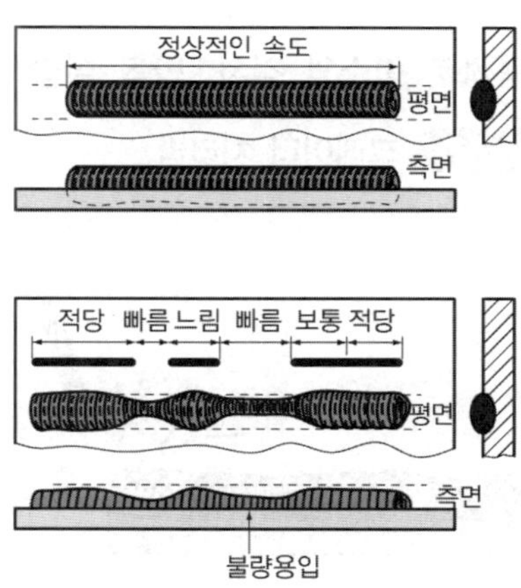

4) 넓은 비드놓기

용접봉을 홀더에 직각으로 물린 후 자세를 바로 잡고 헬멧을 착용한 다음 모재의 왼쪽 끝 금긋기를 한 선 부근에서 아크를 발생하여 아크 불빛으로 금긋기한 선을 빨리 확인하고 시작점으로 이동한다.

작업각과 진행각은 좁은 비드와 같이 하고 금긋기한 두 선을 확인하며 일정한 운봉 폭과 피치를 유지하며 위빙하면서 일정한 속도로 우진한다.

위팅 방법은 [그림 2-7]과 같이 용접 피치와 폭이 일정하며, 위빙의 양끝에서 0.5 ~ 1초 정도 멈추는 듯 하며 우진한다.

5) 비드 잇기 및 크레이터 처리

용접 중 어떤 원인으로 아크가 끊어졌거나 용접봉이 전부 소모된 경우 비드 잇기를 한다. RT 검사 등 중요한 구조물의 경우 비드 끝 부분을 깨끗이 청소한 후 이전 비드의 10 ~ 15mm 부분에서 아크를 발생하여 진행하며 이전 비드와 폭과 높이가 동일하도록 맞춘 후 위빙하여 진행한다. 비드놓기가 끝나면 비드 잇기를 하여 높아진 부분은 연삭하여 높이를 맞추어야 된다.

비드잇기의 또다른 방법은 이전 비드 끝에서 20 ~ 30mm 떨어진 부분에서 아크를 발생하여 이전 비드의 끝 크레이터 부분으로 빨리 이동한 후 크레이터 부분은 좀 느리게 진행하고 그 이후는 정상 속도로 진행하면 된다(중요도가 낮은 경우).

비드가 판의 끝에 오면 판 끝 직전 2 ~ 3mm 부분에서 아크를 끊었다 발생했다 하면서 조금씩 판끝으로 덧쌓는다.

크레이터 부분은 크레이터 폭과 넓이보다 약간 좁게 타원으로 좁히며 용적을 2 ~ 3회 채운다. [그림 2-9 참조]

6) 용접부 청소와 검사, 반복 실습

그림 2-9 크레이터 처리법

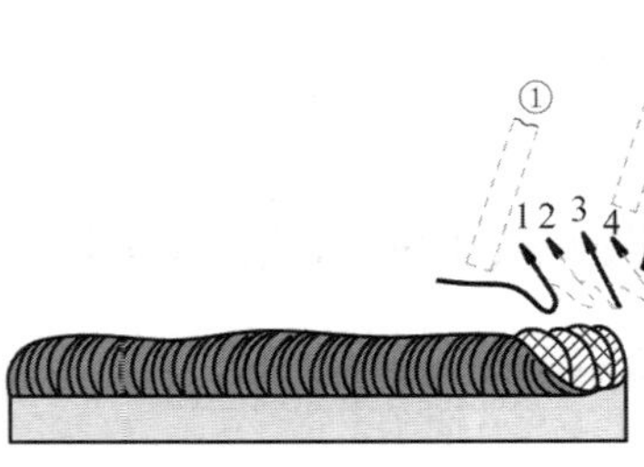

그림 2-10 다층 비드 용접 상태

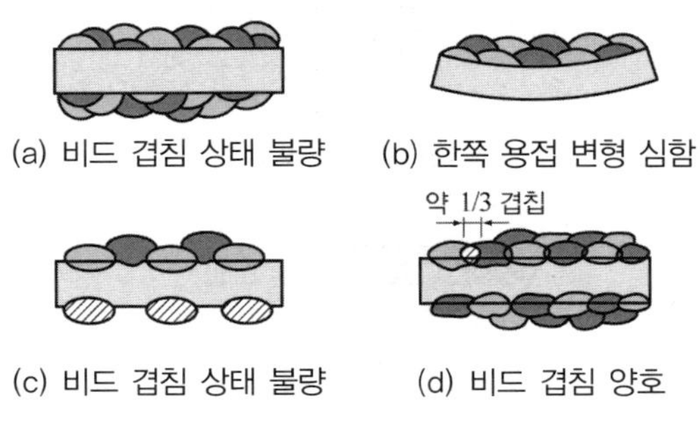

넓은(위빙) 비드놓기는 직선(좁은) 비드놓기보다 많은 시간을 가지고 충분하게 숙련해야 되므로 각 비드마다 깨끗이 청소하여 잘못된 점을 파악하고 그 잘못된 점을 고치려고 노력하며 반복 연습을 한다. [그림 2-8, 2-10 참조]

2 수평 자세 비드놓(쌓)기

가. 수평 비드놓기

수평 비드놓기는 모재를 수직으로 세우고 용접선이 수평 상태에서 일반적으로 좌에서 우측으로 우진하며 좁은 비드를 놓는 방법이다.

수평 비드놓기는 특별한 경우를 제외하고는 거의 겹치기 좁은 비드놓기를 한다.

수평 비드놓기가 아래보기 비드나 수직 비드놓기와 다른 점은 모재가 세워져 있고 모재의 용접선이 수평이며, 직선(좁은) 비드놓기를 한다는 것이다.

나. 용접 준비

1) 모재 고정

수평 자세는 모재가 수직이고 용접선이 수평이 되어야 하므로 적당한 지그가 필요하다.

모재에 비드놓기 할 부분에 금긋기를 한 후 용접 지그에 모재의 금긋기한 용접선이 좌우로 수평이 되며, 모재의 맨 위가 가슴 정도 높이가 되게 작업하기 편한 높이로 고정한다.

그림 2-11 수평 자세 시선 위치

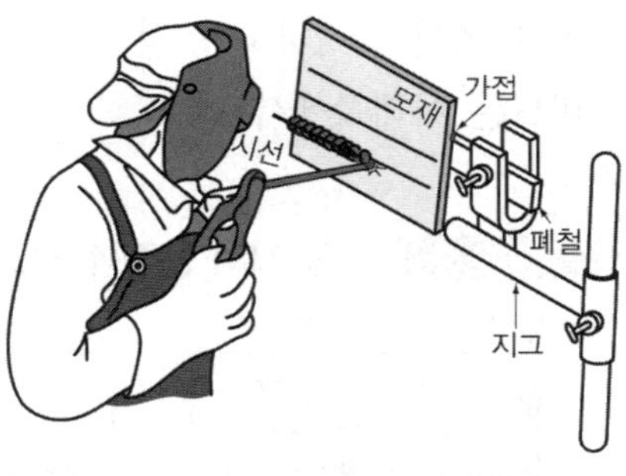

이 때 모재가 작업자의 몸 중심보다 약간 좌측에 위치하는 것이 좋다.[그림 2-11 참조]

2) 전류 조절

수평 자세 전류는 아래보기 자세와 같이 해도 충분하다. ϕ3.2 용접봉은 120 ~ 140A, ϕ4.0 용접봉은 130 ~ 160A로 조절한다.

다. 수평 좁은 비드놓기

1) 아크 발생 및 비드놓기

작업대 앞에 편하게 앉아 몸을 우측으로 약 20 ~ 30° 회전한 자세에서 홀더를 잡고 헬멧을 쓴 후 용접 시점(좌측 끝) 가까이 용접봉 끝을 이동하여 아크를 발생한다.

아크 발생법에는 [그림 2-12 (b)]와 같이 시작점 전 20 ~ 30mm 뒤에서 아크를 발생하여 아크 불빛을 보면서 시점으로 빨리 옮겨서 아크를 안정시킨 후 후진하여 비드를 놓는 방법과 (a)와 같이 용접봉 끝에서 약 10mm 정도 부분을 시점 모서리에 가볍게 접촉시킨 후 서서히 들어 올리며 모서리 끝에서 아크를 발생하여 아크를 안정시킨 후 후진하여 비드를 놓는 방법이 있다.

그림 2-12 수평 자세 아크 발생법

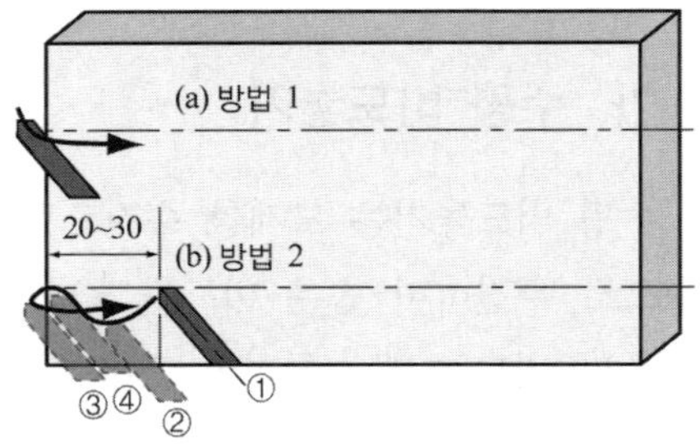

따라서 중요한 부분에는 (a)의 방법을 사용해야 용접 결함 발생을 줄일 수 있으며, 아크 스트라이크에 의한 잔류 응력도 줄일 수 있다.

아크가 안정되면 작업각(진행 방향에 수직한 각)과 진행각을 75 ~ 85°로 유지하며 비드 파형과 폭이 일정하도록 직선으로 우진한다. [그림 2-13 참조]

비드는 아래쪽에서 위로 쌓이도록 겹치기 비드를 놓아야 된다. [그림 2-14 참조]

그림 2-13 수평 자세 용접봉 각도

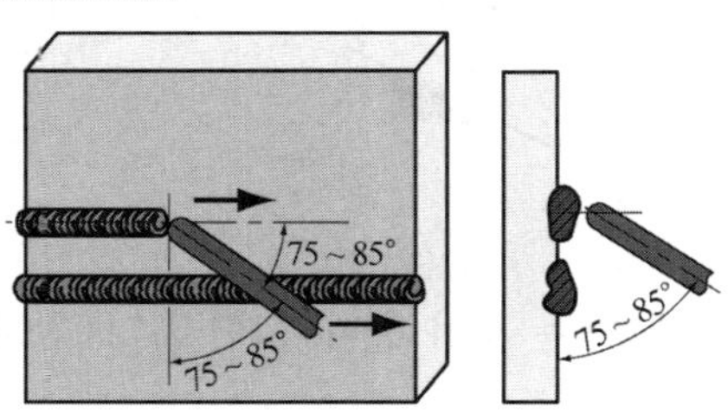

그림 2-14 수평 자세 겹치기 비드놓기시 작업각

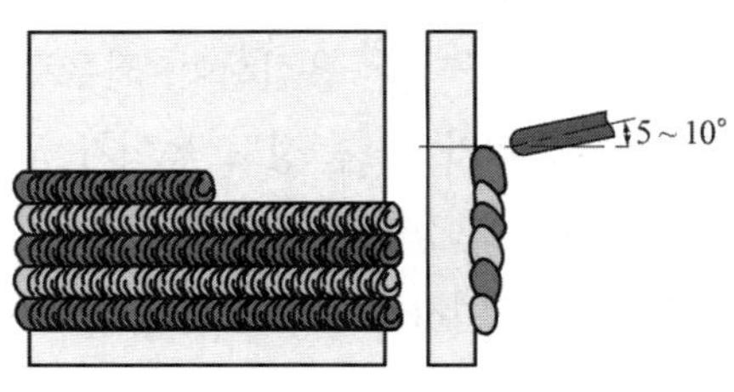

2) 비드 잇기 및 크레이터 처리

비드 잇기나 크레이터 처리는 많은 반복 연습이 필요하다. 비드 이음 부분을 깨끗이 청소한 후 이음부의 약 10 ~ 20mm 뒤에서 아크를 발생하여 이전 비드의 끝으로 신속하게 옮겨 경사진 부분의 상부 이전에서 경사진 끝(비드 끝에서 모재사이)까지는 좀 느리게 운봉하다가 정상 속도로 진행한다.

그림 2-15 수평 자세 비드 잇기

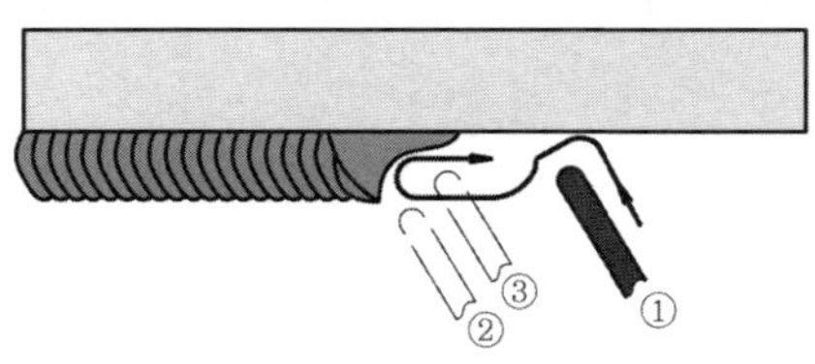

[그림 2-15 참조]

또 다른 비드 잇기 방법은 아래보기 자세와 같으며, 크레이터 처리도 아래보기 방법과 같이 하면 된다.

시점이나 잇는 부분, 크레이터 부분이 용입불량이나 기공, 슬래그 섞임 등 결함이 많이 발생하므로 주의해야 된다.

3) 검사 및 반복 실습

비드를 깨끗이 청소한 후 비드 폭과, 피치, 파형의 균일도, 언더컷, 오버랩, 기공, 슬래그 섞임 등의 유무를 점검한 후 결함의 발생 원인을 파악하여 고치려고 노력하며 반복 실습한다.

용접부 청소가 끝나면 홀더를 잡고 용접봉의 피복제 하단 부분이 비드의 상부와 모재와의 경계선에 위치하도록 하여 직선으로 진행한다.

라. 수평 넓은 비드놓기

수평 자세에서는 특별한 경우를 제외하고는 넓은 비드를 사용하지 않으나 경우에 따라 필요한 경우가 있다.

수평 자세 넓은 비드놓기시 주의해야 할 점은 비드가 쳐지는 현상이므로 이 현상을 최소화하여야 된다.

넓은 비드놓기 방법은 경사 위빙법이 많이 쓰인다.

[그림 2-16]과 같이 경사 타원 또는 경사 반달(지그제그)형 위빙법이 적합하다. 경사 위빙법은 위쪽은 좀 느리게 아래쪽은 좀 빨리 움직인다.

그림 2-16 수평 넓은 비드놓기

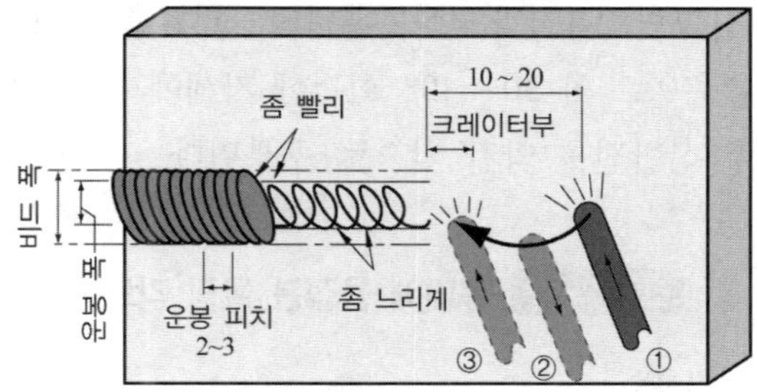

3 수직 자세 비드놓(쌓)기

가. 수직 비드

수직 비드놓기는 모재를 수직으로 세우고 용접선이 수직이 된 상태에서 아래에서 위로 상진하며 비드를 놓는 방법이며, 일반적으로 위빙 비드를 놓는다.

필요에 따라서 위에서 아래로 내려오며 비드를 놓는 하진법이 있으나 아주 얇은 판을 사용하거나 하진용 용접봉을 사용할 경우에 적용한다.

수직 비드놓기가 아래보기 비드놓기와 다른 점은 모재가 수직으로 세워진 상태이므로 아크 길이가 길거나 운봉 중 한곳에 멈춤이 일어나면 용융 금속은 바로 쳐지는 현상이 생기므로 비드 폭과 피치가 일정하도록 상진해야 된다.

나. 용접 준비

1) 모재 고정

수직 자세는 모재의 용접선이 수직이 되어야 하므로 적당한 지그가 필요하다. 용접 지그에 모재의 용접선의 맨 위가 가슴 정도 높이가 되게 작업하기 편한 높이로 고정한다. 이 때 모재가 지그의 끝부분에 놓이게 되면 지그가 조금이라도 흔들리면 끝부분은 더 많이 움직이므로 지그 지주에 가까이 위치하도록 고정한다.

2) 전류 조절

수직 자세 전류는 아래보기 자세보다 10～20A 낮게 하는 것이 좋다. ϕ3.2 용접봉은 100～120A, ϕ4.0 용접봉은 110～150A로 조절한다.

다. 수직 상진 비드놓기

1) 바른 자세 잡기

[그림 2-17]과 같이 홀더의 경사 홈에 용접봉을 물리고, 작업대 앞에 편하게 앉아 몸을 우측으로 약 30～40° 회전한 자세에서 오른발을 반보 정도 벌리고 홀더를 잡고 헬멧을 쓴 후 상반신을 약간 앞으로 구부린다.

그림 2-17 홀더에 용접봉 물림 각도

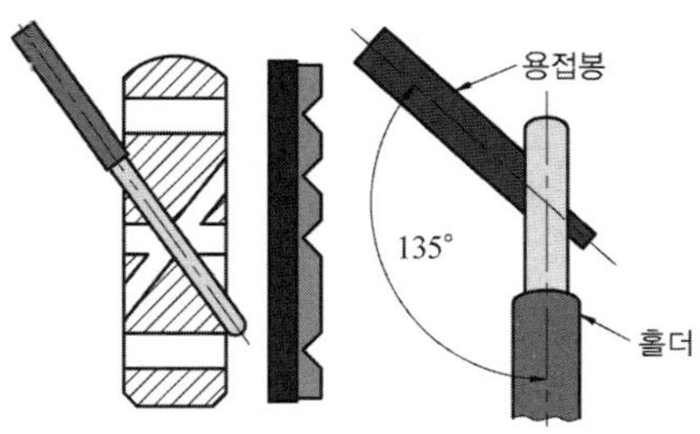

그림 2-18 수직 넓은 비드 위빙법

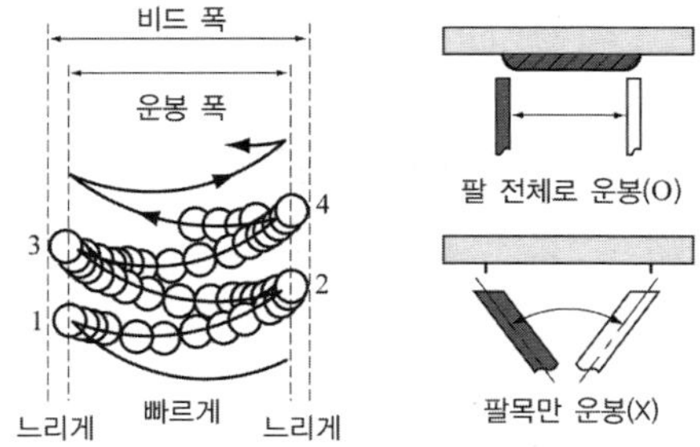

2) 수직 상진 비드놓기

하단 용접 시점 가까이로 용접봉 끝을 이동하여 아크를 발생한 후 아크 불빛을 보고 빠른 속도로 시점으로 이동하여 아크를 안정시킨다.

아크가 안정되면 작업각(진행 방향에 수직한 각)은 90°, 진행 반대각을 75 ~ 85°로 유지하며 아크 길이를 짧게 하여 피치와 폭이 일정하도록 위빙하며 상진한다.

이 때 비드 폭이나 피치는 아래보기 자세 넓은 비드놓기와 동일하게 하면 되며, 비드의 중심부는 좀 빠르게, 양 끝은 0.5 ~ 1초 정도 머무름을 확실하게 하여 언더컷이 발생하지 않도록 한다. [그림 2-18 참조]

3) 비드 잇기

비드 잇기나 크레이터 처리는 많은 반복 연습이 필요하다. 시점이나 잇는 부분, 크레이터 부분이 용입불량이나 기공, 슬래그 섞임 등 결함이 많이 발생하므로 주의해야 된다.

비드 잇기법은 여러 가지가 있으나, [그림 2-19]와 같이 이전 비드 상단에서 아크를 발생하여 끝의 능선 직전까지 내려온 후 좀 느리게 좌우로 1 ~ 2회 위빙한 후 정상 속도로 위빙하여 상진한다.

그림 2-19 수직 자세 비드 잇는 법

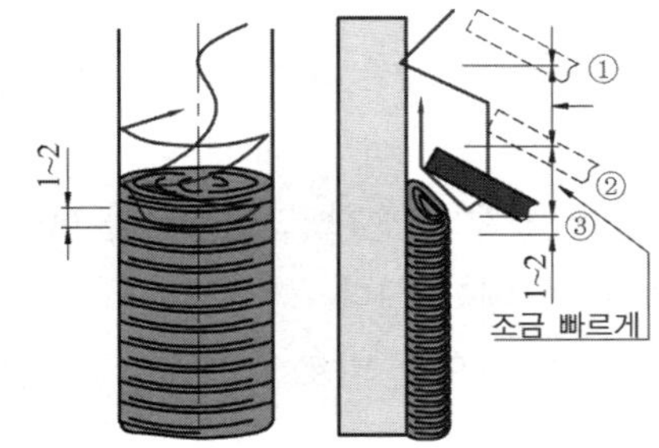

그림 2-20 수직 겹치기 비드놓기

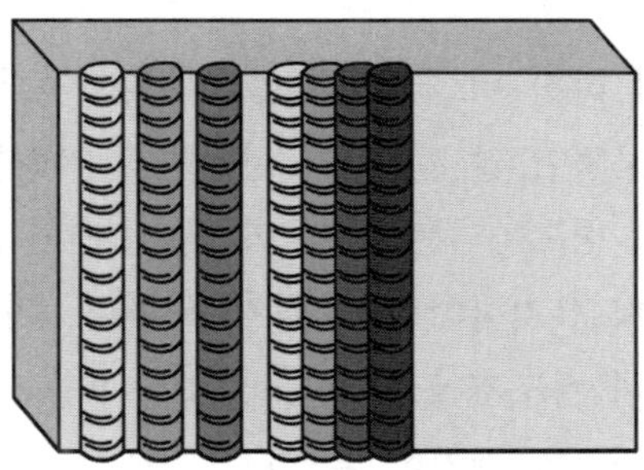

만약 비드 잇는 위치가 낮은 경우는 [그림 4-21]과 같이 잇는 부분이 볼록하게 쳐지는 부분이 생기며, 잇는 위치가 이전 비드 끝단보다 너무 높은 경우는 [그림 4-22]와 같이 오목하게 파임이 생기게 된다.

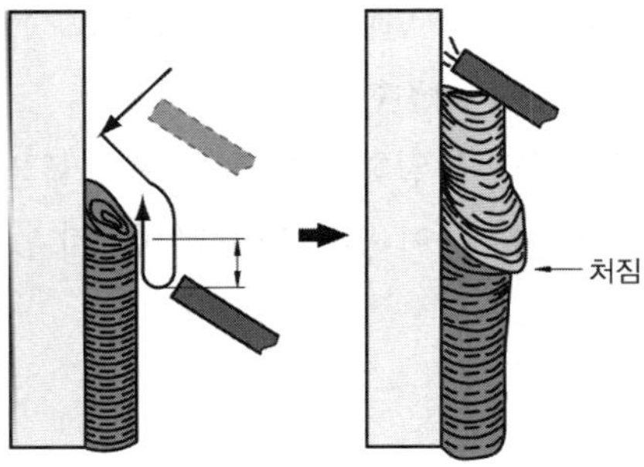

그림 2-21 잇는 봉의 위치가 낮은 경우

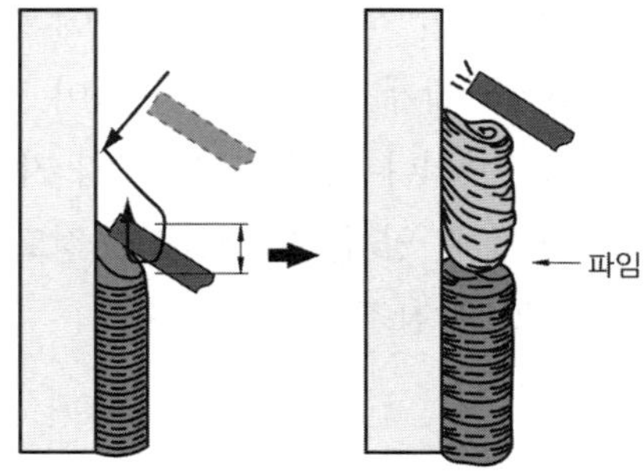

그림 2-22 잇는 봉의 위치가 높은 경우

4) 크레이터 처리

크레이터 처리는 모재 끝 1 ~ 2mm 직전에 아크 길이를 짧게 하여 끊었다가 다시 일으켜 비드의 끝 납작한 부분보다 작은 원형으로 돌리며 용착 금속을 조금씩 보충하고 끊기를 2 ~ 3회 반복하며 위로 덧쌓는다.

라. 수직 하진 비드놓기

수직 하진 비드놓기는 얇은 판을 수직 상진법을 사용하면 전류를 낮추어도 심한 언더컷이나 구멍이 날 수 있어 상진하기 어려울 때 사용한다.

하진 비드놓기는 상진 비드놓기보다 전류를 10 ~ 20A 높게 조절하고 진행각을 60 ~ 70°로 낮게 유지하며 아크 길이를 짧게, 위빙 속도를 빠르게 해야 된다.

이 때 속도가 느려서 슬래그가 용융지보다 아래로 처져 있으면 바로 비드놓기를 중단하고 슬래그를 제거한 뒤 다시 진행하여야 된다.

마. 검사 및 반복 실습

모든 기술은 반복 실습에 의해 숙련되는 것이므로 비드를 깨끗이 청소한 후 비드 폭과, 피치, 파형의 균일도, 언더컷, 오버랩, 기공, 슬래그 섞임 등의 유무를 점검한다. [그림 2-23 참조]

검사 후 결함의 발생 원인을 파악하여 고치려그 노력하며 반복 실습한다.

비드놓기는 이전 비드와 약 2 ~ 3mm 정도 겹치도록 한다.

그림 2-23 수직 비드의 결함

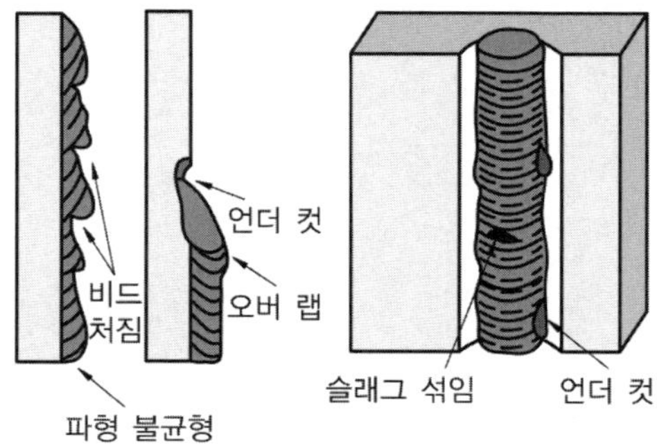

비드 겹침법은 이전 비드와 모재와의 경계선에서 약 10~12mm 폭으로 선을 긋고 용접봉 끝의 중심이 이전 비드의 경계선과 금긋기 선에 오도록 하여 위빙하면 일정하게 겹침 비드가 형성된다.

4 위보기 자세 비드놓기

가. 위보기 자세 비드놓기란

위보기 자세 비드놓기는 모재의 용접선이 작업자의 눈보다 위로 향해진 상태에서 용접봉 끝이 위로 들려지도록 용접하는 방법이며, 일반적으로 넓은 비드놓기를 한다.

위보기 자세는 눈을 위로 향해야 하므로 머리가 뒤로 굽혀지고 스패터와 용적이 낙하하는 등 많은 어려움이 있고, 화상을 입을 우려가 많으므로 보호구를 잘 착용하여야 하는 등 다른 자세보다 위험하고, 난이도가 매우 높아 많은 반복 실습이 필요하다.

나. 용접 준비

1) 모재 고정

모재를 지그의 상부에 수평이 되며, 용접선이 모재의 하단 전후(또는 좌우, 여기서는 전후)가 되게 작업자의 머리보다 약 100mm 높게 단단하게 고정한다.

모재의 높이나 용접선의 방향은 용접하기 편한 자세가 되도록 고정하는 것이 좋다.

2) 전류 조절

위보기 자세 전류는 수직 자세 전류 정도로 조절하면 된다. E4316, ϕ3.2 용접봉은 100~120A, ϕ4.0 용접봉은 110~150A로 조절한다.

다. 위보기 자세 비드놓기

용접봉을 홀더의 끝 부분에 홀더 손잡이와 일직선이 되게 물린다.

작업대 앞에 편하게 앉아 홀더를 잡고 용접봉 끝을 시점 가까이 옮긴 후 헬멧을 쓰고 아크를 발생하여 아크 불빛으로 시점까지 빨리 이동한 후 아크가 안정되면 작업각(진행 방향에 수직한 각)은 90°, 진행각을 75 ~ 85°로 유지하며 피치와 폭이 일정하도록 위빙하며 진행한다. [그림 2-24 참조]

그림 2-24 위보기 자세 진행각

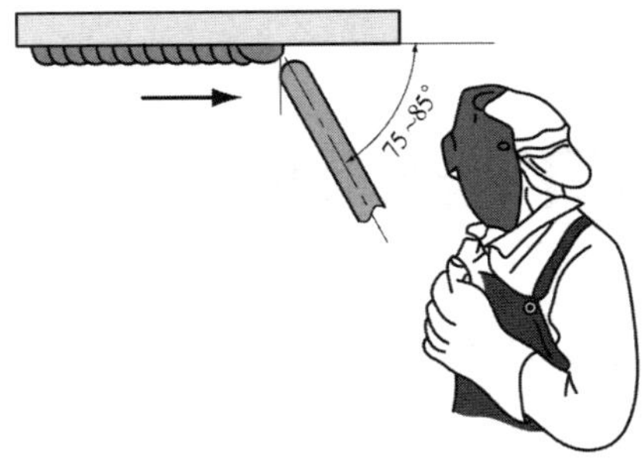

이 때 비드 폭이나 피치가 일정하게 운봉하며, 운봉의 중심은 빠르게, 비드의 양 끝은 머무름을 확실하게 하여 언더컷이 발생하지 않도록 한다.

용융지가 잘 보이지 않으므로 시선을 최대한 용접부를 주시하며 아크 길이가 길어지지 않게, 한 곳에 멈춤이 일어나지 않게 위빙하여 진행하여야 된다.

라. 비드 잇기 및 크레이터 처리

비드 잇기나 크레이터 처리는 많은 반복 연습이 필요하다. 시점이나 잇는 부분, 크레이터 부분이 용입불량이나 기공, 슬래그 섞임 등 결함이 많이 발생하므로 주의해야 된다.

마. 검사 및 반복 실습

한 줄의 비드놓기가 끝나면 비드의 외관을 점검한 후 결함의 발생 원인을 파악하여 고치려고 노력하며 반복 실습한다.

비드놓기는 이전 비드와 약 2 ~ 3mm 정도 겹치도록 한다.

비드 겹침법은 이전 비드와 모재와의 경계선에서 약 10 ~ 12mm 폭으로 선을 긋고 용접봉의 중심이 비드의 경계선과 금긋기한 선에 오도록 하여 위빙하면 일정하게 겹침이 형성된다. [그림 2-25 참조]

그림 2-25 위보기 자세 비드놓기

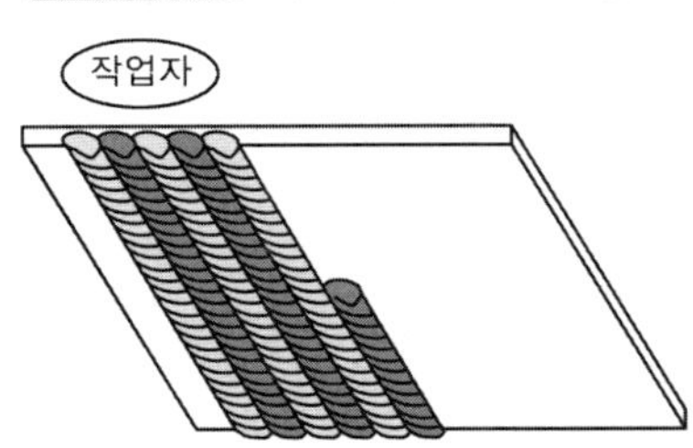

바. 안전 실습과 정리 정돈

위보기 자세는 용접부가 작업자 머리보다 위에 있으므로 작업 중에 스패터와 용융 방울, 슬래그 등이 수없이 낙하하므로 용접 전에 보호구를 잘 착용하고 노출부나 틈새가 없도록 가린 후 실습을 해야 된다.

또한 상부에 고정된 모재가 떨어지는 일이 있으므로 단단하게 고정하여야 하며, 반드시 안전화를 착용하고 실습해야 된다.

모든 작업이 끝나면 용접기와 메인 스위치를 끄고 홀더선 등을 정리하며, 사용했던 공구를 공구함에 정리한 다음 주위를 깨끗이 청소한다.

제3절 | T형 필릿 피복 아크용접

1 필릿 용접

가. 목 길이와 목 두께

필릿 용접은 두 판을 겹치거나 T자형, 또는 +자형으로 놓고 용접하는 방법으로 용접부의 형상이 삼각형을 이루고 있는 용접을 말한다.

이 때 직각진 비드의 루트부에서 비드 끝까지의 길이를 각장(목 길이)이라 하며, 루트부에서 비드 표면까지의 거리를 목 두께라 한다.

목 길이는 이론상 목 길이와 실제 목 길이로 구분하며, 목 두께도 이론상과 실제 목 두께가 있다.[그림 3-1 참조]

그림 3-1 필릿 용접의 목 길이와 목 두께

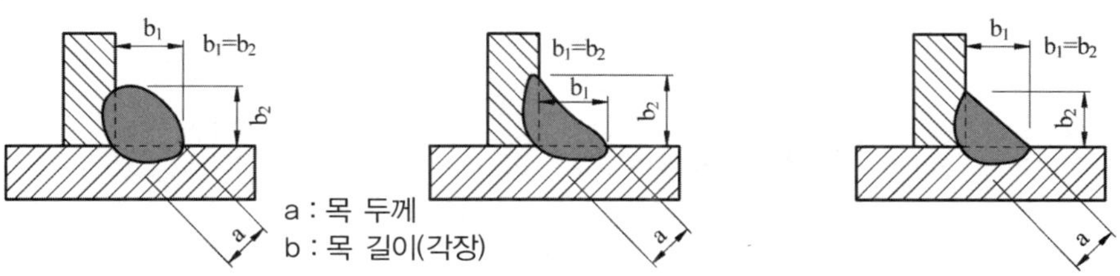

(a) 볼록 비드 (b) 오목 비드 (c) 평 비드

2 아래보기 자세 T형 필릿 피복 아크용접

가. 작업준비

도면에 제시된 재료(연강판) 및 용접봉, 용접 공구, 보호구를 준비하고, 모재 2매의 한쪽 면을 직각이 되도록 가공한다.

용접기와 케이블 연결부의 노출 여부 등을 점검 및 수리한다.

나. 용접봉 장착 및 전류 조절

E4316, ϕ3.2(ϕ4.0) 용접봉을 용접 홀더에 물리고 전류를 110 ~ 140A(120 ~ 160A)로 조절한다.

다. 모재에 금긋기 및 가접(가용접)

[그림 3-2]와 같은 도면을 보고 용접할 부분에 석필이나 백색 마카펜으로 금긋기한다.

금긋기가 완료된 모재를 수평으로 놓고 또 하나의 모재를 금긋기한 선에 수직으로 세운다.

이 때 마그네틱 베이스를 수직판 안쪽에 받친 다음(베이스가 없는 경우는 보조대 등을 사용하여 세운다) 양끝에서 약 30mm 안쪽(양쪽 끝의 비드가 놓이지 않는 부분이 아닌 곳)에 용접부 길이 5mm 정도가 되게 가접한다. [그림 3-3 참조]

필릿 용접 연습만 할 경우는 양 끝에 가접해도 무방하나, 구조물의 중요성이 요구되는 경우는 가접 부위는 차가운 상태에서 용접하게 되므로 용입불량이나 슬래그 섞임 등 각종 결함이 많이 발생하므로 모든 용접에서 가접 부위는 모서리나 코너 등에 가접해서는 안되며, 용접에 의해 가접부가 충분하게 용착할 수 있는 위치로 약 30mm 안쪽에 하는 것이 적당하다.

가접부를 깨끗이 청소한다. 청소 중 금긋기 선이 지워진 경우 다시 긋는다.

그림 3-2 T형 필릿 용접 도면

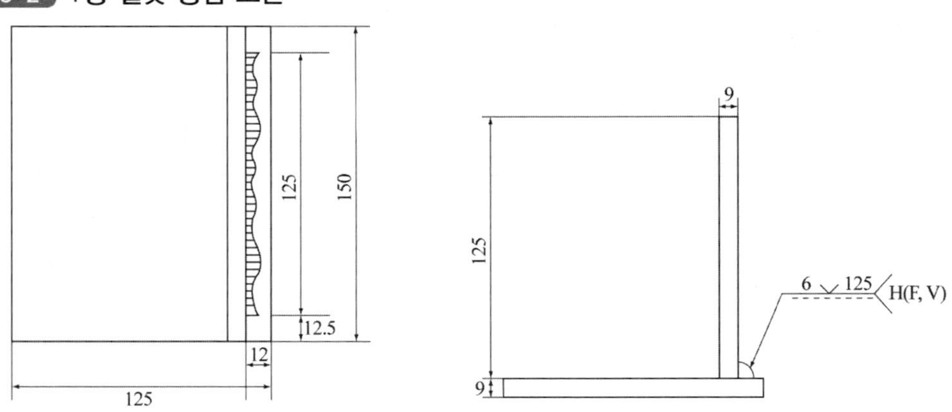

그림 3-3 필릿 용접부 가접하기

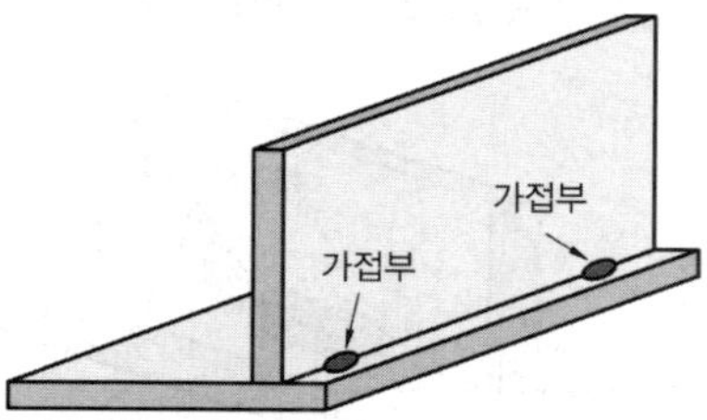

그림 3-4 아래보기 자세 필릿 용접

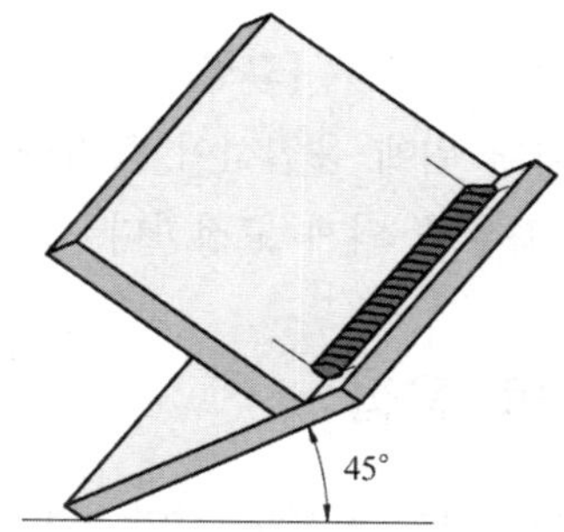

라. 필릿 용접

가접한 모재의 용접할 부분이 아래로 가며 용접선이 좌우가 되게 작업대 위에 [그림 3-4]와 같이 수평판을 45°로 들어 올려 고정시켜야 된다.

모재가 고정되어 있으면 필릿 용접 자세를 취하고 용접해야 할 부분을 확실하게 확인하여 주어진 각장(목 길이)을 맞추어 작은 위빙을 하여 필릿 용접한다.

이 때 작업각은 45°, 진행각은 75 ~ 85°를 유지하여 진행한다.

[그림 3-2] 도면에 의하면 양끝에서 12.5mm 띄어서 용접하게 되어 있으므로 좌측 12.5mm 부분에 표시된 부분에 용접봉 끝을 가까이 대고 헬멧을 쓴 후 아크를 발생하여 작은 위빙을 하여 각장 6mm를 맞추면서 비드 폭과 파형이 균일하게 우진한다.(우진법의 경우)

좌진법의 경우는 우측 끝에서 12.5mm를 띄어 표시된 부분에서 아크를 발생하여 좌측 끝 12.5mm 부분까지 작은 위빙으로 전진하면 된다.

필릿 각장은 6mm로 해야 되며, 각장의 -20 ~ 50%를 초과하지 않게 해야 된다. 특히 비드의 양끝 비용접부가 용접되지 않도록 해야 되며, 수직판 안쪽에 가접이나 용접부가 형성되어서는 안된다.

3 수평 자세 T형 필릿 피복 아크용접

가. 용접봉 장착 및 전류 조절

아래보기 자세 필릿 용접할 수 있는 전류를 조절한다. E4316, ϕ3.2(ϕ4.0) 용접봉을 용접 홀더에 물리고 전류를 110 ~ 140A(120 ~ 160A)로 조절한다.

나. 모재 고정

수평 자세의 경우 [그림 3-5]의 형상 그대로 작업대 위에 용접선이 작업자와 평행이 되며 좌우가 되게 고정한다.

그림 3-5 수평 필릿 작업각과 진행각

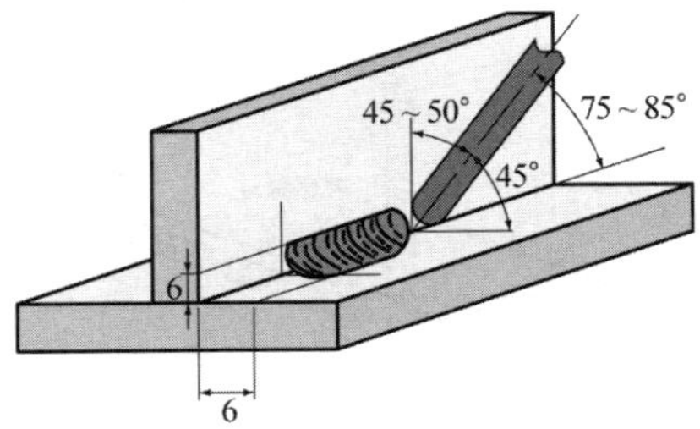

다. 필릿 용접

작업하기 편한 자세로 앉아 홀더를 잡고 필릿 용접부를 확인하여 용접봉 끝을 좌측 용접 시점 가까이 위치한 후 헬멧을 쓰고 아크를 발생한다.

그림 3-6 수평 자세 필릿 용접

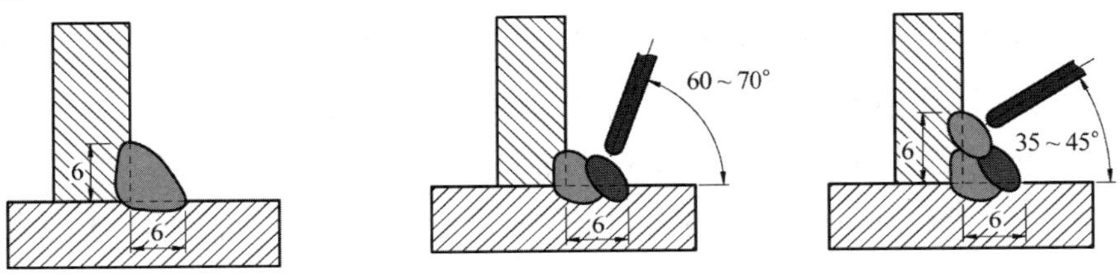

(a) 1층으로 완성 (b) 2층으로 완성

이 때 작업각은 45°, 진행각은 75 ~ 85°를 유지하며[그림 3-5 참조], 1패스로 할 경우 가벼운 위빙으로 각장을 맞추어 용접한다.[그림 3-6 (a) 참조]

3패스로 완성할 경우 1층은 아주 좁은 비드로 완성한 후 2층 2 ~ 3패스는 겹치기 좁은 비드로 완성한다. [그림 3-6 (b) 참조]

4 수직 자세 T형 필릿 용접

가. 전류 조절

수직 자세 필릿 용접할 수 있는 전류를 조절한다. 전류는 아래보기 자세보다 10 ~ 20A 낮게 조절한다. E4316, ϕ3.2(ϕ4.0) 용접봉을 용접 홀더에 물리고 전류를 100 ~ 130A(110 ~ 140A)로 조절한다.

나. 모재 고정

가접한 모재의 용접선이 수직이 되게 지그에 단단히 고정하여 작업하기 편한 높이로 조절한다.

다. 필릿 용접

필릿 용접 도면에 의한 수직 필릿 용접하기 편한 자세로 앉아 홀더를 잡고 필릿 용접부를 확인하여 용접봉 끝을 하단의 용접 시점 가까이 위치한 후 헬멧을 쓰고 아크를 발생한다. 작은 반달형 위빙이나, 경사 밤형 또는 경사 삼각형법의 위빙으로 각장을 맞추어 용접한다.

그림 3-7 수직 자세 필릿 용접

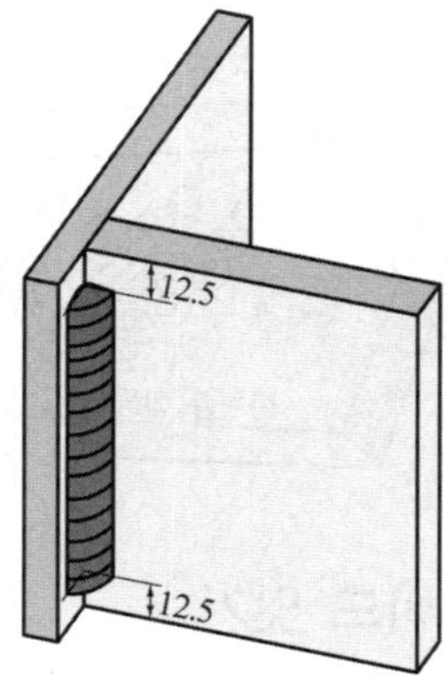

필릿 용접시 양끝에서 12.5mm 부분의 비용접부나 안쪽에 가접이나 용접부가 형성되지 않도록 주의한다. [그림 3-7 참조]

5 위보기 자세 T형 필릿 피복 아크용접

가. 용접봉 장착 및 전류 조절

용접봉 E4316, ϕ3.2(ϕ4.0) 용접봉을 용접 홀더에 물리고 전류를 110 ~ 140A(120 ~ 160A)로 조절한다.

나. 모재 고정

위보기 자세의 경우 [그림 3-8]의 형상 그대로 작업대 위에 용접선이 작업자의 눈보다 높아야 되며 용접선이 좌우가 되게 단단하게 고정한다.

다. 필릿 용접

작업하기 편한 자세로 앉아 홀더를 잡고 필릿 용접부를 확인하여 용접봉 끝을 좌측 용접 시점 가까이 위치한 후 헬멧을 쓰고 아크를 발생한다.

이 때 작업각은 45°, 진행각은 75 ~ 85°를 유지하며, 1패스로 할 경우 삼각형 또는 밤형 위빙으로 각장을 맞추어 용접한다. [그림 3-8 참조]

2패스로 완성할 경우 1층은 아주 좁은 비드로 완성한 후 2층은 위빙에 의해 완성한다. [그림 3-9 참조]

그림 3-8 위보기 자세 필릿 1층 경사위빙 방법의 예

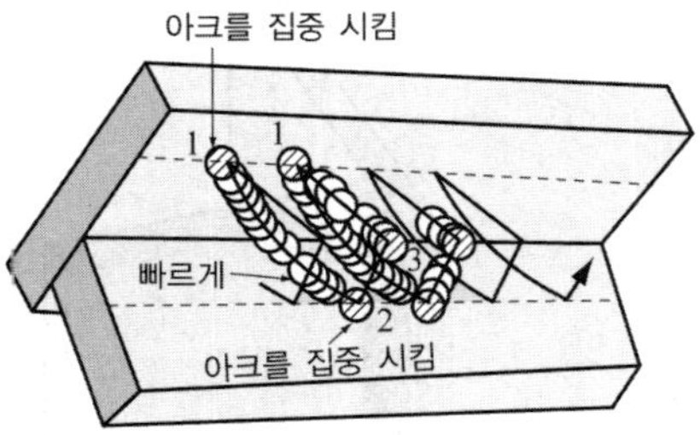

그림 3-9 위보기 자세 필릿 2층 비드놓는 법

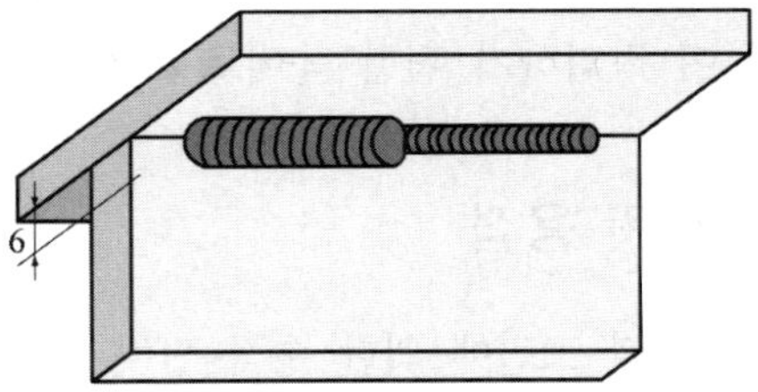

라. 비드 잇기

그림 3-10 위보기 자세 필릿 비드 잇기법의 예

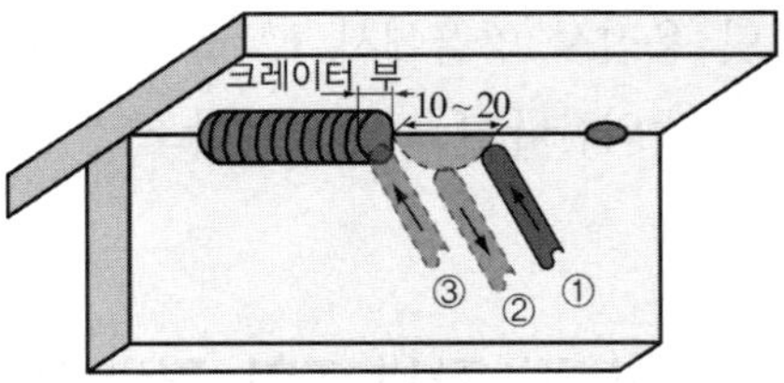

비드 잇기나 크레이터 처리는 많은 반복 연습이 필요하다. 시점이나 잇는 부분, 크레이터 부분이 용입불량이나 기공, 슬래그 섞임 등 결함이 많이 발생하므로 주의해야 된다.

비드 잇기법은 여러 가지가 있으나, 이전 비드 끝에서 20~30mm 떨어진 곳에서 아크를 발생하여 이전 비드의 능선 직전까지 전진한 후 좀 느리게 좌우로 1~2회 위빙한 후 정상 속도로 위빙하여 후진한다. [그림 3-10 참조]

중요한 부분의 경우는 이전 비드를 20~30mm 겹쳐서 아크를 발생하여 비드놓기와 같은 방법으로 '다'와 같이 진행하며, 비드 잇는 부분이 이전 비드와 겹쳐서 높아졌으므로 다른 비드 높이와 같이 연삭하여야 된다.

마. 검사 및 반복 실습

비드를 깨끗이 청소한 후 평가 기준에 의해 목 길이(각장) 크기, 비드 폭, 피치, 파형의 균일도, 언더컷, 오버랩, 기공, 슬래그 섞임 등의 유무를 점검한다.

검사 후 결함의 발생 원인을 파악하여 고치려고 노력하며 반복 실습한다.

바. 정리 정돈

모든 작업이 끝나면 용접기와 메인 스위치를 끄고 홀더선 등을 정리하며, 사용했던 공구를 공구함에 정리한 다음 주위를 깨끗이 청소한다.

제4절 | V형 맞대기 피복 아크용접

1 아래보기 V형 맞대기 피복 아크용접

가. 용접 준비

1) 공구 준비

용접 작업에 필요한 공구를 준비한다. 작업에 필요한 공구는 보호구, 헬멧(핸드 실드), 집게, 가죽 장갑, 앞치마, 팔커버(또는 조끼), 발커버, 와이어 브러시(브러시), 줄, 30cm 자, 석필 등이다. 그 외에 가접대, 보안경 등도 있으면 좋다.

2) 작업준비

용접에 임하기 전에 보호구를 착용하고 용접기의 이상 유무, 작동 상태를 점검한다. 그리고 도면을 보고 모재와 작업 내용을 확인한다.

나. 모재 가공

35°로 베벨 가공된 모재의 루트면을 두께 1.5 ~ 2.0mm 정도 되도록 가공한다.(작업자에 따라 다를 수 있으며, 6mm 판은 두껍게 가공하는 것이 좋음) 이 때 두 모재의 루트면의 두께가 동일해야 한다. [그림 4-1 (b) 참조]

그림 4-1 V형 맞대기 모재 가공

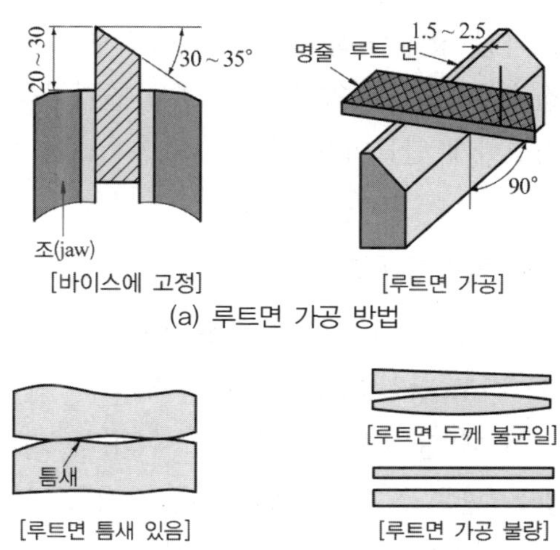

(a) 루트면 가공 방법

(b) 루트면의 가공 상태 양부

용접부 길이의 중심부에 석필이나 마카펜, 줄 등으로 선명하게 표시한다. 금긋기나 줄로 중심부를 표시하는 이유는 E4316, ϕ3.2 용접봉으로 위빙법에 의해 이면 비드를 놓을 경우 하나의 봉으로 용접부 150mm 끝까지 이면 비드를 놓을 수 없으며, 연결부는 결함이 발생하기 쉽기 때문에 시험편이 채취되는 부분(중심부에서서 약 10mm 띄어 38±2mm)이 비드 연결부가 되지 않게 하기 위해 중심부에서 아크를 끊고 다시 이어야 된다.

다. 가접(가용접) 및 역변형 주기

1) 전류 조절

가접 전류를 110 ~ 140A 정도로 맞춘다.

2) 루트 간격 조절

가접대 위에 모재의 개선면이 아래로 향하게 수평으로 놓고 한쪽은 2.5 ~ 3mm, 다른 쪽은 3 ~ 3.5mm 정도로 맞추고 두 모재가 엇갈림이 없이 수평이 되게 고정한다.(루트 간격은 작업자마다 다를 수 있음)

보통 ϕ3.2 용접봉의 심선으로 맞추는 것이 가장 좋으며, 한쪽은 ϕ3.2로 한쪽은 ϕ3.2+0.5 ~ 1로 하는 것이 보통이다. 이 때 조절된 루트 간격이 가접 중에 움직이지 않도록 무거운 것으로 눌러 주면 좋다.

3) 가접(가용접)

가접할 때 용접봉은 길이 100 ~ 150mm 정도의 짧은 것이 좋으며, 두 모재의 양 끝을 단단하게 가접한다. [그림 4-2 참조]

한쪽의 가접이 끝나면 반대편 끝의 루트 간격과 엇갈림 여부를 확인하여 조정한 후 가접한 다음 가접부의 슬래그, 스패터, 이물질 등을 깨끗이 제거한다.

가접 상태가 홈 쪽으로 돌출되지 않도록 가접해야 되며, 만약 돌출된 경우 줄가공을 하여 평평하게 만들어야 된다.

그림 4-2 V형 맞대기용접 전 가접

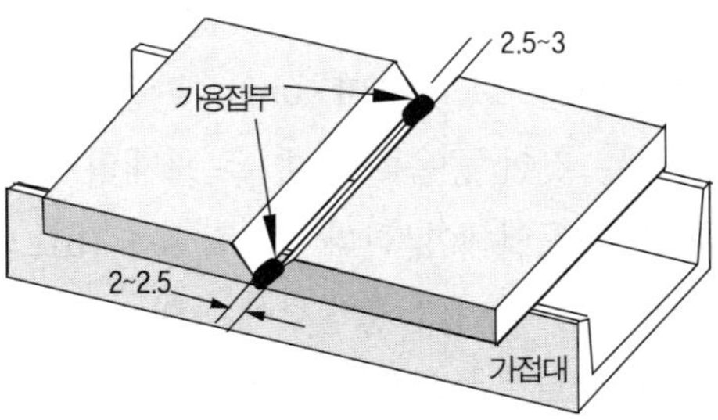

4) 역변형 주기

가접된 모재를 용접 방향 반대편으로 약 2 ~ 3° 정드 굽힌다. [그림 4-3 참조]

이 때 판두께와 용접 패스 수의 다소에 따라 얇은 판은 적게, 두꺼운 판은 크게 준다.

그림 4-3 맞대기 모재 역변형 주기

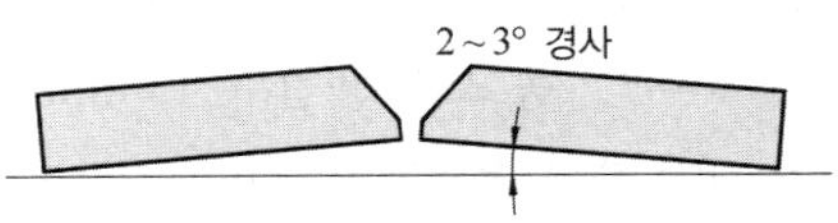

역변형을 주는 이유는 용접을 하게 되면 용접 방향으로 수축 변형이 생기므로 미리 이 변형을 용접 반대 방향으로 굽혀주면 용접 후에 두 모재가 수평 상태가 될 수 있기 때문이다.

라. t6.0 연강판 아래보기 V형 맞대기

1) 모재 고정

가접된 모재의 용접선이 좌우로 수평이 되며, 개선 홈 부분이 위로 향하게 수평 작업대 위나 지그에 고정한다.

이때 루트 간격이 좁은 쪽이 왼쪽이 되게 하며 모재가 몸의 중심보다 약간 왼쪽에 놓는 것이 좋다.(오른손잡이 기준)

2) 1층(이면, back) 비드놓기

① 전류 조절

용접기를 조작하여 전류를 80 ~ 95A 정도(ϕ3.2 용접봉 사용시)로 조절한 다음 모재 앞에 작업하기 편한 자세로 모재와의 평행이 되게 앉아서 용접봉을 홀더의 손잡이와 90° 되게 물린다.

② 1층(이면) 비드놓기

용접봉 끝을 왼쪽 시점 가까이 옮기고 헬멧을 쓴 후 아크를 발생하여 시점으로 옮겨 아크를 안정시키면서 개선 홈 안쪽으로 봉을 밀어 넣는다.

작업각은 90°, 진행각은 75 ~ 85°를 유지하며 [그림 4-4 참조], 용접봉을 좌우로 움직이지 말고 아크 안정에 최선을 다한다.

시작부가 가열되면 약 5mm 정도는 위빙하지 말고 매우 천천히 우진하다가 키홀(key hole)이 형성되면 바로 두 모재의 루트면과 루트면 사이를 이전 용융지와 약 1/3 정도 겹치면서 키홀이 일정하도록 위빙하며 중심 표시 부분까지 우진한 후 아크를 끊는다.

그림 4-4 이면 비드놓기 작업각과 진행각

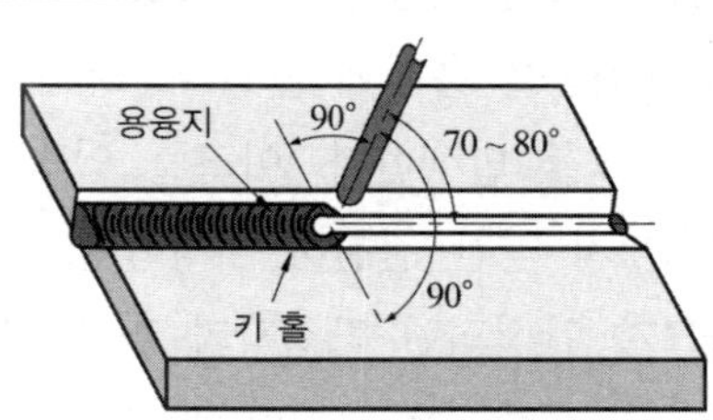

일반적으로 이면 비드놓기는 [그림 4-5]와 같이 3가지 방법이 있다.

휘핑법은 박판의 이면 비드놓기 시에 적용되며, 직선법은 루트 간격 없이 두 모재를 맞대어 놓고 직선으로 전진하는 방법이다.

그림 4-5 이면 비드 운봉법의 종류

③ 이면 비드 잇기

비드놓기가 끝난 부분을 깨끗이 청소한 후, 새 용접봉을 홀더에 물리고 이음부의 주위에서 아크를 발생하여 아크 길이를 좀 길게 하면서 이음부의 위치를 확인하고 빨리 이음부 상단으로 옮긴다.

이 때 봉을 좌우로 움직이지 말고 홈 안으로 서서히 밀어 넣으며 아크를 안정시킨 후 약 5mm 정도는 좌우로 움직이지 말고 느린 속도로 우진하며 키홀을 형성시킨다.

키홀이 형성되면 키홀의 크기를 일정하게 유지하며 위빙 방법에 의해 끝까지 우진하며 모재 표면보다 0.5 ~ 1mm 정도 낮게 1층 비드를 놓는다. [그림 4-6 참조]

그림 4-6 이면 비드 잇는 법

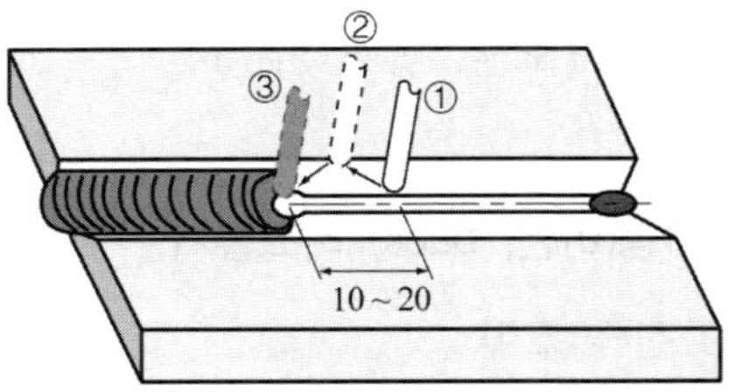

④ 크레이터 처리 및 용접부 청소하기

모재 끝의 1 ~ 2mm 부분에서 아크를 끊었다 발생했다 하면서 조금씩 덧붙이를 하며 모재 끝까지 전진하여 크레이터 처리를 한 후 용접부의 슬래그 및 스패터 등을 깨끗이 제거한다.

이면 비드놓기 후 2층(표면) 비드놓기 전에 혹 용입이 불량하여 슬래그가 혼입한 경우 가는 송곳이나 좁은 정 같은 것으로 완전 제거해야 된다.

3) 2층(표면) 비드놓기

1층(이면) 비드가 청소된 모재를 1층 비드놓기와 동일게 모재를 고정하고 표면 비드 용접 전류를 $\phi3.2$를 사용할 경우 120 ~ 140A, $\phi4.0$을 사용할 경우 140 ~ 160A로 조절한다.

새 용접봉을 홀더에 물린 후 자세를 바로 잡고 이면 비드 좌측 개선면 위의 한쪽 모서리에서 아크를 발생한다. 아크를 안정시키며 다음 모서리까지 약간 천천히 위빙한다.

그림 4-7 표면 비드놓는 법

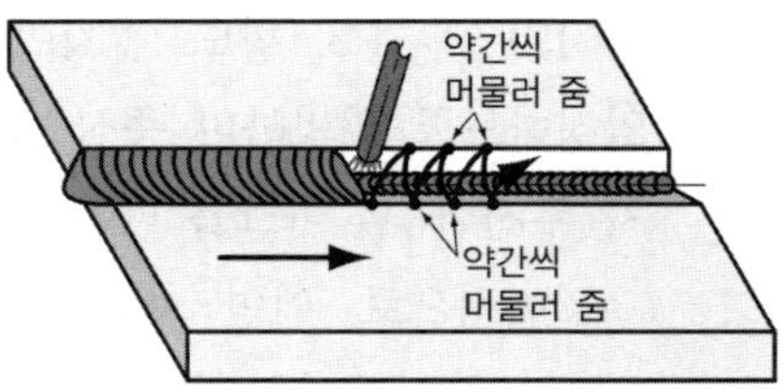

아크가 안정되면 작업각과 진행각을 일정하게 유지하고 정상 속도로 위빙하며 우진한다.

위빙 폭은 개선면 상부 모서리와 모서리에 용접봉 끝의 1/2 ~ 1/3 정도가 오도록 하며, 위빙할 때 비드의 양 끝에서 약 0.5 ~ 1초 정도 멈추는 듯 하여 언더컷이 생기지 않게 한다. [그림 4-7 참조]

용접부 길이에 따라 $\phi3.2$ 용접봉을 사용하는 경우는 1/2 부분에서 아크를 끊은 후($\phi3.2$ 용접봉으로 끝까지 채울 수 없기 때문에 중심부에서 끊어야 됨) 용접부를 깨끗이 청소한다.

4) 비드 잇기

청소한 모재를 다시 처음 상태로 고정한 후 새 용접봉으로 아크를 발생하여 아래보기 비드놓기의 비드 잇는 방법과 같이 비드를 잇는다. 표면 비드는 모재 표면보다 약 2mm 정도 높이로 쌓는다.

5) 크레이터 처리 및 용접부 청소하기

용접부 끝까지 위빙하여 진행한 후 끝 부분에서 크레이터 처리를 한 후 용접부를 깨끗이 청소한다.

마. t9.0 연강판 아래보기 V형 맞대기

1) 모재 고정

판두께 t6의 모재와 같은 방법으로 고정한다.

2) 1층(이면) 비드놓기

t9의 모재는 t6보다 3mm 정도 두꺼우므로 t6 모재보다 10 ~ 15A 정도 전류를 높게 해야 된다. ϕ3.2 용접봉을 사용할 경우 전류를 90 ~ 105A 정도로 조절한다.

전류 조절이 끝나면 t6 모재의 용접시와 동일하게 이면 비드를 놓는다. 이때 모재 두께의 1/2 정도 높이로 채워지게 하는 것이 좋다.

이면 비드의 전체 길이를 t6의 용접과 같이 중심부를 기준으로 2번으로 완성한 후 슬래그와 스패터를 깨끗이 청소한다.

3) 2층 비드놓기

자세를 편안하게 잡고 전류를(ϕ3.2를 사용할 경우 110 ~ 140A, ϕ4.0 용접봉을 사용할 경우 120 ~ 160A) 조절한 후 모재의 좌측 끝에서 아크를 발생하여 위빙하며 우진한다. 이때 2층 비드가 모재 표면보다 1 ~ 1.5mm 정도 낮게 채워지게 하며, 개선면의 상부 모서리가 녹지 않게 하는 것이 좋다. [그림 4-8 참조]

그림 4-8 각층 비드놓기의 예

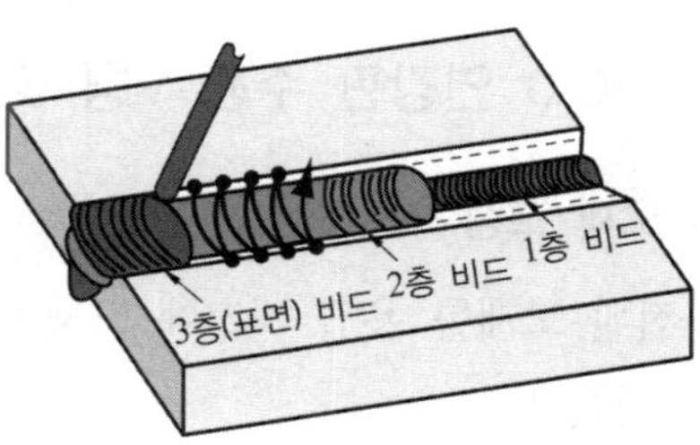

ϕ3.2 용접봉을 사용할 경우 2층 비드놓기도 중심을 기준으로 2번으로 완성하며, 비드놓기가 끝나면 비드를 깨끗이 청소한 후 다시 지그에 고정한다.(ϕ4.0 용접봉 사용시는 1회로 완성)

4) 3층(표면) 비드놓기

도재를 고정한 후 전류를 2층 비드놓기보다 10A 정도 낮게(ϕ3.2를 사용할 경우 100 ~ 120A, ϕ4.0을 사용할 경우 110 ~ 150A)로 조절한다.

자세를 바르게 잡고 t6과 같은 방법으로 개선면 끝 모서리에서 모서리까지 비드를 놓는다. [그림 4-9 참조] 이 때 표면 비드는 모재 표면보다 약 2mm 정도 높게 쌓는다.

그림 4-9 표면 비드 운봉법 양부

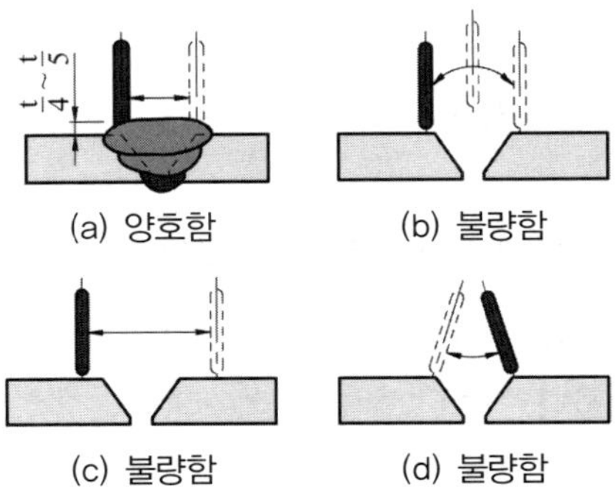

그림 4-10 표면 비드의 결함의 종류

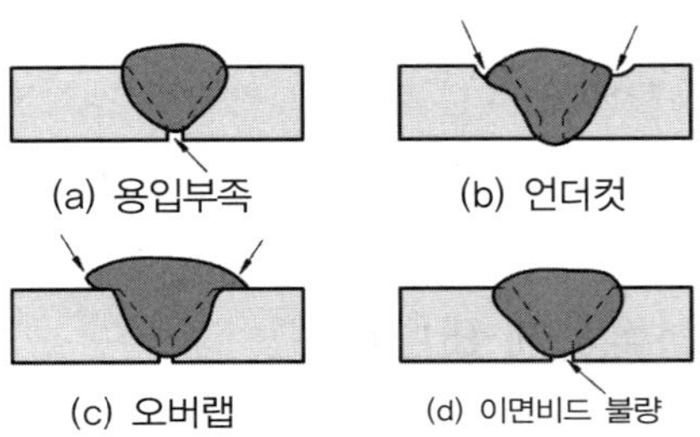

5) 청소 및 검사

표면 비드놓기가 끝나면 용접부를 깨끗이 청소한 후 용접 상태를 검사하고 [그림 4-10 참조], 주위를 잘 정리 정돈한다.

2 수평 자세 V형 맞대기 피복 아크용접

가. 용접 준비와 모재 가공, 모재 가접(tack welding) 및 역변형 주기

공구나 작업준비, 그리고 모재 가공법, 가접법이나 역변형을 주는 방법은 아래보기 자세와 같은 방법으로 실시하면 된다.

나. t6.0 연강판 수평 V형 맞대기

1) 모재 고정

가접된 모재를 용접 지그에 모재가 수직이며 용접선이 수평이 되게 작업하기 편한 높이로 고정한다.

이 때 루트 간격이 좁은 쪽이 왼쪽이 되게 하며 용접선의 높이가 가슴 정도가 적당하다. 모재를 단단하게 고정하여 작업 중 움직이거나 떨어지지 않도록 해야 된다.

2) 1층(이면) 비드놓기

① 1층 1/2 비드놓기

용접을 하려면 우선 전류를 잘 맞추어야 된다.

이면 비드 전류를 아래보기 자세 전류와 같이 조절한다.

적정 전류는 모재의 홈각도, 루트면의 두께, 루트 간격, 그리고 아크 길이, 용접 속도 등에 따라 다르므로 적정 전류를 정하기 어려우나 일반적으로 80 ~ 95A(ϕ3.2 용접봉 사용시) 정도로 조절하면 무난하다.

그림 4-11 수평 자세 작업각과 진행각

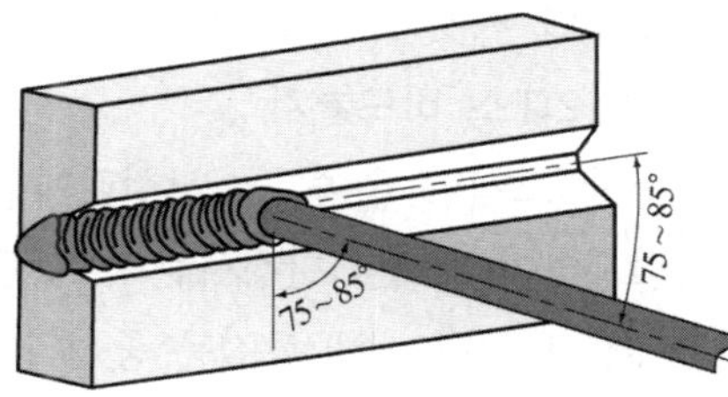

용접봉을 홀더의 손잡이 대하여 120°로 맞추어 물린 후 모재에 대하여 몸의 각도를 20 ~ 30° 정도 우측으로 틀어 작업하기 편한 자세로 앉아 홀더를 잡는다. 용접봉 끝을 모재의 좌측 끝으로 옮긴 후 헬멧을 쓰고 아크를 발생하여 불빛으로 시작점으로 빨리 이동하여 아크를 안정시키며 개선 홈 안쪽으로 봉을 밀어 넣는다.

이 때 작업각과 진행각은 75 ~ 85°를 유지하며 [그림 4-11 참조] 키홀이 생길 때까지 천천히 우진하다가 키홀(key hole)이 형성되면 바로 상하 루트면과 루트면 사이를 이전 용착부와 약 1/3 정도 겹치면서 키홀이 일정하도록 위빙하며[그림 4-12 참조] 중심 표시 부분까지 우진한 후 중심부에서 아크를 끊는다.

그림 4-12 수평 자세 키홀 양부

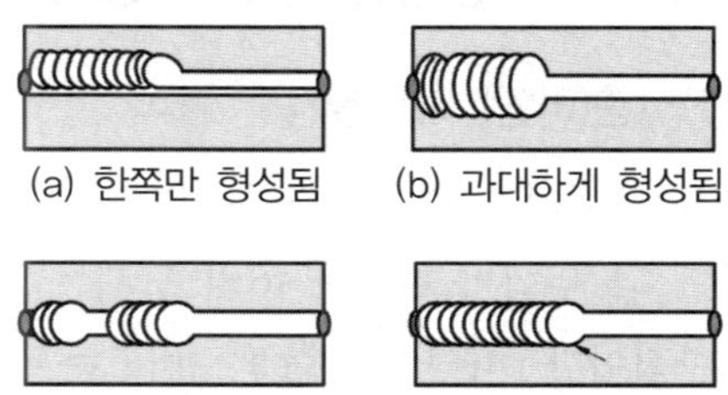

② 이면 비드 잇기

아크가 끝난 부분을 깨끗이 청소하고 새 용접봉을 홀더에 물리고 이음부의 주위에서 아크를 발생하여 아크 길이를 좀 길게 하면서 이음부의 위치를 확인하고 빨리 이음부로 옮긴다.

용접봉을 홈 안으로 서서히 밀어 넣으며 아크를 안정시키며 약 5 ~ 10mm 정도는 위빙없이 좀 느린 속도로 우진하여 키홀이 형성되면 위빙하면서 키홀의 크기를 일정하게 유지하며 용접부 끝까지 우진한다.

1층 이면 비드는 모재 표면보다 1 ~ 1.5mm 정도 낮게 놓은 후 용접선 끝의 1 ~ 2mm 부분에서 크레이터 처리를 한다. 용접이 끝나면 용접부의 슬래그 및 스패터 등을 깨끗이 제거한다.

3) 2층(표면) 비드놓기

① 2층 1패스 비드놓기

수평 자세 표면 비드는 겹치기 좁은 비드로 2패스로 완성한다. 전류는 1층보다 다소 높게 120 ~ 140A(ϕ3.2를 사용할 경우)로 조절한다.

자세를 바로 잡고 하단 모재의 왼쪽 끝 모서리와 1층 비드의 경계선에서 아크를 발생하여 아크를 안정시킨 후 위빙없이 좁은 비드로 용접선 끝까지 진행한다. 이 때 작업각과 진행각을 일정하게 유지하며 하단 모재의 개선 모서리 선에 용접봉의 하단 ~ 1/4 정도가 겹치도록 하며 진행한다. 용접이 끝나면 깨끗이 청소한다.

② 2층 2패스 비드놓기

상단 모재의 왼쪽 끝 모서리에서 아크를 발생하여 아크를 안정시킨 후 상단 모재의 개선 모서리 선에 용접봉 중심의 1/2 정도가 겹치도록 하며 용접선 끝까지 진행하고 우측 끝부분에서 크레이터 처리를 한다.

그림 4-13 표면 비드놓기 양부

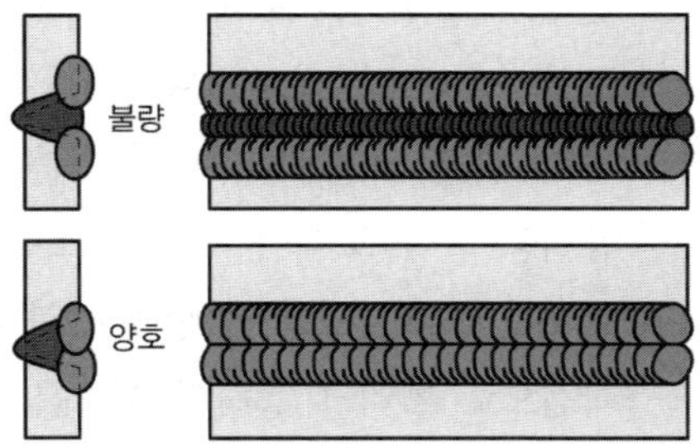

표면 비드는 모재 표면보다 약 2mm 정도 높게 쌓아야 되며, 용접 후 용접부를 깨끗이 청소한다. [그림 4-13 참조]

다. t9.0 연강판 수평 V형 맞대기

1) 1층(이면) 비드놓기

t9 모재의 이면 비드놓는 법은 t6 모재와 동일하게 실시하면 된다. 다만 판두께가 3mm 정도 더 두껍기 때문에 t6의 모재는 2층으로 완성했지만 t9 모재는 3층으로 완성하는 것이 일반적이다. 따라서 1층(백) 비드는 모재 두께의 약 1/2 정도 높이로 쌓는 것이 적당하다.

2) 2층 비드놓기

2층 비드는 모재 표면보다 1 ~ 1.5mm 정도 낮게 채워지게 쌓는 것이 중요하다. 이 때 전류는 표면 비드보다 다소 높게 조절하는 것이 일반적이다.

① 2층 1패스 비드놓기

도재의 왼쪽 끝 시작점에서 아크를 발생하여 용접봉 끝의 중심을 1층 비드의 하단 개선면과의 경계선에 맞춘다.

이때 작업각은 하단 모재의 수직선에 대하여 95 ~ 110° 정도 되게 진행각은 75 ~ 85°

로 유지한다. [그림 4-14 (a) 참조]

직선(좁은) 비드로 모재 끝까지 진행하며, 모재 표면보다 1 ~ 1.5mm 정도 낮게 채워지게 한다. 개선면의 상부 모서리가 녹지 않게 하는 것이 좋다.

비드를 깨끗이 청소한 후 지그에 고정한다.

그림 4-14 2층 비드놓기 작업각

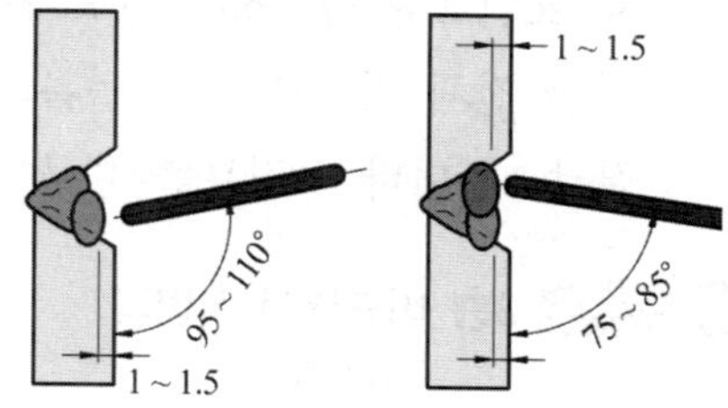

(a) 2층 1패스 (b) 2층 2패스

② 2층 2패스 비드놓기

모재 왼쪽 끝에서 아크를 발생하여 용접봉 끝의 하단을 1층 비드의 상단 개선면과의 경계선에 맞춘다. 이때 작업각은 수직선에 대하여 75 ~ 85° 정도 되게, 진행각은 용접선에 대하여 75 ~ 85°로 유지한다. [그림 4-14 (b) 참조]

직선(좁은) 비드로 모재 끝까지 진행한다. 이때 모재 표면보다 1 ~ 1.5mm 정도 낮게 채워지게 한다. 개선면의 상부 모서리가 녹지 않게 하는 것이 좋다.

비드를 깨끗이 청소한 후 지그에 고정한다.

3) 3층(표면) 비드놓기

① 3층 1패스 비드놓기

t9의 모재의 수평 표면 비드는 좁은 비드 겹치기 3패스로 완성한다. 전류는 2층보다 다소 낮추는 것이 좋다.

특히 맨 위의 패스는 모재를 식히거나 전류를 낮추어서 비드를 놓아 언더컷을 방지해야 된다.

하단 모재의 왼쪽 끝에서 아크를 발생하여 아크를 안정시킨 후 하단 모재의 개선 모서리 선에 용접봉의 하단이 1/4 정도 겹치도록 하며 일직선으로 우측 끝까지 진행한다. 이 때 작업각은 하단 모재의 수직선에 대하여 95 ~ 110°, 진행각은 75 ~ 85°를 유지하며 진행한다. [그림 4-15 (a) 참조] 우측 끝부분에서 크레이터 처리를 한다.

② 3층 2패스 비드놓기

모재의 왼쪽 끝에서 아크를 발생하여 표면 1패스 비드와 2층 2패스 비드의 경계선에 용접봉 하단이 오도록 하여 작업각은 수직선에 대하여 85 ~ 90°, 진행각은 75 ~ 85°를 유지하며 진행한다. [그림 4-15 (b) 참조]

우측 끝부분에서 크레이터 처리를 한다.

③ 3층 3패스 비드놓기

상단 모재의 왼쪽 끝에서 아크를 발생하여 상단 모재의 개선 모서리 선에 용접봉 중심의 1/3 정도가 겹치도록 하며 진행한다.

이 때 작업각과 진행각은 75 ~ 85°를 유지한다. [그림 4-15 (c) 참조] 표면 비드는 모재 표면보다 약 2mm 정도 높게 쌓는다.

다만 전체 비드가 약간 볼록해야 되므로 용접 속도를 잘 맞추어야 되며, 비드놓기가 끝날 때 마다 용접부를 깨끗이 청소해야 된다.

그림 4-15 3층 비드놓기 작업각

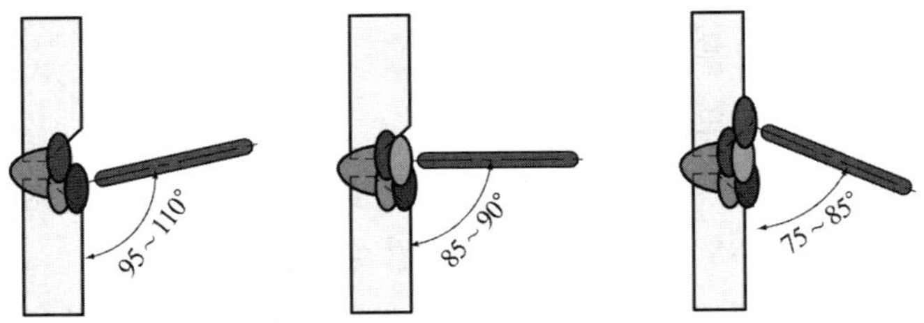

3 수직 자세 V형 맞대기 피복 아크용접

가. 용접 준비와 모재 가공, 모재 가접(tack welding) 및 역변형 주기

도면을 보고[그림 4-16 참조] 필요한 재료와 공구를 준비한다. 모재 가공법, 가접법이나 역변형을 주는 방법은 아래보기 자세와 등일하게 하면 된다.

그림 4-16 V형 맞대기용접 도면

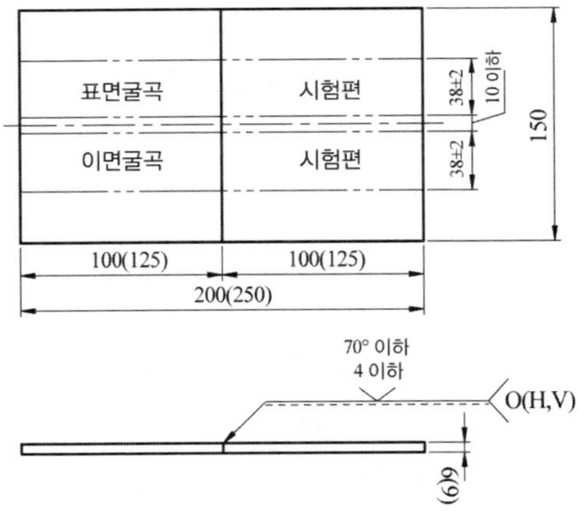

나. t6.0 연강판 수직 V형 맞대기

1) 모재 고정

가접된 모재를 용접 지그에 용접선이 수직이 되게 작업하기 편한 높이로 고정한다. 이 때 루트 간격이 좁은 쪽이 아래로 향하게 하며 상부의 높이가 가슴과 목 사이가 적당하다. 모재를 단단하게 고정하여 작업 중 움직이거나 떨어지지 않도록 해야 된다.

2) 1층(이면) 비드놓기

① 1층(이면, back) 1/2 비드놓기

이면 비드놓기는 맞대기용접 중 가장 중요한 용접이며, 고난도의 기술을 요한다. 적당한 전류와 정교한 위빙으로 키홀을 형성하며 모재 표면보다 1 ~ 1.5mm 정도 낮게 쌓는 것이 중요하다.

용접을 하려면 우선 전류를 맞추어야 된다. 이면 비드 전류를 아래보기 자세보다 다소 낮게, 80 ~ 95A 정도(ϕ3.2 용접봉 사용시)로 조절한 다음 용접봉을 홀더의 손잡이와 120° 되게 물린다.

그림 4-17 수직 자세 작업각과 진행 반대각

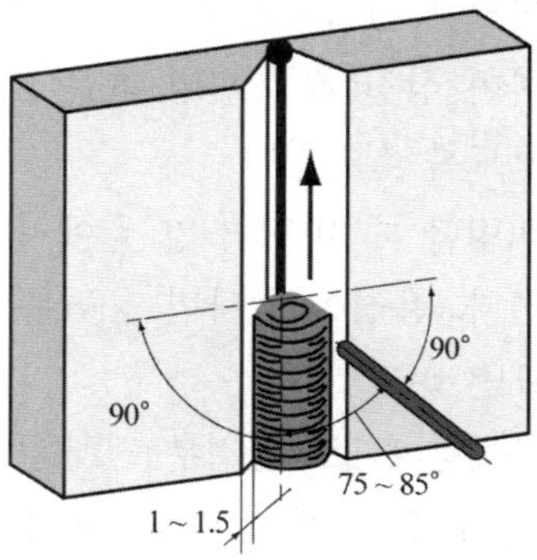

모재 앞에 작업하기 편한 자세로 앉는다. 이 때 몸과 모재와의 각도는 30 ~ 40° 정도 우측으로 틀어 앉아 홀더를 잡는다. 용접봉 끝을 모재의 하단 끝으로 옮긴 후 헬멧을 쓰고 아크를 발생하여 아크를 안정시키며 개선 홈 안쪽으로 봉을 밀어 넣는다.

작업각은 90°, 진행 반대각은 75 ~ 85°를 유지하며 [그림 4-17 참조] 키홀이 생길 때까지 좌우로 위빙하지 말고 천천히 약 5mm 정도 상진하다가 키홀(key hole)이 형성되면 바로 루트면과 루트면 사이를 이전 용착부와 약 1/3 정도 겹치면서 키홀이 일정하도록 위빙하며 중심 표시 부분까지 상진한 후 중심부에서 아크를 끊는다.

② 1층(백) 비드 잇기

아크가 끝난 부분을 깨끗이 청소하고 홀더에 새 용접봉을 물려 이음부 주위의 모재 표면에서 아크를 발생하여 아크 길이를 좀 길게 하면서 이음부의 위치를 확인하고 빨리 이음부 상단으로 옮긴다.

용접봉을 홈 안으로 서서히 밀어 넣으며 아크를 안정시킨 후 약 5 ~ 10mm 정도는 좌우로 움직이지 말고 좀 느린 속도로 상진하여 키홀이 형성되면 키홀의 크기를 일정하게 유지하며 위빙 방법에 의해 끝까지 상진한다.

1층 이면 비드는 모재 표면보다 1 ~ 1.5mm 정도 낮게 놓는다.

③ 크레이터 처리 및 청소하기

용접선 끝의 1 ~ 2mm 부분에서 아크를 잠시 끊었다 다시 발생하였다 하면서 2 ~ 3회 크레이터 처리를 한다. 용접이 끝나면 용접부의 슬래그 및 스패터 등을 깨끗이 제거한다.

3) 표면(2층) 비드놓기

① 표면 1/2 비드놓기

표면 비드는 외관이므로 외관의 비드 모양을 보고 양부를 판단하는 중요한 부분이다. 그리고 언더컷이나 처짐, 오버랩 등이 쉽게 발생될 수 있어 위빙 끝 부분의 약간 멈춤과 일정한 위빙 폭과 피치로 위빙하는 것이 필요하다.

우선 모재를 작업하기 편한 높이로 고정한 후 전류를(ϕ3.2 용접봉의 경우 110 ~ 130A, ϕ4.0을 사용할 경우 120 ~ 150A) 조절한다.

자세를 바로 잡고 용접봉을 1층 비드의 하단 왼쪽 부근으로 옮긴 후 헬멧을 쓰고 아크를 발생하여 아크 빛으로 모재 하단의 모서리 부분으로 옮겨 아크를 안정시킨다.

아크가 안정되면 다음 모서리까지 약간 천천히 움직여 충분하게 용융되었을 때 위빙하며 상진한다. 위빙 폭은 개선면 상부 좌우 모서리에 용접봉 끝의 1/3 ~ 1/2 정도가 오도록 실시한다.

위빙할 때 비드의 양 끝에서 약 0.5 ~ 1초 정도 멈추는 듯하여 언더컷이 생기지 않게 한다. 용접이 끝나면 용접부 끝부분을 깨끗이 청소한다.

② 표면 비드 잇기

그림 4-18 수직 비드 잇는 법

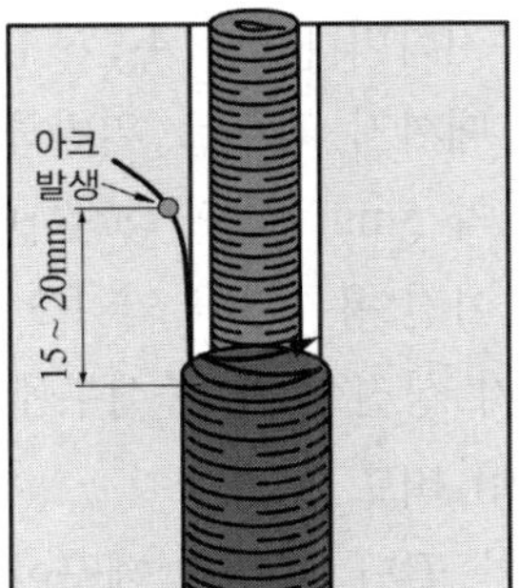

용접봉 1개로 용접부 전체를 다 용착시킬 수 없을 때는 용접부 전체 길이의 중심에서 아크를 끊는다. 왜냐하면 중심부에서 좌우로 10mm 정도는 제거되고 그 다음부터 38±2mm 부분은 굴곡 시험편 부분이 되므로 그 부분에서는 아크가 끊어지거나 비드 잇는 부분이 되어서는 안 되기 때문이다.

비드를 이을 때 홀더에 새 용접봉을 물린 후 잇는 부근에서 아크를 발생하여 아크를 안정시킨 후 용접부 끝까지 위빙하여 진행한다. 표면 비드 높이는 모재 표면보다 약 2mm 정도 높게 쌓는다.

[그림 4-18 참조]

③ 크레이터 처리 및 청소하기

용접부 끝 1 ~ 2mm 부분에서 크레이터 처리를 한 후 용접부를 깨끗이 청소한다.

다. t9.0 연강판 수직 V형 맞대기

1) 1층(백) 비드놓기

t9 모재의 이면 비드놓는 법은 t6 모재와 동일하게 실시하면 된다. 다만 판두께가 3mm 정도 더 두껍기 때문에 전류를 약간 높여주거나 루트면을 얇게 해줄 필요가 있으며, t6의 모재는 2층으로 완성했지만 t9 모재는 3층으로 완성하는 것이 일반적이다.

따라서 1층(백) 비드는 모재 두께의 약 1/2 정도 높이로 쌓는 것이 적당하다.

2) 2층 비드놓기

2층 비드는 모재 표면보다 1 ~ 1.5mm 정도 낮게 채워지게 쌓는 것이 중요하다. 이 때 전류는 표면 비드보다 다소 높게 조절하여 쌓으면 1층과 용착도 잘 되지만 1층에 잔류할 수 있는 불순물이나 슬래그 등을 떠오르게 하는데 효과가 있다. [그림 4-19 참조]

그림 4-19 수직 비드 2층 비드 높이

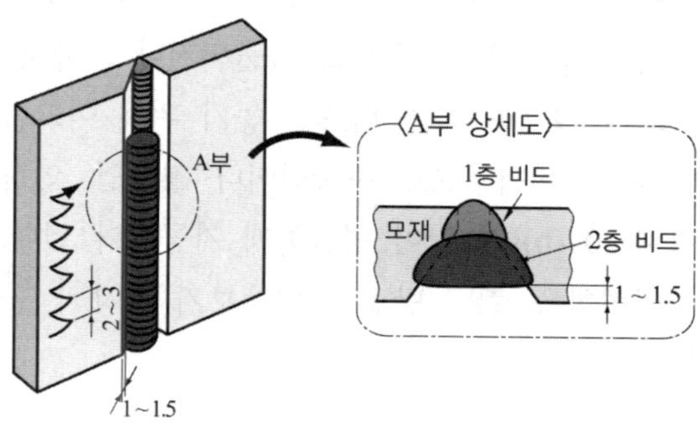

2층 비드도 ϕ3.2 용접봉을 사용할 경우 중심부에서 아크를 끊은 후 새 용접봉으로 비드를 잇기하여 2회로 완성한다.(ϕ4.0 용접봉을 사용할 경우 1회로 가능함)

이 때 개선면의 상부 모서리가 녹지 않게 하는 것이 좋다.(용접봉 끝이 모재 표면보다 높으면 모서리가 용융하게 됨)

용접이 끝나면 다음 층의 비드를 놓기 전에 비드를 깨끗이 청소해야 된다.

3) 표면 비드놓기

표면 비드는 t6 모재의 표면 비드놓기와 같은 방법으로 쌓는다. 따라서 개선면 상부의 모서리와 모서리 사이를 용접봉의 1/2 ~ 1/3 정도가 겹치도록 운봉하며, 운봉 끝부분에서 약간씩 멈춤을 실시하여 언더컷 등이 발생하지 않게 하여야 된다. 표면 비드도 ϕ3.2 용접봉을 사용할 경우 2회로 나누어서 완성한다.

표면 비드는 모재 표면보다 약 2mm 정도 높게 쌓고, 크레이터 처리를 한 후 아크를 끊은 후 용접부를 깨끗이 청소한다.

4 위보기 자세 V형 맞대기 피복 아크용접

가. 용접 준비와 모재 가공

공구나 작업준비, 그리고 [그림 4-16]과 같은 도면을 보고 모재를 준비하여 아래보기 자세와 동일하게 모재 가공을 한다.

나. 모재 가접(tack welding) 및 역변형 주기

위보기 맞대기용접을 위한 가접할 때 특히 주의해야 할 것은 가접 부위가 홈 쪽으로 돌출되지 않도록 해야 된다.

가접 부위가 홈 쪽으로 돌출되거나 스패터가 심하게 부착되어 있으면 이면 비드를 놓기 위해 아크를 안정시키기가 매우 어려우므로 줄작업이나 정작업, 연삭 등으로 [그림 4-20 (b)]와 같이 평탄하게 가공해야 된다.

역변형을 주는 방법은 아래보기 자세와 동일하게 하면 된다.

그림 4-20 가접 상태 양부

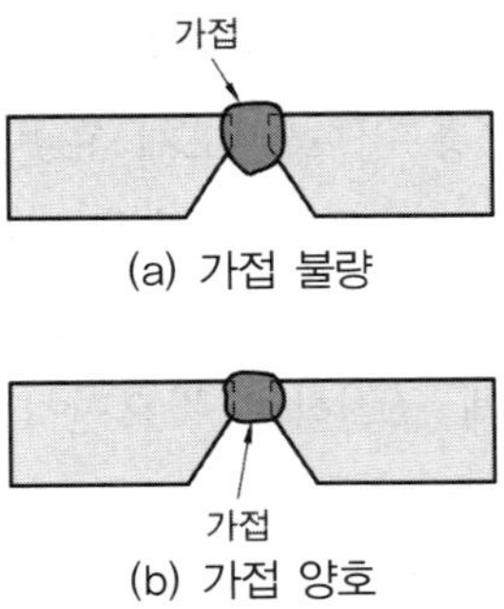

다. t6.0 연강판 위보기 V형 맞대기 피복 아크용접하기

1) 모재 고정

가접된 모재의 홈 부분이 아래가 되며 용접선이 전후(또는 좌우)가 되게 작업하기 편한 높이로 단단하게 고정한다.

보통 머리보다 10cm 정도 높게 하는 것이 좋다. 이 때 루트 간격이 좁은 쪽이 용접 시작 부분이 되게 한다.

2) 1층(백) 비드놓기

① 1층 1/2 비드놓기

전류를 수직 자세와 비슷하게 80 ~ 95A(ϕ3.2 용접봉 사용시) 정도로 조절한다. 용접봉은 홀더의 앞부분에 홀더와 일직선이 되게 물린다.

모재 앞에 작업하기 편한 자세로 앉아 용접봉을 시작점 가까이 옮긴 후 헬멧을 쓰고 모재의 시작점 부근에서 아크를 발생하여 아크를 안정시키며 개선 홈 안쪽으로 봉을 밀어 넣는다.

이 때 바로 용접봉을 좌우로 움직이면 달라붙을 염려가 있으므로 위빙없이 천천히 진행하여 아크 안정에 최선을 다한다.

작업각은 90°, 진행각은 용접선에 대하여 75 ~ 85° 정도로 유지하여 진행하며 키홀(key hole)이 형성되면 바로 루트면과 루트면 사이를 이전 용착부와 약 1/3 정도 겹치면서 키홀이 일정하도록 위빙하며 중심 표시 부분까지 진행한 후 중심부에서 아크를 끊는다.

위보기 자세는 비드가 처져서 볼록 비드가 되기 쉬우므로 위빙의 양끝은 느리게 중심부는 빠르게 움직여서 비드 모양이 평면 또는 약간 볼록형이 되도록 위빙하여야 된다.

아크가 끝난 부분을 깨끗이 청소한 후 다시 지그에 고정한다.

② 비드 잇기

새 용접봉을 홀더에 물리고 이음부의 주위에서 아크를 발생하여 아크 길이를 좀 길게 하면서 이음부의 위치를 확인하고 빨리 이음부 쪽으로 옮긴다.

봉을 좌우로 움직이지 말고 홈 안으로 서서히 밀어 넣으며 아크를 안정시킨다.

아크가 안정되면 이전 비드놓는 법과 동일하게 용접선 끝까지 진행한다. 이때 모재 표면보다 1 ~ 1.5mm 정도 낮게 1층 비드를 놓는다.

모재 끝의 1 ~ 2mm 부분에서 크레이터 처리를 한 후 용접부의 슬래그 및 스패터 등을 깨끗이 제거한다. 혹시 용입이 안되어 슬래그가 혼입된 경우 가는 송곳이나 좁은 정 같은 것으로 완전 제거하고 높낮이가 큰 경우 전류를 높게 하여 평탄 작업을 한 후에 2층 비드를 놓아야 된다.

3) 2층(표면) 비드놓기

① 2층 1/2 비드놓기

전류를 110 ~ 130A(ϕ3.2를 사용할 경우)로 조절하고 용접봉을 홀더의 앞부분에 홀더와 일직선이 되게 물린다.

시작 부분의 개선면 위의 한쪽 모서리에서 아크를 발생하여 아크를 안정시키며 다음 모서리까지 약간 천천히 움직인다.

아크가 안정되면 개선면 상부 모서리에서 모서리까지 위빙하며 진행한다.

이 때 용접봉 끝의 1/3 ~ 1/4 정도가 개선면 모서리에 위치하도록 한다. [그림 4-21 참조]

위빙할 때 비드의 양 끝에서 약 0.5 ~ 1초 정도 멈추는 듯 하여 언더컷이 생기지 않게 한다.

그림 4-21 2층 비드놓기 운봉각

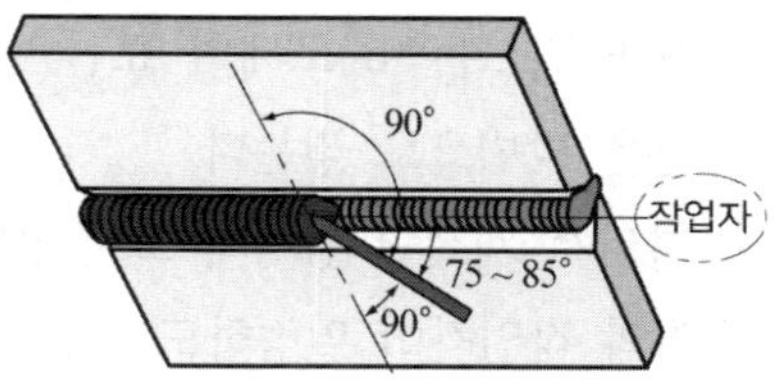

용접 전체 길이의 중심 부분에서 아크를 끊고 비드 끝부분을 깨끗이 청소한다.

② 2층 비드 잇기

홀더에 새 용접봉을 물린 후 이음부 주위에서 아크를 발생하여 비드 잇는 방법과 같이 비드를 놓아 용접부 끝까지 위빙하여 진행한 후 끝 부분에서 크레이터 처리한다.

표면 비드는 모재 표면보다 약 2mm 정도 높게 쌓는다. 용접이 끝나면 용접부를 깨끗이 청소한다. ϕ4.0 용접봉을 사용할 경우는 비드 잇기를 하지 않아도 된다.

라. t9.0 연강판 위보기 V형 맞대기 피복 아크용접하기

1) 1층(이면) 비드놓기

t9 모재의 이면 비드놓는 법은 t6 모재와 동일하게 실시하면 된다. 다만 판두께가 3mm 정도 더 두껍기 때문에 전류를 약간 높여주거나 루트면을 얇게 해줄 필요가 있으며, t6의 모재는 2층으로 완성했지만 t9 모재는 3층으로 완성하는 것이 일반적이다.

따라서 1층(이면) 비드는 모재 두께의 약 1/2 정도 높이로 쌓는 것이 적당하다.

2) 2층 비드놓기

2층 비드놓기의 운봉각은 [그림 4-21]과 같이 유지하며 모재 표면보다 1 ~ 1.5mm 정도 낮게 채워지게 쌓는다. 이 때 전류는 표면 비드보다 다소 높게 조절하여 쌓으면 1층과 용착도 잘 되지만 1층에 잔류할 수 있는 불순물이나 슬래그 등을 떠오르게 하는데 효과가 있다.

비드가 쳐지지 않도록 운봉을 잘해야 되며 2층 비드가 모재 표면보다 높아지거나 2층 비드놓기 중 개선면의 모서리가 용융되지 않도록 해야 된다.

2층 비드도 중심부에서 아크를 끊은 후 새 용접봉으로 비드를 잇기하여 2회로 완성한다. (ϕ3.2 용접봉 사용시) 용접이 끝나면 다음 층의 비드를 놓기 전에 비드를 깨끗이 청소해야 된다.

그림 4-22 표면 비드 운봉각

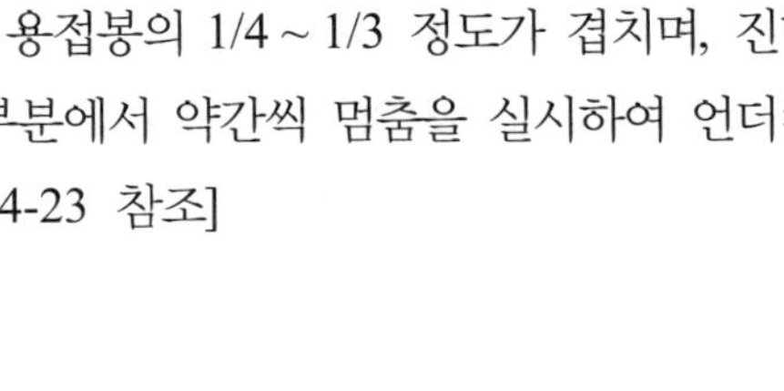

3) 3층(표면) 비드놓기

① 3층 1/2 비드놓기

표면 비드는 t6 모재의 표면 비드놓기와 같은 방법으로 쌓는다.

따라서 개선면 상부의 모서리와 모서리 사이를 용접봉의 1/4 ~ 1/3 정도가 겹치며, 진행각과 작업각이 일정하도록 운봉하며, 운봉 끝 부분에서 약간씩 멈춤을 실시하여 언더컷 등이 발생하지 않게 하여야 된다. [그림 4-22, 4-23 참조]

용접부 중심부에서 아크를 끊고 이음부를 깨끗이 청소한다.

② 3층 비드 잇기

새 용접봉을 갈아 끼우고 비드 이음부 근처에 용접봉 끝을 이동시킨 후 헬멧을 쓰고 아크를 발생하여 이음부로 옮겨 아크를 안정시킨 다음 모재 표면에 밀착하듯 위빙하여 용접선 끝까지 진행한다. 표면 비드는 모재 표면보다 약 2mm 정도 높게 쌓고, 크레이터 처리를 한 후 아크를 끊은 후 용접부를 깨끗이 청소한다.

그림 4-23 표면 비드 운봉법의 양부

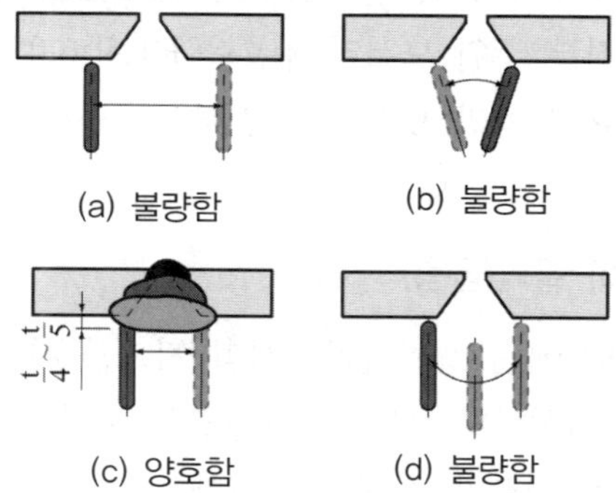

5 용접부 검사

가. 외관 검사

피복 아크용접, CO_2 용접, TIG 용접, 그리고 각 자세별, 형상별 용접이 끝나면 외관 검사를 한다.

외관 검사 내용은 맞대기용접과 필릿 용접 모두 표면 비드의 폭, 파형, 높이의 균일 정도와 단락 일정 여부, 균열 유무 등을 검사하며, 이면 비드는 비드 폭, 파형의 균일 정도, 용입의 완전 여부, 비드 이음 부분의 양호 여부를 검사한다.

나. 굴곡 시험

1) 시험편 절단

맞대기용접의 경우 용접부의 연성이나 용착 상태를 검사하기 위해 굴곡(굽힘) 시험을 한다. 굴곡 시험 방법은 외관 검사가 끝난 용접 제품의 용접선의 중심부를 약 10mm 정도 제거하고, 그 좌우측으로 약 38 ~ 40mm 크기로 2개 절단한다. 절단 방법은 가스 절단이나, 플라스마 절단, 프레스 절단 등으로 한다.

2) 덧붙이 가공

맞대기 용접부의 덧붙이 비드를 모재 표면까지만 그라인더로 다듬질 작업하여 제거하고 용접부 주위 모서리 부분을 R1.5(t6.0의 경우 R1.0)로 라운딩 가공을 한다. 이 때 시험편은 필요에 따라 덧붙이를 먼저 가공한 후 절단하기도 한다.

3) 굴곡(굽힘)

KS에 규정된 굴곡 시험 지그를 사용하여 굴곡 시험한다. 시험시 자세별로 시험편의 하나는 이면 비드가 아래로 향하게 하며, 다른 하나는 표면이 아래로 가게 하여 형틀의 중앙에 정확히 놓은 후 완전히 U자가 되도록 굴곡한다. [그림 4-24 참조]

그림 4-24 굴곡 시험

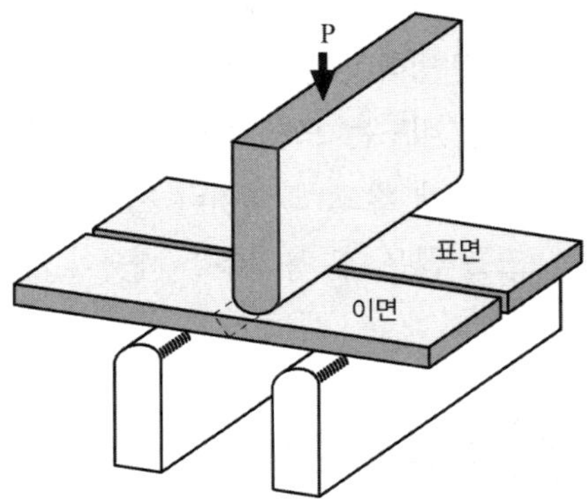

다. 필릿 용접 파면 검사

굴곡 시험기 위에 평판을 놓고 필릿 용접 작품의 용접부가 위로 향하도록 ⋀자 모양으로 놓은 후 시험기로 ⊏모양이 되도록 파단한다. [그림 4-25 참조]

파단한 필릿 용접 작품의 용접부 파면을 보고 용입불량, 용입 깊이, 슬래그 섞임 상태, 융합 부족, 모재의 박리, 기공, 피트 등의 유무를 기준에 의해 평가한다.

그림 4-25 파단(면) 시험방법

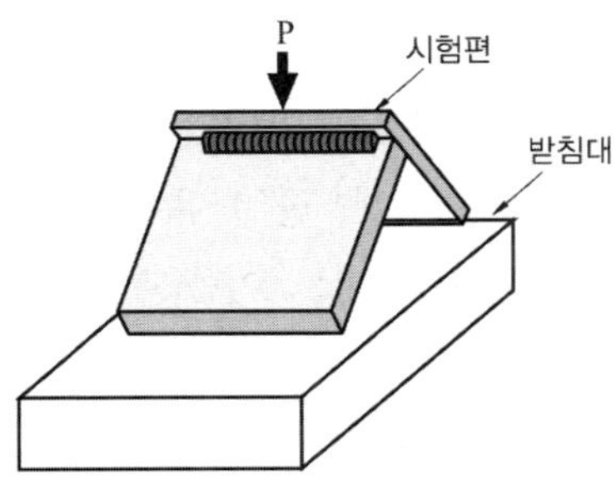

라. 방사선 탐상 검사

맞대기 용접부 등은 필요에 따라 X선 또는 γ(감마)선 검사를 할 수 있으며, 검사 기준에 따라 필름을 판독하여 평가한다.

마. 평가

1) 맞대기 용접부 평가

굴곡된 시험편의 외곽 용접부에 균열이나 기포(기공)의 크기 정도를 평가 기준에 맞추어 평가한다. [그림 4-26 참조]

맞대기용접 굽힘 시험편의 외관에 균열이 3mm 이상이거나 작은 균열의 합이 7mm를 넘으면 안되며, 기공이나 매우 작은 균열의 개수가 10개 이상이 되면 안된다.

그림 4-26 굴곡된 시험편 형상

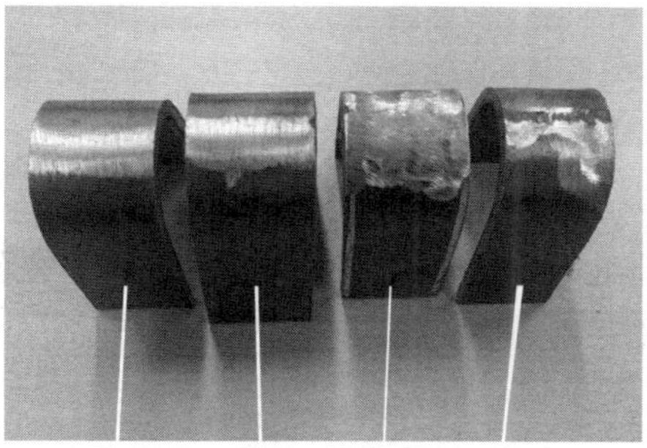

2) 필릿 용접부 평가

필릿 용접부의 파단 시험에서는 용입불량, 슬래그 섞임, 융합 부족, 모재의 박리, 기공이나 피트 등이 많이 있으면 안되며 전혀 없으면 매우 양호한 용접부라고 판단한다.

필릿 용접시 두 모재가 완전히 분리되는 경우를 박리라고 하는데 이것은 전적으로 전류가 매우 낮아 용입이 안된 경우가 많다.

필릿 용접부 평가는 파단부 용입 상태에 따라 매우 양호, 양호, 보통, 불량, 매우 불량 등으로 점수를 부여할 수 있으며, 두 모재가 완전 분리된 경우는 전류가 너무 낮거나 기능이 아주 낮은 수준으로 봐야 된다.

제5절 | 구조물(용기) 제작 피복 아크용접

1 용접 준비

가. 공구 및 작업준비

도면 [그림 5-1 참조]을 보고 작업에 필요한 보호구, 헬멧(핸드 실드), 집게, 가죽 장갑, 앞치마, 팔커버(또는 조끼), 발커버, 와이어 브러시(브러시), 줄, 30cm 자, 석필, 그라인더, 휠 브러시 등을 준비한다. 그 외에 가접대, 보안경 등도 있으면 좋다.

나. 작업준비

용접에 임하기 전에 보호구를 착용하고 용접기의 이상 유무, 작동 상태를 점검한다. 그리고 도면을 보고 구조물 제작 부품의 수량과 작업 내용을 확인한다.

2 모재 가공

구조물 제작 부품의 맞대기 이음부, 필릿 용접부, 모서리 용접부 등을 평탄하게 가공한다. 구조물 중에 맞대기용접부가 있는 경우 루트면 가공도 실시한다.

3 구조물 조립(도면 작품)

가. 수평(밑)판 맞대기용접

맞대기 용접판(t9×110×200) 2매를 아크용접기를 사용하여 ϕ3.2, ϕ4.0 저수소계 용접봉(E7016)을 사용하여 3층으로 아래보기 자세(도면에 지시된 자세)로 맞대기 용접한다.

나. 수평판에 수직판 겹칠 부분 금긋기

도면을 보고 도면에 맞게 맞대기 용접한 모재의 표면 위에(또는 백 위에) 수직판이 세워질 부분을 금긋기한다. [그림 5-2 참조]

그림 5-1 피복 아크용접 구조물 용접 도면

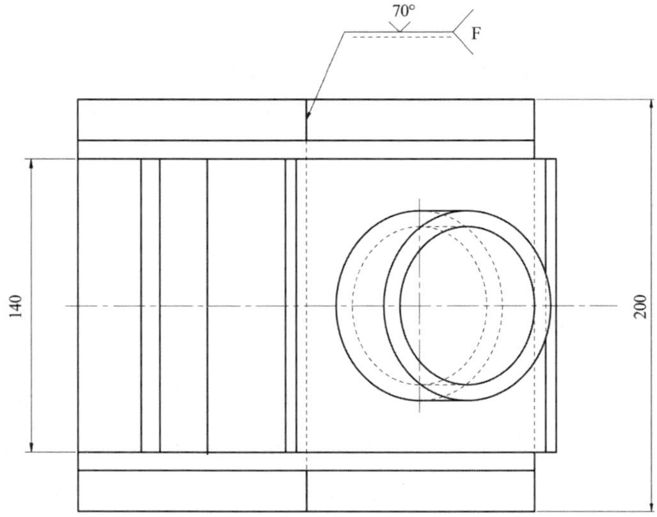

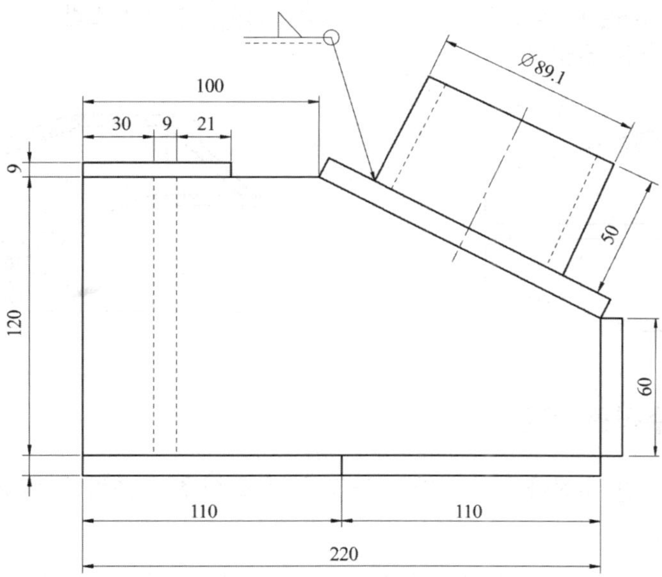

다. 수직판 조립 부분 덧살 제거

수평판의 금긋기 선을 기준으로 안과 밖 약 113 ~ 15mm 부분(수직판 모재 두께 9mm + 전후 여유 가공치 약 2 ~ 3mm)을 핸드 그라인더로 연삭한다. [그림 5-3 참조]

그림 5-2 수직판 설치부 금긋기

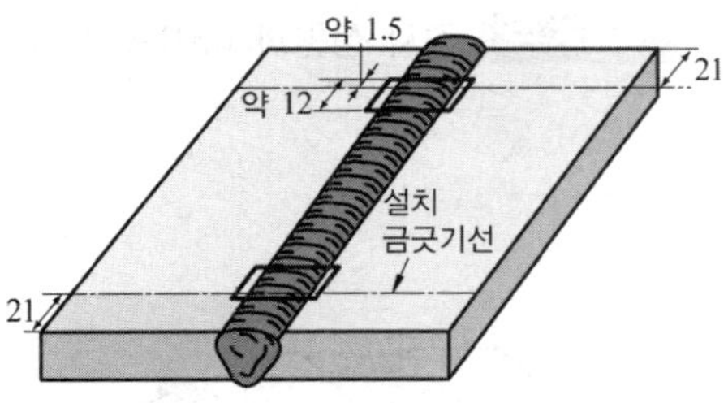

그림 5-3 수직판 설치부 덧살 제거

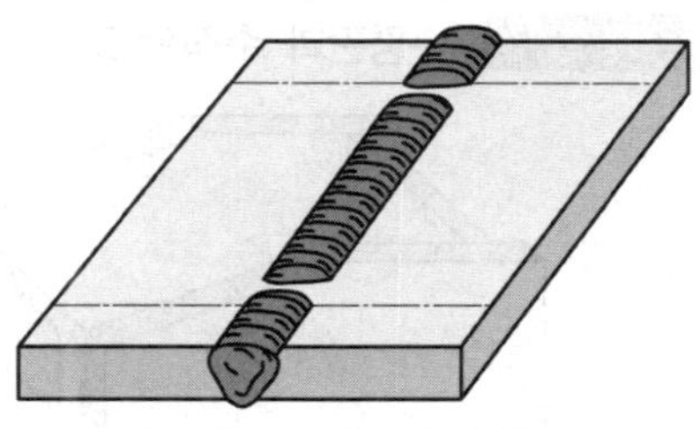

라. 수직판 조립

수직판 부품 4개 중 뒷판과 앞판에 좌측 판이 조립될 부분을 금긋기한다.[그림 5-4 참조]

뒤 수직판과 좌측 판을 조립하여 가접한 후 앞 수직판과 가접한다. 이 때 수직판과 좌측 판의 교차 부분은 직각이 되게 해야 된다.

앞뒤 수직판에 우측판을 모서리 용접 형태로 조립하여 가접한다. 이 때 가접 부위는 모서리나 용접 끝선이 되지 않게 양끝에서 약 20mm 안쪽에 가접을 한다. [그림 5-5 참조]

그림 5-4 전후 수직판에 우측판 조립 부분 금긋기

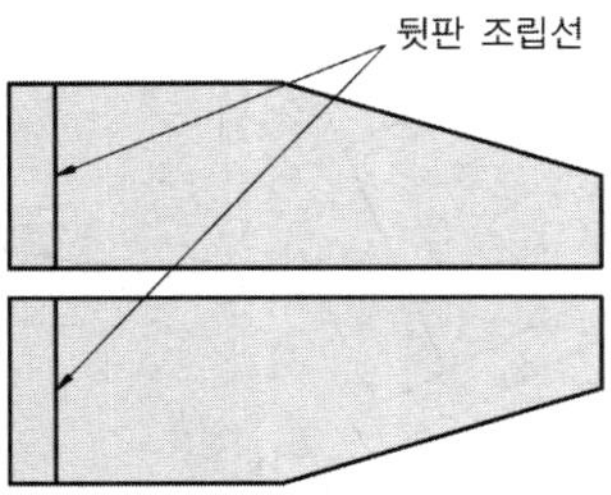

그림 5-5 수직판 조립

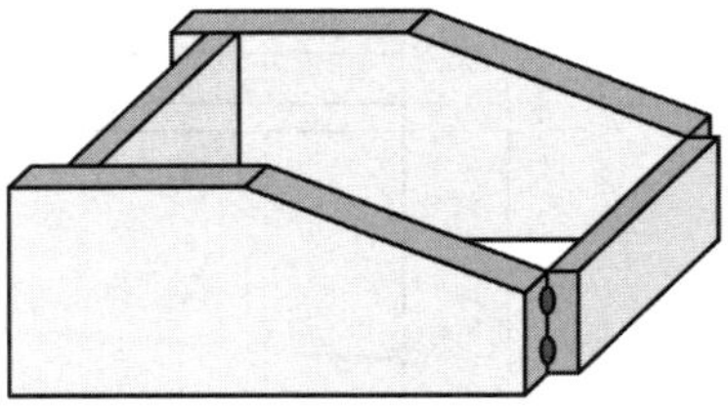

마. 수평판과 수직판 조립

수평판을 놓고 조립한 수직판을 수평판의 금긋기 선에 맞추어 조립한 후 치수 등을 확인한다. [그림 5-6 참조]

치수에 이상이 없으면 가접한다. 이 때 가접을 수직판의 안쪽에 해서는 안된다.

바. 상판 조립

좌측 상판을 도면에 맞추어 조립하여 가접한다. 우측 경사 상판을 도면에 맞추어 조립하고 가접한다. [그림 5-7 참조]

그림 5-6 수평판과 수직판 조립

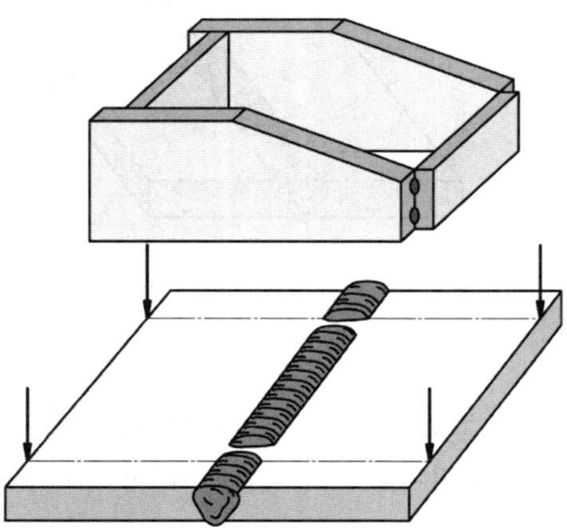

그림 5-7 경사 상판과 파이프 조립

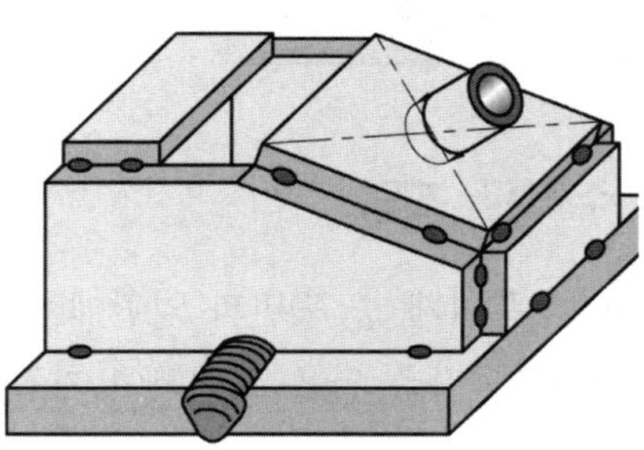

사. 경사 상판에 파이프 조립

우측 경사 상판에 대각선을 그어 중심부를 표시한 후 파이프 외경으로 원을 그린다. [그림 7-7 참조] 원 위에 파이프를 놓고 치수를 확인한 후 3～4군데 가접한다.

4 구조물 용접

가. 조립 치수 확인

조립된 구조물의 각부를 도면의 요구대로 조립되었는지, 용접에 문제가 없는지 확인한다.

나. 구조물 용접

수평판이 놓여진 상태대로 용접 자세를 정하여 용접 우선 순위를 정하여 용접한다.

① 먼저 수직 모서리와 좌측 판 수직 필릿 부분을 대칭이 되도록 용접한다. [그림 5-8 참조]

② 하단 수평 필릿 부분을 온(전둘레) 용접한다. 용접부가 겹치는 모서리 부분은 비드를 약 5mm 이상 더 돌려 용접한다. [그림 5-9 참조]

③ 수직판과 상판의 모서리 용접부를 대칭이 되게 용접한다.

④ 파이프 조립 부분을 온(전둘레) 수평 필릿 용접한다. 용접시 필릿 부분은 전류를 120 ~ 140A, 모서리 용접 부위는 100 ~ 120A 정도 맞춘다.

그림 5-8 구조물 용접법

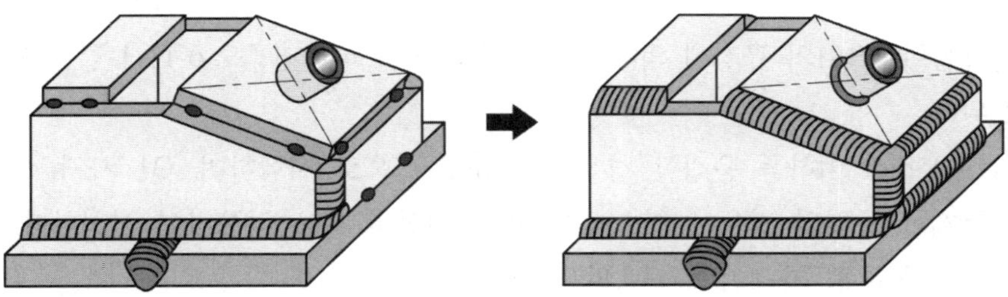

그림 5-9 겹침 부분의 용접법

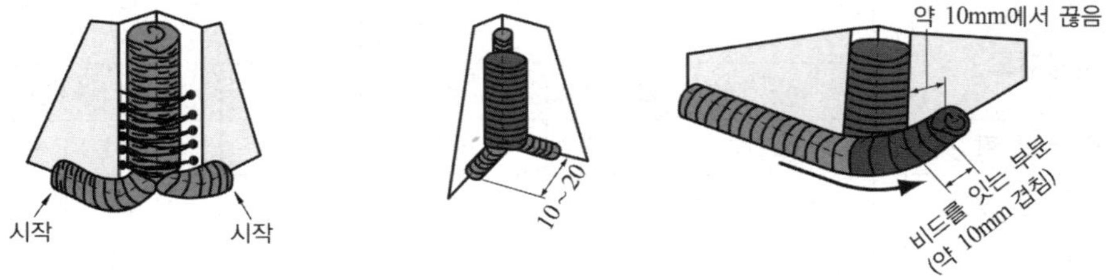

다. 용접 구조물 평가

① 전 용접부의 외관 상태를 보고 비드 파형, 언더컷, 오버랩 유무, 외관의 미려도 등을 점검한다. 외관이 매우 불량하면 평가 제외로 한다.
② 도면과 상이한 부분이 없나, 치수 정도는 맞는가 확인한다.
③ 평가 규정에 따라 외관과 치수 검사, 도면과의 상이점 여부 등을 검사한다.
외관 검사 등이 끝나면 용기에 물을 부어 누수 검사를 하거나, 수압 검사를 실시할 수 있으며, 평가 기준에 의해 평가한다.

제6절 | 뒷댐판 맞대기 피복 아크용접

1 각종 협회 규정

가. ABS(미국선급협회) 용접 자격 시험 규정

미국 선급협회(ABS)의 규정에 의해 용접사가 용접을 하려면 [표 6-1]과 같은 자격시험에 합격하야 된다.

판두께 19.05mm 이하를 용접할 경우는 9.0mm 판으로 시험하며, Q1 자격 시험이다.

판두께 무제한 용접의 경우는 최소 19.05mm 이상의 판을 사용하여 시험한다.

자세는 수직과 수평 자세이며 뒷댐판을 사용한다.

표 6-1 ABS 선급협회 용접사 시험 규정

사용재료	용접자격		
	F. V. H. O	F. V	F. Only
두께 19.05의 판 용접	Q1 : V. O 자세	Q1 : V 자세	Q1 : F 자세
두꺼 무제한 용접	Q2 : V. H 자세	Q2 : V 자세	Q2 : F 자세
두께 무제한 파이프 용접	Q3 : H. V 고정 자세	좌동	Q3 : 수평 회전 자세
가접 용접사	Q4 : V. O 자세	Q4 : V 자세	

나. AWS(미국용접협회) 자격시험 규정

1) AWS, ASME, ABS 규정 등의 적용

조선, 해양 플랜트, 원자력 발전 등 중요한 산업분야에는 국제적으로 공인된 ASME(미국기계학회) 코드나, AWS 등의 자격 기준에 합격한 용접사만이 지정된 중요 부분을 용접할 수 있다.

AWS는 미국에서 가장 권위를 인정받고 있는 ASME나 API(미국석유협회) 등의 규정과 서로 유사하기 때문에 더욱 크게 인정받고 있는 규정에서 정하는 자세이다.

2) AWS 규격에 의한 평판(plate) 용접 자세 표시 방법

KS에서는 아래보기 자세를 F(Flat position), 수평 자세를 H(Horizontal position), 수직 자세를 V(Vertical position), 위보기 자세를 O(Overhead position), 전자세를 A(All position)로 표시한다.

AWS(미국용접협회) 자격 규정에서는 아래보기 자세 맞대기를 1G, 수평 자세 맞대기를 2G, 수직 자세 맞대기를 3G, 위보기 자세 맞대기를 4G로 표시한다.

여기서 G는 Groove, 즉 홈을 뜻하며, 해당 자세의 맞대기 용접을 의미한다. [그림 6-1 참조]

그림 6-1 판(plate) 맞대기 용접 자세

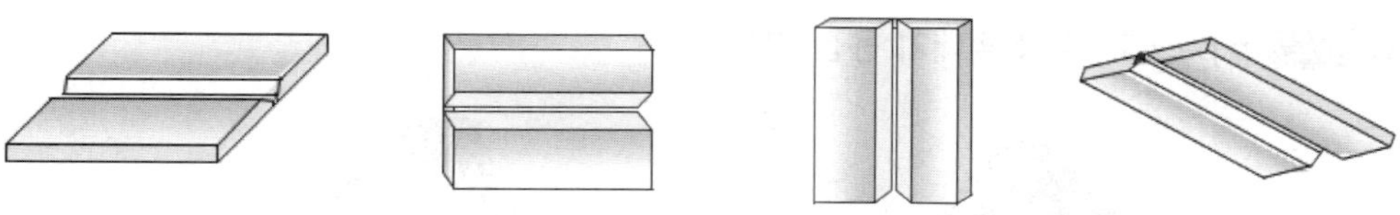

(a) 1G(F 자세) (b) 2G(H 자세) (c) 3G([V] 자세) (d) 4G(O 자세)

평판 필릿 용접의 경우 숫자 뒤에 F(Fillet)를 붙인다. 아래보기 자세(1F), 수평 자세(2F), 수직 자세(3F), 위보기 자세(4F)가 있다. [그림 6-2 참조]

그림 6-2 판(plate) T형 필릿 용접 자세

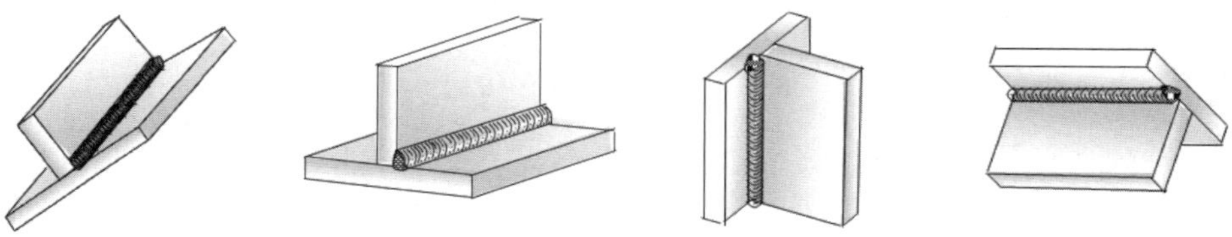

(a) 1F(F 자세) (b) 2F(H 자세) (c) 3F(V 자세) (d) 4F (O 자세)

3) 파이프(Pipe) 용접 자세 표시 방법

파이프 맞대기 용접에는 수평축을 회전시키면서 아래보기로 용접하는 아래보기 자세(1G), 수직축을 고정한 후 수평으로 용접하는 수평 자세(2G), 수평축을 고정하고 위보기, 수직, 아래보기 자세로 이어지는 전자세(5G)가 있다. [그림 6-3 참조]

또한 파이프를 45° 경사지게 고정한 후 용접하는 경사 45° 전자세(6G), 6G 자세의 윗 모재 하단에서 12mm 높이에 원판 장애물을 설치하여 용접 난이도를 높인 6GR 자세가 있다. [그림 6-4 참조]

6G, 6GR 자세의 용접의 경우도 1층 이면(back) 비드만 피복 금속 아크용접이나 TIG 용접을 한 후 2층 이상을 FCAW로 용접하는 방법, 전체를 TIG 용접하는 방법, 전체를 FCAW 용접하는 방법이 적용되고 있다.

그림 6-3 관(pipe) 맞대기 용접 자세

(a) 1G (수평축 회전) (b) 2G (수직축 고정) (c) 5G (수평축 고정)

그림 6-4 pipe 45° 경사 맞대기 용접 자세

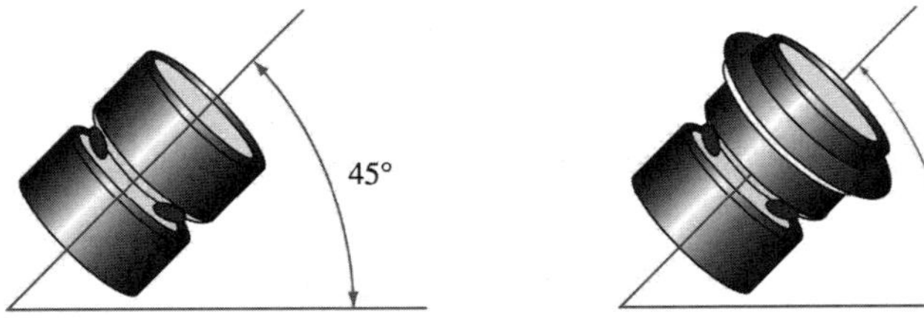

(a) 6G (45° 축 고정) (b) 6GR (45° 축 고정+장애물 설치)

다. 시험편의 규격과 검사 결과

1) AWS 시험편의 규격

AWS 1G, 2G, 3G, 4G의 평판 용접의 경우 제한 두께와 무제한 두께로 분류한다. 제한 두께 자격시험에 합격하면 판두께 19mm까지 용접할 수 있으며, 무제한 두께의 자격시험에 합격하면 철판 두께에 관계없이 용접할 수 있다.

수동 및 반자동 용접사 자격시험을 분류하면, 무제한 두께의 평판 맞대기 홈 용접, 제한 두께의 평판 맞대기 홈 용접, 필릿 용접, 플러그 용접, 파이프 또는 튜브의 맞대기 용접 등으로 나눌 수 있다.

2) 무제한 두께 필릿 용접 시험편의 판정 기준

[그림 6-5]와 같이 필릿 용접부의 육안 검사시 오버랩, 균열, 언더컷 등 표면 결함이 없어야 하며, 용접부 양끝 약 25mm를 제거한 150mm 길이의 중심 시험편을 밖으로 제쳐 파단시킨 다음, 용착부 파단면을 검사하여 이음의 루트까지 완전 용입이 되어야 하며, 기포나 슬래그 혼입이 2.3mm 이상이면 불합격, 용착부가 파단되지 않고, 모재가 휘어지는 경우는 합격이다.

그림 6-5 필릿 용접 시험편 규격

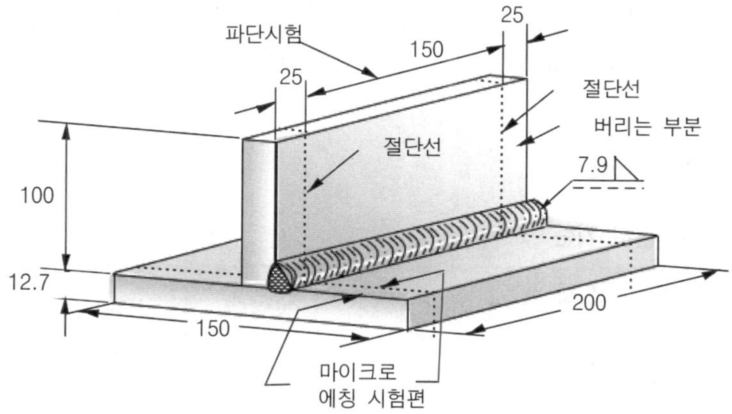

3) 45° 경사 장애물 전자세 파이프 용접 시험편 규격

6GR 자세라고도 하며, 파이프 외경은 동일하나 상부 파이프와 하부 파이프의 두께가 다르며, 상부 파이프는 하부 파이프보다 두께가 두껍고 이음면이 평탄하며, 하부 파이프는 상부 파이프보다 두께가 얇으며, 37.5°로 베벨 가공이 되어 있다. [그림 6-6 참조]

그림 6-6 45° 경사 장애물 전자세 파이프 용접 시험편 규격

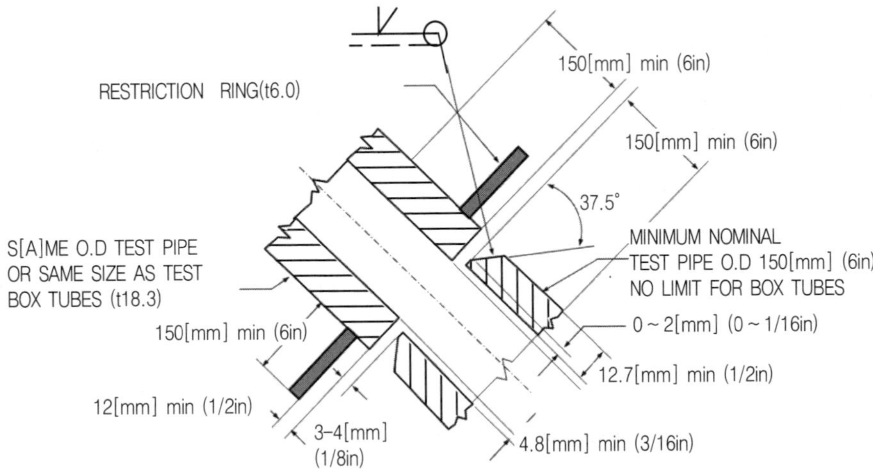

파이프 외경은 시험 규격에 따라 다르나, 보통 8인치(외경 200mm)에 상부 파이프는 스케쥴 NO. 120(두께 18.2mm), 하부 파이프는 스케쥴 NO. 80(두께 12.7mm)을 사용한다.

압력 배관용 탄소 강관의 호칭은 관의 호칭지름 및 관의 두께로 나타내는데, 두께는 스케쥴 번호(SCH, Schedule No)로 표시한다.(스케쥴 번호가 커질수록 관의 두께가 두꺼워지므로 고압 배관이라는 것을 알 수 있음)

$$t = (P/S \times D/175) + 2.54 \qquad \text{SCH No.} = P/S \times 10$$

t : 관의 두께(mm) P : 사용 압력 S : 허용응력 D : 관의 바깥지름

4) AWS 외관 검사 기준

표 6-2 AWS 외관 검사 기준

NO.	구분 / 결함 종류	판 맞대기	필릿	파이프	가접(tack)
1	균열(crack)	허용 안됨	허용 안됨	허용 안됨	허용 안됨
2	표면 기공(porosity)	NDT 규정	NDT 규정	NDT 규정	NDT 규정
3	언더컷(under cut)	d≤0.5	d≤0.8	d≤0.5	d≤0.8
4	여성 비드 높이 (reinforcement)	수동 R≤3.2 자동 R≤6	-	R≤2.4	-
5	오버랩(over lap)	Q≤90°			
6	이면 비드(back bead)	-	-	형성되어야 함	-
7	외관(bead appearance)	비드(bead)가 심하게 거칠지 않아야 함			

2 수평 뒷댐판 V 형 맞대기 피복 아크용접

가. 맞대기 용접 준비

1) 장비, 공구, 재료 준비

[그림 6-7]과 같은 도면을 읽고 필요한 공구와 보호구, 도면에서 요구하는 모재와 용접봉을 준비한다.

그림 6-7 뒷댐판 수평 맞대기 용접도면

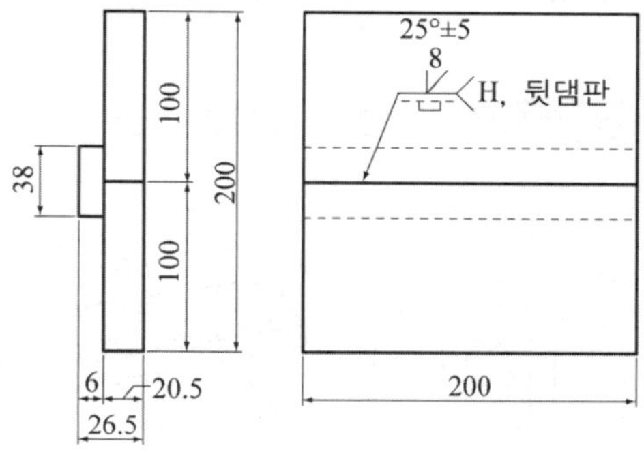

모재는 연강판 t18.0×100×200 2매, 피복 아크용접봉은 E7016 ∅3.2, ∅4.0을 준비하여 용접봉 건조로에 넣고 300 ~ 350℃에서 1 ~ 2시간 건조시킨 후 70℃ 정도로 유지한다.

뒷댐판은 연강판, 또는 세라믹 백킹재, 가스 백킹재가 있으나, 피복 아크용접의 경우는 주로 금속 백킹재가 많이 사용된다. 연강판 t6.0×38×260 1개, 변형 방지판(스트롱백), V형(베벨형)용 엔드탭 2개를 준비한다.

2) 맞대기 용접용 모재 가공

준비된 연강판 1매는 가스 절단기나 밀링 머신으로 베벨각 30±5°로 가공하며[그림 6-8 참조], 다른 연강판 하나는 측면을 표면과 직각이 되며 평탄하게 가공한다.

그림 6-8 가스 절단으로 모재 베벨 가공의 예

줄이나 그라인더를 사용하여 개선면을 다듬질하고 루트면을 0.5 ~ 1mm 정도로 가공하고[그림 6-9 참조], 용접부 주위에 생긴 녹이나 불순물, 그리고 줄가공시 생긴 거스러미를 제거한다.

가공된 두 모재의 루트면이 일정하고 서로 맞대었을 때 틈이 없어야 된다.

나. 가용접 및 변형 방지판 부착

1) 금속 백킹재로 가용접

피복 금속 아크용접봉 E7016 ∅3.2를 용접 홀더에 물리고, 용접 전류를 110 ~ 130A로 조절한다. 베벨형 가공된 모재와 수직으로 가공된 모재의 홈부분이 아래로 향하도록 가접대 위에 맞대어 놓고, 틈새 게이지를 사용하여 루트 간격을 약 7mm(보통 베벨형에서는 6 ~ 8mm) 정도 띄어 두 모재가 엇갈리지 않게 놓는다.

그림 6-9 개선면 및 루트면 가공

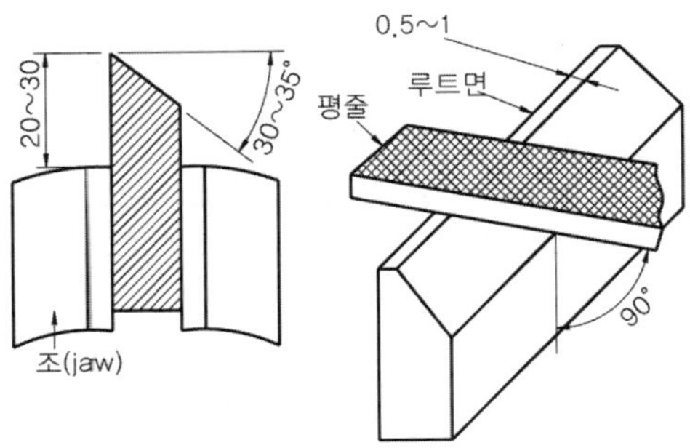

(a) 모재 고정　　(b) 모재 가공

그림 6-10 연강판 백킹재로 가접

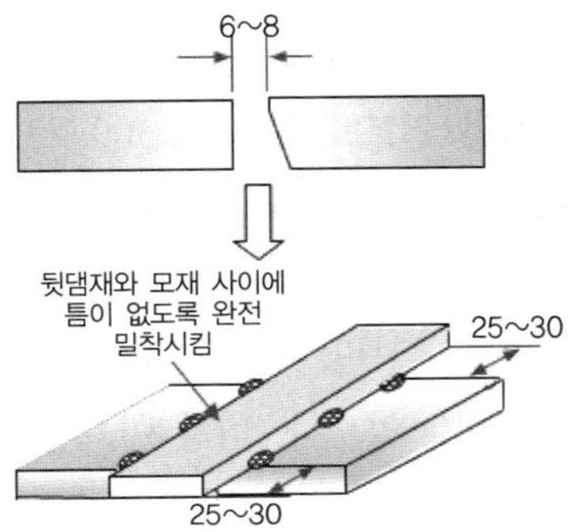

금속 백킹재를 루트 간격과 평행이 되며 루트 간격이 백킹재의 중심이 되며, 모재 양끝으로 30mm 정도 돌출되게 놓은 후 중심부 양쪽을 약 20mm 정도 되게 가용접한다. 이때 백킹재가 모재와 틈새가 없도록 맞춘 후 모재의 양끝을 가용접한다.[그림 6-10 참조]

2) 변형 방지판 부착

변형 방지판 2개를 모재 뒷면 양끝에 용접한다. [그림 6-11 참조]

그림 6-11 변형 방지판 부착의 예

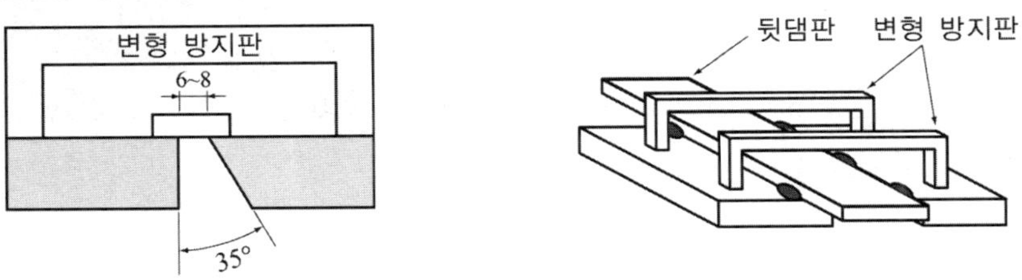

다. 모재 고정

가용접된 모재의 베벨 가공을 한 부재가 아래가 되며, 용접선이 좌우로 수평이 되게 지그에 고정하고 작업하기 편한 높이로 맞춘다. [그림 6-12 참조]

이때 모재가 무거우므로 떨어지지 않게 단단하게 고정해야 된다.

그림 6-12 수평 맞대기 모재고정

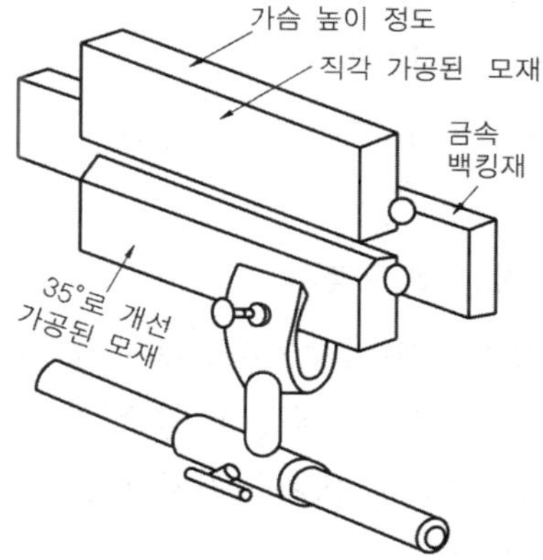

라. 수평 자세 뒷댐판 맞대기 용접

1) 1층 비드놓기

피복 아크용접봉 E7016 ∅4.0을 용접 홀더에 물린 후 용접 전류를 140 ~ 160A로 조절하고, 용접봉을 좌측 금속 백킹재 돌출부 부근에 옮기고 헬멧을 쓴 후 아크를 발생한다.

[그림 6-13, 6-14]와 같이 작업각을 유지하며 루트 간격 사이를 상하 반달형으로 위빙하여 금속 백킹재를 충분히 용융시키면서 일정한 운봉각과 속도로 우진한다.

위빙시 위쪽에서 멈추는 시간을 더 많이 하여 비드 처짐을 최대한 방지하며 진행한다. 하나의 용접봉이 다 소모되면 이음해야 할 부분의 슬래그와 스패터를 제거하고, 이음할 부분을 깨끗이 청소한다. 연삭이 허락되면 크레이터 부분을 핸드 그라인더를 사용하여 경사지게 가공한다.

새 용접봉으로 이전 비드를 10 ~ 20mm 겹쳐서 아크를 발생하여 위와 같은 방법으로 한 층의 이면 비드가 완성되면 비드를 겹쳐서 잇기하여 다른 부분보다 돌출된 부분을 연삭기로 다른 부분과 같은 높이가 되도록 가공한다.

그림 6-13 1층 이면 비드 운봉 양·부

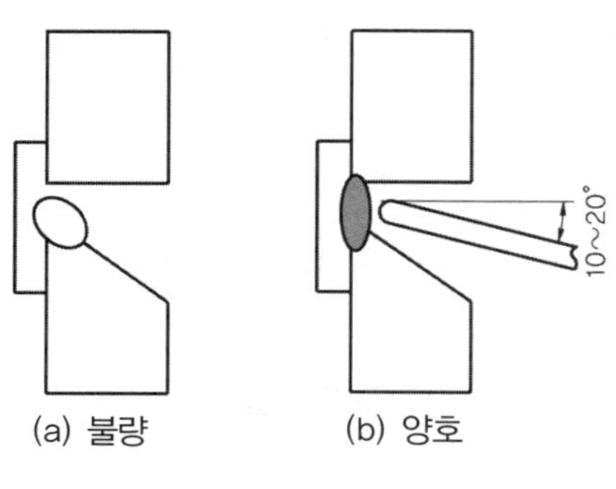

그림 6-14 수평 자세 베벨형 맞대기 용착의 예

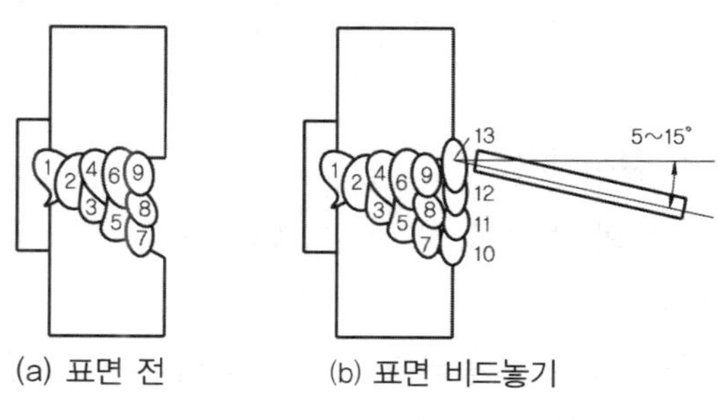

2) 2~n층 비드놓기

용접봉과 용접 전류는 1층 용접과 동일하게 맞춘다. 2층~n층은 1줄 또는 2줄의 비드놓기로 완성한다.

파이널 직전의 비드는 2패스 또는 3패스로 완성하며, 모재 표면에서 1~1.5mm 정도 낮게 쌓는다. [그림 6-14 (a) 참조]

3) 표면 비드놓기

용접봉 E7016 ∅4.0을 용접 홀더에 물리고, 용접 전류를 이전 전류보다 10~20A 낮춘다. 표면 비드 1패스는 왼쪽 금속 배킹재 끝에서 시작하여 하단 모재의 개선면 모서리에 용접봉 지름의 1/3 정도가 겹쳐지게 하면서 작업각 70~80°, 진행각을 75~85°를 유지하며 직선 비드를 쌓는다.

표면 비드 2~3패스는 작업각을 90°로 맞추고 1패스와 같은 방법으로 직선 비드를 쌓고, 표면 비드 마지막 패스는 작업각을 75~85°로 유지하며 직선 비드를 쌓는다.[그림 6-14 (b) 참조]

표면 비드의 높이는 모재 표면으로부터 2~3mm 정도 되도록 쌓아야 되며, 비드 파형이 일정하며 언더컷 및 오버랩이 발생하지 않도록 유의하면서 진행한다.

각 비드놓기 할 때마다 반드시 크레이터 처리를 한다.

마. 변형 방지판, 금속 백킹재 제거

변형 방지판을 가스 절단이나 디스크 그라인더로 제거하고, 금속 백킹재를 아크 에어 가우징기로 가우징하여 제거한 후 절단 부위를 핸드 그라인더로 깨끗이 다듬질한다.(부착되어 있어도 관계없는 경우는 생략할 수 있다.)

바. 용접부 청소 및 검사

1) 용접부 청소하기

각 층 또는 각 패스의 용접이 끝나면 용접부의 슬래그나 스패터를 깨끗이 청소한다.

2) 검사하기

비드의 겹침 상태, 파형 폭과 높이, 언더컷, 오버랩, 비드 처짐 등 외관 검사를 한다. [그림 6-15 참조],

외관 검사를 통과하면 필요에 따라 X선 검사나, 측면 굽힘 시험편[그림 6-16 참조]을 제작하여 굽힘 시험한다.

방사선 시험 규정이나 굽힘 시험 규정에 의해 용접 상태를 판단한다.

그림 6-15 발생하기 쉬운 결함

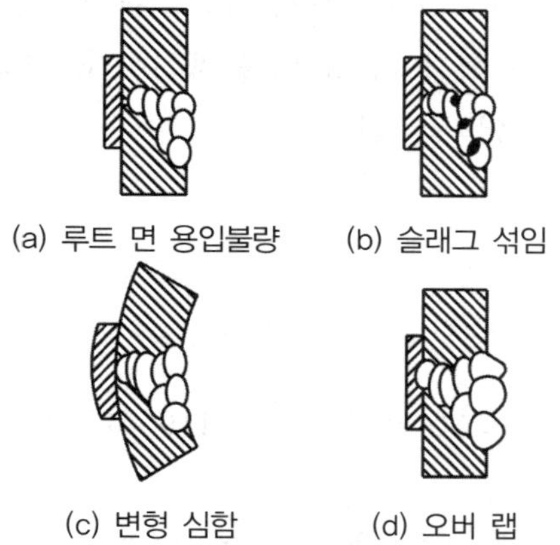

그림 6-16 측면 시험편 규격

3 수직 뒷댐판 V형 맞대기 피복 아크용접

가. 맞대기 용접 준비

1) 장비, 공구, 재료 준비

[그림 6-17]과 같은 도면을 보고 과제 2 가. 1) 장비, 공구, 재료 준비와 같은 방법으로 장비, 공구, 재료, 금속 백킹재를 준비한다.

그림 6-17 수직, 위보기 뒷댐판 맞대기 용접 도면

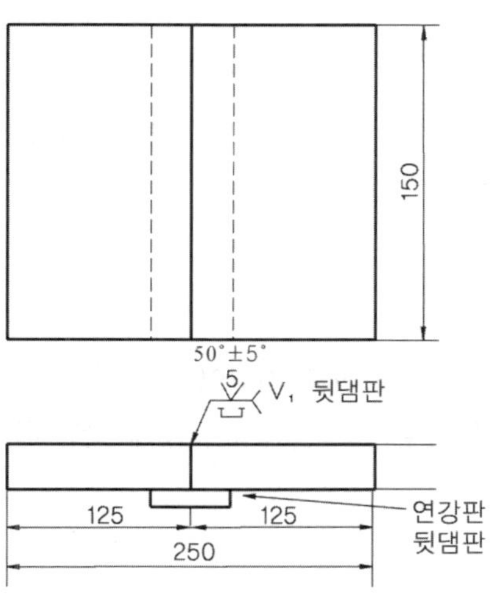

2) 맞대기 용접용 모재 가공

연강판 2매를 가스 절단기나 밀링 머신으로 베벨각 22.5±2.5°로 가공한 후, 줄이나 그라인더를 사용하여 개선면을 다듬질하고 루트면을 0.5 ~ 1mm 정도로 가공한다. [그림 6-9 참조]

용접부 주위에 생긴 녹이나 불순물, 그리고 줄가공시 생긴 거스러미를 제거한다. 가공된 두 모재의 루트면이 일정하고 서로 맞대었을 때 틈이 없어야 된다.

나. 가용접 및 변형 방지판 부착

1) 금속 백킹재로 가용접하기

피복 금속 아크용접봉 E7016 ∅3.2를 용접 홀더에 물리고, 용접 전류를 110 ~ 130A로 조절한다.

베벨형으로 가공된 두 모재의 홈 부분이 아래로 향하도록 가접대 위에 맞대어 놓고 틈새 게이지를 사용하여 루트 간격을 약 6mm(보통 5 ~ 7mm) 정도 띄어 엇갈리지 않게 놓는다.

금속 백킹재를 루트 간격과 평행이 되며 루트 간격이 백킹재의 중심이 되며, 모재 양끝으로 30mm 정도 돌출되게 놓은 후 중심부 양쪽을 약 20mm 정도 되게 가용접한다.

다시 한번 루트 간격을 점검하고 이상이 없으면 백킹재가 모재와 틈새가 없도록 맞춘 후 모재의 양끝을 가용접한다. [그림 6-18 참조]

그림 6-18 금속 백킹재 부착

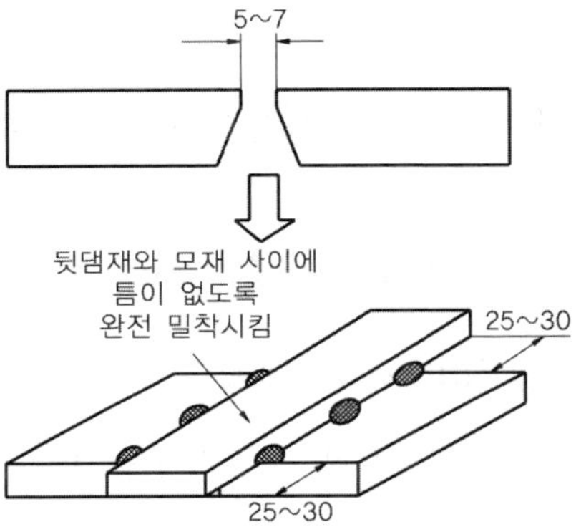

가접된 부분을 와이어 브러시나 휠 브러시로 깨끗이 청소한다.

2) 변형 방지판 부착

변형 방지판 2개를 모재 뒷면 양끝에 용접한다.

다. 모재 고정

모재와 용접선이 수직되며 V홈 부분이 앞으로 향하게 지그에 고정하고 작업하기 편한 높이로 맞춘다. [그림 6-19 참조] 이때 모재가 무거우므로 떨어지지 않게 단단하게 고정해야 된다.

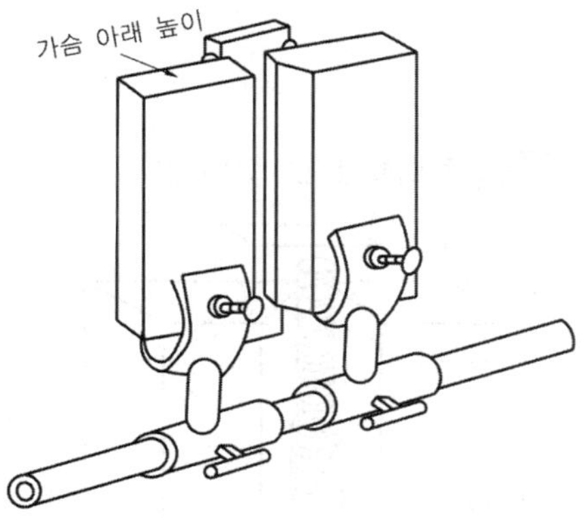

그림 6-19 수직 자세 뒷댐판 부착 맞대기 용접 모재 고정의 예

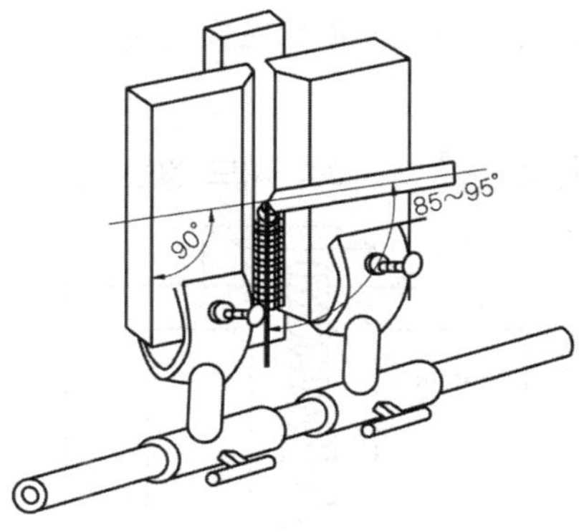

그림 6-20 수직 자세 뒷댐판 맞대기 용접 운봉각

라. 수직 자세 뒷댐판 맞대기 용접

1) 1층 비드놓기

피복 금속 아크용접봉 E7016 ∅4.0을 홀더의 135° 홈에 물리고, 전류를 130 ~ 150A로 조절한다. 홀더를 잡고 하단 금속 백킹재 돌출부 끝 부근에 용접봉을 옮긴 후 헬멧을 쓰고 아크를 발생하여 홈 안으로 밀어 넣으며 아크를 안정시킨다.

[그림 6-20]과 같이 작업각은 홈에 대하여 대칭이며, 진행 반대각은 85 ~ 95°로 유지하며 루트 간격 사이를 반달형 또는 지그재그형으로 위빙한다.

용착 금속을 금속 백킹재에 눌러 붙이는 느낌으로 촘촘하게 위빙하며 위빙의 양끝에서는 0.5 ~ 1초 정도 머물러준다.

용접봉이 다 소모되면 이음할 부분의 슬래그와 스패터를 제거하고 새 용접봉으로 이전 비드를 10 ~ 20mm 겹쳐서 아크를 발생하여 위와 같은 방법으로 비드를 쌓는다.

한 층의 비드놓기가 끝나면 비드를 겹쳐 잇기하여 다른 부분보다 돌출된 부분을 핸드 그라인더로 다른 부분과 같은 높이가 되도록 가공한다.

2) 2 ~ n층 비드놓기

전류를 1층 비드놓기보다 10 ~ 20A 높게 조절한다. 2층 비드는 1층 비드의 양 끝 사이가 용접봉의 중심이 되도록 반달형 위빙을 하며 상진한다.

3층 비드 역시 2층 비드의 양 끝 사이가 용접봉 중심이 오도록 반달형 위빙을 하며 상진한다. [그림 6-21 참조] 이때 각 위빙 피치마다 양 끝에서 약간씩 머무름을 하여 언더컷이 생기지 않게 한다.

루트면에서 멀어질수록 비드 폭이 넓어지므로 전체 넓이가 25mm 이상이 되면 한 층을

2패스 또는 3패스 비드로 겹치기 하여 쌓는다. [그림 6-22 참조]

비드와 비드 겹침은 1/3 ~ 2/5 정도로 하며, 파이널 비드 직전의 비드는 모재 표면보다 1 ~ 1.5mm 정도 낮게 비드를 쌓는다.

그림 6-21 2 ~ 3층 비드 쌓는 법

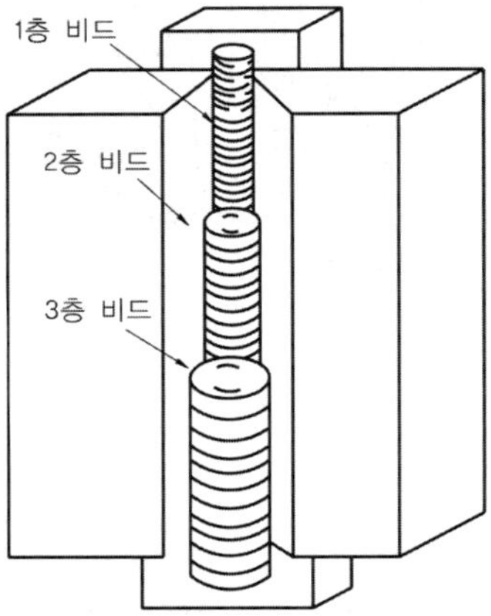

그림 6-22 다층 비드 쌓는 법

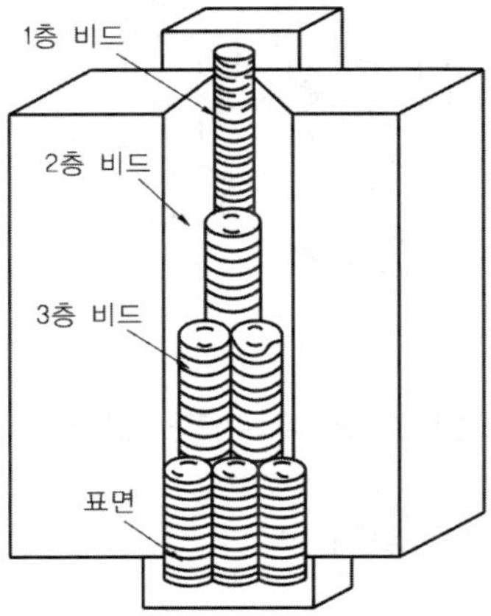

3) 표면 비드놓기

용접봉 E7016 ∅4.0을 홀더에 물리고, 전류를 2층 이후의 비드보다 10 ~ 20A 낮게 조정한 후, 용접선 하단 백킹재 끝 부근에 용접봉을 옮기고 헬멧을 쓴 후 아크를 발생하여 왼쪽 모재의 개선면 상부 모서리와 3층 비드의 약 2/5 정도 사이를 반달형 또는 지그재그형으로 위빙하며 상진한다. [그림 6-16 참조]

표면 2패스 비드는 표면 1패스 비드의 약 1/2 ~ 2/5 정도 부분과 3층 비드의 우측 끝 사이를 반달형으로 위빙하며 상진한다. 표면 비드는 비드 폭의 크기에 따라 2 또는 3패스로 완성한다.

각 패스마다 비드 잇고, 끊기와 크레이터 처리, 돌출부 가공, 청소 등을 실시한다. 이때 비드 처짐이나 언더컷, 오버랩이 생기지 않도록 위빙을 정교하게 실시한다.

마. 변형 방지판, 금속 백킹재 제거

변형 방지판을 가스 절단이나 디스크 그라인더로 제거한다. 금속 백킹재를 제거할 경우 아크 에어 가우징 또는 밀링으로 제거한다.

바. 용접부 청소 및 검사

과제 '2 바. 용접부 청소 및 검사'와 같은 방법으로 청소하고 검사한다.

4 위보기 뒷댐판 V형 맞대기 피복 아크용접

가. 맞대기 용접 준비

1) 장비, 공구, 재료 준비

[그림 6-11]의 도면을 보고 과제 2 가. 1) 장비, 공구, 재료 준비와 같은 방법으로 공구와 재료를 준비하고, 금속 백킹재(연강판 t6.0×38×260) 1개를 준비한다.

2) 맞대기 용접용 모재 가공

과제 2 가. 2) 맞대기 용접용 모재 가공과 같은 방법으로 모재를 가공한다.

나. 가용접 및 변형 방지판 부착

1) 연강판 백킹재로 가용접하기

피복 아크용접봉 E7016 ∅3.2를 용접 홀더에 물리고, 용접 전류를 110 ~ 130A로 조절한다. 베벨형으로 가공된 두 모재의 홈 부분이 아래로 향하며 용접선이 좌우가 되게 놓고 틈새 게이지를 사용하여 루트 간격을 약 6mm(보통 5 ~ 7mm) 정도 띄어 엇갈리지 않게 놓은 후 연강판 백킹재를 루트 간격 사이에 용접선 좌우가 동일하게 돌출되도록 맞춘 후 중심부 양쪽을 약간만 가용접한다.

가용접 상태를 점검하여 루트 간격이 맞게 되었는지 확인하고 한쪽 끝의 백킹재 양쪽을 20 ~ 30mm 정도 가접한다. 백킹재가 모재와 밀착되도록 한 후 반대편도 동일한 방법으로 가용접한 후 중심부도 튼튼하게 가용접한다. [그림 6-18 참조]

가용접 중에 약간의 변형이 생기게 되는데 역변형량 정도이므로 무시하면 된다.

2) 변형 방지판 부착

변형 방지판 2개를 모재 뒷면 양끝에 용접한다.

다. 모재 고정

모재가 수평이며 용접선이 전후가 되고 홈 부분이 아래로 향하게 지그에 고정하고 작업자 머리보다 100 ~ 150mm 정도 높게, 작업하기 편한 높이로 고정한다. [그림 6-23 참조]

이때 모재가 무거우므로 떨어지지 않게 단단하게 고정해야 된다.

그림 6-23 위보기 맞대기 모재 고정

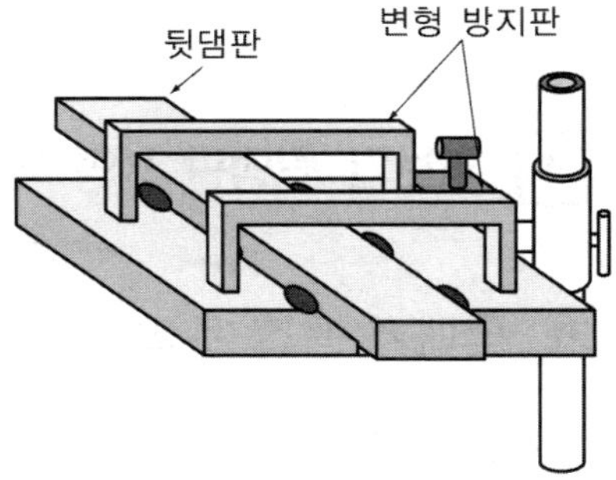

라. 위보기 자세 뒷댐판 맞대기 용접

1) 1층 비드놓기

피복 아크용접봉 E7016 ∅4.0을 홀더의 135°(또는 180°) 홈에 물린 후 전류를 130 ~ 150A로 조절하고, 용접 홀더를 잡고 위보기 상태의 뒤편 백킹재 돌출부 끝 부근에 용접봉을 옮긴 후 헬멧을 쓰고 아크를 발생하여 홈 안으로 당기며 아크를 안정시킨다.

이때 작업각은 홈에 대하여 대칭이며, 진행각은 75 ~ 85°로 유지하며 루트 간격 사이를 반달형 또는 지그재그형을 하며 앞으로 당긴다.

하나의 용접봉이 다 소모되면 슬래그와 스패터를 제거하고 이음할 부분을 그라인더 등으로 경사지게 가공한 후 새 용접봉으로 이전 비드를 10 ~ 20mm 겹쳐서 아크를 발생하여 위와 같은 방법으로 이면 비드를 채운다.

한 층의 비드놓기가 끝나면 비드를 겹쳐서 잇기하여 다른 부분보다 돌출된 부분을 핸드그라인더로 다른 부분과 같은 높이가 되도록 가공한다.

2) 2 ~ n층 비드놓기

전류를 1층 비드놓기와 같이 조절한 후, 2층 이상 비드는 이전 층 비드의 양 끝 사이가 용접봉의 중심이 오도록 반달형 위빙을 하며 상진한다.

위보기 자세의 경우 특히 비드 중앙이 처지기 쉬우므로 비드의 중심은 빠르게 양끝은 약간씩 머무름을 하여 언더컷이 생기지 않게 한다.

루트면에서 멀어져 비드 폭이 25mm 이상 넓어질 경우는 한 층을 2패스 또는 3패스 정도의 비드로 겹치기 비드를 놓는다.

각 패스마다 비드 겹침을 1/2 ~ 2/5 정도로 하며, 표면 비드 이전 층의 비드는 모재 표면보다 0.5 ~ 1mm 정도 낮게 놓는다.

3) 표면 비드놓기

용접봉 E7016 ∅4.0을 홀더에 물리고, 전류를 2층 이후의 비드보다 10~20A 낮게 조정한 후 용접선 끝(뒤쪽) 백킹재 부근에 용접봉을 옮기고 헬멧을 쓴 후 아크를 발생하여 왼쪽 모재의 개선면 끝 모서리와 3층 비드의 약 2/5 정도 사이를 반달형 또는 지그재그형으로 위빙하며 진행한다.

표면 2패스 비드는 표면 1패스 비드의 약 1/2~2/5 정도 부분과 이전 층 비드의 우측 끝 사이를 반달형으로 위빙하며 앞으로 당긴다.

표면 3패스 비드는 오른쪽 모재의 개선면 상부 모서리와 표면 2패스 비드의 우측 1/2~2/5 부분을 겹쳐서 반달형 위빙을 하며 앞으로 당긴다. 이때 비드 처짐이나 언더컷, 오버랩이 생기지 않도록 위빙을 정교하게 실시한다.

각 패스마다 비드 잇고, 끊기와 잇기, 크레이터 처리, 돌출부 가공, 청소 등을 실시한다.

마. 변형 방지판, 금속 백킹재 제거

변형 방지판과 금속 백킹재를 가스 절단이나 디스크 그라인더, 가우징 등의 방법으로 제거한다.

바. 용접부 청소 및 검사, 정리 정돈

용접이 끝나면 용접기의 전원, 벽의 전원을 차단한 다음, 용접부의 슬래그와 스패터를 제거하고 와이어 브러시나 휠 브러시로 깨끗이 청소한다.

용접부 청소가 끝나면 용접부의 외관을 검사한다. 과제 '제6절 1 바. 2)' 검사하기와 같이 검사한다.

또한 필요하면 X선 탐상 시험이나, 초음파 탐상 시험, 굽힘 시험 등을 실시하고 평가 기준에 따라 평가한다.

작업이 완료되면 용접기, 사용했던 공구와 보호구를 손질하여 정리 정돈하고, 작업장 주위를 깨끗이 청소한다.

제7절 | 강관(파이프) V형 맞대기 피복 아크용접

1 강관 아래보기 V형 맞대기 피복 아크 용접

가. 용접 준비와 모재 가공

용접기의 이상 유무 점검, 공구, 수평 회전 지그 및 보호구 준비, 그리고 압력배관용 탄소강관(150A, 외경 165.2×70×t7.1(t11.0), 개선각 35°)을 2개, 피복 아크용접봉(E7016, ϕ 3.2) 등 재료를 준비한다. 준비된 강관을 [그림 7-1]과 같이 루트면을 1.5~2mm 이내로 균일하게 가공을 한다.

루트면 가공시 루트면의 두께가 불균일하면 키홀의 형성이 불균일해지므로 이면 비드의 형상, 높낮이도 불균일하게 된다.

그림 7-1 강관 개선면 및 루트면 가공

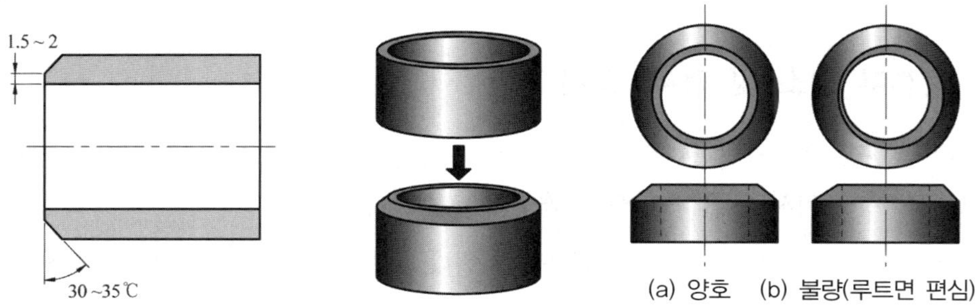

나. 강관 가접(tack welding)

1) 전류 조절

피복 아크용접봉 ϕ3.2로 1층(백) 비드를 놓을 경우 85~95A로 조절한다.

2) 가 접

가공된 강관의 원둘레를 4등분하여 석필이나 마카펜으로 표시한 후 가접대(별도 가접대가 없는 경우 앵글 사용)위에 놓고 루트 간격을 3mm 정도 벌린 후 표시점에 약 5~10mm 정도 가접을 한다. 가접 순서는 서로 대칭이 되도록 정한다. [그림 7-2 참조]

그림 7-2 가접 위치

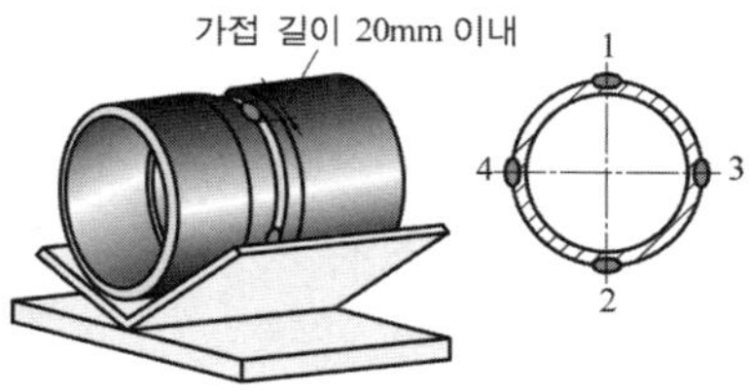

그림 7-3 가접부 경사지게 가공

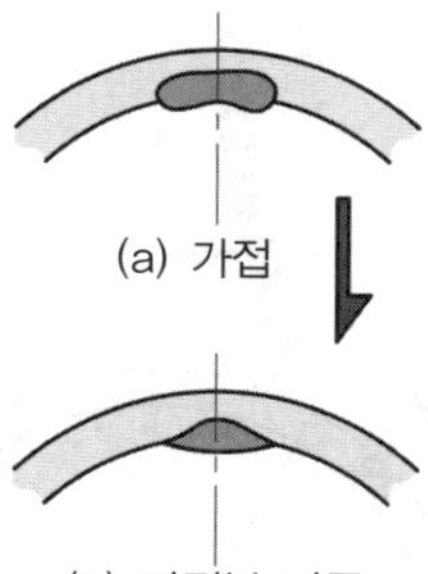

그림 7-4 강관 가접부의 가공상태의 예

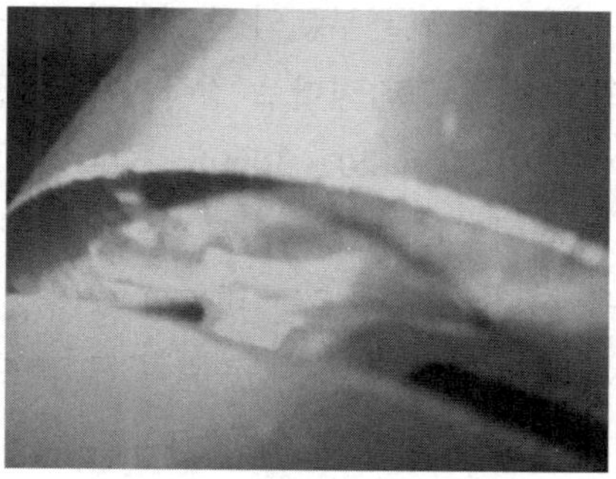

3) 가접부 가공

가접부는 본용접시 완전 용착이 되어야 하므로 가접부를 깨끗이 청소한 후 가접부 양측을 경사지게 가공한다. [그림 7-3, 7-4 참조]

다. 가접된 강관을 회전 지그에 설치

가접된 강관을 수평 회전 지그에 올려 배꼽 아래 정도 높이로 조절한다. 수동 또는 동력에 의해 강관이 회전되도록 한 후 용접 속도에 맞게 회전 속도를 조절한 후 가접부가 50분 위치쯤 되게 강관 위치를 조정한다.

라. 1층(이면) 비드놓기

1) 자세 잡기

용접선이 좌우가 되도록 자세를 잡고 수직선에 대하여 진행 방향으로 5 ~ 15° 기울인 상태가 되도록 자세를 잡는다.

2) 회전 지그 위에서 이면 비드놓기

52 ~ 53분 부분의 가접부에 용접봉 끝을 위치한 후 헬멧을 쓰고 아크를 발생하여 아크를 안정시킨 후 키홀(key hole)이 형성되면 바로 루트면과 루트면 사이를 이전 용착부와 약 1/3 정도 겹치면서 키홀이 일정하도록 위빙하며 진행한다. [그림 7-5 참조]

비드 높이는 강관 표면보다 0.5 ~ 1.5mm 정도 낮게 쌓는다.(두께 7.1mm의 경우 2층으로 완성)

이 때 회전 지그는 용접 속도만큼 회전하도록 하여 항상 용접봉의 위치는 일정하도록 한다. 많은 연습이 필요하다.

어떤 원인으로 아크가 중단되어 비드 잇기를 할 경우 비드 끝 부분의 슬래그를 제거하고, 4인치 핸드 그라인더로 경사지게 가공한 후 이전 비드 뒤 20 ~ 30mm 부분이 아크 발생 시점이 되도록 맞춘 후 위의 방법으로 용접을 한다. 그리고 2층 비드를 쌓기 전에 겹쳐져서 비드가 높아진 곳을 다른 비드와 같은 높이로 깨끗하게 가공한다.

이면 비드 전체를 위와 같은 방법으로 완성하면 2층 비드를 놓기 전에 겹쳐져서 비드가 높아진 곳을 다른 비드와 같은 높이로 깨끗하고 평탄하게 가공한다.

그림 7-5 용접 시작 위치

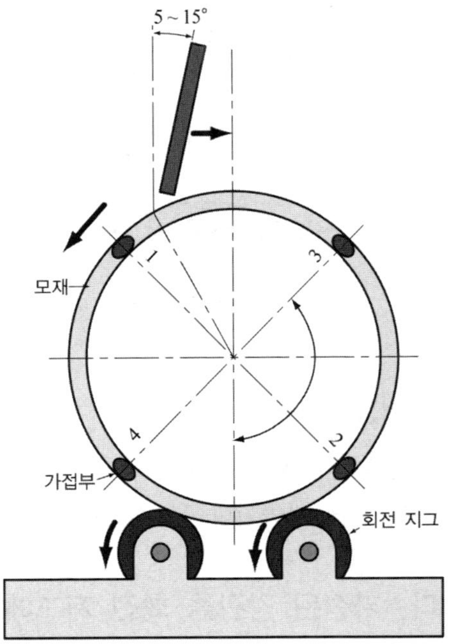

3) 고정 상태에서 이면 비드놓기

큰 바늘로 52 ~ 53분 부근의 가접부에 용접봉 끝을 위치한 후 헬멧을 쓰고 아크를 발생하여 아크를 안정시킨 후 키홀(key hole)이 형성되면 바로 루트면과 루트면 사이를 이전 용착부와 약 1/3 정도 겹치면서 키홀이 일정하도록 위빙하며 5분 부분까지 이면 비드를 놓는다.

비드 높이는 강관 표면보다 0.5 ~ 1.5mm 정도 낮게 쌓는다.(두께 7.1mm의 경우 2층으로 완성할 경우)

아크가 중단되어 비드 잇기가 필요하면 비드 끝 부분의 슬래그를 제거하고 4인치 핸드 그라인더로 경사지게 가공한 후 이전 비드 뒤 20 ~ 30mm 부분이 아크 발생 시점(52 ~ 53분)이 되도록 맞춘 후 위의 방법을 반복하며 용접한다.

이 때 마지막 이면 비드를 놓기 전에 맨 처음 아크를 발생한 가접부를 완전히 갈아낸 후 비드 잇기를 완성한다.(맨 처음 부분이나 잇는 부분은 용착 불량이나 기공, 슬래그 섞임이 많기 때문임)

이면 비드 전체를 위와 같은 방법으로 완성하면 2층 비드를 놓기 전에 겹쳐져서 비드가 높아진 곳을 다른 비드와 같은 높이로 깨끗하고 평탄하게 가공한다.

마. 2층(표면) 비드놓기

1) 회전 지그 위에서 2층(표면) 비드놓기

전류를 120 ~ 150A(ϕ4.0을 사용할 경우)로 조절하고 용접봉 ϕ4.0을 홀더에 물린다.

시작 부분의 강관 개선면 위의 한쪽 모서리에서 아크를 발생하여 아크를 안정시키며 다음 모서리까지 약간 천천히 움직인다.

아크가 안정되면 개선면 상부 모서리에서 모서리까지 위빙하며 비드가 모재 표면보다 1.5～2mm 정도 높게 쌓이도록 진행한다.

이 때 용접봉 끝의 1/3～1/4 정도가 개선면 모서리에 위치하도록 하며, 회전 지그는 용접 속도에 맞게 회전되도록 하여 용접 위치는 항상 일정하게 되도록 한다.

잇는 부분은 이면 비드놓기와 같이 이전 비드 끝의 20～30mm 부분이 아크 발생 시점이 되도록 하여 표면 비드를 놓은 후 겹쳐져서 비드가 높아진 부분은 다른 비드와 같은 높이가 되도록 가공한다.

2) 고정 상태에서 2층 비드놓기

자세, 비드 잇기, 겹쳐진 부분 가공 등은 회전 지그 위의 방법과 같으나 용접 방법은 52～53분 부근에서 5분 정도 위치까지 작업각과 진행각을 맞추어 비드 높이가 강관 표면보다 1.5～2mm 정도 되도록 쌓으며 진행한다.

비드 잇기나 잇는 부분의 시점의 위치는 회전 지그 위에서 비드놓는 방법과 같이하면 된다.

비드 잇는 부분 중 겹쳐져서 비드가 높아진 부분은 다른 비드와 같은 높이가 되도록 가공한다.

바. 용접부 검사 및 반복 실습

용접이 완성되면 용접부를 깨끗이 청소한 후 외관, 비드의 파형, 겹침 상태, 용접 결함 유무, 이면 비드의 용착 상태 등을 검사한 후 잘못된 점을 시정하려고 노력하며 반복 실습한다.

2 강관 수평 자세 V형 맞대기 피복 아크용접

가. 용접 준비와 모재 가공

아래보기 자세와 같은 방법으로 실시한다.

나. 강관 가접(tack welding)

아래보기 자세와 같은 방법으로 실시한다. 스트롱백을 사용하여 가접할 경우 변형이 한층 적어질 수 있다.

다. 가접된 강관 고정

강관을 용접할 때 강관이 회전 가능한 경우와 강관이 고정된 상태에서 전둘레를 용접하는 경우로 구분할 수 있다.

강관이 회전 가능한 경우 가접된 강관의 용접선이 수평이 되도록 강관을 수직으로 세워 큰 바늘로 37 ~ 38분 부근이 가접 부위가 오며 작업하기 적합한 높이로 회전 원판에 고정한다.

라. 1층(백) 비드놓기

1) 1층 비드놓기

작업대 앞에 편하게 앉아 용접봉 끝을 37 ~ 38분 부근에 가까이 접근시킨 후 헬멧을 쓰고 아크를 발생한다.

수직선에 대하여 작업각을 80 ~ 90°, 진행각은 원주의 수평 접선에 대하여 75 ~ 85°가 되게 유지하며 상하 루트면 사이를 위빙하여 키홀을 형성하며 22 ~ 23분 부근까지 우진한다. [그림 7-6 참조]

강관이 고정된 경우는 [그림 7-7]과 같이 작업자가 우측 방향으로 돌며 위와 같은 방법으로 이면 비드, 표면 비드 등을 놓는다.

그림 7-6 용접봉 각도

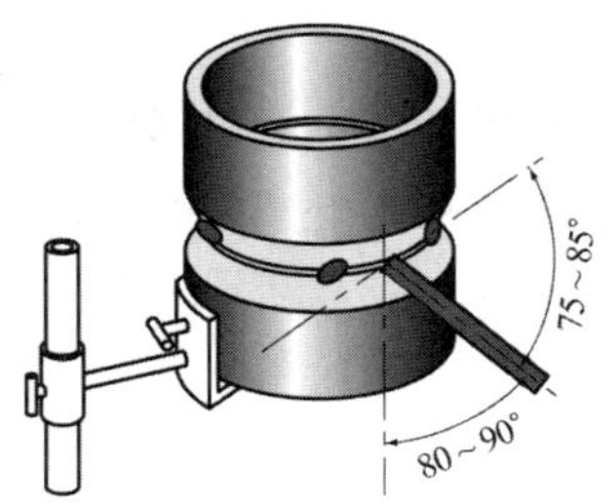

그림 7-7 용접 진행 방향

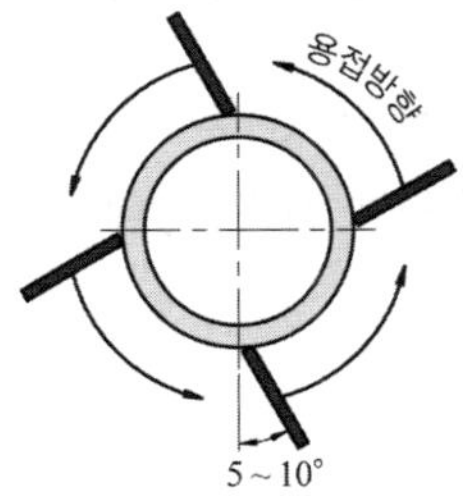

2) 1층 비드 잇기

비드 잇는 부분을 [그림 7-8]과 같이 가공한 후 이전 비드 끝에서 뒤로 20 ~ 30mm 지점이 용접 시작점이 되도록 강관을 회전시킨 후 위의 작업 방법을 반복하여 이면 비드를 완성한다.

3) 비드 겹쳐 이은 부분의 돌출부 가공

1층 비드가 완성되면 용접부를 깨끗이 청소하고 2층 비드를 놓기 전에 비드 잇기 중에 이전 비드를 겹쳐서 부분을 다른 부분과 같이 평탄하게 가공한다.

그림 7-8 비드 잇기 전 비드 끝 가공

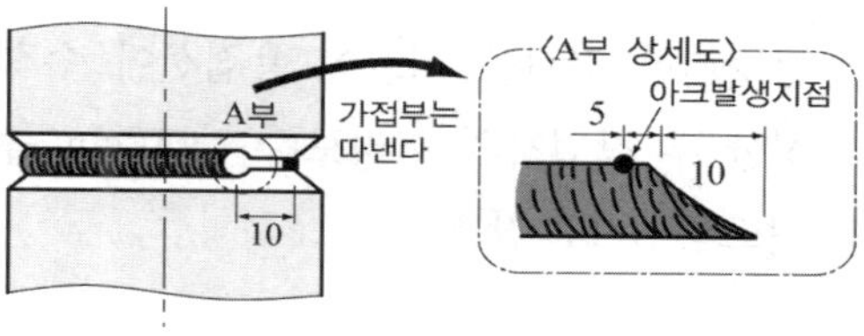

마. 2층(표면) 비드놓기

평판 V형 맞대기의 표면 비드를 놓는 방법과 같이 용접 시점(약 37 ~ 38분 부분)을 용접봉 끝이 하단 강관 모서리를 1/4 정도 겹쳐지게 유지하며 원둘레 전체를 좁은 비드를 놓는다. [그림 7-9 (a) 참조]

2층 1패스 비드가 끝나면 깨끗이 청소한 후 1패스 비드의 상단에 용접봉 하단이 오도록 하여 좁은 비드를 놓는다. [그림 7-9 (b) 참조]

그림 7-9 2층 비드놓는 법

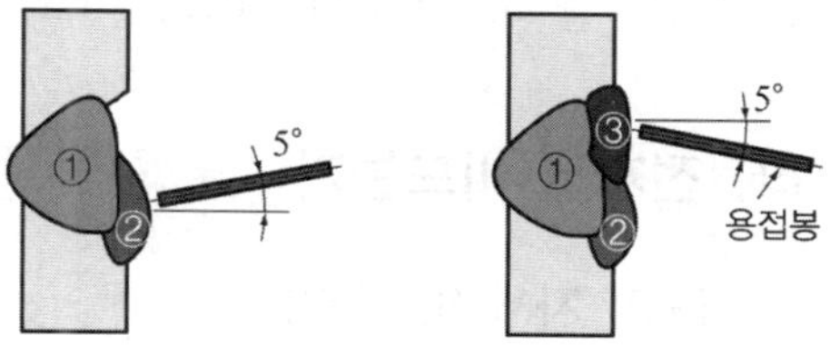

(a) 2층 1패스 비드 (b) 2층 2패스 비드

바. 용접부 검사 및 반복 실습

용접이 완성되면 용접부를 깨끗이 한 후 검사하고 잘못된 점을 시정하려고 노력하며 반복 실습한다. [그림 7-10 참조]

그림 7-10 완성된 외관의 결함

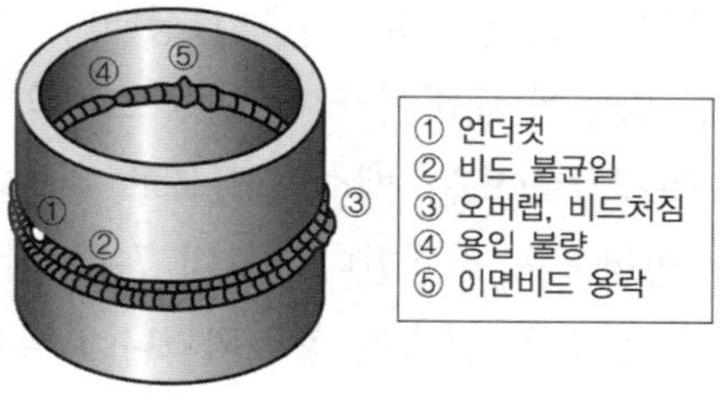

3 강관 전자세 비드놓(쌓)기 피복 아크용접

가. 작업준비

강관 전자세 비드놓기는 강관이 수평으로 고정된 상태에서 용접이 완전 끝날 때까지는 움직이지 않고 용접을 완성하는 것이 원칙이다.

이 때 아래 부분은 위보기, 양 옆부분은 수직 자세, 윗부분은 아래보기 자세가 되는 용접 자세이다.

길이 약 150mm 정도 되는 강관을 준비하여 원둘레에 강관 끝단과 평행원이 되도록 석필이나 마카펜으로 약 10mm 폭으로 선명하게 2줄의 금긋기를 한다.(평행원 연습에 중요)

나. 모재 고정

금긋기한 강관을 지그에 용접선이 수직이 되도록 고정한 후 작업자의 머리보다 약 10cm 높게 고정한다. [그림 7-11 참조]

그림 7-11 위보기 자세 모재 높이

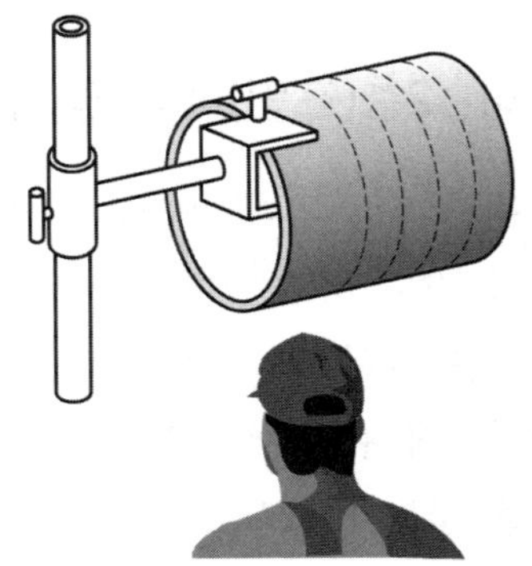

다. 전류 조정

용접 전류를 90 ~ 110A(E7016, ϕ3.2)로 조절한다.

라. 전자세 비드놓기

1) 위보기 자세 비드놓기

용접 시점은 강관 하단 32 ~ 33분(또는 27 ~ 28분) 부근에 옮긴 후 헬멧을 쓰고 아크를 발생한 후 작업각은 90°, 진행각은 강관 중심선에 대하여 진행 방향으로 5 ~ 10° 기울인 상태가 되게 유지하고 진행 방향에 대하여 직각 방향으로 약 10mm 폭으로 부채꼴형(또는 백스텝형)으로 위빙하며 20분(40분) 방향으로 진행한다. [그림 7-12 참조]

이 때 용착 금속이 용락되거나 스패터가 많이 발생하므로 아크 길이를 최대한 짧게 유지하며, 한곳에서 머물지 않도록 일정한 속도로 진행하며, 특히 양 끝부분은 약 0.5 ~ 1초 정도 머물고 중심은 빠르게 움직여 비드의 중심이 볼록하지 않도록 한다.

그림 7-12 용접자세 및 순서

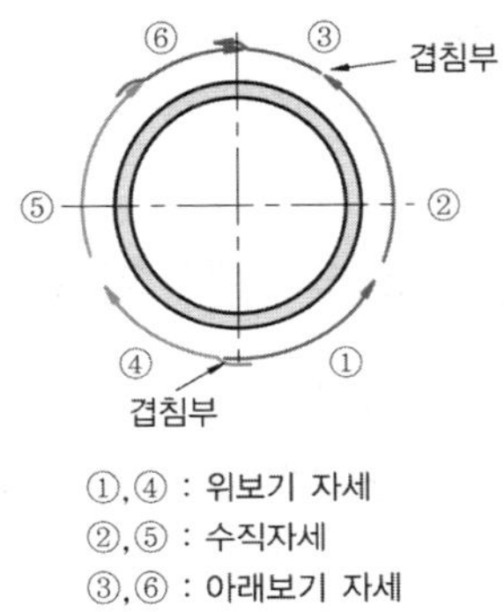

그림 7-13 수직 자세 운봉 및 비드 외관

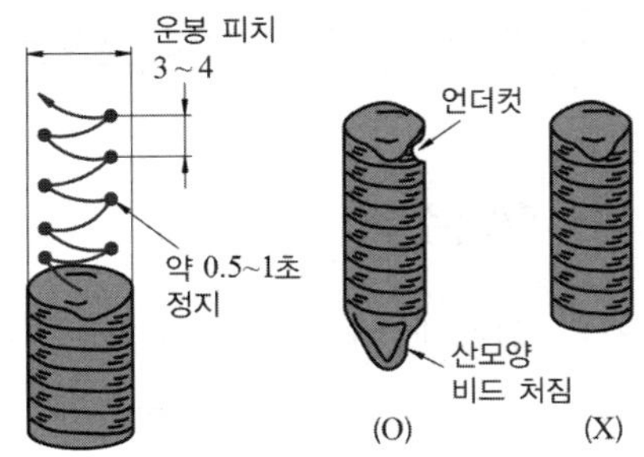

2) 수직 자세 비드놓기

위보기 자세에서 큰 바늘로 20분(40분) 부분부터는 수직 자세가 되지만 일부러 아크를 끊지 말고 자연스럽게 수직 자세가 되도록 부드럽게 몸과 용접봉 각도를 회전하여 10분(또는 50분)까지 상진한다.

작업각은 90°, 진행 반대각은 중심선에 대해 하단으로 5 ~ 10° 기울인 각도를 유지한다.

모든 위빙 비드는 양끝에서 0.5 ~ 1초 정도 멈추는 듯하고 중심부는 빨리 움직여서 비드 중심이 블록하지 않으며 언더컷이 발생하지 않도록 해야 된다. [그림 7-13 참조]

3) 반대편 비드놓기

반대편도 위보기 자세와 수직 자세 부분을 작업 방법 1)~2)과 같은 방법으로 비드놓기를 한다.

위보기 자세 비드놓기 시작부분은 높은 압력이 걸리는 경우는 비드놓기 시작 전에 납작하고 경사지게 가공을 한 후 이전 비드를 10~20mm 이상 겹쳐서 용접한 후 겹쳐져서 높아진 부분은 평탄하게 가공해야 된다.

4) 아래보기 자세 비드놓기

수직 자세에서 더 이상 비드놓기가 어려운 자세가 되면 아크를 끊고 아래보기 자세 비드놓기가 가능한 높이로 낮춘 후 비드 잇기 방법과 같이 용접봉의 각도를 유지하며 아래보기 자세 비드를 놓는다. [그림 7-14 참조]

그림 7-14 아래보기 운봉각도

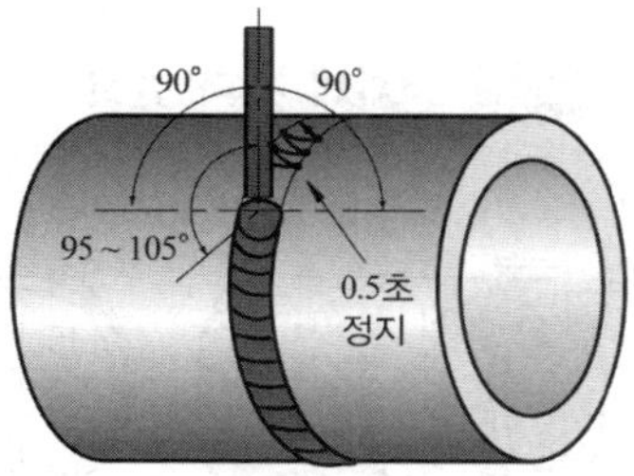

그림 7-15 비드 외관 검사

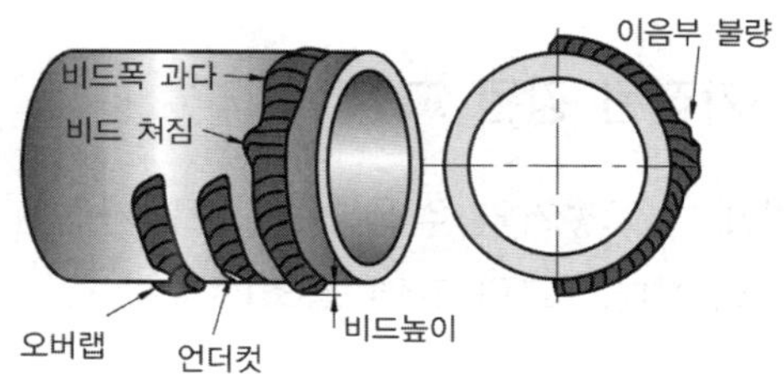

5) 비드 잇기

각 자세에서 어떤 원인으로 아크가 끊어졌거나 용접봉 소모가 다되어 아크를 끊은 경우 비드 잇기를 한다.

비드 잇는 방법은 2가지로 생각할 수 있다 용접부가 큰 장력이 걸리는 경우는 비드 끝단에서 이전 비드를 약 10~20mm 이상 겹쳐서 비드를 놓은 후 겹쳐져서 높아진 부분을 연삭하는 방법을 적용하는 것이 좋다.

큰 장력을 요하지 않는 경우는 이전 비드 끝의 20~30mm 부분에서 아크를 발생하여 아크 불빛을 보고 빨리 이전 비드의 크레이터 부분의 원형 안으로 이동한 후 크레이터 부분을 1회 왕복 정도로 느리게 운봉하여 용착을 확실하게 시킨 후 정상 속도로 위빙하여 진행하는 방법이 있다.

6) 용접부 검사 및 반복 실습

용접이 완성되면 용접 상태를 검사하고 잘못된 점을 시정하려고 노력하며 숙련될 때까지 반복 실습한다. [그림 7-15 참조]

4 강관 전자세(5G) V형 맞대기 피복 아크용접

가. 용접 준비와 모재 가공

아래보기 자세와 같은 방법으로 준비와 모재 가공을 한다.

나. 강관 가접(tack welding)

아래보기 자세와 같은 방법으로 가접하거나, 스트롱백을 사용하여 가접한다.

다. 가접된 강관 고정

전자세 비드놓기와 같은 방법으로 가접된 강관을 고정한다. [그림 7-16 참조]

그림 7-16 전자세 강관 고정

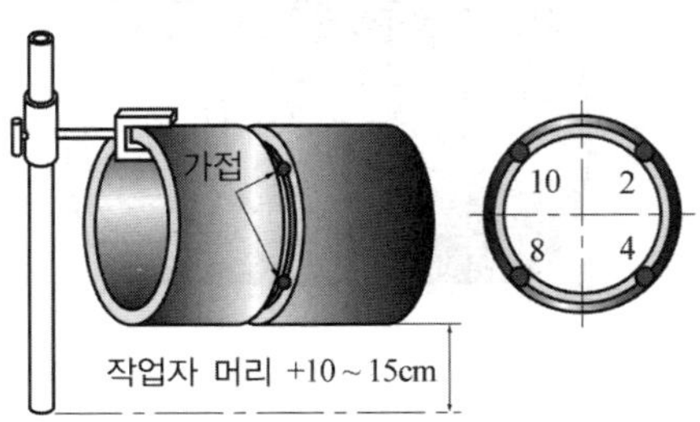

라. 1층(백) 비드놓기

1) 자세 잡기

보호구, 특히 머리나 목부분에 스패터나 용락되는 쇳물이 들어가지 않도록 보후구를 잘 착용하고, 용접봉은 홀더와 일직선이 되도록 홀더 앞쪽으로 물린다.

위보기 자세가 될 수 있도록 자세를 취한다.

그림 7-17 위보기 자세 비드놓기

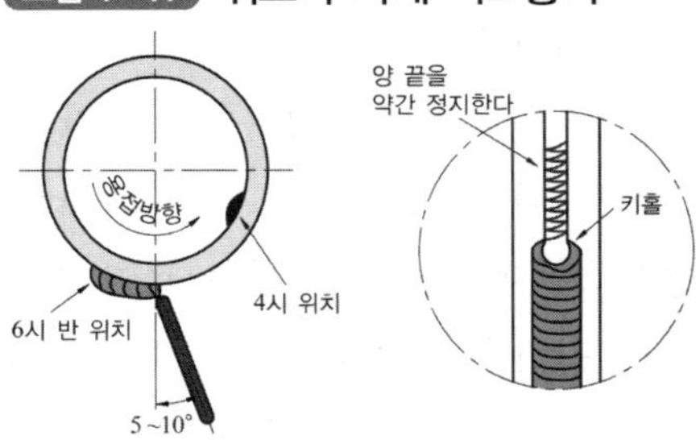

2) 위보기 자세 이면 비드놓기

용접봉을 강관 하단 32 ~ 33분(또는 27 ~ 28분) 부근에 옮긴 후 헬멧을 쓰고 아크를 발생한 후 키홀(key hole)이 형성되면 바로 루트면과 루트면 사이를 이전 용착부와 약 1/3 정도 겹치면서 키홀이 일정하도록 위빙하며 진행한다. [그림 7-17 참조]

이 때 작업각은 90°, 진행각은 강관 중심선에 대하여 진행 방향으로 5 ~ 10° 기울인 상태가 되게 유지하고 진행 방향에 대하여 직각 방향으로 약 10mm 폭으로 부채꼴형(또는 백스텝형)으로 위빙하며 20분(40분) 방향으로 진행한다.

비드 높이는 강관 표면보다 0.5 ~ 1.5mm 정도 낮게 쌓는다.(두께 7.1mm의 경우 2층으로 완성)

이 때 용착 금속이 용락되거나 스패터가 많이 발생하므로 아크 길이를 최대한 짧게 유지하며, 한곳에서 머물지 않도록 일정한 속도로 진행하며, 특히 양 끝부분은 약 0.5 ~ 1초 정도 머물고 중심은 빠르게 움직여 비드의 중심이 볼록하지 않도록 한다.

3) 수직 자세 이면 비드놓기

위보기 자세에서 20분(40분) 부분부터는 수직 자세가 되지만 일부러 아크를 끊지 말고 자연스럽게 수직 자세가 되도록 부드럽게 몸과 용접봉 각도를 회전하여 10분(또는 50분)까지 상진한다.

작업각은 90°, 진행 반대각은 중심선에 대하여 하단으로 5 ~ 10° 기울인 각도를 유지하며, 비드 양 끝에서 0.5 ~ 1초 정도 멈추는 듯하고 중심부는 빨리 움직여서 비드 중심이 볼록하지 않으며 언더컷이 발생하지 않도록 해야 된다.

4) 반대편 위보기 및 수직 자세 이면 비드놓기

상부의 아래보기 자세 이면 비드를 놓기 전에 반대편의 위보기 자세와 수직 자세 부분을 위와 같은 방법으로 이면 비드놓기를 한다.

위보기 자세 이면 비드놓기 시작부분은 높은 압력이 걸리는 경우는 비드놓기 시작 전에 납작하고 경사지게 가공을 한 후 이전 비드를 10 ~ 20mm 이상 겹쳐서 용접한 후 겹쳐져서 높아진 부분은 평탄하게 가공해야 된다.

5) 아래보기 자세 이면 비드놓기

아래보기 자세는 위보기 자세로 높이가 맞춰져 있기 때문에 아래보기 자세가 가능하도록 강관의 높이를 낮추어야 된다.

수직 자세 이면 비드가 끝난 비드의 끝에서 약 10 ~ 20mm 겹쳐서 위빙 비드로 55분(5분) 부근까지 [그림 9-14]와 같이 각도를 유지하며 아래보기 자세 비드를 놓는다.

반대편도 동일한 방법으로 이면 비드를 놓는다.

6) 이면 비드 잇기

각 자세에서 어떤 원인으로 아크가 끊어졌거나 용접봉 소모가 다되어 아크를 끊은 경우 비드 잇기를 한다.

이면 비드 잇는 방법은 2가지로 생각할 수 있다. 용접부가 큰 장력이 걸리는 경우는 비드 끝단에서 이전 비드를 약 10 ~ 20mm 이상 겹쳐서 비드를 놓은 후 겹쳐서 높아진 부분을 연삭하는 방법을 적용하는 것이 좋다.

큰 장력을 요하지 않는 경우는 이전 비드 끝의 20 ~ 30mm 부분에서 아크를 발생하여 아크 불빛을 보고 빨리 이전 비드의 크레이터 부분의 원형 안으로 이동한 후 크레이터 부분을 1회 왕복 정도로 느리게 운봉하여 용착을 확실하게 시킨 후 정상 속도로 위빙하여 진행하는 방법이 있다.

마. 2층(표면) 비드놓기

표면 비드놓기는 강관 전자세 비드놓기와 거의 같이 하면 된다.

다만 V홈 안에 이미 비드가 쌓여져 있으며, 비드 상태가 강관 표면처럼 매끈하지 않고 높낮이나 파형, 비드폭 등이 고르지 않기 때문에 이전 비드의 상태를 파악하면서 강관 개선면 모서리와 모서리 사이를 용접봉의 중심이 모서리 부분이 되도록 위빙하여 위보기 자세, 수직 자세 아래보기 자세로 연결시킨다. [그림 7-18 참조]

표면 비드의 높이는 모재 표면보다 2 ~ 3mm(모재 두께의 20% 이내)가 적당하다. [그림 7-19 참조]

그림 7-18 표면비드 놓기

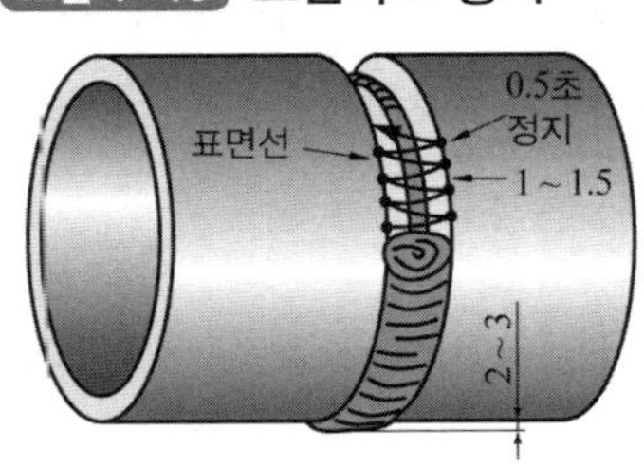

그림 7-19 표면 비드의 높이

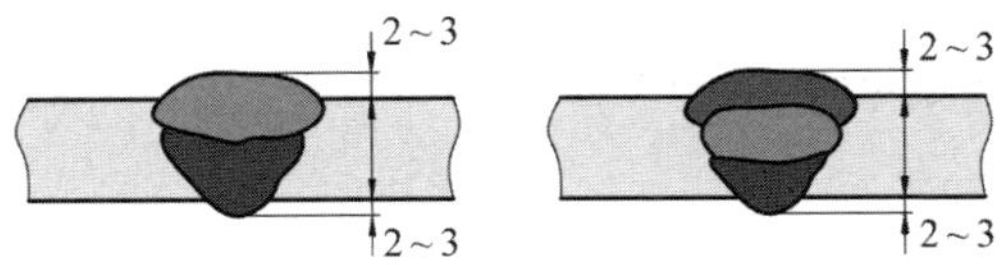

바. 용접부 검사 및 반복 실습

용접이 완성되면 용접 상태를 검사하고 잘못된 점을 시정하려고 노력하며 숙련될 때까지 반복 실습한다. [그림 7-20 참조]

그림 7-20 강관 V형 맞대기 외관 검사

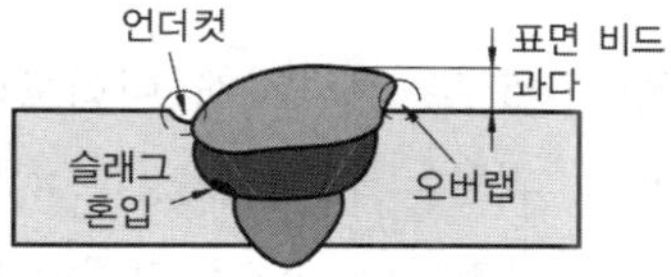

사. 정리 정돈

각 작업이 끝나면 사용했던 기계나 공구, 보호구 등을 깨끗이 손질하여 다음에 바로 사용이 가능하도록 관리하고, 주위를 깨끗이 청소한다.

5 강관 45° 경사 전자세 맞대기 피복 아크용접

가. 강관 45° 경사 전자세 맞대기 작업 준비

과제 '제4절. 1 가. 1) 용접 준비와 가공'과 같은 방법으로 모재(강관), 용접봉을 준비하여 가공한다.

나. 강관 가용접

과제 '제4절. 1 나. 강관 가접'과 같은 방법으로 가접한다. 가접시 피복이 불량한 ∅3.2 피복 금속 아크용접봉 심선이나 가스용접봉, 철사 등을 [그림 7-21]과 같이 V자로 굽혀 루트 간격 사이로 밀어 넣고 가접하는 방법도 있으며 스트롱백을 사용하여 가접하면 변형도 줄일 수 있다.

그림 7-21 강관 V형 맞대기 이음 가접 방법

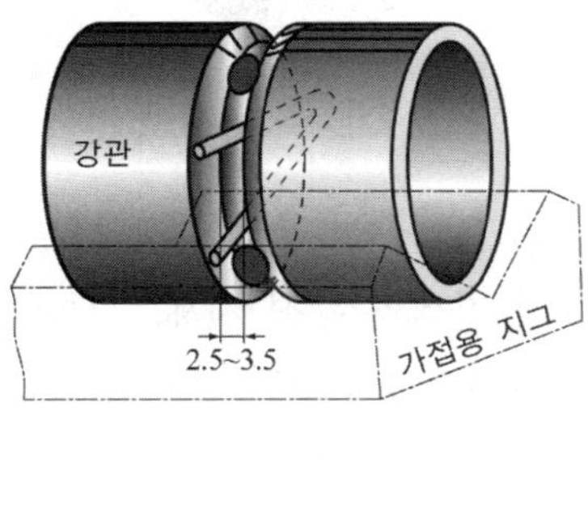

그림 7-22 강관 45° 경사 전자세 맞대기 용접시 모재 고정

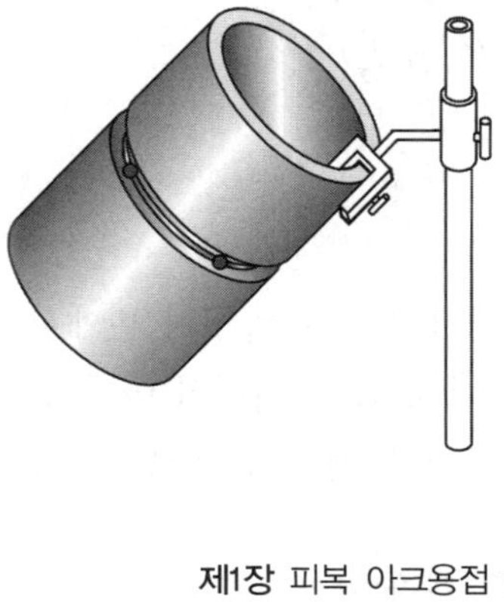

다. 모재 고정

가접된 강관을 수평선에 대하여 45°로 경사지게 머리보다 10 ~ 15cm 높게 고정시킨다. [그림 7-22 참조] 이때 가접부의 위치는 시계의 2, 4, 8, 10시 부분이 되게 하며, 고정된 모재가 떨어지지 않도록 단단하게 고정한다. 한번 고정하면 용접이 완료될 때까지 축방향으로 회전해서는 안된다.(상하 이동은 가능함)

라. 전자세 V형 맞대기 용접

1) 1층(이면) 비드쌓(놓)기

피복 금속 아크용접봉 E7016 ∅3.2를 홀더의 180(135)° 홈에 물리고 전류를 85 ~ 105A로 조절한다.

지면에 우측 무릎을 대고 좌측 무릎을 ㄱ자로 굽힌 자세에서 피복 금속 아크용접봉을 6시 반(또는 5시 반) 쪽으로 옮긴 후 헬멧을 쓰고 피복 금속 아크용접봉을 살짝 접촉시켜 아크를 발생한 다음 아크를 안정시킨다.

루트면이 용융되어 키홀이 형성될 때까지는 위빙을 하지 않고 조심스럽게 홈 깊숙이 피복 아크용접봉을 밀어 넣어야 되며, 키홀이 형성되면 운봉각을 [그림 7-23]과 같이 유지하며 루트면 좌우 홈이 면쪽 1 ~ 2mm까지 경사 위빙하며 진행한다. [그림 7-24 참조]

그림 7-23 강관 45° 경사 전자세 맞대기 위치별 용접봉각

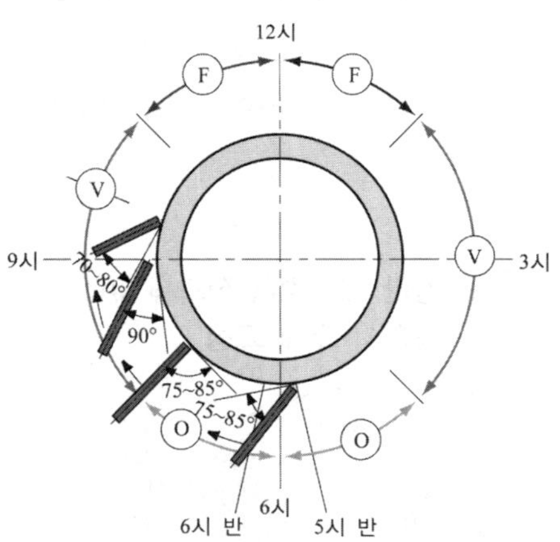

그림 7-24 경사 전자세 각층 비드의 운봉법과 비드의 높이

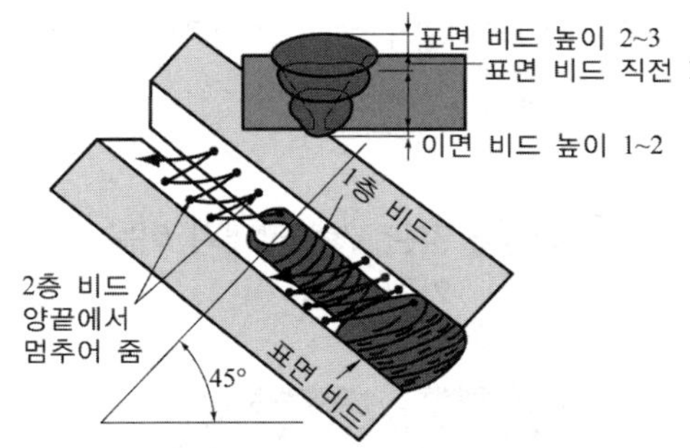

6시 반에서 2시 사이, 5시 반에서 10시 사이는 위보기 자세와 수직 자세, 2시에서 12시 사이, 10시에서 12시 사이의 아래보기 자세를 구분없이 자연스럽게 연결하여 비드를 쌓는다.

사용하던 용접봉이 다 소모되었거나 어떤 사유든 아크가 끊어진 경우 이음부를 정이나 디

스크(핸드) 그라인더로 경사지게 가공한다. [그림 7-25 참조]

이면 비드 용접 중 키홀이 너무 커지면 운봉법을 조절하고 휘핑법을 취하며 필요하면 아크를 끊고 전류를 조절한다.

용접이 끝나면 용접부를 깨끗이 청소한다.

그림 7-25 이면 비드 이음부를 경사지게 가공

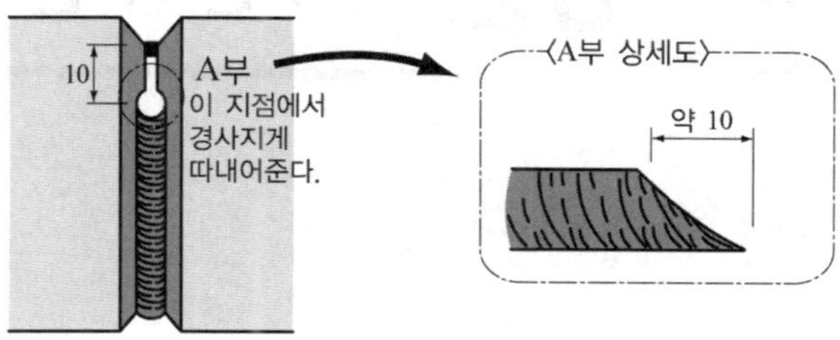

2) 2 ~ n층 비드놓기

모재를 1층 비드놓기와 같이 고정하고, 피복 금속 아크용접봉 E7016 ∅4.0을 홀더에 물리고 전류를 120 ~ 160A로 조절한 후 1층 비드놓기와 같은 위치에서 위보기 자세, 수직 자세, 아래보기 자세 비드놓기를 한다.

운봉각은 1층 비드놓기와 같으나 표면 비드 직전의 비드 높이는 모재 표면보다 0.5 ~ 1mm 정도 낮게 되도록 용접한다. 운봉시 수직 자세 부분에서는 경사 위빙을 한다.

각층 비드놓기가 끝나면 슬래그, 스패터를 깨끗이 제거하고 와이어 브러시로 깨끗이 청소한다.

3) 표면 비드놓기

표면 비드놓기 직전의 비드놓기와 같은 조건으로 용접하나 운봉폭을 모서리와 모서리까지로 하며, 비드 덧살 높이는 모재 표면보다 2 ~ 3mm 정도 높이로 용접한다. 이때 비드 처짐과 언더컷 발생에 주의한다.

마. 용접부 청소 및 검사, 정리 정돈

용접부를 깨끗이 청소한 후 외관검사를 한다. 모든 강관 맞대기 용접부의 검사도 평판 맞대기 용접과 마찬가지로 필요하면 방사선 탐상이나 초음파 탐상 시험 등의 비파괴 검사, 기계적 시험(굽힘 시험 등)을 한다. 굽힘 시험을 할 경우 굽힘 시험 규정에 따라 용접된 강관을 굽힘 시험편 규격으로 절단(각 자세별 2개) 및 가공하여 굽힘 시험을 한다.

용접이 끝나면 용접기 전원 차단과 사용했던 용접기와 공구, 보호구를 깨끗이 손질하여 보관한 후 주위를 깨끗이 청소한다.

02 이산화탄산가스(CO_2) 용접

제1절 ❙ CO_2 용접기 설치 및 조작하기

1 CO_2 용접기 설치

그림 1-1 CO_2 용접기의 각부 명칭

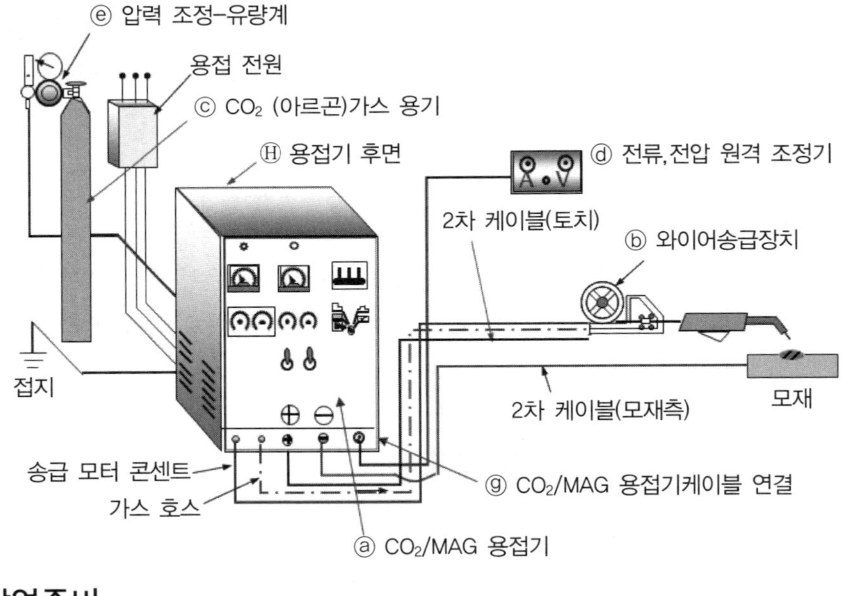

가. 작업준비

1) 용접기와 관련 장치, 부품, 재료 준비

설명서, 용접기 셋, 와이어 송급장치, 토치 셋, 전원 케이블, 가스설비, 압력-유량계 등을 준비한다. [그림 1-2 참조]

모재(연강판)와 솔리드 와이어 ϕ1.2(YGW-12)를 준비한다.

2) 설치할 공구 및 용접 공구 준비

몽키 스패너, 드라이버, 니퍼, 전압, 전류계, 절연 테이프, 스패터 부착 방지액, 헬멧, 앞치마, 용접 장갑, 조끼, 발커버 등을 준비한다.

나. 2차 및 1차 케이블 결선

1) 2차 케이블 연결

케이블 결선 전에 메인 전원 스위치를 차단한('수리 중' 명패 부착 등 안전조치 필수) 다음 용접기 전면에 송급 장치와 토치 케이블, 원격 조정기 등 2차측 케이블을 연결한다. [그림 1-3 참조]

2) 1차 케이블 연결

용접기 뒷면에 1차측 케이블을 연결한 다음 메인 스위치에 한쪽 끝을 연결한다. [그림 1-4 참조]

이 때 3상이므로 RST를 잘 구분하여 냉각 팬이 반대로 회전하지 않도록 한다.

만약 냉각 팬이 역회전할 경우 2개의 선만 서로 바꾸어 채결한다.

접지선(녹색선)을 용접기 케이스 채결 볼트에 연결한다.

1, 2차 케이블 연결부 등의 노출 부분을 절연 테이프로 완전 절연한다.

전원을 넣은 후(메인 스위치/벽 스위치/용접기 스위치 순으로 넣는다) 이상 유무를 확인한다.

그림 1-2 CO_2 용접장치 및 부속품

그림 1-3 2차측 케이블 접속

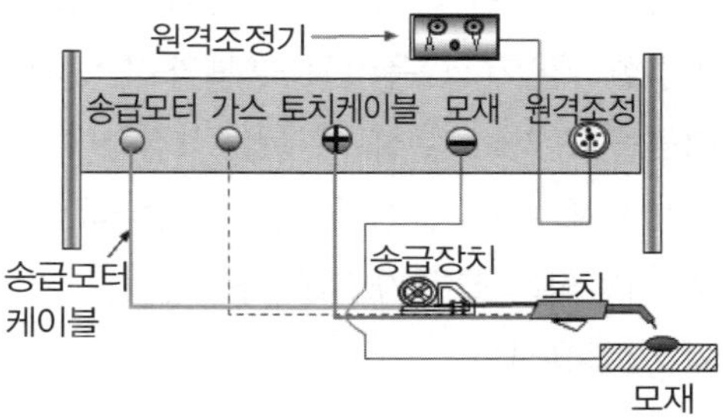

그림 1-4 1차측 케이블 접속

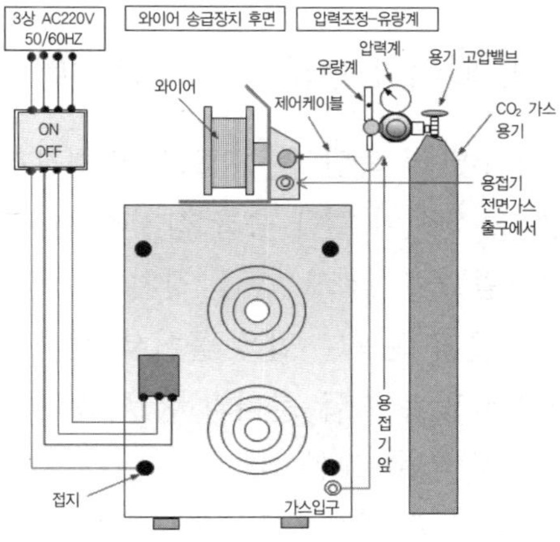

다. 와이어 송급장치 및 용접 토치 조립

와이어 송급장치를 용접 작업장 부근에 놓은 후 토치 부품을 토치 몸체에 가스 디퓨즈, 노즐 인슐레이터, 오리피스, 콘택트 팁, 노즐 순으로 조립한다. [그림 1-5 참조]

토치 세트를 와이어 송급장치 전면의 토치 연결구에 채결한다.

토치 제어 케이블을 용접기 제어 케이블 접속구와 와이어 송급장치 접속부에 연결한다.

라. 압력-유량계 조립

CO_2 용기에 압력-유량계를 설치한 후 유량계 호스를 압력-유량계의 가스 출구 니플에 채결하여 용접기 후면의 가스 입구에 연결한다. [그림 1-6 참조]

용접기 전면의 가스 출구 입구와 와이어 송급장치의 후면 가스 입구 사이에 가스 호스를 연결한 후 가스 용기의 밸브와 유량계를 열어 비눗물로 가스 누설 여부를 점검한다.

필요에 따라 혼합가스를 사용한다. 혼합가스는 시판되는 혼합가스를 사용하거나 가스 혼합기를 사용한다.

가열 히터의 코드를 100V 전원에 연결한다.(MIG 용접엔 히터가 없음)

그림 1-5 CO_2 용접 토치 조립

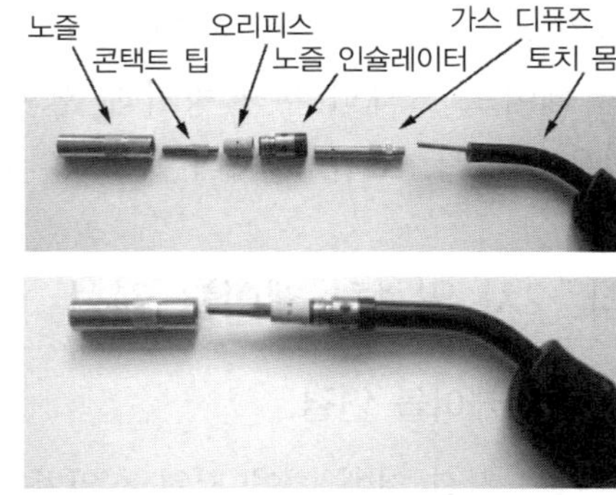

그림 1-6 CO_2 가스 압력-유량계

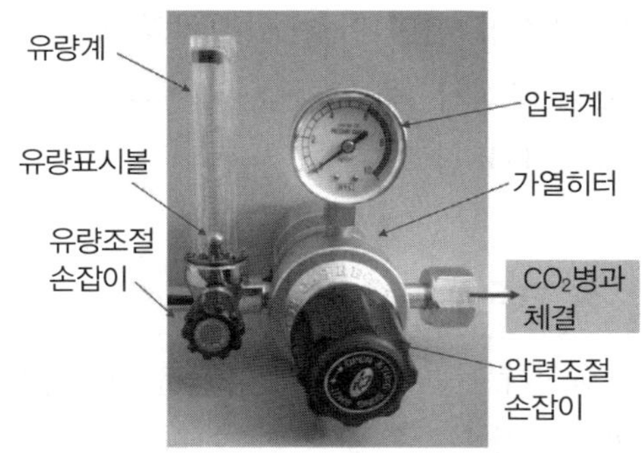

그림 1-7 CO_2 와이어 송급 장치

마. 와이어 송급 장치에 와이어 릴 설치

와이어 릴 측면의 규격표시 라벨지가 밖으로 나오게 와이어 릴을 송급 장치의 릴 축에 끼운 후[그림 1-7 참조] 송급 장치의 가압 유닛과 토치 끝의 콘택트 팁을 풀어서 빼내고 와이어 직경에 맞는 송급 롤러의 홈을 확인하고 직경이 다를 경우 교환한다.

와이어 릴 측면의 구멍에 끼워진 와이어 끝을 풀어 구부러진 부분을 니퍼로 절단 후 송급장치의 송급 롤러 사이에 끼워 토치의 와이어 입구에 와이어를 끼운 후 유닛을 체결하고 원격 조정기에 있는 인칭 스위치를 눌러 와이어를 송급시킨다.

이 때 전류계를 오른쪽으로 돌릴수록 와이어 송급 속도는 빨라진다.

토치 끝에 와이어가 돌출되면 콘택트 팁과 노즐을 끼운 후 돌출 길이를 10 ~ 15mm 길이로 맞춘다.

돌출 길이가 짧으면 용융지의 가스 보호는 좋으나 노즐에 스패터 부착이 많고 비드 외관이 나빠지며 작업성이 떨어지며, 돌출 길이가 길어지면 와이어 예열이 많아지므로 용착속도와 효율은 증가하나 가스 보호 효과가 나빠진다.

와이어 돌출 길이를 저전류 영역(200A 미만)에서는 10 ~ 15mm로, 고전류 영역(200A 이상)에서는 15 ~ 25mm로 조절한다.

바. 용접기의 각종 스위치 조작

1) 가스 압력 및 유량 조절

가스 용기 밸브를 열고 용접기의 "용접/가스점검" 스위치를 "가스 점검"에 놓고 용접부의 형상과 두께에 따른 적정 가스 유량을 조절한 후 다시 "용접" 쪽으로 스위치를 전환한다. [그림 1-8 참조], (기종마다 스위치 모양이 다를 수 있음)

그림 1-8 유량조절 순서

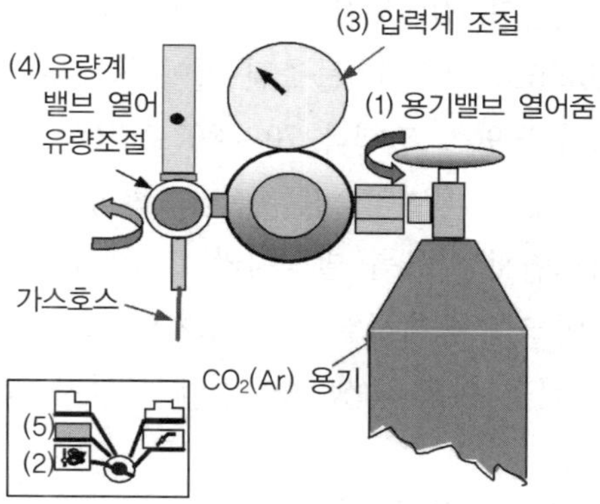

유량조절 순서 : (1)–(2)–(3)–(4)–(5)

2) 전류, 전압 조절

용접기 패널에서 크레이터 전류, 전압을, 원격 조정기에서 용접 전류, 전압을 조절한다.

① 박판의 아크전압 : $V1 = 0.04 \times$ 전류 $+ 15.5 \pm 1.5$

② 후판의 아크전압 : $V2 = 0.04 \times$ 전류 $+ 20 \pm 2.0$

3) 용접기 패널의 스위치 조작

① 와이어 지름 선택 : "ϕ0.9", "ϕ1.2" 선택 스위치 부분에서 와이어 지름에 따라 스위치를 해당 부분으로 조절한다.

② **"일원", "개별" 선택** : "일원" 선택시는 전압 조절 노브는 미세조정 역할을 하며, "개별" 선택의 경우는 전류와 전압을 별개로 조정한다. [그림 1-9 참조]

③ 크레이터 유, 무 선택 : 용접부 형상에 따라 조작 스위치에서 크레이터 "무, 1회(유)" 스위치를 선택한다. [그림 1-8 참조]

- 무 : 토치 스위치를 "ON" 상태에서만 용접 전류가 흐르며 아크가 발생됨
- 1회(유) : 토치 "ON"시 초기전류가, "OFF"시 용접 전류, 다시 "ON"시 크레이터 전류가 흐르며, 다시 "OFF"하면 꺼짐

그림 1-9 패널 스위치의 형상 기호

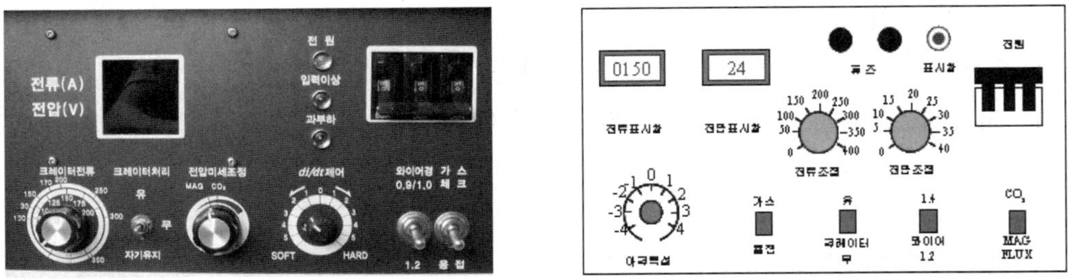

(a) (b)

사. 아크 발생

연강판(MIG용접의 경우 Al판)을 작업대 위에 고정한 다음 와이어 돌출 길이를 10~15mm로 맞춘다. 돌출된 길이가 너무 길 경우 니퍼를 사용하여 절단한 후 토치를 잡고 작업각은 90°, 진행각 70~80°로 맞춘 후 헬멧을 쓰고 아크를 발생한다.

용접기 패널의 ‘전류/전압’ 변경, ‘일원/개별’ 변경, 모재에 ‘크레이터 모드’ 등을 변경시켜보면서 아크를 발생시켜 그 차이점을 이해한다.

아크를 중지시킬 때는 토치의 스위치를 놓아 아크를 끊는다. 이 때 약 3~5초 정도는 토치 끝을 아크 발생 중지점에서 들지 않는다.

아. 정리 정돈

가스 용기의 밸브를 잠그고 용접기 패널의 “용접/점검” 스위치를 “점검”에 놓아 호스 내의 잔여 가스를 제거한 후 ‘용접기의 전원/벽의 전원/메인 전원’ 순으로 차단한다.

사용했던 용접기와 공구를 정리 정돈하고, 작업장 주위를 정리 정돈한다.

자. CO_2 용접기 보수 및 정비 방법

1) 용접 전류나 아크 전압 조정이 안되는 경우

고장원인	보수 및 정비 방법
전류, 전압 조정 VR(노브)가 불량하다.	전류, 전압 조정 노브를 교체한다.
PCB가 접촉 불량하다.	PCB를 교체한다.
전원 케이블이 단선되어 있다.	전원 케이블을 점검하고 정비한다.

2) 아크가 불량하거나 발생되지 않는 경우

고장원인	보수 및 정비 방법
용접기에 전기가 들어오지 않는다.	메인 및 용접기의 전원 스위치를 접속한다. 그래도 전원이 안들어오면 케이블의 단선 또는 접속 상태를 점검하여 조치한다.
FUSE 단락, 이상 표시등에 불이 들어와 있다.	FUSE 교환, 기기의 이상 유무를 점검한다.
토치 또는 모재측 케이블 불량 또는 단선되었다.	접지선을 모재에 연결한다. 케이블 단선 경우 정비 또는 케이블을 교환한다.
제어 케이블이 단선되었다.	케이블을 점검하고 교환한다.
전자 접촉기, 릴레이 작동 불량으로 와이어 송급이 안된다.	릴레이를 접점, 청소하고 안되면 교환한다.
PCB가 접촉 불량하다.	PCB를 교체한다.

3) 크레이터 제어 스위치가 작동되지 않는 경우

고장원인	보수 및 정비 방법
프린트 기판 불량 또는 고장났다.	프린트 기판 점검, 교환한다.

4) 용접 가스가 계속 유출되는 경우

고장원인	보수 및 정비 방법
가스점검(시험. 가스조정) 스위치가 선택되어 있다.	점검을 용접으로 전환한다.
가스 전자 밸브에 이상이 있다.	가스 전자 밸브를 교환한다.
PCB 기판에 이상이 있다.	용접기 전원이나 PCB를 점검하고, 교환한다.

5) 토치 스위치를 ON해도 와이어가 송급 안되거나 통전되지 않는 경우

고장원인	보수 및 정비 방법
토치 스위치 고장 또는 접촉 불량하다.	스위치 점검, 청소, 교환한다.
와이어가 팁 끝에 단락되어 있다.	팁 끝을 줄로 갈아서 단락부 제거 또는 팁 교환
PCB 기판이 불량하다.	PCB 점검, 교환한다.
팁, 노즐의 체결 불량 등으로 전기 접촉 불량하다.	팁을 확실히 조임, 또는 교환한다.
스패터 및 불순물이 팁 구멍을 막혔다.	팁 구멍을 팁크리너와 줄로 청소한다.

6) 가스가 나오지 않거나 불량한 경우

고장원인	보수 및 정비 방법
압력 용기에 가스가 없거나 유량 밸브가 닫혀있다.	가스 용기를 교환 또는 용기 밸브(유량계)를 연다.
FUSE가 단락, 또는 전원 스위치가 OFF되어 있다.	전원과 FUSE를 점검하고 단락시 교환한다.
전자밸브가 작동되지 않는다.	전자밸브 점검, 교환한다.
가스 호스가 터지거나 막혀 있다.	가스 호스 점검, 교환한다.
유량계 작동이 불량하거나 고장났다.	유량계 수리, 교환한다.
PCB 접촉 불량, 가스 압력이 너무 높거나 낮다.	PCB를 교체한다. 압력을 조절한다.
CO_2 조정기의 가열기(heater)가 결빙되어 있다.	가열기 전원 점검, 수리, 교환한다.

7) 인칭 스위치를 눌러도 와이어 송급이 안되는 경우

고장원인	보수 및 정비 방법
제어 케이블 단선, PCB가 불량하다.	제어 케이블 및 PCB 점검, 결선, 또는 교환한다.
전류가 너무 낮게 조절되어 있다.	전류를 높인다.
송급 모터 및 휴즈가 고장났다.	송급 모터 점검, 수리, 교환한다.

제2절 | 비드놓기 CO_2 용접(솔리드 와이어 사용)

1 연강판 아래보기 자세 비드놓(쌓)기 CO_2 용접

가. 비드놓기 작업준비

도면을 보고 요구하는 모재, 와이어, 용접 공구 및 보호구를 준비한다. [그림 2-1 참조] CO_2 용접 와이어는 모재 재질과 동일하거나 이음부 특성에 맞는 와이어를 준비해야 된다. 연강판의 표면을 깨끗이 한 후 석필(또는 백색 마카펜)로 비드를 놓을 안내선을 긋는다.

나. CO_2 용접기 및 부속 장치를 점검 및 조작

전원 케이블 및 가스 장치, 송급 장치, 와이어 상태를 점검한다.

가스 가열기 전원 코드를 콘센트에 접속하고, 와이어 지름 전환 스위치를 와이어 지름에 맞게, '일원/개별' 전환 스위치를 '개별 또는 일원'에 놓는다.

1차 전원 및 용접기 전원을 접속(ON)한다.

그림 2-1 용접 공구 및 보호구

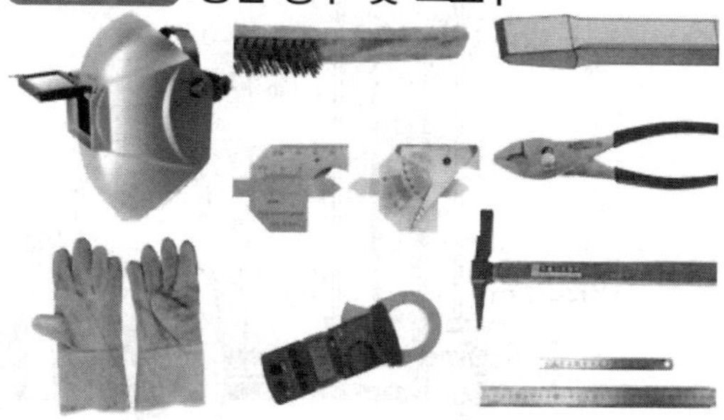

다. 가스 압력 및 유량 조절[그림 2-2 참조]

CO_2 가스 용기의 밸브를 1 ~ 2 바퀴 정도 열고, 용접기 패널의 '점검/용접' 전환 스위치를 '점검' 으로 조정한다.(용접기 종류에 따라 (유량조절, 가스체크)에 놓는다.)

압력계의 조절 손잡이를 오른쪽으로 돌려 압력을 2 ~ 3kgf/cm^{2}로 조절한다,

유량 조절 밸브를 열어 유량을 12 ~ 25/min으로 조절한 후[표 2-1 참조] 다시 '점검/용접' 전환 스위치를 '용접'에 놓는다.

풍속이 2m/sec 이상은 가리개 등의 방풍 장치를 한다.(용접부 보호, 기포의 발생 방지)

라. 용접 및 크레이터 전류 조절

크레이터 제어 스위치를 **'유(1회)'**에 놓는다.

원격 조정기의 전류 조절 노브를 조작하여 140 ~ 180[A](판두께와 용접부 형상 등의 조건에 따라 적당한 값)로 조절한다. [그림 2-3 참조]

용접기 본체의 크레이터 전류 조절 노브를 조작하여 100 ~ 140[A]로 조절한다.

그림 2-2 유량계의 구조

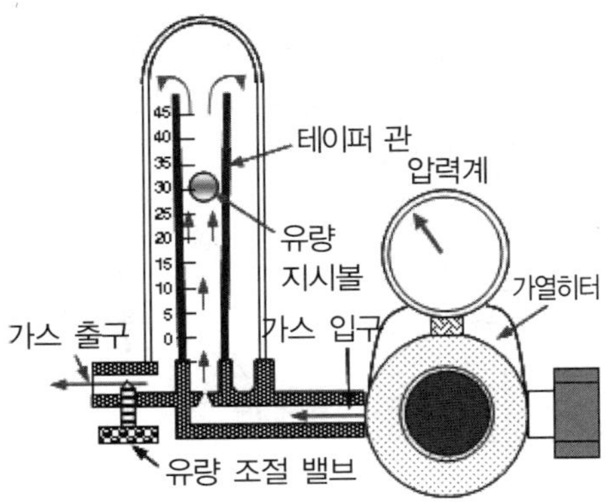

그림 2-3 전류, 전압 원격 조정기

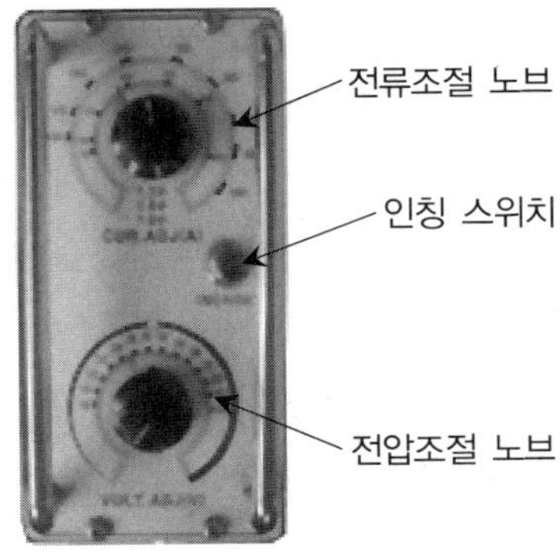

표 2-1 유량에 따른 외관과 X선 상태

노즐높이	유량(l/min)	외 관	X 선(내부)
20mm	25	양 호	양 호
	20	양 호	양 호
	15	양 호	양 호
	10	약간 기공	약간 기공
	5	다량 기공	다수 기공

마. 아크 전압과 크레이터 전압 조절

아크 전압을 21 ~ 23[V], 크레이터 전압을 19 ~ 21[V]로 조절한다.

전압이 높으면 비드가 넓어지고 평평해지며 너무 높으면 기포가 발생하며, 전압이 너무 낮으면 와이어가 녹지 않고 모재를 밀어내는 현상이 생긴다. [그림 2-4 참조]

바. 아래보기 자세 비드놓기 CO_2 용접

1) 모재 고정

수평 작업대 위에 모재의 용접선이 좌우가 되게 놓고 용접 토치를 시작점에 맞추고 헬멧을 쓴 후 토치 스위치를 눌러 아크를 발생한 후, 와이어 돌출 길이를 10 ~ 15mm가 되게 유지하면서[그림 2-5 참조], 작업각 90°, 진행각을 75 ~ 85°로 유지하여 아크를 발생한다.

그림 2-4 전압에 따른 비드 형상

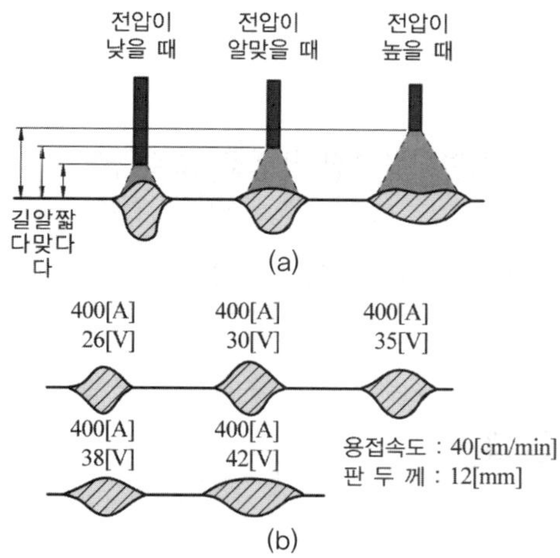

그림 2-5 와이어 돌출 길이

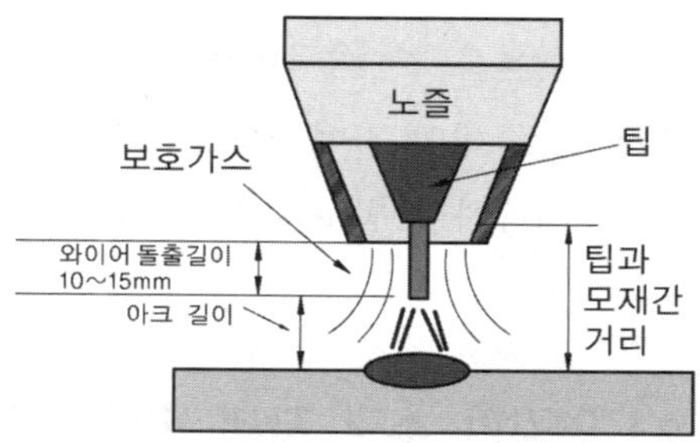

2) 아래보기 비드놓기

토치 스위치를 놓아 용접 전류로 직선 비드(또는 넓은 비드)를 놓는다.(크레이터 스위치를 '**유**(또는 □ : **1회**)'로 놓은 경우)

토치를 전진법 또는 후진법으로 움직이며 직선 비드와 넓은 비드를 놓는다. 넓은 비드 위빙시 비드 양 끝단에서 잠시 머물러 평탄한 비드가 되게 하며, 언더컷이 없고 높이, 폭 등이 일정한 비드가 형성되도록 용융 풀을 잘 관찰하며 비드를 놓는다. [그림 2-6 참조]

아크를 끊을 경우 토치 스위치를 재차 당겨서 크레이터 전류로 크레이터부의 용락을 방지하며 용착 금속을 채워준다.

그림 2-6 아래보기 비드놓기

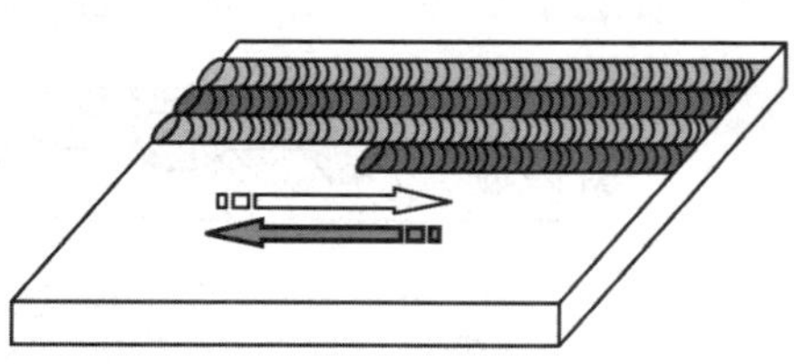

사. 용접부 청소 및 검사, 반복 실습

비드놓기가 완료되면 비드가 겹치는 부분의 불량을 막기 위해 용접부를 깨끗이 청소하고, 비드의 미려도, 폭과 높이, 물결 모양 등 외관 상태를 검사하여 잘못된 점을 고치려고 노력하며 반복 실습을 한다.

아. 정리 정돈 및 주위 청소

용기의 밸브를 잠그고 용접기의 '점검/용접' 전환 스위치를 '점검'으로 조절하여 사용하던 토치 호스 내의 잔여 가스를 제거한다.

그리고 사용하던 공구와 토치 케이블 등의 정리와 실습장 주위를 정리한다.

2 연강판 수평 자세 비드놓기 CO_2 용접

가. 비드놓기 작업준비 및 용접기 조작

용접기 조작, 가스 유량 조절 등 아래보기 비드놓기 CO_2 용접과 같은 방법으로 준비한다.

수평 자세 비드를 놓을 부분이 직선이 되도록 연습하기 위해 연강판에 석필 등으로 금긋기한 후 모재가 수직이며, 용접선이 수평이 되게 지그에 고정한다. [그림 2-7 참조]

그림 2-7 수평 자세 모재 고정

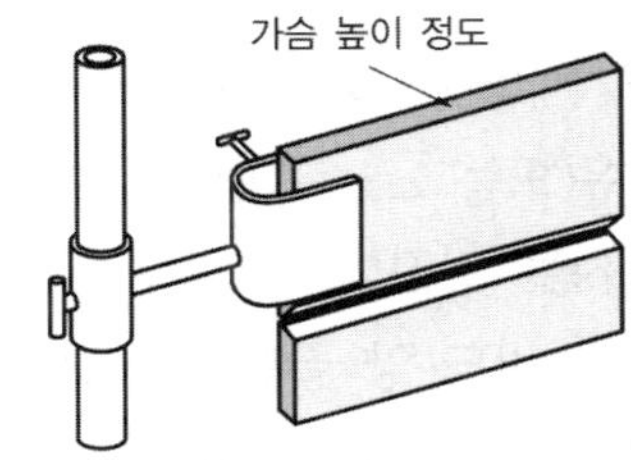

나. 가스 유량 조절 및 용접 및 크레이터 전류 조절

아래보기 비드놓기 CO_2 용접과 같이 한다.

그림 2-8 와이어 돌출 길이와 제 현상

와이어 돌출길이	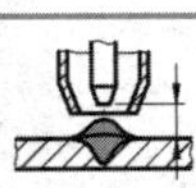	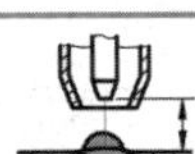	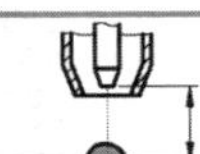
용착효율	높음	보통	낮음
스패터	적음	보통	많음
용접속도	느림	보통	빠름
용입깊이	깊음	보통	얕음
아크전압	낮음	보통	높음

그림 2-9 전류, 전압, 속도와 용입과 관계

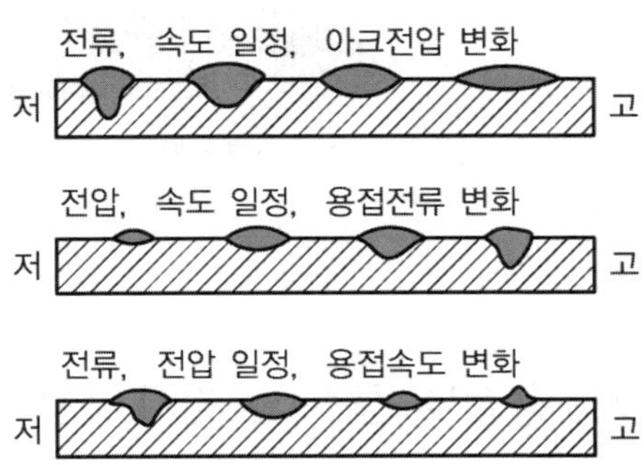

다. 아크 전압과 크레이터 전압, 와이어 돌출 길이 조절

아래보기 비드놓기 CO_2 용접과 같이 한다. [그림 2-8, 2-9 참조]

라. 수평 자세 비드놓기 CO_2 용접

1) 모재 고정

작업대의 지그에 모재가 수직이며, 용접선이 좌우가 되게 수평 자세로 단단히 고정한 후 모재의 상단이 가슴 높이 정도가 되게 고정한다.

2) 수평 자세 비드놓기

용접 토치를 우측(또는 좌측) 시작점에 맞추고 헬멧을 쓴 후 토치 스위치를 눌러 아크를 발생한 후, 와이어 돌출 길이를 10 ~ 15mm가 되게, 작업각 75 ~ 85°, 진행각을 80 ~ 85°로 유지하여 토치를 전진법(또는 후진법)으로 움직이며 겹치기 좁은 비드를 놓는다.

비드는 언더컷이 없고 높이, 폭 등이 일정한 비드가 형성되도록 용융 풀을 잘 관찰하며 비드를 놓는다.

넓은 비드를 놓을 경우 운봉은 톱니형, 타원형법 등을 사용한다.

이 때 비드가 밑으로 처지지 않도록 주의한다. [그림 2-10 참조]

2차 비드는 이전 패스와 평행이 되며 약 1/3 ~ 1/2 정도 겹치게 하고 비드간의 골은 1mm 이하가 되게 비드를 놓는다. [그림 2-11 참조]

아크를 끊을 경우 크레이터 전류로 크레이터부의 용락을 방지하며 크레이터를 채워준다.

그림 2-10 수평 자세 토치 유지각

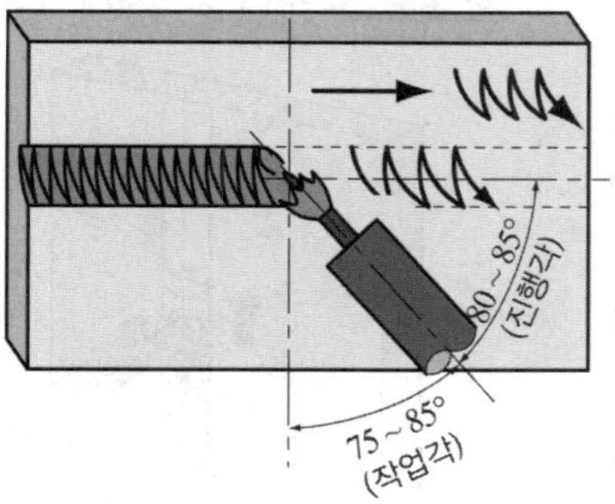

그림 2-11 수평 비드 겹치기 법

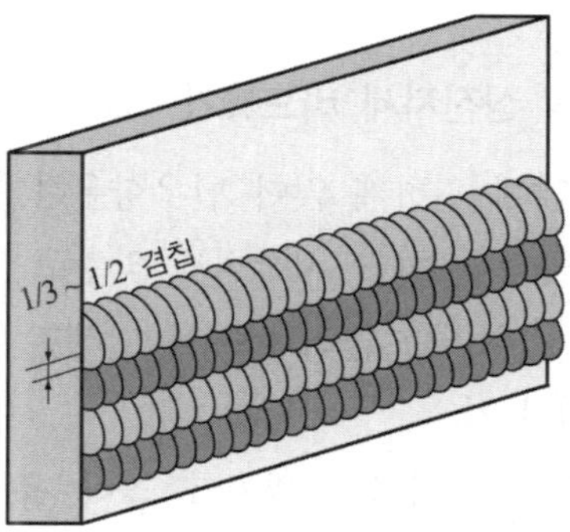

3 연강판 수직 자세 비드놓(쌓)기 CO_2 용접

가. 비드놓기 작업준비 및 용접기 조작

작업준비, 용접기 조작 등은 아래보기 비드놓기 CO_2 용접과 같은 방법으로 준비한다.

나. 가스 유량 조절

아래보기 비드놓기 CO_2 용접과 같이 한다.

다. 용접 및 크레이터 전류 조절

아래보기 비드놓기 CO_2 용접과 같이 한다.

라. 아크 전압과 크레이터 전압, 와이어 돌출 길이 조절

아래보기 비드놓기 CO_2 용접과 같이 한다.

그림 2-12 수직 자세 모재 고정

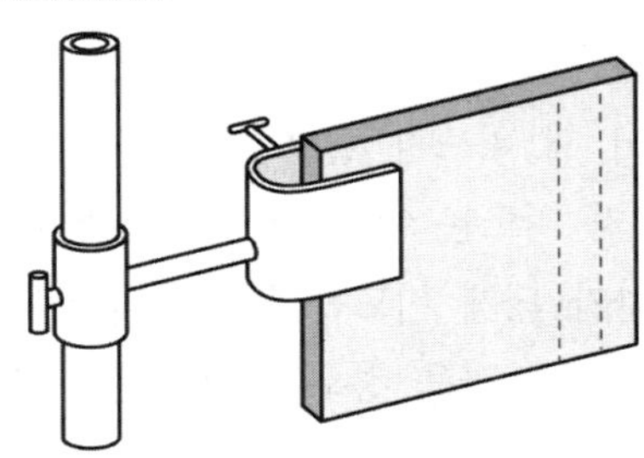

마. 수직 상진자세 비드놓기 CO_2 용접

1) 모재 고정

작업대의 지그에 모재가 수직이며, 용접선이 수직이 되게 단단히 고정한 후 모재의 상단이 가슴 높이 정도가 되게 고정한다. [그림 2-12 참조]

그림 2-13 수직 상진자세 토치 각

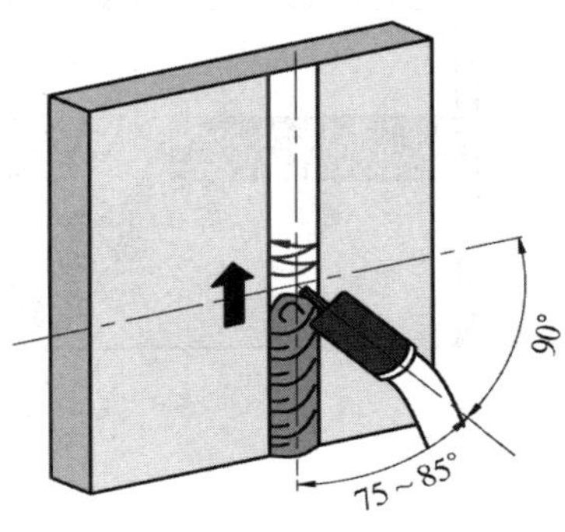

2) 수직 상진자세 비드놓기

모재 앞에 편하게 앉아 반우향우하여 용접 토치를 금긋기한 하단 시작점에 맞추고 헬멧을 쓴 후 토치 스위치를 눌러 아크를 발생한 후 아크를 안정시킨다.

아크가 안정되면 스위치를 놓아 용접 전류로 와이어 돌출 길이를 10 ~ 15mm가 되게, 작업각 90°, 진행 반대각을 75 ~ 85°로 유지하며, 위빙 폭이 약 10 ~ 12mm 되게 부채꼴 또는 백스텝법으로 일정한 속도를 유지하며 상진한다.

[그림 2-13 참조]

위빙시 운봉의 양끝에서 약 0.5 ~ 1초 정도 멈추는 듯 하면서 용융풀을 잘 관찰하며 언더컷이나 비드 처짐이 없도록 상진한다. [그림 2-14 참조]

모재의 윗 모서리 직전 2 ~ 3mm 부분에서 스위치를 눌러 크레이터 전류로 크레이터를 채운 후 스위치를 놓아 아크를 끊고 약 3 ~ 5초 정도 멈춘 후 토치를 들어 올려 종료한다.

그림 2-14 수직 상진 자세 운봉법

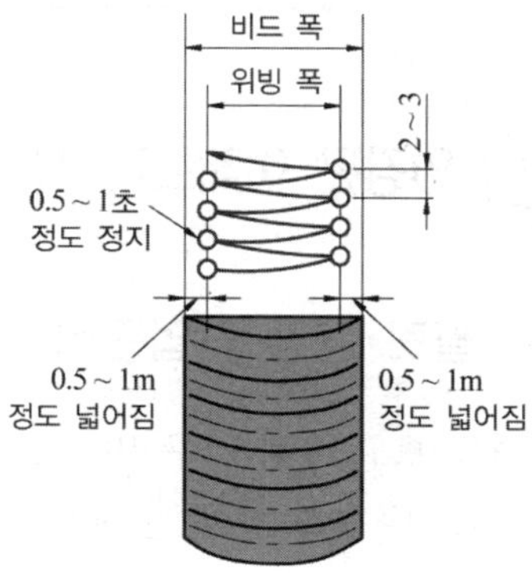

바. 수직 하진자세 비드놓기 CO_2 용접

모재 앞에 편하게 앉아 반우향우하여 용접 토치를 금긋기한 상단 시작점에 맞추고 헬멧을 쓴 후 토치 스위치를 눌러 아크를 발생한 후 아크를 안정시킨다.

아크가 안정되면 스위치를 놓아 용접전류로 와이어 돌출 길이를 10 ~ 15mm가 되며, 작업각 90°, 진행각을 65 ~ 75°로 유지하며, 위빙 폭을 상진자세보다 약간 좁게 하며 용융 금속이 아크보다 앞서지 않을 정도로 약간 빠르게 하진한다.

하단 2 ~ 3mm 부분에서 토치 스위치를 눌러 크레이터 전류로 크레이터를 채운 후 스위치를 놓아 아크를 끊고 약 3 ~ 5초 정도 멈춘 후 토치를 들어 올려 종료한다.

사. 용접부 검사 및 반복 실습

용접이 완료되면 와이어 브러시로 용접부를 깨끗이 청소한 후 직선 상태, 비드 폭, 파형과 피치 등의 균일도, 기공, 언더컷, 오버랩, 비드 처짐 등을 검사한 후 이러한 결함이 발생하지 않도록 하며 반복 실습한다.

제3절 | T형 필릿 CO_2 용접(솔리드 와이어 사용)

1 연강판 아래보기 자세 T형 필릿 CO_2 용접

가. 필릿 용접 작업준비

도면을 보고 용접 공구 및 보호구를 준비한다.

용접할 연강판 모재 2개(40×150×t9.0, 70×150)×t9.0)를 준비하여 표면을 깨끗이 닦고 측면을 평탄하게 가공한 후 하나의 폭 70 모재의 수직판(폭 40)이 세워질 위치에 금긋기한다. [그림 3-1 참조]

그림 3-1 필릿 용접 겹침부 안내선

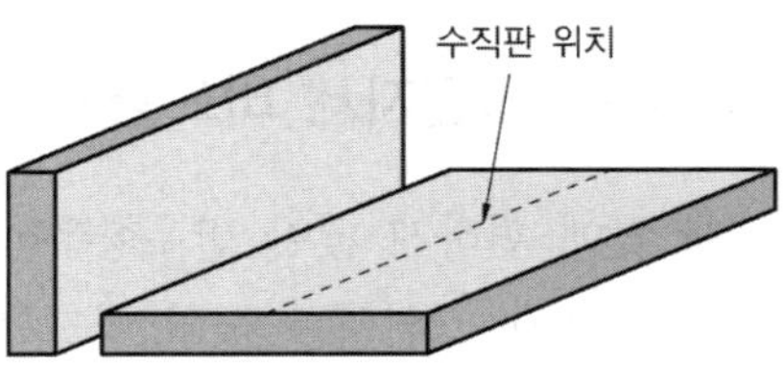

나. 용접기 조작 및 유량 조절

용접기 조작은 아래보기 자세와 같은 방법으로 조작한다. 유량은 12 ~ 15 ℓ/min로 조절한다.

다. 가접 및 역변형주기

1) 가접하기

폭 70mm의 모재의 금긋기 선이 좌우가 되게 수평으로 놓고, 수평판 위의 겹침부 선에 폭 40mm의 판을 틈새가 없게 수직으로 밀착시키고 마그네틱 베이스(자석)로 고정한 후 용접선 양 끝부분을 용접 길이 10mm 이내로 가접한다. [그림 3-2 참조]

가접부는 원칙적으로 양 끝이나 중요 부분에는 가접을 해서는 안되나 연습 모재의 경우 연습 효율을 높이기 위해 양 끝에 가접을 한다.

2) 역변형 주기

가접부 반대쪽으로 1 ~ 2° 정도 역변형을 준다. 가접부 반대쪽으로 역변형을 줄 경우 [그림 3-3 (a)]와 같이 가접부 쪽으로 많이 기울어진 상태로 가접된 경우 가접부 반대쪽을 먼저 용접한다 해도 수직이 될 수 없으며, 또한 용접 전에 수직이 되도록 각도를 조절할 수 없다. [그림 3-3참조]

그림 3-2 필릿 용접 전 가접

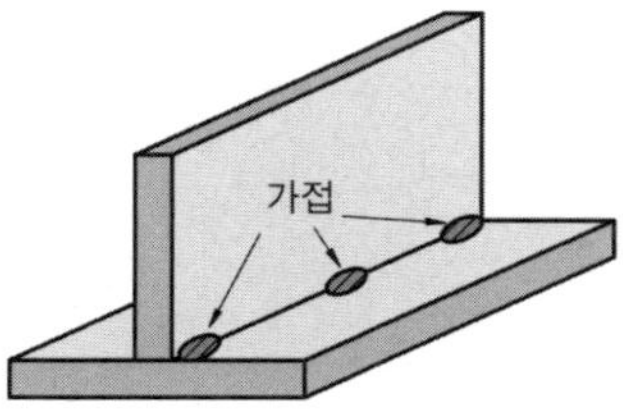

그림 3-3 역변형 방법

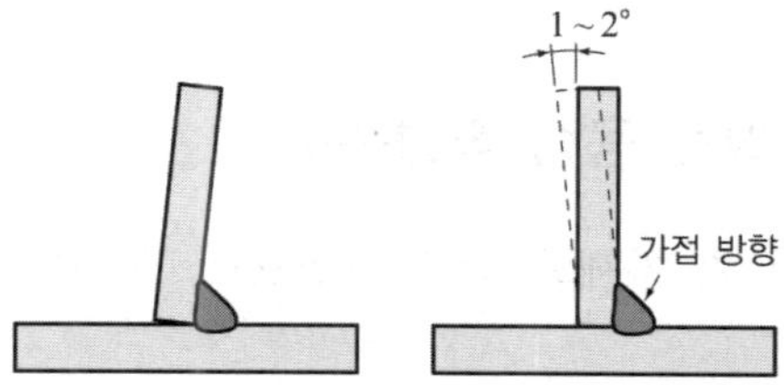

(a) 가접 불량 (b) 가접 후 역변형

라. 아래보기 자세 T형 필릿 CO_2 용접

가접한 쪽 용접선이 좌우가 되며 아래보기 자세가 되도록 작업대 위에 고정한 후 높이를 맞춘다.

용접 토치의 작업각 45°, 진행 반대각을 75 ~ 85°로 유지하며 자세를 취하고[그림 3-4 참조], 용접 토치를 좌측 끝부분에 대고(후진법인 경우) 헬멧을 쓴 후 스위치를 눌러 아크를 발생한다.

와이어 돌출 길이를 15 ~ 20mm로 유지하며 언더컷, 오버랩 등의 결함이 없고 목 길이가 일정한 비드가 형성되도록 위빙하며, 용융지를 잘 관찰하면서 우진한다.

비드 끝부분(크레이터 부분)에서 토치 스위치를 눌러 크레이터 전류로 크레이터 처리를 한다.

마. 용접부 검사 및 반복 실습

용접부를 깨끗이 청소한 후 용접부의 결함 여부를 점검하고[그림 3-5 참조], 숙련이 될 때까지 반복 실습한다. 반대편을 위와 같은 방법으로 필릿용접한다.

그림 3-4 아래보기 필릿용접 토치각

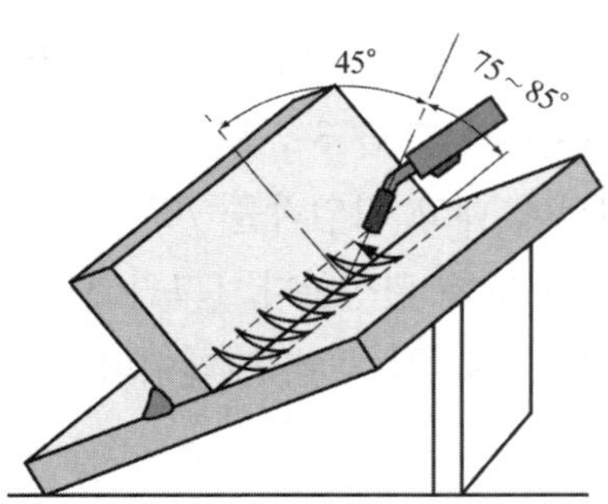

그림 3-5 필릿 용접부 검사

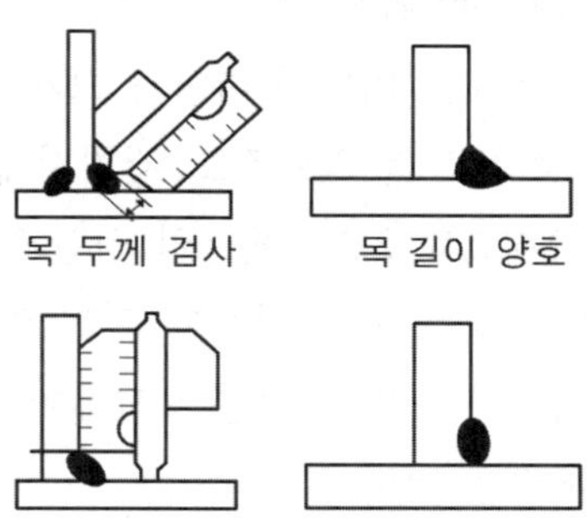

2 연강판 수평 자세 T형 필릿 CO_2 용접

가. 필릿 용접 작업준비

아래보기 자세와 같은 방법으로 준비한다.

나. 용접기 조작 및 유량 조절

아래보기 자세와 같은 방법으로 유량을 조절한다. 유량이 5ℓ/min 이하가 되거나, 25ℓ/min 이상이 되면 용접부에 기공이 생길 우려가 있으므로 적정 유량을 조절해야 된다.

다. 가접 및 역변형주기

아래보기 자세와 같은 방법으로 가접 및 역변형을 준다. [그림 3-6 참조]

그림 3-6 T형 필릿용접 가접법

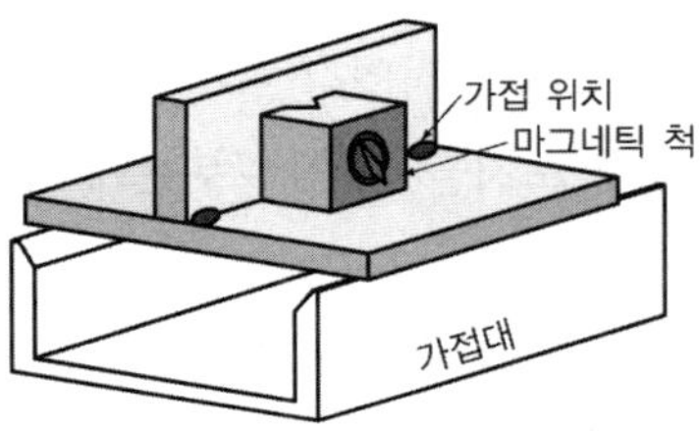

라. 수평 자세 T형 필릿 CO_2 용접

T형으로 가접된 수평판을 작업대에 수평이 되며 가접한 쪽 용접선이 좌우가 되게 수평 자세가 되도록 작업대 위에 놓는다.

용접 토치의 작업각 45°, 진행각을 75~85°로 유지하고 자세를 취하고 용접 토치를 좌측 끝부분에 대고(후진법인 경우) 헬멧을 쓴 후 스위치를 눌러 아크를 발생한다.

와이어 돌출 길이를 15~20mm로 유지하며 작은 위빙을 하여 각장(목 길이)을 맞추면서 우진하여 비드놓기를 완성한다. [그림 3-7 (a) 참조]

만약 2층으로 완성할 경우는 1패스(1층)는 루트면 경계선을 따라 좁은 비드를 놓은 후 2층은 2패스로 완성한다.

1패스는 1층 비드의 하단과 모재의 경계선에 대고 작업각을 수직선에 대하여 30°로 유지하여 1층 비드를 2/3 정도 겹쳐지게 좁은 비드를 놓는다. [그림 3-7 (c) 참조]

2층 2패스는 2층 1패스의 상단과 1층 비드 경계선에 대고 작업각을 70° 정도 유지하여 좁은 비드를 놓아 등각장이 되며 약간 볼록 비드가 되도록 완성한다. [그림 3-7 (d) 참조]

각 비드마다 비드 끝부분(크레이터 부분)에서 토치 스위치를 눌러 크레이터 전류로 크레이터 처리를 한다.

그림 3-7 수평 T형 필릿 용접법

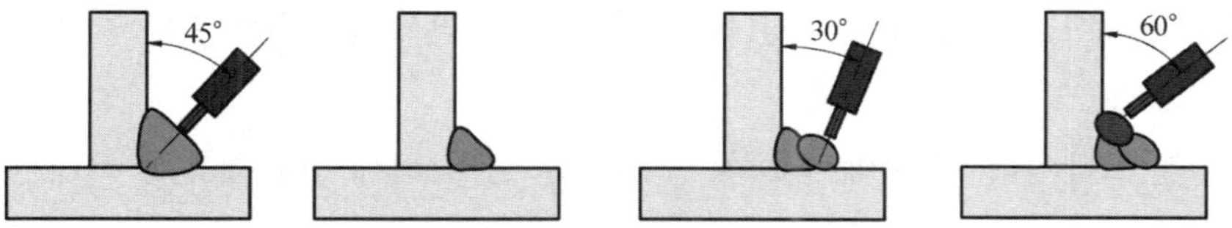

(a) 1층으로 완성 (b) 1층 직선비드 (c) 2-1층 직선비드 (d) 2-2층 직선비드

마. 용접부 검사 및 반복 실습

용접부를 깨끗이 청소한 후 용접부의 결함 여부를 점검하고, 숙련이 될 때까지 반복 실습한다. 반대편을 위와 같은 방법으로 필릿용접한다. [그림 3-8, 3-9 참조]

그림 3-8 수평 필릿 토치의 운봉법(후진법)

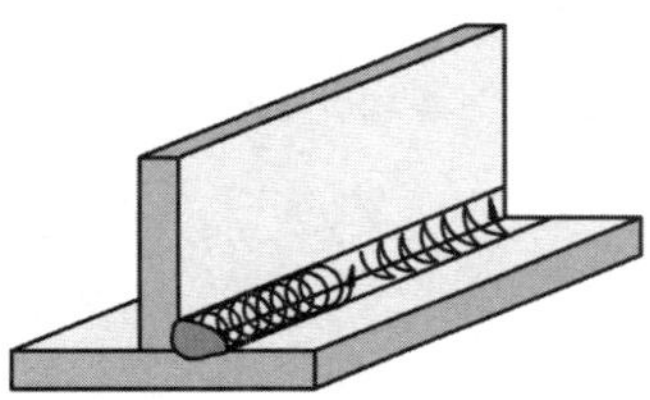

그림 3-9 수평 필릿 용접부 형상

3 연강판 수직 자세 T형 필릿 CO_2 용접

가. 필릿 용접 작업준비, 용접기 조작 및 유량 조절, 가접 및 역변형주기

아래보기 자세와 같은 방법으로 준비한다.

그림 3-10 수직 자세 토치각

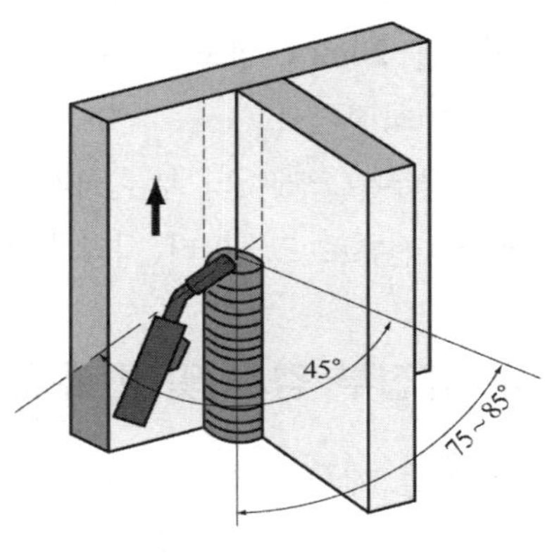

나. 수직 상진자세 T형 필릿 CO_2 용접

가접된 모재가 수직이 되며 용접선이 수직이 되게 지그에 고정하고 상단이 가슴 높이 정도 되게 작업하기 편한 높이로 맞춘다.

용접 토치의 와이어 끝을 루트면의 하단 끝에 옮긴 후 헬멧을 쓰고 스위치를 눌러 아크를 발생한다.

작업각 45°, 진행각을 75~85°가 되고[그림

3-10 참조], 와이어 돌출 길이를 15 ~ 20mm로 유지하며 부채꼴 또는 백스텝법, 밤형, 삼각형법 등의 위빙법으로 위빙하여 각장(목 길이)을 맞추면서 상진하여 비드놓기를 완성한다. [그림 3-11 12 참조]

비드 끝부분(크레이터 부분)에서 토치 스위치를 눌러 크레이터 전류로 크레이터 처리를 한다.

그림 3-11 수직상진 필릿 위빙법

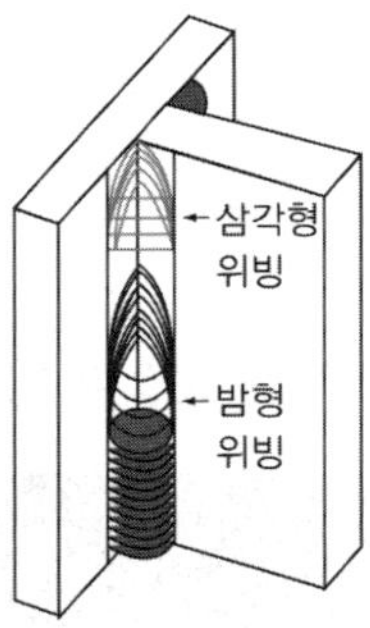

그림 3-12 목 길이에 따른 위빙법의 예

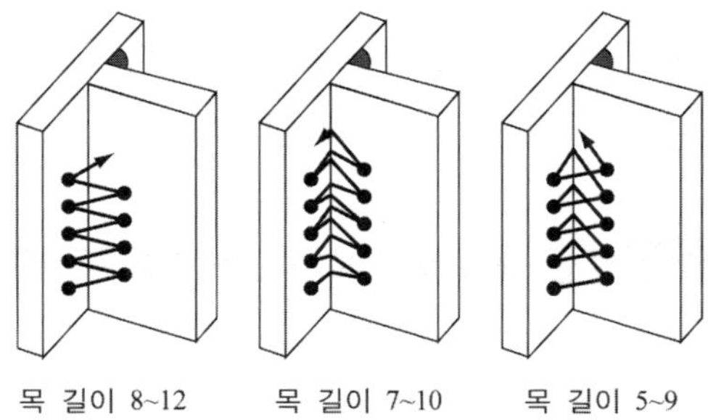

다. 수직 하진자세 T형 필릿 CO_2 용접

모재를 수직 상진자세와 같이 단단히 고정한다. 용접 토치의 와이어 끝을 루트면의 상단 끝에 옮긴 후 헬멧을 쓰고 스위치를 눌러 아크를 발생하여 작업각 45°, 진행각을 65 ~ 75°로 경사각을 크게 하며, 와이어 돌출 길이를 15 ~ 20mm로 유지한 후 스위치를 놓아 용접 전류로 하진한다. [그림 3-13 참조]

위빙 폭을 상진보다 약간 좁게 용융 금속이 와이어 끝보다 쳐지지 않을 정도에서 약간 빠르게 하진하여야 되며, 만약 용융 금속이 와이어 끝보다 앞선 경우는 바로 아크를 중단하고 끝부분을 청소를 한 후 이전 비드를 20mm 정도 겹쳐서 위와 같은 방법으로 위빙하며 하진한다.

비드 끝부분(크레이터 부분)에서 토치 스위치를 눌러 크레이터 전류로 크레이터 처리를 한다.

그림 3-13 수직하진 필릿 토치각

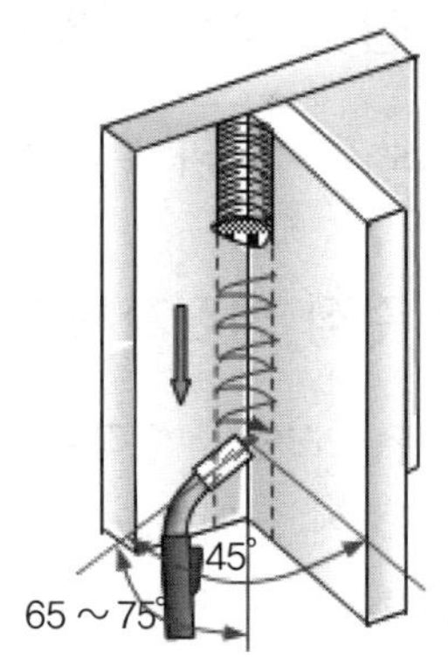

바. 용접부 검사 및 반복 실습

용접부를 깨끗이 청소한 후 용접부의 결함 여부를 점검하고, 숙련이 될 때까지 반복 실습한다. 반대편을 위와 같은 방법으로 필릿용접한다.

제4절 | 모서리 CO_2 용접(솔리드 와이어 사용)

1 연강판 아래보기 자세 모서리 CO_2 용접

가. 모서리 용접 작업준비

도면을 보고 필요한 공구와 보호구를 준비하고, 필요한 재료를 준비한다. 모재를 모서리 용접할 수 있도록 줄 가공하고, 표면의 녹, 스케일, 페인트 등을 샌드페이퍼나 와이어 브러시로 깨끗이 제거한다. 와이어(YGW12-ϕ1.2)를 준비한다.

나. 용접기 조작 및 유량 조절

1) 용접기 조작

용접기의 결선, 절연 상태 등을 점검하고, 메인 전원과 용접기의 전원을 접속한다. 용접기 패널의 와이어 지름 전환 스위치 'ϕ0.9 /1.2'를 'ϕ1.2'에 놓고, '일원/개별' 전환 스위치를 '개별'에 놓는다. 크레이터 유무를 '유'에 놓는다.

2) 가스 유량 조절

용접기 패널의 '점검/용접' 전환 스위치를 '점검'으로 맞추고, CO_2 가스 용기의 밸브를 열고 유량-압력조정기의 유량 조절 밸브를 열어 유량을 15 ~ 20[ℓ/min]으로 맞춘다.

'점검/용접' 전환 스위치를 '용접'(다른 용접기의 경우 '⏍(1회)'에 맞춘다.

다. 용접 및 크레이터 전류와 전압 조절

아래보기 자세의 모서리 용접 전류를 140 ~ 180[A]로, 전압을 21 ~ 23V로 조절한다. 전류, 전압은 판두께에 따라 적합한 용입 깊이가 되도록 전류와 전압으로 조절한다.

크레이터 전류는 120 ~ 150[A] 낮게, 전압을 용접 전압보다 1 ~ 2[V] 낮게 맞춘다.

라. 가접 및 역변형 주기

모서리 용접할 모재 2개를 가접대 위에 모서리 용접부가 되도록 맞추고 용접선 양 끝부분을 비드 길이 20mm 이내로 가접한다. [그림 4-1 참조]

용접부 반대쪽으로 1 ~ 2° 역변형을 준다. [그림 4-2 참조]

그림 4-1 모서리 용접 가접 방법

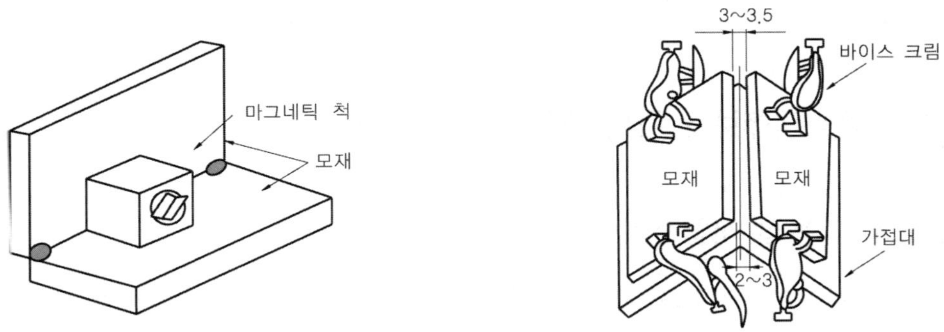

마. 아래보기 자세 모서리 CO_2 용접

1) 모서리 1층 용접

가접한 용접선이 위로 향하게 아래보기 자세가 되도록 작업대 위에 고정한다. 용접 토치의 작업각 45°, 진행 반대각을 75 ~ 85°로 유지하고 자세를 취한다. [그림 4-3 참조]

용접 토치를 우측(또는 좌측) 끝부분에 대고(전진법인 경우) 스위치를 눌러 아크를 발생한 후 와이어 돌출 길이를 10 ~ 15mm로 유지하며 전진 위빙법으로 진행한다. 비드 높이는 모서리 끝 선에서 1 ~ 1.5mm 낮게 쌓이게 한다.

비드 끝부분(크레이터 부분)에서 토치 스위치를 당겨 크레이터 전류로 크레이터 처리를 한 후 작업을 끝내고 용접부를 깨끗이 청소한다.

그림 4-2 모서리 용접 역변형

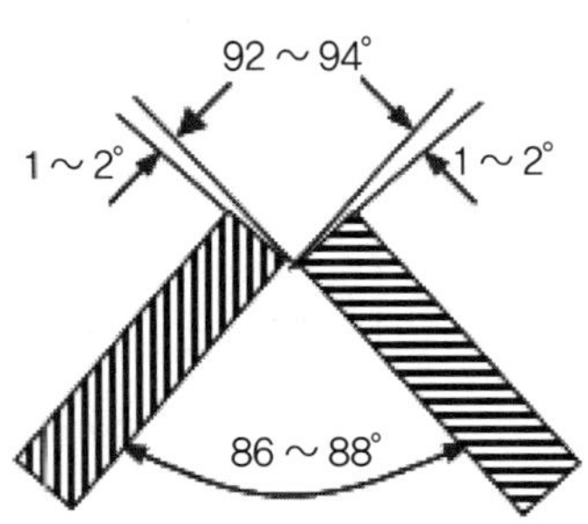

그림 4-3 아래보기 모서리 토치각

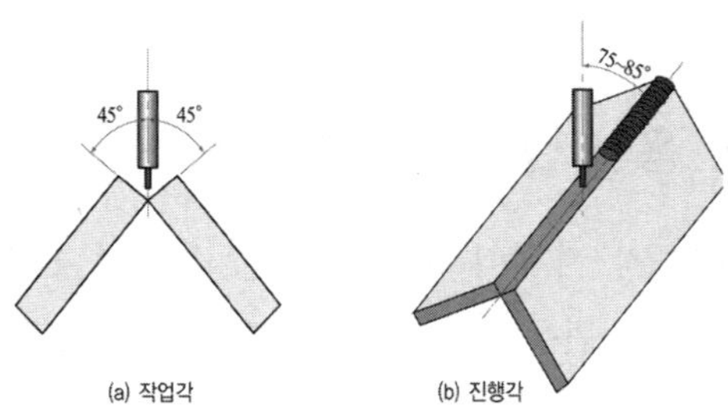

2) 모서리 2층(표면) 용접

판두께에 따라 덧붙이 증가가 필요하면 2층 용접을 한다. 이 때는 1층 비드 때보다 전류를 10 ~ 30[A] 정도 높게 조절하여 1층 비드의 양 끝부분까지 충분히 운봉하여 언더컷이 발생하지 않도록 한다. 판두께가 두꺼울 경우 3층으로 완성할 수 있다. [그림 4-4 참조]

바. 용접부 검사 및 반복 실습

모서리 용접부의 상태를 검사하고 비드의 파형이나 용입 상태, 언더컷이나 오버랩의 유무 등 각종 불량 원인을 검사하고 잘못된 점을 시정하려고 노력하며 반복 작업을 한다. [그림 4-5 참조]

그림 4-4 2～3층 모서리 용접

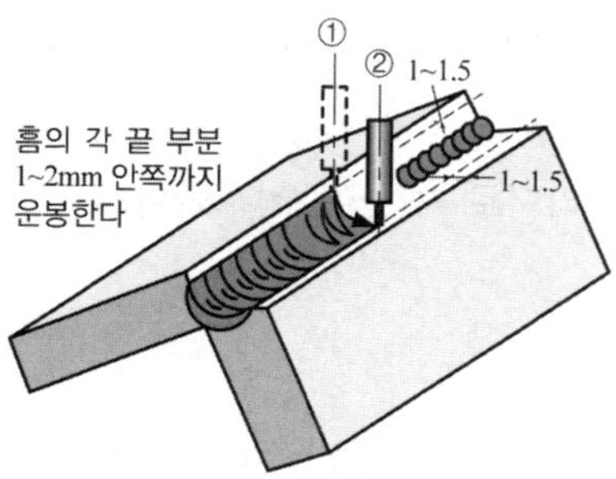

그림 4-5 모서리 용접부 상태의 양부

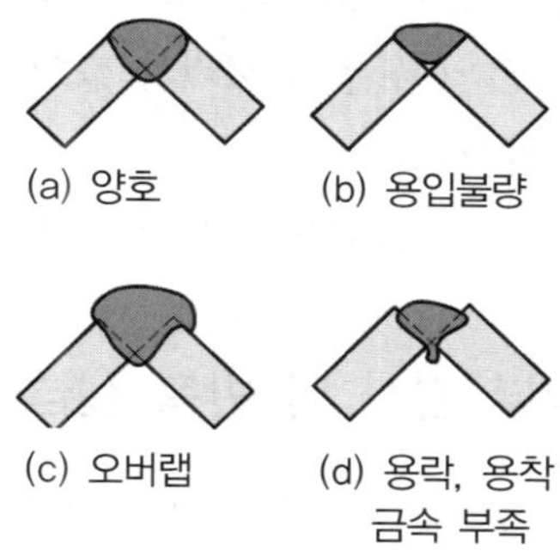

2 연강판 수평 자세 모서리 CO_2 용접

가. 모서리 용접 작업준비

아래보기 자세 모서리 용접과 같은 방법으로 준비한다.

나. 용접기 조작 및 유량 조절

아래보기 자세 모서리 용접과 같은 방법으로 용접기 조작과 유량을 조절한다.

다. 용접 및 크레이터 전류와 전압 조절

용접 및 크레이터 전류와 전압을 아래보기와 같은 조건으로 맞춘다.

라. 가접 및 역변형 주기

모서리 용접 전 가접이나 역변형 주는 방법도 아래보기 자세와 같이 하면 된다.

마. 수평 자세 모서리 CO_2 용접

가접한 모재의 용접선이 수평 자세가 되게 작업대 지그에 고정하고 작업하기 편한 높이

(보통 가슴 높이)로 맞춘 후 작업대 앞에 앉아 토치를 잡고 용접 자세를 취한다.

모재의 우측(또는 좌측) 끝에 와이어를 가볍게 접촉시키고 스위치를 눌러 아크를 발생하여 아크를 안정시키면서 용접 토치의 진행(진행 반대) 방향각을 75~85°, 작업각은 수직 모재에 대하여 약 45°로 유지한다. [그림 4-6 참조]

아크가 안정되면 스위치를 놓아 용접전류로 루트부를 용융시켜 이면 비드를 형성하면서 모서리 부분이 살짝 용융될 정도로 표면 비드를 채운다.

이 때 수평판의 상부 모서리가 많이 녹지 않게 한다. 만약 모재 두께가 두꺼울 경우 2층 이상으로 완성한다.

용접이 끝나면 슬래그를 깨끗이 제거하고 와이어 브러시로 깨끗이 청소한다.

바. 용접부 검사 및 반복 실습

모서리 용접부의 상태를 검사하고 잘못된 점을 시정하려고 노력하며 반복 작업을 한다.

그림 4-6 수평 모서리 용접 작업각과 진행각

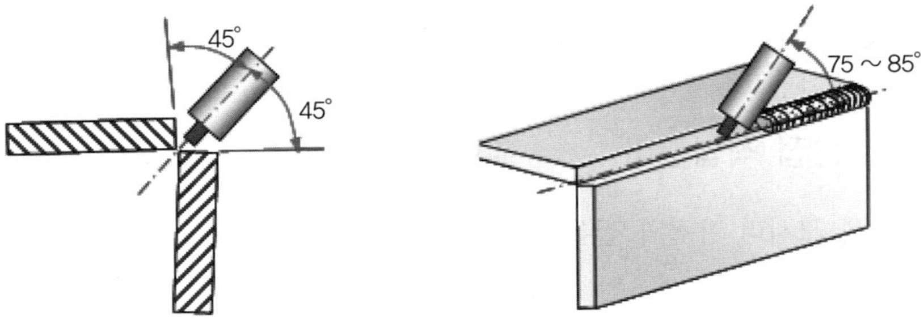

(a) 작업각　　(b) 토치의 진행각

3 연강판 수직 자세 모서리 CO_2 용접

가. 모서리 용접 작업준비

아래보기 자세 모서리 용접과 같은 방법으로 준비한다.

나. 용접기 조작 및 유량 조절

아래보기 자세 모서리 용접과 같은 방법으로 용접기 조작과 유량을 조절한다.

PART 2 용접실습

다. 용접 및 크레이터 전류와 전압 조절, 가접 및 역변형 주기

용접 및 크레이터 전류와 전압을 아래보기와 같은 조건으로 맞춘다.

라. 수직 자세 모서리 CO_2 용접

1) 수직 상진자세 모서리 용접

가접된 모재가 수직이며, 용접선이 수직이 되게 작업대의 지그에 고정하고 가슴 높이로 맞춘다. 수직 상진 자세에 맞게 전류·전압을 조절한다.

작업대 앞에 앉아 토치를 잡고 모재의 용접선 하단 끝에 와이어 끝을 가볍게 접촉시키고 토치 스위치를 눌러 아크를 발생한 후 아크를 안정시키면서 용접 토치의 진행 반대 방향각을 75~85°로, 작업각은 양 모재의 ∨자에 대하여 45°로 유지하며 위빙하며 상진한다. [그림 4-7 참조]

루트부를 용융시켜 이면 비드를 형성하면서 모서리 부분이 살짝 용융될 정도로 표면 비드를 채운다. 모재 두께에 따라 2층 이상으로 완성한다.

용접이 끝나면 슬래그를 깨끗이 제거하고 와이어 브러시로 깨끗이 청소한다.

그림 4-7 수직 상진자세 모서리 토치각

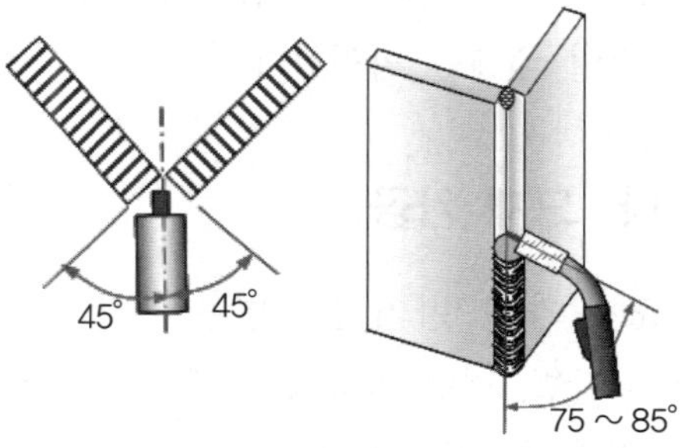

(a) 작업각 (b) 토치의 진행각

그림 4-8 수직 하진 토치각

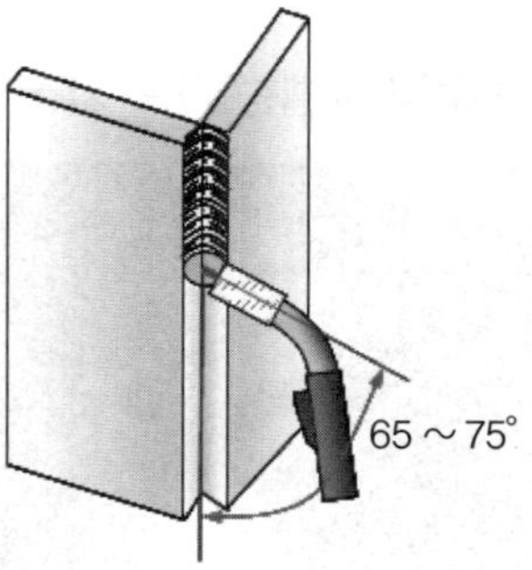

2) 수직 하진자세 모서리 용접

토치를 잡고 모재의 용접선 상단 끝에 와이어 끝을 가볍게 접촉시키고 스위치를 눌러 아크를 발생시켜 아크를 안정시키면서 용접 토치의 진행각을 65~75°로, 작업각은 양 모재의 ∨자에 대하여 45°로 유지한다. [그림 4-8 참조]

용융지가 와이어 끝보다 더 빨리 내려오지 않을 정도의 속도로 용접부를 채우며 하진하며, 용접이 끝나면 슬래그를 깨끗이 제거하고 와이어 브러시로 깨끗이 청소한다.

모재 두께에 따라 2층 이상으로 완성한다.

제5절 | V형 맞대기 CO_2 용접(솔리드 와이어 사용)

1 아래보기 자세 V형 맞대기 CO_2 용접

가. 용접 준비

용접 작업에 임하기 전에 필요한 공구를 준비한다. 준비 사항은 피복 아크용접과 같이 하면 된다.

보호구를 착용하고 용접기의 이상 유무, 작동 상태를 점검한다. 그리고 도면을 보고 모재와 작업 내용을 확인한다.

나. 모재 가공

모재 가공 및 가접 역변형 주기도 피복 아크용접과 같이 하면 된다. 개선 가공법에는 가스 절단법, 밀링 가공법, 베벨머신 사용 등 여러 가지가 있으나 가스 절단법이 많이 이용되고 있다. [그림 5-1 참조]

가스 절단된 모재는 용접부 주위의 흑피를 깨끗이 브러싱하고 루트면을 약 1.5mm 되게, 2개의 모재의 루트면 두께가 동일하게 가공한다. [그림 5-2 참조]

그림 5-1 베벨형 자동 가스 절단

그림 5-2 모재의 루트면 가공

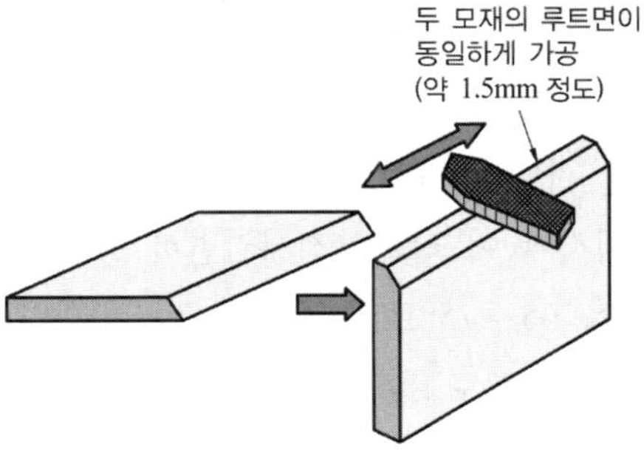

다. 모재 가접 및 역변형 주기

1) 용접기 조작

용접기의 전원 스위치를 넣고, 와이어 지름 전환 스위치 '0.9/1.2'를 와이어 지름에 맞추고, 크레이터 '유/무' 스위치를 '무 또는 유'에 놓는다.

‘용접/점검(가스 체크)’ 스위치를 점검에 놓고 가스 유량을 15(12 ~ 18) ℓ/min으로 맞춘 후 전류, 전압을 조절한다. [표 5-1 참조]

표 5-1 아래보기 자세 V형 맞대기용접 조건(t6.0)

층 수	용접 전류	아크 전압(V)	와이어 돌출 길이	가스 유량
1층(백) 비드	120 ~ 150A	20 ~ 22V	12 ~ 17mm	12 ~ 18ℓ/min
2층(표면) 비드	140 ~ 170A	21 ~ 23V	10 ~ 15mm	12 ~ 18ℓ/min

2) 가점 및 역변형 주기

① 가 접

가접대 위에 모재의 개선면이 아래로(도면의 제시에 따라 개선면이 위로 향하게 놓고 가접할 수도 있음) 향하게 수평으로 놓고 한쪽은 2.0 ~ 2.5mm, 한쪽은 2.5 ~ 3.0mm 정도로 맞추고 두 모재가 엇갈림이 없이 수평이 되게 놓는다.(루트 간격은 작업자마다 다를 수 있음)

그림 5-3 V형 맞대기용접 전 가접

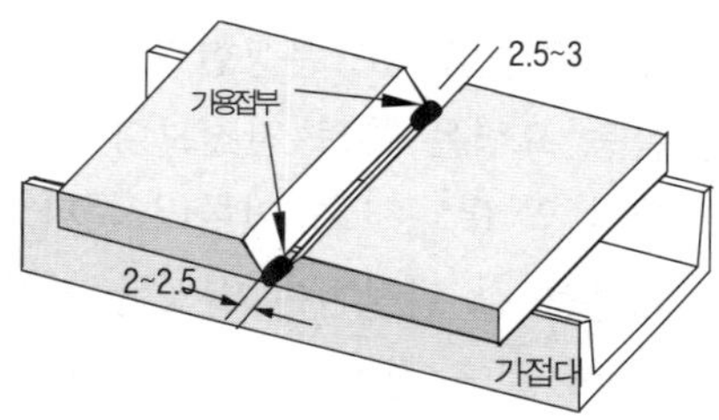

토치를 잡고 토치의 와이어 끝을 한쪽 모서리에 겨누고 아크를 발생하여 빠른 속도로 양쪽 모서리를 왕복하면서 가접을 튼튼히 한다. [그림 5-3 참조]

이 때 가접 부위가 개선 홈 쪽으로 돌출되지 않고 평탄한 모양이 되어야 한다. 가접이 끝나면 가접부의 슬래그나 스패터, 이물질 등을 깨끗이 제거한다.

② 역변형 주기

가접된 모재를 용접 방향 반대편으로 약 2 ~ 3° 정도 굽힌다. 이 때 판두께와 용접 패스 수의 다소에 따라 얇은 판은 적게, 두꺼운 판은 크게 한다.

3) 모재 고정

모재의 개선 홈이 위로 향하며 용접선이 좌우가 되도록 작업대(또는 지그)에 고정한다. 이 때 가접 홈이 좁은 쪽이 왼쪽이 되며, 토치를 겨누어 편한 자세가 되어야 하며 모재가 작업자의 중심보다 약간 좌측에 있는 것이 좋다.

라. t6.0 연강판 V형 맞대기

1) 1층(이면, back) 비드놓기

1층(이면) 비드놓는 방법은 여러 가지가 있으나 위빙법이 가장 많이 쓰인다. [그림 5-4 참조]

용접 전류와 전압 등 용접 조건을 [표 5-1]과 같이 맞춘다.

용접 토치를 우측(또는 좌측) 끝부분에 대고 용접 토치의 작업각은 90°, 진행반대각 75 ~ 85°로 유지하고 자세를 취한 후 헬멧을 쓰고 스위치를 눌러 아크를 발생한다. [그림 5-5 참조]

와이어 돌출 길이를 10 ~ 15mm로 유지하며 전진법(또는 후진법)으로 운봉한다.

그림 5-4 이면 비드 운봉 요령

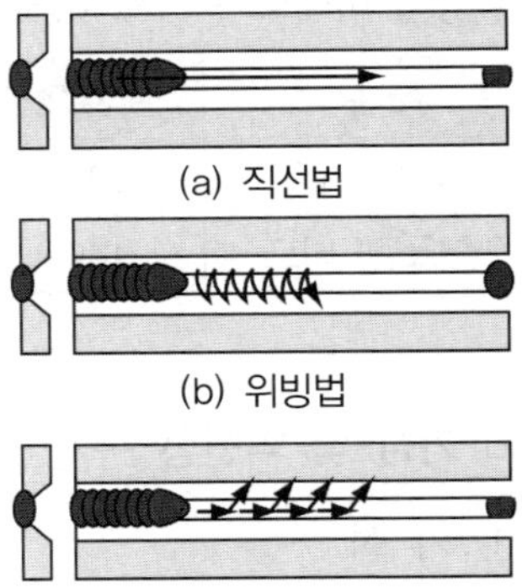

운봉 요령은 루트 간격보다 1 ~ 2mm 넓게 톱니형이나 부채꼴형으로 운봉하며, 운봉 양 끝에서 약 0.5 ~ 1초 머물러 준다.

키홀을 잘 관찰하여 일정한 크기의 키홀이 형성되도록 하며, 와이어 끝이 이전 비드를 1 ~ 2mm 정도 겹치게 운봉한다.(와이어가 키홀에 빠질 우려가 있음) [그림 5-6 참조]

이면 비드의 높이(모재 두께 6mm의 경우)는 모재 표면보다 1.5 ~ 2.0mm 정도 되게 한다.

1층 비드를 깨끗이 청소한 후 결함의 유무, 비드 상태 등을 점검하고, 2층 비드놓기를 할 수 있도록 작업대 위에 설치한다.

그림 5-5 아래보기 맞대기 토치각

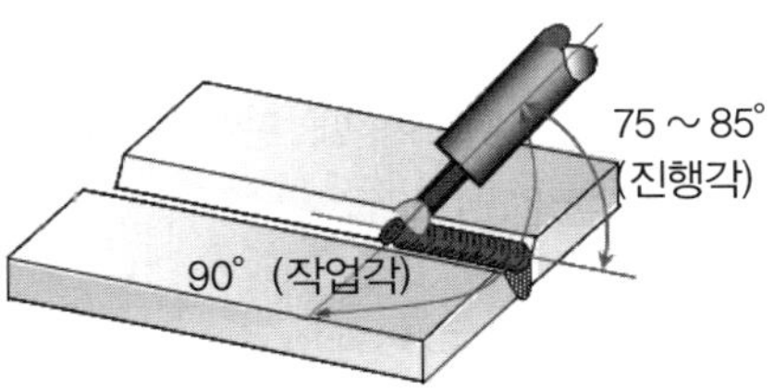

그림 5-6 이면 비드와 키홀의 유지

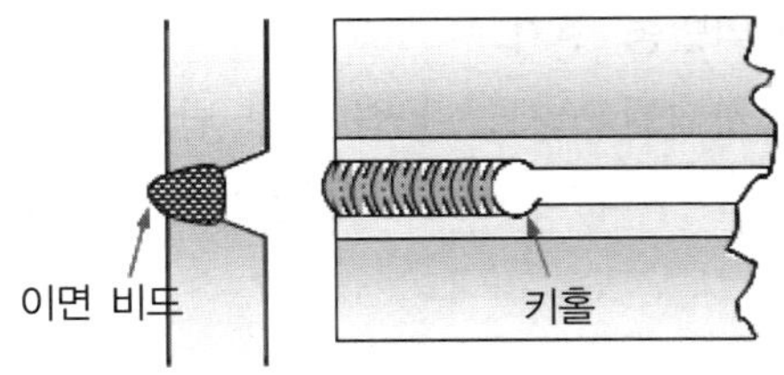

2) 2층(표면) 비드놓기

용접 전류와 전압, 토치의 각도를 1층 비드놓기와 동일하게 유지하며 모재의 양 모서리까지 운봉한다. 언더컷, 오버랩 등의 결함이 없고 균일한 비드가 형성되도록 용융지를 잘 관찰하면서 진행한다.

표면 비드의 높이는 강관 표면보다 1.5 ~ 2mm 정도가 되게 진행한다.(비드 높이는 모재 두께의 20% 이하로 한다.) 용접부 끝 가까이에서 토치 스위치를 눌러 크레이터 전류로 크레이터를 채워준다. [그림 5-7 참조]

마. t9.0 연강판 V형 맞대기

그림 5-7 크레이터 처리법

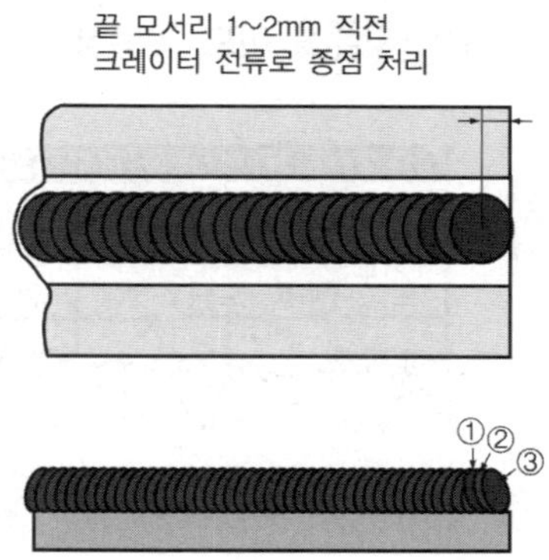

1) 1층(백, back) 비드놓기

t9.0 모재는 1회에 쌓는 비드 높이에 따라 달라진다. 비드를 두껍게 쌓을 경우는 2층으로 완성하며, 얇게 쌓을 경우는 3층으로 완성한다.

용접 전류와 전압 등 용접 조건을 표 5-1과 같이 맞춘 후 t6.0 모재의 용접시와 같은 방법으로 실시한다.

2층으로 할 경우는 비드놓기를 천천히 움직여서 모재 표면보다 1.5 ~ 2mm 정도 낮게 쌓는다.

비드놓기 속도가 빨라 비드 두께를 얕게 쌓을 경우는 1층의 높이는 모재 두께의 1/2 정도 되게 쌓는다. 여기서는 3층으로 완성하는 방법으로 설명을 한다.

1층 비드를 깨끗이 청소한 후 결함의 유무, 비드 상태 등을 점검하고, 2층 비드놓기를 할 수 있도록 작업대 위에 설치한다.

2) 2층 비드놓기

1층 비드놓기보다 전류를 10 ~ 20A, 전압을 1 ~ 2V 정도 높게 조절한 후 토치의 각도를 1층 비드놓기와 동일하게 유지하며 모재 표면보다 1 ~ 1.5mm 낮게 쌓는다.

2층 비드놓기시 모재의 모서리가 녹지 않도록 아크 길이를 짧게 하고 모서리 안쪽에서 와이어를 위빙하여야 된다.

2층 비드놓기가 끝나면 용접부를 깨끗이 청소한 후 비드놓기를 할 수 있도록 작업대 위에 놓는다.

3) 3층(표면) 비드놓기

용접 조건을 2층 비드놓기와 같이 하거나 약간 낮춘 후 모재의 양 모서리 사이를 언더컷, 오버랩 등의 결함이 없고 균일한 비드가 형성되도록 용융지를 잘 관찰하면서 진행한다.

표면 비드의 높이는 강관 표면보다 1.5 ~ 2mm 정도가 되게 진행한다.(비드 높이는 모재 두께의 20% 이하로 한다.)

용접부 끝 가까이에서 토치 스위치를 눌러 크레이터 전류로 크레이터를 채워준다.

바. 용접부 검사 및 반복 실습

용접이 끝나면 용접부를 깨끗이 청소한 후 용접부 외관을 검사하고 결함 유무를 검사한 후 잘못된 점을 시정하려고 노력하며 숙련이 될 때까지 반복 실습한다. [그림 5-8, 9 참조]

그림 5-8 비드 운봉상태의 양부

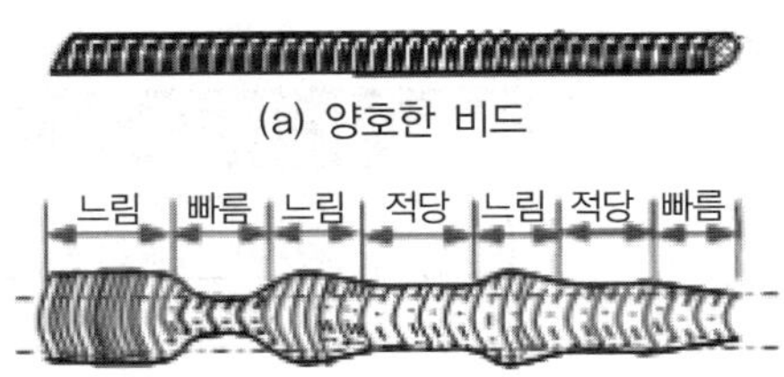

그림 5-9 용접부 결함의 종류

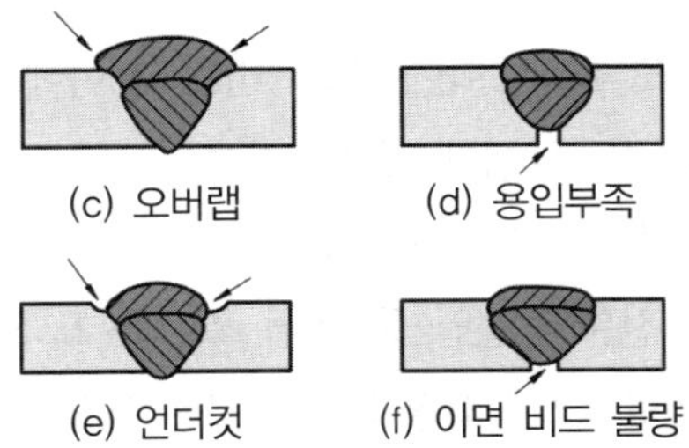

2 수평 자세 V형 맞대기 CO_2 용접

가. 용접 준비 및 모재 가공

아래보기 자세와 같은 방법으로 실시한다.

나. 모재 가접 및 역변형 주기

1) 용접기 조작

아래보기 자세와 같은 방법으로 조작한다.

2) 가점 및 역변형 주기

아래보기 자세와 같은 방법으로 실시한다.

3) 모재 고정

모재가 수직이 되며, 용접선이 수평이 되게 작업자의 가슴 높이로 단단하게 고정한다. [그림 5-10 참조]

이 때 가접 홈이 좁은 쪽이 왼쪽이 되며, 토치를 겨누어 편한 자세가 되어야 하며 모재가 작업자의 중심보다 약간 좌측에 있는 것이 좋다.

다. t6.0 연강판 V형 맞대기

그림 5-10 수평 맞대기 모재 고정

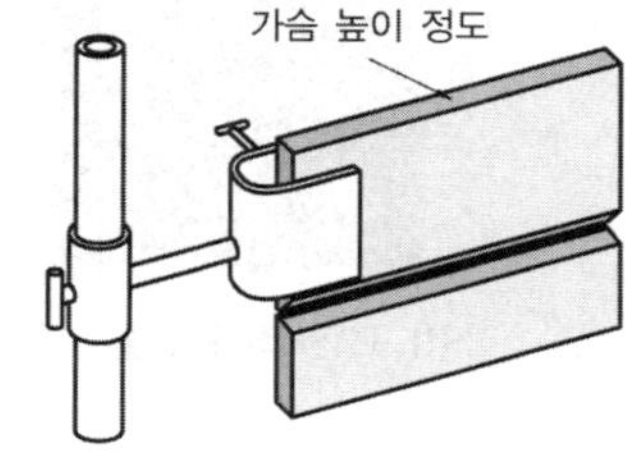

1) 1층(백, back) 비드놓기

용접 토치의 작업각을 80 ~ 85°, 진행각은 75 ~ 85°로 유지하고 좌측 가접부에 토치를 겨눈 후 헬멧을 쓰고 아크를 발생한다. [그림 5-11 참조]

와이어 돌출 길이를 약 15mm 정도 유지하며 상하 루트면 사이를 이전 비드의 용융지와 1 ~ 2mm 겹치면서 운봉한다.

키홀을 일정하게 유지하면서 모재 표면보다 1 ~ 1.5mm 낮게 쌓는다.

그림 5-11 1층 작업각과 진행각

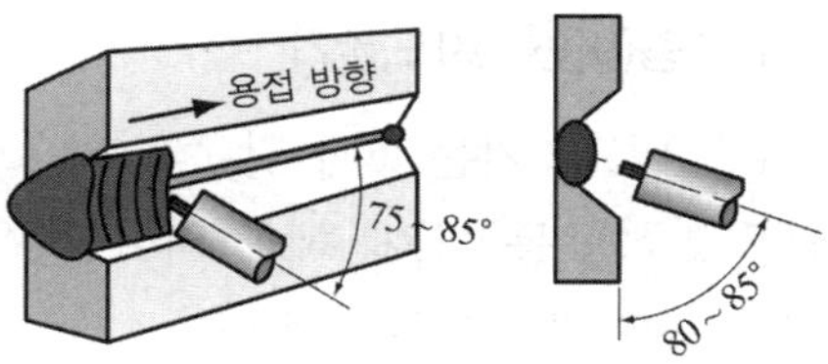

2) 2층(표면) 비드놓기

① 2층 1패스 비드놓기

1층 비드를 깨끗이 청소한 후 전류, 전압을 [표 5-1]과 같이 조절하여 하단 모재의 개선면과 1층 비드와의 경계선에 와이어를 대고 좁은 비드로 2층 1패스를 놓는다. 이때 비드의 높이는 약 2mm 정도 높게 놓으면 된다.

② 2층(표면) 2패스 비드놓기

1패스와 같은 조건으로 2층 1패스 비드 상부와 상부 모재의 모서리 사이에 토치를 겨누어 2층 2패스를 놓아 표면 비드를 완성한다. 표면 비드의 높이는 모재 표면보다 2mm 정도 높은 것이 적당하다. 용접이 끝나면 깨끗이 청소한다.

t6.0 V형 맞대기용접 순서의 예

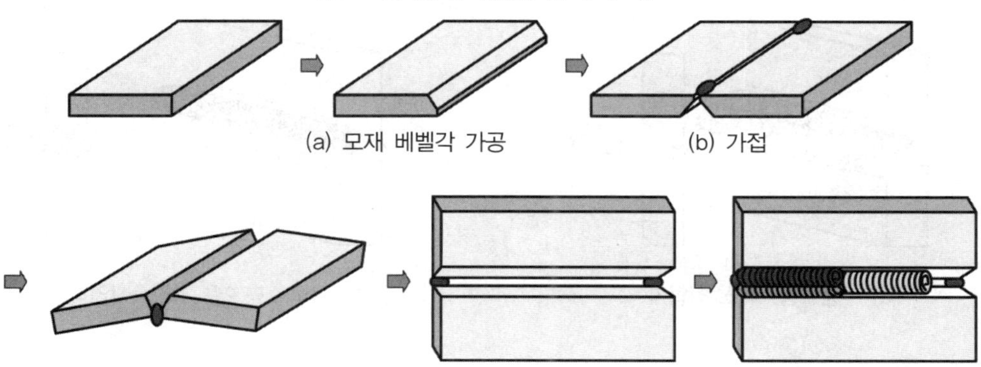

(f) 표면 비드 실물

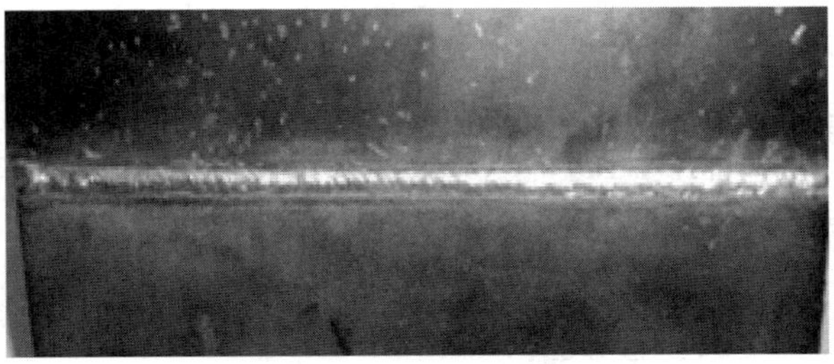

(g) 이면 비드 실물

라. t9.0 연강판 V형 맞대기

1) 1층(이면) 비드놓기

1층 비드놓기는 t6과 같은 방법으로 하면 된다.3) 3층(표면) 비드놓기용접 조건이나 운봉각은 2층과 동일하게 해도 되며, 좁은 비드로 3줄 겹치기 비드를 놓아 모재 표면보다 2mm 정도 높게 쌓이도록 놓는다.

이 때 언더컷이나 오버랩, 비드 처짐 현상이 없으며 비드 겹침이 일정하도록 놓는다. [그림 5-13 참조]

2) 2층 비드놓기

2층 비드는 t6 모재와 같은 방법으로 하되 비드 높이가 모재 표면보다 1 ~ 1.5mm 낮게 쌓이도록 하면 된다. [그림 5-12 참조]

만약 1층의 높이가 높게 쌓여서 3층으로 완성하면 표면의 높이가 너무 높아질 경우는 2층 3패스로 완성해도 된다.

그림 5-12 수평 자세 2층 비드 작업각

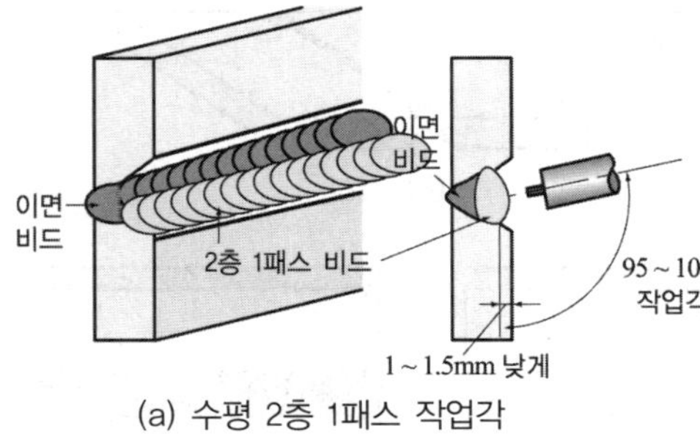

(a) 수평 2층 1패스 작업각

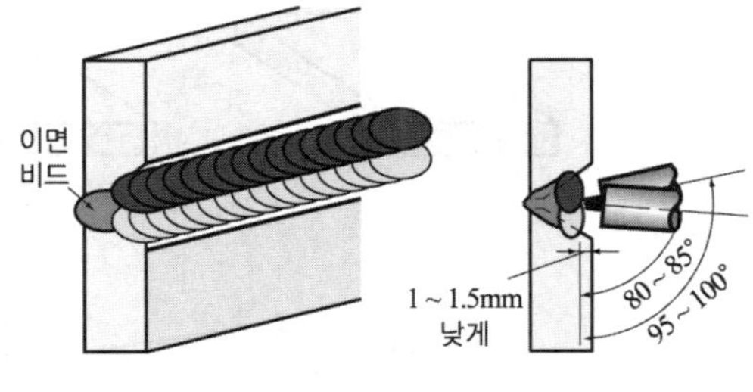

(b) 수평 2층 2패스 작업각

3) 3층(표면) 비드놓기

용접 조건이나 운봉각은 2층과 동일하게 해도 되며, 좁은 비드로 3줄 겹치기 비드를 놓아 모재 표면보다 2mm 정도 높게 쌓이도록 놓는다. 이 때 언더컷이나 오버랩, 비드 처짐 현상이 없으며 비드 겹침이 일정하도록 놓는다. [그림 5-13 참조]

그림 5-13 수평 3층 비드 완성

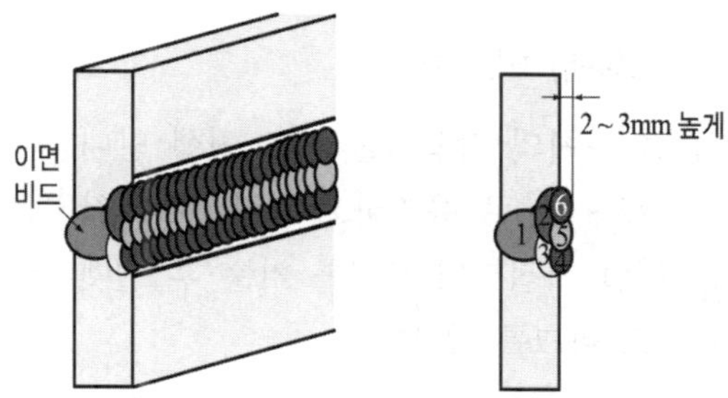

4) 검사 및 반복 실습

각 비드놓기 때마다 용접 작업이 끝나면 용접부의 스패터, 슬래그, 그을음 등을 깨끗이 청소하고 잘못된 점이 무엇인지 파악한 다음 잘못된 점을 고치려고 노력하며 반복 실습한다.

5) 정리 정돈

모든 작업이 끝나면 사용했던 용접기와 공구를 정리 정돈하고, 주위를 깨끗이 청소한다.

3 수직 자세 V형 맞대기 CO_2 용접

가. 용접 준비 및 모재 가공, 가접, 역변형

용접 준비나 모재 가공, 가접법, 역변형법, 용접기 조작은 수평 자세와 동일하게 하면 된다.

나. 용접 조건 설정

용접 조건은 [표 5-2]와 같이 설정한다.

표 5-2 수직 자세 V형 맞대기용접 조건

층 수	용접 전류	아크 전압(V)	와이어 돌출 길이	가스 유량
1층(백) 비드	110 ~ 140A	20 ~ 22V	12 ~ 17mm	12 ~ 18ℓ/min
2 ~ 3층 비드	130 ~ 160A	21 ~ 23V	10 ~ 15mm	12 ~ 18ℓ/min

다. 모재 고정

모재의 용접부가 작업자 앞이 되며 수직이 된 상태에서 용접선이 수직이 되게 작업자의 가슴 높이로 단단하게 고정한다. 이 때 가접 홈이 좁은 쪽이 아래쪽이 되며, 토치를 겨누어 편한 자세가 되어야 되며 모재가 작업자의 중심보다 약간 우측에 있는 것이 좋다.

라. t6.0 연강판 V형 맞대기 수직 상진 CO_2 용접

1) 1층(백) 비드놓기

용접 토치의 작업각을 90°, 진행 반대각은 75 ~ 85°로 유지하고[그림 5-14 참조], 하단 가접부에 토치를 겨눈 후 헬멧을 쓰고 아크를 발생한다.

그림 5-14 수직 1층 작업각과 진행각

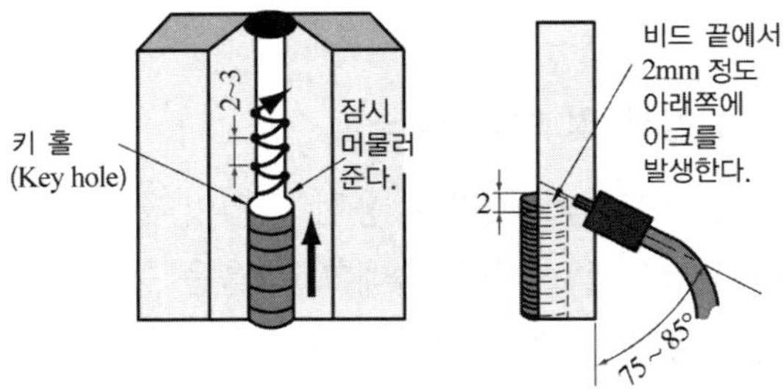

와이어 돌출 길이를 약 15mm 정도 유지하며 좌우 루트면 사이를 이전 비드의 용융지와 1 ~ 2mm 겹치면서 부채꼴형으로 운봉하여 루트 간격보다 1 ~ 2mm 넓게, 운봉 양 끝에서 약간씩(보통 0.5 ~ 1초) 머물러 주며 상진한다. 이 때 운봉 중 와이어 끝이 루트 간격 사이로 빠지지 않도록 주의한다.

비드의 높이를 모재 표면보다 1 ~ 1.5mm 정도 낮게 하며, 비드 양 끝에서 0.5 ~ 1초 정도 머물러준다.

2) 2층(표면) 비드놓기

[표 5-5]와 같이 용접 조건을 설정하여 작업각 90°, 진행 반대각 75 ~ 85°를 유지하며 좌우 판의 모서리에서 모서리까지 위빙하며, 모재 표면보다 약 2mm 정도 높게 쌓는다. 이 때 비드의 양끝에 언더컷이나 비드 처짐이 없도록 해야 된다.

슬래그와 스패터를 제거하고 깨끗이 청소한 후 비드의 외관, 결함 여부를 점검한 후 잘못된 점을 시정하려고 노력하며 반복 실습한다.

마. t9.0 연강판 V형 맞대기 수직 상진 CO_2 용접

1) 1층(백) 비드놓기

1층 이면 비드놓기는 t6.0과 같은 방법으로 놓으면 된다. 이 때 와이어 끝은 이전 비드의 용융지를 1 ~ 1.5mm 정도 겹쳐 운봉하여 와이어가 홈 사이로 빠지지 않도록 해야 된다.

비드 높이는 모재 두께의 1/2 정도 쌓이는 정도가 적당하나, 1층 비드 높이가 높아 3층으로 완성하기 어려울 경우는 1층 비드 높이가 모재 표면보다 1.5mm 정도 깊게 쌓이도록 운봉해야 된다.

2) 2층 비드놓기

[표 5-2]와 같이 용접 조건을 설정하여 작업각 90°, 진행각 75 ~ 85°를 유지하며 모재 표면보다 1 ~ 1.5mm 낮게 쌓이도록 운봉한다. [그림 5-15 참조]

이 때 위빙의 양끝은 약간 멈추는 듯하며 중심부는 빠르게 진행한다.

그림 5-15 수직 2층 비드놓기

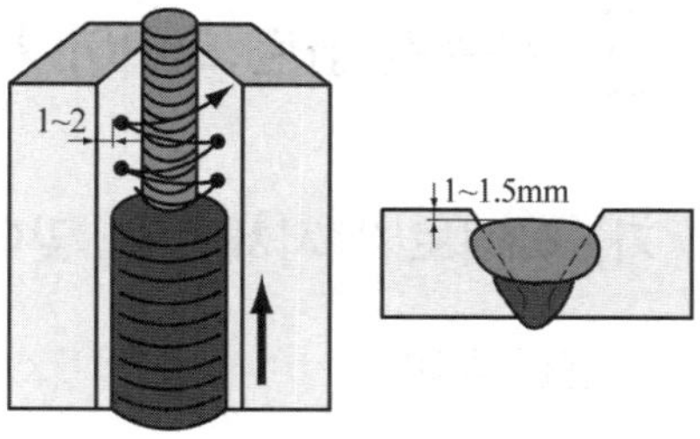

PART 2 용접실습

3) 3층(표면) 비드놓기

[표 5-2]와 같이 용접 조건을 설정하여 2층 비드놓기와 같은 방법으로 운봉하되, 좌우 모재의 개선면 모서리에서 모서리까지 운봉하여 용입불량이나 언더컷, 오버랩, 비드 처짐 등이 없도록 운봉한다. 표면 비드의 높이는 모재 표면보다 2mm 정도 높게 쌓이도록 하면 적당하다. [그림 5-16, 5-17 참조]

그림 5-16 수직 3층(표면) 비드놓기

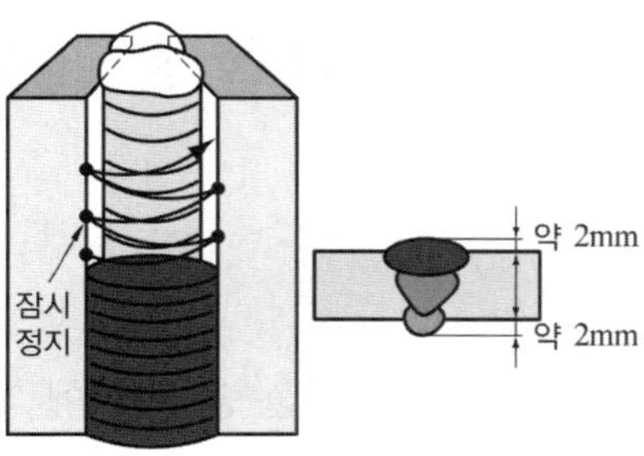

그림 5-17 수직 자세 V형 맞대기

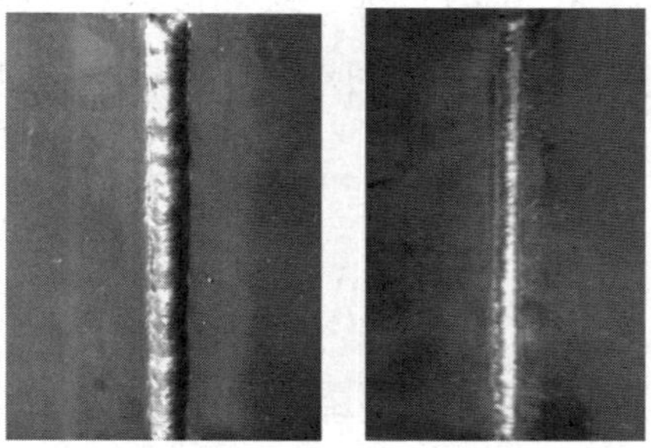

(a) 표면 비드 (b) 이면 비드

4) 검사 및 반복 실습

각 비드놓기 때마다 용접 작업이 끝나면 용접부의 스패터, 슬래그, 그을음 등을 깨끗이 청소하고 잘못된 점이 무엇인지 파악한 다음 잘못된 점을 고치려고 노력하며 반복 실습한다.

5) 정리 정돈

모든 작업이 끝나면 사용했던 용접기와 공구를 정리 정돈하고, 주위를 깨끗이 청소한다.

제 6절 | V형 맞대기 FCAW(CO_2) 용접(복합 와이어, 세라믹 뒷댐판 사용)

1 플럭스 코드 와이어 사용, V형 맞대기 용접

가. 아래보기 자세 V형 맞대기 용접(t9.0)

1) 용접 준비

도면에 제시된 연강판 모재 t9.0×125×150(도면에 따라 달라질 수 있음), 플럭스 코드 와이어, 세라믹 백킹재(자세에 맞는 형상) 길이 150 ~ 175 1개를 준비한다.

기타 준비 사항은 피복 아크용접(전기 용접)이나 CO_2 용접과 같이 한다.

2) 모재 가공

'제4절. 1 나.'와 같은 방법으로 모재의 한쪽을 개선각 30 ~ 35°가 되게 가공한 후 루트면을 0.5 ~ 1mm 정도 되게, 루트면 두께가 동일하고, 2개의 루트면을 맞대었을 때 틈이 없도록 가공한다.

3) 모재 가접

와이어는 도면에서 요구하는 와이어의 재질과, 와이어 지름이 맞는 것을 송급장치에 끼우고, '제4절. 1 다. 1)'과 같은 방법으로 용접기를 조작한다.

개선면이 위로(필요에 따라 아래로 향할 수도 있음) 향하게 놓고 루트 간격을 4 ~ 5mm로 맞춘 후 모재의 양끝을 약 10mm 이내의 비드가 되도록 가접한다. 이 때 가접된 뒷면의 세라믹 백킹재 부착 부분이 돌출되지 않도록 해야 되며, 돌출된 경우 평평하게 가공한다.

4) 세라믹 백킹재 부착

자세에 맞는 세라믹 백킹재를 용접 길이에 맞게 절단하여 접착 테이프를 펼쳐서 홈 부분이 아래로 가게 평판 위에 놓고 테이프가 바닥에 밀착되도록 손으로 다듬질한다.

세라딕 백킹재의 적색선이 좌우가 되게 위로 향하게 놓고 가접된 모재의 루트 간격의 중심에 적색선이 홈이 오도록 맞춘 후 접착 은박지 위의 종이를 살짝 뜯으면서 밀착시킨 후 다시 한 번 위치가 정확한가 확인한 후 단단하게 밀착시킨다. [그림 6-1 참조]

5) 모재 고정

세라믹 백킹재가 부착된 부분이 아래로 향하며 용접선이 좌우가 되게 작업대 위에 놓는다.

그림 6-1 세라믹 부착의 예

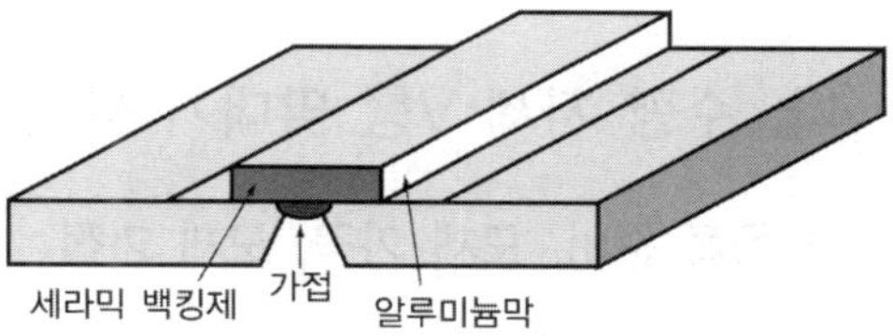

6) 1층(이면, back) 비드놓기

전류를 120 ~ 160A, 전압을 20 ~ 22V로 조절한 후 모재보다 약간 오른쪽에 앉아 자세를 편하게 한 후 토치를 잡고 용접선의 왼쪽 끝에서 오른쪽 끝까지 아크 발생 없이 천천히 움직여 보며 운봉에 지장이 없는지 여부를 가상 운봉하여본다.

와이어를 왼쪽 홈 끝에 위치한 후 헬멧을 쓰고 아크를 발생하여 아크를 안정시키며 작업각은 90°, 진행각은 60 ~ 80°가 되도록 하며, 두 모재의 루트 간격 사이를 위빙하며 진행한다. [그림 6-2 참조]

그림 6-2 아래보기 자세 V형 맞대기 FCAW 용접(세라믹 백킹재 부착)

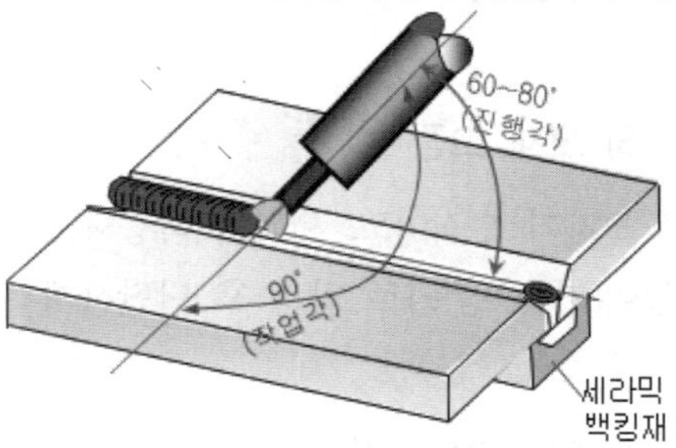

이 때 와이어 끝이 이전 비드를 최소 1mm 이상 겹쳐서 위빙하여야 되며, 와이어 끝이 홈으로 빠질 경우 바로 아크가 끊어지므로 주의해야 된다.

운봉시 비드 폭의 양끝에서 약간씩 멈춤을 하며, 운봉을 천천히 하여 세라믹 백킹재의 홈에 채우는 기분으로 운봉을 해야 된다.

3층으로 완성할 경우 1층 비드의 높이는 모재 두께의 약 1/2 정도 채워지게 쌓는다.

플럭스 코드 와이어를 사용하는 경우는 솔리드 와이어를 사용할 때보다 운봉 속도를 느리게 피복 아크용접보다는 빠르게 운봉하는 것과 슬래그 청소를 해야 된다는 점이 차이점이다.

이면 비드놓기를 완료하면 슬래그와 스패터를 깨끗이 청소한 후 결함 여부를 점검한다.

7) 2층 비드, 표면 비드놓기

2층 이상은 '제5절 1 마. 2) ~ 3)'과 같은 방법으로 실시하되, 솔리드 와이어를 사용할 때보다 운봉 속도를 느리게 피복 아크용접보다는 빠르게 운봉한다.

표면 비드가 완성되면 슬래그와 스패터를 깨끗이 제거하고 와이어 브러시로 깨끗이 청소한다.

8) 검사하기

주어진 검사 기준에 의해 외관 검사를 하고 외관에 합격되면 X선 탐상 검사 등 필요한 시험을 한다.

나. 수평 자세 V형 맞대기 용접

1) 용접 준비, 모재 가공, 모재 가접

'아래보기 자세 V형 맞대기 용접'과 같은 방법으로 용접 준비, 모재 가공, 모재 가접을 한다.

2) 세라믹 뒷댐판(백킹재) 부착

수평(2G)용 세라믹 뒷댐판을 절단하여 접착 테이프를 펼쳐서 홈 부분이 아래로 가게 평판 위에 놓고 테이프가 바닥에 밀착되도록 손으로 다듬질한다.

세라믹 백킹재를 루트 간격 사이에 대하여 적색선이 홈의 2/3 윗부분에 위치하도록 맞춘 후 접착 은박지 위의 종이를 살짝 뜯으면서 밀착시킨 후 다시 한 번 위치가 정확한가 확인한 후 단단하게 밀착시킨다.

3) 모재 고정

모재가 수직이고, 세라믹 백킹재가 뒤로 가며, 모재의 용접선이 좌우가 되게, 작업하기 편한 높이(가슴 정도)로 맞춘 후 단단하게 고정한다.

4) 1층 비드놓기

전류를 120 ~ 160A, 전압을 20 ~ 22V로 조절한 후 모재보다 약간 오른쪽에 앉아 자세를 편하게 한 후 토치를 잡고 용접선의 왼쪽 끝에서 오른쪽 끝까지 아크 발생 없이 천천히 움직여 보아 운봉에 지장이 없는지 여부를 가상 운봉하여본다.

와이어를 왼쪽 홈 끝에 위치한 후 헬멧을 쓰고 아크를 발생하여 아크를 안정시키며 작업각은 하단 모재에 대한 수직선에 대하여 80 ~ 90°, 진행각은 60 ~ 75°가 되도록 하며, 두 모재의 루트 간격 사이를 위빙하며 진행한다. 이 때 와이어 끝이 이전 비드를 최소 1mm 이상 겹쳐서 위빙하여야 되며, 와이어 끝이 홈으로 빠질 경우 바로 아크가 끊어지므로 주의해야 된다.

이면 비드놓기를 완료하면 슬래그와 스패터를 깨끗이 청소한 후 결함 여부를 점검한다.

5) 2층 비드놓기

'제5절 1, 라. 2) ~ 3)'과 같은 방법으로 2층, 3층 비드를 놓는다.

2층 1패스 비드는 하단 모재와 1층 비드 아래 부분과의 경계선에 위치하여 좁은 비드로 모재 표면보다 1 ~ 1.5mm 낮게 쌓는다.

2층 2패스 비드는 2층 1패스 비드 상단과 상단 모재 사이를 좁은 비드로 모재 표면보다 1 ~ 1.5mm 낮게 쌓는다.

2층 1패스와 2패스 사이의 골은 0.5mm(규정에 요구하는 크기) 이상 되지 않게 비드를 겹쳐 쌓는다.

6) 3층(표면) 비드놓기

비드를 얇게 할 경우는 3층으로 완성하며, 두껍게 쌓을 경우 2층으로 완성할 수 있다. 2층으로 완성할 경우는 1층 비드의 높이가 모재 표면보다 1 ~ 1.5mm 정도 낮게 쌓아야 된다.

3층 비드는 2층 전류보다 10 ~ 20A 낮춘 후에 실시하여 언더컷이 발생하지 않도록 하는 것이 좋다.

3층 1패스 비드는 하단 모재의 모서리에 와이어 끝 하단이 오도록 위치하여 좁은 비드로 모재 표면보다 1 ~ 1.5mm 낮게 쌓는다.

3층 2패스 비드는 3층 1패스 비드 상단과 상단 모재 사이를 좁은 비드로 모재 표면보다 1 ~ 1.5mm 낮게 쌓는다.

3층 3패스는 상단 모재의 모서리에 와이어 끝이 오도록 하여 좁은 비드로 완성한다.

3줄의 비드가 적당하게 겹쳐서 두 모재의 개선 모서리와 모서리 사이를 채우며 모재 표면보다 2 ~ 3mm 높게, 비드 겹침부의 골이 0.5mm(규정에 따라 다를 수 있음) 이내가 되도록 쌓는다.

표면 비드가 완성되면 슬래그와 스패터를 깨끗이 제거하고 와이어 브러시로 깨끗이 청소한다.

7) 검사하기

주어진 검사 기준에 의해 외관과 비파괴 검사를 한다.

다. 수직 자세 V형 맞대기 용접

1) 용접 준비, 모재 가공, 모재 가접, 세라믹 백킹재 부착

'제6절 1 가. 1) 2) 3) 4)'와 같은 방법으로 용접 준비, 모재 가공, 모재 가접, 세라믹 백킹재를 부착한다.

2) 모재 고정

모재가 수직이고, 세라믹 백킹재가 뒤로 가며, 모재의 용접선이 수직이 되게, 작업하기 편한 높이로 맞춘 후 단단하게 고정한다.

3) 1층(이면, back) 비드놓기

전류를 110 ~ 150A, 전압을 20 ~ 22V로 조절한 후 모재보다 약간 왼쪽에 앉아 45°로 우회전하여 자세를 편하게 한 후 토치를 잡고 용접선의 하단 끝에서 상단 끝까지 아크 발생 없이 천천히 움직여보아 운봉에 지장이 없는지 여부를 가상 운봉하여 본다.

와이어를 하단 홈 끝에 위치한 후 헬멧을 쓰고 아크를 발생하여 아크를 안정시키며 작업각은 90°, 진행각은 60 ~ 80°(진행 반대각 100 ~ 120°)가 되도록 하며, 두 모재의 루트 간격 사이를 위빙하며 상진한다.

이 때 와이어 끝이 이전 비드를 최소 1mm 이상 겹쳐서 위빙하여야 되며, 와이어 끝이 홈으로 빠질 경우 바로 아크가 끊어지므로 주의해야 된다.

운봉시 비드 폭의 양끝에서 약간씩 멈춤을 하며, 운봉을 천천히 하여 세라믹 백킹재의 홈에 채우는 기분으로 운봉을 해야 된다.

3층으로 완성할 경우 1층 비드의 높이는 모재 두께의 약 1/2 정도 채워지게 쌓는다.

플럭스 코드 와이어를 사용하는 경우는 솔리드 와이어를 사용할 때보다 운봉 속도를 느리게 피복 아크용접보다는 빠르게 운봉하는 것과 슬래그 청소를 해야 된다는 점이 차이점이다.

이면 비드놓기를 완료하면 슬래그와 스패터를 깨끗이 청소한 후 결함 여부를 점검한다.

4) 2층 비드놓기

2층 전류는 1층 전류와 같거나 약간 높게 조절한다.

하단 끝에서 아크를 발생하여 반달 위빙을 하며 모재 표면보다 1 ~ 1.5mm 정도 낮게 쌓는다.

5) 3층(표면) 비드놓기

비드를 얇게 할 경우는 3층으로 완성하며, 두껍게 쌓을 경우 2층으로 완성할 수 있다.

2층으로 완성할 경우는 1층 비드의 높이가 모재 표면보다 1 ~ 1.5mm 정도 낮게 쌓아야 된다.

3층 비드는 2층 전류보다 10 ~ 20A 낮춘 후에 실시하여 언더컷이 발생하지 않도록 하는 것이 좋다. 와이어 끝이 두 모재의 개선면 상부 모서리와 모서리 사이를 반달형 위빙을 하며 일정한 속도로 위빙한다.

표면 비드의 높이는 2 ~ 3mm 정도가 되도록 쌓는다. 표면 비드가 완성되면 슬래그와 스패터를 깨끗이 제거하고 와이어 브러시로 깨끗이 청소한다.

6) 검사하기

주어진 검사 기준에 의해 검사한다.

2 FCAW 2G(수평) 맞대기용접(세라믹 뒷댐판, 플럭스 코드 와이어 사용)

가. 2G(수평) FCAW 용접 준비

다른 준비는 솔리드 와이어를 사용하는 방법과 동일하다. 연강판 t25×150×200 2매(1개는 개선각 25° 가공), 엔드탭(동일 두께×40×50) 2개를 준비하고, 플럭스 코드 와이어[(AWS A5.29, E81T1-K2LT, ∅1.2(적용 코드나 주문자의 요구에 따라 달라질 수 있음)를 준비하여 송급 장치에 설치한다.

엔드탭은 모재의 홈과 간격이 동일하게 만드는 것이 가장 좋다.

나. 가접(엔드탭을 사용한 가접)

한쪽 베벨 가공된 모재와 직각 가공된 모재 2개를 평판 위에 엇갈리지 않게 놓고 틈새 게이지를 사용하여 루트 간격을 6~8mm로 일정하게 벌려 놓은 후 양 끝에 홈의 형상과 동일한 엔드탭을 홈의 양끝에 튼튼하게 가접한다.

뒷면 가접시 세라믹 뒷댐판이 들리지 않도록 세라믹 뒷댐판이 부착될 곳은 피하여 가접하며 엔드탭 측면도 가접하는 것이 좋다. [그림 6-5 참조]

가접이 완료되면 가접부와 용접할 홈 주위 20~30mm 부분을 휠 브러시로 깨끗이 청소한다.

그림 6-5 엔드탭 가접

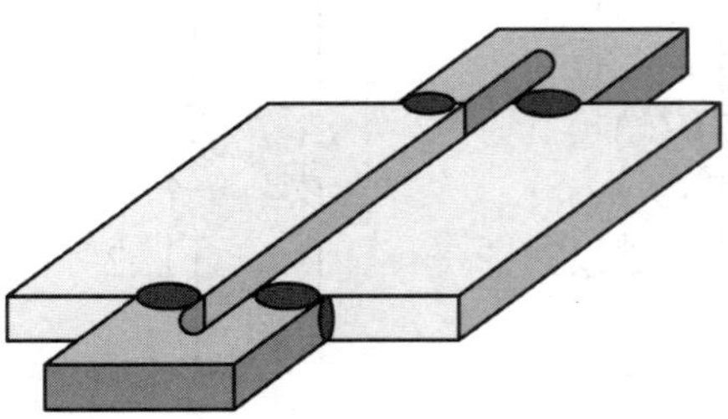

그림 6-6 세라믹 백킹재 부착의 예

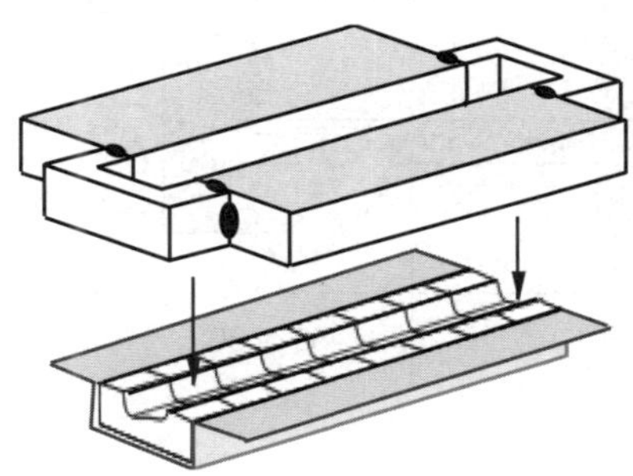

다. 세라믹 뒷댐판 부착

가접된 모재를 바이스에 개선홈 부분이 아래로 향하게 수평으로 고정시킨다.

그리고 엔드탭을 포함한 길이만큼 2G용 세라믹 뒷댐판을 절단하여 접착 테이프를 펼쳐서 홈 부분이 아래로 가게 평판 위에 놓고 테이프가 바닥에 밀착되도록 손으로 다듬질한다.

세라믹판을 루트 간격 부분에 적색선이 홈의 2/3 윗부분에 위치하도록 맞춘 후 접착 은박지 위의 종이를 살짝 뜯으면서 밀착시킨 후 다시 한번 위치가 정확한가 확인한 후 단단

하게 밀착시킨다. [그림 6-6 참조]

라. FCAW 2G(수평) 맞대기용접

1) 1층(백) 비드놓기

세라믹 백판이 부착된 모재의 용접선이 작업하기 편한 높이(가슴 정도)로 맞춘 후 단단하게 고정한다.

전류를 200 ~ 220A, 전압을 22 ~ 24V로 조절한 후 모재보다 약간 오른쪽에 앉아 자세를 편하게 한 후 토치를 잡고 용접선의 왼쪽 끝에서 오른쪽 끝까지 아크 발생 없이 천천히 움직여보아 운봉에 지장이 없는지 여부를 가상 운봉하여본다.

와이어를 왼쪽 엔드탭 홈 끝에 위치한 후 헬멧을 쓰고 아크를 발생하여 아크를 안정시키며 작업각은 하단 모재에 대한 수직선에 대하여 80 ~ 90°, 진행각은 60 ~ 70°가 되도록 하며, 두 모재의 루트 간격 사이를 위빙하며 진행한다. [그림 6-7 참조]

플럭스 코드 와이어를 사용하는 경우는 솔리드 와이어를 사용할 때보다 운봉 속도를 느리게 피복 아크용접보다는 빠르게 운봉하는 것과 슬래그 청소를 해야 된다는 점이 차이점이다.

이면 비드놓기를 완료하면 슬래그와 스패터를 깨끗이 청소한 후 결함 여부를 점검한다.

그림 6-7 2G자세 토치 유지각

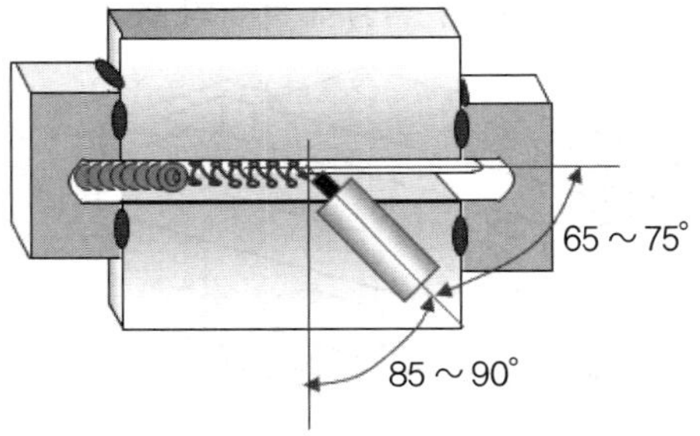

그림 6-8 2 ~ n층 및 표면 비드놓기 형상

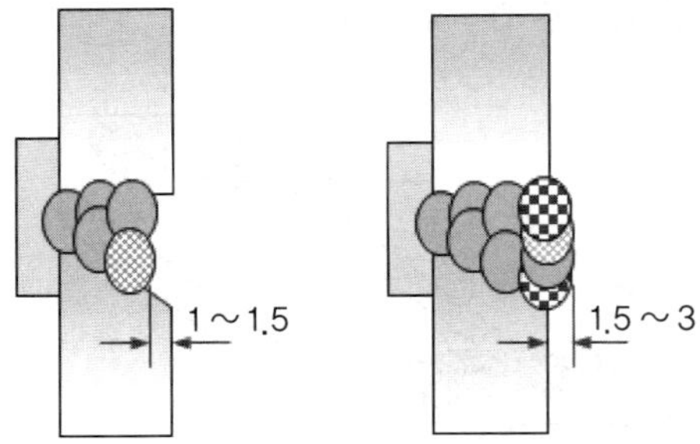

2) 2층 ~ n층 비드놓기

2층 이상 전류는 1층 전류보다 20 ~ 30A, 전압도 1 ~ 2V 높게 조절한다. 2층 비드는 직선 또는 가벼운 반달 위빙을 하며 1줄로 완성한다.

3층 이상은 겹치기 좁은 비드놓기를 하여 2 ~ 3줄로 완성한다. 각 층마다 슬래그와 스패터를 깨끗이 제거한 후 다음 층의 용접을 실시해야 된다. [그림 6-8 참조]

3) 표면 비드놓기

표면 비드놓기 전의 비드 높이는 모재 표면보다 1 ~ 1.5mm 정도 낮은 정도가 적당하다.

표면 1패스 비드는 아래 모재의 상부 모서리에 와이어의 중심이 오도록 맞춘 후 작업각 85 ~ 90°, 진행각 75 ~ 85°를 유지하여 좁은 비드를 놓는다.

표면 2 ~ n패스 비드는 겹치기 좁은 비드놓기를 하여 비드와 비드 사이의 골이 0.5mm 이내가 되며 각 비드가 평행이 되게, 모재 표면보다 1.5 ~ 3mm 이내가 되도록 쌓는다.

특히 표면 비드의 마지막 비드는 모재를 좀 식히거나 전류를 10 ~ 20A 낮춘 후에 실시하여 언더컷이 발생하지 않도록 하는 것이 좋다.

4) 용접부 검사 및 반복 실습

용접부를 깨끗이 청소한 후 비드 파형, 겹침 상태, 언더컷, 오버랩, 용입불량, 용착 불량 등 육안 검사를 하고 합격하면 X선 촬영을 하여 용접부 내부 결함 유무를 검사한다.

검사에서 결함은 제1종 결함(기공 및 이와 유사한 둥근 결함)과 제2종 결함(슬래그 섞임 및 이와 유사한 결함), 제3종 결함(터짐 및 이와 유사한 결함)으로 분류하고 있다.

3 FCAW 3G(수직) 맞대기용접(세라믹 뒷댐판, 플럭스 코드 와이어 사용)

가. 3G(수직) FCAW 용접 준비

3G 맞대기는 연강판 2장을 각각 22° 정도 베벨 가공을 하며, 엔드탭도 3G 홈과 루트 간격이 같도록 홈을 만든 다음 2G와 같은 방법으로 가접을 하고 3G용 세라믹 뒷댐판의 은박지를 펼쳐서 중심부의 적색선이 루트 간격의 중심이 되도록 맞추어 부착한다.

가접이 완료되면 가접부와 용접할 홈 주위 20 ~ 30mm 부분을 휠 브러시로 깨끗이 청소한다.

나. FCAW 3G(수직) 맞대기용접

1) 1층(이면) 비드놓기

세라믹 뒷댐판이 부착된 모재와 용접선이 수직이 되도록 지그에 단단하게 고정한 후 모재 길이에 따라 처음의 진행각으로 상부까지 동일한 각으로 진행할 수 있는 높이로 맞춘다. 보통 모재 상부가 배꼽 하단 정도가 된다.

전류를 200 ~ 220A, 전압을 22 ~ 24V로 맞춘 후 자리에 앉아 토치를 잡고 와이어를 하단 엔드탭 홈 끝에서 상단 엔드탭 용접홈까지 아크 발생없이 가상 운봉을 실시하여 운봉 중 장애되는 부분이 없는지 확인한다.

가상 운봉에서 이상이 없으면 다시 토치의 와이어 끝을 하단 엔드탭 용접 홈에 위치한 후 헬멧을 쓰고 아크를 발생하여 아크를 안정시키며 작업각 90°, 진행 반대각 100 ~ 120°가 되게 유지하여 두 모재의 루트 간격 사이를 위빙하며 진행한다. [그림 6-9 참조]

이 때 처음 유지한 진행각이 끝부분까지 동일한 각도가 되어야 된다.

플럭스 코드 와이어를 사용하는 경우는 솔리드 와이어를 사용할 때보다 운봉 속도를 느리게 피복 아크용접보다는 빠르게 운봉하는 것과 슬래그 청소를 해야 된다는 점이 솔리드 와이어를 사용하는 용접과 차이점이다.

이면 비드놓기를 완료하면 슬래그와 스패터를 깨끗이 청소한 후 결함 여부를 점검한다.

그림 6-9 1층(백) 비드놓기 작업각과 진행 반대각

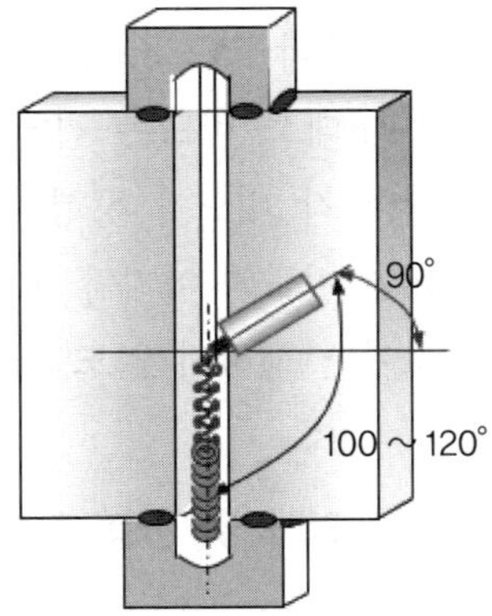

그림 6-10 금속 백킹재 부착 수직 V형 맞대기 용접

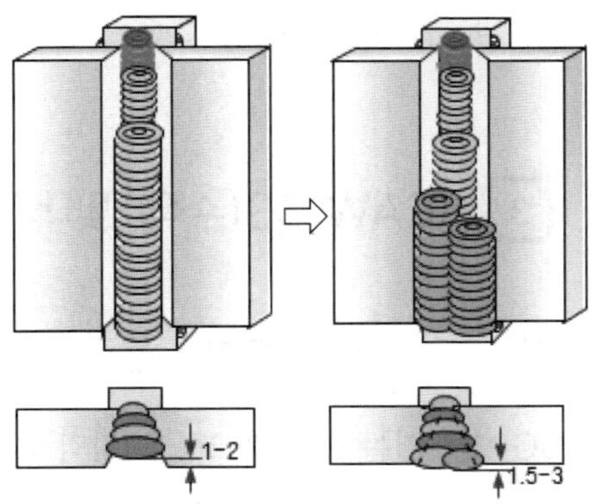

2) 2층 ~ n층 비드놓기

2층 이상 전류는 1층 전류보다 20 ~ 30A, 전압도 1 ~ 2V 높게 조절한다. 2층 이상 비드는 위빙 비드놓기를 하며, 각 층마다 깨끗이 청소를 한 후에 다음 층의 비드를 놓아야 된다. [그림 6-10 참조]

표면 비드놓기 직전의 비드 높이는 모재 표면보다 1 ~ 1.5mm 낮게 쌓는다.

3) 표면 비드놓기

표면 비드놓기 전에 모재를 약간 식히거나 전류를 10 ~ 20A 정도 낮춘 후에 두 모재의 모서리와 모서리 사이를 운봉하며 토치 진행각이 처음부터 끝까지 동일하도록 상진한다.

표면 비드의 높이는 모재 표면보다 1.5 ~ 3mm 이내가 되도록 쌓는다. [그림 6-11, 6-12 참조]

표면 비드는 비드 폭이 18mm(최고 20mm) 이상이 될 경우는 2줄의 겹침 비드를 쌓아야 된다.(WPS 요구기준에 따라 다를 수 있음)

그림 6-11 표면 비드 토치 운봉

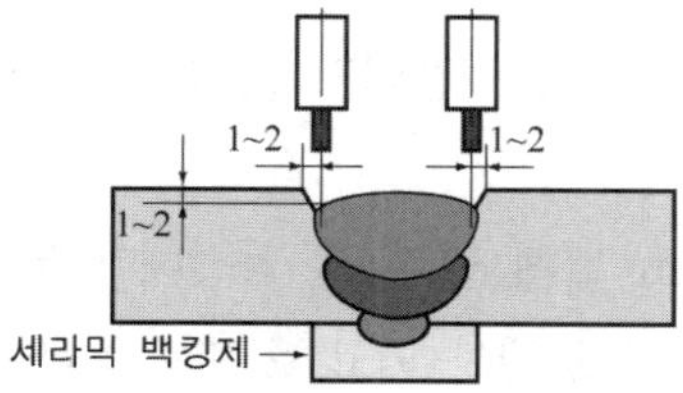

그림 6-12 표면 비드의 높이

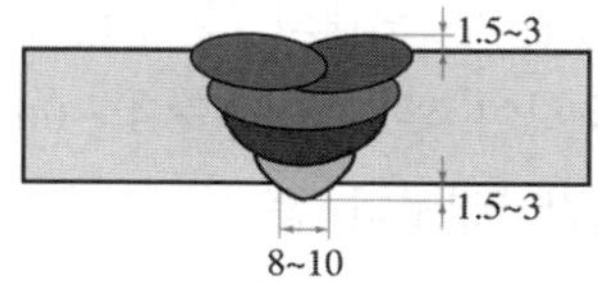

4) 용접부 검사 및 반복 실습

검사 방법은 2G와 같다. 용접부를 깨끗이 청소한 후 비드 파형, 겹침상태, 언더컷, 오버랩, 용입불량, 용착 불량 등 육안 검사를 하고 합격하면 X선 촬영을 하여 용접부 내부 결함 유무를 검사한다.

4 위보기 자세(4G) V형 맞대기 FCAW 용접(금속 백킹재 사용)

가. V형 맞대기 용접 준비

도면에 제시된 모재[(연강판, t25×75(100)×200(250)) 2매, 연강판 백킹재[(t6.0×50×280(330)) 1개, 필요하면 엔드탭 2개를 준비한다.

가스 절단이나 베벨머신을 사용하여 베벨각 20°±5°로 절단하여 루트면을 01.5mm로 가공한다.

가스 절단면과 용접부 주위를 깨끗이 연마한다.

나. CO_2 용접기 및 부속 장치 조작

'제2절 6 나. 다.'와 같은 방법으로 용접기 및 부속 장치를 조작한다.

[표 6-2]와 같이 용접 조건을 설정한다.

표 6-2 위보기 맞대기 용접조건

층수	용접전류[A]	아크 전압[V]	와이어 돌출길이[mm]	가스유량[l /min]
1층	160 ~ 200	22 ~ 24	15 ~ 25	15 ~ 25
2 ~ n층	180 ~ 240	23 ~ 26		
표면	160 ~ 200	22 ~ 24		

다. 금속 백킹재를 사용하여 가용접

베벨 가공된 두 모재의 홈 부분이 작업대 평판쪽으로 향하며, 엇갈리지 않게 놓고 틈새 게이지를 사용하여 루트 간격을 4 ~ 6mm로 맞춘다.

이 때 시작부분보다 종점 부분을 100mm당 0.5 ~ 0.7mm 넓게 벌린 후 가접해야 된다.

준비된 금속 백킹재를 루트 간격이 중심이 되며, 용접선과 평행이 되고 용접선 양끝에서 25 ~ 30mm 돌출되도록 놓는다.

백킹재가 모재와 밀착되도록 고정한 후 백킹재 중심부의 양측에 가접한다. [그림 6-13 참조]

가접부와 가접부 간격은 약 50 ~ 70mm 정도가 되도록 백킹재 양측과 모재 사이를 가접한다.

가접부 길이는 약 20 ~ 30mm 정도로 한다.

가접이 완료되면 가접상태를 확인하고 이상이 없으면 용접부 주위를 브러시로 깨끗이 청소한다.

변형 방지가 필요하면 스트롱백(변형 방지판)을 부착한다. [그림 6-14 참조]

그림 6-13 금속 백킹재 가접의 예

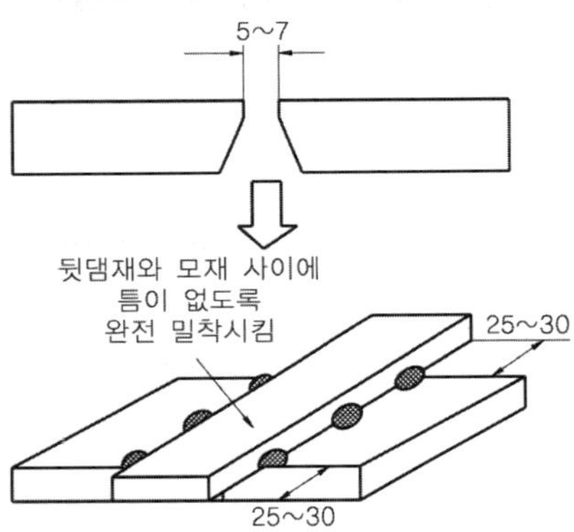

그림 6-14 변형 방지판 부착의 예

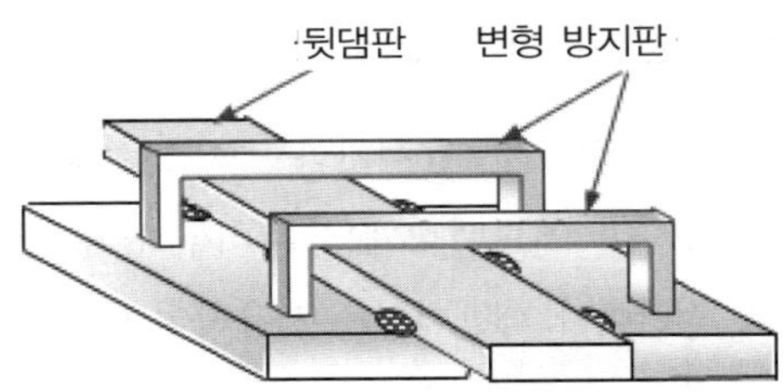

라. 모재 고정

V형 홈 부분이 아래로 향하며 모재가 작업자의 머리보다 약 100mm 정도 높게, 용접선이 전후가 되도록 단단하게 고정한다. [그림 6-15 참조]

이 때 홈이 좁은 부분이 시점(뒤쪽)이 되게 고정해야 된다.

그림 6-15 위보기 맞대기 고정

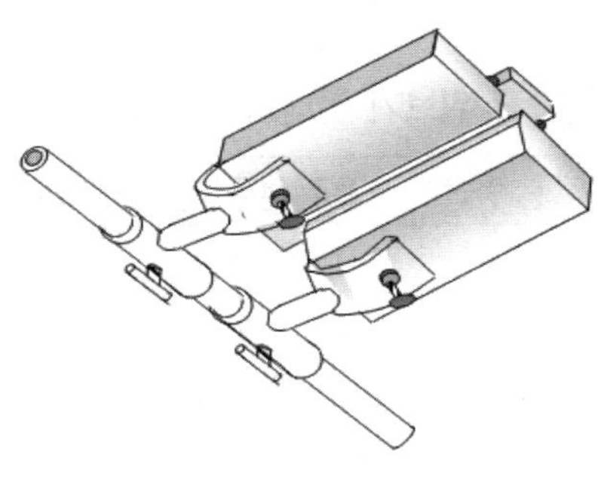

마. 1층(이면, back) 비드쌓(놓))기

그림 6-16 금속백킹재 부착 위보기(4G) 자세 1층 비드놓기 자세의 예

모재보다 약간 왼쪽에 앉아 약 45° 우회전하여 편하게 앉아 토치를 잡고 용접선 전체를 아크 발생 없이 천천히 움직여보아 운봉에 지장이 없는지 여부를 가상 운봉하여 본다.

헬멧을 쓰고 차광렌즈가 부착된 덮개를 올려놓은 상태에서 와이어를 용접선 뒤쪽 돌출된 백킹재 중심 정도에 대고 헬멧을 상하로 약간 충격을 주어 차광렌즈 덮개를 내린 뒤 아크를 발생하여 아크를 안정시킨다.

작업각은 좌우 모재에 대에 대하여 90°, 진행각은 90 ~ 110°가 되도록 하며, 두 모재의 루트 간격 사이를 위빙하며 앞으로 진행한다. [그림 6-16 참조]

이 때 두 모재의 루트면 부분에서 약 1초 정도 멈춤을 하여 용입불량이 생기지 않도록 해야 된다. 위보기 용접 중 용적이 많이 낙하하므로 화상을 입지 않도록 보호구 착용을 확실하게 해야 된다.

솔리드 와이어를 사용할 때보다 운봉 속도를 느리게, 피복 금속 아크용접보다는 약간 빠르게 운봉한다.

이면 비드놓기를 완료하면 슬래그와 스패터를 깨끗이 청소한 후 결함 여부를 점검한다.

바. 2층 ~ n층 비드놓기

[표 6-2]와 같이 전류와 전압을 조절한다.

표면 비드 이전 비드는 층간 온도(WPS에서 요구하는 온도)를 유지하며 작업각 90°, 진행반대각 75 ~ 85°를 유지하며 위빙으로 상진한다. 이 때 위빙폭의 양끝에서 약 1초 가까이 멈춤을 하여 언더컷을 방지해야 된다.

표면 비드 이전의 비드 높이는 모재 표면보다 1 ~ 2mm 정도 낮게 쌓아야 된다.

사. 표면 비드놓기

표면 비드놓기 전에 모재 온도를 측정하여 도면이나 WPS에서 제시된 층간 온도가 될 때까지 모재를 냉각시켜야 되며, 전류를 10 ~ 30A 낮춘 후에 실시하여 비드 처짐이나 언더컷이 발생하지 않도록 하며, 2줄 겹치기 비드로 쌓는다. [그림 6-17 참조]

그림 6-17 운봉법과 표면 이면 비드 높이

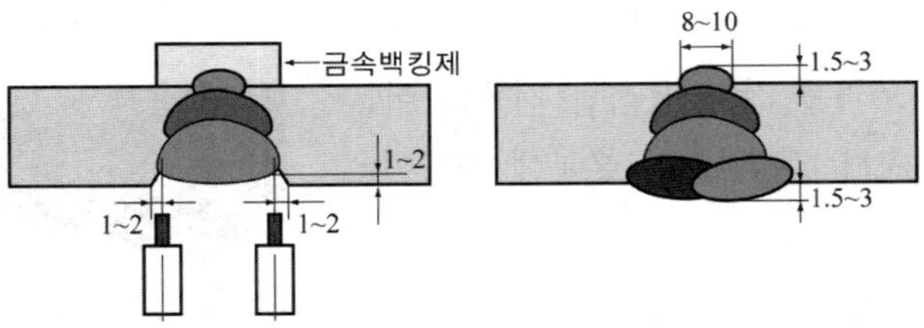

(a) 표면비드 운봉 폭 (b) 비드 높이

표면 비드 1패스는 모재의 시점 한쪽 개선 모서리에서 개선폭의 4/5까지 쌓는다.

표면 비드 2패스는 다음쪽 개선 모서리에서 표면 1패스 폭의 중심 직전까지 위빙하여 쌓는다.

한줄의 비드의 폭은 18mm(WPS 요구조건에 따라 다를 수 있음) 이하로 쌓으며, 비드의 겹침부가 개선폭의 중심 정도가 되도록 쌓아야 되며, 모재 표면보다 1.5 ~ 3mm 이내가 되도록 쌓는다. 이 때 언더컷이나 오버랩(여성 높이 3mm 이내), 비드 처짐이 생기지 않도록 한다.

아. 용접부 청소 및 검사

각 층의 용접이 끝날 때마다 용접부를 깨끗이 청소한 후 외관 검사 규정에 의해 외관 검사를 한 후 이상이 없으면 필요에 따라 방사선 탐상이나 초음파 탐상 등을 실시한다.

제7절 | 강관 맞대기 용접

1 강관 수평 V형 맞대기 FCAW 용접

가. 강관 V형 맞대기 용접 준비

1) 모재 준비

도면에 제시된 압력배관용 탄소강관(∅165.2×11.0-100, 150A, SCH 80) 2개를 준비하여 선반이나 파이프 가스절단기로 25 ~ 30° 경사지게 개선 가공한 후[그림 7-1 참조] 디스크 그라인더나 줄을 사용하여 개선면을 다듬질하고, 루트면을 1.5 ~ 2.0mm 정도 되게 가공한다.

그림 7-1 선반에 의한 강관 개선 가공

개선 가공된 두 모재의 루트면이 일정하고 서로 맞대었을 때 틈이 없게 가공한 후 강관 표면의 녹이나 스케일, 페인트 등을 샌드 페이퍼나 와이어 브러시로 깨끗이 제거하며, 오일은 아세톤으로 세척한다.

2) 플럭스 코드 와이어 준비

플럭스 코드 와이어[(AWS A5.29, E81T1-K2LT, ∅1.2(적용 코드나 주문자의 요구에 따라 달라질 수 있음)를 준비한다. 플럭스 코드 와이어는 흡습을 방지하기 위해 진공 포장되어 있으며, 개봉 후에는 통상 1주일 이내에 다 사용하여야 된다.

3) 필요한 공구와 보호구 준비

강관 용접에 적합한 가접용 지그, 고정구, 틈새 게이지, 용접 게이지 등을 준비하고, 용접 작업에 필요한 보호구(앞치마, 팔커버, 발커버, 용접 장갑, 방진 마스크, 귀마개 등)를 준비하여 착용한다.

나. CO_2 용접기 점검 및 조작

1) 용접기 점검 및 조작

CO_2 용접기를 점검하고 메인 전원과 용접기의 전원을 접속(ON)한 후, 준비된 와이어를 송급 장치에 장착하여 토치에 끼운다.

용접기 전면 패널의 와이어 지름 전환 스위치 '∅1.2/1.4'를' '∅1.4'에, '일원/개별' 전환 스위치를 '개별'에, 크레이터 '유/무' 전환 스위치를 '유'에 놓는다.

2) 가스 유량 조절

CO_2 용접기 패널의 '점검/용접' 전환 스위치를 '점검'에 놓고, CO_2 가스 용기 밸브를 열고 압력을 2 ~ 3kgf/cm^{2}로 조절한 다음 유량계 조절 손잡이를 열어 유량을 15 ~ 20 ℓ/min으로 조절한 후 용접기 패널의스위치 중 '점검/용접' 전환 스위치를 '용접'에 놓는다.

혼합 가스를 사용할 경우 재질에 맞는 혼합비(보통 CO_2 : Ar = 20 : 80)를 선택한다.

3) 용접 및 크레이터 전류와 전압 조절

[표 7-1]과 같이 용접 조건에 따라 적당한 용접 전류와 전압을 조절한다. 크레이터 전류는 용접 전류의 약 70%, 전압은 1 ~ 2V 낮게 조절한다.

크레이터 전류는 용접기 패널에서 크레이터 '유/무' 전환 스위치를 '유'로 전환되었을 때 작동한다.

다. 강관 가용접

가공된 강관(pipe)을 강관 가접대(앵글 등을 사용해드 됨) 위에 가공부분을 맞대어 놓고 틈새 게이지로 루트 간격을 3mm 정도 띄우고 원주 주위에 3 ~ 4군데 가용접한다. [그림 7-2 참조] 이때 2개의 강관이 엇갈리지 않아야 되며, 루트 간격이 전체적으로 동일한 간격이 되어야 한다.

그림 7-2 강관 가접법의 예

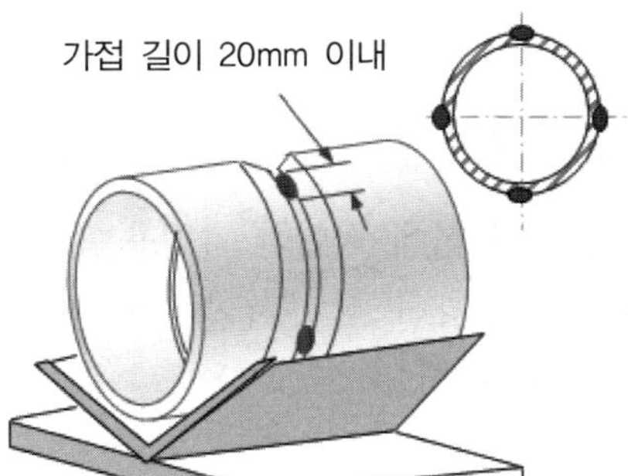

따라서 첫 번째 가접한 부분을 기준으로 대각선 방향쪽에 루트 간격과 엇갈림 여부를 점검하고 조정한 후 가용접한다. 가접시 가접 전에 맞춘 틈새보다 수축으로 인해 좁아지게 되므로 틈새 게이지로 동일한 틈새를 맞춘 후 가용접 길이를 20mm 이내로 가용접해야 된다.

가용접부의 슬래그나 스패터를 제거하고 용접부 주위 20mm 정도를 와이어 브러시나 휠 브러시로 깨끗이 청소한 후 가용접한 양끝을 디스크 그라인더로 경사지게 가공한다.(이면 비드 잇기를 할 때 가용접부와 완전 용착되며, 동일한 이면 비드가 형성되게 하기 위함) [그림 7-3 참조]

변형 방지를 필요로 하면 스트롱백을 부착한다.

그림 7-3 가용접 부분의 가공의 예

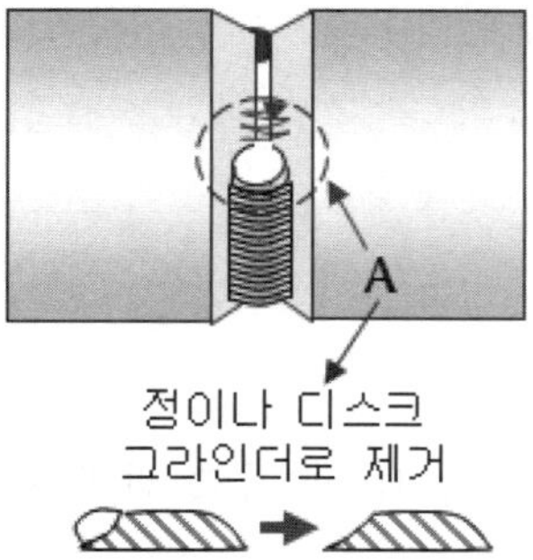

그림 7-4 수평 자세 강관 고정의 예

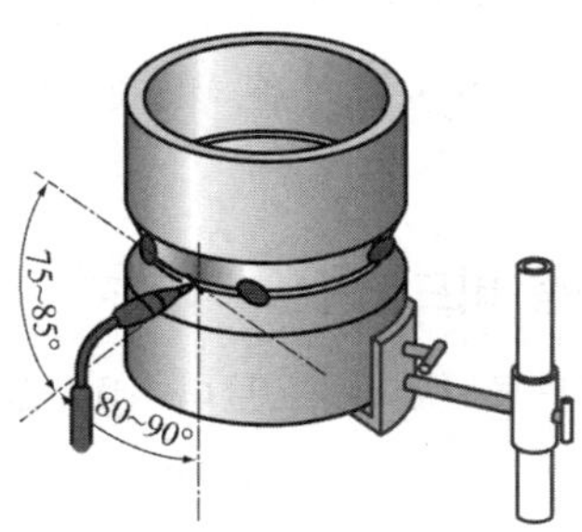

라. 강관 고정

가용접된 강관을 가접부가 용접 시작부가 되며 용접선이 수평이 되게 지그에 고정하고 작업하기 편한 높이로 맞춘다. [그림 7-4 참조] 회전 지그를 사용하면 고정 지그를 사용하는 경우보다 작업 능률이 한층 높아질 수 있다.

마. 강관 수평 V형 맞대기 FCAW 용접

1) 1층(이면) 비드놓기(후진법)

작업대 앞에 편하게 앉아 토치를 잡고 용접 시점과 종점까지 가상 위빙하면서 문제점이 없는지 점검하고 수정한다.

용접 시작점(가접부)을 강관 수직 중심선 하단의 좌측 30° 부근에 잡고 작은 대파형으로 루트 간격보다 1~2mm 넓게 운봉한다. [그림 7-5 참조]

작업각은 하단 강관과의 수직선에 대해 85~90°, 진행각은 강관 접선에 대하여 75~85°로 유지하며[그림 7-4 참조] 용융지 끝의 1~2mm를

그림 7-5 수평 맞대기 1회 용접 범위

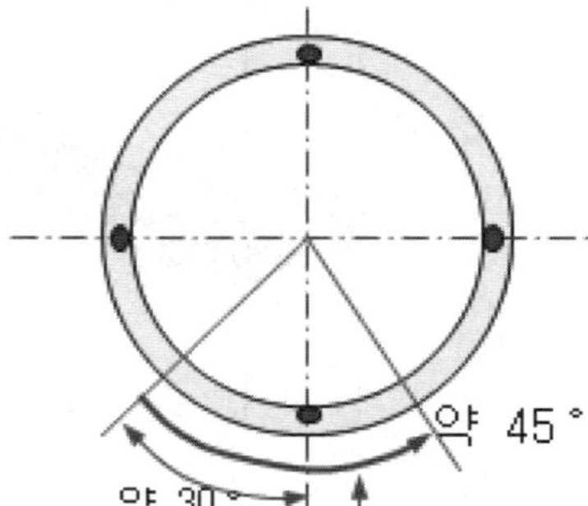

겹쳐 루트 간격 사이에서 토치를 움직이며 키홀을 일정하게 유지하여 이면 비드를 형성한다.

피복 아크용접과 달리 CO_2 용접은 와이어가 자동으로 송급되므로 용융지를 겹치지 않고 와이어가 홈 쪽으로 빠지면 전기가 흐르지 않아 아크가 끊어진다.

용접 중 아크가 끊어져 비드 잇기를 할 경우 정이나 디스크 그라인더로 크레이터부를 경사지게 가공한 후 이전 비드를 약 10mm 정도 겹쳐 비드를 쌓는다. [그림 7-3 참조, 일부 규정에서는 그라인더 가공을 허용하지 않을 수 있음)

강관을 이전 용접 끝부분이 강관 중심선의 좌측 30° 부근이 되도록 오른쪽 방향으로 돌려 놓는다.(작업자가 움직일 수 있을 경우 작업자가 이동한다.)

위와같은 방법으로 1층 비드를 완성한다.

2) 2 ~ n층 비드놓기

용접 전류를 1층 용접보다 10 ~ 20A 높게 조절한다.

2층 1패스 비드는 후진법으로 하단 강관 개선 모서리보다 1mm 정도 위에 겨냥하여 작업각 95 ~ 105°, 진행각 75 ~ 85°를 유지한다. [그림 7-6 참조]

각층의 용착 금속의 량이 적을 경우 층수가 많아질 수 있으며, 표면 비드 직전의 비드는 표면보다 1 ~ 1.5mm 낮게 쌓아야 된다.

2층 2패스는 상부 강관의 개선 모서리보다 1mm 정도 아래를 겨냥하여 1패스 비드와 약 1/3 정도 겹치면서 작업각 70 ~ 80°, 진행각 75 ~ 85°를 유지하며 직선으로 후진하며 비드를 쌓는다. [그림 7-7 참조]

2층 이상의 비드놓기도 2층 비드놓기와 같은 방법으로 실시한다.

그림 7-6 수평 2층 1패스 작업각

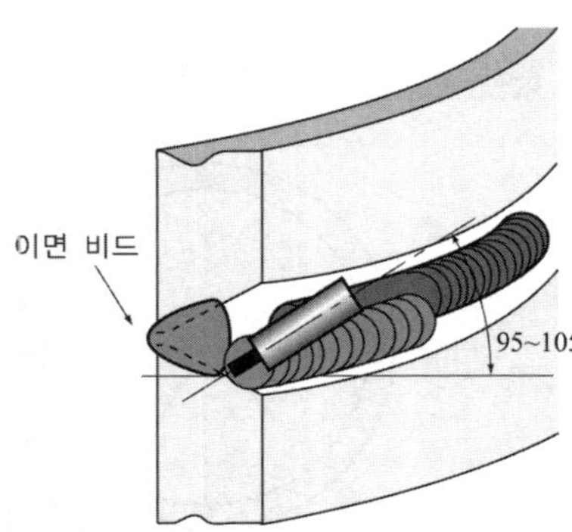

그림 7-7 수평 2층 2패스 작업각

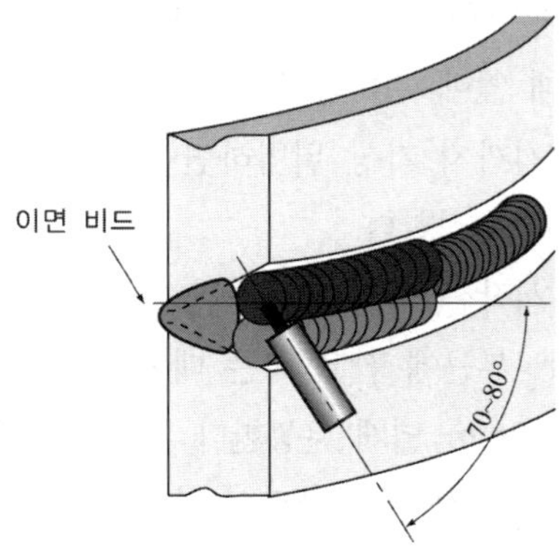

3) 3층(표면) 비드놓기

표면 비드의 높이는 모재 표면에서 약 2~3mm 정도 높게 쌓는다. [그림 7-8 참조]

전류를 2층 비드놓기 전류보다 10~20A 정도 낮게, 전압은 그대로 또는 1V 정도 낮게 조절한다.

표면 비드 1패스는 하단 강관의 시점 개선 모서리에 와이어 끝을 겨냥하여 작업각 90°, 진행각 75~85°를 유지하며 직선 비드로 후진하여 완성한다.

그림 7-8 수평 3층 표면 비드 완성

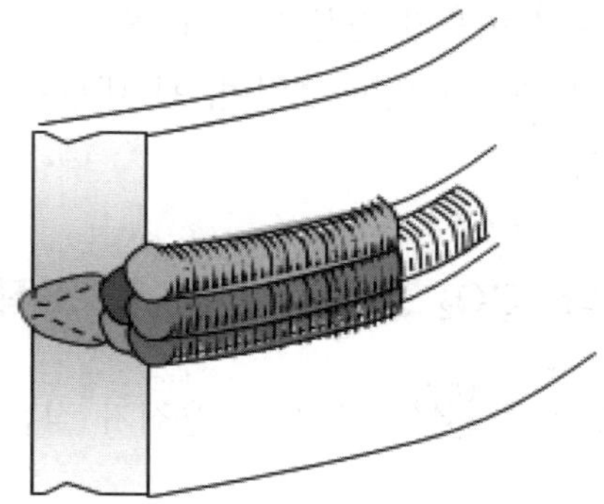

표면 비드 2패스는 표면 비드 1패스 상단을 약 1/3 정도 겹치면서 작업각과 진행각을 75~85°를 유지하며 직선 비드로 후진하여 완성한다.

표면 비드 3패스는 비드 상부에 언더컷이 생길 우려가 있으므로, 모재를 약간 식히거나 전류를 10~20A 낮춘 후 상단 강관의 개선 모서리에 와이어 하단이 걸리도록 겨냥한 후 진행각을 75~85°를 유지하며 직선 비드로 후진하여 완성한다.

바. 용접부 청소 및 검사, 정리 정돈

용접부를 깨끗이 청소한 후 비드 파형, 겹침 상태, 언더컷, 오버랩, 용입불량, 용착불량 등 외관(육안) 검사를 하고, 필요하면 X선 촬영을 하여 용접부 내부 결함 유무를 검사한다. X선 검사에서 결함은 규정에서 요구하는 등급 이하이면 합격으로 한다.

2 강관 전자세 V형 맞대기 FCAW 용접

가. 강관 V형 맞대기 용접 준비

1) 모재 준비 및 가공

과제 '제7절 2 가. 강관 V형 맞대기 용접 준비'와 같은 방법으로 모재(압력배관용 탄소강관), 플럭스 코드 와이어, 공구 등을 준비한다.

2) 변형 방지판 준비

스트롱백(변형 방지판)을 3~4개 준비한다. 스트롱백은 변형을 방지하기 위한 변형 방지대로서 이음의 형상에 따라 여러 가지 형태로 제작할 수 있으며, 이것은 강관 맞대기 이음에 사용하기 위한 것이며, 관 내부에 관 크기에 따라 3~4개 부착하고 용접한 후 제거하고 있다.

나. CO_2 용접기 점검 및 조작

'제7절 2 나. CO_2 용접기 점검 및 조작'과 같은 방법으로 점검 및 조작한다.

다. 강관 가용접 및 변형 방지판 부착

과제 '제7절 2 다. 강관 가용접'과 같은 방법으로 강관을 가용접한 후 가용접부를 경사지게 가공한다.

변형 방지판을 사용하여 가용접할 경우는 가공된 강관을 가접대 위에 두 강관이 엇갈리지 않으며 루트 간격을 2.5~3.5mm 정도 띄어 놓고 강관 내부 아래쪽에 스트롱백의 홈 부분이 백 비드 부분이 되도록 맞춘 후 양쪽 강관에 가용접하여 붙인다.

첫 번째 변형 방지판 부착 반대편의 루트 간격을 다시한번 점검 및 조정한 후 이 부분이 아래로 가도록 놓고 첫 번째 방법과 같은 방법으로 가용접한다. 변형 방지판은 강관의 크기와 필요에 따라 3~4개 부착한다. [그림 7-9 참조]

변형 방지판으로 가용접이 끝나면 가용접부의 슬래그나 스패터를 제거하고 용접부 주위 20mm 정도를 와이어 브러시나 휠 브러시로 깨끗이 청소한다.

그림 7-9 스트롱백을 사용한 강관 V형 맞대기 가접의 예

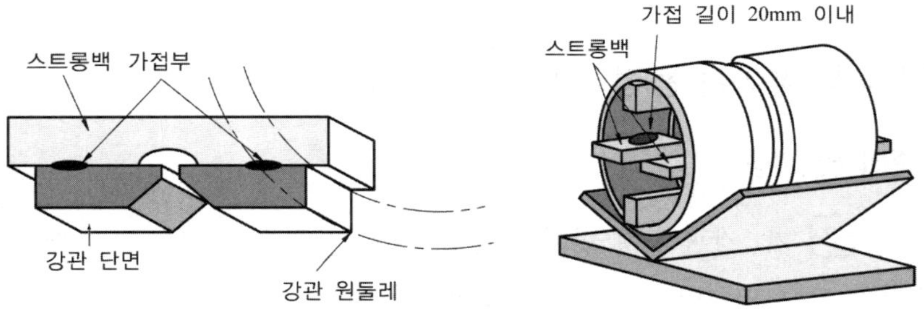

라. 강관 고정

가용접된 강관의 용접선이 수직이 되며 강관이 수평이 되도록 지그에 고정하고 작업하기 편한 높이로 맞춘다. [그림 7-10 참조]

이때 가용접부가 용접 시작점이 되도록 고정한다.

마. 강관 전자세 V형 맞대기 FCAW 용접

그림 7-10 강관 전자세 맞대기 모재 고정

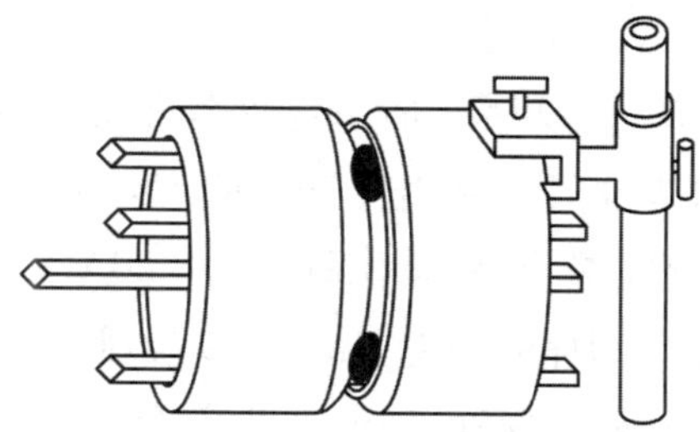

1) 1층(이면) 비드놓기

[표 7-1]과 같이 용접 조건에 따라 CO_2 용접기 패널의 각종 스위치를 조작하여 용접 전류, 전압, 와이어 돌출길이, 가스 유량 등을 조절한다.

표 7-1 강관 맞대기 용접 조건

층수	용접전류 [A]	아크 전압[V]	와이어 돌출길이 [mm]	가스유량 [l/min]
1층	140 ~ 180	20 ~ 22	15 ~ 20	15 ~ 20
2층	180 ~ 220	22 ~ 24		
표면	160 ~ 200	21 ~ 23		

[그림 7-11]과 같이 각 위치별 자세를 정한다. 강관의 수직 중심선 하단에서 좌측 30°(또는 우측 30°) 부분에 와이어 끝을 대고 작업각 90°, 원호의 접선에 대해 진행(반대)각을 75~85°로 유지한 후 아크를 발생한다.

대파형으로 루트 간격보다 1~2mm 넓게, 와이어 끝이 용융지 끝의 1~2mm를 겹쳐 운봉하며 수직 자세 방향으로 진행한다. 이때 와이어가 루트 간격 사이로 빠지지 않도록 주의한다.

그림 7-11 전자세 맞대기 용접 순

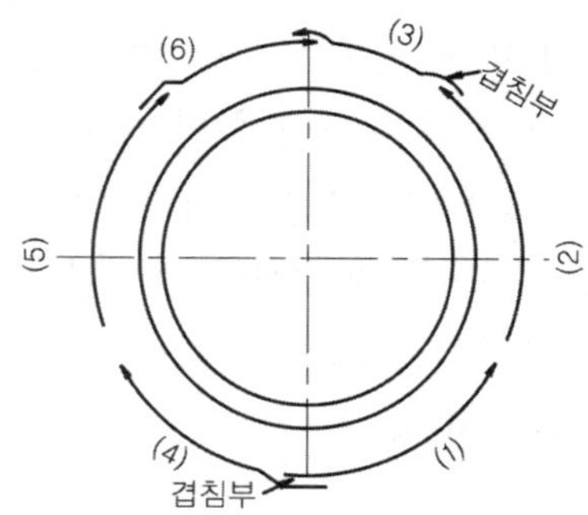

(1),(4) : 위보기 자세
(2),(5) : 수직자세
(3),(6) : 아래보기 자세

위보기 자세에서 수직 자세, 아래보기 자세로 이동할 때는 토치의 각도를 적절하게 조절하며 연속하여 상단까지 비드놓기를 한다.

만약 아크가 끊어져서 비드잇기를 할 경우 크레이터부를 디스크 그라인더로 경사지게 가공한 후[그림 7-3 참조], 이전 비드를 약 10 ~ 20mm 정도 겹쳐 이음부를 형성한다.(일부 규정에서는 그라인더 가공을 허용하지 않을 수 있음)

반대편도 위와 같은 방법으로 1층 이면 비드를 쌓는다.

2) 2 ~ n층 비드놓기

그림 7-12 표면 비드 이전 비드의 적정 높이

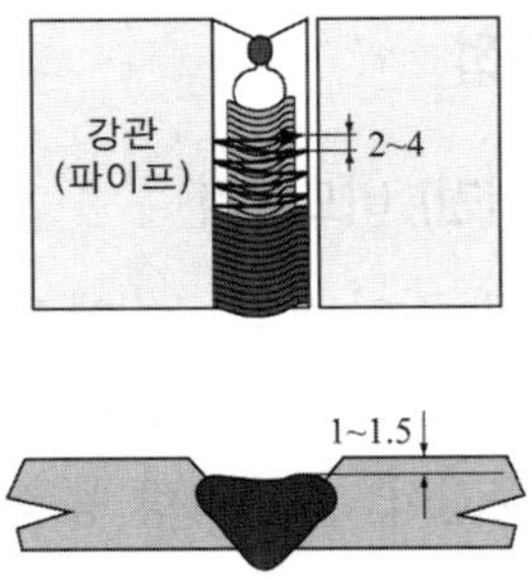

판두께와 쌓는 비드의 살 두께에 따라 용접 층수가 달라질 수 있다.

그리고 너무 살두께를 두껍게 쌓을 경우 슬래그 섞임의 우려가 크므로 주의해야 된다.

전류를 1층 용접보다 10 ~ 20A 높게, 전압은 그대로 또는 1V 정도 낮게 조절한 후 1층 용접 때와 같이 강관의 수직 중심선 하단에서 좌측 30°(또는 우측 30°) 부분에 와이어 끝을 대고 아크를 발생하여 개선부 모서리에서 모서리까지 반달형 또는 대파형으로 운봉하며 비드 양 끝 가장자리에서 잠시 머물러주면서 수직 방향으로 진행한다.

아크가 끊어지지 않도록 주의하며 언더컷이나 오버랩이 생기지 않도록 용융지를 면밀히 관찰하며 위보기 자세에서 수직 자세, 아래보기 자세로 진행한다.

표면 비드 이전의 비드는 모재 표면보다 1 ~ 1.5mm 정도 낮게 쌓는다. [그림 7-12 참조]

3) 표면 비드놓기

그림 7-13 표면 비드 높이

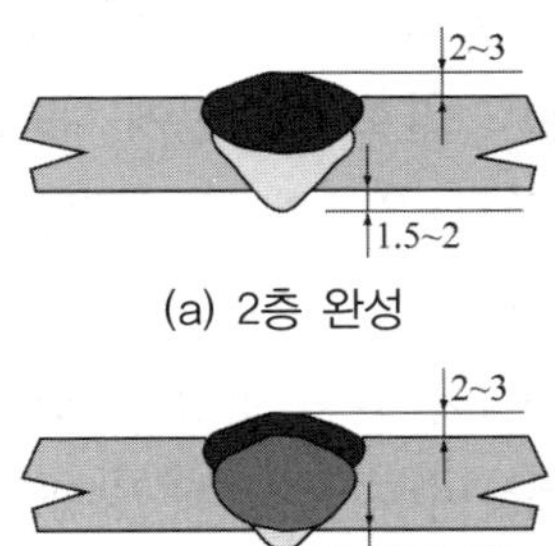

(a) 2층 완성

(b) 3층 완성

표면 비드 전류는 이전 비드 전류보다 10 ~ 20A 낮게 조절한 후 층간 온도를 확인하고(모재 온도가 너무 높을 경우 좀 식혀줌) 이전 비드놓기와 같은 방법으로 위보기 자세 부분에서 아크를 발생하여 개선면 상단 모서리에서 모서리까지 위빙하여 모재 표면보다 2 ~ 3mm 높게 쌓는다. [그림 7-13 (b) 참조]

바. 용접부 청소 및 검사, 정리 정돈

과제 제6절 4 라. 4) 용접부 청소 및 검사, 정리 정돈'과 같은 방법으로 용접부 청소, 검사, 정리 정돈을 한다.

3 강관 45° 경사 전자세 V형 맞대기 FCAW 용접(6G)

가. 강관 45° 경사 V형 맞대기 용접 준비

1) 모재 준비 및 가공

[그림 7-14]의 도면을 보고 과제 '제7절 1 가. 강관 V형 맞대기 용접 준비'와 같은 방법으로 모재(압력배관용 탄소강관), 플럭스 코드 와이어, 공구 등을 준비한다.

그림 7-14 45° 경사 전자세 V형 맞대기 FCAW 용접

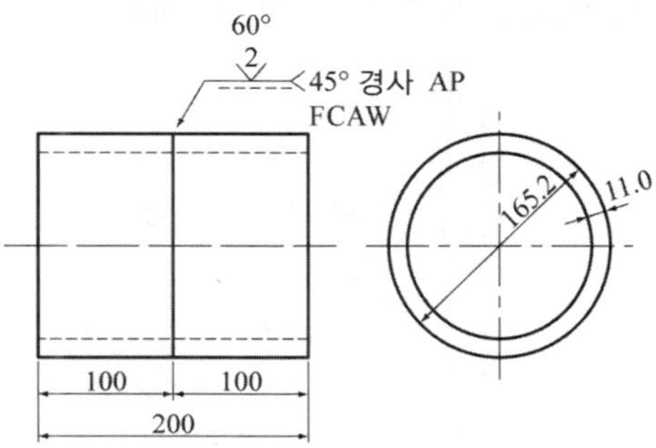

2) 변형 방지판 준비

스트롱백(변형 방지판)을 3 ~ 4개 준비한다. [그림 7-9 참조] 스트롱백은 변형을 방지하기 위한 변형 방지대로서 이음의 형상에 따라 여러 가지 형태로 제작할 수 있으며, 이것은 강관 맞대기 이음에 사용하기 위한 것이며, 관 내부에 관 크기에 따라 3 ~ 4개 부착하고 용접한 후 제거하고 있다.

나. CO_2 용접기 점검 및 조작

'제7절 1 나. CO_2 용접기 점검 및 조작'과 같은 방법으로 용접기를 점검 및 조작한다.

다. 강관 가용접 및 변형 방지판 부착

과제 '제7절 1 다. 강관 가용접'과 같은 방법으로 강관을 가용접한 후 가용접부를 경사지게 가공한다.

변형 방지판을 사용하여 가용접할 경우는 가공된 강관을 가접대 위에 두 강관이 엇갈리지 않으며 루트 간격을 2.5 ~ 3.5mm 정도 띄어 놓고 강관 내부 아래쪽에 스트롱백의 홈 부분이 백 비드 부분이 되도록 맞춘 후 양쪽 강관에 가용접하여 붙인다.

첫 번째 변형 방지판 부착 반대편의 루트 간격을 다시한번 점검 및 조정한 후 이 부분이 아래로 가도록 놓고 첫 번째 방법과 같은 방법으로 가용접한다. 변형 방지판은 강관의 크기와 필요에 따라 3 ~ 4개 부착한다. [그림 7-9 참조]

변형 방지판으로 가용접이 끝나면 가용접부의 슬래그나 스패터를 제거하고 용접부 주위 20mm 정도를 와이어 브러시나 휠 브러시로 깨끗이 청소한다.

라. 강관 고정

가용접된 강관이 45° 경사지게, 용접선이 반대 방향과 45° 경사지게 지그에 고정하고 작업하기 편한 높이로 맞춘다. [그림 7-15 (a), (b) 참조] 강관에 직접 가접한 경우는 [그림 7-15 (a)]와 같이 가용접부가 용접 시작점이 되도록 고정한다.

고정된 모재가 강관 하단의 위보기 자세에서 상단 아래보기 자세까지 연속 용접이 가능한 높이가 되도록 맞춘다.

그림 7-15 강관 45° 경사 전자세 모재 고정의 예

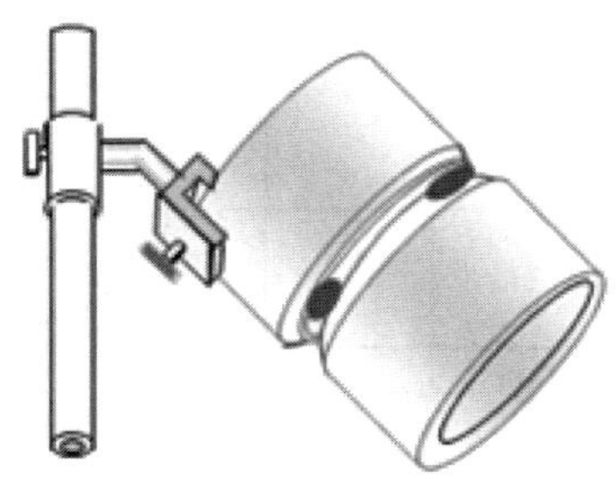

(a) 강관에 직접 가접한 모재 고정

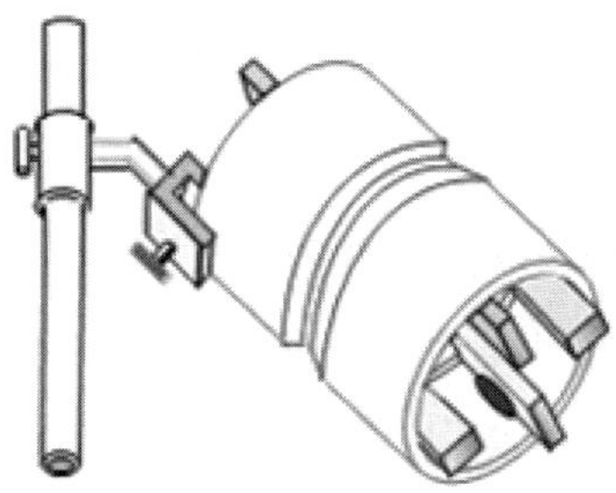

(b) 스트롱백으로 가접한 모재 고정

마. 강관 45° 경사 전자세 V형 맞대기 FCAW 용접

1) 1층(이면) 비드놓기

작업대 앞에서 자세를 편하게 잡고 토치의 와이어 끝을 용접 시작점(강관의 6시 30분(또는 5시 30분) 부근으로 옮겨 헬멧을 쓰고 아크를 발생한다.

그림 7-16 강관 45° 경사 이면 비드놓기의 예

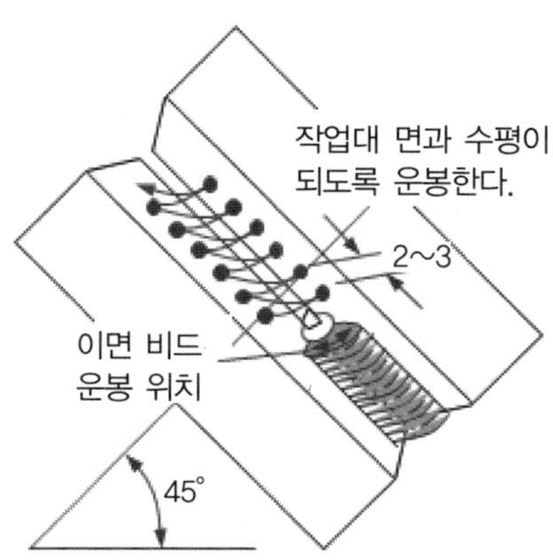

토치의 작업각은 90°, 진행각을 접선에 대해 75 ~ 85°로 유지하며 루트 간격 사이를 수평면과 평행이 되게, 와이어 끝이 용융지 끝의 1 ~ 2mm를 겹쳐 운봉하여 와이어가 루트 간격 사이로 빠지지 않도록 하며 키홀을 일정하게 유지하며, 작은 위빙을 하며 진행한다. [그림 7-16 참조]

수평면과 거의 평행이 아닌 용접선에 대하여 직각방향으로 위빙을 할 경우 비드 처짐이 심하므로 주의해야 된다.

운봉은 위보기 자세에서 수직 자세로, 아래보기 자세로 이동할 때는 토치의 각도를 적절하게 조절하며 연속하여 비드놓기를 한다.

한쪽이 끝나면 반대쪽도 위와 같은 방법으로 이면 비드를 쌓는다.

각 층, 각 패스 비드놓기가 끝나면 반드시 깨끗이 청소를 한 후 다음 비드놓기를 해야 된다.

2) 2층 비드놓기

강관의 두께가 두꺼우면 다층쌓기를 하여야 되며, 제시된 모재는 두께가 11mm이므로 3층으로 완성하는 것으로 한다.

2층 비드놓기는 1층 비드놓기와 동일하게 하나 용접 전류는 10 ~ 30A, 전압은 1 ~ 2V 높게 조절하고 1층 비드와 충분히 융합되도록 한다.

운봉은 지그재그식으로 하되 수평면과 평행이 되도록 운봉하고 위쪽 모재에서 좀 더 머물러주면서 용접한다.(비드의 처짐을 방지하기 위함) 2층 비드는 강관 표면보다 1 ~ 1.5mm 정도 낮게 쌓는다.

3) 3층(표면) 비드놓기

(1) 1줄로 표면 비드를 완성하는 경우

하단 위보기 자세 부분에 와이어 끝을 대고 아크를 발생하여 양쪽 개선면 상단 모서리와 모서리 사이를 수평면과 평행하는 반달형 또는 지그재그형 위빙을 하며 위보기 자세에서 수직, 아래보기 자세로 작업각과 진행각을 일정하게 유지하며 연속 진행한다. [그림 7-17 참조]

한쪽이 끝나면 용접부를 깨끗이 청소한 후 반대편도 '(1)'과 같은 방법으로 진행하며, 완성된 표면의 비드 높이는 모재 표면에서 2 ~ 3mm, 폭은 모서리에서 모서리 사이보다 2 ~ 3mm 크게, 이면 비드의 높이는 1.5 ~ 2mm가 되게 한다.

그림 7-17 강관 45° 경사 표면비드놓기 운봉의 예

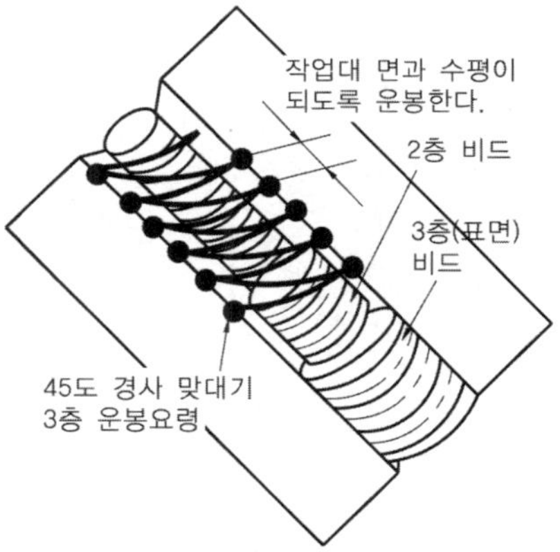

(2) 2줄로 표면 비드를 완성하는 경우

'(1)'과 방법과 같은 방법으로 하되 비드 폭을 좁게 하면서 첫줄의 비드는 하단 강관의 개선 모서리에서 2층 비드의 2/3 부분 정도까지 위빙하여 1줄의 비드를 쌓는다.

표면 비드 2번째 비드도 표면 비드를 1줄로 쌓는 방법과 같이 하되 비드 폭을 좁게 하면서 상단 강관 모서리에서 첫줄의 비드를 2/5 ~ 1/2 정도 겹치도록 쌓는다.

비드의 처짐이 생기지 않으며, 비드 겹침부의 골이 0.5mm(규정에 따라 1mm) 이하가 되도록 쌓는다.

바. 용접부 청소 및 검사, 정리 정돈

용접부의 슬래그와 스패터, 그을음을 깨끗이 청소한다. 이때 모재 표면에 망치 자국 등이 생기지 않도록 주의한다.

청소가 끝나면 용접부 검사 규정에 의해서 외관 검사를 하고, 외관 검사에 합격된 제품에 X선 탐상 시험을 하며, 필요하면 굽힘 시험편을 제작하여 표면 및 이면 굽힘 시험을 한다. 굽힘 시험에서 균열이 3mm 이상, 또는 작은 균열이 7mm 이상, 기공 등이 10개 이상이면 불합격품으로 처리한다.(시험 규정에 따라 달라질 수 있음)

모든 작업이 끝나면 사용했던 장비와 공구를 깨끗이 하여 정리 정돈하고, 주위를 깨끗이 청소한다.

4 강관 45° 경사 장애물 전자세 V 형 맞대기 FCAW 용접(6GR)

가. 강관 V 형 맞대기 FCAW 용접 준비

1) 강관, 스트롱백, 원형 장애물 준비

[그림 7-18]과 같은 도면을 보고 도면에 제시된 압력 배관용 탄소강관 ∅216.3×t18.2-150 1개(200A, 120 스캐쥴), ∅216.3×t12.7-150 1개(200A, 80 스캐쥴) 각 1개를 준비한다.

그림 7-18 45° 경사 형 맞대기 FCAW 용접 도면

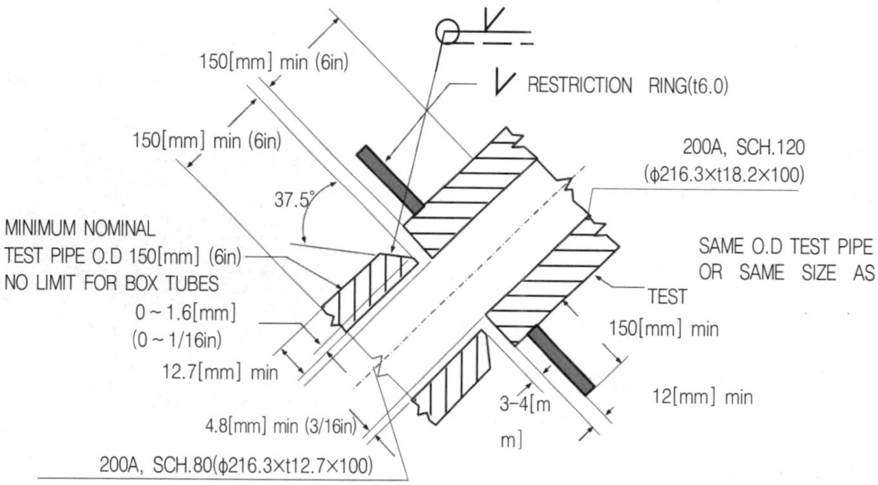

두 개의 강관 길이보다 30 ~ 40mm 더 큰 스트롱백(변형 방지판)을 3 ~ 4개 준비한다. [그림 7-9 참조]

원형 장애물(t6.0×∅616, 중심에 ∅230 원형 펀칭된 판)을 준비한다.

이 장애물은 계속 사용을 위해 [그림 7-19]와 같이 중심 원 둘레 3 ~ 4군데를 볼트 너트로 조였다 풀었다 하여 강관에 고정할 수 있는 형상을 만들면 재활용이 가능할 수 있어 연습시 매우 좋다.

그림 7-19 6GR 장애물의 형상의 예

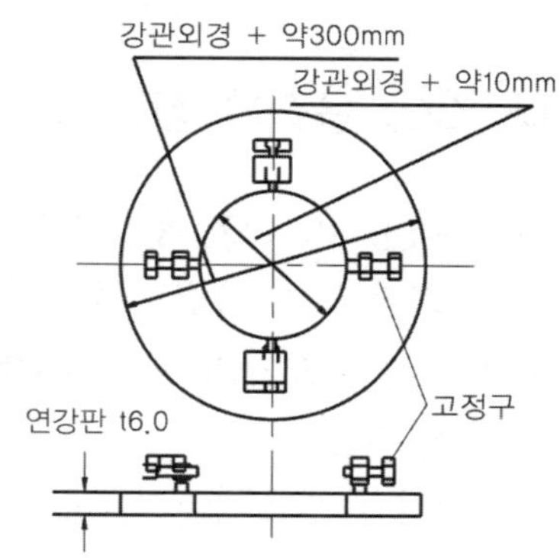

2) 모재 가공

∅216.3×t18.2-100 1개(200A, 120 스캐쥴) 강관은 측면을 평탄하며 전체적으로 평면이 되게 가공하고, ∅216.3×t12.7-100 1개(200A, 80 스캐쥴) 강관은 선반이나 파이프 가스 절단기로 37.5°로 경사지게 개선 가공한다.

개선 가공된 강관의 끝면을 디스크 그라인더나 줄을 사용하여 루트면을 0~1.6mm 정도 되게, 모재의 루트면을 서로 맞대었을 때 틈이 없게 가공하며, 강관의 이음부 주위 20~30mm 부분을 휠 브러시로 깨끗이 청소한다.

3) 플럭스 코드(복합) 와이어 준비

와이어는 시험 규정에 따라 요구하는 와이어를 준비한다.

여기서는 플럭스 코드 와이어(AWS A5.29, E71T-1(YFW 22)-∅1.4, E71TB-G ∅1.6을 준비한다.

1층 이면 비드용 Coreshield 8, E71TB-G ∅1.6[그림 7-20 참조]의 진공 포장지를 제거하고 라벨지가 보이는 쪽을 앞으로 하여 송급 장치의 릴 지지축에 끼운다.(1층 이면 비드용 Coreshield 8, E71TB-G ∅1.6 와이어가 없는 경우는 E71T-1(YFW 22)-∅1.4를 끼운다)

그림 7-20 이면(back) 비드놓기용 셀프실드 (코어실드) 와이어의 예

4) 보호가스 준비

CO_2 가스 용기를 준비하여(중앙 집중식의 경우는 예외) 가스 용기에 압력-유량계를 부착한다. 가스 용기 사용의 경우 용기가 넘어지지 않도록 고정한다.

나. CO_2 용접기 점검 및 조작

'제7절 1 나. CO_2 용접기 점검 및 조작'과 같은 방법으로 용접기를 점검 및 조작한다. [표 7-2]와 같이 층별 전류, 전압을 조절한다.

용접 전류는 모재의 재질, 두께, 루트 간격, 홈 각도, 용접 속도, 와이어 돌출 길이 등에 따라 달라진다.

크레이터 전류는 용접 전류의 약 70%, 전압은 1~2V 낮게 조절한다.

표 7-2 강관 V형 맞대기 용접 조건

층수	용접전류 [A]	아크 전압[V]	와이어 돌출길이 [mm]	가스유량 [l/min]
1층	160 ~ 200	21 ~ 23	15 ~ 20	20 ~ 25
2층	180 ~ 220	22 ~ 24		
표면	160 ~ 200	21 ~ 23	10 ~ 15	15 ~ 20

다. 강관 가용접 및 변형 방지판 부착

과제 '제7절 2 다. 강관 가용접 및 변형 방지판 부착'과 같은 방법으로 강관을 가용접 한 후 가용접부를 경사지게 가공한다.

라. 강관에 장애물 설치

도면과 같이 측면을 평탄하게 가공된 SCH.120 강관(t18.2) 측면에서 12mm 부분의 원둘레에 금긋기나 4 ~ 5군데 마킹을 한 후 강관을 바이스나 지그에 12mm로 금긋기한 부분이 돌출되도록 하여 수평으로 고정한다.

장애물을 금긋기한 부분에 맞추고 각 부분의 볼트를 조금씩 조이면서 금긋기선에 맞추면서 원형이 강관 원둘레와 동심원이 되도록 고정한다. [그림 7-21 참조]

마. 강관 고정

가용접과 장애물이 설치된 강관이 45° 경사지게, 용접선이 반대 방향과 45° 경사지게 지그에 고정하고 작업하기 편한 높이로 맞춘다. [그림 7-22 참조]

이때 장애물이 설치된 강관이 상부가 되게 설비하며, 고정된 모재가 강관 하단의 위보기 자세에서 상단 아래보기 자세까지 연속 용접이 가능한 높이가 되도록 높이를 맞춘다.

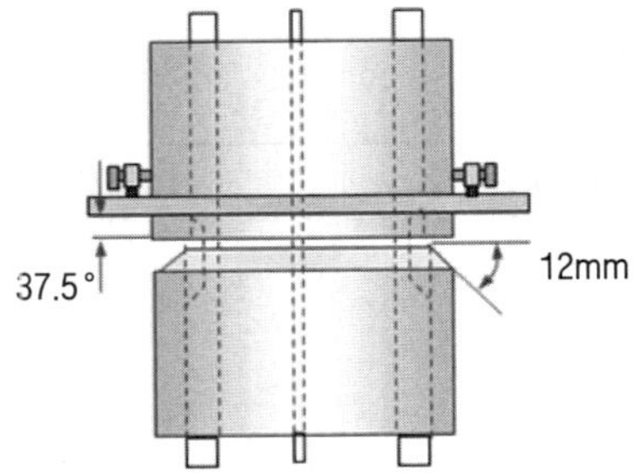

그림 7-21 강관에 장애물 설치하기

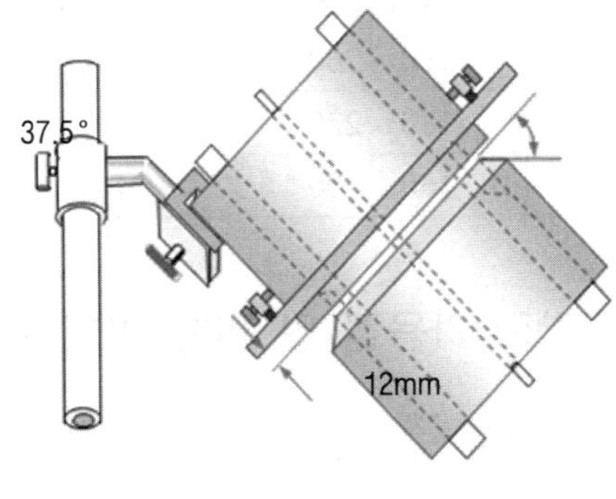

그림 7-22 강관 45° 고정

바. 강관 45° 경사 전자세 V형 맞대기 FCAW 용접

1) 1층(이면) 비드놓기

이면 비드용 노즐(롱 노즐)을 끼운 후 작업대 앞에서 자세를 편하게 잡고 토치의 와이어 끝을 용접 시작점(강관의 6시 30분(또는 5시 30분) 부근으로 옮겨 가상으로 위빙하며 상단 아래보기 자세까지 진행해보면서 작업 중에 부자연스러운 부분이나 작업에 어려움이 있으면 시정한다.

작업대 앞에서 자세를 편하게 잡고 토치의 와이어 끝을 용접 시작점(강관의 6시 30분(또는 5시 30분) 부근으로 옮긴 후 헬멧을 쓰고 아크를 발생한다.

토치의 작업각은 상단 직각 가공면과 하단 베벨 가공면과의 1/3 각도(약 20°), 진행각을 접선에 대해 75 ~ 85°로 유지하며 루트 간격 사이를 이전 비드를 겹치면서 수평면과 평행이 되게 작은 위빙을 하며 진행한다. [그림 7-23 참조]

그림 7-23 강관 45° 경사 이면 비드놓기의 예

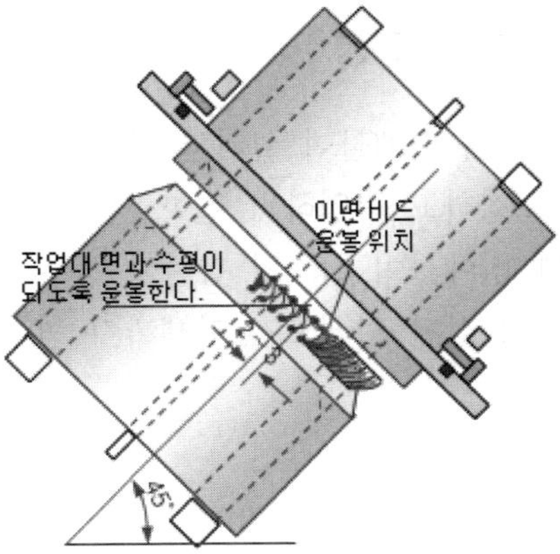

위빙 방법은 와이어 끝을 직각 가공된 내경쪽 홈 끝까지 넣어 약 2~3초 정도 멈추는 듯 했다가 하단 베벨 가공 모재 쪽으로 약간 빼내었다 하면서 일정한 간격으로 위빙을 하며 상진한다. [그림 7-24 (b) 참조]

이때 수평면과 거의 평행이 아닌 용접선에 대하여 직각방향으로 위빙을 할 경우 비드 처짐이 심하므로 주의해야 된다. [그림 7-24 우측 상단 (a), (b) 참조]

운봉시 와이어 끝이 용융지 끝의 1 ~ 2mm를 겹쳐 운봉하여 와이어가 루트 간격 사이로

빠지지 않도록 하며 키홀을 일정하게 유지한다. [그림 7-24 참조]

위보기 자세에서 수직 자세로, 아래보기 자세로 이동할 때는 토치의 각도를 적절하게 조절하며 연속하여 비드놓기를 하여 아크를 끊지 않고 11시 30분(또는 12시 30분) 부분까지 연속 진행해야 된다.

반대쪽도 위와 같은 방법으로 이면 비드를 쌓는다. 각 층, 각 패스 비드놓기 중 아크가 끊어져 이음이 필요한 경우 이음부를 연삭 및 청소를 한 후 다음 비드놓기를 해야 된다.(시험 규정에 따라 이음부 연삭이 불가능한 경우도 있으므로 불가능시 비드 잇는 방법을 익혀야 됨)

그림 7-24 토치의 작업각과 키홀 유지법의 예

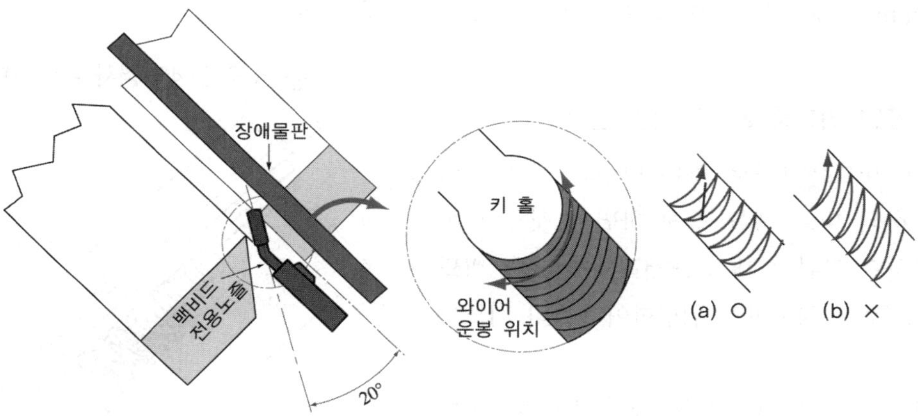

2) 2 ~ n층 비드놓기

와이어를 송급 장치에 E71T-1, YFW 22 ∅1.4로 바꾸어 끼우고, 일반용 노즐로 바꾼 후 송급 장치에서 이면 비드놓기용 Coreshield 8, E71TB-G ∅1.6 와이어를 빼내고 E71T-1,YFW 22 ∅1.4 와이어를 설치하여 토치에 와이어를 끼운다.(1층 비드놓기시 이면 비드놓기용 Coreshield 8, E71TB-G ∅1.6 와이어가 준비 안된 경우는 이 작업은 할 필요가 없음)

강관의 두께가 두꺼우면 다층쌓기를 하여야 되며, 제시된 모재는 두께가 상부는 18.2, 하단 강관은 12.7mm이므로 비드를 두껍게 쌓으면 3층으로 완성가능하며, 얇게 쌓을 경우 4 ~ 5층으로 완성해야 된다. 여기서는 3층으로 완성하는 것으로 한다.

2층 비드놓기는 1층 비드놓기와 동일하게 하나 용접 전류는 10 ~ 30A, 전압은 1 ~ 2V 높게 조절하고 1층 비드와 충분히 융합되도록 하며, 운봉은 지그재그식으로 하되 수평면과 평행이 되도록 운봉하고 위쪽 모재에서 좀더 머물러주면서 용접한다.(비드의 처짐을 방지하기 위함)

2층 비드는 운봉 중에 강관 표면보다 1 ~ 1.5mm 정도 낮게 보일 정도로 쌓는다.

3) 3층(표면) 비드놓기

(1) 표면 비드를 1줄로 하는 경우

표면 비드는 WPS나 요구 규정에 따라 2줄 겹치기 비드로 완성하거나, 1줄로 완성하기도 한다. 그러나 1줄로 할 경우 비드 처짐이 많아질 수 있으므로 2줄로 하는 것이 보통이다.

와이어 끝을 하단 위보기 자세 부분에 대고 아크를 발생하여 양쪽 개선면 상단 모서리와 모서리 사이를 수평면과 평행하는 반달형 또는 지그재그형 위빙을 하며 위보기 자세에서 수직, 아래보기 자세로 작업각과 진행각을 일정하게 유지하며 연속 진행한다. [그림 7-25 참조]

한쪽이 끝나면 용접부를 깨끗이 청소한 후 반대편도 위와 같은 방법으로 진행한다.

완성된 표면의 비드 높이는 모재 표면에서 2~3mm, 폭은 모서리에서 모서리 사이보다 2~3mm 크게, 이면 비드의 높이는 1.5~2mm가 되게 한다.

(2) 표면 비드를 2줄로 하는 경우

표면 비드를 1줄로 하는 방법과 같은 방법으로 하되 비드 폭을 좁게 하면서 첫줄의 비드는 하단 강관의 개선 모서리에서 표면 비드의 2/3 부분 정도까지 위빙하여 1줄의 비드를 쌓는다.

표면 비드 2번째 비드도 표면 비드를 1줄로 쌓는 방법과 같이 하되 비드 폭을 좁게 하면서 상단 강관 모서리에서 첫줄의 비드를 1/2 정도 겹치도록 쌓는다. [그림 7-26 (b) 참조]

비드의 처짐이 생기지 않으며, 비드 겹침부의 골이 0.5mm(규정에 따라 1mm) 이하가 되도록 쌓는다. 비드놓기 층의 겹침은 [그림 7-26 (b)]와 같이 쌓아야 되며, (b)의 경우 ②와 같이 쌓은 윗부분(③)이 깊은 홈이 되어 슬래그 제거를 할 수 없게 된다.

그림 7-25 강관 45° 경사 2~3층 운봉

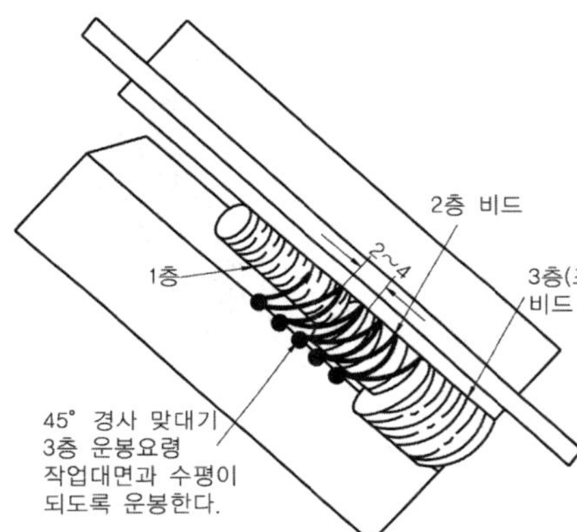

그림 7-26 6GR 맞대기 비드놓기의 양 · 부

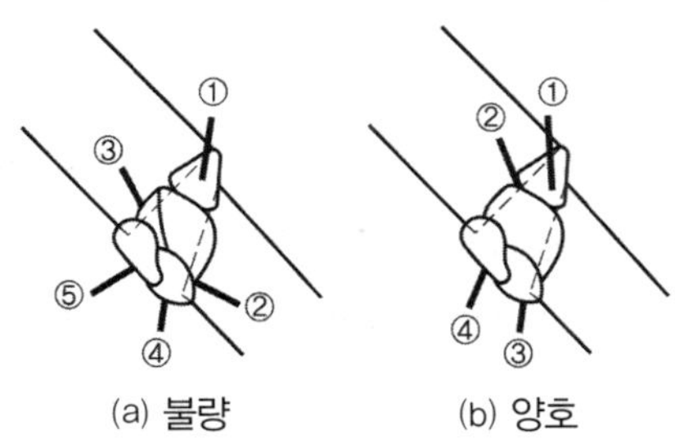

사. 용접부 청소 및 검사, 정리 정돈

용접부의 슬래그와 스패터, 그을음을 깨끗이 청소한다. 이때 모재 표면에 망치 자국 등이 생기지 않도록 주의한다.

청소가 끝나면 용접부 검사 규정에 의해서 외관 검사를 하고, 외관 검사에 합격된 제품에 X선 탐상 시험을 하며, 필요하면 굽힘 시험편을 제작하여 표면 및 이면 굽힘 시험을 한다.

굽힘 시험은 시험 규정에 따라 실시하며, 여기서는 강관 전둘레에서 4개의 시험편을 제작하여 2개는 표면 굽힘 시험을, 2개는 이면 굽힘 시험을 한다.

굽힘 시험에서 균열이 3mm 이상, 또는 작은 균열이 7mm 이상, 기공 등이 10개 이상이면 불합격품으로 처리한다.(시험 규정에 따라 달라질 수 있음)

그림 7-27 6GR 용접한 외관과 내면의 모양

(a) 6GR 완성 용접한 외관 모양　　(b) 6GR 용접한 이면 비드의 모양

5 강관 45° 경사 장애물 전자세 V형 맞대기 1층 SMAW 후 FCAW 용접(6GR)

가. 강관 V형 맞대기 용접 준비

'제7절 4 가. 강관 V형 맞대기 FCAW 용접 준비'와 같은 방법으로 준비한다.

피복 아크용접봉 E7018 ∅3.2(코드 적용에 따라 달라질 수 있음)를 준비하여 편심 여부, 피복제의 균열, 파손 여부 등을 점검한 후 준비된 용접봉을 용접봉 건조로에 넣고 300~350℃로 1~2시간 건조시킨 후 보온통에 넣고 70℃ 정도로 유지시켜둔다. [그림 7-28 참조]

나. CO_2 용접기 점검 및 조작

과제 '제7절 1 나. CO_2 용접기 점검 및 조작'과 같은 방법으로 용접기를 점검 및 조작한다.

그림 7-28 피복아크용접봉 보온통

다. 강관 가용접 및 변형 방지판 부착

과제 '제7절 1 다. 강관 가용접 및 변형 방지판 부착'과 같은 방법으로 강관을 가용접한 후 가용접부를 경사지게 가공한다.

그림 7-29 강관 45° 경사 장애물 전자세 V형 맞대기 모재 고정

라. 강관에 장애물 설치

과제 '제7절 1 라. 강관에 장애물 설치'와 같은 방법으로 장애물을 설치한다.

마. 강관 고정

'제7절 1 마. 강관 고정'과 같은 방법으로 가접된 강관을 고정한다. [그림 7-29 참조]

바. 강관 45° 경사 전자세 V형 맞대기 FCAW 용접

1) 피복 아크용접봉으로 1층(이면) 비드놓기

건조된 피복 아크용접봉 E7018 ∅3.2(코드 적용에 따라 달라질 수 있음)를 용접봉 홀더에 물리고, 교류 아크용접기를 조작하여 전류를 90 ~ 100A로 조절한다.

표 7-3 강관 V형 맞대기 용접 조건

층수	용접전류 [A]	아크 전압[V]	와이어 돌출길이 [mm]	가스유량 [l/min]
2층	180 ~ 220	22 ~ 24		20 ~ 25
표면	160 ~ 200	21 ~ 23	10 ~ 15	15 ~ 20

작업대 앞에 편하게 자세를 취하고 용접봉 끝을 용접 시작점(강관의 6시 30분(또는 5시 30분) 부근으로 옮겨 가상으로 위빙하며 상단 아래보기 자세까지 진행하면서(교류 아크용

접기 전원을 'OFF"한 상태) 작업 중에 부자연스러운 부분이나 작업에 어려움이 있으면 시정한다.

교류 아크용접기 전원을 'ON'한 후 작업대 앞에서 자세를 편하게 취하며 용접봉 끝을 용접 시작점(강관의 6시 30분(또는 5시 30분) 부근으로 옮긴 후 헬멧을 쓰고 아크를 발생한다.

작업각은 상단 직각 가공면에 대하여 약 35°, 진행각은 접선에 대해 75 ~ 85°로 유지하며 루트 간격 사이를 이전 비드를 겹치면서 수평면과 평행이 되게 작은 위빙을 하며 진행한다. [그림 7-30 참조]

그림 7-30 이면비드놓기 운봉각

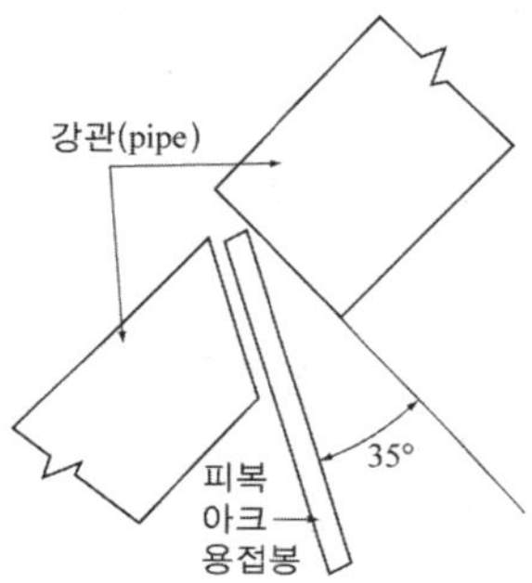

그림 7-31 이면비드놓기 용접봉 삽입 방법

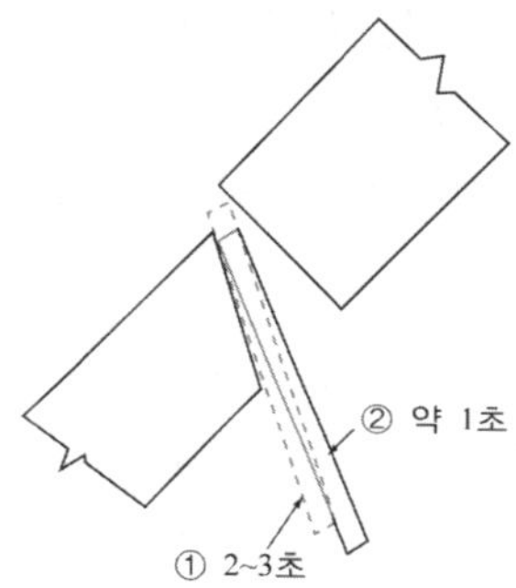

그림 7-32 1층 이면비드놓기 운봉 방법

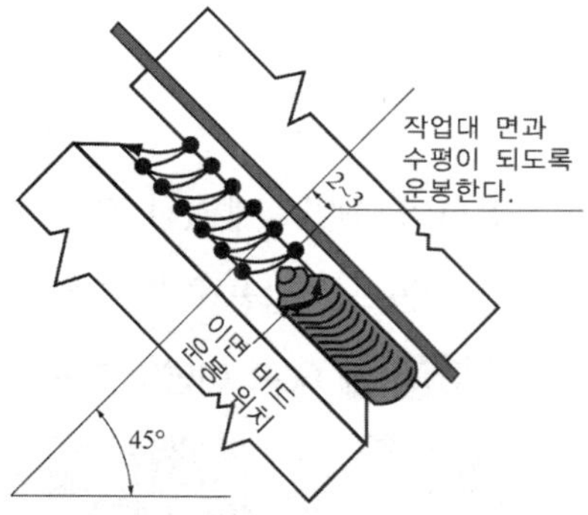

그림 7-33 피복 아크용접봉으로 6GR 백비드놓는 모습

위빙 방법은 용접봉 끝을 직각 가공된 내경쪽 홈 끝까지 넣어 약 2 ~ 3초 정도 멈추는 듯 했다가 하단 베벨 가공 모재 쪽으로 약 1초 빼내었다 하면서 일정한 간격으로 수평 위빙을 하며 상진한다. [그림 7-31 참조]

수평면과 거의 평행이 아닌 용접선에 대하여 직각방향으로 위빙을 할 경우 비드 처짐이 심하므로 주의해야 되며, 용접봉 끝이 용융지 끝의 1 ~ 2mm를 겹쳐 운봉하여 키홀을 일정하게 유지한다. [그림 7-32 참조]

위보기 자세에서 수직 자세로, 아래보기 자세로 이동할 때는 용접봉 각도를 적절하게 조

절하며 비드놓기를 한다. [그림 7-32 참조]

2) 1층(이면) 비드잇기

용접봉 소모가 다되거나, 아크가 끊어진 경우 비드잇기를 한다. 이때 비드 잇기 할 비드의 끝 부분에서 20~40mm 주위의 슬래그를 제거하고 와이어 브러시로 깨끗이 청소한 후 아크가 끊어진 부분의 1층 이면비드 끝을 그라인더로 경사지게 가공한다.

∅3.2 용접봉을 홀더에 물리고 비드 끝에서 10~20mm 안쪽에 용접봉을 끝을 이동한 후 헬멧을 쓰고 아크를 발생하여 작업순서 '1)'과 같은 방법으로 진행한다.

피복 아크용접봉은 길이가 한정되어 있어 여러 번 비드잇기를 해야 되며, 매번마다 비드잇기 전의 잇는 부분 가공이나 용접 방법은 유사하다.

다만 잇는 위치에 따라 용접 자세가 달라질 수 있으므로 작업각과 운봉각 유지에 유의해야 된다.

이면 비드놓기는 위보기 자세, 수직 자세 아래보기 자세 순으로 진행한다.

반대쪽도 위의 작업순서 '1)~2)'와 같은 방법으로 이면 비드를 쌓는다.

1층 이면 비드놓기가 끝나면 용접부 전체를 슬래그와 스패터를 깨끗이 제거하고 와이어 브러시로 깨끗이 청소한 후 비드의 겹침으로 생긴 볼록한 부분은 핸드 그라인더로 다른 부분과 동일한 높이가 되도록 가공한다.

3) 플럭스 코드 와이어로 2층 이상 용접하기

2층 이상은 CO_2 용접기와 플럭스 코드 와이어를 사용하여 작업과제 '4 강관 45° 경사 장애물 전자세 V형 맞대기 FCAW 용접(6GR)의 작업순서 바. 2) 2~n층 비드놓기, 3) 3층(표면) 비드놓기'와 같은 방법으로 진행한다.

사. 용접부 청소 및 검사, 정리 정돈

과제 '4 사. 용접부 청소 및 검사, 정리 정돈'과 같은 방법으로 용접부 청소와 검사, 정리 정돈을 한다. [그림 7-34 참조]

그림 7-34 6GR 이면비드 형상

03 불활성가스 텅스텐 아크(TIG) 용접

제1절 ❙ TIG 용접기 설치 및 조작하기

1 TIG 용접기 설치 작업

가. 케이블 및 부속품 준비

용접기 규격에 맞는 용접 토치, 1차 및 2차 케이블(길이 약 3m), 접지선, 냉각수 호스(수냉식의 경우), 아르곤 가스 용기, 유량계, 수냉 탱크(수냉식의 경우), 가스 호스, 텅스텐 전극봉, 토치 부품 등을 준비한다.

나. 필요한 공구 준비

용접기 설치 작업에 필요한 단자 압착기, 스패너, 니퍼, 렌치, 전선 칼, 단자 체결 볼트너트, 절연 테이프 등을 준비한다.

사용 설명서(manual)를 준비한다.

그림 1-1 TIG 용접기의 형상

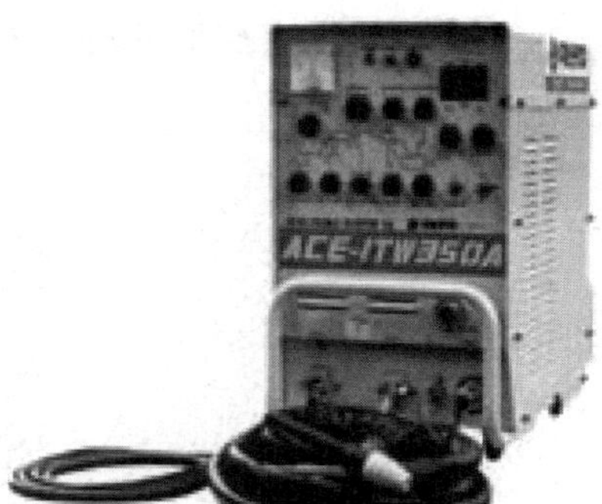

다. 케이블 연결

1) 2차 케이블 연결

배전반의 메인 스위치를 차단하고 "수리중"이라는 명패를 부착 한다.

2차 케이블의 한쪽 끝에 단자 압착기를 이용하여 압착 단자를 체결시켜 2차 단자의 양극(+)측에 볼트 너트로 단단하게 고정하고, 반대측에 접지 클램프를 연결하여 용접 작업대에 접촉이 확실하게 고정 한다. [그림 1-2 참조] 노출부를 절연 테이프로 감아 준다.

2) 1차 케이블 연결

용접기가 3상인 경우 용접기 용량에 맞는 1차 케이블의 한쪽(3상)을 용접기 1차 입력 단자에 고정하고 반대측 끝을 주전원 스위치(브레이크 스위치 용접기 1대당 1개)에 2개를 연결한다.

다른 한선을 연결하여 용접기의 냉각팬의 회전 방향을 확인한 후 역회전하면 2개의 선을 바꾸어 체결한 후 절연 테이프로 노출부를 절연시킨다.

그림 1-2 TIG 용접기 2차측 연결

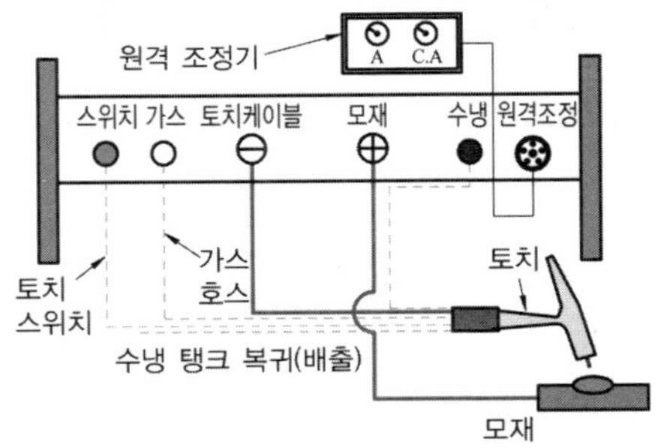

접지선의 한쪽 끝을 용접기 케이스의 접지단자나 케이스 체결 나사를 풀어 연결하고, 다른 쪽은 지면에 접지시키거나, 접지 공사가 되어 있는 경우는 한쪽 끝을 배전반의 접지선(보통 녹색선)에 연결한다.

라. 토치 조립

텅스텐 전극을 사용하는 극성에 맞게 가공한다. 직류 정극성은 끝을 뾰족하게 가공하며 [그림 1-3, 1-4 참조], 직류 역극성에는 둥글게 가공한다.

용접 토치를 용접기 출력측 양극(+)에 연결한다. 용접기의 가스 호스 출구에 토치의 가스 호스를 연결한다. 수냉식의 경우는 수냉 토치를 사용해야 된다.

그림 1-3 텅스텐 전극봉 연마법

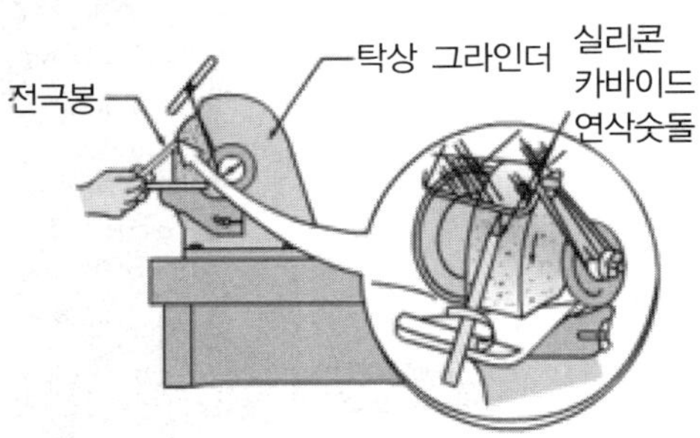

그림 1-4 텅스텐 전극봉 가공

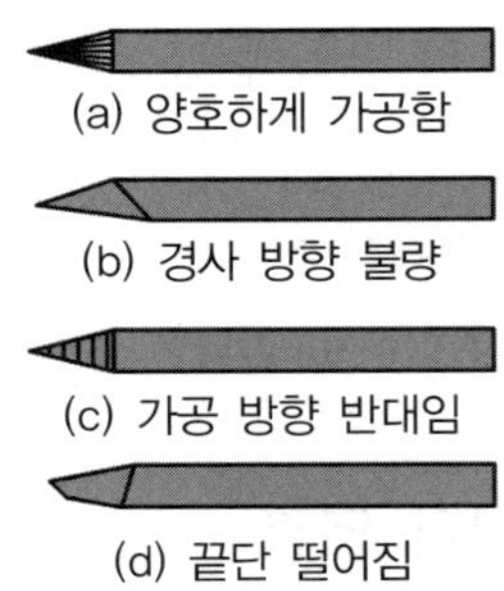

토치 몸체 앞에 콜릿 몸체, 세라믹 노즐을, 뒤에 콜릿척, 텅스텐 전극봉, 토치 캡을 차례로 조립한다. [그림 1-5 참조]

캡을 단단히 조이기 전에 노즐 끝에서 전극의 돌출 길이를 용접부 형상에 따라 적당한 길이로 돌출시킨 후 캡을 단단히 조인다. [그림 1-6 참조]

그림 1-5 티그 토치의 조립

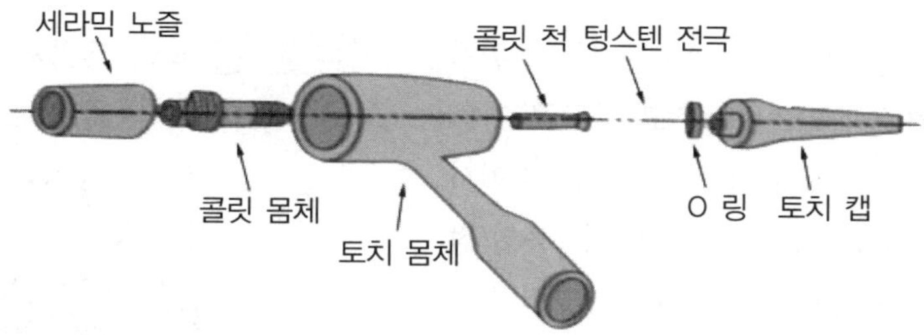

그림 1-6 텅스텐 전극 돌출 길이 조절

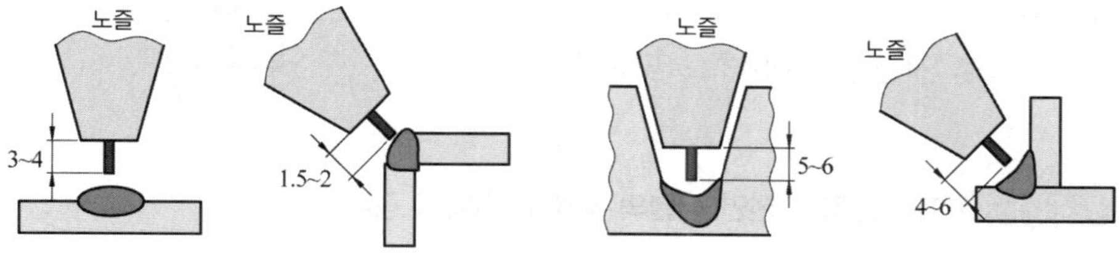

마. 아르곤(Ar) 가스 용기에 압력 조정-유량계 연결

아르곤 가스의 용기를 벽에 넘어지지 않도록 체인으로 고정한 후, 아르곤 가스 용기의 고압 밸브를 순간적으로 열어 출구의 먼지 등을 제거한다.

용기의 고압 밸브측에 아르곤 압력-유량계를 수직으로 체결한다. 이 때 체결부에 누설이 없도록 체결해야 한다.(가스 집중실이 있을 경우는 연결부에 접속한다.)

가스 호스를 유량계의 가스 출구 니플과 용접기의 입구 니플에 연결한 후 용접기와 토치의 호스 연결부가 가스 누설이 없는지 점검한다.

2 TIG 용접기 조작 및 아크 발생

가. 용접기 점검 및 전원 연결

용접 시작 전에 TIG 용접기의 각 연결부의 체결 상태를 점검하고, 전원을 'ON'한다. 용접기의 '직류/교류(DC/AC)' 전환 스위치를 용접 재료에 따라 선택한다.

알루미늄의 경우는 고주파 교류를, 강이나 스테인리스강은 DCSP(직류 정극성)으로 조절한다.

나. 유량 조절

용접기 전면 패널에서 '용접/점검' 전환 스위치를 '점검(시험, 가스체크)'에 맞추고 아르곤 가스 용기의 고압 밸브를 열고 유량계의 밸브를 열면서 유량을 6 ~ 12 ℓ/min로 조절한 후 다시 '용접/점검' 전환 스위치를 '용접'에 놓는다. [그림 1-7, 1-8 참조]

패널에서 아크 발생 전에 유출되는 아르곤 가스의 지연 유출 시간 조절 노브를 2 ~ 3초로, 용접 후의 가스 유출 시간을 5 ~ 10초로 맞춘다.

그림 1-7 압력-유량계 조절 순서

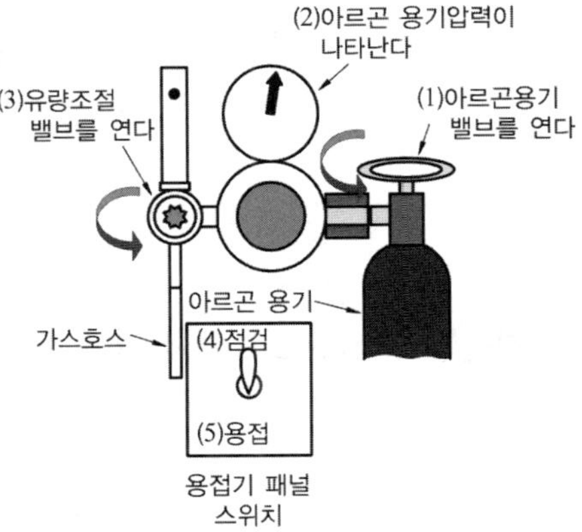

그림 1-8 TIG 용접기 전면 패널의 각종 스위치의 종류

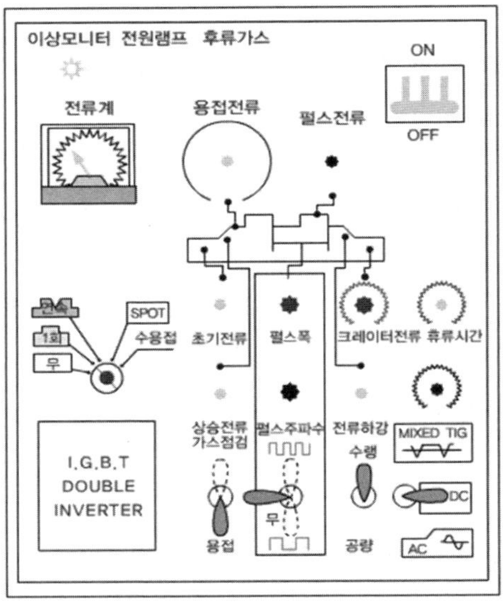

다. 전류 조절

용접 관계 전류를 용접 재료의 두께나 형상, 용접법에 따라 적당한 조건으로 조절한다. 여기서는 연강판 또는 스테인리스강판 t3.0의 판에 비드놓기를 기준으로 하여 조절한다.

초기 전류 조정 스위치를 50 ~ 70[A]로, 용접 전류 조정 스위치를 70 ~ 100[A]로, 크레이터 전류 조정 스위치를 60 ~ 80[A]에 맞춘다.

라. 크레이터 '유/무/반복' 조절

크레이터 '유/무' 전환 스위치를 '유' 또는 '무'로 맞춘다.

'무'로 맞춘 경우는 토치 스위치를 누르면(ON하면) 용접 전류로 아크가 발생되며, 스위치를 놓으면(off하면) 아크가 꺼진다.

'유'를 선택한 경우는 토치 스위치를 누르면 초기 전류 전류로 아크가 발생되며, 스위치를 놓으면 용접 전류로 아크 발생이 계속되며, 다시 스위치를 누르면 크레이터 전류로 아크 발생이 계속되며, 스위치를 놓으면 아크는 중단된다. [그림 1-9 참조]

반복을 선택한 경우는 최초 스위치를 누를 때는 초기 전류가, 스위치를 놓으면 용접 전류가, 다시 누르면 크레이터 전류가, 다시 놓으면 용접전류가 흘려서 'ON' 'off'에 따라 크레이터 전류와 용접 전류가 통전되어 아크가 반복되므로 아크를 끊을 경우는 토치를 빨리 들어 올려 아크를 끊은 후 다시 빨리 용접부쪽으로 토치를 내려서 가스 유출시간만큼 용접부를 보호해야 된다.

그림 1-9 크레이터 '유/무' 조작

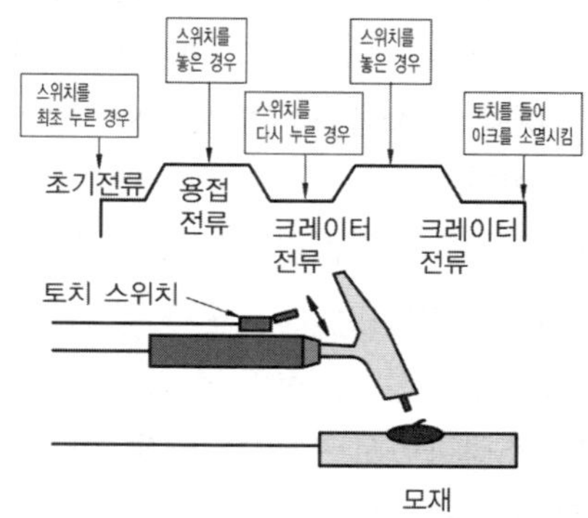

마. 펄스 '유/무' 선택

펄스 기능은 펄스 전류와 용접 전류가 조작 스위치에 따라 펄스 폭과 펄스 주파수에 따라 자동적으로 다양하게 반복되는 기능으로 아주 얇은 판의 용접시에 용접부를 가열과 냉각을 자동적으로 하면서 용접을 할 수 있게 하는 기능이다.

크레이터 '반복' 기능과 유사하나 '반복' 기능은 작업자가 인위적으로 열량을 조절하는데 비해 펄스 기능은 스위치 조작 상태대로 자동적으로 조절되는 기능이다.

그림 1-10 전류 상승시간-하강시간 설정시 전류 변화

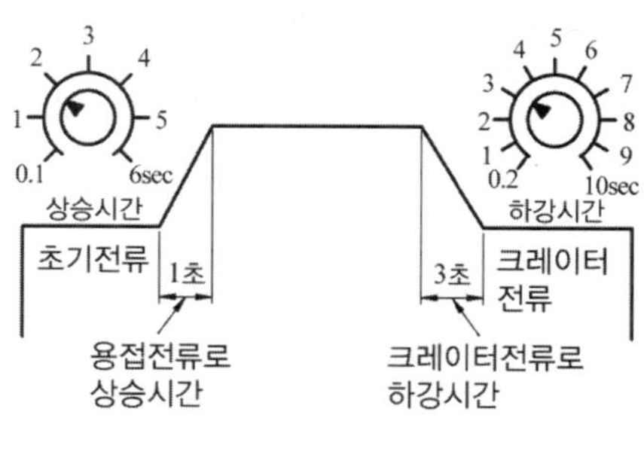

바. 'UP SLOP', 'Down SLOP' 조절

'UP SLOP' 기능은 초기 전류에서 용접 전류로 올라가는 시간(초)이며 'Down SLOP' 기능은 용접 전류에서 크레이터 전류로 내려가는 시간이다.

'UP SLOP' 스위치를 '0'으로 놓으면 토치 스위치를 놓자 곧바로 초기 전류에서 용접 전류로 올라가며, 'Down SLOP' 스위치를 '0'로 맞혀진 상태에서 토치 스위치를 누르면 용접 전류에서 크레이터 전류로 바로 내려가게 된다. [그림 1-10 참조]

사. 아크 발생

모재를 용접 작업대에 올려놓고, 모재의 우측 끝 부분에 토치의 노즐을 모재에 가볍게 접촉시킨 후 아크를 발생해본다.

이 때 전극은 봉 지름 정도 모재에서 띄워져 있어야 된다. [그림 1-11 참조]

그림 1-11 TIG 토치 아크 발생법

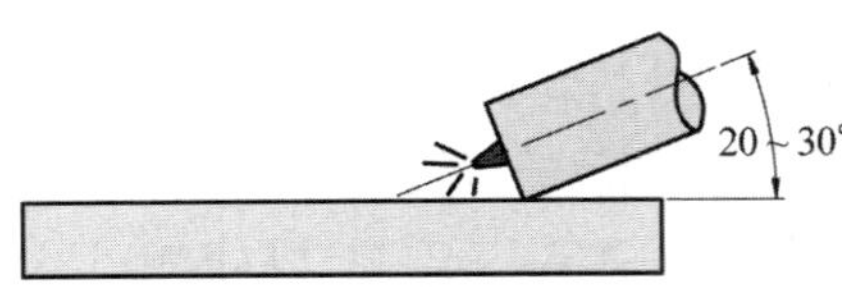

용접기 패널의 각부 스위치를 전환시켜보며 용접기의 각 스위치별 기능과 역할을 익힌다.

극성 전환 스위치를 'DC, AC, DC-AC 중첩, spot' 기능을 각각 전화시키면서 그 특성을 익힌다.

크레이터 '유/무/반복' 을 각각 달리하면서 각 기능을 익힌다.

펄스 주파수 폭 전환 스위치를 각각 선택하고 주파수 조정 스위치와 펄스 폭 조정 스위치를 조정하면서 아크를 발생 해 본다.

상승 시간(UP SLOP) 조정 스위치와 하강 시간(DOWN SLOP) 스위치를 조정하고 아크를 발생해 본다.

아. 아크 종료 및 정리 정돈

아크가 종료되면 용기의 고압 밸브를 닫고, 용접기의 패널에서 '용접/점검' 스위치를 '점검'에 맞추면 호스 내와 압력-유량계 내에 있는 잔여 가스가 배출된다.

잔여 가스를 배출하고 나면 용접기와 주위를 깨끗이 정리한다.

제2절 | 비드놓기 TIG 용접

1 아래보기 자세 비드놓기

가. 작업준비

1) 공구 및 보호구, 용접 재료 준비

용접 공구 및 보호구, 용접 재료(연강판 또는 스테인리스강판, 탄소강 용접봉, 스테인리스강 용접봉, 아르곤 가스) 등을 준비한다.

연강판의 경우 모재 표면의 녹, 스케일, 페인트, 오일, 수분 등을 샌드페이퍼, 와이어브러시, 산세척, 증기세척 등으로 깨끗이 한 후 마카펜으로 직선을 긋는다.

용접봉은 용접부 특성에 맞는 TIG 연강 용접봉(ER70S-6, ϕ2.4)을 준비하고 스테인리스강용 울(wool)이나 샌드페이퍼로 표면을 깨끗이 한 후 용접봉의 한쪽 끝 약 20mm 정도를 구부려 준다.(안전상 필요함)텅스텐 전극봉(토륨 1 ~ 2% 함유, ϕ2.4)을 준비하여 전극봉 전용 가공기나 그라인더로 가공한다.

가스 노즐은 모재의 재질과 이음형태, 가스 종류에 따라 선택하며, 보통 텅스텐 전극봉 지름의 3 ~ 4배 정도 되는 것을 선택한다. [그림 2-1 참조]

그림 2-1 세라믹 노즐의 형상

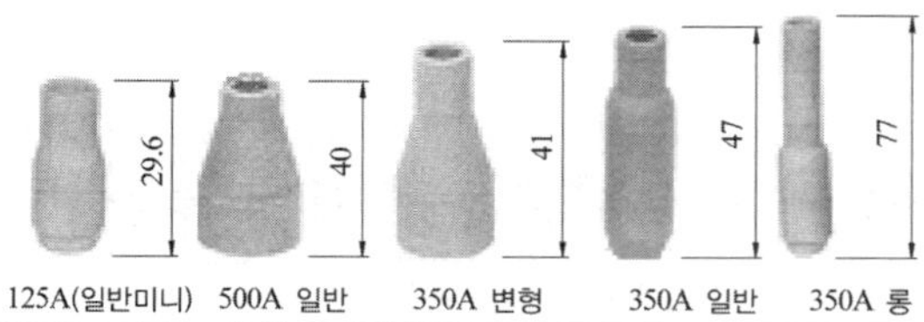

국제규격	내 경(ϕ)	국제규격	내 경(ϕ)
4번	ϕ6	7번	ϕ11
5번	ϕ8	8번	ϕ12.5
6번	ϕ10	10번	ϕ16

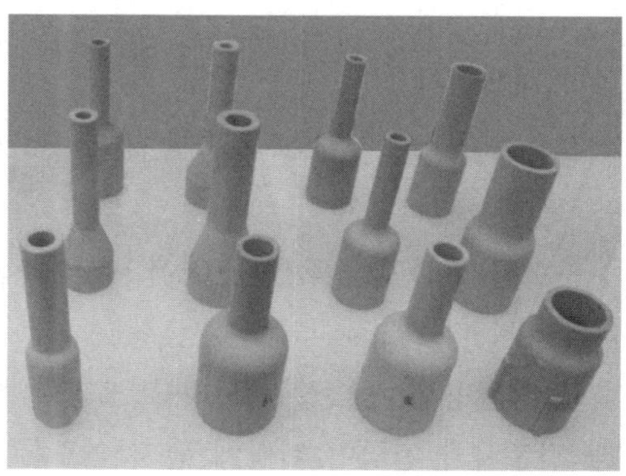

2) 용접기 점검 및 조작

1차 및 2차 케이블의 연결 상태, 아르곤 가스 용기와 호스의 연결 상태 등을 점검한다.
용접 토치에 콜릿 몸체, 노즐, 콜릿 척, 전극봉, 캡을 조립하며, 전극봉 돌출 길이는 노즐

끝에서 3 ~ 4mm 정도 돌출시킨다.(비드놓기의 경우)

각종 전환 스위치를 용접 조건에 맞게 설정 조작한다.

AC(교류), DC(직류) 전환 스위치를 DC에, 크레이터 제어 스위치 '유/무/반복'을 '유'에, 펄스 유/무 전환 스위치를 무에 맞춘다.

용접기 패널의 '용접/점검(시험)' 전환스위치를 '점검'에 놓고 유량계의 조절 밸브를 열어 유량을 6 ~ 12[ℓ/min]으로 조절한 후 '용접/점검(시험)' 전환 스위치를 '용접'에 놓는다.

나. 연강판 아래보기 비드놓기

1) 자용지 만들기

초기 전류는 60 ~ 80[A]로, 용접 전류를 80 ~ 110[A]로, 크레이터 전류를 용접 전류보다 20 ~ 30[A] 정도 낮게 조절한다.

준비된 연강판을 작업대 위에 금긋기 선이 좌우가 되도록 수평으로 올려놓고 자리에 편하게 앉아 토치를 잡고 토치를 모재의 우측 금긋기선 끝에 위치하여 노즐을 바닥에 가볍게 접촉시켜 전극이 바닥에 닫지 않도록 눕힌 후 헬멧을 쓴다.

토치 스위치를 눌러 아크를 발생한 후 토치를 진행 반대 방향으로 70 ~ 80°, 작업각 90° 정도 유지한 후 아크 길이를 전극봉 지름 정도로 유지하고 직선, 반달형 운봉 등을 하며 용접봉 공급없이 모재에 약 5 ~ 8mm 정도의 용융지를 일정한 폭과 파형이 형성한다.

용융지 상태를 점검하고 잘못된 점을 시정하려고 노력하며 약 10mm 띄어서 위와 같은 방법으로 반복 연습을 한다.

2) 비드놓기

용융지를 일정한 폭과 파형으로 형성하는 연습이 되면 용접봉을 공급하여 비드놓는 연습을 한다.

준비된 연강판을 작업대 위에 금긋기 선이 좌우가 되도록 수평으로 올려놓고 자리에 편하게 앉는다.

토치와 용접봉을 잡고 토치를 모재의 우측 금긋기선 끝에 위치하여 노즐을 바닥에 가볍게 접촉시켜 전극이 바닥에 닫지 않도록 눕힌 후 헬멧을 쓴다.

토치 스위치를 눌러 아크를 발생한 후 토치를 진행 반대 방향으로 70 ~ 80°, 작업각 90°, 용접봉은 용접선과 10 ~ 30° 정도 유지한다. [그림 2-2 참조]

용융지가 형성되면 용접봉을 용융지에 첨가하면서 작은 원형 운봉 또는 8자 운봉을 하며 전진법으로 비드를 놓는다.

8자 위빙은 [그림 2-3]과 같이 A 노즐의 하단 접촉면을 반달꼴로 굴려서 윗쪽 a까지 진행한 후 접촉면을 꼭지점으로 15° 정도 우회전한 후 다시 노즐 접촉면을 굴려서 하단 b로 진행하여 b점을 꼭지점으로 15° 정도 좌회전하여 노즐 접촉면을 굴려서 c로 진행하는 방법이다.

그림 2-2 아래보기 자세 토치와 용접봉 각도

그림 2-3 8자 운봉시 노즐 움직임

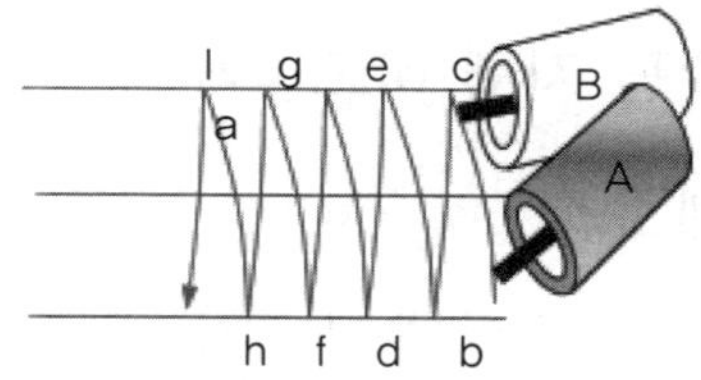

이 때 전극은 일정한 높이에서 반달꼴로 움직여야 되며 전극의 높이가 높아졌다 낮아졌다 해선 안된다.

용접봉은 용융지 끝에 가볍게 접촉되어 있어야 되며 토치가 진행됨에 따라 용접봉 끝이 녹으면서 비드가 형성되므로 용접봉이 용융되어 용융지 끝을 벗어나지 않도록 왼손의 엄지와 검지로 일정한 속도로 용접봉을 밀어 넣어 주어야 된다.

종점에 가까워지면 열 집중이 커져 용락이 생길 수 있으므로 속도 조절과 크레이터 전류를 작동시켜 용락을 방지하며 크레이터 처리를 한다.

각 비드마다 아크가 꺼진 후 지연 가스가 용접부를 충분히 보호할 수 있도록 지연 가스 유출시간(설정시간 : 5 ~ 10초)동안 토치를 크레이터부에서 머물러 준다.

3) 용접부 검사 및 반복 실습

완성된 비드의 미려도, 비드 폭과 높이, 파형 상태, 직선도 등을 검사하고 숙련이 될 때까지 반복 실습한다.

다. 스테인리스강판 아래보기 비드놓기

스테인리스강판은 강에 크롬의 함유량이 12% 이상 함유한 것으로 용접 중에 전류가 너무 높거나 과열되면 입계 부식을 일으켜 스테인리스강의 역할을 할 수 없으므로 용접 중에 과열이 되지 않도록 전류를 용접 가능한 한 최소로 하고, 2층 이상 용접할 경우는 각 층간 온도를 312℃ 이하로 낮추어 용접하여야 된다.

2 수평 자세 비드놓기

가. 작업준비

모든 준비는 아래보기 자세와 동일하게 하면 된다.

나. 수평 자세 비드놓기

1) 모재 고정

모재에 금긋기한 후 모재가 수직이며, 용접선이 좌우가 되도록 지그에 단단히 고정한 후 금긋기선(용접선)이 가슴 정도가 되게 작업하기 편한 높이로 맞춘다. [그림 2-4 참조]

그림 2-4 수평 자세 모재 고정

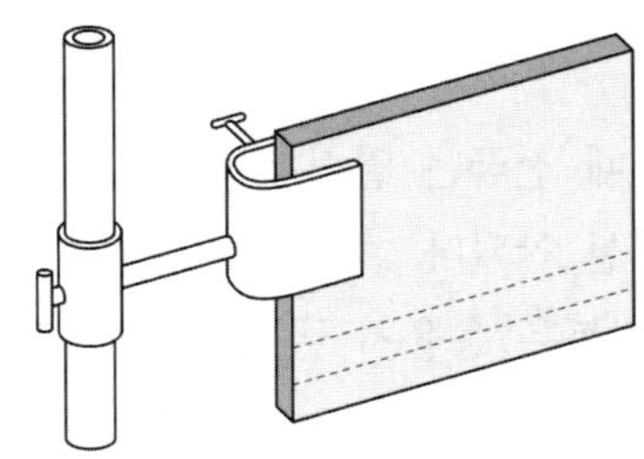

2) 용접기 조작

용접기 전면 패널의 각종 스위치를 아래보기 자세와 같은 방법으로 조작한다.

3) 수평 자세 비드놓기

용접기를 조작하여 용접 전류를 90 ~ 140[A]로, 크레이터 전류를 용접 전류보다 10 ~ 30[A] 정도 낮게, 초기 전류는 60 ~ 100[A]로 조절한다.

용접 보호구를 착용하고, 모재 앞에 편하게 앉아 왼손에 용접봉, 오른손에는 토치를 잡고 (오른손잡이의 경우) 용접 자세를 취한다.

모재의 오른쪽 끝 용접 시작점에서 토치를 경사시켜 세라믹 노즐 끝을 모재에 가볍게 접촉시키고 토치 스위치를 눌러 아크를 발생한다.

토치를 진행 반대 방향으로 70 ~ 80°, 작업각 75 ~ 85°, 용접봉은 용접선과 10 ~ 30° 정도 유지 한다. [그림 2-5 참조]

아크 길이를 전극봉 지름 정도로 유지하고 토치 스위치를 놓아 용접 전류로 용융지를 형성한다. [그림 2-6 참조]

그림 2-5 수평 자세 토치 및 용접봉각

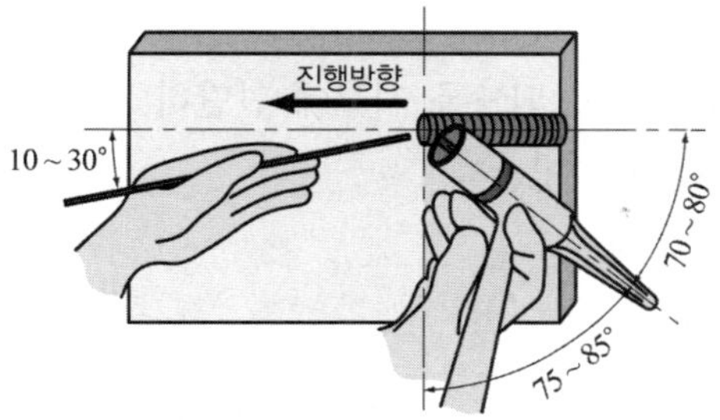

그림 2-6 아크 길이에 따른 비드 폭과 용입 깊이

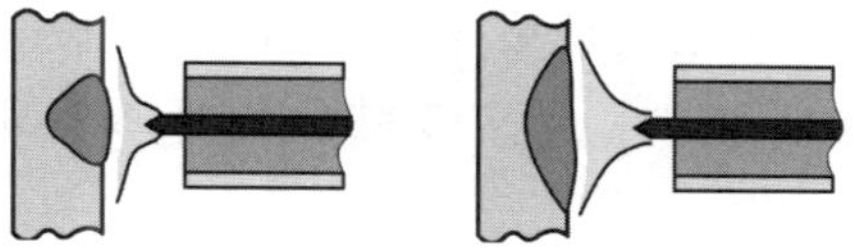

(a) 아크 길이 짧을 때 (b) 아크 길이 길 때

용융지가 형성되면 용접봉을 용융지에 첨가하면서 작은 원형 운봉 또는 반달형 운봉을 하며 전진법으로 비드를 쌓는다.

비드 종점에서 토치 스위치를 눌러 크레이터 처리를 한다.

종점에 가까워지면 열 집중이 커져 용락이 생길 수 있으므로 용접속도 조절과 크레이터 전류를 작동시켜 용락을 방지하며 크레이터 처리를 한다.

아크가 꺼진 후 지연 가스가 용접부를 충분히 보호할 수 있도록 지연 가스 유출시간(설정시간 : 5 ~ 10초) 동안 토치를 크레이터부에서 머물러 준다.

한줄의 비드가 완성되면 용접부를 청소한다.

4) 용접부 검사 및 반복 실습

완성된 비드의 미려도, 비드 폭과 높이, 파형 상태, 직선도, 비드의 겹침상태, 덧쌓기 정도 등을 검사한다. 또한 언더 컷, 오버 랩, 용입불량, 비드의 이음 상태, 시점과 종점 처리 상태를 검사한다.

비드 검사가 끝나면 잘못된 점을 시정하려고 노력하며, 이전 비드 위쪽에 위와 같은 방법으로 비드를 놓는다.

3 수직 자세 비드놓기

가. 작업준비

모든 준비는 아래보기 자세와 동일하게 하면 된다.

나. 수직 자세 비드놓기

1) 모재 고정

모저에 금긋기한 후 모재가 수직이며, 용접선이 수직이 되도록 지그에 단단히 고정한 후 모재의 상부가 배꼽 정도가 되게 작업하기 편한 높이로 맞춘다.

2) 용접기 조작

용접기 전면의 패널의 각종 스위치를 아래보기 자세와 같은 방법으로 조작한다.

3) 수직 자세 비드놓기

용접기를 조작하여 용접 전류를 90 ~ 140[A]로, 크레이터 전류를 용접 전류보다 10 ~ 30[A] 정도 낮게, 초기 전류는 60 ~ 100[A]로 조절한다.

용접 보호구를 착용하고, 모재 앞에 편하게 앉아 왼손에 용접봉, 오른손에는 토치를 잡고(오른손잡이의 경우) 오른쪽으로 약 45° 회전하여 앞쪽으로 45°쯤 굽혀 모재의 하단의 용접 시점에 노즐을 가볍게 접촉시키고 용접봉은 전극 앞 용접선에 용접선과 10 ~ 30° 정도로 유지시킨 후 헬멧을 쓰고 아크를 발생한다.

수직 자세 토치의 진행 반대각은 75 ~ 80°, 작업각은 90°, 용접봉의 각도는 수직선에 대하여 10 ~ 30°를 유지하며 반달형, 또는 8자 위빙을 하며 상진한다. [그림 2-7 참조]

그림 2-7 수직 자세 토치 및 용접봉 유지각도

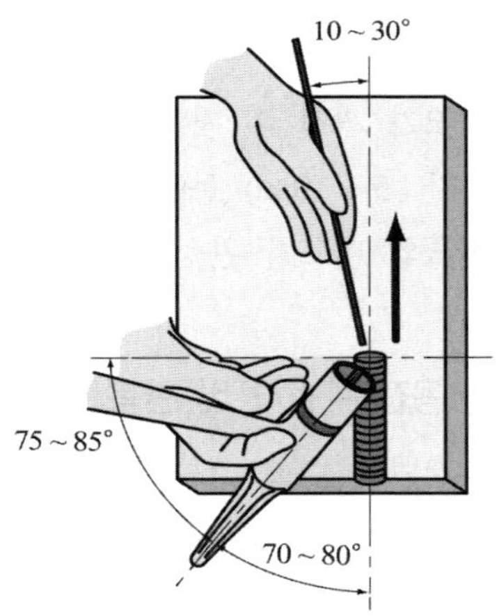

4 위보기 자세 비드놓기

가. 작업준비

모든 준비는 아래보기 자세와 동일하게 하면 된다.

나. 위보기 자세 비드놓기

1) 모재 고정

모재에 금긋기한 후 모재가 수평이며, 용접선이 아래가 되며, 좌우가 되도록 지그에 단단히 고정한 후 모재가 머리보다 약 10cm 정도 높게 작업하기 편한 높이로 맞춘다. [그림 2-8 참조]

그림 2-8 위보기 자세 모재 고정

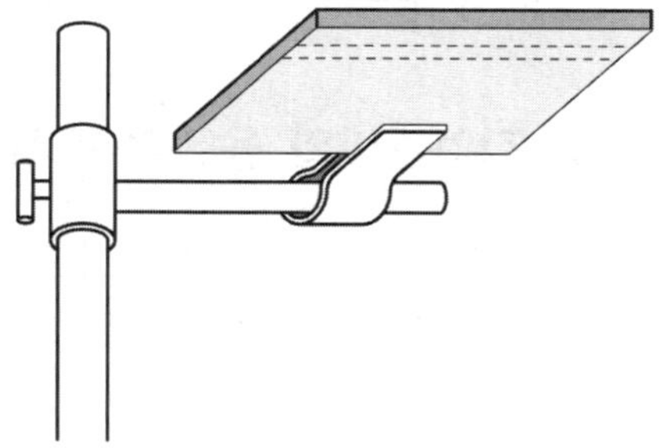

2) 용접기 조작

용접기 전면의 패널의 각종 스위치를 아래보기 자세와 같은 방법으로 조작한다.

3) 위보기 자세 비드놓기

용접기를 조작하여 용접 전류를 80 ~ 120[A]로, 크레이터 전류를 용접 전류보다 10 ~ 30[A] 정도 낮게, 초기 전류는 60 ~ 100[A]로 조절한다.

용접 보호구를 착용하고, 모재 앞에 편하게 앉아 왼손에 용접봉, 오른손에는 토치를 잡고 (오른손잡이의 경우) 고개를 쳐들어 우측 용접선 끝에 토치의 노즐을 가볍게 접촉시키고 스위치를 눌러 아크를 발생한다.

그림 2-9 위보기 자세 토치와 용접봉 각도

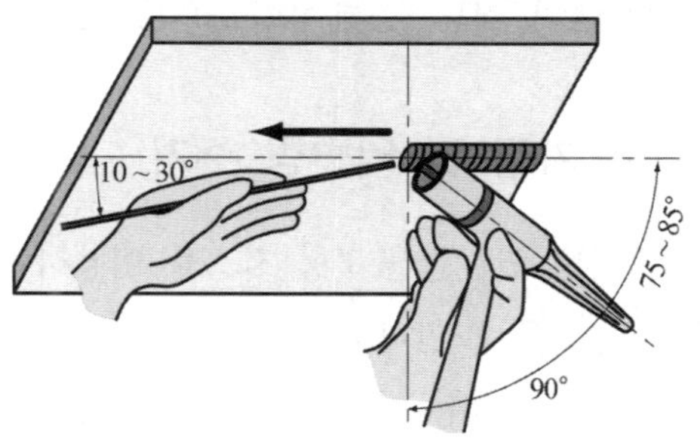

토치를 진행 반대 방향으로 70 ~ 80°, 작업각 90°, 용접봉은 용접선과 10 ~ 30° 정도 유지한다. [그림 2-9 참조]

용융지가 형성되면 용접봉을 용융지에 첨가하면서 반달형 운봉 또는 8자 위빙을 하며 전진하며 좁은 비드를 쌓으며, 비드 종점에서 토치 스위치를 눌러 크레이터 처리를 한 후 스위치를 놓고 약 5초 정도 멈추어서 크레이터부를 보호한다.

4) 용접부 검사 및 반복 실습

용접부를 깨끗이 청소한 후 용접부의 외관과 결함 여부를 검사한 후 잘못된 점을 시정하려고 노력하며 옆부분에 위와 같은 방법으로 비드놓기를 한다.

제3절 | T형 필릿 TIG 용접

1 아래보기 자세 T형 필릿 TIG 용접

가. 작업준비와 용접기 조작

일반적인 준비는 아래보기 비드놓기와 같이 하면 된다. 용접기 조작도 동일하게 하면 된다. 텅스텐 전극의 돌출 길이를 노즐 끝에서 4 ~ 6mm로 조절한다.

나. T형 필릿 용접 조건 설정

각 자세별로 용접 전류를 조절한다.

① 아래보기, 수평 자세 용접전류 : 100 ~ 130[A]

② 수직, 위보기 자세 용접전류 : 90 ~ 120[A]

③ 초기 전류, 크레이터 전류는 10 ~ 30[A] 정도 낮게 조절한다.

다. 가접 및 역변형 주기

준비된 연강판을 T형 지그를 이용하여 T형으로 맞추어 2 ~ 3개소에 가접한 후(이때 루트 간격은 0으로 한다.)[그림 3-1 참조] 가접부를 스테인리스강용 브러시로 깨끗이 닦는다.

용접 후 변형 방지를 위해 역변형을 1 ~ 2° 정도 준다.

그림 3-1 T형 필릿 용접 가접법

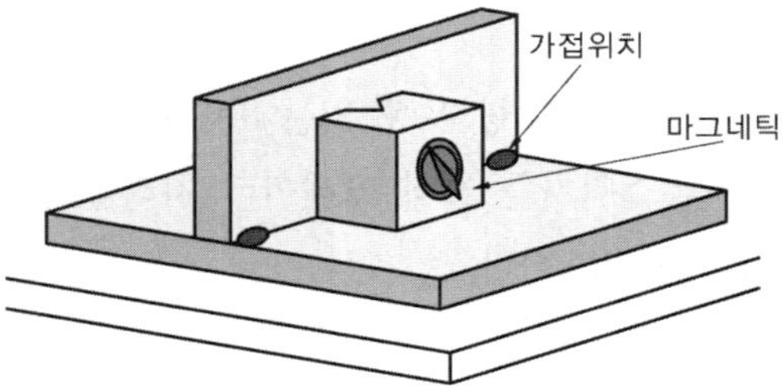

그림 3-2 T형 필릿 역변형법

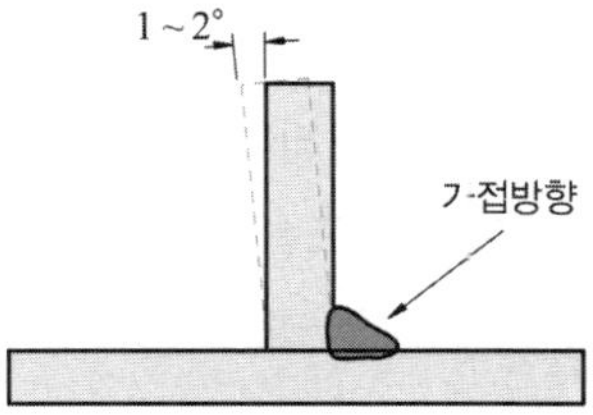

라. 아래보기 자세 T형 필릿 용접

가접된 모재의 용접선이 아래보기 자세가 되도록 작업대에 고정한다. 왼손에 용접봉, 오른 손에는 토치를 잡고 용접자세를 취한다.

용접 시작점에서 토치를 경사시켜 세라믹 노즐 끝을 모재에 가볍게 접촉시키고 토치 스위치를 눌러 아크를 발생한다.

토치를 진행 반대 방향으로 70 ~ 80°, 작업각은 양 모재의 전후 판에 대해 45°, 용접봉은 용접선과 10 ~ 30° 정도 유지한다. [그림 3-3 참조]

그림 3-3 아래보기 T형 필릿 토치 및 용접봉각도

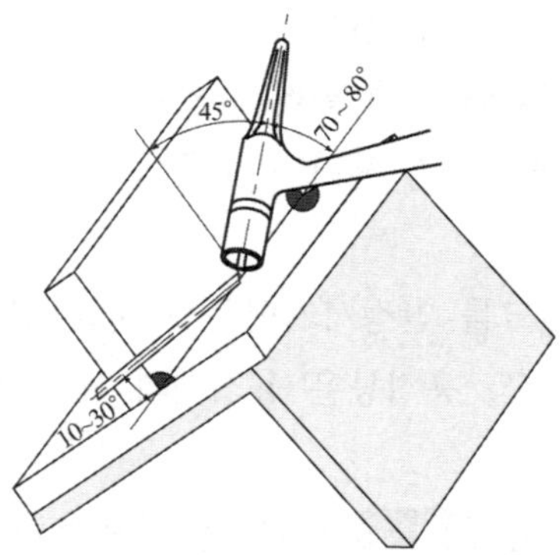

아크 길이를 전극봉 지름 정도로 유지하고 토치 스위치를 놓아 용접 전류로 용융지를 형성하면서 작은 ∞형 운봉, 원형 운봉 또는 반달형 운봉을 하며 목 길이(각장)가 6mm 정도 되게 하며 전진법으로 비드를 쌓는다.

용접 종점에 이르면 스위치를 눌러 크레이터 전류로 크레이터 처리를 한다.

아크가 꺼진 후 지연 가스가 용접부를 충분히 보호할 수 있도록 지연 가스 유출시간 동안 토치를 크레이터부에서 머물러 준다.

마. 용접부 검사 및 반복 실습

필릿 용접이 완성되면 용접부를 깨끗이 청소하고 외관 및 결함 여부를 점검한 후 잘못된 점을 시정하려고 노력하며 반복 실습한다.

2 수평 자세 T형 필릿 TIG 용접

가. 작업준비와 용접기 조작

일반적인 준비는 아래보기 비드놓기와 같이 하면 된다. 용접기 조작도 동일하게 하면 된다. 텅스텐 전극의 돌출 길이를 4 ~ 6mm로 조절한다.

나. T형 필릿 용접 조건 설정

아래보기 자세 T형 필릿 용접과 같이 설정한다.

다. 가접 및 역변형 주기

가접 및 역변형 주기도 아래보기 자세 T형 필릿 용접과 같은 방법으로 실시한다.

라. 수평 자세 T형 필릿 용접

1) 1층으로 완성할 경우

가접된 모재의 수평판을 작업대 위에 수평으로, 용접선을 좌우가 되도록 작업하기 편한 높이로 고정한다.

작업대 앞에 편하게 앉아 왼손에 용접봉, 오른 손에는 토치를 잡고 우측 시작점에서 토치를 경사시켜 세라믹 노즐 끝을 모재에 가볍게 접촉시키고 토치 스위치를 눌러 아크를 발생한다.

아크를 안정시키면서 토치를 진행 반대 방향으로 70～80°, 작업각은 수직, 수평판에 대해 45°, 용접봉은 용접선과 10～30° 정도 유지한다. [그림 3-4, 3-5 참조]

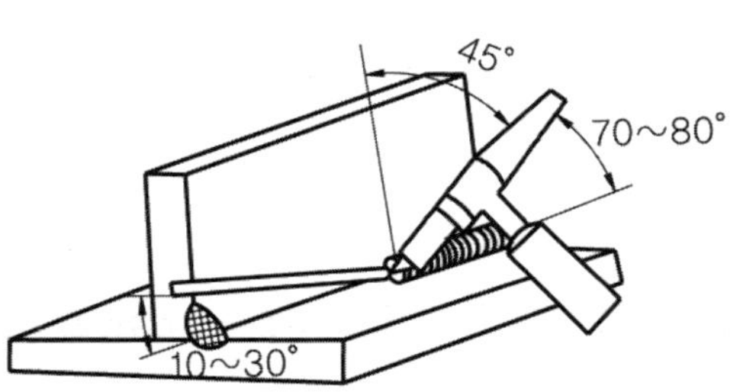

그림 3-4 수평 T형 필릿 토치, 용접봉 각도

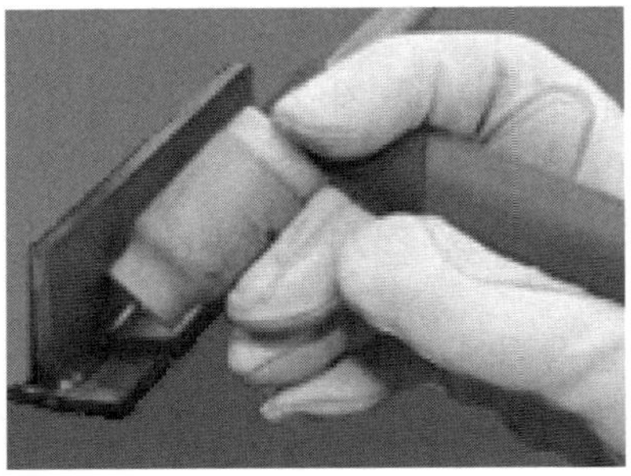

그림 3-5 수평 T형 필릿 용접 자세

양쪽 판의 용융에 따라 오버 랩 및 언더컷이 발생하지 않도록 토치의 각도를 정확히 유지한다.

용접 종점에 이르면 스위치를 눌러 크레이터 전류로 크레이터 처리를 하고 스위치를 놓아 아크를 끊는다.

아크가 꺼진 후 지연 가스가 용접부를 충분히 보호할 수 있도록 지연 가스 유출시간 동안 토치를 크레이터부에서 머물러 준다. 완성되면 용접부를 청소하고 검사를 한다.

2) 2층으로 완성할 경우

큰 각장을 필요로 할 경우 1층 비드를 위빙을 하지 않고 직선(좁은) 비드를 놓아 루트부를 확실하게 용착시킨 후 2층은 2줄로 완성한다.

2층 1패스는 1층 비드와 모재와의 경계선의 약간 위쪽에 수평판에 대하여 작업각을 약 60°로 유지하여 좁은 비드놓기로 진행하고, 2층 2패스는 1층 비드와 모재와의 경계선에서 약간 아래쪽에 작업각을 30° 정도 유지하여 좁은 비드로 완성하여 표면의 비드 형상이 약

간 볼록한 형상이 되도록 완성한다. [그림 3-6 참조]

마. 용접부 검사 및 반복 실습

아래보기 자세와 같은 방법으로 한다.

그림 3-6 수평 필릿 비드놓기

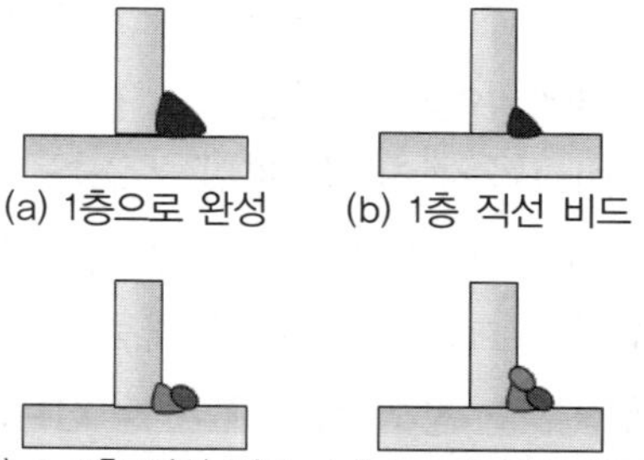

(a) 1층으로 완성　(b) 1층 직선 비드　(c) 2–1층 직선 비드　(d) 2–2층 직선 비드

3 수직 상진자세 T형 필릿 용접

가. 작업준비와 용접기 조작

일반적인 준비는 아래보기 비드놓기와 같이 하면 된다. 용접기 조작도 동일하게 하면 된다. 텅스텐 전극의 돌출 길이를 4 ~ 6mm로 조절한다.

나. T형 필릿 용접 조건 설정

아래보기 자세 T형 필릿 용접과 같이 설정한다.

다. 가접 및 역변형 주기

가접 및 역변형 주기도 아래보기 자세 T형 필릿 용접과 같은 방법으로 실시한다.

라. 수직 자세 T형 필릿 용접

가접된 모재의 용접선이 수직 자세가 되도록 지그에 고정하고 용접하기 편한 높이로 맞춘다.

작업대 앞에 편하게 앉아 토치와 용접봉을 잡고 몸을 오른쪽으로 약 45° 회전하여 허리를 앞으로 45° 정도 구부려 모재의 루트면 하단 끝에 토치의 세라믹 노즐 끝을 모재에 가볍게 접촉시키고 용접봉은 용접선과 10 ~ 30° 정도 유지한 후 헬멧을 쓰고 토치 스위치를 눌러 아크를 발생한다.

토치를 진행 반대 방향으로 70 ~ 80°, 작업각은 양쪽 판에 대해 45°로 유지하며 루트부를 용융시키고 용융지에 용접봉을 접촉시킨 후 용접봉과 모재가 동시에 용융될 수 있도록 작은 ∞형 운봉 또는 반달형 운봉을 하며 주어진 각장을 형성하며 상진한다. [그림 3-7 참조]

상진 중에 토치가 한곳에 머무르지 않도록 일정한 속도와 폭으로 상진하여 용락이 생기지 않도록 한다.

용접 종점 2 ~ 3mm에 이르면 스위치를 눌러 크레이터 전류로 크레이터 처리를 하고 스위치를 놓아 아크를 끊는다.

아크가 꺼진 후 지연 가스가 용접부를 충분히 보호할 수 있도록 지연 가스 유출시간 동안 토치를 크레이터부에서 머물러 준다. 완성되면 용접부를 청소 하고 검사를 한다.

그림 3-7 수직 T형 필릿 토치 및 용접봉각

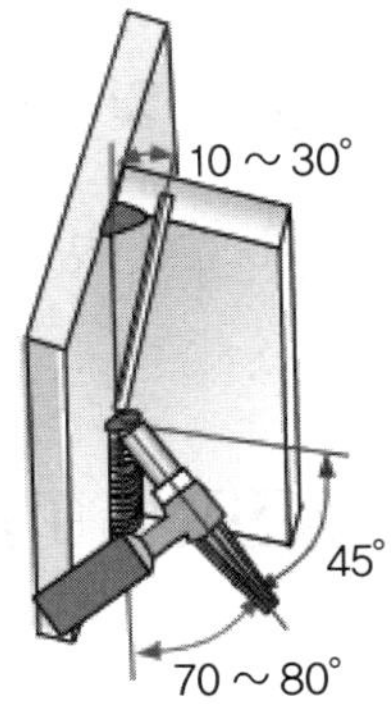

마. 용접부 검사 및 반복 실습

필릿 용접이 완성되면 용접부를 깨끗이 청소하고 외관 및 결함 여부를 점검한 후 잘못된 점을 시정하려고 노력하며 반복 실습한다.

4 위보기 자세 T형 필릿 용접

가. 작업준비와 용접기 조작

일반적인 준비는 아래보기 비드놓기와 같이 하면 된다. 용접기 조작도 동일하게 하면 된다. 텅스텐 전극의 돌출 길이를 4 ~ 6mm로 조절한다.

나. T형 필릿 용접 조건 설정

아래브기 자세 T형 필릿 용접과 같이 설정한다.

다. 가접 및 역변형 주기

가접 및 역변형 주기도 아래보기 자세 T형 필릿 용접과 같은 방법으로 실시한다.

라. 위보기 자세 T형 필릿 용접

가접된 모재의 용접선이 위보기 자세가 되도록 지그에 고정하고 용접하기 편한 높이로 맞춘다.(작업자의 머리 상단 높이 정도)

작업대 앞에 편하게 앉아 왼손에 용접봉, 오른손에는 토치를 잡고 토치를 용접선의 우측 끝에 세라믹 노즐 끝을 모재에 가볍게 접촉시키고 용접봉은 용접선과 10 ~ 30° 정도 유지시킨 후 토치 스위치를 눌러 아크를 발생한다.

토치를 진행 반대 방향으로 70 ~ 80°, 작업각은 수직, 수평판에 대해 45°로 유지하며, 루트부를 용융시켜 용융지를 형성시킨 후 용접봉을 가볍게 접촉시키고 전극이 모재와 용접봉을 동시에 용융시키면서 작은 ∞형 운봉 또는 반달형 운봉을 하며 전진법으로 비드를 쌓는다. [그림 3-8 참조]

그림 3-8 위보기 T형 필릿 토치 및 용접봉각

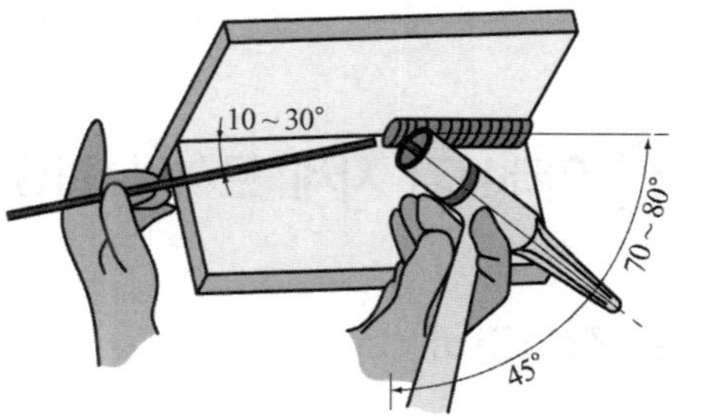

운봉 중에 각장을 일정하게 형성하며 한곳에 토치가 머물지 않도록 운봉 속도를 일정하게 유지한다.

용접 종점 2 ~ 3mm에 이르면 스위치를 눌러 크레이터 전류로 크레이터 처리를 하고 스위치를 놓아 아크를 끊는다.

아크가 꺼진 후 지연 가스가 용접부를 충분히 보호할 수 있도록 지연 가스 유출시간 동안 토치를 크레이터부에서 머물러 준다. 완성되면 용접부를 청소 하고 검사를 한다.

마. 용접부 검사 및 반복 실습

필릿 용접이 완성되면 용접부를 깨끗이 청소하고 비드의 미려도, 비드 폭과 높이, 파형 상태, 직선도 등을 검사한다.

언더컷, 오버랩, 용입불량, 비드의 이음 상태, 시점과 종점 처리 상태를 검사한다.

바. 정리 정돈

작업이 끝나면 아르곤 가스 용기의 고압 밸브를 잠그고 용접기 전면 패널의 '용접/점검' 전환 스위치를 '점검'으로 전환하여 호스 내의 잔여 가스를 제거한 후 용접기의 전원, 벽 스위치의 전원을 차단한다.

사용했던 장비와 공구를 깨끗이 하여 정리하고 주위를 깨끗이 청소한다.

제4절 | 모서리 TIG 용접

1 아래보기 자세 모서리 TIG 용접

가. 작업준비

일반적인 공구와 보호구 준비는 아래보기 자세 비드놓기와 같은 방법으로 준비하면 된다. 모재는 t4.0×70×150 2매를 준비하여 모재의 측면을 직각이며 평면으로 가공하여 모서리 모양이 확실하게 되도록 한다. [그림 4-1 참조]

그림 4-1 모서리 용접부 가공

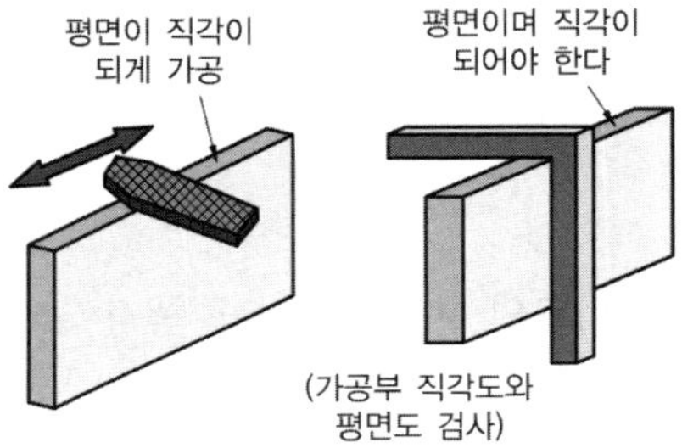

그림 4-2 노즐에서 전극 돌출 길이

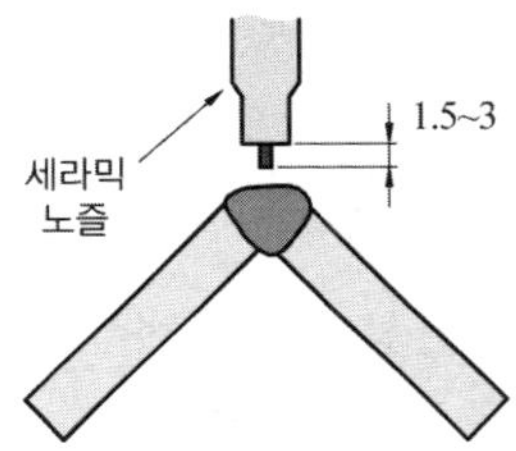

나. 용접기 조작

일반적인 용접기 조작은 아래보기 자세 비드놓기와 동일하게 하면 된다. 텅스텐 전극의 돌출 길이를 1.5~3mm로 조절한다. [그림 4-2 참조]

다. 모서리 용접 조건 설정

각 자세별로 용접 전류를 조절한다.

1) 아래보기, 수평 자세 용접전류 : 80~110A
2) 수직, 위보기 자세 용접전류 : 70~100A
3) 초기 전류, 크레이터 전류는 10~30A 정도 낮게 조절한다.

라. 가접 및 역변형 주기

준비된 연강판(또는 스테인리스 강판)을 모서리 용접 전용 지그나 마그네틱 자석을 이용하여 모서리형으로 맞추어 2~3개소에 가접한 후(이때 루트 간격은 0~3으로 한다.) 가접부를 스테인리스강용 브러시로 깨끗이 닦는다. 용접 후 변형 방지를 위해 역변형을 1 ~ 2° 정도 준다. [그림 4-3 참조]

모서리 용접부를 만들기 위한 가접법은 여러 가지가 있으며, 보조판을 이용한 가접법과[그림 4-4 (a) 참조], 앵글 형상에 바이스 클립을 이용하여 각도나 간격을 맞춘 후 가접하는 방법[그림 4-4 (b) 참조], 앵글 안쪽을 이용하여 모서리 형상으로 맞춘 후 가접하는 방법이 있다. [그림 4-4 (c) 참조]

그림 4-3 모서리 용접 역변형 주기

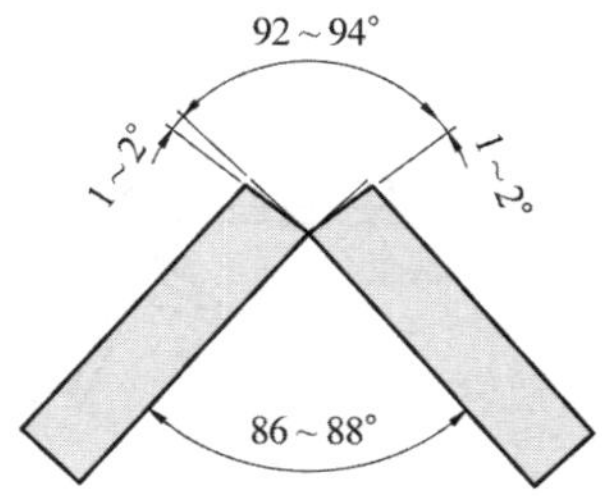

그림 4-4 모서리 용접 가접법

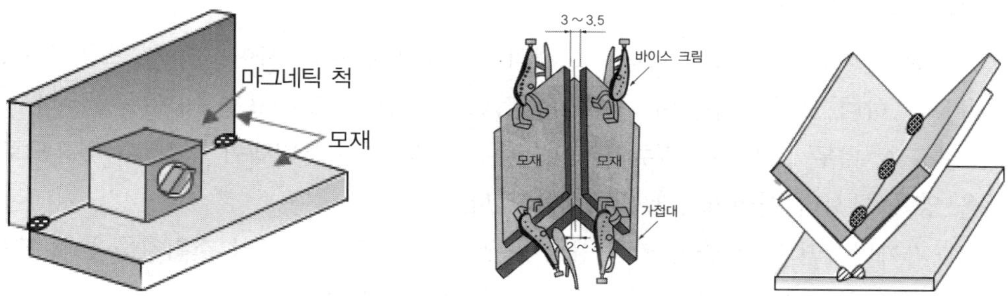

(a) (b) (c)

마. 아래보기 자세 모서리 용접

1) 1층 비드놓기

모서리 용접 모재의 두께에 따라 2층 또는 3 ~ n층 비드놓기를 하여 완성하게 되며 여기서는 T4.0이므로 2 ~ 3층으로 완성하면 된다.

가접된 모재의 용접선이 아래보기 자세가 되며 용접선이 좌우가 되도록 작업대에 고정한다.

자리에 편하게 앉아 용접봉과 토치를 잡고 용접선 우측 끝에 토치의 세라믹 노즐 끝을 모재에 가볍게 접촉시킨다.

용접봉은 용접선에 대하여 10 ~ 30°로 유지한 후 헬멧을 쓴 후 토치 스위치를 눌러 아크를 발생한다.

토치를 진행 반대 방향으로 70 ~ 80°, 작업각은 양 모제의 V형에 대해 45° 정도 유지한다. [그림 4-5 참조]

토치 스위치를 놓아 용접 전류로 용융지를 형성하고 전극 끝 바로 앞 용융지에 넣으면서 작은 반달형 위빙을 하면서 전진하여 1층 비드를 완성한다.

1층 비드의 높이는 모서리와 모서리 사이의 수평선에 대하여 1 ~ 1.5mm 정도 낮게 쌓는다.

그림 4-5 아래보기 자세 모서리 용접 토치와 용접봉 유지각도

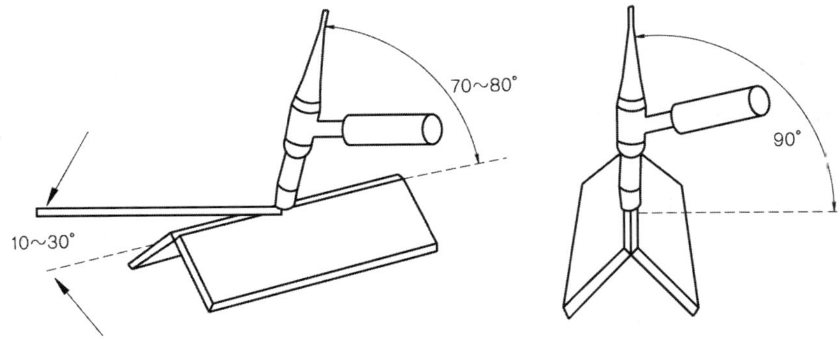

2) 2층(표면) 비드놓기

1층 용접부를 깨끗이 청소한 후 두 모재의 모서리와 모서리 사이를 ∞형 또는 원형, 반달형 은봉을 하며 모서리 부분이 1~2mm 정도 용융될 정도로 표면 비드를 쌓는다.

용접 속도가 너무 느리거나 전류가 높을 경우 용락 또는 오버랩이 생길 수 있으므로 위빙 폭을 양쪽 모서리 사이까지만 위빙해야 된다.

종점에 가까워지면 열 집중이 커져 용락이 생길 수 있으므로 토치 스위치를 눌러 크레이터 전류를 작동시켜 용락을 방지하며 크레이터 처리를 한다.

아크가 꺼진 후 지연 가스 유출시간(설정시간 : 5~10초) 동안 토치를 크레이터부에서 머물러 용접부를 보호한 후 토치를 들어 올린 후 용접부 청소와 검사한다.[그림 4-6 참조]

그림 4-6 모서리용접 비드 형상

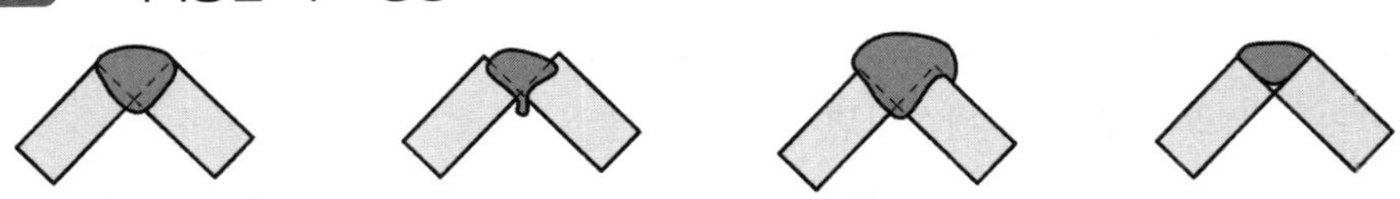

2 수평 자세 모서리 TIG 용접

가. 작업준비 및 용접기 조작

아래보기 모서리 TIG 용접과 같은 방법으로 작업준비 및 용접기 조작을 한다.

나. 모서리 용접 조건 설정과 가접 및 역변형 주기

아래보기 자세 모서리 용접과 같이 조건 설정과 가접 및 역변형을 준다.

다. 수평 자세 모서리 TIG 용접

1) 1층 비드놓기

가접된 모재의 용접선이 수평 자세가 되도록 작업대에 고정하고 용접하기 편한 가슴 높이로 맞춘다.

작업대 앞에 모재보다 약간 왼쪽에 편하게 앉아 왼손에 용접봉, 오른 손에는 토치를 잡고 토치의 노즐 끝을 용접선의 우측 끝에 가볍게 접촉시키고 용접봉은 용접선과 10 ~ 30° 정도 유지시켜 전극 가까이 놓은 후 헬멧을 쓰고 토치 스위치를 눌러 아크를 발생한다.

토치를 진행 반대 방향으로 70 ~ 80°, 작업각은 아래쪽판에 대해 120°로 유지하며, 작은 반달 위빙을 하며 전진하여 비드를 완성한다. [그림 4-7 참조]

1층 비드의 높이는 모서리와 모서리 사이의 수평선에 대하여 1 ~ 1.5mm 정도 낮게 쌓는다.

그림 4-7 수평 자세 모서리 토치와 용접봉 각도

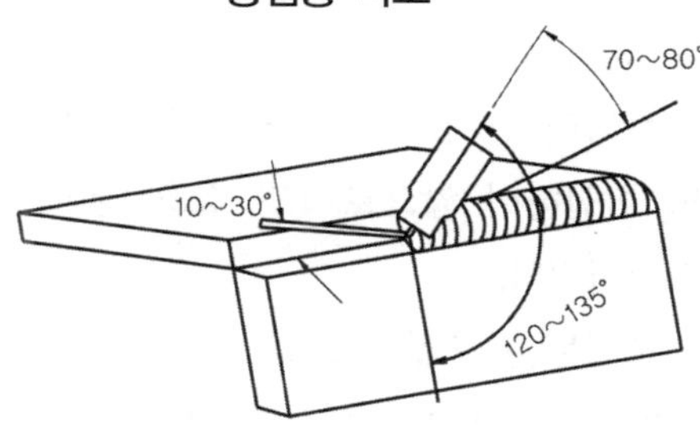

2) 2층(표면) 비드놓기

1층 용접부를 깨끗이 청소한 후 모서리와 모서리 사이를 ∞형 또는 원형, 반달형 운봉을 하며 모서리 부분이 1 ~ 2mm 정도 용융될 정도로 표면 비드를 쌓는다.

이 때 전극봉이 모서리와 모서리를 넘어가지 않으며 용융 금속만 모서리 부분을 1 ~ 2mm 정도 덮이도록 표면 비드를 쌓는다.

종점에 가까워지면 열 집중이 커져 용락이 생길 수 있으므로 토치 스위치를 눌러 크레이터 전류를 작동시켜 용락을 방지하며 크레이터 처리를 한다.

그림 4-8 수평 자세 모서리 용접부의 양.부

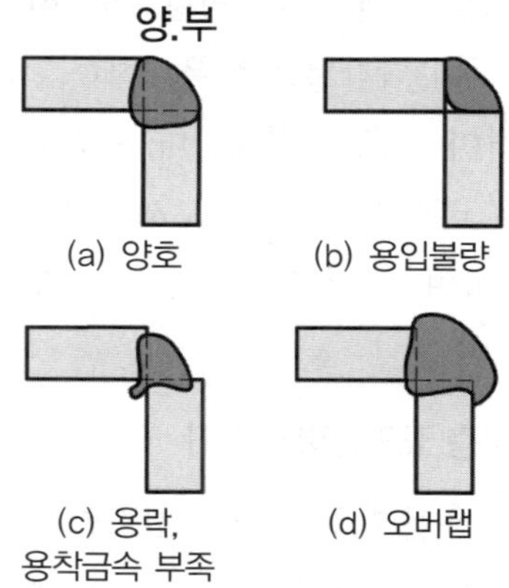

아크가 꺼진 후 지연 가스 유출시간(설정시간 : 5 ~ 10초) 동안 토치를 크레이터부에서 머물러 용접부를 보호한 후 토치를 들어 올린 후 용접부를 청소하고 검사를 한다. [그림 4-8 참조]

3 수직 자세 모서리 TIG 용접

가. 작업준비 및 용접기 조작

아래보기 모서리 TIG 용접과 같은 방법으로 작업준비 및 용접기 조작을 한다.

나. 모서리 용접 조건 설정 및 가접과 역변형 주기

아래보기 자세 모서리 용접과 같이 조건 설정과 가접 및 역변형을 준다.

다. 수직 자세 모서리 TIG 용접

1) 1층 비드놓기

가접된 모재가 수직이며, 용접선이 수직 자세가 되도록 작업대에 고정하고 용접하기 편한 높이로 맞춘다.

작업대 앞에 모재보다 왼쪽에 편하게 앉아 토치와 용접봉을 잡고 몸을 우측으로 45° 정도 회전하여 앞으로 45° 정도 굽혀 토치의 세라믹 노즐 끝을 용접선의 하단 끝에 가볍게 접촉시킨다.

용접봉은 용접선과 10 ~ 30° 정도 유지시켜 전극 가까이 놓은 후 헬멧을 쓰고 토치 스위치를 눌러 아크를 발생한다.

토치를 진행 반대 방향으로 70 ~ 80°, 작업각은 V형에 대하여 각각 45°를 유지하며, 작은 반달 위빙을 하며 전진하여 비드를 완성한다. [그림 4-9 참조]

1층 비드의 높이는 모서리와 모서리 사이의 수평선에 대하여 1 ~ 1.5mm 정도 낮게 쌓는다.

그림 4-9 수직 모서리 용접 토치 및 용접봉각

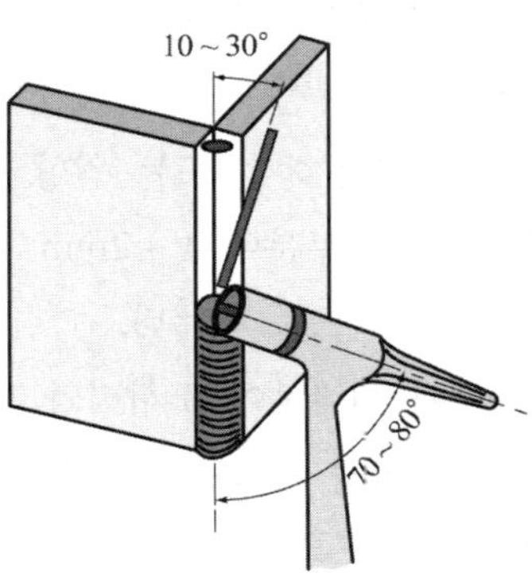

2) 2층(표면) 비드놓기

1층 용접부를 깨끗이 청소한 후 모서리와 모서리 사이를 ∞형 또는 원형, 반달형 운봉을 하며 모서리 부분이 1 ~ 2mm 정도 용융될 정도로 표면 비드를 쌓는다.

이 때 전극봉이 모서리와 모서리를 넘어가지 않으며 용융 금속만 모서리 부분을 1 ~ 2mm 정도 덮이도록 표면 비드를 쌓는다.

운봉 중에 한 곳에 머무름이 있을 경우 그 머문 시간 만큼 비드가 쳐지는 용락 현상이 생기므로 운봉 속도를 일정하게 유지해야 된다.

종점에 가까워지면 열 집중이 더 커져 용락이 생길 수 있으므로 토치 스위치를 눌러 크레이터 전류를 작동시켜 용락을 방지하며 크레이터 처리를 한다.

아크가 꺼진 후 지연 가스 유출시간(설정시간 : 5 ~ 10초) 동안 토치를 크레이터부에서 머물러 용접부를 보호한 후 토치를 들어 올린 후 용접부를 청소 하고 검사를 한다. [그림 4-10 참조]

그림 4-10 수직 자세 비드 양부

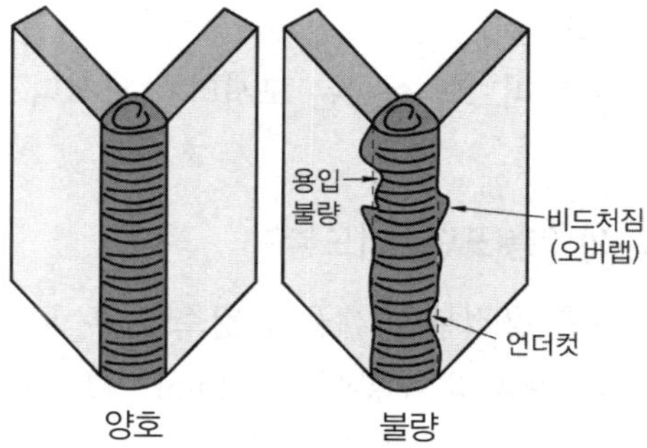

4 위보기 자세 모서리 TIG 용접

가. 작업준비 및 용접기 조작, 모서리 용접 조건 설정

아래보기 모서리 TIG 용접과 같은 방법으로 작업준비 및 용접기 조작을 한다.

나. 가접 및 역변형 주기

아래보기 자세와 같은 방법으로 가접과 역변형을 준다.

다. 위보기 자세 모서리 TIG 용접

1) 1층 비드놓기

가접된 모재가 머리보다 위쪽이며, 용접선이 좌우가 되도록 작업대에 고정하고 용접하기 편한 높이로 맞춘다. 작업대 앞에 모재보다 약간 왼쪽에 편하게 앉아 용접봉과 토치를 잡고 토치의 세라믹 노즐 끝을 용접선의 우측 끝에 가볍게 접촉시킨다.

용접봉은 용접선과 10 ~ 30° 정도 유지시켜 전극 가까이 놓은 후 헬멧을 쓰고 토치 스위치를 눌러 아크를 발생한다.

토치를 진행 반대 방향으로 70 ~ 80°, 작업각은 수직판에 대해 120 ~135°, 수평판에 대

그림 4-11 위보기 모서리 용접 토치 및 용접봉 유지각도

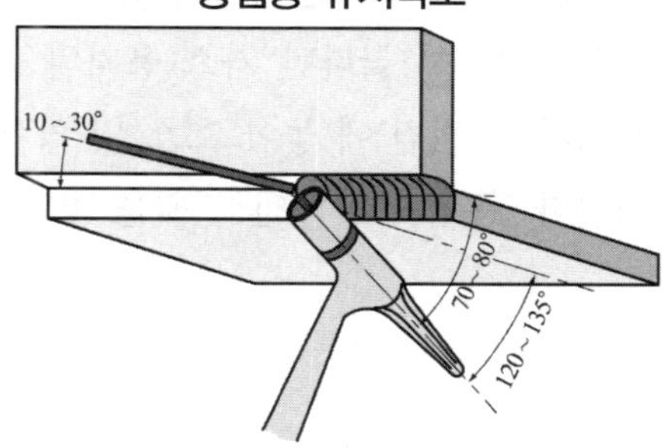

하여 120 ~ 135°로 유지하며, 작은 반달 위빙을 하며 전진하여 비드를 완성한다. [그림 4-11 참조]

1층 비드의 높이는 모서리와 모서리 사이의 수평선에 대하여 1 ~ 1.5mm 정도 낮게 쌓는다.

2) 2층(표면) 비드놓기

1층 용접부를 깨끗이 청소한 후 모서리와 모서리 사이를 ∞형 또는 원형, 반달형 운봉을 하며 모서리 부분이 1 ~ 2mm 정도 용융될 정도로 표면 비드를 쌓는다.

이 때 전극봉이 모서리와 모서리를 넘어가지 않으며 용융 금속만 모서리 부분을 1 ~ 2mm 정도 덮이도록 표면 비드를 쌓는다.

운봉 중에 아크 길이가 길거나 전류가 높을 경우, 용접 속도가 느릴 경우는 용락 현상이 많이 발생할 수 있으므로 아크 길이나 전류, 용접 속도 등을 잘 맞추어 진행해야 된다.

종점에 가까워지면 열 집중이 커져 용락이 생길 수 있으므로 토치 스위치를 눌러 크레이터 전류를 작동시켜 용락을 방지하며 크레이터 처리를 한다.

아크가 꺼진 후 지연 가스 유출시간(설정시간 : 5 ~ 10초) 동안 토치를 크레이터부에서 머물러 용접부를 보호한 후 토치를 들어 올린 후 용접부를 청소하고 검사를 한다.

그림 4-12 위보기 자세 모서리 용접부의 양부

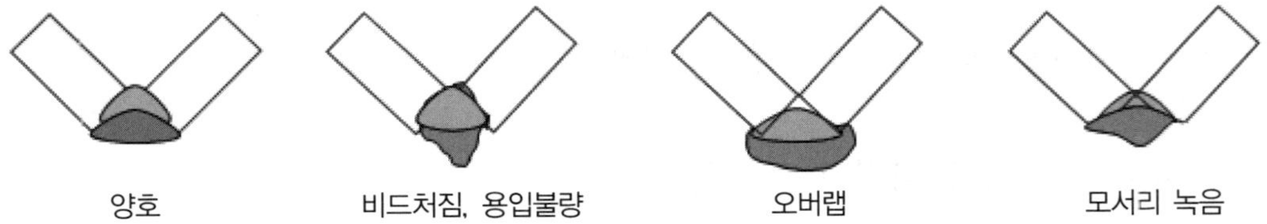

라. 용접부 검사와 반복 실습, 정리 정돈 및 주위 청소

용접이 끝나면 용접부를 깨끗이 한 후 검사법에 따라 용접부를 검사한다. [그림 4-12 참조]

검사에서 나타난 결함이나 용접부 상태가 일어나지 않도록 노력하며 반복 실습한다.

용접이 완전히 끝나면 가스 용기의 고압 밸브를 잠근 후 용접기 패널의 “용접/점검” 전환 스위치를 ‘점검’에 놓아 호스 및 압력계의 잔여 가스를 배출시킨 후 유량계의 조절 밸브를 잠근다. 용접기와 메인 전원을 차단하고, 용접기와 공구 정리, 주위를 깨끗이 청소한다.

제5절 | 스테인리스강판 V형 맞대기 TIG 용접

1 아래보기 자세 V형 맞대기 TIG 용접

가. 작업준비

V형 맞대기 TIG 용접에 필요한 공구, 보호구, 용접 공구를 준비한다. 모재는 스테인리스 강판 STS 304 t3.0(또는 t4.0)을 75×150 크기로 2매 준비한다.

텅스텐 전극은 적색(토륨 2% 함유, ϕ2.4) 전극을 선택하여 전극 끝을 경사각 30° 정도로 뾰쪽하게 가공한 후(직류 정극성 사용시) 토치에 조립하여 노즐 끝에서 전극이 3 ~ 4mm 정도 돌출되게 맞춘다.

은박지나 세라믹 백판을 준비한다. 가접대, 바이스 클램프 등도 준비하면 좋다.(연강판의 경우는 세라믹판이나 은박지를 사용하지 않아도 됨)

나. 모재 가공

모재 가공이나 가접은 1층(백) 비드놓기 방법을 어떻게 하느냐에 따라 달라진다. 1층 용접법에는 제살 용접법과 루트 간격을 유지하여 1층(이면 비드)을 용접하는 경우로 구분할 수 있다.

맞대기 용접은 원칙적으로 루트 간격을 유지하여 이면 비드가 형성되게 하는 것이 원칙이나, 박판이나 중요하지 않은 부분의 경우는 제살용접법도 사용할 수 있다. 모재의 베벨각을 35°로 가공한 후 루트면을 0.5 ~ 1mm 정도 되게, 2개의 모재가 동일하게 가공한다. [그림 5-1 참조]

2개의 모재가 베벨각이 다르거나 루트면이 다르면 작업각을 잘 맞추었다 해도 루트면이 얇은 쪽으로 아크가 쏠리게 된다.

그림 5-1 모재 루트면 가공

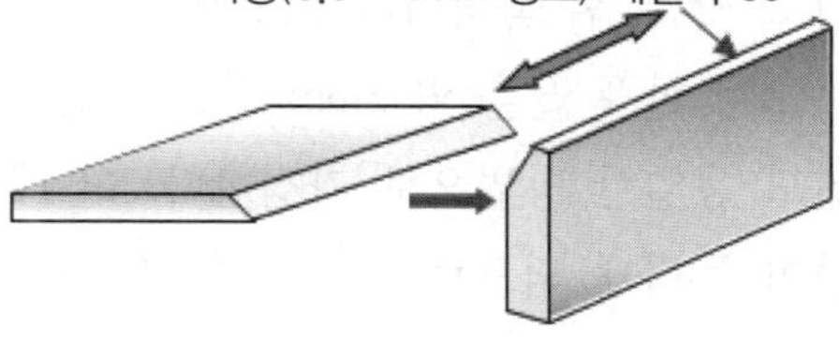

다. 용접기 조작

1) 가스 유량 조절

'용접/점검' 스위치를 '점검'에 놓고 아르곤 가스 유량계를 8 ~ 12 ℓ/min로 조절한 후 다시 '용접'으로 전환한다.

2) 크레이터 '유/무' 선택

크레이터 '무/1회/반복' 전환 스위치는 평소 선택했던 대로 전환하는 것이 좋으나 보통 용접부 길이가 짧은 경우는 '무'를 선택한다.

크레이터 '무' 를 선택한 경우는 토치 스위치를 'on'하면 용접 전류에 의해 아크가 발생되며 스위치를 'off'하면 꺼진다.

크레이터 '일회'를 선택한 경우 최초 토치 스위치를 'on'하면 초기 전류로 아크가 발생되며, 스위치를 'off'하면 용접 전류로 아크가 발생된다. 다시 스위치를 'on'하면 크레이터 전류로 아크가 발생되다가 스위치를 'off'하면 꺼진다.

크레이터 '반복'을 선택하면 '일회'의 기능이 계속 반복하게 되며 아크를 끊으려면 토치를 모재에서 떼어야 된다.

3) 극성 선택

극성을 연강판이나 스테인리스강은 직류 정극성을, Al 합금 등은 고주파 중첩 교류에 스위치를 맞춘다.

4) 기타 조절

휴류 가스 조절 스위치는 약 5초 정도, 펄스 기능은 '무'로, 초기 전류에서 용접 전류로 전환시키는 'up slop' 기능은 '0 ~ 2초'로, 용접 전류에서 크레이터 전류로 전환하는 'down slop' 기능도 '0 ~ 2초'로 맞춘다.

라. 가용접 및 세라믹판 부착 등

1) 가용접하기

전류를 70~100A로 조절한 후 V형 맞대기용접할 모재의 개선 홈이 위로 향하게 하여 엇갈리지 않도록 나란히 맞대어 놓고 루트간격을 한쪽은 2.5~3.0mm, 다른 한쪽은 3~3.5mm 정도 맞춘 후 움직이지 않도록 고정한다.

모재 한쪽 끝을 약 5mm 정도 가접한 후 엇갈림이 없나 루트간격이 맞나 확인한 후 다른 편도 동일한 방법으로 가접한다. 이 때 가접된 비드가 뒤로 튀어나오면 세라믹 판 부착시 판이 들리게 되므로 연삭하여 평평하게 해야 된다.

2) 시편 전용 뒷댐판 부착

오스테나이트계(300계열) 스테인리스강은 용접성이 우수하고 내식성이 좋지만 고온으로부터 급랭한 것을 재가열하면 고용되었던 탄소가 오스테나이트의 결정입계로 이동하여 탄화물(Cr_4C)이 석출해서 결정입계가 쉽게 부식하게 되는 입계부식을 일으킬 우려가 있다.

따라서 용접시 고온으로부터 공기와의 접촉을 막기 위해 뒷면에 불활성가스를 분출시켜 퍼지를 하는 것이 좋으나, 퍼지가 어려운 경우 임시방편으로 동(강)판 뒷댐판 사용, 세라믹 뒷댐판 사용, 은박지 테이프를 부착하는 방법이 사용되고 있다.

시험편(가접은 안해도 됨)을 [그림 5-1 (b)] 그림처럼 넣어 루트간격을 맞춘 후 단단히 고정한다.

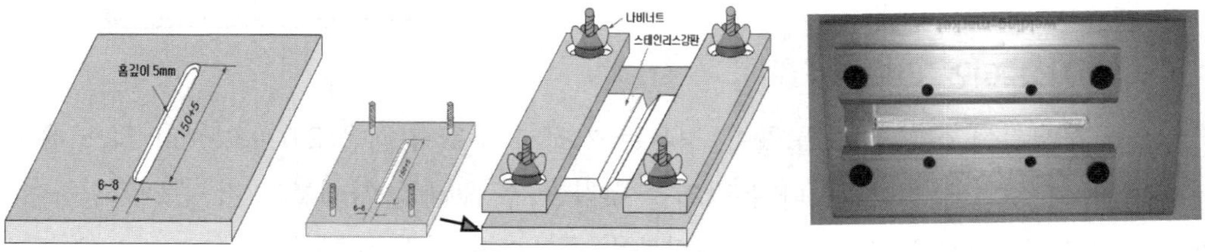

(a) (b) (c) 시판되는 뒷받침의 예

그림 5-2 | 동(강)판 뒷댐판의 형상

3) 세라믹 뒷댐판 부착

세라믹 뒷댐판은 열전도가 매우 나빠서 사용을 권장하지는 않으나, 공기 중에 노출되는 것보다는 좋기 때문에 사용되고 있다.

세라믹 뒷댐판은 시판되고 있으며, 1개의 마디가 25mm이므로 필요한 길이로 절단하여 사용하며, 자세에 따라 적합한 것을 사용하면 된다.

가접된 시험편의 뒷면이 튀어나온 경우 평평하게 가공해야 된다.

세라믹 백판의 테이프를 펴서 작업대 위에 수평으로 좌우가 되게 놓은 후 개선면이 위로 가게 하여 세라믹 백판의 붉은선이 루트간격 사이에 중심이 되도록 놓아 테이프를 단단히 붙인다.

부착된 전면(개선면)에서 가접부위 등을 은박지로 막아 보호가스 유출이 없도록 한다.

바. 1층(이면, back) 비드놓기

1) 자융(제살) 이면 비드놓기

가접된 모재의 뒷면에 산화를 방지하기 위해 세라믹판이나 은박지를 부착시킨 후 모재의 용접선이 위로 향하도록 수평판에 용접선이 좌우가 되게 아래보기 자세가 되도록 고정한다.

이면 비드 전류는 70 ~ 100A 정도로 조절한다.

이 때 제살 용접은 좀 높게, 용접봉을 공급하여 백을 내는 경우는 낮게 놓는다.

우측 끝에서 아크를 발생하여 두 모재가 맞닿은 루트부를 집중 가열하며 작업각 90°, 진행 반대각은 70 ~ 80°를 유지하며 용융 상태를 확인하면서 일정한 속도로 진행한다. [그림 5-3 참조]

이 때 용접봉의 공급은 하지 않으나 만약 구멍이 날 경우는 빨리 봉을 조금 공급하여 구멍의 커짐을 방지해야 된다.

그림 5-3 아래보기 자세 운봉각

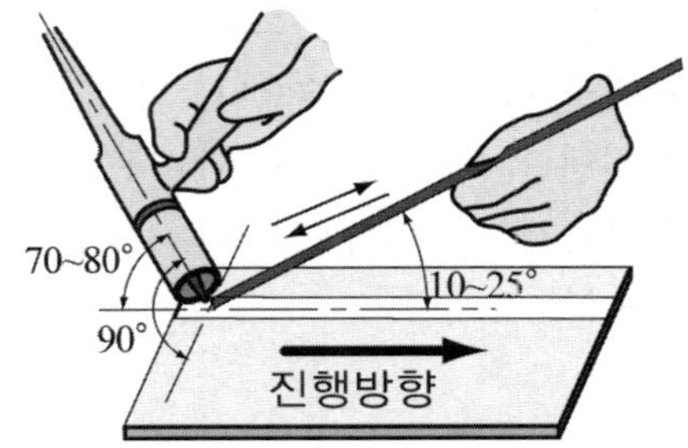

2) 키홀 형성 이면 비드놓기

키홀을 형성하여 이면 비드를 놓을 경우는 가접시 루트 간격을 2.6 ~ 3.5mm 정도 유지하여 가접한 후 뒷면에 세라믹이나 은박지를 부착한 후 모재를 아래보기 자세로 고정하여 자세를 잡고 작은 키홀을 형성하면서 용접봉을 공급하며 이면 비드를 놓는다.

이 때 키홀의 크기가 일정하도록 용접봉의 공급을 잘해야 되며, 용접 중 뒷면에도 아르곤 가스를 공급해주면서 키홀을 형성하여 용접봉을 공급하면 가장 좋으나, 시험장에서는 은박지나 세라믹판, 동 뒷댐판만 부착한 후 이면 비드를 형성할 수 밖에 없다.

자용이면 비드놓기는 아주 박판(얇은판)이나 특별한 경우에만 사용하므로 키홀을 형성하여 이면 비드를 놓는 연습이 필요하다.

사. 2층(표면) 비드놓기

2층 이상 비드를 놓을 때 용접부가 312℃ 이하(층간 온도)가 되도록 냉각시킨 후 다음 층 비드를 놓아야 된다. 또한 2층 비드를 놓을 때도 뒷면에 새 은박지(세라믹판)를 부착시켜야 산화가 일어나지 않는다.

전류를 이면 비드 전류(제살용접 이면 비드 전류)보다 약 10A 정도 낮춘 후 노즐의 한쪽을 가볍게 모재에 접촉시키고 두 모재의 개선 모서리 사이를 반달형 또는 8자형으로 움직여 용융지를 형성하고 용접봉은 용융지 끝부분에 유지시키면 2층 비드가 형성된다.

표면 비드의 높이는 모재 표면에서 약 1 ~ 1.5mm 정도면 적당하다.

2 수평 자세 V형 맞대기 TIG 용접

가. 작업준비, 모재 가공, 용접기 조작, 가접

작업준비나 모재 가공, 용접기 조작, 가접법, 은박지나 세라믹판 부착법은 아래보기 자세와 같은 방법으로 실시하면 된다.

나. 1층(이면, back) 비드놓기

1) 1층 제살 이면 비드놓기

자유용접을 위해 루트면을 밀착시켜 가접한 모재가 수직이며 용접선이 수평이 되도록 지그에 고정하여 작업하기 편한 높이로 조절한다.

용접 전류를 70 ~ 100A 정도로 맞춘 후 작업하기 편한 자세로 앉아서 토치와 용접봉을 잡고 우측 끝 가접부에 전극을 가까이 위치한 후 스위치를 눌러 아크를 발생한다.

아크가 안정되면 두 모재의 루트부를 집중 가열 용융하며 작업각 75 ~ 85°, 진행각 70 ~ 80°로 유지하면서 용융지가 일정하게 형성되도록 진행한다.(제살 용접의 경우)

이 때 루트부에 구멍이 생길 경우 빨리 용접봉을 약간 공급하여 구멍을 채워야 된다.

2) 키홀 형성 이면 비드놓기

키홀을 형성하며 이면 비드를 놓는 방법을 적용할 경우의 모재 가공 및 가접법은 아래보기 자세와 같이 하면 된다.

토치와 용접봉을 잡고 용접선 우측 끝 가접부에서 아크를 발생하여 키홀을 형성시킨 후 용접봉을 키홀의 용융지에 접촉시키면서 작은 반달 우빙을 하여 모재의 루트면과 용접봉을 용융시켜 이면 비드를 형성하며 좌진한다.

그림 5-4 수평 자세 운봉각

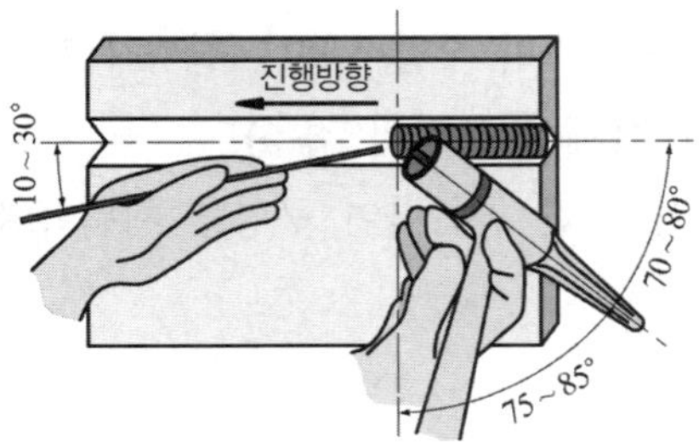

그림 5-5 수평 자세 V형 맞대기 층별 비드놓기

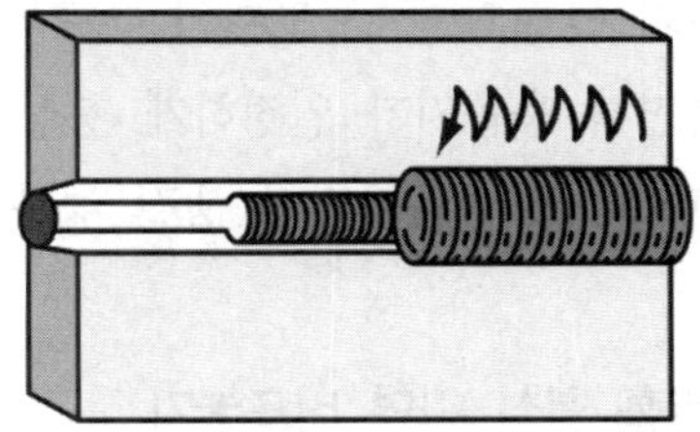

다. 2층(표면) 비드놓기

스테인리스강의 경우 고온에서 장시간 유지될 경우 입계 부식의 우려가 있기 때문에 1층 용접이 끝나면 용접부의 온도가 312℃ 이하가 되도록 냉각시킨다.(층간 온도 유지)

2층 비드를 놓을 때도 뒷면에 새 은박지를 부착시켜야 산화가 일어나지 않는다.

작업각과 진행 반대각, 용접봉의 각도는 1층 비드놓기와 같이 하면 되며, 수평 자세의 2층 비드도 1패스로 완성하는 방법과 2패스로 완성하는 방법이 있다.

홈 간격이 클 경우 비드의 처짐 현상이 생길 수 있으므로 위빙시 위쪽에 머무는 시간을 더 주고 용접봉 공급도 용융지 끝 상단에 하는 것이 좋다.

홈 간격이 클 경우에는 겹치기 2패스 비드로 완성하는 것이 좋다.

3 수직 자세 V형 맞대기 TIG 용접

가. 작업준비, 모재 가공, 용접기 조작, 가접

작업준비나 모재 가공, 용접기 조작, 가접법, 은박지나 세라믹 부착법은 아래보기 자세와 같은 방법으로 실시하면 된다.

나. 1층(이면, back) 비드놓기

1) 자용(제살) 이면 비드놓기

모재와 모재의 루트면을 완전 밀착시켜 가접한 모재를 토치의 전극으로 아크를 발생하여 용접봉의 공급없이 모재의 루트면을 용융시켜 루트부가 용착되도록 하는 이면 비드놓기법이다.

우선 모재와 용접선이 수직이 되도록 지그에 고정하여 작업하기 편한 높이로 조절한다.

용접 전류를 70 ~ 100A로 맞춘 후 작업하기 편한 자세로 앉아서 토치와 용접봉을 잡고 하단 끝 가접부에 전극을 가까이 위치한 후 스위치를 눌러 아크를 발생한다.

아크가 안정되면 두 모재의 루트부를 집중 가열 용융하며 작업각 90°, 진행각 70 ~ 80°를 유지하면서 용융지가 일정하게 형성시키며 상진한다.(제살 용접의 경우)

이 때 루트부에 구멍이 생길 경우 빨리 용접봉을 약간 공급하여 구멍을 채워야 된다.

2) 키홀 형성 이면 비드놓기

키홀을 형성하며 이면 비드를 놓는 방법을 적용할 경우의 모재 가공 및 가접법은 아래보기 자세와 같이 하면 된다.

토치와 용접봉을 잡고 용접선 하단 끝 가접부에서 아크를 발생하여 키홀을 형성시킨 후 용접봉을 키홀의 용융지에 접촉시키면서 작은 반달 우빙을 하여 모재의 루트면과 용접봉을 용융시켜 이면 비드를 형성하며 상진한다.

이 때 용접봉의 각도는 용접선에 대하여 10 ~ 30° 정도로 유지하며 키홀이 생기는 부분

의 위쪽 모재의 개선면에 위치하여 용접봉이 공급되도록 하는 것이 좋다. [그림 5-6 참조]

이 때 백 가스의 공급이 없으면 산화될 우려가 있으므로 주의가 필요하다.

자용 이면 비드놓기는 얇은판이나 특별한 경우에 사용되며 중요부분은 키홀을 형성하여 이며 비드를 놓아야 한다.

그림 5-6 수직 자세 V형 맞대기 토치 및 용접봉각

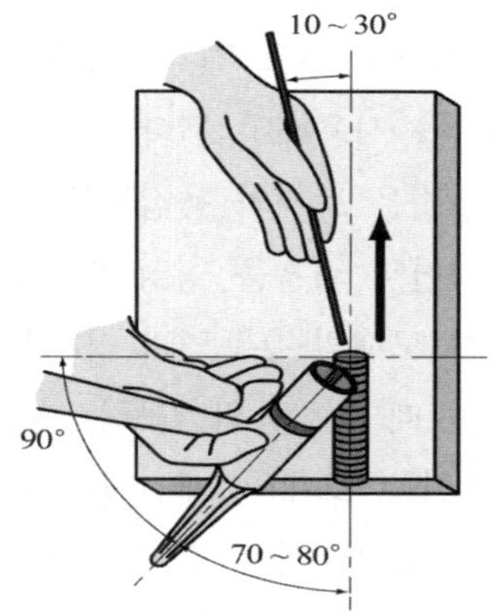

다. 2층(표면) 비드놓기

층간 온도 이하로 냉각시킨 후 다시 뒷면에 새 은박지를 부착시켜 산화가 일어나지 않게 한다. 작업각과 진행 반대각, 용접봉의 각도는 1층 비드놓기와 같이 하면 되며, 비드의 처짐 현상이 생길 수 있으므로 주의가 필요하다.

4 위보기 자세 V형 맞대기 TIG 용접

가. 작업준비, 모재 가공, 용접기 조작, 가접

작업준비나 모재 가공, 용접기 조작, 가접법, 은박지나 세라믹판 부착법은 아래보기 자세와 같은 방법으로 실시하면 된다.

나. 1층(백) 비드놓기

1) 자용(제살) 이면 비드놓기

가접된 모재가 수평이며 용접선이 좌우가 되며 용접부가 위에서 아래로 향하도록 지그에 고정하여 작업하기 편한 높이로 조절한다.

용접 전류를 75 ~ 95A로 맞춘 후 작업하기 편한 자세로 앉아서 토치와 용접봉을 잡고 우측 끝 가접부에 전극을 가까이 위치한 후 스위치를 눌러 아크를 발생한다.

아크가 안정되면 두 모재의 루트부를 집중 가열 용융하며 작업각 90°, 진행각 70 ~ 80°를 유지하면서 용융지를 일정하게 형성시키며 위빙없이 전진한다.

이 때 루트부에 구멍이 생길 경우 빨리 용접봉을 약간 공급하여 구멍을 채워야 된다.

2) 키홀 형성 이면 비드놓기

키홀을 형성하며 이면 비드를 놓는 방법을 적용할 경우의 모재 가공 및 가접법은 아래보기 자세의 루트 간격을 2.6 ~ 3.5mm 정도 띄워 가접한 모재와 같이 하면 되며, 반드시 뒷 댐판을 사용해야 된다.

방법은 토치와 용접봉을 잡고 용접선 우측 끝 가접부에서 아크를 발생하여 아크를 안정시키면서 키홀을 형성시킨 후 용접봉을 키홀의 용융지에 접촉시키면서 작은 반달 위빙을 하여 모재의 루트면과 용접봉을 용융시켜 이면 비드를 형성하며 좌진한다.

이 때 용접봉의 각도는 용접선에 대하여 10 ~ 30° 정도로 유지하며 키홀이 생기는 부분의 위쪽 모재의 개선면에 위치하여 용접봉이 공급되도록 하는 것이 좋다.

이 때 백 가스의 공급이 없으면 산화될 우려가 있으므로 주의가 필요하다. [그림 5-7 참조]

위보기 자세의 키홀 형성 이면 비드놓기는 많은 숙련이 필요하다.

그림 5-7 위보기 자세 운봉각

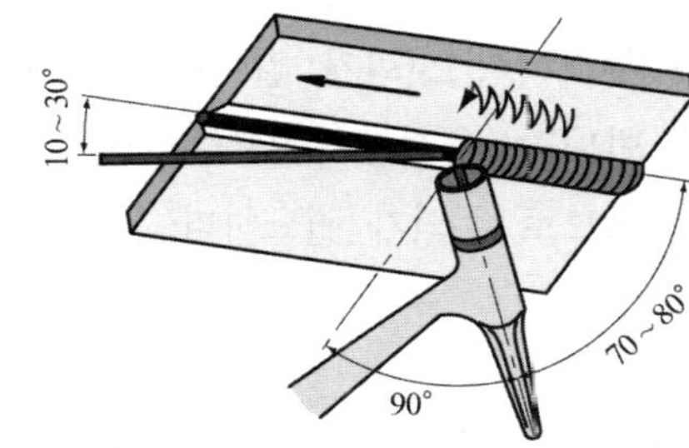

다. 2층(표면) 비드놓기

층간 온도 이하로 냉각 시킨 후 2층 비드놓기를 해야 되며, 다시 뒷면에 새 은박지를 부착시켜야 산화가 일어나지 않는다.

작업각과 진행 반대각, 용접봉의 각도는 1층 비드놓기와 같이 하면 되며, 두 모재의 모서리와 모서리 사이를 위빙하여 모서리가 1 ~ 1.5mm 정도 용융되어 용착되도록 하며 모재 표면보다 1.5 ~ 2mm 정도 높게 쌓이도록 비드를 놓는다. 이 때 비드의 처짐 현상이 생길 수 있으므로 주의가 필요하다.

제6절 | 강관(파이프) V형 맞대기 TIG 용접

1 압력배관용 탄소강관 전자세(5G) V형 맞대기 TIG 용접

가. 작업준비

1) 공구 및 재료 준비

도면이나 WPS를 보고 필요한 공구와 재료를 준비한다. 탄소강관(ϕ162.5×70×t11.0 개선각 35°) 2개, TIG용 연강봉(ϕ2.6-1000)을 준비하고, 스테인리스강용 울이나 샌드페이퍼로 모재나 용접봉의 표면을 깨끗이 닦아준다.

용접봉은 한쪽 끝 약 20mm 정도를 구부려 용접 중 타인에게 상처를 주지 않도록 한다.

세라믹 노즐은 6~8번을 준비하여 토치에 조립하고 텅스텐 전극봉(토륨 1~2% 함유, YWTh ϕ2.4)을 준비하여 전극봉 전용 가공기나 연삭기로 전극봉의 끝각이 30° 정도 되게 가공한 후 토치에 끼우고, 노즐 끝에서 4~5mm 정도 돌출되게 맞추어 고정한다.

2) 모재 가공

강관의 한쪽 끝을 개선각 35°가 되게 파이프 가스 절단기나 선반으로 절단하여 루트면을 1~1.5mm 정도 되게하며, 두 강관의 루트면을 밀착시켰을 때 틈이 없도록 정교하게 가공한다.

3) 용접기 조작

일반적인 조작은 아래보기 비드놓기와 같은 방법으로 실시한다. 용접 전류는 모재의 두께나 형상, 용접 속도, 작업자의 성향에 따라 다르며, 층에 따라서도 다르게 적용하는 것이 일반적이다.

4) 유량 조절

아르곤가스 유량은 8~12 ℓ/min 정도로 맞춘다.

나. 가접(tack welding) 및 가접부 가공

1) 가 접

가접은 강관의 크기에 따라 2~4곳을 가접한다. 준비된 강관 하나의 루트면 부분에 90° 마다 석필이나 마카펜으로 선을 그어 가접부의 표시를 한 후 앵글 등 V자 모양의 가접 지그에 루트면이 맞닿도록 놓고 루트 간격을 2.5 ~ 3.5mm 정도 되게(ϕ2.4 또는 2.6를 V자 형상으로 구부려 두 강관 사이에 끼우는 법도 있음) 띄어서 금긋기로 표시된 부분마다 약 5 ~ 10mm 정도 되게 가접한다.

이 때 1개의 가접을 한 후 2개의 강관이 평행인지를 점검하여 교정한 후 대칭 부분을 가접한다. 이와 같은 방법으로 다른 2곳도 가접한다.

2) 가접부 가공

가접부는 용접 중에 완전 용착을 시키지 않으면 불량이 발생할 수 있으며 양 끝이 도톰하면 이면 비드를 놓을 때 용입불량이 생길 수 있으므로 이면 비드놓기 전에 가접부의 양 끝을 홈 쪽으로 경사지게 가공한다. [제2편 제3장 피복 아크용접 9절 그림 9-3 참조]

다. 강관고정

가접된 강관의 용접선이 좌우가 되며, 가접부가 큰 바늘로 20분 부분과 40분 부분이 되게 고정한 후 작업자의 머리보다 10 ~ 15cm 높이가 되게 단단하게 고정한다. [그림 6-1 참조]

그림 6-1 모재 고정

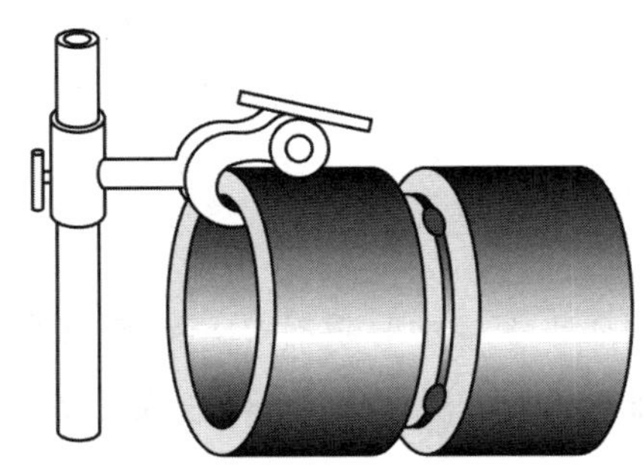

그림 6-2 용접 자세와 순서

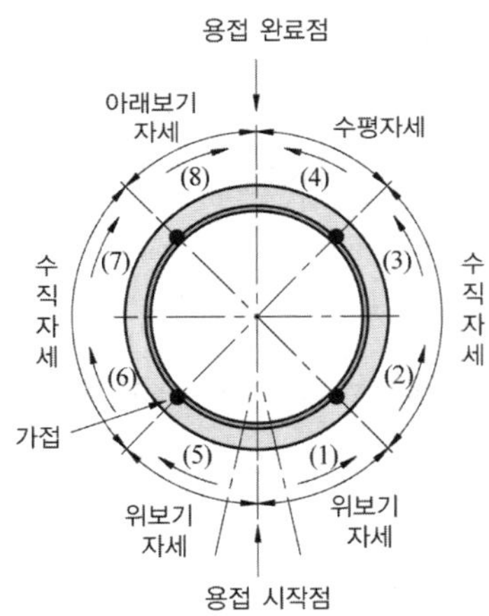

라. 강관 전자세 1층(이면, back) 비드놓기

1) 위보기 자세 1층 비드놓기

용접자세는 고정된 원주면을 따라 강관 하단은 위보기 자세, 양 측면은 수직 자세, 위 부분은 아래보기 자세로 구분할 수 있으나[그림 6-2 참조] 각 자세마다 용접을 중단할 필요는 없으며, 원형의 각 위치에 따른 접선에 따라 진행 반대각과 용접봉의 각도가 일정하게 유지되어야 된다.

이면 비드놓기 방법은 고정된 강관의 앞에 편하게 앉아 적정 작업 조건으로 맞춘 후 토치와 용접봉(ϕ2.4 ~ 2.6)을 잡고 토치의 전극 끝을 25 ~ 30분(35 ~ 30분) 부근을 집중 가열하여 루트부를 용융시켜 키홀을 형성시키고 이 키홀의 용융지에 용접봉을 공급하며 35 ~ 20분(25 ~ 40분) 사이까지 일정한 키홀의 형성과 용접봉을 공급하며 진행한다.

그림 6-3 자세별 토치와 용접봉 각도

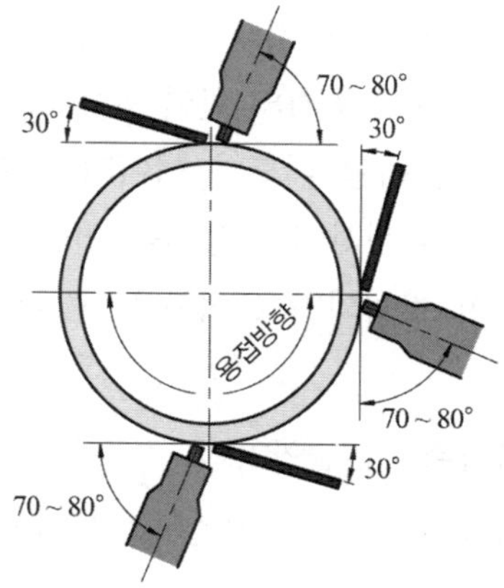

이 때 토치의 작업각은 90°, 진행 반대각은 원에 대한 접선에 대하여 70 ~ 80°를 유지하며 전진하고, 용접봉은 원의 접선에 대하여 20 ~ 30°를 유지하며 된다. [그림 6-3 참조]

이면 비드놓기 전류가 너무 세거나 용접봉의 공급이 늦어지면 키홀이 너무 커져서 진행이 안되거나 용락, 언더컷이 매우 심하므로 진행 속도와 용접봉 공급 속도를 일정하게 유지해야 된다.

2) 수직 자세 1층 비드놓기

전자세 강관 용접에서는 자세를 구분할 필요가 없이 작업이 가능한 범위까지 진행하는 것이 좋으므로 긴 용접봉(1000mm)을 사용하여 가급적 잇는 부분이 적게 되도록 하는 것이 필요하다.

따라서 꼭 구분을 한다면 20 ~ 10분, 40 ~ 50분 사이를 수직 자세로 보면 된다. [그림 6-2 참조] 수직 자세는 위보기 자세보다 작업하기 편하며, 키홀이 잘 보여 일정한 키홀을 유지하기도 쉬워 이면 비드를 양호하게 용착시킬 수 있다.

그러나 키홀이 너무 커질 우려가 많으므로 용접봉 공급이나 토치의 진행 속도를 잘 맞추어 진행하여야 된다.

3) 아래보기 자세 1층 비드놓기

아래보기 자세는 수직 자세를 제외한 상부 부분을 말한다. 아래보기는 다른 자세보다 작업하기 편하지만 강관이라서 전체가 동그랗기 때문에 평판 V형 맞대기를 하는 것과는 좀 더 어려운 부분이다.

강관 전자세 비드놓기나 맞대기 용접시 중요한 것은 원형이기 때문에 토치나 용접봉을 진행 중에 항상 원의 접선에 대한 진행각(진행 반대각)을 계속 조절하여 일정한 각도를 유지해야 된다.

4) 반대편 전자세 1층(이면) 비드놓기

강관에 비드놓기나 맞대기용접의 경우 한곳에서 전체를 빙 둘러 용접할 수 없으므로 이전 1층 이면 비드놓기의 반대 방향으로 위의 작업 '1)~3)'의 방법과 같은 방법으로 실시하면 된다.

이 때 이면 비드가 이어지는 부분은 비드 잇기법과 같이 이전 비드의 5~7mm 뒤에서 아크를 발생하여 용융지를 만들며 루트 간격 사이로 진행하다가 비드 끝 부분이 용융되어 키홀이 형성되면 용접봉을 공급하며 진행하여야 된다.

5) 1층 비드 잇기

1층(백) 비드를 이을 때는 이전 비드 끝에서 이전 비드 약 5~7mm 부분부터 가열하여 용융지를 형성하면서 비드 끝부근으로 진행하여 끝부분의 루트부에 키홀이 형성되면 용접봉을 공급하면서 이전 1층(이면, back) 비드와 같은 방법으로 진행하며, 비드의 폭이나 높이가 일정하도록 진행한다.

마. 2~n층 비드놓기

1층(백) 비드놓기가 끝나면 전류를 10~30A 높여서 2층 이상의 비드를 놓으며, 개선면의 모서리가 용융되지 않도록 해야 되며, 표면 비드 이전의 비드 높이는 강관 표면보다 0.5~1.0mm 낮게 쌓아야 된다.

바. 표면 비드놓기

이전 비드를 강철 와이어 브러시로 깨끗이 청소하고 연강용 ϕ3.2 용접봉을 잡고 토치의 전극을 35~30분(또는 25~30분) 부근을 집중 가열하여 두 모재의 개선 모서리를 1~1.5mm 정도 포함한 두 모서리 사이를 용융지를 만들고 이 용융지에 용접봉을 공급하며 일정한 폭과 높이가 되도록 반달형 또는 원형 위빙을 하며 위보기 자세, 수직 자세, 아래보기 자세로 진행한다. 이 때 토치의 작업각은 90°, 진행 반대각은 원의 접선에 대하여 70~80°를 유지하며 전진하고, 용접봉은 원의 접선에 대하여 20~30°를 유지하며 된다.

[그림 6-4]는 강관 V형 맞대기 용접이 완성된 형상을 나타낸 것이다.

비드놓기 중 불꽃이 너무 세거나 용접봉의 공급이 늦어지면 용락이나 언더컷이 매우 심하므로 진행 속도와 용접봉 공급 속도를 일정하게 유지해야 된다.

전자세 표면 비드놓기가 최초 비드에 도달하면 최초 비드를 5~7mm 정도 겹쳐 비드를 놓아 이음부를 충분히 용융시켜야 된다. [그림 6-5 참조]

그림 6-4 전자세 V형 맞대기 용접

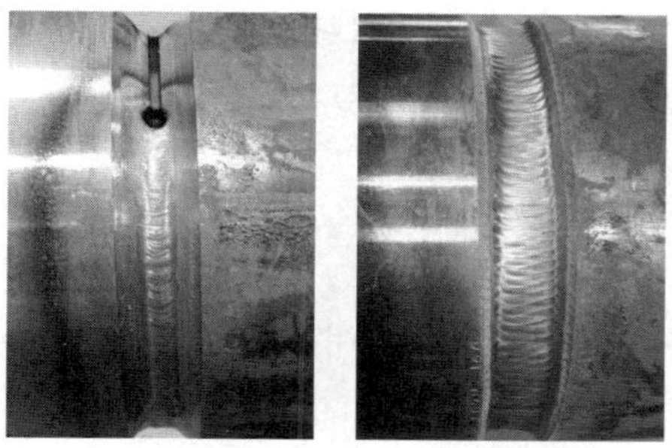

(a) 1층 이면 비드 (b) 2층 비드

그림 6-5 비드 끝단의 보강

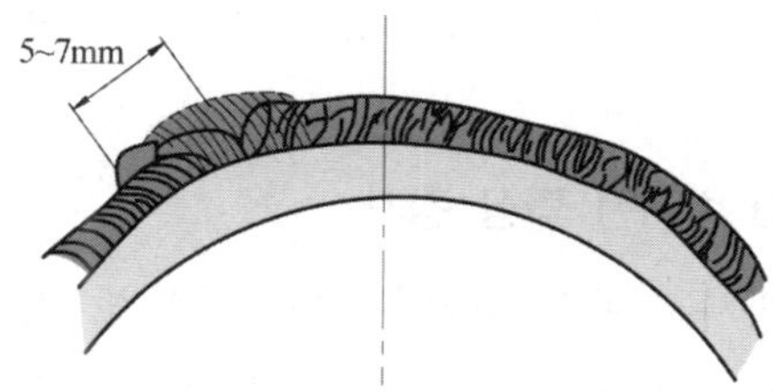

사. 검사 및 반복 실습

67용접이 끝나면 용접부 전체를 깨끗이 청소한 후 각종 용접 결함의 여부와 용접 외관 전체를 점검하여[그림 6-6 참조] 잘못된 점을 시정하려고 노력하며 위의 '가~바'를 반복 실습한다.

모든 기술은 숙련에 달려 있다. 모든 작업이 잘 되었더라도 여러 번 반복 실습하여 언제 실시해도 동일하게 양호한 용접부가 얻어질 때까지 반복 실습을 해야 된다.

아. 굽힘 시험 또는 방사선(X선) 탐상 검사

1) 굽힘 시험

용접사의 기량 정도를 평가하는 시험에서는 규정에서 정한 시간 내에 시험편을 용접하게 한 후 제출된 용접 시험편을 보고 용접부의 외관, 결함 유무 등을 점검하는 외관 검사를 한다.

그리고 외관 검사에 합격한 시험편에 대해 굽힘 시험이나 방사선 검사를 실시하여 용접부의 연성 정도나 내부의 결함 유무를 파악하여 규정에서 정한 기준에 합격하면 기량을 인정하게 된다.

시험 방법의 적용은 각종 코드에서 정한 기준에 따라 굽힘 시험만 하거나, 방사선 검사만 하는 경우, 이 두가지 방법을 다 적용하는 경우 등이 있다.

굽힘 시험은 용접된 강관을 [그림 6-7]의 빗금친 부분과 같이 38±2로 4개를 가스 절단이나 플라스마 절단하여 강관 표면 높이보다 높은 덧살을 연삭 등으로 제거한 후 2개는 용접부 표면이 밖이 되게 하고, 2개는 용접부 백이 밖이 되도록 굽힘 시험

그림 6-6 용접부 결함 검사

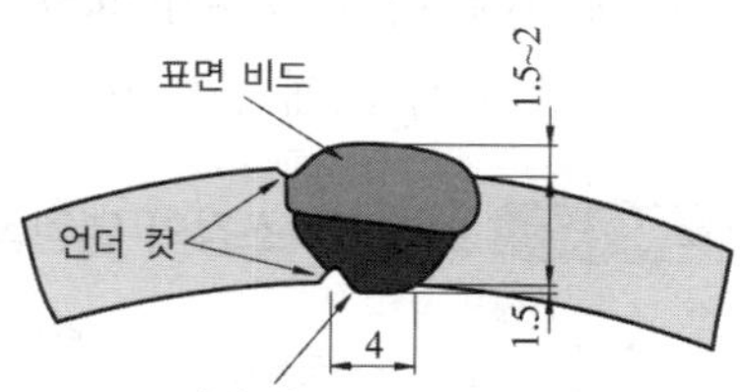

그림 6-7 강관 V형 맞대기 용접 굽힘 시험편 채취 부분

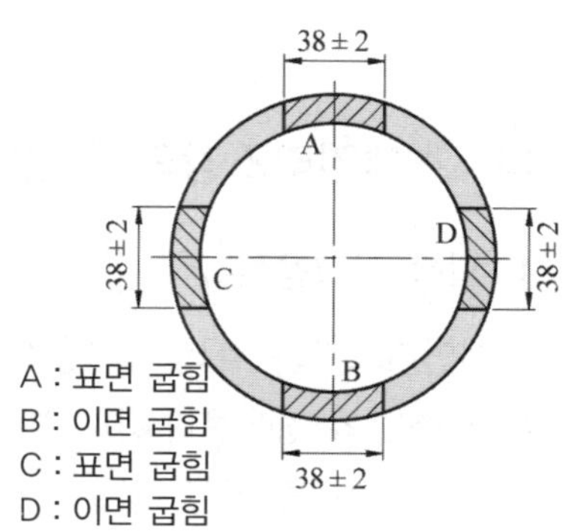

기로 U자형으로 굽힌다.

굽혀진 시험편의 외부를 보고 1개라도 균열이 3mm 이상이거나, 작은 균열을 합하여 7mm 이상인 경우, 또는 기공 등이 10개 이상인 경우 불합격으로 판정한다.

2) 방사선 탐상 검사

방사선 탐상 시험은 검사 자격을 갖춘 자격자가 실시하여야 되며, 용접부의 사용 용도나 적용 코드에 따라 정한 기준 이내가 되어야 합격하게 된다.

2 스테인리스강관 전자세(5G) V형 맞대기 TIG 용접

가. 스테인리스강의 용접성

스테인리스강은 대부분의 용접이 가능하다. 문제는 용입량을 최소화하고 입열량이 적은 용접부의 설계와 용접법을 적용하는 것이 중요하다. 따라서 용접시 탄화 크롬의 생성을 피해야 하므로 불활성 가스나 비산화성 가스로 용접부를 보호해야 된다. 스테인리스강은 탄소강에 비해 팽창 계수가 50% 이상 크므로 용접 변형이 심하며 다른 재료와 용접시 열팽창계수의 차에 의해 균열의 발생이 크므로 주의해야 된다. [그림 6-8 참조]

그림 6-8 스테인리스강의 열영향부

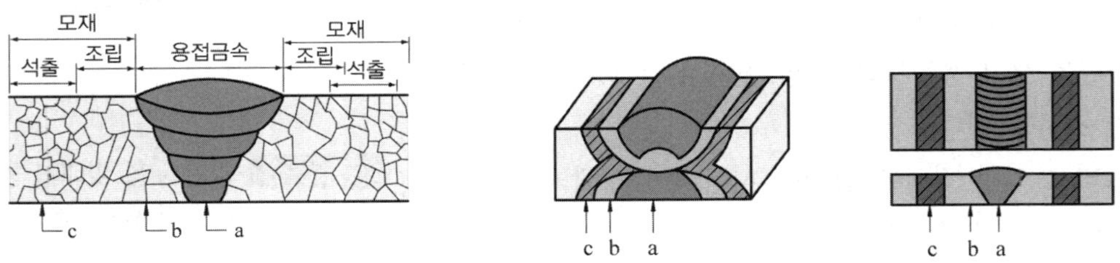

나. 스테인리스강의 용접법

1) 피복 아크용접

스테인리스강은 피복 아크용접이 많이 사용되며 직류의 경우 역극성이 사용된다. 용접 전류는 탄소강의 경우보다 10 ~ 20% 정도 낮게 사용하는데 전류가 낮으면 용입불량이 생기기 쉬우므로 용접 홈 가공, 치수, 가접 등에 주의해야 하며, 판두께 1mm 이하는 용락의 위험성이 크므로 주의해야 한다. 최근에는 용접봉의 발달로 0.8mm 두께의 판 용접에도 이용되고 있다.

2) 불활성 가스 텅스텐 아크(TIG) 용접

스테인리스강의 용접에 광범위하게 사용되며, TIG 용접은 0.4 ~ 8mm 정도의 얇은 판의 용접에 사용되고 있다. 용접 전에 기름, 먼지, 녹 등을 완전 제거해야 된다.

용접 전류는 직류 정극성이 좋고, 전극은 토륨(Th)이 들어있는 텅스텐 전극봉이 좋다. 전극의 끝부분은 뾰쪽하게 하는 것이 전류가 안정되고 열 집중성이 좋다.

3) 불활성 가스 금속 아크(MIG) 용접

MIG 용접법은 TIG 용접법에 비하여 두꺼운 판의 용접에 이용되며, 심선은 0.9 ~ 1.6mm 정도이며, 직류 역극성으로 시공한다.

이는 아크 집중성이 좋다. 순수 아르곤을 사용할 경우 스패터가 비교적 많이 발생하며 아크가 약간 불안정하므로 2 ~ 5%의 산소를 혼합하여 사용하고 있다.

다. 스테인리스강관 전자세 V형 맞대기

스테인리스강관 전자세 V형 맞대기 용접법도 '압력배관용 탄소강관 전자세 V형 맞대기 용접'법과 거의 유사하다.

다만 스테인리스강은 모재의 청정과 아르곤 가스의 순도, 그리고 강관 내부의 퍼지 가스의 사용[그림 6-9 참조], 용접 가능한 범위에서 가급적 낮은 전류 사용, 층간 온도 유지 등에 더 신경을 써야 된다.

그림 6-9 관 이면 비드 보호가스 공급 지그의 예

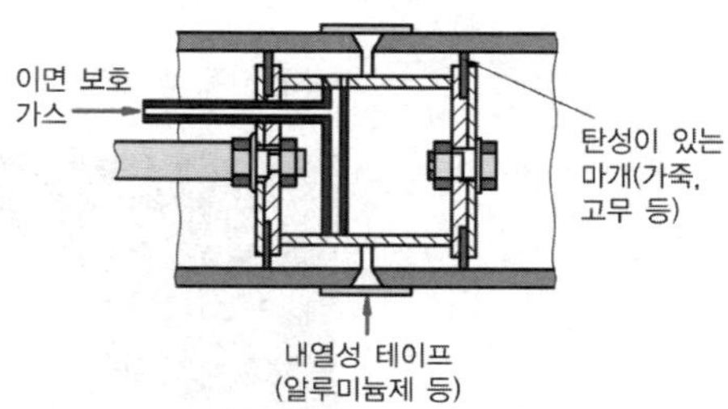

1) 공구 및 재료 준비

일반적인 공구나 보호구는 탄소강관 V형 맞대기 용접법과 같이 준비한다. 스테인리스강용 연삭 숫돌, 스테인리스강관(ϕ150×70×t5.0 개선각 35°) 2개, TIG 용접봉(Y308 ϕ2.6-1000)을 준비한다.

2) 가 접

탄소강관의 V형 맞대기 용접과 같은 방법으로 실시한다. 다만 가접부를 확실하게 용착시키고, 가접 후 전, 후면을 깨끗하게 청소해야 된다.

3) 퍼지 지그 설치 및 모재 고정

스테인리스강관 V형 맞대기 용접은 백(파이프 내부)이 고온에 의해 부식될 수 있으므로 내부에 아르곤 가스나 질소 가스를 집어넣어서 공기와의 접촉을 막아야 되므로 [그림 6-10]과 같은 퍼지 지그나 세라믹판 또는 간이법으로 은박지 등을 부착시킨 후 용접에 임해야 된다.

퍼지 지그 설치나 아르곤 가스를 용접부 백에 분출시킬 수 있는 준비를 한 후 전자세로 용접하기 편한 높이로 관이 수평이며, 용접선이 수직이 되게 고정한다.

듀플럭스 강관의 퍼지 후 용접하는 모습을 나타낸 것이다.

4) 1층 이면 비드놓기

전류는 용접이 가능한 한 범위에서 낮은 전류로 맞추고, 퍼지 가스를 분출시킨 후 탄소 강관 V형 맞대기 1층 비드놓기와 같은 방법으로 35 ~ 30분(또는 25 ~ 30분) 부분에서 아크를 발생하여 위보기 자세에서 수직 자세로, 아래보기 자세로 진행 위치에 따라 토치와 용접봉 각도를 일정하게 유지하며 키홀을 형성하고 용접봉을 공급하여 이면 비드를 놓는다.

가능하면 비드 잇는 부분이 적은 것이 좋으나, 비드를 이어야 될 경우는 이전 비드의 끝에서 20mm 정도를 깨끗이 청소한 후 이전 비드의 10 ~ 20mm 부분에서 아크를 발생하여 충분하게 가열하여 비드 끝으로 이동한 후 끝부분에서 키홀을 형성하여 이전 방법과 같이 진행한다.

그림 6-10 듀플럭스 강관 퍼지 후 TIG 용접의 예

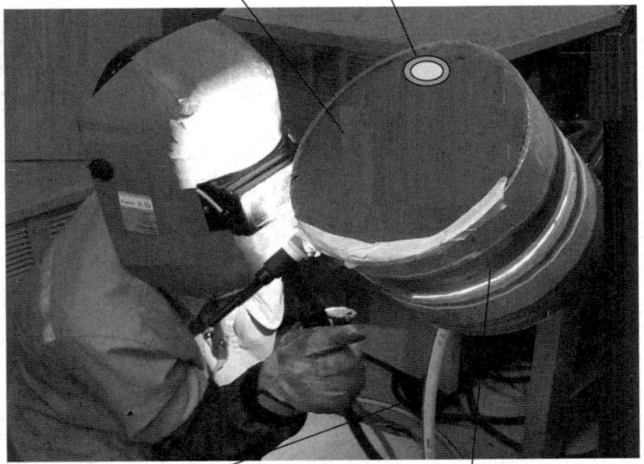

5) 2층 이상, 표면 비드놓기

2층 비드 이상 비드놓기도 탄소강관 V형 맞대기 용접과 같이 하면 된다. 다만 층간 온도를 유지하면서 비드를 놓아야 된다.

1층 용접 후 충분하게 식혀서 312℃ 이하가 되었을 때 2층 이상의 비드를 놓는다.

표면 비드는 개선면 끝 모서리를 1~1.5mm 정도 용융되어 비드가 덮히도록 비드를 놓는다.

3 스테인리스강관 45° 경사 전자세 (6G) V형 맞대기 TIG 용접

그림 6-11 강관 45° 경사 전자세 V형 맞대기 용접

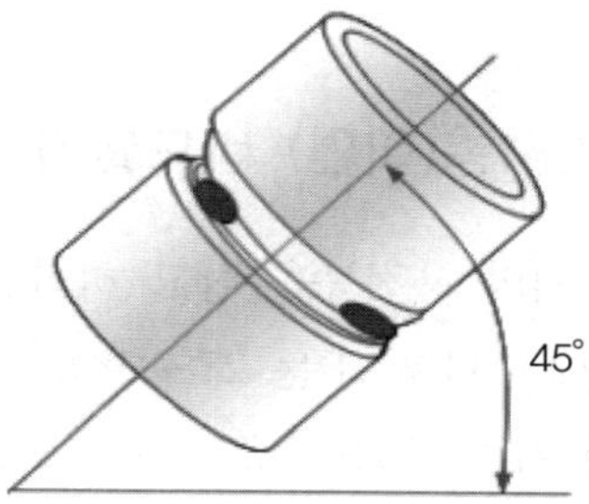

가. 45° 경사 전자세 용접

강관 45° 경사 V형 맞대기 용접을 ASME 코드나 AWS 규정에 의한 용접 자세 기호로는 6G라고 부른다. [그림 6-11 참조]

이 용접 자세에서 1층 비드를 놓을 때 주의할 점은 경사진 용접선을 따라 키홀을 정확히 유지할 수 있어야 된다.

따라서 경사진 루트 간격을 따라 토치의 운봉각과 용접 속도를 잘 맞추어 운봉하며, 아래쪽에 비드 처짐이 생기지 않도록 한다.

2층(표면 비드 포함) 비드 용접시 운봉 속도와 비드 양 끝에 머무는 시간이 맞지 않으면 위쪽에 언더컷, 아래쪽에 오버랩이나 처짐이 생길 우려가 있으므로 주의해야 한다.

나. 강관 45° 경사 V형 맞대기 TIG 용접 준비

강관 45° 경사 V형 맞대기 TIG 용접 준비도 스테인리스강관 전자세(5G) V형 맞대기 TIG 용접법과 동일하게 하면 된다.

다. 강관 베벨 가공

강관 45° 경사 V형 맞대기 TIG 용접 강관 가공도 스테인리스강관 전자세(5G) V형 맞대기 TIG 용접법과 동일하게 하면 된다.

라. TI 용접기 점검 및 조작 및 유량 조절

강관 45° 경사 V형 맞대기 TIG 용접기 점검 및 조작도 스테인리스강관 전자세(5G) V형

맞대기 TIG 용접법과 동일하게 하면 된다.

마. 스테인리스강관 45° 경사 고정

가접된 강관을 지그에 용접선이 45° 경사 수직이 되며 가접부가 30분 위치가 되도록 고정한다. [그림 6-12 참조]

작업자가 허리를 굽혀서 위보기 자세를 할 수 있으며, 허리를 세워서 아래보기 자세 운봉을 할 수 있을 정도의 높이로 높이를 조절한다.

그림 6-12 강관 45° 경사 고정

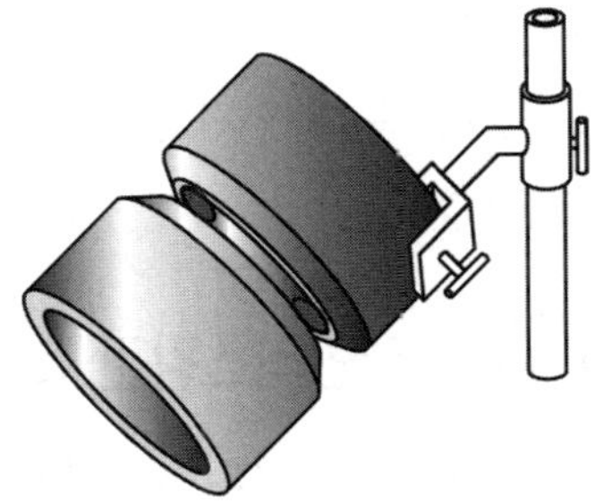

바. 1층(이면) 비드놓기

토치와 용접봉을 잡고 허리를 굽혀 토치를 용접 시작점(보통 강관의 하단 가접부 : 강관의 32 ~ 33분 또는 27 ~ 28분) 부근으로 옮겨 노즐을 가볍게 접촉시키고 용접봉은 접선에 대하여10 ~ 30°를 유지하여 노즐 가까이 놓은 후 헬멧을 쓰고 토치의 스위치를 눌러 아크를 발생하여 아크를 안정시킨다.

아크가 안정되면 토치의 작업각은 90°, 진행 반대각을 접선에 대해 70 ~ 80°로 유지하면서 스위치를 놓아 용접 전류로 직각 또는 약간 경사진 작은 ∞형, 대파형, 부채꼴형 등의 운봉을 하여 가접부를 충분히 용융시키며 진행하다가 루트부에 키홀이 형성되면 전극 바로 앞의 키홀 용융지의 끝에 용접봉을 일정하게 공급하며 위보기 자세에서 수직 자세로, 수직 자세에서 아래보기 자세로 토치의 각도를 원의 접선에 따라 일정하게 유지하며 진행하여 1층(이면) 비드를 놓는다. [그림 6-13, 6-14 참조]

이 때 전극은 루트 간격보다 1 ~ 1.5mm 넓으며, 작업대 면과 수평이 되도록 운봉한다.

그림 6-13 강관 45° 경사 1층 비드 운봉

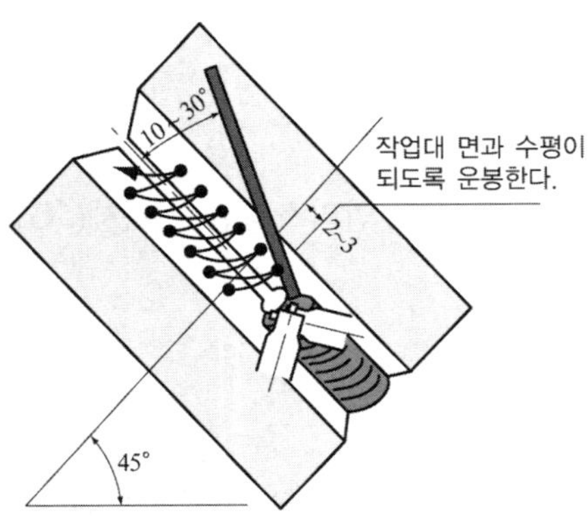

그림 6-14 1층 비드의 형상

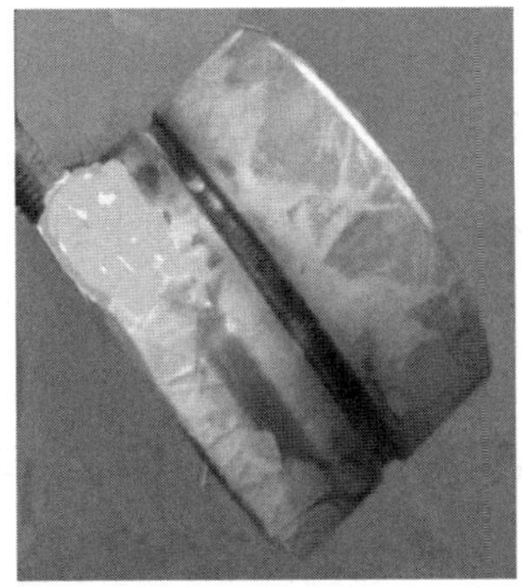

사. 비드 잇기

한층의 비드놓기가 완료될 때까지 가능한 한 비드놓기가 중단되지 않도록 비드를 놓아야 되지만 어떤 원인이든 일단 아크가 중단되면 비드가 끝났던 부분을 스테인리스강용 와이어 브러시나 휠 브러시, 또는 연삭 숫돌로 깨끗하게 닦아주고 비드가 끝난 부분은 홈 쪽으로 경사지게 가공한 후 이전 비드 끝에서 약 10mm 이상 부분에 토치의 노즐을 가볍게 대고 아크를 발생하여 천천히 비드 끝까지 진행하다가 끝부분에 키홀이 형성되면 용접봉을 공급하며 위의 비드놓는 방법과 동일하게 진행하여 비드놓기를 완성한다.

아. 2층 비드놓기

1층 비드놓기가 완료되면 용접부를 스테인리스강 브러시 등으로 깨끗하게 청소한 후 층간 온도(312℃) 이하가 될 때까지 모재를 냉각시킨 후 2층 비드를 놓아야 된다.

작업 방법은 1층 비드놓기와 동일하게 강관 중심선에 대하여 15° 정도 경사 운봉하거나, 평행 운봉하면 되며, 용접 전류를 10～20A 높게 조절하고 1층 비드와 충분히 융합되도록 한다.

자. 표면 비드놓기

판두께에 따라 2층, 또는 3층, 그 이상으로 비드를 놓아 표면 비드를 완성할 수 있으나 표면 비드놓기 이전의 비드 높이가 모재 표면보다 1～1.5mm1층 비드가 높게 쌓인 경우 표면 비드를 놓아야 된다. [그림 6-15 참조]

용접 조건이나 운봉 방법은 2층 이상의 방법과 거의 같으나 완성된 표면의 비드 높이는 모재 표면에서 1.5～2mm, 폭은 모서리에서 모서리 사이보다 2～3mm 크게, 이면 비드의 높이는 1.5～2mm가 되게 한다. [그림 6-16 참조]

그림 6-15 강관 45° 경사 2층 비드 운봉

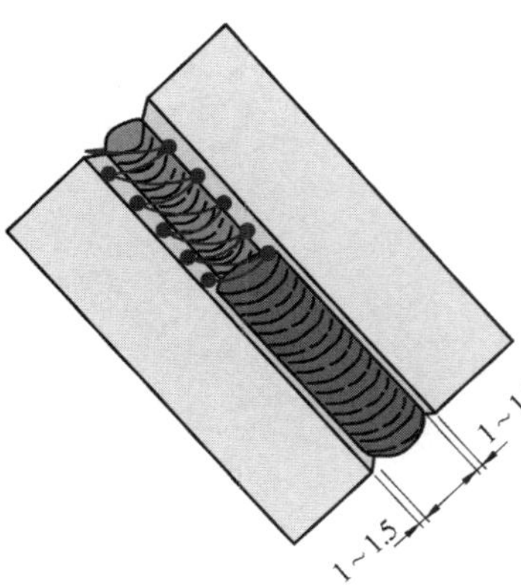

그림 6-16 강관 45° 경사 표면비드 운봉

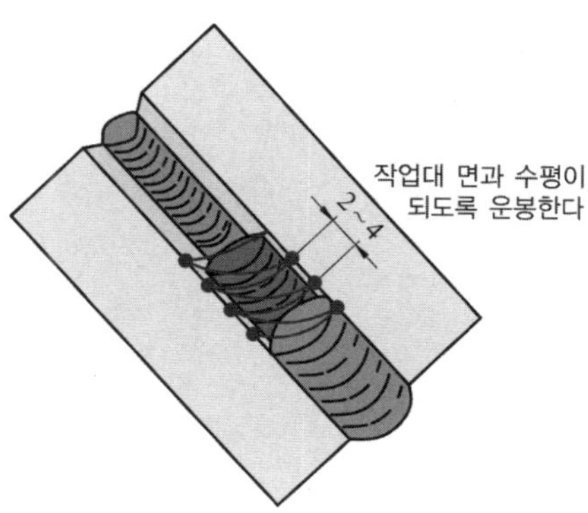

차. 검사와 반복 실습, 정리 정돈 및 주위 청소

용접이 완료되면 용접부를 깨끗이 청소한 후 용접부의 외관과 결함의 유무를 검사하고, 필요하면 X선 투과 검사를 하여 내부의 결함 유무를 점검하여 용접부를 검증한다.

검증된 결과를 토대로 잘못된 점을 고치려고 노력하며 숙련이 될 때까지 반복 실습한다.

실습이 끝나면 아르곤 가스 용기의 밸브를 잠근 후 용접기 전면 패널에서 '용접/점검' 전환 스위치를 '점검(가스체크)'으로 전환하여 호스 내의 잔여 가스를 제거한 후 용접기의 전원을 차단하고, 벽 스위치, 메인 스위치 순으로 차단한다.

사용했던 기계와 공구를 정리 정돈하고 주위를 깨끗이 청소한다.

04 가스용접 실습

제1절 | 가스용접장치 설치 및 조작

1 설치 작업준비

가스용접 장치를 설치하기 위해서는 산소 및 아세틸렌 용기, 압력 조정기(산소, 아세틸렌 용 각각), 고압 호스(산소 녹색 또는 검정색, 아세틸렌은 적색) 약 5m, 가스용접 토치와 팁, 스패너 등을 준비한다.

그리고 누설 검사용 비눗물과 붓도 준비한다. [그림 1-1 참조]

그림 1-1 가스용접 장치 설치 준비

2 용기에 압력 조정기 및 호스 부착

가. 압력 조정기 부착

산소 및 아세틸렌 용기의 밸브를 시계 반대 방향으로 열어 압력 조정기 설치구의 먼지나 이물질 등을 불어내고 깨끗이 한다. 이 때 용기의 가스 출구 앞쪽에 작업자가 서있지 않도록 주의한다.

산소병에는 산소 압력 조정기를[그림 1-2 참조], 아세틸렌 용기에는 아세틸렌 압력 조정기를 설치한다. [그림 1-3 참조]

그림 1-2 산소 압력 조정기 설치

산소병의 압력 조정기 설치구의 나사는 오른 나사이므로 시계방향으로 돌려서 단단히 조이며, 용해 아세틸렌 용기는 왼나사이므로 시계 반대 방향으로 돌려야 조여진다.

따라서 나사 방향에 맞게 최대한 손으로 돌려서 압력 조정기를 설치한 다음 스패너로 단단히 조여 준다.

나. 호스 부착

1) 압력계에 호스 부착

산소 압력계의 가스 출구 닛플(호스 연결구)에 녹색 또는 검정색의 호스를 끼우고 호스 클램프로 단단히 고정한다.

아세틸렌 압력계의 가스 출구 닛플에 적색 호스를 끼우고 호스 클램프로 단단하게 고정한 다음 호스 내의 먼지 등을 제거하기 위해 용기의 고압 밸브를 잠깐 열었다 닫는다.

그림 1-3 아세틸렌 압력계 설치

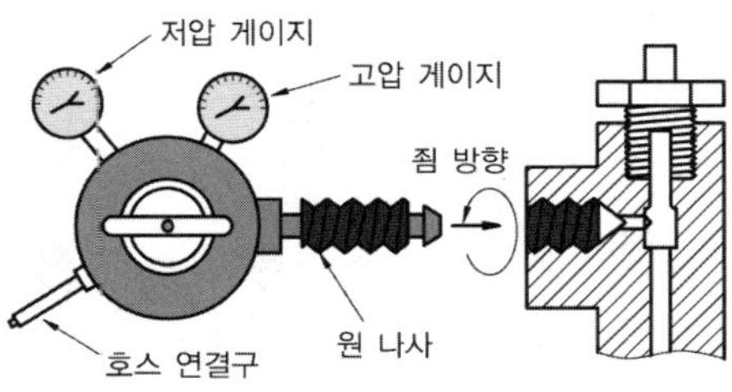

그림 1-4 토치에 호스 연결

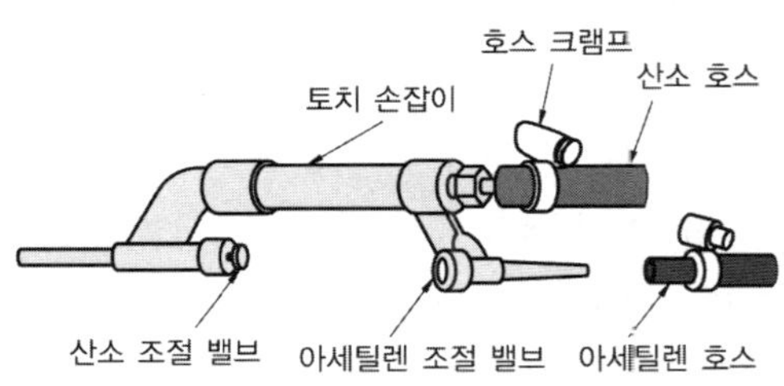

2) 토치에 호스 부착

산소 호스는 용접 토치의 산소(OX)라고 각인된 닛풀에, 아세틸렌 호스는 아세틸렌(AC)라고 각인된 토치의 닛풀에 끼운 후 호스 클램프로 단단하게 고정한다. [그림 1-4 참조]

호스는 KS 규격에 규정된 것(산소 호스 내압시험 압력 : 90kgf/mm^2, 아세틸렌 호스 내압시험 압력 : 10kgf/mm^2)을 사용해야 된다.

다. 가스 누설 검사

용기의 고압 밸브를 열고, 압력 조정기의 손잡이를 조여서(압력 조정기가 열림) 적당한 압력을 걸어놓고 용기와 압력계, 호스 연결부 등 각 연결 부분을 준비된 비눗물을 사용하여 누설 여부를 점검하며 누설 부분이 있으면 더 단단하게 조여서 가스 누설이 없도록 한다. [그림 1-5 참조]

3 가스 불꽃 조절

가. 가스 압력 조절

그림 1-5 압력계 연결부 누설 검사

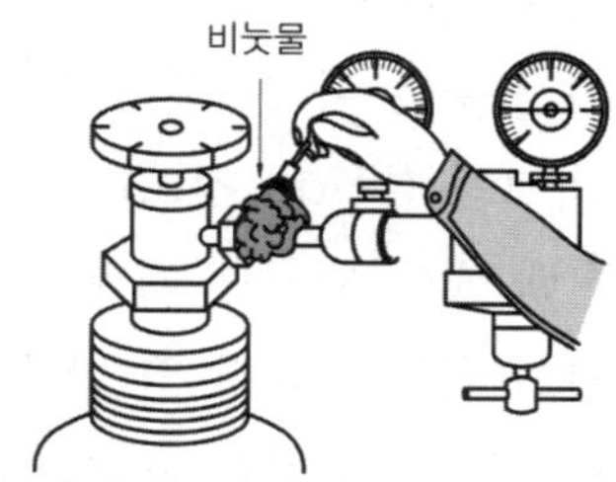

산소와 아세틸렌 압력계의 압력 조절 손잡이를 풀어 가스가 저압 게이지 쪽으로 나오지 않도록 한 후 용기의 고압 밸브를 시계 반대 방향으로 1 ~ 2바퀴 회전한다.(가스가 용기에서 분출하게 됨)

이 때 압력계의 고압 게이지의 바늘이 움직여 용기 내의 압력이 나타나므로 용기 내의 가스량을 알 수 있다.

산소 압력 조정기의 조절 손잡이를 시계 방향으로 회전시켜 저압 게이지의 압력을 2 ~ 5kgf/cm^{2}로, 아세틸렌은 산소의 약 1/10인 0.2 ~ 0.5kgf/cm^{2}로 조절한다. 만약 요구 압력보다 높게 나타났을 경우는 토치의 밸브를 열어놓고 압력 조절 손잡이를 시계 반대 방향으로 돌리며 설정 압력으로 조절한다.

나. 토치에 점화

그림 1-6 가스용접 불꽃 조절

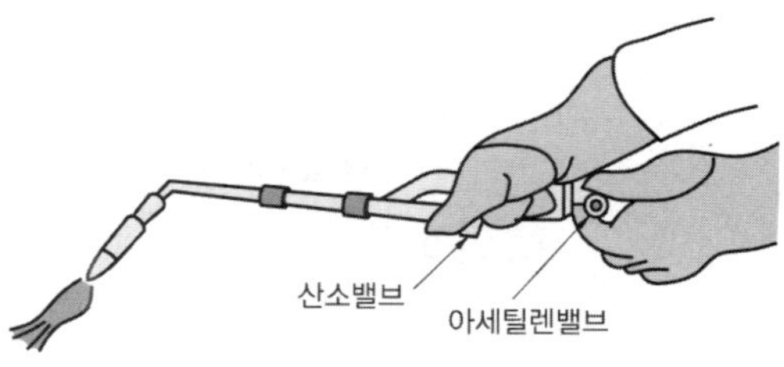

오른손으로(오른손잡이 기준) 토치를 가연성 물질이 없는 안전한 곳을 향하도록 잡고(이 때 가스 용기와는 5m 이상 떨어질 것) 왼손의 엄지와 검지로 산소 밸브를 약간 열어준 후(1/10 ~ 1/5 회전) 아세틸렌 밸브를 약 1/5 ~ 1/4 회전하여 열면서 점화 라이터로 점화한다. [그림 1-6 참조]

이 때 산소가 너무 적으면 매연이 매우 심한 적황색의 불꽃이 되며[그림 1-7 (a) 참조], 산소가 너무 많으면 딱 소리가 나면서 점화된다.

또한 아세틸렌 밸브를 너무 많이 열어서 불꽃이 팁 끝에서 떨어져 있을 경우는 산소를 열어도 불꽃 조절이 안되고 꺼져버리는 현상이 발생하므로 아세틸렌 밸브를 조금씩 닫아 불꽃이 팁 끝에 붙은 후에 산소 밸브를 열어 불꽃을 조절해야 된다.

그리고 점화는 전용 점화 라이터를 사용해야 되며 성냥불이나 일반 라이터를 사용할 경우 손을 데일 염려가 있으니 주의해야 된다.

다. 각종 불꽃 및 불꽃 세기 조절

일단 점화가 되면 산소 밸브와 아세틸렌 밸브를 조절하여 탄화 불꽃, 중성 불꽃, 산화 불꽃으로 조절해본다. [그림 1-7 참조]).

탄화 불꽃은 아세틸렌이 산소보다 많이 분출하여 아세틸렌 깃이 백심 끝에서 많이 보일 때이며[그림 1-7 (b) 참조], 중성 불꽃은 산소와 아세틸렌 량이 1 : 1 정도일 때이며 백심과 아세틸렌 깃이 일치할 때의 불꽃이다. [그림 1-7 (c) 참조]

산화 불꽃은 산소가 아세틸렌 가스보다 많을 경우이며 아세틸렌 깃이 전혀 보이지 않아 백심이 선명하며 약간 뾰쭉해지게 된다. [그림 1-7 (d) 참조]

산화 불꽃은 구리나 구리 합금의 용접 이외에는 거의 사용되지 않으며, 일반적으로 중성 불꽃을 많이 사용하고 있다.

그리고 불꽃의 세기를 조절해본다. 불꽃을 세게 하려면 아세틸렌 밸브를 조금 열고 산소 밸브를 열어 다시 중성 불꽃으로 맞추며, 불꽃이 너무 세서 약하게 할 경우는 산소 밸브를 조금 닫고 아세틸렌 밸브를 닫으면서 중성 불꽃으로 조절한다.

그림 1-7 각종 불꽃의 종류와 형태

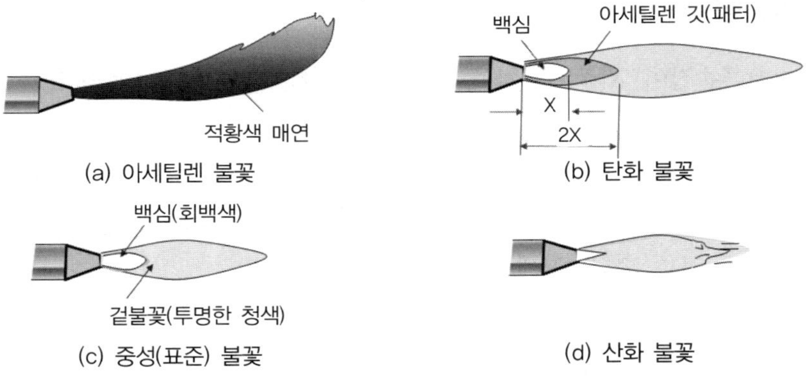

4 불꽃 소화 및 정리 정돈

가. 불꽃 소화

불꽃을 소화할 경우는 토치의 산소 밸브를 거의 닫은 후 아세틸렌 밸브를 닫으면 작은 딱 소리가 나면서 꺼진다.

이 때 산소 분출량이 너무 많으면 딱 소리가 크게 나며, 너무 작거나 분출이 안되면 완전 소화가 안 될 수 있으므로 다시 산소 밸브를 열어 소화 상태를 확인해야 된다.

나. 소화 및 잔여 가스 배출

불꽃이 꺼지면 가스 용기의 고압 밸브를 잠근 후 토치 밸브를 열어 호스 내의 잔여 가스를 제거한 후 토치의 밸브를 닫는다.

호스 내의 가스가 완전 배출되면 압력계의 저압과 고압 게이지의 바늘이 완전 내려와 '0'을 가리키게 되며, 그 후 다시 저압 게이지 바늘이 올라가게 되면 용기의 고압 밸브가 완전히 잠기지 않은 상태이므로 고압 밸브를 더 단단히 조여줘야 된다.

그리고 압력계의 압력 조절 손잡이를 풀어준다. 압력계는 부르동관식으로 되어 있으므로 나사의 원리에 의해 압력계의 손잡이를 시계 반대 방향으로 돌리면 압력계가 닫히게 되므로 가스 분출이 안된다.

다. 정 리

실습이 끝나면 토치와 호스를 3회전 정도의 원으로 감아서 호스 걸이에 정돈한 후 사용했던 공구와 재료를 정리한 다음 주위를 깨끗이 청소한다.

제2절 | 비드놓기 가스용접

1 아래보기 비드놓(쌓)기

가. 작업준비

1) 공구 및 재료 준비

가스용접에 필요한 공구와 재료(연강판, 가스용접봉 : 길이 1000mm), 보호구(앞치마, 보안경 : 차광도 5 ~ 6번) 등을 준비한다. [그림 2-1 참조]

와이어 브러시나 샌드페이퍼로 모재 표면의 흑피 부분을 깨끗이 청소하고 용접봉도 샌드페이퍼로 깨끗이 닦은 후 모재에 석필 등으로 금긋기한다. 좁은 비드를 놓을 경우는 1줄을, 넓은 비드놓기를 할 부분은 약 6 ~ 8mm 정도의 폭으로 2줄을 긋는다.

가스용접봉의 한쪽 끝 약 20mm 정도를 U자 형으로 구부린다.(안전상 필요함) 가스용접봉이 너무 긴 경우 중간을 절단하여 사용한다.

2) 작업준비

가스용접 장치의 각부를 점검하고 누설 유무를 확인한 후 모재 두께에 적합한 팁을 토치에 끼운다. 산소 압력을 2 ~ 5kgf/cm^{2}로, 아세틸렌 압력을 0.2 ~ 0.5kgf/cm^{2}로 맞춘다. [그림 2-2, 2-3 참조] 용접 앞치마, 장갑, 보안경 등 보호구 등을 착용한다.

그림 2-2 산소 압력 조절

그림 2-3 아세틸렌 압력 조절

그림 2-1 가스용접 브호구

그림 2-4 가스용접 토치의 각부 명칭

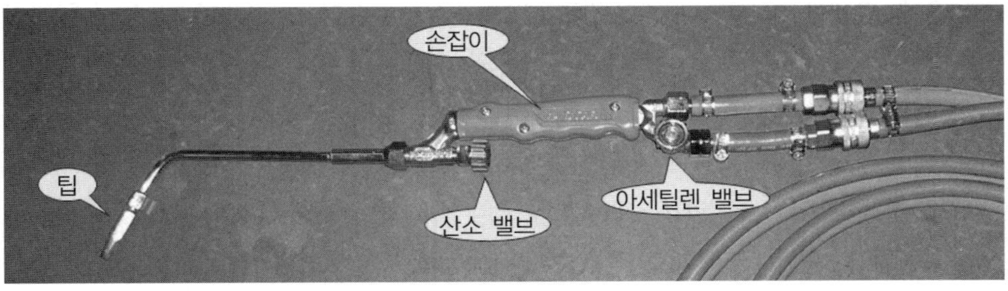

나. 점화 및 불꽃 조절

토치에 점화하려면 토치의 산소 밸브를 약간 열고 아세틸렌 밸브를 열면서 점화 라이터로 점화한 후 곧 산소 밸브와 아세틸렌 밸브를 조작하여 중성불꽃으로 만든다.

그리고 용접부의 형상에 따라 불꽃세기를 조절한다. 불꽃을 강하게 할 경우에는 아세틸렌 밸브를 먼저 열고 산소를 열어 조절하며, 불꽃을 약하게 할 경우는 반대로 산소 밸브를 조금씩 닫으며 아세틸렌 밸브를 닫으면서 중성 불꽃으로 조절한다.

다. 모재 고정 및 자세 잡기

작업대 위에 모재의 용접선이 좌우로 평행이 되며 수평이 되게 놓은 후 작업대 정면에 위치하여 편안한 자세로 앉아 토치와 용접봉을 가볍게 잡고 팔꿈치를 몸에서 적당히 뗀다.

토치의 작업각은 90°, 진행 반대각은 50 ~ 60°를 유지하며, 용접봉은 수평선에 대해 30 ~ 40°를 유지한다. [그림 2-5 참조]

그림 2-5 토치의 작업각과 진행각

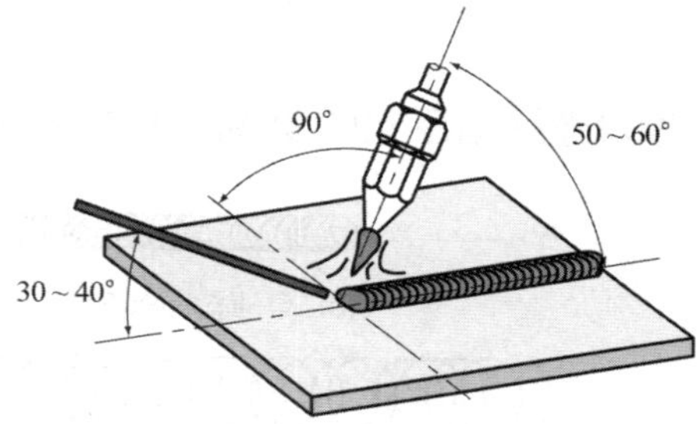

라. 아래보기 좁은 비드놓기

1) 좁은 비드놓기

용접선의 우측 끝 용접 시점을 중성 불꽃의 백심 끝으로 가열하여 용융지를 만든다.

이 때 모재와 백심 불꽃의 거리는 2 ~ 3mm 정도 유지한다.

용접봉은 겉불꽃 내에서 백심 끝 바로 앞의 용융지에 담갔다 뺐다 하면서 규칙적으로 상하 운동을 하며 토치 뒤의 비드 폭과 높이가 일정하도록 토치와 용접봉을 움직이며 전진한다.(전진법의 경우)

2) 크레이터 처리

비드의 끝 2 ~ 3mm 직전에서는 토치의 진행 반대각을 30 ~ 45°로 낮추면서 용접봉을 용융지 끝에 살짝 접촉시키면서 크레이터를 채운 후 토치를 들어 올리는 방법이나, 용접봉은 용융지 끝에 유지하고 토치를 전후로 움직이면서 입열량을 조절하여 크레이터 처리를 한 후 토치를 들어 올려 비드놓기를 종료한다.

마. 아래보기 넓은 비드놓기

그림 2-6 토치 및 용접봉 진행

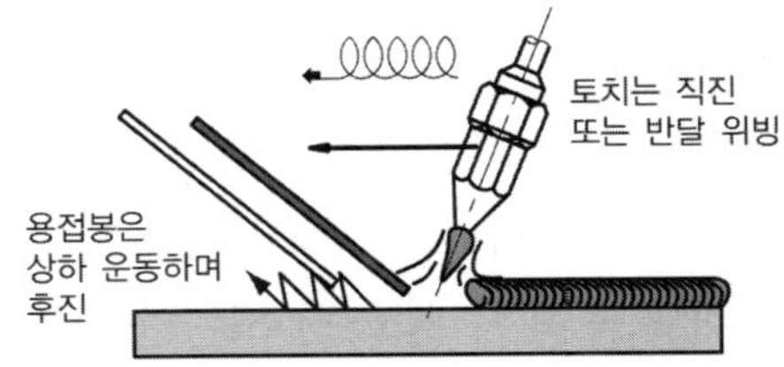

모재의 우측 끝 용접 시점을 중성 불꽃으로 가열하여 용융지를 형성한 후 진행 방향과 직각 방향으로 약 6~8mm 정도 폭으로 반달 또는 원형으로 토치를 움직이며 용융지를 형성하며 용접봉을 겉불꽃 내에서 용융지에 찍어 주듯이 상하 운봉 하며 전진한다. [그림 2-6, 2-7 참조]

용접부 끝 크레이터 지점에서 토치는 진행 반대각을 적게 하여 상하 운동하며 용접봉은 용융지에 대고 위빙하듯 움직여 비드 끝을 도톰하게 채운다.

그림 2-7 좁은 비드 및 넓은 비드 형상 및 운봉법

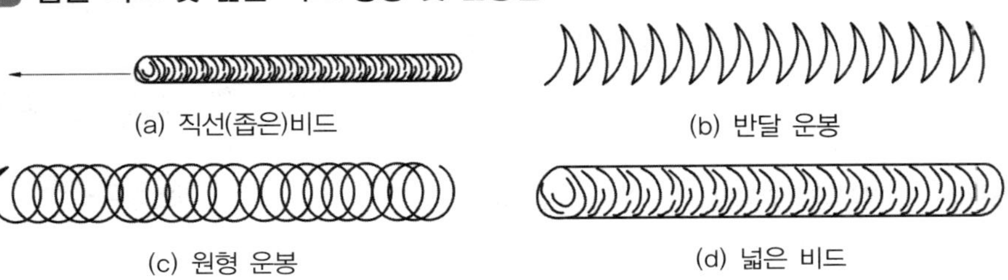

바. 검사 및 반복 실습

토치의 산소 밸브를 4/5 정도 닫고 아세틸렌 밸브를 완전히 닫아 불꽃을 소화한 후 용접부의 산화막을 제거하고 와이어 브러시로 깨끗이 청소한다.

평가 기준에 의해 비드의 직선도, 폭과 높이, 파형, 언더컷, 오버랩, 용접시점과 크레이터 처리 상태 등을 점검한다. 검사에서 발견된 결함을 시정하려고 노력하며 위의 작업 순서 '가~마'를 반복 실습한다.

2 수평 자세 비드놓(쌍)기

그림 2-8 수평 자세 작업각 및 진행각, 용접봉 유지각도

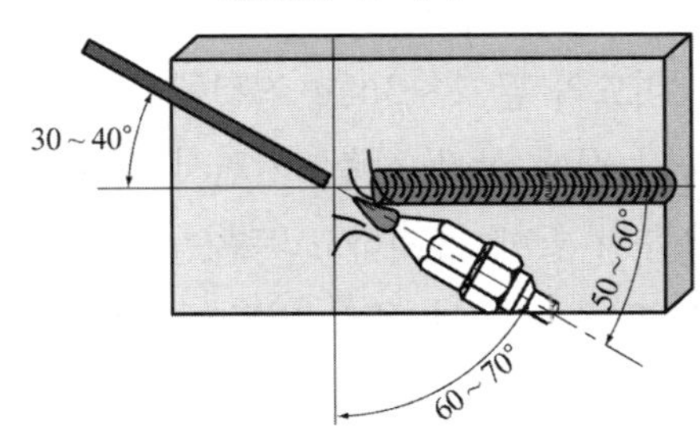

가. 모재 고정 및 자세 잡기

모재가 수직이며, 금긋기한 용접선이 수평이 되게 작업대의 지그에 모재의 상단이 가슴 높이 정도 되게 단단히 고정한 후 작업대의 정면에 편안한 자세로 앉아 토치와 용접봉을 가볍

게 잡고 팔꿈치를 몸에서 적당히 뗀다.

토치의 작업각은 수직인 하단부에 대해 60 ~ 70°, 진행 반대각은 50 ~ 60°를 유지하며, 용접봉은 수평선에 대하여 30 ~ 40°를 유지한다. [그림 2-8 참조]

나. 수평 자세 비드놓기

그림 2-9 수평 자세 용접봉 진행

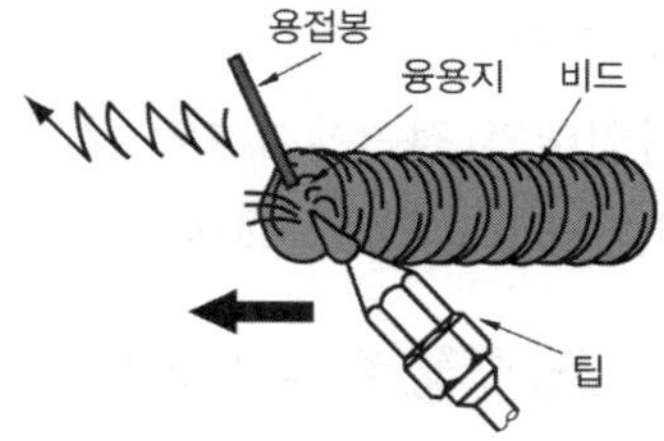

용접선의 우측 끝 용접 시점을 중성 불꽃의 백심 끝으로 가열하여 용융지를 만든다. 이 때 모재와 백심 불꽃의 거리는 2 ~ 3mm 정도 유지한다.

용접봉은 겉불꽃 내에서 백심 끝 바로 앞의 용융지에 담갔다 뺐다 하면서 규칙적으로 상하 운동을 하며 전진한다.(전진법의 경우 [그림 2-9 참조]

비드 폭과 높이가 일정하도록 토치와 용접봉을 움직인다. 비드의 끝 부분은 아래보기 비드놓(쌓)기와 같은 방법으로 크레이터를 채운 다음 토치를 들어 올린다. [그림 2-10, 2-11 참조]

그림 2-10 크레이터 처리법

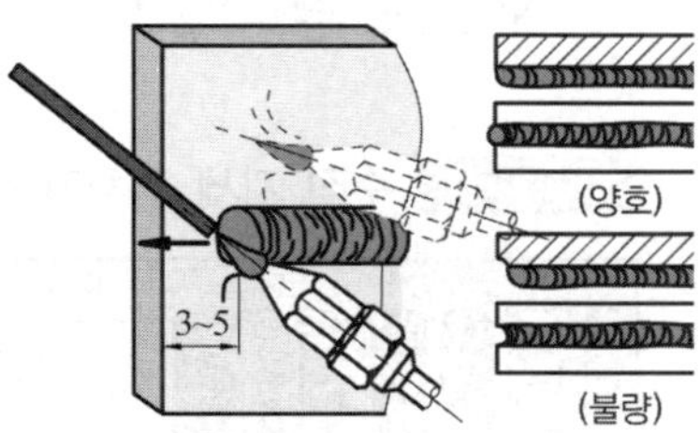

그림 2-11 수평 자세 비드놓기

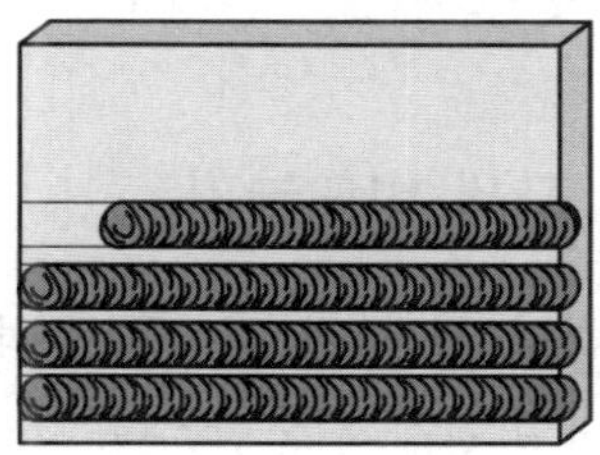

다. 검사 및 반복 실습

토치의 산소 밸브를 4/5 정도 닫고 아세틸렌 밸브를 완전히 닫아 불꽃을 소화한 후 용접부의 산화막을 제거하고 와이어 브러시로 깨끗이 청소한다.

평가 기준에 의해 비드의 직선도, 폭과 높이, 파형, 비드 처짐 상태, 언더컷, 오버랩, 용접 시점과 크레이터 처리 상태 등을 점검한다. [그림 2-12 참조]

검사에서 발견된 결함을 시정하려고 노력하며 위의 작업 순서 '가 ~ 나'를 반복 실습한다.

3 수직 자세 비드놓(쌓)기

가. 모재 고정 및 자세 잡기

모재와 금긋기한 용접선이 수직이 되게 작업대의 지그에 모재의 상단이 배꼽 높이 정도 되게 단단히 고정한다.

작업대의 정면에서 45° 우회전하여 편안하게 앉아 토치와 용접봉을 가볍게 잡고 허리를 굽힌다. [그림 2-13 참조]

그림 2-13 수직 자세

그림 2-14 각종 용접 결함

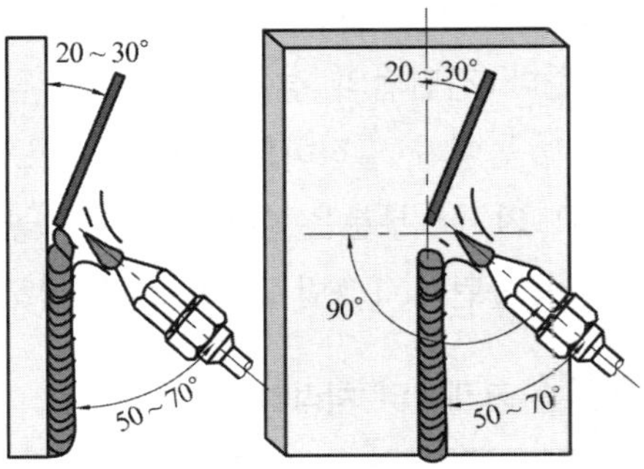

나. 수직 자세 비드놓기

그림 2-15 수직 자세 겹치기 비드

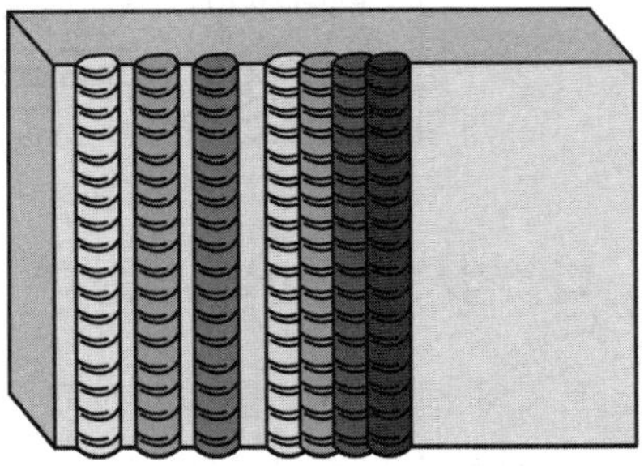

용접선의 하단 끝 용접 시점을 중성 불꽃의 백심 끝으로 가열하여 용융지를 만든다. 이 때 모재와 백심 불꽃의 거리는 2 ~ 3mm 정도 유지한다.

토치의 작업각은 90°, 진행 반대각은 50 ~ 70°를 유지하며, 용접봉은 용접선 위쪽 수직선에 대하여 20 ~ 30°를 유지하며, 용접봉을 겉불꽃 내에서 백심 끝 바로 앞의 용융지에 담갔다 뺐다 하면서 규칙적으로 상하 운동을 하며 상진한다. [그림 2-14 참조] 비드 폭과 높이가 일정하도록 토치와 용접봉을 움직인다. 비드의 끝 부분은 아래보기 비드놓기와 같은 방법으로 크레이터를 채운 다음 토치를 들어 올린다.

다. 검사 및 반복 실습

불꽃을 소화한 후 용접부를 깨끗이 청소한다. 용접부를 평가 기준에 의해 점검한다.

[그림 2-15 참조]

검사에서 발견될 결함을 시정하려고 노력하며 위의 작업 순서 '가 ~ 나'를 반복 실습한다.

4 위보기 자세 비드놓(쌓)기

가. 모재 고정

위보기 자세 비드놓기는 모재가 머리보다 위쪽이며 용접부가 아래로 향한 상태에서 용접선이 좌우가 된 상태에서 토치의 불꽃이 위쪽으로 향하여 비드를 놓는 방법이다.

따라서 모재가 수평이고, 금긋기한 용접선이 아래쪽이 되며 좌우 수평이 되게 작업대의 지그에 고정하고 모재의 상단이 머리 높이보다 약 100mm 정도 높게 맞춘다.

나. 위보기 자세 잡기

작업대의 정면에 편안한 자세로 앉아 토치와 용접봉을 가볍게 잡고 팔을 들어 올려 토치 끝이 위로 향하게 하며, 백심과 모재와의 거리는 2 ~ 3mm, 토치의 작업각은 90°, 진행 반대각은 50 ~ 70°를 유지하며, 용접봉은 우측 용접선에 대하여 20 ~ 30°를 유지한다. [그림 2-16, 2-17 참조]

그림 2-16 모재와 백심의 거리

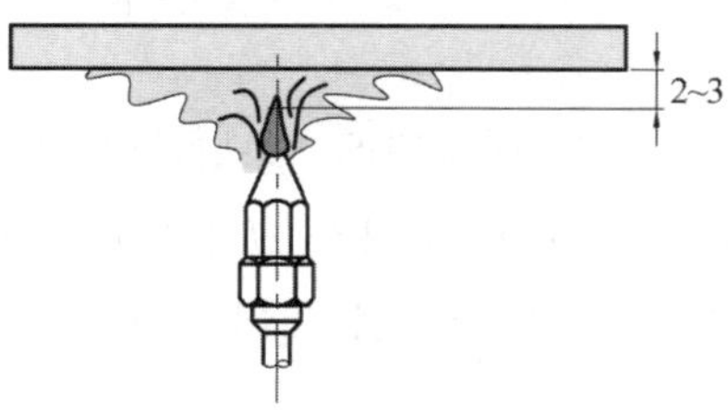

그림 2-17 토치와 용접봉 유지각

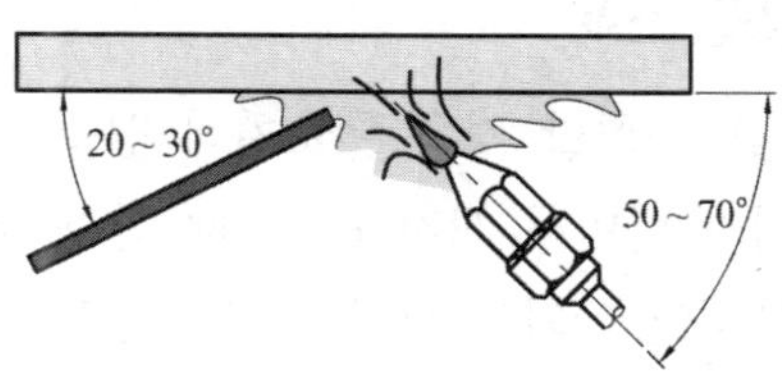

다. 위보기 자세 비드놓기

1) 좁은 비드놓기

용접선의 우측 끝 용접 시점을 중성 불꽃의 백심 끝으로 가열하여 용융지를 만들고, 용접봉은 겉불꽃 내에서 백심 끝 바로 앞의 용융지에 담갔다 뺐다 하면서 규칙적으로 상하 운동을 하며 전진한다.(전진법의 경우)

이 때 토치 뒤의 비드 폭을 관찰하면서 비드 폭과 높이가 일정하도록 토치와 용접봉을 움직인다. 비드의 끝 부분은 크레이터를 채운 다음 토치를 들어 올린다.

2) 넓은 비드놓기

좁은 비드놓기와 거의 유사하지만 좁은 비드는 토치가 일직선으로 진행하지만 넓은 비드는 진행 방향에 대하여 직각 방향으로 6 ~ 8mm 정도 반달형 또는 원형 위빙을 하며 용융지를 형성하고 그 용융지에 일정한 주기로 용접봉을 담갔다 빼내었다 하면서 비드 폭이 8 ~ 10mm 이상 되게 진행하여 넓은 비드를 얻는다. [그림 2-18, 2-19 참조]

그림 2-18 용융지에 용접봉 첨가 위치

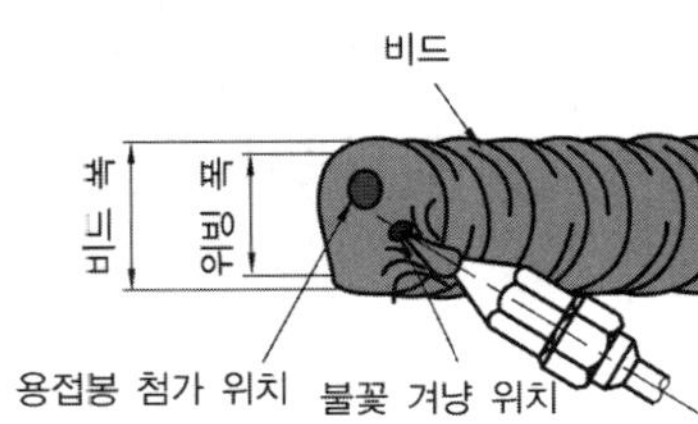

그림 2-19 크레이터 처리시 토치 조작

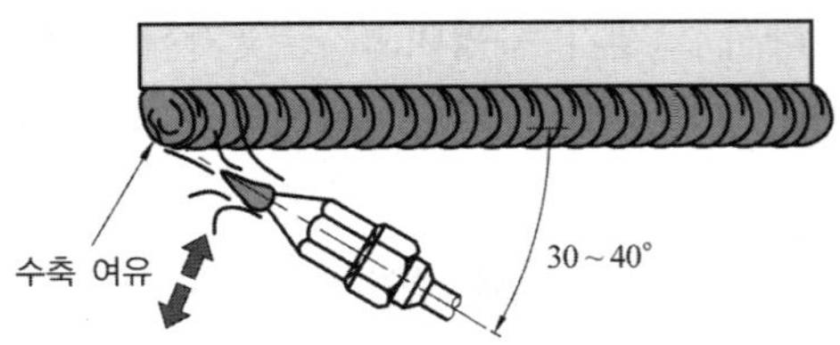

라. 검사 및 반복 실습

'제2절 2 다.' 항과 같이 검사 및 반복 실습한다.

마. 불꽃 소화 및 정리 정돈

1) 불꽃 소화

불꽃을 소화할 경우는 토치의 산소 밸브를 거의 닫은 후 아세틸렌 밸브를 닫으면 작은 딱 소리가 나면서 꺼진다. 이 때 산소 분출량이 너무 많으면 딱 소리가 크게 나며, 너무 작거나 분출이 안되면 완전 소화가 안될 수 있으므로 다시 산소 밸브를 열어 소화 상태를 확인해야 된다.

2) 토치 내의 가스 배출

불꽃이 꺼지면 가스 용기의 고압 밸브를 잠근 후 토치 밸브를 열어 호스 내의 잔여 가스를 제거한 후 토치의 밸브를 닫는다.

호스 내의 가스가 완전 배출되면 압력계의 저압 게이지의 바늘이 완전 내려와 '0'을 가리키게 되며, 만약 다시 저압 게이지 바늘이 올라가게 되면 용기의 고압 밸브가 완전히 잠기지 않은 상태이므로 고압 밸브를 더 단단히 조여줘야 된다.

그리고 압력계의 압력 조절 손잡이를 풀어준다.(압력계가 닫히게 되므로 가스 분출이 안됨)

3) 정 리

실습이 끝나면 토치 호스를 3회전 정도의 원으로 감아서 호스 걸이에 정돈한 후 사용했던 공구와 재료를 정리한 다음 주위를 깨끗이 청소한다.

제3절 | 필릿 가스용접

1 아래보기 자세 필릿 가스용접

가. 필릿 용접 작업준비

1) 공구 및 재료 준비

필릿 가스용접에 필요한 공구(강철자, 마그네틱 척, 스파크 라이터 등)와 보호구, 재료(연강판, 가스용접봉)를 준비한 후 연강판(t3.2 ~ 4.0×125×150) 2매를 준비하여 하나는 필릿 용접할 위치에 금긋기를 하고, 다른 하나의 측면을 평평하게 가공한다.

2) 작업준비

가스용접 장치의 각부를 점검하고 누설 유무를 확인한다. 모재 두께에 적합한 팁(A1호 No. 3 ~ 5호, 또는 B1호 No. 200 ~ 300번)을 토치에 끼운다.

가스 용기의 밸브를 열고 압력 조정기의 손잡이를 조절하여 산소 압력을 2 ~ 5kgf/cm^{2}로, 아세틸렌 압력을 0.2 ~ 0.5kgf/cm^{2}로 맞춘다.

용접 앞치마, 장갑, 보안경 등 보호구 등을 착용한다.

나. 점화 및 불꽃 조절

토치에 점화하려면 토치의 산소 밸브를 약간 열고 아세틸렌 밸브를 열면서 점화 라이터로 점화한 후 곧 산소 밸브와 아세틸렌 밸브를 조작하여 중성불꽃으로 만든다.

그리고 용접부의 형상에 따라 불꽃 강도를 조절한다. 필릿 용접의 경우는 비드놓(쌓)기나 맞대기용접의 경우보다 강하게 조절하여야 된다.

불꽃을 강하게 할 경우에는 아세틸렌 밸브를 먼저 열고 산소를 열어 조절하며, 불꽃을 약하게 할 경우는 반대로 산소 밸브를 조금씩 닫으며 아세틸렌 밸브를 닫으면서 중성 불꽃으로 조절한다.

다. 가접(가용접) 및 역변형주기

금긋기한 모재를 작업대 위에 수평으로 놓고 측면을 가공한 모재를 금긋기한 위치에 직각으로 세워 마그네틱 척 등으로 고정한 다음 양끝을 단단하게 가접한다.([그림 3-1 참조], 연습 모재가 아닌 실제 용접 구조물의 경우는 양끝에서 약 30mm 안쪽에 가접하는 것이 좋다) 가접이 끝나면 용접 방향과 반대 방향으로 약 1 ~ 3° 역변형을 준다.

그림 3-1 필릿 용접 가접 방법

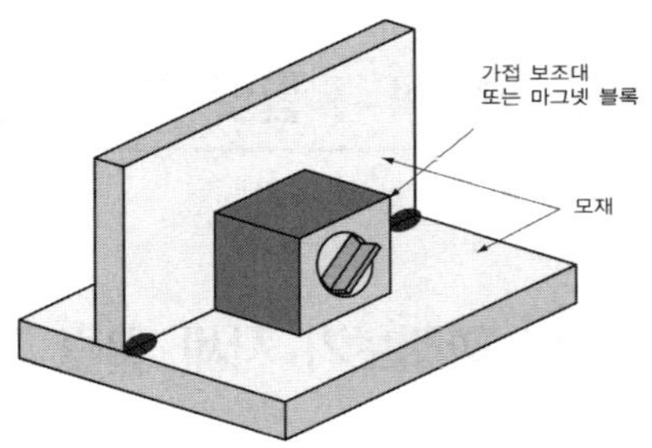

라. 모재 고정

가접한 모재의 용접부가 아래보기 자세가 되도록 수평판의 용접부 쪽을 들어 올려 보조판으로 고정하거나, 지그에 고정한다. [그림 3-2 참조]

그림 3-2 아래보기 필릿 토치와 용접봉 각도 그림

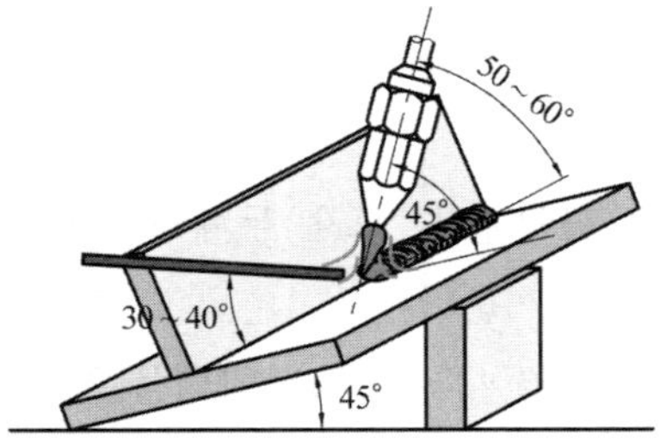

그림 3-3 목 길이와 목 두께

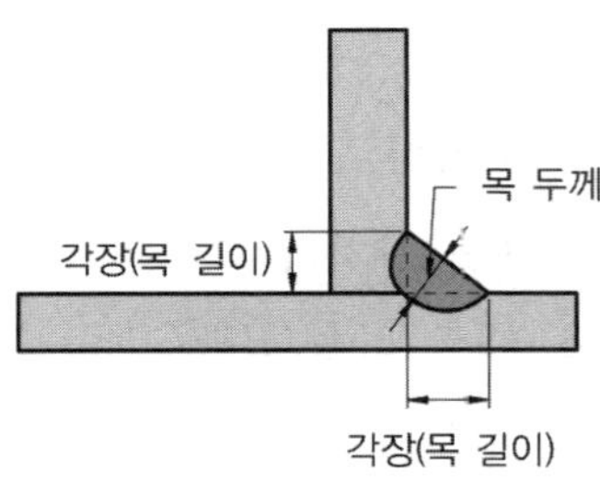

마. 아래보기 필릿 가스용접

필릿 가스용접은 루트부가 잘 용융되지 않기 때문에 용접 전에 루트부를 충분하게 예열한 후 실시하는 것이 좋다.

필릿 용접시 토치의 작업각을 45°, 진행 반대각을 50 ~ 60°로 유지하고 용접봉은 수평선에 대하여 30 ~ 40°를 유지하며[그림 3-2 참조], 두 모재의 경계선 루트부를 토치의 불꽃으로 가열하여 용융지를 형성시킨 후 비드놓기 방법과 같이 용접봉을 백심 불꽃의 바로 앞 용융지에 담갔다 꺼냈다 하면서 목 길이(각장), 비드 폭과 높이, 피치가 일정하게 형성되도록 비드를 놓는다. [그림 3-3 참조]

필릿 용접시 불꽃이 너무 약하면 루트부가 용융되지 않아 용입불량, 오버랩 등이 생길 수 있으며, 불꽃이 너무 강하고 토치와 용접봉의 운봉이 나쁘면 언더컷이 생길 우려가 있다. [그림 3-4 참조]

그림 3-4 필릿 용접부의 결함의 예

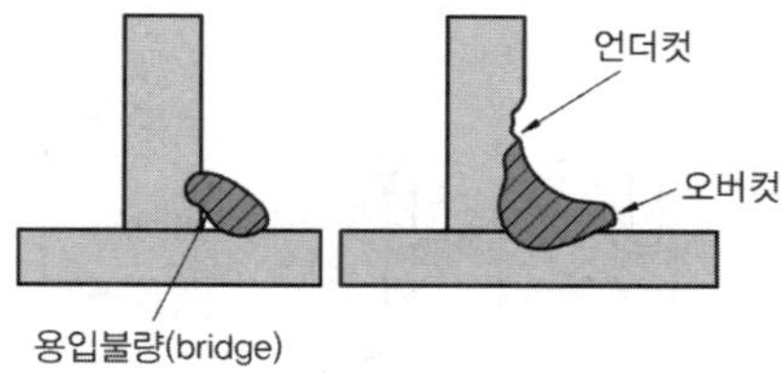

바. 검사 및 반복 실습

용접부를 청소한 후 용접 상태를 검사하고 잘못된 점을 시정하려고 노력하며 반복 실습한다.

2 수평 자세 필릿 가스용접

가. 모재 고정

가접한 모재의 용접부가 수평 자세가 되도록 작업대나 지그에 아래판이 수평이 되도록 고정한다. [그림 3-5 참조]

나. 수평 자세 필릿 가스용접

1) 전진법

작업대 앞에 편하게 앉아 토치와 용접봉을 잡고 모재의 우측 루트부 주위를 예열한다. 예열시 수평판에 열을 더 준다. 시작부가 용융되면 용접봉을 백심의 앞 수직판 용융지쪽에 넣었다 빼냈다 하면서 일정한 다리 길이와 피치, 비드 형상이 되게 하며 좌측으로 진행한다.

용접 토치의 작업각은 45°, 진행 반대각은 50 ~ 60°로 유지하며, 용접봉은 30 ~ 40°를 유지하며 진행한다. 백심은 루트부에서 수평판 쪽으로 0.5 ~ 1mm 향하여 두 모재가 균일하게 가열되도록 한다. [그림 3-6 참조]

용접이 끝나는 지점 2 ~ 3mm 앞에서 토치의 각도를 줄이거나 상하 운동을 하여 열의 집중을 적게 하며, 용접봉은 용융지 속에서 움직이며 비드 끝을 볼록하게 크레이터 처리를 한다.

그림 3-5 가접 및 모재 고정 그림

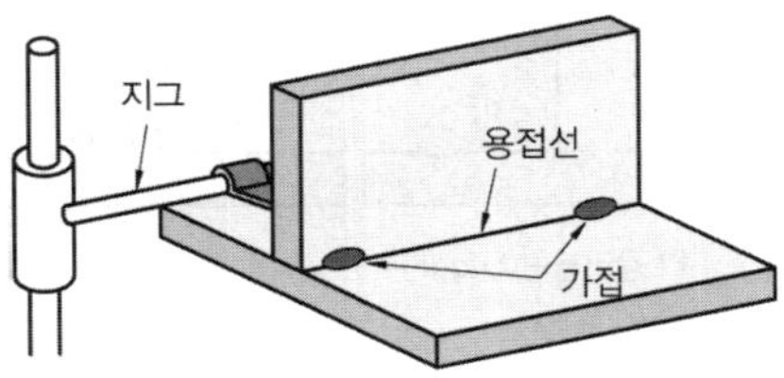

그림 3-6 토치와 용접봉 유지각도(전진법)

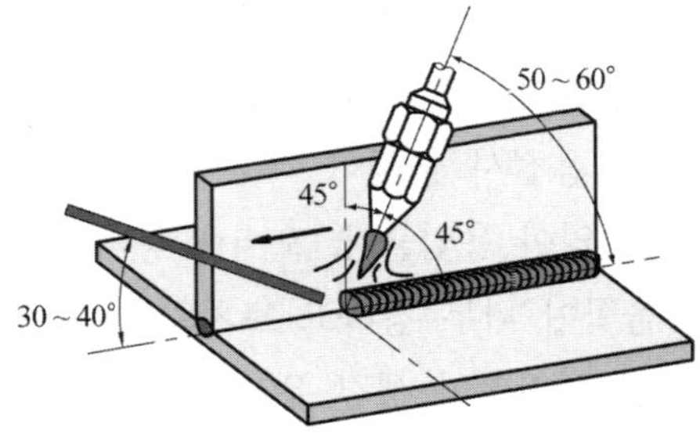

2) 후진법

작업대 앞에 편하게 앉아 토치와 용접봉을 잡고 모재의 좌측 루트부 주위를 예열한다. 예열시 수평판에 열을 더 준다. 시작부가 용융되면 용접봉을 백심의 앞 수직판 용융지쪽에 넣었다 빼냈다 하면서 일정한 목 길이와 피치, 비드 형상이 되게 하며 우측으로 진행한다.

용접 토치의 작업각은 45°, 진행각은 60 ~ 70°로, 용접봉은 30 ~ 40°를 유지하며 진행한다. 백심은 루트부에서 수평판 쪽으로 0.5 ~ 1mm 향하여 두 모재가 균일하게 가열되도록 한다. [그림 3-7 참조]

그림 3-7 토치, 용접봉 유지각도(후진법)

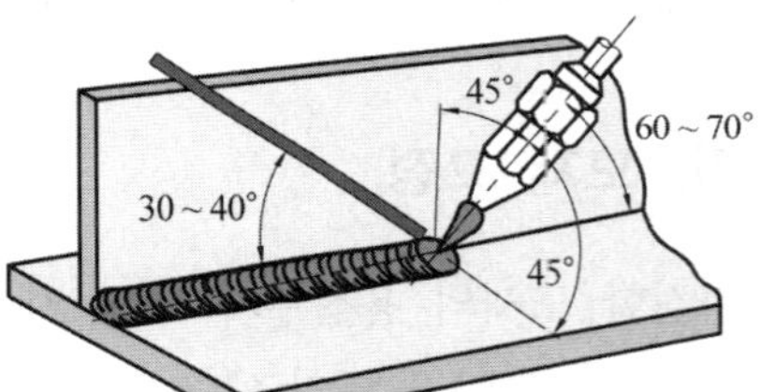

용접이 끝나는 지점 2 ~ 3mm 앞에서 토치의 각도를 30 ~ 40°로 낮추고 상하 운동을 하여 열의 집중을 적게 하며, 용접봉은 용융지 속에서 움직이며 비드 끝을 볼록하게 크레이터 처리를 한다.

다. 검사 및 반복 실습

용접부를 청소한 후 용접 상태를 검사하고 잘못된 점을 시정하려고 노력하며 반복 실습한다. [그림 3-8 참조]

그림 3-8 수평 필릿용접 결함

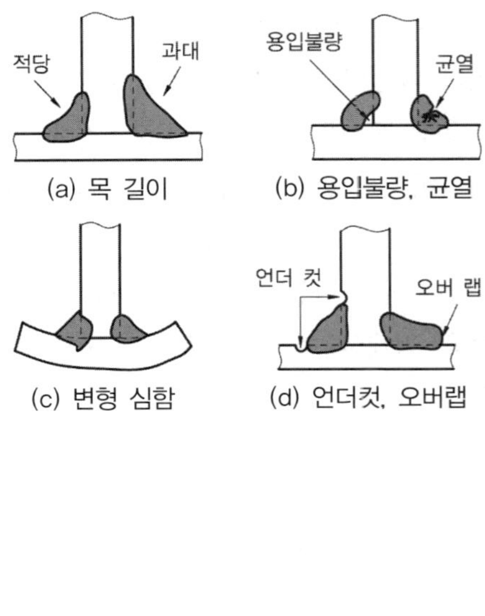

(a) 목 길이 (b) 용입불량, 균열 (c) 변형 심함 (d) 언더컷, 오버랩

3 수직 자세 필릿 가스용접

가. 모재 고정

가접한 모재가 수직이고 용접부가 수직이 되며, 모재의 상부가 가슴 정도 되게 단단하게 고정한다. [그림 3-9 참조]

나. 수직 자세 필릿 용접

작업대 앞에 편하게 앉아 토치와 용접봉을 잡고 모재의 하단 루트부 주위를 예열한다. 시작부가 용융되면 용접봉을 백심의 앞 용융지쪽에 넣었다 빼냈다 하면서 일정한 다리 길이와 피치, 비드 형상이 되게 하며 우측으로 진행한다.

이 때 용접 토치의 작업각은 45°, 진행 반대각은 60 ~ 70°로, 용접봉은 30° 정도로 유지하며 상진한다. 백심은 루트부에서 수평판 쪽으로 0.5 ~ 1mm 향하여 두 모재가 균일하게 가열되도록 한다. [그림 3-9 참조]

용접이 끝나는 지점 2 ~ 3mm 앞에서 토치의 각도를 30 ~ 40°로 낮추고 상하 운동을 하여 열의 집중을 적게하며, 용접봉은 용융지 속에서 움직이며 비드 끝을 볼록하게 크레이터 처리를 한다.

그림 3-9 수직 필릿 용접 모재 고정 및 각도

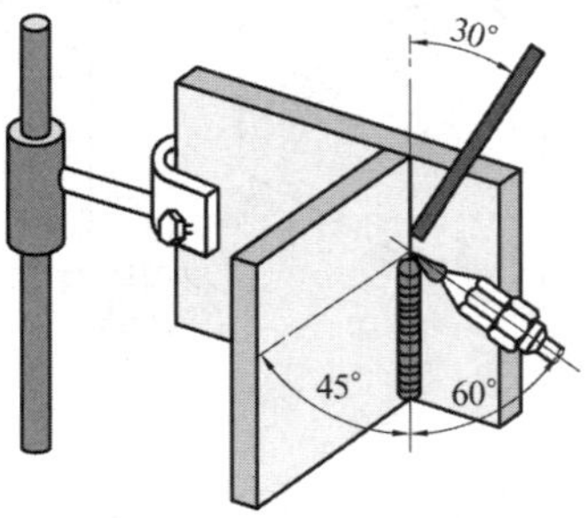

그림 3-10 수직 필릿 용접부의 양부

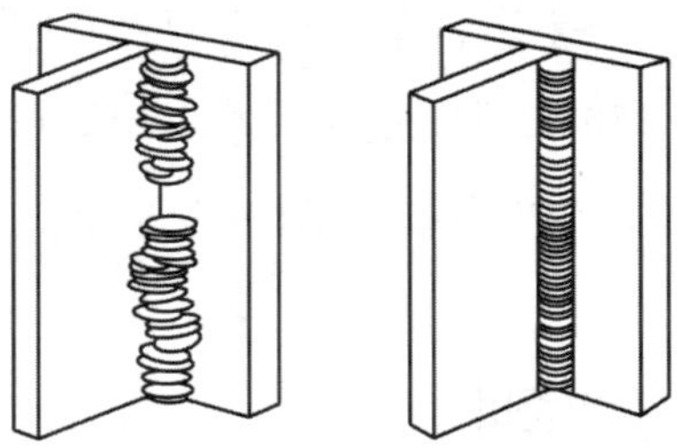

(a) 불량 (b) 양호

다. 검사 및 반복 실습

용접부를 깨끗이 청소한 후 목 길이의 적정 여부, 용입불량 여부, 언더컷이나 오버랩 여부 등 용접 상태를 검사하고[그림 3-10 참조] 잘못된 점을 시정하려고 노력하며 반복 실습을 한다.

제4절 | 모서리 가스용접

1 모서리 용접

모재의 측면과 측면을 직각 방향으로 가접하여 L자 형태의 홈 형상으로 용접하는 방법을 모서리 용접이라 한다.

모서리 용접은 필요에 따라 두 모재와의 사이를 붙이거나 루트 간격을 유지하여 용접할 수 있으며, 루트 간격을 유지하여 용접하는 경우가 강도가 훨씬 크나 이면 비드 형성에 특별한 기술이 필요하다.

2 아래보기 자세 모서리 가스용접

가. 모서리 용접 작업준비

1) 공구 및 재료 준비

필릿 가스용접에 필요한 공구(강철자, 마그네틱 척, 스파크 라이터 등)와 보호구, 재료(연강판, 가스용접봉)를 준비한 후 연강판(t3.2 ~ 4.0×125×150) 2매를 준비하여 두 모재의 측면을 평평하게 가공한다. [그림 4-1 참조]

그림 4-1 모서리 용접 모재 가공

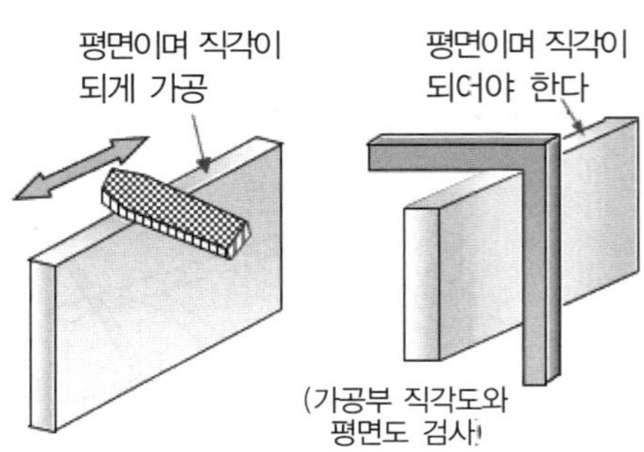

2) 작업준비

가스용접 장치의 각부를 점검하고 누설 유무를 확인한다. 모재 두께에 적합한 팁(A1호 No. 3 ~ 5호, 또는 B1호 No. 200 ~ 300번)을 토치에 끼운다.

가스 용기의 밸브를 열고 압력 조정기의 손잡이를 조절하여 산소 압력을 2 ~ 5kgf/cm^{2}로, 아세틸렌 압력을 0.2 ~ 0.5kgf/cm^{2}로 맞춘다.

용접 앞치마, 장갑, 보안경 등 보호구 등을 착용한다.

나. 점화 및 불꽃 조절

토치에 점화하려면 토치의 산소 밸브를 약간 열고 아세틸렌 밸브를 열면서 점화 라이터로 점화한 후 곧 산소 밸브와 아세틸렌 밸브를 조작하여 중성불꽃으로 만든다.

그리고 용접부의 형상에 따라 불꽃 강도를 조절한다.

모서리 용접의 경우는 맞대기용접의 경우와 비슷하게 조절하여야 된다.

불꽃을 강하게 할 경우에는 아세틸렌 밸브를 먼저 열고 산소를 열어 조절하며, 불꽃을 약하게 할 경우는 반대로 산소 밸브를 조금씩 닫으며 아세틸렌 밸브를 닫으면서 중성 불꽃으로 조절한다.

다. 가접(가용접) 및 역변형주기

두 모재의 가공한 측면을 서로 직각 방향으로 맞추어 모재를 작업대 위에 세워 마그네틱 척 등으로 고정한 다음 양끝을 단단하게 가접한다.(연습 모재가 아닌 실제 용접 구조물의 경우는 양끝에서 약 30mm 안쪽에 가접하는 것이 좋다)

모서리 용접 전용 지그를 사용하여 가접하면 더욱 정확하고 빠르게 가접할 수 있다.[그림 4-2 참조] 가접이 끝나면 용접 방향과 반대 방향으로 약 1 ~ 3° 역변형을 준다.

라. 모재 고정

가접된 모서리 용접 모재의 용접선이 좌우가 되며 위로 향하도록 작업대 위에 작업하기 편한 높이로 고정한다.

그림 4-2 모서리 용접 가접하기

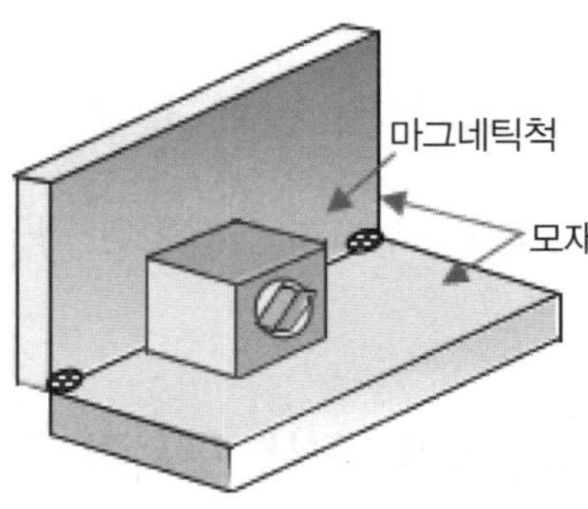

마. 아래보기 모서리 용접

1) 1층(이면) 비드놓기

모재 두께가 3.2mm 이하일 경우는 1층으로 완성한다.

모재 두께가 4mm 이상일 경우 2층으로 완성한다. 토치와 용접봉의 각도를 [그림 4-3]과 같이 하여 전진법으로 이면 비드를 놓는다.

우선 모재의 맨 우측 가접부를 용융시켜 두 모재의 루트부가 용융되어 키홀이 형성되게 한 후 키홀 뒤 용융지의 건너편 경사면에 용접봉을 공급하며 키홀을 일정하게 형성시키며 전진한다. [그림 4-3 참조]

1층 비드의 높이가 모서리 끝보다 1 ~ 1.5mm 정도 낮게 쌓이도록 비드를 형성한다.

2) 2층(표면) 비드놓기

토치의 각도와 용접봉의 각도를 1층 비드와 같이 하여 맨 우측 끝 부근의 1층 비드를 용융시켜 용융지를 만든 후에 두 모재의 모서리가 약 1mm 정도 덮이며 둥글게 되도록 반달형 위빙을 하며 비드를 쌓는다.

비드의 끝 부분은 크레이터 처리를 한다. 크레이터 처리 방법은 용접이 끝나는 끝에서 약 3 ~ 5mm 부근에서 토치각을 낮게 하고 용접봉은 용융지에 가볍게 접촉시켜 비드가 낮은 곳으로 움직이며 토치는 약간 들었다 낮추었다 하면서 열량 조절을 하여 크레이터 처리를 한다.

모서리 용접은 [그림 4-4 (c)]와 같이 표면 비드가 두 모재의 모서리를 약 1 ~ 1.5mm 정도 덮이며, 볼록한 비드가 형성되는 것이 좋다.

그림 4-3 1층 비드놓(쌓)기와 비드 높이

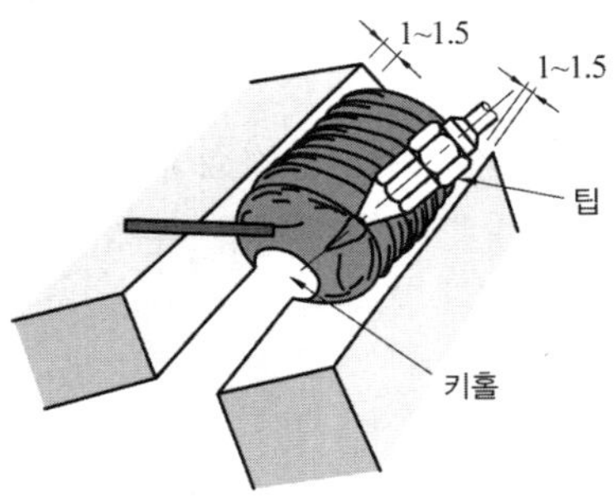

그림 4-4 모서리 용접 결함

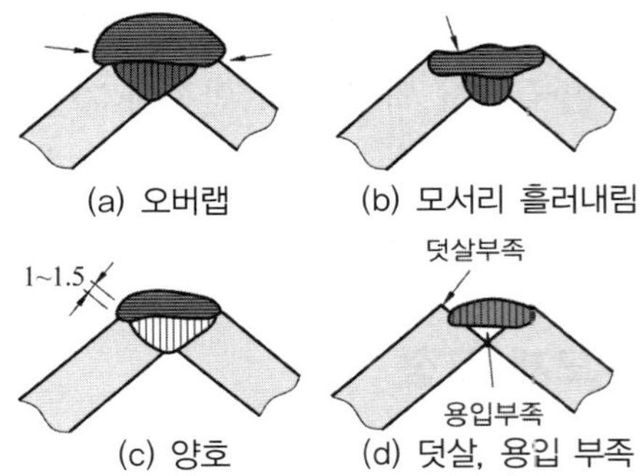

바. 검사 및 반복 실습

용접부를 검사하고 잘못된 점을 시정하려고 노력하며 반복 실습을 한다. [그림 4-4 참조]

3 수평 자세 모서리 가스용접

가. 모재 고정

[그림 4-5]와 같이 가접된 모서리 용접 모재의 용접선이 좌우가 되며 수평이 되게, 작업하기 편한 높이로 고정한다.

나. 수평 모서리 용접

1) 1층(이면, back) 비드놓기

그림 4-5 수평 모서리 모재 고정

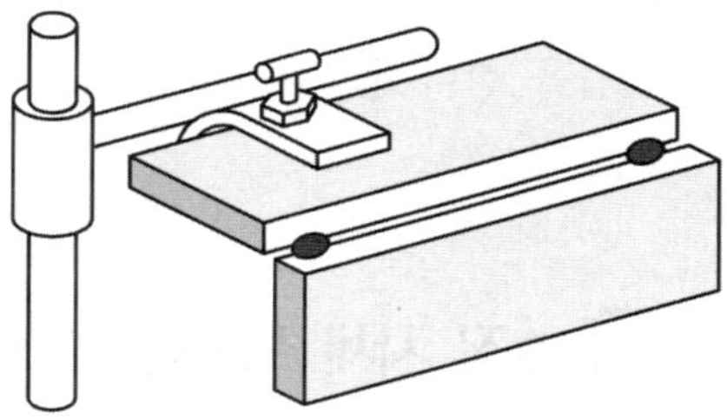

토치와 용접봉의 각도를 [그림 4-6]과 같이 하여 전진법으로 이면 비드를 놓는다.

우선 모재의 맨 우측 가접부를 용융시켜 두 모재의 루트부가 용융되어 키홀이 형성되게 한 후 키홀 뒤 용융지의 건너편 경사면에 용접봉을 공급하며 키홀을 일정하게 형성시키며 전진한다.

1층 비드의 높이가 모서리 끝보다 1 ~ 1.5mm 정도 낮게 쌓이도록 비드를 형성한다. [그림 4-7 참조]

그림 4-6 수평 모서리 토치와 용접봉 각도

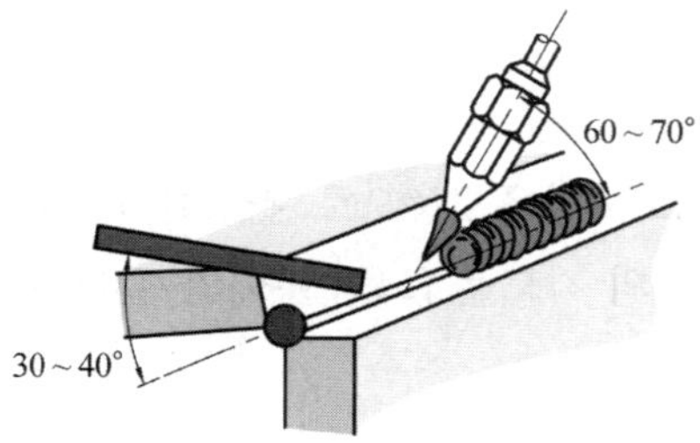

그림 4-7 2층 용접시 1층 비드의 적정 높이

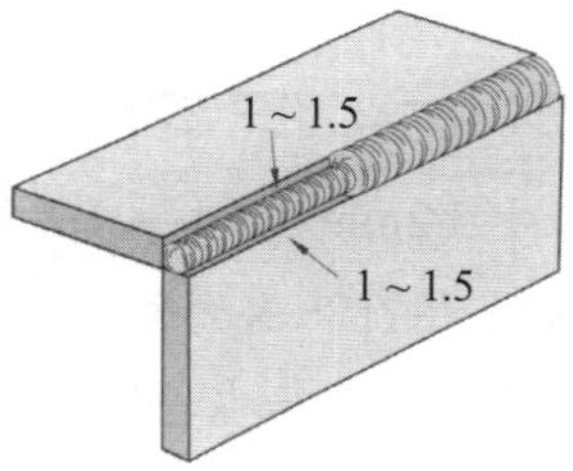

2) 2층(표면) 비드놓기

토치의 각도와 용접봉의 각도를 1층 비드와 같이 하여 맨 우측 끝 부근의 1층 비드를 용융시켜 용융지를 만든 후에 두 모재의 모서리가 약 1mm 정도 덮이며 둥글게 되도록 반달형 위빙을 하며 비드를 쌓는다.

비드의 끝 부분은 크레이터 처리를 한다. 크레이터 처리 방법은 용접이 끝나는 끝에서 약 2 ~ 3mm 부근에서 토치각을 낮게 하고 용접봉은 용융지에 가볍게 접촉시켜 비드가 낮은 곳으로 움직이며 토치는 약간 들었다 낮추었다 하면서 열량 조절을 하여 크레이터 처리를 한다.

그림 4-8 수평 모서리 용접 결함

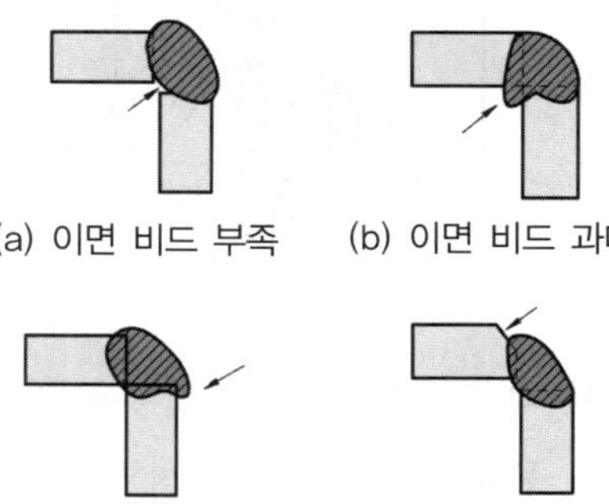

(a) 이면 비드 부족 (b) 이면 비드 과다

(c) 오버랩 (d) 모서리 녹음

다. 검사 및 반복 실습

'제4절 2 바.' 항과 같이 용접 상태를 검사하고, 잘못된 점을 시정하려고 노력하며 반복 실습을 한다. [그림 4-8 참조]

4 수직 자세 모서리 가스용접

가. 모재 고정

가접된 모서리 용접 모재의 용접선이 수직이 되며 상단이 가슴 높이가 되게, 작업하기 편한 높이로 고정한다.

나. 수직 모서리 용접

1) 1층(이면, back) 비드놓기

모재 두께가 3.2mm 이하는 1층으로 완성하며, 그 이상은 2층으로 완성한다. 작업대 앞에 편하게 앉아 토치와 용접봉을 잡고 토치와 용접봉의 각도를 [그림 4-9]와 같이 유지하며 상진법으로 이면 비드를 놓는다.

그림 4-9 수직 모서리 토치와 용접봉 각도

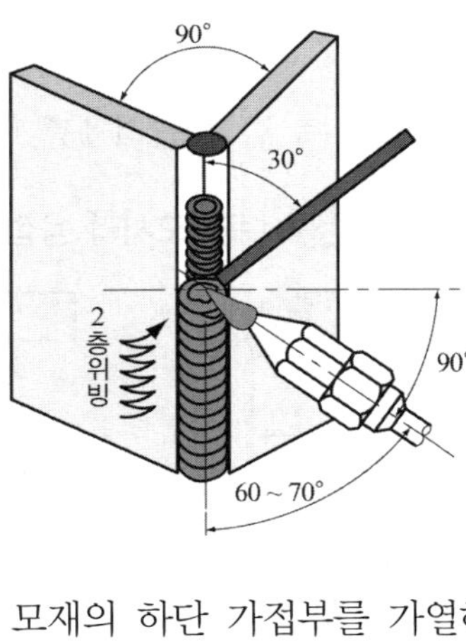

그림 4-10 모서리 용접시 키홀 형성

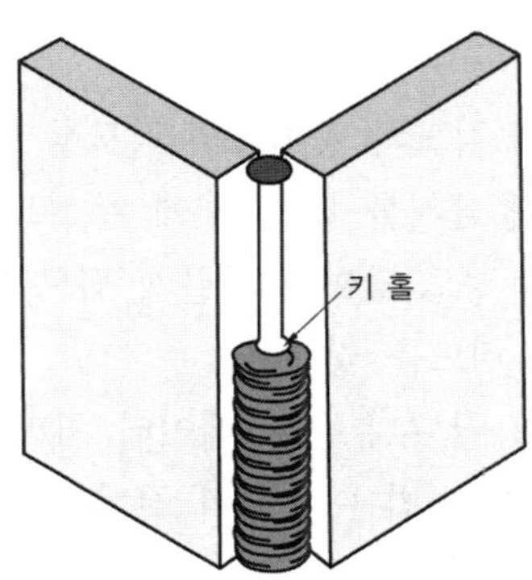

이 때 모재의 하단 가접부를 가열하여 두 모재의 루트부에 키홀이 형성되게 한 후 키홀 아래 용융지의 건너편 경사면에 용접봉을 공급하며 키홀을 일정하게 형성시키며 상진한다. [그림 4-10 참조] 1층 비드의 높이가 모서리 끝보다 1 ~ 1.5mm 정도 낮게 쌓이도록 비드를 형성한다.

2) 2층(표면) 비드놓기

토치의 각도와 용접봉의 각도를 1층 비드와 같이 하여 하단 1층 비드를 용융시켜 용융지를 만든 후에 두 모재의 모서리가 약 1mm 정도 덮이며 둥글게 되도록 반달형 위빙을 하며 비드를 쌓는다. [그림 4-9 참조]

비드의 끝 부분은 크레이터 처리를 한다.

크레이터 처리 방법은 용접이 끝나는 끝 약 3 ~ 5mm 부근에서 토치각을 낮게 하고 용접봉은 용융지에 가볍게 접촉시켜 비드가 낮은 곳으로 움직이며 토치는 약간 들었다 낮추었다 하면서 열량 조절을 하여 크레이터 처리를 한다.

다. 검사 및 반복 실습

'제4절 2 바.' 항과 같이 용접 상태를 검사하고, 잘못된 점을 시정하려고 노력하며 반복 실습을 한다.

제5절 | V형 맞대기 가스용접

1 아래보기 자세 V형 맞대기 가스용접

가. 작업준비

1) 공구 및 재료 준비

V형 맞대기 가스용접에 필요한 공구(가접대, 틈새 게이지, 각도 게이지, 강철자 등)와 보호구(앞치마, 팔커버, 가죽장갑, 헬멧, 두건 등), 재료(연강판, 가스용접봉, 산소, 아세틸렌 등)를 준비한다.

연강판(t3.2 ~ 4.0×150×150) 2매를 준비하여 한쪽면을 줄이나 그라인더로 베벨각 35° ~ 40°가 되게 가공한 후 루트 면을 1 ~ 1.5mm 정도 되게 가공하며, 두 판을 맞대었을 때 틈이 없도록 가공한다.

표 5-1 맞대기 용접 작업 표준 조건

모재 두께	팁의 번호	산소 압력	아세틸렌 압력	용접봉 지름
3.2mm	A1호 N0.3, B1호 N.250	2 ~ $5kgf/cm^2$	0.2 ~ $0.5kgf/cm^2$	ϕ2.6 ~ ϕ3.2mm

2) 작업준비

가스용접 장치의 각부를 점검하고 가스 용기의 고압 밸브를 열고 누설 유무를 확인한 후 산소 압력을 2 ~ $5kgf/cm^2$로, 아세틸렌 압력을 0.2 ~ $0.5kgf/cm^2$로 맞춘다. [표 5-1 참조]

모재 두께에 적합한 팁을 토치에 끼우고, 용접 앞치마, 장갑, 보안경 등 보호구 등을 착용한다.

나. 점화 및 불꽃 조절

토치에 점화하려면 토치의 산소 밸브를 약간 열고 아세틸렌 밸브를 열면서 점화 라이터로 점화한 후 곧 산소 밸브와 아세틸렌 밸브를 조작하여 중성불꽃으로 만든다.

그리고 용접부의 형상에 따라 불꽃 강도를 조절한다. 불꽃을 강하게 할 경우에는 아세틸렌 밸브를 먼저 열고 산소를 열어 조절한다.

불꽃을 약하게 할 경우는 반대로 산소 밸브를 조금씩 닫으며 아세틸렌 밸브를 닫으면서 중성 불꽃으로 조절한다.

일반적으로 이면 비드를 놓을 경우는 약하게 하며, 표면 비드를 놓을 경우는 좀 세게 하며, 판두께가 얇을 경우는 약하게, 두꺼운 경우는 강하게 조절하며, 불꽃의 세기는 용입 정도, 용접 속도 등에도 관계가 있으므로 작업 상황이나 작업자에 따라 다르게 된다.

다. 가접(가용접) 및 역변형주기

V형 맞대기용접의 가접 방법은 어떤 자세의 용접과 동일하게 하면 된다. 다만 홈각이 작으면 루트 간격은 좀 넓게 하는 것이 좋다.

가접시 주안점은 베벨 홈 가공한 두 판을 작업대나 전용 가접대 위에 수평으로 엇갈리지 않게 놓고 한쪽 끝은 루트 간격이 2 ~ 3mm, 다른 한쪽은 3 ~ 3.5mm 되게 약 5mm 크기로 정도 가접한다. [그림 5-1, 5-2 참조]

용접 후에 발생할 변형을 미리 막기 위해 가접한 두 판의 용접 홈 방향과 반대쪽으로 2 ~ 3° 구부려 역변형을 준다.

역변형 각도는 일반적으로 판두께가 두꺼워 용착금속량이 많을수록 크게 하며 판이 얇거나 패스 수가 적을 경우는 역변형 각도도 작게 하지만 작업자의 경험에 의해 적당하게 역변형을 주면 된다.

그림 5-1 맞대기용접 모재 가접법

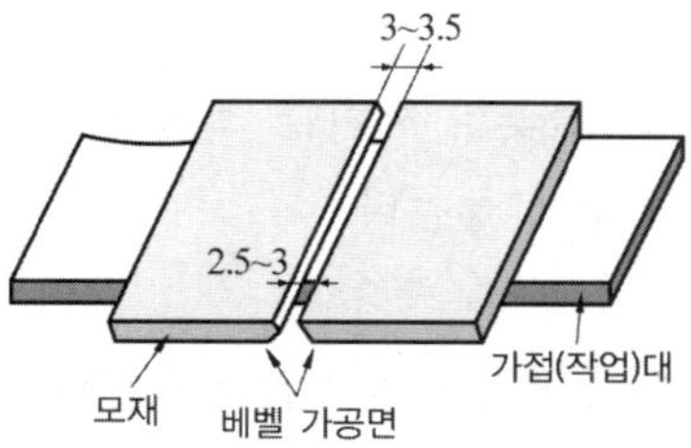

그림 5-2 가접 위치와 루트 간격

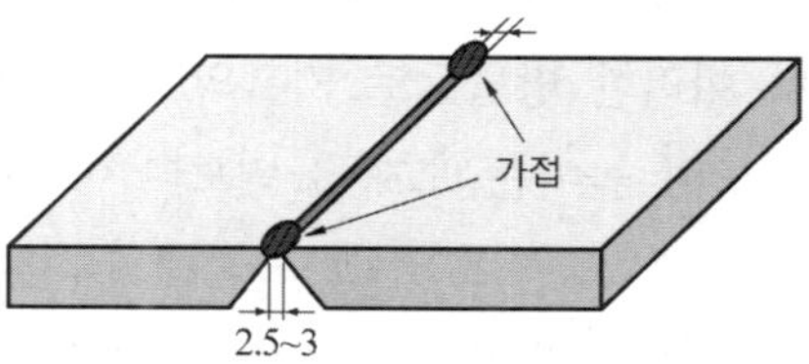

라. 모재 고정

작업대 위에 가접된 모재의 V홈 부분이 위로 향하고 용접선이 좌우로 평행이 되며 수평이 되게 고정한다.

이 때 이면 비드 용접시 모재의 뒤가 작업대의 바닥에 닿게 되면 불꽃의 압력이 뒤로 밀어내지 못하여 이면 비드가 나오지 않게 되므로 최소 10mm 이상은 띄어줘야 된다. [그림 5-3 참조]

그림 5-3 모재와 작업대 간격

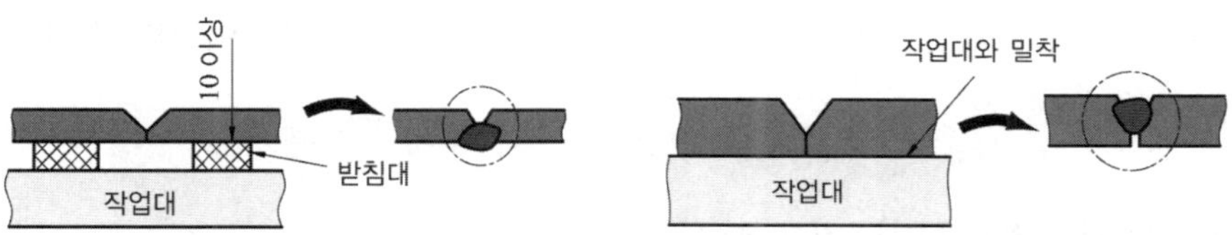

(a) 양호한 작업 간격　(b) 작업대와 밀착시 용입불량 원인이 됨

마. 아래보기 1층(이면) 비드놓기

1) 이면(back) 비드놓는 법

작업대 앞에 편하게 앉아 용접선의 우측 끝 가접부에서 좌측으로 20 ~ 30mm 범위를 두 모재에 고르게 예열을 충분히 해준다.

예열이 끝나면 중성 불꽃의 백심 끝으로 가열하여 용융지를 만들면서 두 모재의 루트면을 용융시키면 키홀이 형성되며, 이 형성된 키홀 부근의 용융지가 출렁거리듯 할 때 용접봉을 토치의 겉불꽃 내에서 백심 끝 키홀 바로 앞의 용융지에 담갔다 뺐다 하면서 규칙적으로 상하 운동을 하며 후진하며, 토치는 원형 또는 반달형으로 운봉하며 전진한다. ([그림

5-4 참조], 전진법의 경우)

이 때 토치의 작업각을 90°, 진행 반대각은 50 ~ 60°를 유지하며, 용접봉은 수평선에 대해 30 ~ 40°를 유지한다. [그림 5-5 참조]

키홀이 작을 경우 용접봉의 공급을 느리게 하고, 키홀이 너무 클 경우는 용접봉의 공급을 빨리하여 키홀을 일정하게 유지하며 진행해야 된다.

그러나 이러한 방법으로 키홀의 크기 조절이 힘들면 불꽃의 세기를 조절하여야 된다.

1층 비드의 높이는 모재 표면보다 0.5 ~ 1mm 정도 낮게 놓는다.

그림 5-4 이면 비드놓(쌓)기시 팁의 이동

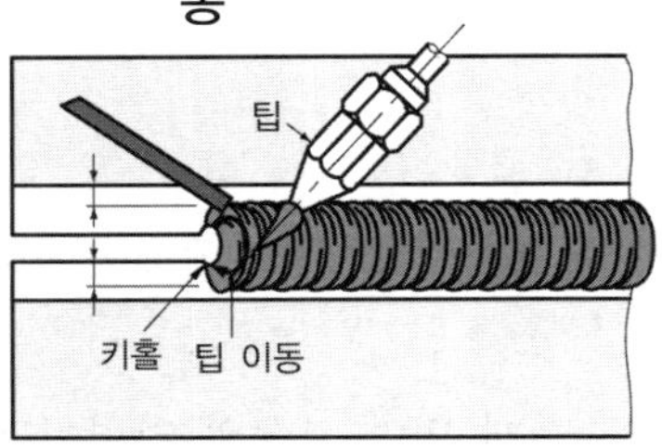

그림 5-5 토치의 작업각과 진행각

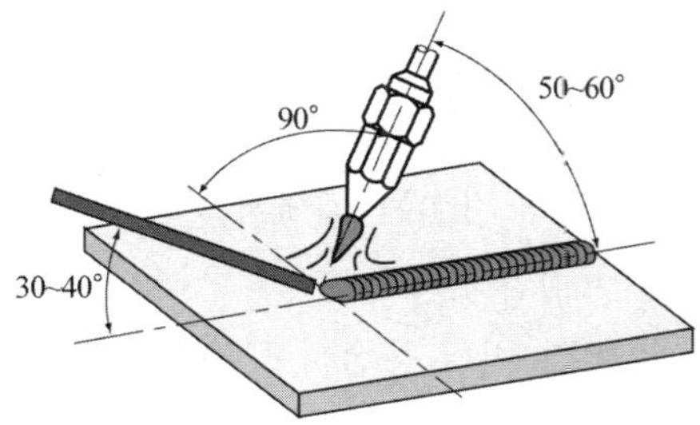

2) 이면 비드 잇는 법

이면 비드를 놓다가 어떤 이유로 중단되어 다시 이어갈 경우는 우선 키홀 직전의 이전 비드의 5 ~ 10mm 부근을 중성 불꽃으로 가열하여 용융시키면서 서서히 키홀 쪽으로 이동한 후 키홀 부분에서 용융지가 적당히 출렁거릴 때 용접봉을 공급하며 이전의 방법과 같이 진행한다.

바. 아래보기 2층(표면) 비드놓기

1층(백) 비드의 표면을 강철 브러시로 깨끗이 닦은 후 결함 여부를 검사한다. 불꽃을 이면 비드보다 다소 강하게 조절한 다음 우측 끝 이면 비드 부분을 용융시켜 용융지를 만든 후 아래보기 비드놓(쌓)기와 같은 방법으로 비드를 놓아 모재 표면보다 1.5 ~ 2mm 높이로 비드를 놓는다.

어떤 이유로 비드가 끊어졌을 경우는 이전 비드 끝에서 5 ~ 10mm 부분을 가열 용융시켜 용접봉 공급 없이 진행하다가 비드 끝 오목하게 패인 직전에 용접봉을 공급하며 비드놓(쌓)기를 계속한다. [그림 5-6 참조]

비드의 끝(크레이터) 부분은 열의 집중을 방지하기 위하여 토치의 진행 반대각을 낮추고 상하 운동을 하며 용접봉은 용융지에 넣은 채 비드가 낮은 부분으로 이동하여 크레이터를

채운다. [그림 5-7 참조]

그림 5-6 비드 이음부 처리법

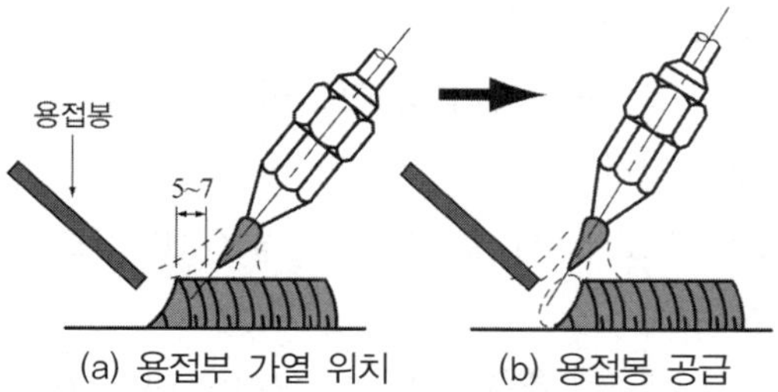

그림 5-7 크레이터 처리법

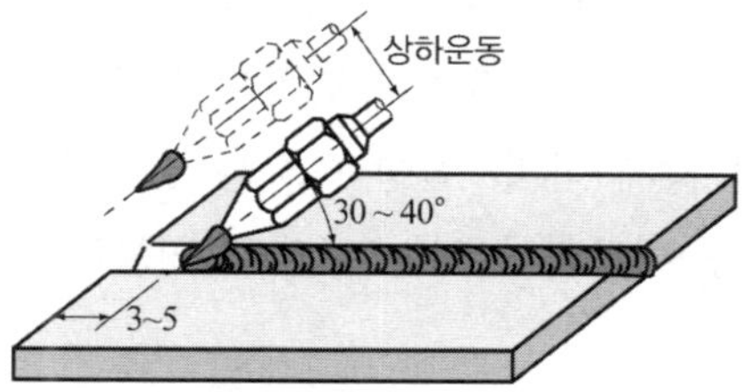

사. 검사 및 반복 실습

토치의 불꽃을 소화한 후 용접부의 산화물을 와이어 브러시로 깨끗이 제거한 후 평가 기준에 의해 이면 비드의 용융 상태, 표면 비드의 폭과 높이, 파형, 언더컷, 오버랩, 용접시점과 크레이터 처리 상태 등을 점검한다.

검사에서 발견될 결함을 시정하려고 노력하며 위의 작업 순서 '나 ~ 바'를 반복 실습한다.

2 수평 자세 V형 맞대기 가스용접

가. 모재 고정

작업대의 지그에 가접된 모재가 수직이며 V홈 부분이 앞으로 향하며, 좌우로 수평이 되게 지그에 고정한 후 작업하기 편한 높이(보통 가슴 정도)로 조절한다.

나. 수평 자세 1층(이면) 비드놓기

1) 이면 비드놓는 법

작업대 앞에 편하게 앉아 중성 불꽃으로 우측 끝에서 20 ~ 30mm 범위의 두 판 모두를 고르게 예열한다.

예열이 끝나면 토치와 용접봉을 잡고 V홈의 우측 끝 가접부를 중성 불꽃의 백심 끝으로 가열하여 용융지를 만들면서 두 모재의 루트면을 용융시켜 키홀을 형성하고, 이 형성된 키홀 부근의 용융지가 출렁거리듯 할 때 용접봉을 토치의 겉불꽃 내에서 백심 끝 키홀 바로 앞의 용융지에 담갔다 뺐다 하면서 규칙적으로 상하 운동을 하면서 후진하며, 토치는 직선 또는 반달형으로 운봉하며 전진한다. ([그림 5-8 참조], 전진법의 경우)

이 대 토치의 작업각은 아래 모재를 기준으로 수직선에 대해 60 ~ 70°, 진행 반대각은 50 ~ 60°를 유지하며, 용접봉은 수평선에 대해 50 ~ 60°, 수직선에 대해 30°를 유지한다.

키홀의 크기 유지나 용접봉의 공급은 아래보기 자세와 같은 방법으로 실시한다.

키홀이 너무 크거나 한곳에 오래 머물 경우 비드의 처짐이 심하므로 키홀의 크기가 너무 크지 않게 하며, 진행 속도를 일정하게 유지해야 된다.

1층 비드의 높이는 모재 표면보다 0.5 ~ 1mm 정도 낮게 놓는다. [그림 5-10 참조]

그림 5-8 수평 자세 작업각과 진행각

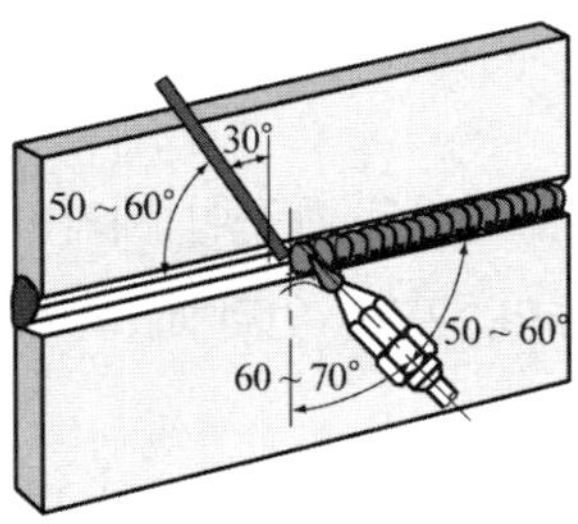

그림 5-9 수평 가스용접의 바른 자세

2) 이면 비드 잇는 법

이면 비드를 놓다가 어떤 이유로 중단되어 다시 이어갈 경우는 아래보기 V형 맞대기 가스용접 방법과 같이 하면 된다.

그림 5-10 1층 비드의 높이

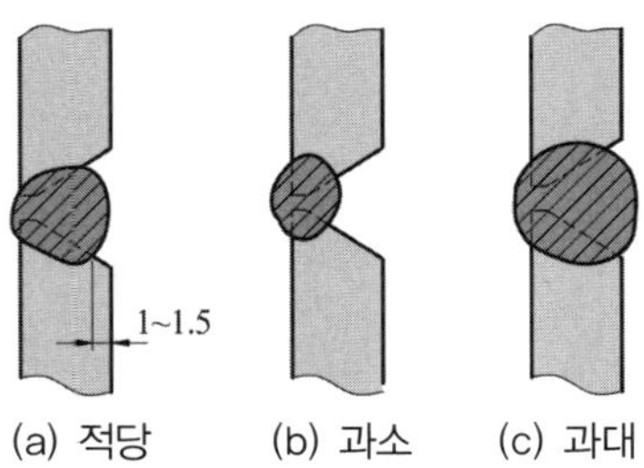

그림 5-11 2층 비드놓(쌓)기시 용접봉 첨가 위치

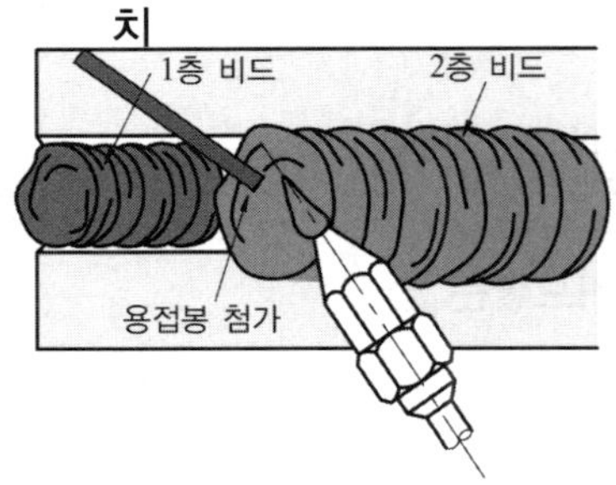

다. 수평 자세 2층(표면) 비드놓기

1층(이면, back) 비드의 표면을 강철 브러시로 깨끗이 닦은 후 결함 여부를 검사한다. 불꽃을 이면 비드보다 다소 강하게 조절한 다음 우측 끝 이면 비드 부분을 용융시켜 용융지

를 만든 후 상하 모서리 부분을 1~1.5mm 정도 용융시키며 모재 표면보다 1.5~2mm 높이로 비드를 놓는다.

어떤 이유로 비드가 끊어졌을 경우는 수평 비드 잇기법과 같이 하면 된다.

크레이터 부분은 열의 집중을 방지하기 위하여 토치의 진행 반대각을 낮추고 상하 운동을 하며 용접봉은 용융지에 넣은 채 비드가 낮은 부분으로 이동하여 크레이터를 채운다.

표 5-2 용접봉 지름과 모재 두께

구분 / 가스용접봉	종류 (KSD7005)	모재 두께	허용값
지름(mm)	1.0, 1.6 2.0, 2.6, 3.2 4.0, 5.0, 6.0, 8.0	2.5 이하 2.5~6.0 7.0 이상	±0.1
길이(mm)	1,000		±0.3

라. 검사 및 반복 실습

불꽃을 소화하고 평가 기준에 의해 점검한다. [그림 5-12 참조]

검사에서 발견될 결함을 시정하려고 노력하며 위의 작업 순서 '가~다'를 반복 실습한다.

그림 5-12 V형 맞대기 용접부의 결함

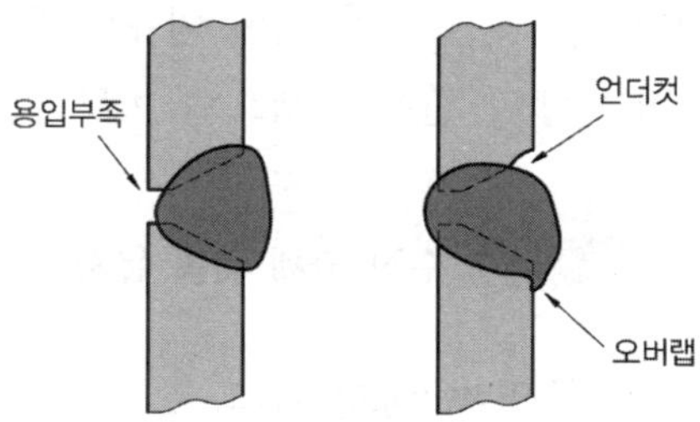

3 수직 자세 V형 맞대기 가스용접

가. 모재 고정

작업대의 지그에 가접된 모재가 수직이며 V홈 부분이 앞으로 향하며, 수직이 되게 지그에 고정한 후 작업하기 편한 높이(보통 가슴 정도)로 조절한다.

나. 수직 자세 1층(이면) 비드놓기

1) 이면 비드놓는 법

작업대 앞에 편한 자세로 앉아 중성 불꽃으로 하단 가접부에서 20~30mm 주위를 고르게 예열한다. 예열이 끝나면 V홈의 하단 가접부와 루트부를 중성 불꽃의 백심 끝으로 가열하여 용융시키면 키홀이 형성되며, 이 형성된 키홀 부근의 용융지가 출렁거리듯 할 때 용접봉을 토치의 겉불꽃 내에서 백심 끝 키홀 바로 앞의 용융지에 담갔다 뺐다 하면서 규칙적으로 상하 운동을 하며 상진하며, 토치는 직선 또는 반달형으로 운봉하며 상진한다.

이 때 토치의 작업각은 수평선에 대해 90°, 진행 반대각은 약 60 ~ 70°를 유지하며, 용접봉은 수직선에 대해 30°를 유지한다. [그림 5-13 참조]

키홀의 크기 유지나 용접봉의 공급은 아래보기 자세와 같은 방법으로 실시한다.

수직 자세 이면 비드 용접시 키홀이 너무 크거나 한곳에서 너무 오래 머물 경우 비드 처짐이 심하므로 키홀의 크기를 일정하게 유지하며 일정한 속도로 상진해야 된다. [그림 5-14, 5-15 참조] 1층 비드의 높이는 모재 표면보다 0.5 ~ 1mm 정도 낮게 놓는다.

그림 5-13 수직 자세 토치와 용접봉 각도

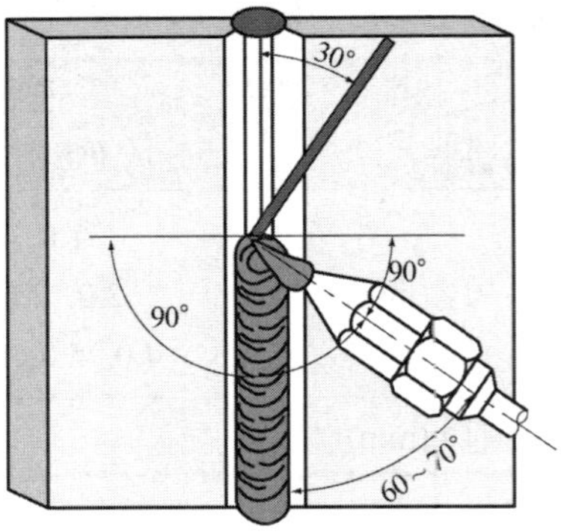

2) 이면 비드 잇는 법

이면 비드를 놓다가 어떤 이유로 중단되어 다시 이어갈 경우는 아래보기 V형 맞대기 가스용접 방법과 같은 요령으로 비드 잇기를 하면 된다.

그림 5-14 수직 자세 키홀 유지

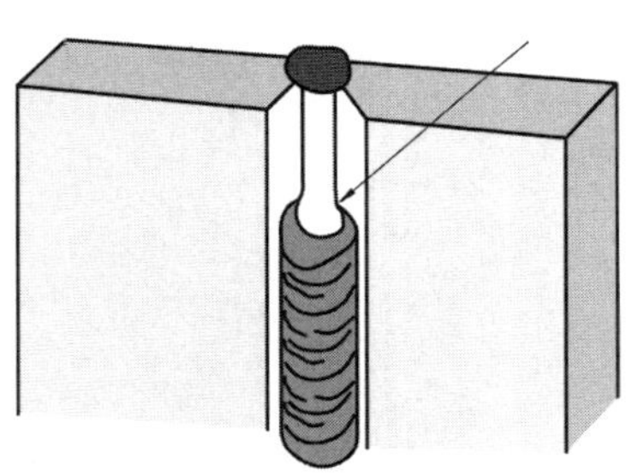

그림 5-15 비드 모양과 용접봉 공급위치

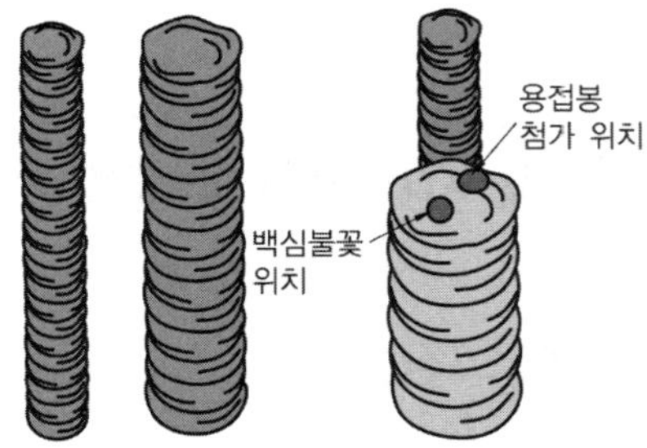

다. 수직 자세 2층(표면) 비드놓기

1층(이면) 비드의 표면을 강철 브러시로 깨끗이 닦은 후 결함 여부를 검사한다. 불꽃을 이면 비드보다 다소 강하게 조절한 다음 하단 끝 이면 비드 부분과 양쪽 모서리 1 ~ 1.5mm 부분을 용융시켜 용융지를 만든 후 수직 자세 비드놓(쌓)기와 같은 방법으로 반달형 또는 원형 위빙을 하며 모재 표면보다 1.5 ~ 2mm 정도 높게 비드를 놓는다.

어떤 이유로 비드가 끊어졌을 경우는 수직 비드 잇기법과 같이 하면 된다.

크레이터 부분은 열의 집중을 방지하기 위하여 토치의 진행 반대각을 낮추고 상하 운동을 하며 용접봉은 용융지에 넣은 채 비드가 낮은 부분으로 이동하여 크레이터를 채운다.

용접 중에 두 모재에 가열되는 열량이 같아야 되며 만약 토치의 작업각이 한쪽으로 편중된 경우 [그림 5-16]과 같이 용접 끝부분에 엇갈리는 변형이 생기게 된다.

그림 5-16 가열 불균형시 용접부 변형 발생

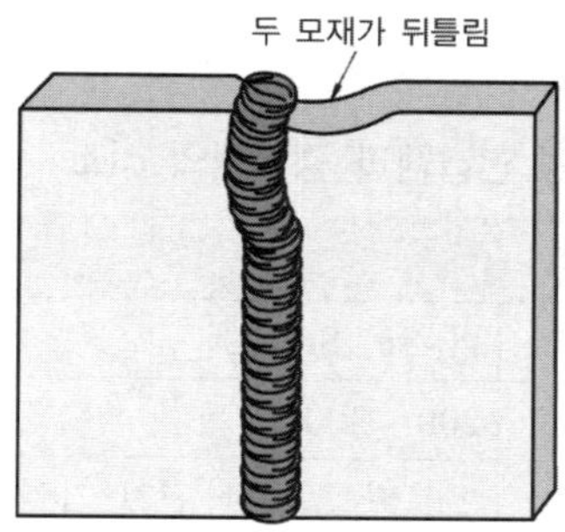

라. 검사 및 반복 실습

불꽃을 소화한 후 평가 기준에 의해 이면 비드의 용융 상태, 표면 비드의 폭과 높이, 파형, 언더컷, 오버랩, 용접시점과 크레이터 처리 상태 등을 점검한다.

제6절 | 공조냉동 동관작업

1 납 땜

가. 납땜이란

동종 금속 또는 이종의 금속을 접합하려고 할 때 접합할 모재는 용융시키지 않고 모재보다 용융점이 낮은 금속 또는 그 합금을 용가재로 사용하여 두 모재간의 모세관 현상을 이용하여 금속을 접합하는 원리이며, 납땜의 성패는 용접 모재인 고체와 땜납인 액체가 어느 정도의 친화력을 갖고 접촉할 수 있느냐에 달려있다.

납땜은 일반 용접에 비하여 강도는 떨어지나 이종금속의 접합에 많이 사용된다.

나. 납땜의 종류

납땜은 연납땜과 경납땜이 있으며 가열 온도에 따라 450℃ 이하이면 연납땜, 450℃ 이상

백 경납땜으로 구분한다.

동관의 용접재 중 연납은 호칭 지름 40A 이하의 관이나 온도 및 사용 압력이 낮은 곳, 경납은 큰 관이나 온도 및 사용 압력이 높은 곳, 열팽창 등에 의한 응력이 예상되는 곳에 사용한다.

표 6-1 연납땜과 경납땜의 비교

구 분	연납땜	경납땜
용 제	Pb-Sn, Sn-Ag	BCup, BAg
용접온도	200 ~ 300	750 ~ 850
가열방법	프로판 토치나 전기 가열기	가스용접 토치 또는 프로판 토치
특 성	작업이 쉽고 강도가 약하다	강도가 강하다
용 도	온도 및 사용압력이 낮은 120℃ 이하 작은 관 용접시	고온 및 사용압이 높은 곳

다. 동관의 가열 온도와 용제의 상태 변화

경납땜은 450℃ 이상에서 용융되는 납땜재를 사용하여 모재의 고상선 이하의 적당한 온도에서 하는 작업이며 모세관 현상에 의한 겹침부는 견고한 접합이 이루어져 낮은 온도에서의 용접부는 동관 자체와 거의 같은 상용 압력을 가진다.

이 때 사용하는 용제는 금속 산화물 제거 및 파이프 표면을 감싸 주어 산화물 생성을 방지하고 경납재가 용해하여 동관 틈새로 모세관 현상에 의해 스며들어 가도록 한다.

표 6-2 동관의 가열 온도와 용제의 상태

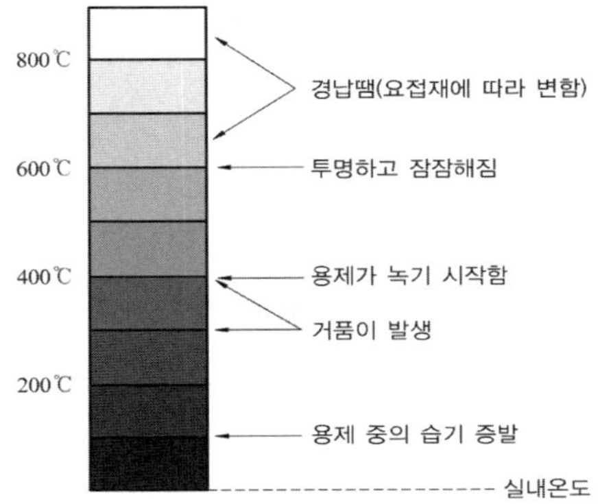

2 강관, 동관 접합 작업준비

가. 동관 작업 공구 준비

도면을 보고 필요한 공구를 준비한다. 동관 작업에 필요한 공구에는 가스용접 토치와 팁(시험장 시설 목록임), 점화 라이터, 튜브 커터, 튜브 벤더, 리머, 익스팬더(확관기), 플레어링 툴 셋, 사이징 툴, 손톱, 드릴(ϕ13, 시험장 시설 목록임) 등이 있다. [그림 6-2 참조]

① 튜브 커터 : 동관(소구경) 절단용 공구
② 튜브 벤더 : 동관 굽힘 공구
③ 튜브 리머 : 동관 절단 후 관의 내외면에 생긴 거스러미를 제거하는 공구
④ 익스팬더 : 동관의 확관용 공구[그림 6-1 참조]
⑤ 플레어링 툴 셋 : 동관의 압축 접합용 공구
⑥ 사이징 툴 : 동관의 끝부분을 원으로 정형하는 공구

그림 6-1 동관 익스팬더(확관기)

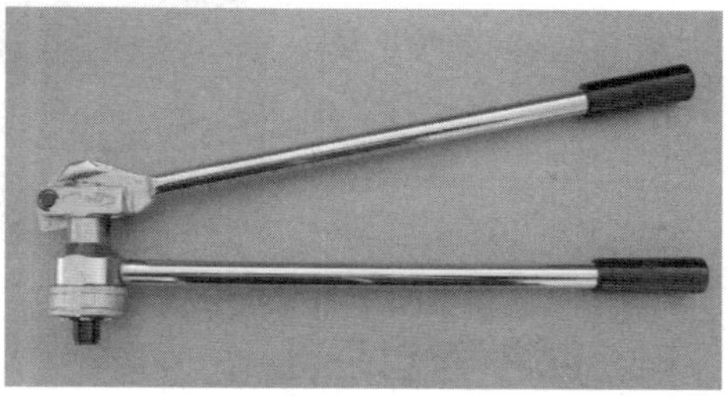

그림 6-2 동관 작업 공구의 종류

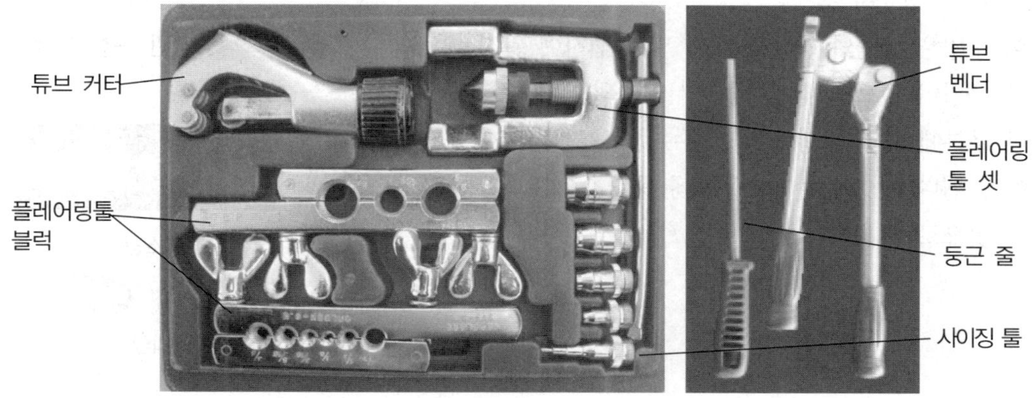

나. 동관 작업 재료 준비

도면[그림 6-5 참조]을 보고 동관 작업에 필요한 재료를 준비한다. 시험장에서는 작업에 따른 재료를 모두 지급한다.

도면과 같은 재료에는 일반배관용 탄소강관(흑관) 25A×110 1개, 일반구조용 압연강판(ϕ

26×t2.0) 1개, 일반구조용 압연강판(φ34×t2.0) 1개, 동관(연질) φ9.52×1400 1개, 동관(연질) φ12.7×550 1개, 플레어 너트(동관용) φ12.7 2개, 니플(플레어 볼트) φ12.7 1개, 모세관 φ 2.0×60 1개, 2구 분배관(산업기사는 3구 분배관) φ9.52 1개, 가스용접봉 φ2.6×500 1개, 은납 용접봉 φ1.2×300 1개, 황동 용접봉 φ2.4×450 1개, 붕사 15g 등을 준비한다. [그림 6-3 참조]

그림 6-3 동관 작업용 재료의 종류

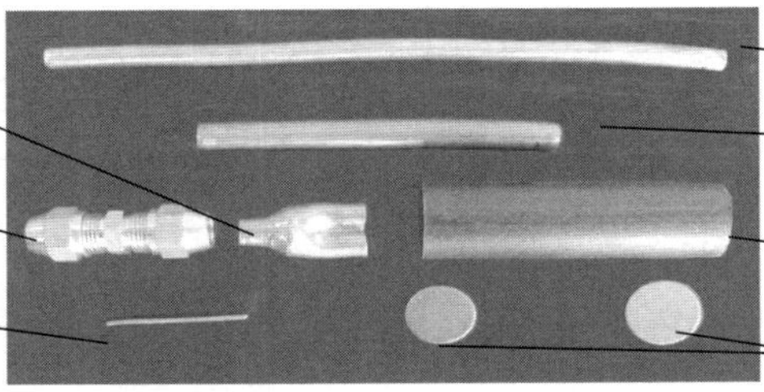

다. 강관 작업준비

[그림 6-5] A-A' 단면도와 같은 도면을 보고 탄소 강관 25A를 파이프 커터나 손톱, 고속 절단기 등으로 길이 110으로 절단하여 양 측면의 끝단을 평면으로 다듬질하며, 필요한 경우는 리밍을 한 후 가공된 강관에 한쪽은 50, 한쪽은 60이 되는 교차점에 φ13 드릴로 구멍을 뚫는다. [그림 6-4 참조]

이 구멍은 강관의 양끝을 내접 및 외접하여 완전 밀폐할 경우 구멍이 없으면 강관 내부의 공기의 엄청난 팽창으로 약한 부분에 균열 발생을 피할 수 없으므로 반드시 구멍이 있어야 된다. 여기서는 이 구멍에 동관을 끼워 황동 납땜하는 곳으로 사용된다.

그림 6-4 강관 용접 재료

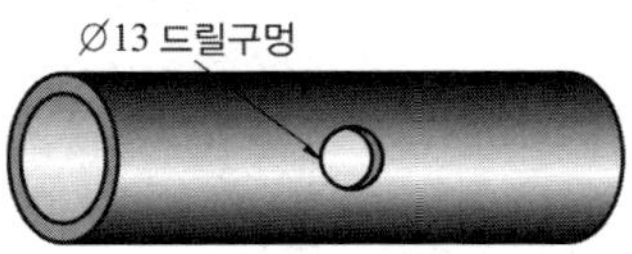

(a) 탄소강관

(b) 내·외접 강판

그림 6-5 공조냉동 동관작업 입체 도면

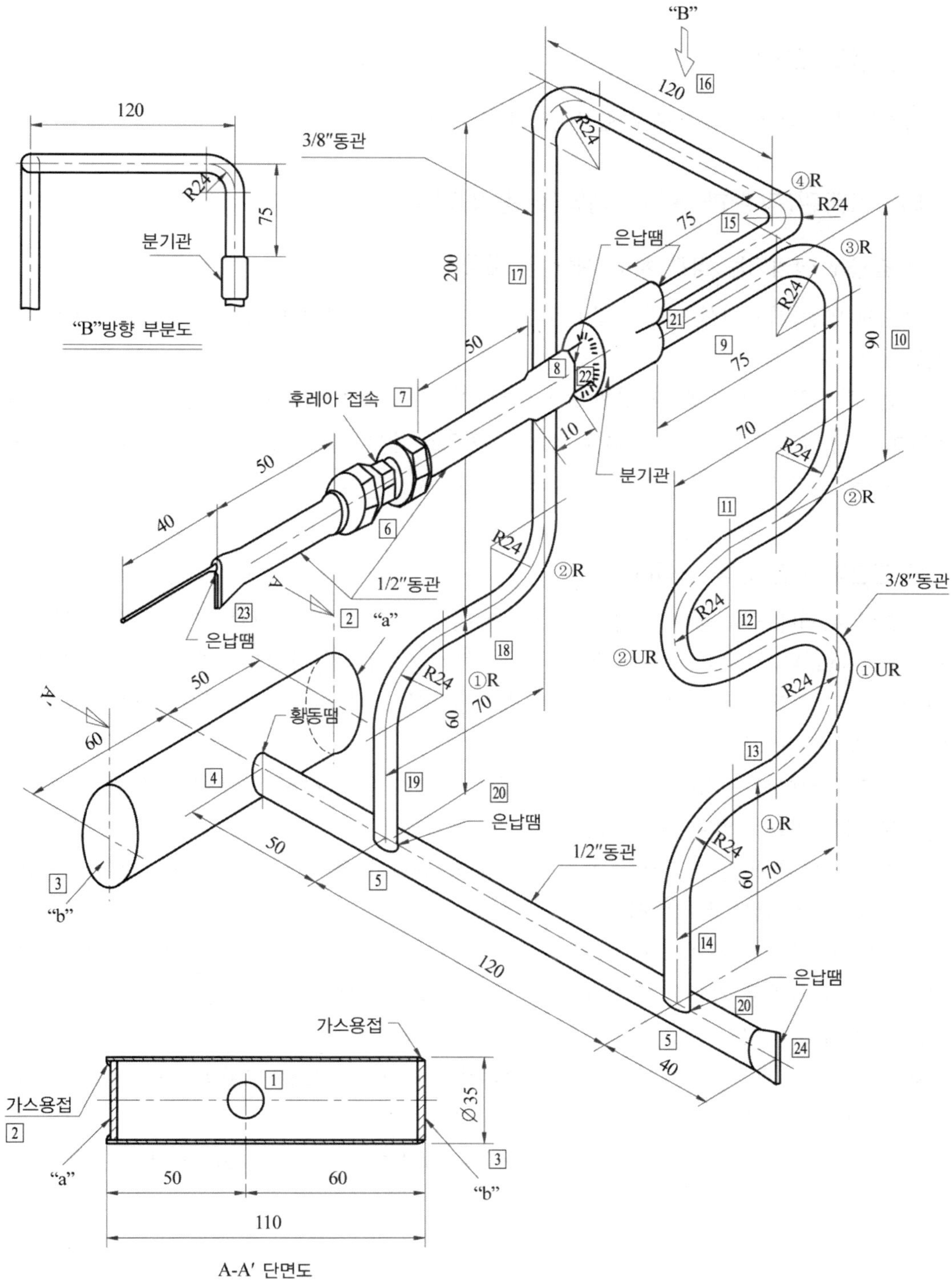

3 강관·동관 황동 가스용접(경납땜)

가. 불꽃 조절

가스용접과 같은 방법으로 산화불꽃으로 조절한다.

나. 이종관(강관과 동관) 경납(황동납)땜하기

1) 강관에 삽입되는 직관 치수 계산 및 금긋기

강관에 연결되는 직선 동관 1/2''(ϕ12.7)의 치수를 계산하여 네일펜 등으로 금긋기한 후 절단한다.

우선, 동관의 한쪽 끝에서 강관에 들어갈 여유치수 5(5 ~ 10)mm, 1차 동관 삽입 위치 50mm, 2차 동관 삽입 위치 120mm, 끝부분의 치수 40mm를 포함하여 전체 215mm이므로 여유치수를 포함하여 250mm 정도를 절단한다.

2) 강관과 동관 황동 납땜하기

강관의 측면에 뚫어놓은 구멍이 위로 가도록 수직으로 놓고 강관 구멍에 직선 동관(ϕ 12.7× 250mm)을 끼운다. 이 때 동관이 너무 깊이 들어가면 강관으로 흐르는 유체에 저항이 커지므로 강관보다 크기가 작은 강관이나 물체를 끼워넣고 동관을 세워 직각을 맞춘다. [그림 6-6 (c) 참조]

다만 자격시험시는 시간 절약과 번거로움을 피하기 위해 강관 속 끝까지 삽입하는 경우가 있는데 올바른 방법은 아니다.

강관에 대하여 동관을 직각을 맞춘 후 끼워진 동관이 움직이지 않게 놓고 산화불꽃으로 강관 주위를 가열한 뒤 적당히 붕사를 뿌린다.

황동봉 끝 부분도 약 100mm 정도 주위를 가열하여 붕사를 묻힌 후 강관과 동관 연결부를 토치로 가열하여 강관이 암적색 정도 되었을 때 황동봉을 넣었다 뺐다하면서 전진한다. [그림 6-6 (d) 참조]

이 때 용융한 황동납이 과용융하여 흘러내릴 우려가 있으므로 토치의 불꽃을 잘 조절하거나 토치를 올렸다 내렸다 하면서 열량을 조절한다.

황동납땜이 끝나면 강관에 끼운 강관(물체)을 빼낸다. [그림 6-6 (e) 참조]

그림 6-6 강관과 동관 황동 납땜하기

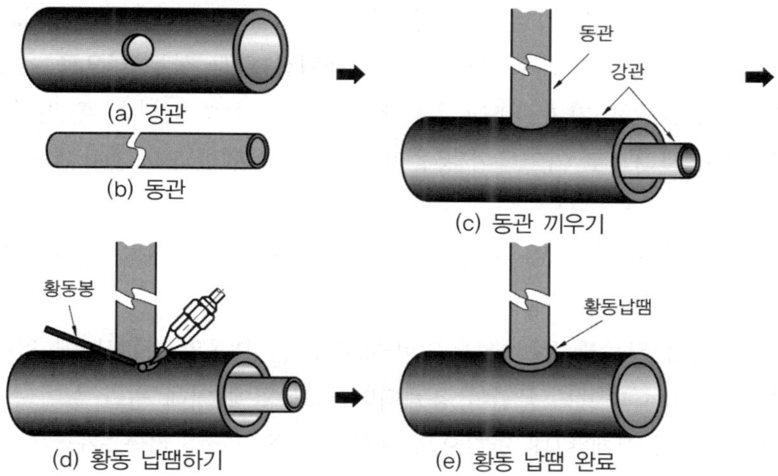

3) 직관에 구멍 만들기

황동 납땜된 강관의 내접 부분이 왼쪽으로 가게 수평으로 놓고 직선 동관(ϕ12.7)의 상부에 강관 끝에서 50mm, 120mm, 40mm 부분을 금긋기한 후 40mm 부분을 동관 커터나 손톱으로 직각이 되게 절단한다.

절단된 동관의 상부(강관을 수평으로 놓았을 때 상부에 도면에 표시된 1차 동관 삽입 위치 50mm 부분과 2차 동관 삽입 위치 120mm 부분으로 표시된 부분을 중형 둥근줄을 사용하여 끼워질 동관 지름만큼의 원형으로 구멍(약 10mm)을 만든다. [그림 6-7 참조]

동관의 끝부분은 강관이 수평상태일 때 수직이 되도록 하며 끝을 눌러 압착시킨 후 은납땜한다. [그림 6-7 참조]

그림 6-7 직관에 구멍 뚫기

4 강관 측면 가스용접

가. 강관 측면 원판 내접 가스용접

[그림 6-5] 도면을 기준으로 직선 동관이 삽입되는 구멍을 기준으로 왼쪽에 내접 원판을 끼워 가스용접해야 된다. 따라서 동관이 황동납땜된 강관을 아래보기 자세 용접을 편하게 할 수 있을 정도의 높이로 작업대 위에 수직으로 세워 넘어지지 않게 고정한다.

그 옆에 원형 일반구조용 압연강판 ϕ26×t2.0을 작업대 평면에 놓고 토치와 가스용접봉을 잡고 중심부의 적당한 곳을 가열 살짝 용융시킨 후[그림 6-8 (a), (b) 참조], 용융지에 가스용접봉을 살짝 닿게 하여 가볍게 용착시킨 후 세워진 강관 상부 끝으로 옮겨 한쪽은 약 1mm 정도 강관 안으로 들어가며 반대편은 살짝 들리도록 한쪽을 맞춘 후 판이 닿는 부분의 파이프 상단을 토치 불꽃으로 가열하여 용융지를 만든 후 원판과 가접시킨다. [그림 6-8 (c) 참조]

다음에 가접부와 반대편을 처음 가접부와 같은 높이(원판 전체가 같은 높이)가 되도록 맞춘 후 그 부분을 용융시켜 가접한다. [그림 6-8 (d) 참조]

토치 불꽃으로 내접 원둘레 부분에서 큰 바늘로 10분 부근의 강관 면에 열이 70% 이상 가도록 각도를 조절하여 파이프 끝면이 용융되면서 그 열에 의해 원판 끝이 용융되도록 하면서 강관의 살에 의해 시계 반대 방향으로 제살 전둘레 용접하거나, 가스용접봉을 공급하여 전둘레 용접을 한다.

내접 전둘레 용접시 작업자가 회전하면서 작업할 수 없을 경우는 강관 자체를 이전 용접부만큼 시계 방향으로 회전시키면서 비드 잇기를 해야 된다.

비드 잇기 작업시 비드의 마지막 5mm 부분부터 다시 가열 용융시키면서 전진하다가 비드 끝 부근에서부터 용접봉을 공급하여 용접을 한다. [그림 6-8 (e) 참조]

전둘레 용접시 맨 처음 비드 부분에 도달하면 이 처음 부분을 약 5~7mm 정도 겹쳐서 용착시켜야 한다.

1층 전둘레 용접으로 충분하지만 혹시 기공 등이 발생하였을 수 있으므로 용접봉 공급은 적게 하면서 가볍게 2층으로 완성하는 것도 필요하다.

그림 6-8 강관에 내접 원판 가스용접하는 방법

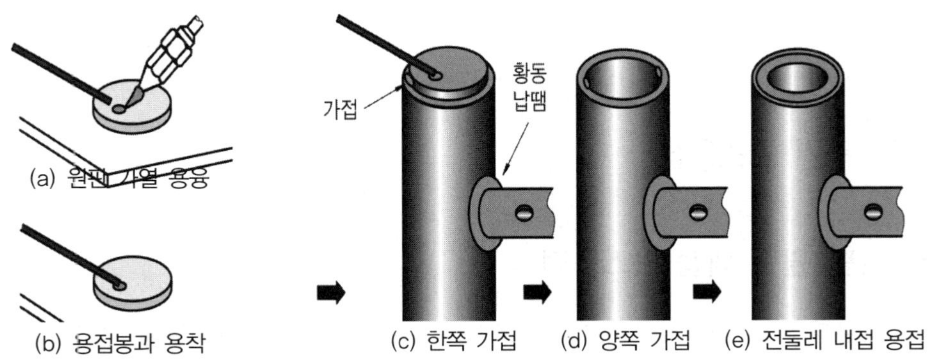

나. 강관 측면 원판 외접 가스용접

내접 용접한 부분이 아래로 가도록 돌려서 작업대 위에 수직으로 세워 넘어지지 않게 고정한 후[그림 6-9 (b) 참조] 원형 일반구조용 압연강판 ϕ29×t2.0을 강관 상단에 강관 원과 동심이 되게 놓은 후 원판이 녹지 않도록 토치 각도를 강관 쪽으로 향하여 가열하여 용융시킨 후 토치를 원판쪽으로 살짝 돌려 강관 용융열에 의해 원판의 끝을 용융시킨 후 용접봉을 넣어 가접한다.

어느 한쪽이 가접되면 그와 반대편을 동일한 방법으로 가접한다. [그림 6-9 (c) 참조]

가접이 완료되면 강관 끝과 원판이 완전 밀착이 되도록 망치로 가볍게 두들겨서 맞춘 후 22 ~ 23분 부근의 강관쪽에 불꽃을 3/4 정도 주어 강관을 집중 가열하면서 그 열에 의해 원판이 용융되도록 한 후 용융지가 형성되면 시계 방향으로 회전하면서 용접봉을 공급하여 용착시킨다.

이 때 어떤 원인으로 용접이 중단된 경우 비드의 마지막 5mm 부분부터 다시 가열 용융시키면서 전진하다가 비드 끝 부근에서부터 용접봉을 공급하여 용접을 한다. 전둘레 용접시 맨 처음 비드 부분에 도달하면 이 처음 부분을 약 5 ~ 7mm 정도 겹쳐서 용착시켜야 된다.

전둘레 용접시 몸을 돌리면서 전둘레 용접을 할 수 없을 경우는 이전 용접부만큼 강관 자체를 시계 반대 방향으로 회전 하면서 비드 잇기를 하여 전둘레 용접을 하면 되며 잇는 부분의 용착을 확실히 해야 된다.

그림 6-9 강관에 외접 원판 가스용접하는 방법

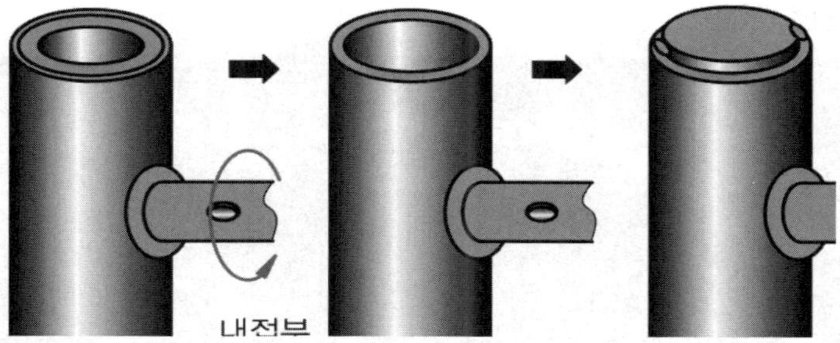

(a) 전둘레 내접 용접 (b) 내접부 아래로 (c) 외접부 가접 (d) 외접 전둘레 용접

5 동관 벤딩작업

가. 1차 벤딩 동관 치수 계산 및 벤딩하기

1) 1차 벤딩 동관(ϕ9.52, L자형)의 치수 계산 및 금긋기

강관에 삽입되는 직선 동관 1/2″(ϕ12.7)의 첫 번째 구멍에 삽입되는 3/8″(ϕ9.52) 동관의 한쪽 끝에서 직선 동관에 끼워질 여유치수 약 4mm+수직 부분 36(60-24)+①R 부분 38 $\left(\frac{3.14 \times 48}{4}\right)$+하단 수평 부분 22(70-24-24)+②R 부분 38+수직 부분 152(200-24-24)+③R 부분 38+상부 수평 부분 72(120-24-24)+④R 부분 38+분배관쪽 수평부분 51(75-24)+분기관에 삽이할 길이 10=499mm를 각 부분별로 금긋기 및 벤딩작업 내용을 표시한 후 약 50mm 정도 더 여유를 주어 절단한 후 절단된 끝면을 리밍하고 다듬질한다.

2) 동관 벤딩 작업하기

3/8″ 동관을 R24로 벤딩할 수 있는 동관 벤딩기를 선택하여 동관 걸이 홈에 끼우고 하단 끝 부분에서 36으로 금긋기한 부분(①R 부분)이 벤딩기 각도 표시 눈금 '0'과 일치되게 한 후 벤딩기를 서서히 시계 방향으로 90° 회전시킨다.[그림 6-10 (a), (b) 참조]

다시 ①R 부분을 180°회전시킨 후 ②R 시작 부분으로 금긋기한 곳을 벤더의 각도 표시 부분 '0'과 일치하게 한 후 벤딩기를 서서히 90° 회전시켜 ①R과 직각으로 벤딩한다. [그림 6-10 (c), (d) 참조]

그림 6-10 동관 벤딩

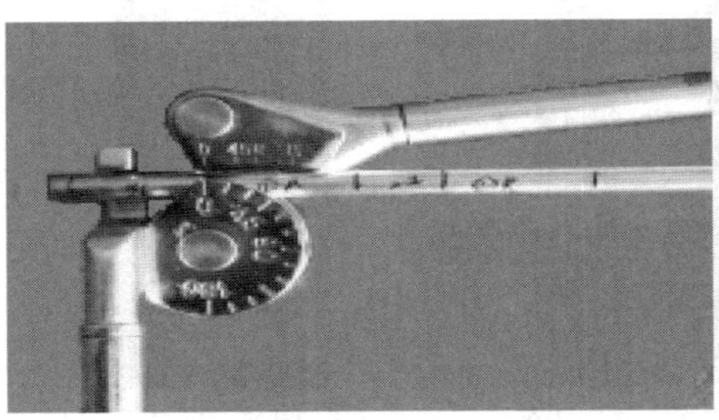

(a) 동관을 벤딩기에 고정

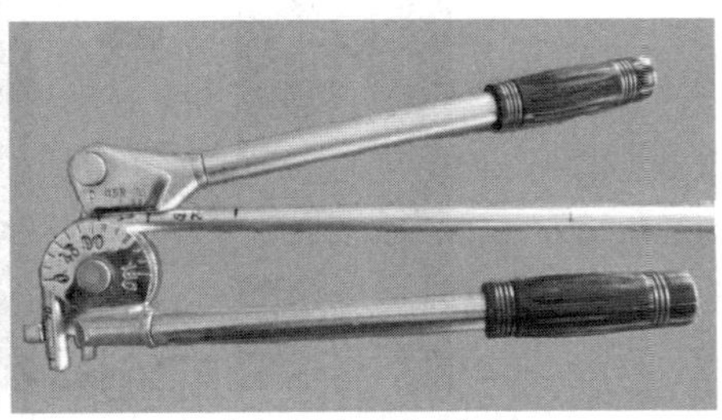

(b) 동관 90° 벤딩

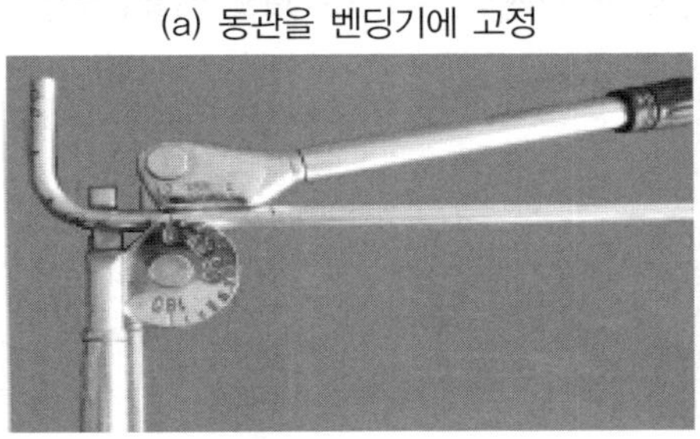

(c) 반대편 90° 벤딩을 위한 회전 고정

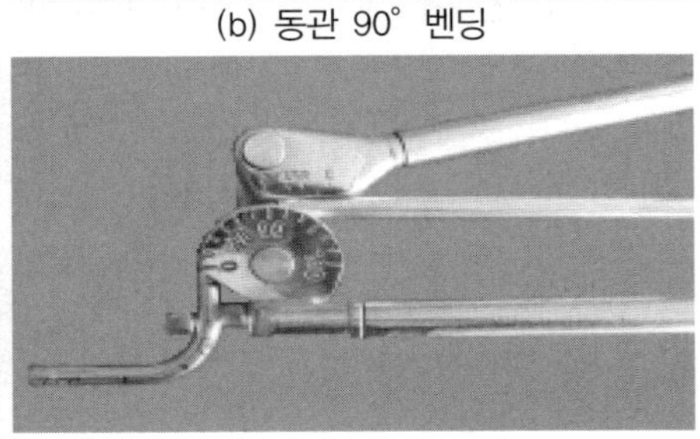

(d) 반대편 90° 벤딩

②R로 벤딩한 부분을 다시 90° 회전시켜 ①R 부분과 90° 우측으로 벤딩되도록 벤딩기 홈에 끼우고 '152'로 금긋기한 끝부분(③R 시작 부분)을 벤딩기 각도 눈금 '0'과 맞춘 후 90° 회전시킨다.

③R 부분을 90° 회전시켜 ①R 부분과 평행이 되도록 벤딩기 홈에 끼우고 ③R 끝에서 72로 금긋기한 부분(④R 시작 부분)이 벤딩기 각도 눈금 '0'과 맞춘 후 90° 회전시킨다.

④R 끝부분에서 수평 부분 51+10=61 부분을 동관 커터나 톱으로 절단한다. 이 때 동관 커터로 절단한 경우는 반드시 리밍을 해야 되며, 손톱으로 절단한 경우는 끝부분을 다듬질하여야 된다.

나. 2차 벤딩 동관(ϕ9.52, S자형)의 치수 계산 및 벤딩하기

1) 2차 벤딩 동관(ϕ9.52, S자형)의 치수 계산 및 금긋기

직선 동관 1/2″(ϕ12.7)의 두 번째 구멍에 삽입되는 3/8″(ϕ9.52)동관의 한쪽 끝에서 직선 동관에 삽입되는 여유치수 4mm+수직 부분 36(60-24)+①R 부분 38($\frac{3.14\times 48}{4}$)+하단 수평 부분 22(70-24-24)+U형(반원) 부분 76($\frac{3.14\times 48}{2}$)+두번째 수평 부분 22(70-24-24)+두번째 반원 부분 76+3번째 수평 부분 22+②R 부분 38+수직 부분 42(90-24-24)+③R 부분 38+분배관쪽 수평부분 51(75-24)+분기관에 삽이할 길이 10 = 475mm를 각 부분별로 금긋기 및 벤딩 작업 내용을 표시한 후 약 50mm 정도 더 여유를 주어 절단한다.

2) 동관 벤딩 작업하기

3/8″ 동관을 R24로 벤딩할 수 있는 동관 벤딩기를 선택하여 동관 걸이 홈에 끼우고 하단 끝 부분에서 36으로 금긋기한 끝 부분(①R 시작 부분)이 벤딩기 각도 표시 눈금 '0'과 일치되게 한 후 벤딩기를 서서히 시계 방향으로 90° 회전시킨다.

다시 ①R 부분을 180°회전시킨 후 ①UR 시작 부분으로 금긋기한 곳을 벤더의 각도 표시 부분 '0'과 일치하게 한 후 벤딩기를 서서히 180° 회전시켜 벤딩한다.

①UR로 벤딩한 부분을 다시 180° 회전시켜 ②UR 시작 부분을 벤딩기 각도 눈금 '0'과 맞춘 후 180° 회전시킨다.

②UR 부분을 180° 회전시켜 ③R 시작 부분이 벤딩기 각도 눈금 '0'과 맞춘 후 90° 회전시킨다.

③R 시작 부분이 벤딩기 각도 눈금 '0'과 맞춘 후 90° 회전시킨다.

④R 끝부분에서 수평으로 된 51+10=61 부분을 동관 커터나 톱으로 절단한다. 이 때 동관 커터로 절단한 경우는 반드시 리밍을 해야 되며, 손톱으로 절단한 경우는 끝부분을 다듬질하여야 된다.

다. 2(3)구 분배관 앞쪽 직선 동관 작업

1) 나팔관 가공

동관의 기계적 접합은 플레어 접합 방법이 주로 사용되나, 압축링식 접합과 큰 파이프의 경우 플랜지 접합 방법도 이용된다.

기계적 이음은 화재 위험이 있는 작업 환경이나 파이프 내의 수분 등으로 용접작업이 불가능한 경우 또는 밸브, 방열기 등과 같이 분해 결합이 필요한 부위의 이음에 이용된다.

[그림 6-5] 도면에 따른 2구 분배관 앞쪽 직선 동관 1/2″(ϕ12.7)의 한쪽을 나팔관을 만들어[그림 6-11, 6-12 참조] 플레어 너트에 끼운다.

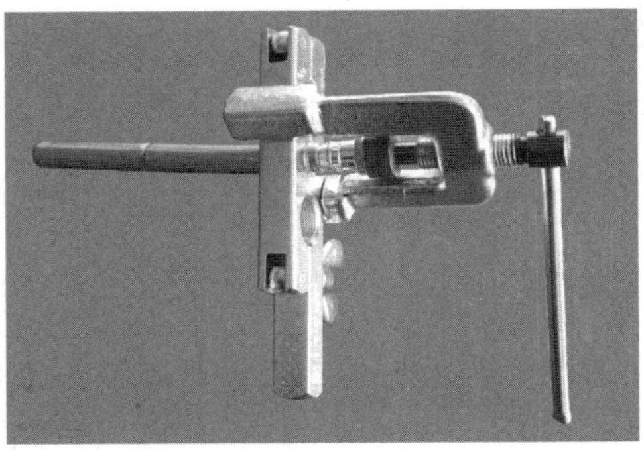

그림 6-11 동관 나팔관 작업

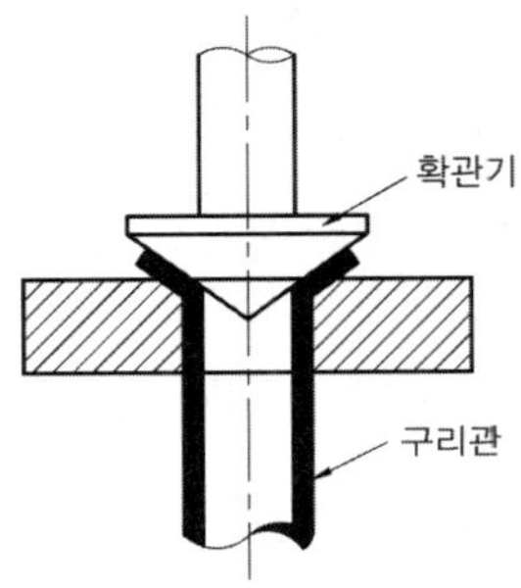

그림 6-12 플레어(나팔관) 가공 상태

작업 요령은 도면 치수에 맞게 동관 끝을 쇠톱 또는 동관 커터로 동관 축에 직각이 되게 절단한 한 후 리머를 이용하여 끝손질한다.

동관이 경질인 경우는 나팔관이나 확관 전에 가공할 부분을 동관의 용융 온도보다 낮은 온도로 가열하여 수냉하여 연화시킨다.

동관을 플레어링 바(flaring bar) 요크(yoke)와 결합한다. 동관을 지름에 맞는 홈에 넣고, 플레어링 바의 윗면과 동관 끝을 2mm 정도 높게 일치시킨 다음 클램프 나사를 돌려 고정한다. 이 때 방향에 주의한다.(나팔관 모양이 원뿔 쪽으로 향하도록 한다.)

나팔관 모양을 만든다. 캡을 화살표 방향으로 돌리고, 손잡이를 시계 방향으로 조인다.

손잡이 끝의 원추는 처음에 타원의 궤도로 움직여 파이프 끝을 벌려 놓은 후 캡을 다시 화살표 반대 방향으로 돌린다.

계속 하여 시계 방향으로 손잡이를 조여 원추는 정확한 원의 궤도를 움직여 파이프 끝을 접시 도양으로 완전하게 가공한다.

나팔관이 가공된 동관을 풀어내어 플레어 너트에 끼운 후 나팔관을 조립한다. 이 때 접촉되는 면이 매끈하지 못하고, 굴곡이 있거나 이물질이 끼어 있으면 누수 염려가 있으므로 점검 및 청소를 한다.

2) 동관 확관 작업

확관기는 동관, 알루미늄관, 연한 강관에 사용되며, 관 지름은 8～28mm까지 파이프 두께는 1.2mm까지 가공할 수 있다.

확관을 하려면 치수에 맞게 동관 끝을 쇠톱 또는 튜브 커터로 동관 축과 직각되게 절단하고 리머로 손질한다.

이 때 경질 동관일 경우 풀림 처리를 한 후 확관해야 된다.

그림 6-13 확관 및 접속

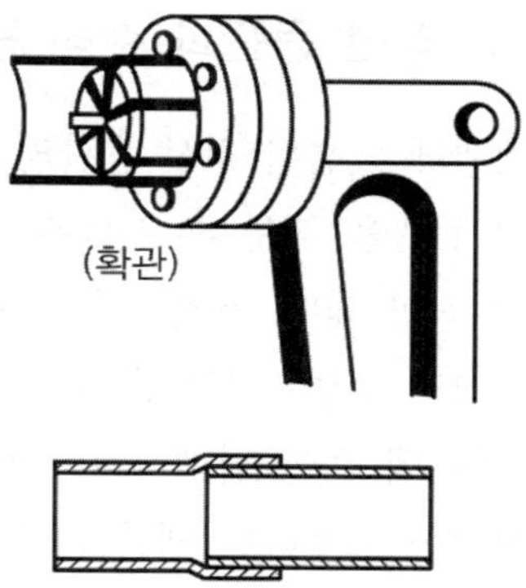

[그림 6-5] 도면에 따른 확관 작업 요령은 평행부 50mm, 확관부 10mm 부분에 금긋기한 후 동관 커터로 절단하여 리밍과 다듬질한 후 확관기를 사용하여 10mm 부분을 확관한다. [그림 6-13 참조]

확관기를 정지시킨 상태에서 파이프를 넣어 확관기 손잡이를 서서히 움직여 목적에 맞게 소켓을 만들어 준 후 동관을 끼우고 서서히 편심되지 않게 고르게 만들어 준다.

라. 모세관 삽입 직선 동관 작업

모세관이 삽입되는 동관 1/2″(ϕ12.7)의 한쪽을 나팔관을 만들어 플레어 너트에 끼운 후 돌출 길이 50mm([그림 6-14] 도면의 치수) 부분에 금긋기한 후 동관 커터로 절단하여 다듬질한다.

동관의 끝부분에 모세관을 삽입하여 은납땜하여야 되므로 한쪽 끝 모세관 삽입 간격에 주의하면서 플라이어 등으로 눌러 완전 밀착시킨 후 모세관을 약 10mm 정도 타이트하게 끼워놓는다.

그림 6-14 모세관 작업과 플레어 볼트 너트 조립

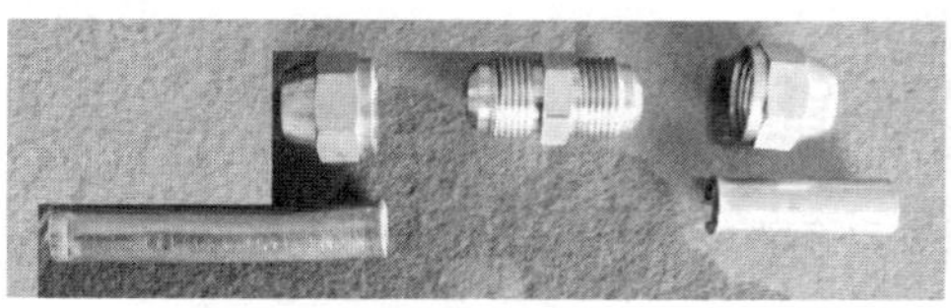

(a) 플레어 볼트 너트와 동관

(b) 나팔관 만들어 플레어너트 조립

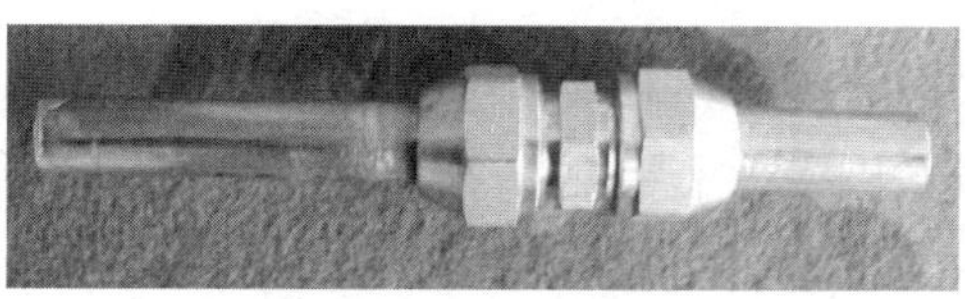

(c) 플레어 볼트 너트 조립

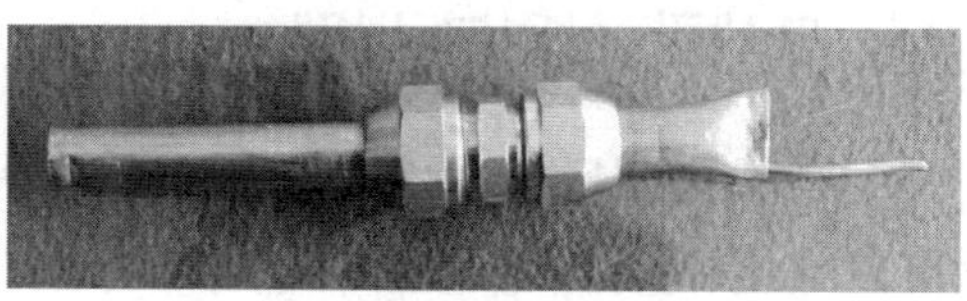

(d) 모세관 삽입

6 은납땜 작업

가. 직선 동관과 수직 동관 납땜작업

강관에 연결된 직선 동관의 첫 번째 구멍에 L자형으로 벤딩된 동관을, 두 번째 구멍에 S자형 등관을 끼운 후 분배관에 약 10mm 정도 삽입하여 강관과 직선 동관이 수평 상태에서 수직이 되며, 형상, 치수, 벤딩의 방향 등을 맞추어 고정시킨 후 은납땜한다.

은납땜 방법은 구멍뚫린 동관에 수직으로 끼워진 동관의 면에 열의 2/3를 주고 1/3은 구멍 부분에 주어 납땜하려는 부분의 동관 주위 전체가 팥색 정도로 가열되었을 때 은납을 살짝 문지르듯하여 땜납을 공급한 후 토치와 납을 들어 올린다. [그림 6-15 참조]

납땜 부분의 형상을 확인한 후 이상이 없으면 분배관의 삽입 길이를 확인하고 분배관의 면에 2/3, 삽입 동관의 면에 1/3 정도로 열 분배를 하여 분배관과 동관이 동일하게 팥색으로 변하였을 때 연결부 둘레에 은납을 문지르듯하여 삽입하고 은납과 토치를 들어올린다.

은납땜 작업시 가급적 아래보기 자세가 되도록 하면 작업 능률이 높고 결함이 적을 수 있다. 납땜 부분 전체에 이상이 있나 없나를 확인하여 수정 보완한다.

그림 6-15 납땜부 가열 및 납땜하는 방법

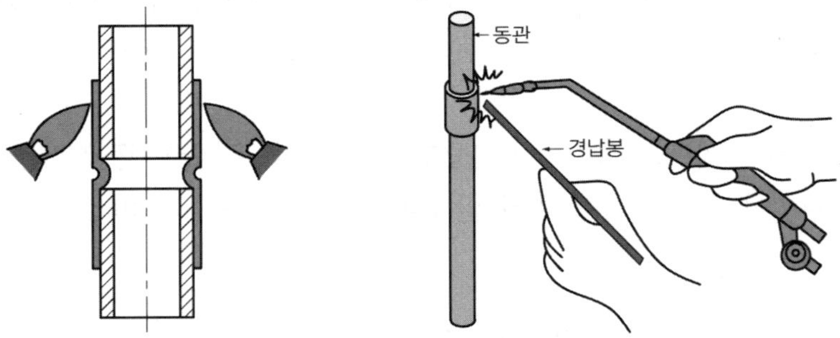

나. 분배관과 플레어링 직선 동관 납땜작업

플레어링 작업한 동관의 확관 부분을 분배관의 1구쪽에 약 5mm 정도 삽입한 후 은납땜한다.

다. 모세관 삽입부 납땜

모세관이 삽입된 끝부분을 은납땜한다. 특히 이 부분이 누수나 모세관이 막히는 경우가 있으므로 주의해서 납땜해야 된다.

7 검사 및 반복 실습

가. 검사 방법

[그림 6-16]은 완성된 작품의 형상이며, 완성된 제품을 보고 치수, 형상 등 다음 사항을 검사한다.

① 치수오차가 한 부분이라도 ±10mm를 초과한 경우
② 각 용접부에 용접 이외의 작업을 했을 경우
③ 지급된 재료이외의 다른 재료를 사용했을 경우
④ 도면과 상이한 작품인 경우
⑤ 기밀시험에서 기밀이 유지되지 않는 경우

그림 6-16 완성된 동관 작업 작품

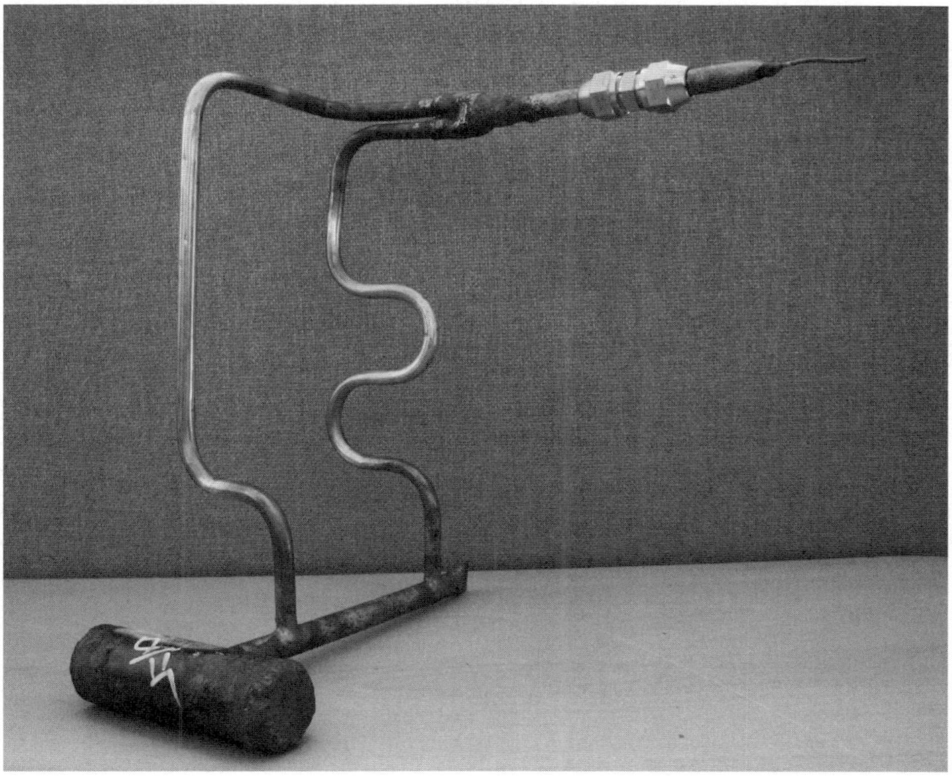

나. 반복 실습

[그림 6-17, 6-18]과 같은 다른 형상 들을 다양하게 반복 실습하여 숙련을 해야 된다.

그림 6-17 동관 작업 도면 1

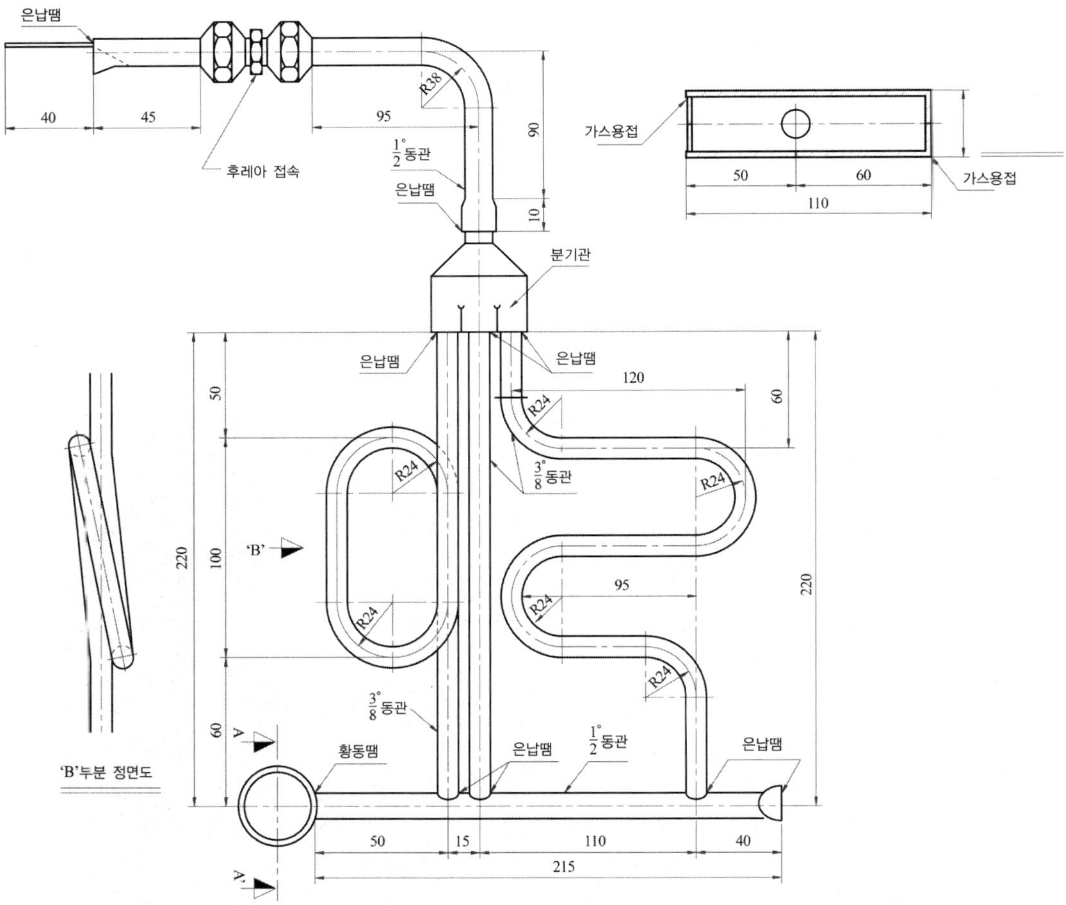

그림 6-18 동관 작업 도면 2

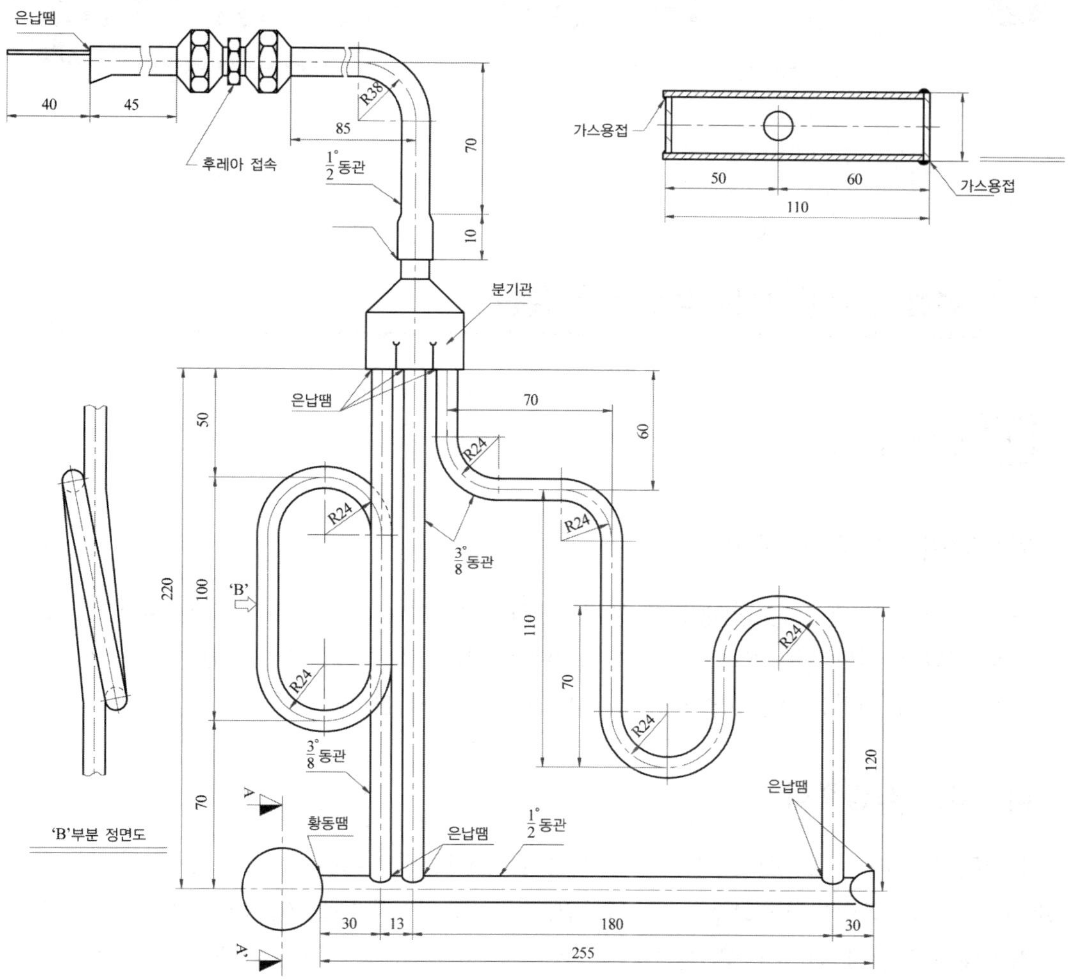

chapter

05 가스 절단 실습(수동, 자동)

제1절 ‖ 수동 직선 직각 가스 절단

1 절단 준비

가. 장비 및 공구 준비

가스 절단을 위한 기본 장치(산소 용기, LPG 또는 아세틸렌 용기), 호스, 절단 토치, 판 두께에 적합한 절단 팁(LPG용 또는 아세틸렌용 팁)과 공구, 라이터, 보안경, 직각자, 절단 안내판 등을 준비하고, 앞치마와 장갑, 보안경 등을 준비한다.

나. 절단 작업준비

설치된 산소와 아세틸렌 용기를 열고 비눗물 등으로 각 연결부의 가스 누설 여부를 확인한 후, 산소의 압력을 3 ~ 5kgf/cm^2, 프로판 가스(또는 아세틸렌 가스)의 압력을 조절한다.

작업대에 절단할 판을 놓고 절단할 위치에 금긋기한다. 보호구를 착용한다. 브안경은 가스 절단에 적합한 차광번호(보통 5 ~ 7번)의 것을 사용해야 된다.

다. 불꽃 조절

절단 토치의 예열 산소 밸브를 조금 열고 아세틸렌(또는 LPG) 밸브를 열면서 점화 라이터로 점화한다. 아세틸렌 밸브를 너무 많이 열어 점화된 불꽃이 팁 끝에서 떨어져 있는 경우는 불꽃 조절이 안되고 산소 밸브를 열면 꺼져버리므로 아세틸렌 밸브를 조금 닫아 불꽃이 팁 끝에 붙어 있는 상태에서 산소를 열어 중성 불꽃으로 조정한다.

[그림 1-1 (a)]는 중성 불꽃의 형상이며, (b)는 고압산소를 열었을 때 아세틸렌 가스량이 산소보다 많아 생긴 탄화염(아세틸렌 깃)이 생긴 모양이며 이 상태에서 산소를 조금 더 열어주면 (c)와 같은 중성 불꽃이 된다. 여기서 산소를 더 열어주면 (d)와 같은 산화 불꽃이 된다.

불꽃의 세기를 조절한다. 불꽃이 약하면 아세틸렌 밸브를 열면서 산소를 열어 중성 불꽃으로 조절하며, 불꽃이 너무 센 경우는 반대로 산소 밸브를 조금 닫고 아세틸렌 밸브를 닫으면서 조절한다.

조절된 불꽃의 형상이 끝이 반듯하며 전체가 대칭이어야 되며 그렇지 않은 경우는 소화한 후 팁클리너로 깨끗하게 손질한 후 점화하여야 절단 상태가 양호하게 나타난다.

그림 1-1 불꽃의 종류

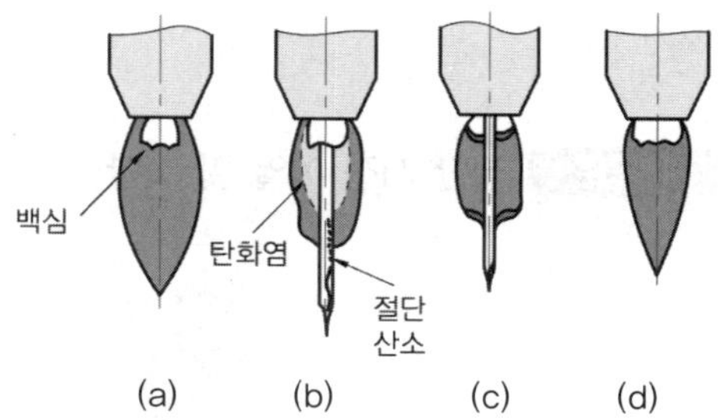

2 수동 절단

가. 안내판을 사용한 직선 직각 절단

절단 부위는 바닥과 최소 50mm 이상 떨어져 있어야 좋으므로 작업대 위에 내화벽돌이나 받침판 2개를 절단선과 평행하고 사이를 50mm 정도 띄워 놓고 그 위에 금긋기한 절단선이 전후가 되며 2개의 받침판의 중앙이 되도록 놓는다.

절단 길이에 적합한 안내판을 준비하여 절단 팁 끝의 중앙 고압산소 분출구의 중심이 절단선에 위치하도록 안내판을 절단선 우측에 놓는다.

절단 방법은 절단부 전체를 적당하게 예열한 후 오른손은 토치의 손잡이를 잡고 왼손은 상부 고압 산소 밸브를 잡고 팁의 우측면이 안내판에 살짝 접촉된 상태에서 작업각 90°, 진행 반대각은 80 ~ 85°로 유지하고, 백심 끝이 절단부와 2 ~ 3mm 높이가 되도록 유지하며 절단 시작 부분이 적황색 정도 되도록 가열한 후 고압 산소 밸브를 1/2 ~ 3/4 정도 열어 고압 산소를 분출시키면서 일정한 속도로 잡아 당기며 절단한다.

절단이 끝나면 바로 고압 산소 밸브를 잠근다. [그림 1-2, 1-3 참조]

이 때 왼손은 고압 산소 밸브에서 떼어서는 안되며, 절단이 중지되면 바로 고압 산소 밸브를 닫고 다시 예열한 후 절단 중지점보다 2 ~ 5mm 뒤로 후퇴하여 고압 산소 밸브를 열면서 절단을 진행하면 된다.

그림 1-2 수동 안내판 직선 직각 절단

이 때 절단 시작부위가 판의 끝인 경우는 팁의 고압 산소 분출구의 중심이 판의 끝에 와

야 되며, 판의 면에 있을 경우는 고압산소 밸브를 서서히 열어 구멍이 형성된 후에 절단이 진행되어야 한다. 그렇지 않으면 고압산소 분출시 용융 산화물이 튀어 화상을 입을 우려가 있다.

그림 1-3 **절단 시점 예열 및 절단**

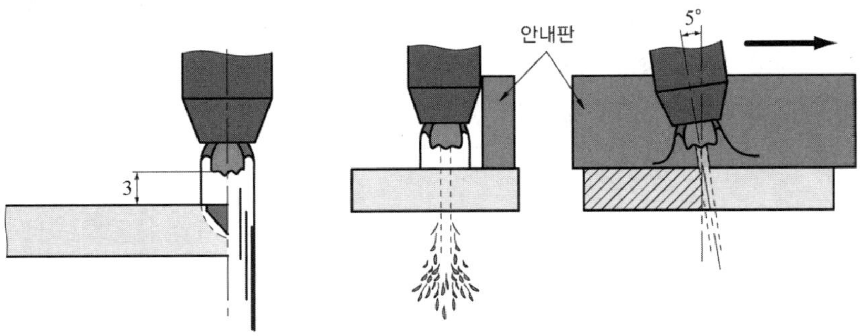

(a) 시점 예열　　(b) 작업각 90°　　(c) 진행 반대각

나. 안내판을 사용한 직선 경사각 절단

일면 개선(✓)형 또는 V형 맞대기용접 등을 할 경우는 절단부가 일정한 각도로 경사져 있어야 된다.

따라서 경사진 안내판을 사용하는 것이 좋다. 안내판은 보통 측면이 35° 경사진 것을 사용한다.

1) 새 모재(연강판) 절단

새 모재를 절단할 경우는 용접 길이 방향이 좌측으로 가게 놓고 모재의 좌측 끝에서 15mm 정도 떨어지며 모재의 좌측 끝과 평행하게 경사 안내판을 놓는다.

그림 1-4 **수동 안내판 직선 경사각 절단**

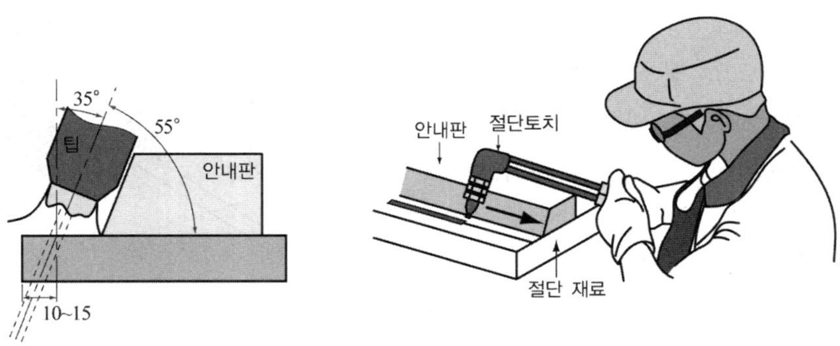

절단 부위 전체를 적당하게 예열한 후 토치와 고압 산소 밸브를 잡고 팁을 경사진 안내면에 살짝 접촉시켜 작업각 55°, 진행각 95°, 백심과 모재와의 거리 2 ~ 3mm를 유지시키고 절단선 끝 모서리 부분을 집중 예열하여 적황색이 되었을 때 고압 산소를 분출하며 절단한다. [그림 1-4 참조] 이 때 처음 경사 각도가 정해지면 끝까지 동일한 각도를 유지해야 된다.

2) 용접된 모재의 경사각 절단

용접된 모재를 절단할 경우는 용접 길이 방향이 전후가 되게 놓고 비드 우측끝에서 10 ~ 15mm 정도 떨어지며 비드의 우측선 끝과 평행하게 경사 안내판을 놓는다. [그림 1-5 참조]

절단할 부분 전체를 적당하게 예열한 후 토치와 고압 산소 밸브를 잡고 팁을 경사진 안내면에 살짝 접촉시켜 작업각 55°, 진행각 95°, 백심과 모재와의 거리 2 ~ 3mm를 유지시키고 절단선 끝 모서리 부분을 집중 예열하여 적황색이 되었을 때 고압 산소를 분출하며 절단한다. 이 때 처음 경사 각도가 정해지면 끝까지 동일한 각도를 유지해야 된다.

다. 직각 자유 절단

직각 자유 절단이란 수동 절단 토치를 사용하여 일반적으로 작업각 90°, 진행 반대각은 80 ~ 85°로 유지하며 우에서 좌로 이동하며 직선 또는 곡선을 절단하는 법을 말한다.

작업 방법은 '가'와 같이 절단재 밑에 받침판이나 내화벽돌을 놓고 절단선이 좌우가 되도록 놓은 후 금긋기한 절단선의 전체를 토치로 이동하며 예열한 후 맨 우측 모서리 주위 10mm 이내를 황적색 정도 되도록 가열한 후 절단팁의 고압 산소 분출 구멍의 중심이 모서리 끝에 맞추고 백심과 절단재 표면의 거리는 2 ~ 3mm 정도 되며 진행 반대각이 80 ~ 85°가 되도록 맞춘 후 고압 산소 밸브를 열어 절단을 시작한다. [그림 1-6 참조]

그림 1-5 용접 모재 안내판 절단

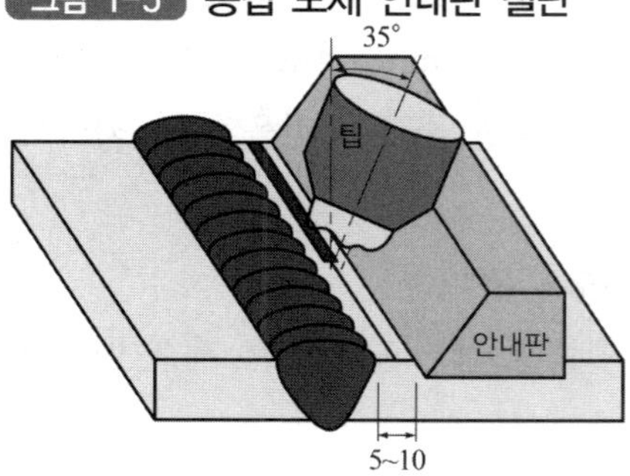

그림 1-6 수동 직선 직각 자유 절단

라. 도면에 의한 가스 절단

1) 도재에 금긋기와 모재 고정

절단할 모재(연강판, t9×150×250)의 길이 방향(250mm)의 중심에 길이 방향과 직각으로 금긋기한다. [그림 1-7 참조]

그리고 가스 절단대 위에 가로 방향으로 20~50mm 정도 벌어지도록 내화 벽돌 2개를 나란히 놓고 그 위에 모재의 금긋기선(절단할 선)이 2개의 내화 벽돌 사이의 홈 부분에 평행하게 놓는다. [그림 1-8 참조]

그림 1-7 필릿 용접 모재 가스 절단

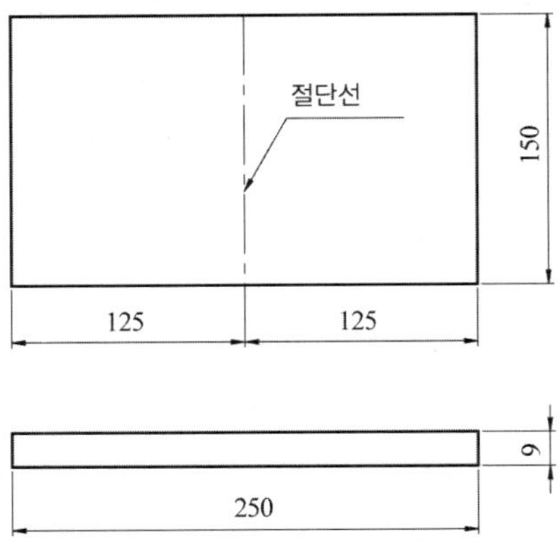

그림 1-8 모재 고정(절단 준비)

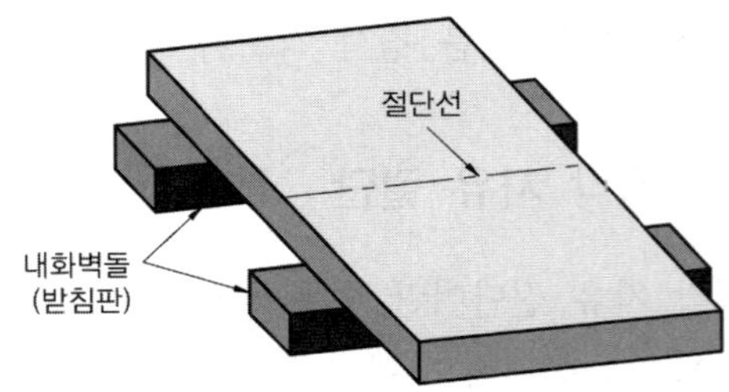

2) 가스 절단

토치를 바르게 잡고 가스 절단 토치에 점화하여 적당한 세기의 중성 불꽃으로 조절한 다음 고압 산소 밸브를 열어 고압 산소의 분출 상태를 확인한다. 절단선 위에 토치를 서서히 움직여 적당히 예열한다.

적당하게 예열되면 모재 우측 끝 표면에서 팁 끝을 2~3mm 정도 띄워 900℃(노랑색) 정도로 예열한 후 고압 산소 밸브를 열어 절단이 개시되면 금긋기 선을 따라 좌측으로 진행하여 절단한다.

절단 방법은 '2 가. 1)'과 같은 방법으로 절단하면 된다.

절단이 끝나면 고압 산소 밸브를 잠그고, 산소 밸브를 잠그고 프로판 가스 밸브를 잠가 소화한다.

마. 원형 절단

연강판의 해당 반지름 위치에 펀치를 사용하여 중심 마크를 만들고 컴퍼스를 사용하여 해당하는 원을 그린다.

수동 절단 토치에 중심점 고정 치구를 절단팁의 고압산소 구멍 끝에서 원의 반지름 위치에 고정한다.

이 때 중심점 치구와 토치의 팁이 수직이 되어야 하며 중심점 치구가 경사진다면 정원으로 절단이 안되며 절단면도 직각 상태가 되지 않는다.

절단 시작점 부분에 드릴로 구멍을 뚫는다.

그리고 토치에 점화하여 불꽃을 조절한 후 중심점 고정 치구의 중심점을 펀치 자리에 맞추고 절단 원형을 시계 반대 방향으로 돌려보아 절단의 유연성이나, 절단에 지장이 되는 점이 없는지 확인하고 문제점이 있으면 시정한다. 그리고 절단할 부분을 예열한다.

예열이 끝나면 드릴 구멍 위치를 집중적으로 가열하여 적황색이 되었을 때 고압 산소 밸브를 열고 절단 상태를 관찰하면서 적당한 속도로 시계 반대 방향으로 진행한다. [그림 1-9 참조]

만약 드릴 구멍을 뚫지 않은 상태인 경우는 절단 원 내부 약 10mm 부분을 가열하여 절단 가능한 상태가 되었을 때 고압 산소를 약한 상태에서 점점 세게 분출시켜 구멍이 형성되면 토치를 원형 금긋기선 끝까지 밀어 절단한 후 중심점 고정 치구를 중심점에 맞춘 후 시계 반대 방향으로 절단을 진행하면 된다.

그림 1-9 수동 원형 절단의 예

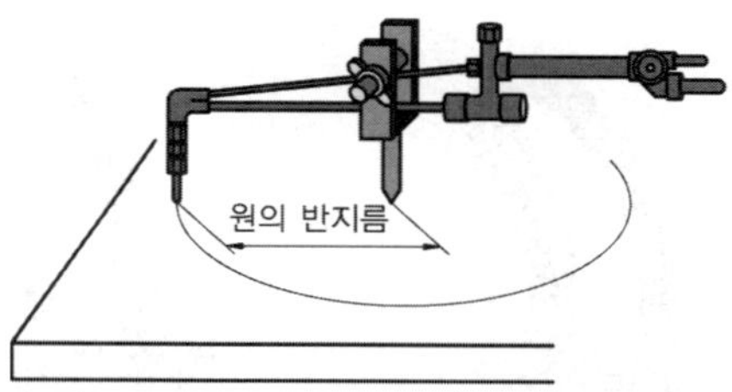

바. 점검 및 정리 정돈

절단이 끝나면 불꽃을 소화한 후 고압 가스 용기 밸브를 잠그고 다시 토치 밸브를 열어 호스 내부의 잔류 가스를 배출한 후 작업 전의 상태로 정리 정돈한 후 절단된 상태를 확인을 받는다.

이 때 절단면을 줄이나 그라인더 가공을 해서는 안된다.

절단할 때 사용했던 장비나 공구를 정리하고 주위를 깨끗이 청소한다.

제2절 | 자동(직선 직각, 경사각) 가스 절단

1 자동 가스 절단기

가. 자동 가스 절단기의 종류

자동 가스 절단기는 절단기가 자동으로 이동하며 금속을 절단하는 장치로서 절단 방법을 손으로 조작하는 반자동식과 모든 조작이 자동적으로 이루어지는 전자동식이 있다.

① 소형 자동 가스 절단기 : 1 ~ 2개의 팁으로 직선 절단에 사용하는 절단기
② 반자동 가스 절단기 : 자유로운 곡선이나 짧은 직선 절단에 주로 사용[그림 2-1 참조]
③ 형 자동 가스 절단기 : 같은 형상을 다량 절단할 때 사용하는 절단기
④ 광전식 가스 절단기 : 원격 조정이 가능하며, 정밀도가 높은 절단기로, 소량과 대량 절단에 적합한 절단기

그림 2-1 자동 가스 절단기의 종류

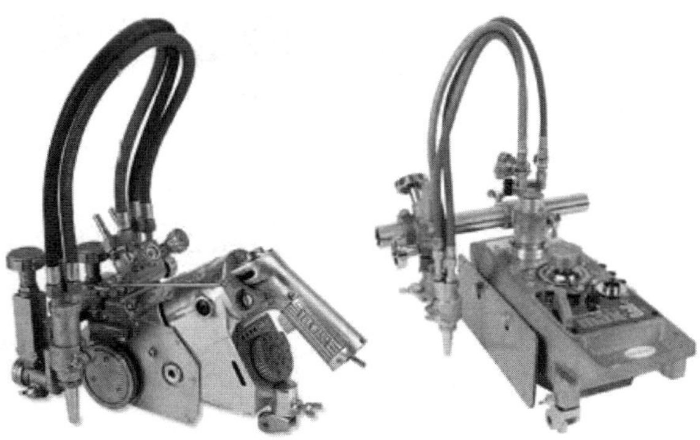

그림 2-2 자동 가스 절단기의 각부 명칭

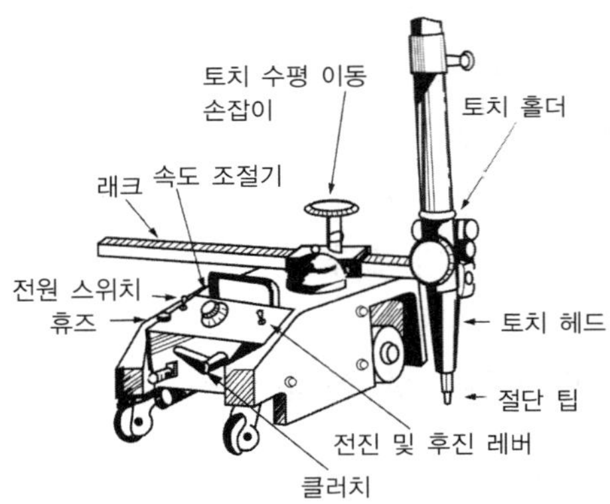

나. 자동 가스 절단기의 각부 명칭

자동 가스 절단기는 절단기 몸체, 안내 대차와 레일, 속도계, 팁 상하 조절 레버, 토치 좌우 조절 레버, 클러치, 전진, 후진 스위치 등으로 구성되어 있다. [그림 2-2 참조]

각부 명칭과 사용법, 용도 등을 숙지한다.

2 절단 작업

가. 절단 준비

자동 절단에 필요한 장비(산소 및 LPG 용기, 절단기, 레일)와 공구(클램프, 몽키 스패너, 점화 라이터), 보호구를 준비한다.

절단팁의 크기가 절단할 판두께에 알맞은 것인지 확인하고 부적합하면 교환한다. 절단기의 전원 콘센트를 확인한다.

모재 표면을 깨끗하게 한 후 절단 작업대 위에 절단할 재료를 놓고 절단할 절단선을 금긋기한다.

절단선과 100 ~ 150mm 정도 떨어져 절단선과 평행이 되도록 레일을 놓고 절단기를 설치한 후 불꽃 조절없이 절단기를 움직여보아 토치의 팁이 절단선과 일치하게 움직이는지 확인하고 이상이 없으면 레일의 양끝을 클램프로 단단하게 고정한다.

절단기의 가동 상태와 절단 속도를 맞추고[표 2-1, 그림 2-3 참조], 팁을 직각 또는 주어진 각도로 경사시켜 맞춘 후 고정한다.

표 2-1 자동 절단 조견표

판두께 (mm)	팁지름 (mm)	산소 압력 (kgf/cm^2)	절단 속도 (mm/min)	가스 소비량(m^2/hr)	
				산소	아세틸린
3	0.5 ~ 1.0	1.0 ~ 2.1	560 ~ 810	0.5 ~ 1.6	0.14 ~ 0.26
6	0.8 ~ 1.5	1.1 ~ 2.4	510 ~ 710	1.0 ~ 2.6	0.17 ~ 0.31
9	0.8 ~ 1.5	1.2 ~ 2.8	480 ~ 660	1.3. ~ 3.3	0.17 ~ 0.34
12	0.8 ~ 1.5	1.4 ~ 3.8	430 ~ 610	1.8 ~ 3.5	0.23 ~ 0.37
19	1.0 ~ 0.5	1.7 ~ 3.5	380 ~ 560	3.3 ~ 4.5	0.34 ~ 0.43

나. 불꽃 조절

산소의 압력을 2 ~ 5kgf/cm^2, 아세틸렌은 0.2 ~ 0.5kgf/cm^2로 조절한 후 절단기의 산소 밸브를 조금 열고 아세틸렌(또는 LPG) 절단팁에 불을 붙인 후 산소 밸브를 조금씩 열어 중성 불꽃으로 조절한다. 이 때 불꽃 세기의 강약을 조절하여 적당한 불꽃 세기의 중성 불꽃으로 맞추고, 불꽃의 백심이 모재 끝에서 2 ~ 3mm가 되도록 맞춘다.

그림 2-3 절단 속도 조절

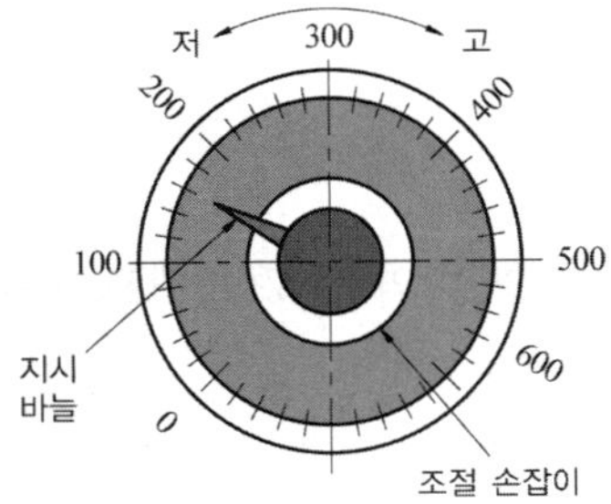

그림 2-4 자동 가스 절단

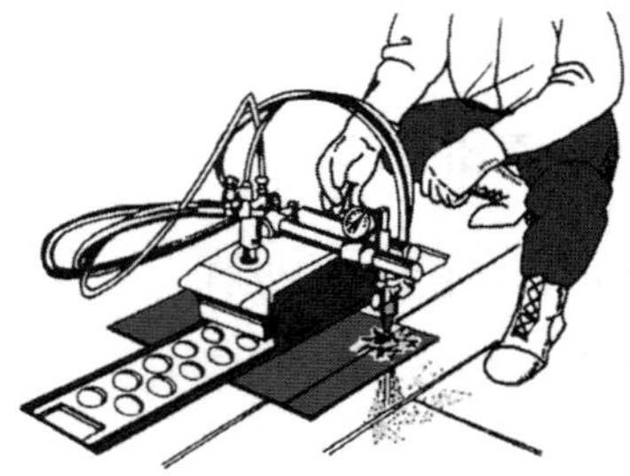

다. 자동 가스 절단

가동 클러치를 중립에 놓고 예열 불꽃으로 절단선을 따라 손으로 움직이며 한 두번씩 예열한다. 예열이 끝나면 절단 시작점을 황적색이 되도록 가열한 후 고압 산소의 분출구가 절단 시점의 모서리 끝에 걸리도록 한 후 고압 산소 밸브를 1/2 ~ 3/4 회전시켜 열면서 클러치를 절단 방향으로 넣는다.(절단기에 따라 절단 방향이 한쪽으로만 된 경우도 있다)

절단이 완료되면 고압 산소 밸브를 잠그고 클러치를 중립에 놓고 불꽃을 소화한다.

3 검사 및 반복 실습, 정리 정돈

가. 검사 및 반복 실습

절단면을 검사한다. 절단면의 드래그 라인, 절단 윗면 모서리 상태, 절단 정밀도, 산화물의 부착 상태 등을 검사하고 팁에 이물질이 묻어 있으면 줄칼이나 팁클리너로 팁을 깨끗이 청소한다.

잘못된 점을 시정하려고 노력하며 위의 실습 내용을 반복 실습한다.

나. 정리 정돈

가스 용기의 밸브를 잠그고 절단기의 밸브의 밸브를 열어 호스 내의 잔여 가스를 제거한다. 잔여 가스가 제거되면 다시 절단기의 밸브를 닫고 레일 위의 칩이나 이물질, 주위의 산화물 등을 깨끗이 청소한다.

chapter

부록 실기 자격시험 준비

제1절 | 자격 종목별 용접법과 자세, 과제

자격 종목	용접법	V형 맞대기 (외관검사, 굴곡시험, 일부 X선 검사)	T형 필릿 용접 (외관검사, 파단시험) (F, H, V 자세 중 1자세)	가스 절단 필답형 실기
피복아크 용접기능사	피복아크용접 (2시간)	F, H, V, O 자세 중 2자세(80분) 4개 굴곡시험	본인이 직접 가스 절단한 모재 사용 (가스 절단 포함 40분)	
	가스절단(15분)			수동 절단(필수)
이산화탄소가스 아크용접기능사	CO_2 용접 (2시간)	솔리드와이어 맞대기용접(40분) 플럭스코어드와이어용접(40분) F, H, V 자세 중 2자세 굴곡시험	솔리드와이어 필릿용접 (가스 절단 포함 40분)	
	가스절단(15분)			수동 절단(필수)
가스텅스텐아크 용접기능사	TIG 용접 (2시간)	연강, 스테인리스강판 맞대기 F, H, V, O 자세 중 2자세(80분)	t4.0스테인리스강판에 t3.0 80A×50L파이프	
용접산업기사	피복아크용접	F, H, V, O 자세 중 1개(40분)		
	CO_2 용접	플럭스코어드 와이어 용접(40분) F, H, V 자세 중 1자세(X선시험)		
	TIG 용접	F, H, V, O 자세 중 1개(40분)		
용접기사	피복아크용접	F, H, V 자세 중 1개		필답형 실기 1시간 30분 작업형 실기 40분, 40분
	CO_2 용접	솔리드와이어 맞대기용접 F, H, V 자세 중 1자세		
용접기능장	CO_2 용접	플럭스코어드 와이어 용접 F, H, V 자세 중 1자세(40분), 외관 검사 후 X선 검사		약 5시간 정도
	TIG 용접	F, H, V, O 자세 중 1개(40분)		
	피복아크용접	용기제작(고정상태의 자세로 용접 : 3시간30분)		

① F : 아래보기 자세, H : 수평 자세, V : 수직 자세, O : 위보기 자세
② V형 맞대기는 외관 검사 후 굴곡 시험으로 채점(용접산업기사, 기능장 CO_2 용접은 X선 검사)
③ 피복아크용접은 t6.0, CO_2 용접 모재는 주로 연강판 t9.0, TIG 용접은 스테인리스강판은 t4.0
④ 각 과제 중 1가지라도 수준 미달이라고 판단시 실격

제2절 | 피복아크용접기능사

1 시험 내용

① 피복아크용접기능사는 도면 이해, 이론과 각종 용접 실기 능력이 우수해야 된다.
② 실기는 제한 시간 내에(연장시간 없음) 도면에 지정된 2가지 자세로 연강판 V형 맞대기 용접을, 또 한가지 지정 자세로 필릿 피복 아크용접을 잘 할 수 있어야 된다.
③ 전 과제를 2시간 내에 완성한다.(과제별 별도 시간 부여함, 감독관 지시대로 실시함)

1) V형 맞대기 피복 아크용접(보통 과제별 보통 40분)

아크용접기를 사용하여 도면에 제시된 2가지 자세(아래보기 자세, 수평 자세, 수직 자세 중 2자세, 시험일마다 자세 다름)로 연강강판 t6.0(또는 t9.0)을 제한 시간 내에 V형 맞대기 피복 아크용접을 한다.

2) 필릿용접(보통 가스 절단시간 15분 포함 40분)

① 수동 가스 절단 : 제시된 연강판(보통 t9.0×150×250)을 도면대로 수동 가스 절단한다.
② 필릿용접 : 가스 절단 된 반대편을 기준으로 도면대로 가접하여 아크용접기를 사용하여 제시된 자세(아래보기 자세, 수평 자세, 수직 자세 중 1자세)로 제한 시간 내에 필릿용접을 한다.

2 맞대기 및 필릿용접 도면, 모재

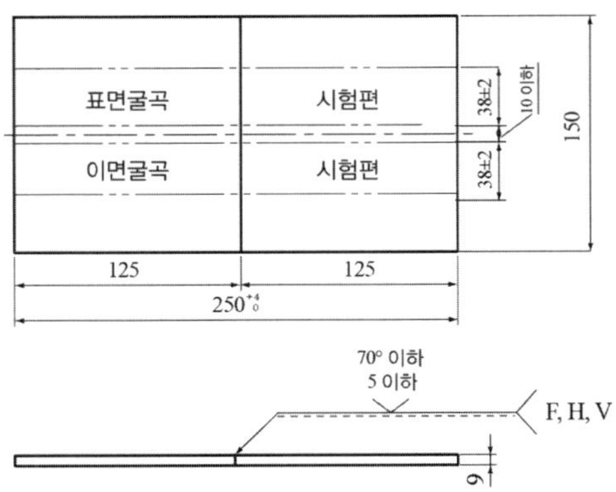

1) 시험편 피복 아크용접

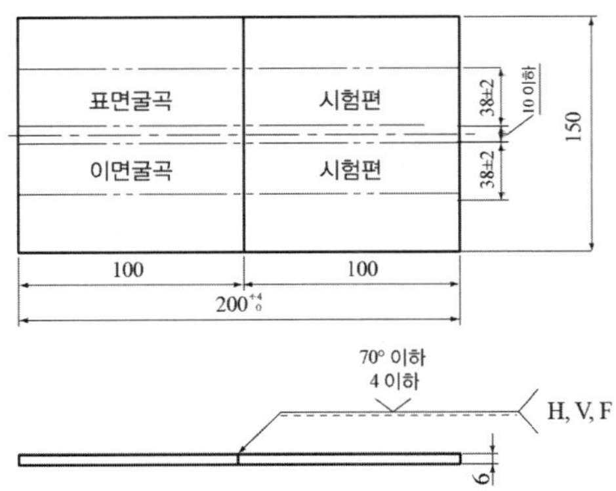

2) 시험편 피복 아크용접

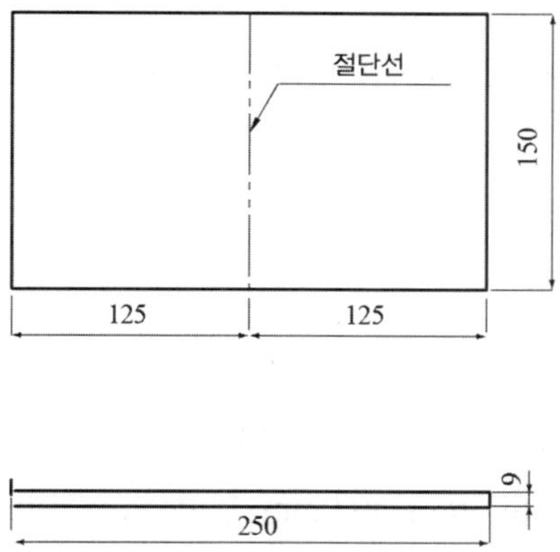

3) 가스절단

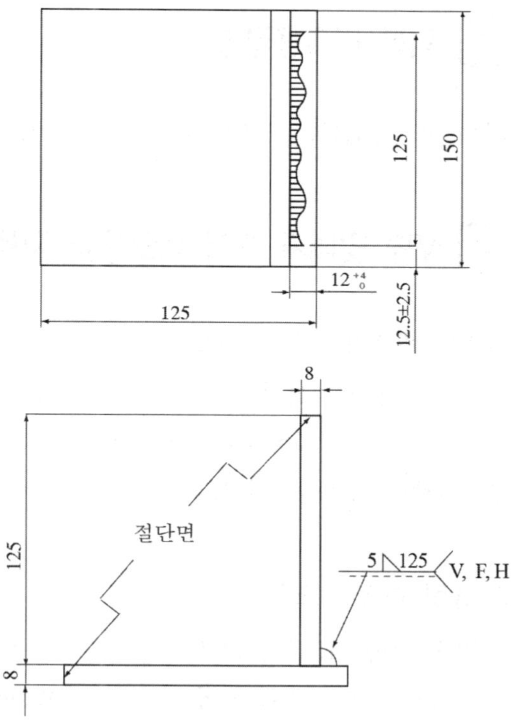

4) T형 필릿 피복 아크용접

그림 2-1 | 맞대기 피복 아크 및 가스 절단, 필릿 피복아크용접 도면

1) V형 맞대기 피복 아크용접 모재

V형 맞대기 모재의 재질은 연강판(SS400)이며, t6.0×100×150×30~35° 또는 t9.0×125×150×30~35° 판 중 동일한 판두께가 자세별 2매(총 4매) 또는 각각 다른 판두께가 자세별 2매(총 4매) 필요하며, 모재에 용접 길이 방향(150mm)으로 개선각 30~35°로 기계 가공이나 가스 절단해야 된다.

시험장에서는 개선 가공된 모재가 주어진다.(그림 2-1, 1), 2) 참조)

2) 필릿 피복 아크용접 모재

필릿용접 모재의 재질은 연강판(SS400)이며, t9.0×150×250의 모재 1매가 주어지며 도면에 따라 가스 절단한다.(그림 2-1 3) 참조)

3 피복 아크용접봉

피복 아크용접봉은 E7016 Φ3.2, 4.0을 사용한다.(잘 건조된 용접봉 사용)

4 V형 맞대기 피복 아크용접 자세

1) V형 맞대기 피복 아크용접 자세

V형 맞대기 피복 아크용접 자세는 아래보기 자세(F), 수평 자세(H)와 수직(V) 자세 중 2가지의 자세가 나올 수 있으며, V형 홈 연강판 t6.0mm, t9.0mm 판을 사용하여 판두께별, 자세별로 연습해야 된다.

2) 필릿 피복 아크용접

필릿 피복 아크용접 자세는 아래보기(F), 수평자세(H)와 수직자세(V) 중 하나의 자세가 나올 수 있으므로, V형 홈 연강판 t9.0mm 판을 가스 절단하여 가접한 후 자세별로 연습해야 된다.

5 용접 시간

① 시험 시간은 보통 맞대기 용접과 가스 절단, 필릿용접 포함하여 2시간이나, 시험장 상황이나 시험일정에 따라 달라질 수 있으며 연장시간은 없다.
② V형 맞대기 피복 아크용접 : 보통 자세별 표준 시간 40분, 2자세이므로 80분 소요됨
③ 필릿 피복 아크용접 : 가스 절단(보통 15분) 포함하여 보통 표준 시간 40분

6 맞대기 용접부 검사

가. 외관 검사

표면 비드는 외관 미려도(폭, 파형, 높이 균일 정도), 언더컷, 오버랩, 균열 유무, 시점과 종점처리 등을 검사하며, 이면 비드는 비드 폭, 파형의 균일 정도, 용입의 완전 여부, 비드 이음 부분의 양호 여부를 검사한다.(감독위원이 검사하여 기능 수준 부족으로 판단된 경우 오작처리함)
자격시험에서 각 용접법 및 자세별, 형상별 용접이 끝나면 외관 검사를 하며, 하나의 과

제라도 수준 미달시 미완성 또는 오작처리 될 수 있다.

맞대기 용접 상태가 다음 규정 중 하나라도 해당되면 평가에서 제외하며, 이상이 없으면 굴곡 시험 평가를 한다.

① 도면의 지시대로 가용접되지 않은 경우, 전진법이나 후진법 혼용, 상진법과 하진법 혼용한 경우
② 비드 높이가 판두께보다 낮은 경우,(0mm 이하) 표면 비드 높이가 5mm 이상인 경우
③ 맞대기용접 시험편의 이면비드(시점, 이음부, 종점 포함)의 불완전 용융부가 용접부 길이의 30 mm 이상인 경우
④ 시험편의 용락, 언더컷, 오버랩, 기공, 비드상태 등 구조상의 결함, 용접방법 등이 검사 규정에 벗어난 경우
⑤ 이면 받침판을 사용했거나 이면 비드에 보강 용접한 경우
⑥ 도면 지시대로 용접하지 않은 경우, 도면에 표기된 상태로 가용접을 하지 않는 경우.
⑦ 맞대기 용접부의 변형 각도가 10° 이상 초과한 경우

나. 굴곡 시험

1) V형 맞대기 피복 시험편 절단

V형 맞대기 피복 아크용접 자세는 아래보기 자세(F), 수평 자세(H)와 수직(V) 자세 중 2가지의 자세가 나올 수 있으며, V형 홈 연강판 t6.0mm, t9.0mm 판을 사용하여 판두께별, 자세별로 연습해야 된다.

2) 덧붙이 가공

절단된 맞대기 용접 시험편의 덧붙이를 모재 두께까지만 연삭 다듬질 작업하여 제거하고 모서리 부분을 R1.5 정도 라운딩 가공한다.

3) 굴곡(굽힘)

① 굴곡 시험 지그는 판두께에 따라 적당한 지그를 사용하여 굴곡 시험한다.(그림 2-2 참조)
② 시험시 자세별로 시험편의 하나는 이면 비드가 아래로 향하게 하며, 다른 하나는 표면이 아래로 가게 형틀의 중앙에 정확히 놓은 후 완전히 U자가 되도록 굴곡한다.

4) 굴곡 시험편 검사

굴곡 시험에서 다음에 해당되면 0점, 또는 오작처리한다.

① 시험편의 외관에 균열이 3mm 이상이거나 작은 균열의 합이 7mm를 넘은 경우
② 기공 등이 10개 이상인 경우(평가기준에 따라 달라질 수 있음)
③ 시험편 4개 중 2개 이상인 경우(오작처리)

그림 2-2 굴곡 시험

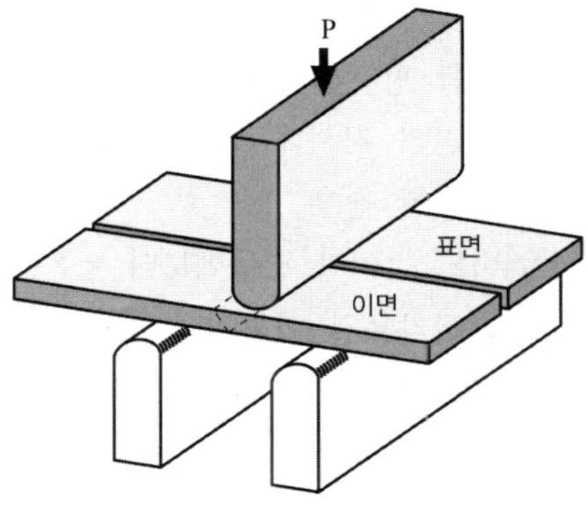

7 필릿용접부 검사

가. 파단 시험

가스 절단된 모재의 길이가 125±5 mm를 벗어나는 경우 채점에서 제외되며, 외관 검사에서 이상이 없는 필릿용접부는 프레스로 상태로 놓고 가 되도록 파단한다.

나. 파면 검사

파단 시험 결과 다음에 해당되는 경우 채점에서 제외되거나 오작처리한다.
① 파단 시험한 결과 두 부품이 완전 분리되거나 1/3 이상 분리된 경우는 용접기능사로서의 수준에 미달된다고 판단되는 경우(시험위원 전원이 수준 미달로 판단시)
② 필릿용접 파단시험 후, 두 모재의 용입이 용접 길이의 50%가 되지 않는 경우

제3절 | 이산화탄소가스아크용접기능사

1 시험 내용

① 이산화탄소가스아크용접기능사는 도면 이해, 이론과 각종 용접실기 능력이 우수해야 된다.
② 실기는 제한 시간 내에(연장시간 없음) F자세, H자세, V자세로 V형 맞대기 CO_2 용접, 필릿 CO_2 용접을 잘 할 수 있어야 된다.
- 솔리드 와이어 맞대기 용접 : 40분
- 플럭스 코어드 와이어 맞대기 용접 : 40분
- 가스절단 및 솔리드 와이어 필릿용접 : 40분

가. V형 맞대기 CO_2 용접

제시된 시간(보통 40분) 내에 솔리드 와이어를 사용하여 연강판(보통 t6.0)에 지정된 자세로 V형 맞대기 용접을 CO_2 용접을 한다.

제시된 시간(보통 40분) 내에 플럭스 코어드 와이어를 사용하여 연강판(보통 t9.0)에 지정된 자세로 V형 맞대기 용접을 CO_2 용접을 한다.

나. 솔리드 와이어 사용 필릿 CO_2 용접

제한시간(보통 15분) 내에 연강판(보통 t9.0×150×250)을 도면대로 수동 가스 절단하여, 도면대로 가용접 후 솔리드 와이어를 사용하여 연강판(보통 t9.0) 필릿용접을 제시된 시간(가스절단 포함 40분) 내에 CO_2 용접을 한다.

2 V형 맞대기 시험 도면 및 모재, 용가재

가. V형 맞대기 CO_2 용접 모재

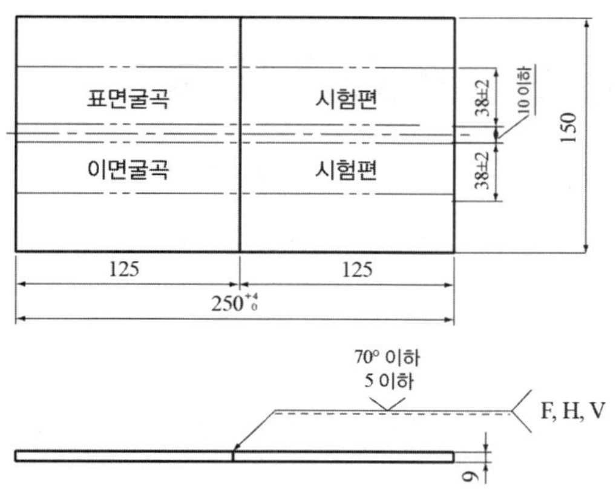

1) 솔리드 와이어 맞대기 용접

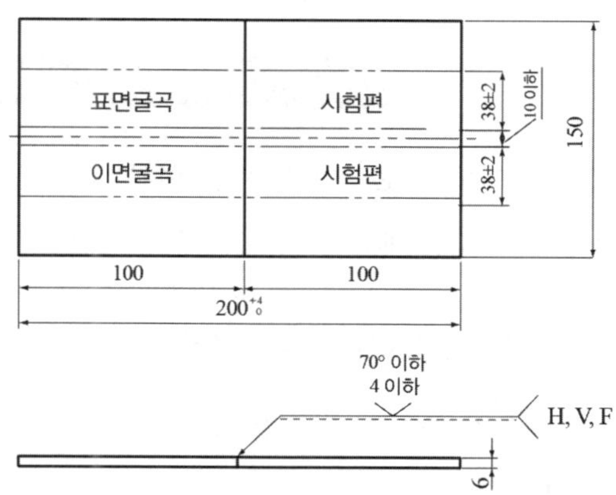

2) 플럭스코어드와이어 맞대기용접

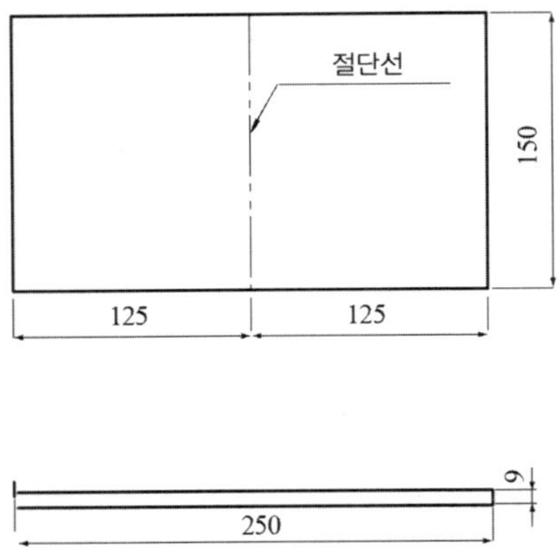

3) 가스 절단 작업

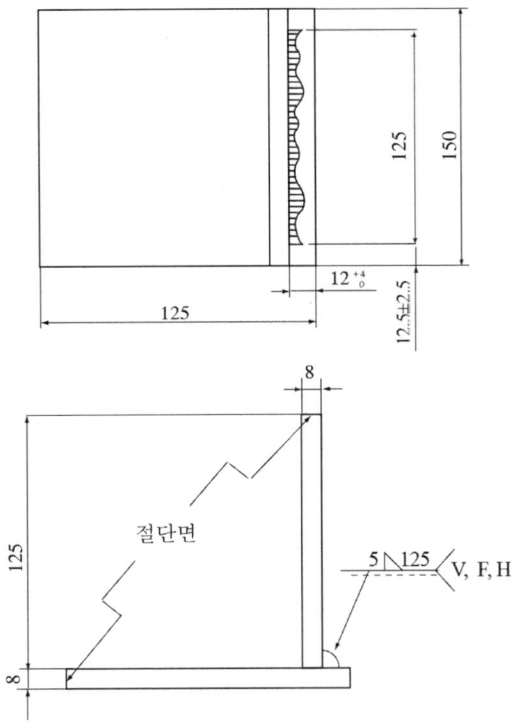

4) 플럭스코어드와이어 맞대기용접

그림 3-1 | 맞대기 CO_2 용접 및 가스 절단, 필릿 CO_2 용접 도면

V형 맞대기 모재의 재질은 연강판(SS400)이며, t9.0×125×150의 모재에 용접 길이 방향(150mm)으로 개선각 35°로 기계 가공된 모재 2매가 필요하다.(그림 3-1 참조)

나. 필릿 CO_2 용접 모재

필릿용접 모재의 재질은 연강판(SS400)이며, t9.0×125×150의 모재를 준비한다.(그림 3-1 참조)

다. CO_2 용접 와이어

① CO_2 플럭스코어드와이어 Ø1.2 연강용 : 보통 t9.0 연강판 맞대기 용접

② 솔리드 와이어 Φ1.2 연강용 : 보통 t6.0 연강판 맞대기 용접, 필릿용접

3 용접 자세

가. V형 맞대기 CO_2 용접 자세

V형 맞대기 CO_2 용접 자세는 아래보기(F), 수평자세(H)와 수직자세(V) 중 2종의 자세가 나오므로, V형 홈 연강판(보통 t6.0mm) 판을 가접하여 솔리드 와이어를 사용하여 맞대기 용접한다.

V홈 연강판(보통 t9.0mm) 판을 가접하여 세라믹 받침판을 부착시킨 뒤 플럭스 코어드 와이어로 용접한다.

나. 필릿 CO_2 용접 자세

필릿 CO_2 용접 자세는 아래보기(F), 수평자세(H)와 수직자세(V) 중 하나의 자세가 나오므로, V형 홈 연강판 t6.0mm, t9.0mm 판을 가스 절단하여 가접한 후 자세별로 연습해야 된다.

4 용접 시간

① 시험 시간은 2시간이나 기준에 따라 달라질 수 있으며 연장시간은 없다.
② V형 맞대기 CO_2 용접 : 보통 과제별 표준 시간 40분
③ 필릿 CO_2 용접 : 가스 절단(15분 이내) 포함보통 표준 시간 40분

5 검사(평가)

가. 맞대기 및 필릿용접부 검사

이산화탄소가스아크용접기능사 평가 기준도 '제1절 피복아크용접기능사 6, 7 '항과 같은 방법으로 평가한다.

제4절 | 가스텅스텐아크용접기능사

1 시험 내용

① 가스텅스텐아크용접기능사는 도면 이해, 이론과 각종 용접실기 능력이 우수해야 된다.
② 실기는 제한 시간 내에(연장시간 없음) TIG 용접기를 조작하여 연강판과 스테인리스 강판에 V형 맞대기 TIG 용접한다.
③ 스테인리스강판과 강관을 가접하여 전둘레 필릿용접(보통 수평자세)을 한다.

가. V형 맞대기 TIG 용접

TIG 용접기를 사용하여 도면에 제시된 자세(아래보기자세, 수평 또는 수직 자세 중 1자세)로 주어진 연강판(보통 t6.0)에 맞대기 용접한다.

주어진 스테인리스강판 t3.0(또는 t4.0)을 제시된 시간(보통 40분) 내에 V형 맞대기 TIG 용접을 한다.(세라믹이나 은박지 등 백판 사용 필수)

나. 필릿 TIG 용접

스테인리스강판(보통 t4.0)과 스테인리스강관(80A)을 필릿 형상으로 가접하여 스테인리스강봉으로 전둘레(H자세) 필릿 가스텅스텐아크용접을 한다.

2 V형 맞대기 시험 도면 및 모재, 용가재

가. V형 맞대기 TIG 용접 모재

V형 맞대기 TIG 용접 모재는 스테인리스강판(STS304)이며, t3.0(또는 t4.0)×75×150의 모재에 용접 길이 방향(150mm)으로 개선각 35°로 기계 가공된 모재 2매가 필요하다.(그림 3-1 참조)필수)

나. TIG 용접봉

연강용 TIG 용접봉(T-50) Ø2.4×1000과 스테인리스강봉(Y308) Ø2.4×1000이 사용된다.

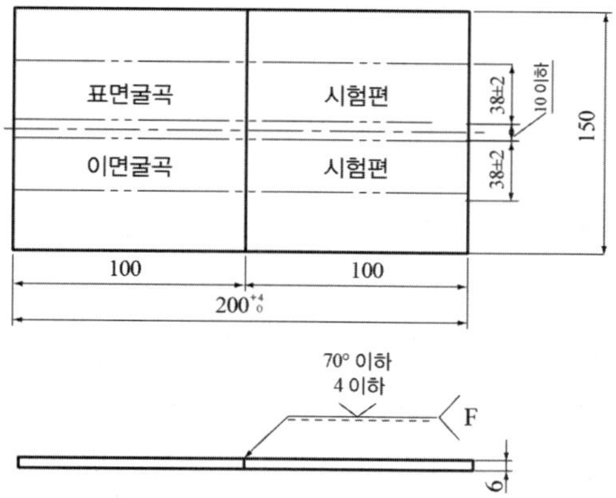

(a) 연강판 V형 맞대기 용접

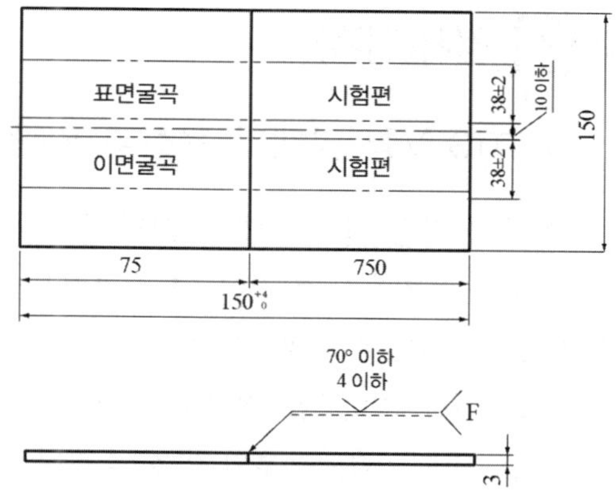

(b) 스테인리스강판 V형 맞대기 용접

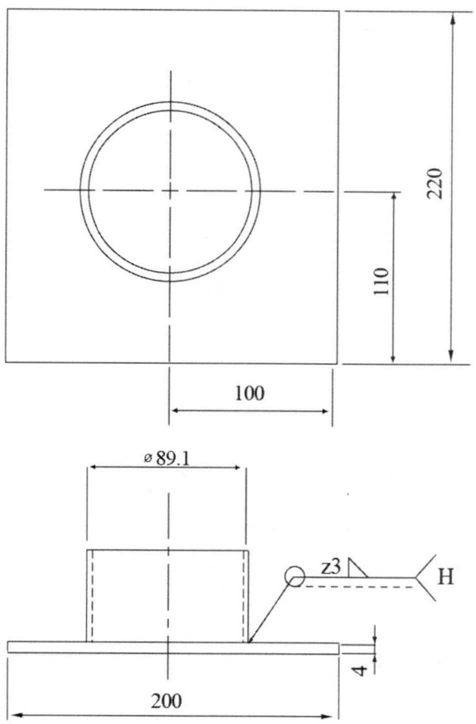

(c) 온둘레 필릿용접

주서

1. 시험편 맞대기 용접은 규정된 이면 받침판을 사용하여 용접합니다.
2. 시험편 맞대기용접은 전체길이(150mm)를 모두 용접하여야 합니다.(엔드텝 사용을 금한다.
3. 파이프 온둘레 필릿용접 시 용접기호를 참고하여 작업합니다.
4. 파이프 온둘레 필릿용접은 감독위원에게 가용접 검사를 받아야 합니다.

3 용접 시간

① 시험 시간은 보통 2시간이며, 과제에 따라 부여된다. 시험 장소에 따라 다를 수 있으니 시험 감독의 지시에 따라야 하며, 연장시간은 없다.

② TIG 용접 : 보통 과제당 표준 시간 40분

4 검사(평가)

가. TIG V형 맞대기 용접부 외관 검사

① 각 용접법 및 자세별, 형상별 용접이 끝나면 외관 검사를 하며, 하나의 과제라도 수준 미달시 기능사 자격이 될 수 없다.

② 표면 비드는 외관 미려도(폭, 파형, 높이 균일 정도), 언더컷, 오버랩, 균열 유무, 시점과 종점처리 등을 검사하며, 이면 비드는 비드 폭, 파형의 균일 정도, 용입의 완전 여부, 비드 이음 부분의 양호 여부를 검사한다.

③ 스테인리스강판 V형 맞대기 TIG 용접 시험편의 경우 산화 정도가 심한 경우는 기능사 수준 미달이라고 판단한다.

④ 국가 자격 수준으로 용접부 외관이 양호하며, 용접부의 용입량이 모재의 표면까지 적당히 채워지고, 도면에 제시된 용접자세나 방법을 위반하지 않고 이면 비드에 보강하지 않아야 된다.

나. 굴곡 시험

V형 맞대기 TIG 용접 시험편은 피복 아크용접과 같은 평가 기준에 의해 절단, 가공, 굽힘하여 평가한다.

다. 필릿용접부 외관 평가 및 누수시험

온둘레 필릿용접(일주용접)부에서 비드 폭과 높이가 각각 요구된 목길이(각장 3mm)의 2.5 ~ 5mm 범위를 벗어나거나, 파이프 온둘레 필릿용접(일주용접)에서 파이프 치수오차가 10mm 이상 벗어난 경우, 파이프 온둘레 필릿용접(일주용접)에서 이면부(파이프 및 밑판)의 산화 및 용락이 발생된 경우는 채점에서 제외한다.

외관 검사에서 이상이 없으면 약 10분 정도(시험장에 따라 다를 수 있음) 누수시험을 하며, 1곳이라도 미세한 누수가 있으면 오작으로 처리한다.

제5절 | 용접산업기사 실기

1 내용 및 모재, 용접봉

가. 내 용

1) 용접산업기사는 기능의 수준이 중상 이상의 자격이므로 도면이해, 이론과 각종 용접실기 능력이 우수해야 된다.

2) 실기는 제한 시간(총 2시간) 내에(연장시간 없음) V형 맞대기 피복아크용접 및 TIG 용접, V형 맞대기 FCAW(CO_2) 용접을 잘 할 수 있어야 된다.

① 피복 아크용접은 교류 아크용접기를 사용하여 도면에 제시된 자세(아래보기자세, 수평 또는 수직, 위보기 자세 중 1자세)로 연강판 t6.0에 제시된 시간(보통 30분) 내에 V형 맞대기 피복 아크 용접을 한다.

② TIG 용접은 TIG 용접기를 사용하여 도면에 제시된 자세(아래보기자세, 수평 또는 수직, 위보기 자세 중 1자세)로 스테인리스강판 t4.0을 제시된 시간(보통 40분) 내에 V형 맞대기 TIG 용접을 한다.(세라믹 또는 전용 백판 사용 필수)

③ CO_2 용접은 플럭스 코어드 와이어(AWS E71T 계통)를 사용하여 제시된 자세(아래보기자세, 수평 또는 수직자세 중 1자세)로 연강판(보통 t9.0) V형 맞대기 용접을 제시된 시간(보통 40분) 내에 FCAW(CO_2)용접을 한다.

나. 모 재

1) V 맞대기 피복 아크용접 모재

V형 맞대기 모재의 재질은 연강판(SS400)이며, t6.0×100×150의 모재에 용접 길이 방향(150mm)으로 개선각 35°로 기계 가공된 모재 2매가 필요하다.

2) CO_2 용접 모재

V형 맞대기 모재의 재질은 연강판(SS400)이며, t9.0×125×150의 모재에 용접 길이 방향(150mm)으로 개선각 35°로 기계 가공된 모재 2매가 필요하다.

3) V형 맞대기 TIG 용접 모재

V형 맞대기 TIG 용접 모재는 스테인리스강판(STS304)이며, t4.0×75×150의 모재에 용접

길이 방향(150mm)으로 개선각 35°로 기계 가공된 모재 2매가 필요하다.

다. CO_2 용접 와이어 및 TIG 용접봉, 피복 아크용접봉

1) **CO_2 용접 와이어** : 연강용 플럭스 코드 와이어(AWS E71 계통) ϕ1.2(상황에 따라 달라질 수 있음)를 사용한다.
2) **TIG 용접봉** : 스테인리스강봉(Y308) ϕ2.4~2.6이 사용된다.
3) **피복아크용접봉** : E7016 ϕ3.2, 4.0을 사용한다.

2 용접 자세 및 시간

가. V형 맞대기 피복 아크용접

V형 맞대기 용접 자세는 아래보기(F), 수평자세(H)와 수직자세(V), 위보기 자세(O) 중 중 하나의 자세가 나오므로, V형 홈 연강판 t6.0mm 판에 피복 아크 용접봉을 사용하여 연습해야 된다.

나. V형 맞대기 CO_2 용접 자세

V형 맞대기 CO_2 용접 자세는 아래보기(F), 수평자세(H)와 수직자세(V) 중 하나의 자세가 나오므로, V형 홈 연강판 t9.0mm 판을 사용하여 뒷면에 세라믹 받침판을 부착시킨 뒤 플럭스 코어드 와이어로 연습해야 된다.

다. V형 맞대기 TIG 용접 자세

V형 맞대기 용접 자세는 아래보기(F), 수평자세(H)와 수직자세(V), 위보기 자세(O) 중 중 하나의 자세가 나오므로, V형 홈 스테인리스강판 t4.0mm 판에 불활성가스 텅스텐 아크 용접을 하여야 된다.

라. 용접 시간자세

시험 시간은 상황에 따라 달라질 수 있으며 연장시간은 없다.

1) **피복 아크용접** : 보통 표준 시간 40분

2) **CO_2 용접** : 보통 표준 시간 40분

3) TIG **용접** : 보통 표준 시간 40분

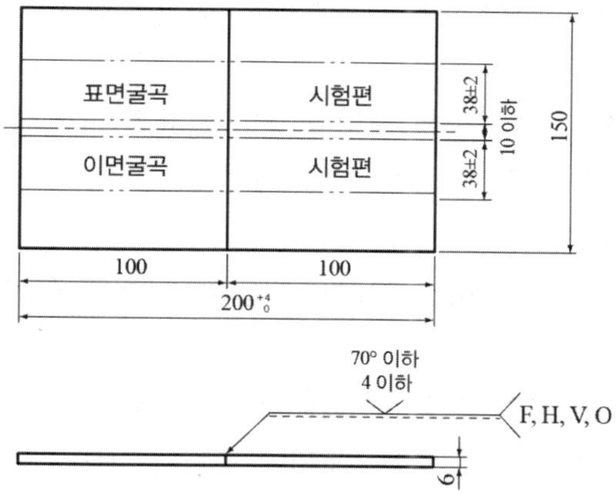

가) 시험편 피복아크 용접

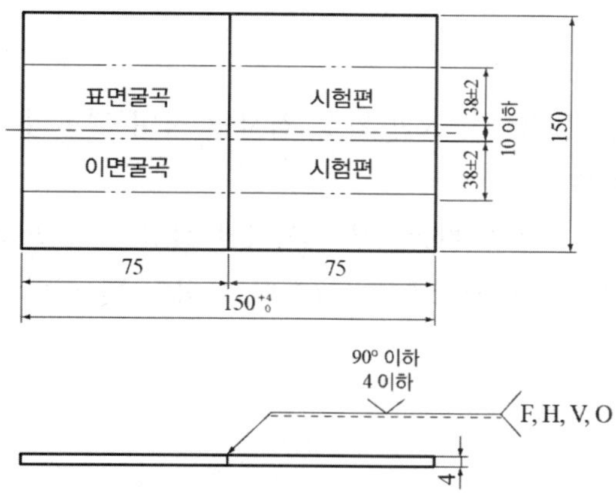

나) 시험편 TIG 용접

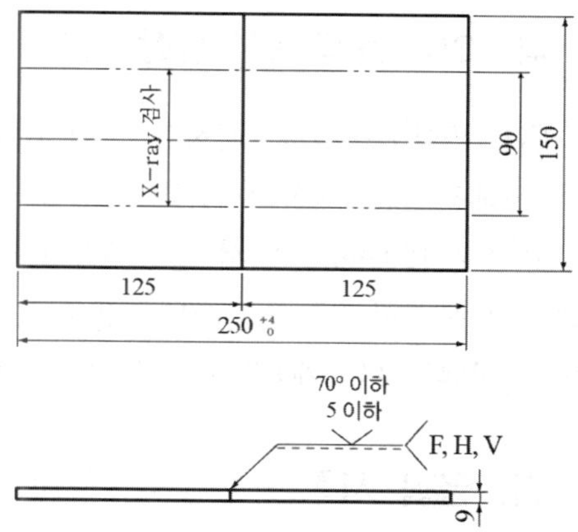

다) 시험편 CO_2 아크용접[FCAM]

3 검사(평가)

가. 피복 아크용접, CO_2 용접, TIG 맞대기 용접부 외관 검사

표면 비드는 외관 미려도(폭, 파형, 높이 균일 정도), 언더컷, 오버랩, 균열 유무, 시점과 종점처리 등을 검사하며, 이면 비드는 비드 폭, 파형의 균일 정도, 용입의 완전 여부, 비드 이음 부분의 양호 여부를 검사한다.(감독위원이 검사하여 기능 수준 부족으로 판단된 경우 오작처리함)

자격시험에서 각 용접법 및 자세별, 형상별 용접이 끝나면 외관 검사를 하며, 하나의 과제라도 수준 미달시 미완성 또는 오작처리 될 수 있다.

맞대기 용접 상태가 다음 규정 중 하나라도 해당되면 평가에서 제외하며, 이상이 없으면 굴곡 시험 평가를 한다.

① 도면의 지시대로 가용접되지 않은 경우, 전진법이나 후진법 혼용, 상진법과 하진법 혼용한 경우
② 비드 높이가 판두께보다 낮은 경우,(0mm 이하) 표면 비드 높이가 5mm 이상인 경우
③ 맞대기용접 시험편의 이면비드(시점, 이음부, 종점 포함)의 불완전 용융부가 용접부 길이의 30 mm 이상인 경우
④ 시험편의 용락, 언더컷, 오버랩, 기공, 비드상태 등 구조상의 결함, 용접방법 등이 검사 규정에 벗어난 경우
⑤ 이면 받침판을 사용했거나 이면 비드에 보강 용접한 경우
⑥ 도면 지시대로 용접하지 않은 경우, 도면에 표기된 상태로 가용접을 하지 않는 경우.
⑦ 맞대기 용접부의 변형 각도가 10° 이상 초과한 경우

나. CO_2 용접 X선 탐상 검사

CO_2 용접부는 외관 검사에 합격한 제품만 용접부를 X선 탐상 검사를 하여 결함의 정도를 정해진 규정에 따라 합격 여부를 결정한다.

용접부 150mm 중에서 양끝 30mm 부분을 제외한 90mm 부분을 X선 탐상하며, 판독 결과 필름상에서 1종 결함(기공 및 이와 유사한 결함)과 2종 결함(슬래그 섞임 및 이와 유사한 결함)이 모두 제4류인 경우 제외된다.

다. 굴곡 시험

1) 시험편 절단

TIG 용접부는 외관 검사에 합격한 제품만 굴곡 시험을 실시한다.
시편 중앙에서 약 10mm를 제외하고 좌우로 38±2mm의 크기로 절단한다.

2) 덧붙이 가공

절단된 맞대기용접 시험편의 덧붙이를 모재 두께까지만 연삭 다듬질 작업하여 제거하고 모서리 부분을 R1.5 정도 라운딩 가공한다.

3) 굴곡(굽힘)

① 굴곡 시험 지그는 판 두께에 따라 적당한 지그를 사용하여 굴곡 시험한다.
② 시험시 자세별로 시험편의 하나는 이면 비드가 아래로 향하게 하며, 다른 하나는 표면이 아래로 가게 형틀의 중앙에 정확히 놓은 후 완전히 U자가 되도록 굴곡한다.

4) 굴곡 시험편 검사

① 굴곡된 시험편의 외곽 용접부에 균열이나 기포(기공)의 크기 정도를 평가 기준에 맞추어 검사한다.

② 맞대기 용접부를 굽힘한 시험편의 외관에 균열이 3mm 이상이거나 작은 균열의 합이 7mm를 넘으면 안되며, 기공이나 매우 작은 균열의 개수가 10개 이상이 되면 안된다. (상황에 따라 달라질 수 있음) 그리고 굴곡 시험편 4개 중 2개가 위의 사항에 해당되면 수준 미달로 판단한다.

제6절 | 용접기사 실기

1 피복 아크용접 실기

가. 피복 아크용접 V형맞대기 용접

모재, 용접시간 등이 피복아크용접 기능사 실기시험과 동일하며, 용접자세는 대체로 아래보기자세, 수평자세, 수직자세 중 한가지가 나온다.

나. 검사, 평가

피복 아크용접 기능사 실기시험과 동일하며, 외관검사에서 용접기사의 수준에 적합하다 평가되면 굽힘시험하여 평가기준에 의해 평가한다.

2 이산화탄산가스(CO_2) 아크용접 실기

가. V형 맞대기 이산화탄산가스(CO_2) 아크용접

모재, 용접시간 등이 이산화탄소가스아크용접 기능사 실기 시험에서 솔리드 와이어 용접과 동일하며, 같은 방법으로 실기시험을 실시한다.

나. 검사, 평가

이산화탄소가스아크용접 기능사 실기 시험에서 솔리드 와이어 용접과 같은 방법으로 외관 검사에서 용접기사에 상당하다고 인정받는 평가가 되면 굽힘시험하여 용접기사 검사 기준에 의해 평가한다.

제7절 | 용접기능장 실기

1 내용 및 모재, 용접봉

가. 내 용

1) 용접기능장은 기능의 최고라고 자부하는 자격이므로 도면이해, 이론과 각종 용접실기 능력이 우수해야 된다.
2) 실기는 제한 시간(총 5시간) 내에(연장시간 없음) V형 맞대기 TIG 용접, V형 맞대기 FCAW(CO_2) 용접, 구조물 피복 아크 용접을 잘 할 수 있어야 된다.

① TIG 용접은 TIG 용접기를 사용하여 도면에 제시된 자세(아래보기자세, 수평 또는 수직, 위보기 자세 중 1자세)로 스테인리스강판 t3.0 또는 t4.0(보통 t4.0이 많이 제시됨)을 제시된 시간(보통 40분) 내에 V형 맞대기 TIG 용접을 한다.(세라믹 또는 전용 백판 사용 필수)

② CO_2 용접은 플럭스 코드 와이어(AWS E71T 계통)를 사용하여 제시된 자세(아래보기자세, 수평 또는 수직자세 중 1자세)로 연강판(보통 t9.0) V형 맞대기 용접을 제시된 시간(보통 40분) 내에 FCAW(CO_2)용접을 한다.

③ 구조물 피복 아크 용접은 도면을 잘 이해하여 용기 형상의 구조물을 피복 아크 용접봉(E7016)을 사용하여 피복 아크 용접으로 완성한다.(보통 3시간 30분, 시험에 따라 달라질 수 있음)

나. 모 재

1) V형 맞대기 CO_2 용접 모재

V형 맞대기 모재의 재질은 연강판(SS400)이며, t9.0×125×150의 모재에 용접 길이 방향(150mm)으로 개선각 35°로 기계 가공된 모재 2매가 필요하다.(그림 7-1 참조)

2) V형 맞대기 TIG 용접 모재

V형 맞대기 TIG 용접 모재는 스테인리스강판(STS304)이며, t3.0(또는 t4.0)×75×150의 모재에 용접 길이 방향(150mm)으로 개선각 35°로 기계 가공된 모재 2매가 필요하다.

3) 구조물 전기(피복 아크)용접 모재

도면에 따라 연강판(SS 400) t9.0 크기별 다수의 부품

다. CO_2 용접 와이어 및 TIG 용접봉, 피복아크용접봉

1) **CO_2 용접 와이어** : 연강용 플럭스 코드 와이어(AWS E71 계통) ϕ1.2(상황에 따라 달라질 수 있음)를 사용한다.
2) **TIG 용접봉** : 스테인리스강봉(Y308) ϕ2.4~2.6이 사용된다.
3) **피복아크용접봉** : E7016 ϕ3.2, 4.0을 사용한다.

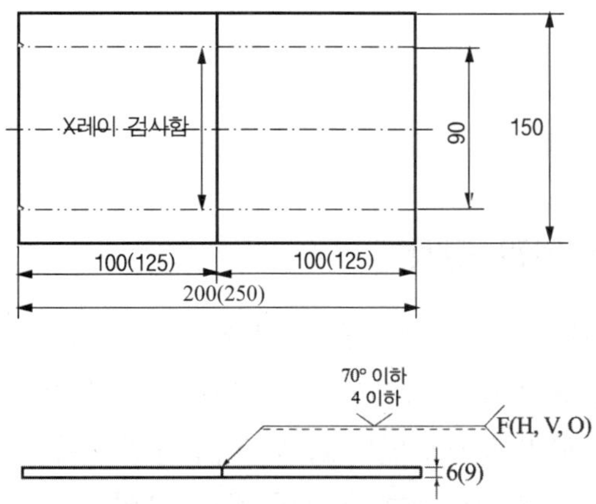

그림 7-1 | V형 맞대기 (CO_2 용접 도면)

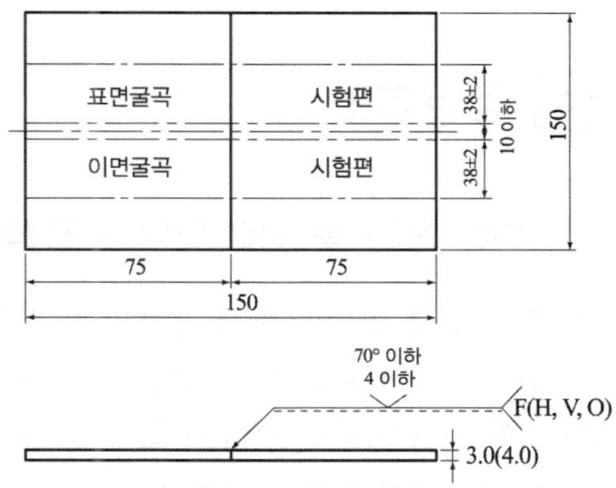

그림 7-2 | V형 맞대기 (TIG 용접 도면)

2 용접 자세 및 시간

가. V형 맞대기 CO_2 용접 자세

V형 맞대기 CO_2 용접 자세는 아래보기(F), 수평자세(H)와 수직자세(V) 중 하나의 자세가 나오므로, V형 홈 연강판 t6.0mm, t9.0mm 판을 사용하여 뒷면에 세라믹 받침판을 부착시킨 뒤 플럭스 코드 와이어로 연습해야 된다.

나. V형 맞대기 TIG 용접 자세

아래보기, 수평, 수직, 위보기 자세 중 하나의 자세가 나오므로 모두 연습해야 된다.

다. 구조물 피복아크용접 자세

구조물 용접은 도면에 제시된 형상으로 가접한 후(상황에 따라 밑판은 제시된 자세로 V형 맞대기 용접하여 가접) 밑판을 수평으로 놓은 상태에서 형성된 자세(아래보기, 수평, 수직, 위보기)로 모서리, 필릿, 변두리, 맞대기용접 등을 해야 된다.

라. 용접 시간

1) 시험 시간은 상황에 따라 달라질 수 있으며 연장시간은 없다.
2) CO_2 **용접** : 보통 표준 시간 40분
3) TIG **용접** : 보통 표준 시간 40분
4) **구조물 전기(피복아크) 용접** : 보통 표준 시간 3시간 30분

3 검사(평가)

가. CO_2 용접 및 TIG 맞대기 용접부 외관 검사

① 각 용접법 및 자세별 용접이 끝나면 외관 검사를 한다. 용접기능장은 기능의 최고의 수준이 되어야 되며, 하나의 과제라도 수준 미달시 미완성 또는 오작처리 될 수 있다.

② 표면 비드는 외관 미려도(폭, 파형, 높이 균일 정도), 언더컷, 오버랩, 균열 유무, 시점과 종점처리 등을 검사하며, 이면 비드는 비드 폭, 파형의 균일 정도, 용입의 완전 여부, 비드 이음 부분의 양호 여부를 검사한다.

③ 용접기능장 자격 수준으로 용접부 외관이 양호하며, 용접부의 용입량이 모재의 표면까지 적당히 채워지고, 도면에 제시된 용접자세나 방법을 위반하지 않고 이면 비드에 보강하지 않아야 된다.

④ 기타 상세 사항은 '부록 제5절 3 가.' 항과 같이 실시한다.

나. CO_2 용접 X선 탐상 검사

CO_2 용접부는 외관 검사에 합격한 제품만 용접부를 X선 탐상 검사를 하여 결함의 정도를 정해진 규정에 따라 합격 여부를 결정한다. 용접부 150mm 중에서 양끝 30mm 부분을 제외한 90mm 부분을 X선 탐상하며, 판독 결과 필름상에서 1종 결함(기공 및 이와 유사한 결함)과 2종 결함(슬래그 섞임 및 이와 유사한 결함)의 합이 0점이 되어서는 안된다.

다. 굴곡 시험

1) 시험편 절단

TIG 용접부는 외관 검사에 합격한 제품만 굴곡 시험을 실시한다. 시편 중앙에서 약 10mm를 제외하고 좌우로 38±2mm의 크기로 절단한다.

2) 덧붙이 가공

절단된 맞대기용접 시험편의 덧붙이를 모재 두께까지만 연삭 다듬질 작업하여 제거하고 모서리 부분을 R1.5 정도 라운딩 가공한다.

3) 굴곡(굽힘)

① 굴곡 시험 지그는 판 두께에 따라 적당한 지그를 사용하여 굴곡 시험한다.

② 시험시 자세별로 시험편의 하나는 이면 비드가 아래로 향하게 하며, 다른 하나는 표면이 아래로 가게 형틀의 중앙에 정확히 놓은 후 완전히 U자가 되도록 굴곡한다.

4) 굴곡 시험편 검사

① 굴곡된 시험편의 외곽 용접부에 균열이나 기포(기공)의 크기 정도를 평가 기준에 맞추어 검사한다.

② 맞대기 용접부를 굽힘한 시험편의 외관에 균열이 3mm 이상이거나 작은 균열의 합이 7mm를 넘으면 안되며, 기공이나 매우 작은 균열의 개수가 10개 이상이 되면 안된다. (상황에 따라 달라질 수 있음) 그리고 굴곡 시험편 4개 중 2개가 위의 사항에 해당되면 수준 미달로 판단한다.

라. 구조물 용접부 검사

1) 외관 검사

도면과의 상의 여부, 구조물 용접부의 외관 상태를 맞대기 용접 외관 검사 수준에서 기능장으로서의 기능을 갖추었다고 생각되면 외관 검사에 합격하게 된다.

2) 구조물 누수 시험

외관 검사에 합격하면 용기 내에 물을 가득 채우고 주위에 넘쳐 흘러진 물기를 건조시킨 후 일정한 시간(보통 약 10~15분, 상황에 따라 달라질 수 있음) 지난 후 누수 상태를 검사하며, 1곳이라도 극히 미세한 누수 이상이 되면 안된다.

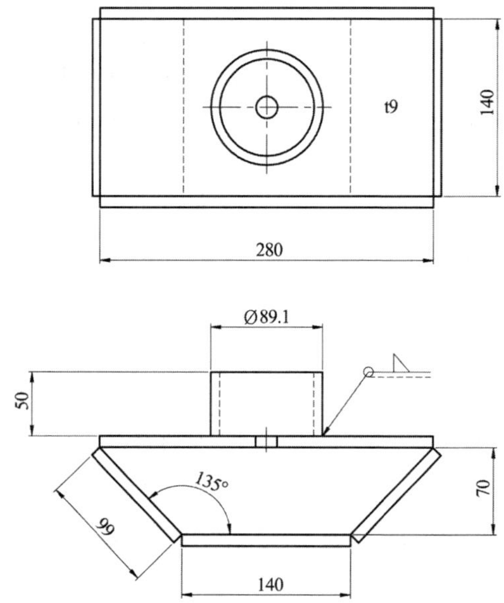

그림 7-3 | 구조물 피복아크용접 도면 1

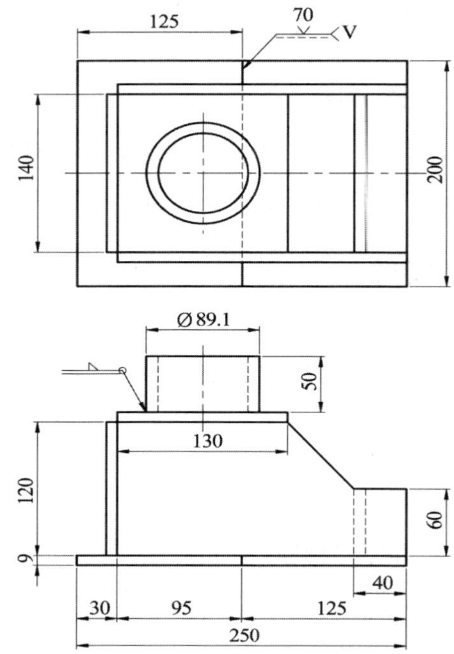

그림 7-4 | 구조물 피복아크용접 도면 2

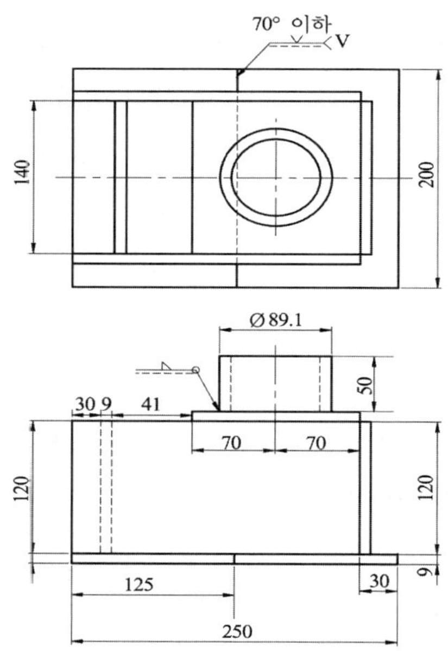

그림 7-5 | 구조물 피복아크용접 도면 3

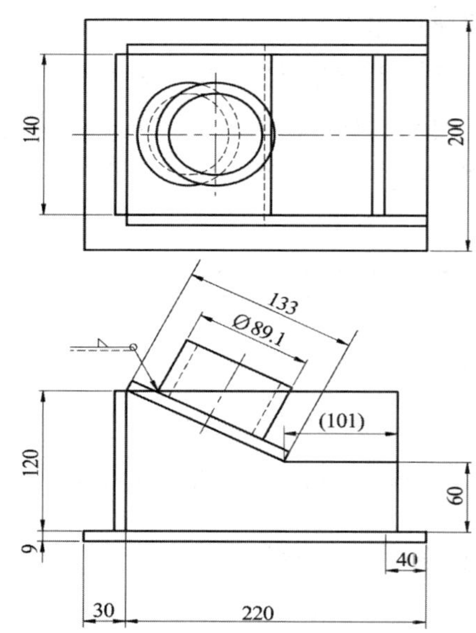

그림 7-6 | 구조물 피복아크용접 도면 4

(주) 구조물 용접은 도면을 확인하고 준비하여 용접 기호가 주어진 곳을 먼저 용접하여 가조립하고, 확인 받은 후 밑판을 수평면으로 하여 형성된 자세로 용접선에 따라 피복 아크 용접 작업을 한다.

저자소개

정균호 전북대학교 대학원 기계공학과 졸업, 기계공학 석사

[前] 한국폴리텍대학 산업설비학과 교수

[現] 중소기업 산학연 평가위원, daum "용접기술", naver "용접메니아" 카페 카페지기

[E-mail] jungkho2001@hanmail.net, jungkho2001@naver.com

[자격증] 용접기술사, 금속재료기술사, 기계기술지도사, 용접기사, 용접기능장 등 14개

[저 서] (구민사) : 핵심용접공학
고수열강 용접 · 특수용접기능사 필기 · 실기
고수열강 용접산업기사 필기 · 실기
고수열강 용접기사 필기
고수열강 용접기능장 필기 · 실기
고수열강 용접실습
핵심용접실무실습
핵심 금속 · 용접야금학개론
(산업인력공단) : 용접설계시공, 금속보호가스용접 실기,
불활성가스텅스텐아크, 용접 실기,
피복금속아크용접 실기, NCS 피복 아크용접 실기,
NCS CO_2 용접 실기
(삼천포마이스터공고) : 선박재료

한성종 창원기능대학 졸업

[現] 한국폴리텍대학 산업설비학과 교수

[자격증] 용접기능장, 용접기사

[저 서] 현대용접공학, CO2 용접장비 준비 모듈 개발

[경 력] (주) 대동조선 5년
(주) 대우조선해양 연수원 7년

박동수 숭실사이버 대학교 소방 방재학과 졸업

[現] 기아자동차 차체1부 근무 중

[E-mail] dongsu4626@naver.com

[자격증] 용접기능장, 용접 산업기사, 산업설비 2급 전문 교사

[저 서] NCS학습모듈 로봇 용접 중 기본 용접 익히기

김정혁 [現] 군산대학교 기계계열 교수, 기계공학 박사

[저 서] 고수열강 용접기사 필기, 고수열강 용접기능장 필기 · 실기, 금속재료기능장 필기 · 실기

핵심 용접 실무 실습

초　　판 인쇄 | 2015년 10월 10일
초　　판 발행 | 2015년 10월 15일
개정 3판 발행 | 2025년 4월 10일

구 민 사

저　　자 | 정균호 · 한성종 · 박동수 · 김정혁
발 행 인 | 조규백
발 행 처 | **도서출판 구민사**
(07293) 서울특별시 영등포구 문래북로116, 604호(문래동 3가 46, 트리플렉스)
전　　화 | (02) 701 – 7421
팩　　스 | (02) 3273 – 9642
홈페이지 | www.kuhminsa.co.kr
신고번호 | 제2012–000055호 (1980년 2월 4일)
I S B N | 979–11–6875–551–2 [13500]

값 30,000원